Bernd Dürr

IT-Räume und Rechenzentren planen und betreiben

Handbuch der baulichen Maßnahmen und Technischen Gebäudeausrüstung

VLB-Meldung

Dürr, Bernd:
IT-Räume und Rechenzentren
planen und betreiben
Handbuch der baulichen Maßnahmen
und Technischen Gebäudeausrüstung
2., überarbeitete und erweiterte Auflage
Erkrath: Verlag Bau+Technik GmbH, 2018

ISBN 978-3-7640-0626-6

Gesamtproduktion: Verlag Bau+Technik GmbH,
Steinhof 39, 40699 Erkrath
www.verlagbt.de

Druck: Linsen Druckcenter GmbH, 47533 Kleve

IT-Räume und Rechenzentren planen und betreiben

Handbuch der baulichen Maßnahmen und Technischen Gebäudeausrüstung

Bernd Dürr

Die Inhalte und Lösungsvorschläge in diesem Buch sind nach bestem Wissen zusammengestellt. Hinsichtlich der Anwendung der Inhalte kann vom Autor jedoch keine Gewähr übernommen werden. Das Buch ersetzt nicht die projektbezogene Planungsleistung. Sie entbindet nicht von der Pflicht zur Prüfung der Normvorgaben und ihrer Gültigkeit für den jeweiligen Anwendungsfall. Die Anwendung der Inhalte und Lösungsvorschläge berechtigt zu keinerlei Regressansprüchen gegenüber dem Autor.

Vorwort zur ersten überarbeiten Auflage

Fünf Jahre sind mittlerweile vergangen, seit die erste Auflage im Frühjahr 2013 auf den Markt kam. Wir waren sehr unsicher, wie der Markt das Fachbuch aufnehmen wird. Unsere bescheidenen Erwartungen wurden bei weitem übertroffen und das Fachbuch hat mittlerweile eine sehr große Marktdurchdringung und Akzeptanz in Deutschland, aber auch im deutschsprachigen Ausland. Für die vielen lobenden Worte und die konstruktiven Rückmeldungen bedanken wir uns sehr, zeigt es doch, dass sich die großen Aufwände gelohnt haben und mit dem Fachbuch rege gearbeitet wird. Das macht uns alle zu Recht stolz.

Das Buch hat sich bei aller Bescheidenheit mittlerweile fast schon zum Standardwerk beim Bau und Betrieb von IT-Räumen und Rechenzentren entwickelt. Sie und wir sind gemeinsam auf einem guten Weg, unsere IT-Räume und Rechenzentren immer besser, effizienter und verfügbarer zu machen.

In den fünf Jahren hat sich einiges getan. Die Rechenzentrumsnorm DIN EN 50600 wurde mittlerweile in allen Teilen verabschiedet und das Rechenzentrum wird noch „grüner“. Energieeffizienz ist in aller Munde. Jeder versucht, auch noch die letzten Prozente an Effizienz rauszuholen.

In der Neuauflage haben wir viele Themen, die in der ersten Auflage noch gefehlt oder zu kurz gekommen sind, aufgenommen. Wir haben versucht, die DIN EN 50600 in die einzelnen Kapitel einzuarbeiten und unsere Sicht auf die Norm zu erläutern bzw. die manchmal etwas undurchsichtige Normensprache zugänglicher zu machen.

Wie Rechenzentren steuerlich absetzbar sind und wie man sie versichern kann, sind nun auch Bestandteile der neuen Auflage, da die Fragen doch immer wieder auftauchen.

Ein wichtiges Schlagwort ist seit jeher Modularität. Wie Modularität im baulichen Teil von Rechenzentren aussehen kann, wird mit den unterschiedlichen Modulbau-Rechenzentren, die am Markt stark im Kommen sind, gezeigt.

Differenzstrom, Zentraler Erdungspunkt, Selektivität und der Neutralleiter werden oft mit Ehrfurcht begegnet. Das muss nicht sein und wir versuchen, Ihnen diese Geheimnisse etwas näherzubringen.

Zudem steigen wir noch mehr in die Praxis ein und geben (hoffentlich) wertvolle Tipps.

Die USV- und Notstromtechnik waren bisher schon ganz gut erläutert. Trotzdem gehen wir noch ein bisschen tiefer, um Ihnen noch mehr Planungshilfen zu geben.

In der Klimatechnik ist die Energieeffizienz das beherrschende Thema. Luft-/Luft-Wärmetauscher und die Nutzung von natürlichen Energiequellen sind in aller Munde.

Wir haben den Ball aufgenommen und informieren nun umfassend, welche Techniken auf dem Vormarsch sind und wie sie ganz clever genutzt werden können.

Das Thema Verkabelungssysteme war bisher nicht enthalten. In der Neuauflage zeigen wir Ihnen, was heutzutage Stand der Technik ist und was die Norm dazu sagt.

In der Sicherheitstechnik haben wir die neuen Trends und Techniken ergänzt und den Bogen zur aktuellen Rechenzentrumsnorm DIN EN 50600-2-5 geschlagen.

Und damit das Buch seinen Namen auch verdient, haben wir die Themen Dokumentation und Management und Betrieb von Rechenzentren neu aufgenommen.

So bleibt mir am Schluss noch, mich bei meinen Co-Autoren und den vielen Firmen, deren Zahl sich nahezu verdoppelt hat, für ihre Unterstützung und auch für die vielen Anregungen der vergangenen Jahre zu bedanken.

Freuen Sie sich mit mir auf die Neuauflage und geben Sie mir weiterhin Ihre konstruktiven Rückmeldungen. Ihr Feedback ist mir sehr wichtig!

Dem Verlag danke ich für die wiederum sehr geduldige, nachsichtige und erstklassige Zusammenarbeit.

Ganz besonders danke ich natürlich meiner Familie, die auch diese Mal wieder auf viel wertvolle Zeit mit mir verzichten musste.

Ihr Bernd Dürr, Frühjahr 2018

1 Einleitung

Die Informationstechnologie stellt eine der wichtigsten Säulen in Unternehmen dar. Dabei ist nicht nur die Planung, Ausführung und der Betrieb von IT-Hardware und deren Software eine große Herausforderung, sondern auch und insbesondere die physischen Anforderungen an das Rechenzentrum selbst.

Schlagworte wie Raumgröße und -aufteilung, elektrische Leistung, Wärmelast, Klimatisierungskonzepte, Verfügbarkeit und physische Sicherheit sind entscheidende Faktoren in einem Rechenzentrum und daher ganzheitlich zu betrachten. Dabei ist nicht nur die Errichtung des Rechenzentrums von Bedeutung, sondern auch die Randbedingungen im späteren Betrieb sind zu beachten.

„Wer aufhört, besser zu werden, hat aufgehört, gut zu sein“ *(Philip Rosenthal).*

Kein anderes Zitat, als das des Deutschen Unternehmers und Politikers beschreibt besser, welche Maxime gelten sollte, wenn man einen IT-Raum oder ein Rechenzentrum bauen und betreiben möchte. Trotz beherrschender Themen wie Green-IT und Energieeffizienz geht es beim Rechenzentrum nur um Eines, nämlich um die Verfügbarkeit.

Doch brauchen wir wirklich immer die höchste Verfügbarkeit, welche immer wieder angestrebt wird und so die Kosten in die Höhe treibt oder tut es auch ein Stück weniger Redundanz?

Diesem und weiterer Themen widmet sich das Buch. Es soll Einblick in die Komplexität eines Rechenzentrum geben und Zusammenhänge erklären, die über die einzelnen Fachbereiche hinausgehen. Zudem soll es Fragen beantworten, die verantwortungsvolle Errichter und Betreiber umtreiben.

Die Europäische Rechenzentrumsnorm DIN EN 50600 in mittlerweile in allen Teilen verabschiedet und somit allgemein gültig. Am Markt herrscht allerdings noch große Verunsicherung, was denn nun in welcher Form umgesetzt werden muss. Die Norm in der derzeitigen Fassung ist ein erster Schritt in die richtige Richtung. In den einzelnen Kapiteln wird versucht, auf die Norm Bezug zu nehmen, die oft vagen Formulierungen zu kommentieren und sie dadurch verständlicher zu machen.

Wenn Sie allerdings Vergleiche von Produkten unterschiedlicher Hersteller in diesem Buch suchen, dann werden Sie keinen Erfolg haben. Das Buch ist aus der alltäglichen Praxis heraus entstanden und bewusst so herstellerneutral wie möglich gefasst. Es soll zeigen, welche Themen im Bau und Betrieb von Rechenzentren wichtig sein können. Anhand von Bildern, Grafiken und Schnitten werden die Themen so verständlich wie möglich dargestellt.

Sie werden bei der Erläuterung der einzelnen Themen feststellen, dass es keinen Königsweg gibt, sondern Sie selbst entscheiden müssen, welche Verfügbarkeiten Sie anstreben und was Ihnen dabei wichtig ist.

Die Vor- und Nachteile einzelner Systeme werden erklärt und so immer wieder Entscheidungshilfen und Vergleiche von unterschiedlichen Techniken dargestellt.

Sehr viele Hersteller der Rechenzentrumsbranche haben bei der Erstellung wertvolle Unterstützungsarbeit geleistet, indem sie für das Buch Bilder, Grafiken, Schnitte, Tabellen etc. zur Verfügung gestellt und Textergänzungen und -überprüfungen durchgeführt haben. Dafür meinen ganz herzlichen Dank.

Ein weiterer wichtiger Baustein für ein dauerhaft funktionierendes Rechenzentrum sind die Mitarbeiter und Verantwortlichen, die für den Bau und den Betrieb des Rechenzentrums zuständig sind. Kein Studienfach deckt bisher die Komplexität eines Rechenzentrums ab. Die Mitarbeiter und Verantwortlichen können nur auf ihre eigenen Erfahrungen, die Erfahrung der Kollegen oder externer Berater zurückgreifen. Um die gesamte Komplexität eines Rechenzentrums überblicken zu können, benötigt es Jahre. Selbst erfahrene Firmenvertreter von Herstellerfirmen überschauen teilweise die Komplexität ebenfalls nicht vollumfänglich und beraten dann nur einseitig in Richtung ihrer Produkte.

Das Buch soll Mitarbeitern und Verantwortlichen helfen, diese Wissenslücken zu schließen, um mit Herstellern und Beratern auf Augenhöhe diskutieren zu können. Nur so kann das eingesetzte Kapital maximalen Nutzen bringen und das beste Ergebnis für Ihr Rechenzentrum erzielt werden.

Tauchen Sie nun ein in die Komplexität des Rechenzentrums. Ich versuche, Ihnen Denkanstöße zu geben, damit Sie besser in der Lage sind, Ihre persönlichen Risiken realer einschätzen und Entscheidungen fundierter treffen zu können. Halten Sie die Zügel in der Hand, denn es geht um Ihr Rechenzentrum. Vertrauen Sie sich selbst und gestalten Sie Ihren Weg zu Ihrem Rechenzentrum.

Aber: Das Buch ersetzt keinesfalls eine fachkundige, auf Sie zugeschnittene herstellerneutrale Beratung und Unterstützung, die Sie nur durch erfahrene Berater und Fachplaner erhalten können.

1.1 Haftungsausschluss

Das vorliegende Buch erhebt weder den Anspruch auf Vollständigkeit noch auf Fehlerlosigkeit. Bei der Erstellung wurde mit größter Sorgfalt vorgegangen. Für Fehler, die auf falsche oder falsch verstandene Beschreibungen zurückzuführen sind, übernehmen wir keine Haftung. Ebenso für zwischenzeitlich überholte Techniken.

Für Verbesserungsvorschläge und Hinweise auf Fehler oder missverständliche Formulierungen bzw. Darstellungen sind wir dennoch sehr dankbar.

1.2 Grußworte

Prof. Michael Rotert war von 1999 bis 2015 Honorarprofessor an der Hochschule Karlsruhe im Fachbereich Informatik.

Zudem war er von 2000 bis 2017 Vorstandsvorsitzender des eco – Verband der Internetwirtschaft e.V., dessen Ehrenpräsident er heute ist.

Im Rahmen seiner Tätigkeit als Technischer Leiter des Rechenzentrums der Fakultät für Informatik an der Universität Karlsruhe implementierte und betrieb Prof. Rotert den Internet-Mailserver „germany" und legte damit den Grundstein für die Verbreitung der Elektronischen Post in Deutschland. Am 3. August 1984 um 10:14 Uhr MESZ empfing Michael Rotert dort unter seiner Adresse „rotert@germany" die erste Internet-E-Mail in Deutschland. In den 1990er Jahren hat er zudem einen der ersten deutschen Internet Service Provider (Xlink) aus der Universität heraus gegründet und betrieben.

Ein Rechenzentrum von innen konnte ich zum ersten Mal 1971 an der Uni Karlsruhe bestaunen. Doppelboden, Klimatisierung und Operateure in weißen Kitteln tippten an schreibmaschinenähnlichen Geräten Kommandos direkt in den Computer. Es war nur ein einziger Großrechner, der einen riesigen Raum im Untergeschoß eines Gebäudes belegte. Neben den Schränken, die den Rechner beherbergten, waren dort Peripheriegeräte wie Magnetbandstationen, Drucker, Leser und Stanzer für Lochkarten und Lochstreifen für die Erstellung von Daten und Programmen untergebracht. Noch sah man keine Terminals oder Netzwerkkomponenten.

Schon damals war die Planung sicherlich aufwendig, aber ohne die Vernetzung noch überschaubar. Größere Probleme bereiteten die schweren mächtigen Computerschränke und der extreme Stromhunger der Geräte, verbunden mit der daraus resultierenden Abwärme. Im Vergleich zur heutigen Komplexität und den Leistungsanforderungen war das Ganze aber sicher überschaubar.

Nur so kann man sich den bisherigen Erfolg des vorliegenden Buches zur „Planung und Betrieb von IT-Räumen und Rechenzentren" erklären.

Schaut man in das Inhaltsverzeichnis, so findet man die neuesten Normen und Entwicklungen anschaulich erläutert und logisch aufeinander aufbauend, ein Quantensprung in Anforderung und Planung im Vergleich zu den ersten Rechenzentren.

Rechtliche Aspekte, ökologische Betrachtungen, Risikomanagement, Versicherungen, es gibt keinen Aspekt, den dieses Buch nicht beleuchtet.

Nicht außer Acht lassen darf man den rasanten technischen Fortschritt sowie die ökonomischen Anforderungen, die sich in immer kürzeren Zeiten ändern. Ein Blick in das Inhaltsverzeichnis zeigt, dass keine Einzelrecherchen dieses Werk ersetzen können, denn allein der Zeitaufwand dafür wäre immens. Dazu kommen immer neue Geschäftsmodelle, die mit immer mehr Daten funktionieren. Alles das beeinflusst eine langfristige Investition in ein Rechenzentrum.

Für mich ist das Buch ein Standardwerk, welches der Entwicklung bei Digitalisierung und Industrie 4.0 gerecht wird. Nicht zu vergessen sind beim Betrieb von Rechenzentren heute die Cloudbetreiber, Hosting- und Housing Unternehmen, Internet Exchange Points und viele andere mehr mit ihren jeweils speziellen Anforderungen. Ich würde mir wünschen, es gäbe noch viele weitere derartig umfassende Sachbücher zu den komplexen Themen der heutigen Zeit. Bei aller Liebe zu den aktuellen Suchalgorithmen ist ein derart umfassendes Werk deutlich zeitsparender für den Anwender als Internetrecherchen über einzelne Aspekte.

Ich kann mir durchaus vorstellen, dass sich manch eine Firma nach einer groben Durchsicht dieses Buches gegen ein eigenes Rechenzentrum entscheidet, doch irgendwo müssen dann auch deren Daten verarbeitet werden!

Viel Konzentration beim Lesen dieser ersten überarbeiteten und erweiterten Auflage wünscht Ihnen

Ihr

M. Rotert

Prof. Michael Rotert

Prof. Dr.-Ing. Horst Zuse wurde 1945 geboren und studierte von 1967 bis 1973 Elektrotechnik an der Technischen Universität Berlin (TUB). Im Jahr 1985 promovierte er auf dem Gebiet der Softwarekomplexitätsmaße und es folgte 1987 ein einjähriger Forschungsaufenthalt am IBM Thomas J. Watson Research Center in Yorktown Heights / New York in den USA. 1991 publizierte er das Buch: *Horst Zuse: Software Complexity – Measures and Methods, im DeGruyter Verlag* und 1998 erschien das Buch: *Horst Zuse: A Framework of Software Measurement, DeGruyter Verlag*. Seit 2006 ist er Professor an der Universität Cottbus. Im Jahr 2010 baute er die Maschine Z3 von Konrad Zuse von 1941 nochmals in Originalgröße nach, die heute im Deutschen Technikmuseum in Berlin steht und weitestgehend funktionsfähig ist.

Es ist wirklich ein umfangreiches Werk über Rechenzentren – Bau und Konstruktion. Respekt für diese umfangreiche Arbeit und Leistung. Das Buch zeigt sehr gut den Aufwand für den Bau von Rechenzentren aus allen wichtigen Aspekten.

Schaut man in Wikipedia über historische Rechenzentren: Ende der 1950er Jahre reiften die Pläne zur Errichtung des Deutschen Rechenzentrums aus der Überlegung heraus, dass es für die deutsche Forschung eminent wichtig sei, leistungsfähige Hilfseinrichtungen, insbesondere elektronische Rechenmaschinen bereitzustellen. Es wurde am 3. Oktober 1961 gegründet. Es war das erste Rechenzentrum in Deutschland, das unabhängig von einer Hochschule errichtet wurde und allen Hochschulen und hochschulfreien Forschungsinstituten die Bearbeitung wissenschaftlicher Probleme auf einem Großrechner ermöglichte.

Aus meiner Sicht muss ich sagen, dass dies nicht zwingend das erste Rechenzentrum in Europa bzw. Deutschland war. Das erste Rechenzentrum in Europa, zumindest in Kontinentaleuropa, soweit ich informiert bin, entstand in der Schweiz an der ETH-Zürich mit einer Zuse Z4 Maschine. Es war 1949, als Professor Dr. Eduard Stiefel von der ETH-Zürich für sein Institut für Numerische Mathematik dringend einen Computer suchte. Zwei seiner Assistenten waren in den USA an der MARK I zu Besuch, aber er wollte eine solche Maschine an der ETH haben. Da bot sich ein Besuch von Prof. Stiefel in Hopferau im Allgäu im Juli 1949 an. Die ETH-Zürich bezahlte 1950 für diese Maschine für eine fünf jährige Anmietzeit 80.000 SFR, eine Menge Geld damals.

Diese Maschine Z4, ausgestattet mit ca. 3000 Relais, einem mechanischen Speicher für 64 Worte zu 32 Bit kann man durchaus als Rechenzentrum bezeichnen, da nicht nur die ETH, sondern viele Forschungseinrichtungen und Firmen aus der Schweiz diese Rechenanlage nutzten. Pro Instruktion mussten interessierte Firmen 5 Rappen bezahlen. Lochstreifen von über 40 m Länge enthielten die Programme, z.B. die Berechnung der Staumauer Grand Dixence in einem Rhoneseitental. Nun muss man wissen, dass die Maschine Z4 ein hochmoderner Gleitkommarechner, wenn auch nur mit einer Taktfrequenz von 40 Hertz, war.

In Deutschland möchte ich die Zuse Z5 bei der Firma Leitz in Wetzlar ab 1953 mit dem stolzen Preis von 300.000,- DM erwähnen. Für die Fa. Leitz war es ein Rechenzentrum.

So wünsche ich Ihrem Buch Erfolg und werde es ein wertvolles Standardwerk zum Bau moderner Rechenzentren.

Horst Zuse

Prof. Dr.-Ing. Horst Zuse

1.3 Der Autor und die Co-Autoren

Dipl.-Ing. (FH) Bernd Dürr, Jahrgang 1968, erlernte seine theoretischen und praktischen Grundlagen der Elektrotechnik bereits von 1984 bis 1988 in seiner Berufsausbildung zum Elektroinstallateur in einem Industriebetrieb. Nach der Lehre, den praktischen Gesellenjahren und dem Grundwehrdienst folgte sein Studium der Elektrotechnik an der Fachhochschule für Technik in Mannheim und der Fachhochschule Heidelberg.

1995 folgten zwei Anstellungen als Fachplaner und Projektleiter in Ingenieurbüros der Elektrotechnik, bei denen er schon erste Erfahrungen in der Ausstattung von Datenverteilerräumen und Rechenzentren in bundesweiten Projekten sammelte.

Mit seinem Wechsel zur IBM Deutschland GmbH 1999 folgte parallel die Weiterbildung und Zertifizierung auf dem Gebiet des Projektmanagements. Im Laufe der Zeit erlangte er so die beiden weltweit bedeutendsten Zertifizierungen im Projektmanagement des Project Management Institut (PMI, PMP) und der International Project Management Association (IPMA, Level B) bzw. Deutschen Gesellschaft für Projektmanagement (GPM), sowie das Master's Certificate in Project Management der George Washington University.

Während seiner Tätigkeit bei IBM Deutschland zeichnete er sich verantwortlich für eine Vielzahl von Um- und Neubauten von mittleren bis sehr großen Projekten, vorrangig im Rechenzentrumsumfeld diverser Kunden. Zudem führte er weit über 100 Sicherheitsanalysen in Rechenzentren sowie physische Rechenzentrumsumzüge durch. Insbesondere in dieser Zeit bei der IBM errang Herr Dürr tiefgreifende Erfahrungen im Bereich der physischen Sicherheit von Rechenzentren.

Nach zwei kurzen Stationen in Dienstleistungsunternehmen als Leiter von Projektmanagementabteilungen, kehrte Bernd Dürr 2010 in die Technik zurück, wo er nun wieder verstärkt Rechenzentrumsprojekte plant und durchführt, sowie Kunden in diesem Umfeld berät.

2013 erfolgte mit dem Schritt in die Selbständigkeit ein seit dem Studium gehegter Lebenstraum und so steht Herr Dürr nun mit seinem eigenen Beratungs- und Planungsunternehmen Kunden für deren Rechenzentren und Gebäude direkt zur Verfügung.

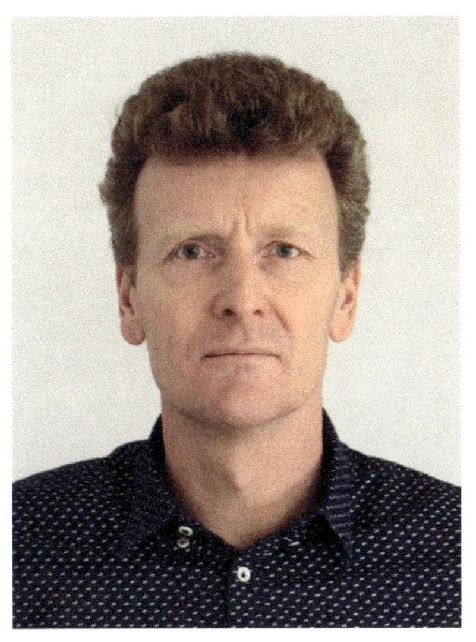

Dipl.-Ing (FH) Peter Döbert, Jahrgang 1965, ist seit 26 Jahren in der Planung und Realisierung von luft- und klimatechnischen Anlagen tätig.

Nach dem Studium war er als Fachplaner und Projektleiter bei der Schindler Ingenieurgesellschaft in Dietzenbach beschäftigt. Im Jahr 2000 machte er sich selbständig und wählte als Standort seines Ingenieurbüros ganz bewusst die Rhein-Main-Region mit einem der weltweit größten Datenknotenpunkte. Seit 2005 liegt sein Fokus in der Planung, Bauleitung und Beratung im Umfeld der Datacenter-Branche in Deutschland und den europäischen Nachbarländern.

Mit diesem Erfahrungsschatz agiert er heute hauptsächlich im Bereich der RZ-Branche. Seine Schwerpunkte liegen in der Konzepterstellung für RZ-Neubauten, Ausführungsplanung und Bauleitung, Revitalisierung von Bestands-RZ, energetische Effizienzsteigerung, technischen Expertisen und Kundenbetreuung bei unkonventionellen Bauabläufen.

Dipl.-Ing. (FH) Werner Henke, Jahrgang 1964 ist verheiratet und hat einen Sohn. Die Magie des Stromes ist sein beruflicher Lebensinhalt. Man sieht ihn nicht, man hört ihn nicht, er ist nur an seinen Folgen zu erkennen – und ohne ihn geht heute gar nichts mehr. Das Dreiphasenwechselstromnetz ist für ihn Beruf und Hobby gleichermaßen.

Unter dem Lebensmotto: „Enges Denken sucht Fehler, Geist sucht Lösungen“, möchte er die Elektrotechnik weiterbringen. Mit seiner Erfahrung in der Projektarbeit in Rechenzentren und Hochschulen sowie einem umfangreichen Messequipment untersucht er Anlagen, referiert und bildet aus.

Nach vorn zu schauen entspricht seiner Lebenseinstellung, aus diesem Grunde freut er sich ganz besonders, als Co-Autor Hilfestellungen für die Zukunft geben zu dürfen.

Holger Nickel M.A. hat an der RWTH Aachen studiert. Begleitend zum Studium nahm er ab 1996 seine Tätigkeit im beratenden Vertrieb der ComConsult Kommunikationstechnik GmbH auf und beschäftigt sich seither mit Systemen rund um das IT-Management.

Seit Gründung der AixpertSoft GmbH 2006 prägt er maßgeblich die Produktlinien und Unternehmensentwicklung als verantwortlicher Produktmanager, seit 2009 ist er als Geschäftsführer tätig. Zahlreiche Veröffentlichungen und erfolgreiche Projektrealisierungen sind unter seiner Leitung entstanden; die Produktlinien sind mit Auszeichnungen honoriert worden.

Florian Sippel beschäftigt sich seit 16 Jahren mit IT-Systemen und deren Betrieb im Bereich der Hochverfügbarkeit.

Mit diesem Wissen der IT-Infrastruktur entwirft, plant und baut er als Prokurist der noris network AG die unternehmenseigenen Rechenzentren. In seiner Tätigkeit konnte er in den vergangenen Jahren diverse Preise gewinnen sowie Patente für modulare und innovative Rechenzentren der noris network AG anmelden.

Sein besonderes Interesse gilt der Verbindung der Gebäudeleittechnik mit der IT-Welt sowohl auf technischer als auch auf Tool- und organisatorischer Ebene.

1.4 Danksagung

Das Buch wäre ohne die Mithilfe von engagierten Einzelpersonen und Mitarbeitern von Herstellerfirmen der Rechenzentrumsbranche nicht in dieser Form entstanden. Ich bedanke mich ganz herzlich für die vielen wertvollen Diskussionen, Anregungen, Hilfestellungen, Korrekturen und die Überlassung von Artikeln, Präsentationen und Bildern, die in dieses Buch mit eingeflossen sind. Weiterhin danke ich meinen vielen Kunden in den über 20 vergangenen Jahren, die mich immer wieder technisch herausgefordert und so mein Wissen und meine Erfahrung Stück für Stück mit weiterentwickelt haben.

Mein Dank gilt folgenden Partnerfirmen mit ihren namentlich aufgeführten Mitarbeitern (in alphabetischer Reihenfolge), sowie den vielen weiteren Mitarbeitern, die im Hintergrund die Bilder und Grafiken zusammengetragen haben und wertvolle textliche Ergänzungen und Änderungen durchgeführt haben.

ABB STOTZ-KONTAKT GmbH
Frau Catrin Dreßler
69123 Heidelberg
ABB Automation Products GmbH
Herr Günter Haug
Herr Stefan Rompf
77880 Sasbach

AixpertSoft GmbH
Herr Holger Nickel
52076 Aachen

AXA Versicherung AG
Herr Dirk Kalinowski
51067 Köln

Bender GmbH & Co. KG
Herr Peter Eckert
35305 Grünberg

Beton- und Energietechnik
Heinrich Gräper GmbH & Co. KG
Herr Jörg Schneider
26197 Ahlhorn

BerlinerLuft. Technik GmbH
Herr Dirk Doormann
10365 Berlin

Bosch Sicherheitssysteme GmbH
Frau Irina Gross
Herr Bernd Konopka
Herr Karl-Heinz Mast
Herr Carsten Meissner
(in der ersten Auflage)
Herr Georg Pedolzky
(mittlerweile im Ruhestand)
Herr Norbert Stühmer
(mittlerweile im Ruhestand)
85630 Grasbrunn

BP Europe SE
Herr Dr. Ulrich Pfisterer
Herr Dr. Arnim Fischoeder
44789 Bochum

Cadolto Datacenter GmbH
Herr Jan Göbel
90556 Cadolzburg

CFW EMV-Consulting AG
Herr Christian Fischbacher
CH-9411 Reute

DEHN + SÖHNE GmbH & Co.KG.
Frau Petra Raab
92318 Neumarkt

DEIF GmbH
Herr Andreas Barth
64625 Bensheim

dormakaba Deutschland GmbH
Herr Thomas Götz
58256 Ennepetal

ebm-papst Mulfingen
GmbH & Co. KG
74673 Mulfingen

EFEN GmbH
Frau Alexandra Wolf
Herr Alexander Hess
65344 Eltville

Efficient Energy GmbH
Frau Ingrid Jenisch
Herr Florian Hanslik
Herr Dr. Jürgen Süß
85622 Feldkirchen

ESKA Erich Schweizer GmbH
Herr Volker Leimeroth
34123 Kassel

Excool GmbH
Herr Roland Wagner
80807 München

FNT GmbH
Frau Claudia Lehmann
73479 Ellwangen

Gridsystems Netzstudien GmbH
Herr Tobias Danz
68165 Mannheim

Güntner GmbH & Co. KG
Herr Roland Handschuh
Herr Martin Winzer
82256 Fürstenfeldbruck

H & N Energien GmbH
Herr Rolf Neumann
64404 Bickenbach

Hager Vertriebsgesellschaft mbH & Co. KG
66440 Blieskastel

Hawker GmbH
Herr Dr. Stefan Göbel
58089 Hagen

Hekatron Vertriebs GmbH
Herr Dr. Arnd Rogner
Herr Detlef Solasse
79295 Sulzburg

Ingenieurbüro n50
Herr Torsten Bolender
34134 Kassel

IFAM GmbH Erfurt
Herr Uwe Hoffmann
99092 Erfurt

Janitza electronics GmbH
Frau Nadine Wack
Herr Gerald Fritzen
35633 Lahnau

JAEGGI Hybridtechnologie AG
Frau Kathrin Buck
Herr Martin Fleischmann
Herr Thomas Odrich
Herr Thomas Rack
Herr Jens Schirmer
CH-4051 Basel

Kidde Deutschland GmbH
Herr Ralf Gall
40880 Ratingen

KRUSE Sicherheitssysteme
GmbH & Co. KG
Herr Philipp Kruse
21435 Stelle

KyotoCooling B.V.
Herr Pedro Matser
NL-3821 BH Amersfoort

Lehmann GmbH
Herr Andreas Dietzinger
73084 Salach

Leicom AG
CH-8404 Winterthur

Leukhardt Schaltanlagen GmbH
78194 Immendingen

MERO TSK International
GmbH & Co. KG
Herr Dirk Landau
Herr Thomas Walter
97357 Prichsenstadt

Minimax GmbH & Co. KG
Herr Bernd Barten
Herr Jörn Boxberger
23840 Bad Oldesloe

Munters GmbH
Herr Anton Immerz
A-1230 Wien

Nobaduct GmbH
Herr Frank Wehlitz
13509 Berlin

Piller Germany GmbH & Co. KG
Herr Gebhard Kaufmann
Herr Martin Kokott
37520 Osterode

Promat GmbH
Herr Peter Meier
40878 Ratingen

Rittal GmbH & Co. KG
35745 Herborn

SCHÄFER Ausstattungs-
Systeme GmbH
Herr Wolfgang Trepte
57290 Neunkirchen

Schneider Electric Sachsenwerk GmbH
Herr Erich Holzner
93055 Regensburg
Schneider Electric Infrastructure
Herr Werner Grohmann
71034 Böblingen

Securiton GmbH
Alarm- und Sicherheitssysteme
Frau Jessica Wagner
Herr Markus Meer
Herr Markus Strübel
77855 Achern

SGB Starkstrom Gerätebau GmbH
Frau Michaela Fischer
Herr Michael Gansmeier
Herr Bernhard Görlich
Herr Franz Heinzler
Herr Rüdiger Weinhardt
93055 Regensburg

SIBA GmbH
Herr Joachim Skock
44534 Lünen

Siemens AG
Herr Michael Claus
Herr Walter Hager
Herr Michael Kiefer
70499 Stuttgart

SOCOMEC GmbH
Herr Steffen Breiter
68309 Mannheim

Strucks GmbH
Herr Rainer Strucks
64546 Mörfelden-Walldorf

Stulz GmbH
Herr Mladen Majstorovic
Herr Michael Meier
(in der ersten Auflage)
22457 Hamburg

Teckentrup GmbH & Co. KG
Herr Thomas Moldrickx
Herr Hans-Gert Mücke
33415 Verl

TÜV Informationstechnik GmbH
Frau Liliana Preuß
Herr Joachim Faulhaber
Herr Mario Lukas
45141 Essen

VERTIV GmbH
(ehemals Emerson Network Power)
Herr Andreas Graf-Matzner
81829 München

WAGNER Group GmbH
Herr Markus Kock
30853 Langenhagen

Namentlich danke ich zudem folgenden Personen:

Frau Monika Graß, Appen
Herrn Martin Hammer, Rechtsanwalt, Anwaltskanzlei Hammer und Kollegen, Nagold
Herrn Rudolf Herz, KS-Süd e.V.
Herrn Martin Krauß, Alfdorf
Herrn Stefan Landsperger
Herrn Peter Roos, Sulz am Neckar
Herrn Helmut Schmalzing, Stuttgart
Herrn Thomas Volpp, von der IHK Region Stuttgart öffentlich bestellter und vereidigter Sachverständiger für Schäden an Gebäuden, Stuttgart
Herrn Götz Winter, Rechtsanwalt, design security forum AG, Hanau

Dem Verlag Bau+Technik GmbH, Erkrath – insbesondere und stellvertretend Herrn Geschäftsführer Dipl.-Ing. Rainer Büchel – danke ich für die hervorragende partnerschaftliche Zusammenarbeit und immer wieder die Geduld, wenn ich meine Zeitzusagen nicht eingehalten habe.

Ich bedanke mich bei allen, die oben nicht namentlich erwähnt wurden, jedoch direkt oder indirekt Unterstützung geleistet haben.

Nicht zuletzt danke ich meiner Frau Anja und meinen beiden Kindern Carolin und Dominik, die jederzeit Verständnis für mein persönliches „Buchprojekt“ hatten (haben mussten). Während der zwei Jahre der Entstehung haben sie mich in meiner Freizeit fast nur am PC erlebt und mussten so auf viel wertvolle Zeit mit mir verzichten.

Auch in der Neuauflage war wieder über fast zwei Jahre viel zu tun, so dass diese Zeit logischerweise meinen Lieben abhanden gekommen und durch meine gleichzeitige Selbständigkeit noch weiter zurückgegangen ist.

Der abschließende Dank gebührt meinen Eltern, die mich schon früh in meiner beruflichen Laufbahn unterstützt und entscheidend mit wichtigen Werten geprägt haben. Dies war in meinen jungen Jahren manchmal ein harter Kampf und manches graue Haar ist so unweigerlich durch mich entstanden.

2 Sicherheit und Verfügbarkeit

2.1 Am Anfang war die Physik

Die IT-Sicherheit basiert auf den drei Säulen physische Sicherheit, technische Sicherheit und logische Sicherheit.

Während sich die technische Sicherheit mit jeglicher Hardware befasst, die auf der Rechenzentrumsfläche aufgestellt ist, befasst sich die logische Sicherheit mit dem virtuellen Aufbau und dem Verwalten der Daten.

Die physische Sicherheit befasst sich mit allem, was das Rechenzentrum am Leben hält. Sie ist dafür verantwortlich, jeglichen Schaden von der Hardware abzuwenden, Datenverlust zu vermeiden und das Biotop zu erzeugen und zu erhalten, das die Hardware 24 Stunden am Tag an sieben Tagen der Woche benötigt. Sie sollte somit am Anfang stehen, denn sie ist der Kreislauf des Organismus Rechenzentrum. Ihr (Hard- und Software)Herz pumpt nur, wenn Ihr Kreislauf stabil ist.

Um jedoch ein hochverfügbares Rechenzentrum zu erhalten, müssen alle drei Säulen optimal aufgestellt und aufeinander abgestimmt sein. Damit ist auch klar, dass das schwächste Glied in der Kette ein Indiz für die Gesamtverfügbarkeit darstellt.

Die etwas provokant am Anfang gestellte Frage, ob tatsächlich immer die höchste physische Sicherheit benötigt wird, bekommt hier ihren Sinn. Entspricht die logische und die technische Sicherheit einem definierten Verfügbarkeitsstandard, reicht es auch aus, die physische Sicherheit auf diesem Standard aufzubauen.

Allerdings hinkt diese Gleichung über die Lebenszeit eines Rechenzentrums. Wenn man davon ausgeht, dass die Lebensdauer einer Hardware im Mittel etwa zwei Jahre andauert und man bei einem Rechenzentrum von einer Lebensdauer von mindestens zehn Jahren ausgeht, sieht man sehr schnell, dass man mit der physikalischen Brille den Blick sehr weit in die Zukunft richten muss.

Man sollte somit seine Infrastruktur so auslegen, dass sie auch nach Jahren möglichst noch ihren Anforderungen gerecht wird oder sein Rechenzentrum so aufbauen, dass es mitwachsen kann, und somit erweiterungsfähig ist.

2.2 Verfügbarkeit – Das Spiel mit den Neunen

Wikipedia beschreibt die Verfügbarkeit wie folgt:
„Die Verfügbarkeit eines technischen Systems ist die Wahrscheinlichkeit oder das Maß, dass das System bestimmte Anforderungen zu bzw. innerhalb eines vereinbarten Zeitrahmens erfüllt. Sie ist ein Qualitätskriterium bzw. eine Kennzahl eines Systems.“

Damit ist eigentlich alles gesagt. Doch was bedeutet das im Einzelnen?

Ein System gilt als verfügbar, wenn es in der Lage ist, seine individuellen Aufgaben zu erfüllen, für die es vorgesehen ist. Mathematisch ist die Verfügbarkeit das Verhältnis zwischen Ausfallzeit und maximal möglicher Produktionszeit.

Die Verfügbarkeit wird in Prozent angegeben und errechnet sich nach folgender Formel:

$$\textbf{Verfügbarkeit} = \frac{\textbf{Maximale Produktionszeit} - \textbf{Ausfallzeit}}{\textbf{Maximale Produktionszeit}} \cdot \textbf{100}$$

Selbstverständlich strebt man immer eine 100 Prozent-Verfügbarkeit an. Doch sind wir alle Techniker genug um zu wissen, dass es 100 Prozent in der Technik nicht gibt!

Eine 99 prozentige Verfügbarkeit hört sich mal gar nicht so schlecht an. Wenn man aber bedenkt, dass das eine jährliche Ausfallzeit von fast 88 Stunden bedeutet, so hat das mit einem hochverfügbaren Rechenzentrum wenig zu tun, denn es entspricht einem Ausfall von über 3,5 Tagen.

Verfügbarkeit	Ausfallzeit
99,0 %	87,7 Stunden / Jahr
99,9 %	8,76 Stunden / Jahr
99,99 %	53 Minuten / Jahr
99,999 %	5,25 Minuten / Jahr
99,9999 %	0,53 Minuten / Jahr
99,99999 %	3,18 Sekunden / Jahr
99,999999 %	0,318 Sekunden / Jahr
99,9999999 %	0,0318 Sekunden / Jahr

Unterschiedliche Studien belegen, dass bei einem mehrtägigen Ausfall der Informationstechnologie ein Unternehmen so nachhaltig geschädigt werden kann, dass es mit 50 Prozent Wahrscheinlichkeit innerhalb der nächsten zwei bis drei Jahre vom Markt verschwindet!

Die DIN EN 50600 beschreibt die erforderliche Verfügbarkeit der Einrichtungen und Infrastrukturen, die die Funktionsweise des Rechenzentrums unterstützen. Der Eigentümer oder der Nutzer des Rechenzentrums muss die angestrebte Verfügbarkeit der Gesamtheit aller Einrichtungen und Infrastrukturen mittels einer Geschäftsrisikoanalyse und einer Analyse der Standzeitkosten bestimmen.

Somit und gerade deshalb ist bei der Frage der Verfügbarkeit das Management gefragt. Von der Geschäftsleitung muss definiert werden, welche Ausfallzeit pro Jahr bzw. wie viele Ausfälle pro Jahr mit welcher Maximaldauer noch tolerierbar sind. Hier gilt es eine realistische Einschätzung zu erzielen. Da die Verfügbarkeit einen direkten Einfluss auf das gesamte Rechenzentrumskonzept mit allen seinen Redundanzen hat, baut an dieser Stelle eine saubere und durchgängige Planung auf.

Gerade weil die Informationstechnologie in den Unternehmen eine immer wichtigere Rolle spielt, ist bei der Definition auch ein Blick in die Zukunft notwendig. Wenn man bedenkt, dass man ein Rechenzentrum für eine Lebensdauer von mindestens zehn Jahren auslegt, geht der Blick doch schon sehr weit in die Zukunft.

2.3 Verfügbarkeitsklassen – Sie bestimmen den Standard

Die Verfügbarkeit in Prozent bzw. die maximale Ausfallzeit pro Jahr sind zwar eine physikalische Größe, die sehr aussagekräftig ist, jedoch kann die Branche mittlerweile mit Verfügbarkeitsklassen mehr anfangen. Das Uptime Institut ist hier sicherlich immer noch führend, da es die Verfügbarkeit zwischen 1 und 4 klassifiziert. Aber auch die Rechenzentrumsnorm DIN EN 50600 ist mittlerweile in allen Teilen verabschiedet und enthält unterschiedliche Verfügbarkeitsklassen. Sie wird sich über kurz oder lang in Europa durchsetzen.

Und dann gibt es noch eine große Fülle von weiteren Instituten, Verbänden, Firmen usw., welche die Verfügbarkeit in den unterschiedlichsten Klassen unterteilt:

- ECO-Fachverband der Internetwirtschaft (Datacenter Star Audit, 1 bis 5 Sterne)
- TÜV IT
- BSI (Bundesamt für Sicherheit in der Informationstechnik)
- Bitkom (Verfügbarkeitsklasse 0 bis 5)
- Namhafte Firmen wie z. B. IBM (6 Stufen, Klassen 1, 2, 2+, 3, 3+ und 4)
- Weitere Nationale und Internationale Normen und behördliche Vorschriften

Somit prallen teilweise unterschiedliche Formulierungen aufeinander und ein echter Vergleich zwischen Rechenzentren nach unterschiedlichen Modellen ist nur schwer möglich.

Eine Auseinandersetzung mit den unterschiedlichen Verfügbarkeitsklassen beinhaltet nicht nur die physische Rechenzentrumsumgebung, sondern verlangt auch eine Betrachtung der organisatorischen Struktur. Dazu zählt neben dem Abschluss von Wartungsverträgen auch das entsprechend geschulte Betreiberpersonal, das Vorliegen aktueller Betriebs- und Notfallhandbücher bis zur Vorhaltung von Ersatzteilen usw.

Die DIN EN 50600-1 klassifiziert vier Verfügbarkeitsklassen und gibt Beispiele für die Ausführung, wie in Tabelle 2.1 dargestellt.

Tabelle 2.1: DIN EN 50600-1 Tabelle 1 „Verfügbarkeitsklassen und Beispielausführungen"

	Verfügbarkeitsklasse 1	Verfügbarkeitsklasse 2	Verfügbarkeitsklasse 3	Verfügbarkeitsklasse 4
Verfügbarkeit der Gesamtheit aller Einrichtungen und Infrastrukturen	Gering	Mittel	Hoch	Sehr hoch
Beispiel für die Stromversorgung (siehe DIN EN 50600-2-2)	Ein Pfad (keine Redundanz von Komponenten)	Ein Pfad (durch Redundanz der Komponenten zur Verfügung gestellte Ausfallsicherheit)	Mehrere Pfade (durch Redundanz der Komponenten zur Verfügung gestellte Ausfallsicherheit)	Mehrere Pfade (sogar während der Wartung fehlertolerant)
Beispiel für die Steuerung der Umgebungsbedingungen (siehe DIN EN 50600-2-3)	Keine besonderen Anforderungen	Ein Pfad (keine Redundanz von Komponenten)	Ein Pfad (durch Redundanz der Komponenten zur Verfügung gestellte Ausfallsicherheit)	Mehrere Pfade (durch Redundanz der Systeme zur Verfügung gestellte Ausfallsicherheit), erlaubt Instandhaltung während des Betriebs
Beispiel für die Telekommunikationsverkabelung (siehe DIN EN 50600-2-4	Ein Pfad mit direkten Verbindungen	Ein Pfad mit fest installierter Infrastruktur	Mehrere Pfade mit fest installierter Infrastruktur	Mehrere Pfade mit fest installierter Infrastruktur (mit unterschiedlichen Kabelwegen)

ANMERKUNG 1: Anforderungen an und Empfehlungen für die Konstruktion von Rechenzentren, die die gewünschten Schutzklassen zur Sicherstellung der Einrichtungen und Infrastrukturen zur Verfügung stellen, werden in DIN EN 50600-2-1 behandelt.

ANMERKUNG 2: Eine erweiterte Verfügbarkeitsklasse 4, die eine Lösung mit mehreren Pfaden zur Verfügung stellt (Fehlertoleranz sogar während der Instandhaltung) ist in DIN EN 50600-2-3 festgelegt.

ANMERKUNG 3: Anforderungen an und Empfehlungen für den physischen Schutz von Rechenzentrumsbereichen, die die gewünschten Schutzklassen zur Sicherstellung der Einrichtungen und Infrastrukturen zur Verfügung stellen, werden in DIN EN 50600-2-1 behandelt.

2.4 Zuverlässigkeit: Der wichtige, aber wenig beachtete Faktor

Über jeder Entscheidung im Rechenzentrum steht die Verfügbarkeit. Dabei ist Verfügbarkeit und Verfügbarkeit nicht dasselbe, denn es gibt noch einen weiteren wichtigen und entscheidenden Faktor: die Zuverlässigkeit.

Um die Zuverlässigkeit beispielsweise einzelner USV-Anlagen betrachten zu können, müssen zunächst die einzelnen Fehlermöglichkeiten und die Wahrscheinlichkeit ihres Auftretens verstanden werden. Dabei spielen die Begriffe MTBF (Mean Time Between Failure – Ausfallfreie Betriebszeit) und MTTR (Mean Time To Repair – Mittlere Repara-

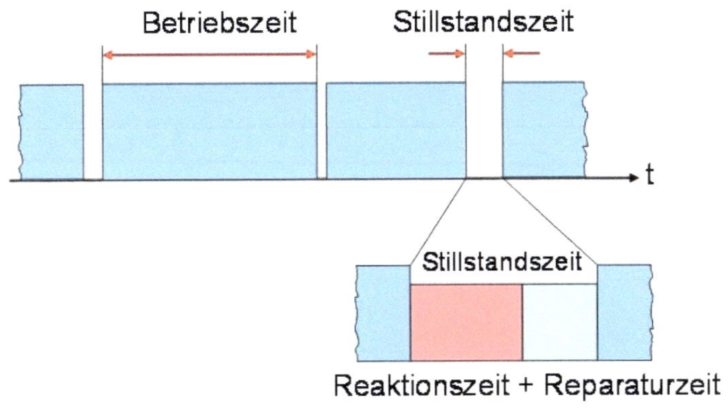

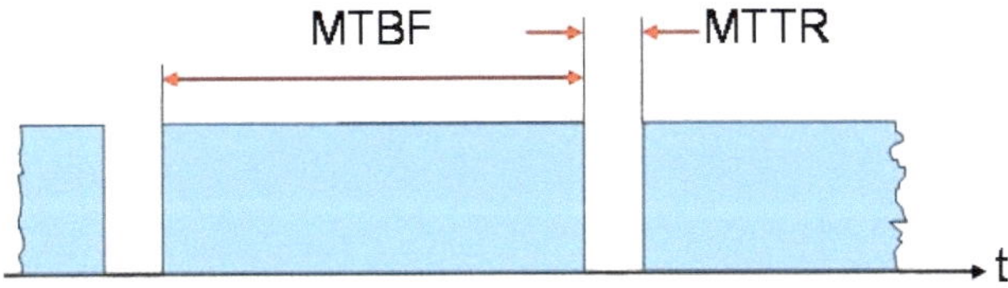

Bild 2.1: Begriffe der Zuverlässigkeit
Quelle: Piller Germany GmbH & Co. KG

turzeit) eine Rolle. Die Zeit von einem Fehlereintritt bis zum nächsten Fehlereintritt ergibt sich somit aus der Summe von MTBF und MTTR. Üblicherweise ist die MTBF um ein Vielfaches länger als die MTTR.

Setzt man nun redundante Systeme ein, kann ein System ausfallen, ohne dass die notwendige Funktion des Gesamtsystems ausfällt. Allerdings muss das ausgefallene System in der Zeit instand gesetzt werden, bevor das Redundanzsystem auch ausfällt. Die Redundanz lässt sich dabei sowohl in einem Gerät (z. B. Modulare USV-Anlage) wie auch mit mehreren Geräten untereinander in einem System realisieren.

MTBF steht in direktem Zusammenhang mit der Fehlerrate eines Systems. Es sagt also etwas über die absolute Häufigkeit der Fehler aus. Verfügbarkeit ist ein Maß für die Nutzbarkeitsdauer des Gerätes im Verhältnis zur Gesamtzeit. Die Verfügbarkeit sagt also nichts über die Fehlerhäufigkeit des Systems aus. Das ist ein kleiner, aber wichtiger Unterschied.

Nachfolgende Übersicht macht deutlich, warum bei gleicher Verfügbarkeit die Fehlerraten unterschiedlich sein können:

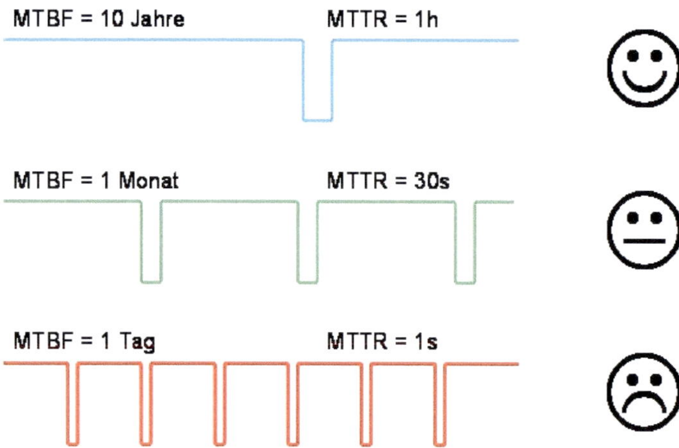

Bild 2.2: Unterschiedliche MTBF-Werte bei gleicher Verfügbarkeit
Quelle: Piller Germany GmbH & Co. KG

Man sieht sehr schnell, dass der untere Fall mit Sicherheit zu großen Problemen führt, während der obere Fall deutlich eher akzeptiert werden kann.

Die Zuverlässigkeit von Anlagen beruht auf der Zuverlässigkeit ihrer Einzelkomponenten. Dabei ist es elementar, dass die Einzelkomponenten nicht im Grenzbereich betrieben werden, sondern dass bei Nennlast der Systeme noch „Luft nach oben" ist. Der Grenzbereich kann immer dann erreicht werden, wenn Systeme in Überlast gehen oder z. B. Überspannungen auftreten.

Es ist daher wichtig, dass die Systeme auch innerhalb ihrer im Datenblatt angegebenen Betriebsbedingungen betrieben werden. Bei Wartungsarbeiten stehen die Systeme in der Regel nicht oder nur eingeschränkt zur Verfügung. Daher sollen möglichst wartungsfreie bzw. wartungsarme Komponenten verwendet werden, um die Wartungszeit möglichst kurz zu halten.

Dem Ganzen entgegenwirken kann man, indem man Qualitätsprodukte einsetzt. Es ist besser, in der Anschaffung nicht das günstigste Produkt einzusetzen, sondern das technisch störungsfreiste und qualitativ hochwertigste. Sicherlich ein Problem bei öffentlichen Auftraggebern, die die Anlagen zumeist öffentlich ausschreiben müssen und keine Fabrikate und Typen vorgeben dürfen. Auch spielt die Kompetenz und Verfügbarkeit des Servicepersonals sowie die Ersatzteilhaltung eine große Rolle. Wartungsverträge müssen daher sensibel geprüft und vor der Nutzung abgeschlossen werden. Man sollte sich genau überlegen, welche Reaktionszeit bei Ausfall dem Servicepersonal zugebilligt wird und welche Ersatzteile in den Wartungsverträgen enthalten sind.

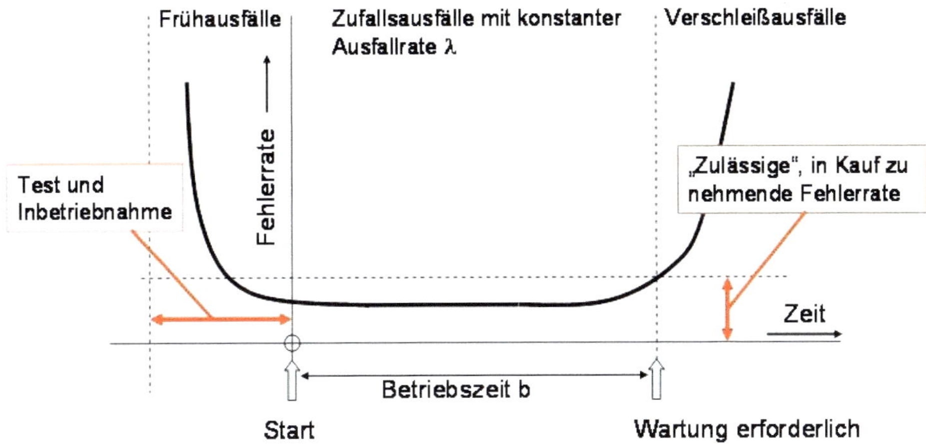

Bild 2.3: Typischer Verlauf der Ausfallrate technischer Systeme (Badewannen-Kurve)
Quelle: Piller Germany GmbH & Co. KG

Die Erfahrung hat gezeigt, dass Fehler in einem System meist nach der Inbetriebnahme oder nach einer bestimmten Laufzeit durch Verschleiß auftreten. Sie folgen dabei einer Badewannenkurve.

Systemverbünde, wie z.B. USV-Anlagen, werden parallel geschaltet, um die Ausgangsleistung zu erhöhen. Wenn dabei alle Einheiten in dem Parallelverbund zur Versorgung der Verbraucher benötigt werden, nimmt mit der Anzahl der Einzelsysteme

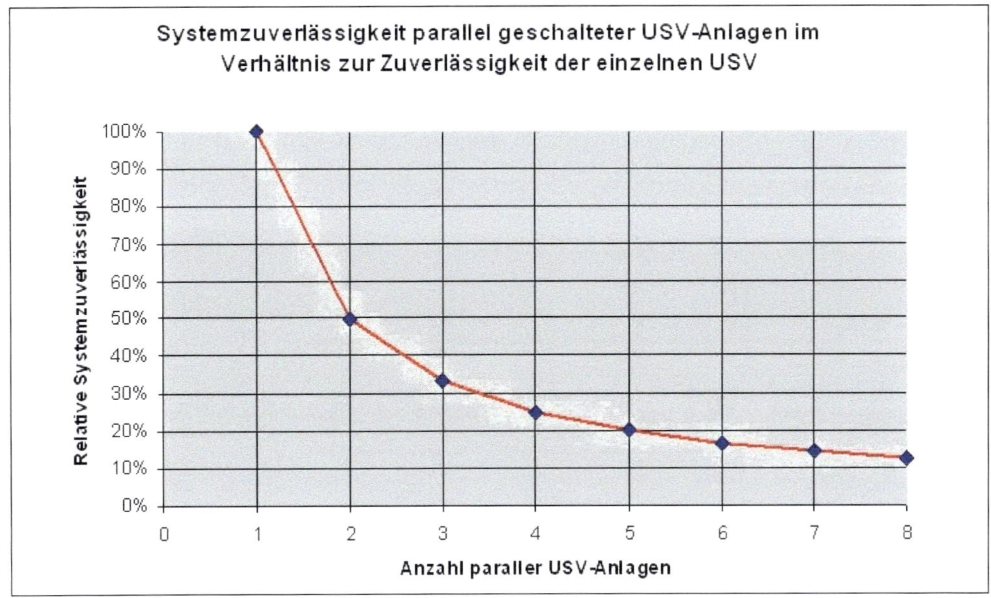

Bild 2.4: Abnahme der Systemzuverlässigkeit paralleler Anlagen
Quelle: Piller Germany GmbH & Co. KG

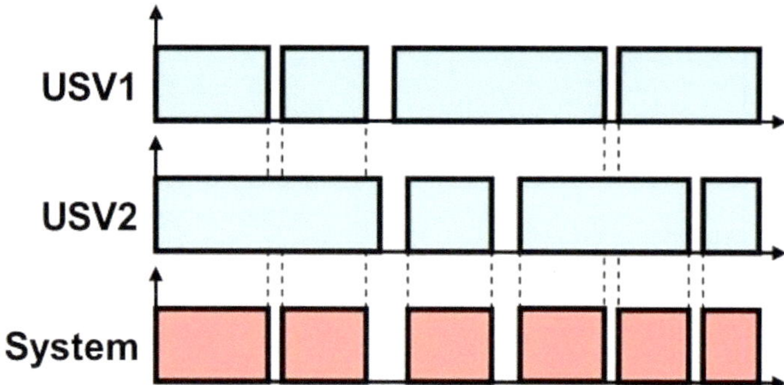

Bild 2.5: Auswirkung von Fehlern in einer leistungsparallelen Anordnung
Quelle: Piller Germany GmbH & Co. KG

die Wahrscheinlichkeit eines Ausfalls zu. Bei beispielsweise sechs parallelen Anlagen ist der MTBF-Wert bei 16,7 Prozent des Wertes der Einzelanlage, d.h. die Ausfallrate ist sechsmal höher.

Bild 2.5 macht deutlich, warum die Systemzuverlässigkeit mit steigender Parallelschaltung von Anlagen sinkt. Tritt in der Einzelanlage ein Fehler auf, hat dies Auswirkungen auf das Gesamtsystem. Fällt eine Einzelanlage aus, fällt das Gesamtsystem aus.

Aus diesem Grund ist es zunächst besser, anstatt mehrerer kleiner Anlagen wenige größere Anlagen parallel zu schalten. Wirtschaftlich ist dies in der Regel auch die günstigere Variante.

Redundant parallele Anlagen erhöhen die Zuverlässigkeit nochmals erheblich, da ein System ausfallen kann, während das zweite System oder weitere Systeme die Last

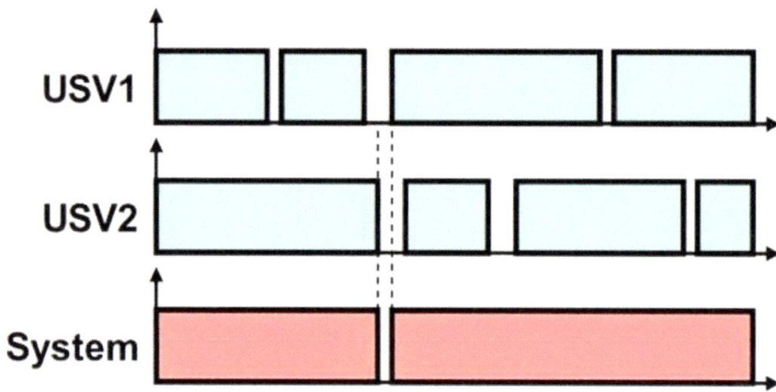

Bild 2.6: Auswirkung von Fehlern in einer redundant parallelen Anordnung
Quelle: Piller Germany GmbH & Co. KG

versorgen. Der einzelne Ausfall wird dabei von dem oder den redundanten Systemen kompensiert, so dass der tatsächliche Ausfall nur noch vorkommt, wenn alle redundanten Anlagen zur gleichen Zeit einen Fehler haben, oder so viele Anlagen einen Fehler haben, dass das Gesamtsystem in Überlast geht.

Bild 2.6 zeigt deutlich, wie groß der Einfluss von Redundanzen auf das Gesamtsystem sein kann. Voraussetzung ist allerdings, dass die vollständige Unabhängigkeit der einzelnen Systeme vorhanden ist und keine gegenseitige Fehlerbeeinflussung stattfindet.

Wie die Versorgungskonzepte und Redundanzen in der Praxis aussehen können, wird im nächsten Abschnitt erläutert.

2.5 Versorgungskonzepte und Redundanzen

Man könnte meinen, dass sich nach Jahrzehnten des Rechenzentrumbaus verschiedene Versorgungskonzepte durchgesetzt haben. Doch weit gefehlt. In jedem Projekt werden neue Versorgungskonzepte entwickelt und ausgearbeitet. Sicherlich greift man auf Bekanntes zurück, doch der „Teufel steckt im Detail“. Jeder Kunde, jeder Berater und jeder Lieferant hat seine eigenen Ideen und seine möglicherweise eigenen Interessen. Krass ausgesprochen greift das alte Sprichwort: „Wenn zwei Fachleute am Tisch sitzen und sich einig sind, ist mindestens einer kein Fachmann.“

Diese unterschiedlichen Ansätze und Meinungen unter einen Hut zu bringen, sind oft bereits im Vorfeld die größte Herausforderung.

Versorgungskonzepte wie z. B. die TIER-Klassen des Uptime-Institute geben je nach Klassifizierung die grobe Richtung vor.

Die Antwort ergibt sich zumeist aus den zwei Kenngrößen Redundanzen und zur Verfügung stehende finanzielle Mittel. Daraus leiten sich die Ansätze und Lösungen ab.

Doch bei aller Liebe zum Detail sollte ein Grundsatz nie verlassen werden:

Wenn schon Redundanzen, dann bitte durchgängig und auf einem einheitlichen Stand.

Es wird sehr oft der Fehler gemacht, Redundanzen in manchen Anlagen sehr hoch anzusetzen und sie gleichzeitig meist aus Gründen der Kostenersparnis an anderen Stellen gänzlich zu vernachlässigen bzw. ganz darauf zu verzichten.

Spricht man von Redundanzen, wird anhand nachfolgender weniger Beispiele dargestellt, wie sie realisiert werden können. Es zeigt jedoch auch ganz deutlich, dass die gleiche Redundanz durch unterschiedliche Anlagenkonfigurationen erreicht werden kann.

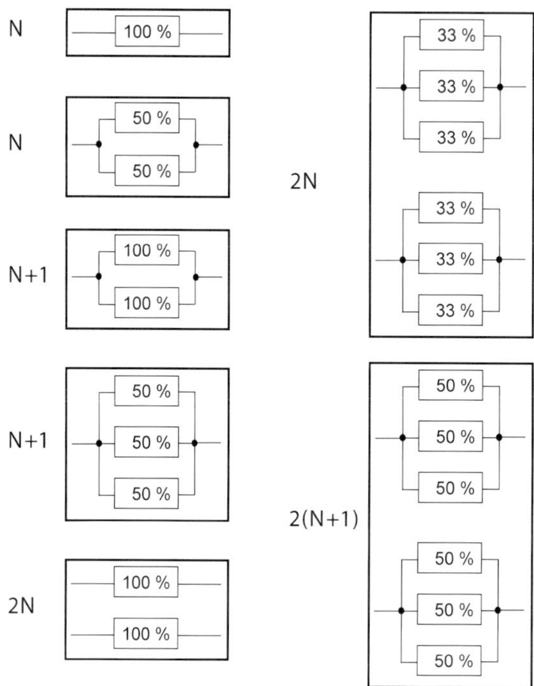

Bild 2.7: Wenige Beispiele für eine Vielzahl von Redundanzen

2.5.1 Alternative USV-Redundanzkonzepte

Aus der Notwendigkeit heraus, hochverfügbare Redundanzlösungen bei gleichzeitig niedrigen Investitionskosten schaffen zu müssen, haben sich in den letzten Jahren sehr viele Konzepte und Konfigurationen über die klassische N+1 oder N+N-Lösung hinaus entwickelt.

Beispielhaft werden nachfolgend zwei Lösungen beschrieben. Dabei kann die modulare USV-Anlage bereits bei kleinen USV-Lasten angewandt werden. Die Isoliert-Parallele USV-Konfiguration findet jedoch erst bei höheren Lasten ab mehreren 100 kW Anwendung.

2.5.1.1 Modulare USV-Anlagen

Modulare USV-Anlagen sind prinzipiell mehrere parallel geschaltete USV-Anlagen auf Modul- oder Anlagenebene. Dabei haben modulare Systeme einige Vorteile, die eine Parallelschaltung von mehreren Einzel-USV-Anlagen in der Form nicht haben:

1. Die einzelnen Module können während des USV-Betriebes einfach gesteckt, getauscht oder entfernt werden. Dadurch wächst die modulare USV-Anlage mit dem Bedarf mit. Defekte Module können einfach im Hot-Plug-Verfahren getauscht werden.

2. Die Steuerung und Regelung der einzelnen Module erfolgt je nach Hersteller zentral oder dezentral.
3. Die Stellfläche ist im Vergleich zu parallelen Einzel-USV-Anlagen geringer.

Bei USV-Anlagen ist der Wirkungsgrad umso höher, je näher man mit der abnehmenden Last an die Nennlast der USV-Anlage herankommt. Modulare USV-Anlagen haben als Parallelsystem mehrerer USV-Anlagen bereits integriert, d.h. die Zu- und Abgangsleitungen werden bereits auf den Maximalausbau dimensioniert. Eine modulare USV-Anlage besitzt einen zentralen Hand-Bypass, mit dem die komplette USV-Anlage umgangen werden kann. Zudem besitzt jedes einzelne Modul bei einer dezentralen Architektur einen eigenen elektronischen Bypass, so dass auch dieser redundant arbeitet und mit skaliert wird.

Die Steuerung ist bereits so ausgelegt, dass automatisch erkannt wird, wie viele Module in Betrieb sind. Das Hot-Plug-Verfahren kann damit problemlos angewandt werden, da die Steuerung sich automatisch auf die Module und deren Betriebszustand einstellt.

Der Vorteil modularer USV-Anlagen liegt in der hohen Verfügbarkeit und in der hohen Zukunftsfähigkeit, indem Module dem Bedarf entsprechend erweitert werden können. Je nach Hersteller können dabei Module unterschiedlicher Leistungsstufen gemischt in einem Schrank verwendet werden. Die Dimensionierung kann damit noch genauer dem derzeitigen Bedarf angepasst werden bzw. die Leistungssprünge bei Leistungserhöhung können durch die Mischung unterschiedlicher Leistungsstufen geringer ausfallen.

Die mittlere Reparaturzeit (MTTR – Mean Time to Repair) ist sehr kurz, da nur das einzelne Modul im Hot-Plug-Verfahren getauscht (online tauschbar) bzw. aufgerüstet werden muss.

Üblicherweise ist jedem USV-Modul ein Batteriemodul zugeordnet. Die Batteriemodule können sich dabei je nach notwendiger Kapazität und Überbrückungszeit im Modul selbst, im gleichen Schrank oder in einem separaten Batterieschrank befinden.

Frühere modulare Systeme bargen immer die Gefahr, dass bei Fehlern innerhalb eines Moduls, die Auswirkungen auf die zu schützende Last zu spüren waren. Die heutigen Regelungen sind jedoch so intelligent und die Schalthandlungen so schnell, dass ein defektes Modul keinen Einfluss mehr auf die zu schützende Last hat. Defekte Module werden einfach automatisch durch die Steuerung aus dem Verbund getrennt und die anderen Module übernehmen deren Last zusätzlich, sofern die Anlagen so dimensioniert wurden.

Der Nachteil modularer Anlagen liegt in den höheren Anschaffungskosten bei Vollausbau und in der Tatsache, dass eine N+N-Redundanz durchgehend ab der Hauptverteilung bis zum Verbraucher mit nur einem Schrank nicht abgebildet werden kann.

Die Anlagen starten bei 10 kW pro Modul und enden bei mehreren 100 kW pro Anlage.

Bild 2.8: Modulare USV-Anlage mit fünf Modulen mit je bis zu 100 kVA/kW
Quelle: ABB

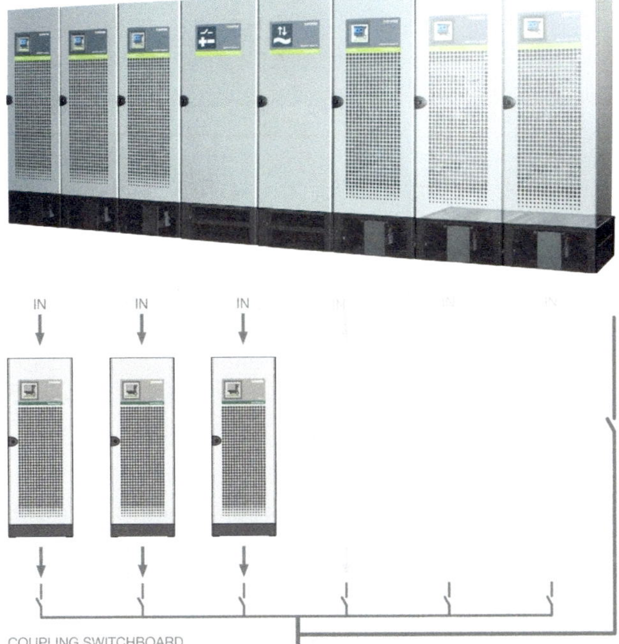

Bild 2.9: Modularität auf Anlagenebene
Quelle: Socomec GmbH

Bild 2.10: Erweiterung und Tausch einer Anlage ist relativ einfach möglich
Quelle: Socomec GmbH

2.5.1.1.1 Effizienzsteigerung bei modularen Anlagen

USV-Anlagen haben heutzutage bis in den Bereich von ca. 30-100 Prozent Last eine sehr gute, nahezu gleichbleibende Effizienz. Die Effizienz sinkt sehr stark bei Lasten unter 30 Prozent. Bei einer 2N-Konfiguration der Energieversorgung und somit Halblastparallelbetrieb sind die 30 Prozent Last schnell unterschritten.

Das haben USV-Anlagenhersteller erkannt und speziell für modulare Anlagen Steuerungen auf den Markt gebracht, die – sofern nicht benötigt – einzelne Module in den Standby-Modus schalten. Sie laufen dann bildlich gesprochen im Leerlauf mit und schalten sich automatisch zu, falls mehr Last benötigt wird. Der Redundanz-Level (N, N+1, N+2 etc.) und der maximal erwartete Lastsprung kann frei konfiguriert werden. Die ebenfalls konfigurierbare Hysterese verhindert, dass Module zu oft aktiv und auf Standby geschaltet werden.

Sobald ein Modul einen abnormalen Zustand erkennt oder durch Stromausfall ein Netzfehler in der speisenden Quelle vorhanden ist, schalten alle Module in den Aktiv-Mode. Das Modul, das den abnormalen Zustand hat, wird dabei selbständig vom Gesamtsystem isoliert, um so Fehlfunktionen oder Beschädigungen des Gesamtsystems zu vermeiden. Die Module bleiben so lange in dem Aktive-Mode geschaltet, bis der Netzfehler am Eingang nicht mehr besteht oder der Alarm beim abnormalen Zustand gelöscht oder bestätigt wurde.

Zudem rotiert das System zwischen den Aktiv- und Standby-Modulen auf den ausgewählten Intervallen. Dies verlängert die Lebensdauer der Module und synchronisiert die Betriebsstunden der einzelnen Module.

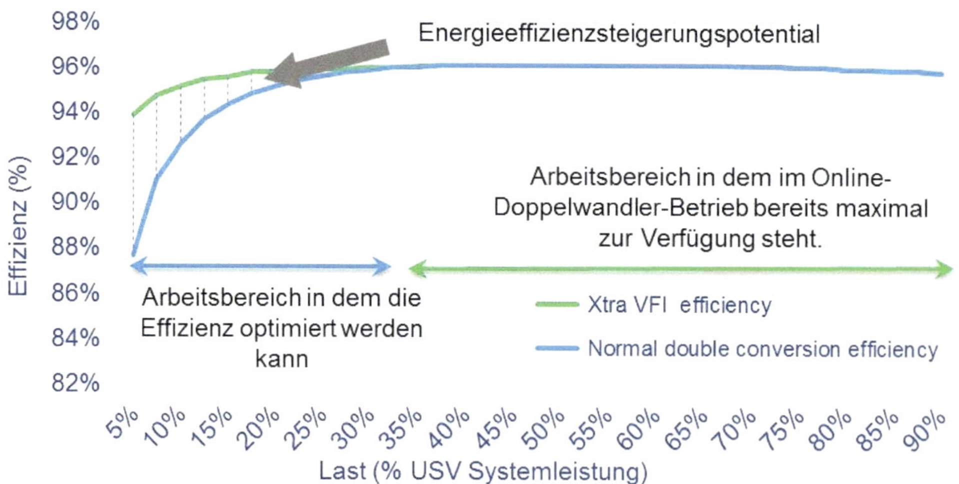

Bild 2.11: Effizienzoptimierungsbereich bei modularen Anlagen
Quelle: ABB

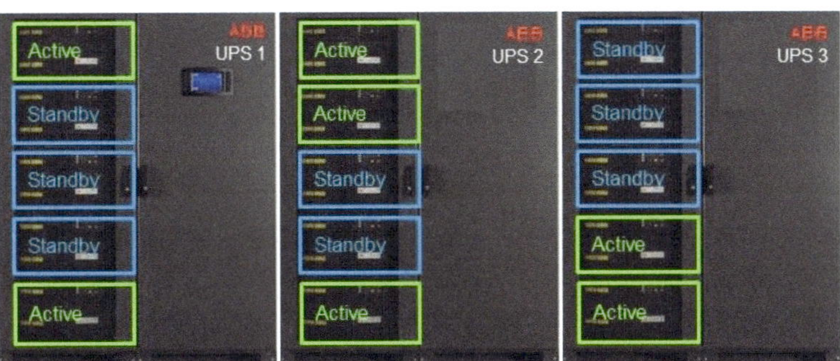

Bild 2.12: Normalbetrieb mit Modulen im Standby-Mode
Quelle: ABB

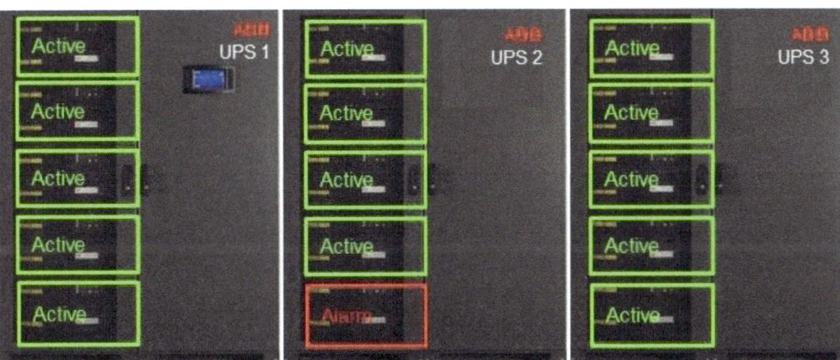

Bild 2.13: Modulfehlerbetrieb bei Ausfall eines Moduls
Quelle: ABB

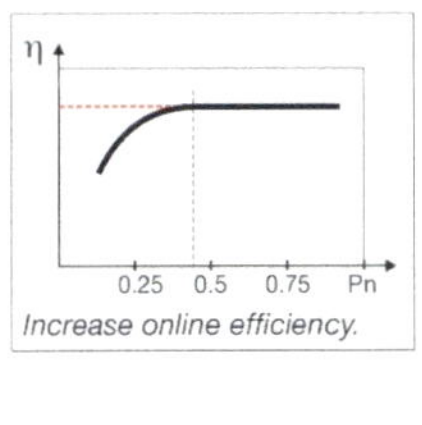

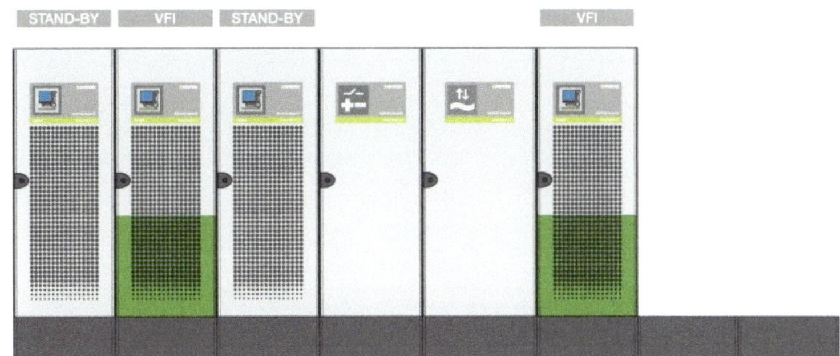

Bild 2.14: Effizienzsteigerung auf Anlagenebene
Quelle: Socomec GmbH

2.5.1.2 Isoliert-Parallele USV-Konfiguration

Bei der klassischen parallelen USV-Konfiguration speisen mehrere Einzel-USV-Anlagen auf eine gemeinsame Sammelschiene. Während bei einer N+1-Konfiguration die Wartung der einzelnen USV-Anlage noch relativ problemlos möglich ist, stellt sich die Wartung der Sammelschiene im laufenden Betrieb als unmöglich dar. Zudem sind die Anlagen bei 5 bis 6 MVA am oberen Ende angekommen. Ein Ausfall der gemeinsamen Sammelschiene führt zum Ausfall des Gesamtsystems.

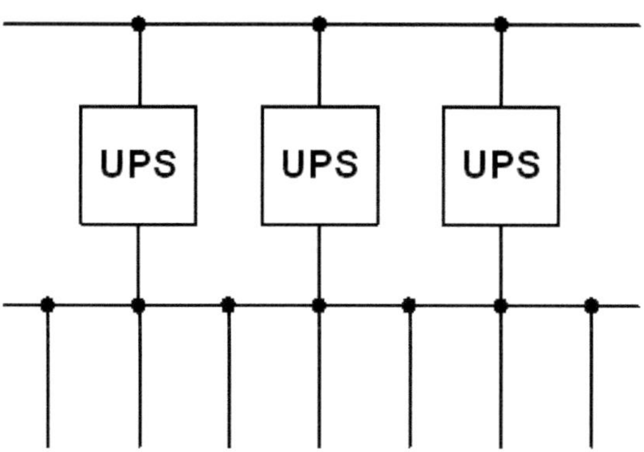

Bild 2.15: Parallele USV-Konfiguration
Quelle: Piller Germany GmbH & Co. KG

Abhilfe kann hier eine zweite Sammelschiene schaffen, wobei die Anzahl der USV-Anlagen verdoppelt werden muss. Jede Sammelschiene muss in der Lage sein, die komplette Last zu tragen.

Die Folge hiervon ist wiederum, dass im Normalbetrieb jede Sammelschiene, also auch jeder USV-Block nur zu maximal 50 Prozent belastet werden kann. Das System ist zwar extrem zuverlässig, jedoch arbeiten die USV-Anlagen nicht in ihrem optimalen Wirkungsgradbereich, was sich wiederum in den Verlustkosten niederschlägt. Zudem sind die Investitionskosten sehr hoch. Die Einspeisung der Verbraucher erfolgt über statische Transferschalter. Die entsprechende Umschaltzeit der Transferschalter ist zu beachten.

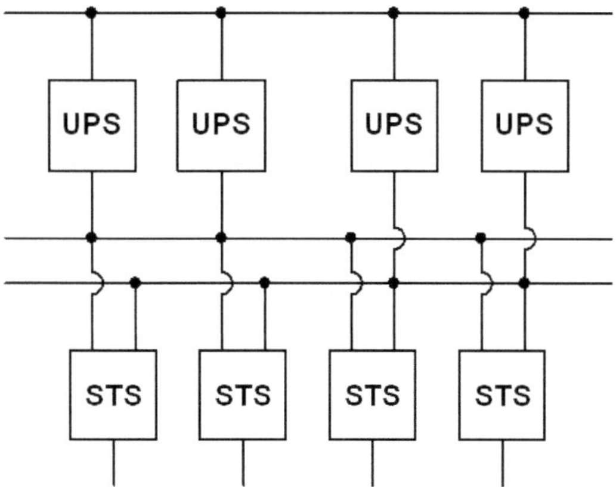

Bild 2.16: Systemredundante USV-Konfiguration mit statischem Transferschalter
Quelle: Piller Germany GmbH & Co. KG

Als dritte Möglichkeit gibt es die isoliert-redundante Konfiguration, bei der nur eine USV als Redundanz dient und diese über statische Transferschalter auf den jeweiligen fehlerhaften Ausgang geschaltet werden kann. Somit werden bei Ausfall einer USV-Anlage über die redundante USV-Anlage die Verbraucher weiterversorgt. Allerdings sind auch hier wieder die Schaltzeiten der statischen Transferschalter zu beachten.

Ein weiterer Nachteil ist die fehlende Möglichkeit der automatischen Lastaufteilung zwischen den einzelnen Modulen. Jede USV-Anlage wird mit der Last betrieben, die am Ausgang benötigt wird. Mindestens die redundante USV-Anlage läuft ständig im Leerlauf mit, was wiederum hohe Verluste des Gesamtsystems erzeugt.

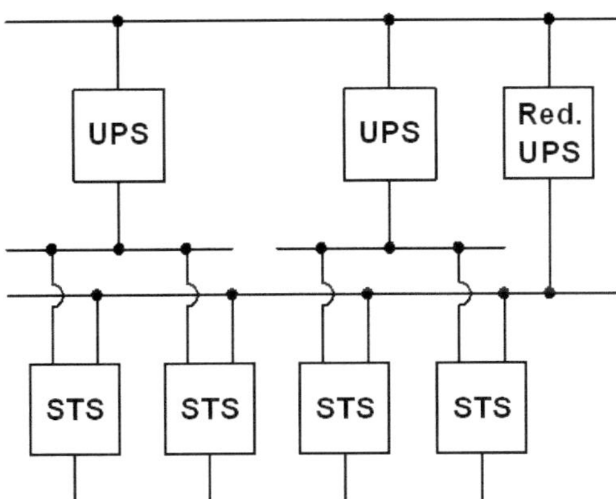

Bild 2.17: Isoliert-Parallele USV-Konfiguration mit statischem Transferschalter
Quelle: Piller Germany GmbH & Co. KG

2005 wurde die Isoliert-Parallele USV-Konfiguration (IP-System – Isolated Power) entwickelt. Die Konfiguration erlaubt eine Parallelschaltung von USV-Anlagen zur Schaffung von Redundanzen und gleichzeitig eine automatische Lastaufteilung, was wiederum höhere Wirkungsgrade der Einzelanlagen nach sich zieht.

Über die Fehlerisolierung wird sichergestellt, dass sich Fehler über die Lastschiene nur auf die einzelne Anlage und nicht auf alle Anlagen übertragen.

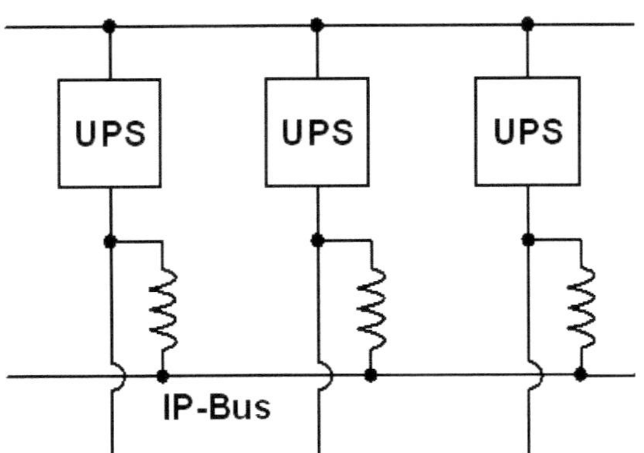

Bild 2.18: Grundsätzlicher Aufbau eines IP-Buses
Quelle: Piller Germany GmbH & Co. KG

Jede USV-Anlage ist über eine Dreiphasendrossel (IP-Drossel) an eine gemeinsame Sammelschiene angeschlossen. Durch die IP-Drossel werden Fehlerströme auf ein annehmbares Niveau gesenkt und gleichzeitig die ausreichende Lastverteilung hergestellt.

Dadurch kann das System bei voller Redundanz als N+1-Lösung aufgebaut werden, was die Anzahl der Anlagen auf ein Minimum reduziert.

Im Normalbetrieb wird jeder Verbraucher über die dazugehörige USV versorgt. Bei gleichmäßiger Auslastung wird kein Strom über die IP-Drossel übertragen. Zudem findet kein Austausch von Blindleistungen zwischen den USV-Anlagen statt.

Werden die Lasten ungleichmäßig verteilt, speist nach wie vor jede USV-Anlage ihren dazugehörigen Verbraucher. Allerdings erfolgt ein Ausgleich über die IP-Drosseln, so dass die USV-Anlagen nahezu die gleichen Leistungen liefern, obwohl die Last an den Abgängen unterschiedlich ist. Die automatische Lastverteilung erreicht man durch die ideale Kombination aus Phasenwinkel zwischen den USV-Abgangsschienen und den Impedanzen der IP-Drosseln.

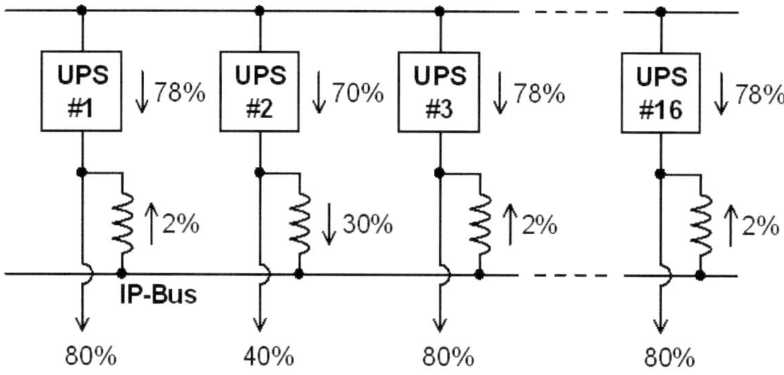

Bild 2.19: Beispiel einer Lastverteilung in einem IP-System mit 16 USV-Modulen
Quelle: Piller Germany GmbH & Co. KG

Die Systeme eignen sich vor allen Dingen bei rotierenden USV-Anlagen, da diese USV-Anlagen bereits integrierte Koppeldrosseln besitzen, welche für den lastabhängigen Phasenwinkel verantwortlich sind.

Typische Einsatzgebiete des IP-Buses sind Anlagenverbünde über 1 MVA.

Beim Betrieb solcher Anlagen ist darauf zu achten, dass die USV-Anlage vom IP-Bus genommen werden muss, bevor sie auf den Bypass geschaltet wird. Das Einlegen des Bypasses ohne vorherige Abkopplung vom IP-Bus würde den Phasenwinkel aufheben, und die Lasten des gesamten Systems würden über diesen Bypass gespeist werden.

Fällt im Fehlerfalle eine USV-Anlage aus, dann ist die Last weiterhin über die IP-Drossel angebunden. Über die anderen USV-Anlagen erfolgt nun die unterbrechungsfreie und automatische Versorgung.

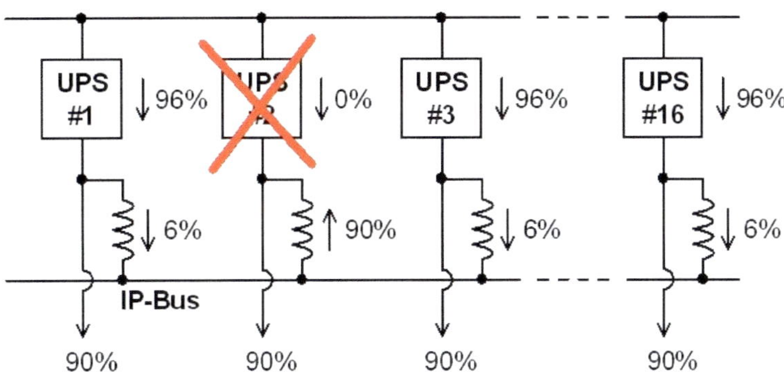

Bild 2.20: Beispiel einer redundanten Lastversorgung in einem IP-System bei Ausfall einer USV
Quelle: Piller Germany GmbH & Co. KG

Die Zuverlässigkeit des Systems resultiert unter anderem daraus, dass die USV-Anlagen keine übergeordnete Regelung oder Kommunikation benötigen. Der Betrieb des Systems, d.h. vor allem die Aufteilung der Lasten auf die einzelnen USV-Anlagen und das Verhalten im Fehlerfall erfolgt allein durch die Gesetze der Physik. Lediglich für die Überwachung der Leistungsschalter wird eine redundante Steuerung verwendet.

2.6 Welche Gefahren bedrohen mein Rechenzentrum?

Das ist natürlich zunächst jede Bedrohung von außen, sei es durch Stromausfall oder durch Einbrecher oder auch Hacker. Aber denken Sie auch an mögliche interne Bedrohungen durch frustrierte Mitarbeiter, die mit entsprechender Fach- und Ortskenntnis eine viel größere Bedrohung darstellen können. Eine Gallup-Studie von 2010 belegt, dass ganze 66 Prozent der Mitarbeiter ihrem Arbeitgeber gegenüber keine Verpflichtung verspüren und Dienst nach Vorschrift machen. Nur 11 Prozent arbeiten engagiert und bereits jeder vierte Mitarbeiter hat innerlich gekündigt. Im Zuge des immer stärker werdenden Drucks nach Umsatz, schlechter Führung und der ständigen Umstrukturierung in Firmen wird der Faktor Mensch immer mehr zur Maschine mit einer Personalnummer. Wenn wir nicht endlich anfangen umzudenken, wird der Trend anhalten und die Zahl der frustrierten Mitarbeiter immer stärker zulegen.

Was sicherlich in nächster Zeit auch noch mehr zunehmen wird, sind Wetterlagen, die Sturm-, Hagel- oder Hochwasserschäden zur Folge haben.

Die möglichen Bedrohungen kategorisieren sich nach ihrer jeweiligen Ursache in fünf Gruppen:

2.6.1 Infrastruktur und Technik

In diese Kategorie fällt jegliche Bedrohung, welche Ausfall oder Verlust der Infrastruktur und Technik als Ursache haben.

Dies kann im Einzelnen sein:

- Stromausfall irgendwo in der gesamten Versorgungskette zwischen Energieversorger und IT-Hardware
- Ausgleichsströme durch fehlende Erdung und Potentialausgleich sowie generell „schlechtere" Elektroversorgung wie Brücken zwischen N und PE etc.
- Überspannungen aus Schalthandlungen, Technikanlagen etc.
- Kabelbrand durch Überlast oder sonstige Ursachen
- Ausfall der Kommunikationsverbindungen
- Ausfall der Klimatisierung, somit Überhitzung der IT-Komponenten
- Hardware- und Softwaredefekte
- Rauchgase und Feuer
- Nicht anlaufende NEA-Anlagen durch „schlechten" Kraftstoff etc.

2.6.2 Mitarbeiter

Es sind jedoch nicht immer frustrierte Mitarbeiter, welche dem Rechenzentrum und der Infrastruktur Schaden zufügen können.

Schaden kann auch entstehen durch:

- Unachtsamkeit beim Vorbeigehen an Datenschränken
- Durchführung von falschen Schalthandlungen
- Unwissenheit
- Menschliches Versagen
- Computerviren im Datennetz über Laptops o.Ä. durch Mitarbeiter versehentlich oder bewusst eingeschleppt
- Missbrauch von Software
- Diebstahl
- Gezielte Sabotage etc.

2.6.3 Externe Menschen

Der heutige Dieb und Saboteur kommt meistens über das Datennetz. Dennoch sollte der reale Mensch vor Ort und dessen Bedrohung nicht unterschätzt werden. Spätestens der 11. September 2001 und die ständige Terrorgefahr, die uns umgibt, bringen uns wieder zurück zur Realität. Mögliche externe Gefahren können sein:

- Computerviren über das Datennetz
- Gezieltes Hacking, Phishing etc.
- Realer Einbruch
- Sabotage
- Spionage
- Vandalismus
- Flugzeugabstürze oder bewusste Sabotierung aus der Luft
- Verkehrsunfälle in unmittelbarer Nähe mit Gefahrguttransportern o.Ä.
- Terrorgefahr usw.

2.6.4 Witterungseinflüsse

Themen wie die globale Erderwärmung, Hitzerekorde, anhaltende strenge Winter usw., sind mittlerweile keine Ausnahmen mehr, sondern fast schon die Regel.

Schaden kann entstehen durch:

- Starke Kälte und Frost
- Schneemassen
- Wassereinbruch
- Sturm
- Blitzeinschlag
- Spannungsschwankungen in den globalen europäischen Stromnetzverbünden
- Hitzerekorde über längere Zeiträume etc.

In der Broschüre „Herausforderung Klimawandel" des Gesamtverbandes der Deutschen Versicherungswirtschaft e.V. wurde unter anderem untersucht, wie sich die Stürme und der Hagel in den Sommer- und Wintermonaten in Zukunft entwickeln. Dabei wurden die Ergebnisse der Klimaforschung mit den bisher ermittelten Schadensätzen bei Sturmschäden verknüpft. In Deutschland erwartet man dadurch eine durchschnittliche Steigerung von 7 Prozent für die Jahre 2011 bis 2040. Die Steigerung der weiteren 29 Jahre von 2041 bis 2070 liegt bei erwarteten 28 Prozent. Auffallend ist dabei, dass vor allem die Sommermonate schadensträchtiger und damit auch teurer werden können.

Zusammenfassend lassen sich die Ergebnisse wie folgt festhalten:

- Die Hagelschäden im Sommer nehmen zu
- Im Westen Deutschlands werden die Sturmschäden am stärksten zunehmen
- Die extremen Unwetter werden noch heftiger, die Schäden nehmen deutlich zu

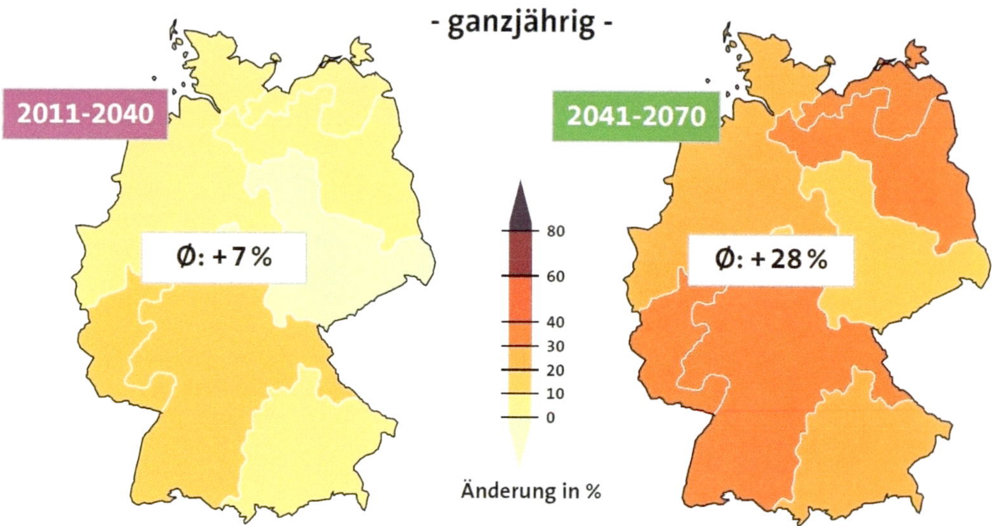

Bild 2.21: Mittlerer, jährlicher Schadensatz 1984-2008 im Vergleich zu 2011-2040 und 2041-2070
Quelle: Gesamtverband der Deutschen Versicherungswirtschaft e.V.

2.6.5 Umweltkatastrophen

Das Jahrhunderthochwasser aus Dresden ereilt uns mittlerweile fast jedes Jahr und es wird in den nächsten Jahren und Jahrzehnten sicherlich noch dramatischer werden. Dadurch sind auch vermeintlich akzeptierte und beherrschbare Risiken plötzlich Realität:

- Hochwasser und Überschwemmungen
- Erdrutsch
- Erdbeben
- Explosionen usw.

Die Hochwasserentwicklung wird nachfolgend am Beispiel der Pegelstände der Elbe dargestellt. Grundlage der Berechnung waren die Pegelstände in der Zeit von 1961 bis 1990 am Messpunkt Neu Darchau im Landkreis Lüchow-Dannenberg. Aus den beiden Berechnungen wird ersichtlich, dass es in der ersten Hälfte dieses Jahrhunderts vermutlich keine größeren Veränderungen geben wird, während in der zweiten Hälfte ein erheblicher Anstieg der Elbe-Pegelstände zu erwarten ist.

Pegelstände der Elbe

Entwicklung eines 30-jährlichen Hochwassers der Elbe (1961 bis 2100, Pegel Neu Darchau)

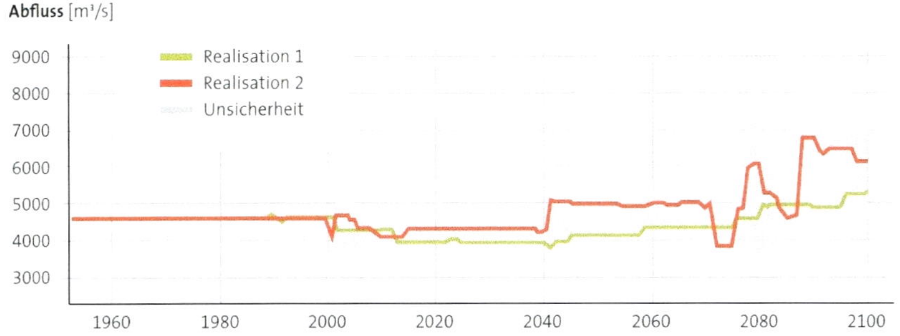

Die Abbildung zeigt die Abflussmenge eines Hochwassers, das im Durchschnitt alle 30 Jahre zu erwarten ist. Danach könnten in Zukunft die Hochwasserpegel an der Elbe deutlich steigen. Allerdings zeigen die Schadenszenarien auch eine große Bandbreite an möglichen Ergebnissen.

Bild 2.22: Pegelstände der Elbe
Quelle: Gesamtverband der Deutschen Versicherungswirtschaft e.V.

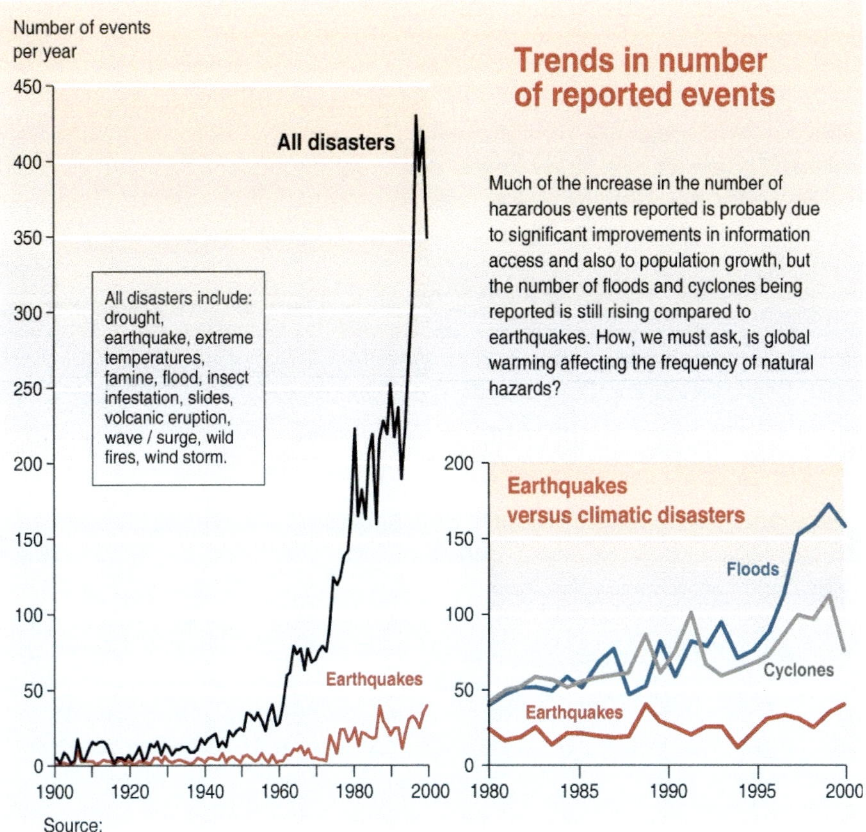

Bild 2.23: Umweltereignisse von 1900 bis 2000
Quelle: Emmanuelle Bournay, United Nations Environment Programme / GRID-Arendal (http://www.grida.no/graphicslib/detail/trends-in-natural-disasters_a899),

2.7 Normierung, rechtliche Aspekte, steuerliche Abschreibungen und Versicherung

2.7.1 Die Rechenzentrumsnorm DIN EN 50600

Die europäische Rechenzentrumsnorm DIN EN 50600 ist mittlerweile in allen Teilen veröffentlicht.

Es ist gut, dass endlich die Chance ergriffen wurde, einen einheitlichen Standard in Europa für die Infrastruktur von Rechenzentren zu schaffen und damit einen Vergleich von Rechenzentren zu ermöglichen. Und doch ist es so, dass die Norm derzeit noch sehr viel Unsicherheit erzeugt und man von einer Planungssicherheit durch die Norm doch noch etwas entfernt ist. Dazu tragen sicherlich auch die Formulierungen bei, die doch teilweise viel Interpretationsspielraum lassen. Ein weiterer Kritikpunkt ist das Fehlen von Prüfkriterien, was es auch für Prüfer sehr schwer macht, entsprechende Prüfkriterien anzusetzen. Auffallend viele „sollte"-Formulierungen verwässern zudem viele gut gemeinte Ansätze wieder und Empfehlungen gibt es oftmals „keine" oder sie sind noch „in Beratung".

Die Frage bei jeder Norm ist für die Ersteller immer, wie viel verbindlich vorgeben sein sollte und wie viele Freiheitsgrade den einzelnen Planern, Errichtern und Betreibern verbleiben sollten. Zudem ist eine Norm immer eine Ausführungsempfehlung, die zwar nicht bindend ist, aber vor Gericht durch ihren Status als „Anerkannter Stand der Technik" doch quasi Gesetzescharakter hat.

Den Spagat schafft die Norm über die Klassifizierung in vielen Bereichen. So sind sowohl bei der Stromversorgung als auch bei der Bewertung der Kälteversorgung, der Verkabelung, der Sicherheit sowie dem Management und dem Betrieb Abstufungen möglich. Leider fehlt diese Abstufung hinsichtlich der Gebäudekonstruktion. Damit wird berücksichtigt, dass es nicht bei jedem IT-Raum oder Rechenzentrum möglich oder nötig ist, immer die höchste Stufe zu erreichen. Es ist durchaus möglich, Abstriche zu machen, die sich z. B. aus dem zur Verfügung stehenden finanziellen Budget oder aus vorhandenen Zwängen wie der Beschaffenheit der Räumlichkeiten oder den technischen Möglichkeiten ergeben, und dabei trotzdem noch die Vorgaben der Norm zu erfüllen.

Ob dabei die geplanten und vorhandenen Standards des IT-Raumes oder Rechenzentrums ausreichen, wird bereits im Vorfeld durch eine Risikoanalyse festgelegt. Ziel ist es dabei herauszufinden, welche Sicherheit und Verfügbarkeit ein Unternehmen zwingend benötigt. Es hat sich in der Praxis bewährt, dass jedes Unternehmen seine IT-Räume und Rechenzentren klassifiziert und unterschiedliche Sicherheiten und Verfügbarkeiten bereits im Vorfeld festlegt. Mit dieser Grundlage hat man nun die Möglichkeit, neue IT-Räume und Rechenzentren nach dem selbst festgelegten Standard zu planen und zu bauen, sowie bestehende IT-Räume und Rechenzentren aufzurüsten.

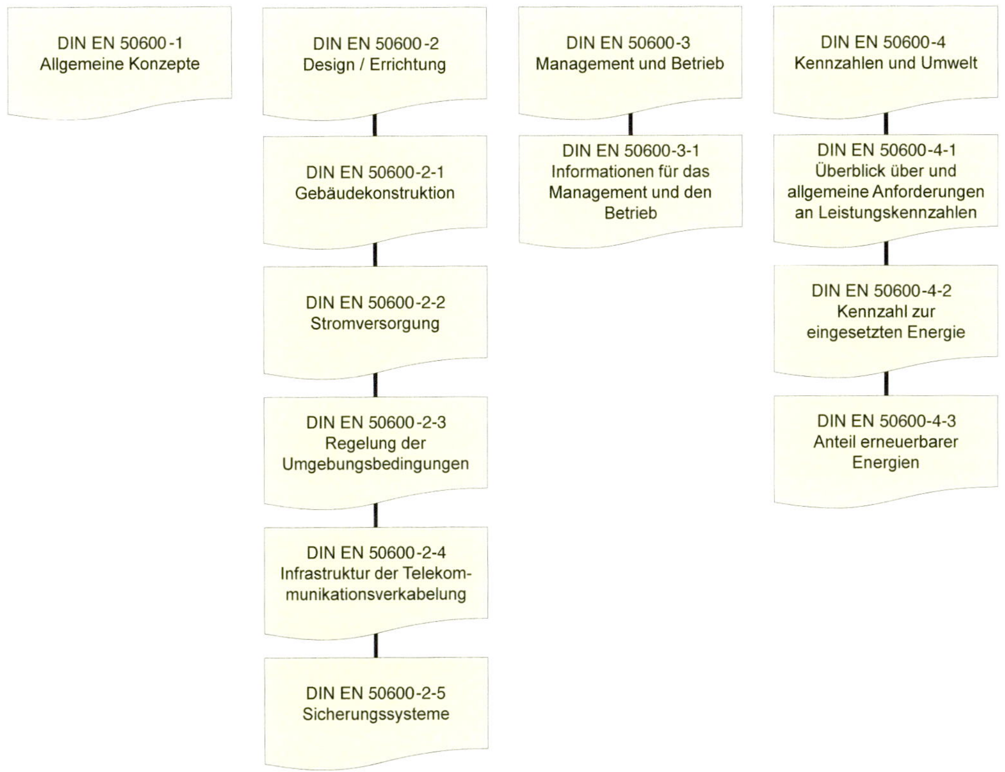

Bild 2.24: Übersicht über die Normenteile der DIN EN 50600

2.7.2 Haftung und rechtliche Aspekte

Sind gravierende Mängel in der Informationstechnologie in Unternehmen vorhanden und bekannt und führen diese dazu, dass das Unternehmen großen Schaden nimmt oder gar in Insolvenz gehen muss, kann dem IT-Verantwortlichen dies als grobe Fahrlässigkeit ausgelegt werden. Somit haftet er uneingeschränkt für den entstandenen Schaden. Dies bedeutet, dass nicht nur das Auto und die Villa unter den Hammer kommen, sondern er im schlimmsten Fall bis an sein Lebensende abzahlen oder gar in Privatinsolvenz gehen muss.

Das muss nicht sein, wenn man sich der Gefahren und Risiken bewusst ist, ein vernünftiges Risikomanagement durchführt und Maßnahmen gegen die Risiken und Bedrohungen einleitet. Kein Mensch der Welt kann verlangen, dass man sofort auf dem hochverfügbarsten Stand ist und quasi kein Ausfall der Informationstechnologie mehr möglich erscheint. Der stetige Weg ist hier das Ziel, wobei die Betonung auf stetig liegt.

Doch zunächst der Reihe nach:

Durch die immer stärker wachsende Bedeutung der Informationstechnologie in den Unternehmen steigt auch die Anzahl rechtlicher oder wirtschaftlicher Vorgaben wie SOX, Basel II etc., um gerade die Unternehmen vor den Schäden zu bewahren, die von der Informationstechnologie ausgelöst werden können.

Die persönliche Verantwortung und das damit verbundene Haftungsrisiko jedes Einzelnen, der mit der IT zu tun hat, ist oft viel weitreichender, als im Allgemeinen vermutet. Dabei trifft es alle Hierarchiestufen, vom IT-Manager bis zum Vorstand.

Dem Arbeitnehmer können Schadenersatzansprüche seines Arbeitgebers gegenüber entstehen, wenn aufgrund des § 280 Abs. 1 des Bürgerlichen Gesetzbuches (BGB) wegen Pflichtverletzung Schaden entsteht. Dies ist bereits der Fall, wenn der Verantwortliche gravierende Schwächen seines Rechenzentrums kennt und keine Maßnahmen dagegen einleitet bzw. die Kenntnisse nicht an die Vorgesetzten meldet. Die Haftung nach BGB ist allerdings begrenzt, auch wenn der Arbeitnehmer bei der Erfüllung seiner arbeitsvertraglich übertragenen Pflichten fahrlässig handelt. Voraussetzung ist jedoch, dass der eingetretene Schaden in einem krassen Missverhältnis zum Arbeitsentgelt des Arbeitnehmers steht. Ansonsten haftet er grundsätzlich in vollem Umfang. Anders verhält es sich, wenn der Arbeitnehmer einen Dritten schädigt. Dann haftet er persönlich und in voller Höhe.

Das GmbH-Gesetz verpflichtet einen Geschäftsführer, seine Aufgaben wahrzunehmen und bei Verletzung seiner Pflichten für den entstandenen Schaden zu haften. Das Aktiengesetz fordert von seinen Vorstandsmitgliedern dasselbe. Es geht sogar noch einen Schritt weiter, indem die Beweislast im Schadensfall bei den Vorstandmitgliedern selbst liegt. Die gleichen Grundsätze gelten bei allen anderen Rechtsformen ebenfalls.

Das KonTraG (Gesetz zur Kontrolle und Transparenz in Unternehmen) fordert zudem ein Überwachungssystem, um früh geeignete (Gegen)Maßnahmen zu treffen, die den Fortbestand der Gesellschaft gefährden können. Dies erfolgt in der Regel in Form eines effizienten Risikomanagements.

Damit ist der Weg vorgegeben: Starten Sie unmittelbar und jetzt mit einem gezielten Risikomanagement. Nur so lernen Sie die Schwächen Ihres Rechenzentrums kennen und können gezielt Maßnahmen gegen die Bedrohung eines möglichen kurzen oder längeren Ausfalls einleiten. Behalten Sie die Risiken nicht für sich, sondern melden Sie diese an Ihre übergeordneten Stellen gemäß dem Motto: Melden macht frei.

Wie Sie ein effizientes und professionelles Risikomanagement durchführen, soll Ihnen im nächsten Abschnitt erläutert werden. Das Risikomanagement ist übrigens sicher nicht zufällig eines der zentralen Elemente des Projektmanagements.

2.7.2.1 Ein realer Schadensfall

Sie denken, was interessiert mich die Haftung? Ich bin nur externer Dienstleister, Angestellter im Unternehmen oder Hausmeister? Dann lesen Sie mal einen realen Schadensfall, der die Problematik eindrucksvoll erläutert. Nachgebildet hat ihn Rechtsanwalt Götz Winter:

A. Der Fall

Ein mittelständisches Unternehmen in der Rechtsform einer Aktiengesellschaft (AG), das mit 130 Menschen in der Bundesrepublik Deutschland Automobilzubehör produziert, steuert sein Werk in Sachsen und die gesamte Materialwirtschaft von der im Rhein-Main-Gebiet ansässigen Zentrale aus. Bei dem Mittelständler ist ein Mitarbeiter für die gesamte IT-Welt verantwortlich. Dieser Mitarbeiter ist im Alltag im Wesentlichen mit der Weiterentwicklung und Optimierung der Firmensoftware befasst. Faktisch ist er die Schnittstelle zu dem Softwareanbieter. Die Stelle ist eine Stabstelle und der Mitarbeiter berichtet direkt an den Vorstand für Einkauf, Personal, Produktion und allgemeine Verwaltung. Die IT-Infrastruktur ist geprägt von einem Rechenzentrum, das sich im Keller der Zentrale befindet. Neben dem Rechenzentrum liegt der Werkstattraum des angestellten Hausmeisters. Die IT-Infrastruktur ist insoweit mit dem Unternehmen gewachsen und wird von wechselnden Mitarbeitern eines externen Dienstleister betreut. Die Budgetverantwortung obliegt dem IT-Mitarbeiter der AG. Der Dienstleistungsvertrag umfasst Reaktionszeiten im Notfall sowie übliche Softwarewartungsarbeiten und wird als monatliche Pauschale abgerechnet.

In der Nacht von Samstag auf Sonntag kommt es durch einen Defekt am Kabel eines Ladegeräts des Akkuschraubers des Hausmeisters in Verbindung mit unsachgemäß gelagerten verölten Putzlumpen zu einem Zimmerbrand im Hausmeisterraum. Dieser dringt über einen unzureichend gegen Brandübertragung gesicherten Versorgungsschacht in den über der Werkstatt liegenden Raum. Die Feuerwehr erscheint zehn Minuten nach der Alarmierung (25 Minuten nach Brandentstehung) und beginnt mit den Löscharbeiten. Das eindringende Löschwasser läuft u.a. innerhalb des gleichen Versorgungsschachtes in den Keller und ebenfalls in das Rechenzentrum und macht die dortige Elektronik weitestgehend unbrauchbar.

Nach einer ersten Einschätzung der Feuerwehr ist Brandstiftung nicht ausgeschlossen. Nach Beendigung der Löscharbeiten versiegelt die Polizei die betroffenen Räume und benachrichtigt die Staatsanwaltschaft. Dem mittlerweile erschienenen Dienstleister wird der Zutritt verweigert. Die Staatsanwaltschaft mitsamt Spurensicherung erscheint am Montag. Im Abschlussbericht der Spurensicherung, welcher fünf Tage nach dem Brand fertiggestellt wird, wird der defekte Akkumulator als Ursache benannt. Da eine vorsätzliche Brandstiftung ausgeschlossen ist, gibt die Staatsanwaltschaft das Gebäude wieder vollständig frei. Nach der Freigabe erscheint die Bauaufsicht und verlangt vor erneuter Nutzung die Bestätigung eines Statikers, dass durch den Brand keine Gefahren zu befürchten sind. Die Bestätigung erfolgt und nach insgesamt sieben Tagen kann mit den Aufräumarbeiten begonnen werden.

Nach zehn Tage ist mit Hilfe der Datensicherung des Vortags ein Notsystem aufgesetzt.

B. Der Schaden

Durch den Ausfall der IT konnte in den Werken nicht produziert werden. Durch den Produktionsausfall konnten Rahmenverträge mit Automobilherstellern nicht erfüllt werden. In der Folge werden neben dem Sachschaden in Höhe von 350.000 € Umsatzausfälle in Höhe von 600.000 € festgestellt. Seitens der Kunden werden Schäden in Höhe von 3 Mio. € geltend gemacht. Diese berufen sich auf vertragliche Vereinbarungen (Vertragsstrafen) mit dem Unternehmen und darüber hinausgehende Schäden.

C. Die Suche nach dem Schuldigen

Der Aufsichtsratsvorsitzende der Gesellschaft, der zugleich Gründer und Mehrheitsaktionär ist, fragt nun, wer hier verantwortlich zu machen ist. Es kommen mehrere Verantwortliche in Betracht. Zu benennen sind der Dienstleister, der IT-Verantwortliche, der Hausmeister und die Geschäftsführung.

Der Dienstleister

Die Haftung des Dienstleisters ergibt sich zunächst aus seinem Dienstleistungsvertrag. Innerhalb dieses Vertrags finden sich keinerlei Regelungen bezüglich der Gewährleistung der Ausfallsicherheit der Gesamtanlage. Insbesondere findet sich auch keine Regelung bezüglich der Absicherung der gesamten Anlage vor potentiellen Gefahren. Außerdem soll der Dienstleister gemäß Vertrag bei Vermögenschäden nur für grobe Fahrlässigkeit und Vorsatz haften. Zur Sache erklären die zuständigen Mitarbeiter des Dienstleisters, dass ihnen die Vorgänge im Nebenraum nicht bekannt gewesen seien. Außerdem erklären sie einvernehmlich, dass sie immer wieder auf die Wichtigkeit der Datensicherung hingewiesen haben. Diese sei zwingend notwendig für den Fall, dass die Betriebssoftware z. B. durch Viren- oder Hackerangriffe ausfallen würde. Dass es brennen kann und deshalb Sachen kaputt gehen können, gehöre zur allgemeinen Lebenserfahrung.

Der Hausmeister

Der Hausmeister wird mit der Situation konfrontiert. Er erklärt, dass er nicht damit rechnen konnte, dass sein Akkuschrauber sich selbst entzünden würde. In der Bedienungsanleitung des Geräts findet sich der Hinweis, dass Ladevorgänge überwacht werden müssen und das Ladegerät unter Last nicht in der Nähe von entzündlichem Material gestellt werden darf. Damit konfrontiert schweigt der Hausmeister frustriert. Die AG kündigt dem in der Probezeit befindlichen Hausmeister fristlos. Dieser klagt, nachdem er erfolgreich einen Prozesskostenhilfeantrag gestellt hat, restlichen Werklohn und Urlaubsgeld ein. Das Verfahren wird auf dringendes Anraten des Gerichts durch einen Vergleich beendet. Schadensersatzansprüche werden wegen Vermögenslosigkeit des Hausmeisters nicht geltend gemacht.

Der IT-Verantwortliche

Der nächste potentielle Verantwortliche ist der IT-Leiter. Auch hier ergeben sich potentielle Schadensersatzansprüche primär aus dem Arbeitsvertragsrecht. In seinem Arbeitsvertrag finden sich keine expliziten Regelungen bezüglich der Verantwortung für die Aufrechterhaltung der Funktionalität der IT oder eine generelle Verantwortung für die Sicherheit der IT. Tatsächlich ist es so, dass er vornehmlich für die Weiterentwicklung der Firmensoftware verantwortlich war und so auch eingestellt wurde. Die Betreuung der Hardware ist aufgrund der thematischen Nähe und nur im Hinblick auf die Steuerung des Dienstleisters ohne weitere schriftliche Definition hinzugekommen. Faktisch kontrolliert er auch nur die Angebote und Abrechnungen des Dienstleisters. Die physikalische Sicherheit der IT- Infrastruktur war zu keinem Zeitpunkt Thema in seiner Arbeitsplatzbeschreibung. Der IT-Verantwortliche wird ebenfalls entlassen. Der sich anschließende Kündigungsschutzprozess endet ebenfalls in einem Vergleich.

Der Aufsichtsrat nimmt nunmehr den zweiköpfigen Vorstand in die Pflicht. Der nicht ausdrücklich für die IT zuständige Vertriebsvorstand erklärt, dass dies alles im Verantwortungsbereich des Vorstandskollegen liege, der im Übrigen auch Vorsitzender des Vorstands sei. Die Situation eskaliert.

D. Zum Rechtlichen

Arbeitnehmerhaftung

Dass der Hausmeister die Brandentstehung maßgeblich beeinflusst hat, ist auch für den Laien nachvollziehbar. Ob dies haftungsrechtliche Konsequenzen hat, ist eine ganz andere Frage. Die haftungsbegründenden Regeln der Arbeitnehmerhaftung gegenüber dem Arbeitgeber unterliegen den allgemeinen Haftungsgrundsätzen. Eine Besonderheit liegt in § 619a BGB. Hiernach ist der Arbeitnehmer nur dann zum Ersatz eines Schadens verpflichtet, wenn er diesen auch zu vertreten hat. Daraus resultiert eine Beweislastverteilung zulasten des Arbeitgebers. Auch wenn die allgemeinen haftungsbegründenden Regeln gelten, gibt es eine Privilegierung für den Arbeitnehmer. Das Bundesarbeitsgericht hat aus dem früher angewandten Prinzip des innerbetrieblichen Schadensausgleichs ein noch heute gültiges Privilegierungssystem entwickelt. Hierbei wird über die Schuldfrage eine Relation zur Haftungshöhe hergestellt.

Das Prinzip ist denkbar einfach:

- Vorsatz und grobe Fahrlässigkeit: Grundsätzlich volle Haftung
- Mittlere Fahrlässigkeit: Quotierung der Haftung durch den Tatrichter
- Leichte Fahrlässigkeit: Keine Haftung

Ob die Handlung des Hausmeisters leicht fahrlässig oder mittelmäßig fahrlässig war, ist demnach vom jeweiligen Tatrichter zu entscheiden. Darüber hinaus wird immer auch die Frage zu stellen sein, inwieweit dem Arbeitgeber eine Mitschuld durch das Unterlassen gebotener organisatorischer Maßnahmen zuzurechnen wird (BAG, Urt. v. 16.2.1995 – 8 AZR 493/93). Das Bundesarbeitsgericht mutet dem Arbeitgeber zu, dass er einen konkreten Schadenseintritt durch zumutbare organisatorische Vorkehrungen verhindern muss. Erfolgt dies nicht, wird seine Mitschuld zu bewerten sein. Die Mitschuld wird im Rahmen einer umfassenden Billigkeitsprüfung ermittelt. Die zu berücksichtigenden Umstände umfassen nicht nur die persönlichen Umstände des Arbeitnehmers, sondern auch Elemente wie die organisatorischen Vorkehrungen des Arbeitgebers, die Höhe des Arbeitsentgeltes, die Gefahrgeneigtheit der Tätigkeit usw., die gegeneinander abgewogen werden müssen, um gegebenenfalls eine Ergebniskorrektur vorzunehmen.

Im Falle des IT-Verantwortlichen ist zunächst festzustellen, dass er für den Brand als kausale Ursache des Schadens nicht verantwortlich ist. Es könnte aber sein, dass die physikalische Absicherung im Rahmen einer Gesamtabsicherung als eine seiner Pflichten auch hätte beachtet werden müssen. Ob er gegen eine arbeitsvertragliche Pflicht verstoßen hat, ist fraglich. Aus seinem Arbeitsvertrag lässt sich keine primäre Verantwortung über den Fortbestand der IT-Infrastruktur lesen. Der Fortbestand kann jedoch als vertragliche Nebenpflicht angesehen werden. Man wird die Frage stellen müssen ob er potentielle Gefahren hätte erkennen müssen und ob es ihm zuzumuten war, entsprechend dagegenzuwirken. In der konkreten Fallkonstellation ist das eher unwahrscheinlich. Abstrakt kann man einem IT-Verantwortlichen wahrscheinlich zumuten, dass er potentielle Ausfallszenarien beschreibt. Ob er jedoch in der Lage ist, ein konkretes Brandrisiko zu erkennen, wird fraglich sein. Die generelle Privilegierung von Arbeitnehmern lässt vermuten, dass eine Haftungsbegründung hier schwierig darstellbar sein wird.

Inwieweit diese Fragen bei kapitalen Havarien in der Praxis eine wirtschaftliche Relevanz für den Arbeitgeber haben, liegt an der wirtschaftlichen Leistungsfähigkeit des angestellten Mitarbeiters. In vielen Fällen wird es so sein, dass die Haftung der Mitarbeiter keine wesentliche finanzielle Auswirkung haben wird.

Geschäftsführerhaftung
Ganz anders sind die Haftungsfragen für die Vorstände der AG zu beurteilen. Der Vorstand einer Gesellschaft ist kein Arbeitnehmer und somit kommt er auch nicht in den Genuss der Haftungsprivilegierungen. Auch hier sind zunächst vertragliche Ansprüche zu prüfen.

Ohne Frage hat der Vorstand nicht aktiv an der Brandentstehung mitgewirkt. Die Frage ist jedoch, inwieweit er generell Maßnahmen zu ergreifen hat, die auch solche Risiken erfassen müssen. Der Gesetzgeber hat in diesem Zusammenhang ganz allgemeine Regelungen geschaffen, die der Geschäftsführung besondere Pflichten auferlegen. Zentrale Regelungen sind hier zum Beispiel der § 91 Absatz 2 des Aktiengesetzes und der § 43 Abs. 1 des GmbHG. Die Geschäftsführung hat für den Fortbestand der Gesellschaft zu sorgen. Die Geschäftsführung muss Systeme etablieren, die gewährleisten, dass bestimmte Risiken erkannt werden. Zudem hat die Geschäftsführung besondere Überwachungspflichten.

Die Fallkonstellation stellte sich so dar, dass das Unternehmen absolut abhängig von der IT-Infrastruktur am Standort der Hauptverwaltung ist. D.h. bei der Frage der Sicherung des Fortbestandes der Gesellschaft musste diese Abhängigkeit von der Geschäftsführung erkannt werden. Das Erkennen dieser Abhängigkeit ist auch zumutbar, da die gesamten Prozesse innerhalb des Unternehmens von einer Software gesteuert wurden, welche an einer einzigen Stelle verwaltet wurde. Diese IT-Infrastruktur ist offenkundig nicht ausreichend gegen physikalische Einwirkungen gesichert gewesen. Eine persönliche Haftung des Vorstands oder Geschäftsführers kommt dann in Betracht, wenn er Entwicklungen, die zukünftig ein Risiko für das Unternehmen darstellen könnten, nicht durch ein Risikomanagement überwacht und durch geeignete Maßnahmen vorbeugt.

Eine hundertprozentige Sicherheit wird es nicht geben. Der Eintritt von Elementarschäden kann passieren. Im vorliegenden Fall sind aber mehrere Faktoren zusammengekommen, die außergewöhnlich sind. Die Positionierung im Keller bringt immer das Risiko des Wassereintritts mit sich. Die Lage neben einer Werkstatt ist ungeschickt, da hier eher mit Gefahren zu rechnen ist. Die fehlerhafte Schachtausbildung wäre vor Einrichtung des Rechenzentrums zu überprüfen gewesen. Da dieser Schacht vertikal durch das Gebäude führt, ist dies sogar bauordnungsrechtlich geboten. Werden diese Probleme zusammen betrachtet, so ist die Wahl des Standorts fraglich. Wie hätte nun ein juristisch korrektes Verhalten des Vorstandes aussehen müssen? Angesichts der Bedeutung der IT für die Produktivität des Unternehmens hätte er eine Risikobewertung durchführen müssen, die den Fall eines möglichen Ausfalls der IT und dessen Folgen für das Unternehmen analysiert. Basierend darauf hätten Maßnahmen und Notfallpläne entwicklelt werden müssen, deren Ziel es ist, den Schaden zu minimieren. Das wäre unter den gegeben Umständen wohl auch zumutbar gewesen.

2.7.3 Steuerliche Abschreibungen

Sogenannte Wirtschaftsgüter lassen sich in Deutschland abschreiben und somit steuerlich nutzen. Als Wirtschaftsgut werden im Handelsrecht und in der Betriebswirtschaftslehre alle Güter bezeichnet, die in einem Arbeitsprozess für die Leistungserstellung notwendig sind. Dabei zählen zu den Wirtschaftsgütern in erster Linie Sachgüter, also alles „Anfassbare" in einem IT-Raum oder Rechenzentrum.

Die Abschreibungshöhe ist durch den (Investitions-)Preis bestimmt. Viel spannender ist die Abschreibungsdauer.

Das Bundesministerium der Finanzen schreibt dazu Folgendes:

Die Abschreibungsdauer bemisst sich bei beweglichen Wirtschaftsgütern gemäß § 7 Abs. 1 Einkommensteuergesetz grundsätzlich nach der betriebsgewöhnlichen Nutzungsdauer. Die Nutzungsdauer ist unter Berücksichtigung der besonderen betrieblichen Verhältnisse zu schätzen. Sogenannte AfA-Tabellen sind ein Hilfsmittel, um die Nutzungsdauer von Anlagegütern zu schätzen. Die in ihnen festgehaltenen Werte beruhen auf Erfahrungswissen. Die AfA-Tabellen stellen keine bindende Rechtsnorm dar. Dennoch werden die in den AfA-Tabellen festgelegten Abschreibungssätze sowohl von der Rechtsprechung, der Verwaltung, als auch der Wirtschaft allgemein anerkannt, da sie umfangreiches in der Praxis gewonnenes Fachwissen widerspiegeln.

In der Abschreibungstabelle für allgemein verwendbare Anlagegüter (kurz: „AfA-Tabelle AV“) ist die betriebsgewöhnliche Nutzungsdauer (§ 7 Abs. 1 Satz 2 Einkommensteuergesetz) für Anlagegüter ausgewiesen, die nicht branchenspezifisch genutzt werden. Die „AfA-Tabelle AV“ gilt für alle Anlagegüter, die nach dem 31. Dezember 2000 angeschafft oder hergestellt werden.

Die AfA-Tabellen sind nach Wirtschaftszweigen geordnet. Insgesamt sind 101 AfA-Tabellen (1 x AfA AV und 100 x branchenspezifisch) beim Bundesministerium der Finanzen aufgeführt und man findet hauptsächlich die produzierenden Branchen.

Die AfA-Tabelle für IT-Räume und Rechenzentren sucht man dabei vergebens.

Die letzte Überarbeitung der AfA-Tabellen fand 2001 statt. Viele branchenspezifische Tabellen sind somit nicht mehr im Einklang mit der wirtschaftlichen Entwicklung und es muss somit auf die allgemeine AfA-Tabelle zurückgegriffen werden. Hierbei ist dann die Nutzungsdauer des Wirtschaftsguts anzuwenden, das dem zu beurteilenden Wirtschaftszweig am nächsten kommt.

Dabei sind die folgenden Fragestellungen besonders im Rechenzentrum von Bedeutung:

- Stehen die Einbauten im Nutzungs- und Funktionszusammenhang mit dem Gebäude? Handelt es sich z. B. bei den Türen um Spezialtüren für das Rechenzentrum (Brandschutz, magnetische Abschirmung etc. – dann tendenziell Betriebsvorrichtungen) oder sind es „normale“ Türen (dann Abschreibung mit dem Gebäude)?
- Was ist beispielsweise ein Doppelboden?
- Wie ist die Elektrotechnik oder Kältetechnik im Einzelfall ausgestattet?
- Hat die Einbruchmeldeanlage oder Brandmeldeanlage einen speziellen Rechenzentrumsbezug? Alarmanlagen sind im BGF-Schreiben vom 08.07.2003, Bundessteuerblatt (BStBl) I, Seite 386, Rz 22 regelmäßig als Gebäudebestandteil genannt und mit demselben einheitlich abzuschreiben.

Die Liste ließe sich beliebig fortschreiben.

Die Überarbeitung von AfA-Tabellen ist extrem aufwendig und jedes Bundesland ist für bestimmte Branchen federführend zuständig. Zudem spielt bei jeder Überlegung zur Überarbeitung die Frage mit, ob dadurch in der Praxis tatsächlich eine Verbesserung erfolgt.

Kurzum: Für die Branche IT-Räume und Rechenzentren gibt es keine AfA-Tabelle, und es wird sie wahrscheinlich in absehbarer Zeit auch nicht geben. Für die Praxis bedeutet dies, dass üblicherweise bezüglich der Nutzungsdauer von Wirtschaftsgütern eine Einigung mit den Finanzbehörden erzielt werden muss. Häufig ist es auch von der Wirtschaft gar nicht gewünscht, feste Nutzungsdauern festzulegen. Das Erzielen einer Einigung ist an dieser Stelle oft der bessere Weg, da Unternehmen hier die Varianz wollen und die Frage, ob einzelne Anlagen im Rechenzentrum innerhalb weniger Jahre oder nach vielen Jahren abgeschrieben werden, auch betriebswirtschaftlichen Zwängen unterliegt.

Und sollte tatsächlich ein Wirtschaftsgut innerhalb der festgesetzten Nutzungsdauer repariert oder ersetzt werden müssen, dann wird der Restbuchwert ausgebucht bzw. das Wirtschaftsgut wird repariert, was dann eine sofort abzugsfähige Betriebsausgabe ist. Insofern brennt auch nichts an, falls man sich doch mal auf eine zu lange Nutzungsdauer geeinigt hat.

2.7.4 Rechenzentren versichern

Sofern man nicht gerade Sprengmeister, Berufssoldat, Pilot, Lehrer oder Künstler ist (für den Abschluss einer Berufsunfähigkeitsversicherung) oder bei Vertragsabschluss schon todkrank, kann man sich in Deutschland gegen so gut wie alles versichern.

Dies gilt auch im Rechenzentrumsbereich. Dabei gibt es nicht nur die Elementarversicherungen in Form einer Elektronikversicherung gegen beispielsweise Blitzeinschlag, sondern auch Versicherungen gegen Cyber-Angriffe und deren Folgen oder auch um die Reputation eines Unternehmens nach einem öffentlich bekannt gewordenen Rechenzentrumsausfall wieder einigermaßen herzustellen.

Eine Versicherung abzuschließen, ist eine wirksame Vorsorgestrategie für ein Risiko, deren Eintrittswahrscheinlichkeit sehr niedrig, die Schadenshöhe aber sehr hoch ist. Dazu jedoch mehr im nächsten Kapitel „Risikomanagement“.

Die AXA-Versicherung AG gilt dabei als Vorreiter auf dem Gebiet der ganzheitlichen Rechenzentrumsabsicherung. Die Auswirkungen von Schäden können dabei immens sein. So sind nach der Ponemon-Studie 2016 „Cost of Data Breach Study: Global Analysis“ folgende Schäden exemplarisch aufgeführt:

- Die Kosten für Datenverlust stiegen bei den 383 untersuchten Firmen in zwölf Ländern von US$ 3.79 Million im Jahr 2016 auf durchschnittlich US$ 4 Million je Unternehmen (inklusive Aufdeckung, Rufschädigung, Aktienkursverlust, gestohlene Werte, Schadensbeseitigung und Systemausfälle).
- Die Kosten für einen verlorenen oder gestohlenen Datensatz stiegen von US$ 154 im Jahr 2015 auf US$ 158 im Jahr 2016. Tendenz steigend. Der Wert in Deutschland lag 2016 bei US$ 213 pro Datensatz.
- Deutschland liegt bei den Kosten für einen verlorenen oder gestohlenen Datensatz sowie auch bei den Gesamtkosten an zweiter Stelle direkt hinter den USA.

Besonders relevant für Rechenzentrumsbetreiber sind die Haftpflichtversicherung, die Elektronikversicherung und ggfs. die Cyber-Versicherung. Während die Haftpflichtversicherung meist bereits über das Unternehmen abgedeckt ist, sind die Elektronikversicherung und die Cyber-Versicherung doch etwas spezieller. Daher werden sie nachfolgend detaillierter erläutert.

2.7.4.1 Elektronikversicherung

Je nach Versicherungsunternehmen und Tarif sind in einer Elektronikversicherung für Rechenzentren in der Regel Schäden abgedeckt, die durch Feuer, Blitzeinschlag, Explosion, Wasser inkl. Leitungswasser, unsachgemäße Handhabung, Bedienungsfehler, Vorsatz Dritter, Überspannung, Konstruktions-, Material- oder Ausführungsfehler, Diebstahl, Raub und Plünderung entstehen. Dies beinhaltet auch Planungsfehler oder beispielsweise Fehler, die infolge einer Fehlbedienung durch den Wartungstechniker bei der Wartung einer USV-Anlage auftreten können.

Nicht versichert sind dabei Vorsatz des Versicherungsnehmers oder der Repräsentanten, Kriegsereignisse, innere Unruhen und Erdbeben.

Eine Daten- und Softwareversicherung leistet Entschädigung, sofern der Verlust, die Veränderung oder die Nichtverfügbarkeit von Daten oder Programmen eingetreten sind, wie beispielsweise Schaden am Datenträger, Blitzeinwirkung oder auch Ausfall oder Störung des Speichersystems.

Die Entschädigung splittet sich dabei in zeitabhängige Mehrkosten für die Benutzung andere Anlagen, die Anwendung anderer Arbeitsverfahren oder auch die Inanspruchnahme von Lohn-Dienstleistungen und zeitunabhängige Mehrkosten wie einmalige Umprogrammierung, Umrüstung oder auch vorläufige Wiederinstandsetzung.

2.7.4.2 Cyber-Versicherung

Die Übernahme der Kosten für Maßnahmen, die notwendig sind, um den geschädigten Ruf des Unternehmens in der Öffentlichkeit wiederherzustellen oder das Vertrauen der Kunden zurückzugewinnen, sind über spezielle Versicherungen abgedeckt.

Ebenso erstattet werden Kosten für Vertragsstrafen, die das Unternehmen wegen abgeschlossener Verträge an Dritte leisten muss, weil es infolge des Eintritts eines versicherten Schadens vertragliche Leistungen nicht wie vereinbart erbringen kann.

Kosten für das Suchen, Auffinden und Bereitstellung von elektronischen Daten in unternehmenseigene Datenspeichersystemen, um sie in zivil- oder strafrechtlichen Prozessen zu verwenden oder auch Kosten für Sachverständige, werden meist ebenfalls übernommen.

Hackerangriffe sind immer wieder in den Medien und legen ganze Regionen oder Branchen lahm. Geschehen sie in Form von mutwillig herbeigeführter Überlastung, sogenannten Denial-of-Service-Angriffen, gibt es für den Unterbrechungsschaden eine Versicherung dafür. Resultieren solche Unterbrechungen der Dienste infolge Verlust, Veränderung oder Nichtverfügbarkeit aus Bedienungsfehlern, Vorsatz Dritter oder durch Dateien oder Programmen mit Schadenfunktion, ist dies meist ebenso mit abgedeckt.

Spezielle Cyberversicherungen leisten professionelle Hilfe im Krisenfall durch Minderung des Reputationsschadens und schnelle Krisenbewältigung, reduzieren das finanzielle Risiko, das durch Sachverständige, Betriebsunterbrechung, Aufwendungen bei Datenschutzverletzungen oder Vermögensverlust durch Betrug entsteht und beinhalten Haftpflichtansprüche, zum Beispiel zur Abwehr unberechtigter Ansprüche, Ausgleich des Schadens oder auch Strafrechtsschutz.

Die unterschiedlichen Absicherungsmöglichkeiten lassen sich wie folgt zusammenfassen:

- Ertragsausfall / Betriebsunterbrechung
- Sachverständigen- und Beratungskosten (Forensik)
- Wiederherstellungskosten für Daten und Programme
- Rufschädigung / Krisenmanagement
- Datenschutzverletzungen
- Internet-Betrug (Cybercrime)
- Erpressung (Cyber)
- Cyber-Haftpflicht

Es kann sich also lohnen, bestimmte Versicherungen abzuschließen, an die man im ersten Moment nicht denkt. Doch auch hier sollte genau geprüft werden, was benötigt wird und welches Risiko man nicht absichern möchte – also ganz bewusst akzeptiert –, um die Versicherungsprämie zu sparen. Ein klares Risikomanagement schafft hier Klarheit. Dazu im nächsten Kapitel mehr.

Prüfen Sie im Rahmen Ihres Risikomanagements, welche Risiken für Sie relevant sind und welche davon Sie tatsächlich versichern wollen. Wenden Sie sich in jedem Fall nach entsprechender Vorbereitung an einen auf diesem Gebiet erfahrenen Versicherungsberater und gehen Sie dabei systematisch vor.

2.8 Risikomanagement

Risiken gibt es überall und immer. Daher sollte man dem Risikomanagement im Bau und Betrieb von Rechenzentren besondere Aufmerksamkeit schenken. Risikomanagement beginnt beim ersten Federstrich und endet erst mit dem Ableben des Rechenzentrums.

Risikomanagement verhindert nicht jedes Risiko. Es hilft aber dabei, sich systematisch mit dem auseinander zu setzen, was schief gehen könnte und es so zu bewerten, dass sich übertriebener Optimismus und gesunder Pessimismus die Waage halten.

Die Vorgänge des Risikomanagements werden dabei nicht einmalig durchgeführt. Sie wiederholen sich sowohl im Bau wie auch im späteren Betrieb zu regelmäßigen Zeiten oder wenn z. B. ein Umbau oder eine Erweiterung bevorsteht. Auch ein eingetretenes Risiko kann der Startschuss für eine erneute Überprüfung nach den Methoden des Risikomanagements sein.

Checklisten und Tabellen helfen dabei, die Risiken regelmäßig zu überprüfen und neu zu bewerten.

Böse Überraschungen lassen sich durch systematische Risikovorsorge drastisch vermindern. Tritt dann doch ein Schadensfall ein, dann sollte er die Verantwortlichen nicht überraschen.

Eine Möglichkeit, professionelles Risikomanagement durchzuführen, sind die Methoden aus dem Projektmanagement. Darin ist sehr genau definiert, was Risiken sind und wie man mit ihnen umgeht.

Auf das Rechenzentrum bezogen sind Risiken unsichere Ereignisse oder mögliche Situationen mit negativen Auswirkungen (Schäden) auf die Verfügbarkeit und Sicherheit.

Risikomanagement findet immer proaktiv statt, nie reaktiv. Es wirkt aber dennoch reaktiv und damit grundsätzlich auch schadensmindernd, denn nicht jedes Risiko kann vermieden werden. Vielfach kann nur seine Auswirkung reduziert werden. Stromausfall ist ein einfaches Beispiel dafür.

Risikovorsorge ist meist erheblich billiger, als den Schaden zu beheben. Schon aus den gesetzlichen Vorschriften heraus (vgl. Abschnitt 2.7.2 Haftung und rechtliche Aspekte) wird Risikomanagement vorgeschrieben.

Risiken lassen sich nach den Methoden des Projektmanagements in mindestens fünf Arten gliedern. So gibt es neben den technischen Risiken noch kaufmännische Risiken, Terminrisiken, Ressourcenrisiken und „politische" Risiken. Während beim Bau eines Rechenzentrums alle fünf Risikoarten relevant sind, sind im Betrieb von Rechenzentren hauptsächlich die technischen Risiken und gegebenenfalls die „politischen" Risiken von Bedeutung. Die anderen drei Risikoarten spielen in der physischen Verfügbarkeit aus Sicht des Technikers eine eher untergeordnete Rolle. Geht es allerdings zum Beispiel um die Beschaffung neuer IT-Systeme, dann können die kaufmännischen oder terminlichen Risiken wieder stärkere Bedeutung haben.

Was jedoch für alle Risikoarten gilt ist der Umstand, dass zwischen den Risiken Abhängigkeiten bestehen. Tritt beispielsweise ein technisches Risiko auf, so führt es unter Umständen zu Kostenüberschreitungen, was dann wieder ein kaufmännisches Risiko bzw. ein schon eingetretenes Ereignis darstellt.

2.8.1 Risikoidentifikation

Risiken sind über den Zeitverlauf immer dynamisch, d.h. das identifizierte Risiko ändert sich, es kommen neue Risiken hinzu bzw. es fallen Risiken weg. Daraus ergibt sich, was ich bereits am Anfang des Abschnitts erwähnt hatte. Risikomanagement ist über die gesamte Lebensdauer eines Rechenzentrums zu betreiben.

Risikomanagement geht jeden etwas an, denn Risiken werden im Team identifiziert und bewertet. Erstellte Checklisten aus ähnlichen Vorhaben können dabei sehr hilfreich sein. Wertvolles Risikomanagement und die Identifikation von Risiken steht und fällt mit der Erfahrung einzelner oder des gesamten Unternehmens. Es bietet sich an, speziell in der Startphase einen Risiko-Workshop durchzuführen. Dabei darf es keine Tabus geben und selbst politisch identifizierte Risiken gehören auf den Tisch. Alles wird dabei dokumentiert. Auch zunächst undenkbare Risiken können eines Tages eintreffen. Eine 360°-Analyse bestimmter Sachverhalte kann bereits eine Vielzahl von möglichen Risiken ans Tageslicht bringen.

2.8.2 Analyse und Bewertung

Sind die Risiken identifiziert und in einer Liste dokumentiert, gilt es nun, diese Risiken zu analysieren und zu bewerten.

Es wird nun zunächst bewertet, welcher monetäre Schaden bei Eintritt des Risikos eintritt. Wenn allerdings der Ernstfall Menschenleben kostet, ist die Bewertung nicht anwendbar. Schwierig wird es auch, einen möglichen Imageschaden des Unternehmens monetär zu bewerten.

Gerade bei technischen Risiken, welche zum Ausfall des Rechenzentrums oder von Teilbereichen führen, kann die monetäre Bewertung recht gut durchgeführt werden. Die Geschäftsführung muss in diesem Fall bewerten, was der Ausfall für das Unternehmen pro Zeiteinheit kostet. Im ungünstigsten Fall führt ein zu langer Ausfall der IT dazu, dass das Unternehmen Insolvenz anmelden muss. Der monetäre Schaden geht dann weit über den eigentlichen Wert des Unternehmens hinaus.

Anschließend wird für jedes Risiko die Eintrittswahrscheinlichkeit in Prozent bestimmt. Auch hier ist sehr genau zu überlegen, welche Wahrscheinlichkeit Sie ansetzen. Geht eine Wahrscheinlichkeit über die magische Marke von 50 Prozent hinaus, kann man eigentlich von keinem Risiko mehr sprechen, sondern von einem Ereignis, mit dessen Eintritt jederzeit gerechnet werden muss.

Sie sind anderer Meinung? Dann viel Spaß beim Überqueren einer hohen Brücke über einen reißenden Fluss, die zu 50 Prozent einsturzgefährdet ist!

Der Risikowert ergibt sich danach aus dem Produkt beider Ergebnisse:

Risikowert = Schaden bei Risikoeintritt (in €) • Eintrittswahrscheinlichkeit (in %)

Klar sein müsste, dass die Risiken mit dem höchsten Risikowert auf jeden Fall beachtet und bewertet werden müssen. Risiken mit geringem Risikowert können zunächst außer Acht gelassen werden. Der Verantwortliche sollte jedoch über den Zeitverlauf diese Risiken im Auge behalten, da sie sich unter Umständen zu Risiken mit höherem Risikowert entwickeln können.

Neue Erkenntnisse und Änderungen im Projektverlauf führen meist zwangsläufig zu einer Änderung der Eintrittswahrscheinlichkeit und unter Umständen zu einer Änderung des möglichen monetären Schadens bei Eintritt.

Wenn die voraussichtliche Schadenshöhe in Geld nicht messbar ist, kann auch eine Einstufung in Schadensklassen (z. B. von 1 – niedriger Schaden bis 3 – höchster denkbarer Schaden) erfolgen. Je höher Sie die Spreizung machen, desto genauer können Sie die Schadensklasse einteilen. Gleiches gilt bei der Eintrittswahrscheinlichkeit. Auch hier können Wahrscheinlichkeitsklassen zum Ansatz gebracht werden (z. B. von 1 – relativ niedrige Eintrittswahrscheinlichkeit bis 5 – hohe Eintrittswahrscheinlichkeit). Der Risikowert ergibt in diesem Beispiel dann einen Wert zwischen 1 und maximal 15.

Viele Praktiker begnügen sich auch mit der einfachen Bewertung in „hoch“, „mittel“ und „gering“, was jedoch nicht wirklich empfohlen werden kann.

2.8.3 Vorsorgestrategien

Sind die Risiken nun identifiziert, analysiert und bewertet, muss mit dieser Erkenntnis eine Aktion folgen. Es gibt fünf Möglichkeiten, mit Risiken umzugehen:

2.8.3.1 Risikovermeidung

Das Risiko wird bewusst NICHT eingegangen. Dies kann zur Folge haben, dass man notfalls das gesamte Verfügbarkeitskonzept nochmals überdenken muss oder gezielte Vorhaben nicht durchführt.

2.8.3.2 Risikoverminderung

Die Eintrittswahrscheinlichkeit wird durch Vorbeugung gemindert. Dies kann erfolgen, indem man z. B. bei Umbauten gewisse Ersatzteile auf Lager hält oder Spezialisten für Schalthandlungen an technischen Anlagen hinzuzieht.

Risikoverminderung ist auch das Hinzuziehen von externen Beratern und Spezialisten, um das Risiko einer Fehlinvestition bei einem Rechenzentrumsbau zu vermindern oder auszuschließen.

2.8.3.3 Risikoabgrenzung

Mittels Risikoabgrenzung werden die Folgen eines Schadensfalls gering gehalten. Diese Maßnahmen greifen erst, wenn das Risiko zum Ereignis wird, also bereits eingetreten ist. Eine Möglichkeit der Risikoabgrenzung ist die Schaffung von Redundanzen (also z. B. n+1-Lösung).

2.8.3.4 Risikoverlagerung

Das Risiko wird auf eine andere Organisation transferiert bzw. verlagert. Die Organisation kann in dem Fall eine Versicherung sein oder ein Dienstleister, der Ihr Rechenzentrum betreibt und eine gewisse Verfügbarkeit – zumindest vertraglich – zusichert. Risiken sind bei Versicherungen meist nur versicherbar, wenn die Eintrittswahrscheinlichkeit gering ist und die mögliche Schadenshöhe sehr hoch.

2.8.3.5 Risikoakzeptanz

Es gibt auch die Möglichkeit, Risiken bewusst einzugehen. Dies sollte man jedoch nur tun, wenn die Eintrittswahrscheinlichkeit und die Schadenshöhe sehr gering sind.

Nachfolgende Matrix liefert eine Übersicht, wann welche Vorsorgestrategie angewandt werden sollte:

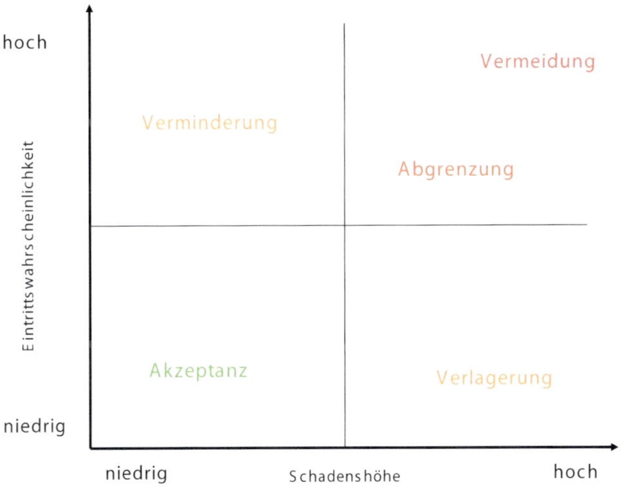

Bild 2.25: Vorsorgestrategien gegenüber Risiken

2.8.4 Wirksames Risikomanagement

Wie bereits eingangs erwähnt, ist mit der Durchführung eines einmaligen Risikomanagements zwar eine gute Grundlage geschaffen, jedoch ist man damit im Risikomanagement noch lange nicht auf der sicheren Seite.

Damit das durchgeführte Risikomanagement auch seine Wirkung erzielen kann, sind die Ergebnisse zu dokumentieren, regelmäßig zu überprüfen und zu ändern.

Eine Risikotabelle ist dabei ein sehr gutes Hilfsmittel. Mit ihr erhält man einen guten Überblick und kann schnell und gezielt erkennen, wo die größten Risiken liegen und wie man ihnen am effizientesten begegnet, wenn sie eintreten.

Tabelle 2.2: Beispiel einer Risikotabelle als Ergebnis des Risikomanagements und als fortlaufendes Steuerungsinstrument

Risikotabelle	Eintrittswahr-scheinlichkeit	Schadensmaß	Erwartungs-wert	Maßnahmen	
				präventiv	kurativ
identifiziertes Risiko	x %	[Euro, Stundenaufwand, Tage Verzögerung etc.]	[Wahrscheinlichkeit x Schaden]	vorbeugend	wenn bereits eingetreten

Risikomanagement beginnt am ersten Tag des Projektes und endet nicht mit der Errichtung des Rechenzentrums, sondern wird auch und insbesondere im Betrieb des Rechenzentrums fortgeführt. Jede Entscheidung und jede Planungsphase enthält Risiken und fördert neue zu Tage. Bei der täglichen Arbeit werden neue Risiken aufgedeckt, die aufgeschrieben und in den regelmäßig stattfindenden Risikobesprechungen behandelt werden müssen.

Risiken finden sich immer und überall.

In der Praxis hat sich folgende Vorgehensweise bewährt:

1. Sachliche Beschreibung der Risiken oder der Situation
2. Festhalten von Konsequenzen bei Eintritt im Worst-Case-Fall
3. Verschiedene Maßnahmen zur Vermeidung der Konsequenzen vorschlagen und die Aufwände bewerten
4. Erwartete Nutzeneffekte aus der Maßnahme definieren und das verbleibende Restrisiko bewerten

Insbesondere in der Technik steht man immer wieder vor Entscheidungen, wenn mehrere Möglichkeiten zur Ausführung kommen können. Die zur Entscheidung anstehenden Möglichkeiten nach den Lehren des Risikomanagements zu bewerten, kann die Entscheidungsfindung erleichtern. Dabei ist es sehr wichtig, die Auswirkungen der Entscheidung auf andere Techniken und Prozesse zu überprüfen. So wie Risiken immer im Zusammenhang stehen, stehen auch Techniken im Zusammenhang. Somit führt die Entscheidung für eine bestimmte Technik oder Realisierung zwangsläufig zu einer Änderung der Risiken in den abhängigen Techniken und Prozessen.

Führen Sie das Risikomanagement regelmäßig in Ihrem Projekt konsequent durch. Es soll nicht dazu dienen, Ängste zu schüren und Entscheidungen zu erschweren. Risikomanagement wirksam durchgeführt führt dazu, dass sie Entscheidungen leichter treffen, da Sie die möglichen Auswirkungen bei Eintritt des Risikos kennen und einschätzen können.

2.9 Green IT

Der von der IT-Branche fast schon hysterische Wahn nach Green-IT ließ über weite Strecken die Verfügbarkeit vergessen. Doch im Rechenzentrum zählt nach wie vor die Sicherheit und Verfügbarkeit als das wichtigste Ziel, das wir nie aus den Augen verlieren dürfen.

Selbst die größten Verfechter von Green-IT haben mittlerweile erkannt, dass oft gewaltig über das Ziel hinausgeschossen wurde. Energie und somit letztlich Energiekosten zu sparen ist zwar in erheblichem Umfang durch intelligente Anordnungen, Geräteauswahl und deren Dimensionierung möglich und notwendig, wenn allerdings die Sicherheit und Verfügbarkeit darunter leidet, dann hört der Spaß auf.

Neuartige, energiesparende und doch ausfallsichere Komponenten und die intelligente Anordnung im Rechenzentrum können eine große Energieeffizienz bewirken. Die notwendige Balance zwischen Verfügbarkeit und Energieeffizienz sollten ausreichend sein, um beide Ziele zu erreichen.

Wenn man bedenkt, dass die Energiekosten eines Rechenzentrums heutzutage bereits nach fünf bis sieben Jahren die Investitionskosten überholen, dann ist es schon aus wirtschaftlichen Gründen notwendig, über Energieeffizienz nicht nur nachzudenken, sondern sie auch umzusetzen. Es lohnt sich meistens, hochwertigere Komponenten einzusetzen. Der Amortisationszeitraum liegt dabei häufig unter einem Jahr.

Auch lohnt es sich, die Hardware auf der IT-Fläche näher unter die Lupe zu nehmen und auch hier auf energieeffizientere Geräte zu setzen. Der nachfolgend beschriebene PUE (Power Usage Effectiveness) wird dadurch zwar nicht wesentlich verbessert, aber die Gesamtenergiebilanz des Rechenzentrums dankt es Ihnen.

Energieverbrauch in der Hardware zu vermeiden oder zu vermindern, zahlt sich meist mehr als doppelt so stark aus, wie den PUE-Wert geringfügig zu verbessern.

2.9.1 PUE – Segen oder Fluch?

Zur Bewertung der Effizienz der in Rechenzentren eingesetzten Energie wird heutzutage häufig der PUE als Messeinheit verwendet.

Die von der Green Grid Organisation eingeführte Power Usage Effectivness setzt die gesamte im Rechenzentrum verbrauchte Energie (Total Facility Power) ins Verhältnis zur Energieaufnahme der Informationstechnologie (IT Equipment Power Consumption) im Rechenzentrum. Wird ein Wert zwischen 1 und 1,5 erreicht, spricht man schon von einem sehr energieeffizienten Rechenzentrum. Die Werte können jedoch auch sehr schnell 3,5 und mehr erreichen. Je niedriger also der PUE ist, desto energieeffizienter ist das Rechenzentrum.

Und jetzt kommt die Krux bei der Betrachtung: Der Wert ist nur aussagekräftig, wenn er im Jahresmittel errechnet wird. Im Winter ist logischerweise ein Rechenzentrum sehr effizient, wenn es mit indirekter freier Kühlung betrieben wird. Im Sommer ist das Rechenzentrum sehr ineffizient, da sehr viel Energie verbraucht wird, um im Rechenzentrum die Temperatur zu halten.

Somit sollten Sie nicht jedem IT-Verantwortlichen Glauben schenken, der mit fast unglaublichen PUE-Werten sein Rechenzentrum effizient redet.

Des Weiteren gibt es teilweise große Unterschiede zwischen dem ermittelten PUE-Wert und dem tatsächlichen bzw. gemessenen PUE-Wert.

Der errechnete PUE-Wert geht von einer zuvor festgelegten Hardwareleistung im Rechenzentrum aus. Aus den Verlusten der Infrastruktur werden der Gesamtverlust und der PUE-Wert errechnet.

Üblicherweise ist jedoch ein Rechenzentrum Leistungsschwankungen ausgesetzt, da Hardware dazukommt oder wieder ausgebaut wird. Zudem ist es oft von der notwendigen Rechenleistung abhängig, wie die Aufnahmeleistung der Hardware letztlich tatsächlich ist. Der ehrlichere PUE-Wert ist sicherlich der gemessene PUE-Wert, da er die tatsächlichen Leistungswerte der Hardware und der Infrastruktur misst, aufzeichnet und in Relation setzt.

Und doch ist es mit relativ geringem Aufwand möglich, den PUE im Nachkommabereich erheblich zu verbessern.

Einige Beispiele dafür sind:

- Doppelboden und Kabeldurchführungen gezielt abdichten, sowie zwischen den Servern im Datenschrank Blindplatten einsetzen, um eine sehr gute Trennung zwischen kalter und warmer Luft herzustellen. Dies bewirkt zwar zunächst keine Verbesserung des PUE, allerdings steigt der Luftdruck im Doppelboden
- Durch den effizienteren Luftstrom kann im zweiten Schritt der Volumenstrom im Doppelboden reduziert werden. Um eine gute Klimatisierung zu erreichen reicht schon ein leichter Überdruck im Doppelboden. Ein Halbieren der Ventilatordrehzahl bei geregelten EC-Motoren bewirkt eine Senkung der Stromaufnahme um mehr als 80 Prozent. Eine Senkung des PUE ist die logische Folge.
- Das Anheben der Rechneransaugtemperaturen auf 27 °C bewirkt eine weitere Optimierung, da bei Verwendung der freien Kühlung erst bei höheren Temperaturen in den gleitenden Übergang zum Kompressorbetrieb gewechselt werden muss. Eine weitere Anhebung der Temperatur bewirkt allerdings wieder eine Verschlechterung, da die Server dann mit höheren Lüftergeschwindigkeiten fahren müssen, was zwangsläufig wieder zu einer größeren Stromaufnahme führt. Hier gilt es, die optimalen Temperaturen näherungsweise zu bestimmen.

Die Stellschrauben zur Verbesserung des PUE sind also vielseitig. Kleine Maßnahmen können eine große Wirkung haben. Gleichfalls ziehen große Maßnahmen oft nicht den gewünschten Effekt der Einsparung nach sich. Es ist immer eine Frage des Gesamtsystems welche Maßnahmen wirtschaftlich und technisch sinnvoll durchgeführt werden sollen.

2.9.2 Die Zeit nach dem idealisierten PUE

Wir steuern technisch also auf eine Zeit zu, in der die Effizienz der Infrastruktur traumhafte Werte erreicht und kaum noch verbessert werden kann. Doch wie geht es dann weiter?

Die Lösung liegt in der Hardware selbst. Gerade Hardwareentwickler müssen sich zukünftig noch mehr Gedanken darüber machen, wie bei gleicher Rechenleistung die Stromaufnahme und somit auch die Wärmeentwicklung verringert werden kann. Oder wie zukünftig ganz auf die Lüfter in der Hardware verzichtet werden kann und direkt mit Flüssigkeit gekühlt wird. Erste Geräte sind bereits auf dem Markt, die in der Hardware direkt an der Oberfläche mittels Kühlmittel den Prozessor direkt kühlen.

In der Entwicklung sind derzeit Systeme, die ähnlich wie die Wurzeln eines Baumes direkt in den Prozessor eingreifen und an der Wärmequelle direkt kühlen. Sicherlich wird es noch einige Zeit dauern, bis die Weiterentwicklungen der 3-D-Kühlung zur Marktreife gebracht sind. Jedoch ist der Trend eindeutig erkennbar und nicht mehr aufzuhalten. Wir kommen wieder dahin, wo wir schon einmal waren. Der direkten Flüssigkeitskühlung in der Hardware.

In einem weiteren Schritt muss überlegt werden, ob die Hardware mit immer der gleichen Leistung ihre Aufgaben wahrnehmen muss oder ob das Rechenzentrum ggfs. innerhalb einer bestimmten Tageszeit mit weniger Rechnerleistung auskommt. Durch die erneuerbaren Energien Windkraft und Photovoltaik steht je nach Wetterlage unterschiedlich viel Energie zur Verfügung.

Das Ziel muss es sein, die zur Verfügung stehende Energie und die Rechnerleistung in Relation zu bringen und eventuell unkritische Rechenvorgänge langsamer oder zu einem späteren Zeitpunkt durchzuführen.

Es gibt also noch viel Potential, die Energiefresser zu reduzieren und damit die Umwelt und die Ressourcen zu schonen.

2.10 Ziel definieren

Nachdem Sie nun anhand Ihrer eigenen Anforderungen oder den Anforderungen Ihrer Geschäftsleitung, Kunden, Berater etc. die Marschrichtung zu Ihrem neuen Rechenzentrum grob kennen, gilt es, die Ziele zu definieren und festzulegen. Man muss sich dabei auch der Tatsache bewusst sein, dass jede Entscheidung für etwas auch immer zugleich eine Entscheidung gegen etwas bedeutet. Wie beim Risikomanagement ist es auch hier hilfreich, mit den Methoden des Projektmanagements die Ziele festzulegen. So gilt es neben den Leistungszielen, also dem Ergebnis des Rechenzentrums auch die Kosten und die Termine für die Errichtung und den Betrieb zu betrachten. Für die Zieldefinition gibt es unterschiedliche Ansätze.

2.10.1 Zielarten

Beim Kostenziel werden meist nur die Kosten für die Errichtung des Rechenzentrums betrachtet. Allerdings sollten auch die Kosten in der Nutzungsphase berücksichtigt werden. So reicht es heute nicht mehr aus, nur kostengünstige Anlagen zu kaufen, sondern es ist hauptsächlich auch darauf zu achten, dass sie sehr energieeffizient betrieben werden können. Es ist kein Geheimnis mehr, dass die Betriebskosten über einen Zeitraum von mehreren Jahren betrachtet um ein Vielfaches höher sein können als die Errichtungskosten. Die Einkäufer in Unternehmen erhalten häufig bereits nach der Anschaffung ihre Boni und so wird es sehr schwierig werden, die meist etwas teureren, energieeffizienten Anlagen in diesen Unternehmen einsetzen zu dürfen. Moderne Unternehmen erkennen die Potentiale und leben mittlerweile zeitgemäße Ansätze.

Immer häufiger findet man auch den Design-to-Cost-Ansatz. Fast jede Aufgabe kann zu unterschiedlichen Kosten realisiert werden. Die große Kunst liegt darin, die Anforderungen so zu formulieren, dass die Kosten eingehalten werden. Die wichtigsten Funktionen haben dabei Priorität.

Das Terminziel ist relativ einfach zu definieren. Wann muss das Rechenzentrum oder Teile davon fertig sein, um es produktiv nutzen zu können!

Leistungsziele werden in vier Kategorien unterteilt:

- Das Leistungs- oder Wirkungsziel definiert z. B. die Energiedichte auf der Rechenzentrumsfläche in Watt pro Quadratmeter
- Das Betriebsziel definiert die Gesamtausfallsicherheit pro Jahr in der absoluten Zeiteinheit oder in Prozent
- Die Auslegungs- und Konstruktionsziele finden sich in den Abmessungen des Rechenzentrums wieder
- Die Produktions- und Wirtschaftlichkeitsziele bzw. Produktivitätsziele zeigen sich z. B. in den Kosten des Rechenzentrums pro Leistungseinheit. Hier wird also auch die Effizienz des Rechenzentrums mit einbezogen.

2.10.2 Messbarer Projekterfolg oder -misserfolg

Nachdem Sie nun die Zielarten kennen, gilt es die Ziele beim Namen zu nennen. Wichtig hierbei ist, dass jedes Ziel operationalisiert werden muss. Es bringt Ihnen nichts, als Ziel „ein hochverfügbares Rechenzentrum“ zu definieren. Fragen Sie fünf Personen, was ein hochverfügbares Rechenzentrum ist und Sie erhalten mindestens fünf unterschiedliche Antworten.

Es gilt die Regel, dass Ziele mess- und nachprüfbar sein müssen. Mit Hilfe nachfolgender Eselsbrücken kommen Sie einer guten Zieldefinition schon näher:

SMART-Ziele: **S**pezifisch, **M**essbar, **A**ttraktiv, **R**ealistisch und **T**erminiert

PURE-Ziele: **P**ositiv, **U**nderstandable, **R**eachable, **E**thical correct

Während über einfache Soll-/Ist-Vergleiche die Kosten- und Terminziele noch relativ einfach zu operationalisieren sind, treten die Probleme oft bei den Leistungszielen auf. Daher werden Leistungsziele häufig in Form von Kennzahlen und Kennlinien ausgedrückt. So kann eine Zieldefinition Watt pro Quadratmeter, Ausfallsicherheit in absoluter Zeitangabe oder Prozent usw. schon sehr hilfreich sein.

VORSICHT FALLE:
Bei der Zieldefinition gibt es viele Beispiele der unglücklichen Formulierung, die beachtet werden müssen, um späteren Ärger zu vermeiden oder Abnahmen scheitern zu lassen.

Nachfolgend einige Beispiele:

- Das Rechenzentrum sollte energieeffizient sein
  [Und wenn es nicht energieeffizient ist?]
- Die Steuerung der USV-Anlage muss einen hohen Bedienkomfort gewährleisten
  [Wie messen Sie einen hohen Bedienkomfort?]
- Die Klimatisierung muss energieeffizient durch den Einsatz von EC-Motoren sein
  [Ziele sind lösungsneutral zu formulieren]
- Die Anlagen bieten höchste Funktionalität
  [Ist das Projektziel, das nie erreicht werden kann wirklich erforderlich?]
- Das Rechenzentrum muss energieeffizient, zukunftsträchtig und günstig sein
  [Projektziele müssen als Einzelaussage unabhängig voneinander formuliert werden]
- Die im Protokoll vom 07.08., 16.08. und 30.08. definierten Projektziele sind einzuhalten
  [Projektziele müssen an einer Stelle zusammengefasst sein]
- Trotz der Bedenken des Bereichsleiters Maier wird entschieden, die rotierende Technik einzusetzen
  [Projektziele müssen von allen Betroffenen akzeptiert werden]

2.10.3 Ziele priorisieren

Alle Ziele mit der gleichen Priorität zu verfolgen ist zum Scheitern verurteilt. Ziele haben eine eindeutige Priorität. Technisch ausgerichtete Entscheider haben erfahrungsgemäß eine ganz klare Priorität auf den Leistungszielen. Sie wollen das technisch neueste und sicherste Rechenzentrum. Kommt jedoch der Kaufmann ins Spiel, kann es wieder ganz anders aussehen. Sein Ziel ist ein möglichst kostengünstiges Rechenzentrum, in Rekordzeit erbaut, damit es möglichst schnell Nutzen bringt und er Fläche und Rechnerleistung vermieten kann.

Man sieht also sehr schnell, dass sich Ziele nicht immer gleich gut vertragen. Im Projektmanagement wird jedes Ziel mit jedem Ziel verglichen und eine Zielverträglichkeit durchgeführt.

Zwischen zwei Zielen existiert immer eine Beziehung. Die Beziehung untereinander gliedert sich in fünf Gruppen:

- Zielidentität: Beide Ziele stimmen überein
- Ziel-Komplementarität: Ziele sind synergetisch, d.h. sie unterstützen sich
- Ziel-Neutralität: Die Ziele berühren sich nicht
- Zielkonkurrenz: Es entsteht ein Zielkonflikt
- Ziel-Autonomie: Nur eines der beiden Projektziele kann erreicht werden

Zielkonflikte ziehen immer einen Zielkompromiss nach sich.

Aus der Zielverträglichkeitsuntersuchung können neue Risiken entstehen, die Sie in das Risikomanagement mit übernehmen müssen.

Nachdem Sie nun die Ziele definiert und formuliert und deren Verträglichkeit untereinander untersucht haben, gilt es, eine eindeutige Reihenfolge für die Projektziele zu definieren. Am Ende dieses langen Prozesses haben Sie nun eine sehr gute Basis, Ihr Projekt endlich zu starten.

Haben Sie bereits bis hierher geschlampt, holt Sie schneller als Sie wollen der frustererzeugende Projektalltag ein und Sie werden große Probleme in Ihrem Projekt bekommen.

Idealerweise werden die Anforderungen in ein Lastenheft gefasst, so dass der spätere Auftragnehmer seine Lieferungen und Leistungen detailliert anbieten kann. Das Lastenheft macht eine Aussage darüber, was zu erarbeiten ist und wofür.

Das Angebot des Auftragnehmers wird als Pflichtenheft bezeichnet und zeigt das Realisierungsvorhaben aufgrund der Umsetzung des Lastenheftes. Das Pflichtenheft ist die Grundlage für die weitere Arbeit im Projekt. Es muss im Projekt fortgeschrieben und präzisiert werden. Dies gilt insbesondere in Projekten mit hohem Neuheitsgrad und zunächst vager Zielsetzung.

3 Standortauswahl

3.1 Die grüne Wiese

Die meisten Rechenzentren werden heute in bestehenden Gebäuden oder innerhalb von Unternehmenssitzen gebaut.

Das Rechenzentrum „auf der grünen Wiese“ hat eher Seltenheitswert und wird meist bei ganz großen Rechenzentren in Betracht gezogen. Falls Sie aber doch die Chance haben, Ihr neues Rechenzentrum auf einem neuen Grundstück zu errichten, empfiehlt es sich, bereits bei der Standortauswahl die Weichen zu stellen. Neben der Größe und dem Kaufpreis gibt es noch eine Reihe unterschiedlicher Aspekte, die einen ausgewählten Standort wertvoll machen.

Da Ihr Rechenzentrum viel Strom benötigt kann es Sinn machen, Ihr Rechenzentrum in der Nähe eines Umspannwerkes des Energieversorgers oder im Bereich von Mittel- oder Niederspannungsleitungen zu bauen. Da auch Fernwärme sehr gut für die Klimatisierung genutzt werden kann, sind auch Standorte an Wärmeversorgungsleitungen oder in unmittelbarer Nachbarschaft zu Kraftwerken unterschiedlichster Ausprägungen in die Auswahl mit einzubeziehen.

Neben Strom wird auch eine schnelle und redundante Datenanbindung benötigt. Daher ist bei den unterschiedlichen Anbietern vorher zu klären, ob diese Anbindungen und mit welchem Aufwand an diesem Standort möglich sind.

Doch nicht nur die notwendigen Anbindungen an die Infrastruktur sollten in Ihrer Standortauswahl eine Rolle spielen. Auch die Nachbarn können einen Standort gänzlich unbrauchbar machen. Ein Chemiewerk mit hohem Gefährdungspotential beispielsweise als direkten Nachbarn zu haben kann sehr unangenehm sein.

Wenn Sie sich zusätzlich vor Sabotage aus der Luft schützen wollen, sollten Sie nach oben schauen und Anflugschneisen von Flughäfen meiden. Ebenso können Hauptverkehrswege wie Autobahn, Bahnlinie etc. in der Nähe zu Gefahren führen. Auch Erdbebengebiete sollten – sofern möglich – eher gemieden werden.

Jedoch auch Hochspannungsleitungen über dem Grundstück oder sonstige „unsichtbare“ Bedrohungen sind unerwünscht und in der Standortauswahl mit in Betracht zu ziehen. Elementarrisiken wie Grundwasser oder Hochwasser durch einen Fluss oder See sind seit den sich häufenden Jahrhundertregen von steigender Bedeutung.

Gleiches gilt übrigens auch für neue Standorte innerhalb von Unternehmensgrundstücken. Auch hier sollten Sie obige Punkte genau analysieren und bei Ihrer Auswahl in Betracht ziehen. Ein Standort inmitten des Unternehmensgrundstückes hat sicherlich Vorteile durch die geschützte Lage gegenüber einem Standort im Randbereich.

3.1.1 Geografische Lage und Umgebung nach der DIN EN 50600-2-1

Die Norm trägt dem Umstand Rechnung, dass die Höhe über dem Meeresspiegel einen direkten Einfluss auf das Leistungsvermögen der technischen Einrichtungen haben kann und betrachtet werden muss.

Es wird empfohlen, bei der Lageauswahl folgende Punkte in Erwägung zu ziehen:

- Die Bewertung seiner Auswirkungen auf die Umgebung (man beachte den Unterschied: Nicht aus der Umgebung, sondern auf die Umgebung!)
- Alle Möglichkeiten zur Nutzung erneuerbarer Energiequellen (Green-IT lässt grüßen)

Bezüglich der natürlichen Umgebung wird eine umweltbezogene Risikoanalyse gefordert, die zumindest die folgenden Aspekte betrachten sollte:

a) Überschwemmungen
b) aktive seismische Zonen
c) hohe Windgeschwindigkeiten
d) Luftverunreinigungen durch natürliche Ursachen (vulkanische Aktivitäten usw.)
e) Nähe zu Küstenlinien
f) Lage unterhalb des Meeresspiegels
g) speziell ausgewiesene Überflutungsgebiete

Empfehlungen der Norm sind jedoch Fehlanzeige. Es wird nur darauf verwiesen, dass bei Orten mit negativen, unvermeidlichen Umwelteinflüssen, diese durch bauliche, technische und/oder organisatorische Schutzmaßnahmen abgemildert werden müssen.

Auch für die nähere Umgebung muss eine Risikoanalyse durchgeführt werden und dabei müssen mindestens die folgenden Faktoren betrachtet werden:

a) Einrichtungen, in denen nukleare, explosive, entflammbare oder toxische Substanzen oder andere gefährliche Stoffe gelagert, verarbeitet oder in anderen Weise gehandhabt werden;
b) Transportwege, wie zum Beispiel Wasserwege, Autobahnen, Gleisanlagen, Flugrouten;
c) Schwingungsquellen, z.B. Hammerwerke, Gleisanlagen;
d) elektromagnetische Beeinflussungen, die z.B. durch Hochspannungsleitungen, Sendestationen erzeugt werden;
e) Orte von öffentlichem Interesse, Versammlungsorte oder Ziele von politischer Bedeutung;
f) hohe und instabile Anlagen, die das Rechenzentrum im Falle eines Einsturzes beschädigen könnten;
g) andere nicht dazugehörige oder wichtige Arbeiten (z.B. unkontrollierbare Arbeiten in Räumlichkeiten mit mehreren Mietern)

Auch hier wieder der Hinweis, dass bei Orten mit negativen, unvermeidlichen Umwelteinflüssen, diese durch bauliche, technische und/oder organisatorische Schutzmaßnahmen abgemildert werden müssen.

Empfohlen wird, genügend Platz zu solchen Gefahrenquellen zu lassen, um Pufferzonen und Sicherungszäune errichten zu können. Weiterhin wird empfohlen, Standorte neben potentiell vorteilhaften Infrastrukturen oder Installationen zu errichten, wie beispielsweise Notschutzdienste, Händlerunterstützung und Servicepersonal oder auch Überwachungsstationen externer Sicherheitsdienstleister.

Bei den infrastrukturellen Faktoren wird der Zugang zu den Versorgungseinrichtungen über die Lebensdauer des Rechenzentrums beachtet:

a) Verfügbarkeit (Vorhandensein von Medienanschlüssen)
b) Redundanz (Anschlüsse, die aus unterschiedlichen Quellen kommen)
c) Stabilität (Zuverlässigkeit, historische Tendenzen)
d) Kapazität (z.B. Elektrizität: Kurzschlussstrom; Wasser: Druck und Durchfluss; Abwasser: Dimensionierung)

3.2 Das Inhouse-Rechenzentrum

Soll Ihr neues Rechenzentrum in einem bestehenden Gebäude errichtet werden, erweitern sich Ihre Betrachtungen um weitere Aspekte.

Neben einer gesicherten Infrastrukturanbindung sollten auch hier die Räume daneben, darunter und darüber betrachtet werden.

Fremde, durch die Bereiche des Rechenzentrums durchgehende Leitungen wie Abwasserleitungen, Heizleitungen, Stromleitungen für andere Bereiche etc. sind Risiken, die nicht zu unterschätzen sind und zu Gefahren werden können. Gleiches gilt für weitere Elementarrisiken wie Niederschlagswasser durch darüberliegende Flachdächer etc.

Die Frage der am besten geeigneten Etage und Lage in der Etage ist sehr komplex und von vielen Faktoren abhängig. Eine generelle Aussage ist nur sehr schwer bis gar nicht möglich und hängt mit den in diesem Kapitel beschriebenen Risiken in und um das Gebäude zusammen.

Sind Produktionsgebäude in unmittelbarer Nachbarschaft, sind Risiken durch Erschütterungen, elektrische und magnetische Störungen, Chemikalien und Gase (Explosionsgefahr) usw. ebenso zu beachten und in die Risikobetrachtung und Standortwahl mit einzubeziehen.

3.3 Das Container-Rechenzentrum

Eine echte Alternative zu einem Rechenzentrum in einem Gebäude ist mittlerweile das Container-Rechenzentrum geworden, da es einige Vorteile gegenüber fest gebauten Rechenzentren hat. So werden Container-Rechenzentren zumeist dann eingesetzt,

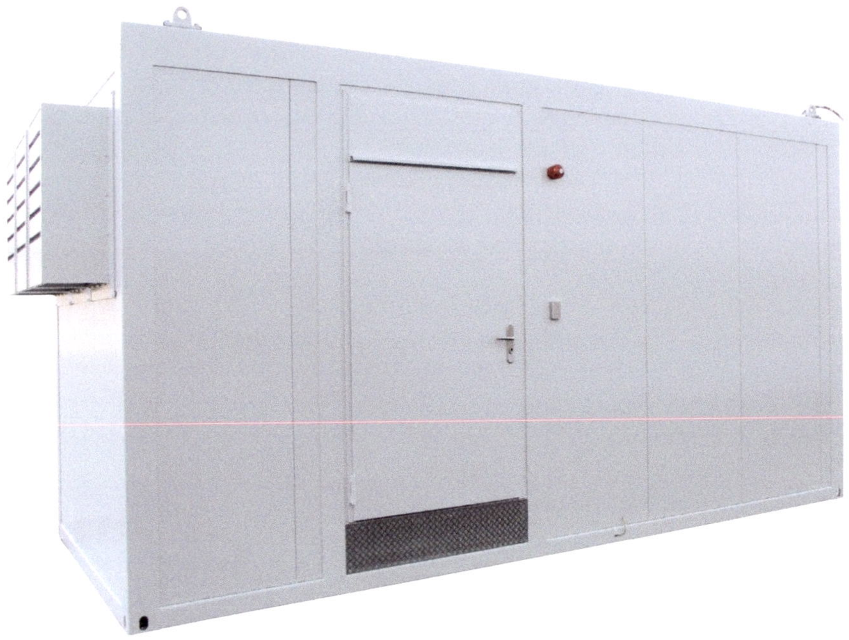

Bild 3.1: Container-Rechenzentrum mit integrierter freier Kühlung
Quelle: Rittal GmbH & Co. KG

Bild 3.2: Container-Rechenzentrum bei der Anlieferung mit einem mobilen Kran
Quelle: Rittal GmbH & Co. KG

wenn innerhalb des Gebäudes kein Platz mehr vorhanden ist oder die Nutzung nur temporär notwendig wird. Die temporäre Nutzung kann immer dann ein Thema sein, wenn das bestehende Rechenzentrum umgebaut oder erweitert wird, ohne dass dabei auf Verfügbarkeit und Sicherheit verzichten werden darf. Doch auch als dauerhafte Lösung wird ein Rechenzentrum im Container immer beliebter.

Weitere Merkmale eines Container-Rechenzentrums sind die schnelle Verfügbarkeit und die flexible Positionierung. Sobald das Container-Rechenzentrum angeliefert und aufgestellt wurde, ist es nach der Installation der IT-Systeme und dem Anschluss an die Strom- und Datennetzversorgung sofort betriebsbereit.

Die Voraussetzungen für die Aufstellung wie Streifenfundamente, Strom- und Datenanschlüsse können bereits während der Lieferzeit umgesetzt werden.

In dem Container können alle notwendigen Infrastrukturen wie Racks, Stromversorgung und -verteilung, USV-Anlage, Brandmelde-/Löschanlage, Doppelboden, Zutrittssicherung etc. bereits integriert werden. Die Kundenwünsche können individuell umgesetzt werden; die physikalischen Grenzen sind nur durch die Schutzwertigkeiten und die Abmessungen des Containers limitiert.

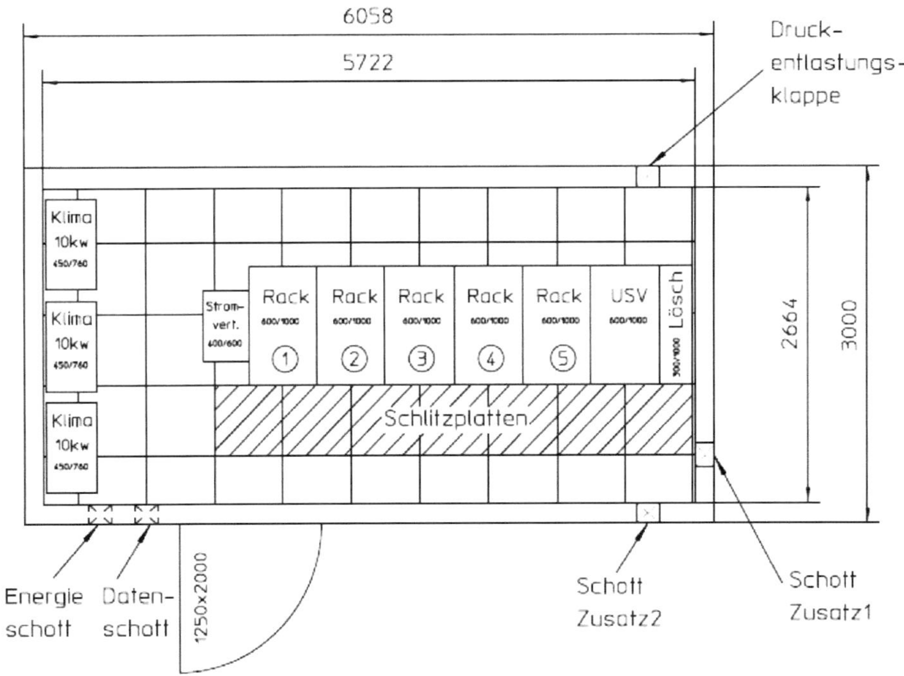

Bild 3.3: Beispielmaße und Ausstattung eines Container-Rechenzentrums
Quelle: Rittal GmbH & Co. KG

Selbst die direkte freie Kühlung wird heutzutage bereits in Container-Rechenzentren umgesetzt. Damit ist es möglich mit der integrierten Kälteanlage ohne separate Außengeräte die Funktionen Lüften, Mischen, Kühlen und Filtern ohne Regelung der Luftfeuchte abzubilden. Je nach gewünschter Raumtemperatur kann so bis zu 90 Prozent des Jahres auf eine technische Kälteerzeugung mittels Kompressor verzichtet und somit die Energieeffizienz gesteigert werden.

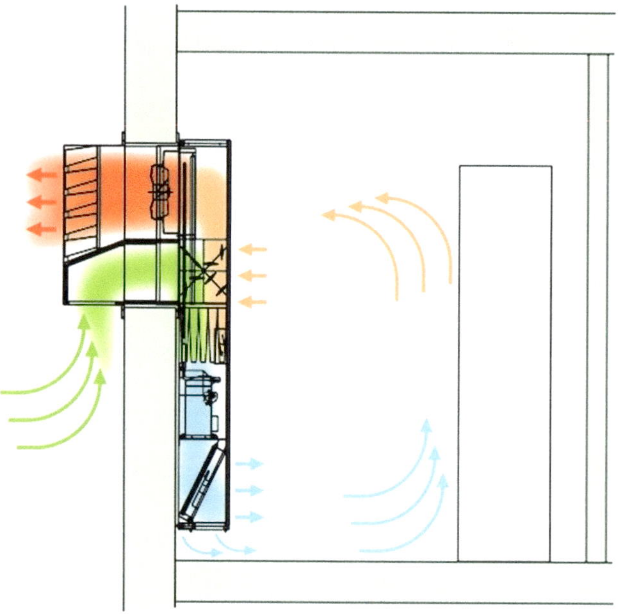

3.4: Funktionsweise der freien Kühlung mit Rückluftbeimischung im Winterbetrieb
Quelle: Rittal GmbH & Co. KG

3.4 Das Modulbau-Rechenzentrum mit Stahlbaumodulen

Seit einiger Zeit werden nun verstärkt auch Rechenzentren in Modulbauweise entwickelt und errichtet. Dabei wird das Gebäude in Module zerlegt, im Werk vorgefertigt und vor Ort zusammengesetzt. Seit langem werden so ganze Krankenhäuser gebaut. Warum also nicht auch Rechenzentren?

Die einzelnen Module bestehen aus vorgefertigten Elementen, die aus Vierkantprofilen im Werk nach Vorgaben der Planung und unter Berücksichtigung aller notwendigen statischen Erfordernisse geschweißt werden. Die Außenmaße der Module richten sich nach den in Deutschland maximal möglichen Transportmaßen und können mit einer Länge von bis zu 25 m, einer Breite von bis zu 6 m und einer Höhe von bis zu 4 m gefertigt werden. Modulbaurechenzentren können bis zu vier Etagen hoch gebaut werden.

Der Modulbau hat dabei erhebliche Vorteile gegenüber dem herkömmlichen Bau von Rechenzentren. Die Fertigung geschieht witterungsunabhängig durch im Modulbau erfahrene Spezialisten in Montagehallen. Dabei erfolgt auch der Ausbau der Module mit allen Wand-, Boden- und Deckenverkleidungen, der Klima- und Kältetechnik, Elektrotechnik und Sicherheitstechnik mit einem Vorfertigungsgrad von bis zu 90 Prozent. Die kompletten Anlagen, wie elektrische Schaltanlagen, USV-Anlagen, Klimaanlagen,

Bild 3.5: Modulbau-Rechenzentrum mit ansprechender Fassadengestaltung
Quelle: Cadolto Datacenter GmbH

Bild 3.6: Modulbau-Rechenzentrum mit ansprechender Fassadengestaltung
Quelle: Cadolto Datacenter GmbH

Bild 3.7: Das weltweit erste Rechenzentrum aus Stahlbaumodulen steht in Leverkusen. Von außen lässt sich nicht erkennen, dass es sich um einen Modulbau handelt.
Quelle: Cadolto Datacenter GmbH

Bild 3.8: Auch innen erinnert nichts an einen Modulbau
Quelle: Cadolto Datacenter GmbH

Brandmelde- und Löschanlagen, die Zutrittskontrolle, die Videoüberwachung etc., können bereits vor der Auslieferung in die Module integriert und teilweise getestet werden.

Die gesamte Infrastruktur für die Versorgung des Rechenzentrums inklusive der Racks werden somit im Werk in den Modulen eingebaut. Den Kundenwünschen sind aufgrund der flexiblen Anpassungsmöglichkeiten an Größe und Raum fast keine Grenzen gesetzt.

Der hohe Vorfertigungsgrad einer Modulbaulösung bringt im Vergleich zum klassischen Bau entscheidende Vorteile mit sich. Zu nennen sind ein vergleichsweise niedriger Zeitaufwand von der Beauftragung bis zur Übergabe bei gleichzeitig hoher Qualität der Fertigung. Dabei liegen die Kosten in etwa auf der gleichen Höhe wie die der klassischen Bauweise. Je nach Größe kann der Modulbau nach vier bis sechs Monaten abgeschlossen sein und das Rechenzentrum in Betrieb gehen. Parallel zum Ausbau der Module auf der Baustelle kann bereits die Fertigung der Bodenplatte oder Streifenfundamente sowie die Bereitstellungsmaßnahmen für die Medienheranführung erfolgen, was weitere Zeit spart.

Bild 3.9: Individuelle Fertigung der Module in der Montagehalle
Quelle: Cadolto Datacenter GmbH

Weitere Vorteile liegen in der Skalierbarkeit und der Möglichkeit zur beliebigen flexiblen Erweiterung. So kann z.B. in der ersten Stufe nur in den Teil des Projekts investiert werden, der auch tatsächlich benötigt wird. Dadurch werden Bauten, die in der Hoffnung auf eine spätere Nutzung und Erweiterung unnötig leer stehen, vermieden.

Die Lebensdauer eines Modulbaus liegt bei Einhaltung entsprechender DIN-Vorgaben zertifiziert bei 30 bis 50 Jahren, praktisch sogar weit darüber. Das dürfte für den Einsatz als Rechenzentrum durchaus ausreichend sein, zumal sich durch verschiedene Finanzierungsvarianten die Abschreibung dieser Gebäude deutlich verkürzen lässt, da

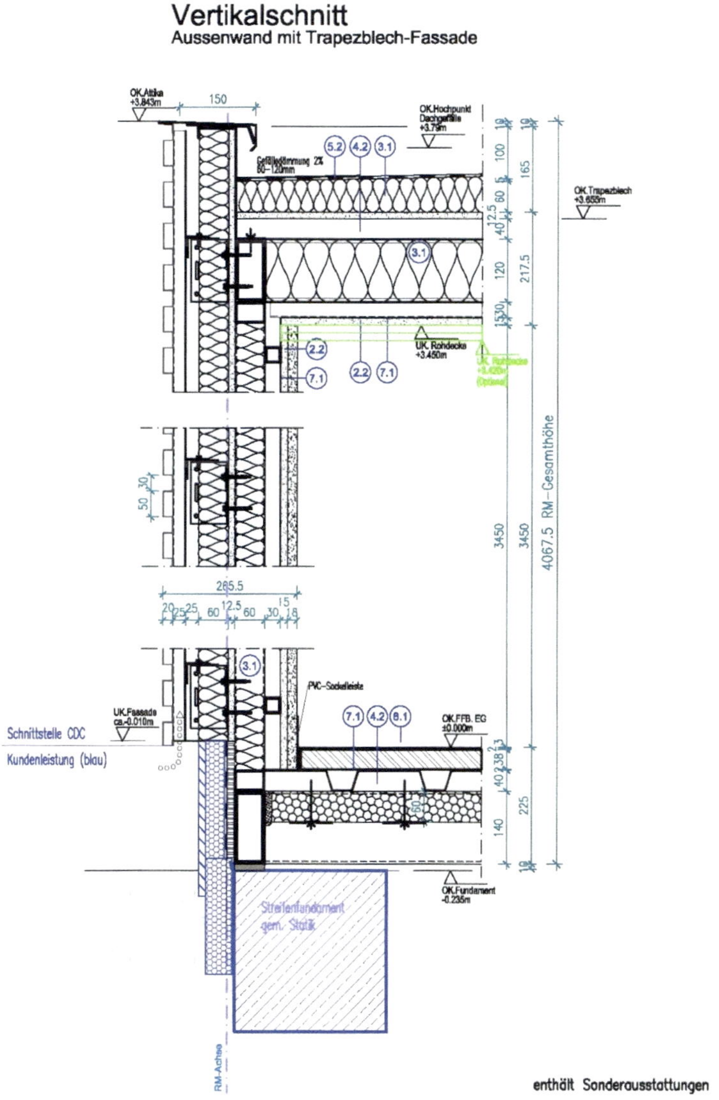

Vertikalschnitt
Aussenwand mit Trapezblech-Fassade

enthält Sonderausstattungen

Bild 3.10: Vertikalschnitt durch ein Stahlbaumodul
Quelle: Cadolto Datacenter GmbH

es sich beim Modulbau um eine Mobilie handelt. Dies ist ein sehr interessanter Aspekt im Hinblick auf das Gewinnen von Investoren.

Nach der Vorfertigung der Module erfolgen der Transport an die Verwendungsstelle und der Aufbau zu einem Gebäude. Anschließend werden Fassaden und Dach fertiggestellt. Parallel erfolgt der Endausbau der technischen Versorgungseinrichtungen bis hin zu den schrittweisen Inbetriebnahmen und Probeläufen.

Den Architekten und Kunden stehen eine große Auswahl von Fassaden und Ausstattungsvarianten zur Verfügung. So sind beispielsweise bei den Fassaden alle baulichen Varianten vom Wärmedämmverbundsystem (WDVS) bis hin zu Metall- oder Einhängefassaden möglich.

Um höchsten Ansprüchen in Bezug auf Redundanzen, Versorgungs- und Gebäudesicherheit zu genügen, sind über zahlreiche Optionen Kundenwünsche wählbar. Dazu zählen erhöhte Einbruchssicherheit bis RC 4, redundante Stromversorgungen, Kompakt- und modulare USV-Anlagen mit unterschiedlichen Autonomiezeiten, verschiedene Löschsysteme bis hin zu redundanten Klimaversorgungen. Eine freie Wahl des Fabrikats der Infrastrukturkomponenten gewährt die gleiche Flexibilität bei der Ausstattung wie beim klassischen Rechenzentrumsbau. Die Einhaltung geforderter DIN-Normen wie der DIN EN 50600 sowie auch verschiedener BSI- und TSI-Levels ist damit gewährleistet. Zertifizierungen durch verschiedene Unternehmen sind möglich.

Durch die Konstruktionen der Module, die richtig Auswahl der Technik und den Einsatz eines indirekten Kühlsystems mit adiabatischer Kühlung, werden in Abhängigkeit von den klimatischen Anforderungen in den RZ-Räumen die gleichen PUEs erreicht wie beim klassischen Rechenzentrumsbau.

Am Markt sind bereits standardisierte Fertigmodule verfügbar, die zu 100 Prozent vorgefertigt sind. Die Modulgrößen starten derzeit bei sechs Racks und enden bei bis zu 30 Racks. Die Fertigmodule sind komplett ausgestattet mit Stromversorgungsmodulen, USV, Branderkennung, Löschanlagen und adiabatischer Kühlung (und optionaler DX-Einheit) in den unterschiedlichsten Leistungsstufen. Sämtliche Ausstattungen sind optional erweiterbar. Die Modulbreiten bewegen sich je nach Leistungsgröße zwischen 3,50 m und 6 m Breite und einer Länge von bis zu 18 m.

Der Vorteil standardisierter Module liegt in der Zeitersparnis für Planung und Bau. Die Lieferzeiten liegen je nach Konfiguration zwischen zwölf und 14 Wochen. Per Plug and Play wird das Modul auf das Streifenfundament gesetzt. Benötigt werden dann nur noch der Stromanschluss, die Datenkabel und die Wasserzufuhr für die adiabatische Kühlung.

3.5 Das Modulbau-Rechenzentrum mit Betonfertigteilen

Eine weitere Alternative für den Bau eines Rechenzentrumsgebäudes ist neben dem konventionellen Neubau oder dem Modulbau mit Stahlbaumodulen die modulare Bauweise mit Betonfertigteilen. Sie kombiniert die Vorteile des massiven Baustoffs Beton mit der Zeiteffizienz der Modulbauweise.

Beton bietet viele Vorteile bei der Erstellung von Gebäuden für Rechenzentren. Er ist hoch widerstandsfähig gegen mechanische Belastungen (Einbruchsschutz) und bietet eine enorm hohe Lebensdauer (Dauerhaftigkeit). Zudem bietet Beton von Grund auf wesentliche Eigenschaften wie Feuerfestigkeit und eine hohe Widerstandsfähigkeit gegen das Eindringen von Wasser. Die Eigenschaften des verwendeten Betons sind in der DIN EN 206-1/DIN EN 1045-2 geregelt. Je nach benötigter Expositionsklasse bzw. Belastung des Betons durch äußere Einflüsse sind verschieden dicke Betonüberdeckungen notwendig. Der ohnehin schon hohe Wassereindringwiderstand des Betons lässt sich durch die Verwendung eines wasserundurchlässigen Betons noch weiter erhöhen. Insbesondere in den Bereichen des Dachs und im Fundament ist die Verwendung von WU-Beton (wasserundurchlässiger Beton) empfehlenswert. Noch weiter minimieren lässt sich der Feuchtedurchtritt durch Aufbringen von Frischbetonverbundfolien.

Bild 3.11: Rechenzentrum aus Betonfertigteilen erstellt
Quelle: Beton- und Energietechnik Heinrich Gräper GmbH & Co. KG

Einige Hersteller bieten zudem Leichtbeton an, der durch den Einsatz von leichten Gesteinskörnungen bei gleicher statischer Belastbarkeit ein geringeres Gewicht und damit niedrigere Transport- und Krankosten mit sich bringt. Leichtbeton hat zudem den Vorteil verbesserter Wärmedämmeigenschaften.

Die geforderten Wärmedämmeigenschaften des Rechenzentrumsgebäudes lassen sich durch das Aufbringen von Dämmmaterial auf der Betontragschale erzielen. Dabei wird in der Regel ein hochbauübliches Wärmedämmverbundsystem verwendet. Auf die Betontragschale werden dabei zunächst Dämmplatten geklebt, eine Gewebearmierung aufgebracht und dann die Oberfläche durch Aufbringen eines Oberputzes gestaltet. Hier sind die gleichen verschiedensten Putzstrukturen und Farben wie bei jedem anderen massiven Gebäude möglich, so dass ein Gebäude nach Kundenwunsch gestaltet und an den eventuell vorhandenen Gebäudebestand angepasst werden kann. Durch die Verwendung unterschiedlicher Dämmstoffdicken können verschiedenste Dämmwerte der Fassade erzielt werden.

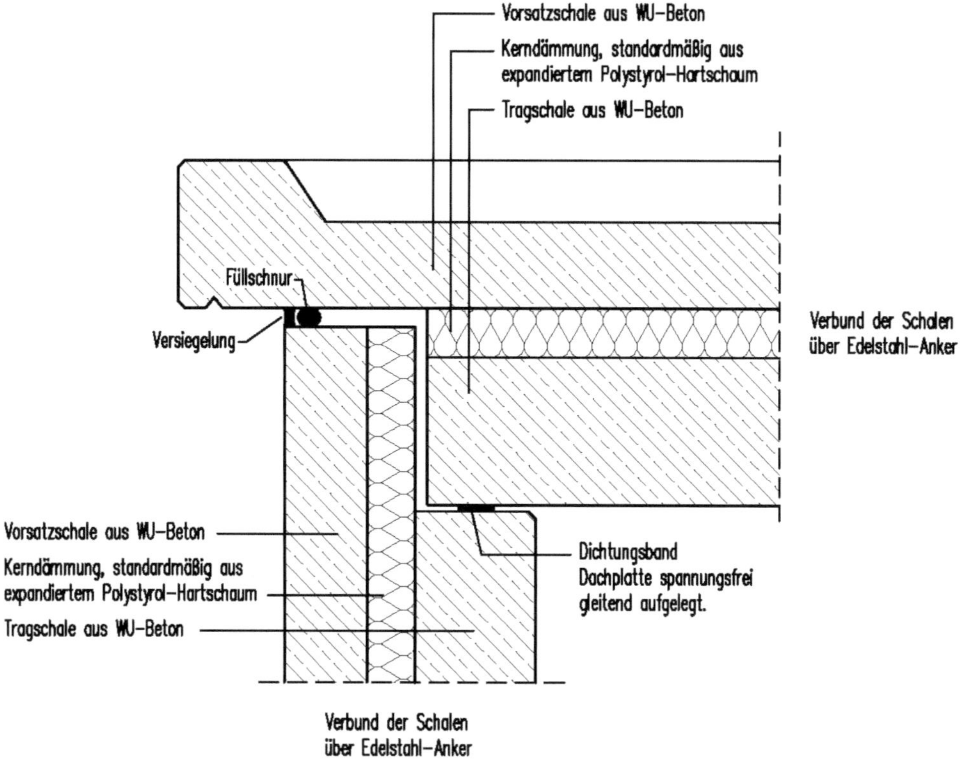

Bild 3.12: Detail Sandwichwand mit Wand-Dachübergang
Quelle: Beton- und Energietechnik Heinrich Gräper GmbH & Co. KG

Bei der Konstruktion des Wärmedämmverbundsystems ist darauf zu achten, dass der Übergang vom (Flach)Dach zur Wand kältebrückenfrei ausgeführt wird. Nachteil dieser Fassadenkonstruktion ist die relativ stoß- und schlagempfindliche Außenoberfläche, da sich die Stärke der Armierungs- und Putzschicht in der Regel im Millimeterbereich befindet.

Die geforderte Wärmedämmung in Verbindung mit einer besonders schlagfesten Oberfläche bieten Betonsandwichkonstruktionen. Hier befindet sich die Dämmschicht zwischen zwei Betonschalen. Auch hier ist auf eine durchgängig unterbrechungsfreie Dämmung in der Konstruktion zu achten. Auf der äußeren Betonschale können sämtliche Gestaltungswünsche von Oberflächen realisiert werden. Neben verschiedensten Putzoberflächen sind auch aufgeklebte Echt-Klinkerriemchen, Holzverkleidungen, Metallfassaden oder auch Sichtbeton möglich.

Wie bei einem Gebäude in konventioneller Bauweise, können die verschiedensten Dachformen bei der Betonbauweise realisiert werden. Grundsätzlich lassen sich mit Betonfertigteilen Gebäude nach freier Planung erstellen, bei denen die Gebäude an die gewünschten Raumbedarfe angepasst werden. Auch besondere statische Anforderungen, wie sie zum Beispiel durch das Aufstellen von Kühlaggregaten auf dem Dach notwendig sind, lassen sich ohne besonderen zusätzlichen Aufwand erzielen.

Bei der Verwendung von Betonfertigteilen ist bei Bedarf ein geeigneter EMV-Schutz möglich. Je nach Anforderung muss dabei umlaufend und unterbrechungsfrei eine bestimmte Maschenweite eingehalten werden. Sämtliche Durchführungen sind entsprechend abzuschirmen und mit Anker- bzw. Halfenschienen zu versehen. Ebenfalls werden alle Metallbauteile nach den geforderten Normen leitend mit der Bewehrung verbunden. Das gesamte Rechenzentrumsgebäude ist dann wie ein faradayscher Käfig aufgebaut.

Die Verwendung von Betonmodulen beim Bau eines Rechenzentrumsgebäudes ermöglicht einen sehr hohen Vorfertigungsgrad. Dabei ist es in Abhängigkeit von der Größe der Module möglich, komplett vorgefertigte Rechenzentren anschlussfertig in einem Stück zu liefern so, wie es zuvor auch schon beim modularen Bau von Rechenzentren mit Stahlbaumodulen beschrieben wurde. Auch Mehrraumlösungen sind in dieser einteiligen Bauweise möglich. Üblicherweise sind Rechenzentren in einteiliger Betonbauweise im Bereich zwischen 15 m² und 40 m² Grundfläche angesiedelt. Größere Gebäudeabmessungen werden auch hier wieder in mehrere Raummodule unterteilt. Die Module aus Beton umfassen dann in der Regel Boden-, Wand- und Dachelemente, die bereits mit einem hohen Fertigstellungsstand im Herstellerwerk ausgerüstet werden und auf der Baustelle zu einem Gesamtgebäude zusammengefügt werden.

Die Module dieser Bauweise können wiederum werkseitig bereits mit z.B. Türen, dem Doppelboden und weiteren Installationen vorbereitet werden. In der Regel sind auch schon die Malerarbeiten durchgeführt.

Bild 3.13: Aufbau der einzelnen Module
Quelle: Beton- und Energietechnik Heinrich Gräper GmbH & Co. KG

Bild 3.14: Aufbau der einzelnen Module
Quelle: Beton- und Energietechnik Heinrich Gräper GmbH & Co. KG

An den Schnittstellen der einzelnen Betonmodule werden die Ausbauarbeiten dann nach dem Zusammenstellen der Module fertiggestellt. Die Vorteile der Vorfertigung sind auch hier wieder die sehr kurze Bauzeit und die hohe Ausführungsqualität. Die Fundamentarbeiten auf der Baustelle erfolgen auch hier parallel zur Betonmodulfertigung beim Hersteller.

Die Betonmodule werden mit LKWs zur Baustelle geliefert und mittels eines Krans auf einem Streifenfundament oder einer Bodenplatte zusammengefügt. Abhängig von der Größe des Rechenzentrumsgebäudes ist das Bauwerk innerhalb weniger Stunden zusammengestellt und regendicht. Weitere Ausbaugewerke können umgehend beginnen. Auch mehrstöckige Gebäude lassen sich in dieser Fertigbauweise realisieren. Eine Gesamthöhenbeschränkung wie bei Modulen in Stahlbaumodulen ist hier weniger relevant. Die einzelnen Betonmodule werden einfach stockweise aufeinander gestellt. Wie bei allen Bauwerken aus Fertigteilen ist eine detaillierte Planung im Vorfeld der Produktion notwendig.

Durchbrüche und Aussparungen sollten möglichst genau geplant werden. Im Betonwerk erzeugt eine einzelne Durchführung relativ wenig Aufwand. Es wird an der Durchführungsstelle keine Bewehrung vorgesehen und in der Regel ein entsprechendes Polystyrol- oder Holzformstück eingebaut, das nach dem Aushärten entfernt wird. Auf der Baustelle ist das ungleich schwieriger. Das nachträgliche Durchführen von Kernbohrungen ist zwar möglich, jedoch müssen dann zuvor die statischen Erfordernisse geprüft werden. Zudem sehen diese Durchführungen optisch erheblich schlechter aus.

Trotzdem ist das Herstellen und brandschutztechnische Verschließen einer Durchführung in Beton sehr viel einfacher als es bei Trockenbauwänden oder Modulwänden in Stahlbauweise möglich wäre. Besonders das brandschutztechnische Verschließen ist bei Trockenbau oder Stahlbauweise sehr viel aufwendiger.

Bild 3.15: Der Qualitätsunterschied zwischen im Werk und vor Ort hergestellten Durchbrüchen ist deutlich erkennbar.

Zur Herstellung der Medieneinführungen für z.B. Strom, Wasser und Datenanbindung werden vorgefertigte druckwasserdichte Durchführungssysteme verwendet. Diese Durchführungen werden im Betonwerk in die Bauteile eingegossen. Auf der Baustelle werden dann die entsprechenden Einführungspassstücke mit den Medienleitungen abgedichtet und nach Herstellervorgaben mit den eingegossenen Gegenstücken wasserdicht verbunden.

Die Grenzen des Rechenzentrumsbaus mit Betonmodulen sind oft nur transportbedingt gegeben. Ausschlaggebend sind die Durchfahrtshöhen der Brücken, die der LKW mit dem geladenen Betonmodul passieren muss. In der Regel sind in Deutschland die Durchfahrtshöhen auf 4,5 m begrenzt. Das bedeutet für die Höhen der Betonmodule eine lichte Maximalhöhe von ca. 4 m. Höhere Bauwerke lassen sich mit Betonfertigteilen zwar auch noch realisieren, jedoch muss die Aufstellung des Gebäudes dann wandweise in Einzelteilen erfolgen und es entfallen mögliche Vorteile der Vorfertigung und des werkseitig realisierbaren Vorausbaus.

4 Bauliche Maßnahmen

Für die Verfügbarkeit eines Rechenzentrums sind zunächst die baulichen Voraussetzungen von entscheidender Bedeutung. Es gehört zur Selbstverständlichkeit, dass das Rechenzentrum und der Rechenzentrumsbereich eigene Brandabschnitte bilden.

Die Anforderungen an Boden, Decke und Wände sind im Kapitel 8.1.2 „Baulicher Brandschutz“ näher beschrieben.

Neben klassisch gebauten Wänden aus Beton, Stein und Trockenbau gibt es noch sogenannte Raum-in-Raum-Lösungen, die je nach bestehender Bausubstanz durchaus ihre Rechtfertigung am Markt haben. Allerdings lohnt es sich, wirtschaftliche Berechnungen durchzuführen und neben allen technischen Argumentationen auch die Anschaffung und den Betrieb dieser Räume genauestens zu analysieren. Auch das immer wieder gutgemeinte Argument des kompletten Rechenzentrumsumzuges inklusive des Raumes ist oft nicht mehr als ein Verkaufsargument, da der Ab- und Aufbau oft genauso viel kostet, als einen neuen Raum zu beschaffen und aufzustellen.

Auch komplette Container- oder Modullösungen wie zuvor beschrieben können eine mögliche Alternative bieten. Insbesondere Firmen über dem großen Teich schwören auf Containerlösungen. Bei uns ist das Bewusstsein noch nicht ganz so weit fortgeschritten. Jedoch ist auch hier der Trend nicht mehr aufzuhalten.

Die Raumgeometrie und der Doppelboden sind weitere wichtige Faktoren für die Dimensionierung und Planung eines Rechenzentrums.

4.1 Raumbeschaffenheit

Übliche Raumhöhen in Gebäuden von 2,30 m bis 2,50 m können für ein Rechenzentrum bereits kritisch sein. IT-Equipment hat in der Regel eine Höhe von 2,00 m bis 2,20 m. Will man dann noch einen Doppelboden und Kalt-/Warmgänge realisieren, ist man nahezu chancenlos, vernünftige Lösungen zu realisieren. Räume mit diesen geringen Raumhöhen sind fast dazu verdammt mit Datenschrankkühlung ausgestattet zu werden und auf den Doppelboden zu verzichten.

Die Ausmaße eines Rechenzentrums werden zunächst durch das geplante IT-Equipment bestimmt. Daraus ergeben sich Stellflächen, die mit Bewegungsflächen sinnvoll ergänzt werden müssen. Störende Stützen müssen dabei ebenfalls Beachtung finden wie ungünstige Raumgeometrien aus langen, aber schmalen Räumen.

Neben den Stell- und Bewegungsflächen für das IT-Equipment sind auch Räume für die Technik zu betrachten.

Je nach Verfügbarkeitsklasse und TIER-Klassifizierung gelten überschlägig folgende Verhältnisse zwischen IT- und Technikfläche:

- TIER 1: + 20 Prozent Technikfläche
- TIER 2: + 30 Prozent Technikfläche
- TIER 3: + 80 Prozent bis 90 Prozent Technikfläche
- TIER 4: Weit über 100 Prozent Technikfläche

Das bedeutet für ein Rechenzentrum nach TIER 4 mehr als eine Verdopplung der Fläche für die Infrastruktur.

Durch die hohen Packungsdichten in den Datenschränken werden die einzelnen Datenschränke immer schwerer. 1.000 kg auf einer Stellfläche von 1 m² sind keine Seltenheit mehr.

Ältere Gebäude wurden früher auf eine Flächenlast von 500 kg/m² ausgelegt.

Das Hinzuziehen eines Statikers ist in solchen Fällen unabdingbar.

4.2 Doppelboden

Bild 4.1: Ansicht einer Doppelbodenanlage mit geschlossenen Platten und Lüftungsplatten
Quelle: MERO-TSK International GmbH & Co. KG

Doppelböden in Rechenzentren sind fast so alt, wie die Rechenzentren selbst. Anfangs zunächst als Abwandlung eines Raumfachwerkes mit Abdeckplatten ausgeführt, hat sich im Laufe der Zeit ein eigenständiges Gewerk mit verschiedenen Systemen und eigenen Normen entwickelt.

Weil es seither eine Selbstverständlichkeit ist, Rechenzentren mit Doppelböden auszustatten, wird er oft sehr stiefmütterlich behandelt. Man macht sich keine großen Gedanken, wie er aufgebaut ist, welche Unterschiede es gibt und was man tatsächlich in seinem Rechenzentrum benötigt. Doch gerade weil es sich um das Fundament in Ihrem Rechenzentrum handelt, sollten Sie sich umso mehr Gedanken über den Aufbau, die Aufgaben und vor allem über die Tragfähigkeiten machen. Jeder Datenschrank und jede Anlage steht auf dem Doppelboden bzw. dem Grundrahmen. Die Transporte von Datenschränken und Infrastruktur in die Räume findet ebenfalls über den Doppelboden statt. Es wäre bei Ihnen nicht das erste Mal, dass Anlagen im Doppelboden beim Transport einbrechen, das Transportgut beschädigt und die Installationen im Doppelbodenzwischenraum zerstört werden. Im schlimmsten Fall kann es dabei auch zu Personenschäden kommen.

Doppelböden bieten den größten Installationsfreiraum, sind schnell und einfach zu installieren und auch im Betrieb sehr flexibel, da die Platten einfach ausgetauscht werden und mit den Anlagen mitwandern können. Die Anpassung an veränderte Raum- und Nutzungsbedingungen ist jederzeit gewährleistet. Es erlaubt einen schnellen und zerstörungsfreien Zugriff auf den gesamten Installationsraum zu jeder Zeit und an jeder Stelle ohne Lärm, Staub und Behinderung des Betriebsablaufes. Auf spezielle Tragkonstruktionen für Kabel, Leitungen und Rohrsysteme kann fast gänzlich verzichten werden.

Trotzdem gibt es in letzter Zeit wieder verstärkt Überlegungen, die Höhe des Doppelbodens zu verringern bzw. gänzlich auf ihn zu verzichten. Doch um die Entscheidung für einen Doppelboden bzw. für den richtigen Doppelboden treffen zu können, müssen zunächst die Aufgaben des Doppelbodens näher betrachtet werden.

Bei den Doppelbodensystemen haben sich zwei Grundtypen entwickelt. Zum einen sind es die klassischen Doppelbodenanlagen aus Stütze und Platte, ergänzt durch Rasterstäbe und zum anderen die Schaltwarten-Böden. Beide Systeme können mit Bodenplatten aus Holzwerkstoff oder nicht brennbarem Material ausgeführt werden.

Doppelböden wurden entwickelt und konstruiert, um zwei grundsätzliche Aufgaben wahrzunehmen:

1. Führen von Kabel und Leitungen der Starkstrom- und Datentechnik, Stromschienen und Rohrleitungen für die Klimatisierung und deren spätere Zugänglichkeit
2. Kaltluft-Verteilung für die Klimatisierung bzw. Kühlung

Die Kabelführung zu und zwischen den Datenschränken erfolgt aus Gründen der Flexibilität und Übersichtlichkeit oft in Kabelrinnen oder Gitterrinnen im Doppelboden. Ob Sie dabei sowohl die Starkstromleitungen wie auch die Datenleitungen im Doppelboden in Kabelrinnen über- oder nebeneinander führen oder nur die Starkstromleitungen oder Datenleitungen im Doppelboden und einen Teil über den Datenschränken, ist so reine Geschmacks- und Philosophiefrage. Hier sind der Phantasie oft nur physikalische Grenzen gesetzt. So gut wie jeder IT-Verantwortliche hat hier seine eigenen Ideen und findet die eine oder andere Art der Leitungsverlegung praktischer, schöner und technisch begründbarer.

Durch die am Markt zunehmende Schrankklimatisierung direkt im oder am Datenschrank müssen die Vor- und Rücklaufleitungen bis zu den Schränken geführt werden. Zudem muss das Kondensat abgeführt werden. Dies kann oft nur sinnvoll im Doppelboden mit vernünftigen Höhen erfolgen.

Obwohl die direkte Schrankklimatisierung in letzter Zeit immer mehr zugenommen hat, wird noch fast jedes Rechenzentrum über den Doppelboden gekühlt. Dies ist nach wie vor die flexibelste und einfachste Art der Klimatisierung im Rechenzentrum. Entscheidend ist jedoch die Doppelbodenhöhe, die je nach Wärmelast und Füllgrad von Leitungen eine entsprechende Höhe haben muss und somit auch eine Abhängigkeit zur Gesamt-Rechenzentrumsfläche hat. Ebenso ist die „Wurfweite“ von entscheidender Bedeutung für die Doppelbodenhöhe. Die Wurfweite beschreibt die Entfernung von der Kältequelle (Umluftkühlgerät) bis zur Wärmequelle (Datenschrank).

Die Doppelbodenhöhe steht somit in direkter Abhängigkeit zur Wärmelast und zur Wurfweite.

Im Sinne von Green-IT hat sich ein weiterer Trend bemerkbar gemacht: Durch Verringerung des Luftdruckes im Doppelboden lässt sich Energie sparen. Um dabei die gleichen Luftmengen zu erhalten, muss das Volumen vergrößert werden. Dies lässt sich nur erreichen, wenn man die Doppelbodenhöhen vergrößert.

Und nun stelle ich nochmals die Frage, ob Doppelbodenhöhen, den Überlegungen folgend, künftig verringert werden können oder auf einen Doppelboden gänzlich verzichtet werden kann. Ich meine Nein, da auch bei der direkten Schrankklimatisierung die Kühlmittelleitungen und der Kondensatablauf zum Datenschrank geführt werden müssen. Die Anschlüsse sind aus gutem Grunde immer unten, so dass bei Leckagen kein Kühlmittel in die Datenschränke läuft und auch das Kondensat im freien Gefälle abgeführt werden kann, auch wenn Starkstrom- und Datenleitungen über den Datenschränken geführt werden könnten.

Bei Doppelbodenbeschaffenheiten gibt es neben unterschiedlichen Plattenmaterialien und unterschiedlichen zulässigen Lasten auch eine Reihe von unterschiedlichen Plattenbelägen.

4.2.1 Aufbau der Doppelbodenanlage

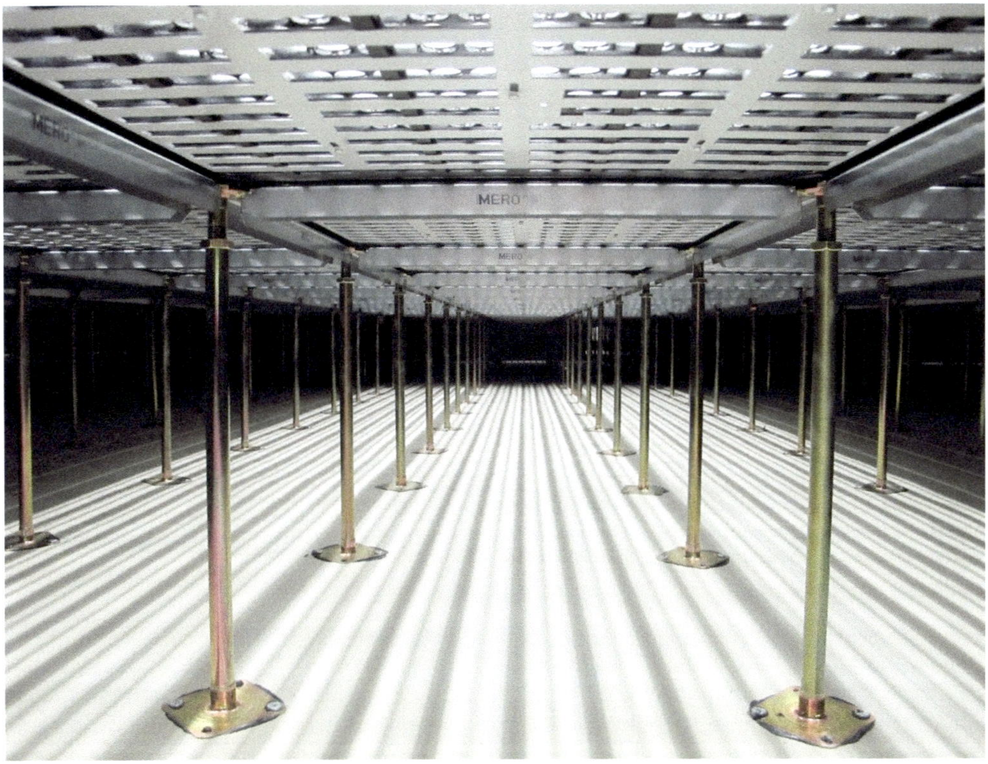

Bild 4.2: Aufbau der Doppelbodenanlage mit Fußplatte, Stütze, Auflage, Rasterstab und Platte
Quelle: MERO-TSK International GmbH & Co. KG

1. Doppelbodenplatte (wahlweise mit Belag oder ohne Belag, Platte leitfähig lackiert)
2. Rasterstab
3. Stützenkopfauflage
4. Doppelbodenstütze (Konstruktionsart nach Bodenhöhe)
5. Fußplatte am Unterboden verklebt (bei Bedarf verdübelt)

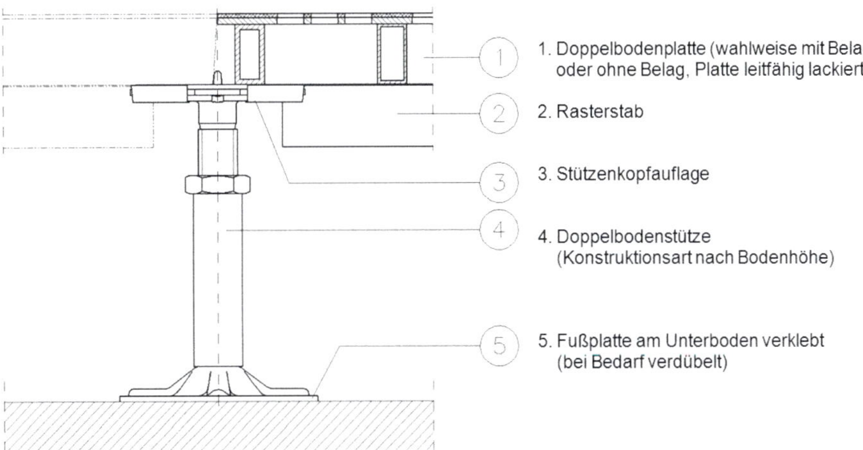

Bild 4.3: Schematischer Schnitt durch eine Doppelbodenanlage
Quelle: MERO-TSK International GmbH & Co. KG

Die Technischen Anforderungen und die Prüfverfahren für Doppelböden sind in der DIN EN 12825 europaeinheitlich geregelt. Daher ist es wichtig, dass nach dieser DIN EN geprüfte Doppelbodenanlagen eingebaut werden. Die DIN EN 50600-2-1 fordert, dass Doppelböden der DIN EN 12825, Klasse 5, entsprechen müssen.

Zunächst muss der Untergrund (Rohboden) mit einem staubbindenden Anstrich versehen werden. Dies ist aus folgenden Gründen erforderlich:

1. Wird über den Doppelboden klimatisiert, verhindert der Anstrich, dass sich Staub und Abrieb mit der Zeit durch die ständig zirkulierende Luft ablösen, die Umluft mit diesen Partikeln durchsetzt wird und als Folge gegebenenfalls Schäden in der Hardware entstehen.
2. Der Anstrich stellt sicher, dass der Kleber die für die Stützen notwendige Haftung erreicht.

Vereinzelt wird auch immer wieder gefordert, den Untergrund nicht nur mit einem staubbindenden Anstrich zu versehen, sondern regelrecht zu beschichten. Diese teurere Lösung liefert jedoch keine nennenswert größeren Vorteile als der staubbindende Anstrich. Im Gegenteil kann sich die Beschichtung lösen und die Festigkeit der am Rohboden verklebten Doppelbodenstützen mindern.

Die Doppelbodenstützen werden am beschichteten Rohboden mittels Kleber fixiert und befestigt. Die verzinkten Stahlgewindestützen gibt es in unterschiedlichen Höhen, so dass Doppelbodenanlagen von 40 mm bis zu einer Höhe von 2.000 mm stufenlos realisiert werden können. Durch das Gewinde an den Stützen ist die Höhe exakt justierbar. Am Kopf befinden sich leitfähige Schalldämmauflagen zur Sicherstellung der Ableitfähigkeit, der Trittschalldämmung und der Fixierung der Platten in Ihrer Lage.

Werden Doppelböden zusätzlich zur EMV (HF-) Abschirmung genutzt, werden Auflager mit Nieten verwendet, welche den Durchgangswiderstand von Platte zu Platte auf $< 1\ \Omega$ senken und somit gemeinsam mit der unterseitigen Aluminium- oder Stahlblechbeschichtung der Doppelbodenplatten eine abschirmende Wirkung erzielen.

Bild 4.4: Auflager mit Nieten zur Verringerung des Durchgangswiderstandes
Quelle: MERO-TSK International GmbH & Co. KG

Bild 4.5: Doppelbodenstützen in unterschiedlichen Höhen für Doppelbodenanlagen von 40 mm bis 2.000 mm
Quelle: MERO-TSK International GmbH & Co. KG

Die ATV „Trockenbauarbeiten" DIN 18340 empfiehlt: „Bei Aufbauhöhen über 50 cm sind zusätzliche Sicherungsmaßnahmen erforderlich, z.B. eine horizontale Sicherung der Unterkonstruktion durch Rasterstäbe oder eine Verdübelung der Stützen am Untergrund".

Die Stützen sind üblicherweise mit einem PU-Kleber am Rohboden fixiert. Eine zusätzliche horizontale Sicherung der Stützen ab einer Höhe von 50 cm wird auch von führenden Doppelbodenherstellern empfohlen und auch die DIN EN 50600-2-1 empfiehlt, ab einer Fertighöhe des Fußbodens von mehr als 500 mm eine eigenständig stehende Stahlrostgitterkonstruktion in Erwägung zu ziehen. Man sollte hierbei jedoch auf Rasterstäbe setzen, da die Bewegung am Stützenkopf ohne den Einsatz von Rasterstäben ab einer gewissen Höhe zu groß ist und die Platten vom Stützenteller abrutschen können.

Eine Verdübelung ist somit nicht notwendig und kann sogar noch Nachteile haben, da insbesondere in der Installationsphase oder bei Nachinstallationen die Stützen oft als Umlenkrollen bei Kabelzugarbeiten verwendet werden. Ist die Stütze nur geklebt, löst sie sich bei zu starker seitlicher Beanspruchung durch die Kabelzugarbeiten. Ist sie jedoch am Rohboden verdübelt, löst sie sich nicht und die Stütze selbst kann einen zunächst unsichtbaren Schaden nehmen. Das Einknicken der Stütze bei Belastung von oben kann dann die Folge sein.

Eine Verdübelung ist nur dann noch sinnvoll, wenn besondere Anforderungen notwendig sind.

Eingehängte oder verschraubte Rasterstäbe an den Stützenköpfen versteifen die Doppelbodenanlage zusätzlich und verhindern auch, dass sich bei herausgenommenen Doppelbodenplatten die Stützen bei seitlicher Belastung lösen und der Doppelboden anfängt, seitlich „wegzuschwimmen".

Die Rasterstäbe können je nach Ausführung zusätzliche Plattenlasten aufnehmen, da die Platte dann auch auf allen vier Kanten und nicht nur an den Plattenecken aufliegt. Unterschiedliche Rasterstabtypen erhöhen die Tragfähigkeit der Doppelbodenanlage um bis zu 1.000 N.

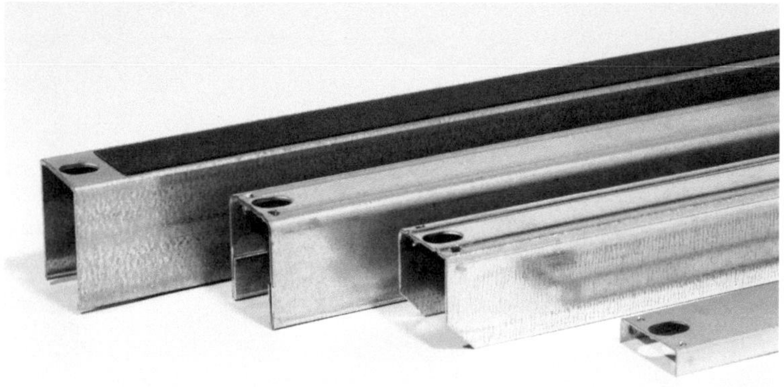

Bild 4.6: Rasterstäbe für die unterschiedlichen Anforderungen
Quelle: MERO-TSK International GmbH & Co. KG

Das Verschrauben der Rasterstäbe mit der Stütze schafft zusätzliche Festigkeit und verhindert das sorglose Aushängen von Rasterstäben bei Nachinstallationen bei großflächigem Öffnen des Doppelbodens.

Bei größeren Doppelbodenhöhen und höheren Belastungen sollte man sich für einen Schaltwartenboden entscheiden und/oder in sinnvoll gewählten Abständen eine seitliche Verstrebung zwischen Stützenkopf und Rohboden anbringen. Mit der diagonalen Abspannung erreicht man nochmals eine höhere Seitensteife.

Bild 4.7: Beispiel eines Doppelbodens mit verschraubten Rasterstäben
Quelle: MERO-TSK International GmbH & Co. KG

In Rechenzentren findet man zwei verschiedene Materialien von Doppelbodenplatten.

Wegen seines geringeren Anschaffungspreises, seines geringeren Gewichtes und seiner guten Eigenschaften bei der Bearbeitung wird auch heute noch Holzwerkstoff verwendet. Die hochverdichtete Spanplatte ist dabei an der Unterseite durch ein verzinktes Stahlblech verstärkt oder mit einem Alu-Feinblech beschichtet. Eine umlaufende Kunststoffkante schützt die Platte vor mechanischen Beschädigungen und verhindert das Eindringen von Feuchtigkeit. Vor Ort zugeschnittene Platten oder Aussparungen und Durchführungen verfügen an diesen Stellen allerdings nicht mehr über diesen Schutz, so dass er nach der Bearbeitung durch einen Anstrich wieder angebracht werden muss. Holz erhöht jedoch immer die Brandlast.

Eine Alternative zu Holzwerkstoffen sind Platten aus faserverstärktem Mineralstoff. Die Calciumsulfatplatten sind nicht brennbar und entsprechen vom Material her bereits der Baustoffklasse A2. Die Platte verfügt ebenfalls über eine umlaufende Kunststoffkante zum Schutz vor mechanischen Beschädigungen und Feuchtigkeit. Die Unterseite der Platte ist entweder ohne Beschichtung, alubeschichtet oder bei besonders hohen Lastanforderungen ebenfalls aus verzinktem Stahlblech. Das Gewicht von Calciumsulfatplatten ist etwa das Doppelte von Holzwerkstoffen. Zudem ist die Bearbeitung für das Zuschneiden der Platten und das Herstellen von Aussparungen und

Bild 4.8: Links: Doppelbodenplatte aus Calciumsulfat; Rechts: Doppelbodenplatte aus Holzwerkstoff
Quelle: MERO-TSK International GmbH & Co. KG

Durchführungen aufwendiger, da der Werkstoff eine größere Festigkeit besitzt. In notwendigen Fluren und Fluchtwegen dürfen nach den Landesbauordnungen nur nicht brennbare Platten eingesetzt werden.

Das Systemgewicht (Stütze 1.000 mm + Platte ohne Belag) beträgt bei Holzwerkstoffplatten ca. 35 kg/m² bis 45 kg/m² und bei Calciumsulfatplatten 65 kg/m² bis 85 kg/m². Die einzelne Platte wiegt bei Holzwerkstoff zwischen 9 kg und 11 kg, sowie bei Calciumsulfat zwischen 20 kg und 25 kg. Die Plattendicke beträgt üblicherweise bei beiden Plattentypen zwischen 30 mm und 40 mm.

Das Rastermaß der Platten beträgt 600 mm x 600 mm. Das Rastermaß der Unterkonstruktion standardmäßig ebenfalls 600 mm x 600 mm oder bei Schaltwartenböden auch 1.200 mm x 600 mm. Bei dieser Rastererweiterung auf 1.200 mm reduziert sich jedoch die Tragfähigkeit erheblich.

Gemäß Muster-Richtlinie über brandschutztechnische Anforderungen an Systemböden der Muster-Systembödenrichtlinie (MSysBöR), Fassung September 2005 müssen Doppelböden in notwendigen Fluren und Fluchtwegen generell unbrennbar und mit einem Hohlraum von mehr als 200 mm lichter Höhe als tragende und raumabschließende Bauteile bei Brandbeanspruchung von unten feuerhemmend sein. Feuerhemmend nach DIN 4102 bedeutet dabei eine Feuerwiderstandsdauer von 30 Minuten. In allen anderen Räumen (auch untergeordneten) ist der Nachweis F30 in Bezug auf die Tragfähigkeit generell bei Böden mit einer lichten Höhe > 500 mm erforderlich. Dies gilt sowohl für Platten aus Calciumsulfat, wie auch aus Holzwerkstoff. Auch Lüftungsplatten müssen dieser Anforderung genügen.

Bei der Verlegung werden im Randbereich spezielle selbstklebende Kompri-Bänder verwendet. Sie lassen eine horizontale Ausdehnung der Doppelbodenanlage zu und dichten den Hohlraum im Randbereich ab. Zudem vermeiden sie Körperschall-Übertragungen von der Doppelbodenanlage in das Gebäude und umgekehrt. DIN EN 50600-2-1 fordert, dass der Randdämmstreifen des Bodenbelags auf der Oberfläche der Platte festgeklebt und mit dem Oberflächenbelag bündig sein muss.

Aus optischen Gründen kann noch eine Sockelleiste angebracht werden. Dadurch beugt man einer Verschmutzung der Wand bei den regelmäßigen Reinigungsarbeiten vor. Allerdings lassen sich die darunterliegenden Randdoppelbodenplatten auch nicht ohne Weiteres einfach nach oben herausheben, sondern müssen seitlich unter der Sockelleiste aus- und eingefahren werden.

Bild 4.9: Sockelleiste an einer Doppelbodenanlage
Quelle: MERO-TSK International GmbH & Co. KG

4.2.2 Zulässige Lasten

Fälschlicherweise wird in vielen Anforderungen von Doppelbodenanlagen die Flächenlast angegeben. Die DIN EN 12825 kennt jedoch nur die Punktlast. Dies macht auch Sinn, denn die Lasten, die auf die Doppelbodenanlage wirken, sind in der Regel auch punkt- oder linienförmig (durch Stützen und Rollen).

Die Punktlast wird mit einem Prüfstempel mit einer Aufstandsfläche von 25 mm x 25 mm bestimmt. Dabei muss die in den Datenblättern angegebene Punktlast an jeder Stelle der Platte mit mindestens 2-facher Sicherheit gelten. Der gemessene niedrigste Wert muss oberhalb der im Datenblatt angegebenen Punktlast liegen. Die zulässige Durchbiegung ist in der DIN EN 12825 durch die Verschiebeklasse A, B oder C festgelegt.

Die Punktlast wird in Newton (N) angegeben. 1.000 N entspricht dabei einem Gewicht von rund 100 kg (exakt 101,97 kg).

Je nach Aufbau der Doppelbodenanlage mit eingelegten Rasterstäben beträgt die Punktlast zwischen 2.000 N und 6.000 N. Höhere Lasten sind nur mit Schaltwartenböden und Schwerlastböden zu erreichen.

Da ein vollgepackter Datenschrank auch mal bis zu 1.000 kg und mehr wiegen kann und die Schränke üblicherweise in Reihe stehen (dadurch zwei Lasteinleitungspunke in einem Feld), sollte die Punktlast einer Doppelbodenanlage 5.000 N niemals unterschreiten.

Durch die Vorlage eines Konformitätszertifikats kann man sicherstellen, dass das Doppelbodensystem nicht nur die angegebene und geforderte Punktlast erfüllt, sondern auch weitere Qualitätsstandards der DIN EN 12825 erfüllt und nach deren Anwendungsrichtlinie geprüft wurde.

Durchführungen oder Ausschnitte in Doppelbodenplatten schwächen die Doppelbodenplatten und deren Tragfähigkeit. In der Regel wird das Gewicht auf der Platte über die vier Ecken und die Stützen abgeleitet. Rasterstäbe zwischen den Stützen sorgen je nach Ausführung für eine flächigere Verteilung der Lasten und somit für eine höhere Auflastung. Wichtig ist dabei nur, dass die Platten auch auf den Rasterstäben aufliegen und diese nicht nur für die horizontale Aussteifung eingelegt wurden.

Erfolgen Transporte großer Lasten über den Doppelboden sind Lastverteilplatten eine sinnvolle temporäre Ergänzung, um die Lasten flächig zu verteilen, den Belag zu schützen und die Gefahr des Einbrechens einzelner Platten zu vermindern.

Die Punktbelastung der Doppelbodenanlage sollte immer pro Raum mittels eines Hinweisschildes sichtbar dargestellt werden. So kann der Gefahr der Überlastung bei Transporten ein wenig entgegengewirkt werden. Erfahrene Spediteure erkennen dann in der Regel die Gefahren unzureichender Tragfähigkeiten in Transportwegen und sorgen mittels Lastverteilplatten für Abhilfe.

Bild 4.10: Hinweisschild auf die Tragfähigkeit der Doppelbodenanlage
Quelle: MERO-TSK International GmbH & Co. KG

4.2.3 Doppelbodenbeläge

In Rechenzentren werden ausschließlich elastische Beläge wie Linoleum, PVC, Kautschuk oder Schichtstoff eingesetzt. Alle textilen Beläge sind wegen ihres Fusselverhaltens für die Anwendung im Rechenzentrum ungeeignet.

Bei den Doppelbodenbelägen unterscheidet man zunächst zwischen astatischen (umgangssprachlich antistatischen), ableitfähigen und elektrostatisch leitenden Fußböden.

Die DIN IEC 61340-4-1 ist zwar mittlerweile durch die DIN EN 61340-4-1 ersetzt worden, sie belegte jedoch noch die unterschiedlichen Beläge mit Werten, was in der neuen DIN EN nicht mehr der Fall ist.

Die DIN IEC 61340-4-1 unterscheidet Fußböden wie folgt:

- Elektrostatisch leitender Fußboden (ECF):
  Durchgangswiderstand $\leq 1 \times 10^6\ \Omega$
- Ableitfähiger Fußboden (DIF):
  Widerstand 1×10^6 bis $1 \times 10^9\ \Omega$
- Astatischer Fußboden (ASF):
  Körperspannung < 2 kV

Im Rechenzentrum verwendet man ableitfähige Beläge und sorgt so dafür, dass elektrostatische Aufladungen vermieden werden oder lebensgefährliche Fehlerspannungen durch den menschlichen Körper schnell abfließen können.

Bild 4.11: (Lebens)gefährlicher Stromfluss durch den menschlichen Körper über die Doppelbodenanlage
Quelle: MERO-TSK International GmbH & Co. KG

Elektrisch leitende Oberflächen können dafür verantwortlich sein, dass im Falle eines elektrischen Fehlers bei Berührung die gesamte Fehlerspannung über den menschlichen Körper schlagartig abfließt und so große Schäden an Leib und Leben verursachen, die bis zum Tode führen können. Sie sind daher in elektrischen Schaltanlagen und Rechenzentren ungeeignet.

Nicht ableitfähige Fußbodenbeläge sind ebenso ungeeignet, da sie ein Ableiten von elektrostatischen Aufladungen verhindern. Bei Berührung unterschiedlicher Aufladungen fließen kurzzeitige Ausgleichsladungen in Form von elektrischen Ausgleichsströmen, die zu Zerstörung an der Hardware führen können. Dies ist immer dann der Fall, wenn Personen sich aufladen und an die technischen Anlagen oder die Hardware fassen.

Eine besondere Herausforderung sind Bereiche mit einer sogenannten Doppelforderung. Um elektrostatische Aufladungen sicher abzuleiten sind Erdableitwiderstände $< 1 \times 10^7\ \Omega$ notwendig bei gleichzeitigem Standortübergangswiderstand von z.B. $R_{St} > 5 \times 10^4\ \Omega$ zur Sicherstellung des Personenschutzes.

Die allgemeinen Technischen Regeln fordern für EDV-Räume, Rechenzentren, Operationssäle, Räume mit Hochfrequenz-Chirurgie und andere Bereiche mit besonders hohen Anforderungen an die Sicherheit, einen ableitfähigen Bodenbelag um elektrostatische Aufladungen auszuschließen. Elektrostatische Aufladungen können bereits auftreten, wenn mit Gummisohle an den Schuhen und entsprechend niedriger Luftfeuchte über den Boden geschlürft wird. Nach ISO 10965 gelten Bodenbeläge, die bei einer begehenden Person bei 25 Prozent relativer Feuchte und 23 °C eine Personenaufladung ≤ 2 kV hervorrufen als antistatisch.

Elastische Bodenbeläge wie Gummibeläge und Linoleum sind bereits aufgrund ihrer materialspezifischen Eigenschaften antistatisch. Durch das Beimischen von Kohlenstoff oder leitfähigen Kohlenfasern werden PVC-Beläge ebenfalls antistatisch.

Stütze, leitfähiges Auflager und Doppelbodenplatte ohne Belag besitzen zusammen einen Durchgangswiderstand von $1 \times 10^4\ \Omega$ bis $1 \times 10^5\ \Omega$.

Der Durchgangswiderstand des ableitfähigen Belages selbst, liegt zwischen $1 \times 10^6\ \Omega$ und $1 \times 10^9\ \Omega$.

In der Elektrotechnik ist die Summe des Gesamtwiderstandes die Addition der Einzelwiderstände.

Der wesentlich größere Widerstand ist somit ausschlaggebend, was bei der ableitfähigen Doppelbodenanlage eindeutig der Belag ist. Der Gesamtdurchgangswiderstand liegt somit ebenfalls im Bereich zwischen $1 \times 10^6\ \Omega$ und $1 \times 10^9\ \Omega$. Allerdings verliert das Doppelbodensystem vorrangig durch Alterung ca. eine Zehnerpotenz auf den im Datenblatt angegebenen Wert. Somit liegt der reale Wert des Gesamtdurchgangswiderstandes eine Zehnerpotenz darüber im Bereich zwischen $1 \times 10^7\ \Omega$ und $1 \times 10^9\ \Omega$.

Gerade bei der Ableitfähigkeit wird immer wieder bei Kontrollmessungen festgestellt, dass die tatsächlich ermittelten Werte teilweise erheblich von den angegebenen Werten in den technischen Datenblättern abweichen. Dies wird dann oft mit den unterschiedlichen Messaufbauten begründet. Wie die Prüfung jedoch durchzuführen ist, regelt eindeutig die DIN EN 12825.

Es empfiehlt sich daher, vor Ort an der fertig gestellten Doppelbodenanlage durch einen unabhängigen Sachverständigen anhand von mindestens vier Messungen die Übergangswiderstände feststellen zu lassen und dadurch die Funktion der Ableitfähigkeit sicherzustellen.

Um die Wirksamkeit der Ableitfähigkeit zu gewährleisten, sind die Doppelbodenstützen alle 25 m² an den Potentialausgleich sternförmig anzuschließen. Bei kleineren Räumen sind mindestens zwei Anschlüsse an den Potentialausgleich pro Raum empfohlen. Dies erfolgt praktischerweise mittels Erdungsbandschellen direkt an der Doppelbodenstütze.

Bei der Doppelbodenplatte ist für Bereiche mit Personenschutzanforderung darauf zu achten, dass die umlaufende Kunststoffkante an der Platte NICHT leitfähig ist. Eine leitfähige Kunststoffkante hebelt den Standortübergangswiderstand aus und lässt die nicht leitende Platte zur leitenden Platte werden. Die Gefahr für die betroffenen Mitarbeiter durch einen Stromschlag Schaden zu nehmen ist somit wieder gegeben.

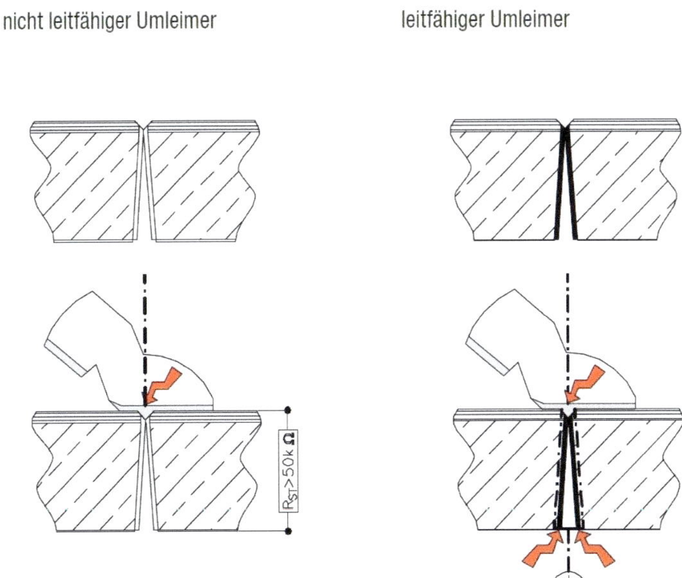

Bild 4.12: Vergleich und Auswirkung einer leitfähigen und nicht leitfähigen Kunststoffkante
Quelle: MERO-TSK International GmbH & Co. KG

Bild 4.13: Doppelbodenbeläge
(von oben nach unten): Schichtstoff, Linoleum, Kautschuk, PVC und Nadelflies
Quelle: MERO-TSK International GmbH & Co. KG

Bei den Doppelbodenbelägen werden heutzutage hauptsächlich vier Materialien eingesetzt. Neben dem Naturprodukt Linoleum wird oft das günstigere PVC verwendet. Kautschuk und Schichtstoff sind weitere Möglichkeiten.

Linoleum ist ein Naturprodukt und wird meistens eingesetzt, wenn es um nachhaltiges Bauen geht. Es besteht hauptsächlich aus nachwachsenden Rohstoffen, ist pflegeleicht und strapazierfähig. Kaum ein anderer Bodenbelag kann mit so vielen Umweltlabels, Zertifikaten und Auszeichnungen dienen. Linoleumbeläge haben herstellungsbedingt eine relativ große Streuung des Durchgangswiderstandes von $1 \times 10^7\ \Omega$ bis $1 \times 10^9\ \Omega$. Höhere Ableitwerte können nicht zugesichert werden. Eine unschöne Eigenschaft des Linoleumbelages ist seine Farbänderung unter UV-Einfluss. Diese Eigenschaft muss akzeptiert werden und stellt keinen Mangel dar.

PVC hat den Nachteil, dass bei einem Brand in Verbindung mit dem Löschwasser Salzsäure freigesetzt wird. Allerdings ist PVC sehr kostengünstig. Die optische und technische Variantenvielfalt von PVC-Belägen ist ebenso wie das Preisgefüge sehr groß, so dass das PVC als Gestaltungselement in allen möglichen Farben und Mustern fast schon künstlerische Züge annimmt. Die DIN EN 50600-2-1 empfiehlt jedoch, PVC nicht als Fußbodenmaterial einzusetzen.

Kautschuk ist ein sehr robuster Naturbelag im oberen Preissegment. Die technischen Möglichkeiten eignen sich hervorragend für den Einsatz im Rechenzentrum bis hin zur Reinraumtechnik. Da es ebenfalls ein Naturprodukt ist, erfüllt es die Kriterien für nachhaltiges Bauen.

Der Schichtstoffbelag ähnelt der Oberfläche bei Arbeitsplatten in Küchen. Er ist sehr robust und widerstandsfähig. Schichtstoffbeläge sind extrem druckfest und dadurch auch sehr spröde. Im Kantenbereich bzw. bei Lüftungsplatten im Schlitz- bzw. Lochbereich neigt er zu Abplatzungen. Zudem stellt die Industrie bisher nur eine sehr begrenzte Farbauswahl zur Verfügung.

Um Beschädigungen an den Kanten zu vermeiden ist es deshalb bei jedem der vier zuvor genannten Belägen immer wichtig, beim Öffnen der Doppelbodenplatten die speziellen Saugheber zu verwenden. Um die natürliche Verflüchtigung zu vermeiden, sollten sie in den dafür vorgesehenen Saugheberkästen im Raum aufbewahrt werden.

Für Lüftungsplatten gibt es Hebehaken, mit denen ebenfalls eine schadfreie Öffnung der Doppelbodenanlage möglich ist.

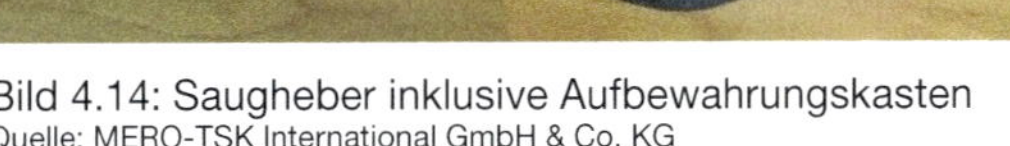

Bild 4.14: Saugheber inklusive Aufbewahrungskasten
Quelle: MERO-TSK International GmbH & Co. KG

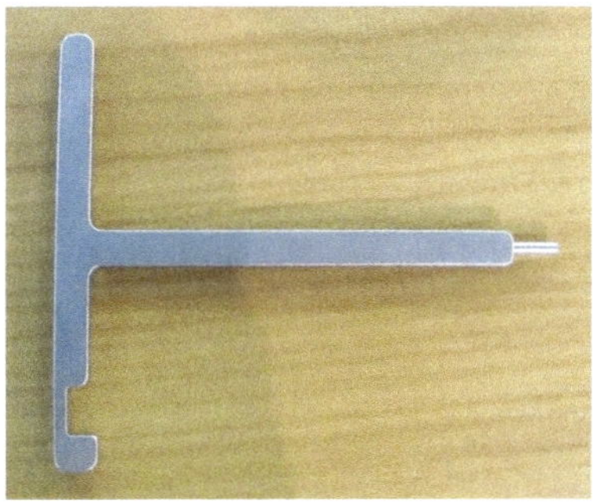

Bild 4.15: Hebehaken für Lüftungsplatten
Quelle: MERO-TSK International GmbH & Co. KG

Vereinzelt findet man noch textile, filzartige Beläge vor. Wenn man allerdings bedenkt, welchen immensen Aufwand man in der Filterung der Luft treibt, um schädliche Stäube aus dem Rechenzentrum fern zu halten, fragt man sich schon, warum dann gerade textile Beläge im Rechenzentrum einsetzt werden. Auch hochwertige textile Beläge setzen beim Begehen Partikel frei, die schädlich für die Hardware sein können und Filter an der Klimatisierung zusetzen.

Sind Rauchmelder im Doppelboden installiert, kennzeichnet ein in die Doppelbodenplatte eingelassener roter Punkt mit 70 mm Durchmesser die Stellen, an denen die Rauchmelder montiert sind. Vereinzelt, wie zum Beispiel im Großraum München, werden auch gelbe Punkte gefordert. Doppelböden werden geöffnet und geschlossen. Dabei kann es vorkommen, dass die Kennzeichnungsplatte mit dem roten oder gelben Punkt an anderer Stelle wieder eingelegt wird.

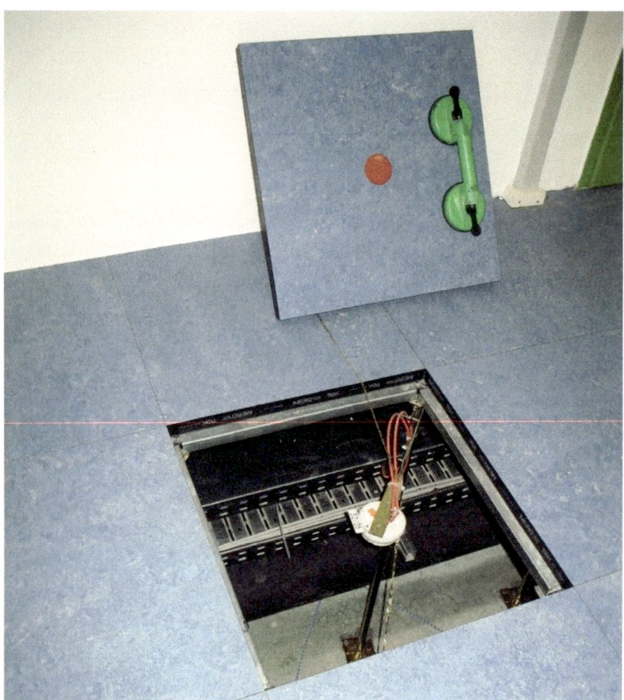

Bild 4.16: Doppelbodenplatte mit roter Rauchmelderkennzeichnung und Kette zur Sicherung der Lage
Quelle: MERO-TSK International GmbH & Co. KG

Um dies zu verhindern, werden die Platten mit Ketten in Ihrer Lage gesichert. Man verschraubt die Kette an der Unterseite der Platte und am Rohfußboden oder der Stütze mit genügend Länge, um die Platte trotzdem herausnehmen zu können und seitlich abzulegen.

4.2.4 Lüftungsplatten und Durchführungen

Lüftungsplatten werden benötigt, um bei einer Klimatisierung die kalte Luft an die Hardware zu führen. Eine sinnvolle Anordnung optimiert die klimatischen Bedingungen im Rechenzentrum und sorgt für einen energieeffizienten Betrieb. Lüftungsplatten werden an den Stellen verlegt, an denen die kalte Luft benötigt wird. Da heutzutage die Luft in der Hardware meist vorne angesaugt und hinten ausgeblasen wird, findet man Lüftungsplatten häufig an den Schrankvorderseiten. Auf der Rückseite wenige Lüftungsplatten zur Unterstützung der natürlichen Thermik der warmen Luft anzuordnen ist meist sinnlos und verschlechtert eher die klimatischen Bedingungen.

Lüftungsplatten bestehen gewöhnlich aus einem Stahlrohr-Profilrahmen mit einem Deckblech aus hochwertigem, gelochtem Stahl. Als Beschichtung gegen Abrieb und Korrosion wird allseitig ein hochwertiger leitfähiger Pulverlack aufgebracht. Somit erreichen die so aufgebauten Lüftungsplatten trotz ihrer vielen Öffnungen eine Punktlast bis zu 15.000 N. Die so aufgebauten Platten haben ein Einzelgewicht von 16 kg bis 22 kg.

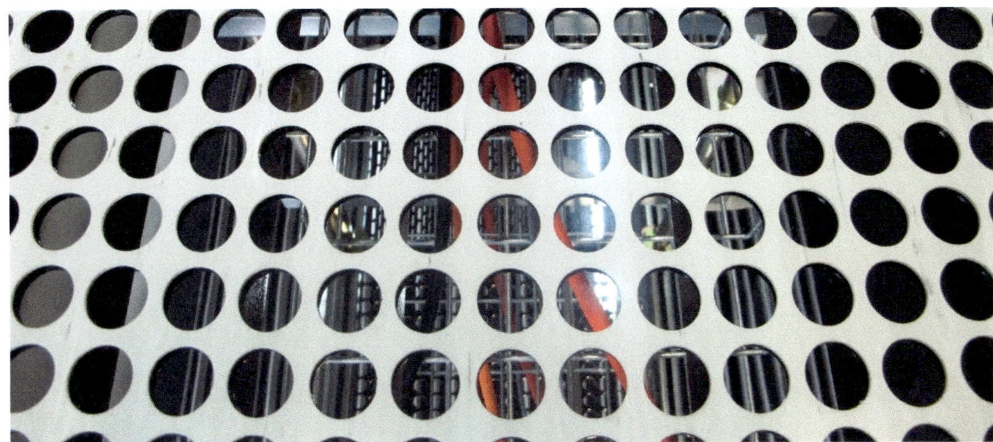

Bild 4.17: Ansicht einer Lüftungsplatte mit 51 Prozent freiem Querschnitt
Quelle: MERO-TSK International GmbH & Co. KG

Lüftungsplatten mit einer Mengenregulierung an den Unterseiten auszustatten, ist im Hinblick auf die Energieeffizienz zur optimalen, ausreichenden Luftverteilung eine sinnvolle Investition.

MERO hat eine Mechanik entwickelt, mit der es bei verlegter Platte möglich ist, von oben den Luftdurchsatz stufenlos zu verstellen. Dadurch kann die Feinjustierung sehr einfach eingestellt werden, ohne dass die Platte ständig aufgenommen und der Luftdurchsatz iterativ aufwendig eingestellt werden muss. Bei der Wahl der Lüftungsplatte ist Vorsicht geboten, da in den Lüftungsdiagrammen oft der Luftdurchsatz pro m^2 und nicht pro Platte angegeben wird. Zudem wird durch die Darstellung mehrerer Platten in einem Lüftungsdiagramm der Eindruck erweckt, dass es sich um Lüftungsplatten mit Mengenregulierung handelt.

Bild 4.18: Lüftungsplatte mit Mengenregulierblech
Quelle: MERO-TSK International GmbH & Co. KG

4.19: Regulierblech von unten
Quelle: MERO-TSK International GmbH & Co. KG

Der freie Querschnitt der Lüftungsplatte beträgt mit Mengenregulierblech bis zu 40 Prozent und erreicht bei einem Druckverlust von 10 Pa einen Luftdurchsatz von ca. 1.100 m³/h und Platte. Bei Demontage der Mengenregulierung kann der Luftdurchsatz auf 1.800 m³/h erhöht werden. Dies ist für den normalen Rechenzentrumsbetrieb völlig ausreichend, da größere Luftmengen in der Regel nicht benötigt werden.

Müssen jedoch extrem hohe Wärmelasten abgeführt werden, sind höhere Luftmengen notwendig. Lüftungsplatten mit höherem Luftdurchsatz bis 2.200 m³/h bei 51 Prozent freiem Querschnitt und 10 Pa Druckverlust mit einer Punktbelastung von bis zu 8.000 N und bis 2.800 m³/h bei 65 Prozent freiem Querschnitt und 10 Pa Druckverlust mit einer Punktbelastung von 3.000 N sind machbar. Die Mengenregulierung wird dann durch eine Lamellenkonstruktion realisiert, welche den maximalen Luftdurchsatz nur geringfügig reduziert.

Eine Alternative sind anstatt der Lüftungsplatten Gitterroste oder spezielle Lüftungsplatten. Die Tragfähigkeit des Doppelbodens und die Regulierbarkeit sind jedoch dann nur noch bedingt gegeben.

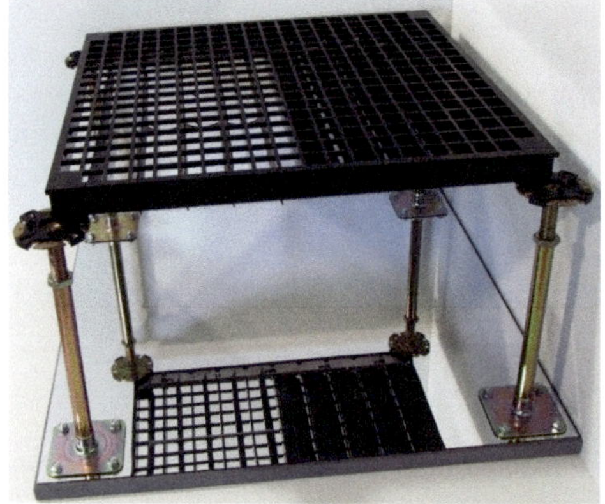

Bild 4.20: Stahllochplatte mit 65 Prozent freiem Querschnitt und Lamellen-Mengenregulierung
Quelle: MERO-TSK International GmbH & Co. KG

Bild 4.21: Kaltgang mit Gitterrost
Quelle: Schäfer IT-Systems

Schäfer IT-Systems bietet eine modulare und flexible Doppelbodenplatte an, mit der es durch die neun Kacheln möglich ist, individuell die Funktionen Schwerlast, Lüftung und Kabeldurchführung in einer Doppelbodenplatte 600 mm x 600 mm zu realisieren.

Durch einfaches Austauschen der Kachel kann die benötigte Funktion in kurzer Zeit realisiert werden. Eine gezielte und präzise Luftführung ist innerhalb einer einzigen Platte auf der Fläche 600 mm x 600 mm möglich. Der freie Lüftungsquerschnitt bei Belegung aller neun Felder mit Lüftungskacheln beträgt 60 Prozent. Allerdings verringert sich dabei die Punktbelastung auf 1.000 N. Die Prüf- und Klassifizierungsnorm DIN EN 12825 wird auch bei dieser Platte eingehalten.

Der Grundrahmen besteht aus Gusseisen mit Kugelgraphit und hat eine Punktbelastung von 6.000 N. Mit der geschlossenen Schwerlast-Kachel bleibt die Punktbelastung von 6.000 N des Systems Rahmen und Platte erhalten.

Das System wird durch eine Kabeldurchführungs-Kachel vervollständigt, die als Durchführungsmaterial Moosgummi hat und eine freie Kabeldurchführung von 130 mm x 130 mm ermöglicht. Alle Kacheln sind gegen Abrieb und Korrosion mit einem leitfähigen Pulverlack beschichtet.

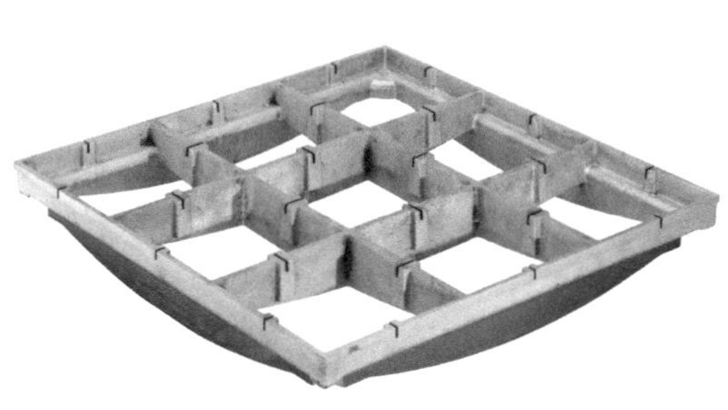

Bild 4.22: Grundrahmen aus Gusseisen
Quelle: Schäfer IT-Systems

Bild 4.23: Kombidoppelbodenplatte mit Lüftungs-Kacheln, Schwerlast-Kacheln und Kabeldurchführungskacheln in einer Platte.
Quelle: Schäfer IT-Systems

Bild 4.24: Kaltgang mit speziellen Lüftungsplatten mit einem freien Lüftungsquerschnitt bis zu 60 Prozent
Quelle: Schäfer IT-Systems

Durchführungen für Leitungen in Doppelbodenplatten sollten immer so groß wie nötig und so klein wie möglich sein. Auch hier gilt es, die klimatischen Bedingungen durch sinnvolle Größen zu optimieren. Platzreserven können geschaffen werden, wenn die Öffnungen mit eigens dafür von diversen Herstellern angebotenen Kunststoffbürsten ausgestattet oder die Öffnungen mit zweigeteiltem Moosgummi verschlossen werden.

Bild 4.25: Hochdichte Kunststoffbürstenleisten zur lufttechnischen Abschottung bei Kabeldurchführungen aus dem Doppelboden
Quelle: MERO-TSK International GmbH & Co. KG

4.2.5 Schaltwartenböden

Schaltwartenböden werden immer dann eingesetzt, wenn besondere Bedingungen und hohe bauliche Anforderungen herrschen. Wie der Name schon sagt, wurden sie ursprünglich für elektrische Betriebsräume der Hoch-, Mittel-, und Niederspannung entwickelt. Inzwischen finden sie auch häufig Anwendung in Rechenzentren aufgrund der Steifigkeit der Unterkonstruktion auch bei Fehlen mehrerer Doppelbodenplatten oder bei der Forderung von mehr als 6.000 N Punktlast.

Bild 4.26: Schaltwartenboden mit Lüftungsplatten
Quelle: MERO-TSK International GmbH & Co. KG

Bei Schaltwartenböden wird ein „Rost" aus C-Profilen auf den Stützen verschraubt. Das hat folgende konstruktive Vorteile:

- Ausgesteifte und standsichere Konstruktion auch bei geöffneten Bodenplatten
- Erhöhter Installationsfreiraum durch Stützenraster 600 mm x 1.200 mm möglich. Maximale Punktlast hierbei jedoch nur 3.000 N
- Aufständerhöhe bis 2,00 m realisierbar

- Integration von Rahmenkonstruktionen für Schaltschränke in Größe und Lage an die Vorgaben des Schaltschrankbauers angepasst. Hierbei ist der komplette Querschnitt unterhalb des Schaltschrankes frei zugänglich und die Bodenplatte vor dem Schrank ungehindert zu öffnen
- Rahmenfelder können dabei ebenfalls mit Doppelbodenplatten als Reservefelder für spätere Anlagenerweiterungen ausgelegt werden
- Weiterentwicklung als Schwerlastböden bis 20.000 N und besondere Eignung auch für dynamische Lasten

Gerade bei elektrischen Schaltanlagen gilt es, die Anlagen vor statischen Aufladungen und gleichzeitig die Mitarbeiter zuverlässig vor der Gefahr von Stromschlägen zu schützen.

Als Zubehör sind spezielle Auflager auf die C-Profile erhältlich, die über eine Aufkantung verfügen. Die Aufkantung sorgt dafür, dass die Platten nicht nur an den vier Ecken über die Auflager auf den Stützen in ihrer Lage gehalten werden, sondern über die gesamte Kantenlänge. Sinnvoll werden diese speziellen Auflager im Flurbereich eingesetzt, in dem verstärkt Transporte mit Hubwagen o.Ä. stattfinden und hohe seitliche Schubkräfte auf die Platten wirken. Zusätzlich können hier auch Diagonalabspannungen zum Einsatz kommen.

In Hoch- und Mittelspannungsanlagen ist es nach den Technischen Anschlussbedingungen der Energieversorger vorgeschrieben, die Doppelbodenplatten mit der Rahmenkonstruktion zu verschrauben. Grund sind die hohen Spannungen, die einen Störlichtbogen verursachen können. Dieser Lichtbogen erhitzt die Luft schlagartig, was wiederum zu einer schlagartigen Luftvolumenerhöhung führt. Die Druckerhöhung kann in den Doppelboden wirken und so die Doppelbodenplatten von unten öffnen. Die Personen im Raum dürfen nicht gefährdet werden.

Die Verwendung von Gitterrosten ist nicht zulässig. Damit das Gebäude keinen Schaden nimmt, müssen zudem ausreichend Druckausgleichsklappen ins Freie vorgesehen werden.

Außerdem müssen die Doppelbodenplatten in Hoch- und Mittelspannungsanlagen der Baustoffklasse B2 nach DIN 4102 (schwer entflammbar) entsprechen.

Bild 4.27: Spezielles Auflager zur Aufnahme von Schubkräften
Quelle: MERO-TSK International GmbH & Co. KG

Bild 4.28: Diagonalabspannung zur Erhöhung der Steifigkeit
Quelle: MERO-TSK International GmbH & Co. KG

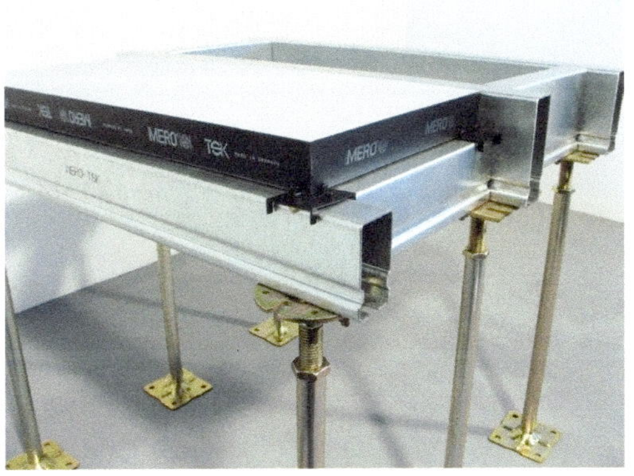

Bild 4.29: Konstruktiver Aufbau eines Schaltwartenbodens
Quelle: MERO-TSK International GmbH & Co. KG

Bild 4.30: Stützenkopfplatten und C-Profile sind fest miteinander verschraubt
Quelle: MERO-TSK International GmbH & Co. KG

Bild 4.31: Doppelbodenplatten sind mit der Rahmenkonstruktion verschraubt
Quelle: MERO-TSK International GmbH & Co. KG

5 Stromversorgung

Eine sichere und gesicherte Stromversorgung ist das wichtigste Element im Rechenzentrum. Während man ohne Klimatisierung je nach Energiedichte durchaus noch eine gewisse Zeit überleben kann, ist bei einem Stromausfall ohne Absicherung unmittelbar Schluss mit dem Rechenzentrumsbetrieb. Deshalb muss man bereits bei der Einspeisung durch den Energieversorger die richtige Strategie festlegen und sich bewusst machen, wie und an welcher Stelle Redundanzen eingebaut werden müssen.

5.1 Grundlagen

Gerade in der Elektrotechnik werden mit den Begrifflichkeiten sehr große Ängste erzeugt und bei Kunden damit geradezu richtig Schindluder getrieben.

Nachfolgende Abschnitte sollen ein bisschen Licht in den elektrotechnischen Dschungel bringen und die Angst vor unsichtbaren Mächten und gefährlichen Blitzen nehmen. Trotzdem ist in der Elektrotechnik größte Vorsicht geboten, denn den Strom sieht, hört, schmeckt und riecht man nicht – man spürt ihn nur bzw. dessen Auswirkung. Eigenständig an Verteilungen, Klemmen und Anschlüssen herumzufummeln, kann lebensgefährlich sein. Sparen Sie nicht an der falschen Stelle und ziehen Sie immer einen Fachmann zu Rate. Ihr Leben und Ihre Lieben werden es Ihnen danken.

5.1.1 Ohmsche, induktive und kapazitive Netze und der cos phi

In der elektrischen Versorgung gibt es zwei physikalische Größen, mit deren Wert und Lage zueinander Zusammenhänge in der Elektrotechnik begreifbar werden. Es sind dies die elektrische Spannung und der elektrische Strom bzw. die elektrische Stromstärke.

Die elektrische Spannung ist die Arbeit oder Energie, die nötig ist, eine bestimmte elektrische Ladung innerhalb des elektrischen Feldes zu bewegen. Die Einheit wird in Volt (V) angegeben. Technisch werden Spannungen durch elektromagnetische Induktionen (z.B. Generatoren, Windkraftanlagen) und in der Elektrochemie (z.B. Batterien, Photovoltaik) erzeugt.

Der elektrische Strom bezeichnet eine gerichtete Bewegung von Ladungsträgern. Die Stromstärke wiederum gibt an, wie viele elektrische Ladungen in einer bestimmten Zeit bewegt werden. Die Einheit wird in Ampere (A) angegeben.

Über das ohmsche Gesetz werden beide Einheiten in Relation gesetzt. Es beschreibt in einem elektrischen Leiter bei konstanter Temperatur den proportionalen Zusammenhang zwischen Spannungsabfall und dem hindurchfließenden elektrischen Strom. Der Widerstand in einem Leiter ist dabei eine Konstante.

Die elektrische Leistung (P) definiert sich aus dem Produkt der elektrischen Spannung (U) und der elektrischen Stromstärke (I). Das bedeutet, dass die Stromstärke bei An-

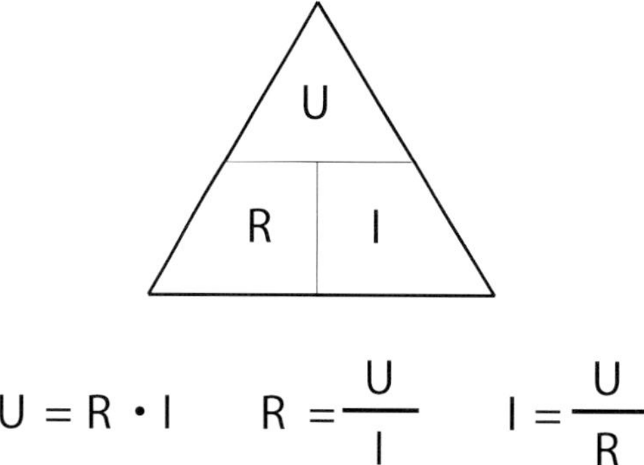

Bild 5.1: Ohmsches Gesetz

steigen der elektrischen Spannung proportional sinkt, sofern die elektrische Leistung gleich bleibt.

Diese physikalische Beziehung macht man sich insbesondere bei der Übertragung von Energie über weite Strecken (z.B. Überlandleitungen) zunutze. Der Leiterquerschnitt wird durch den Strom bestimmt. Erhöht man die Spannung, vermindert sich die Stromstärke, was wirtschaftlich und technisch sinnvoll geringere Leiterquerschnitte erlaubt.

Wechselstrom hat die Eigenschaft, seine Richtung in regelmäßiger Wiederholung zu ändern. Dabei ergänzen sich positive und negative Augenblickswerte so, dass der Strom im zeitlichen Mittel null ist. Die elektrische Energieversorgung erfolgt weltweit mit sinusförmigem Wechselstrom. Gründe dafür sind die einfache Erzeugung, die einfache Transformation zur verlustarmen Fernübertragung und der Betrieb einfacher Motoren. Dadurch ist Wechselstrom im Betrieb wesentlich billiger als Gleichstrom. Die Nennspannung beträgt in Deutschland und weiterer Länder 230 V und beschreibt die Spannung zwischen Außenleiter und Neutralleiter.

In der elektrischen Energietechnik wird für den Transport und die Verteilung kein Wechselstrom verwendet, sondern der Dreiphasenwechselstrom oder Drehstrom. Wie der Name schon sagt, besteht der Dreiphasenwechselstrom aus drei unterschiedlichen Wechselströmen gleicher Frequenz, die eine feste Phasenverschiebung zueinander von 120° aufweisen. Die Nennspannung im öffentlichen Stromnetz in Deutschland und weiterer Länder beträgt 400 V und beschreibt die Spannung zwischen zwei Außenleitern. Die Außenleiter-/Neutralleiterspannung beträgt nach wie vor 230 V.

Die Reihenfolge L1, L2 und L3 beschreibt ein rechtes Drehfeld. Dieses rechte Drehfeld wird in allen Netzen so übertragen und ist Standard. Drehende Verbraucher werden im Rechtdrehfeld gebaut und drehen sich dadurch an das Netz angeschlossen in der vorgesehenen Richtung.

Wird die Reihenfolge geändert, ändert sich das Drehfeld in ein sogenanntes linkes Drehfeld. Folge ist, dass sich Drehstrommotoren andersherum drehen. Technisch erreicht man dies, indem man die Anschlüsse von zwei Außenleitern vertauscht.

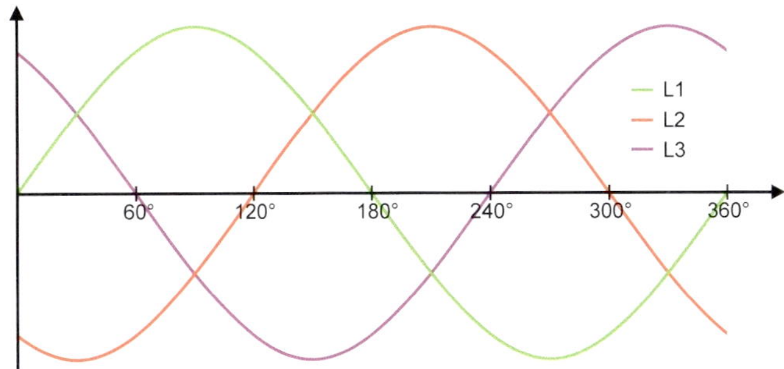

Bild 5.2: Phasenverschiebung beim Drehstrom mit den Außenleitern L1, L2 und L3

Die Frequenz beschreibt die Anzahl der Schwingungen und somit die Anzahl der vollständigen Sinuswellen bzw. Periodendauer pro gewählter Zeiteinheit. Die Einheit wird in Hertz angegeben. In Deutschland ist eine Frequenz von 50 Hz üblich, was 50 vollständigen Sinuswellen pro Sekunde entspricht. Die Periodendauer beträgt somit 20 ms.

Im ohmschen Netz folgen Strom und Spannung demselben Sinus und es gibt keine sogenannte Phasenverschiebung. In reinen ohmschen Netzen sind somit Strom und Spannung in Phase.

Wie zuvor schon beschrieben, ist die elektrische Leistung das Produkt aus der elektrischen Spannung und der elektrischen Stromstärke (P = U × I) und somit immer positiv. Während der Spannungs- und Stromverlauf aus einer positiven und einer negativen Halbwelle besteht, ist die Leistung immer positiv, besteht also aus zwei positiven Halbwellen.

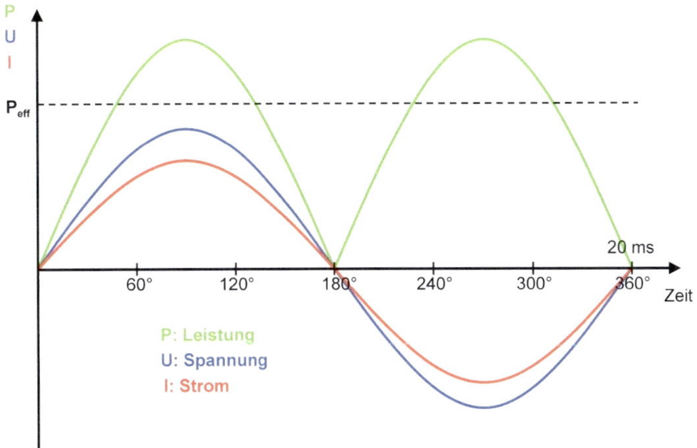

Bild 5.3: Spannungs- und Stromverlauf in einem reinen ohmschen Netz

Induktive Netze entstehen durch Spulen. Als Eselsbrücke lernt man heute schon in der Berufsausbildung, dass „bei Induktivitäten, die Ströme sich verspäten". Dieses hinterherhinken des Stromes wird durch die Selbstinduktion in der Spule erzeugt, die eine Gegenspannung aufbaut und somit den Strom erst allmählich ansteigen lässt.

Im normalen Wohnhaus und in Büro- oder Industriegebäuden findet man in der Regel induktive Netze vor.

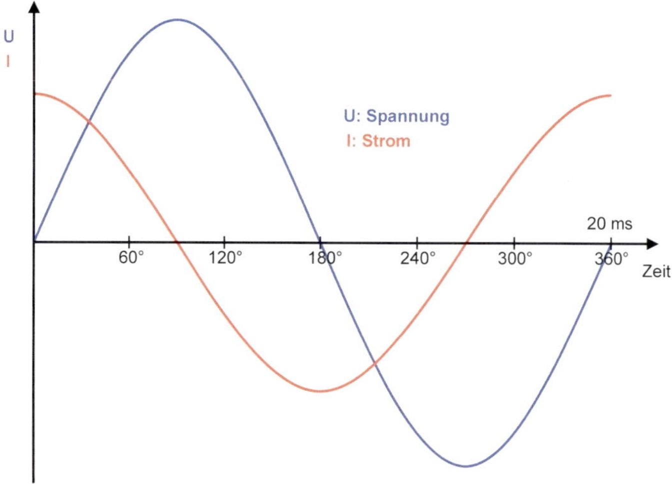

Bild 5.4: Spannungs- und Stromverlauf in einem induktiven Netz.
Der Strom hinkt der Spannung hinterher.

Kapazitive Netze entstehen durch Kondensatoren. Im Aufladevorgang lässt der Kondensator einen Strom fließen, der ebenfalls eine Gegenspannung aufbaut, jedoch mit dem Unterschied, dass dann der Stromfluss unterbrochen wird. Bei Wechselstrom fließt durch das ständige Umladen der metallischen Platten auch ständig Strom, welcher dann eine phasenverschobene Spannung bewirkt.

Durch die getakteten Netzteile in der IT-Hardware findet man in Rechenzentren heutzutage kapazitive Netze vor. Diese können insbesondere für ältere USV-Anlagen ein Problem darstellen, da ältere USV-Anlagen nur für induktive Netze dimensioniert wurden.

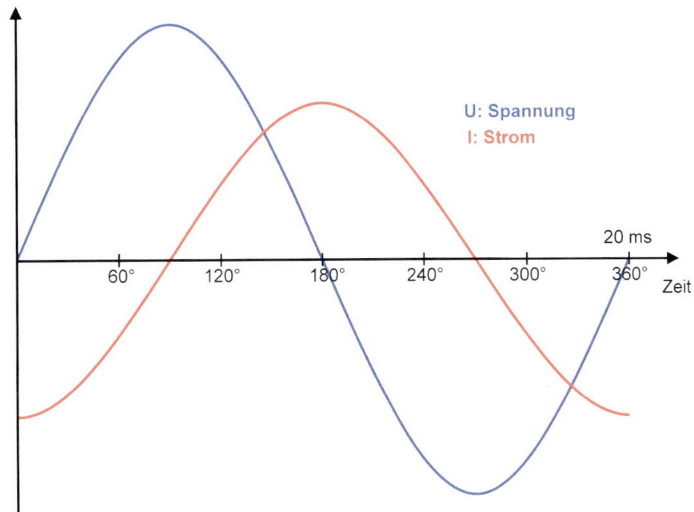

Bild 5.5: Spannungs- und Stromverlauf in einem kapazitiven Netz.
Der Strom eilt der Spannung voraus.

Der cos phi (cosinus phi, cos φ) bezeichnet das Verhältnis der Wirkleistung zur Scheinleistung. Er liegt zwischen 0 und 1. Ohmsche Netze haben einen cos phi von 1.

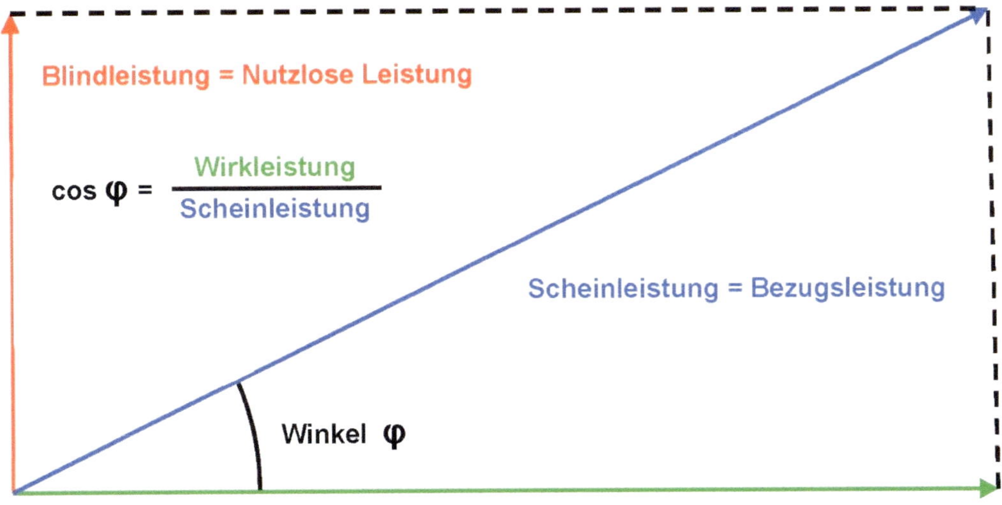

Bild 5.6: Leistungsdreieck

Das Leistungsdreieck zeigt am Anschaulichsten den Zusammenhang zwischen Wirkleistung, Blindleistung und Scheinleistung. Der cos phi ist dabei der Faktor für die Größe der Beziehung untereinander.

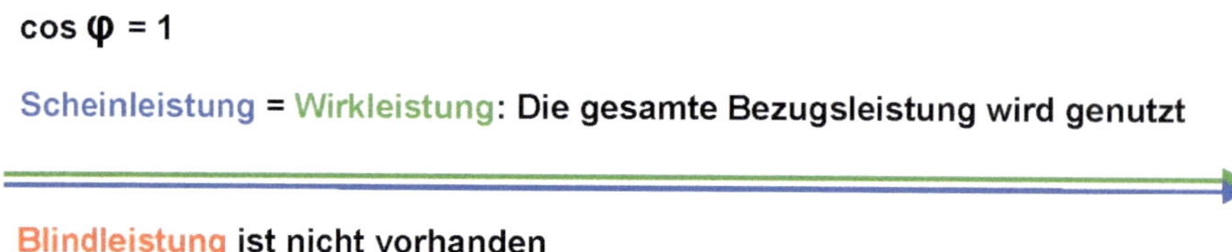

Bild 5.7: Leistungsdreieck in einem reinen ohmschen Netz
Der cos phi = 1, d.h. die gesamte Bezugsleistung wird genutzt.

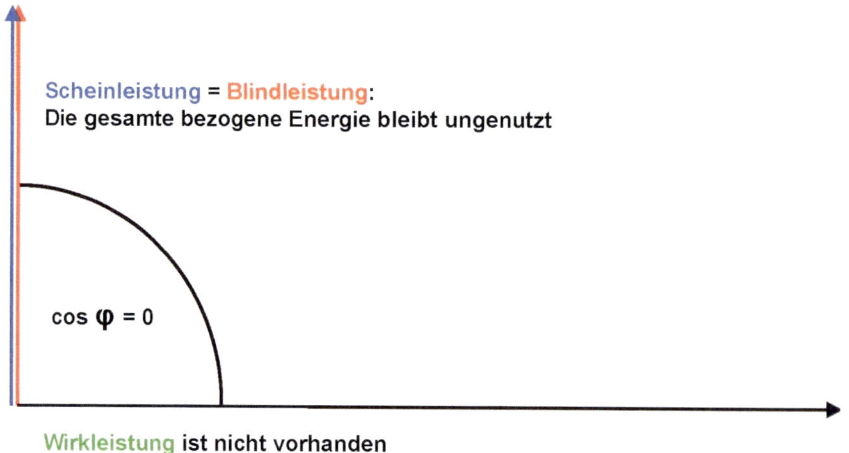

Bild 5.8: Leistungsdreieck ohne ohmsche Anteile
Ein „scheinbares" Netz mit einem cos phi von 0, das es ist der Technik jedoch nicht gibt.

Je kleiner also der cos phi, desto höher die Verluste, da simpel ausgedrückt nur die Wirkleistung genutzt werden kann und die Netze und technischen Anlagen für die Scheinleistung ausgelegt werden müssen.

Energieversorgungsunternehmen schreiben für ihre Kunden häufig einen cos phi von mindestens 0,9 vor. Direktzähler werden meist bis 63 A, in Einzelfällen bis maximal 100 A Nennstromstärke eingesetzt. Mit ihnen wird „nur" die Wirkleistung gemessen. Werden allerdings bei Großabnehmern mit höheren Nennstromstärken Messwandlerzähler eingesetzt, wird die Blindenergie separat gemessen und auch durch die Energieversorger abgerechnet. Dies hat ganz einfach wirtschaftliche Gründe, da die Blindleistung mit erzeugt und bis zum Endverbraucher übertragen werden muss. Auch das beziehende Unternehmen sollte aus wirtschaftlichen Gründen größtes Interesse daran haben, den Blindleistungsanteil möglichst klein zu halten.

In Deutschland hat man mittlerweile so schlechte Netze, dass ein Atomkraftwerk aufgrund der Größe rechnerisch rein zur Erzeugung der Blindleistung benötigt wird. Ein absoluter Wahnsinn.

Zur Verringerung der Verluste werden meist Blindstromkompensationsanlagen eingesetzt. Diese Anlagen beinhalten Kondensatoren, die gegen die induktiven Netze wirken und so einen cos phi knapp unter 1 erzeugen. Die Steuerung erfolgt durch Zu- und Abschalten von Kondensatoren, den sogenannten Kompensationsstufen.

Vorsicht ist geboten, wenn vor der USV-Anlage das induktive Netz kompensiert wird und nach der USV-Anlage ein kapazitives Netz besteht. Wird dabei der Bypass der USV-Anlage geschaltet, werden beide Netze zusammengeschaltet und es kommt zu einer Überkompensation. Eine Schnellabschaltung der Kompensationsstufen an der Kompensationsanlage, gesteuert durch den Bypass-Schalter der USV-Anlage kann Abhilfe schaffen.

Wirkleistung, Scheinleistung und Blindleistung lassen sich einprägsam mittels nachfolgendem Bild fassen:

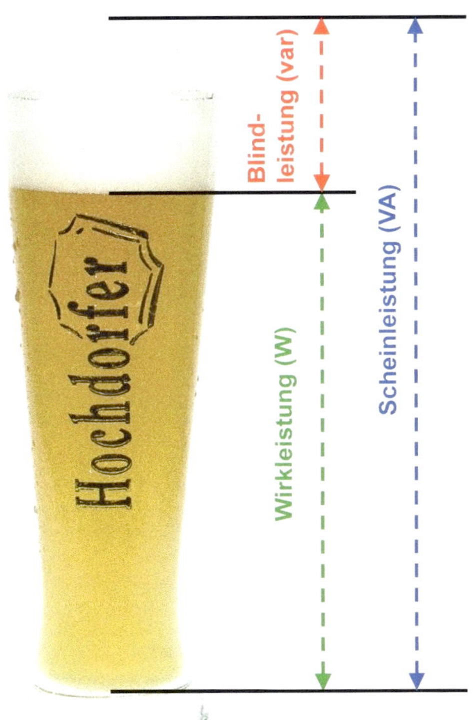

Bild 5.9: Leistungsdreieck einprägsam dargestellt
Quelle Weizenbierbild: Hochdorfer Kronenbrauerei Otto Haizmann KG

Damit leuchtet es selbst einem Nichtelektriker, aber Biertrinker ein, dass der Schaum möglichst klein gehalten werden muss. Die Netze und Anlagen müssen, genauso wie das Bierglas, für die Scheinleistung bemessen sein. Je kleiner die Blindleistung, desto effektiver die Netzbemessungen und Anlagengrößen (oder auch Biergläser). Ist man zudem noch „Großverbraucher“, wird nicht nur das Bier (Wirkleistung) gemessen und in Rechnung gestellt, sondern auch der Schaum (Blindleistung).

Als Maßeinheit wird die Wirkleistung in Watt (W) oder Kilowatt (kW) angegeben. Für die Scheinleistung verwendet man die Einheit VoltAmpere (VA) oder kVA. Die Blindleistung erhält die Einheit Var oder kVar.

5.1.2 Schutzart gegen Fremdkörper, Berührung und Wasser (IP-Code)

Im Zusammenhang mit elektrischen Betriebsmitteln spricht man immer wieder von der sogenannten Schutzart IP xy. Die IP-Schutzart beschreibt, unter welchen Umweltbedingungen das elektrische Betriebsmittel sicher betrieben werden kann. Dabei ist die Schutzart von der Schutzklasse zu unterscheiden.

Tabelle 5.1: IP-Code der Schutzarten

Code	1. Kennziffer		2. Kennziffer
	Schutz gegen Fremdkörper	Schutz gegen Berührung	Schutz gegen Wasser
0	Kein Schutz	Kein Schutz	Kein Schutz
1	Geschützt gegen feste Fremdkörper mit einem Durchmesser ab 50 mm	Geschützt gegen Zugang mit dem Handrücken	Schutz gegen senkrecht fallendes Tropfwasser
2	Geschützt gegen feste Fremdkörper mit einem Durchmesser ab 12,5 mm	Geschützt gegen Zugang mit einem Finger	Schutz gegen fallendes Tropfwasser, wenn das Gehäuse bis zu 15° geneigt ist
3	Geschützt gegen feste Fremdkörper mit einem Durchmesser ab 2,5 mm	Geschützt gegen Zugang mit einem Werkzeug	Schutz gegen fallendes Sprühwasser bis 60° gegen die Senkrechte
4	Geschützt gegen feste Fremdkörper mit einem Durchmesser ab 1,0 mm	Geschützt gegen Zugang mit einem Draht	Schutz gegen allseitiges Spritzwasser
5	Geschützt gegen Staub in schädigender Menge	Vollständiger Schutz gegen Berührung	Schutz gegen Strahlwasser (Düse) aus beliebigem Winkel
6	Staubdicht	Vollständiger Schutz gegen Berührung	Schutz gegen starkes Strahlwasser
7			Schutz gegen zeitweiliges Untertauchen
8			Schutz gegen dauerndes Untertauchen

Die Schutzart beschreibt den Schutzgrad des Gehäuses gegen Fremdkörper, Berührung und Wasser. In der Norm DIN EN 60529 folgen dabei den Buchstaben IP zwei Kennziffern. Diese zeigen in der ersten Kennziffer an, welchen Schutzumfang ein Gehäuse gegen Fremdkörper und Berührung haben. Die zweite Kennziffer beschreibt den Schutzumfang gegen Feuchtigkeit bzw. Wasser.

5.1.3 Bauartnachweis nach IEC 61439 (alt: TSK / PTSK)

Im Bereich von Elektroverteilungen ist nach wie vor oft die Rede von TSK- und PTSK-geprüften Bauteilen und Verteilern. Diese Begriffe sind immer noch sehr geläufig. TSK steht dabei für Typgeprüfte Schaltgerätekombination und bedeutet, dass jeder Schaltgerätetyp durch den System-Hersteller überprüft wurde und der Anlagen-Hersteller eine Stückprüfung durchgeführt hat. Die Typ- und Stückprüfung erfolgte dabei nach DIN EN 60439-1, Abschnitt 8.2 / VDE 0660, Teil 500. Sowohl beim Systemhersteller wie auch beim Anlagenhersteller lag die Produktverantwortung und Produkthaftung.

PTSK steht für Partiell Typgeprüfte Schaltgerätekombination und bedeutet, dass nur ein Vertreter des eingesetzten Bauteils, wie Gehäuse, Sicherungen etc. einzeln und nicht im Verbund als Funktionseinheit geprüft wurde. Die weiteren Arten wurden durch Extrapolation ähnlicher typgeprüfter Anordnungen oder durch Berechnung ermittelt. Bei der Kombination verschiedener Hersteller erfolgte die Berechnung der Grenzerwärmung dabei nach IEC 890 und VDE 0660, Teil 507, die Kurzschlussfestigkeit nach IEC 1117 und VDE 0660, Teil 509. Somit sind die in einem Schaltschrank eingesetzten Schaltgeräte – wenn überhaupt – nur einzeln geprüft worden und nicht in einer kompletten Anlage zusammen eingebaut. Die Wechselwirkungen konnten somit nur erahnt werden.

Die alte Vorschrift ist ausgelaufen, so dass seit Februar 2011 die IEC 61439-1 und -2 Gültigkeit haben. Die neue Norm spricht dabei von Bauartnachweis. Der Bauartnachweis dient zum Nachweis der Übereinstimmung der Bauart der Schaltgerätekombination mit den Anforderungen der Norm. Die Inhalte werden dabei in allgemeine Festlegungen (IEC 61439-1) und in den Produktteil (IEC 61439-2) aufgetrennt.

Die DIN EN 50600-2-2 fordert, dass Niederspannungsschaltanlagen der Normreihe DIN EN 60947 entsprechen müssen.

Nachfolgend die Liste der durchzuführenden Bauartnachweise nach IEC 61439:

Tabelle 5.2: Bauartnachweis nach IEC 61439

Nr.	Nachzuweisende Merkmale	Abschnitt	Verfügbare Auswahl zum Nachweis		
			Nachweis durch Prüfung	Nachweis durch Berechnung	Nachweis durch Konstruktionsregeln
1	Festigkeit von Werkstoffen und Teilen	10.2			
	Korrosionsbeständigkeit	10.2.2	Ja	Nein	Nein
	Eigenschaften von Isolierwerkstoffen:	10.2.3	Ja	Nein	Nein
	Wärmebeständigkeit	10.2.3.1	Ja	Nein	Nein
	Widerstandsfähigkeit von Isolierwerkstoffen gegen normale Wärme	10.2.3.2	Ja	Nein	Nein
	Widerstandsfähigkeit gegen außergewöhnliche Wärme und Feuer aufgrund von inneren elektrischen Auswirkungen	10.2.3.3	Ja	Nein	Nein
	Beständigkeit gegen UV-Strahlung	10.2.4	Ja	Nein	Nein
	Anheben	10.2.5	Ja	Nein	Nein
	Schlagprüfung	10.2.6	Ja	Nein	Nein
	Aufschriften	10.2.7	Ja	Nein	Nein
2	Schutzart von Umhüllungen	10.3	Ja	Nein	Ja
3	Luft- und Kriechstrecken	10.4	Ja	Ja	Ja
4	Schutz gegen elektrischen Schlag und Durchgängigkeit von Schutzleiterkreisen	10.5			
	Durchgängigkeit der Verbindung zwischen Körpern der Schaltgerätekombination und Schutzleiterkreis	10.5.2	Ja	Nein	Nein
	Wirksamkeit der Schaltgerätekonstruktion bei äußeren Fehlern	10.5.3	Ja	Ja	Ja
5	Einbau von Schaltgeräten und Bauteilen	10.6	Nein	Nein	Ja
6	Innere elektrische Stromkreise und Verbindungen	10.7	Nein	Nein	Ja
7	Anschlüsse für von außen eingeführte Leiter	10.8	Nein	Nein	Ja
8	Isolationseigenschaften	10.9			
	Betriebsfrequente Spannungsfestigkeit	10.9.2	Ja	Nein	Nein
	Stoßspannungsfestigkeit	10.9.3	Ja	Nein	Ja
9	Erwärmungsgrenzen	10.10	Ja	Ja	Ja
10	Kurzschlussfestigkeit	10.11	Ja	Ja	Ja
11	Elektromagnetische Verträglichkeit	10.12	Ja	Nein	Ja
12	Mechanische Funktion	10.13	Ja	Nein	Nein

5.1.4 Schalt- und Schutzeinrichtungen

Schalt- und Schutzeinrichtungen sind die wesentlichen Elemente in einem elektrischen Netz, da die gewählte Technik das Verhalten und die Eigenschaften des Netzes bestimmen und somit mitbestimmend für die Nutzungsaspekte sind. Je nach Einsatzzweck nehmen sie dabei unterschiedliche Aufgaben wahr.

Diese können sein:

- Spannungsstabilität und Versorgungssicherheit
- Wartungs- und Stillstandszeiten
- Schalten von Nennströmen
- Schutz gegen direktes und indirektes Berühren
- Schutz der Anlagen im Fehlerfalle

Schutzeinrichtungen lassen sich in sicherungsbehaftete und sicherungslose Technik unterteilen. Die jeweiligen Vor- und Nachteile bestimmen den Einsatzzweck.

Sicherungsbehaftete Technik:

+ Gute strombegrenzende Wirkung
+ Hohes Schaltvermögen bis 120 kA
+ Keine bzw. geringe Verzögerung beim Ansprechen (< 50 ms)
+ Geringe Investitionskosten
+ Einfache Montage
+ Sichere Auslösung, keine Hilfsenergie notwendig
+ Einfache Staffelung untereinander
- Ausfallzeit nach Fehlern
- Reduziert selektives Abschalten in Verbindung mit Leistungsschaltern
- Alterung der Sicherung
- Gesonderter Personenschutz beim Schalten großer Ströme nötig

Sicherungslose Technik:

+ Eindeutige Auslösezeiten für Überlast und Kurzschluss
+ Sicheres Schalten von Betriebs- und Fehlerströmen
+ Schnelle Betriebsaufnahme der Anlage nach Fehlerabschaltung
+ Vielfältige Auslösemethoden angepasst zur Schutzaufgabe
+ Kommunikationsfähig, d.h. Melden von Anlagenzuständen
- Schutzkoordination erfordert Kurzschlussberechnung
- Verzögerung beim Ansprechen > 50 ms bedingt durch mechanischen Aufbau, Magnetfeld Auslösespule etc.
- Höhere Investitionskosten
- Wartungsintervall nach Herstellervorgabe

Die Wahl der Auslöseeinheit ist vor allen Dingen bei sicherungslosen Systemen für die zu erreichenden Schutzziele entscheidend. Die selektive Abschaltung ist dabei sehr wichtig für eine hohe Versorgungssicherheit und eine hohe Versorgungsqualität.

Selektivität bedeutet dabei, dass bei in Reihe liegenden Schutzeinrichtungen zum gestaffelten Abschalten (Baumstruktur) das der Fehlerstelle nächstliegende vorgeschaltete Schutzgerät abschaltet. Die anderen vorgeschalteten Geräte bleiben in Betrieb. Dadurch werden die Auswirkungen eines Fehlers räumlich und zeitlich auf ein Minimum begrenzt. Dazu später mehr in Kapitel 5.1.10 – Selektivität.

Um dieses Ziel zu erreichen, sollten möglichst nur Schutzorgane gleicher Hersteller untereinander geplant und eingesetzt werden. Die rechnerische Betrachtung ist in jedem Falle durchzuführen.

Die DIN EN 50600-2-2 fordert, dass die Komponenten von Niederspannungsschaltanlagen der Normreihe DIN EN 61439 entsprechen müssen.

5.1.4.1 Schmelzsicherungen

Eine Schmelzsicherung ist ein Überstromschutz, der durch das Abschmelzen eines Schmelzleiters den Stromkreis unterbricht, wenn die Stromstärke (Ampere) einen bestimmten Wert nach einer definierten Zeit überschreitet.

Ausgelöste Sicherungen sind unbrauchbar und müssen ersetzt werden. Der Schmelzleiter selbst ist in der Regel aus Elektrolytkupfer oder Feinsilber hergestellt und von Luft oder Quarzsand umgeben. Der Sand dient dabei als Lichtbogenlöschmittel.

Je nach Anwendung unterscheidet man folgende Systeme:

5.1.4.1.1 Feinsicherungen

Feinsicherungen oder Geräteschutzsicherungen (abgekürzt G- oder GS-Sicherung) werden, wie der Name schon sagt, als Geräteschutz, z.B. handelsüblichen Netzteilen, eingesetzt. Die Nennströme beginnen bei 0,032 A und reichen bis zu 20 A. Der Schmelzleiter befindet sich in einem Glas- oder Keramikrohr, an dessen Ende sich Metallkappen befinden. Der Schmelzleiter oder Schmelzdraht ist freiliegend oder in Quarzsand eingebettet. Der Keramikkörper oder die Sandfüllung werden in Feinsicherungen mit einem hohen Schaltvermögen eingesetzt.

Die Auslösecharakteristik reicht von FF (superflink, weniger als 20 ms Auslösezeit) bis TT (superträge, bis 300 ms Auslösezeit).

Bei Feinsicherungen mit freiliegendem Schmelzleiter erkennt man oft bereits am durchtrennten oder geschmolzenen Schmelzdraht, wenn die Sicherung defekt ist. Bei Feinsicherungen mit Quarzsand muss immer ein Durchgangsmessgerät zu Hilfe genommen werden.

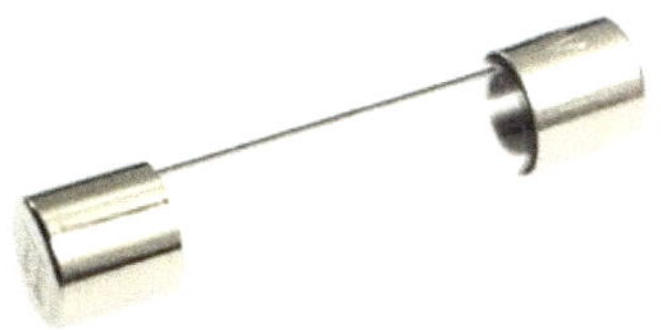

Bild 5.10: Feinsicherung mit freiliegendem Schmelzdraht
Quelle: ESKA Erich Schweizer GmbH

Bild 5.11: Feinsicherung mit Sandfüllung
Quelle: ESKA Erich Schweizer GmbH

5.1.4.1.2 Schraubsicherungen

Schraubsicherungen zeichnen sich dadurch aus, dass sie aus einem Schraubsicherungshalter, dem Sicherungseinsatz und der drehbaren Schraubkappe bestehen.

Schraubsicherungshalter für eine D-Sicherung bestehen dabei aus einem festen Sicherungsunterteil mit dem Passelement bzw. der Passschraube mit nennstromabhängig abgestuften Durchmessern. Die abnehmbare, drehbare Schraubkappe ist mit einem Sichtfenster versehen. Der Sicherungseinsatz ist mit einem farblichen Betriebszustandsanzeiger ausgestattet, welcher bei eingeschraubter Sicherung durch das Sichtfenster an der Schraubkappe erkennbar ist. Der Betriebszustandsanzeiger oder Kennmelder ist mit einer Feder hinterlegt und wird von einem Draht mit hohem Widerstand gehalten, der am Fußkontakt des Sicherungseinsatzes befestigt ist. Bei ausgelöster Sicherung schmilzt auch der Haltedraht und der Kennmelder wird in den Zwischenraum zwischen Sicherungseinsatz und Schraubkappe ausgeworfen. Mittels Sichtkontrolle kann somit der Zustand der Sicherung ermittelt werden. Die Farbe des Kennmelders kennzeichnet dabei den Nennstrom der Schraubsicherung, der zwischen 2 A und 200 A liegt. Das Passelement bzw. die Passschraube mit seinem abgestuften Durchmesser verhindert, dass Sicherungen mit höheren Nennströmen eingesetzt werden können.

Tabelle 5-3: Kennfarben von Schraubsicherungen

Nennstrom	Farbe des Kennmelders
2 A	rosa
4 A	braun
6 A	grün
10 A	rot
(13A)	schwarz
16 A	grau
20 A	blau
25 A	gelb
(32 A) 35 A (40 A)	schwarz
50 A	weiß
63 A	kupfer
80 A	silber
100 A	rot
125 A	gelb
160 A	kupfer
200 A	blau

Schraubsicherungen unterscheiden sich in D-(Diazed) und D0-(Neozed)-Sicherungen. Der wesentliche Unterschied besteht neben den verschiedenen Abmessungen in der zulässigen Betriebsspannung. So ist das D-System für eine Spannung von bis zu 500 V zugelassen, das D0-System nur bis zu einer Spannung von 400 V.

Der Kurzschlussstrom liegt bei Diazed- und Neozed-Sicherungen im Bereich von maximal 50 kA.

Die Betriebsklassen kennzeichnen die jeweilige Auslösecharakteristik und somit den Bereich, in dem die Sicherung Anwendung findet (z.B. gG als Ganzbereichssicherung für allgemeine Anwendungen, gTr als Ganzbereichssicherung für Transformatoren oder gR als Halbleiterschutzsicherung in z.B. USV-Anlagen).

D-Sicherungen (Diazed) gibt es in fünf Baugrößen, dessen Bezeichnung sich aus dem Buchstaben D und einer römischen Ziffer zusammensetzt:

- D I bzw. NDZ / E 16 Gewinde / 2 A bis 25 A
- D II / E 27 Gewinde / 2 A bis 25 A
- D III / E 33 Gewinde / 32 A bis 63 A
- D IV / E 40 (alt) oder G 1¼“ Gewinde / 80 A und 100 A
- D V / E 57 (alt) oder G 2“ Gewinde / 125 A bis 200 A

D0-Systeme (Neozed) mit kleineren Abmessungen und geringerer Verlustleistung und somit weniger Wärmeentwicklung gibt es in drei Baugrößen. Die Bezeichnung setzt sich aus D0 und einer weiteren arabischen Ziffer zusammen:

- D01 / E 14 Gewinde / 2 A bis 16 A
- D02 / E 18 Gewinde / 20 A bis 63 A
- D03 / M 30 x 2 Gewinde / 80 A und 100 A

Minized-Sicherungen sind Neozed-Sicherungen kleinerer Bauform mit Nennströmen von 2 A bis 63 A.

Schraubsicherungen werden auch als laienbedienbare Sicherungen bezeichnet, da auch nicht ausgebildete Elektrofachkräfte die Sicherungen tauschen dürfen.

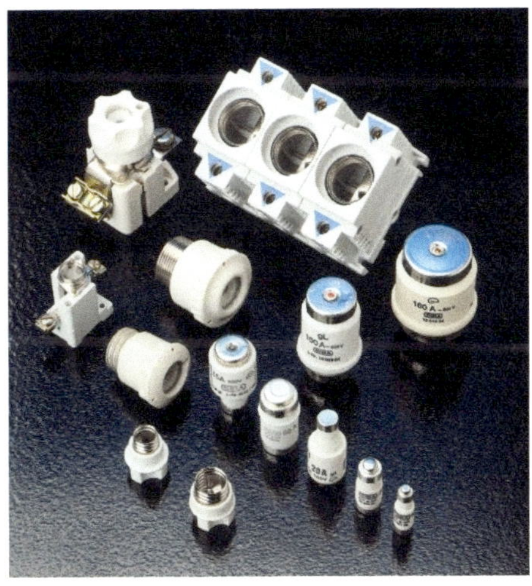

Bild 5.12: Neozed- und Diazed-Sicherungen der unterschiedlichen Baugrößen und Nennströmen inklusive Sicherungsunterteil und Schraubkappe
Quelle: SIBA GmbH

5.1.4.1.3 Stecksicherungen bzw. NH-Sicherungen

Stecksicherungen sind fast ausschließlich unter dem Namen NH-Sicherungen bekannt. Weitere Bezeichnungen sind Messersicherung, Schwertsicherung oder auch Panzersicherung. NH steht dabei für Niederspannungs-Hochleistungs-Sicherung. Merkmale von NH-Sicherungen sind das größere Bauvolumen sowie massive Kontakte an beiden Enden, weshalb auch wesentlich größere Ströme geführt und getrennt werden können. Sie gestatten Fehlerströme bis zu 100 kA bei 400 V und 120 kA bei 500 V, wobei der Bemessungsstrom zwischen 6 A und 1.600 A liegt.

Speziell in Industrieanlagen sind NH-Sicherungen weit verbreitet. Wie die Schraubsicherungen verfügen die NH-Sicherungen ebenfalls über Kennmelder, welcher eine defekte Sicherung anzeigt. Die verschiedenen Auslösecharakteristiken sind die gleichen wie bei den Schraubsicherungen.

NH-Sicherungen gliedern sich in fünf (sechs) Baugrößen, wobei die Größe 0 in neuen Anlagen nicht mehr zulässig ist und auch in der Norm nicht aufgeführt ist (Grundlage: 500 V AC / 440 V DC):

- NH 00/000 / 78 mm Schwertlänge, 2 A bis 160 A
- NH 0 / 125 mm Schwertlänge, 6 A bis 160 A (wird heute nicht mehr eingesetzt)
- NH 1 / 135 mm Schwertlänge, 16 A bis 250 A
- NH 2 / 150 mm Schwertlänge, 35 A bis 400 A
- NH 3 / 150 mm Schwertlänge, 200 A bis 630 A
- NH 4/4a / 200 mm Schwertlänge, 500 A bis 1.600 A

Bei NH-Sicherungen handelt es sich ausnahmslos um vom Fachmann bedienbare Sicherungen.

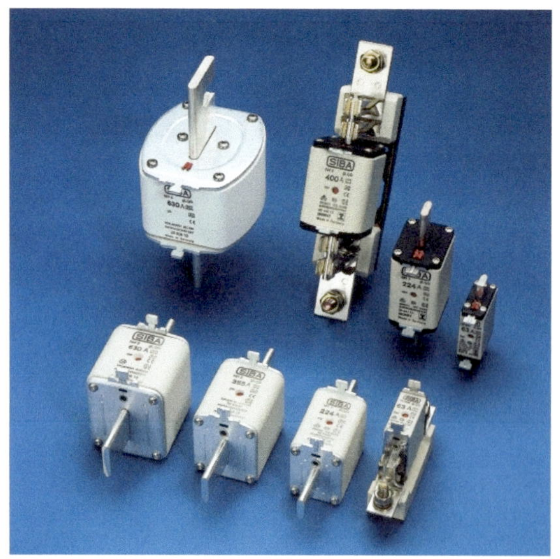

Bild 5.13: NH-Sicherungen von 63 A bis 630 A Nennstrom
Quelle: SIBA GmbH

Bild 5.14: Ansicht einer NH 2-Sicherung 400 A
Quelle: EFEN GmbH

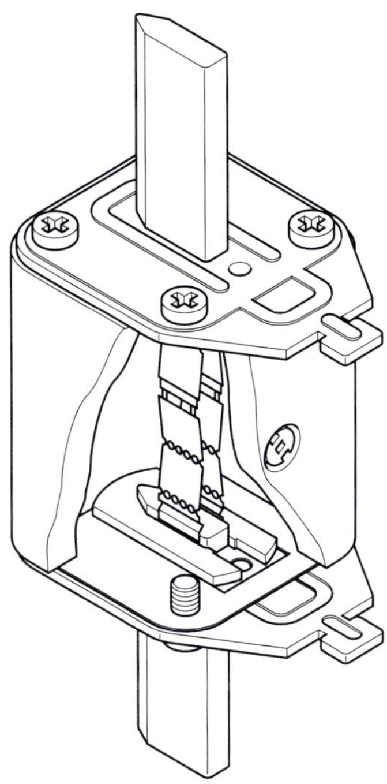

Bild 5.15: Schnitt durch eine NH-Sicherung
Quelle: EFEN GmbH

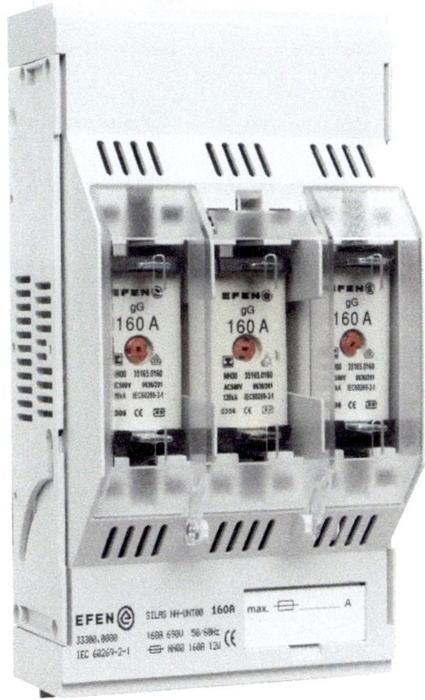

Bild 5.16: NH 00-Sicherungselement 160 A
Quelle: EFEN GmbH

5.1.4.1.4 Hochspannungssicherungen (HH-Sicherungen)

Hochspannungs-Hochleistungs-Sicherungen sind selbständig schaltende Schutzgeräte im Mittelspannungsbereich bis 36 kV. Sie dienen in Energieversorgungsnetzen zur Begrenzung von Überströmen bzw. Kurzschlüssen. Die häufigste Anwendung findet sich in Transformatorstromkreisen. Alle DIN-HH-Sicherungen sind mit einem Schlagstift mit Federkraft ausgestattet, welcher über einen Nebenschmelzleiter gehalten wird. Die beiden unterschiedlichen Haltekräfte betragen dabei 80 N (Basistype) und 120 N. Der Schlagstift tritt bei Überlast oder Kurzschluss schlagartig aus und wirkt auf die Auslösemechanik eines Lastschalters, welcher dann den fehlerhaften Strom allpolig abschaltet.

Typische Spektren sind:

- 3 kV bis 7,2 kV mit Nennströmen bis 500 A
- 6 kV bis 12 kV mit Nennströmen bis 355 A
- 10 kV bis 24 kV mit Nennströmen bis 200 A
- 20 kV bis 36 kV mit Nennströmen bis 100 A

Bild 5.17: HH-Sicherungen unterschiedlicher Nennströme und -spannungen
Quelle: SIBA GmbH

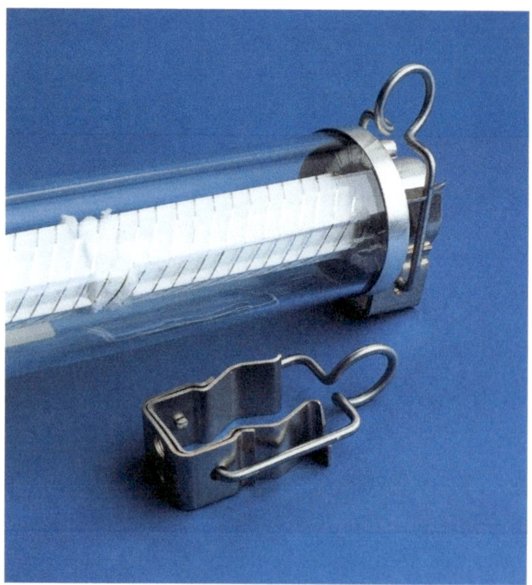

Bild 5.18: Modell einer HH-Sicherung
Quelle: SIBA GmbH

Bild 5.19: HH-Sicherung 10/24 kV / 100 A
Quelle: EFEN GmbH

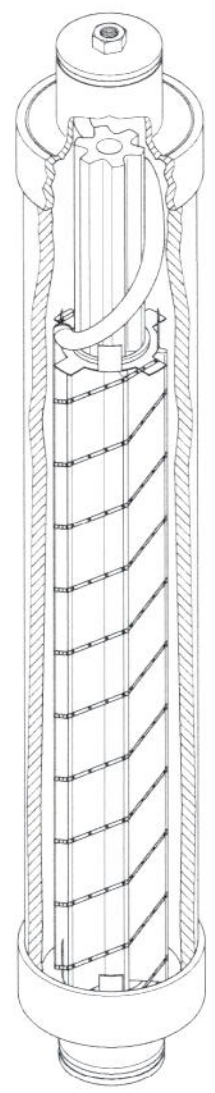

Bild 5.20: Schnitt durch eine HH-Sicherung
Quelle: EFEN GmbH

5.1.4.2 Leistungsschalter

Leistungsschalter werden in Energieverteilungen als Einspeise- und Abzweigschalter (Kuppel- und Abgangsschalter) eingesetzt. Ihre Aufgabe ist neben dem einfachen Schalten von Betriebsströmen in Anlagen, Generatoren und Transformatoren auch der hohe Überlast- und Kurzschlussschutz bei Fehlern. Sie sind in Baugrößen von 160 A bis 6.300 A, als Festeinbau- oder in Einschubtechnik (steck- oder ausfahrbar), 3- oder 4-polig schaltend verfügbar. Bei fest eingebauten Leistungsschaltern ist der Leistungsschalter fest mit der Kupferschiene verbunden, so dass das Freischalten (Spannungslos schalten) der Kupferschiene bei Wartungsarbeiten unerlässlich ist. In Einschubtechnik kann der Leistungsschalter ohne Werkzeug freigeschaltet und aus der Schaltanlage herausgefahren werden. Die Wartungen sind dabei leicht durchführbar. Im Rechenzentrum sind aufgrund der Anforderungen nach hoher Verfügbarkeit und schneller Wartung bzw. Reparatur Leistungsschalter in Einschubtechnik den fest eingebauten Leistungsschaltern vorzuziehen.

Die Ansteuerung von Leistungsschaltern kann über unterschiedliche Mechanismen erfolgen. Als Antriebe werden Handantriebe und sogenannte Kraftantriebe verwendet. Kraftantriebe zeichnen sich dadurch aus, dass die Betätigung nicht durch die Kraft eines Menschen erfolgt. Die Kraftantriebe erfolgen in Form von Magnetantrieben, Motorantrieben oder Federantrieben und haben den großen Vorteil der Fernbedienbarkeit des Schalters.

Leistungsschalter sind mit einem thermischen und einem magnetischen Auslöser ausgestattet. Elektronische Auslöser sind ebenfalls bei allen Typen möglich. Ihre Werte sind individuell einstellbar.

Zudem verfügen sie über Abschließvorrichtungen und diversen weiteren Bedienelementen. Die Kommunikationsfähigkeit über Bussysteme ist ebenfalls heute Standard, sowie die Möglichkeit, diverse Schaltstellungen potentialfrei abzugreifen.

Sofern ein Monitoringsystem integriert ist, sollten bei offenen Leistungsschaltern die Meldungen EIN/AUS, Betriebsstellung, Prüfstellung, Trennstellung und ausgelöst (sofern als Leistungsschalter mit Auslösemodul und nicht als Lasttrennschalter ausgestattet) aufgeschaltet werden. Die Betriebsstellung ist dabei die Normalstellung bei eingefahrenem Leistungsschalter. Er kann nun ein- und ausgeschaltet werden. In der Prüfstellung ist der Leistungsschalter halb eingefahren. Die Betriebszustände Ein und Aus können herbeigeführt werden, ohne dass die Leistungskontakte durchgeschaltet werden. Die Stellung dient dazu, bei dem Monitoringsystem zu überprüfen, ob die Ein- und Ausmeldungen ankommen. In der Trennstellung ist der Leistungsschalter komplett ausgefahren und kann getauscht werden. Das Ein- und Ausschalten ist in dieser Stellung nicht möglich.

Im Niederspannungsbereich unterscheidet man zwischen den Gruppen

- Kompaktleistungsschalter (Moulded Case Circuit Breakers – MCCB)
- Offene Leistungsschalter (Air Circuit Breaker – ACB)

Lasttrennschalter und Leitungsschutzschalter gehören im weiteren Sinne ebenfalls zu Leistungsschaltern. Ihnen wird jedoch im weiteren Verlauf des Buches ein eigener Abschnitt (5.1.4.3 bis 5.1.4.5) gewidmet.

5.1.4.2.1 Kompaktleistungsschalter

Kompaktleistungsschalter zeichnen sich durch eine sehr schnelle Öffnungsgeschwindigkeit aus, weshalb die Löschkammer verhältnismäßig klein gehalten werden kann. Dadurch ist die Baugröße dieser Leistungsschalter bei verhältnismäßig hohen Schaltströmen ebenfalls sehr klein und kompakt. Die Gehäuse sind komplett geschlossen, so dass nur die Anschlüsse an dem Gehäuse sichtbar sind. Dadurch ist allerdings auch die Wärmeabfuhr sehr gering. Zur besseren Wärmeableitung und zur höheren Flexibilität der Anschlüsse sind diverse Anschlussverbreiterungen konzipiert worden. Kompaktleistungsschalter können in einem sehr weiten Temperaturbereich von –25 °C bis +70 °C betrieben werden. Ihre Einsatzgebiete sind sehr universell.

Kompaktleistungsschalter können direkt auf die Montageplatte der Schaltanlage oder auf eine Tragschiene in beliebiger Lage (waagrecht, senkrecht, liegend) montiert werden. Um die Bedienersicherheit zu erhöhen, sollten ausfahrbare Kompaktleistungsschalter auch bei geschlossener Schaltfeldtüre eingeschoben und ausgefahren wer-

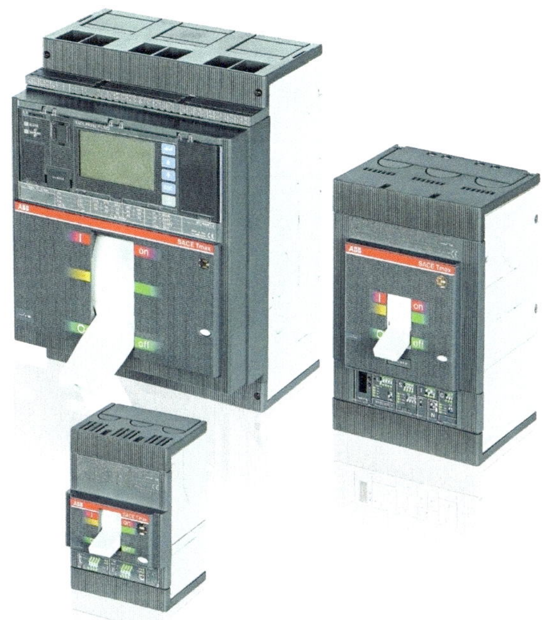

Bild 5.21: Kompaktleistungsschalter
in den Baugrößen 160 A, 400 A / 630 A und 800 A / 1.000 A / 1.250 A / 1.600 A
Quelle: ABB

den können. Kompaktleistungsschalter werden vorrangig fest eingebaut. Mit entsprechenden Unterteilen können sie auch steck- oder ausfahrbar ausgeführt werden. Ihr Nennschaltvermögen liegt zwischen 160 A und 1.600 A.

Auch wenn immer wieder Gegenteiliges behauptet wird, müssen auch Kompaktleistungsschalter genauso wie offene Leistungsschalter regelmäßig gewartet werden.

5.1.4.2.2 Offene Leistungsschalter

Offene Leistungsschalter werden im Leistungsbereich 250 A bis 6.300 A eingesetzt. Der offene Leistungsschalter verfügt über einen Stahlblechrahmen, der eine große mechanische Festigkeit garantiert. Seine Bauweise ist offen, d.h. dass bei ausgefahrenem Leistungsschalter das Innenleben wie Antriebsmotor etc. leicht zugänglich ist. Dadurch wird auch im Wartungsfall ein schneller Zugriff auf die einzelnen Komponenten garantiert. Aufgrund der offenen Bauweise ist auch die Wärmeabfuhr sehr gut.

Handantriebe sind bei offenen Leistungsschaltern für Schalthandlungen nicht mehr möglich, so dass immer Kraftantriebe, ausschließlich in Form von Federkraftspeicher-Antrieben, zum Einsatz kommen. Dabei wird die Feder von Hand mit einem Spannhebel auf der Vorderseite oder mit dem Motorantrieb vorgespannt. Die Ausschaltfeder wird automatisch beim Einschaltvorgang gespannt. Eine vollständige Bedienung über Fernantrieb kann nur realisiert werden, wenn der Leistungsschalter mit Einschaltauslöser, Arbeitsstromauslöser und Motorantrieb ausgestattet ist.

Die Unterteile bei ausfahrbaren Leistungsschaltern verfügen über Sicherheitstrennklappen für die Schottung der festen Kontakte bei aus der Zelle ausgefahrenem Leistungsschalter. Sie können dabei mit einem Vorhängeschloss in der geschlossenen Stellung verriegelt werden.

Durch Tausch des elektronischen Bemessungsstrommoduls können offene Leistungsschalter im größeren Nennstrombereich auch für kleinere Nennströme verwendet werden.

Bild 5.22: Offene Leistungsschalter in den Baugrößen 250 bis 6.300 A
Quelle: ABB

Offene Leistungsschalter werden in Rechenzentren ab 630 A fast immer eingesetzt, insbesondere als Trafoschalter, Generatorschalter, Eingangs- und Abgangsschalter für weitere Haupt- und Unterverteiler sowie größere USV-Anlagen. Ebenso werden sie eingesetzt, wenn größere Kurzschlussleistungen zu erwarten sind oder sie vom nachgeschalteten Betriebsmittel oder der Selektivität benötigt werden.

5.1.4.3 Lasttrennschalter

Lasttrennschalter sind, gemäß EN IEC 60947-3, eine Kombination aus Lastschalter und Trennschalter. Sie sind am Markt mit und ohne Sicherung verfügbar.

Die Deutsche Norm DIN EN 60947-3 (VDE 0660-107), definiert Lastschalter wie folgt: „Mechanisches Schaltgerät, das Ströme unter Betriebsbedingungen im Stromkreis einschließlich einer festgelegten betriebsmäßigen Überlast einschalten, führen und ausschalten und unter angegebenen außergewöhnlichen Bedingungen, wie Kurzschluss, während einer festgelegten Dauer führen kann."

Anmerkung:
Ein Lastschalter darf ein Kurzschlusseinschaltvermögen, muss jedoch kein Kurzschlussausschaltvermögen haben.

Die gleiche DIN EN 60947-3 (VDE 0660-107), definiert Trennschalter:
„Mechanisches Schaltgerät, das in der offenen Stellung den für die Trennfunktion festgelegten Anforderungen entspricht."

Anmerkung 1:
Diese Definition weicht von IEV 441-14-05 ab, da die Anforderungen an die Trennfunktion nicht nur auf der Trennstrecke basieren.

Anmerkung 2:
Ein Trennschalter kann einen Stromkreis öffnen und schließen, wenn entweder nur ein Strom vernachlässigbarer Größe aus- oder eingeschaltet wird oder wenn zwischen beiden Anschlüssen jedes Pols keine nennenswerte Spannung vorhanden ist. Er kann Ströme unter üblichen Betriebsbedingungen sowie Ströme unter außergewöhnlichen Bedingungen, z.B. Kurzschluss, für eine bestimmte Dauer führen.

Bei Systemen mit Sicherungen wird zusätzlich der Überlast- und Kurzschlussschutz nachgeordneter Anlagenteile, Leitungen und Verbraucher mit übernommen.

Lasttrennschalter kommen bereits bei Nennströmen ab 16 A zum Einsatz und sind je nach Hersteller bis 6.300 A erhältlich. Als Sicherungssysteme kommen Neozed-Sicherungen D02 und NH-Sicherungen zum Einsatz.

Merkmale von Lasttrennschaltern sind der hohe Bemessungskurzschlussstrom bis 120 bzw. 130 kA je nach Hersteller in Verbindung mit einer entsprechenden Sicherung, das hohe Schaltvermögen sowie die hohe Sicherheit für den Bediener und die Anlage.

Bild 5.23: Sicherungsloser Lasttrennschalter 80 A
Quelle: ABB

Bild 5.24: Sicherungsloser Lasttrennschalter 200 A
Quelle: ABB

Bild 5.25: Lasttrennschalter mit Sicherung 100 A
Quelle: ABB

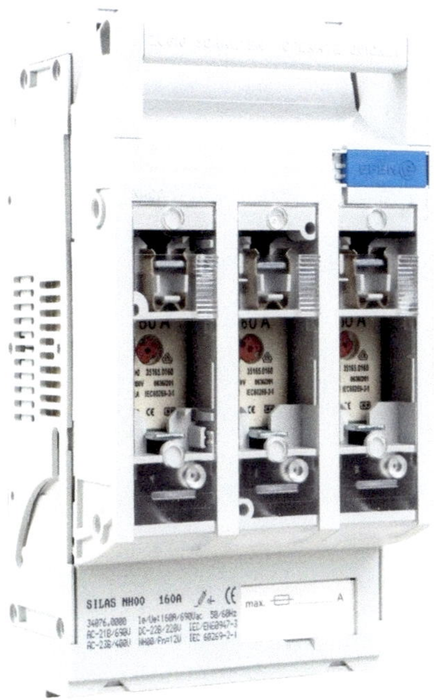

Bild 5.26: NH 00-Sicherungslasttrennschalter 160 A
Quelle: EFEN GmbH

Bild 5.27: NH 3-Sicherungslasttrennschalter 630 A
Quelle: EFEN GmbH

5.1.4.4 Lastschalter

Lastschalter dienen lediglich dem Ein- und Ausschalten von Betriebsmitteln und Anlagenteilen im ungestörten Zustand. Das Schaltvermögen liegt in der Regel überwiegend in der Höhe seines Nennstromes bzw. bei maximal dem Doppelten seines Nennstromes, so dass z.B. Motoren nicht geschaltet werden können, da der Einschaltstrom ein Vielfaches des Nennstromes sein kann. Genaue Werte zum Bemessungsein- und -ausschaltvermögen zu den verschiedenen Gebrauchskategorien sind in der Norm DIN EN 60947-3 (VDE 0660-107), Tabelle 3 zu finden.

Lastschalter werden hauptsächlich im Niederspannungsbereich eingesetzt. Ein klassischer Vertreter ist der übliche Lichtschalter in der Installationstechnik.

Die „einzige“ technische Herausforderung ist die Lichtbogenlöschung, die meist mittels Löschbogenkammern realisiert wird.

Am Markt werden auch Lastschalter mit Sicherungen angeboten. Dabei handelt es sich jedoch im eigentlichen Sinne um Lasttrennschalter mit nachgeschalteter Sicherung und mechanischem Sprungschaltwerk, die ausschließlich von ABB und Jean Müller lieferbar sind.

Lastschalter werden meist bei Nennströmen bis maximal 63 A eingesetzt.

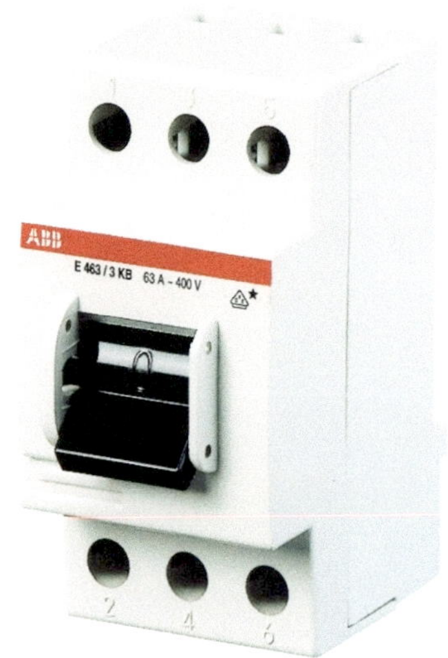

Bild 5.28: Lastschalter für Schaltschrankeinbau 63 A
Quelle: ABB

5.1.4.5 Leitungsschutzschalter

Leitungsschutzschalter gehören ebenfalls zur Familie der Leistungsschalter, wobei sie in erster Linie dem Schutz von Kabel und Leitungen gegen Überlast und Kurzschluss dienen. Sie werden umgangssprachlich auch Sicherungsautomat oder Automat genannt. Die im Jahre 1924 von Hugo Stotz in Mannheim erfundenen Leitungsschutzschalter sind wiederverwendbare, nicht selbsttätig rückstellende Sicherungselemente.

Hauptsächlich in Stromkreisverteilern von Wohnungen dürfen für Beleuchtungs- und Steckdosenstromkreise nur Leitungsschutzschalter verwendet werden.

Die Auslösung des Leitungsschutzschalters erfolgt entweder automatisch über Bimetall bei Überlast, über eine elektromagnetische Auslösung bei Kurzschluss oder manuell durch Handbetätigung.

Typische Bemessungsströme liegen zwischen 6 A und 63 A. In Stromkreisverteilern für Rechenzentren werden häufig Leitungsschutzschalter der Nenngrößen 10 A, 13 A und 16 A eingesetzt. Ebenso findet sich ihre Anwendung in Abgangskästen von Stromschienen.

Über die Auslösecharakteristik wird festgelegt, bei welchem Mehrfachen des Nennstromes und in welcher Zeit die Auslösung erfolgt. Im Standardleitungsschutz werden Leitungsschutzschalter mit der Auslösecharakteristik B (drei- bis fünffacher Nennstrom) eingesetzt. Bei höheren Einschaltströmen verwendet man häufig auch Leitungsschutzschalter mit der Charakteristik C (fünf- bis zehnfacher Nennstrom).

Leitungsschutzschalter anderer Charakteristik haben eher Seltenheitswert und werden nur in speziellen Anwendungen eingesetzt.

Bild 5.29: Leitungsschutzschalter, 1-polig, B16A
Quelle: ABB

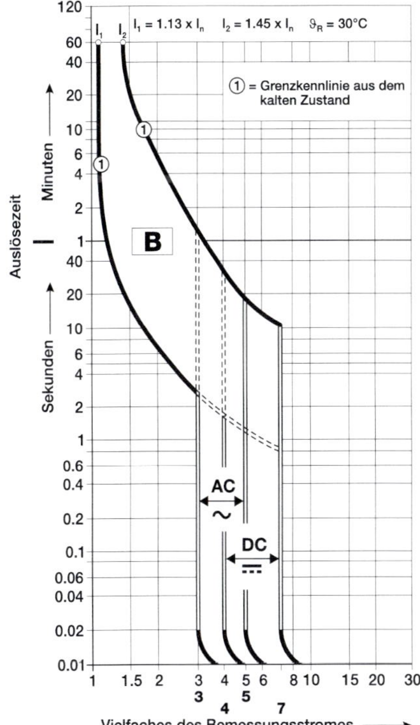

Bild 5.30: Strom-/Zeit-Kennlinie der Auslösecharakteristik B
Quelle: ABB

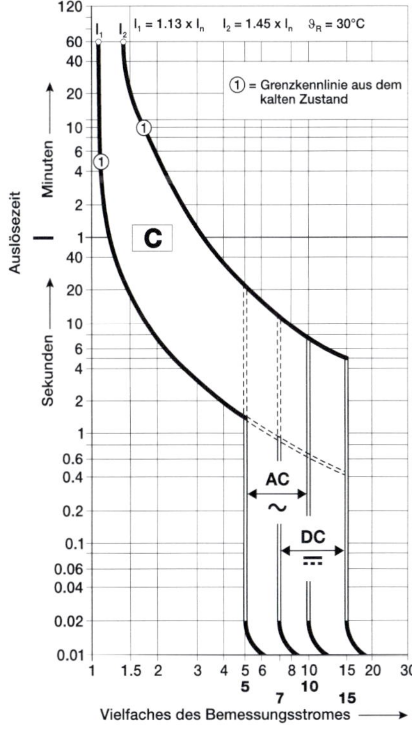

Bild 5.31: Strom-/Zeit-Kennlinie der Auslösecharakteristik C
Quelle: ABB

5.1.4.6 Fehlerstrom-Schutzschalter

Fehlerstrom-Schutzschalter dienen dem Schutz gegen gefährliche Körperströme und sind nach der DIN VDE 0100, Teil 410 in Endstromkreisen für den Außenbereich und Steckdosenstromkreise vorgeschrieben. Fehlerstrom-Schutzschalter werden zusätzlich zu den Überstromschutzeinrichtungen in Elektroverteilern installiert, da sie nicht dem Leitungsschutz, sondern dem Schutz von „Personen und Nutztieren" dienen.

Ihre Wirkungsweise ist relativ simpel, indem sie die Stromdifferenz in allen spannungsführenden Leitern und im Neutralleiter vergleicht. Wird ein definierter Wert überschritten, geht der Fehlerstrom-Schutzschalter davon aus, dass die Differenz über den Körper von Lebewesen, Tieren oder elektrischen Geräten abgeleitet wird und schaltet ab. Der Grenzwert bei Steckdosen liegt üblicherweise bei 30 mA. Fehlerstrom-Schutzschalter haben auch eine brandvorbeugende Wirkung, indem sie auch Abschalten, wenn der Strom z.B. über andere Wege zur Erde abfließt und so Schwelbrände durch Kriechströme entstehen lassen könnte. Um einen Brand entstehen zu lassen, ist eine Energie von über 60 W erforderlich. Ein Fehlerstrom-Schutzschalter 300 mA löst zwischen 200 mA und 300 mA aus, was bei 230 V einer Energie von 50 W bis 60 W entspricht. Ein Brand kann somit nicht entstehen.

Speziell in Rechenzentren kann es durch die Elektronik in den Netzteilen der IT jedoch vorkommen, dass Fehlerstrom-Schutzschalter auch abschalten, wenn zulässige Leckageströme den Mindestwert überschreiten. Die Installation ist dann trotzdem in Ordnung und die Abschaltung geht zu Lasten der Verfügbarkeit.

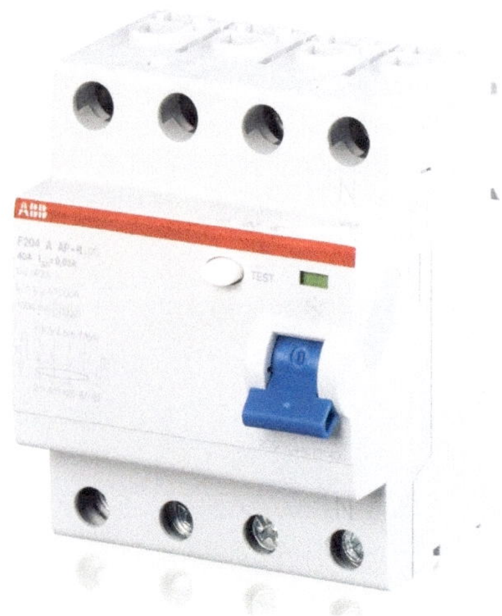

Bild 5.32 FI-Schutzschalter, 4-polig, kurzzeitverzögert, Nennstrom 40 A, Auslösestrom 30 mA
Quelle: ABB

Die DIN VDE 0100, Teil 410 schreibt Fehlerstrom-Schutzschalter vor für „Steckdosen mit einem Bemessungsstrom nicht größer als 20 A, die für die Benutzung durch Laien und zur allgemeinen Verwendung bestimmt sind".

Eine Ausnahme ist zulässig für Steckdosen, die durch Elektrofachkräfte oder elektrotechnisch unterwiesene Personen überwacht werden oder Steckdosen, die jeweils für den Anschluss nur eines bestimmten Betriebsmittels errichtet werden. In Fällen, bei denen ausschließliche Verwendung der Steckdose für bestimmte Betriebsmittel in Zweifel gezogen wird, wird empfohlen, entweder auf die Ausnahme zu verzichten oder das bestimmte Betriebsmittel fest anzuschließen.

Festanschlüsse sind jedoch gerade in Rechenzentren eher unpraktisch, da die Hardware einem ständigen Wandel unterzogen ist.

Zur Erhöhung der Sicherheit empfiehlt es sich außerdem, die DGUV, Vorschrift 3: Prüfung (ehemals BGV A3-Prüfung bzw. VBG 4-Prüfung) regelmäßig für diese Steckdosenstromkreise durchzuführen.

Eine Alternative zu Fehlerstrom-Schutzschaltern können Differenzstromüberwachungsgeräte sein. Sie arbeiten vom Prinzip her wie ein Fehlerstrom-Schutzschalter, jedoch mit einem extern abgestimmten modularen Wandler oder Ringkernwandler.

Allerdings schalten sie nicht ab, sondern melden nur Veränderungen. Mit ihnen ist ein frühzeitiges Erkennen von Störungen oder das Auftreten einer meist schleichenden Erhöhung von Differenzströmen möglich. Die Maxime heißt Meldung vor Abschaltung. In medizinisch genutzten Räumen der Anwendungsgruppe 2 (OP-Räume etc.) sind sie

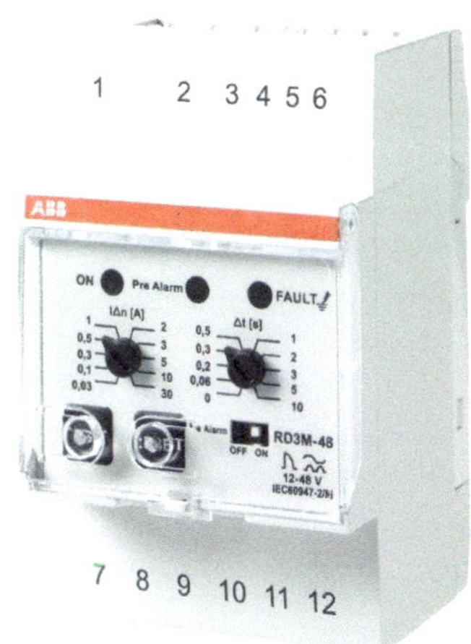

Bild 5.33: Differenzstromrelais mit einstellbaren Schwellwerten
Quelle: ABB

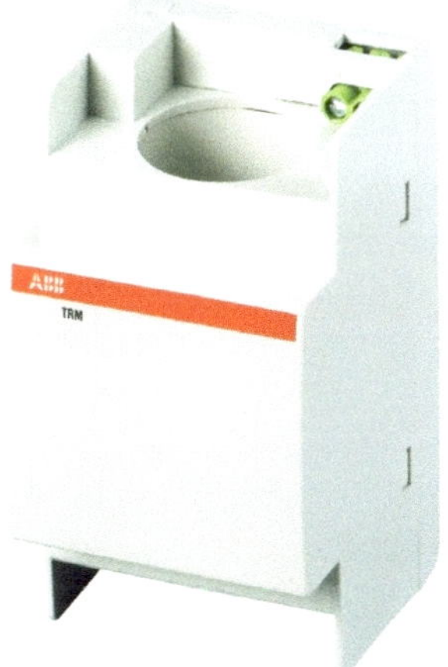

Bild 5.34: Speziell abgestimmter modularer Wandler (oder Ringkernwandler)
Quelle: ABB

z.B. aus gutem Grunde vorgeschrieben. Sie schützen die meist stark geschwächten Patienten bei einer Operation vor gefährlichen Fehlerströmen und verhindern gleichzeitig ein Abschalten von lebenserhaltenden medizinischen Geräten.

5.1.4.7 Not-Aus und weitere Spielereien

Die provokante Überschrift hat schon seine Berechtigung, denn ein Not-Aus an der Zugangstüre, möglichst im ungeschützten Bereich, öffnet die Türe für eine Sabotage des Rechenzentrums an einem einzigen Punkt durch eine einzige Handlung. Dann noch von Hochverfügbarkeit zu sprechen ist pure Ironie.

Ausnahmen für Not-Aus-Einrichtungen in Rechenzentren kann es nur geben, wenn Vorschriften oder Behörden dies explizit fordern. Besteht eine solche Forderung, sollten unbedingt Kompromisslösungen gefunden werden. Diese können sein, dass Not-Aus-Schalter durch Schlüsselschalter ersetzt werden und nur die Feuerwehr den entsprechenden Schlüssel dafür hat.

Die DIN EN 50600-2-2 hat das ebenso erkannt und fordert, dass Rechenzentren, einschließlich solcher mit USV-Anlagen, über einen Not-Aus-Schalter verfügen müssen, wenn es in nationalen oder örtlichen Regelungen verankert ist.

Wo ein Not-Aus-Schalter erforderlich ist, ist er vor unbeabsichtigter Betätigung und einer Nutzung bei einem nicht vorhandenen Notfall zu schützen. Als Mindestschutz ist eine Abdeckung vorzusehen, die vor der Betätigung des Not-Aus-Schalters angehoben werden muss. In der Norm wird empfohlen, die Verwendung von Not-Aus-Schaltern zu vermeiden.

Hier etwas mehr Überlegungen in sinnvolle Lösungen zu investieren dankt Ihnen nicht nur Ihr Rechenzentrum, das unter „allen" Umständen weiterlaufen muss.

Bild 5.35: Not-Aus-Schalter
Quelle: ABB

5.1.5 Netzformen / IT- und EMV-freundliche Netze

Störungen an elektrischen und elektronischen Geräten gab es schon immer und wird es auch immer geben. Die Häufigkeit hat allerdings in den letzten 15 Jahren kontinuierlich zugenommen. Dabei stellt man häufig fest, dass die Geräte bei der Schadensuntersuchung keinerlei Schäden aufweisen und an anderen Orten problemlos funktionieren. Die Ursache muss also innerhalb des Gebäudes oder des Rechenzentrums liegen. Besonders verheerend kann es dann werden, wenn Plattenspeicher undefiniert aussteigen oder Rechner einfach abstürzen. Datenverluste mit großen Auswirkungen sind oft die Folge.

Bei der Ursachenforschung innerhalb des Gebäudes stellt man dann noch andere Phänomene fest. Diese können unter anderem Schäden an den Elektroanlagen durch überhitzte Leiter, verschmorte Anschlüsse oder Korrosionen an Rohrleitungen oder Erdleitungen sein.

Es müssen also Ströme fließen, die dort eigentlich nicht fließen dürften. Nach genauerer Untersuchung stellt man häufig fest, dass zwar das Rechenzentrum und die Hardware modernisiert, jedoch oft die Elektroinstallation nicht auf den neuesten Stand gebracht wurde. Oft findet man noch den sogenannten PEN-Leiter, der als gemeinsamer Leiter den PE (Schutzleiter) und den N-Leiter (Neutralleiter) fungiert. Diese klassische Nullung sorgt dafür, dass ein Teil des Rückstromes, der über den N-Leiter fließt, auf dem PE-Leiter zu finden ist. Bedenkt man nun, dass der PE-Leiter eine reine Schutzfunktion hat und metallische Gehäuse über den PE geerdet werden, so wird schnell klar, dass ein Spannungsfeld zwischen dem Gehäuse und der Elektronik zu diesen Schäden führt. Des Weiteren werden alle metallischen Installationen wie Wasserleitungen, Heizleitungen etc. über das Erdungssystem bzw. den PE geerdet. Folge ist, dass sich der darüber fließende Strom über das gesamte Gebäude verteilt, da der Strom immer den Weg des geringsten Widerstandes geht. Und somit verbreitet sich der Strom auch auf die Abschirmungen der Datenleitungen, welche dann wieder direkt in der Hardware Schäden verursachen können. Insbesondere bei Blitzeinschlägen wird so der hohe Blitzstrom bis in den kleinsten Winkel des Gebäudes übertragen.

In früheren Installationen war dies noch kein Problem, da der N-Leiter kaum belastet war. Dies wurde auch rege genutzt, indem man den N-Leiter teilweise vom Querschnitt nur halb so groß auslegte, wie die Querschnitte der Außenleiter. Zudem waren die EDV-Geräte auch noch nicht so empfindlich. Aufgrund der heute fast nur noch eingesetzten getakteten Netzteile mit einphasiger Belastung und somit einer großen Unsymmetrie auf den dreiphasigen Netzen, sieht der N-Leiter-Strom ganz anders aus. Mittlerweile gehen Installationen bereits dazu über, den N-Leiter mit einem doppelten Querschnitt zu versehen. Ist dann noch ein PEN-Leiter vorhanden, sind die Ausfälle vorprogrammiert.

Fast genauso wichtig ist es, dass der Schutzleiter (PE) oder Potentialausgleich von einem Punkt im Gebäude ausgeht und es zu keinen Potentialverschleppungen kommt.

Von einer Potentialverschleppung spricht man immer dann, wenn der Schutzleiter oder Potentialausgleich an mehren Stellen zusammengeführt ist, dadurch Maschen entstehen und über den Schutzleiter oder Potentialausgleich Ausgleichsströme fließen. Ein sorgfältiger Aufbau des Potentialausgleichs kann Ausgleichsströme reduzieren oder ganz vermeiden. Mehr dazu im Abschnitt 5.1.11 Blitzschutz, Erdung und Potentialausgleich.

Doch was bedeutet nun PE-Leiter, N-Leiter und PEN-Leiter und wie muss meine Stromversorgung aussehen?

Die Antwort liegt in den drei unterschiedlichen Netzformen, deren Zuordnung durch die Art der Erdverbindung bestimmt wird.

5.1.5.1 TN-Netze

In sogenannten TN-Netzen ist der Sternpunkt am Transformator geerdet. An diesem Sternpunkt wird die sogenannte Nullung durchgeführt, d.h. Sternpunkt und PEN-Leiter sind direkt miteinander verbunden. Der PEN-Leiter ist gleichzeitig Schutzleiter (PE) und Neutralleiter (N).

Wird der PEN-Leiter über die gesamte Installation bis zum letzten Verbraucher geführt, spricht man vom TN-C-System oder der „klassischen Nullung". Wohnungsinstallationen bis in die 70er Jahre hinein waren so ausgeführt und man findet auch heute noch in alten Installationen diese klassische Nullung vor. Gefährlich sind solche Installationen für Leib und Leben, weil über einen Neutralleiter bei ungleichmäßiger Belastung der Außenleiter Strom fließt. Der PEN-Leiter dient gleichzeitig als Schutzleiter und ist somit leitfähig mit Gehäusen von Betriebsmitteln verbunden. Findet nun eine Unterbrechung des PEN zwischen Quelle und Verbraucher statt, liegen an dem Gehäuse bis zu 230 V gegen Erde an. Eine Berührung mit dem Gehäuse kann nicht nur sehr schmerzhaft, sondern auch lebensgefährlich sein.

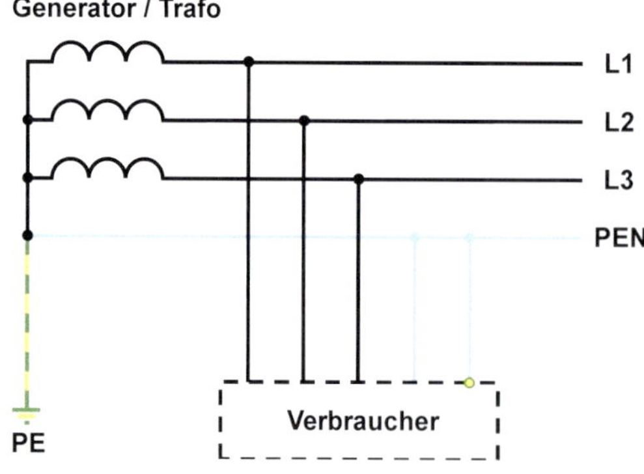

Bild 5.36: TN-C-System

Durch die fließenden Ströme auf dem PEN treten auch sehr große Störungen an EDV-Systemen auf. TN-C-Systeme gelten daher als IT-ungeeignet und extrem EMV-unfreundlich.

TN-S-Systeme separieren Neutralleiter und Schutzleiter ab dem Trafo bis zum Verbraucher. Die Probleme des TN-C-Systems treten hier nicht auf, da der Schutzleiter (PE) durchgängig für Schutzleiterzwecke genutzt wird. N-Leiter und PE-Leiter haben keine Verbindung mehr. Unterbrochene Schutzleiter bewirken daher keine Spannung auf Gehäusen. Reine TN-S-Systeme findet man nur in großen gewerblichen Anlagen, die direkt mit Mittelspannung versorgt werden.

TN-S-Systeme gelten als sehr IT-freundliche Netze und sind extrem EMV-freundlich.

Reine TN-S-Netze sind nur in Anlagen mit einem Transformator oder Generator geeignet.

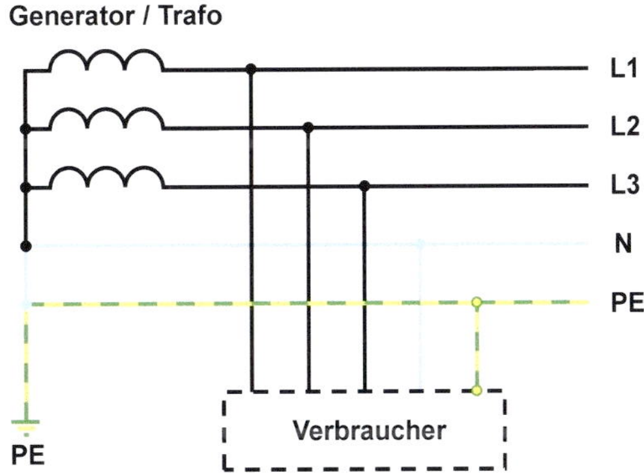

Bild 5.37: TN-S-System

Eine Kombination bildet das TN-C-S-System. Vom Transformator her ist zunächst ein TN-C-System aufgebaut. An zentraler Stelle wird der PEN-Leiter in Schutzleiter und Neutralleiter aufgetrennt und separat weitergeführt. Im weiteren Verlauf ist unbedingt darauf zu achten, dass sie nicht mehr zusammengeführt werden. Dieses System ist bei Gebäudeversorgungen in Deutschland weit verbreitet. Die Trennung findet direkt an der Einspeisung im Hausanschlusskasten statt. In größeren Anlagen, die mit Mittelspannung versorgt werden, definiert man einen zentralen Erdungspunkt (ZEP), der meist in einer Gebäudehauptverteilung liegt. Der ZEP bildet dabei die Trennstelle zwischen Schutzleiter und Neutralleiter. Gibt es mehrere Hauptverteiler unterschiedlicher Quellen (Normalnetz und Generatornetz) bietet es sich an, in einer oder mehreren Hauptverteilungen einen sogenannten Not-ZEP vorzusehen. Sollten Arbeiten an der Hauptverteilung des ZEP stattfinden und muss die Hauptverteilung deshalb stromlos geschaltet werden, ist es zwingend notwendig, an anderer Stelle den ZEP zu bilden.

TN-C-S-Netze werden beim gleichzeitigen Betrieb von mehreren Trafos oder Generatoren realisiert.

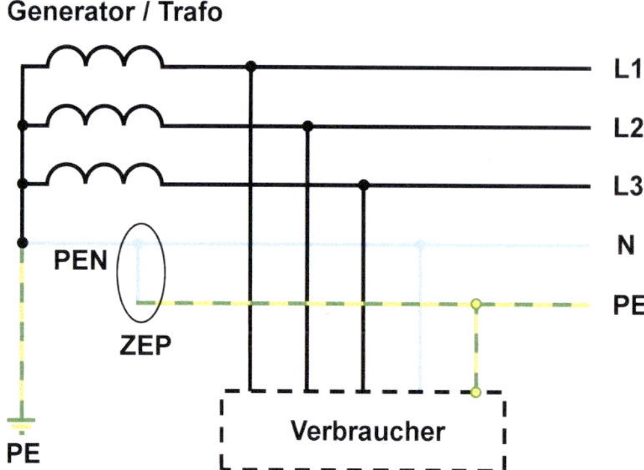

Bild 5.38: TN-C-S-System mit zentralem Erdungspunkt (ZEP)

Durch den separaten Potentialausgleichsleiter im TN-S-Netz wird ein definiertes Bezugspotential erreicht. Für die IT hat dies den Vorteil, dass keine Ausgleichsströme über die Datenleitungen geführt werden. Dadurch verringern sich die Induktionsströme, was Störungen der Datenübertragung verhindert und die elektromagnetische Verträglichkeit (EMV) der gesamten Elektroinstallation enorm verbessert. Vorsicht ist allerdings geboten bei versteckten PEN-Brücken.

5.1.5.2 TT-System

Im TT-System ist der Sternpunkt des einspeisenden Transformators geerdet. Der an die elektrisch leitfähigen Gehäuse anderer Betriebsmittel angeschlossene Schutzleiter ist separat geerdet und nicht mit dem Sternpunkt verbunden. Die dafür erforderlichen niedrigen Erdübergangswiderstände sind sehr schwer zu erreichen. TT-Systeme finden häufig bei der Bahn Anwendung, um vom 16,7-Hz-Netz Rückwirkungen auf das 50-Hz-Netz zu vermeiden. Ansonsten gibt es keine Gründe, TT-Systeme zu errichten. In manchen ländlichen Gebieten, vor allem in Bayern, können sie noch vereinzelt vorkommen.

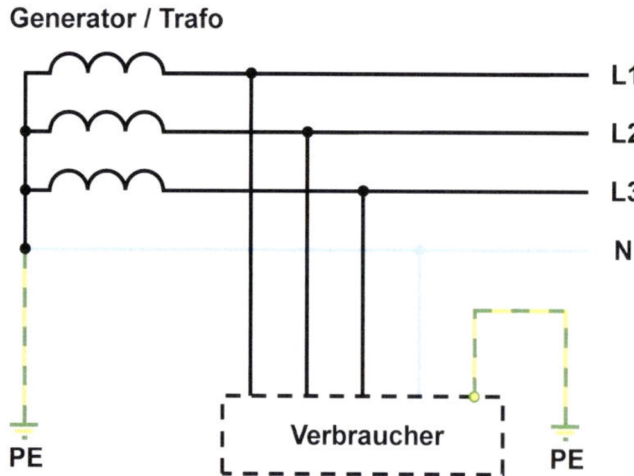

Bild 5.39: TT-System

5.1.5.3 IT-System

In IT-Systemen ist der Sternpunkt nicht geerdet sondern isoliert. Bei bestimmten Installationen wie z.B. Operationsräume in Krankenhäusern dienen IT-Systeme der erhöhten Ausfallsicherheit bei Erdschlussfehlern.

Das leitfähige Gehäuse des Betriebsmittels ist direkt mit Erde verbunden. Ein Isolationsfehler bewirkt die Erdung des Außenleiters. Eine gefährliche Berührungsspannung zwischen leitfähigem Gehäuse und Erde kann nicht entstehen. Allerdings entsteht dadurch eine Spannungserhöhung der beiden fehlerfreien Phasen, deren Isolation dadurch stark beansprucht wird. Der Fehler sollte deshalb rasch behoben werden. Zum Erkennen der Isolationsfehler dienen Isolationsüberwachungsgeräte, die permanent den Widerstand zwischen Außenleiter und Neutralleiter gegen Erde messen. Tritt ein weiterer Erdschluss einer der beiden anderen Phasen auf, kommt es zum Kurzschluss, der durch das Überwachungsgerät sofort abgeschaltet wird.

In der Versorgung von Rechenzentren spielen jedoch TT- oder IT-Netze keine Rolle, weshalb sie hier auch nicht weiter betrachtet werden.

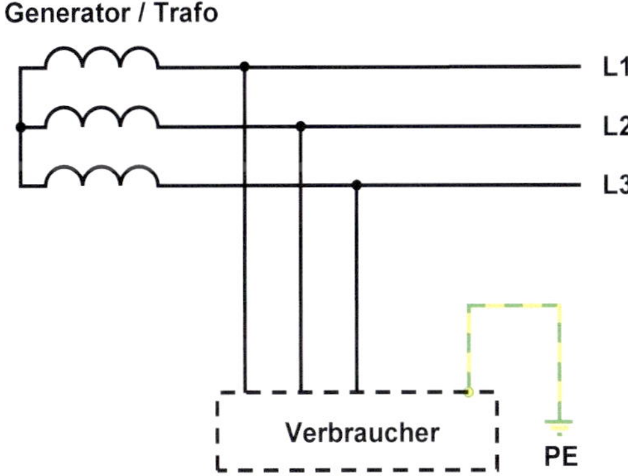

Bild 5.40: IT-System

5.1.6 Differenzstrom – der unangenehme und mitunter lebensgefährliche Zeitgenosse

Als Differenzstrom wird in der Elektrotechnik die Summe der Ströme aller aktiven Leiter an der Messstelle bezeichnet. Aktive Leiter sind dabei die im regulären Betrieb stromführenden Leiter, also die bzw. der Aussenleiter (L1, L2 und L3) und der Neutralleiter (N). Der Schutzleiter (PE) ist ein reiner Potentialausgleichsleiter, der im regulären Betrieb idealerweise keinen Strom führt, sondern eine reine Schutzfunktion hat.

Auch der Differenzstrom ist somit im Idealfall gleich null, da sich die in die Anlage hinein- und herausfließenden Ströme exakt ausgleichen sollten.

Durch Fehlerströme oder Ableitströme ergeben sich hiervon in der Praxis jedoch Abweichungen. Während Fehlerströme gänzlich vermieden werden sollten, lassen sich Ableitströme nicht gänzlich vermeiden, jedoch klein halten.

Fehlerströme treten immer dann auf, wenn N-Leiter und PE-Leiter außer am zentralen Erdungspunkt an einer weiteren Stelle eine leitende Verbindung haben oder tatsächlich ein Fehler als vollständiger oder unvollständiger Erdschluss vorliegt. Unbewusst erfolgt das meist, wenn die Isolierung eines Kabels beschädigt ist und der Leiter mit einem geerdeten Teil in Berührung kommt. Dies kann beispielsweise das Kabel in einem Betriebsgerät sein, das beim Schließen der Gehäuseteile eingeklemmt wird und so der N-Leiter mit dem geerdeten Gehäuse Verbindung hat.

Während bei einer Verbindung zwischen einem Außenleiter und dem Schutzleiter die Überstromschutzeinrichtung eine Abschaltung vornimmt, bleibt eine Verbindung zwischen Neutralleiter und Schutzleiter meist unerkannt. Abhilfe schafft hier ein Fehlerstromschutzschalter oder eine Differenzstrommessung. Während der Fehlerstromschutzschalter eine Abschaltung vornimmt, misst die Differenzstrommessung die Fehlergröße und setzt eine Meldung oder einen entsprechend hohen Messwert ab.

Ableitströme treten meist bei elektronischen Bauteile oder geringen Isolationswerten auf, die eine natürliche Leckagerate mit sich bringen. Insbesondere in Rechenzentren finden sich, bedingt durch die Netzteile der Hardware oder die Regelelektronik, teilweise höhere Ableitströme als das in anderen Installationen üblich ist. Die größten Ab-

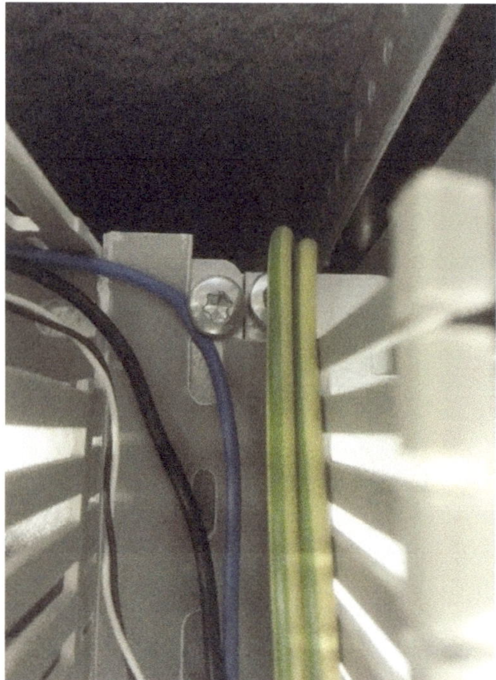

Bild 5.41: Uni Konstanz – der an der Gehäuseschraube untergeklemmter und damit beschädigter N-Leiter in einer NSHV erzeugt eine PE-N-Brücke
Quelle: Werner Henke

leitströme erzeugen Frequenzumrichter. Frequenzumrichter werden leider nur 4-polig angeschlossen und es wird auf den N-Leiter verzichtet. Die Elektronik der Frequenzumrichter bildet mit der sogenannten Y-Schaltung den Sternpunkt nach und leiten die betriebsbedingten Kondensatorströme darüber auf den PE ab.

Messtechnisch erfasst wird der Differenzstrom durch eine Summenstrommessung über die Außenleiter und den Neutralleiter, also dem Vergleich der hinein- und herausfließenden Ströme. Bildlich ist die Differenzstrommessung also eine Art Leckageüberwachung für Ströme.

Dabei muss nicht der gesamte Fehlerstrom zwangsweise über den oder die Schutzleiter der elektrischen Leitungen abfließen, sondern kann auch über anderweitig geerdeten Potentialausgleich oder im schlimmsten Falle über Lebewesen zur Erde abfließen. Insbesondere über Lebewesen abfließende Ströme > 30 mA können tödlich sein. Daher haben Fehlerstromschutzschalter (RCD) oder Differenstrommessungen (RCM) alleine schon zum Schutz von Leib und Leben ihre Berechtigung. Erstere werden jedoch in Rechenzentren höchstens zur Überwachung von Steckdosen für Wartungs- oder Reinigungszwecke eingesetzt. In Netzen nach den USV-Anlagen werden daher vorrangig Differenstrommessgeräte verwendet.

Wie bereits zuvor erwähnt, produziert jede Anlage einen anlagenspezifischen Ableitstrom. Dieser Differenzstrom steigt und fällt proportional mit dem Anlagenstrom.

Wird dieser gemessene Differenzstrom zur Überwachung der Anlage verwendet, so werden in den Monitoringmessgeräten Alarmschwellen prozentual zum Außenleiterstrom mit der Erstprüfung eingerichtet. Verändert sich die Anlagenstruktur, z.B. durch Alterung der Leitungen, UV-Einflüsse oder durch mechanische Beschädigung, steigt dieser Differenzstrom an und löst einen Alarm aus.

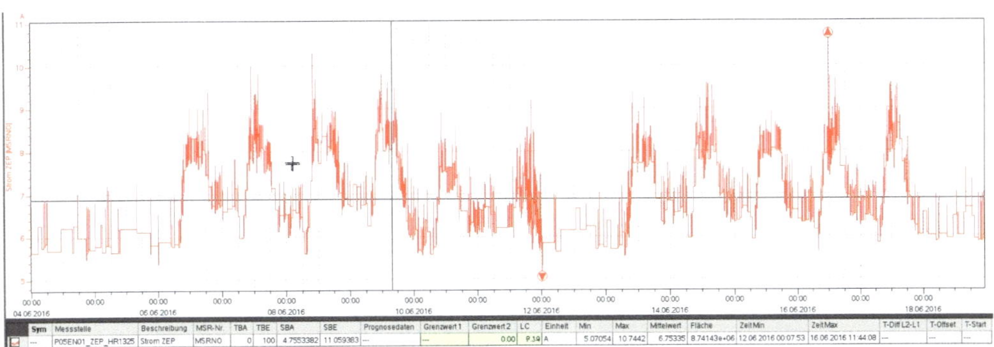

Bild 5.42: ZEP-Lastgang an der Universität Konstanz über zwei Wochen in einer NSHV, graphisch dargestellt über das Gebäudeleitsystem der Leicom AG
Quelle: Werner Henke

Differenzströme von 0,2 bis maximal 0,5 Prozent des Nennstroms der Anlage sind dabei gerade noch in Ordnung. Bei höheren Differenzströmen können Korrosionen an Rohrleitungen, unzulässig hohe Ströme auf dem Schirm von Datenleitungen bis hin zu korrodierenden Armierungen und weitere unkontrollierbare Ströme ganze Gebäude zerstören. Im schlimmsten Fall lösen Differenzströme Brände aus.

Wichtig ist dabei immer die Unterscheidung zwischen Anlagen- und Brandschutz (max. 0,2 bis 0,5 Prozent vom Nennstrom) und dem Personenschutz (maximal 30 mA!). Während der Anlagen- und Brandschutz über Messgeräte erfasst werden kann, die proportional den Schwellenwert zum Nennstrom erhöhen, müssen zum Personenschutz Messgeräte eingesetzt werden, an denen der absolute Differenzstrom eingestellt werden kann. Dazu mehr im nächsten Kapitel.

5.1.7 Differenzstrommessung und Prüfung von elektrischen Anlagen

Die DIN VDE 0100, Teil 410 schreibt für den Personenschutz Fehlerstrom-Schutzschalter vor für „Steckdosen mit einem Bemessungsstrom nicht größer 20A, die für die Benutzung durch Laien und zur allgemeinen Verwendung bestimmt sind".

Ausnahmen sind nur für Steckdosen zulässig, die durch Elektrofachkräfte oder elektrotechnisch unterwiesene Personen überwacht werden oder Steckdosen, die jeweils für den Anschluss nur eines bestimmten Betriebsmittels errichtet werden. In Fällen, bei denen ausschließliche Verwendung der Steckdose für bestimmte Betriebsmittel in Zweifel gezogen wird, wird empfohlen, entweder auf die Ausnahme zu verzichten oder das bestimmte Betriebsmittel fest anzuschließen."

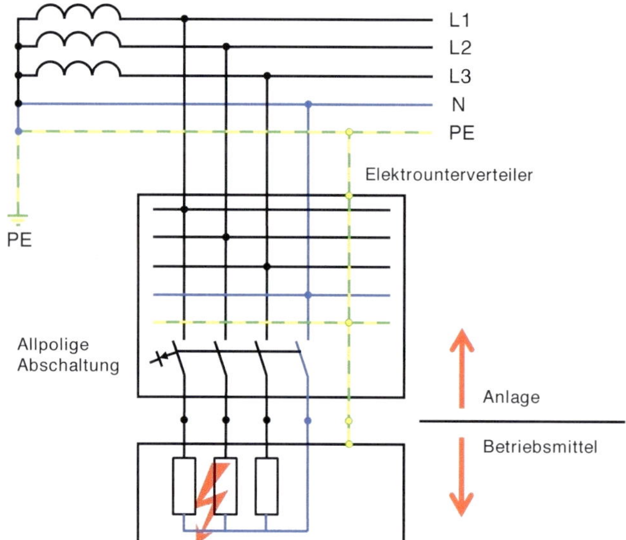

Bild 5.43: Abschaltung durch Fehlerstromschutzschalter im Fehlerfall

Soviel zur Norm. Damit müsste streng genommen die PDU (Power Distribution Unit – oder auch Steckdosenleiste) im Datenschrank über einen Fehlerstromschutzschalter abgesichert sein, da die Absicherung in der Regel ein- oder dreiphasig 16 A beträgt. Doch wie sieht es mit den speziellen C13 oder C19-Steckverbindungen in den heutigen PDU's aus? Sind sie nicht für den „Anschluss nur eines bestimmten Betriebsmittels errichtet", also für IT-Hardware etc.? Die Betriebsmittel, also die IT-Hardware, werden häufig erneuert und verändert. Bestehen somit Zweifel? In diesem Fall müsste wiederum auf die Ausnahme verzichtet oder das Betriebsmittel fest angeschlossen werden. Dass dies gerade im Rechenzentrum nicht möglich ist, liegt auf der Hand.

Diese Zwänge kennen wir noch aus einem anderen Bereich, nämlich der Medizin. Es wäre geradezu fahrlässig, lebenserhaltende Betriebsmittel, wie z.B. eine Herz-Lungen-Maschine bei der kleinsten Störung abzuschalten. Die Maxime heißt also: Meldung vor Abschaltung. In medizinisch genutzten Räumen der Anwendungsgruppe 2 (OP-Räume etc.) werden Isolationsüberwachungen installiert, die normativ zugelassen sind. Bei einem Fehler wird gemeldet, aber nicht abgeschaltet. In den Endstromkreisen werden oft weiter Differenzstromüberwachungen eingebaut, um den Fehler schnell eingrenzen zu können. Durch das permanente Messen erkennen sie frühzeitig Störungen und eine meist schleichende Erhöhung von Differenzströmen. Der Vergleich hinkt zwar ein bisschen, da in medizinisch genutzten Räumen eine andere Netzform vorgeschrieben ist, die Ausgangssituation und die stromseitigen Auswirkungen sind aber dieselben.

Diese Art der Überwachung kann also auch in Rechenzentren angestrebt werden. Der unbewussten Abschaltung durch Fehlerstrom-Schutzschalter kann man so gezielt entgegenwirken, Differenzstromüberwachungen installieren und deren Werte an ein Monitoringsystem weiterleiten und aufzeichnen.

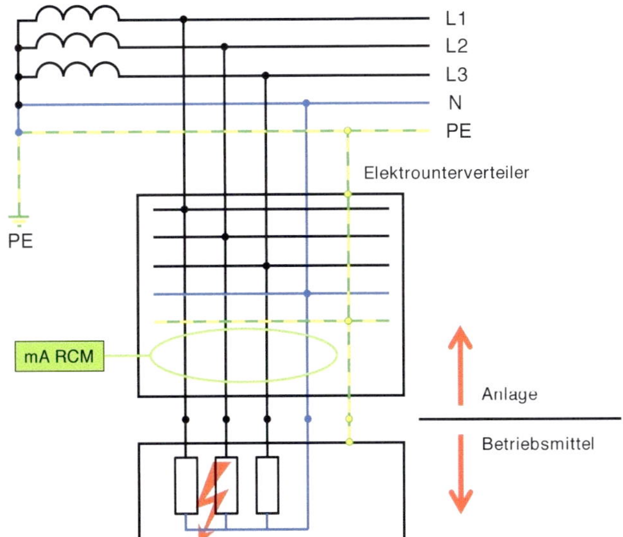

Bild 5.44: Differenzstromüberwachung ohne Abschaltung

Eine weitere Vorschrift zwingt uns zur bewussten Abschaltung – die DGUV Vorschrift 3. Bei der DGUV Vorschrift 3 handelt es sich um eine Unfallverhütungsvorschrift der Berufsgenossenschaften, die Gesetzescharakter hat. Nach § 5 hat der Unternehmer dafür zu sorgen, dass die elektrischen Anlagen und Betriebsmittel vor der ersten Inbetriebnahme auf ihren ordnungsgemäßen Zustand geprüft werden und nach einer Änderung oder Instandsetzung vor der Wiederinbetriebnahme. Zu diesem Zeitpunkt der Prüfung ist die elektrische Anlage noch gar nicht in Betrieb. Somit ist diese Prüfung auch unter Verfügbarkeitsgesichtspunkten in Rechenzentren unkritisch.

Was Rechenzentren jedoch zu schaffen macht, ist die geforderte Überprüfung der elektrischen Anlagen und Betriebsmittel in bestimmten Zeitabständen, wie es in § 5, Punkt 2, gefordert wird. Bei Betriebsmitteln wird zwischen ortsfesten und ortsveränderlichen Betriebsmitteln unterschieden. Ortsfeste Betriebsmittel sind dadurch charakterisiert, dass sie fest angebracht sind oder keine Tragevorrichtung haben und deren Masse (Gewicht) so groß ist, dass sie nicht leicht bewegt werden könnten. IT-Hardware wird in der Regel schneller getauscht und erneuert, als dass es einer Wiederholungsprüfung unterzogen werden muss. Somit ist die Kategorisierung in ortfestes oder ortsveränderliches Betriebsmittel gar nicht so ausschlaggebend. Trotzdem sind die Zeitabstände der Wiederholungsprüfung zu beachten.

Diese bestimmten Zeitabstände oder auch Wiederholungsprüfungen sind für elektrische Anlagen und ortsfeste Betriebsmittel alle vier Jahre, bei ortsveränderlichen Betriebsmitteln liegen sie zwischen sechs Monaten und zwei Jahren.

Die Prüfung umfasst dabei folgende Arbeiten:

Elektrische Betriebsmittel:
- Sichtprüfung, um festzustellen, dass beim zu prüfenden Betriebsmittel augenscheinlich keine äußeren sicherheitsrelevanten Mängel vorliegen und das Betriebsmittel für den zu erwartenden Einsatzort geeignet ist.
- Messungen in Abhängigkeit vom jeweiligen Prüfungstyp und der Schutzklasse
  - Messung des Schutzleiterwiderstandes
  - Messung des Isolationswiderstandes
  - Messung des Ersatzableitstromes
  - Messung des Berührungsstromes
  - Messung des Differenzstromes
- Funktionsprüfung auf einwandfreie Funktion

Elektrische Anlagen
- Sichtprüfung mit den Schwerpunkten:
  - Schutz gegen direktes Berühren aktiver Teile vorhanden?
  - Entsprechen die Maßnahmen zum Schutz vor indirektem Berühren den Normen?
  - Sind die Überspannungs- und Überstrom-Schutzeinrichtungen vorhanden, richtig eingestellt oder bestückt?
  - Sind die Überstrom-Schutzeinrichtungen dem Leiterquerschnitt entsprechend bemessen und zutreffend?

  - Sind Schaltpläne, Beschriftungen der Stromkreise, Betriebsanleitungen etc. vorhanden und zutreffend?
  - Sind Einrichtungen zur Unfallverhütung und Brandbekämpfung vorhanden?
  - Ist der Zustand der Erdungsanlage nach VDE gegeben?
- Messungen:
  - Nennwerte (Spannung und Strom)
  - Schleifenimpedanz und Abschaltstrom
  - Erdungswiderstand
  - RCD-Prüfung
  - Isolationswiderstand
  - Durchgängigkeit und Widerstand des Schutz- und Potentialausgleichsleiters
  - Drehfeld
- Funktionsprüfung
  - Isolationsüberwachungsgeräte, RCD- und sonstige Schutzschalter
  - Wirksamkeit von Schutzeinrichtungen
  - Funktionsfähigkeit von erforderlichen Melde- und Anzeigeeinrichtungen
- Sonstiges
  - Überprüfung der Klemm- und Schraubverbindungen auf festen Sitz (kann beim Einsatz von Federklemmverbindungen entfallen)

Aus der Fülle von durchzuführenden Arbeiten kristallisieren sich drei Tätigkeiten heraus, bei denen die Spannung abgeschaltet werden muss. Für das Rechenzentrum bedeutet dies eine teilweise oder komplette Abschaltung einzelner Versorgungszweige. Das ist bei einer durchgängigen A/B-Versorgung auch kein Problem… oder vielleicht doch?

Machen wir uns nichts vor: Dieses Szenario ist heutzutage undenkbar und utopisch. Daher müssen Wege beschritten und mit den Berufsgenossenschaften vereinbart werden, damit diese Prüfungen mit neuen Verfahren geregelt werden bzw. den aktuellen Prüfungen gleichzusetzen sind.

Die Tätigkeiten, die eine Abschaltung notwendig machen, sind:

- Messung des Isolationswiderstandes bei elektrischen Betriebsmitteln und elektrischen Anlagen
- Funktionsprüfung von Schutzeinrichtungen in elektrischen Anlagen / Funktionsfähigkeit des Schutzleiters
- Überprüfung der Klemm- und Schraubverbindungen auf festen Sitz in elektrischen Schaltanlagen

5.1.7.1 Messung des Isolationswiderstandes / Differenzstrommessung

Der Isolationswiderstand ist zwischen jedem aktiven Leiter und dem Schutzleiter oder Erde zu messen. Die Messung erfolgt in einzelnen Schritten der Reihenfolge Schutzleiter (PE) gegen Neutralleiter (N) und dann Schutzleiter gegen alle Außenleiter (L1, L2, L3). Gemessen wird durch die kurzzeitige Einspeisung einer hohen Messspannung bei geringer Kapazität der Stromquelle, was mit speziellen Messgeräten erfolgt. Um die Messungen durchführen zu können, muss die Spannung abgeschaltet werden. Spannungsempfindliche Verbraucher in der Messstrecke müssen entfernt werden, da ansonsten durch die hohe Messspannung eine Zerstörung erfolgen kann.

DGUV Vorschrift 3, § 2 beschreibt in Absatz 2, dass „eine elektrotechnische Regel als eingehalten gilt, wenn eine ebenso wirksame andere Maßnahme getroffen wird. Der Berufsgenossenschaft ist auf Verlangen nachzuweisen, dass die Maßnahme ebenso wirksam ist."

Dieser geforderten „ebenso wirksamen Maßnahme" wird durch die Verwendung von Differenzstromüberwachungen Rechnung getragen, da der Isolationswiderstand permanent gemessen wird. Was allerdings fehlt, ist die automatische Abschaltung bei der Überschreitung der zulässigen Grenzwerte. Es empfiehlt sich daher, die „Ersatzmaßnahme" mit der zu prüfenden Stelle der Berufsgenossenschaft abzustimmen und genehmigen zu lassen.

Wichtig in dem Zusammenhang ist auch, dass nicht nur permanent gemessen wird, sondern die Werte auch auf ein geeignetes Monitoringsystem aufgeschaltet werden und das Überschreiten zulässiger Werte eine sofortige Meldung absetzt.

Ein weiterer Vorteil der Differenzstromüberwachung liegt auf der Hand: Die Messung des Isolationswiderstandes ist eine Momentaufnahme zum Zeitpunkt der Messung. Isolationswiderstandsminderungen werden so überhaupt nicht, nur sehr schwer oder zu spät erkannt. Durch die permanente Differenzstromüberwachung erkennt man Isolationswiderstandsminderungen schon sehr frühzeitig und kann so einem möglichen Schaden viel früher entgegenwirken als es mit der Isolationswiderstandsmessung möglich wäre.

Vergessen darf man bei alledem nicht, dass Schutzeinrichtungen regelmäßig überprüft und beispielsweise Leistungsschalter regelmäßig gewartet werden müssen. Dabei muss allerdings nur partiell abgeschaltet werden und ein überlegter Aufbau der Elektroversorgung sorgt für den unterbrechungsfreien Weiterbetrieb des Rechenzentrums.

Zurück zur Differenzstrommessung.

Vor zehn Jahren gab es Messgeräte ausschließlich 3-kanalig zur Erfassung der drei Außenleiter.

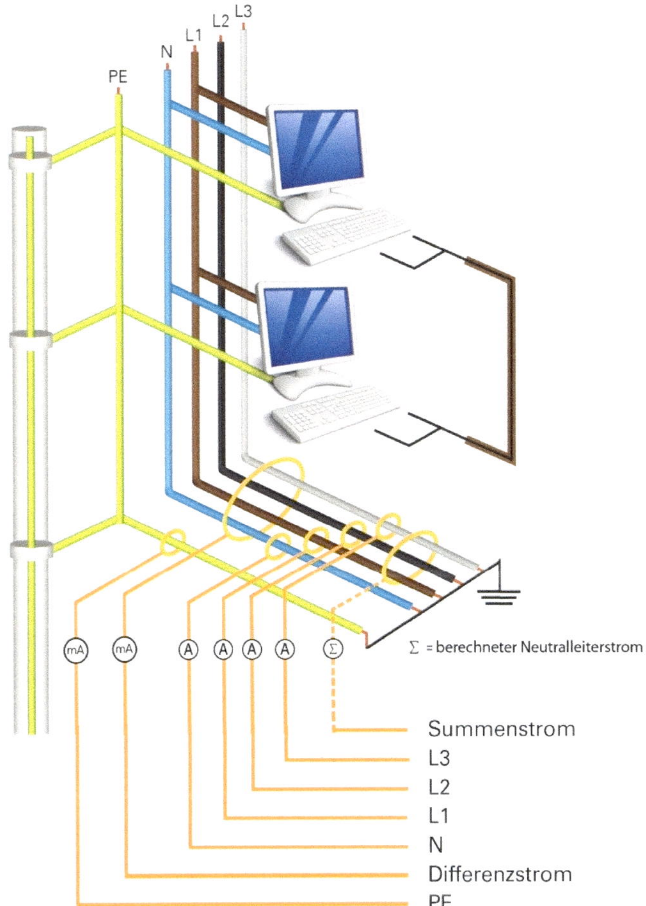

Bild 5.45: Messaufbau mit einem 6-kanaligen Messgerät
Quelle: Janitza electronics GmbH

Für die Erfassung des Neutralleiters oder gar des Differenzstromes mussten Trickschaltungen angewendet werden. Vor allem der Kreis der Sachverständigen stellte eindringlich die Forderung nach mehrkanaligen Geräten auf. Mittlerweile haben die Hersteller die Forderung umgesetzt und 4-kanalige Geräte sind heutzutage Standard. Hersteller wie z.B. die Firma Janitza bieten auch 6-kanalige Geräte an.

In dem obigen Messaufbau wird 6-kanalig gemessen. Gemessen werden die drei Aussenleiter L1, L2 und L3, der Neutralleiter N, der Schutzleiterstrom PE und der Differenzstrom als Summenmessung über die drei Außenleiter und den Neutralleiter.

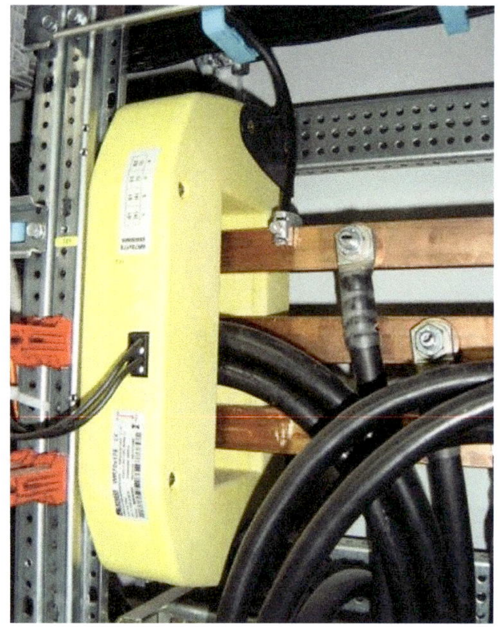
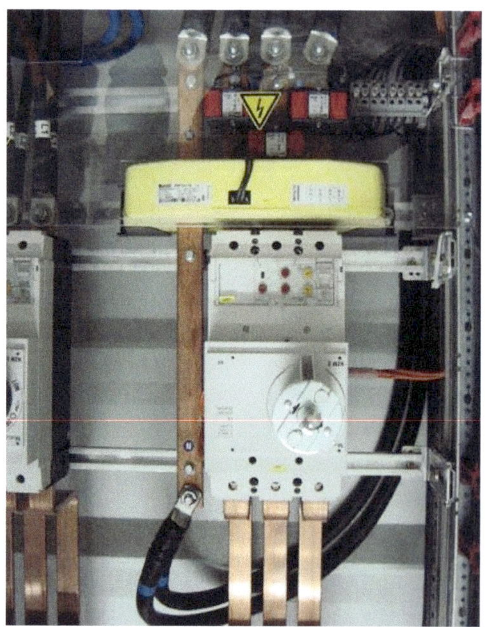

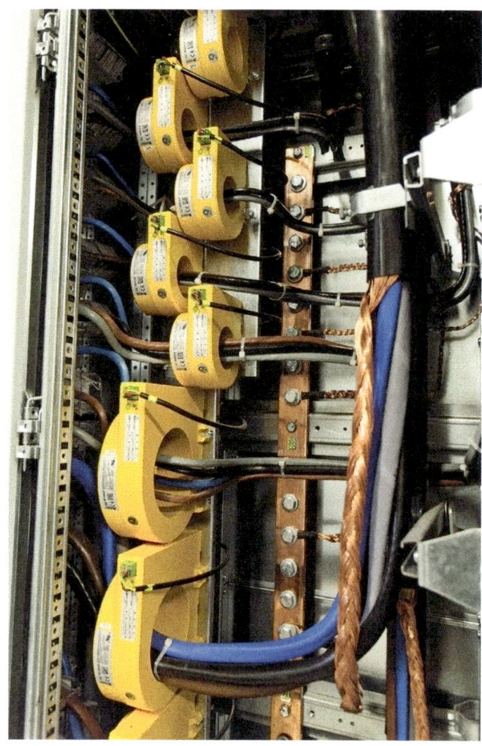

Bild 5.46: Messwandler der Differenzstrommessung an unterschiedlichen Stellen
Quelle: Bender GmbH & Co. KG

Dieses Mess- bzw. Überwachungsprinzip lässt sich auf die gesamte Elektroinstallation übertragen und hängt im Wesentlichen nur vom Buget und den technischen Anforderungen ab.

Eindrucksvoll dargestellt ist es an dem nachfolgenden Baum der Sicherheit:

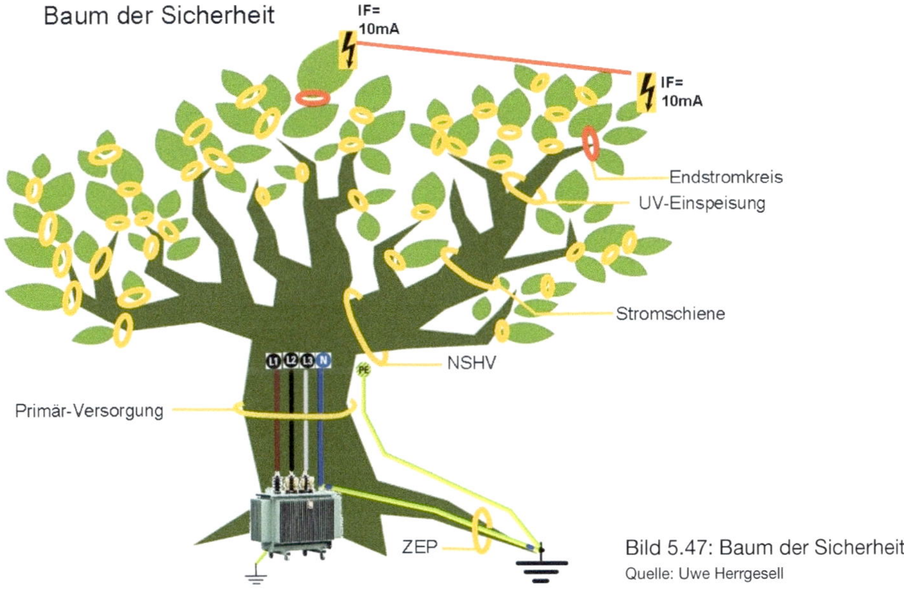

Bild 5.47: Baum der Sicherheit
Quelle: Uwe Herrgesell

Dieses dargestellte Messprinzip ist beliebig tief in einer Anlagenstruktur einsetzbar und anwendbar. Prinzipiell ist es ausreichend, die Messung nur am Stamm anzuwenden.

Bei einer Messung nur am Stamm deckt man zum einen mit dem an den Messgeräten eingestellten prozentualen Differenzstrom nur den Anlagen- und Brandschutz und bedingt den Personenschutz ab, zum anderen wird es bei einem Fehler schwierig, diesen schnell lokalisieren zu können.

Werden die Verteilungen dagegen übersichtlich und messbar aufgebaut, so lassen sich die Fehler auch nur bei einer Stammmessung mit mobilen Stromzangen schnell lokalisieren (das wird in einem späteren Kapitel noch näher beschrieben).

Oder es schaffen hier weitere Messgeräte Abhilfe, die z.B. eine Messung an der jeweiligen Vorsicherung zur untersten Ebene vor den Schutzeinrichtungen der Endstromkreise messen und das Überschreiten eines fest eingestellten Differenzstromes melden. Mit dieser Art der Messung deckt man dann den Personenschutz auf jeden Fall ab und kann auch im Fehlerfall sehr schnell den entsprechenden Zweig lokalisieren.

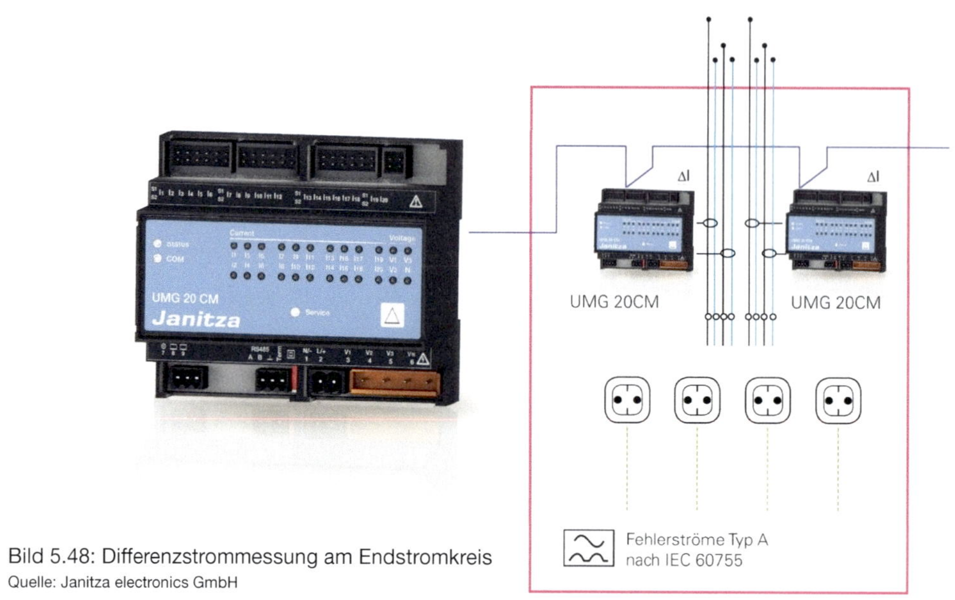

Bild 5.48: Differenzstrommessung am Endstromkreis
Quelle: Janitza electronics GmbH

Bild 5.49: Hutschienen-Stromwandler für den übersichtlichen Abgriff der Messung der Endstromkreise und Klappwandler für die Nachrüstung der Messungen in Bestandsanlagen
Quelle: Janitza electronics GmbH

Diverse Hersteller bieten Differenzstrom-Überwachungsgeräte, mit denen eine Vorwarnstufe (z.B. zwischen 50 und 100 Prozent) festgelegt werden kann. Die Ansprechwerte können relativ einfach individuell am Geräte eingestellt werden. Der aktuelle Differenzstrom wird auf einem Display angezeigt. Über integrierte Wechslerkontakte können potentialfreie Kontakte für Vorwarnung und Alarm direkt abgegriffen werden und so z.B. eine örtliche Anzeige realisiert werden.

Die Überwachungsgeräte gibt es auch für allstromsensitiven Differenzstrom also auch einen Differenzstrom mit Gleichstromanteil.

Bilder 5.50: Differenzstrom-Überwachungsgeräte mit örtlicher Anzeige
Quelle: Bender GmbH & Co. KG

5.1.7.2 Funktionsfähigkeit des Schutzleiters

Offen bleibt noch der Nachweis über die Funktionsfähigkeit des Schutzleiters. Mit Hilfe eines Prüftrafos ist dieser Nachweis im laufenden Betrieb unter Spannung durchführbar.

Dabei wird ein 12-V-Prüfstrom mit einer Stromstärke von 5 bis 8 A zwischen N-Leiter und PE-Leiter angelegt und Strom sowie Spannung gemessen. Der Leitungswiderstand Z kann dann ermittelt werden. Bereits mit Aufleuchten der Prüflampe am Prüftrafo ist die Durchgängigkeit des Schutzleiters nachgewiesen.

Selbstverständlich werden vor der Inbetriebnahme des Rechenzentrums die Regelprüfungen gemäß VDE 0100 im spannungsfreien Zustand durchgeführt und dokumentiert.

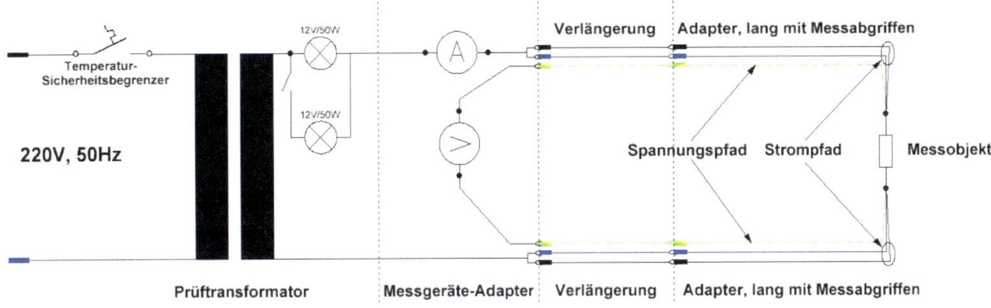

Bild 5.51: Messaufbau für die Prüfung des Schutzleiters
Quelle: Werner Henke

5.1.7.3 Überprüfen von Klemm- und Schraubverbindungen

Das Überprüfen von kleinen Klemm- und Schraubverbindungen mit geringen Strömen kann ggfs. mit isoliertem Werkzeug unter Spannung erfolgen. Bei großen Schraubverbindungen wie sie beispielsweise an den Kupferschienen in den Elektroverteilern vorkommen, kann mit Hilfe von angebrachtem Sicherungslack durch die Sichtprüfung alleine schon eine Veränderung erkannt werden. Regelmäßige Aufnahmen mit der Wärmebildkamera sind als ergänzende Maßnahme zu sehen, um sich lockernde Verbindungen frühzeitig zu detektieren.

Oben detailliert beschriebene (Ersatz)Maßnahmen (Mess- und Prüfverfahren) zeigen, dass auf Abschaltung gänzlich verzichtet werden kann.

Nochmals zusammengefasst die Tätigkeiten, die normalerweise eine Abschaltung notwendig machen, sind:

- Messung des Isolationswiderstandes bei elektrischen Betriebsmitteln und elektrischen Anlagen:
  - Für die aktiven Leiter wird das mit der Differenzstrommessung permanent erfüllt!
  - Bleibt nur noch die Prüfung des Schutzleiters.

- Funktionsprüfung von Schutzeinrichtungen in elektrischen Anlagen / Funktionsfähigkeit des Schutzleiters:
  - Mit der Verwendung von redundanten Netzteilen und redundanter Versorgung ist die Funktionsprüfung immer möglich
  - Die Funktionsfähigkeit des Schutzleiters lässt sich im laufenden Betrieb mit dem Prüftrafo nachweisen.

- Überprüfung der Klemm- und Schraubverbindungen auf festen Sitz in elektrischen Schaltanlagen
  - Wird statt des Sicherungslacks Termolack verwendet und werden die Anlagen regelmäßig mit der Wärmebildkamera auf Hotspots geprüft, so ist auch dieser Punkt ausreichend erfüllt.

5.1.8 Der zentrale Erdungspunkt (ZEP)

In den vorigen Kapiteln wurde der zentrale Erdungspunkt (ZEP) immer wieder kurz erwähnt. Aufgrund seiner elementaren und immer wichtiger werdenden Bedeutung für die Elektrotechnik, wird er in diesem Kapitel näher erläutert. Dieses Kapitel soll die Frage beantworten, warum er im Laufe der Zeit immer wichtiger geworden ist und was die Folgen sein können, wenn er nicht an der richtigen Stelle oder in einem galvanisch getrennten System mehrmals ausgebildet wird.

Den im vorigen Kapitel erwähnten Differenzstrom kann man nur im Griff haben, wenn der Zentrale Erdungspunkt richtig ausgebildet wurde. Ein falsch oder an der falschen

Stelle ausgebildeter ZEP kann die ganze Elektrotechnik unbeherrschbar werden lassen und verheerende Folgen für Anlagen sowie Leib und Leben haben.

Brücken bestimmen schon immer das Leben der Menschheit. Wir nutzen diese Brücken täglich und nehmen sie als solche nicht mehr bewusst war. Mächtige Bauwerke sind so im Laufe der Zeit entstanden und einige davon sind weltberühmt, wie z.B. die Tower Bridge in London, die Golden Gate Bridge in San Francisco oder die Rialto Brücke in Venedig.

In der Elektrotechnik gibt es auch Brücken aber nur eine dieser Brücke kann den zuvor genannten monumentalen Bauwerken der Menschheit das Wasser reichen: nämlich der Zentrale Erdungspunkt, die Brücke zwischen dem Erdungssystem und den aktiven Leitern. Im Gegensatz zu den vielen Brücken der Menschheit, muss diese Brücke in der Elektrotechnik jedoch in jedem galvanisch getrennten System einzigartig bleiben.

Bleibt diese Brücke in der Elektrotechnik in einem galvanisch getrennten System nicht einzigartig, so entsteht mit jeder weiteren Brücke ein neues kleines oder großes Problem im Gesamtsystem. Mindestens 90 Prozent aller Probleme der Elektrotechnik, die wir kennen, dulden oder erst kennenlernen, lassen sich durch den Strom über den ZEP erklären und in der Folge auch lösen. Das erklärt dann auch, warum es so wichtig ist, dass man den Strom über den zentralen Erdungspunkt messen und auf ein Monitoringsystem mit Aufzeichnung der Messwerte aufschalten sollte.

Für die nachfolgenden Betrachtungen ist es notwendig, dass für die Funktion des ZEP´s die Betriebsmittel immer im 3-Phasen-Wechelstromnetz betrieben und dabei nur das geschlossene System im Blick behalten wird. Zudem gelten die Grundsätze, dass es sich um einen geschlossenen Stromkreis handelt und sich die Summe aller Ströme über die stromführenden Leiter (L1, L2, L3 und N) zu null addieren.

Das 3-Phasen-Wechelstromnetz besteht aus den drei Aussenleitern L1, L2 und L3 sowie dem Rückleiter bzw. dem Neutralleiter. Die drei Aussenleiter sind um 120 Grad im Winkel verschoben und der Rückleiter entspringt aus dem Sternpunkt.

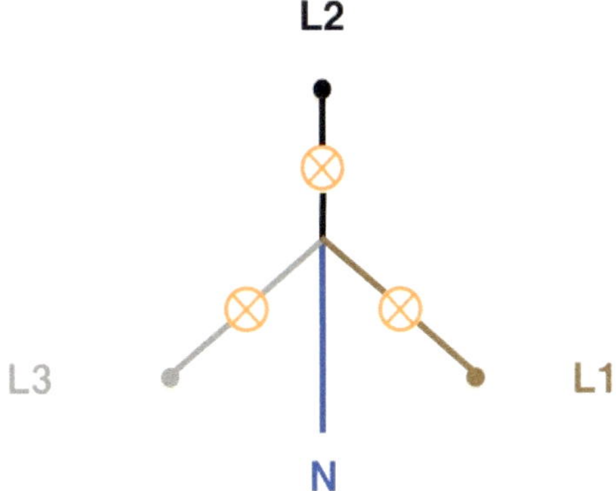

Bild 5.52: 3-Phasen-Wechselstromnetz
Quelle: Werner Henke

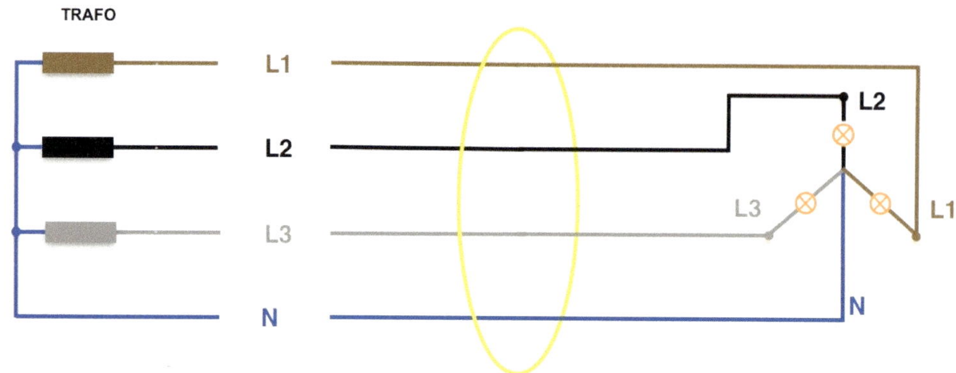

Bild 5.53: Einfaches elektrotechnisches System mit einem Summenstrom von null
Quelle: Werner Henke

Das einfachste System besteht aus einem Trafo mit drei Wicklungen und drei auf die einzelnen Phasen aufgeteilten Verbrauchern.

Im Fehlerfall müssen elektrotechnische Anlagen zum Schutz von Leib und Leben und zum Schutz der Anlagen selbst abgeschaltet werden. Diesen Schutz übernehmen Schutzgeräte wie z.B. Leistungsschalter, Sicherungen und Fehlerstromschutzschalter, wie sie zuvor beschrieben wurden. Die Wirkungsweise ist dabei relativ simpel: Übersteigt die Stromstärke innerhalb einer bestimmten Zeit einen bestimmten Schwellenwert, dann wird der Stromkreis durch das Schutzgerät unterbrochen.

Um diese Schutzfunktion zu gewährleisten, benötigt unser System einen weiteren Leiter, den Schutzleiter, abgekürzt PE. Aufgabe dieses Schutzleiters ist es, den Fehlerstrom im Fehlerfall an die speisende Quelle (z.B. den Trafo) zurückzuführen. Nur dadurch erkennt das Schutzelement diesen Fehlerstrom und unterbricht sicher den

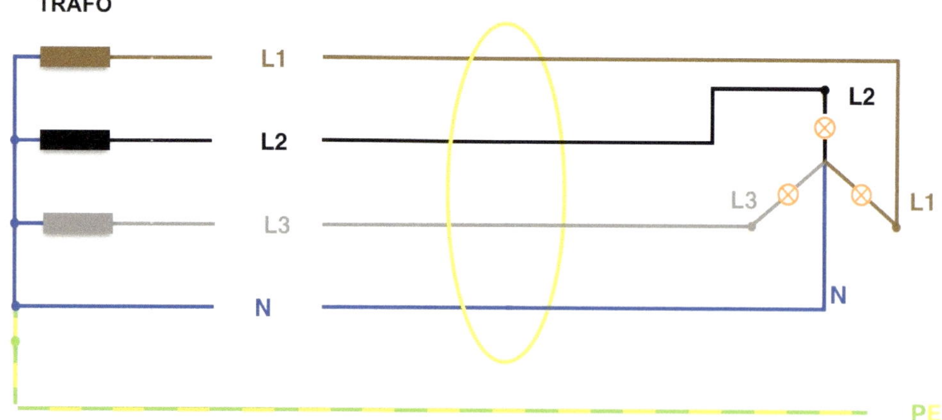

Bild 5.54: Erweiterung des elektrotechnischen Systems um den Schutzleiter
Quelle: Werner Henke

Stromkreis. Dafür benötigt der Schutzleiter eine Verbindung mit dem Sternpunkt des Trafos. Im TN-S-Netz beziehen wir in dieses Schutzkonzept alle leitenden Teile, inklusive der Erde, mit ein, man spricht vom vermaschten Erdungssystem.

Der zentrale Erdungspunkt ist nun die Brücke zwischen dem Schutzleiter und den aktiven Leitern. Er wird zwischen Schutzleiter und Neutralleiter genau einmal in einem galvanisch getrennten System gebildet. Üblicherweise bildet man ihn in der Niederspannungshauptverteilung (NSHV) aus. Wird ein A-/B-System aus zwei Niederspannungshauptverteilungen aufgebaut, so wird er trotzdem nur in einer NSHV ausgebildet. In der zweiten NSHV kann man den sogenannten Not-ZEP vorsehen. Die Brücke in der zweiten NSHV wird nur dann geschlossen, wenn in der ersten NSHV Arbeiten durchgeführt werden, die ein Öffnen der ZEP-Brücke notwendig machen.

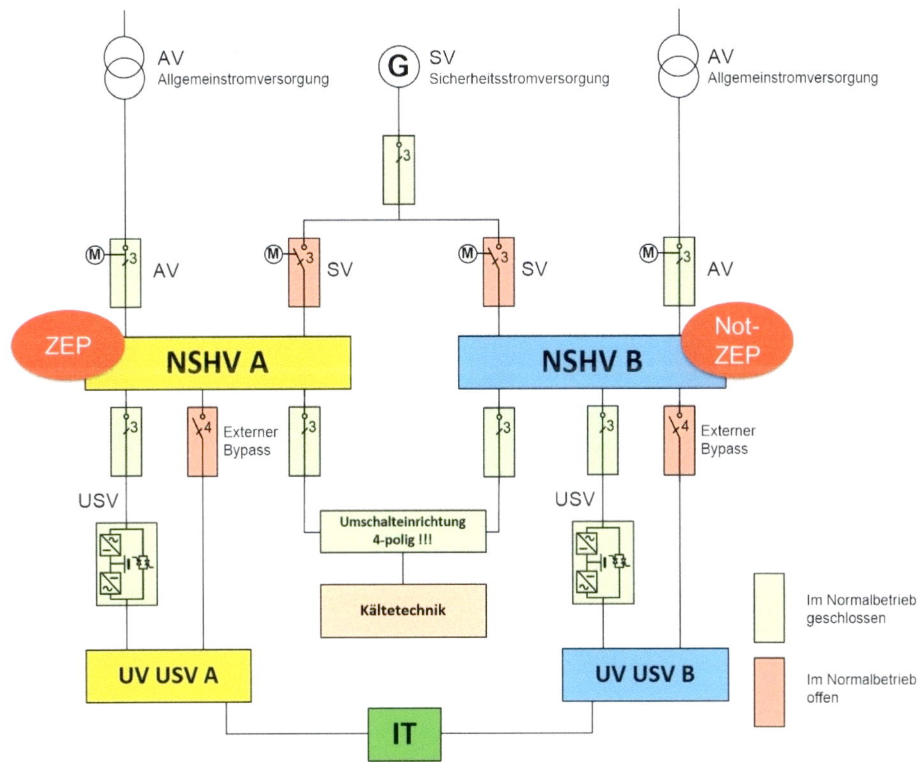

Bild 5.55: Zweizügige Versorgung mit ZEP und Not-ZEP-Ausbildung

Zum besseren Verständnis wird im nachfolgendem Bild der ZEP in der Mitte des Bilds eingefügt und der Schutzleiteranschluss des Trafogehäuses axial von dem Sternpunkt weggeschoben. Zudem werden Ströme dargestellt, die typisch für ein in sich ausgeglichenes System stehen.

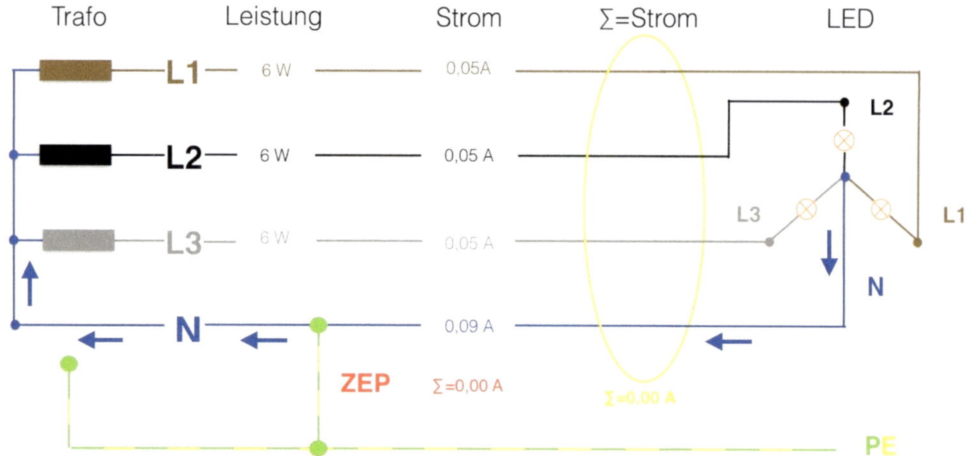

Bild 5.56: Ausgeglichenes elektrotechnisches System mit einer PEN-Brücke
Quelle: Werner Henke

Im Idealfall fließt über den Zentralen Erdungspunkt kein Strom. Wie im Bild dargestellt, kann über den ZEP kein geschlossener Stromkreis gebildet werden. Resultierend daraus ist der Stromfluss am ZEP gleich null.

Eine weitere Brücke bringt nun das System in Unordnung. Durch die zweite Brücke entsteht ein geschlossener Stromkreis, der sofort einen Teilstrom übernimmt. Das Fatale daran ist, dass es sich um Betriebsstrom handelt, der auf das Erdungssystem gelangt und dort ungeahnte Folgen haben kann.

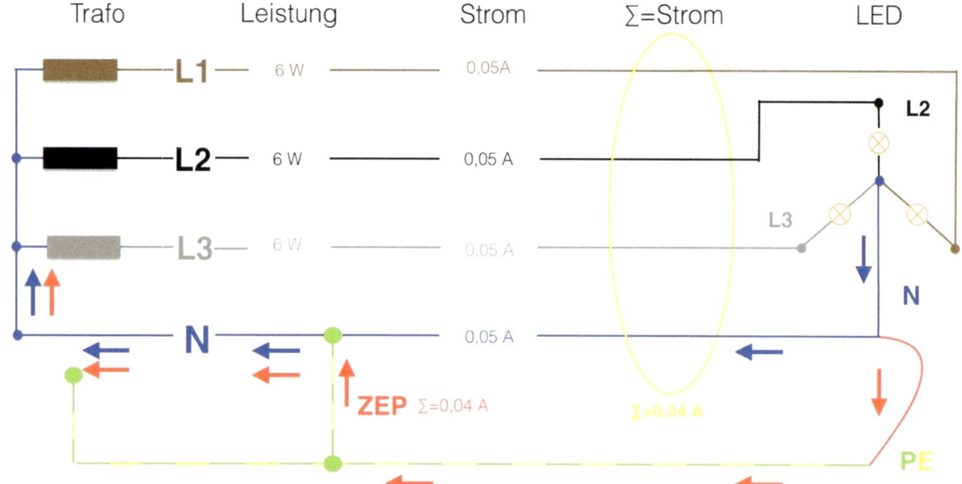

Bild 5.57: Unausgeglichenes elektrotechnisches System mit mehr als einer PEN-Brücke
Quelle: Werner Henke

Nun ist aber die Frage immer noch nicht geklärt, warum der zentrale Erdungspunkt aus der Vergangenheit heraus eine zunehmend wichtigere Rolle einnimmt. Um das zu verstehen, vergleichen wir im Folgenden exemplarisch zwei unterschiedliche Betriebsmittel: Zum einen die alte, durch die europäische Gesetzgebung ausrangierte Glühlampe, zum anderen die LED-Lampe, die für die moderne elektrotechnische Welt steht. Netzteile der IT-Hardware oder Frequenzumrichter, wie sie in Rechenzentren zuhauf vorkommen, haben durch die elektronischen Bauteile ähnliche Auswirkungen wie LED-Lampen. Sie verstehen also, wohin die Reise geht und der Bezug zur Praxis ist durchaus realistisch.

Mit diesem zuvor erklärten Grundverständnis können wir nun einen Zeitsprung zum Ende der 1960er Jahre machen. Damals gab es fast ausnahmslos ohmsche Lasten, wie sie die Glühlampe verkörpert. Die Glühlampe steht für die Harmonie, die über sehr viele Jahre der Menschheit treue Dienste geleistet hat. Sie durfte sehr lange angeneh-

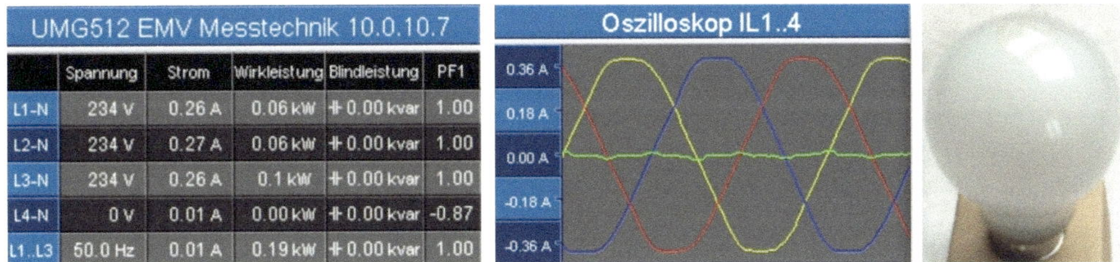

UMG512 EMV Messtechnik 10.0.10.7

	Spannung	Strom	Wirkleistung	Blindleistung	PF1
L1-N	234 V	0.26 A	0.06 kW	+ 0.00 kvar	1.00
L2-N	234 V	0.27 A	0.06 kW	+ 0.00 kvar	1.00
L3-N	234 V	0.26 A	0.1 kW	+ 0.00 kvar	1.00
L4-N	0 V	0.01 A	0.00 kW	+ 0.00 kvar	-0.87
L1..L3	50.0 Hz	0.01 A	0.19 kW	+ 0.00 kvar	1.00

Bild 5.58: Oszilloskopdarstellung bei symmetrischen ohmschen Lasten
Quelle: Werner Henke

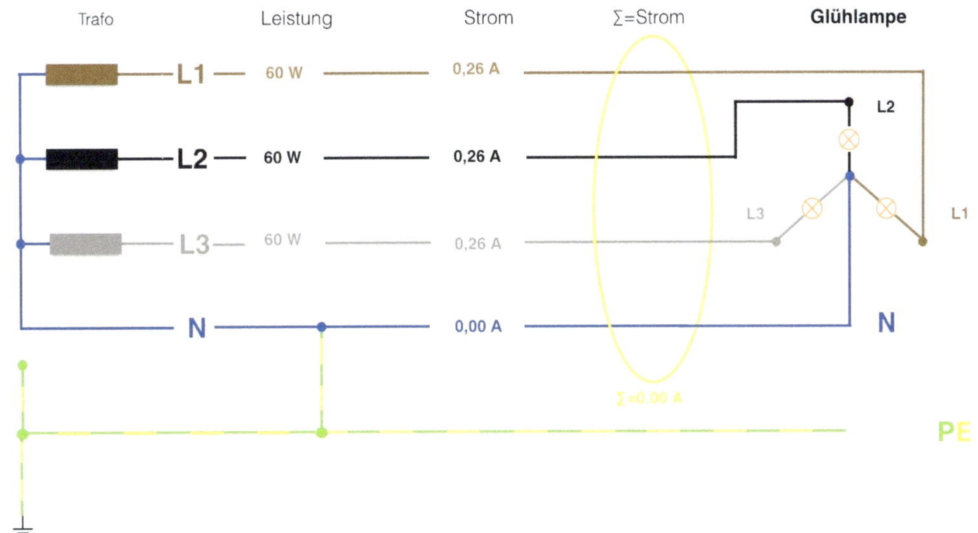

Bild 5.59: Stromfluss über den N-Leiter bei symmetrischen ohmschen Lasten
Quelle: Werner Henke

mes Licht und Wärme spenden. Per Gesetz ist sie ins Museum abgeschoben worden und soll der Vergangenheit angehören. Betrachtet wurde dabei lediglich der Energieverbrauch, die großen Auswirkungen auf das Gesamtsystem blieben dabei völlig unberücksichtigt.

Die Glühlampe steht als typischer Vertreter der ohmschen Verbraucher, wie es sie bis in die 1970er Jahre fast ausnahmslos gab. Charakteristisch für die Glühlampe ist der klare Sinusverlauf in den Stromkurven, was auf dem Oszilloskop sehr schön zu sehen ist. Der Strom im N-Leiter (grüne Kurve) ist gleich null. Als Ohmscher Verbraucher ist der cos phi gleich 1.

Sind ausschließlich symmetrische ohmsche Verbraucher, wie die Glühlampe, angeschlossen, entsteht im Sternpunkt kein Strom und über den ZEP fließt ebenfalls kein Strom. Jahrelang war dies das Rezept der 4-adrigen Installation. Es wurde auf einen Leiter verzichtet und der Neutralleiter und der Schutzleiter zu einem Leiter dem PEN zusammengefasst. Die Installation nennt man auch die klassische Nullung.

Fazit: Sind nur ohmsche Verbraucher angeschlossen und die einzelnen Phasen symmetrisch verteilt, haben viele PEN-Brücken in einer Installation keine Auswirkungen. Dieser Idealfall gehört jedoch schon lange der Vergangenheit an.

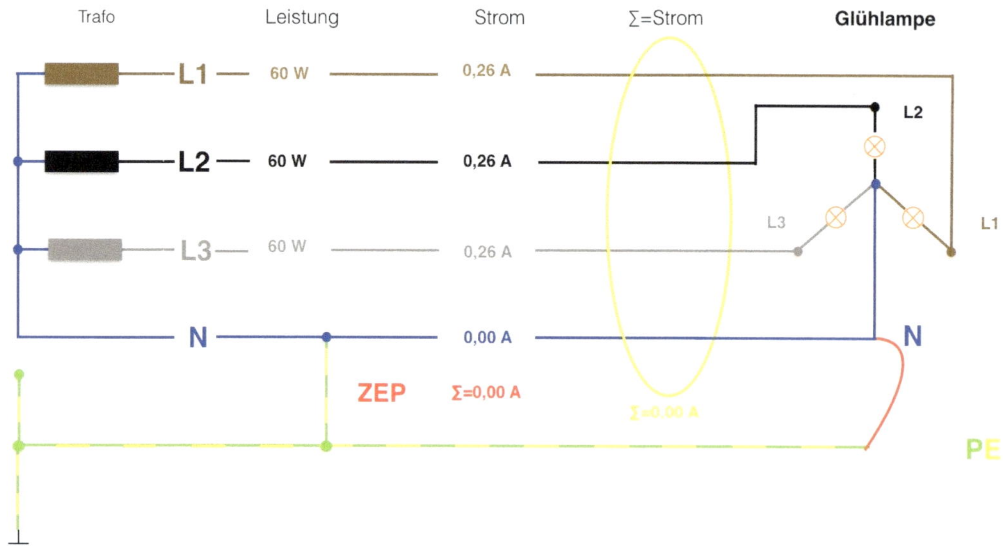

Bild 5.60: Stromfluss über den ZEP bei symmetrischen ohmschen Lasten
Quelle: Werner Henke

Die heutigen Stromnetze sind geprägt durch nichtlineare Betriebsmittel, wie die Elektronik, Frequenzumrichter oder Schaltnetzteile. Stellvertretend dafür steht die LED. Betrachtet man die LED ebenfalls auf dem Oszilloskop, so ist hier kein Sinus mehr zu erkennen.

Deutlich wird das an der Kurvenform des N-Leiters (grüne Kurve). Der N-Leiter bildet hier zu jedem Phasenstrom den Rückleiter, was auf dem Oszilloskop als Spiegelkurve zur Nulllinie zu sehen ist. Die logische Folge ergibt sich aus den tatsächlichen Werten. Die Stromstärke im Neutralleiter ist fast doppelt so hoch wie in den Außenleitern!

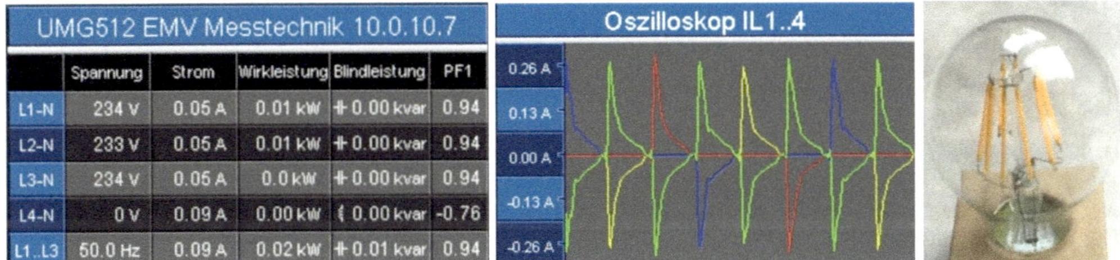

UMG512 EMV Messtechnik 10.0.10.7

	Spannung	Strom	Wirkleistung	Blindleistung	PF1
L1-N	234 V	0.05 A	0.01 kW	+ 0.00 kvar	0.94
L2-N	233 V	0.05 A	0.01 kW	+ 0.00 kvar	0.94
L3-N	234 V	0.05 A	0.0 kW	+ 0.00 kvar	0.94
L4-N	0 V	0.09 A	0.00 kW	(0.00 kvar	-0.76
L1..L3	50.0 Hz	0.09 A	0.02 kW	+ 0.01 kvar	0.94

Bild 5.61: Oszilloskopdarstellung bei symmetrischen nichtlinearen Lasten
Quelle: Werner Henke

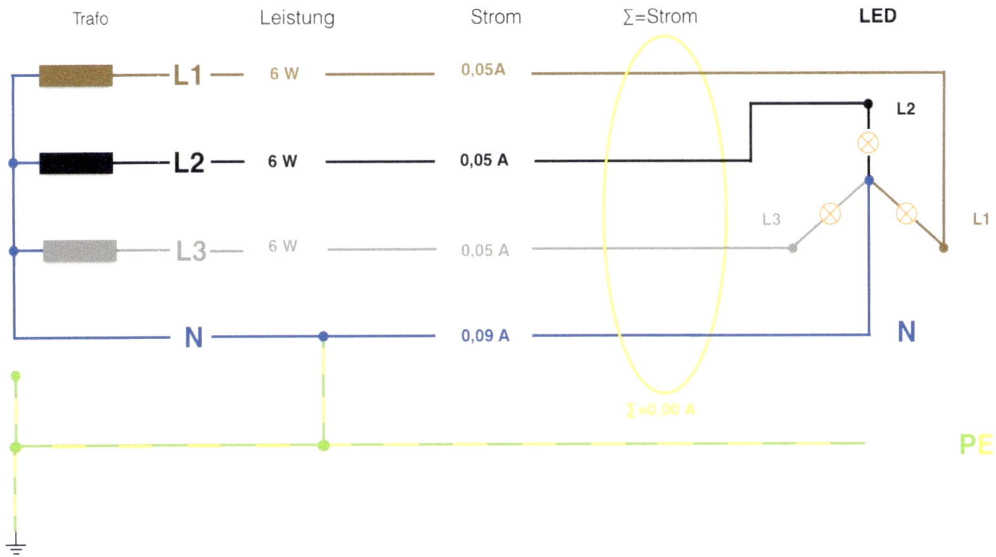

Bild 5.62: Stromfluss über den N-Leiter bei symmetrischen nichtlinearen Lasten
Quelle: Werner Henke

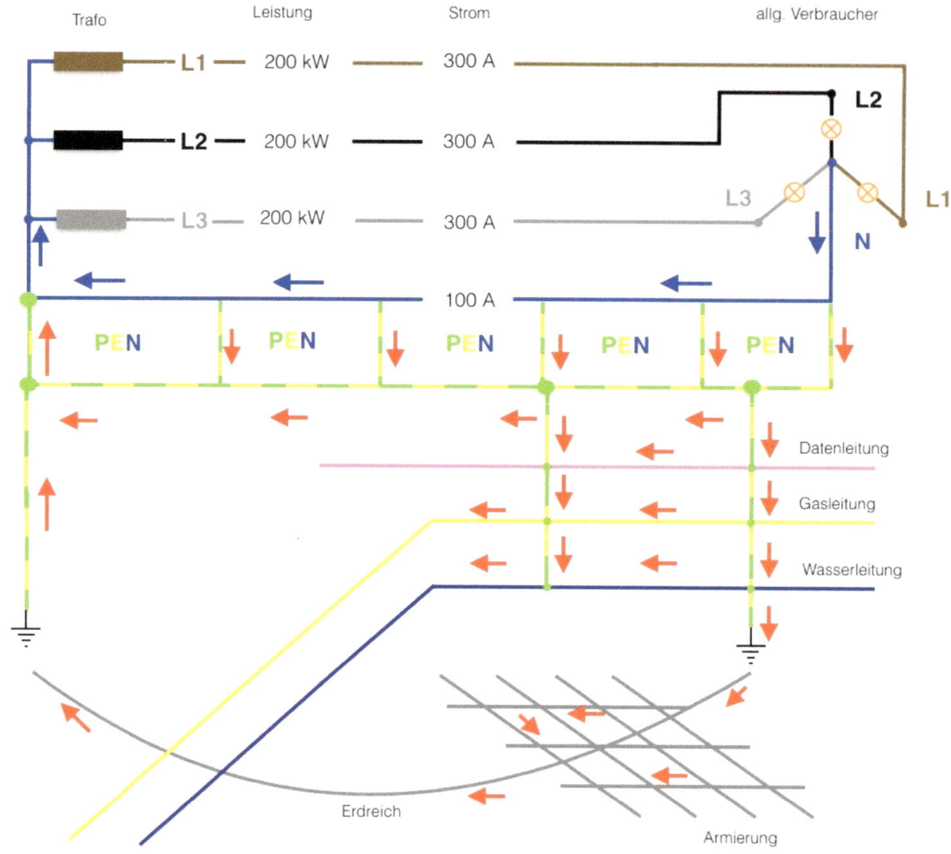

Bild 5.63: Stromfluss über die PEN-Brücken bei symmetrischen nichtlinearen Lasten
Quelle: Werner Henke

Bild 5.63 zeigt das Problem deutlich. Der Betriebsstrom verteilt sich auf das gesamte Erdungssystem. Die Folgen sind Korrosion, Störungen des Datennetzes und anderer Anlagen usw.

Die unter dem Schlagwort „verPENnt" bekannte Installation ist untersagt. Ein sauberes TN-S-Netz ist heute Pflicht und dies insbesondere im Rechenzentrum. Die Botschaft ist eindeutig! Nur ein korrekt errichtetes TN-S-Netz schützt unsere Anlagen vor unerwünschten Betriebsströmen auf dem Erdungssystem. Das Herz ist dabei der an der richtigen Stelle ausgebildete Zentrale Erdungspunkt (ZEP). Zur Sicherstellung der fehlerfreien Funktion muss dieser permanent überwacht werden.

Neben der Überwachung sind zwangsweise prozentuale Alarmschwellen zu setzen, die einen Voralarm bzw. einen Alarm bei Übersteigen der Grenzwerte auslösen. Gute Anlagen verfügen über einen Ableitstrom auf dem ZEP der kleiner als 0,5 Prozent des Außenleiterstromes ist. In sehr guten Anlagen ist dieser kleiner als 0,2 Prozent. Der Ableitstrom ist der betriebsmäßige Differenzstrom, der im vorigen Kapitel bereits ausführlich beschrieben wurde.

Im korrekt aufgebauten TN-S-Netz ist der Strom über den ZEP gleich null Ampere, genauso ist der Strom auf dem Erdungssystem und den leitenden Konstruktionsteilen auch null Ampere, wie im folgenden Bild dargestellt.

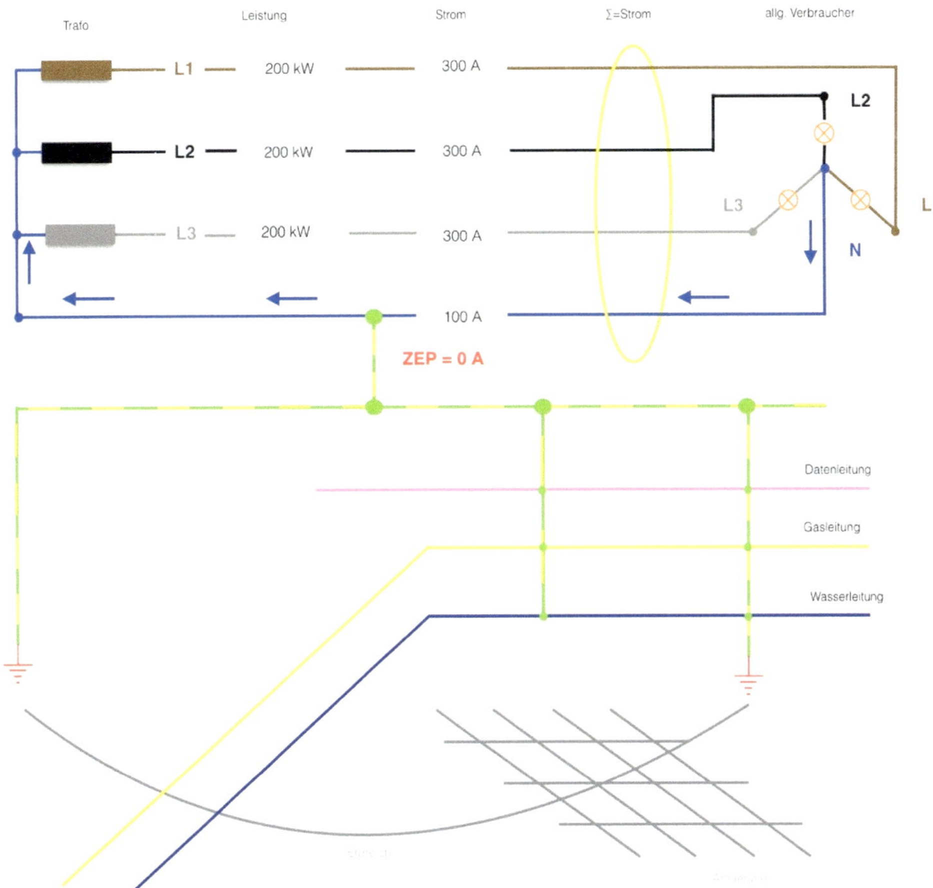

Bild 5.64: Korrekt aufgebautes TN-S-Netz mit ZEP an einer Stelle
Quelle: Werner Henke

5.1.9 Der geschaltete N-Leiter – vom Müssen und Nichtdürfen

Das Schalten des N-Leiters ist grundsätzlich immer gut, da eine allpolige Abschaltung immer besser ist, als nur die Außenleiter L1, L2 und L3 über Schalt- und Schutzeinrichtungen zu trennen.

Kritisch wird das 4-polige Schalten immer dann, wenn USV-Anlagen oder andere sogenannte Eigenversorgungsanlagen in der Stromversorgung installiert sind. Im Rechenzentrum ist das so gut wie immer der Fall. Das Schalten des N-Leiters würde dann bei der USV-Anlage ein schwebendes Netz erzeugen und im schlimmsten Fall die USV-Anlage irreparabel schädigen. Die gut gedachte hohe Verfügbarkeit in einem Rechenzentrum wäre dann auf einen Schlag wieder zunichte gemacht.

Somit kann man bei der Verwendung von USV-Anlagen folgende rote Linie ziehen, über dieser der N-Leiter nie geschaltet werden darf:

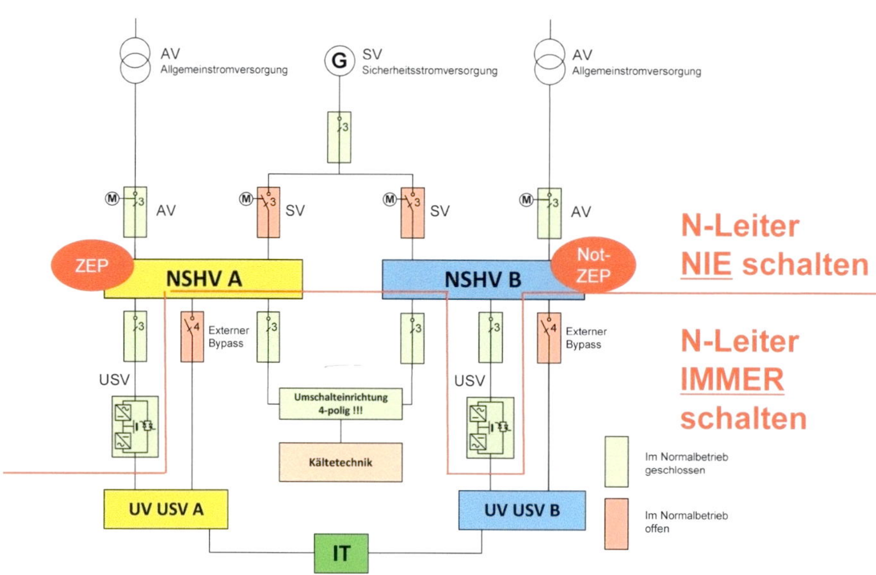

Bild 5.65: Vor USV-Anlagen nie 4-polig schalten

Ob man die Versorgung der Endverbraucher 3- oder 4-polig schaltet, ist dabei unwesentlich, wenngleich sinnvoll.

Wichtig ist jedoch das 4-polige Schalten immer dann, wenn parallele Versorgungen wie beim Externen Bypass oder Verbindungen zwischen den Versorgungssträngen A und B mit Umschalteinrichtungen verbunden werden.

Der N-Leiter bei USV-Anlagen ist durchgeschleift. Wird der Externe Bypass nur 3-polig, also ohne N-Leiter, geschaltet, fließt ein Teil des Rückstromes nicht über die USV-

Anlage, sondern über den Externen Bypass. Differenzstrommessungen am Eingang der USV-Einspeisung werden so wirkungslos und über die sogenannten vagabundierenden N-Leiter-Ströme hat man sein Netz nicht mehr im Griff. Abschaltbedingungen, wie sie zuvor in den Selektivitätsberechnungen errechnet wurden, können ihre Gültigkeit verlieren und wirkungslos bleiben.

Insbesondere in der Kältetechnik wird oft von A und B mit Umschalteinrichtungen eingespeist. Dadurch erreicht man eine maximale Redundanz, da in der Regel nie beide Seiten gleichzeitig ausfallen. Über diese Umschalteinrichtung verbindet man zwangsläufig die Versorgungsseiten A und B. Ist der N-Leiter nicht mitgeschaltet, fließt im schlimmsten Fall über diesen N-Leiter ein hoher Strom, für den die elektrischen Zuleitungen, die Elektroverteilung und die Umschalteinrichtung nicht ausgelegt sind. Eine Zerstörung ist dann nicht mehr ausgeschlossen. Und auch hier werden Differenzstrommessungen wieder unwirksam, wenn der Rückstrom über verschiedene N-Leiter wieder zurückfließt.

Kein Elektriker käme auf die Idee, den FI-Schutzschalter durch einen parallelen N-Leiter zu umgehen, da er dann auslösen würde. Dasselbe Prinzip greift bei der Differenzstrommessung. Da hier jedoch nicht abgeschaltet wird, macht man sich oft keine großen Gedanken, denn die Versorgung funktioniert ja zunächst.

Grundsätzlich gilt die Festlegung, dass immer 4-polig geschaltet wird, wenn mehr als ein Versorgungsstrang eine Elektroverteilung oder ein Betriebsmittel versorgt.

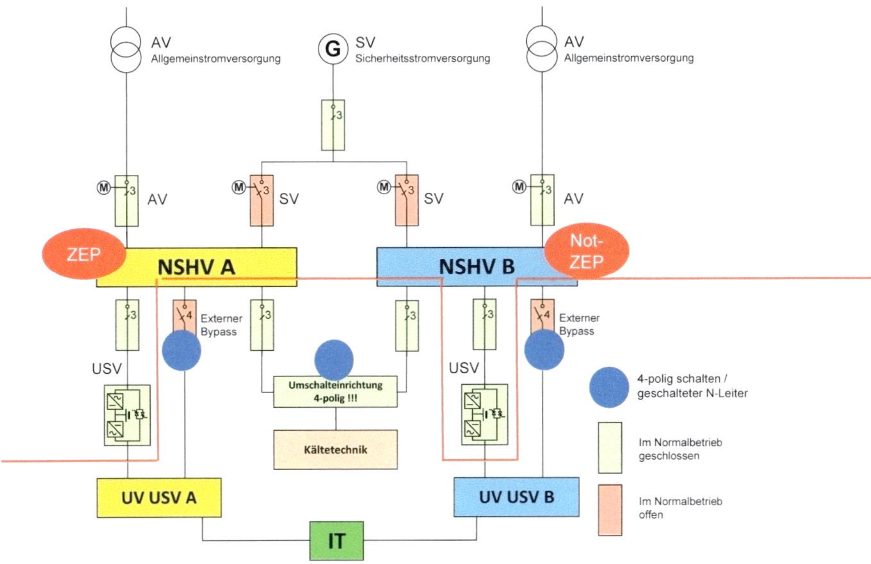

Bild 5.66: 4-poliges Schalten bei mehr als einer Einspeisung in einen Elektroverteiler oder ein Betriebsmittel

Doch jetzt kommt der Konflikt: Der zuvor beschriebene zentrale Erdungspunkt darf nur einmal im Gebäude vorkommen. Das ist grundsätzlich auch immer umsetzbar. Nun gibt es Situationen, in denen zur Erhöhung der Verfügbarkeit eine weitere Gebäudeversorgung aus einem anderen Gebäude mit vorgesehen ist. Oft auch in Form einer Netzersatzanlage, die bei Stromausfall mehrere Gebäude versorgen soll. Schleift man nun die weitere Versorgung oder Netzersatzanlage ein, so muss der N-Leiter mitgeschaltet werden, damit man nicht mehrere zentrale Erdungspunkte zusammenschaltet. Zentrale Erdungspunkte dürfen nach VDE immer nur kurzzeitig zusammengeschaltet werden, wenn beispielsweise die Rücksynchronisation nach der Spannungswiederkehr unterbrechungsfrei über die Netzersatzanlage erfolgt.

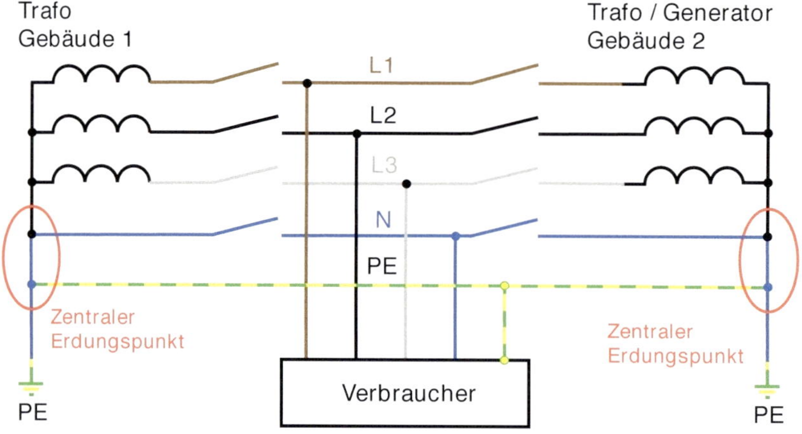

Bild 5.67: Bei der Kopplung zweier ZEPs muss der N-Leiter geschaltet werden

Doch gerade bei dem 4-poligen Schalten vor der USV-Anlage erhält man ein schwebendes Netz, was unter allen Umständen vermieden werden muss. In dem Moment, in dem der N-Leiter kein eindeutiges Bezugspotential hat, kann die USV-Anlage aussteigen und irreparabel geschädigt werden.

Die einzige Lösung, diesen Konflikt zu beherrschen, ist der Einsatz eines Trenntransformators vor der USV-Anlage. Der Trenntransformator erzeugt über seinen Sternpunkt ein Bezugspotential und somit einen definierten N-Leiter. Der N-Leiter der Einspeisung des Trenntransformators wird dann nicht angeschlossen und isoliert verlegt.

Bild 5.68: Trenntrafo vor der USV-Anlage sorgt für das notwendige Bezugspotential

5.1.10 Selektivität

Der Begriff der Selektivität lässt sich wiederum an dem bereits im Kapitel „Differenzstrommessung" dargestellten „Baum der Sicherheit" relativ einfach und nachvollziehbar erläutern.

Die Primär-Versorgung in einem Gebäude ist der Stamm. Er muss so bemessen sein, dass er die darüber liegenden Äste und Zweige auch dann noch sicher trägt, wenn ein leichter Sturm geht. Über dem Stamm zweigen die dickeren Äste ab. Von den Ästen dann die dünneren Zweige. Allerdings ist die Summe der Flächen der Äste nicht gleich der Fläche des Stamms. Die Fläche des Stamms ist kleiner. Ebenso ist die Summe der Flächen der Zweige größer, als die Fläche des Astes, der die Zweige trägt.

Die Natur hat nun den Stamm, die Äste und die Zweige genau so dimensioniert, dass bei einer leichten Überlastung der Zweige und Äste durch leichten Wind, Schnee, daran wachsendes Obst o.Ä. noch kein Zweig oder Ast abbricht bzw. der ganze Baum umfällt. Wird jedoch ein Zweig durch z.B. eine darauf sitzende schwere Elster über einen gewissen Zeitraum stark belastet, bricht er ab. Ebenso kann ein Ast abbrechen, wenn in einem guten Jahr das Obst so üppig wächst, dass er überlastet ist.

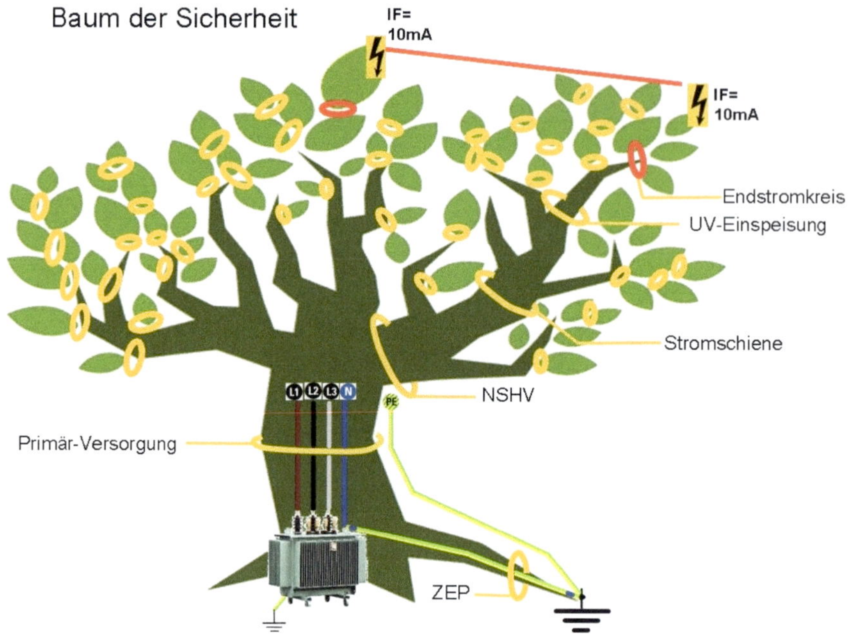

Bild 5.69: Baum der Sicherheit
Quelle: Uwe Herrgesell

Allerdings bricht dann auch nur der Zweig oder Ast ab, der stark überlastet ist und es wird nicht passieren, dass dadurch der ganze Baum umfällt. Auch bei einem Sturm brechen nur die einzelnen Äste und Zweige ab, die überlastet sind. Die Äste und Zweige brechen also immer sozusagen „selektiv" ab.

Diese Analogie trifft in der Elektrotechnik genauso zu. Die Primärversorgung ist so dimensioniert, dass sie die Normalbelastung eines Gebäudes inklusive gewisser Reserven tragen kann. Die Äste sind die Zuleitungen zu den Elektrounterverteilungen. Die dünneren Zweige die Endstromkreise. Auch in der Elektrotechnik ist die Summe der Leiterquerschnitte der einzelnen Endstromkreise größer als der Leiterquerschnitt der einzelnen Zuleitung.

Damit dieses Gebilde bestehen kann, werden Schutzgeräte eingebaut, die bei Überlast oder einem Fehler die jeweilige Verteilung (Ast) oder den jeweiligen Endstromkreis (dünnen Zweig) abschalten. Dabei wird immer nur die Verteilung oder der Endstromkreis abgeschaltet, der überlastet ist bzw. auf dem der Fehler auftritt. So stellt man sicher, dass nicht die gesamte Stromversorgung eines Gebäudes abschaltet, sondern die fehlerfreien Unterverteilungen und Endstromkreise weiterhin versorgt werden.

Man spricht dann von einem System, dessen Schutz „selektiv" aufgebaut ist. Das zugrundliegende Prinzip ist als sogenannte „Selektivität" bekannt.

Ein System verhält sich immer genau dann selektiv, wenn nur das Schutzgerät, das dem Fehlerort vorgeschaltet ist, abschaltet und alle anderen Geräte nicht abschalten. Dadurch verbleiben die nicht vom Fehler betroffenen Bereiche am Netz und die angeschlossenen Verbraucher können ohne Unterbrechung weiterbetrieben werden.

Um dieses Ziel zu erreichen, müssen die in elektrischen Anlagen verwendeten Schutzgeräte untereinander koordiniert werden. Dies geschieht durch die richtige Wahl des Nennstromes und, falls es sich um ein programmierbares Schutzorgan handelt, durch die richtige Wahl des Einstellwerts. Schutzgeräte in elektrischen Anlagen dienen in erster Linie dem Schutz von Personen und Anlagen.

Der bekannteste Vertreter dieser Schutzgeräte ist die Sicherung. Jeder kennt sie von der eigenen Wohnung im „Sicherungskasten" (fachlich richtig Elektroverteiler), in dem die Sicherungen bzw. Leitungsschutzschalter für die einzelnen Stromkreise installiert sind. Entsteht ein Fehler in einem Endstromkreis, z.B. durch Überlast oder Kurzschluss, so muss das vorgelagerte, also das nächste in Richtung der Stromversorgung installierte Schutzgerät, abschalten. Vom Transformator bis zum Verbraucher können mitunter sehr viele dieser Schutzgeräte in Reihe vorkommen, genauso wie ein Baum viele Verästelungen haben kann.

Die Herausforderung besteht nun darin, die entsprechenden Schutzgeräte entlang der Versorgungskette vom Transformator bis zum Verbraucher so zu koordinieren, dass immer nur das Schutzgerät auslöst oder abschaltet, das dem Fehlerort unmittelbar vorgelagert ist. Wie bereits zuvor erläutert, spricht man in diesem Fall von selektivem Verhalten.

Für die Auswahl und ggf. auch Parametrierung der Schutzgeräte wie Sicherungen, Leitungsschutzschalter, Leistungsschalter und Schutzrelais kommen heute spezielle Berechnungsprogramme zum Einsatz, die neben der richtigen Dimensionierung des Abschaltstromes, auch die Abschaltzeit des Schutzgerätes bei der Berechnung mit ausgeben. Mithilfe dieser Programme lässt sich die Koordination der Schutzgeräte untereinander visualisieren und so die Selektivität effizient überprüfen. Man unterscheidet zwischen herstellerneutralen Programmen wie z.B. NEPLAN oder Powerfactory und herstellerabhängigen Programmen wie z.B. DOC der Firma ABB oder Simaris der Firma Siemens.

Der Vorteil der herstellerabhängigen Programme liegt darin, dass die spezifischen Daten der einzelnen Schutzgeräte bereits im Programm hinterlegt sind und die Handhabung vergleichsweise einfach zu erlernen ist. Allerdings beinhalten diese Programme dann auch nur die entsprechenden Schutzgeräte der Hersteller; eine Kombination von Geräten verschiedener Hersteller im Projekt ist nicht möglich. Mehr Freiheitsgrade bieten die herstellerunabhängigen Programme. Hier sind alle Schutzgeräte durch den Anwender frei programmierbar. Unabhängig davon, welches Programm verwendet wird, sollte der Anwender in jedem Fall über entsprechendes Wissen verfügen, wie etwa ein tiefgründiges Verständnis für die physikalischen Vorgänge im Netz, spezifische Anlagenkenntnisse und umfangreiches Produkt- und Normenwissen. Es ist daher ratsam, für diese Aufgabe einen Spezialisten hinzuzuziehen. In jedem Fall sollte die Koordination der Schutzgeräte sauber in einem technischen Bericht begründet und dokumentiert werden. Nur so lassen sich später Schutzprüfungen gezielt durchführen, Schutzabschaltungen nachvollziehen und bei Anlagenveränderungen gezielt Anpassungen an der Schutzkoordination vornehmen.

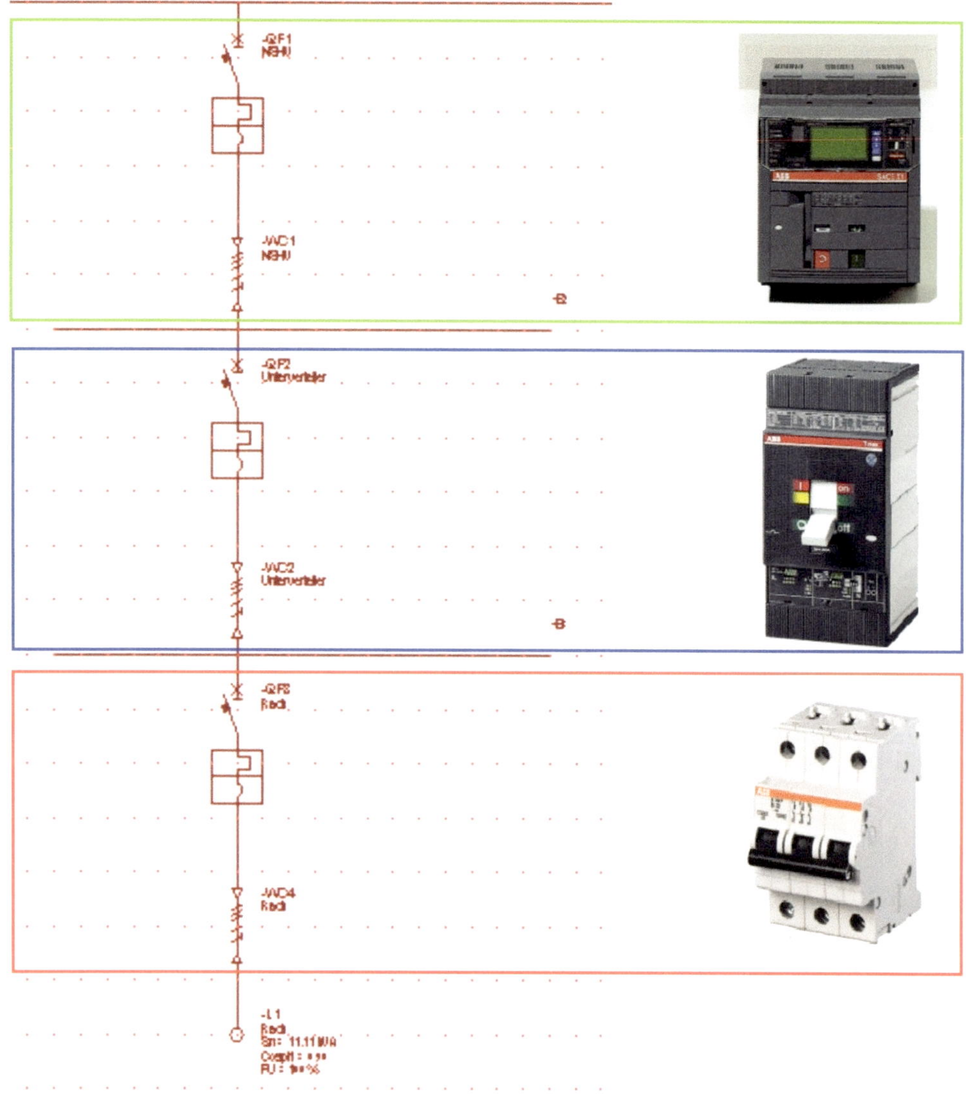

Bild 5.70: Einliniendiagramm eines Versorgungszweiges
Quelle: Werner Henke

Um die Notwendigkeit einer professionellen Selektivitätsberechnung zu erkennen und die Ergebnisse richtig deuten zu können, soll nachfolgend ein verhältnismäßig einfacher Aufbau anhand eines einzelnen Versorgungspfades Klarheit verschaffen.

Die einfache Installation besteht aus drei Schutzgeräten in Reihe: Die Niederspannungshauptverteilung (NSHV) mit dem Abgang zur Unterverteilung, die Unterverteilung mit dem Abgang zur Rackverteilung und abschließend das Rack selbst. Somit haben wir drei Schutzgeräte mit drei Leitungen und am Ende eine Last, das Rack. Eine Abstufung mit einem großen Leistungsschalter in der NSHV (grünes Feld), einem mittleren Leistungsschalter in der Unterverteilung (blaues Feld) und einem Leitungsschutzschalter in der Rackverteilung (rotes Feld). Bild 5.70 zeigt dieses Einliniendiagramm der drei Schalter und daneben das jeweilige Bild der Schalter zum besseren Verständnis.

Die Funktionsfähigkeit der Selektivität zeigt das nachfolgende Diagramm der Strom-Zeit-Kennlinien der Schalter und Leitungen. Auf der x-Achse ist der Strom aufgetragen, auf der y-Achse die Zeit. Die Darstellung erfolgt im doppellogarithmischen Maßstab, da die Betrachtungen über mehrere Zehnerpotenzen hinweg erfolgen müssen. Zum besseren Verständnis und zur Zuordnung werden hier wiederum die drei Ebenen in den gleichen Farben wie im vorigen Bild verwendet.

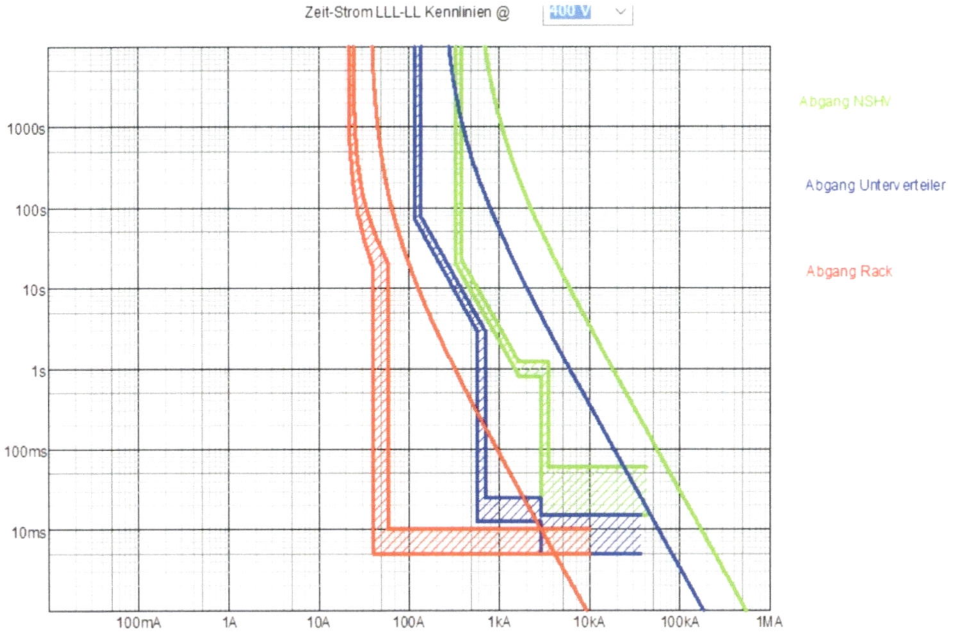

Bild 5.71: Zeit-Strom-Diagramm
Quelle: Werner Henke

Die Betrachtung erfolgt immer vom kleinsten zum größten Schutzgerät, also immer in Richtung der speisenden Quelle. Im Zeit-Strom-Diagramm also von links unten nach rechts oben. Das farbige Feld ist dabei die Auslösekennlinie (Auslösebereich) des Schutzorgans und die farbige Linie das jeweilige Zuleitungskabel. In dem obigen Diagramm ist zu erkennen, dass der rote Schalter (Abgang Rack, Leitungsschutzschalter) das rote Zuleitungskabel, der blaue Schalter (Abgang Unterverteiler, Tmax) das blaue Zuleitungskabel und der grünen Schalter (Abgang NSHV, Emax) das grüne Zuleitungskabel schützt. Weiterhin ist zu erkennen, dass bei der Betrachtung von links unten nach rechts oben die Schalterkurven sich nicht überschneiden.

Nur wenn die Linien der Zuleitungskabel in der richtigen Reihenfolge und in der Kennlinie rechts vom jeweiligen Schutzgerät stehen, sind sie ausreichend dimensioniert. Ebenso ist eine Anlage nur selektiv, wenn sich die Schalterkurven nicht überschneiden.

Soviel grundsätzlich zur vereinfachten Darstellung und ersten Übersicht der Zeit-Strom-Kennlinie. Doch wie eingangs erwähnt, besteht eine Stromversorgung eines Gebäudes oder Rechenzentrums nicht nur aus einem Pfad, sondern wie ein Baum aus vielen Verästelungen. Nachfolgend wird das Beispiel einer realen Stromversorgung diskutiert, wie sie in Rechenzentren bei einer zweipfadigen Redundanz (2N) ab der Niederspannungshauptverteilung zuhauf vorkommt.

Die Anlage umfasst einen Transformator, eine Hauptverteilung NSHV, zwei Unterverteilungen und mehrere Endstromkreise, von denen nach der Unterverteilung jeweils nur drei exemplarisch dargestellt sind. Das Netz ist in mehrere Schutzbereiche aufgeteilt. Von der Einspeisung aus gesehen, sind die folgenden Schutzgeräte installiert: ABB Mittelspannungsrelais REF615, ABB Leistungsschalter Emax 2.500 A, ABB Leistungsschalter Tmax 250 A, Schmelzsicherung 80 A, Leitungsschutzschalter ein- und dreipolig 16 A. Die Nennströme und Einstellwerte sind jeweils in roter Schrift neben dem Schutzsymbol dokumentiert.

Tritt nun in einem der Endstromkreise ein Kurzschluss auf, so soll dieser durch den unmittelbar vorgelagerten Leitungsschutzschalter selektiv abgeschaltet werden, so dass der fehlerbehaftete Abgang vom Netz getrennt wird. Die übrigen Abgänge werden dann unterbrechungsfrei weiterversorgt.

Die Selektivität muss für den Fall der Überlast wie auch für den Fall eines auftretenden Kurzschlusses gegeben sein. Im Gegensatz zur Überlastsituation fließen bei einem Kurzschluss sehr große Ströme. Da diese großen Ströme die Betriebsmittel stark belasten können, muss die Abschaltung in möglichst kurzer Zeit erfolgen. Befinden sich mehrere Schutzgeräte in einer Versorgungskette hintereinander, so ergibt sich aus der Forderung nach Selektivität für das erste Schutzorgan in der Kette die größte Abschaltzeit, für das letzte Schutzgerät die kleinste Abschaltzeit. Dieser Umstand ist auch in der vorherigen Abbildung ersichtlich, wenn man die Verzögerungszeiten T>> der Leistungsschalter Emax (250 ms) und Tmax (100 ms) vergleicht. Um die Abschaltzeiten ohne die Selektivität zu gefährden möglichst gering zu halten, müssen die

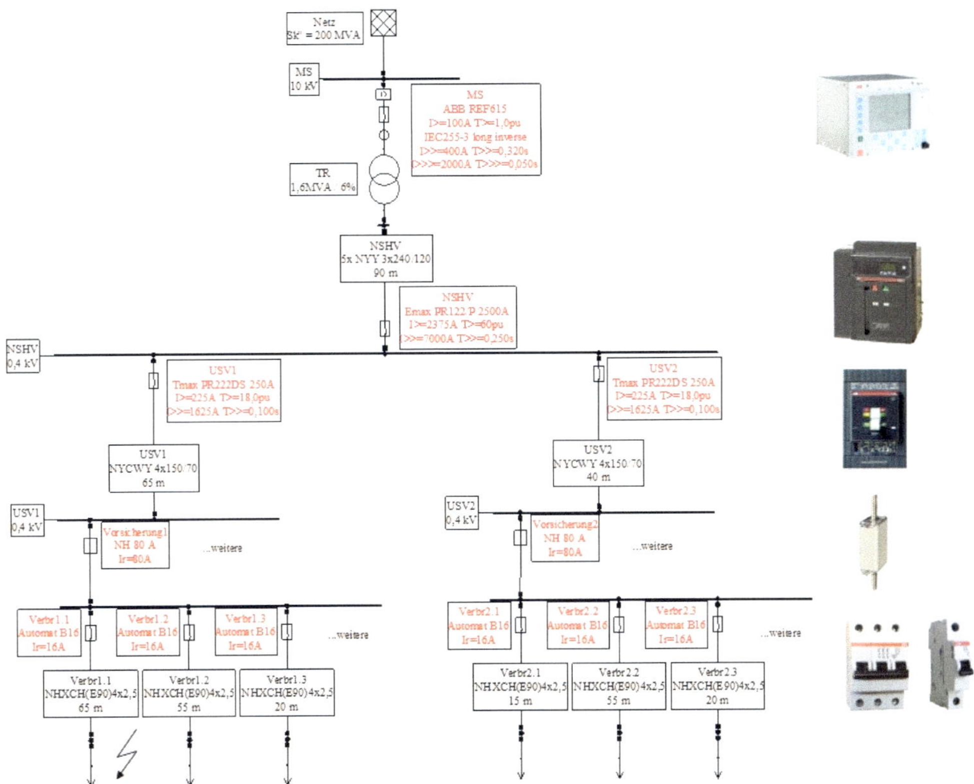

Bild 5.72: Exemplarische Schutzgerätekoordination in einer 400-V-Schaltanlage
Quelle: Tobias Danz

Nennströme bzw. Einstellwerte der Schutzgeräte funktional aufeinander abgestimmt sein.

Um Selektivität bei Sicherungen und Leitungsschutzschaltern sicherzustellen, kann auf eine einfache Faustformel zurückgegriffen werden: Diese besagt, dass der Nennstrom der nachgelagerten Sicherung um mindestens den Faktor 1,6 kleiner sein muss, als der Nennstrom der vorgelagerten Sicherung. In der Praxis reicht es allerdings auch oft aus, wenn in der Staffelung immer eine Normgröße ausgelassen wird.

Ein Beispiel: In der Regel wird der Endstromkreis mit 16 A abgesichert. Für die Vorsicherung bleibt die nächste Größe 20/25 A frei und es wird mit 32/35 A abgesichert. Der Nennstromunterschied zwischen der 32-A-Sicherung und der 16-A-Sicherung ist damit größer als der Faktor 1,6. Im Hausanschluss wird in der Regel dann mit 63 A abgesichert, die 50 A bleiben dann wieder frei. Größere Abstände zwischen den Sicherungen innerhalb der Sicherungskette sind immer möglich und haben immer eine positive Auswirkung auf die Selektivität.

Allerdings sollte man diese vereinfachte Faustformel im Rechenzentrum nicht anwenden, da der Aufbau normalerweise komplexer ist und vor allem mehrere Betriebsfälle (Normalnetzversorgung, Notstromversorgung und USV-Versorgung) zu beachten sind. Dazu jedoch später mehr. Spätestens hier empfiehlt es sich in Zusammenarbeit mit einem Spezialisten eine detaillierte Selektivitätsberechnung erstellen zu lassen.

Um beurteilen zu können, ob eine Selektivitätsberechnung erforderlich ist und um die Ergebnisse prinzipiell interpretieren zu können, wird wieder die obige Abbildung der Stromversorgungsübersicht betrachtet. Diese einfache Schutzstaffelung besteht aus fünf Typen von Schutzorganen in Reihe:

- einem Mittelspannungsrelais REF615
- einem offenen Leistungsschalter Emax
- einem Kompaktleistungsschalter Tmax
- einer Vorsicherung in Form einer Schmelzsicherung
- einem Leitungsschutzschalter

Aus dem Vergleich der Strom-Zeit-Kennlinien der Schutzorgane ist ersichtlich, dass sich die Kennlinien der Leistungsschalter nicht schneiden. Das wird durch die Programmierung entsprechender Verzögerungszeiten in den Geräten erreicht. Insgesamt müssen auch die Leistungsschalter im Vergleich zur Sicherung verzögert werden, so dass auch hier keine Überlappung der Kennlinien vorhanden ist. Die Sicherungskennlinie wiederum liegt mit deutlichem Abstand rechts von der Kennlinie des Leitungsschutzschalters. Sie soll nur bei stromstarken Kurzschlüssen die Sicherungsautomaten schützen. Bei stromschwachen Kurzschlussströmen wird die Vorsicherung nicht auslösen und verhält sich damit selektiv zu den Automaten. Zuletzt müssen auch die relevanten Kurzschlussströme in das Selektivitätsdiagramm eingetragen werden, um die Selektivität zu bewerten. Im vorliegenden Fall liegen die relevanten Ströme stets im Schutzbereich des entsprechenden Schutzgerätes. Damit ist es ausreichend, darauf zu achten, dass sich die Kennlinien im Selektivitätsdiagramm nicht schneiden. Selektivität kann generell jedoch auch dann erreicht werden, wenn sich die Kennlinien schneiden, nämlich dann, wenn in den Schnittbereichen keine relevanten Ströme auftreten.

Die Kennlinie des Mittelspannungsrelais wird aus Gründen der Übersichtlichkeit nicht betrachtet. Zudem wurden weitere relevante Ströme, wie Einschaltströme des Transformators oder der Verbraucher, sowie die thermischen Grenzlinien der Kabel aus Gründen der Übersichtlichkeit nicht in das Selektivitätsdiagramm mit aufgenommen. Die Berücksichtigung dieser Randparameter ist allerdings in der Praxis ebenfalls sehr wichtig. In jedem Fall müssen Schutzüberfunktionen, d.h. ein ungewolltes Ansprechen der Schutzorgane, verhindert werden. Gleichzeitig darf es zu keinen Schutzunterfunktionen kommen. Dies wäre dann der Fall, wenn Schutzorgane trotz anstehender Überlast oder anstehendem Kurzschluss nicht auslösen.

Generell gilt auch, dass die Zeiteinstellung für die Leistungsschalter nicht zu hoch vorgenommen werden sollte, um die Schäden im Falle eines auftretenden Störlichtbogens zu begrenzen. Die im Fall eines auftretenden Störlichtbogens freigesetzte Energie kann bereits nach wenigen hundert Millisekunden eine Anlage irreversibel zerstören und damit auch eine ernste Gefahr für das Personal darstellen, das sich zu diesem Zeitpunkt in der Nähe der Anlage aufhält.

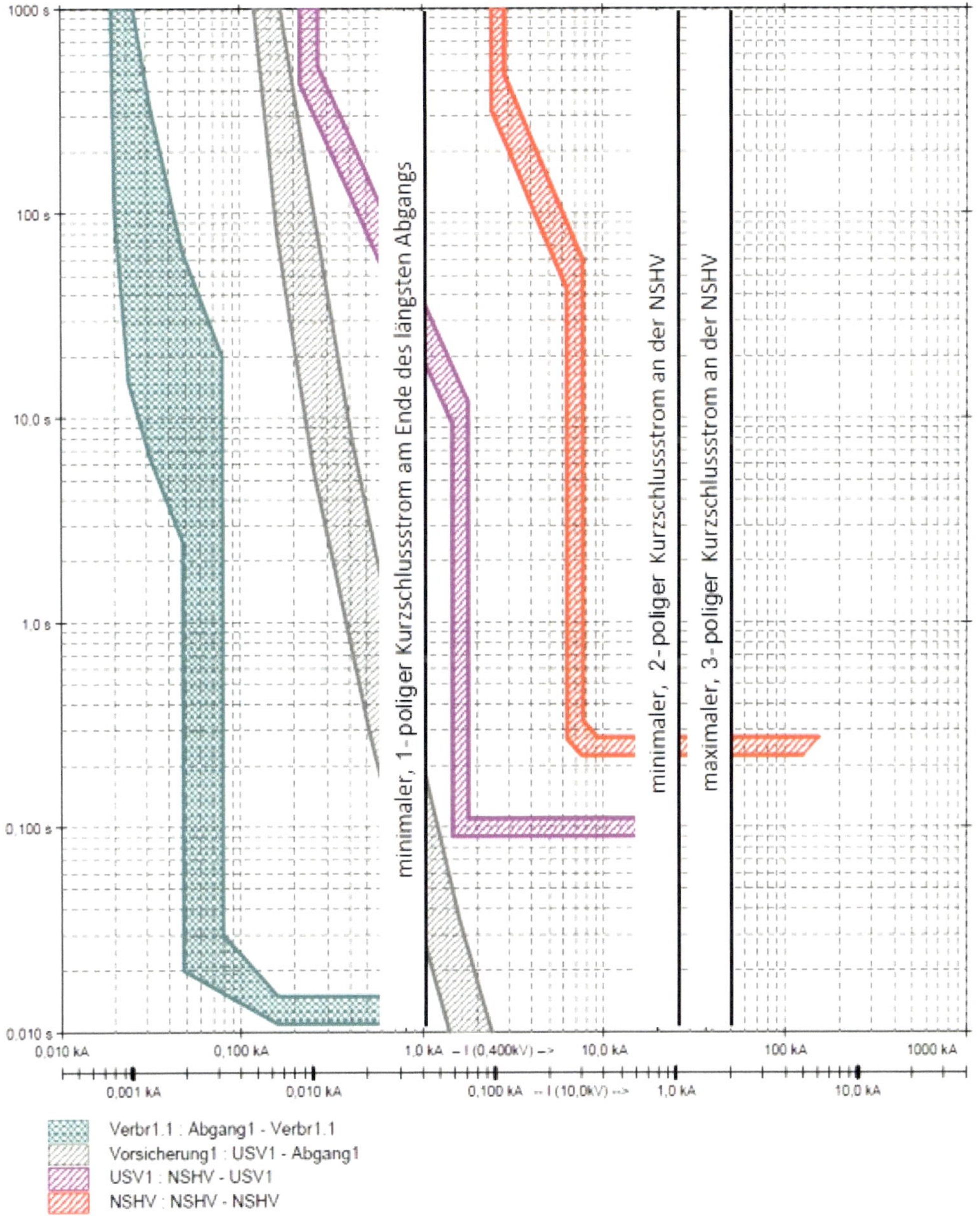

Bild 5.73: Selektivitätsdiagramm für die 400-V-Schutzorgane
Quelle: Tobias Danz

Abschließend ist noch darauf hinzuweisen, dass bei den obigen Selektivitätsbetrachtungen lediglich die Koordination der Überstrom-Zeit-Schutzorgane behandelt wurde. In der Praxis müssen auch weitere Faktoren in die Betrachtung mit einbezogen werden. Hierzu zählt z.B. die Energieselektivität, bei der die Beurteilung der Selektivität für Abschaltzeiten kleiner 100 ms vorgenommen wird. Bei dieser Betrachtung ist der Nachweis zu erbringen, dass die Durchlassenergie des der Fehlerstelle unmittelbar zugeordneten Schutzorganes kleiner ist als die Ansprechenergie des vorgelagerten Schutzorganes. Der Nachweis kann hier analytisch anhand von Tabellen und/oder Kennlinien erfolgen. Sind keine entsprechenden Daten vorhanden, so sollte im Rechenzentrum die Selektivität im Zeitbereich < 100 Millisekunden im Zweifel durch einen Selektivitätstest auf einem Prüfstand nachgewiesen werden. Weiterhin sind bei der Betrachtung der Selektivität auch andere im Netz vorhandenen Schutzfunktionen zu berücksichtigen. Gerade für den Fall, dass hohe Endzeiten im Bereich > 500 ms im Überstromschutz realisiert werden, kann dies relevant werden. So kann z.B. ein Unterspannungsschutz mit einer Zeiteinstellung von 500 ms im Kurzschlussfall dem eigentlichen Überstrom-Zeit-Schutz zuvorkommen und die unselektive Abschaltung ganzer Netzbereiche bewirken, noch bevor der Überstrom-Zeit-Schutz wirken kann. Ist das Netz inselnetzfähig, so sollten auch die Generatorschutzfunktionen wie Unterspannungsschutz, Frequenzschutz, etc. mit dem umliegenden Überstrom-Zeit-Schutz abgestimmt werden. Weiterhin können Halbleitersicherungen von USV-Anlagen oder Transferschaltern die Selektivität erheblich beinträchtigen, wenn sie nicht in die Betrachtung mit eingebunden werden. Um eine funktionale Koordination des Überstrom-Zeit-Schutzes zu erreichen, müssen also alle Einflussfaktoren des Netzes und seiner Komponenten berücksichtigt werden. Eine saubere und akribische Arbeitsweise ist hier unverzichtbar.

Wie zuvor erwähnt, ist die Selektivität nicht nur für den Normalbetrieb sicherzustellen. Auch für alle weiteren relevanten Betriebsfälle muss sich das System in einem Rechenzentrum selektiv verhalten. Insgesamt sind drei Betriebsfälle zu betrachten:

- Normalnetzversorgung über das öffentliche Netz
- Notstromversorgung über eine Netzersatzanlage
- USV-Versorgung bei Ausfall der Normalnetz- und Notstromversorgung

Bei Anlagen, in denen nur die Normalversorgung aus dem öffentlichen Netz mit einem oder mehrerer Transformatoren als speisende Quelle betrieben werden, kann der Schutz mit verhältnismäßig geringem Aufwand koordiniert werden.

Im Rechenzentrum wird allerdings sehr großen Wert auf Versorgungssicherheit gelegt, weshalb die Anlagen in der Regel mit einer Netzersatzanlage (Notstromdiesel) und einer oder mehrerer USV-Anlagen abgesichert sind.

Der Generator der Netzersatzanlage kann im Fehlerfall keine großen Kurzschlussströme treiben, wie es etwa beim speisenden Transformator der Fall ist. Dieser physikalische Umstand muss in der Selektivität und Kurzschlussberechnung berücksichtigt werden und die Schutzgeräte müssen unter Berücksichtigung des Generatorinselbetriebs dimensioniert und koordiniert werden.

Gleiches gilt für die USV-Anlagen. Hier gibt es zwei grundsätzliche Systeme: Die dynamischen und die statischen USV-Anlagen. Der Aufbau und die Unterschiede werden im Kapitel „Sicherheitsstromversorgung“ detailliert erklärt. Für die Selektivität ist im Wesentlichen der Unterschied der Kurzschlussleistungen beider Anlagentypen relevant.

Der Anfangskurzschlusswechselstrom ist bei der dynamischen USV-Anlage bedingt durch das Prinzip wesentlich höher als bei der statischen USV-Anlage. Allerdings klingt der Kurzschlussstrom der dynamischen USV-Anlage innerhalb weniger hundert Millisekunden auf einen stationären Wert ab, der häufig in etwa dem dreifachen Nennstrom der Anlage entspricht. Ein weiterer Vorteil der dynamischen USV-Anlage ist, dass der Kurzschlussstrom über längere Zeit von der Anlage geliefert werden kann und sich diese Anlagen nicht, wie es z.B. bei statischen USV-Anlagen häufig der Fall ist, bereits nach wenigen hundert Millisekunden aus thermischen Gründen automatisch abschalten. Aus dem Gesichtspunkt der Selektivität (aber auch aus weiteren Gründen), ist die dynamische USV-Anlage der statischen USV-Anlage vorzuziehen. Allerdings muss, um dynamische USV-Anlagen korrekt in der Selektivitätsbetrachtung berücksichtigen zu können, aufgrund des abklingenden Kurzschlussstromverlaufes dieser Anlagen ein etwas höherer Koordinationsaufwand betrieben werden als bei sta-

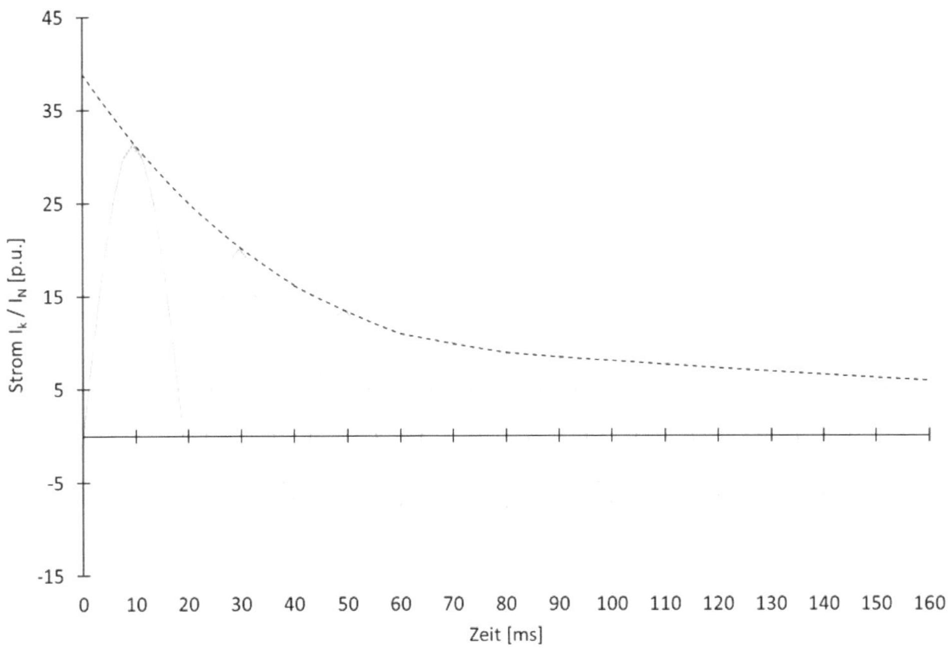

Bild 5.74: Prinzipieller Kurzschlussstromverlauf einer dynamischen USV-Anlage
Quelle: Tobias Danz

tischen USV-Anlagen. Bild 5.74 zeigt den prinzipiellen Kurzschlussstromverlauf einer dynamischen, rotierenden USV-Anlage. Auf der y-Achse ist die obere Einhüllende des Kurzschlussstromes abgetragen als Vielfaches vom Nennstrom der Anlage. Auf der x-Achse ist der Zeitverlauf in Millisekunden abgetragen.

Betrachten wir nun die statische USV-Anlage. In der Regel liefen statische USV-Anlagen maximal den 3-fachen Nennstrom als Kurzschlussstrom, was gegenüber dem öffentlichen Netz und der Netzersatzanlage relativ gering ist. Die Anlage nach der USV muss deshalb basierend auf diesem Kurzschlussstrom in der Absicherung, der Leitungslänge, dem Leitungsquerschnitt und der Selektivität berechnet und ausgelegt werden.

Die Schutzgeräte sind so zu dimensionieren und zu parametrieren, dass Überlastsituationen und Kurzschlüsse während aller drei Betriebsarten selektiv durch den Netzschutz geklärt werden. Das ist eine echte Herkulesaufgabe, die sehr viel Fachwissen und Erfahrung voraussetzt. Hier auf die Hilfe von Spezialisten zurückzugreifen, ist unabdingbar und gut investiertes Kapital, denn durch die Selektivitätsberechnung kann auch Überdimensionierung der Anlagen vermieden werden, was bares Geld bedeuten kann.

5.1.11 Blitzschutz, Erdung und Potentialausgleich

Neben der Wahl der richtigen Netzform sind der Blitzschutz, die Erdung und der Potentialausgleich weitere notwendige Maßnahmen, um Überspannungen geordnet abzuleiten und Schaden durch Überspannungen abzuwenden. Die Überspannungen sind dabei meist nur von kurzer Dauer. Die kurzen Spannungsimpulse werden auch Transienten genannt. Sie können Werte von mehreren 10.000 Volt erreichen.

Ursachen für Transienten können sein:

- Direkte Blitzeinschläge in das Gebäude oder in die Dachaufbauten (Rückkühler etc.)
- Indirekte Blitzeinschläge als Folge direkter Blitzeinschläge, die mehrere Kilometer entfernt sein können
- Schalthandlungen im Energienetz außerhalb und innerhalb des Gebäudes
- Störungen durch elektrostatische Entladungen

Um die Störungen wirksam abzuwenden sind ein Äußerer Blitzschutz, ein gestaffelter Innerer Blitzschutz und ein vollumfänglicher, richtig aufgebauter Potentialausgleich sowie die Erdung aller metallischen Leiter notwendig.

Fast ein Viertel der Elektronikschäden werden durch Blitzschläge und Überspannungen verursacht. Dabei sind über 42 Prozent der Schäden durch Blitzschläge und Überspannungen an IT-Geräten aufgetreten. Grund genug also, um etwas dagegen zu unternehmen.

Nachfolgende Tabelle verdeutlicht, wie immens die gezahlten Leistungen der Hausrat- und Wohngebäudeversicherung in den Jahren 1999 bis 2010 durch Blitz- und Überspannungsschäden waren.

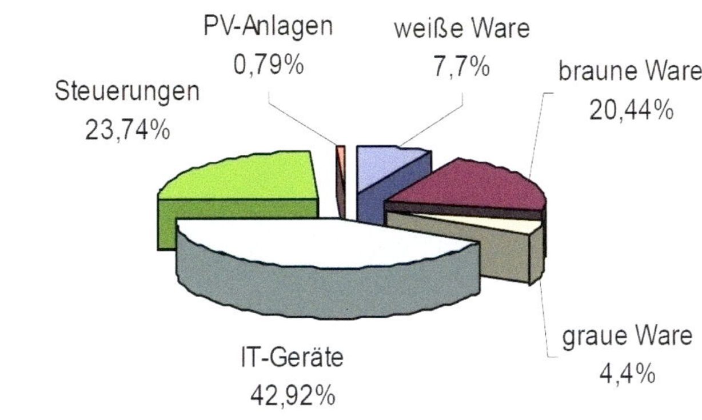

Bild 5.75: Schadensverteilung von 636 Schäden durch Blitzschläge und Überspannungen
Quelle: Gesamtverband der Deutschen Versicherungswirtschaft e.V.

Tabelle 5.4: Blitz- und Überspannungsschäden 1999 bis 2010
Quelle: Gesamtverband der Deutschen Versicherungswirtschaft e.V.

Aktuelle Zahlen der Hausrat- und Wohngebäudeversicherung [1] (Stand: 07. Mai 2012)		
Jahr	Anzahl der Blitz- und Überspannungsschäden	Gezahlte Leistungen für Blitz- und Überspannungsschäden
1999	490.000	310 Millionen Euro
2006	550.000	340 Millionen Euro
2007	520.000	330 Millionen Euro
2008	480.000	350 Millionen Euro
2009[2]	490.000	360 Millionen Euro
2010[2]	340.000	280 Millionen Euro

[1] Hochrechnung mittels Branchen- und Risikostatistik,
Zahlen in zweiter Spalte auf 10.000 Euro bzw. in dritter Spalte auf 10 Millionen Euro gerundet
[2] vorläufig

SIEMENS

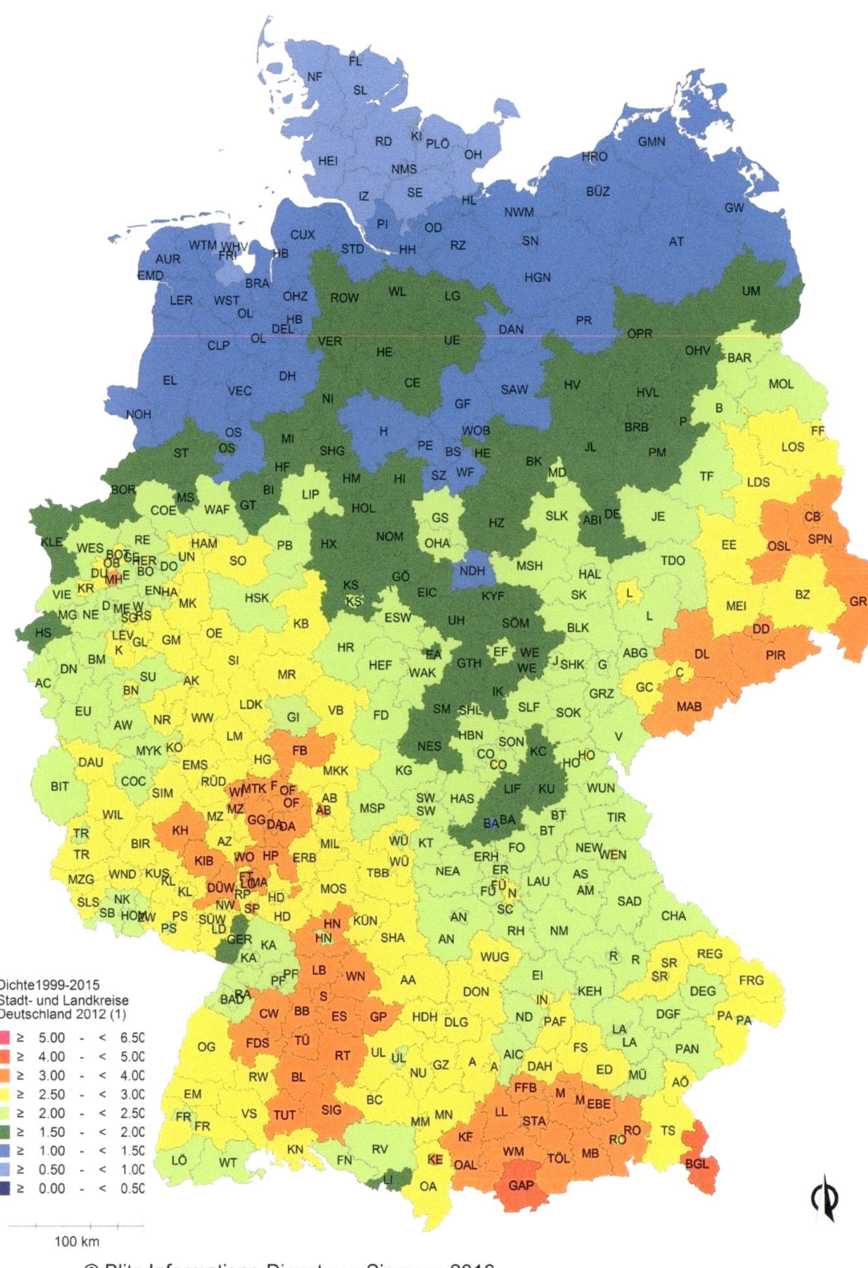

Bild 5.76: Blitzdichte in Deutschland nach Stadt- und Landkreisen (1999 bis 2015)

5.1.11.1 Äußerer Blitzschutz

Der Äußere Blitzschutz schützt die Gebäudehülle und die Dachaufbauten mittels Fangeinrichtungen, Ableitungen und Erdungsanlagen vor direkten Blitzeinschlägen.

Der Äußere Blitzschutz verhindert, dass der direkte Blitz ins Gebäude eindringt und eine mechanische Zerstörung verursacht oder einen Brand auslöst. Er schützt nicht vor Überspannungen innerhalb des Gebäudes.

Wenn man bedenkt, dass sich pro Jahr in Deutschland ca. 1,5 Mio. Blitze entladen, dann ist es nicht ausgeschlossen, dass es direkt oder indirekt zu Treffern kommen kann. Die tatsächliche Häufigkeit ist jedoch auch stark von den geographischen Gegebenheiten bestimmt.

Die Funktionen des Äußeren Blitzschutzes sind das Auffangen von Direkteinschlägen mit einer geeigneten Fangeinrichtung, das sichere Ableiten des Blitzstromes zur Erde und das Verteilen des Blitzstromes in der Erde über eine Erdungsanlage.

Der Äußere Blitzschutz gliedert sich in vier Schutzklassen, die sich in der Ausführung der Anlage unterscheiden. Bei Gebäuden mit Rechenzentren sollte immer die Blitzschutzklasse I (Risikoanalyse nach DIN EN 62305-2 oder gemäß VdS 2010) Anwendung finden.

Die Bestandteile und Komponenten einer Äußeren Blitzschutzanlage zeigt nachfolgende Grafik:

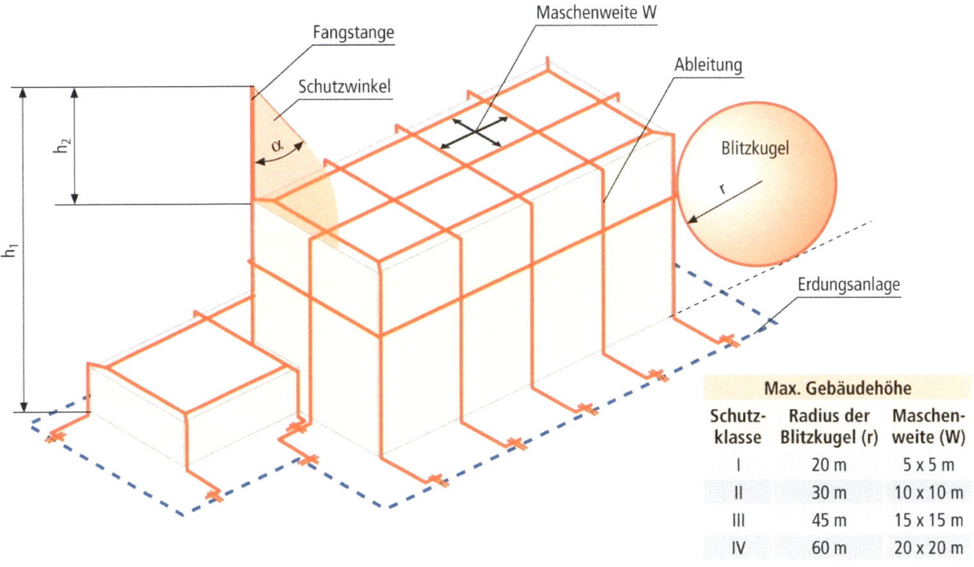

Max. Gebäudehöhe		
Schutz-klasse	Radius der Blitzkugel (r)	Maschen-weite (W)
I	20 m	5 x 5 m
II	30 m	10 x 10 m
III	45 m	15 x 15 m
IV	60 m	20 x 20 m

Bild 5.77: Auslegungen von Fangeinrichtungen an einem Gebäude
Quelle: DEHN + SÖHNE GmbH + Co. KG, Neumarkt

Über die Blitzkugel lässt sich feststellen, welche Gebäudeteile innerhalb des Schutzbereiches liegen und nicht gesondert in die Äußere Blitzschutzanlage einbezogen werden müssen. Der Bereich unterhalb der Blitzkugel kennzeichnet den Bereich, der theoretisch außerhalb einer Einschlagstelle liegt. In der Blitzschutzklasse I beträgt der Radius der Blitzkugel 20 m. Man rollt gedanklich eine Kugel mit 20 m Radius über das Gebäude und prüft so, welche Stellen innerhalb bzw. außerhalb des Schutzbereiches liegen. Alle Stellen außerhalb der Blitzkugel bzw. außerhalb des Schutzbereiches sind durch Fangstangen, gespannten Drähten bzw. Seile oder vermaschte Leiter vor Blitzen zu schützen.

Der Schutzwinkel α zeigt ebenfalls den Schutzbereich an, wobei der Wert in Abhängigkeit von der Höhe und der Schutzklasse unterschiedlich ist.

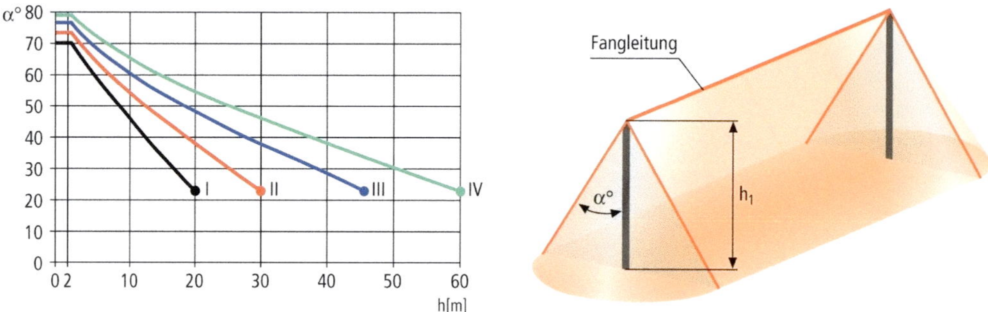

Bild 5.78: Schutzwinkel α in Abhängigkeit zur Schutzklasse und Höhe der Fangeinrichtung
Quelle: DEHN + SÖHNE GmbH + Co. KG, Neumarkt

Die Ableitungen an der Gebäudehülle haben die Aufgabe, die leitende Verbindung zwischen der Auffangeinrichtung und der Erdungsanlage herzustellen. Es soll dabei am Gebäude keine unzulässig hohe Erwärmung entstehen, die Schäden verursachen kann. Die Abstände der Ableitungen regelt wiederum die Schutzklasse, wobei bei der Schutzklasse I der Abstand maximal 10 m zwischen zwei Ableitungen ist.

Tabelle 5.5: Abstand Ableiter in Abhängigkeit zur Schutzklasse
Quelle: BLITZPLANER® 2007, DEHN + SÖHNE GmbH + Co. KG, Neumarkt

Schutzklasse	Typischer Abstand
I	10 m
II	10 m
III	15 m
IV	20 m

Ableitungen müssen nicht zwangsläufig außen am Gebäude verlaufen. Es gibt auch die Möglichkeit, z.B. Stahl-Beton-Stützen als Ableitungen zu verwenden oder in die Betonfassade separate Ableitungen mit zu integrieren. Bedingung ist selbstverständlich, dass die elektrische Leitfähigkeit durchgängig sichergestellt ist. Anschlüsse an einen Bewehrungsstab, der nur relativ hochohmig mit anderen Stäben verbunden ist (sogenanntes verrödeln), ist dabei nicht zulässig.

Erder und Erdungsanlagen werden im Abschnitt 5.1.11.3 – Erdung und Potentialausgleich – näher erläutert.

5.1.11.2 Innerer Blitzschutz

Zum Inneren Blitzschutz zählt neben den in diesem Abschnitt beschriebenen Überspannungsschutzgeräten auch der Blitzschutz-Potentialausgleich. Dieser wird im Abschnitt 5.1.11.3 – Erdung und Potentialausgleich – näher beschrieben.

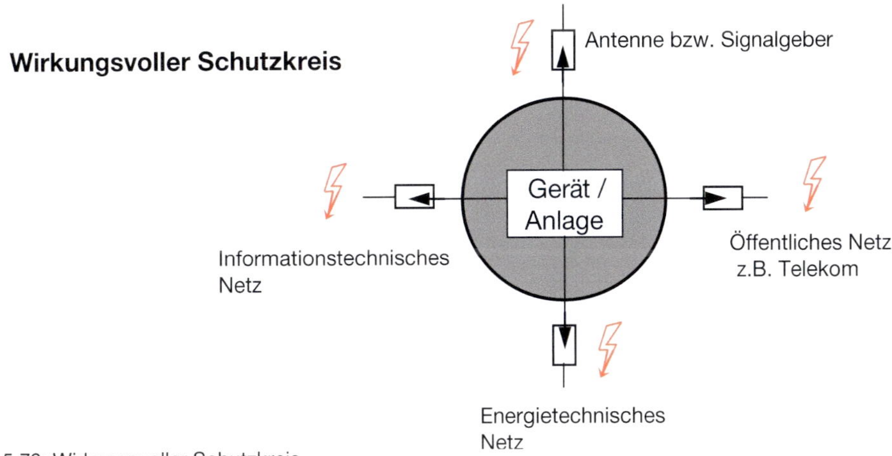

Bild 5.79: Wirkungsvoller Schutzkreis
Quelle: Bosch Sicherheitssysteme GmbH

5.1.11.2.1 Wirkungsvoller Aufbau des Überspannungsschutzes

Der Innere Blitzschutz schützt wirksam vor Überspannungen, sofern er gestaffelt und richtig aufgebaut ist. Er hat die Funktion des Verhinderns gefährlicher Funkenbildungen innerhalb der baulichen Anlage nach einem Blitzeinschlag oder Überspannungen.

Eine Kombination von Schutzorganen unterschiedlicher Hersteller sollte vermieden werden, da in diesem Fall gemäß VDE 0185, Teil 3 ein rechnerischer Nachweis für den koordinierten Schutz erforderlich ist. Dies kann in der Regel nicht erbracht werden.

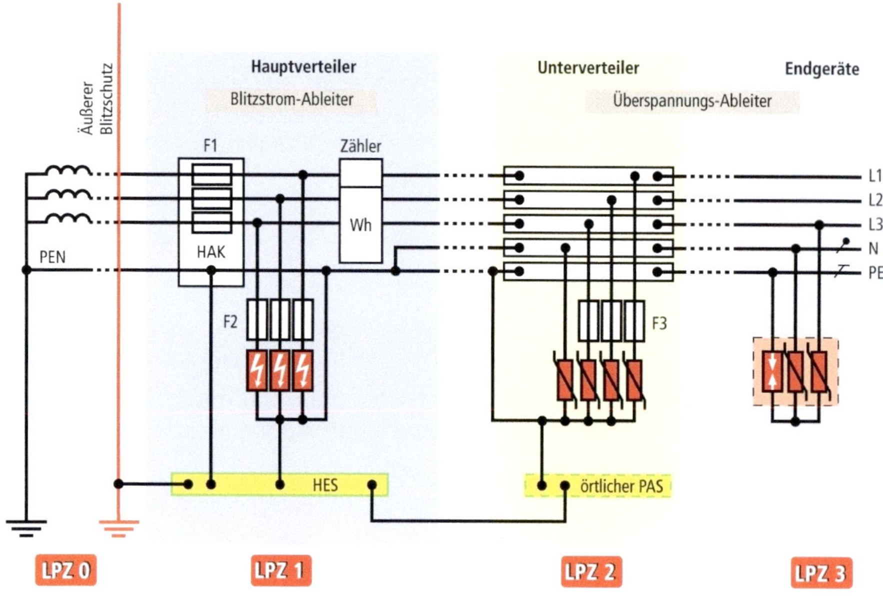

Bild 5.80: Prinzipieller Aufbau eines wirksamen Inneren Blitzschutzes
Quelle: DEHN + SÖHNE GmbH + Co. KG, Neumarkt

Die einzelnen Überspannungsschutzgeräte klassifizieren sich nach IEC 61643-1:2005 bzw. DIN EN 61643-11 in drei Typen:

Tabelle 5.6: Klassifizierung nach IEC 61643-1:2005 und DIN EN 61643-11:2013
Quelle: DEHN + SÖHNE GmbH + Co. KG, Neumarkt

Typ / Bezeichnung	IEC 61643-1:2005	DIN EN 61643-11:2013
Blitzstrom-Ableiter Kombi Ableiter	SPD Class I	SPD Typ 1
Überspannungs-Ableiter für Verteilungen, Unterverteilung, feste Installation	SPD Class II	SPD Typ 2
Überspannungs-Ableiter für Steckdose / Endgerät	SPD Class III	SPD Typ 3

Der Grobschutz wird auch Blitzstromableiter oder Überspannungsschutzgerät Typ 1 genannt und wird in den Hauptverteilungen eingebaut. Er wird an der Schnittstelle zwischen Außenbereich (LPZ 0) und dem Gebäude (LPZ 1) eingesetzt und muss in der Lage sein, Blitz-Teilströme zerstörungsfrei zu führen. Er begrenzt die Überspannung je nach eingesetztem Ableiter auf Werte kleiner 1.500 Volt bis 4.000 Volt und ist in der Lage, Blitzströme zwischen 25.000 A und 100.000 A der Wellenform 10/350 μs abzuleiten.

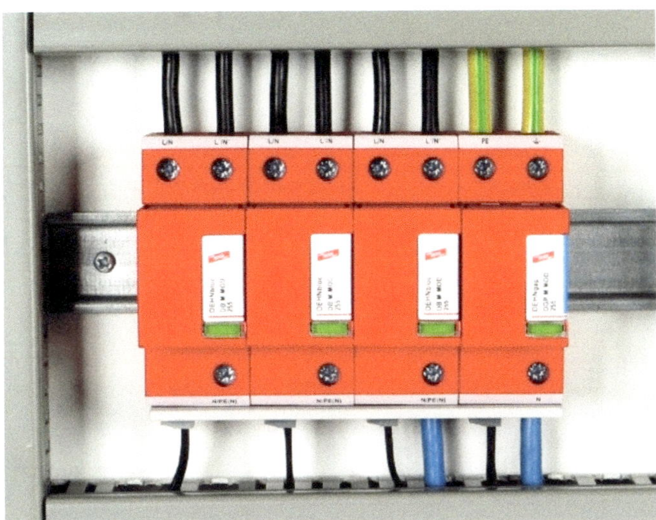

Bild 5.81: Blitzstrom-Ableiter Typ 1
Quelle: DEHN + SÖHNE GmbH + Co. KG, Neumarkt

Nachgelagert wird der Mittelschutz, Überspannungsableiter Typ 2 in den Unterverteilern eingebaut. Er begrenzt die Überspannung der Wellenform 8/20 µs je nach eingesetztem Schutzgerät auf Werte kleiner 700 Volt bis 1.500 Volt und leitet Stoßströme zwischen 12.000 A und 40.000 A ab.

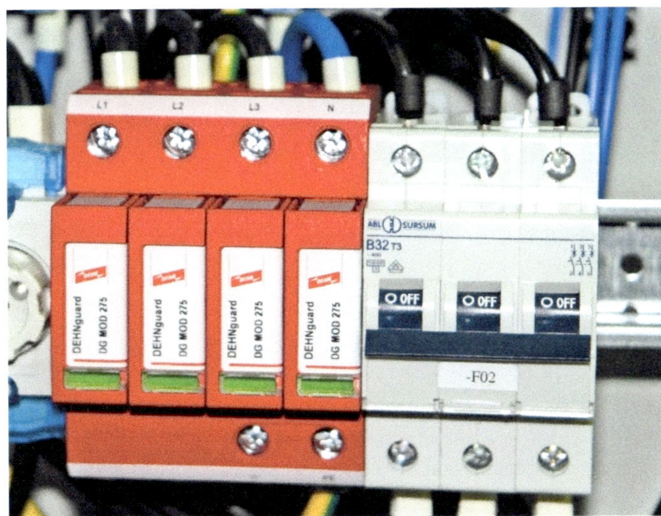

Bild 5.82: Überspannungsschutz-Ableiter Typ 2
Quelle: DEHN + SÖHNE GmbH + Co. KG, Neumarkt

Der sogenannte Feinschutz, Endgeräteschutz oder das Überspannungsschutzgerät Typ 3 wird hauptsächlich dazu eingesetzt, vor Überspannungen zwischen L (Phase, braune oder schwarze Ader) und N (Neutralleiter, blaue Ader) zu schützen. Er wird oft auch im Endgerät selbst schon realisiert, so dass in vielen Anlagen der Endgeräteschutz nicht mehr explizit in den Elektrounterverteilern ausgeführt wird. Der Endgeräteschutz begrenzt die Überspannung der Wellenform 8/20 µs je nach eingesetztem Schutzgerät auf Werte kleiner 180 Volt bis 1.250 Volt und leitet Überströme zwischen 1.000 A und 3.000 A ab. Der Feinschutz wird auch oft in Form einer Überspannungssteckdose oder einer Steckdosenleiste mit Überspannungsschutz angeboten.

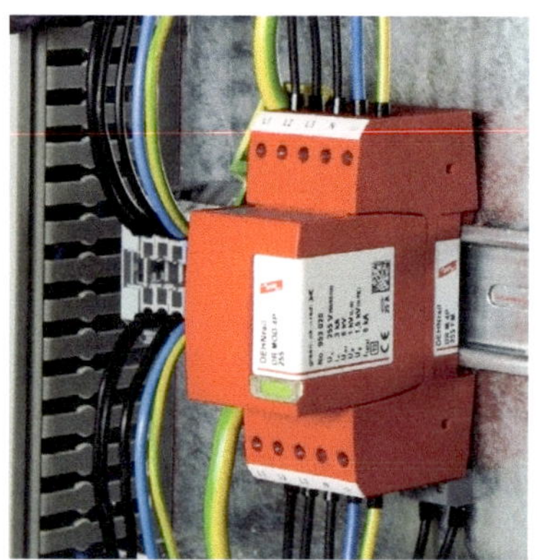

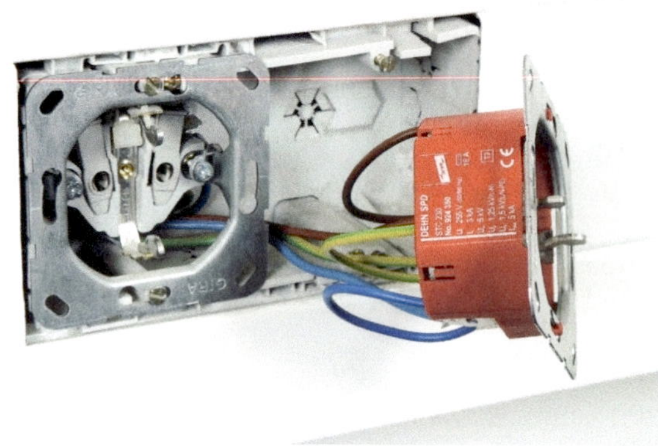

Bild 5.83: Überspannungs-Ableiter Typ 3 für Verteilereinbau und als Steckdose
Quelle: DEHN + SÖHNE GmbH + Co. KG, Neumarkt

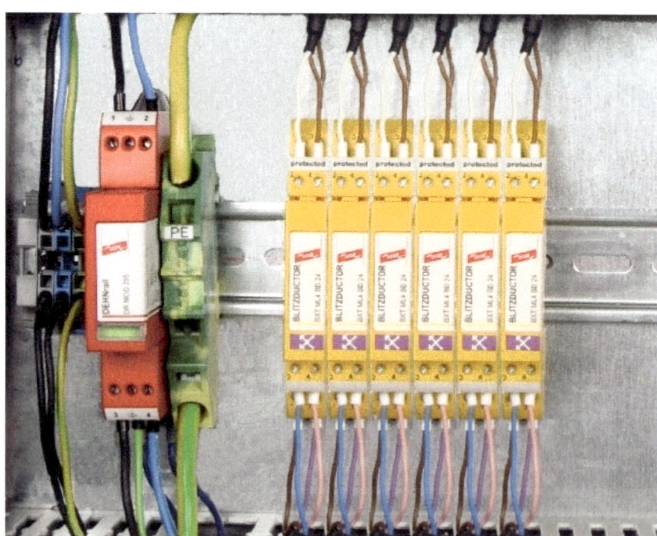

Bild 5.84: Überspannungs-Ableiter Typ 3 (links) und Ableiter zum Schutz sensibler IT (rechts)
Quelle: DEHN + SÖHNE GmbH + Co. KG, Neumarkt

Bild 5.85: Kombi-Ableiter SPD Typ 1
Quelle: DEHN + SÖHNE GmbH + Co. KG, Neumarkt

Alle Typen der Blitzschutz- und Überspannungsableiter sind am Markt auch mit separaten Fernmeldekontakten erhältlich. Diese Fernmeldekontakte sind potentialfreie Wechslerkontakte, an denen der Zustand des Überspannungsableiters abgegriffen und auf die Gebäudeleittechnik aufgeschaltet werden kann. Dies ist insbesondere wichtig, da speziell beim Mittel- und Feinschutz die Module nach mehrfachem Ansprechen zerstört werden können und getauscht werden müssen. Werden solche ausgelösten Module nicht rechtzeitig erkannt und getauscht, sind sie bei der nächsten Überspannung wirkungslos und somit das gesamte Schutzkonzept der Überspannungsableiter ohne Funktion.

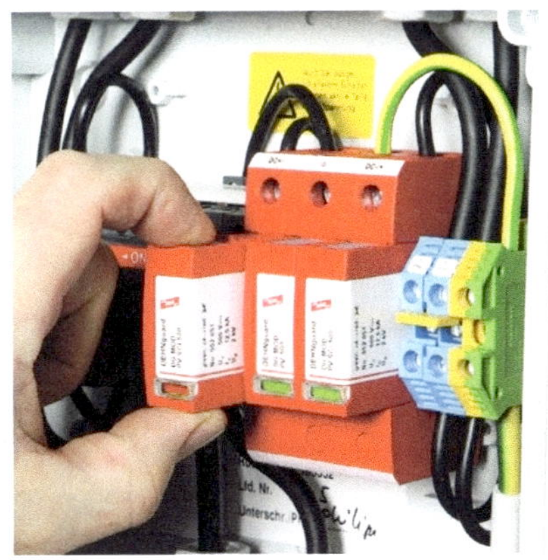

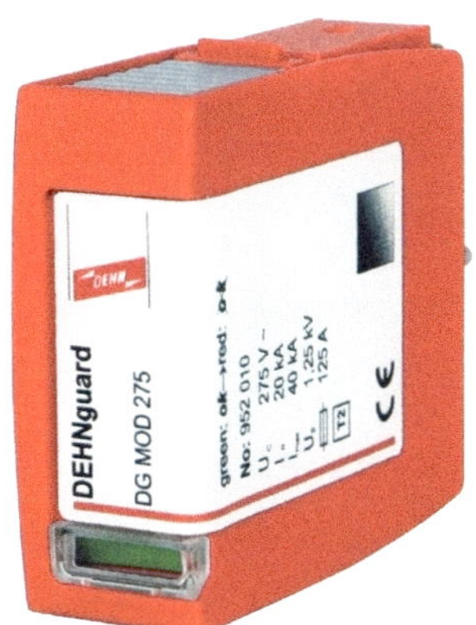

Bild 5.86: Überspannungsschutzmodul Typ 2 mit Zustandsanzeige
Quelle: DEHN + SÖHNE GmbH + Co. KG, Neumarkt

Der Zustand der Module kann bei den meisten Modellen auch vor Ort erkannt werden, indem funktionsfähige Module eine grüne Kennzeichnung haben und ausgelöste und zerstörte Module eine rote Kennzeichnung.

5.1.11.2.2 Wirkungsweise des Überspannungsschutzes

Der Überspannungsschutz verbindet die drei Außenleiter und den Neutralleiter über den Ableiter mit dem Schutzleiter. Im Normalbetrieb wirkt die Verbindung wie ein offener Schalter. Der Schalter wird durch die Bauelemente kurzzeitig bei Blitzeinschlag oder Überspannung geschlossen und leitet so die Überspannung über den Schutzleiter ab. Im Grobschutz dient als Schalter die Funkenstrecke oder der gasgefüllte Überspannungsableiter. Im Mittelschutz wird der Varistor, ein elektronisches Bauteil, eingesetzt. Im Feinschutz erledigt ebenfalls ein elektronisches Bauteil, die sogenannte Suppressor-Diode die Schalterfunktion.

Wichtig ist, dass Überstromschutz- und Fehlerstrom-Schutzeinrichtungen nur nach den Überspannungsschutzgeräten vom Typ 1 und Typ 2 angeordnet werden dürfen. Wird ein Überspannungsschutzgerät nach einem Fehlerstromschutzschalter angeordnet, würde der abgeleitete Stoßstrom gegen PE als Fehlerstrom interpretiert werden und der Fehlerstromschutzschalter den Stromkreis unterbrechen. Zusätzlich ist damit zu rechnen, dass bei der Beanspruchung mit Blitz-Teilströmen aufgrund der hohen Dynamik der Überspannung der Fehlerstromschutzschalter mechanisch beschädigt wird. Damit wäre der „Schutz gegen elektrischen Schlag unter Fehlerbedingungen" außer Kraft gesetzt, obwohl nach VDE der Personenschutz eine höhere Priorität hat als der Überspannungsschutz.

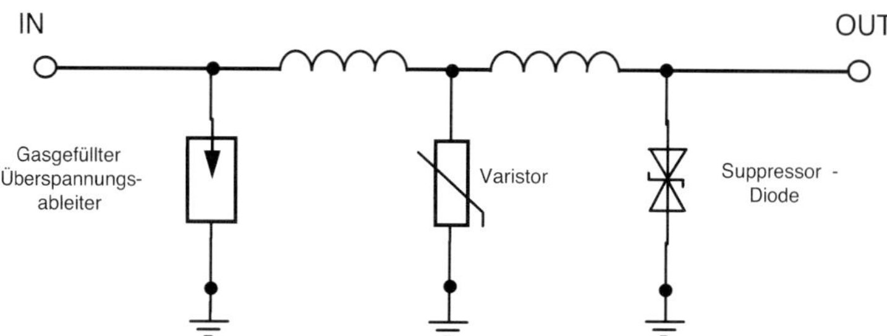

Bild 5.87: Prinzipschaltung eines dreistufigen Ableiters
Quelle: Bosch Sicherheitssysteme GmbH

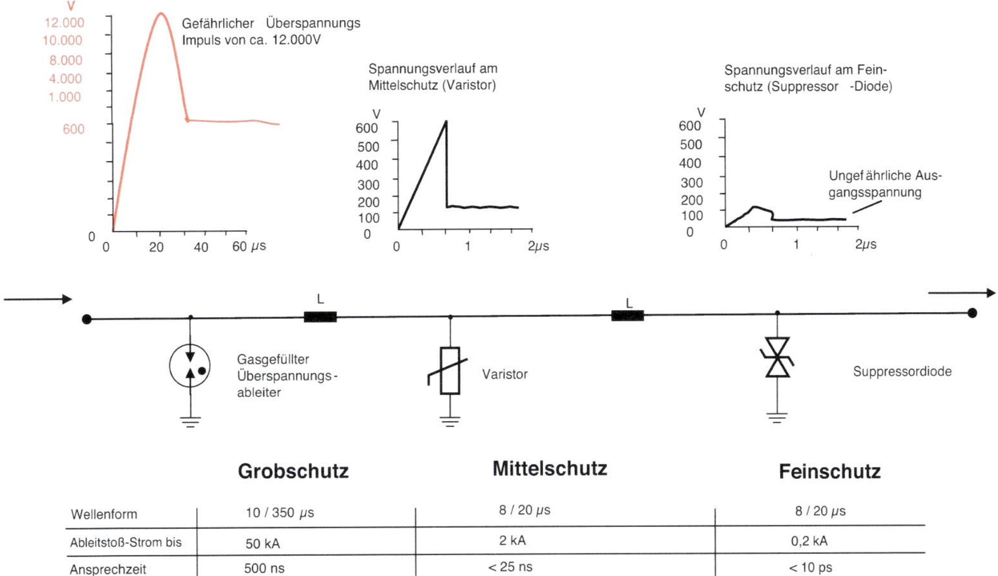

	Grobschutz	Mittelschutz	Feinschutz
Wellenform	10 / 350 µs	8 / 20 µs	8 / 20 µs
Ableitstoß-Strom bis	50 kA	2 kA	0,2 kA
Ansprechzeit	500 ns	< 25 ns	< 10 ps

Bild 5.88: Spannungsverläufe an Überspannungsableitern entlang einer Signalader
Quelle: Bosch Sicherheitssysteme GmbH

5.1.11.2.3 Fernmeldeanlagen und Datennetze

Datennetze werden heutzutage nach der DIN EN 50173 aufgebaut, d.h. das Verkabelungssystem wird anwendungsneutral erstellt. Die anwendungsneutrale Verkabelung unterscheidet zwischen der Primärverkabelung (von Gebäude zu Gebäude), der Sekundärverkabelung (zwischen Gebäudeverteiler und Etagenverteilern) und der Tertiärverkabelung (vom Etagenverteiler zur Enddose). An die Tertiärverkabelung schließt sich die Geräteverkabelung von der Enddose zum Endgerät an.

Im Bereich des Datennetzes erfolgt die Primärverkabelung in der Regel mit Glasfaserkabel, so dass Überspannungen vom Außenbereich in das Gebäude über dieses Kabel kein Thema sind. Anders sieht es in der Sekundär- und Tertiärverkabelung aus, die in der Tertiärverkabelung meist in Kupfer ausgeführt wird.

Bei direkten Blitzeinschlägen in das Gebäude können über die kupferbasierten Sekundär- und Tertiärkabel hohe Spannungen induziert werden, die Endgeräte oder aktive Datennetzkomponenten schädigen können.

Spezielle Schutzbausteine für aktive Datennetzkomponenten und Endgeräte können notwendig werden und Abhilfe schaffen. Bereits geschützte Adern dürfen nicht in die Nähe von ungeschützten Adern kommen, da ansonsten die Gefahr durch Überschlag besteht.

Dramatisch anders sieht es aus in der Fernmeldeverkabelung, die auch im Primärbereich mit hochpaarigen Fernmeldekabeln mit Kupfer als Leitermaterial ausgeführt werden.

Zudem erfolgt meist die Einspeisung des Providers ebenfalls mittels Kupferleitungen. Ein Nichtvorhandensein der Datenanbindungen an die weite Welt ist heute ebenfalls bereits existenzbedrohend und daher überlebenswichtig für Unternehmen.

Sowohl an der Gebäudeaustrittsseite, wie auch an der Gebäudeeintrittsseite sind Schutzgeräte vorzusehen.

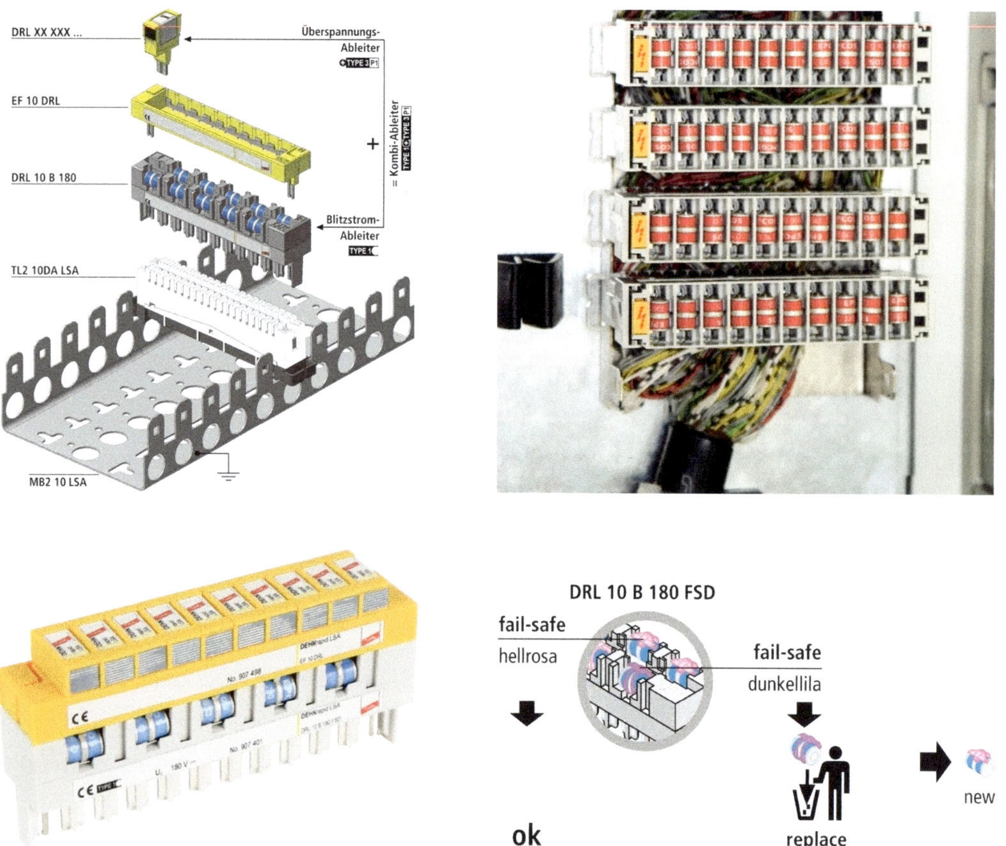

Bild 5.89: Blitz- und Überspannungsschutz für LSA-Trennleisten
Quelle: DEHN + SÖHNE GmbH + Co. KG, Neumarkt

5.1.11.3 Erdung und Potentialausgleich

Damit ein Überspannungsschutz wirken kann und Potentialunterschiede unterschiedlicher elektrischer Betriebsmittel und leitfähiger Teile keine Schäden verursachen, ist eine ordnungsgemäß ausgeführte Erdung und der Potentialausgleich zwingende Voraussetzung.

Als Erdung bezeichnet man dabei die elektrisch leitfähige Verbindung mit dem elektrischen Potential des Erdbodens oder Erdreichs.

Idealerweise gibt es im Gebäude nur einen Zentralen Erdungspunkt, an dem der gesamte Potentialausgleich zusammen läuft und der nur an dieser Stelle Erdverbindung hat.

Nur dadurch ist sichergestellt, dass es keine Potentialunterschiede zwischen zwei Gebäudeteilen gibt und schädliche Ausgleichsströme fließen können.

An dieser Stelle wird auch der Zentrale Erdverbindungspunkt (ZEP) realisiert: als die einzige Verbindung zwischen Neutralleiter (N) und Potentialausgleichsleiter (PE), wie er bereits im Abschnitt 5.1.8 – Der Zentrale Erdungspunkt – ausgiebig beschrieben wurde.

Erdungsanlagen können in Form von Oberflächenerder oder Ringerder (Erder bis 1 m Tiefe), Tiefenerder (Lotrechter Erder in größere Tiefen) oder Fundamenterder (Erder in das Betonfundament eingebettet) ausgeführt werden. Jede Erderart hat ihre Vor- und Nachteile, so dass bei der Festlegung die örtlichen Gegebenheiten eine große Rolle spielen.

Bei Neubauten kommt fast ausschließlich der Ring- und Fundamenterder zur Ausführung, während bei Nachrüstungen an bestehenden Gebäuden der Tiefenerder oder der Oberflächenerder Anwendung findet. Bei der Verlegung des Fundamenterders in der Bodenplatte oder im Betonfundament ist darauf zu achten, dass er vertikal eingebaut wird. Bei horizontalem Einbau kann es bei den Betonierarbeiten zu Lufteinschlüssen unter dem Fundamenterder kommen, was zu erhöhten Übergangswiderständen führt.

Wird bei der Bodenplatte, wie heute üblich, zwischen Schotterschicht und Bodenplatte eine Folie eingelegt, damit der Beton sich nicht mit dem Schotter vermischt und die Bodenplattenstärke schmälert, schafft man zwangsläufig eine elektrische Isolation gegen das Erdreich. Da der Erder immer eine leitende Erdverbindung haben muss, muss er in das Fundament ohne Folie oder unter die Folie verlegt werden, man spricht von Erdfühligkeit. Zudem muss er korrosionssicher sein, d.h. er muss in der verzinkten Ausführung entweder mindestens 5 cm allseitig mit Beton umschlossen oder bei der Verlegung im Erdreich mit korrosionsfestem Material (Edelstahl) verlegt werden.

Bei mehreren Tiefenerdern nebeneinander sollte der Abstand zwischen den Erdern mindestens der Eintreibtiefe entsprechen. In der Regel ergibt sich der Abstand zwischen Tiefenerdern aus dem Abstand der Ableitungen, aus der sich wiederum die Mindesteintreibtiefe ergibt. Oft unbekannt ist, dass auch Tiefenerder miteinander verbunden werden müssen, weshalb man gleich den in der Regel wirksameren Ring- oder Fundamenterder verlegen kann.

Entscheidend für die Qualität und Wirksamkeit der Erdungsanlage ist der Erdungswiderstand. Doch wie hoch er maximal sein darf, lässt sich nicht so leicht beantworten. In früheren Normen war noch ein Maximalwert von 10 Ohm angegeben. Seit Oktober 2006 ist dieser Wert in der Norm DIN EN 62305 nicht mehr vorhanden, da unterschiedliche Erderformen, unterschiedliche Böden, die Jahreszeit und die Wetterbedingung zu unterschiedlichen Werten führen und die 10 Ohm bei manchen Böden überhaupt nicht erreicht werden können.

Bei einem normalen Acker- und Lehmboden ist ein Wert von 2 Ohm mit einem Tiefenerder durchaus erreichbar. Ein Tiefenerder unter gleichen Bedingungen in sehr steiniger Erde liefert Werte, die fernab der 10 Ohm liegen. Der Erdungswiderstand bei einem frisch geschlagenen Erder auf felsigem Boden kann schon mal bei 50 Ohm liegen.

Zudem schwanken die Werte jahreszeitlich und wetterabhängig sehr stark. Im Winter, bei feuchtem Boden nach einem Niederschlag, liegen die Werte niedriger als im Sommer bei trockenen Bedingungen. Werte von über 100 Ohm bei trockenem Sandboden und über 1.000 Ohm auf Fels können durchaus im maximal erreichbaren Rahmen liegen.

Bei Oberflächen- oder Ringerdern sind die Werte im Schnitt um 30 Prozent besser als bei Tiefenerdern.

Fundamenterder auf felsigem Boden liefern dagegen wieder relativ niedrige und somit gute Werte, was der hohen Berührungsfläche geschuldet ist. Ein Fundamenterder auf reinem Fels liefert jedoch wiederum einen Wert, der nicht viel besser als 100 Ohm sein wird.

Die Werte lassen sich jedoch nur dann einwandfrei messen, wenn die elektrische Anlage noch nicht im Betrieb ist. Bei Anlagen im Betrieb wird häufig nicht der Erdungswiderstand, sondern der Schleifenwiderstand aufgrund der Verbindungen zum Fundamenterder mit Verbindung zum PEN-Leiter des Energieversorgungsunternehmens gemessen.

Bild 5.90: Ring- oder Banderder
Quelle: DEHN + SÖHNE GmbH + Co. KG, Neumarkt

Bild 5.91: Tiefenerder
Quelle: DEHN + SÖHNE GmbH + Co. KG, Neumarkt

Bei Anlagen im Bestand ist es wichtig, alte Messprotokolle von der Inbetriebnahme zu haben. Dadurch lassen sich die Werte miteinander vergleichen und so feststellen, ob die Erdungsanlage noch in Ordnung ist.

Alles in allem muss der Prüfer einschätzen und entscheiden, ob der gemessene Wert in Ordnung ist oder nicht.

Gemäß DIN VDE 0100 Teil 200 ist der Potentialausgleich als „Elektrische Verbindung, die die Körper elektrischer Betriebsmittel und fremde leitfähige Teile auf gleiches oder annähernd gleiches Potential bringt", definiert. Zudem soll er den Erdungswiderstand minimieren.

Man unterscheidet zwischen dem Schutzpotentialausgleich bzw. Hauptpotentialausgleich und dem Örtlichen Potentialausgleich. Der Hauptpotentialausgleich beinhaltet die Verbindung zwischen allen in ein Gebäude geführte Leitungen und der Erdungsanlage. Der Örtliche Potentialausgleich oder Zusätzliche Schutzpotentialausgleich ist der Potentialausgleich zwischen allen elektrisch leitfähigen Teilen in einem Raum oder Bereich und dem Schutzleiter der in den Raum oder Bereich geführten Leitungen der Niederspannung.

Obwohl nach DIN VDE 0100, Teil 700 nicht vorgeschrieben, empfiehlt es sich auf jeden Fall, in einem Rechenzentrum einen Örtlichen Potentialausgleich auszuführen.

In den Potentialausgleich einbezogen werden:

- Alle Schutzleiter der elektrischen Anlagen
- Die komplette Erdungsanlage
- Alle Ableitungen der Überspannungs-Schutzeinrichtungen der Energie und Informationstechnischen Anlagen
- Die Abschirmungen von Leitern und Kabeln (sofern vorhanden), Fernmeldeleitungen, jedoch nur einseitige Erdung des Schirmes
- Alle metallenen Gebäudekonstruktionen inklusive Gebäudekonstruktion, Aufzugsschienen, Doppelboden, Türen, leitfähige bzw. ableitfähige Fußböden etc.
- Alle Rohre von Gas-, Wasser- und Heizungsinstallationen
- Die Äußere Blitzschutzanlage

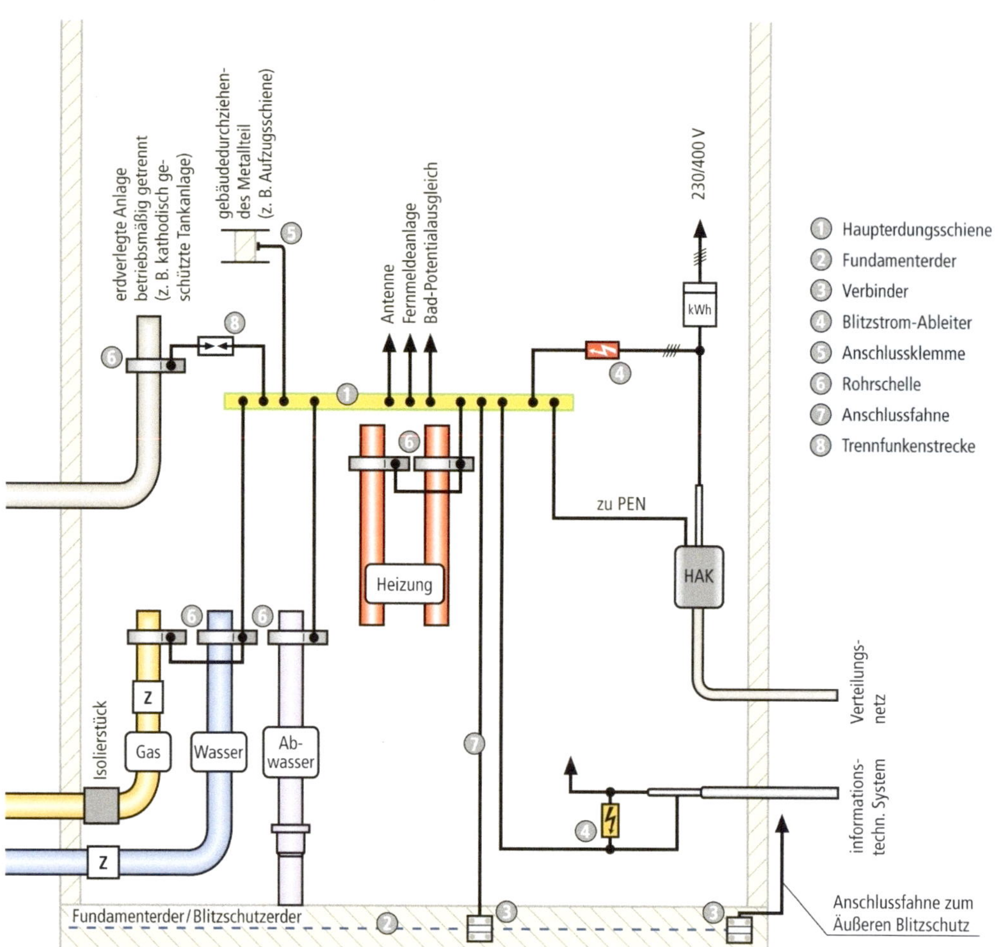

Bild 5.92: Prinzip des Blitzschutz-Potentialausgleichs
Quelle: DEHN + SÖHNE GmbH + Co. KG, Neumarkt

Über eine gezielte und sorgfältige Potentialsteuerung werden Potentialverschleppungen reduziert oder ganz vermieden. Die Potentialsteuerung fängt dabei bei baulichen Maßnahmen an, indem elektrisch leitfähige Baumaterialien miteinander verbunden werden und so Potentialdifferenzen gegen null gehen.

Mindestquerschnitte für den zusätzlichen Schutzpotentialausgleich sind bei geschützter Verlegung 2,5 mm² und bei ungeschützter Verlegung 4 mm², für jeweils Kupfer als Leitermaterial.

Potentialausgleichschienen sind dabei das zentrale Element des Potentialausgleichs. Sie müssen neben der Anforderung des kontaktsicheren Klemmens auch korrosionsfest und stromtragsicher sein.

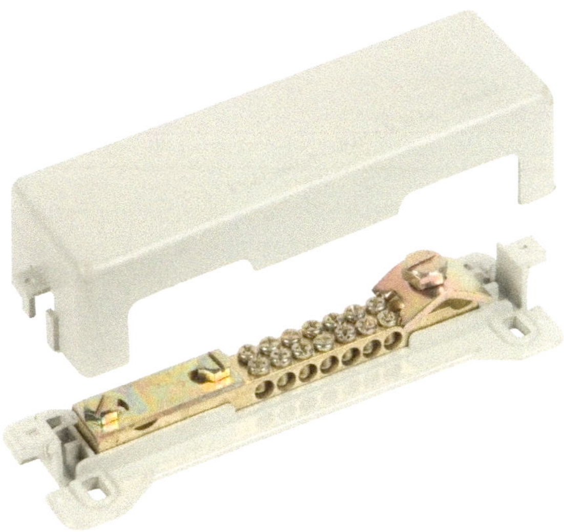

Bild 5.93: Potentialausgleichsschiene
Quelle: DEHN + SÖHNE GmbH + Co. KG, Neumarkt

Bild 5.94: Erdungsrohrschelle
Quelle: DEHN + SÖHNE GmbH + Co. KG, Neumarkt

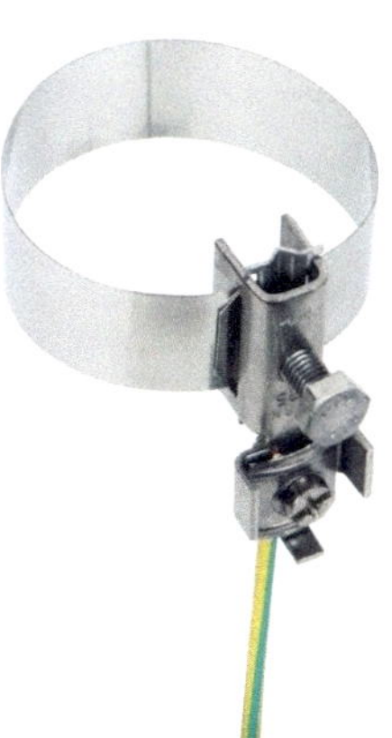

Bild 5.95: Erdungsbandschelle

Vor der Inbetriebnahme der elektrischen Anlage sind die Verbindungen auf ihre Wirksamkeit zu prüfen und Messungen – zumindest stichprobenartig – durchzuführen. Werte unter 1 Ω werden dabei als ausreichend erachtet.

Über die Frage, ob denn nun der Potentialausgleich als vermaschtes System oder in einer Baumstruktur bzw. sternförmig aufgebaut werden soll, streiten bis heute die Fachleute und werden sich wohl nie ganz einig. Große Verunsicherung, was denn nun richtig ist, und unterschiedliche Standpunkte spalten eher, als dass sie einen.

Es muss also gute Gründe geben, das System vermascht oder in Baumstruktur aufzubauen:

Bei einem vermaschten System werden an möglichst vielen Stellen im Gebäude die einzelnen Leitungen des Potentialausgleichs miteinander verbunden. Je öfter Maschen vorhanden sind, desto besser ist die gesamte Schirmwirkung gegen ein magnetisches Feld. Die eventuell fließenden Ströme teilen sich nach der Kirchhoffschen Regel auf und sind so in ihrer Einzelwirkung reduzierter. Zudem ist auch bei einer bewussten oder unbewussten Unterbrechung des Potentialausgleichs der nachfolgende Potentialausgleich durch die vielen Querverbindungen nicht unterbrochen und immer noch wirksam.

Der eigentliche Vorteil der Stromaufteilung ist auch zugleich ein Nachteil, denn die eventuellen Ableitströme werden über das gesamte Gebäude verteilt und können wiederum zu Schäden, auch an weit entfernter IT, führen. Die entstehende Induktion durch die Maschen kann dabei die schädliche Wirkung noch erhöhen oder erst entstehen lassen. Dies ist insbesondere zu beachten, wenn das Schirmgeflecht von Datenleitungen auf beiden Seiten geerdet wird.

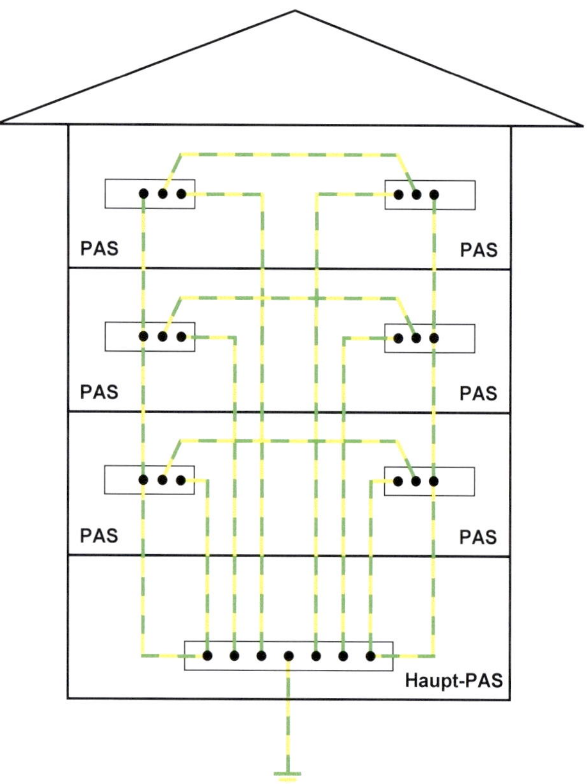

Bild 5.96: Vermaschter Aufbau des Potentialausgleichs

Beim sternförmigen Potentialausgleich wird jeder Potentialanschluss eines Betriebsmittels mit der PE-Schiene im Verteiler in einer Linie untereinander verbunden und an zentraler Stelle am Zentralen Erdungspunkt zusammengeführt. Die Struktur kann selbstverständlich über das Gebäude verzweigt aufgebaut werden. Maschen, d.h. Anschlüsse an unterschiedlichen Stellen, sind jedoch zu vermeiden. Beim sternförmigen System ist unbedingt darauf zu achten, dass die Betriebsmittel untereinander genügend Abstand haben, und nicht über das Gehäuse oder über die Füße der Betriebsmittel und den Fußboden Maschen entstehen.

Der große Vorteil beim sternförmigen System ist, dass keine Ableitströme entstehen können, die von anderen Betriebsmitteln als den angeschlossenen herrühren können. Ein induzierter Strom ist nicht möglich.

Der Nachteil des Systems liegt in der Störanfälligkeit, da eine einzige gewollte oder ungewollte Unterbrechung oder ein fehlerhafter Anschluss bereits dafür sorgen kann, dass ganze Zweige isoliert werden und keine Erdverbindung mehr haben. Sicherstellen kann man dies nur durch regelmäßige Prüfungen.

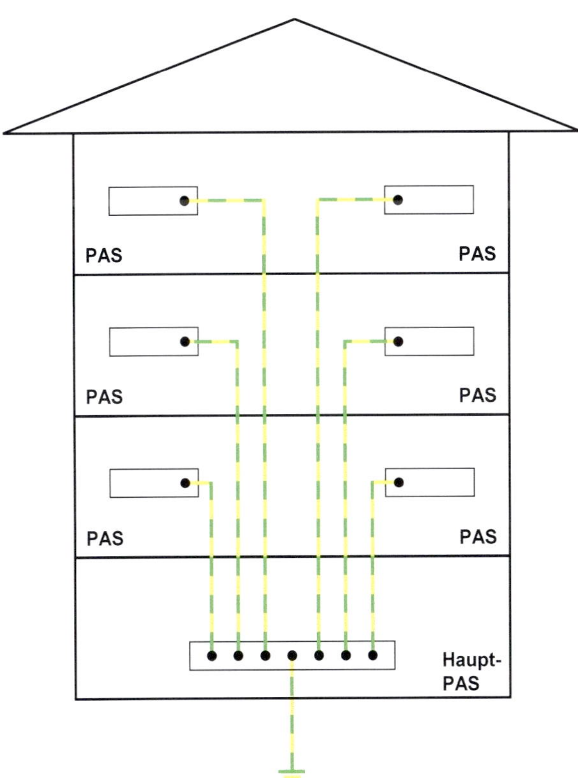

Bild 5.97: Sternförmiger bzw. baumförmiger Aufbau des Potentialausgleichs

In der Praxis erfolgt meist eine gemischte Ausführung. Die Regel ist ein vermaschtes System. Sternförmige Systeme werden nur in ganz begrenzten Anlagen und Bereichen realisiert. Sternförmige Systeme sind sehr EMV-freundlich.

Trotzdem ist es heute Standard, die Schirmgeflechte von Datenleitungen nur einseitig zu erden.

Letztlich ist die Art der Ausführung doch wieder dem eigenen Standpunkt und dessen Vorliebe geschuldet. Es gibt, wie so oft in der Technik, kein eindeutiges Falsch oder Richtig. Die Wahrheit liegt wie immer in solchen Fällen wohl irgendwo dazwischen.

5.1.12 Kabelverbindungen oder Stromschienen

Große Energien werden heutzutage entweder über Kabelverbindungen oder über Stromschienen übertragen. Dabei hat jede Verteilart ihre Vor- und Nachteile:

Kabelverlegung:
+ geringe Materialkosten
- vergleichsweise hoher Montageaufwand
- vergleichsweise hohe Brandlast

Stromschienen:
+ schnelle Montage
+ geringer Platzbedarf
+ verringerte Brandlast
+ Übertragung großer Ströme unter Beachtung des Funktionserhalts
+ hohe Festigkeit gegen Kurzschlussströme
- starre Kopplung an Gebäudegeometrie
- vergleichsweise teuer

Je nach Anwendung sind diese Eigenschaften im Zusammenhang mit der Nutzung und den spezifischen Flächenlasten abzuwägen.

Insbesondere beim Einsatz von Stromschienen mit großen Nennströmen ist auf die Zulassung, die Verarbeitung und die Montage besonderes Augenmerk zu richten. In Deutschland gibt es maximal eine Handvoll namhafte Lieferanten von Stromschienen und Stromschienenverbindungen, die größtenteils im Ausland fertigen lassen. Fertigungsstandorte sind dabei unter anderem in Tschechien und Irland. Das LD-System bis 5.000 A von Siemens wird in Köln gefertigt.

Bild 5.98: Kabelverbindungen
Quelle: Siemens AG

Bild 5.99: Stromschienen
Quelle: Siemens AG

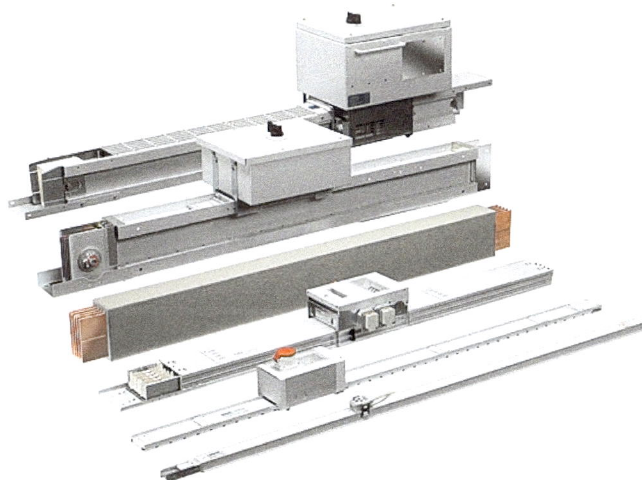

Bild 5.100: Stromschienenverteilersysteme von 25 A bis 6.300 A
Quelle: Siemens AG

Der Aufbau der Stromschienen ist teilweise unterschiedlich und so bestimmt letztlich das Anforderungsprofil und der Preis, welches Fabrikat zum Einsatz kommt. Hier auf namhafte Hersteller zu setzen ist sicherlich ein nicht zu unterschätzender Faktor in punkto Betriebssicherheit. Um eine Systemgarantie zu erhalten sollten nicht einzelne Stromschienenteile beim Hersteller oder Lieferanten bezogen werden, sondern eine betriebsfertige Installation der gesamten Strecken in Auftrag gegeben werden.

Tabelle 5.7: Vergleich Stromschienen zu Kabelinstallationen (Quelle: Siemens AG)

Merkmal	Stromschienenverteiler	Kabelinstallation
TSK-Anlage	Möglich	Nicht möglich
Mechanische Sicherheit	Hoch	Gering
Brandlast	Gering	Hoch
Temperaturverhalten	Umgebungstemperatur gemäß DIN EN 60439-1 und -2 Maximal + 40 °C und + 35 °C im 24-Stunden-Mittel	Kabelbelastungen sind gemäß DIN 57298-4, Kapitel 5.3.3.1 / DIN VDE 0289-4 / 2.88 auf + 30 °C bezogen
Netzaufbau	Übersichtlich, da linienförmiger Netzaufbau mit seriell angeordneten Verbraucherabgängen über Abgangskästen	Sehr große Kabelhaftung am Einspeispunkt, da sternförmige Versorgung der Verbraucher von zentraler Energieverteilung
Schutzorgane für Verbraucher	Im Abgangskasten: Dadurch direkte, sofort nachvollziehbare Zuordnung zum Verbraucher vor Ort. Allerdings keine keine Trennung von RZ-Fläche und Technik möglich	Zentral im Verteiler: Dadurch ist die Zuordnung zum Verbraucher nicht unmittelbar an Ort und Stelle nachprüfbar. Man muss sich auf die Richtigkeit der Beschriftung von Kabeln und Verbraucher verlassen. Allerdings ist eine Trennung von RZ-Fläche und Technik möglich
Platzbedarf	Gering	Hoch, da entsprechend große Verteilungen notwendig sind. Verlegungskriterien (Häufung, Verlegungsart, Strombelastbarkeit etc.) müssen beachtet werden
Nachrüstbarkeit bei Veränderung der Verbraucherabgänge	Große Flexibilität durch Abgangsstellen in Schienenkästen und große Anzahl von verschiedenen Abgangkästen	Nur mit vergleichsweise hohem Aufwand möglich. Verlegung von zusätzlichen Kabeln von zentralen Verteilungen zum Verbraucher.
Planung und Projektierung	Einfach und schnell unter Einbeziehung von EDV-gestützten Planungstools	Hoher Projektierungsaufwand (Verteilungs- und Kabelauslegungen, Kabelpläne etc.)
Dimensionierung (Strom, Spannungsfall, Nullungsbedingungen)	Geringer Aufwand	Verhältnimäßig hoher Aufwand
Aufwand bei Fehlersuche	Gering	Hoch
Brandschottungen	Typgeprüft, fabrikfertig	Abhängig von der Ausführungsqualität auf der Baustelle
Funktionserhalt	Geprüfter Funktionserhalt nach DIN 4102-12	Abhängig von der Ausführungsqualität auf der Baustelle
Elektromagnetische Beeinflussung	Gering	Bei Standardkabeln relativ hoch
Montage	Wenig Montagematerial und Hilfsmittel, geringe Montagezeiten	Aufwändiges Montagematerial und umfangreiches Hilfsmittel, hohe Montagezeiten
Gewicht	Gewicht bis zu 1/3 des vergleichbaren Kabelgewichts	Bis zum 3-fachen des Schienenverteiler-Gewichts
Halogenfreiheit, PVC-Freiheit[1]	Schienenkästen sind grundsätzlich halogen- und PVC-frei	Standardkabel sind nicht halogen- und PVC-frei

[1] Details sind vom Hersteller anzufragen

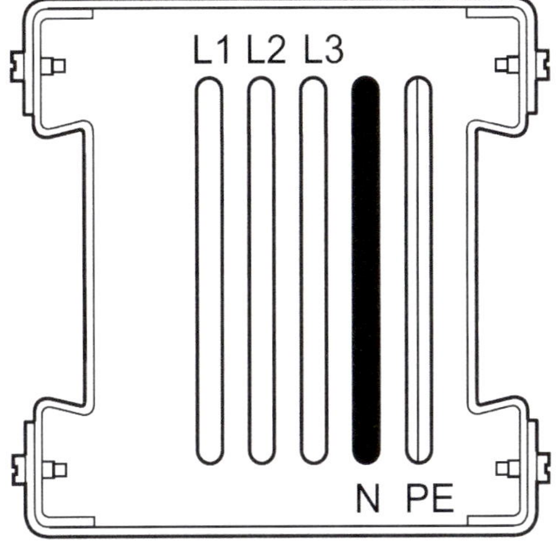

Bild 5.101: Schnitt durch eine Stromschiene 1.100 A bis 1.600 A
Quelle: Siemens AG

Bild 5.102: Ansicht eines Stromschienenendes
Quelle: Nobaduct GmbH

Stromschienen gibt es heutzutage von 25 A bis 6.300 A Stromtragfähigkeit. Zudem werden unterschiedliche Schutzarten bis IP68 (siehe Abschnitt 5.1.2) angeboten. Stromschienen gibt es als reine Energietransportschienen in geschlossener Ausführung oder als Energieverteilschienen mit der Möglichkeit, Abgangskästen einzurasten und Spannungen abzugreifen. Abgangskästen haben den großen Vorteil des flexiblen Abgriffes entlang der Schiene und der Möglichkeit, die Abgangskästen unter Spannung, d.h. ohne vorheriges Abschalten der Schiene aufzustecken. Die Gefahren unter Spannung bzw. Last zu stecken sind jedoch nicht zu vernachlässigen.

Bei Kabelverbindungen können durch die Verwendung von halogenfreien Kabeln die Brandrisiken minimiert werden. Im Sinne der Betriebssicherheit sollten unter Umständen auch Installationen in Funktionserhalt durchgeführt werden. Bei sicherheitsrelevanten Anlagen sind Installationen in Funktionserhalt vorgeschrieben.

Zur Reduktion von EMV-Störungen kann es sinnvoll und notwendig sein, geschirmte Leitungen zu verwenden.

Werden insbesondere bei großen Leiterquerschnitten Einleiterkabel verwendet, so sind diese um hohe magnetische Störfelder zu reduzieren oder zu vermeiden, möglichst eng beieinander oder idealerweise im Dreieck oder gedrillt zu verlegen.

Werden mehrere Systeme mit Einleiterkabel parallel verlegt, sind die Leiter der einzelnen Systeme immer eng beieinander und symmetrisch anzuordnen.

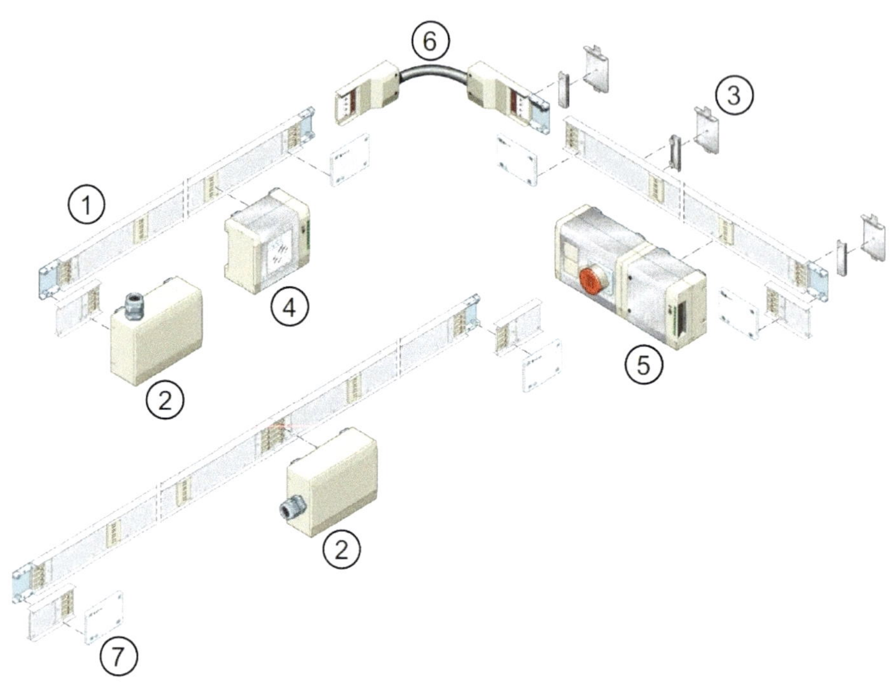

① Schienenkasten
② Einspeisekasten
③ Befestigungsbügel
④ Abgangskasten
⑤ Gerätekasten
⑥ Richtungsänderung
⑦ Endflansch

Bemessungsstrom	40 A, 63 A, 100 A, 125 A, 160 A
Bemessungsbetriebsspannung	400 V AC
Schutzart	IP54, IP55
Abstand der Abgangsstellen	je 0,5 m einseitig je 1 m einseitig
Bemessungsstrom der Verbraucherabgänge	bis 63 A

Bild 5.103: Komponenten eines Stromschienensystems von 40 A bis 160 A
Quelle: Siemens AG

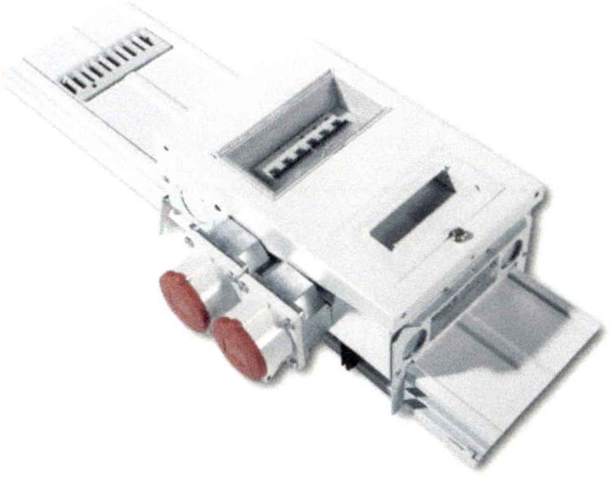

Bild 5.104: Abgangskasten mit 2 CEE-Steckdosen
Quelle: Siemens AG

Bild 5.105: Unterschiedliche Abgangskästen für unterschiedliche Anwendungen
Quelle: Siemens AG

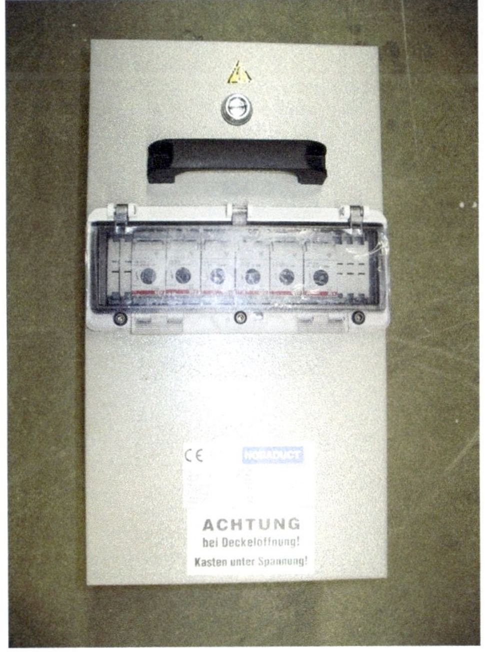

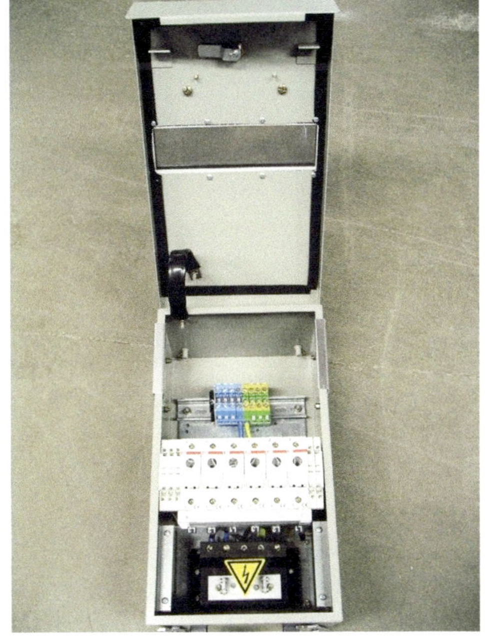

Bild 5.106: Abgangskasten mit Drehstromanschluss für 6 einphasige Verbraucher
Quelle: Nobaduct GmbH

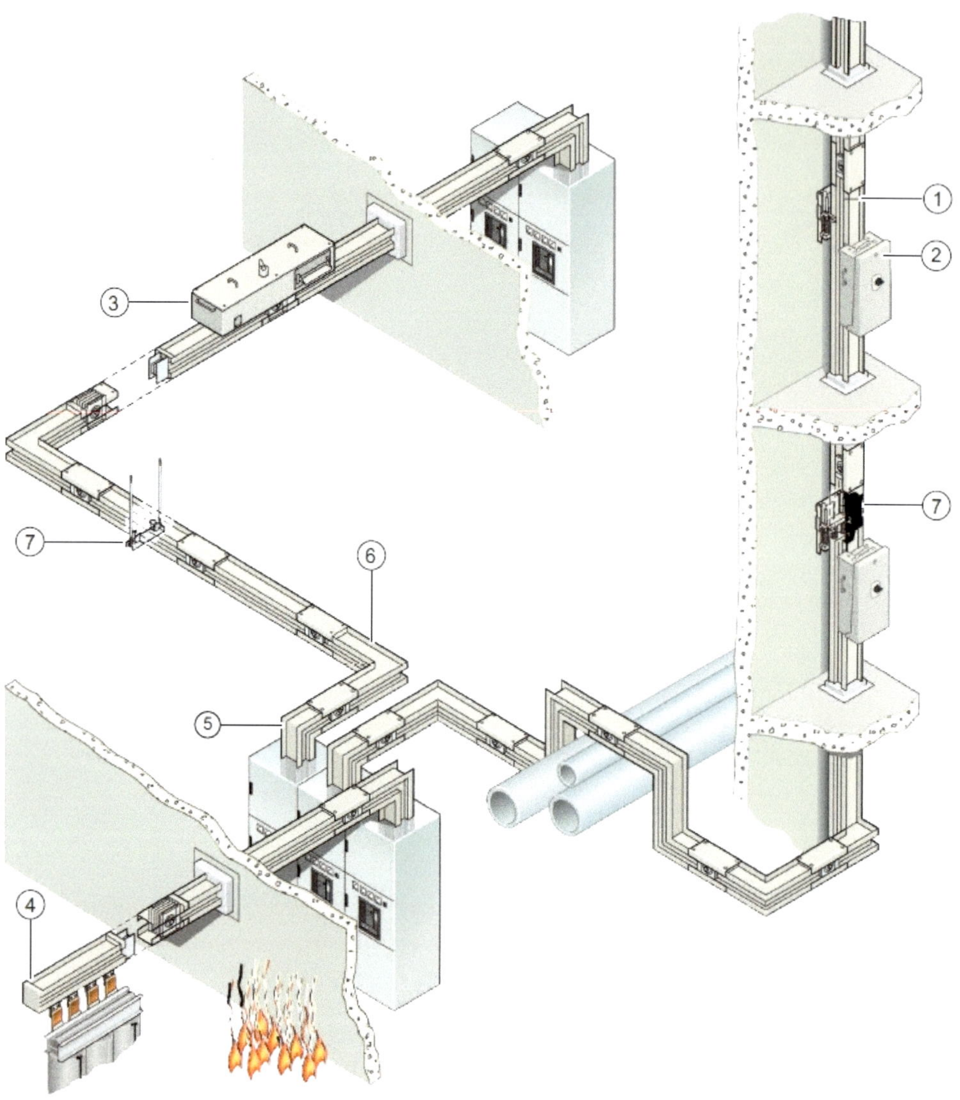

① Gerade Schienenkästen (mit oder ohne Abgangsstellen)
② Abgangskästen
③ Abzweigkästen, fest installiert
④ Einspeisekästen
⑤ Anschluss an Siemens-Energieverteiler
⑥ Richtungsänderungen
⑦ Zusatzausrüstung für Wand- / Deckenbefestigung

Bild 5.107: Komponenten eines Stromschienensystems zur Energieverteilung von 800 A bis 6.300 A
Quelle: Siemens AG

Ebenso sind die Trassen ihrem Verwendungszweck entsprechend einzusetzen. Es wäre fahrlässig, Kabel und Leitungen in Funktionserhalt in Trassen ohne jeglichen Funktionserhalt zu verlegen. In besonderen Anwendungen ist die LAR, die Leitungsanlagen-Richtlinie zu beachten. Dies gilt im Besonderen bei Leitungsanlagen in Rettungswegen, dem Führen von Leitungen durch mehrere Brandabschnitte oder bei elektrischen Leitungsanlagen in Funktionserhalt.

Zudem müssen Trassen durchgängig elektrisch leitend miteinander und mit dem Potentialausgleich verbunden werden, damit sie neben ihrer eigentlichen Funktion auch EMV-unterstützend wirken.

Müssen aus brandschutztechnischen Gründen Stromschienen oder Leistungskabel mit Brandschutzplatten eingekleidet werden, ist die Wärmeentwicklung durch die Verlustleistung der belasteten Leiter zu beachten. Durch die Wärmeentwicklung steigt die Temperatur im Kanal stark an. Die Folge sind Reduktionen in der Strombelastbarkeit. Die Reduktionsfaktoren der Hersteller sind zwingend zu beachten und können schon mal bei 0,6 liegen. Der doppelte notwendige Querschnitt der Stromschiene bei gleicher Strombelastbarkeit ist die Folge.

5.1.13 Leitermaterial Kupfer oder Aluminium

Während sich bei den Niederspannungskabeln der Leiterwerkstoff Kupfer aufgrund seiner Eigenschaften durchgesetzt hat, gibt es doch zwei Anwendungen, bei denen häufig Aluminium als Leiterwerkstoff verwendet wird:

- Mittelspannungskabel
- Stromschienen

Bei der Auswahl des Leitermaterials muss man daher immer eine ganzheitliche Betrachtung machen und je nach Anwendungsfall und Installationsumgebung fällt die Entscheidung für oder gegen den einen oder anderen Werkstoff.

Aluminium ist ein Werkstoff, der auf der Erde sehr häufig in Form von Bauxit vorkommt, es wird jedoch sehr viel Energie für die Herstellung der metallischen Form benötigt. Kupfer kommt als Kupfererz an einigen Stellen der Welt vor, wird abgebaut, und in Öfen eingeschmolzen. Trotz der hohen Energiekosten bei der Aluminiumgewinnung ist Aluminium der günstigere Werkstoff.

Doch der günstigere Materialpreis des Aluminiums ist dabei nur ein Aspekt. Betrachtet man die geringere Leitfähigkeit von Aluminium im Vergleich zum Kupfer, muss ein größerer Querschnitt zum Erreichen der gleichen Leitfähigkeit wie bei einem Kupferkabel verwendet werden. Der Leiterquerschnitt kann somit bis zu 60 % gegenüber Kupfer als Leiter bei gleicher Leitfähigkeit steigen. Ein weiterer Nachteil von Aluminium ist dessen Steifigkeit, die im Quadrat zum Querschnitt steigt, also mit der vierten Potenz zum Durchmesser. Das hat nicht nur auf die Biegeradien bei der Verlegung Einfluss, sondern auch auf den Isolierstoff um den Leiter aufgrund der größeren Menge an teurem Isolierstoff VPE, der benötigt wird, um den Leiter zu umschließen.

Die Fließeigenschaften von Aluminium sind zwingend bei der Verbindungs- und Klemmtechnik zu beachten, da der Werkstoff weicher ist als Kupfer. Bei Klemmverbindungen (Schrauben) kann daher eine Brandgefahr entstehen, wenn diese nicht regelmäßig auf festen Sitz überprüft werden. Der Einsatz von Federzugklemmen ist besser, jedoch auch nicht unkritisch. Die Klemme darf keine Kerbung im weicheren Aluminiumleiter erzeugen, da dies auf Dauer eine Fehlerquelle sein kann.

Da sich an der Oberfläche von Aluminium an der Luft eine nichtleitende Oxidschicht bildet, müssen Maßnahmen ergriffen werden, dies zu verhindern. Hierzu gibt es spezielle Antioxydationsfette für Aluminiumleiter. Gleiches gilt auch für Kabelschuhe. Es gibt spezielle Kabelschuhe für Aluminiumleiter, die bereits ab Herstellerwerk mit einem solchen Antioxydationsfett gefüllt sind.

Wenn also unter dem Strich bei der Energieübertragung viele kurze Teilkabellängen mit Klemmstellen erforderlich werden, ist bei der Betrachtung aller Faktoren der Leiterwerkstoff Aluminium nicht mehr so viel günstiger als der Leiterwerkstoff Kupfer.

Zu guter Letzt ist auch das Problem bei auftretenden Schwingungen an einem Aluminiumleiter zu betrachten. Auf Grund der spröden Eigenschaft von Aluminium neigt diese sehr leicht zu Rissbildung am Leiter, was eine Brandgefahr darstellt oder sogar zum Bruch des kompletten Aluminiumleiters bei Schwingungen führen kann.

Dies bedeutet in der Praxis, dass diese Probleme bei Maschinenanschlüssen wie z.B. Generatoren von Netzersatzanlagen im Mittelspannungsbereich auftreten können. Bei Transformatoren bestehen diese Probleme in aller Regel nicht.

In der Vergangenheit hat sich dieses gegebenenfalls unterschätzte Phänomen bereits durch ein erhöhtes Schadensrisiko bei Windenergieanlagen gezeigt. Auch hier wurden beim Einsatz von Aluminiumkabeln im Laufe der Betriebszeit nicht unerhebliche Schäden festgestellt. Vermutlich auf Grund von Problemen mit Oxidationen an Klemmstellen oder Brüchen an Leitern wegen Vibrationen bei laufendem Rotor.

Abschließend sollte jeder selbst entscheiden, ob er Aluminium oder Kupfer als Leiterwerkstoff verwendet, und ob die Auswahl aufgrund der physikalischen Eigenschaften ein erhöhtes Risiko für die vorgesehene Nutzung sein kann. Wenn alle vorgenannten Punkte bei der Auswahl des Leiterwerkstoffes betrachtet werden, ist der Leiterwerkstoff Aluminium nicht mehr unbedingt die preiswertere Lösung.

Dabei muss man sich bei Mittelspannungskabel sehr genau überlegen, ob man nicht von der üblichen Praxis abweicht und auf den Leiterwerkstoff Kupfer wechselt, da in der Regel die notwendigen Biegeradien bei Aluminium bei der Verlegung fast nicht einzuhalten sind.

Bei Stromschienen ist der Einsatz von Aluminium als Leiterwerkstoff unkritischer. Hier wird in der Regel Kupfer als Leiterwerkstoff nur dann verwendet, wenn der Platz für die größeren Aluminiumstromschienen nicht vorhanden ist. Lediglich bei der Verwendung von Abgangskästen, die häufig umgesteckt werden, kann es zu den vorgenannten Kontaktproblemen bei der Verwendung von Aluminium als Leiterwerkstoff kommen. Aber auch hier hat die Praxis gezeigt, dass ein aufgesteckter Abgangskasten nicht mehr groß verändert wird.

5.1.14 Aus der Praxis

Obwohl in jedem Kapitel des Buchs bereits praktische Erfahrungen mit eingeflossen sind, wird nachfolgend doch noch auf spezielle praktische Erfahrungen in den vielen Jahren des Rechenzentrumsbaus eingegangen. Wiederum kann dieses Wissen auch in anderen Branchen und Bereichen angewandt werden. Der Rechenzentrumsbau hat sich lediglich als eine Art Vorreiter dafür herauskristallisiert.

5.1.14.1 EMV-gerechte Installation

Jedes elektrische System verursacht elektrische und magnetische Felder, die nicht verhindert werden können. Elektrische und magnetische Felder beeinflussen Systeme (z.B. IT-Systeme, Herzschrittmacher etc.) und gefährden – wenn sie zu stark werden – die Gesundheit und sogar das Leben. Der Gesetzgeber hat daher Grenzwerte festgelegt, die in Deutschland und in vielen Ländern der EU bei einer Frequenz von 50 Hz bei 5 kV/m für das elektrische Feld und 100 μT (Mikrotesla) für die magnetische Flussdichte liegen. Während die Grenzwerte in Großbritannien bei 9 kV/m und 360 μT liegen, hat die Schweiz den Grenzwert auf 1 μT festgelegt. Die elektrische Feldstärke ist in der Schweiz nicht begrenzt. Die Grenzwerte dürfen in Orten mit empfindlicher Nutzung (z.B. Schlaf-, Wohn-, Schul- und Krankenzimmer) niemals überschritten werden.

Das elektrische Feld ist das Kraftfeld, das sich zwischen elektrisch geladenen Körpern ausbildet. Die Maßeinheit ist V/m. Daher bestimmt die elektrische Spannung als physikalische Größe das elektrische Feld. Das elektrische Feld ist dadurch auch keinen zeitlichen Schwankungen ausgesetzt, da die Spannung in einem elektrischen Netz konstant ist (230 oder 400 V). Allerdings entstehen durch Netzrückwirkungen und Nichtlinearitäten im Stromkreis zusätzliche Frequenzen, die sogenannten Oberwellen. Berücksichtigt man die frequenzabhängige Wechselwirkung mit dem Körper, könnten selbst kleine Frequenzanteile eine verhältnismäßig große Bedeutung erlangen. Der Oberwellenanteil relativ zur Grundwelle wird bei höheren Spannungsebenen geringer.

Das magnetische Feld ist das Kraftfeld, das u.a. von bewegten elektrischen Ladungen hervorgerufen wird. Die Einheit ist A/m. Neben der magnetischen Feldstärke beschreibt auch die magnetische Flussdichte die Stärke des magnetischen Feldes. Die Einheit ist Tesla, wie sie auch in den Grenzwerten der gesetzlichen Bestimmungen angesetzt wird. Daher bestimmt die Höhe des elektrischen Stroms das magnetische Feld. Das magnetische Feld ist insofern sehr wohl zeitlichen Schwankungen ausgesetzt, da auch der Lastgang sehr unterschiedlich sein kann. Die Oberwellen des Magnetfelds sind in der Regel deutlich höher als bei elektrischen Feldern und ebenso wie bei den elektrischen Feldern, können für den Körper selbst kleine Frequenzanteile eine verhältnismäßig große Bedeutung erlangen.

Die Elektromagnetische Verträglichkeit (EMV) ist ein Maß für die Fähigkeit eines technischen Geräts, andere Geräte nicht durch ungewollte elektrische oder elektromagnetische Effekte zu stören oder durch andere Geräte gestört zu werden.

Resultierend daraus müssen für eine EMV-gerechte Installation die Felder eines Systems so klein wie möglich gehalten werden. Insbesondere in Rechenzentren mit einer hohen Dichte an empfindlichen Geräten und Systemen ist dem besondere Bedeutung beizumessen.

Das elektrische Feld lässt sich über einen sogenannten Faraday'schen Käfig abschirmen, also mit elektrisch leitfähigen Schirmmaterialien, die mit dem Erd- oder Bezugspotential verbunden werden.

Magnetische Felder lassen sich nur mit weichmagnetischen Werkstoffen abschirmen (z.B. Mumetall), was jedoch sehr aufwendig und teuer ist.

Deshalb werden in der Regel nur Abschirmmaßnahmen für elektrische Felder in die Praxis umgesetzt. Das Ziel muss also sein, die elektrischen und magnetischen Felder durch die Einhaltung von Installations- und Anordnungsmaßnahmen und der richtigen Auswahl von Komponenten möglichst klein zu halten.

Die Grundlage für eine EMV-gerechte Installation ist das TN-S-Netz. Mit einem TN-S-Netz sind schon mal 60 Prozent als Grundlage geschaffen. Wer sein Netz und insbesondere den Zentralen Erdungspunkt überwacht, mit den entsprechenden Werten die richtigen Schlüsse zieht und Maßnahmen daraus umsetzt, gewinnt nochmal 10 Prozent an EMV-gerechter Installation hinzu.

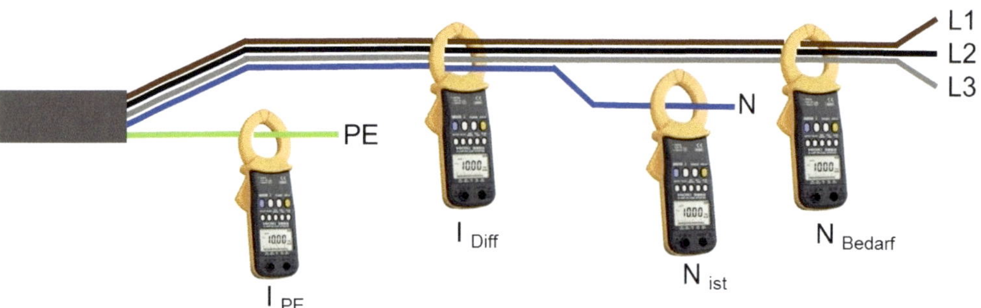

Bild 5.108: Messstellen für eine erste Überprüfung
Quelle: Werner Henke

Mit der Auswahl geeigneter Kabel- und Leitungen sowie Stromschienen wird eine weitere Verbesserung erreicht. Wenn dann noch die Elektroverteilungen richtig aufgebaut ist, sind alle Stellschrauben berücksichtigt, die die Bildung von elektrischen und magnetischen Feldern auf ein Minimum reduzieren.

Betrachten wir als erstes die Kabel und Leitungen.

Aus den Messergebnissen kann die Größe der elektromagnetischen Felder abgeleitet werden. Sie sind klein und in Ordnung, wenn

- der Differenzstrom I_{Diff} nahe null ist
- der PE-Strom I_{PE} nahe null ist
- der Summenstrom der Außenleiter N_{Bedarf} gleich dem N-Leiterstrom N_{ist} ist

Werden die Ströme größer, werden auch die entstehenden Felder größer. Umso sorgsamer müssen die Komponenten gewählt und installiert werden.

Bei Strömen unter 100 A ist die Größe und Auswirkung des magnetischen Felds vergleichsweise gering und fast unbedeutend. Bei Strömen über 100 A ist die Größe des magnetischen Felds jedoch in einem Bereich, in dem es durchaus beachtet werden muss. Es gilt daher, folgende Grundsätze möglichst einzuhalten:

- keine EMV-Abstrahlung (elektrische und magnetische Felder)
- induktionsfrei gegenüber dem PE
- induktionsfrei gegenüber Metallkonstruktionen
- keine Zusatzverluste
- gleiche Stromverteilung auf mehrfach geführten Phasen- bzw. Neutralleiter

Insbesondere zur Übertragung von großen Strömen (z.B. Verbindungsleitung zwischen Trafo und Niederspannungshauptverteilung) werden aufgrund der Installationserleichterung meist Einleiterkabel oder Stromschienen verwendet. Ein geringes magnetisches Feld erreicht man dann, wenn die Leiter L1, L2, L3, N und PE einen möglichst geringen und den gleichen Abstand zueinander haben und die Adern in ihrem Verlauf verseilt werden. Unter Verseilen versteht man das schraubenförmige wickeln um die Verseilungsachse. Die Schlaglänge ist dabei die Steighöhe bei der Verseilung, nach welcher Strecke das Kabel eine schraubenförmige Verseilung von 360° um die Verseilungsachse gemacht hat. Heutzutage ist jedes Fernmelde- und Starkstromkabel, das mehr als zwei Adern hat, auf den Grundlagen dieser Erkenntnis verseilt.

Aufgrund der in der Schweiz geltenden sehr geringen Grenzwerte für magnetische Felder, wurde durch die Firma CFW EMV-Consulting AG ein Kabel entwickelt, dass die o.g. Grundsätze von allen am Markt erhältlichen Kabeln am besten einhält. Dabei orientierte sich die Firma an der Datentechnik und verseilte die Leitungen mit einer sehr kurzen Schlagweite. In Deutschland wird das Kabel von den Bayrischen Kabelwerken (Bayka) produziert.

Typ CPC
(Trafokabel)

Typ CPS
(Installationskabel)

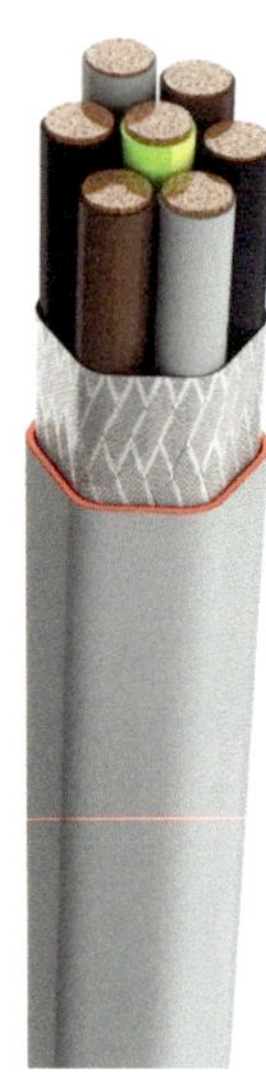

Typ CPF
(FU-Kabel)

Bild 5.109: Aufbau des CFW PowerCable
Quelle:
CFW EMV-Consulting AG

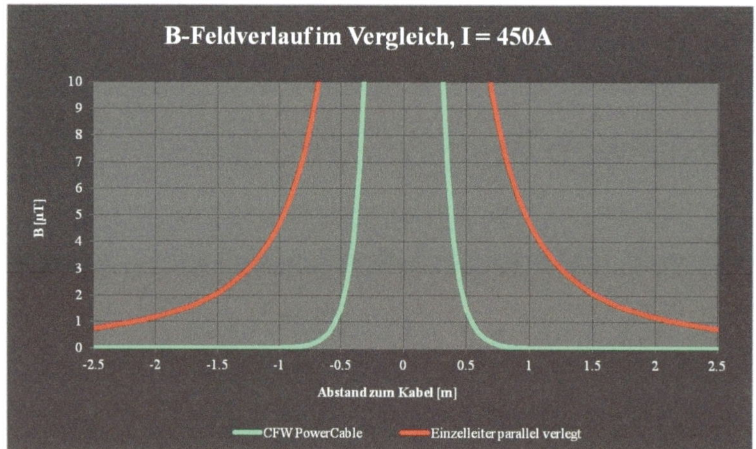

Bild 5.110: Feldverlauf der magnetischen Abstrahlung im Vergleich
Quelle:
CFW EMV-Consulting AG

Parameter	*Einzelleiter parallel 4x1x185mm² + 95mm²*	*CFW PowerCable® 4x185mm² + 95mm²*
Leiteranordnung		
Prüfströme	I_{L1} = 261A; I_{L2} = 260A; I_{L3} = 251A; I_N = 25A	
	Vergleichswerte	
Feldstärke im Abstand von 1m	2.4µT	0.1µT
Induktionsstrom in den PE	25.3A	0.1A
Verlustleistung des Kabelsystems	425VA	397VA
Zusatzverluste pro Meter Kabeltrasse	10-20VA	0-1VA
Belastung bei mehr als einem System	60-80%	100%

Bild 5.111: Vergleich Einzelader zu Kabel
Quelle:
CFW EMV-Consulting AG

Die oberen Vergleichswerte zeigen, dass im Sinne der EMV auf Einleiterverlegung gänzlich verzichtet werden sollte. Verdeutlicht werden diese Probleme an zwei weiteren Beispielen:

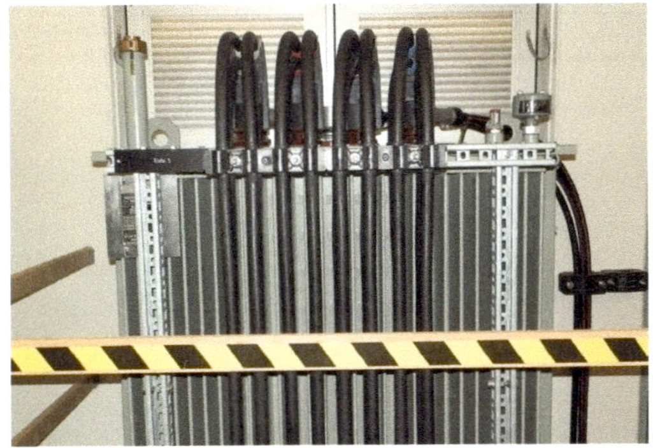

Bild 5.112: Einleiterverkabelungen befestigt an Metallkonstruktionen (Galgen)
Quelle: CFW EMV-Consulting AG

Bild 5.113: Einleiterverkabelungen in Kabeltrassen
Quelle: CFW EMV-Consulting AG

Werden die Niederspannungs-Verbindungskabel an Metallkonstruktionen befestigt, so werden in diese Konstruktionen Ströme induziert, die bis zu 5 Prozent des größten Phasenstroms betragen können. Das Induktionsproblem entsteht, wenn die Leiter parallel geführt werden und zwar weitestgehend unabhängig von der Verlegungsart.

Bei mehreren parallel verlegten Einleiterkabeln für eine Phase greift noch das Problem, dass die Ströme sich nicht gleichmäßig auf die einzelnen Kabel verteilen und es dadurch passieren kann, dass einzelne Kabel – sofern die Gesamtdimension ausgereizt ist – überlastet sind.

Werden die Niederspannungs-Verbindungskabel in Metalltrassen verlegt, so werden in die Trassen ebenfalls große Ströme induziert, die hier sogar bis zu 10 Prozent des größten Phasenstroms erreichen können. Das Induktionsproblem entsteht dann, wenn die Trasse mehr als einmal geerdet und die Leiter willkürlich angeordnet werden.

Auch Stromschienen haben ähnlich wie die Einleiterverkabelungen sehr schlechte EMV-Eigenschaften. Das liegt im Wesentlichen an der Konstruktion, die durch die Anordnung der Außenleiter nebeneinander identisch wie bei der Einleiterverkabelung ist.

Werden Niederspannungs-Verbindungen mit Stromschienensystemen ausgeführt, so werden große Ströme in die PE-Schiene (bei TN-S), bzw. PEN-Schiene (bei TN-C) induziert, die bis zu 15 Prozent des größten Phasenstromes annehmen können. Das Induktionsproblem entsteht insbesondere dann, wenn die PE- bzw. PEN-Schiene parallel zu den Phasenschienen geführt ist.

Abhilfe schaffen neue Entwicklungen bei denen die Leiter wie folgt angeordnet sind:

PE - L1 - N - L2 - N - L3 - PE

Bild 5.114: Stromschienenverbindung
Quelle: CFW EMV-Consulting AG

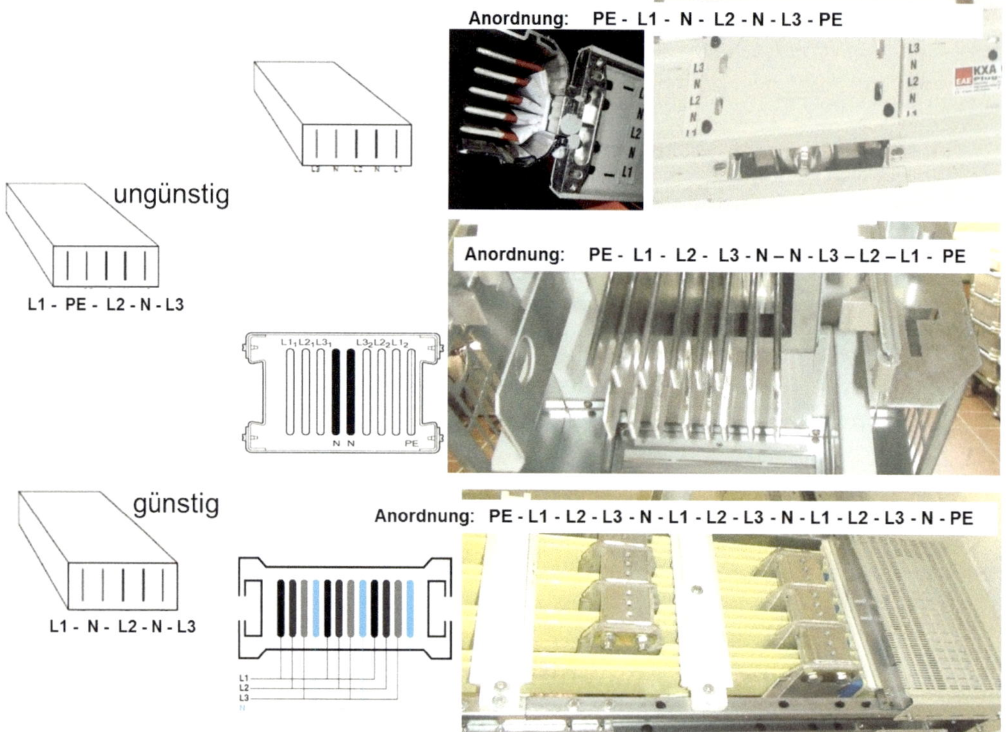

Bild 5.115: Unterschiedliche Anordnung der Leiter in den Stromschienen
Quelle: Sachverständiger Karl-Heinz Otto (SV-Otto)

Durch die Anordnung des N-Leiters zwischen den Außenleitern ist die Feldkompensation zwischen Hin- und Rückleiter viel größer als bei der bisherigen Anordnung. Mehrere Versuchsreihen und Messungen haben zu dieser Verbesserung der Stromschienen geführt. Diese Neuentwicklung verbessert die EMV-Qualität der Stromschienen erheblich.

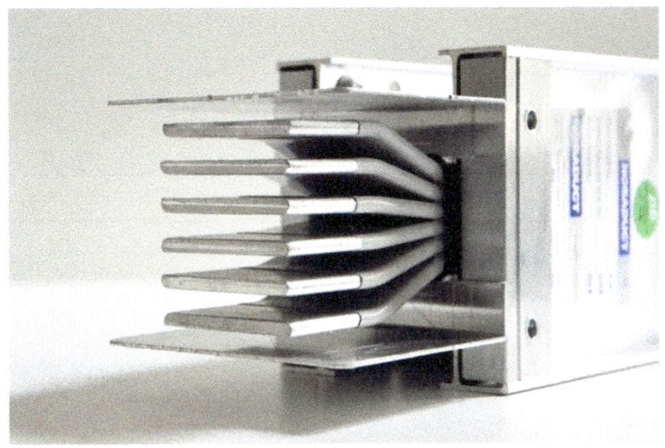

Bild 5.116: 6-Leiter-Stromschiene
Quelle: Nobaduct GmbH

Innerhalb der Elektroverteilungen ist die EMV besonders wichtig und auch besonders schwierig, da hier die Systeme aufgrund der Anschlüsse quasi auseinander gerissen werden. Sehr häufig (insbesondere in der Gebäudeleittechnik) werden die Außenleiter oben im Schrank angeordnet und der Neutralleiter unten. Hin- und Rückleiter sind dann ca. 2 m voneinander entfernt und zwangsläufig entsteht dann ein großes Feld. Der Grundsatz bleibt auch hier immer der Gleiche: Die System müssen solange wie möglich beieinander bleiben.

Bild 5.117: Vorbildlicher Aufbau einer Elektroverteilung, erstellt durch die Leukhardt Schaltanlagen GmbH
Quelle: Werner Henke

5.1.14.2 Farbige Kennzeichnung der Versorgungspfade

Aus der Notwendigkeit einer hohen Verfügbarkeit heraus ist die IT-Hardware heutzutage fast durchgängig mit redundanten Netzteilen ausgestattet. Fällt ein Netzteil aus, wird die IT-Hardware über das redundante Netzteil weiterversorgt. Lediglich in der Netzwerktechnik gibt es vereinzelt noch Hardware (z.B. Switche), die nur ein Netzteil haben. Hier macht es dann Sinn, statische Transferschalter (siehe Kapitel 5.3.3) vorzuschalten und eine sogenannte C-Versorgung aus den beiden Versorgungssträngen A und B auszubilden.

Aus dieser Gegebenheit heraus ist heutzutage eine 2N-Versorgung spätestens am Datenschrank Standard. Diese Aufteilung in die Versorgungsstränge A und B lässt sich bis zur Mittelspannung und bis zum Umspannwerk zurückführen. Es ist dabei lediglich noch die Frage, an welcher Stelle die A-/B-Aufteilung stattfindet.

Und falls die Installation bereits diese Zweizügigkeit vorgibt, wäre es geradezu fahrlässig, wenn die Mitarbeiter, die die Hardware in die Datenschränke installieren, die Stromanschlüsse in die gleichen PDU's bzw. Steckdosenleisten stecken und somit die Redundanz nicht nutzen. Regelmäßige Tests, bei denen nach der USV ein Versorgungsstrang abgeschaltet wird, zeigen, ob die Disziplin jedes einzelnen Mitarbeiters im notwendigen Maß vorhanden ist.

In der Praxis hat sich eine farbige Kennzeichnung der Versorgungstränge bewährt. Somit kann schon rein visuell erkannt werden, dass das eine Netzteil in die erste Farbe und das zweite Netzteil in die zweite Farbe zu stecken ist. Die Farben der Versorgungstränge können dabei beliebig sein.

Gerne verwendet werden hier die Farben Gelb für den Versorgungspfad A und Blau für den Versorgungspfad B. Diese beiden Farben können Menschen mit einer Rot-Grün-Schwäche eindeutig zuordnen und es gibt diese Farben auch in den Bändern der Beschriftungsgeräte und auch bei Klebebändern. Sofern ein Gerät über eine sogenannte C-Schiene mit vorgeschalteter Umschalteinrichtung versorgt wird, kann wiederum weiß als (neutrale) Farbe genutzt werden.

Wichtig ist dabei, dass die farbige Kennzeichnung komplett durchgängig ist, also von der Mittelspannungsanlage bis zur PDU oder dem Betriebsmittel. Sofern für die A- und B-Versorgung auch unterschiedliche Technikräume vorhanden sind, kann eine Wand im Raum oder die Zugangstüre in den Raum ebenfalls in der Farbe gestaltet werden. Dadurch hat man bei einem Ausfall über die Farbe eine schnelle Orientierung, dass man sich an der richtigen Schaltanlage oder im richtigen Technikraum befindet. Für die Türe, hinter der sich die Löschanlage befindet, kann dann übrigens die Farbe Rot verwendet werden. Dem gestalterischen Ideenreichtum sind da fast keine Grenzen gesetzt und es sieht auch noch ansprechend und freundlich aus.

Bild 5.118: Raum und Schaltanlage sind eindeutig dem Versorgungspfad zuzuordnen

Bild 5.119: An der farbigen Türe erkennt man schon im Flur, ob man sich in die richtigen Technikräume begibt

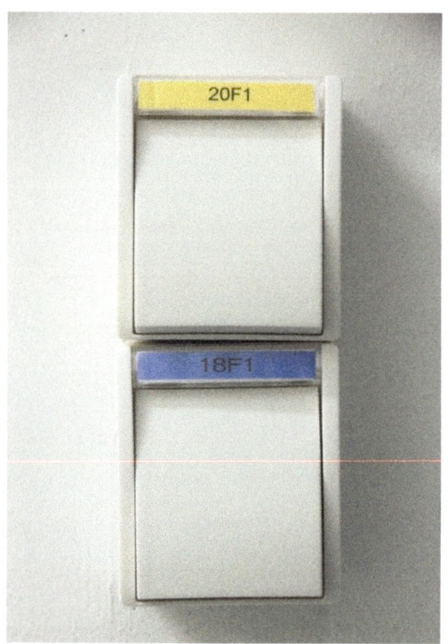

Bild 5.120: Ein Teil der Beleuchtung wird über A, ein Teil über B versorgt

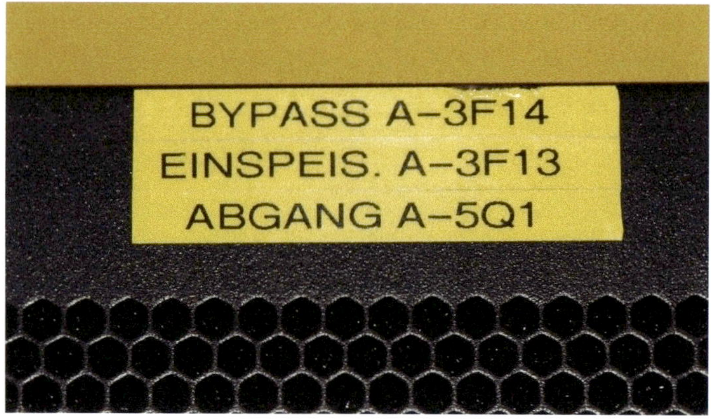

Bild 5.121: Es ist eindeutig erkennbar, dass die USV-Anlage von A versorgt wird

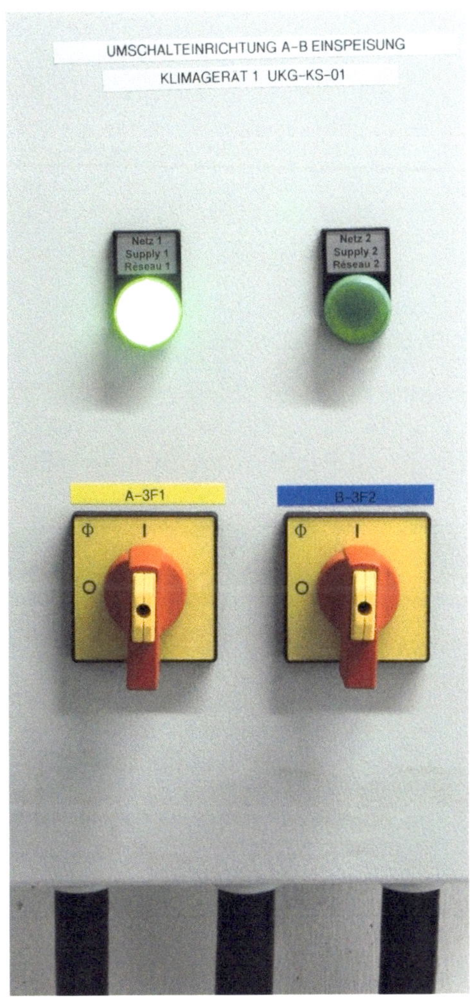

Bild 5.122: Über eine Umschalteinrichtung wird das Klimagerät redundant versorgt

5.2 Versorgungskonzept Normalnetz (AV)

Eine sehr hohe Verfügbarkeit an der weitest beeinflussbaren Stelle erreicht man, wenn man seine Stromversorgung aus zwei unterschiedlichen Umspannwerken erhält.

Ist dies nicht möglich oder scheitert es aus wirtschaftlichen Gründen, sollte man zumindest eine Ringeinspeisung realisieren. Der Ring wird seitens des Energieversorgers offen gefahren, d.h. die Einspeisung ist eine klassische Stichleitung. Sollte der Ring an einer Stelle unterbrochen werden, wird er an der zuvor offenen Stelle geschlossen und somit eine Weiterversorgung der vom Fehlerfall nicht betroffenen Kunden weiter sichergestellt. In seltenen Fällen liegen die Fehler im Umspannwerk, so dass der Komplettausfall des Ringes ein Risiko geringeren Eintritts ist.

Je nach Bezugsgröße erhält man die Einspeisung in der Regel in zwei unterschiedlichen Spannungsbereichen.

Kleinere bis mittlere Rechenzentren werden meistens über einen normalen Hausanschluss mit 400 V Drehstrom versorgt. Bis zu welcher Bezugsgröße mit Niederspannung versorgt werden kann, ist mit dem örtlichen Energieversorger abzustimmen. Dies hängt unter anderem davon ab, wie das physikalische Netz beschaffen ist und welche Reserven noch vorhanden sind.

Wird diese Grenze überschritten, erfolgt die Einspeisung über eine Mittelspannung, in Deutschland meist mit 10 kV bzw. 20 kV (10.000 Volt bzw. 20.000 Volt).

5.2.1 Mittelspannung

Sofern der Rechenzentrumskomplex mit Mittelspannung eingespeist werden soll, wird in der Regel im eigenen Gebäude eine kundeneigene oder eine energieversorgereigene Mittelspannungsstation aufgebaut. Die Transformatoreinspeisungen und die Messeinrichtung sind in der Anlage integriert.

Bild 5.123: Luftisolierte Mittelspannungsanlage 20 kV
Quelle: Schneider Electric Sachsenwerk GmbH

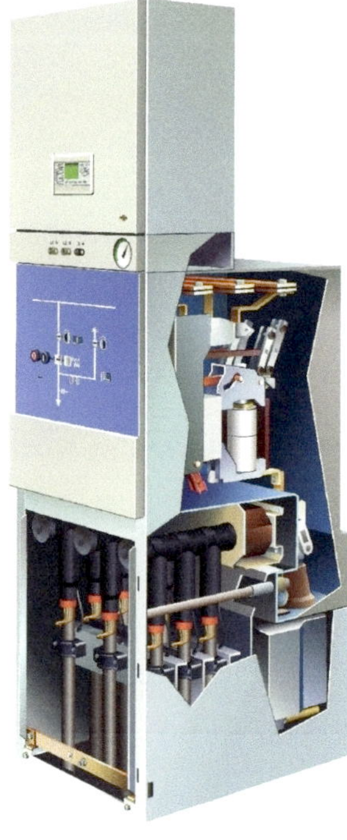

Bild 5.124: Gasisolierte Mittelspannungsanlage 20 kV
Quelle: Schneider Electric Sachsenwerk GmbH

Die Mittelspannungsanlagen gibt es in zwei unterschiedlichen Ausführungen. Die luftisolierten Mittelspannungsanlagen sind heute noch sehr weit verbreitet. Allerdings werden neue Anlagen heutzutage hauptsächlich gasisoliert aufgebaut.

Bei gasisolierten Anlagen verwendet man Schwefelhexafluorid SF6 als Isoliergas. Die anorganisch, chemische Verbindung aus Schwefel und Fluor ist unter Normalbedingungen farb- und geruchlos, ungiftig, unbrennbar und äußerst reaktionsträge. Allerdings ist sie toxisch, weshalb SF6-Anlagen in den USA und auf Schiffen verboten sind. Die Durchschlagfestigkeit ist fast dreimal höher als Luft oder Stickstoff. Zudem dient es in manchen Anlagen als Löschgas, um den Schaltlichtbogen zu unterbrechen, da es ca. 100-mal besser löscht als Luft. In modernen gasisolierten Schaltanlagen wird der Strom im Vakuum mittels Vakuum-Leistungsschalter geschaltet. Um Leckagen in den Anlagen festzustellen, muss der Gasdruck regelmäßig überprüft werden.

Durch die Eigenschaften des Isoliergases sind die gasisolierten Mittelspannungsanlagen im Vergleich zu luftisolierten Anlagen sehr kompakt und klein. Durch den reduzierten Flächen- und Raumbedarf spart es Gebäudekosten. Dadurch ist auch ein Einsatz unter beengten Raumbedingungen wie z.B. in Türmen von Windkraftanlagen möglich. Dieses hermetisch geschlossene System bietet einen hervorragenden Schutz gegen alle externen Einflüsse. Das System selbst ist bis über 30 Jahre nahezu wartungsfrei, da sich alle elektrischen aktiven Teile innerhalb des Gasraumes befinden. Dieses spezielle Konstruktionsprinzip unterstützt nachhaltig die Vermeidung von Fehlern. Das System bietet eine hohe Betriebssicherheit, was als Voraussetzung für eine Automatisierung des Netzbetriebes gilt. Die mittlere Ausfallrate (MTBF – Mean Time Between Failures) liegt bei über 500 Jahren. Der Einsatz von Kunststoff als Isoliermaterial ist sehr gering, was eine Minimierung der Brandlast nach sich zieht. Trotzdem bietet das System höchste Isolationsfähigkeit bis zum Ende der Lebensdauer.

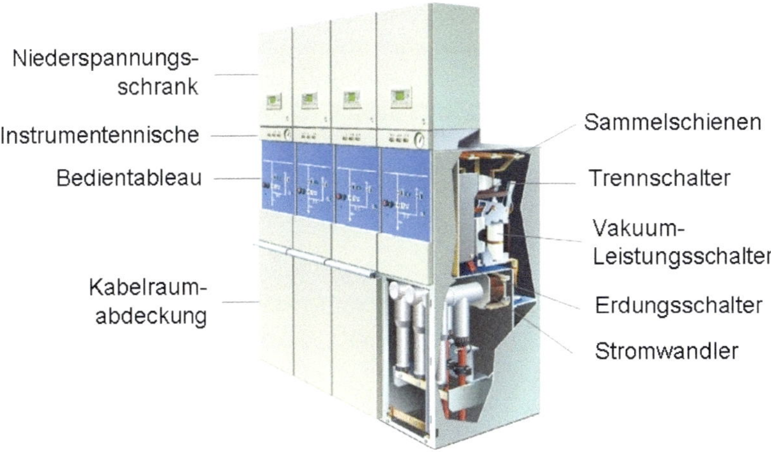

Bild 5.125: Bestandteile einer gasisolierten Mittelspannungsanlage 20 kV mit Einfachsammelschiene
Quelle: Schneider Electric Sachsenwerk GmbH

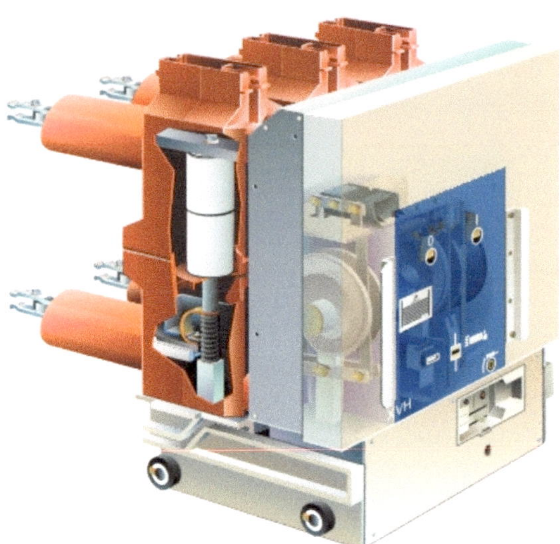

Bild 5.126: Vakuum-Leistungsschalter 10 kV
Quelle: Schneider Electric Sachsenwerk GmbH

Durch die berührungssichere Kapselung und die vollständige Erdung des Systems bietet es auch höchste Personensicherheit. Die kraftlose Verriegelungssystematik bietet einen vollkommenen Schaltfehlerschutz. Die Lebensdauerkosten für Wartung, Ausfall und Inbetriebnahme sind stark reduziert.

Erfolgt die mittelspannungsseitige Einspeisung über zwei unterschiedliche Quellen ist auch eine Umschalteinrichtung mit untergebracht. Hier bietet es sich an, bereits eine A/B-Versorgung mit zwei Mittelspannungsräumen aufzubauen. Beide Räume und somit beide Anlagenteile sind über einen Kuppelschalter miteinander verbunden. Die Aufteilung auf die beiden Teilnetze sollte möglichst symmetrisch erfolgen. Trotzdem wird dringend empfohlen, die gesamte Versorgung über eine Einspeisung zu realisieren. Beide Einspeisungen zu verwenden kann recht problematisch sein, da dann über die eigene Anlage zwei Umspannwerke miteinander verbunden sind.

Fällt eine Einspeisung aus, wird nach einer zuvor definierten Zeit (ca. drei Sekunden) der Einspeiseschalter 1 ausgeschaltet und Einspeisung 2 zugeschaltet.

Je nach Energieversorger müssen vor der Umschaltung Transformatoren mittelspannungsseitig mit ausgekuppelt werden, um beim Rush-in der Transformatoren keine Überlast zu erzeugen. Werden Transformatoren mittelspannungsseitig ausgekuppelt, erfolgt auch eine niederspannungsseitige Auskupplung auf der Sekundärseite des Transformators über eine fest verdrahtete Mitnahmeschaltung. Dadurch wird verhindert, dass rückwärtig über die niederspannungsseitige Sammelschiene über den Transformator Spannung hochtransformiert wird und so am mittelspannungsseitigen Kuppelschalter Mittelspannung anliegt.

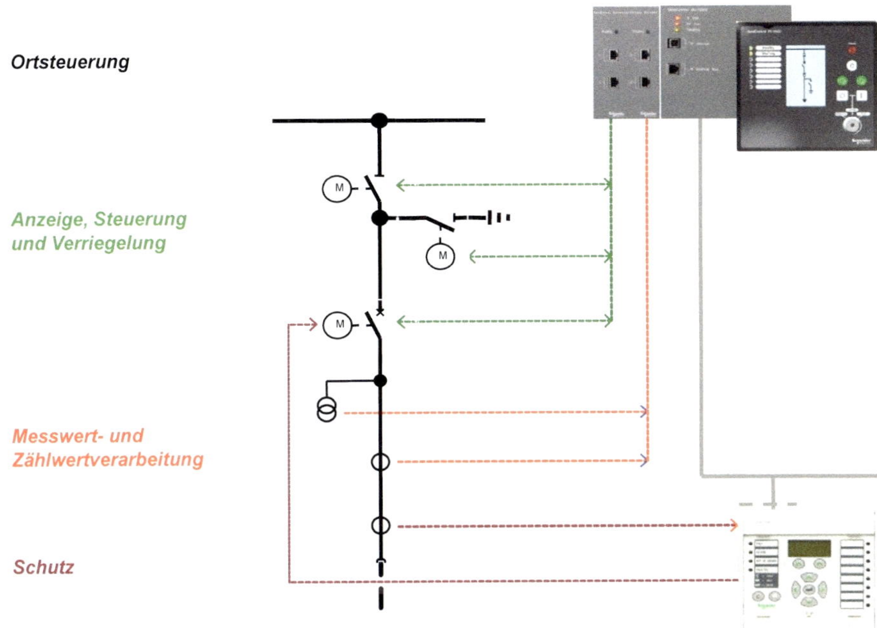

Bild 5.127: Aufbau der Anlagensteuerung und des Anlagenschutzes
Quelle: Schneider Electric Sachsenwerk GmbH

Das niederspannungsseitige Einkuppeln sollte nach der automatischen mittelspannungsseitigen Einkupplung zeitversetzt und ohne Quittierung erfolgen.

Liegen beide Einspeisungen wieder an, sollte der Ursprungszustand wieder hergestellt werden, d.h. die Anlage wird auf die bevorzugte Quelle zurückgeschaltet. Ob diese Rückschaltung unterbrechungsfrei oder unterbrechungsbehaftet stattfinden kann, entscheiden der zuständige Energieversorger sowie der Betreiber des Rechenzentrums. Einige Energieversorger lassen es zu, dass Einspeisungen aus unterschiedlichen Umspannwerken kurzzeitig parallel betrieben werden dürfen. Ebenso entscheidet der Energieversorger, ob die Anlage vom Betreiber selbst zurückgeschaltet werden darf oder ob die Rückschaltung nur durch einen Mitarbeiter des Energieversorgers zu erfolgen hat. Die Rückschaltung sollte auf jeden Fall von Hand als bewusste Schalthandlung erfolgen. Ein automatisiertes Zurückschalten sollte nur unterbrechungsbehaftet erfolgen.

Nun ein Wort zum sogenannten „Stand der Technik“. Handelsübliche Umschalteinrichtungen sind so aufgebaut, dass sie einen „sogenannten Fehlerfall“ erkennen und somit eine Umschaltung auslösen. Doch stellt man bei genauerer Recherche fest, dass unterschiedliche Fehler auftreten können, es unterschiedliche Betriebszustände gibt und bei weitem nicht jeder Fehlerfall kritisch für den Weiterbetrieb ist. Folglich unterscheiden „handelsübliche“ Umschalteinrichtungen nicht zwischen unterschiedlichen Fehlern und schon gar nicht zwischen unterschiedlichen Betriebszuständen.

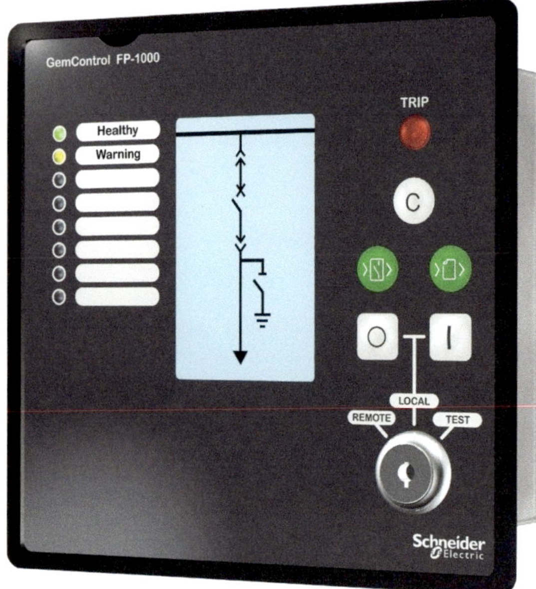

Bild 5.128: Touchpanel der Anlagensteuerung
Quelle: Schneider Electric Sachsenwerk GmbH

Ebenso sind die Steuerungen nicht vollredundant doppelt aufgebaut. Dazu mehr in den folgenden Abschnitten.

5.2.1.1 Erdschluss

Bei einem Erdschluss hat einer der drei Außenleiter eine leitende Verbindung zur Erde und besitzt somit Erdpotential. Dies erfolgt meist durch eine mechanische Beschädigung des Erdkabels bei Grabarbeiten etc.

In den EVU-Netzen ist der Sternpunkt meistens nicht geerdet und somit isoliert oder über Erdschlusskompensation betrieben. Im Erdschlussfall erfolgt eine Verschiebung des Spannungsdreieckes. Man spricht hier auch vom gelöschten Netz, da ein „sauberes“ Dreiphasennetz an den Transformatoren anliegt. Die Spannung der intakten Außenleiter gegen Erde entspricht der Spannung Außenleiter gegen Außenleiter. Im Dreiphasennetz werden somit die Spannungen der intakten Außenleiter um den Faktor Wurzel 3 erhöht. Dies hat zur Folge, dass die Isolation der Betriebsmittel stärker beansprucht wird. Aus diesem Grund dürfen Mittelspannungsnetze maximal vier Stunden mit einem Erdschluss betrieben werden.

Ein mit bloßem Auge sichtbares Zeichen eines Erdschlusses ist der kapazitive Spannungsabgriff an der Mittelspannung, an der nur noch zwei Blitzsymbole angezeigt werden.

Niederspannungsseitig wird – wenn überhaupt – nur ein kurzes Flackern des Lichtes sichtbar.

Um den Erdschluss zu lokalisieren werden EVU-seitig Schalthandlungen vorgenommen, d.h. der Erdschluss wird über die Ringleitung weiter geschaltet und somit eingegrenzt.

Die meisten handelsüblichen Mittelspannungsumschaltungen erkennen einen Erdschluss nicht als Fehler und schalten deshalb nicht um. Überhitzte, sich thermisch abschaltende Trafos, wenn sie im Grenzbereich betrieben werden, können die Folge sein. Und das, obwohl die zweite, redundante Einspeisung vollkommen in Ordnung ist.

5.2.1.2 Phasenbruch oder Komplettausfall

Ist einer der drei Außenleiter komplett abgetrennt, spricht man vom Phasenbruch. Bei einem Phasenbruch wird der nachgeschaltete Transformator nur noch über zwei Wicklungen betrieben. Dadurch ist ein Phasenbruch messtechnisch gleich einem Komplettausfall zu setzen und die Umschalteinrichtung muss auf das intakte Netz umschalten. Die Umschalteinrichtungen von der Stange erkennen dies meist auch zuverlässig und schalten um.

5.2.1.3 Betriebszustände

Wie schon zuvor beschrieben ist nicht nur der Netzfehler für eine Umschaltung von Belange, sondern es muss auch verhindert werden, dass bei den unterschiedlichen Betriebszuständen eine unnötige Umschaltung stattfindet.

Neben dem Normalbetrieb, bei dem alle drei Außenleiter möglichst ausgeglichen belastet werden, gibt es für die regelmäßig stattfindenden Tests von Netzersatzanlagen noch den Netzparalleltest und den Inseltest.

Beim Netzparalleltest wird immer eine Netzersatzanlage eingeschaltet und parallel zum Netz betrieben. Dabei wird die Netzersatzanlage unter Last betrieben. Diese Last, die vorgewählt werden kann, wird „gegen das Netz geschoben“. Somit wird Leistung in das Netz der EVU eingespeist und die Netzersatzanlage wird zur Energiequelle im öffentlichen Netz. Mittlerweile ist dieser Betriebszustand ein höchst erwünschtes Geschäft für die Energieversorger. Die Energieversorger streben an, mit den Kunden Lieferverträge abzuschließen, um bei einem hohen Energiebedarf das Netz des Energieversorgers durch die Kundennetzersatzanlagen zu stützen. Im Zuge der Energiewende mit stark schwankender Energiemenge eine Möglichkeit, das Netz des Energieversorgers stabil zu halten. Wenn man allerdings bedenkt, dass eine Netzersatzanlage zur Stützung des hochsensiblen und ausfallsicheren Rechenzentrums aufgebaut wurde, sollte man sich gut überlegen, nur der Wirtschaftlichkeit wegen, seine Netzersatzanlage für derartige Zwecke zur Verfügung zu stellen.

Beim Inseltest wird das komplette Rechenzentrum vom Netz genommen und über die Netzersatzanlage betrieben. Es wird somit keine Last mehr vom Netz genommen oder in das Netz gespeist.

Die nach „Stand der Technik“ integrierte Messeinrichtung, misst Außenleiter gegen Außenleiter und schaltet bei einer Unterschreitung von ca. 80 Prozent um. Obige Betriebszustände können somit zu einer ungewollten Umschaltung führen.

Sehr gute Umschalteinrichtungen beherrschen diese ungewollten Schalthandlungen über eine Messkreisunsymmetrieüberwachung und eine eingestellte Verzögerungszeit. Über die Verzögerungszeit wird verhindert, dass bei minimalst andauernden Unsymmetrien, die durchaus auch im Normalbetrieb üblich sind, die Umschaltung anspricht. Bewährt hat sich, die Unsymmetrie auf 30 Prozent und die Verzögerungszeit auf zehn Sekunden einzustellen.

5.2.2 Transformatoren

Das Wort Transformator stammt vom lateinischen Wort transforme ab und bedeutet umformen oder umwandeln. Dadurch wird auch schon sehr gut beschrieben, welche Hauptaufgabe ein Transformator hat, nämlich das Erhöhen oder Verringern von Wechselspannung. Da herkömmliche Transformatoren aus zwei galvanisch getrennten Wicklungen bestehen erfolgt gleichzeitig noch eine galvanische Trennung der beiden verschiedenen Stromkreise. Idealtypisch besteht somit ein Transformator aus einem geschlossenen Transformatorkern und zwei Wicklungen. Dabei wird die der elektrischen Energiequelle zugewandte Wicklung als Primärseite bezeichnet und die, an welcher sich die elektrische Last befindet als Sekundärseite. Das Verhältnis der Anzahl der Windungszahlen bestimmt dabei den Faktor der Transformation.

Es gelten dabei folgende Formeln:

$$U_2 = \frac{N_2}{N_1} \cdot U_1 \qquad I_2 = \frac{N_1}{N_2} \cdot I_1$$

N ist dabei die Anzahl der Windungen

Der Transformator ist vom Wirkungsprinzip wie folgt aufgebaut:

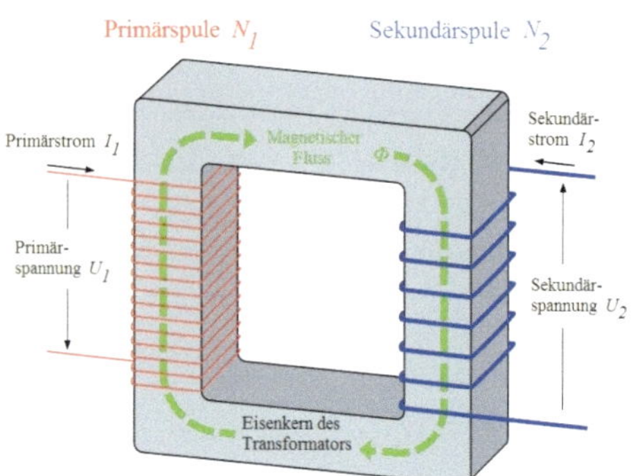

Bild 5.129: Wirkprinzip des Transformators
Quelle: Herbertweidner aus der deutschsprachigen Wikipedia (http://de.wikipedia.org/wiki/User:Herbertweidner),

Der wirtschaftlich sinnvolle Transport von elektrischer Energie über weite Strecken kann aufgrund der Leitungsverluste nur im Mittel-, Hoch, oder Höchstspannungsbereich erfolgen.

Die in der Energieübertragung üblichen Nennspannungen und Anwendungsbereiche sind:

- Mittelspannung von 3 kV bis 30 kV zur Versorgung einzelner Stadtteile, mehrerer Ortschaften oder Großabnehmer wie Rechenzentren und Industriebetriebe.
- Hochspannung von 60 kV und 110 kV für die Versorgung kleinerer Städte sowie die Überlandversorgung.
- Höchstspannung zwischen 220 kV und 1.150 kV zur Großraumversorgung, für Verbundnetze zum überregionalen Energieaustausch oder zum Anschluss von Großkraftwerken.

Anwendung im Rechenzentrumsbereich findet die Mittelspannung. Die Einspeisung der Energieversorger erfolgt dabei meist mit 10 kV oder 20 kV. Stehen Netzersatzanlagen und Verbraucher räumlich sehr weit auseinander macht es Sinn, auch Notstromenergie im Mittelspannungsbereich zu übertragen.

Transformatoren gibt es in unterschiedlichen Bauarten und Größen. In der Regel setzt man heutzutage für die Anwendung im Rechenzentrum Gießharztransformatoren ein. Diese gehören nach den nationalen (VDE 0532 / 726) und den internationalen Vorschriften (IEC 60076-11) zur Gruppe der Trockentransformatoren.

5.2.2.1 Gießharztransformatoren

Das besondere Merkmal von Gießharztransformatoren sind die Oberspannungswicklungen (OS-Wicklungen), die vollständig in Gießharz eingegossen sind und ihre kunstharzisolierten Unterspannungswicklungen (US-Wicklungen). Dadurch wird gegenüber herkömmlichen Trockentransformatoren eine höhere Teilentladungs-, Kurzschluss- und Spannungsfestigkeit erreicht und die Empfindlichkeit gegen Umweltbelastungen wie Feuchtigkeit und Staub ist ebenfalls geringer.

Idealerweise liegt der Ausdehnungskoeffizient des getrockneten Gießharzverbundes zwischen dem der beiden Leitermaterialien Aluminium (24×10^{-6} cm/k) und Kupfer (17×10^{-6} cm/K). Im Herstellprozess können Lunker (Hohlräume) und somit Fehlstellen entstehen, die zu Teilentladungen führen können. Um diese zu vermeiden, findet der Verguss des Gießharzverbundes unter Vakuumbedingungen statt.

Gießharztransformatoren sind ausschließlich für die Schutzart IP00 ausgelegt. Für die Aufstellung im Innenbereich kann mit separaten Gehäusen die Schutzart bis IP33 ermöglicht werden. Mit zusätzlicher Ausrüstung einer Gehäusebelüftung ist der Schutzgrad auf IP55 erweiterbar. Gleiches gilt für spezielle Gehäuse zur Freiluftaufstellung.

Weitere Vorteile von Gießharztransformatoren sind ein geringeres Brandrisiko bzw. eine sehr geringe Brandlast. Der Gießharzformstoff beinhaltet nur schwer brennbare und selbstverlöschende Materialien. Durch die Verarbeitung brandhemmender Materialien (z.B. imprägnierte Glasfaservliese) kann zusätzlich die Brandklasse F1 erreicht werden (limitierte Rauchgasentwicklung).

Gießharztransformatoren besitzen keine Kühlflüssigkeit, welche in die Umwelt gelangen könnte. Dadurch sind auch keine Schutzmaßnahmen für den Gewässerschutz erforderlich. Des Weiteren können diese Transformatoren ohne umgebende Feuerschutzwände direkt an MS- oder NS-Schränken angeflanscht werden.

Trotzdem gilt die Empfehlung, für jeden Transformator einen separaten, in sich geschlossenen brandschutztechnisch abgeschotteten Traforaum auszubilden. Dies erfolgt jedoch rein aus dem sicherheitstechnischen und redundanten Gedanken innerhalb des Rechenzentrumskonzeptes.

Kurzzeitüberlastbarkeit, wie sie bei Windkraftanlagen vorkommen und eine einfache Leistungserhöhung von ca. 40 Prozent durch Fremdbelüftung (Querstromlüftung) sind weitere Merkmale von Gießharztransformatoren.

Bild 5.130: Ansicht
eines Gießharztransformators
Quelle: SGB Starkstrom-Gerätebau GmbH

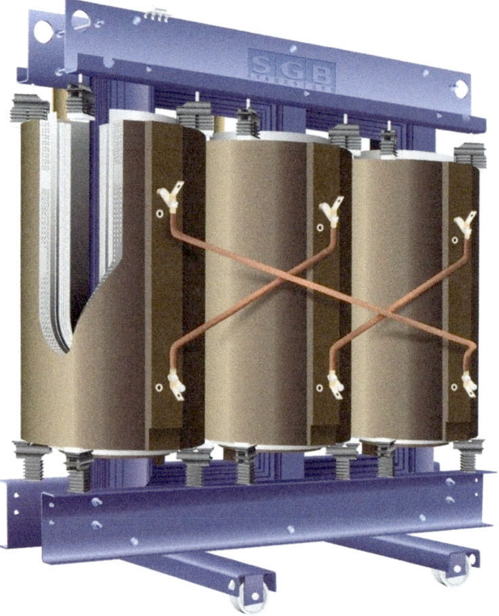

Bild 5.131: Schnittbild
durch einen Gießharztransformator
Quelle: SGB Starkstrom-Gerätebau GmbH

Bild 5.132: Gießharztransformatoren der Schutzart IP21
Quelle: SGB Starkstrom-Gerätebau GmbH

Bild 5.133: Gießharztransformatoren der Schutzart IP33
Quelle: SGB Starkstrom-Gerätebau GmbH

Bild 5.134: Gießharztransformatoren der Schutzart IP44
Quelle: SGB Starkstrom-Gerätebau GmbH

Insbesondere die Leistungserhöhung durch Fremdbelüftung ist wirtschaftlich äußerst interessant, wenn aus entsprechendem Redundanzgedanken Transformatoren parallel geschaltet werden. Dimensioniert man bei zwei parallelen Transformatoren im Normalbetrieb jeden Transformator bei ca. 70 Prozent der Leistung, würde bei Ausfall eines Transformators die Leistungserhöhung durch Fremdbelüftung ausreichen, um die Leistung des ausgefallenen Transformators ohne Betriebseinschränkung zu übernehmen. Eine relativ simple Art, um eine N+1-Redundanz zu realisieren.

Allerdings sind Gießharztransformatoren auch empfindlich gegen Überspannung. Es ist deshalb erforderlich, dass bereits die vorgeschaltete Mittelspannungsanlage über einen Überspannungsschutz bei Schalthandlungen verfügt.

Transformatoren werden entsprechend der einschlägigen Normen dimensioniert und ausgelegt.

Hier gibt es unterschiedliche Verfahren zu Herstellung der Ober- und Unterspannungswicklungen, die in der Auslegung Berücksichtigung finden.

Die Unterspannungswicklung wird je nach benötigter Stromtragfähigkeit in Band- oder Drahtwicklung ausgeführt (Band > 400A bis 500 A). Das verwendete Leitermaterial ist Aluminium oder Kupfer. Kupfer wird bevorzugt, um durch die besseren Materialeigenschaften (Leitwert, Schmelzpunkt) die elektrischen Verluste möglichst gering zu halten und eine sehr hohe Zuverlässigkeit zu gewährleisten.

Für die Oberspannungswicklung kommen je nach Hersteller drei grundlegende Methoden zum Einsatz:

- Doppellagenwicklung (Draht)
- Teilspulenwicklung (Draht oder Band)
- Zufallswicklung (Draht)

Bild 5.135: Unterspannungswicklung eines Transformators
Quelle: SGB Starkstrom-Gerätebau GmbH

Bild 5.136: Bandwicklung eines Trafos
Quelle: SGB Starkstrom-Gerätebau GmbH

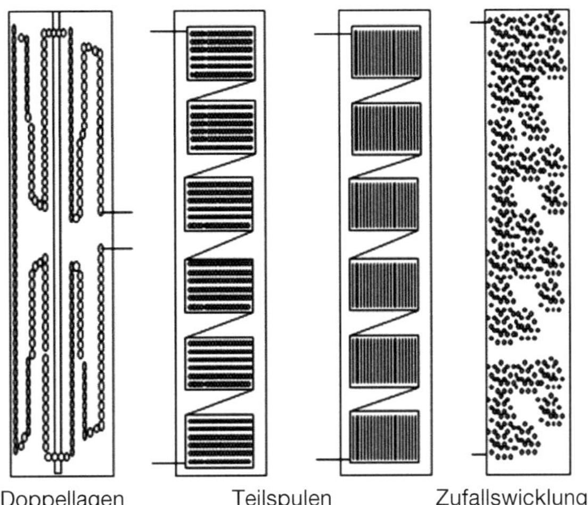

Bild 5.137: Oberspannungswicklung eines Transformators
Quelle: SGB Starkstrom-Gerätebau GmbH

Die Doppellagenwicklung führt zu einem sehr schmalen Resonanzbereich für Schaltspitzen (9,88 kHz bis 10 kHz). Das bedeutet eine geringere Wahrscheinlichkeit von Teilentladungen im Falle von Überspannungen, verursacht durch Schalthandlungen mit Leistungsschaltern. Teilentladungen, die durch die genannten Schalthandlungen auftreten, sind als Vorschädigungen der Isolation zu sehen, die nach einer gewissen Auftretenshäufigkeit schlussendlich zum Durchschlag der Isolation führen. Dies zu vermeiden erhöht die Ausfallsicherheit des Transformators und somit der gesamten Energieversorgung.

In der Dimensionierung geht man temperaturseitig von einem Jahresmittel von 20 °C und einem monatlichen Durchschnitt des heißesten Monates von 30 °C aus. Zudem sollte die Kühlluft 40 °C nicht überschreiten. Eine Überschreitung der Jahresmitteltemperatur um 10 °C kann bereits eine Leistungsreduktion von 10 Prozent betragen. Entsprechende dauerhafte Leistungserhöhungen sind möglich bei unterschreiten der Jahresmitteltemperatur. Um ausreichend Wärmeabtransport durch eine größere Oberfläche und die daraus resultierende Konvektion zu gewährleisten, sind die Wicklungen der Transformatoren idealerweise mit Kühlkanälen ausgestattet. Eine vertikale Ausrichtung der Kühlkanäle führt durch die Unterstützung der natürlichen Thermik zu einer effizienteren Nutzung der anströmenden Kühlluft.

Im Falle von Überlasten, wie sie im Normalbetrieb kurzzeitig auftreten können, erwärmt sich der Transformator stärker als bei stetiger Nennlast. Dadurch dehnen sich die Materialien des Transformators stärker aus. Um Materialschädigungen bzw. übermäßigen Stress der Materialien durch unterschiedliche Ausdehnung zu vermeiden, ist es sinnvoll, Materialien zu verwenden, deren Ausdehnungskoeffizienten sich nur sehr gering unterscheiden.

Bild 5.138: Sockelbereich eines Transformators mit seitlich angesetzten Kästen mit den Querstromlüftern
Quelle: SGB Starkstrom-Gerätebau GmbH

Die Oberwellen des anstehenden Netzes, müssen in der Auslegung der Transformatoren ebenfalls berücksichtigt werden. Bei der Dimensionierung des Kerns und der Leistung des Transformators müssen die durch die Oberwellen entstehenden Wirbelstromverluste zu der für die Versorgung benötigten Nennleistung dazuaddiert werden. Eine Grundlage zur Berechnung der K-Faktoren, welche die Belastung durch Oberwellen beschreiben, bietet die US-Norm C57.110.

Grundsätzlich ist es jedoch möglich, durch geschickte Wickelprinzipien, die Überdimensionierung in der Auslegung des Transformators zu vermeiden.

Werden die Transformatoren bei extremen Bedingungen wie dem Einsatz über 1.000 m Meereshöhe, in tropischen Gebieten, Erbebengebieten o.Ä. aufgestellt, sind diese bei der Planung zu berücksichtigen.

Gießharztransformatoren sind in der Regel mit Temperaturüberwachungen ausgestattet. Diese in den US-Wicklungen eingesetzten Thermistoren (temperaturabhängige Widerstände) sind mit unterschiedlichen Nenn-Ansprech-Temperaturen ausgelegt und sollten mindestens die Parameter Warnung, Abschaltung und Lüftersteuerung (Querstromlüftung) zur Verfügung stellen. Warnung und Abschaltung liegen dabei praktischerweise ca. 20 °C auseinander. Auch eine direkte Temperaturmessung über Referenzwiderstände (z.B. PT100) lässt sich auf ähnliche Weise, gegebenenfalls sogar kombiniert, darstellen.

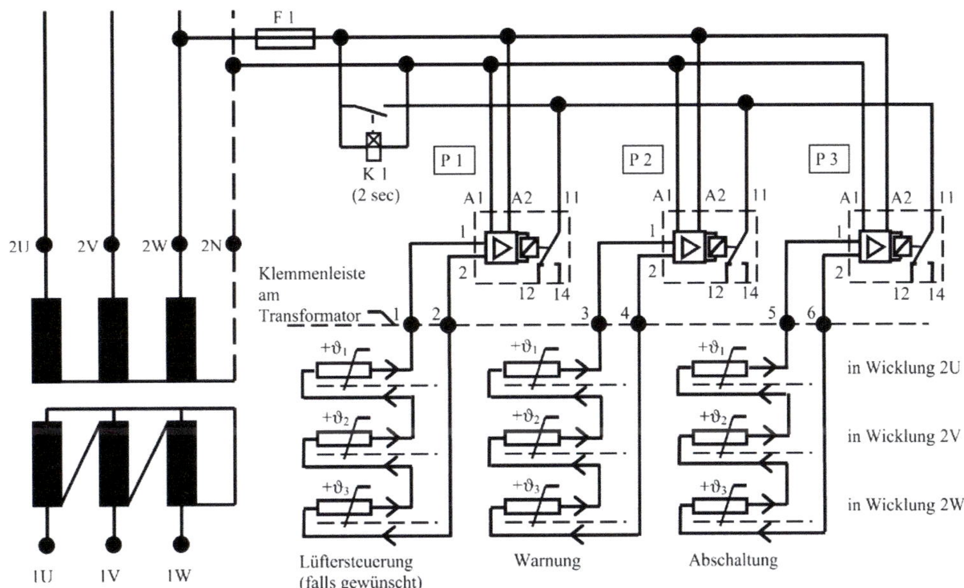

Bild 5.139: Schaltbild der Temperaturüberwachung mit den Messwiderständen PTC / PT100
Quelle: SGB Starkstrom-Gerätebau GmbH

Bild 5.140: Schwingungsdämpfer / Entkopplungselement
Quelle: SGB Starkstrom-Gerätebau GmbH

Bei der Aufstellung ist zu beachten, dass die Rollen in den Fahrspuren auf Entkopplungselemente zur Geräuschentkopplung gestellt werden.

Folgende Routineprüfungen müssen gemäß der IEC 60076-11 grundsätzlich für Gießharztransformatoren erbracht werden:

- Prüfung des Übersetzungsverhältnisses
- Prüfung der Schaltgruppe / Phasenlage
- Prüfung der Anzapfungsstufung
- Ermittlung der Wicklungswiderstände
- Messung der Leerlaufverluste und Ströme
- Messung der Kurzschlussspannung und Ermittlung der Verluste
- Isolationsprüfung bei Nennfrequenz
- Windungsprüfung
- Teilentladungsmessung

Bei Sondertransformatoren oder Typgeprüften Transformatoren können folgende weitere Prüfungen durchgeführt werden:

- Stoßspannungsprüfung
- Geräuschmessung (Leerlauf)
- Erwärmungsprüfung
- Kurzschlussprüfung
- Isolationswiderstand
- Kapazitätsmessung (findet hauptsächlich bei Öltransformatoren Anwendung)
- Ermittlung des Verlustfaktors
- Lebensdauernachweis

Der exemplarische Nachweise kann erbracht werden für:

- Prüfung auf Klimabedingungen
- Prüfung auf Umweltbedingungen
- Prüfung auf Feuerbedingungen
- Schaltüberspannungsmessung
- Stoßspannungsverteilung

5.2.2.2 Öltransformatoren

Vereinzelt werden auch Öltransformatoren eingesetzt. Sie haben den großen Vorteil, dass sie verlustärmer sind und damit eine höhere Energieeffizienz aufweisen. Öltransformatoren erlauben es, durch das Öl als Wärmeüberträger, eine bessere Kühlfähigkeit zu haben. Die Bauteile können damit enger gepackt und näher zusammengerückt werden. Zudem sind Öltransformatoren kaum hörbar, da das Öl die Geräusche enorm dämpft.

Bild 5.141: Öltransformator im Freien aufgestellt
Quelle: SGB Starkstrom-Gerätebau GmbH

Allerdings ist zu beachten, dass ganz andere Brandschutzerfordernisse notwendig sind, die gegebenenfalls einen größeren Raumbedarf mit sich bringen als im Vergleich zur Aufstellung eines Trockentransformators. Die durch das Isoliermedium Öl erzeugte Brandlast ist nicht unerheblich.

Weitere wichtige Punkte wie z.B. Ölauffangwannen unter den Transformatoren aufgrund geltender Vorschriften und weitere Wege für Zu- und Abgangsleitungen durch die Aufstellung im Freien etc., müssen bei der Auswahl ebenfalls berücksichtigt werden. Gemäß der Verordnung über den Bau von Betriebsräumen für elektrische Anlagen (EltBauVO) sind Öltransformatoren nur sehr eingeschränkt in Untergeschossen in Gebäuden einsetzbar, was eine Aufstellung außerhalb des Gebäudes nahe legt. Die speziellen Bestimmungen der EltBauVO sind zu beachten. In diesem Fall ist der Aspekt Leitungslängen von noch größerer Bedeutung.

5.2.2.3 Amorphe Kerne

In letzter Zeit sind amorphe Transformatoren bzw. amorphe Kerne in aller Munde. Sie werden meist im Zusammenhang mit Energieeffizienz genannt. Doch was macht sie so Besonders?

Der amorphe Kern besteht im Gegensatz zu den üblichen geschichteten Transformatorblechen aus gewickelten, sehr dünnen Folien. Die Transformatoren mit diesem gewickelten Kernmaterial weisen um bis zu 65 Prozent reduzierte Leerlaufverluste auf. Leerlaufverluste entstehen durch die Ummagnetisierung des Trafokerns bei der sich zwischen den Molekularmagneten kleine Stromkreise bilden, die den Wirkungsgrad des Transformators beeinträchtigen. Je dünner die Schichten des Trafokerns sind, desto geringer fallen die Wirbelstromverluste aus. Hier kommt die Eigenschaft des sogenannten amorphen Kernmaterials zum Tragen, das mit 0,025 mm wesentlich dünner ist, als herkömmliche Kernbleche (Standard 0,23 bis 0,35 mm).

Das amorphe Material wird durch einen Rascherstarrungsprozess hergestellt. In einer Zeit von 1/10.000 Sekunde wird das Material um 1.000 Kelvin abgekühlt. Dabei wird die auf Eisen basierende Legierungsschmelze in einer tausendstel Sekunde in einen festen Zustand überführt. In dieser kurzen Zeit bleibt den Atomen nicht genügend Zeit, eine geordnete Struktur auszubilden und sie erstarren daher ungeordnet. Durch die zufällige Anordnung der Atome ist die Reibung während der Ummagnetisierung deutlich verringert.

Der Vorteil liegt in den extrem niedrigen Verlusten (0,22 W/kg bei 1,3 T), weshalb sie gerade für die Energieeffizienz interessant sind. Auch die anfangs höheren Materialpreise sind inzwischen konkurrenzfähig.

Allerdings ist das Material mit 23 µm zu dünn für die klassische Kernbau-Technologie. Die Materialeigenschaften sind für diese Verwendung schlechter (spröde, scharfkantig und Risiko von abbrechenden „Flakes“). Der Kern kann nur gewickelt werden, weshalb er instabiler ist und somit signifikant höhere Leerlaufgeräusche erzeugt.

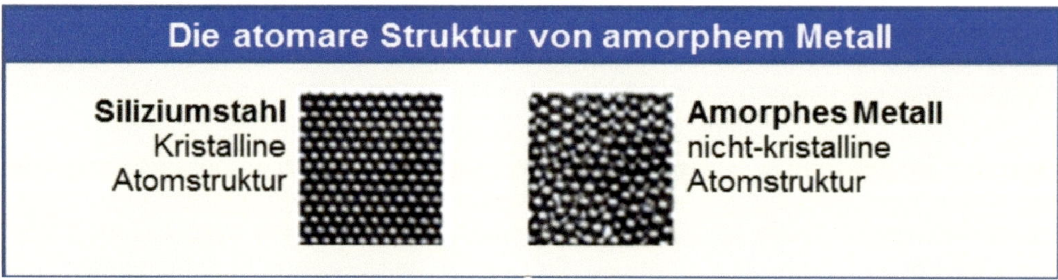

Bild 5.142: Struktur von amorphem Metall
Quelle: SGB Starkstrom-Gerätebau GmbH

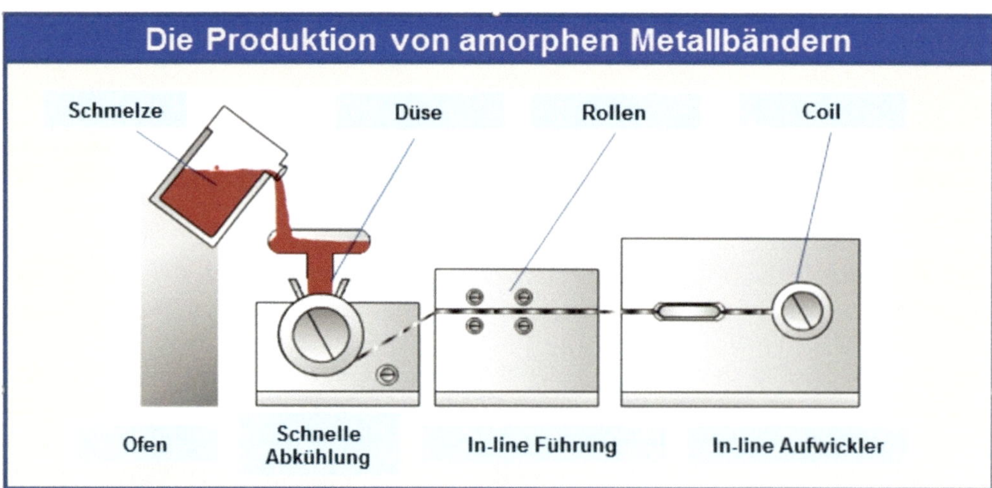

Bild 5.143: Produktion von amorphen Metallbändern
Quelle: SGB Starkstrom-Gerätebau GmbH

Amorphe Metalle werden derzeit nur sehr eingeschränkt von Herstellern aus Fernost angeboten. Die Versorgungslage ist daher sehr riskant und auch die Preispolitik ist schwer beeinflussbar.

Da die Nachfrage bisher noch sehr zurückhaltend ist, setzen deutsche Hersteller bei den Entwicklungen eher auf herkömmliche Kernbleche, mit denen ähnliche Verlustwerte erzielbar sind. Die Richtlinien der ECO-Stufe 2 sind mit herkömmlichen Kernblechen auch erreichbar.

Die Zukunft wird zeigen, in wieweit sich amorphe Metalle durchsetzen werden.

5.2.2.4 ECO-Richtlinie

Die Ökodesign-Richtlinie 2009/125/EG legt einen Plan zur stufenweisen Senkung der Verluste für die umweltgerechte Gestaltung energieverbrauchsrelevanter Produkte fest (Energy-related Products, ErP).

Der Zeitplan sieht derzeit wie folgt aus:

- November 2013 Inkrafttreten der EU-Richtlinie
- Juli 2015 Inkrafttreten der Grenzwerte für P0 und Pk Tier 1 (ECO-Stufe 1)
- Juli 2021 Inkrafttreten der Grenzwerte für P0 und Pk Tier 2 (ECO-Stufe 2)

Somit dürfen seit dem 1. Juli 2015 in der gesamten EU keine Trafos mehr in den Verkehr gebracht werden, die nicht dieser Richtlinie entsprechen. In dieser ersten Stufe werden konkret maximale Grenzen für die Leerlauf- und Kurzschlussverluste eines Transformators – abhängig von dessen Leistung und Spannungsebenen – vorgegeben.

Seit dem 1. Juli 2021 müssen die Leerlaufverluste gegenüber der bisherigen Verordnung aus Stufe 1 erneut um 10 Prozent gesenkt werden, was zwangsläufig einen neuen Entwicklungsschritt einleiten wird. Deshalb sind auch Versuche mit amorphen Kernen durchgeführt und die ersten Transformatoren auf den Markt gebracht worden.

In Verkehr bringen können Transformatoren nur die Hersteller. Händler sind davon ausgenommen.

5.2.3 Das Netz steht und dann?

Ein „gutes“, IT-gerechtes TN-S-Netz aufzubauen ist ein guter Anfang, aber genauso wichtig ist es, im laufenden Betrieb das „gute“ Netz beizubehalten.

So ist penibel darauf zu achten, dass das TN-S-Netz beibehalten wird und die abgenommene Leistung nicht die zur Verfügung stehende Leistung übersteigt. Ebenso ist es wichtig, die drei Außenleiter möglichst gleichmäßig zu belasten und Schieflasten zu vermeiden. Dies müssen sich insbesondere die Hardwaretechniker hinter die Ohren schreiben, die gerade mal da einstecken, wo noch was frei ist.

Auch die konsequente Beibehaltung der A/B-Struktur, sofern sie aufgebaut wurde, ist ein wichtiger Aspekt zur maximalen Betriebssicherheit.

Die gesetzlichen Wiederholungsprüfungen sind nicht nur Vorschrift allein, sondern auch ein Indikator dafür, ob das Netz noch in Ordnung ist oder sich ein Fehler anbahnt, der unter Umständen zum Ausfall des Netzes führen kann.

Somit ist mit geeigneten Maßnahmen eine ständige Überwachung des Netzes unumgänglich.

5.3 Sicherheitsstromversorgung (SV)

Statistisch gesehen ist knapp die Hälfte aller Rechnerausfälle und Datenverluste auf Netzspannungsprobleme zurückzuführen.

Dabei sind wir in Deutschland vermeintlich noch die Sichersten.

Jedoch gibt es mittlerweile den europäischen Verbund und das führt dazu, dass die Netze immer unsicherer werden. Der verstärkte Einsatz alternativer Energien, insbesondere Windkraft und die Abschaltung von permanenten Energien wie Atomkraftwerke, beschleunigen und verstärken diesen Trend. Fragwürdige Subventionen, wechselnde politische Machtverhältnisse und öffentliche Ereignisse und Naturkatastrophen tun ihr übriges dazu.

Wie schnell Meinungen wechseln hat man deutlich nach dem verheerenden Erbeben in Japan und der daraus resultierenden Atomkatastrophe gesehen. Plötzlich ist eine Technik, die gerade noch ein beherrschbares Restrisiko darstellte so unsicher, dass Atomkraftwerke sofort abgestellt werden mussten.

Und so sehr der steinige Weg zu alternativen Energien auch sein mag, darf man bei der ganzen Euphorie viele Tatsachen nicht vergessen: Wind- oder Sonnenenergie steht in extrem schwankenden Größenordnungen meist dann zur Verfügung, wenn sie nicht benötigt wird.

Um die Ballungszentren mit hohem Energiebedarf im Süden von Deutschland aus dem windstarken Norden versorgen zu können, müssen 3.500 km neue Hochspannungsleitungen verlegt werden. Alleine diese Maßnahme verschlingt die enorme Summe von 10 Milliarden Euro und über die Trassenverläufe wird auch nach Jahren politisch immer noch heftig gestritten.

Das Herstellen und Aufrichten von Windenergieparks benötigt Zeit. Zehn Jahre würde die Errichtung der Anlagen dauern, wenn von heute auf morgen die Entscheidung fallen würde, die Kernkraft komplett durch Windkraft zu ersetzen. Und auch Umwelt- und Tierschutzverbände haben mittlerweile eingesehen, dass es gar nicht so gut ist, überall in Deutschland wahllos Windräder aufzustellen.

Nahrung in Deutschland nur zur Energiegewinnung anzubauen, während anderorts in der Welt täglich Millionen verhungern, mag ethisch auch eine recht fragwürdig Alternative zu sein. Gleichzeitig unsere eigenen Nahrungsmittel vollbiologisch aus fernen Ländern einzuführen, mag auch wirtschaftlich schwer darstellbar zu sein. Biogasanlagen sind auch heute noch nur überlebensfähig, weil der Staat kräftig fördert, um seine selbst gesteckten Ziele möglichst zu erreichen.

In Deutschland schnell alle Atomkraftwerke abzuschalten und den Atomstrom dann vom europäischen Ausland teuer aus unsicheren Atomkraftwerken einzukaufen, mag zwar das Gewissen beruhigen, ist aber auch nicht wirklich die Paradelösung. Zumal sich viele der Kraftwerke direkt hinter der deutschen Grenze befinden. Glück für alle Menschen, die in Deutschlands Mitte wohnen und weit weg von allen Grenzen sind. 15 Prozent der erzeugten Energie aus dem Atomkraftwerk im französischen Fessenheim wird nach Deutschland exportiert. Die Zahl spricht für sich...

Wenigstens haben die französische Regierung und der Betreiber EDF sich mittlerweile dazu durchgerungen, den Pannenreaktor abzuschalten, wenn der Druckwasserreaktor im nordfranzösischen Flamanville in Betrieb gegangen ist. Ende 2018 oder auch später soll es dann soweit sein.

Das Abschalten von sieben der 17 Atomkraftwerke in Deutschland führt laut Experten zu einer Strompreiserhöhung von 10 Prozent. Das bei stagnierenden Löhnen und drohendem Aussterben des Mittelstandes erhitzt sicher noch viele Gemüter. Auch wenn zunächst von allen Seiten verneint, sind wir in der Preisschraube schon mittendrin.

So liefern Photovoltaikanlagen etwa 1.000 Volllaststunden und Windenergieanlagen etwa 2.000 Volllaststunden pro Jahr. Das Jahr hat aber 8.760 Stunden und die Volllaststunden beider Anlagentypen können nicht addiert werden, da nachts keine Sonne scheint und der Wind auch nicht nur nachts bläst. Solange die immer noch in den Kinderschuhen steckende Speicherung von Energie nicht erwachsen wird und gelöst ist, bringt die ertragsreichste Alternative Energie nicht den gewünschten Effekt, ganz auf Atomkraftwerke oder Kraftwerke mit fossilen Brennstoffen zu verzichten. Die Energiewende ist nur zu schaffen, wenn das Speicherproblem endlich noch mehr angegangen und gelöst wird. Technisch einigermaßen sinnvolle Lösungen wie beispielsweise Pumpspeicherkraftwerke drohen an den Protesten der Umweltverbände zu scheitern, wobei es gerade die sind, bei denen die Energiewende nicht schnell genug gehen kann. Die enorme Geschwindigkeit beim Ausbau erneuerbarer Energien durch staatliche Förderung und das große Problem der noch nicht vorhandenen Speicherung von Energie führen heute schon an manchen Tagen dazu, dass eine Überproduktion vorhanden ist, die für teures Geld an das Ausland verschleudert werden muss. Paradoxe Energiewende. Wie gut, dass es da die EEG-Umlage gibt, die auf Kosten aller die Lücke zwischen dem Börsenerlös des Stroms und der garantierten Vergütung der Eigentümer von alternativen Energieerzeugern schließt. Und so sind es neben den privaten Haushalten in Deutschland auch Großverbraucher wie Rechenzentren, die nicht von der EEG-Umlage befreit sind, und so die Zeche dafür bezahlen müssen, die die Energiewende mit sich bringt. Nicht grundlos werden die Stromkosten in Deutschland von den Rechenzentrumsbetreibern als einer der größten Wettbewerbsnachteile gesehen, noch vor der schlechten Verfügbarkeit von Fachkräften oder den Grundstückspreisen.

Als Folge allen Bemühens und vorschnellen Umsetzens werden die Netze immer unsicherer und vor allem unsauberer. Die Spannungs- und Frequenzsprünge werden immer größer und häufiger. Totalausfälle werden nicht mehr nur die Ausnahme bleiben.

Trotzdem ist die Energiewende richtig und wichtig. Überlegteres Handeln ohne die Angst Wahlen zu verlieren, wäre manchmal wünschenswert.

Dabei sind es in erster Linie nicht die noch seltenen Stromausfälle, die der IT zu schaffen machen, sondern mehr und mehr die Qualität des Stromes selbst, der zur Verfügung steht. Gerade IT-Geräte haben höhere Ansprüche an die Stromqualität als beispielsweise industrielle Maschinen.

Die unterschiedlichen Störungen zu kennen ist das Eine, die richtigen Lösungen dafür parat zu haben das Andere.

Neben kürzeren oder längeren Stromausfällen sind es auch kurzfristige Spannungs- und Frequenzschwankungen sowie Strom- und Spannungsverzerrungen aufgrund nichtlinearer Lasten, die zu großen Problemen führen können. Dabei darf man nicht nur die Netzqualität des Energieversorgers betrachten, sondern sollte schon sehr genau prüfen, ob die Netzverunreiniger nicht auch im eigenen Versorgungsnetz oder sogar im eigenen Haus liegen.

Netzstörungen		Zeit	IEC 62040-3	USV-Lösung	Ableiter-Lösung
1.	Netzausfälle	> 10 ms	**VFD** **Voltage + Frequency Dependent**	**Offline USV**	–
2.	Spgs.-einbrüche				–
3.	Spannungsspitzen				–
4.	Unterspannungen	kontinuierlich	**VI** **Voltage Independent**	**Netz-interaktive USV**	–
5.	Überspannungen	kontinuierlich			–
6.	Blitzeinwirkungen	sporadisch	**VFI** **Voltage + Frequency Independent**	**Online USV**	Blitz und Überspannungsschutz
7.	Spannungsstöße (Surge)	< 4 ms			–
8.	Frequenzschwankungen	sporadisch			–
9.	Spgs-verzerrungen (Burst)	periodisch			–
10.	Spgs.-Oberschwingungen	kontinuierlich			–

Bild 5.144: Kategorisierung der zehn Netzstörungen

Die Netzstörungen selbst und somit die Netzqualität gliedert man in zehn Kategorien, denen nach ihrer Auswirkung durch unterschiedliche Maßnahmen entgegengewirkt werden muss.

Netzausfälle rühren meist vom öffentlichen Versorger her. Aber auch Störungen in der eigenen Anlage können für Ausfälle verantwortlich sein. Längere Stromausfälle sind relativ selten. In den Statistiken werden nur jene Stromausfälle erfasst, die länger als drei Minuten dauern. Daher ist die aus den Statistiken hervorgehende Anzahl der Stromausfälle in Deutschland eigentlich gar nicht so schlecht. Viel häufiger jedoch sind kürzere Ausfälle und Unterbrechungen durch Überlastungen, durchtrennte Leitungen durch Baumaßnahmen oder auch falschen Schalthandlungen. Ausfälle im Millisekundenbereich sind dagegen besonders häufig, ausgelöst durch Kurzschlüsse oder die hoffentlich daraus resultierenden Kurzschluss-Abschaltungen. Ausfälle unter 10 ms Dauer werden in der Regel von den meisten Verbrauchern ohne Auswirkungen toleriert.

Spannungsschwankungen und Spannungsspitzen können ebenfalls ihre Ursache beim Energieversorger durch stark schwankende Lasten in den Netzen haben. Aber auch hauseigene Versorger mit großen Lasten sind bei Ein- und Ausschaltvorgängen für diese Art von Netzstörung verantwortlich. Selbst Phasenanschnittsteuerungen, wie sie in Dimmern vorkommen, können Spannungsspitzen hervorrufen.

Kontinuierliche Unter- oder Überspannungen schädigen dauerhaft die Netzteile der IT und sind ausnahmslos dem Energieversorger oder der eigenen Energieversorgung durch Netzersatzanlage o.Ä. zuzuordnen.

Spannungsstöße und Blitzeinwirkungen haben meist auch auf Seiten der Energieversorgung ihre Ursache, insbesondere in Zeiten eines Wetterumschwungs. Ein unsauberes, nicht getrenntes PE-N-Netz verstärkt diese Auswirkungen noch.

Spannungsverzerrungen, Spannungsoberschwingungen und Frequenzschwankungen haben ihre Ursache meist im eigenen Haus durch nichtlineare Lasten. Dabei sind die meist getakteten Netzteile der IT die größten Verschmutzer selbst. Jedoch auch stark unsymmetrische Lastverteilungen auf der Verbraucherseite können hier negative Folgen haben.

Die EN 62040-3 stellt als Produktnorm für unterbrechungsfreie Stromversorgungssysteme die Grundlagen für den Anwender oder Betreiber der Stromversorgungslösung zur Verfügung. Die Klassifizierung der höchsten Störelimination VFI SS 111 bildet eine wesentliche Anforderung für den Betrieb in einem Rechenzentrum. Nur diese stellt sicher, dass alle definierten Netzstörungen eliminiert werden können. Dazu im folgenden Kapitel mehr.

Die DIN EN 50600-2-2 fordert dasselbe, nämlich dass die von einer statischen USV-Anlage bereitgestellten Qualität der Spannung die entsprechende Klasse der Normen-

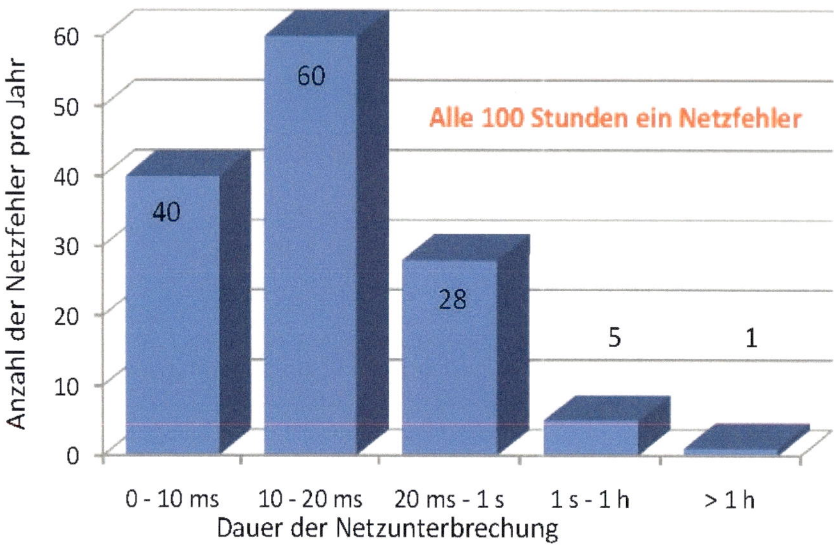

Bild 5.145: Anzahl und Dauer der unterschiedlichen Netzfehler
Quelle: Piller Germany GmbH & Co. KG

reihe DIN EN 62040 erfüllen muss. Die von einer dynamischen USV-Anlage bereitgestellte Spannungsqualität muss die entsprechende Klasse von DIN EN 88528-11 erfüllen.

Allerdings wird in der Norm keine Festlegung getroffen, ob eine Offline-, Netzinteraktive- oder Online-Anlage eingesetzt werden soll.

Weiterhin wird gefordert, dass die Spannungsqualität zwischen der USV und den Verbrauchern DIN EN 61000-2-4:2002-Klasse erfüllen muss, sofern von den Herstellern der Einrichtungen, die über USV versorgt werden, keine alternativen Anforderungen festgelegt wurden.

Weiterhin empfiehlt die Norm DIN EN 50600-2-2, USV-Eingänge, -Ausgänge und -Umgehungen mit Überspannungsschutzgeräten, z.B. Allbereichs-Transienten-Überspannungsunterdrückung (TVSS) auszustatten. Bei dynamischen USV-Anlagen sollten diese Einrichtungen auch auf der Lastseite angeschlossen werden.

Es ist allerdings nicht ganz klar, wo der Unterschied zwischen USV-Ausgang bei der statischen USV und Lastseite bei der dynamischen USV liegen soll.

Die DIN EN 50600-2-2 fordert, dass folgende Szenarien in Betracht gezogen werden müssen, wenn ein Stromversorgungssystem mit einer USV geplant ist:

a) Normalbetrieb mit USV, die vom Energieversorger oder einer zusätzlichen Versorgung gespeist wird

b) Betrieb an USV im Umgehungsmodus, die vom Energieversorger oder einer zusätzlichen Versorgung gespeist wird

Dies ist auch wichtig für die Betrachtung der Selektivität, wie sie im Kapitel 5.1.10 bereits beschrieben wurde.

5.3.1 Statische USV-Anlagen

USV ist die Abkürzung für Unterbrechungsfreie Strom (bzw. Spannungs)-Versorgung. Im Englischen findet man die Bezeichnung UPS (Uninterrupted Power Supply).

USV-Anlagen haben zwei große Aufgaben zu erfüllen:

1. Sie sorgen für einen nahezu oder vollständig unterbrechungsfreien Betrieb der nachgeschalteten Anlagen bei Netzausfall
2. Sie filtern je nach Anlagentyp die Netzstörungen aus dem Normalnetz

Damit sorgen sie dafür, dass je nach Ausstattung der USV-Anlage die nachfolgend dargestellten Netzstörungen wenig bis keinen Einfluss auf die nachgeschalteten kritischen Verbraucher haben. Dabei ist das Filtern der Netzstörungen in vielen Rechenzentrumsapplikationen die wichtigere Aufgabe, da diese auch durch Redundanzen nicht vollständig eliminiert werden können.

Sicherheitsstufen		Netzstörungen		Zeit	USV-Klassifizierung (nach IEC 62040-3)			USV-Klassifizierung (klassisch)
					Ausgangs-Abhängigkeit vom Netz	Ausgangs-Kurvenform	Ausgangs-Toleranz	
1	Schutz gegen 3 Netzstörungen	1	Netzausfälle	> 10 ms	**VFD** = Voltage + Frequency Dependent (USV-Ausgang ist abhängig von Änderungen der Netzspannung und der Netzfrequenz)	**SY** = nicht sinusförmig über Grenzwert IEC 61000-2-2 **SX** = nicht sinusförmig D> 0,08 (erste Ziffer: Normalbetrieb; zweite Ziffer: Batteriebetrieb)	333 / 332 / 322 (erste Ziffer: bei Änderung der Betriebsart zweite Ziffer: bei Lastsprüngen mit linearer Last dritte Ziffer: bei Lastsprüngen mit nicht-linearer Last)	**Offline**
		2	Spannungseinbrüche	< 16 ms				
		3	Spannungsspitzen	< 16 ms				
2	Schutz gegen 5 Netzstörungen	4	Unterspannungen	Kontinuierlich	**VI** = Voltage Independent (USV-Ausgang ist abhängig von der Netzfrequenz)	**SX** = nicht sinusförmig D> 0,08 oder **SS** = sinusförmig D< 0,08	**322 / 311**	**Line-Interactive**
		5	Überspannungen	Kontinuierlich				
3	Schutz gegen alle 10 Netzstörungen	6	Blitzeinwirkung	Sporadisch	**VFI** = Voltage + Frequency Independet (USV-Ausgang ist unabhängig vom Netz)	**SS** = sinusförmig D< 0,08	**211 / 111**	**Online-Dauerwandler** Dauerbetrieb/Zweifach-Wandler System double-conversion true Online
		7	Spannungsstöße (Surge)	> 4 ms				
		8	Frequenzschwankungen	Sporadisch				
		9	Spannungsverzerrung (Burst)	Periodisch				
		10	Spannungsoberschwingungen	Kontinuierlich				
4	Schutz gegen alle 10 Netzstörungen plus erhöhter Schutz durch galvanische Trennung		1 bis 10 wie oben	wie oben	**VFI** = Voltage + Frequency Independet (USV-Ausgang ist unabhängig vom Netz)	**SS** = sinusförmig D< 0,08	**111**	**Online-Dauerwandler** Dauerbetrieb/Zweifach-Wandler System double-conversion true Online ***galvanisch getrennt***
5	Schutz gegen alle 10 Netzstörungen plus erhöhter Schutz durch galvanische Trennung und Parallel-Redundanz N+1		1 bis 10 wie oben	wie oben	**VFI** = Voltage + Frequency Independet (USV-Ausgang ist unabhängig vom Netz)	**SS** = sinusförmig D< 0,08	**111**	**Online-Dauerwandler** Dauerbetrieb/Zweifach-Wandler System double-conversion true Online ***galvanisch getrennt parallel-redundant***

Bild 5.146: Klassifizierung von USV-Anlagen
Quelle: ABB

Eine statische USV-Anlage besteht aus den Hauptkomponenten Energiespeicher und System zur Umwandlung in elektrische Energie. Sie werden in Rechenzentren sehr häufig eingesetzt, um die oben aufgeführten Aufgaben wahrzunehmen.

Der größte Vorteil der statischen Anlagen gegenüber den in den folgenden Abschnitten beschriebenen dynamischen Anlagen ist der vergleichsmäßig geringe Anschaffungspreis. Nachteile der statischen Anlagen sind die verhältnismäßig geringen Kurzschlussströme und eine relativ schwierige Selektivität im Versorgungsnetz. Bei statischen Klein-USV-Anlagen ist der Ausgangsbereich selektiv fast gar nicht mehr beherrschbar.

Die Energiespeicherung erfolgt entweder in Form elektrochemischer Energiespeicherung mittels speziellen Akkumulatoren oder in Form von kinetischer Energiespeicherung mittels Schwungrädern.

Ausgehend von ihrem Wirkungsprinzip werden die USV-Anlagen in drei Kategorien unterteilt:

1. VFD (Voltage and Frequency Dependent) – Offline USV-Anlage
2. VI (Voltage Independent) – Netzinteraktive USV-Anlage
3. VFI (Voltage and Frequency Independent) – Online USV-Anlage

Tabelle 5.8: Unterschiede der drei USV-Kategorien

Merkmal	Offline USV	Netzinteraktive USV	Online USV
Eingangsnetz	= Ausgangsnetz	= Ausgangsnetz	Ausgangsnetz
Entkopplung zwischen Eingang und Ausgang	Keine Entkopplung	Bedingte Entkopplung	Vollständige Entkopplung
Spannungsregelung	Nein	Ja	Ja
Frequenzregelung	Nein	Nein	Ja
Umschaltzeit bei Netzausfall	Bis 10 ms	2,5 ms bis 10 ms	Keine Umschaltung

5.3.1.1 VFD (Voltage and Frequency Dependent) – Offline USV

Der Strom wird im Normalbetrieb direkt vom Eingang an den Ausgang geleitet. Es erfolgt somit keine Entkopplung zwischen dem vorgeschalteten Verteilsystem und der Last. Zusätzlich versorgt der Eingang den Gleichrichter, der die Akkus lädt bzw. den Energiespeicher versorgt. Wird die Netzversorgung unterbrochen, wird der Ausgang auf den Wechselrichter umgeschaltet und aus den Akkus bzw. dem Energiespeicher gespeist. Die Umschaltung ist unterbrechungsbehaftet, d.h. die nachgeschalteten Verbraucher sind bis zu zehn Millisekunden spannungslos. Für empfindliche Geräte kann dies bereits zu lange sein.

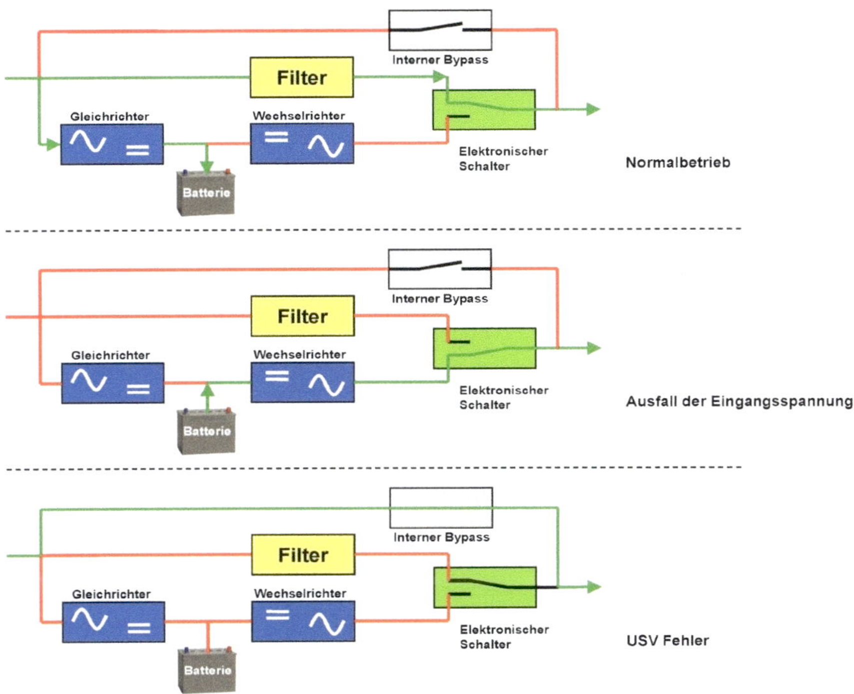

Bild 5.147: Betriebsarten der Offline-USV-Anlage

Diese Art USV kompensiert nur die ersten drei Netzstörungen aus Bild 5.144. Somit erfüllt diese USV nur ihren Zweck bei Netzausfällen und Netzschwankungen. Alle sonstigen Netzstörungen wirken unmittelbar und in voller Höhe auf die Verbraucher.

Lediglich der Ladestrom des Akkus bzw. die notwendige Energie des Energiespeichers erzeugt den USV-Verlust. Logischerweise hat dieser USV-Typ auch den größten Wirkungsgrad, der bei 99 Prozent liegen kann.

Aufgrund des relativ unkomplizierten Aufbaus des Geräts ist sie auch verhältnismäßig günstig in der Anschaffung.

Typische Einsatzbereiche sind Lasten bis 2 kVA, einzelne PC's und Peripheriegeräte sowie Notlampen und kleinere TK-Anlagen.

5.3.1.2 VI (Voltage Independent) – Netzinteraktive USV

Zentrales Element dieser USV-Anlagen ist der Umrichter (AC/DC-Wandler), der sowohl als Stromrichter als auch als Batterieladegerät fungiert. Unter Normalbedingungen wird die Last durch das Stromnetz versorgt und der Gleichrichter am Eingang erzeugt die Ladespannung für die Akkus bzw. die Energie für die Energiespeicher. Bei Aktivierung des Wechselrichters isoliert dabei ein Halbleiterschalter das System, um der

Rückspeisung ins Hauptstromnetz vorzubeugen. Der automatische Spannungsregler begrenzt fortlaufend die Höhe der Spannung am Ausgang. Im Gegensatz zum passiven Standby-Betrieb arbeitet diese Art der USV auch wenn Netzstrom verfügbar ist. Diese USV-Anlage ist durch ihre Funktionsweise unabhängig von der Höhe der Spannung am Eingang. Allerdings bestimmt die Frequenz am Eingang der USV auch die Frequenz am Ausgang der USV. Die Eingangsspannung ist somit frequenzsynchron der Ausgangsspannung.

Durch die Parallelschaltung zur Hauptstromquelle im Normalbetrieb erfolgt auch hier keine Entkopplung zwischen dem vorgeschalteten Verteilsystem und der Last.

Die Umschaltzeit bei diesem USV-Typ liegt typischerweise bei zwei bis fünf Millisekunden. Da es sich bei dem Umschalter um einen Thyristorschalter handelt, dauert im ungünstigsten Fall die Umschaltzeit eine Halbwelle, bei 50 Hz also zehn Millisekunden. Schutz bietet dieser USV-Typ bei Netzausfällen und Netzschwankungen sowie zusätzlich bei Unter- und Überspannung. Der Wirkungsgrad dieser USV-Anlagen liegt bei 96 bis 98 Prozent.

VI-Anlagen werden auch unter den Begriffen „Single-Conversion“, „Line-Interactive“, „Delta-Conversion“ und „aktiver Mitlaufbetrieb“ am Markt angeboten.

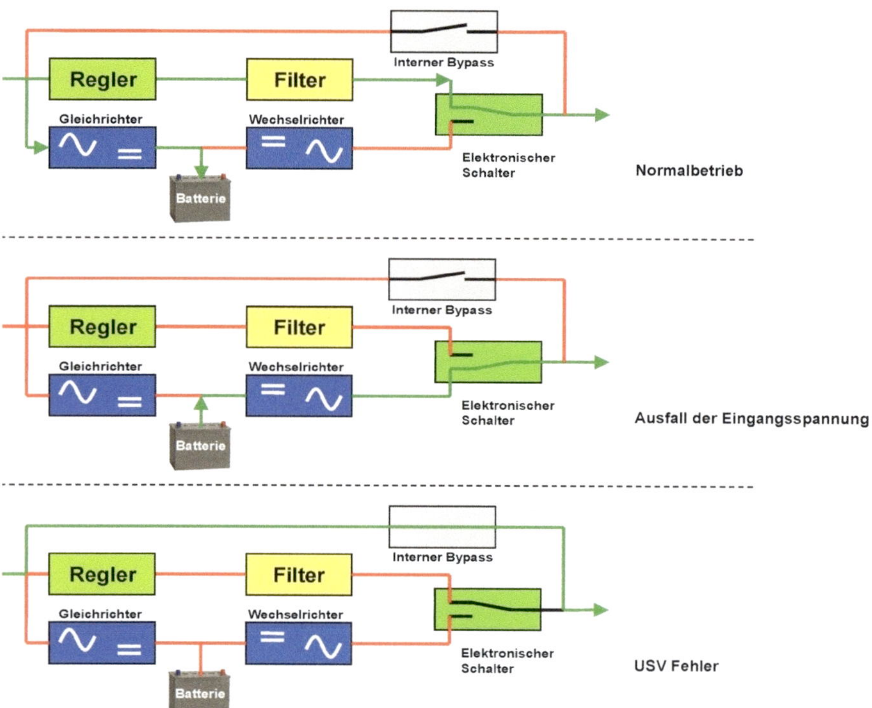

Bild 5.148: Betriebsarten der Netzinteraktiven USV-Anlage

Typische Einsatzbereiche waren früher Lasten bis 4 kVA, einzelne PC's und kleinere Server sowie größere TK-Anlagen, kleinere Server-Systeme und Netzwerke.

Mit Beginn des Green-IT-Zeitalters wurden auch VI-Anlagen im größeren Leistungsbereich bis 250 kVA entwickelt. Mit entsprechenden Parallelschaltungen von Einzelanlagen sind auch Verbünde bis 1.000 kVA möglich.

In Amerika sind die Netzinteraktiven USV-Anlagen mittlerweile am Markt akzeptiert und werden oft eingesetzt. Bei uns in Deutschland hat sie sich noch nicht durchgesetzt und wird sich voraussichtlich auch nicht durchsetzen. Zaghafte Versuche, sie am deutschen Markt zu platzieren, sind kläglich gescheitert. Der Nachweis, dass die Absicherung über Netzinteraktive-Anlagen sicher funktioniert, wurde noch nicht erbracht. Der Nachweis, dass es nicht funktioniert, allerdings auch noch nicht. Da die Netze auch in Deutschland immer unsicherer werden, wird keiner das Risiko eingehen wollen, der Erste zu sein, dessen Rechenzentrum wegen einer Netzinteraktiven-Anlage zum Erliegen kommt. USV-Anlagen, die im Sinne der Green-IT selbständig zwischen den verschiedenen Betriebsmodi hin- und herschalten, kommen ebenso aus Amerika und nur risikofreudige Rechenzentrumsbetreiber lassen sich auf dieses Abenteuer ein. Zum Green-Mode oder auch Eco-Mode später mehr.

Der große Unterschied zwischen Netzinteraktiven USV-Anlagen und Online-USV-Anlagen ist die Frequenzregelung, die bei der Netzinteraktiven USV-Anlage schlichtweg nicht stattfindet.

5.3.1.3 VFI (Voltage and Frequency Independent) – Online USV

Im Unterschied zu den beiden vorherigen Typen von USV-Systemen sind VFI-USV-Anlagen eigenständige, komplett isolierte Stromerzeuger. Sie sind die einzigen USV-Systeme, die wirklich unterbrechungsfrei sind. Der Eingang ist direkt und ausschließlich an den Gleichrichter angeschlossen, welcher die Akkus oder den Energiespeicher dauerhaft speist. Der Ausgang wird ausschließlich über den Wechselrichter versorgt. Die nachgeschalteten Verbraucher sind komplett vom vorgeschalteten Verteilernetz isoliert. Im Normalbetrieb wird die notwendige Energie direkt vom Gleichrichter bezogen. Bei Netzausfall erfolgt die Versorgung über die Akkus bzw. Energiespeicher.

Die Wechselspannung am Ausgang wird unabhängig von der Eingangsspannung über den Wechselrichter aus der Gleichspannung des sogenannten Zwischenkreises erzeugt. Zur Erhöhung der Versorgungssicherheit verfügt die USV-Anlage über einen internen Bypass, der parallel zur Gleichrichter-/Wechselrichter-Kombination geschaltet ist. Bei Überlast am USV-Ausgang oder bei Auftreten eines internen Fehlers wird unterbrechungsfrei auf den Bypass geschaltet und die Verbraucher weiter versorgt, allerdings direkt vom vorgeschalteten Verbrauchernetz.

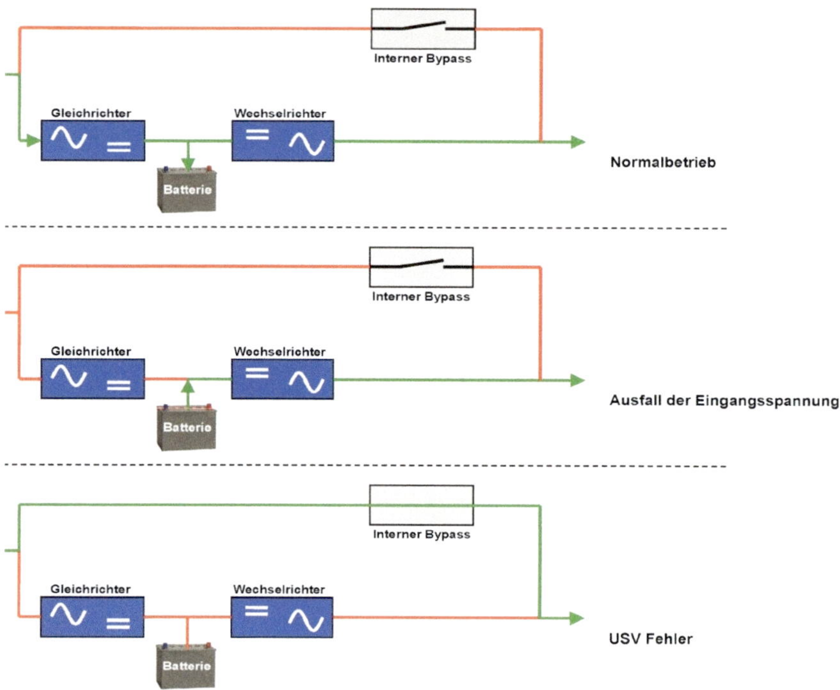

Bild 5.149: Betriebsarten der Online-USV-Anlage

Bild 5.150: Online Standalone USV-Anlage mit 60 bis 120 kVA Leistung
Quelle: ABB

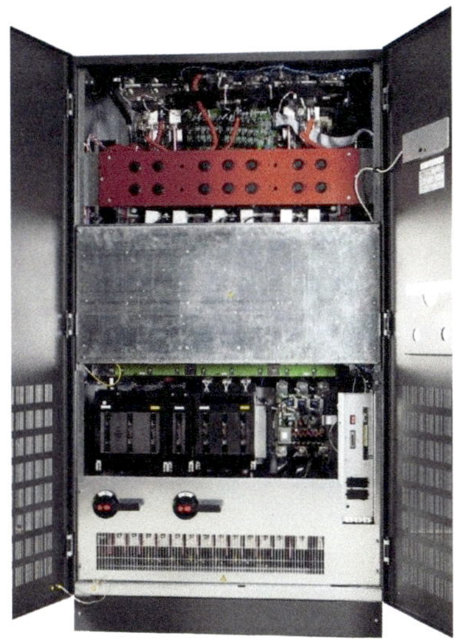

Bild 5.151: Online-USV mit 300 kVA
Quelle: ABB

Bild 5.152: Online-USV mit 500 kVA
Quelle: ABB

Diese USV-Anlagen schützen vor allen Arten von Netzstörung. Es entsteht keine Umschaltzeit bei der Umstellung von Netz- auf Batteriebetrieb.

VFI-USV-Anlagen haben durch die ständige Wandlung den höchsten Verlust und liegen bei ihrem Wirkungsgrad mittlerweile bei bis zu 97 Prozent. Durch die aufwendige Technik sind diese Anlagen in der Anschaffung auch die Teuersten. Am Markt werden sie auch unter den Begriffen „Online“, „Double-Conversion“ und „Doppelwandler“ angeboten.

Trotz des geringsten Wirkungsgrads aller drei USV-Typen liefern diese USV-Anlagen die höchste Stromqualität. Sie werden am häufigsten im IT-Bereich eingesetzt.

5.3.1.4 Auswahlkriterien

Bei der Dimensionierung und Auswahl der USV-Anlage ist nicht nur die Ausgangsleistung und die Überbrückungszeit wichtig, sondern auch der Wirkungsgrad, der bei USV-Anlagen gleichen Typs durch unterschiedliche Techniken recht unterschiedlich sein kann.

Ebenso wichtig für den wirtschaftlichen Betrieb ist die Tatsache, dass der größte Wirkungsgrad bei ca. 90 Prozent Nennlast erzielt wird. Werden die USV-Anlagen nur in Teillast betrieben, sinkt der Wirkungsgrad teilweise rapide ab. Allerdings sind die heutigen USV-Systeme zwischen einem Lastbereich von 30 bis 95 Prozent Nennlast relativ konstant in ihrem Wirkungsgrad. Unter 30 Prozent Nennlast fällt der Wirkungsgrad jedoch sehr stark ab. Damit muss die Maxime gelten, USV-Anlagen eher im Hot-Standby-Betrieb (also im Leerlauf) mitlaufen zu lassen und bei Bedarf zuzuschalten, als alle parallel geschaltete USV-Anlagen mit reduzierten Lasten unter 30 Prozent Nennlast zu betreiben.

Durch die getakteten Netzteile in der Hardware im Rechenzentrum hat man heutzutage auf der Sekundärseite der USV ein eher kapazitives Netz, während man auf der Primärseite ein vorzugsweise induktives Netz hat. Zu beachten ist, dass die USV-Anlagen für den kapazitiven Sekundärbetrieb ausgelegt sind und für den Fall der Bypass-Schaltung keine Probleme auftreten, wenn kapazitives und induktives Netz zusammengeschaltet werden.

5.3.1.5 6-Puls-, 12-Puls-, IGBT-Technologie und Oberwellen

Die Gleichrichterschaltungen haben erheblichen Einfluss auf den Wirkungsgrad und den Netzrückwirkfaktor, welcher durch eine entsprechend größere Netzersatzanlage kompensiert werden muss. Somit wirkt sich die Gleichrichterschaltung direkt auf die Kosten des Gesamtsystems aus. 6- und 12-Puls USV-Anlagen mögen zwar in der Anschaffung günstiger sein, bewirken jedoch in den Betriebskosten und der notwendigerweise größeren Netzersatzanlage als Gesamtsystem über die Lebensdauer betrachtet unter Umständen höhere Kosten. Das Gewicht und der Platzbedarf sind bei 6-Puls oder 12-Puls Gleichrichtern ebenfalls höher als bei IGBT-Gleichrichtern.

5.3.1.5.1 Einpuls-Mittelpunktschaltung M1

Die Einpuls-Mittelschaltung oder auch Einweg-Gleichrichterschaltung muss verstanden werden, um die in den USV-Anlagen eingesetzten 6-Puls- oder 12-Puls-Technologien verstehen zu können. Eine einfache Diode sorgt dafür, dass nur eine Halbwelle durchlässt und die zweite Halbwelle den Sinus sperrt. Die Polung der Diode entscheidet dabei, ob am Ausgang ein positiver oder negativer Spannungswert anliegt. Man spricht dann auch von pulsierender Gleichspannung.

5.3.1.5.2 Zweipuls-Brückenschaltung B2

Die Zweipuls-Brückenschaltung wird oft auch Graetz-Schaltung genannt und ist die meistverwendete Gleichrichterschaltung. Der Strom fließt dabei bei jeder Halbwelle durch zwei Dioden. Dadurch fällt am Gleichrichter auch die doppelte Diodenspannung ab. Es werden immer beide Halbwellen gleichgerichtet.

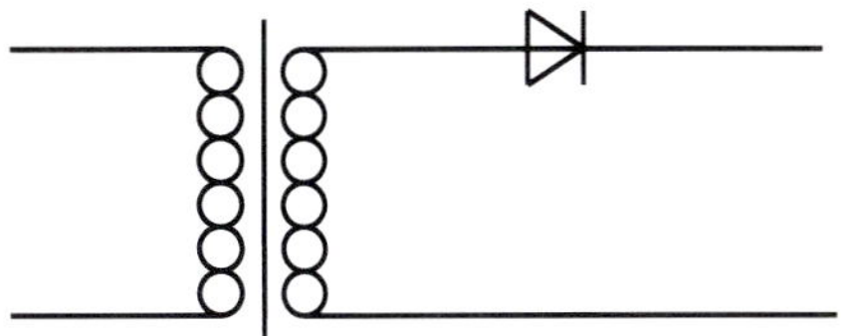

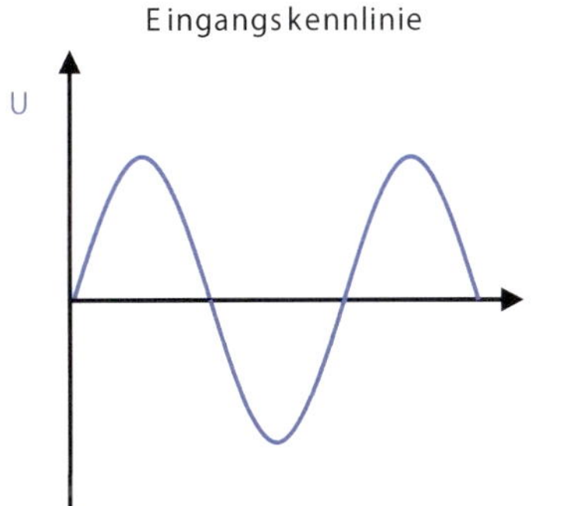

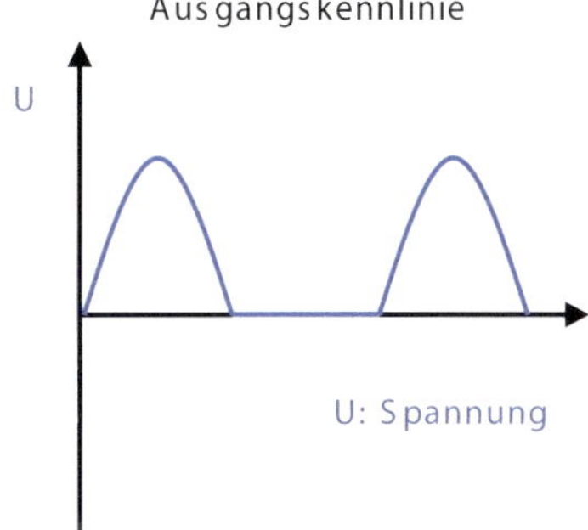

Bild 5.153: Einpuls-Mittelpunktschaltung M1

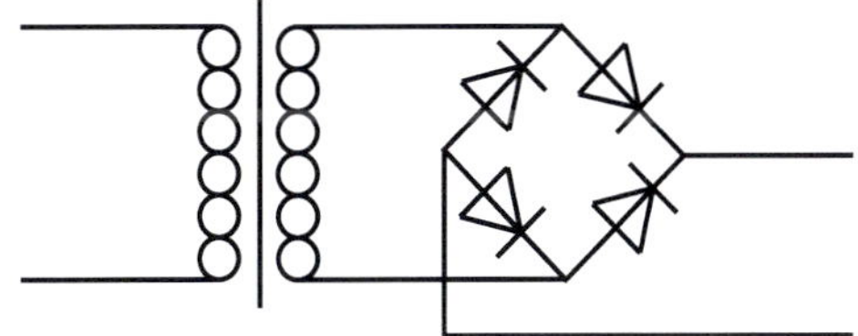

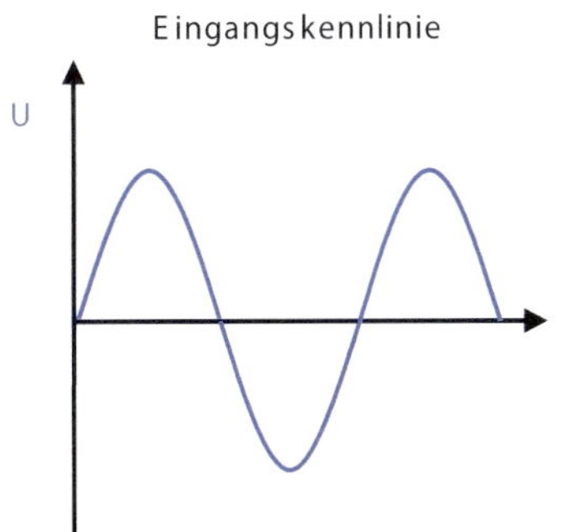

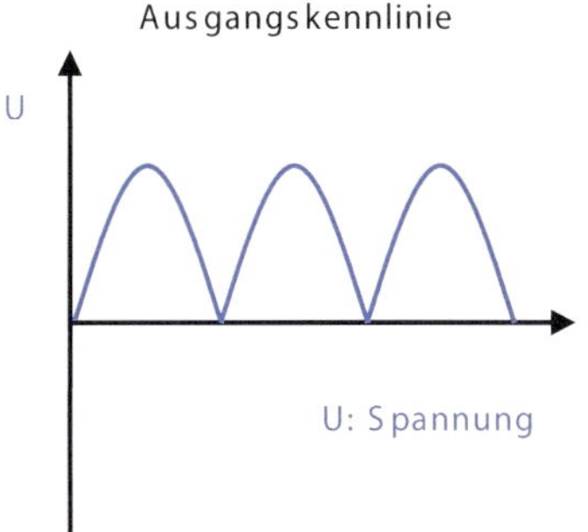

Bild 5.154: Zweipuls-Brückenschaltung B2

5.3.1.5.3 6-Puls-Brückenschaltung B6

Die 6-Puls-Brückenschaltung ist die meistverwendete Drehstromgleichrichterschaltung. Sie ist aufgebaut wie die Zweipuls-Brückenschaltung B2, allerdings mit insgesamt sechs Dioden. Auch hier werden pro Außenleiter oder Phase zwei Dioden gleichgerichtet und es fällt die doppelte Diodenspannung am Gleichrichter ab.

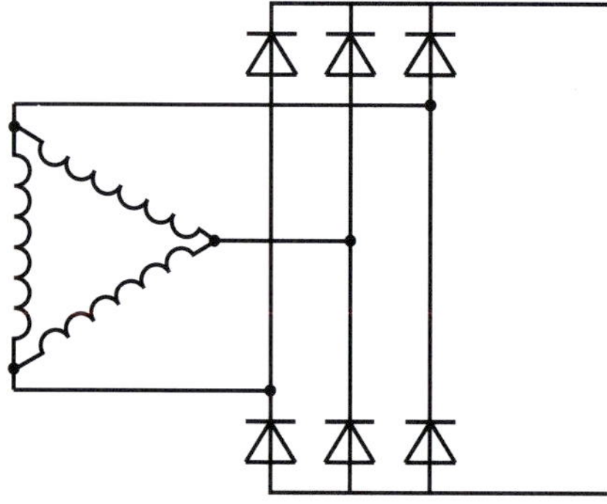

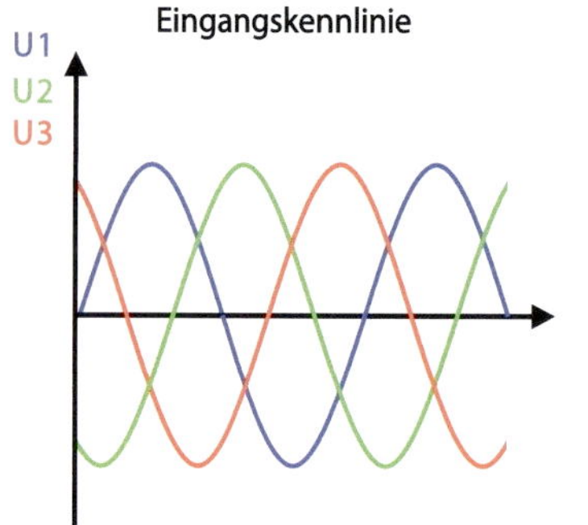

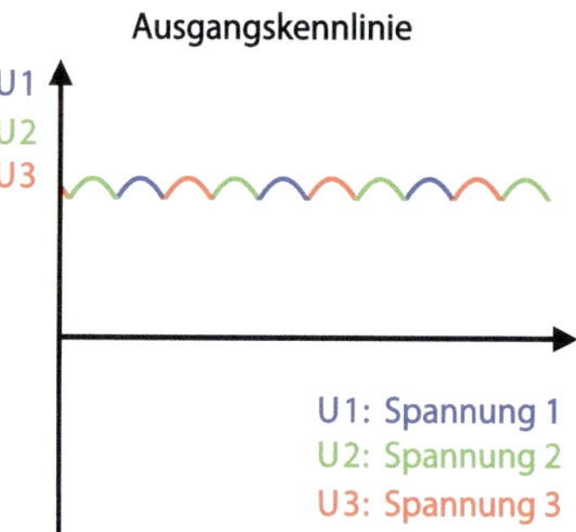

Bild 5.155: 6-Puls-Brückenschaltung B6

5.3.1.5.4 12-Puls-Brückenschaltung B12

Der 12-Puls-Brückengleichrichter besteht aus zwei in Serie geschalteten 6-Puls-Brückenschaltungen. Eine Brücke wird dabei nach dem Sternprinzip und eine Brücke nach dem Dreieckprinzip geschaltet.

Die Windungsverhältnisse am Trafo müssen dabei so bemessen sein, dass sich die verschiedenen Spannungen der Stern- und Dreiecksschaltung ausgleichen.

Es gibt zwei Arten der Brückenschaltung:

1. In Reihenschaltung, um hohe Ausgangsspannungen zu erhalten (B6-2S)
2. In Parallelschaltung um hohe Ausgangsströme zu erhalten (B6-2C)

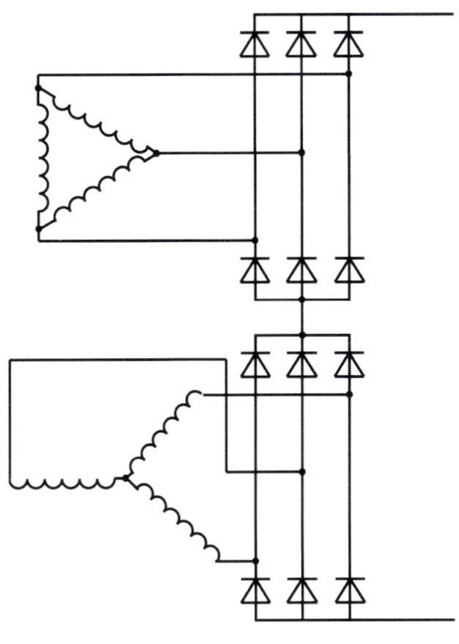

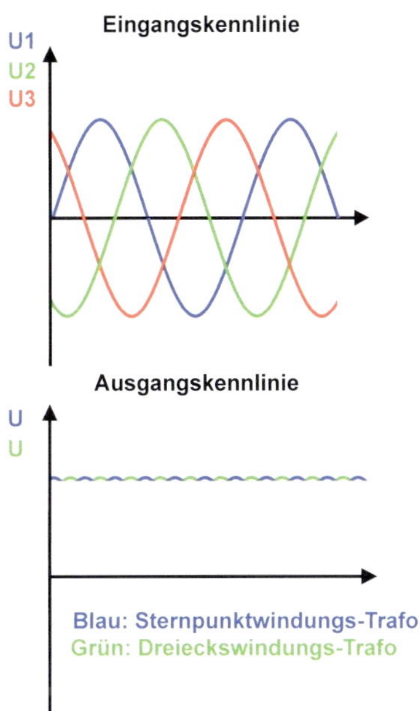

Bild 5.156: 12-Puls-Brückenschaltung B12

5.3.1.5.5 IGBT-Gleichrichter

Es gibt heute kaum noch einen USV-Anbieter, der seine USV-Anlagen nicht mit der sogenannten IGBT-Technik ausstattet. Die IGBT-Technik bietet neben einem hohen Wirkungsgrad und einem sehr geringen Netzrückwirkfaktor eine Reihe weiterer Vorteile, die in der Leistungselektronik genutzt werden.

Das Wort IGBT ist eine Abkürzung der englischen Bezeichnung insulated-gate bipolar transistor, also ein Bipolartransistor mit isolierter Gate-Elektrode. Es vereint die Vorteile des Bipolartransistors (gutes Durchlassverhalten, hohe Sperrspannung und Robustheit) mit den Vorteilen des Feldeffekttransistors (nahezu leistungslose Ansteuerung). Da der IGBT den Laststrom begrenzt, zeigt er auch eine gewisse Robustheit gegenüber Kurzschlüssen, wenn auch nur eine Gewisse.

Mit der IGBT-Technologie kann somit ein robustes und hochgradig fehlertolerantes System aufgebaut werden, das auch höchsten Lasten und den ungünstigsten Stromnetzbedingungen standhält.

Rein wirtschaftlich betrachtet, werden USV-Anlagen mit IGBT-Technologie heutzutage bis zu einer Leistung von 500 kVA eingesetzt, weshalb sie bis in diesen Bereich auch weit verbreitet sind. Bei größeren Leistungen sind die IGBT-Halbleiter derart teuer, dass ein Einsatz wirtschaftlich derzeit noch nicht zu empfehlen ist.

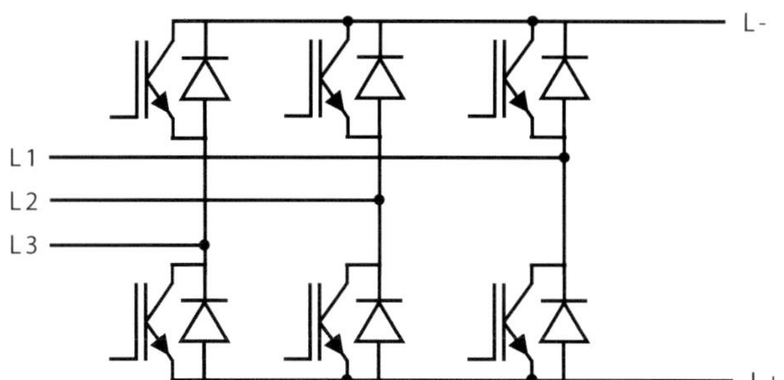

Bild 5.157: IGBT-Gleichrichter

5.3.1.5.6 Oberwellen & Co.

Alle Verbraucher und hauptsächlich Verbraucher mit nichtlinearen Lasten wie Netzteile etc. verändern den sauberen Sinus des Netzsignals. Diese dadurch produzierten Oberwellen sind Vielfache der Grundfrequenz von 50 Hz. Man definiert den Oberwellengrad als das Verhältnis zwischen der Frequenz der Oberwelle und der Grundwellenfrequenz. So hat beispielsweise die 3. Oberwelle eine Frequenz von 150 Hz. Die Zahlenreihe besteht durchweg aus ungeraden Zahlen, also die 3., 5., 7., 9., 11. etc. Oberwelle.

Ein Maß für die Oberwellen ist der Oberwellenfaktor oder THD (Total Harmonic Distortion). Er gibt den Anteil der Oberwellen in Bezug zur Grundwelle an und wird in Prozent angegeben. Je kleiner der Faktor, desto besser. Werte über 8 Prozent können sehr kritisch sein.

Es empfiehlt sich, heutzutage nur noch USV-Anlagen einzusetzen, welche als Gleichrichter eine 12-Puls Brückenschaltung haben oder einen aktiven IGBT-Gleichrichter. Andere Anlagen sind am Markt heutzutage auch fast nicht mehr zu finden.

Die in den USV-Anlagen produzierten Oberwellen bestimmen letztlich auch den Netzrückwirkfaktor der USV-Anlagen. Dabei sind typischerweise bei 6-Puls-Anlagen die 5. und 7. Oberwelle besonders stark ausgeprägt, während bei 12-Puls-Anlagen die 11. und 13. Oberwelle stark ausgeprägt sind. Einphasige Verbraucher sind meist für die 3. Oberwelle verantwortlich.

USV-Anlagen mit IGBT-Technologie weisen fast keine Oberwellen und somit fast keinen Netzrückwirkfaktor auf.

Das Oberwellenspektrum ist wichtig bei der Dimensionierung von Netzersatzanlagen, da sie den Netzrückwirkfaktor bestimmen und somit den Faktor, um welchen der Generator größer als die benötigte Last ausgelegt werden muss. Dazu mehr im Abschnitt 5.3.4.2 – Dimensionierung von Netzersatzanlagen.

Der Oberwellenanteil liegt bei 6-Puls-Gleichrichtern bei 25 Prozent , bei 12-Puls-Gleichrichtern über 10 Prozent und bei IGBT-Gleichrichtern gerade noch bei ca. 3 Prozent.

5.3.1.6 Ausgangs-Wechelrichter und Ausgangstransformatoren

Der Ausgangswechselrichter oder Inverter erzeugt aus der Gleichspannung bzw. dem Gleichstrom der Batterie bzw. des sogenannten Zwischenkreises eine Wechselspannung bzw. einen Wechselstrom. Er gehört somit zur Familie der Stromrichter. Die neuesten Technologien aus Siliziumkarbid erreichen dabei Wirkungsgrade bis zu 98 Prozent.

Bei den Wechselrichtern unterscheidet man die selbstgeführten Wechselrichter von den fremdgeführten oder netzgeführten Wechselrichter.

Die fremdgeführten Wechselrichter benötigen zur Funktion eine feste Wechselspannung. Bei fremdgeführten Wechselrichtern werden nicht-selbstabschaltbare Halbleiterventile (Dioden, Thyristoren, Triacs) eingesetzt. Anwendungsbeispiele sind Photovoltaikanlagen, Brennstoffzellen oder auch die Netzkopplung von Windkraftanlagen mit variabler Drehzahl und Gleichspannungszwischenkreis.

Bei Stromausfällen im öffentlichen Versorgungsnetz steht jedoch auch keine feste Wechselspannung mehr zur Verfügung. Daher werden in USV-Anlagen selbstgeführte Wechselrichter eingesetzt. Dabei werden selbstabschaltbare Halbleiterventile wie Transistoren und IGBTs eingesetzt. Die Ventile werden mit einem vom Wechselrichter

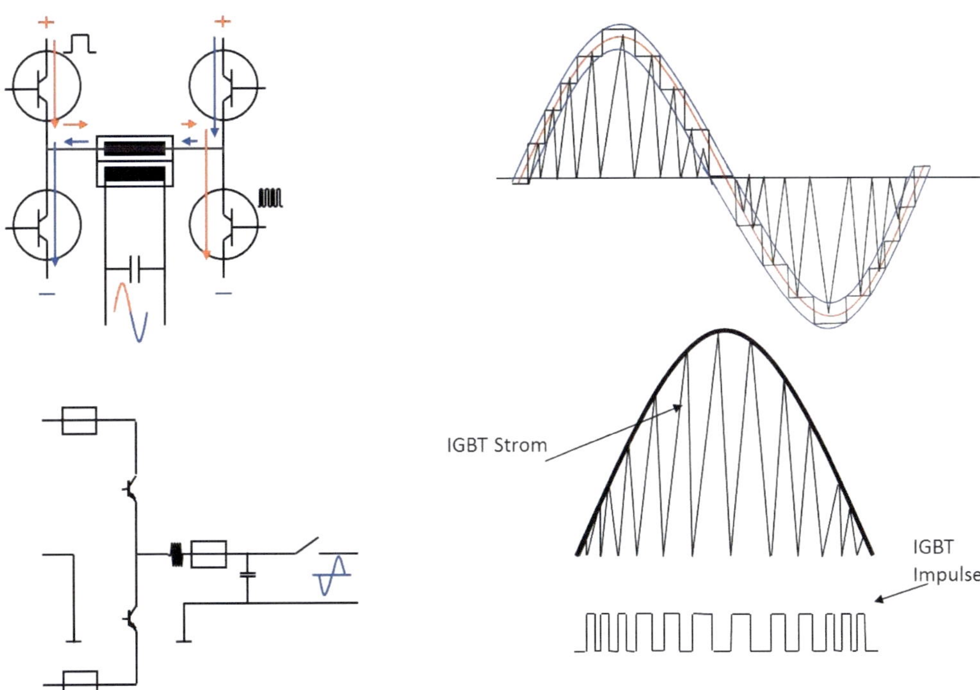

Bild 5.158: Funktion eines statischen Wechselrichters
Quelle: ABB

selbst erzeugten Takt an- und ausgeschaltet. Dadurch ist keine Referenzspannung notwendig. Der Wechselrichter erzeugt dabei eine sinusförmige ein- oder dreiphasige Ausgangsspannung, wie sie in Verbrauchern von Rechenzentren benötigt wird. Heutzutage arbeiten die Wechselrichter nach der sogenannten Pulsweitenmodulationstechnik.

Ältere USV-Anlagen arbeiteten nach dem Prinzip eines netzfrequenten Transistor-Zerhackers (Kontaktwechselrichter mit einem Wagnerschen Hammer), weshalb ein nachfolgend geschalteter netzfrequenter Transformator benötigt wurde.

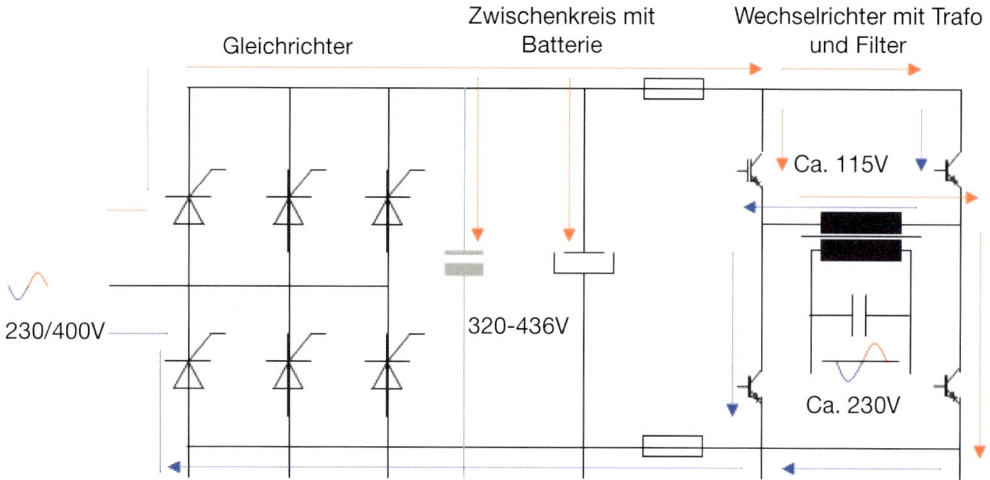

Bild 5.159: Schematischer Aufbau eines einphasigen Wechselrichters mit Trafo
Quelle: ABB

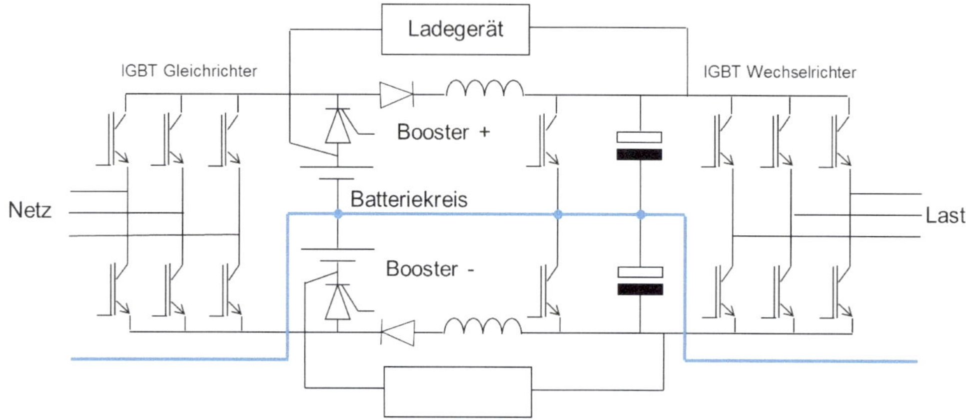

Bild 5.160: Schematischer Aufbau einer trafolosen USV-Anlage mit durchverbundenem N-Leiter
Quelle: ABB

Die Notwendigkeit eines Ausgangstransformators resultierte noch aus einem weiteren Grund: Die ersten statischen Wechselrichter wurden mit Halbleitern aufgebaut, die eine niedrige Sperrspannung von maximal 300 V hatten. Somit musste die Batterie- und Zwischenkreisspannung auf ca. 220 V begrenzt werden. Später gab es zwar Halbleiter, die höhere Spannungen schalten konnten, man war jedoch immer gezwungen, die künstlich erzeugte Wechselspannung von 115V auf 230V hochzutransformieren. Mit den heutzutage gängig eingesetzten IGBT-Halbleitern können Spannungen bis 1.600 V geschaltet werden. Dadurch kann die Batterie- und Zwischenkreisspannung auf 500V bis 600V angehoben werden. Der bis dahin unumgängliche Transformator konnte entfallen. Der Wechselrichter ist derzeit bei entladener Batterie in der Lage, ohne Transformator eine saubere Sinuswechselspannung mit 230V oder 400V zu erzeugen. Durch elektronische Schutzeinrichtungen ist es möglich, zuverlässig den Ausgang auf einen Gleichstromanteil in der Wechselspannung zu überwachen.

Trotzdem gibt es heute noch USV-Anlagen mit Ausgangstrafo. Der Einbau eines Transformators gestattet durch die hohe Kurzschlusskapazität mehr Flexibilität bei der Auswahl der Schutzvorrichtungen. Zudem wird verhindert, dass an der Ausgangsspannung ein DC-Anteil vorhanden ist. Er hat also durchaus aus vorgenannten Gründen seine Berechtigung.

Das oft angeführte Argument der echten galvanischen Trennung durch den Ausgangswechselrichter trifft aktuell meist nicht mehr zu, da der N-Leiter oft durchverbunden ist.

Nachteilig sind neben dem höheren Anschaffungspreis die zusätzlichen Verlustleistungen durch den Transformator, das höhere Gewicht und die größere Stellfläche.

5.3.1.7 Automatischer, interner und externer Bypass

Bei den Bypässen unterscheidet man zwischen dem automatischen Bypass, dem internen Bypass und dem externen Bypass. Der automatische und interne Bypass befindet sich dabei in der USV-Anlage selbst, während der externe Bypass außerhalb der USV in einem separaten Schaltkasten oder in den Elektroverteilern realisiert wird.

Der automatische und der interne Bypass dienen dazu, die Last direkt unterbrechungsfrei von der Eingangsseite auf die Ausgangsseite zu schalten. Beim automatischen Bypass geschieht dies automatisch bei einer Wechselrichterüberlastung oder einer generellen Störung der USV. So wird bei anstehender Netzspannung eine Weiterversorgung der nachgeschalteten Verbraucher nahezu unterbrechungsfrei gewährleistet. Gleichzeitig wird dieser Störungszustand als Meldung an der USV angezeigt und – falls angeschlossen – über die Gebäudeleittechnik o.Ä. weitergemeldet.

Eine Online-USV-Anlage besteht in der Regel aus einem Gleichrichtereingang und einem Bypasseingang. Beide Eingänge sollten auf unterschiedliche Einspeisungen gelegt werden. Da die Wahrscheinlichkeit eines gleichzeitigen Ausfalls beider Einspeisungen relativ gering ist, kann man so die Betriebssicherheit der USV-Anlage erhöhen. Fehlt eine getrennte Einspeisung, werden über eine Brücke beide Eingänge mit einer Einspeisung versorgt.

Der automatische Bypass wird mittels gegenläufig geschalteten Thyristoren realisiert.

Im Gegensatz dazu ist der interne Bypass ein Lasttrennschalter, der erst eingelegt werden darf, wenn zuvor der automatische Bypass über die Menüführung der USV-Anlage aktiviert wurde. Er wird auch Handbypass genannt. Bei Wartungen wird der Handbypass meist durch den Techniker während der Wartung eingelegt.

Der externe Bypass ist ebenfalls ein Lasttrennschalter und dient der kompletten Umgehung der USV. Er wird benötigt, um die USV-Anlage im Falle einer Wartung oder eines Austausches komplett umgehen zu können und so die nachgeschalteten Verbraucher trotz demontierter USV-Anlage weiter versorgen zu können.

Der externe Bypass wird immer erst eingelegt, nachdem zuvor der interne Bypass bewusst eingelegt wurde. Aus Sicherheitsgründen sollte niemals der externe Bypass betätigt werden, wenn die USV-Anlage noch im Normalbetrieb arbeitet.

Praktischerweise wird zunächst der automatische Bypass aktiviert und dann der interne Bypass eingelegt. Erst danach schaltet man den externen Bypass, nachdem man die Phasenlage nochmals überprüft hat. Das Zurückschalten erfolgt in umgekehrter Reihenfolge.

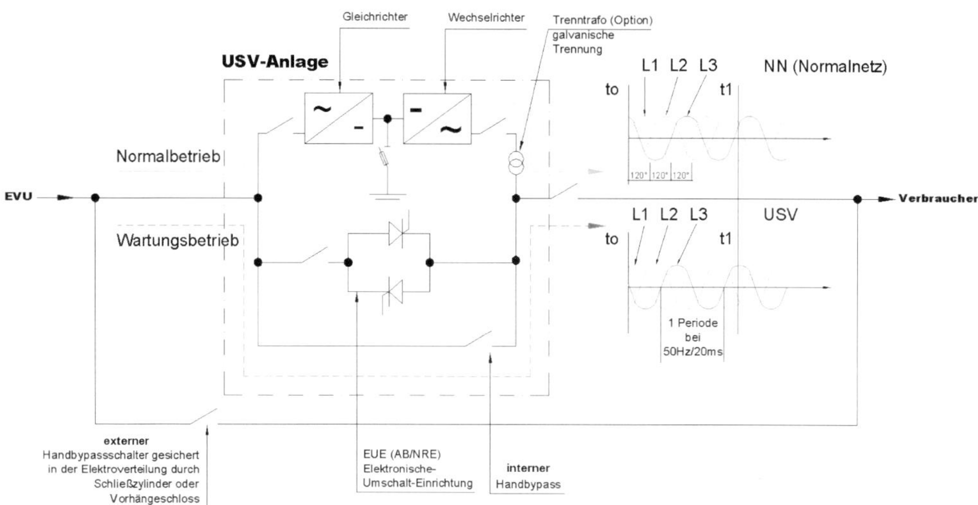

Bild 5.161: Prinzipschaltbild der USV-Anlage mit den unterschiedlichen Bypässen

Bei den Rechenzentrumsbetreibern besteht oft eine große mentale Hürde, die Bypässe einzulegen, da vor und nach dem Bypass absolute Phasengleichheit vorherrschen muss. Insbesondere beim externen Bypass ist die Unsicherheit sehr groß. Aus Sicherheitsgründen sollte der externe Bypass immer mittels eines Vorhängeschlosses vor unberechtigtem Schalten zusätzlich geschützt werden. Um festzustellen, ob der externe Bypass eingelegt werden kann oder nicht, gibt es zwei Möglichkeiten, um die Phasengleichheit vor dem Schalten zu überprüfen.

Möglichkeit 1: Man platziert vor und nach dem externen Bypass separat abgesicherte Messbuchsen, mit denen man mit einem sogenannten Duspol (Spannungsprüfer) an jeder Phase vor und nach dem externen Bypass die Spannung misst. Zeigt der Spannungsprüfer hier an der einzelnen Phase eine Spannung von wenigen Volt an, ist dies meist ein Indiz dafür, dass der automatische und interne Bypass noch nicht eingelegt wurden. Ist die Spannung pro Phase vor und nach dem externen Bypass 0, kann der externe Bypass eingelegt werden. Dabei kann auch nochmals überprüft werden, ob die Phasenfolge L1, L2 und L3 vor und nach dem externen Bypass gleich ist und ob überhaupt Spannung anliegt, die durchgeschaltet werden kann.

Bild 5.162: Mit Schloss gesicherter externer Bypass mit Messbuchsen auf beiden Seiten

Möglichkeit 2:
Man baut in die Schaltanlage ein einfaches Synchronoskop ein, wie es von den Netzersatzanlagen her bekannt ist. Am Synchronoskop wird die Spannung vor und nach dem externen Bypass abgegriffen. Zeigt das Synchronoskop an, dass Phasengleichheit herrscht, kann der externe Bypass geschaltet werden. Dies hat immer dann einen Vorteil, wenn die Zeit drängt. Man muss dann nicht noch lange einen Duspol suchen

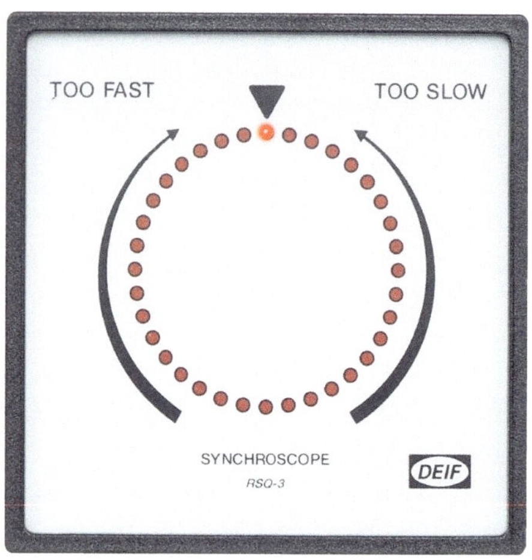

Bild 5.163: Einfaches Synchronoskop
Quelle: DEIF GmbH

und Messungen durchführen, sondern sieht auf einen Blick, ob Phasengleichheit vorherrscht. An dem Synchronoskop kann man auch im Normalbetrieb sehr schön erkennen, ob die USV-Anlage auf Onlinebetrieb läuft, nämlich dann, wenn die Phasenlage eben nicht gleich ist. An dieser Stelle herzlichen Dank an Andrè Oppermann, der diese Art der Überwachung für sich entdeckt und in seinen Projekten erfolgreich nutzt!

Trotz obiger Sicht- oder Messmethode ist Vorsicht geboten, da die USV-Anlagen teilweise je nach Hersteller und Modell den Ausgang auch im Normalbetrieb auf den Eingang synchronisieren. Somit kann es vorkommen, dass vor und nach der USV eine absolut gleiche Phasenlage vorherrscht, obwohl der automatische oder interne Bypass noch gar nicht eingelegt wurde.

5.3.1.8 Der Green-Mode / Eco-Modus

Neben einer hohen Verfügbarkeit der Gesamtsysteme stehen Energieeinsparungen immer mehr im Fokus des Rechenzentrumsbetriebs, leider oft auch zu Lasten der Verfügbarkeit. Physikalisch ist mit einem Wirkungsgrad von knapp 97 Prozent bei Doppelwandler-Techniken (Online-Anlagen, VFI SS 111) nahezu die Grenze erreicht.

Der Wirkungsgrad definiert sich bei USV-Anlagen aus dem Verhältnis von Ausgangs- zu Eingangsleistung unter festgelegten Betriebsbedingungen. Wesentliche Einflussfaktoren sind der Eigenverbrauch der USV-Anlage, ihre Auslastung und die Wirkungsweise des gewählten Energiespeichers. Entscheidende Weiterentwicklungen der im Grunde ausgereiften Doppelwandler-Technologie betreffen deshalb den Stromverbrauch unter Berücksichtigung dieser auftretenden Betriebsparameter.

Wie bereits zuvor beschrieben, werden die Vorteile der hohen Qualität der Ausgangsparameter einer statischen USV durch die Wandlungsprozesse im Gleichrichter und Wechselrichter erreicht. Die Doppelwandler-Systeme wandeln permanent Wechselstrom aus dem Netz in Gleichstrom (Gleichrichter) um, mit denen das Speichersystem versorgt wird, die dann die Energiezufuhr für die Last bei Ausfall des Primärnetzes sicherstellen. Dafür muss der Gleichstrom für den Betrieb der angeschlossenen Wechselstrom-Lasten wieder zu Wechselstrom (Wechselrichter) gewandelt werden. Dieser zweifache Umwandlungsprozess führt zu Verlusten, die als Wärme abgeführt werden. Je kleiner der Wirkungsgrad, desto mehr Wärme wird als Verlust erzeugt. Die entstehende Wärme wird in den Raum abgegeben und muss zur Lebenszyklusunterstützung der USV-Anlage im Raum meist durch Klimasysteme abgeführt werden, um die Umgebungsparameter auf einem erträglichen Maß zu halten. Dies wiederum zieht im Gesamtsystem erhöhte laufende Betriebskosten nach sich.

Effizienzverbesserungen setzen zunächst am Eigenverbrauch der USV-Anlagen an. Sie ergeben sich durch optimierte Stromrichterventile und digitale Komponenten in IGBT-Technik, wie sie im Wesentlichen inzwischen von allen USV-Herstellern eingesetzt werden.

Getrieben durch Gewinnung von Marktanteilen und den Wahn nach Green-IT, hat sich als eine der wichtigsten Einsparmöglichkeiten vor wenigen Jahren der sogenannte Green-Mode, Eco-Modus oder wie auch immer genannt, etabliert. Ganz schlaue Strategen bedienen sich dabei eines einfachen Tricks, indem sie nämlich die Lastversorgung im Normalbetrieb über den internen Bypass betreiben. Dadurch sinkt logischerweise der Energieverbrauch für die Wandlungsprozesse. In dieser Betriebsart sind Wirkungsgrade von sagenumwobenen 98-99 Prozent erreichbar. Die Batteriesysteme werden auch in dieser Betriebsart über den Gleichrichter geladen, was die wenigen Prozente Verlust ausmachen.

Dies zieht jedoch den Verzicht auf Funktionen der qualitativen Aufbereitung nach sich, da erst die Über- oder Unterschreitung von Grenzwerten der überwachten Parameter wie Strom-, Spannung, Frequenz die Umschaltung auf den Online-Betrieb auslöst. Transienten, die bei Schaltvorgängen im vorgelagerten Netz entstehen können, werden dann bereits von der Last gesehen und beschädigen oder zerstören bei entsprechender Größe und Empfindlichkeit der IT-Last deren Komponenten. In Rechenzentren ist der Eco-Modus daher sehr genau zu prüfen, da die Applikation durch die bestehenden Nachteile nicht vollständig geschützt werden kann.

Noch schlauere Strategen überlassen es sogar der USV selbst, in den Offline-Modus zu schalten, wenn über längere Zeiträume keine Störungen im Einspeisenetz zu verzeichnen waren. Man versichert zwar, dass bei Netzstörungen sofort auf den Online-Modus geschaltet wird, jedoch sind auch hier Thyristoren im Einsatz, die nur beim Nulldurchgang abschalten können, also im schlechtesten Betriebsfall erst nach 10 ms abschalten und in den Online-Modus schalten. Doch dann hat man über den Zeitraum bis zur Umschaltung alle möglichen Störungen bereits in der IT-Hardware.

Noch ist eine USV-Anlage nicht in der Lage, in die Zukunft zu blicken, aber wer weiß, was sich die Chefstrategen noch alles einfallen lassen, um Erfolg zu haben und Marktanteile zu sichern.

Seriöse USV-Anlagen-Hersteller haben ehrlicherweise in ihre Datenblätter inzwischen aufgenommen, dass sie den Eco-Modus im Rechenzentrumsbetrieb nicht empfehlen. Ein Hinweis, der noch nicht bei allen angekommen ist und den noch nicht alle gleichermaßen vertreten.

Doch es geht auch anders. Neue Entwicklungen konzentrieren sich auf Verfahren, die auch im sogenannten Sparbetrieb den Doppelwandler-Modus und damit die höchste Störelimination (VFI SS 111) nach der Produktnorm DIN EN 62040-3 aufrechterhalten. Ihr Ansatzpunkt ist die Auslastung der USV-Anlagen. Denn selbst der beste Wirkungsgrad kommt nur dann voll zum Tragen, wenn die Auslastung stimmt, die im Dauerbetrieb bei herkömmlichen Single-USV Anlagen bei ca. 70 bis 90 Prozent liegt. Allerdings arbeiten die wenigsten Anlagen in ihrem optimalen Bereich. In Rechenzentren ist aus Gründen der heute meist vorhandene 2N-Redundanz Teillastbetrieb üblich und die Anlagen dadurch lediglich zwischen 20 Prozent und kleiner 50 Prozent der Nennlast der Anlage belastet. Da der Basisenergiebedarf der USV selbst unabhängig von der angeschlossenen Last vorhanden ist, sinkt der Wirkungsgrad deutlich. Selbst bei führenden USV-Technologien kann der Wirkungsgrad bei einer Last von 10-20 Prozent der Nennlast schnell bei 90-94 Prozent Wirkungsgrad liegen, statt der erwarteten 95-96 Prozent Wirkungsgrad im optimierten Bereich der Kennlinie.

Die neuen Eco-Modi beruhen auf modular aufgebauten, erweiterbaren Anlagen. Die Verbrauchsreduktion wird erreicht, indem die Anlagen ihre Auslastung kontinuierlich analysieren und mit dem wechselnden Leistungsbedarf Leistungsmodule zu- und abschalten. Auf diese Weise werden zwei Fliegen mit einer Klappe geschlagen: Wird weniger Leistung benötigt, werden zum einen die Wandlungsprozesse und der damit verbundene Stromverbrauch reduziert, zum anderen verbessert sich die Auslastung der nun in Betrieb befindlichen Leistungsmodule, die aktuell in Betrieb sind. Der optimale Wirkungsgrad wird wieder erreicht. Die Erfahrung hat gezeigt, dass Lastzuwächse im Rechenzentrum nicht so schnell erfolgen, als dass die abgeschalteten Leistungsmodule nicht rechtzeitig zugeschaltet werden.

5.3.1.9 USV und ihre Kommunikation im Netzwerk

Je nach Hersteller gibt es eine Vielzahl von Ein- und Ausgängen, die eine USV zur Verfügung stellt. Selbstverständlich haben auch alle Schnittstellen ihre Berechtigung.

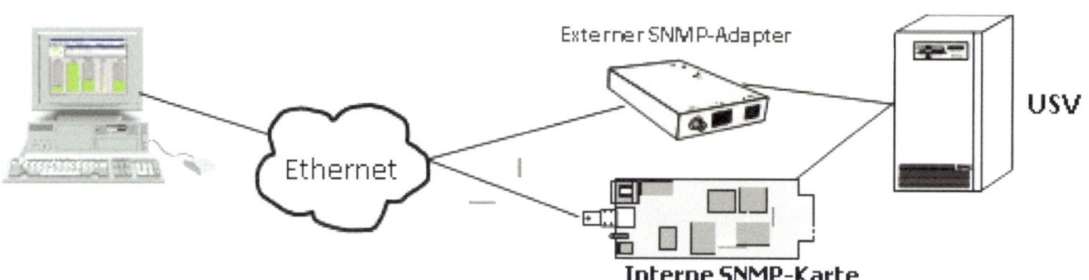

Bild 5.164: Einbindung eines SNMP-Adapters zwischen USV-Anlage und Netzwerk
Quelle: ABB

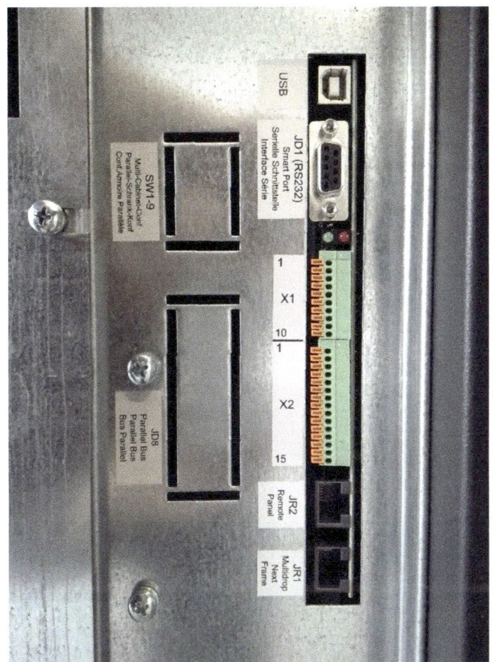

Bild 5.165: Kommunikationsschnittstellen
Quelle: ABB

Bild 5.166: Einschubschächte für weitere Karten
Quelle: ABB

Allerdings sollte man sich genau überlegen, welche Schnittstelle man tatsächlich benötigt, wie zuverlässig der Datenpunkt ist und was man mit diesem Datenpunkt erreichen will. Wichtig in diesem Zusammenhang ist, ob er lediglich als Anzeige dient oder ob Schalthandlungen darüber ausgelöst werden sollen.

Standard ist heutzutage das Einbinden der USV-Anlage in das Datennetz. Hier gibt es die Möglichkeit über eine SNMP-Schnittstelle direkt die einzelnen Parameter aus den USV-Anlagen in einer Browseroberfläche anzeigen zu lassen.

Bild 5.167: Interne SNMP-Einschubkarte
Quelle: ABB

Bild 5.168: Externer SNMP-Adapter
Quelle: ABB

Bild 5.169: Potentialfreie Kontaktkarte
Quelle: Socomec GmbH

Oft werden über die SNMP-Schnittstelle auch Shutdown-Befehle an Server abgesetzt, sobald die Eingangsspannung an den USV-Anlagen fehlt und eine Mindestüberbrückungszeit unterschritten wurde. Dies kann durchaus Sinn machen, um Server vor dem totalen Ausfall geregelt herunterzufahren. Eine Automatisierung birgt jedoch auch immer die Gefahr, dass Dinge passieren, die so nicht gewollt waren.

Das Steuern der Starkladeunterdrückung und -freigabe kann im Notstrombetrieb ebenso sinnvoll sein wie eine Ausgangsmeldung, beispielsweise an eine Kompensation zur Schnellabschaltung, wenn die USV-Anlage auf den internen Bypass automatisch umschaltet.

Diese Verknüpfung erfolgt dann in der Regel über eine Kontaktkarte, die potentialfreie Wechslerkontakte zur Verfügung stellt. Es werden normalerweise gewisse Standardmeldungen über DIP-Schalter direkt auf der Karte eingestellt. Beispiele für Standardmeldungen können sein Stromausfall am Eingang, Sammelstörmeldung, Bypass eingelegt oder auch Überbrückungszeit fast zu Ende etc.

5.3.1.10 Verschleißteile Kondensatoren und Lüfter

Dass Batterien altern und nach jahrelangem Einsatz getauscht werden müssen, ist allgemein bekannt und erfolgt daher auch regelmäßig im Zuge von Wartungsarbeiten an den USV-Anlagen und Batteriesystemen. Die USV-Anlagenhersteller haben ihr Wartungspersonal entsprechend geschult, so dass dies heutzutage Standardtätigkeiten sind. Auch sorgen Lade- und Entladeprogramme der USV-Systeme dafür, dass die Batterien möglichst lange halten. Händisch ausgeführte oder automatisch durch die USV-Anlage selbst gestartete Lasttests der Batterien geben ein sehr genaues Bild, in welchem Zustand sich die Batterien befinden. Detaillierteres hierzu im nächsten Kapitel.

Was aber den Markt derzeit doch etwas aufhorchen lässt, sind die Hinweise in den Wartungsprotokollen und Handbüchern, dass nach wenigen Jahren bereits Kondensatoren und Lüfter getauscht werden müssen, da die Betriebssicherheit nicht mehr gewährleistet werden kann. Die Meldungen, dass USV-Anlagen „hochgegangen“ sind, häufen sich in jüngerer Zeit. Was zunächst wie ein neues Geschäftsmodell der USV-Anlagenhersteller ausgesehen hat, scheint doch eine reale Bedrohung zu sein. Doch woher kommt die neuerliche Ausfallgefahr?

Die Ursache, warum Lüfter ausfallen können, ist bisher nicht gesichert bekannt. Die Ursachenergründung ist derzeit also reine Spekulation.

Da auch USV-Anlagen einem enormen Preisdruck ausgesetzt sind, muss zwangsläufig in der Bauteilauswahl und in den Zukaufteilen gespart werden. Nur einfach billiger machen funktioniert bei gleichbleibend notwendiger Qualität nicht. Also werden vermutlich, wie in anderen Bereichen auch, die Bauteile so optimiert, dass sie die Funktion über die prognostizierte Lebensdauer gerade noch aufrechterhalten. Dabei sinken die eingebauten Reserven gegen null. Folglich steigt die Ausfallrate der einzelnen Bauteile antiproportional mit dem Preis. Ausfallende Lüfter dürften also nicht mehr länger die Ausnahme sein.

Ein weiterer Grund könnte die Zunahme der betriebsmäßigen Differenzströme durch FU-Regler, LED-Beleuchtung und auch Netzteile der IT-Hardware sein, die zu Strömen auf allen geerdeten metallischen Bauteilen in einem Gebäude führen. Fließende Ströme auf Metallen erzeugen Korrosion. Korrosion wiederum verändert die Oberfläche der metallischen Bauteile der Lüfter und es kann zu dauerhaften Materialveränderungen kommen.

Materialausreizungen, schlechtere Materialien und Korrosion führen schließlich zum Ausfall der Lüfter. Einzelne Hersteller empfehlen bereits nach fünf bis sechs Jahren den Tausch der Lüfter. Rotierende Lüfter erzeugen Laufgeräusche und man kann ggfs. auch hören, wenn Lüfter anfangen, zu verschleißen. Besser und verantwortungsbewusster ist es jedoch, bereits Redundanzlüfter einzubauen und/oder eine Luftstromüberwachung zu integrieren. Darauf bei der Auswahl der USV-Anlage zu schauen und stattdessen einen etwas höheren Investitionspreis zu akzeptieren, könnte sich also lohnen.

Kondensatoren altern ganz natürlich. Auch hier werden vermutlich von den USV-Anlagen-Herstellern keine teuren handverlesenen Premiumkondensatoren mehr eingesetzt, sondern günstigere Massenware. Zudem sind die in den Netzen immer mehr und heftiger vorkommenden Oberwellen der Feind Nr. 1 der Kondensatoren. Die Kondensatoren werden plötzlich um eine Vielfaches häufiger umgepolt und verschleißen dadurch auch schneller. Je höher dabei der Oberwellenanteil bzw. die Frequenz des Oberwellenanteils (Faktor der Netzfrequenz) ist, desto höher ist die Belastung für die Kondensatoren.

Die Kondensatoren im Zwischenkreis verschleißen dabei schneller als die Kondensatoren im Ausgangskreis. So können Kondensatoren im Zwischenkreis bereits nach fünf bis sieben Jahren verschlissen sein. Kondensatoren im Ausgangskreis halten in der Regel mehr als zehn Jahre. Einzelne Hersteller empfehlen, die Kondensatoren bereits nach fünf bis sechs Jahren zu tauschen, während andere Hersteller das erst nach sieben bis acht Jahren für notwendig halten.

Der Verschleiß der Lüfter und Kondensatoren ist natürlich auch hier sehr stark davon abhängig, unter welchen Bedingungen die USV betrieben wird und wie sich die Last der USV im Betrieb verhält (hohe oder niedrige Last, schwankende Last etc.).

Insbesondere bei Anlagen im Bereich bis ca. 50 kVA muss man sich genau überlegen, ob es wirtschaftlich vertretbar ist, den Austausch von Kondensatoren und Lüftern durchzuführen, oder ob es ggfs. nicht wirtschaftlicher wäre, gleich die ganze USV-Anlage zu ersetzen. Auch das ist leider ein weiterer Schritt in Richtung Wegwerfgesellschaft.

5.3.1.11 USV und Energieverteilung in einem System

ABB als Hersteller von USV-Anlagen und Energieverteilungen hat 2017 ein kombiniertes System auf den Markt gebracht. Dabei sind Energieverteilung und USV in einem Schaltanlagenverbund untergebracht. Die 100 kW-USV-Module werden jeweils dem Bedarf entsprechend in die Schaltanlage im laufenden Betrieb eingeschoben.

Durch die Integration in die Energieverteilung kann eine klare und übersichtliche Struktur geschaffen werden. Beispielsweise sind dann links das Normalnetz- oder Netzersatznetzfeld, in der Mitte die modularen USV-Einschubmodule und rechts das USV-Netz-Feld. Dadurch wird auch schon optisch eine klare Aufteilung geschaffen, was im Betrieb sehr hilfreich ist. Die Verkabelung zwischen USV und Energieverteilung entfällt ebenfalls und ist in der Schaltanlage mit den integrierten Stromschienen bereits vorhanden.

Bild 5.170: Modulare USV und Energieverteilung in einem System
Quelle: ABB

Die Anlage wird vorgefertigt angeliefert und ist nach dem Aufbau sofort einsatzbereit. Die Installationsarbeiten reduzieren sich, da die aufwendigen Kabelanschlussarbeiten zwischen Energieverteilung und USV entfallen. Das Gesamtsystem ist bereits im Werk getestet und hat im System den Bauartnachweis.

Jeder Schrank ist mit fünf Modulen bestückbar und somit bis 500 kW ausbaubar. Im Verbund ist ein Ausbau bis zu 3 MW möglich. Jedes der 100 kW-Module hat eine eigene Logik und einen eigenen, unabhängigen statischen Bypass-Schalter. Zudem sind Bedienkonsole und Batterieladegerät ebenfalls eigenständig in jedem Modul vorhanden. Man spricht daher auch von dezentraler Parallelarchitektur.

5.3.1.12 Batterien als Speichermedium

Batterien sind für die Betriebssicherheit und Verfügbarkeit das wichtigste und entscheidende Element einer USV-Anlage. Sie sind in USV-Anlagen die gängigste Art der Energiespeicherung und die derzeit Einzigste um Überbrückungszeiten von über einer Minute sinnvoll und wirtschaftlich zu realisieren.

Aufgrund ihrer elektrochemischen Arbeitsweise sind sie im Vergleich zum Schwungrad fehleranfälliger und hinsichtlich ihrer Betriebsbedingungen anspruchsvoller. Nur in engen Grenzen der Umgebungstemperaturen wird die optimale Gebrauchsdauer erreicht. Auch die Entlade- und Aufladekennlinien sind für die Lebensdauer und Betriebssicherheit mit entscheidend.

Eine hohe Modularisierung, geringe Erhaltungsladeverluste und die weite Verbreitung sind Gründe, die für Batterien als Speichermedien sprechen.

5.3.1.12.1 Bleisäure- und Nickel-Cadmiumbatterien

In USV-Systemen werden überwiegend wartungsfreie, verschlossene Bleisäurebatterien, geschlossene Bleisäurebatterien (häufig auch offen oder flüssig genannt) oder Nickel-Cadmium (NiCd)-Batterien eingesetzt.

Batterien haben eine Selbstentladung, d.h. Batterien müssen zwangsläufig ständig mit Spannung geladen werden. Diese dauerhafte Kompensationsladung nennt man auch Erhaltungsladung und sollte möglichst schonend für die Batterie sein. Die Erhaltungsladung wird mit einer Spannung von 2,23 Volt bis 2,30 Volt pro Zelle durchgeführt. Im Gegensatz dazu gibt es die Starkladung, welche die Aufladung nach einem Gebrauch beschleunigt. Die Starkladung wird mit einer Spannung von 2,35 Volt bis 2,40 Volt pro Zelle durchgeführt.

Und genau diese Starkladung wird bei der Leistungsdimensionierung für eine USV-Anlage meist unterschätzt, da die Leistungsaufnahme bei Starkladung die Gesamtaufnahmeleistung einer USV-Anlage stark ansteigen lassen kann. Dies ist nicht nur bei der Dimensionierung der elektrotechnischen Anlage relevant, sondern insbesondere bei der Dimensionierung der Netzersatzanlage, die schnell mal zu klein dimensioniert

Bild 5.171: Batterieschrank
Quelle: Hawker GmbH

Bild 5.172: Batteriegestelle
Quelle: Hawker GmbH

wird. Starkladeunterdrückungen bei Netzersatzbetrieb können eine Lösung sein, wobei man sich für den Fall Gedanken machen muss, wenn der Netzersatzbetrieb über einen langen Zeitraum anhält und die Batterien in dieser Zeit nur eine Erhaltungsladung erfahren.

Beim Ladevorgang selbst wird Wasser im Elektrolyt zersetzt. Es entsteht Sauerstoff und Wasserstoff, der als Gas entweicht. Der Wasserstoff bildet mit dem Sauerstoff oberhalb einer Konzentration von vier Prozent eine explosionsfähige Mischung, das sogenannte Knallgas. Dieses kann sehr gefährlich werden. Die einschlägigen Vorschriften besagen, dass über geeignete Maßnahmen verhindert werden muss, dass die kritische Wasserstoffkonzentration von vier Prozent überschritten wird. Dies erfolgt in der Regel über separate, direkt ins Freie führende Be- und Entlüftungsanlagen, auch Sonderfortluftanlagen genannt. Die Verordnung über den Bau von Betriebsräumen für elektrische Anlagen (EltBauVO) ist zu beachten.

In der Batterie selbst muss das zersetzte und somit fehlende Wasser nachgefüllt werden oder man verwendet verschlossene Typen, die bezüglich Wassernachfüllen wartungsfrei sind.

Mit der Befüllung der Batterie beginnt bereits die Korrosion an den positiven Bauteilen. Dabei haben die Korrosionsprodukte ein größeres Volumen als die Ausgangsprodukte. Bedingt durch diese Volumenerhöhung erfährt die positive Elektrode über die Jahre ein Wachstum. Folge ist, dass sich der Pol hebt und die Elektroden sich biegen. Die dadurch entstehenden möglichen Kontaktprobleme können eine Vielzahl an Fehlern verursachen:

- Leitungsweg schmilzt
- Masse hat keinen Kontakt mehr, dadurch Ausfall der Batterie
- Masse oder Gitterteile fallen durch Feinschlüsse ab
- Säure läuft aus
- Kriechströme
- Erhöhte Verbinderwiderstände
- Gefäßrisse durch Druck auf das Gehäuse

Die Lösung sind sogenannte Sicherheitspole, an denen die Plattenkorrosion die Pole nach oben schiebt.

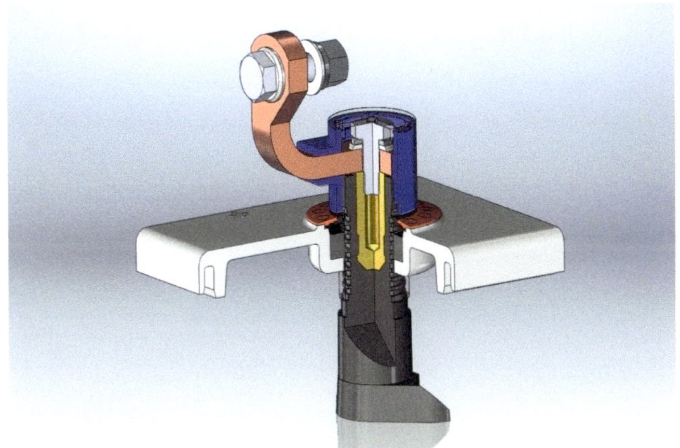

Bild 5.173: Poldurchführung bei einem Sicherheitspol
Quelle: Hawker GmbH

Oft gibt es auch Verwirrung über die Bezeichnungen geschlossene und verschlossene Batterien. Bei geschlossenen Bleibatterien wird an den Elektroden Sauerstoff oder Wasserstoff gebildet, der direkt in die Umgebung abgegeben wird. Sie gelten als wartungsarm.

Bei verschlossenen Bleibatterien wandert der Sauerstoff, der an der positiven Elektrode entsteht zur negativen Elektrode und rekombiniert dort zu Wasser zurück. Dadurch entsteht nur noch wenig Wasserstoff. Verschlossene Batterien gelten als wartungsfrei.

Bei der Batterielebensdauer gibt es im USV-Bereich zwei Hauptarten von Batterien, welche sich selbstverständlich auch in den Anschaffungskosten niederschlagen: Die 5-Jahres- und die 10-Jahres-Batterien nach der sogenannten EUROBAT.

EUROBAT ist eine europäische Organisation aus 34 Mitgliedsfirmen (Association of European Automotive and Industrial Battery Manufacturers), welche die Interessen der europäischen Batterieindustrie gegenüber Institutionen, nationalen und internationalen Behörden, Kunden und den Medien vertritt. Zudem unterstützt sie bei der Weiterentwicklung von Batterien die Industrie.

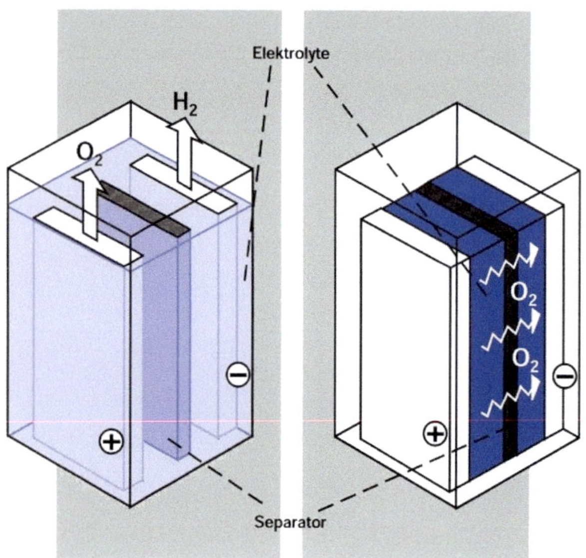

Bild 5.174: Links: Geschlossene Batterie, Rechts: Verschlossene Batterie
Quelle: Hawker GmbH

Bei der Lebensdauernennung nach EUROBAT handelt es sich um einen theoretischen Wert, der nur unter idealsten Bedingungen im Labor bei konstanten 20 °C erreicht werden kann. Die Praxis sieht jedoch oft anders aus. Auch bei sehr guten Bedingungen zeigt sich, dass es sinnvoll sein kann, 5-Jahres-Batterien bereits nach spätestens drei Jahren und 10-Jahres-Batterien bereits nach spätestens sieben Jahren komplett zu erneuern.

Für höhere Anforderungen stehen weitere Batteriesysteme zur Verfügung, deren reale Gebrauchsdauer bei zehn Jahren oder deutlich darüber liegt.

Wie bereits eingangs erwähnt, sind Batterien außerhalb gewisser Grenzen temperatursensibel. Im typischen Anwendungsbereich zwischen 10 °C und 30 °C hat die Temperatur durchaus Einfluss auf die Lebensdauer. Tiefe Temperaturen reduzieren die entnehmbare Kapazität. Dieser Effekt ist umso ausgeprägter, je kürzer die Entladezeit ist.

Die ideale Umgebungstemperatur liegt bei 20 °C. Eine dauerhafte Temperatur von 30 °C halbiert bereits die Lebensdauer der Batterie. So sind 10-Jahres-Batterien bei einer Umgebungstemperatur bei 30 °C nur fünf Jahre verwendbar, bei 40 °C sogar nur zweieinhalb Jahre.

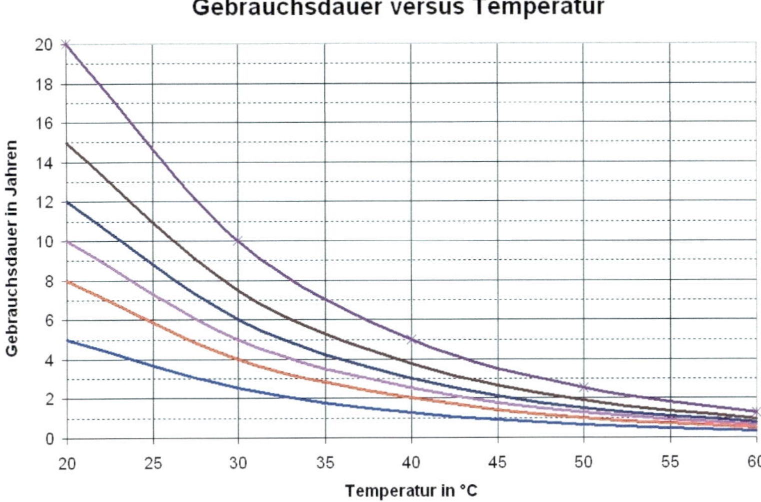

Bild 5.175: Einfluss der Temperatur auf die Gebrauchsdauer
Quelle: Hawker GmbH

Das Ende der Gebrauchsdauer einer Bleibatterie ist erreicht, wenn die Kapazität für die projektierte Last auf 80 Prozent abgefallen ist. Das heißt im Umkehrschluss, dass die Dimensionierung der Batterien auf 125 Prozent der benötigten Kapazität festgelegt werden muss.

Bild 5.176 zeigt die Ausfall- (Badewannen-) Kurve von Batterien unter Nominalbedingungen und wenn Stressfaktoren wie höhere Temperaturen, abweichende Betriebsbedingungen etc. dazukommen.

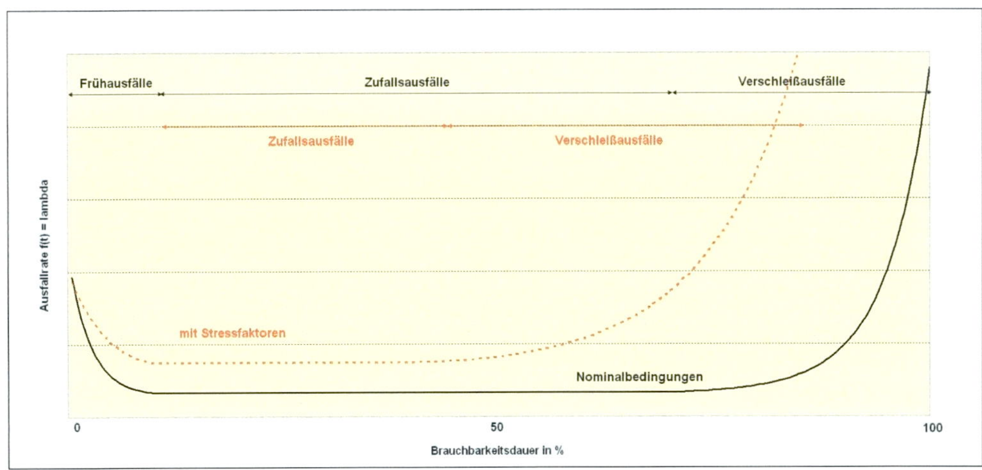

Bild 5.176: Ausfall-Badewannenkurve von Batterien
Quelle: Hawker GmbH

Ein strittiges Thema mit Herstellern von USV-Anlagen ist in diesem Zusammenhang auch oft die an den USV-Anlagen angezeigte Überbrückungs- oder Autonomiezeit. Die angezeigte Zeit bei Netzbetrieb kann dabei nur der errechnete Wert sein, und nicht wie vielfach behauptet der tatsächliche Wert.

Die Autonomiezeit bei 100 Prozent Last wird in den USV-Systemen einprogrammiert und aus der aktuellen Last (meist kleiner 100 Prozent) die Gesamtautonomiezeit errechnet. Dabei gilt ganz grob, dass bei 50 Prozent Last die doppelte Autonomiezeit vorhanden ist. Diese Formel hinkt zwar ein bisschen, da die Verluste auch berücksichtigt werden müssen, sie ist jedoch ein ganz guter Anhaltswert.

Doch jetzt kommt das große ABER, denn eine Batterie ist und bleibt ein chemisches Element und ist neben dem Kraftstoff für die Netzersatzanlagen eine weitere mehr oder weniger große Unbekannte in der Versorgungssicherheit. Insbesondere immer dann, wenn die Batterien nicht gewartet werden, sie ungünstigen Umgebungsbedingungen ausgesetzt sind und von den USV-Anlagen nicht mit entsprechenden batterieschonenden Lade- und Entladezyklen versorgt werden.

Die Autonomiezeit kann sich bei Netzausfall und reiner Lastabnahme aus der Batterie sehr schnell nach unten korrigieren, da sie im Wesentlichen von der tatsächlichen Kapazität der Batterie abhängt. Je älter dabei die Batterien, desto mehr kann der Wert vom angezeigten Wert im Netzbetrieb abweichen.

Die tatsächliche Autonomiezeit wird also nur angezeigt, wenn die Spannungsversorgung der USV-Anlage unterbrochen ist und die USV-Last aus der Batterie entnommen wird, auch wenn diverse USV-Anlagen-Hersteller anderes behaupten.

5.3.1.12.2 Neuer Trend: Lithium-Ionen-Technologie

Schon in den 1970er Jahren wurde an der TU München das grundlegende Funktionsprinzip der reversiblen Alkalimetallionen-Interkalation in Kohlenstoff-Anoden sowie oxidische Kathoden und deren Anwendung in Lithium-Batterien erforscht und veröffentlicht, auch wenn damals die praktische Anwendbarkeit als Elektroden für Lithium-Batterien nicht erkannt wurde. Die Brauchbarkeit als Elektrodenmaterial wurde 1980 von einer Forschergruppe um John B. Goodenough an der University of Oxford entdeckt. Der große Vorteil von Lithiumbatterien sind die im Vergleich zu anderen Systemen sehr hohe Systemspannung und das geringe Gewicht. Dies prädestiniert Lithiumbatterien insbesondere für portable oder mobile Anwendungen.

Als negative Elektrode (Anode) wird bei Lithium-Akkumulatoren, also wiederaufladbaren Batterien, nicht reines Lithiummetall verwendet, sondern im Regelfall eine Interkalationsverbindung des Lithiums. Weit marktbeherrschend ist heute die Interkalation des Lithiums in ein Graphitgerüst. Dies kostet zwar Energie, „zähmt" aber das extrem reaktive Lithiummetall. Dadurch wurden die Sicherheit und die Zyklenfestigkeit enorm erhöht. Die positive Elektrode (Kathode) besteht im Regelfall aus Lithium-Metall-Oxiden.

Der erste kommerziell erhältliche Lithiumionen-Akku wurde als Lithium-Ionen-Cobaltdioxid-Akkumulator von Sony im Jahr 1991 auf den Markt gebracht und in der Hi8-Videokamera CCD TR 1 eingesetzt. Die Batterie besitzt mit zwei seriell verschalteten Zellen eine Spannung von 7,2 V und eine Kapazität von etwa 1.200 mAh. Bis heute werden Akkumulatoren dieser Bauform mit Kapazitäten bis 6.900 mAh angeboten und in einer Vielzahl von Geräten eingesetzt. Akkumulatoren mit Cobaltdioxid-Elektrode sind jedoch sehr teuer und neigen zum thermischen Durchgehen.

Bedingt durch die Suche nach sicheren und kostengünstigeren Speichertechnologien auf Basis von Lithium im Zuge der Energiewende und der Entwicklung von Elektrostraßenfahrzeugen, hat sich die Technologie des Li-Ionen-Akkus in den vergangenen zehn Jahren deutlich verbessert. Es exisitieren verschiedene Arten von Li-Ionen-Batterien, die sich in der Dotierung und Anreicherung der verwendbaren Materialien in der Kathode unterscheiden:

- Lithiumkobaltoxid (LCO), bei kleinen elektronischen Geräten üblich, die eine sehr hohe Energiedichte erfordern, jedoch nur eine mittlere Sicherheit bieten
- Lithiumeisenphosphat (LFP), mit einer geringen Energiedichte, jedoch einer sehr hohen Sicherheit und Zyklenfestigkeit. Daher häufig genutzt für Elektrofahrzeuge (EV)
- Lithiumnickelmangan-Kobaltoxid (NMC), der aktuell beliebteste Typ, wenn es um den Kompromiss Sicherheit und Energiedichte geht
- Lithium-Ionen-Maganoxyde (LMO), eine sehr günstige Variante, jedoch wenig zyklenfest und weniger eigensicher

Für den Einsatz in USV-Anlagen wird von Herstellern hauptsächlich die LMO- und die NMC-Technologie aufgrund der Leistungs-und Sicherheitseigenschaften favorisiert. NMC wird auch von führenden Automobilherstellern für kleine Hybridanwendungen in Hybridelektrofahrzeugen (HEV) und Plugin-Hybrid-Elektrofahrzeugen (PHEV) genutzt und wurde von diesen maßgeblich respektive qualitativer und Sicherheitsstandards in eine Serienreife geführt. Bei großen Batterien herrscht im Elektrofahrzeugbereich das LFP-System vor.

Herkömmliche Blei-Säure- und Nickel-Cadmium-Batterien haben gegenüber den Lithium-Ionen-Akkus folgende Nachteile:

- Größerer Platzbedarf bei vergleichbarer Autonomiezeit
- Höheres Gewicht bei vergleichbarer Kapazität

Ein großer Nachteil von Lithium-Ionen ist allerdings, dass eine Serienschaltung, wie in USV-Anlagen üblich, nur mit einem komplexen elektronischen Batteriemanagementsystem (BMS) möglich ist. Aufwendige Schaltungen und Sicherungen sind notwendig, um bei der Ladung und Entladung kritische Betriebszustände zu vermeiden. Dabei wird die Batterie oft in Standardmodule unterteilt, die aus diversen Einzelzellen bestehen. Dies erleichtert den Aufbau und reduziert die Kosten für das Sicherungskonzept. Meist geschieht die Absicherung auf drei Ebenen:

a) Sicherungsmaßnahmen in der Zelle selbst
b) Absicherung auf Modulebene
c) Zentrale Steuerungseinheit mit Leistungsschalter und Kommunikationsinterface

Im Gegensatz zu anderen Batterien ohne Monitoringsystem kommuniziert somit die Lithium-Ionen-Batterie mit dem Ladegerät.

Im Vergleich zu traditionellen Batterietechnologien reduziert sich der Platzbedarf um den Faktor 2. Das Gewicht reduziert sich um den Faktor 3. Höhere Betriebstemperaturen bis zu 40 °C reduzieren die Gebrauchsdauererwartung des Batteriesystems weniger als dies bei der Blei-Batterien-Technologie der Fall ist. Dafür ist jedoch das Aufladen bei Temperaturen unter 0 °C kaum möglich. Für den Transport und Aufstellort stellen unbeschädigte Lithium-Ionen-Lösungen heute kein Gefahrgut mehr dar. Defekte Zellen dürfen jedoch nur mit Einzelgenehmigung und hohem Aufwand transportiert werden.

Allerdings ist die Ladung und Entladung sehr viel aufwendiger und bei Überladung sehr gefährlich. Samsung-Handys, deren Lithium-Ionen-Akkus zu brennen begannen oder sogar explodierten, waren wochenlang in den Schlagzeilen und führten Mitte 2016 zu einem Rückruf-Desaster von über zwei Millionen Geräten, von dem sich Samsung nur mühsam wieder erholte. Auch in den Jahren davor gab es immer wieder Rückrufaktionen, die Hunderttausende oder Millionen Geräte betrafen. Besonders bekannt ist auch der Vorfall beim Boeing Dreamliner.

Daher ist das wesentlichste Merkmal die bereits oben erwähnte integrierte Überwachung und Steuerung der Lade-/Entladeparameter für die Lithium-Ionen Batterie (LIB) durch das Batteriemanagementsystem (BMS). Auch der Aufbau im Schrank oder auf Gestellen erfordert eine hohe Genauigkeit.

Signifikante Verbesserungen sind durch die Vorfälle und das Wissen um die Gefährlichkeit in der Technologie heute in den Sicherheitsstandards und den Technologien verankert worden. Durch die Automobilindustrie wurden diese Standards maßgeblich vorangetrieben. Die meisten elektrischen Autos (EV und HEV) sind heute mit LIB-Technologien ausgestattet. Die Hersteller Renault, BMW, PSA, Tesla, Opel, Nissan, Toyota setzen hierbei hohe Anforderungen an diese Sicherheitsstandards und an die Temperaturverhältnisse durch das entwickelte Zelldesign.

So wurden von der Zellenebene über den Batterieblock bis hin zum Schrankdesign Sicherheitsstandards integriert, die den Nachteilen der Technologie gerecht werden und eine Überladung und unzulässige Temperaturerhöhungen der Zellen vermeiden sollen. Sollte aufgrund von Umgebungsbedingungen und Fehlern ein solcher Umstand eintreten, werden die Sicherheitsmaßnahmen aktiv und verhindern oder verrin-

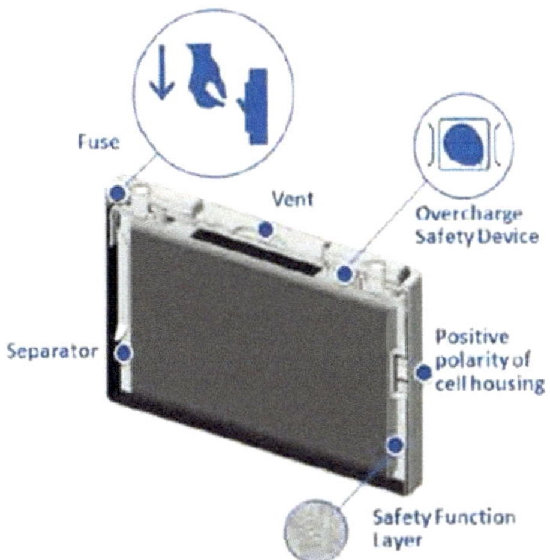

Bild 5.177: Sicherheitsvorkehrungen Lithium-Ionen Batterietechnologie
Quelle: Socomec GmbH

gern die Auswirkungen. Im Gegensatz zu traditionellen Batteriesystemen ist die rein chemische Energie in Lithium-Ionen Batterien jedoch um Größenordnungen höher. Betrachtet man große USV-Lithium-Batterien, so ist die Brandlast daher enorm. Eine Unterbringung in separaten Gebäuden ist daher ab einer bestimmten Größe sehr empfehlenswert, da ein Löschen kaum möglich ist.

Ein weiterer Vorteil der Lithium-Ionen-Batterien ist die oft kürzere Ladezeit, bis die Batterien wieder vollgeladen sind. Allerdings ist dieser Zeitfaktor in Rechenzentren gar nicht so relevant, da in der Regel sowieso über eine Netzersatzanlage gepuffert und so eine Weiterversorgung des Rechenzentrums sichergestellt wird. Eine kürzere Ladezeit zieht auch einen höheren Ladestrom nach sich, der in der Energiebilanz und in der Absicherung der USV-Anlage berücksichtigt werden muss.

Es wird also noch viel Entwicklungsarbeit notwendig sein, um die Lithium-Ionen-Technologie sicher in Rechenzentren einzusetzen. Ob sie sich jemals durchsetzen wird, bleibt abzuwarten.

5.3.1.12.3 Wartung von Batterien

Um die Betriebssicherheit nicht dem Zufall zu überlassen, müssen neben den USV-Anlagen hauptsächlich auch die Batterien regelmäßig gewartet werden. Gerade weil Batterien keine statischen Bauteile sind, sondern ständigen chemischen Veränderungen unterliegen, ist die Wartung von Batterien sehr wichtig.

Bei der Wartung von Batterien sind zunächst wichtige Sicherheitsregeln zu beachten, um möglichen Gefahren und Unfällen vorzubeugen:

- Schutzbrille und Schutzkleidung tragen
- Unfallverhütungsvorschriften beachten

- Rauchen verboten! Von offenen Flammen und Funken fernhalten, da ansonsten Explosions- und Brandgefahr besteht
- Aufgrund des großen Gewichts auf sichere Aufstellung und geeignete Transporteinrichtungen achten
- Gefährliche Spannungen von über 60 V sind zu erwarten
- Kurzschlüsse vermeiden; keine metallischen Gegenstände oder Werkzeuge auf den Batterien ablegen (Batterien stehen immer unter Spannung)
- Elektrolyt ist stark ätzend
- Säurespritzer im Auge oder auf der Haut mit viel klarem Wasser aus- bzw. abspülen. Unverzüglich einen Arzt aufsuchen. Verunreinigte Kleidung mit Wasser auswaschen.

Die Prüfungen finden in der Regel alle sechs Monate oder einmal jährlich statt. Neben den notwendigen Reinigungsarbeiten und den Sichtkontrollen auf ungewöhnliche Veränderungen, Verfärbungen und Säurestand sind auch Messarbeiten durchzuführen. Diese sind neben der Messung der Gesamtspannung die Spannung an den einzelnen Zellen, die mittlere Zelltemperatur und die Säuredichte, falls es sich um geschlossene Batterien handelt. Zur Sichtkontrolle gehören ebenfalls die Pole auf Ausblühungen etc. zu überprüfen und das Gefäß selbst auf Risse, Verfärbungen, Sauberkeit und Säurespuren. Die Sicht- und Messergebnisse sind zwingend zu protokollieren und mit früheren Werten zu vergleichen.

Wartungsschritte:

1. Reinigung
2. Sichtprüfung
3. Funktionsprüfung der Einzelgeräte mit Kontrolle der Kennlinien
4. Überprüfung der Messgeräte
5. Kontrolle der spezifischen Messwerte einzelner Bauteile
6. Funktionsprüfung
7. Vorführung der funktionstüchtigen Anlage
8. Erstellung eines Wartungsprotokolls

Wartungsfreie Batterien (verschlossene Batterien) benötigen bei bestimmungsgemäßen Betriebsbedingungen während der Brauchbarkeitsdauer oder einer spezifizierten Zeitdauer kein Nachfüllen von Wasser oder Elektrolyt (DIN 40739, Punkt 4.9).

Bei wartungsarmen Batterien (geschlossene Batterien) ist Wasser oder Elektrolyt nachzufüllen. Es empfiehlt sich immer, das Nachfüllmedium vom Hersteller der Batterien zu beziehen. Das Verwenden von destilliertem Wasser, wie bei Autobatterien üblich, wird hier nicht empfohlen bzw. kann zu Ausfällen der Batterien führen.

Wartungsparameter (visuell):

- Elektrolyt: Füllhöhe, Farbe, Gasung
- Elektroden: Farbe, Zustand, Abschieferungen, Schlamm
- Kopfblei: Abschieferungen, Farbe
- Verbinder / Pole: Ausblühungen, Temperaturverfärbungen, Undichtigkeit
- Gefäß: Risse, Verfärbungen, Sauberkeit, Säurespuren

Wartungsparameter (Messung):

- Spannung
- Strom (nur, wenn Entladung erfolgt)
- Temperatur im Raum und in bzw. an der Batterie
- Impedanz (Widerstand)

Optische Abweichungen

Tabelle 5.9: Ergebnis der Sichtprüfung und mögliche Ursachen (Quelle: Hawker GmbH)

Ergebnis der Sichtprüfung	Mögliche Ursache
Äußere Säurespuren	• Gefäß undicht • Pol undicht • Stopfen versottet
Verbinderausblühung blau-grün	• Pol undicht • Verbinder ankorrodiert
Starke Schlammbildung	• Alterungsgrenze erreicht • Hohe Zyklenbelastung • Ladespannung nicht korrekt • Verunreinigung
Elektroden weiß oder hellbraun	• Wahrscheinlich Feinschluss • Elektrolytdichte prüfen
Risse in den Gittern	• Starke Korrosion
Pol angehoben	• Plattenwachstum (wahrscheinlich starke Korrosion durch Alter, Temperatur und Ladung)
Schneider gebrochen	• Kontrollieren, ob noch Überstand gewährleistet ist. Ist die Säuredichte noch in Ordnung, ist kein Austausch notwendig.
Elektroden verbogen	• Test auf Kurzschluss, bedingt durch Fertigungsmangel oder starkes Wachstum der Elektrode

Schadensbilder:

Bild 5.178: Zu warm gewordenes Gehäuse

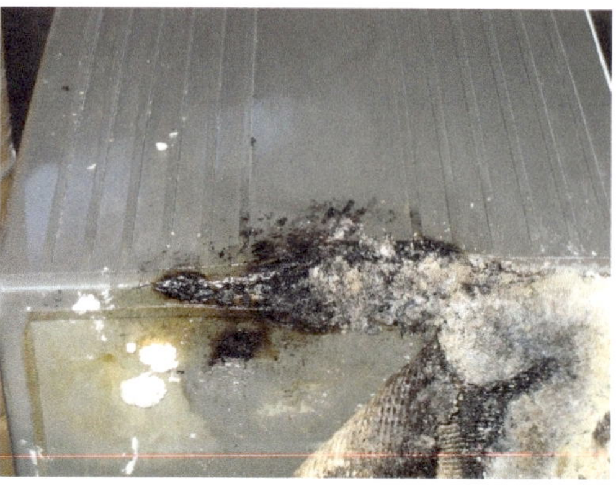

Bild 5.179: Kriechstrom

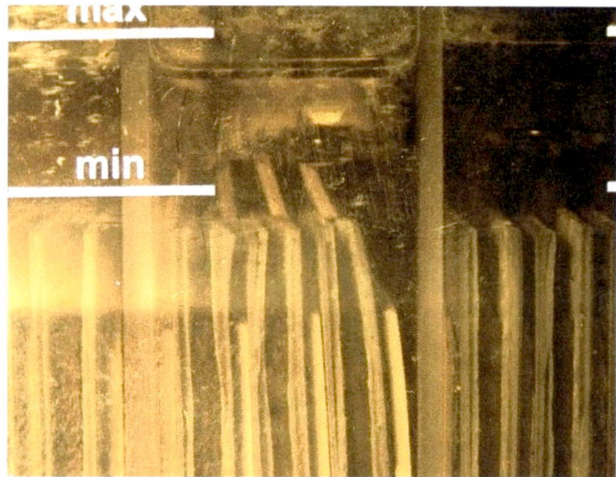

Bild 5.180: Schiefe Fahne

Bild 5.181: Undichter Pol
Quelle aller Bilder: Hawker GmbH

Messung der Entladespannung

Tabelle 5.10: Messergebnisse und mögliche Ursachen (Quelle: Hawker GmbH)

Messergebnis	Mögliche Ursache
Alle Spannungen sind zu hoch oder zu tief	• Fehler des Ladegerätes (Ladegerät überprüfen)
Zellenspannung zu tief	• Elektrischer Schluss in der Zelle • Batterie noch nicht voll geladen • Elektrolyt verunreinigt
Zellenspannung zu hoch	• Verschiedene Lose • Andere Zellen sind zu tief • Verbindereffekte
Breites Toleranzband	• Batterie ist am Gebrauchsdauerende
Bei Auffälligkeiten ist immer der Trend entscheidend Bei Auffälligkeiten immer die Säuredichte messen	

Die Säuredichte ist immer vor dem Nachfüllen des Mediums zu messen. Dabei differiert die Säuredichte zwischen Min. und Max. um 0,03 kg/l bis 0,04 kg/l. Eine Säuredichte, die um mehr als 0,03 kg/l vom Rest abweicht, kann ein Hinweis auf einen Fehler (meist Feinschluss) sein.

Kapazitätstest

Unter 80 Prozent Kapazität ist das Gebrauchsdauerende spätestens erreicht. Eine Kapazität ab 90 Prozent ist jedoch bereits kritisch für die Betriebssicherheit. Fällt die Kapazität pro Jahr um mehr als fünf Prozent ab, ist der Zustand der Batterie bedenklich. Streuungen von ± fünf Prozent zwischen den Zellen sind jedoch völlig normal.

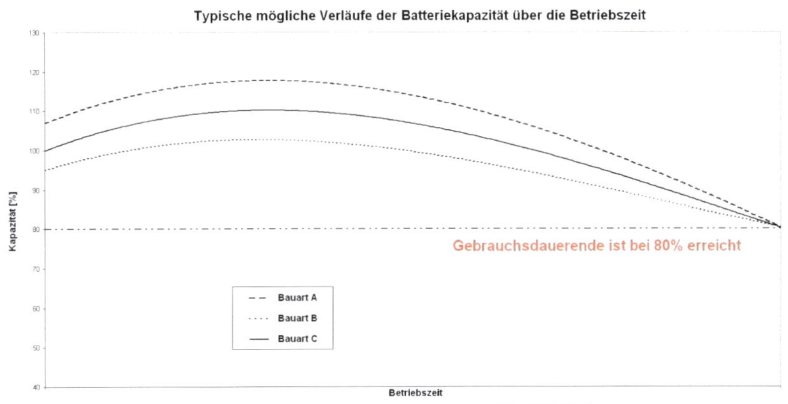

Bild 5.182: Kapazitätskurve
Quelle: Hawker GmbH

Lasttest

Erst unter Last zeigt eine Batterie ihren tatsächlichen Zustand. Da Aussagen über die Kapazität einer Batterie nur anhand der Batteriespannung im Entladezustand getroffen werden können, werden die Batterien dafür teilweise oder ganz entladen. Dies erfolgt oft, indem die noch fehlende Last mit einer Lastbank parallel zur IT-Last dazugehängt wird, um bei Nennlast der USV den Lasttest durchführen zu können. Die Energie in der Lastbank wird dabei in Wärme umgesetzt und nicht sinnvoll genutzt.

Hersteller von USV-Anlagen führen mittlerweile eine andere Form des Lasttests durch, bei dem keine Lastbank mehr benötigt wird. Die gespeicherte Energie wird über den Gleichrichter zurückgespeist und der Last wieder zugeführt. Ganz ohne temporär zu installierende Lastbänke, Kabel und Lastabgänge. Auch aufwendige Planungsprozesse der Batterieprüfung können entfallen, da die Prüfung lastunabhängig durchgeführt werden kann.

Ein intelligentes Lademanagement regelt und kontrolliert die Batterieladung auf Zellenbasis. Aufgrund der umfangreichen Statusverwaltung kann der Betreiber hierdurch tiefgehende Informationen zum Batteriestatus erlangen. Es werden vor allem die Temperatur auf Zellenebene sowie Strom und Spannung überwacht. Sollte es zu einer Abweichung der Sollparameter kommen, wird durch die Ladesteuerung eingegriffen und somit die Batterie vor hierdurch entstehenden Störungen geschützt und in ihrer Lebensdauer unterstützt. Dabei wird u.a. auf die Wärmeempfindlichkeit von Batteriesystemen durch Anpassung der Ist-Parameter für den Ladestrom reagiert.

Der Lasttest durch Zurückspeisung über den Gleichrichter hat folgende Vorteile:

- Die Batterieanalyse führt den Entladetest ohne Lastabschaltung und ohne zusätzlich zu installierende Lastbänke durch
- Die Batterien können dabei vollständig oder partiell entladen werden
- Die Verfügbarkeit des in Wartung befindlichen Batteriesystems ist jederzeit gewährleistet
- Hohe Effizienz des Prozesses und Senkung der Rüst- und Betriebskosten für den Wartungsprozess
- Kein zusätzliches Equipment wie temporäre Kabel, temporäre Lastbank, kein organisatorischer Aufwand und Planung; da die Last nicht beeinflusst wird
- Hocheffizient, da selbst die freiwerdende Energie der Prüfung nicht über eine Lastbank in Wärme umgewandelt wird. Die Energie wird über den Gleichrichter des zu prüfenden Moduls anderen Lasten im Parallelverbund zur Verfügung gestellt.

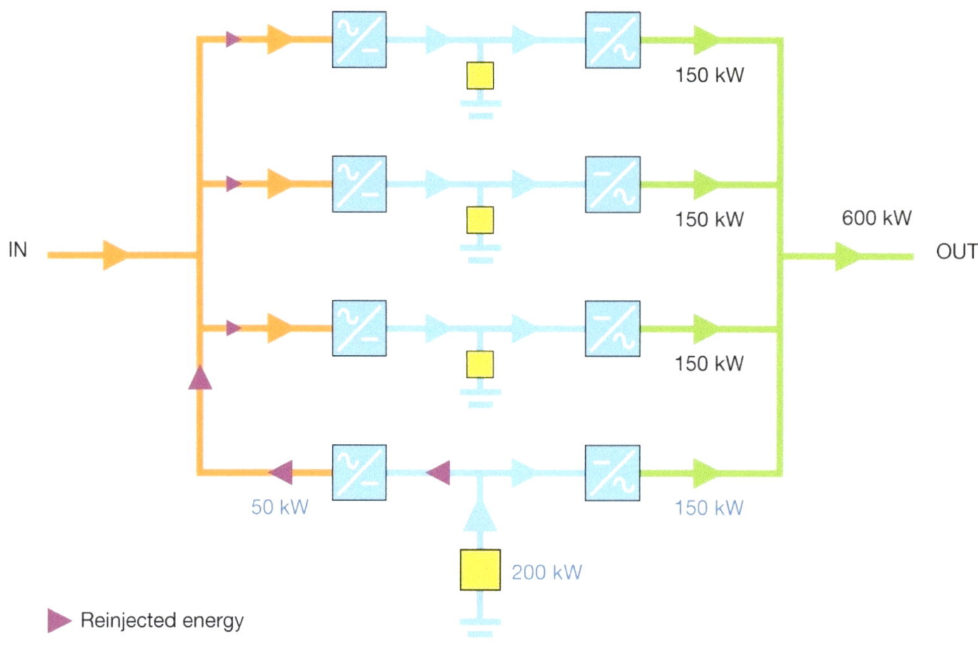

Bild 5.183: Lasttest durch Zurückspeisung
Quelle: Socomec GmbH

5.3.1.13 Schwungrad als Speichermedium

Eine Energiespeicherung mit kinetischer Energie ist eine echte Alternative zur Batterie, sofern Überbrückungszeiten von unter einer Minute ausreichend sind. Es kann in Verbindung mit Batterien oder anstelle von Batterien eingesetzt werden.

Die Schwungscheibe wird über die Netzspannung angetrieben und liefert bei Stromausfall die notwendige kinetische Energie. Eine zeitliche Überbrückung ist bei diesen Anlagen jedoch nur begrenzt möglich.

Deshalb werden diese Anlagen standardmäßig nur in Verbindung mit Netzersatzanlagen eingesetzt, indem sie lediglich den Zeittraum überbrücken, bis die Netzersatzanlage hochgefahren ist und die Last übernehmen kann. Die Überbrückungszeit liegt deshalb bei wenigen Sekunden bis zu einer Minute. Die Autonomiezeit kann im Gegensatz zu den Batterien bei diesen Systemen exakt bestimmt werden. Gewicht und Rotationsgeschwindigkeit sind die bestimmenden Faktoren und in einem laufenden System als konstant anzusehen.

Die Systeme können in üblich vorkommenden Temperaturbereichen von 0 °C bis 40 °C betrieben werden. Batterien benötigen exakt ihre Temperatur von ca. 20 °C um die volle Leistung und Lebensdauer bieten zu können.

Geht man vom Platzbedarf aus, so benötigt ein Schwungrad bei gleicher Leistung teilweise deutlich weniger als die Hälfte an Aufstellfläche als herkömmliche Batteriesysteme.

Gelagert wird die Schwungradmasse mit der Magnetlagertechnik oder völlig berührungslos und somit nahezu verschleißfrei. Diese magnetische Levitation reduziert die Reibung auf ein Mindestmaß. Diese Art der Lagerung kann allerdings nur in Systemen mit hoher Drehzahl (> 30.000 rpm) Anwendung finden. Sie ist nahezu wartungsfrei.

Systeme niedriger Drehzahl (ab ca. 1.800 rpm) müssen häufiger gewartet werden, so dass für diese Wartungszeiträume Ersatzenergien geschaffen werden müssen oder die Verfügbarkeit der Systeme in diesem Zeitraum nicht vorhanden ist.

Systeme niedriger Drehzahl werden eingesetzt, wenn eine hohe Zuverlässigkeit benötigt wird. Ihr Aufbau ist mit langjährig erprobten Komponenten sehr robust. Zudem ist die Leistungselektronik wesentlich einfacher und somit letztlich auch die Investitionskosten.

Während hochdrehende Systeme im absoluten Vakuum betrieben werden müssen, reicht bei Systemen niedriger Drehzahl ein Teilvakuum oder Gasfüllungen mit z.B. Helium, um die Reibungsverluste zu reduzieren. Der Betrieb im absoluten Vakuum kann Probleme bei der Läuferkühlung nach sich ziehen. Bei Systemen im Teilvakuum oder mit Gasfüllungen werden zusätzlich magnetische Entlastungen der Lager benötigt.

Bild 5.184: Powerbridge mit 16,5 und 21 MW Energieleistung
Quelle: Piller Germany GmbH & Co. KG

Die Betriebsdauer von Schwungrädern beträgt im Durchschnitt mehr als das Vierfache von Batterien. Der Wirkungsgrad in einem mit Vakuum betriebenem System liegt bei bis zu 99 Prozent.

Bild 5.185: Schnitt durch die Powerbridge
Quelle: Piller Germany GmbH & Co. KG

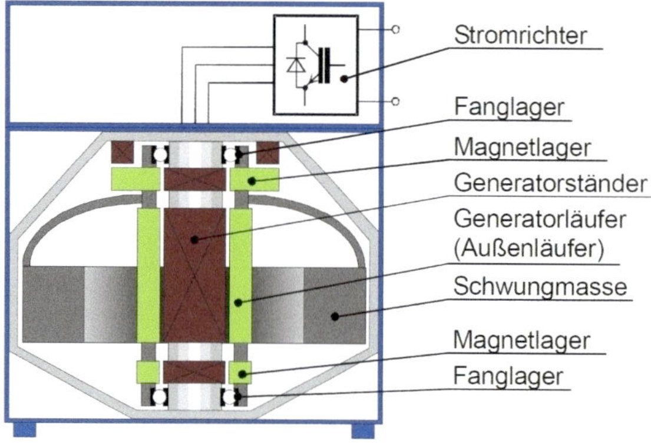

Bild 5.186: Aufbau des Schwungmassenspeichers mit hoher Drehzahl
Quelle: Piller Germany GmbH & Co. KG

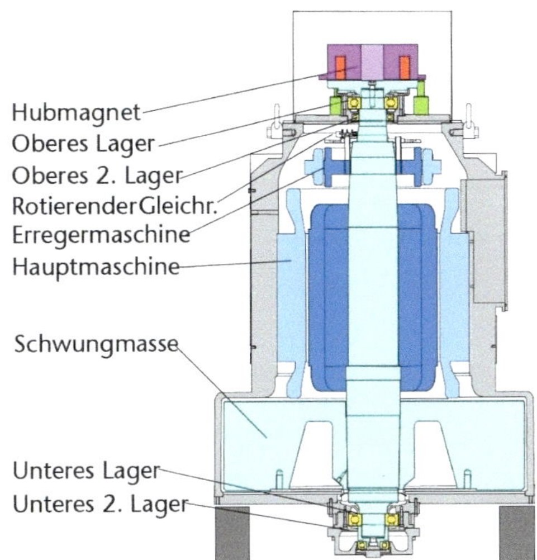

Technische Daten:

Energieinhalt	16,5 MWs
Leistung	1.650 kW
Drehzahl	1.800 UpM bis 3.300 UpM
Gesamtgewicht	6.000 kg
Rotorgewicht	2.900 kg
Leerlaufverluste	10 kW

Besonderheiten:
- Heliumfüllung
- Magnetische Entlastung
- Redundante Lager

Bild 5.187: Aufbau des Schwungmassenspeichers Powerbridge mit niedriger Drehzahl
Quelle: Piller Germany GmbH & Co. KG

5.3.2 Rotierende (dynamische) USV-Anlagen

Rotierende oder dynamische USV-Anlagen ähneln mehr einer klassischen Netzersatzanlage als einer statischen USV-Anlage. Das System zur Umwandlung in elektrische Leistung erfolgt auf der Basis eines Drehgenerators mit synchroner Bauart. Sie sind prinzipiell gleich aufgebaut wie Netzersatzanlagen, jedoch mit dem Unterschied, dass der Generator mit einem Elektromotor anstatt einem Verbrennungsmotor angetrieben wird.

Rotierende USV-Anlagen bestehen somit aus einem Motor und einem Generator. Beide Komponenten sind miteinander gekuppelt. Oft befinden sich Generatorwicklung und Elektromotorwicklung in einem gemeinsamen Stator. Durch diesen Aufbau sind Netzversorgung und Verbraucher galvanisch getrennt. Diese rein mechanische Kopplung ist zugleich der größte Vorteil von dynamischen Anlagen gegenüber statischen Anlagen, da die Anlage über den gesamten Sinusverlauf die volle Leistungsfähigkeit bietet und einen sauberen Sinus abbildet.

Diese robuste Stromquelle nutzt das gleiche Prinzip der Stromerzeugung wie ein Kraftwerksgenerator.

Eine hohe Kurzschlussleistung und eine Netzrückwirkfreiheit sind weitere schlagkräftige Merkmale von dynamischen USV-Anlagen. Parallelschaltungen mehrerer Systeme sind verhältnismäßig einfach möglich. Dadurch sind dynamische Anlagen in Versorgungsanlagen auch selektiv leicht beherrschbar.

Bei Spannungsausfall wird der Motor über einen Energiespeicher weiter betrieben. Der Energiespeicher kann sowohl ein Batteriesystem wie auch ein Schwungrad sein. Die Schwungräder sind dabei nach klassischer Art direkt, elektrisch oder magnetisch gekuppelt.

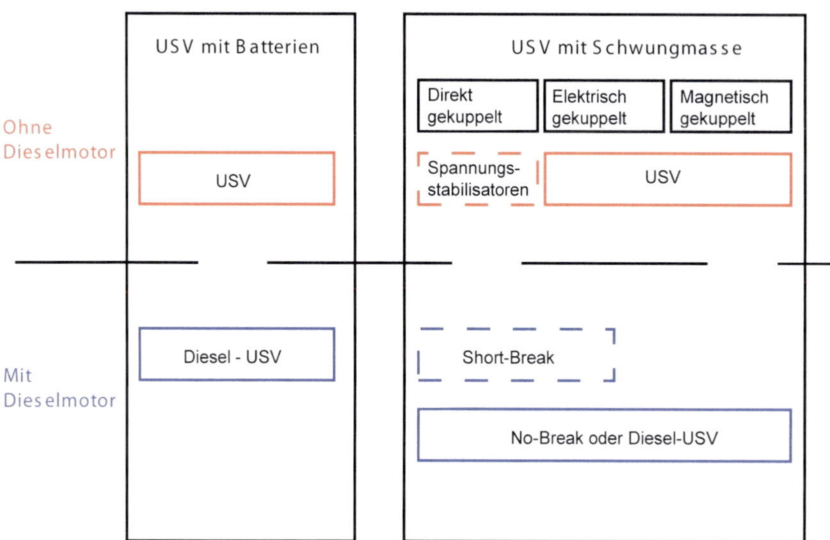

Bild 5.188: Übersicht über die unterschiedlichen Arten von USV-Anlagen
Quelle: Piller Germany GmbH & Co. KG

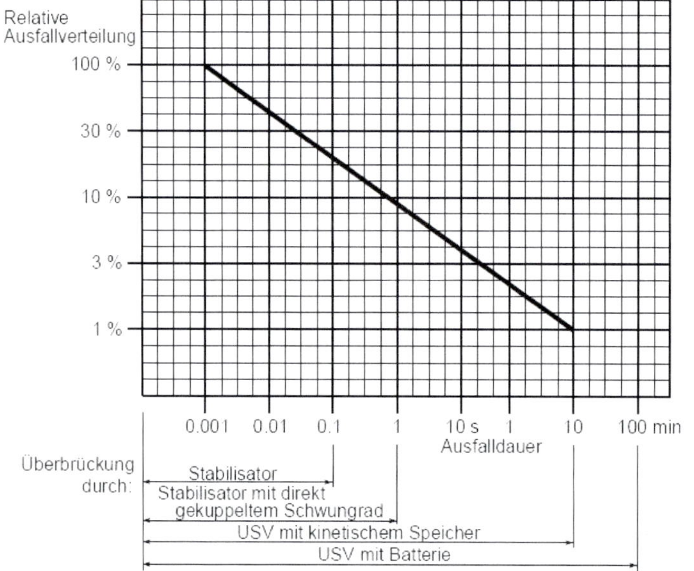

Bild 5.189: Netzausfallcharakteristik
Quelle: Piller Germany GmbH & Co. KG

Nachfolgende Grafik zeigt, bei welcher Netzausfalldauer, welche Anlage zur Überbrückung eingesetzt werden kann:

5.3.2.1 Spannungsstabilisatoren

Die einfachsten Anlagen mit der kürzesten Überbrückungszeit bestehen aus einem elektrischen Antriebsmotor, einem Synchrongenerator und eventuell noch mit einem zusätzlichen Schwungrad als Energiespeicher. Netzausfälle bis zu einer Zeit zwischen 100 Millisekunden und einer Sekunde lassen sich so überbrücken, was über 90 Prozent der auftretenden Netzausfälle abdeckt.

Ein Schwungrad-Einmaschinensatz ist dabei die einfachste Bauart. Mit Hilfe einer niedrigen Maschinenimpedanz und einer richtig bemessenen Drossel lässt sich bereits eine Stabilisierung der Ausgangsspannung erzielen. Ein schnell öffnender Netzschalter verhindert bei Netzstörung, dass Energie ins Netz zurück fließt. Netzausfälle bis zu 100 Millisekunden lassen sich dadurch überbrücken.

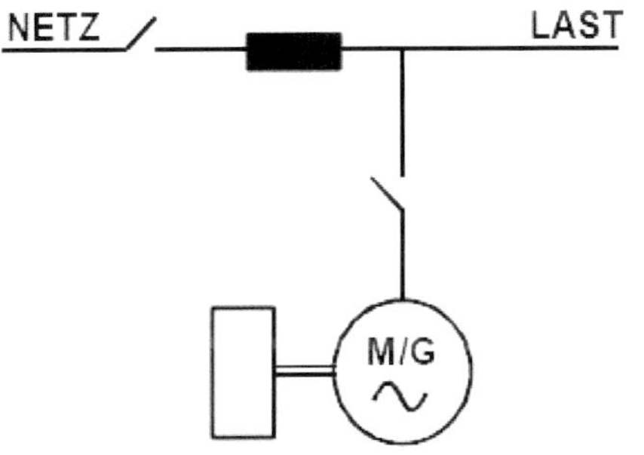

- Keine galvanische Trennung vom Netz
- Netzdrossel zur Entkopplung notwendig
- Überbrückungszeit bis 100 ms
- Kurzzeitiger Energierückfluss bei Netzausfall oder Kurzschluss möglich

Bild 5.190: Schwungrad-Einmaschinensatz als Spannungsstabilisator
Quelle: Piller Germany GmbH & Co. KG

Zweimaschinenumformer sichern eine echte galvanische Trennung zwischen Eingangs- und Ausgangsnetz. Auch bei Zweimaschinenumformern werden schnell öffnende Netzschalter benötigt, um eine Rückspeisung bei Netzausfall oder Kurzschluss ins Netz zu verhindern. Synchronisierschwierigkeiten nach Netzrückkehr wirken sich bei Synchronmotoren mehr aus als bei Asynchronmotoren. Dadurch bewegen sich bei Synchronmotoren die unkritischen Netzausfallzeiten bei 50 Millisekunden bis 100 Millisekunden, während sie bei Asynchronmotoren bei 100 Millisekunden bis 500 Millisekunden liegen.

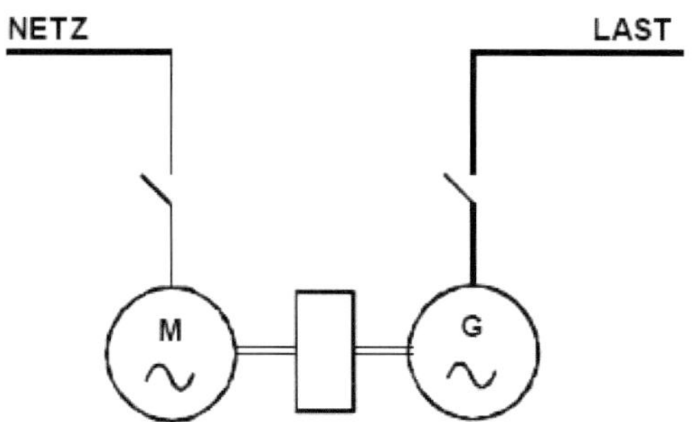

- Galvanische Trennung vom Netz
- Überbrückungszeit bis 100 ms beim Synchronmotor
- Überbrückungszeit bis 500 ms beim Asynchronmotor
- Kurzzeitiger Energierückfluss bei Netzausfall oder Kurzschluss möglich

Bild 5.191: Schwungrad-Zweimaschinensatz mit Drehstrommotor als Spannungsstabilisator
Quelle: Piller Germany GmbH & Co. KG

Die Anlaufschwierigkeiten bei Netzwiederkehr entfallen bei einem drehzahlgeregelten Gleichstromantrieb. Der vorgeschaltete Gleichrichter verhindert den Energierückfluss ins Netz. Zudem bestehen keine Synchronisierbedingungen. Die Drehzahl des Gleichstrommotors ist unabhängig von der Netzfrequenz, wodurch die Anlage im oberen Frequenztoleranzbereich betrieben werden kann. Das Hinzufügen von Schwungrädern verlängert die mögliche Netzausfallzeit auf 0,4-1 Sekunde.

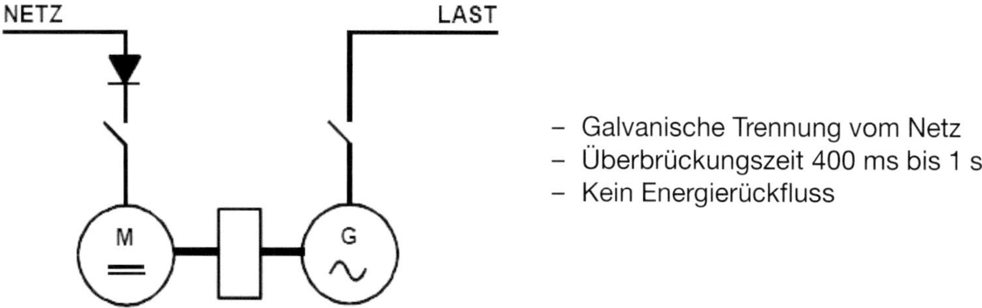

Bild 5.192: Schwungrad-Zweimaschinensatz mit Gleichstrommotor als Spannungsstabilisator
Quelle: Piller Germany GmbH & Co. KG

5.3.2.2 Umformer mit Batterie

Werden größere Überbrückungszeiten benötigt, kommen nur Batterien als Energiespeicher oder extern angeschlossene Schwungräder zum Einsatz. Dabei unterscheidet man zwei Betriebsarten.

Im Bereitschaftsparallelbetrieb ist der Hauptgleichrichter steuerbar und nimmt neben der Aufgabe der Speisung des Motors auch die Aufgabe der Ladung der Batterie wahr. Im Zuschaltbetrieb wird die Batterie nur bei Netzausfall zugeschaltet, was einen höheren Wirkungsgrad der Anlage bewirkt.

Wie bei der statischen USV-Anlage sind bei dynamischen Anlagen mit Batterien als Speichermedium theoretisch unbegrenzte Überbrückungszeiten möglich. Typische Überbrückungszeiten bewegen sich allerdings zwischen fünf Minuten und 30 Minuten.

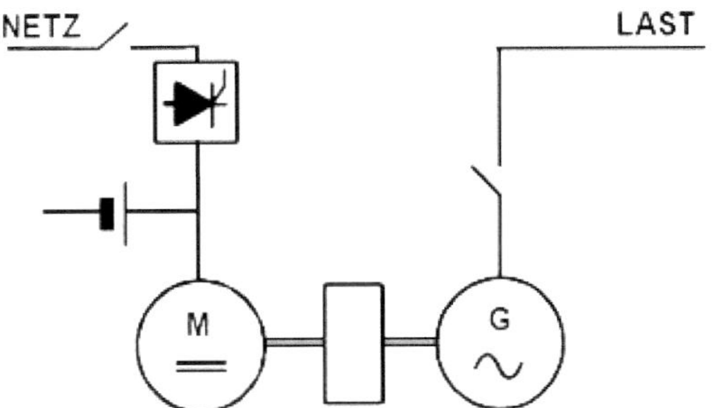

- Galvanische Trennung vom Netz
- Überbrückungszeit im Minuten- bis Stundenbereich
- Kein Energierückfluss
- Höherer Wirkungsgrad durch Zuschaltung der Batterie nur bei Netzausfall

Bild 5.193: Zweimaschinensatz mit Batterie im Bereitschaftsparallelbetrieb
Quelle: Piller Germany GmbH & Co. KG

Bei längeren Überbrückungszeiten als 30 Minuten wird der Platzbedarf für die Batterien groß und die Anlagen werden unwirtschaftlich.

5.3.2.3 Umformer mit Gleichstrom-Motor

Die Drehzahlregelung des Gleichstrom-Motors erfolgt durch Beeinflussung der Erregung. Feldschwächung bedeutet dabei Drehzahlerhöhung. Die Versorgung des Erregerkreises erfolgt durch einen Thyristorstromrichter, der aus der gesicherten Stromquelle versorgt wird. Das System muss zur Drehzahlstabilisierung mit einem zusätzlichen Schwungrad ausgerüstet sein. Über einen Stromregler wird der Erregerstrom des Gleichstrom-Motors angesteuert. Die Spannungsregelung des Generators erfolgt ebenfalls über einen Regler, der seine Referenzspannung direkt am Ausgang bezieht.

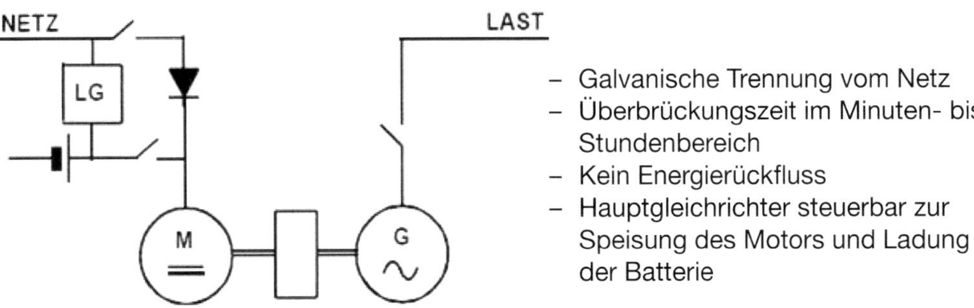

Bild 5.194: Zweimaschinensatz mit Batterie im Zuschaltbetrieb
Quelle: Piller Germany GmbH & Co. KG

5.3.2.4 Umformer mit Stromrichtermotor

Das System arbeitet ähnlich wie zuvor beschrieben. Jedoch wird der Gleichstrom-Motor durch einen Wechselstrom-Motor ersetzt. Die zum Betrieb des Motors benötigte Wirkleistung wird dem Gleichstromkreis entnommen. Durch den besonderen Regelkreis wird eine schnelle Regeldynamik erzielt.

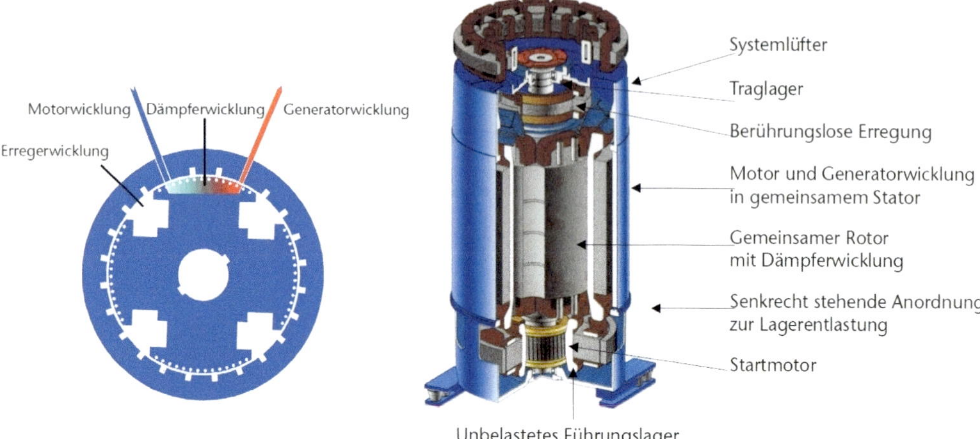

Bild 5.195: Schnittbild Motor / Generator
Quelle: Piller Germany GmbH & Co. KG

Bild 5.196: Aufbau einer UNIBLOCK-Maschine
Quelle: Piller Germany GmbH & Co. KG

Dadurch ist es möglich, den Umformer aus Motor und Generator in einem Gehäuse unterzubringen. Allerdings wird für den Betrieb aus dem Stillstand heraus für die Erregung ein Anwurfmotor benötigt, der die Maschine zunächst auf Nenndrehzahl hochfahren muss.

Die Umformung von elektrischer in mechanischer Energie und zurück erzeugt Verluste. Um die Verluste möglichst klein zu halten, setzt man heutzutage Maschinen synchroner Bauart ein, bei der die Motor- und Generatorwicklung auf einem einzigen, für beide Wicklungen gemeinsamen Ständer (Stator), untergebracht sind.

Die Energieübertragung vom Motor auf den Generator erfolgt verlustarm ohne elektromechanische Energieumformung direkt über die magnetische Kopplung. Dadurch sichert man die vollständige galvanische Trennung zwischen Netzversorgung und Verbraucher.

Mit diesem Aufbau erreicht man eine hohe Robustheit, eine hohe Effizienz, eine Dauerbelastbarkeit und Überlastfähigkeit, wie sie bei statischen USV-Anlagen nicht erreicht werden kann.

Rotierende USV-Anlagen gibt es in unterschiedlichen Konfigurationen, die den Schaltungen der statischen USV-Anlage ähneln.

Die dynamische UBT-Anlage von Piller ähnelt vom Aufbau der statischen Line-Interactive-USV-Anlage. Über eine Drossel wird der Abgang direkt mit dem Eingang verbunden. Die Drossel hat dabei eine Mittelanzapfung, an den der Motor-/Generatorblock angeschlossen ist. Bei kurzen Unterbrechungen oder Komplettausfällen der Eingangsseite wird die Last über das Schwungrad oder die Batterie versorgt.

Bild 5.197: Ansicht einer UNIBLOCK-Maschine
Quelle: Piller Germany GmbH & Co. KG

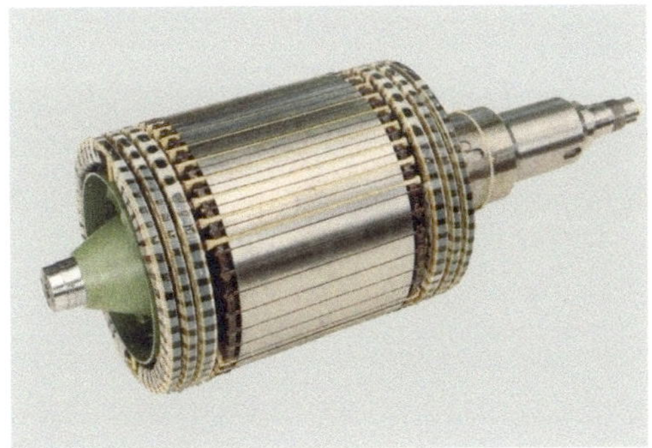

Bild 5.198: Rotor
Quelle: Piller Germany GmbH & Co. KG

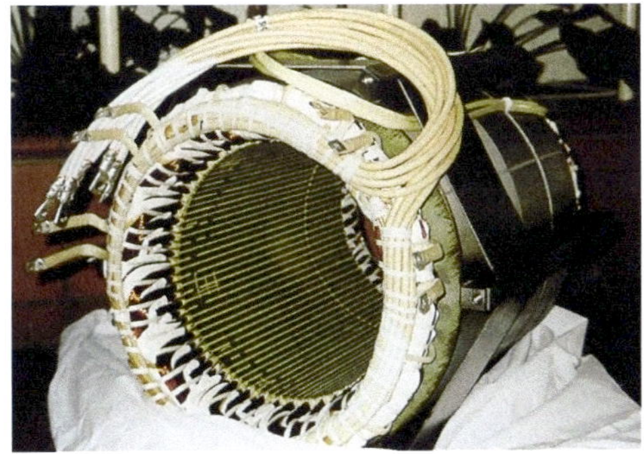

Bild 5.199: Stator
Quelle: Piller Germany GmbH & Co. KG

Durch das optimierte Zusammenspiel zwischen Drossel und Motor-/Generatorblock haben Oberschwingungen an der Eingangsseite fast keine Auswirkungen auf die Ausgangsseite. Die Dämpfung beträgt mehr als 99 Prozent. Der Wirkungsgrad der Anlage ist größer 97 Prozent. Es ist damit die energieeffizienteste Anlage überhaupt.

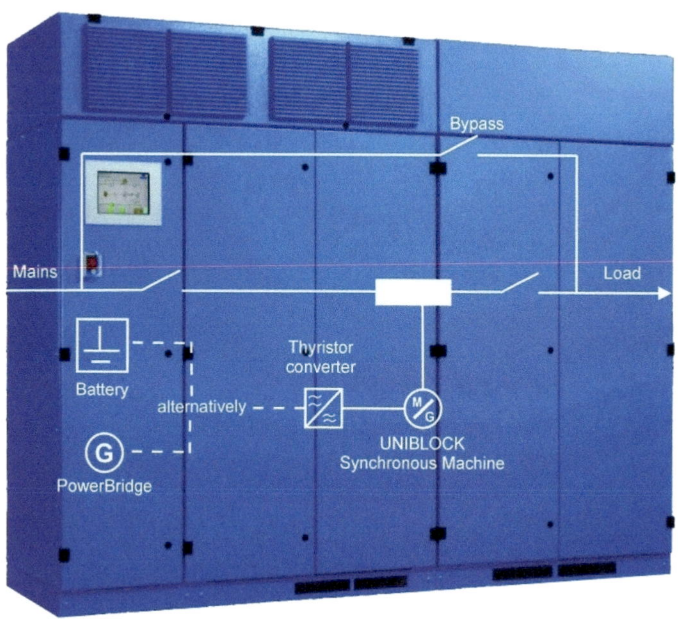

Bild 5.200: Schaltbild der UBT-Anlage
Quelle: Piller Germany GmbH & Co. KG

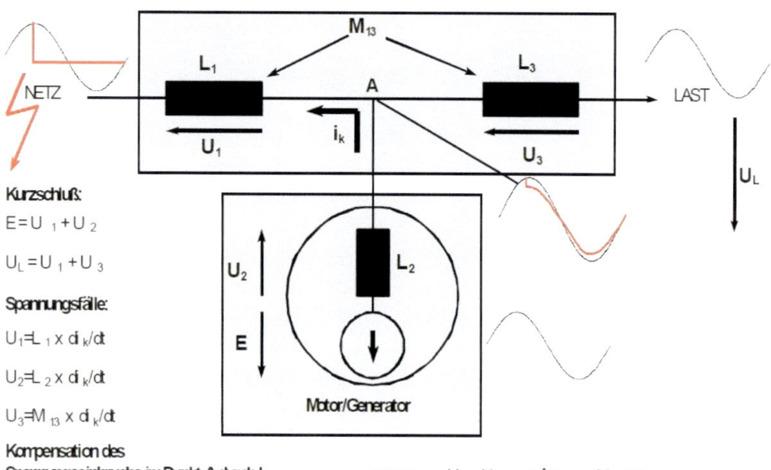

Bild 5.201: Wirkungsweise der Koppeldrossel bei einem Netzkurzschluss
Quelle: Piller Germany GmbH & Co. KG

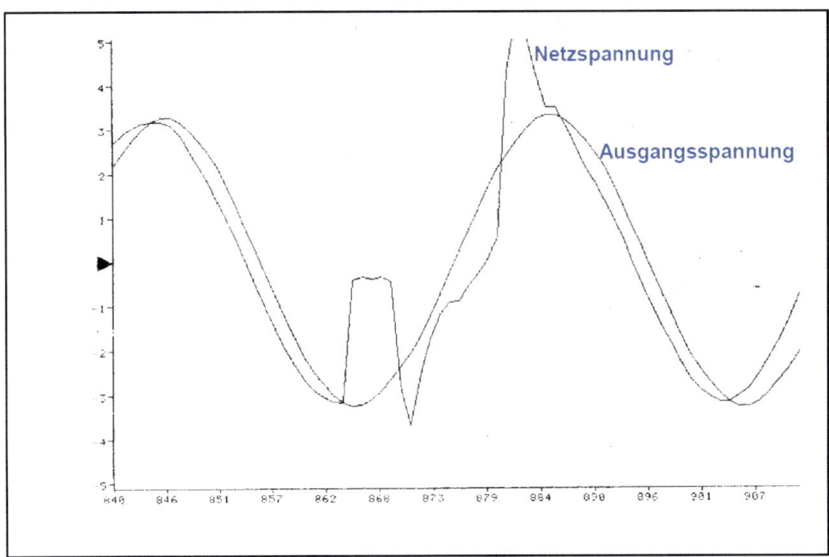

Bild 5.202: Spannungskurve der UBT-Anlage während eines Netzkurzschlusses
Quelle: Piller Germany GmbH & Co. KG

Die UBT-Anlage gibt es in den Leistungsbereichen 400 kVA bis 3.000 kVA, im Anlagenverbund bis 50 MVA.

Die (Ent-)Koppeldrossel sorgt dafür, dass keine Netzstörungen einen Einfluss auf die Verbraucherseite haben. Zudem begrenzt sie den Strom aus der Anlage bei Kurzschluss am Eingang auf den ca. 1,8-fachen Anlagennennstrom. Der Strom ist am Ausgang bei Kurzschluss über 14-fach größer als der Nennstrom. Die oberschwingungshaltigen Lastströme und der Blindstrom werden vom Generator zur Verfügung gestellt und nicht vom Netz. Dadurch ist der Leistungsfaktor am Eingang 0,99.

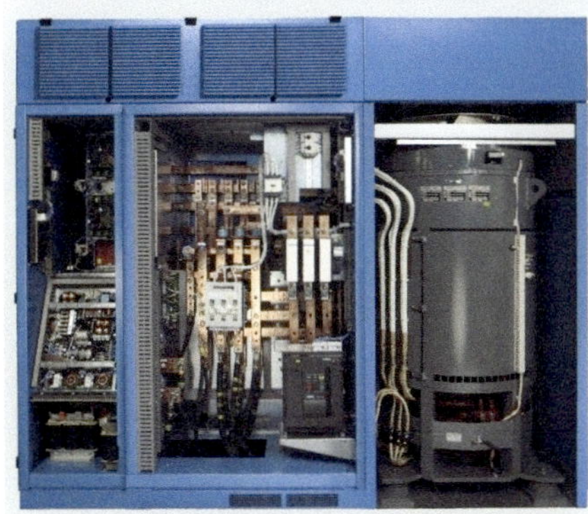

Bild 5.203: Geöffnete UBT-Anlage
Quelle: Piller Germany GmbH & Co. KG

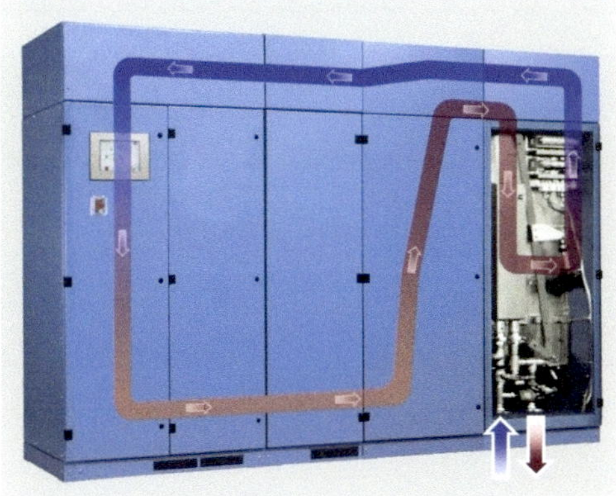

Bild 5.204: UBT-Anlage mit Luft-/Wasserkühlung
Quelle: Piller Germany GmbH & Co. KG

Bild 5.205: Die UBT-Anlage mit Schwungrad als Energiespeicher
Quelle: Piller Germany GmbH & Co. KG

Die dynamische UBR-Anlage von Piller ist ähnlich wie eine statische Online-USV-Anlage aufgebaut. Damit wirken sich Störungen am Eingang überhaupt nicht mehr auf den Ausgang aus und neben der Spannung wird auch die Frequenz geregelt. Der Wirkungsgrad der Anlage liegt bei 95 Prozent.

Die UBR-Anlage gibt es in den Leistungsbereichen 150 kVA bis 1.100 kVA, im Anlagenverbund bis 20 MVA.

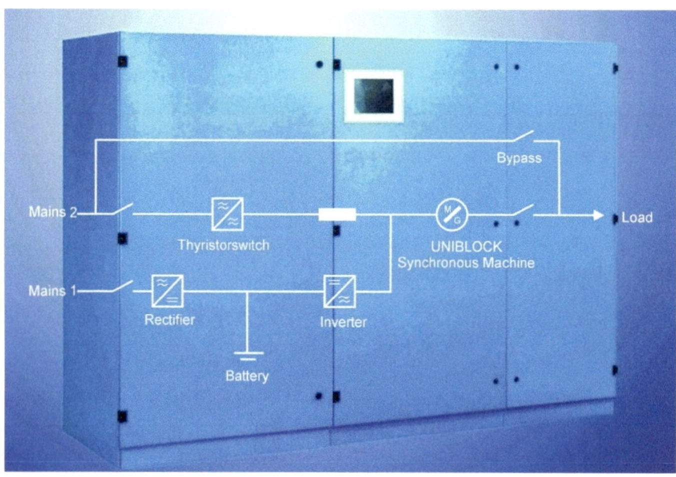

Bild 5.206: Schaltbild der UBR-Anlage
Quelle: Piller Germany GmbH & Co. KG

Bild 5.207: Geöffnete UBR-Anlage
Quelle: Piller Germany GmbH & Co. KG

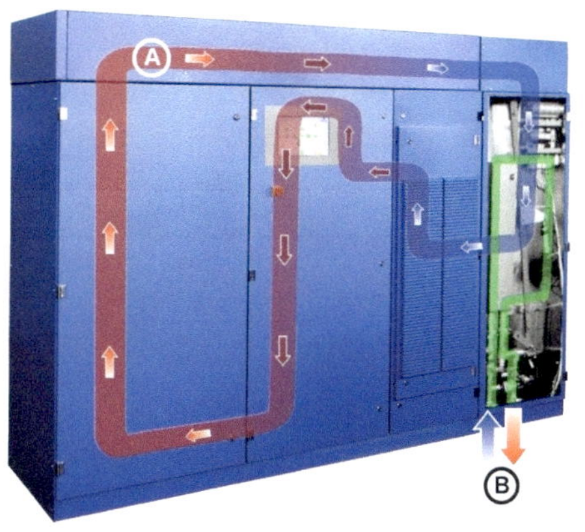

Bild 5.208: UBT-Anlage mit Luft-/Wasserkühlung
Quelle: Piller Germany GmbH & Co. KG

Bild 5.209: Die UBR-Anlagen im Anlagenverbund
Quelle: Piller Germany GmbH & Co. KG

5.3.2.5 Dieselgestützte Systeme

5.3.2.5.1 Schnellbereitschaftsaggregat

Kombinierte Systeme haben auf der gleichen Welle neben dem Generator und dem Elektromotor einen Verbrennungsmotor, der nach Stromausfall und Überbrückungszeit durch den Energiespeicher die Funktion einer klassischen Netzersatzanlage abbildet. Für die kurze Überbrückungszeit bis zum Übernehmen der Last durch den Verbrennungsmotor dienen üblicherweise Schwungmassen als Energiespeicher oder auch kleinere Batterien. Schnittstellenprobleme zwischen Netzersatzanlagen und getrennten USV-Anlagen treten üblicherweise nicht auf.

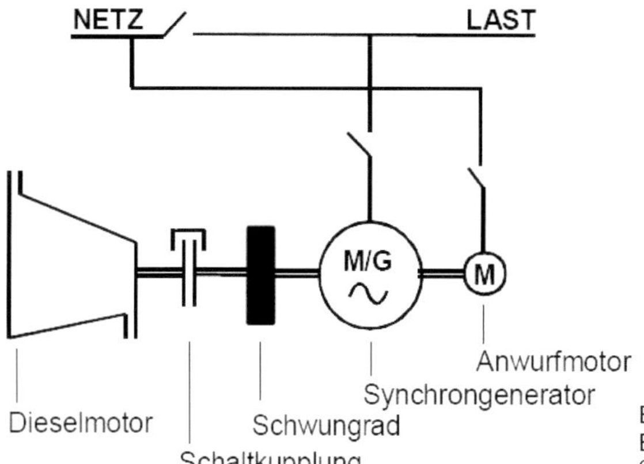

Bild 5.210: Schnellbereitschaftsaggregat (Short Break) im passiven Mitlaufbetrieb
Quelle: Piller Germany GmbH & Co. KG

Nach dem Erreichen der Nenndrehzahl des Verbrennungsmotors schließt die Kupplung automatisch und die Last geht auf den Verbrennungsmotor über.

Rotierende USV-Anlagen mit Kurzzeitspeichern arbeiten nach dem Prinzip der magnetischen Speicherung der Energie, die ihre Energie auf die Welle eines Generators überträgt.

Unterschieden werden die Anlagen in Short Break Aggregate (Schnellbereitschaftsaggregat mit Dieselmotor) und No Break Aggregate (Sofortbereitschaftsaggregate mit Dieselmotor).

Bei Short Break Aggregaten wird die Lastseite direkt von der Netzseite versorgt. Der Generator wird mit Nennspannung erregt und durch einen kleinen Asynchronmotor angetrieben. Somit läuft er getrennt vom Ausgangsnetz ständig passiv mit. Bei Stromausfall wird der Netzschalter geöffnet und der Generatorschalter geschlossen. Gleichzeitig schließt die Schaltkupplung und der Dieselmotor wird mit der Schwungmasse in weniger als einer halben Sekunde hochgerissen. Bei Netzwiederkehr erfolgt die Rückschaltung auf das Netz synchron ohne Unterbrechung. Wirkungsgrade von 95 Prozent bis 97 Prozent gehen zu Lasten von Kurzunterbrechungen, die bis zu einer Sekunde dauern können.

5.3.2.5.2 Sofortbereitschaftsaggregat

Bei No Break Aggregaten ist das Schwungrad direkt gekoppelt. Die Lastseite ist galvanisch von der Netzseite getrennt. Der Generator läuft ständig mit. Bei Netzausfall werden die Verbraucher unterbrechungsfrei weiter versorgt. Der Netzschalter wird geöffnet und der Dieselmotor über die Schaltkupplung hochgerissen. Bei Netzwiederkehr wird die Schaltkupplung wieder geöffnet und der Netzschalter geschlossen.

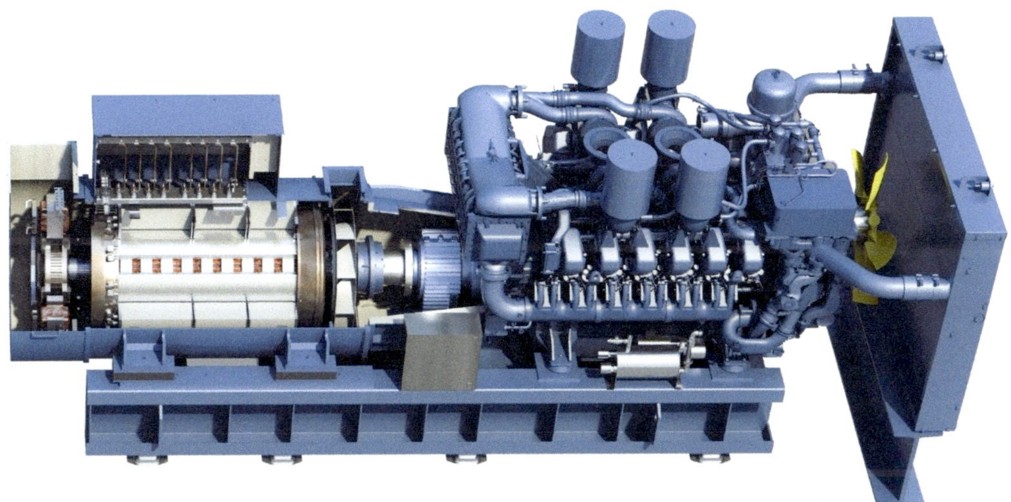

Bild 5.211: Die rotierende Diesel-USV-Anlage UBTD
Quelle: Piller Germany GmbH & Co. KG

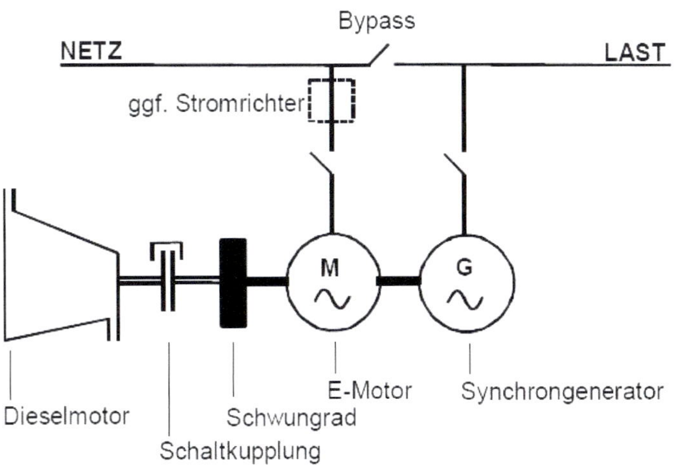

Bild 5.212: Sofortbereitschaftsaggregat (No Break) im Durchlaufbetrieb
Quelle: Piller Germany GmbH & Co. KG

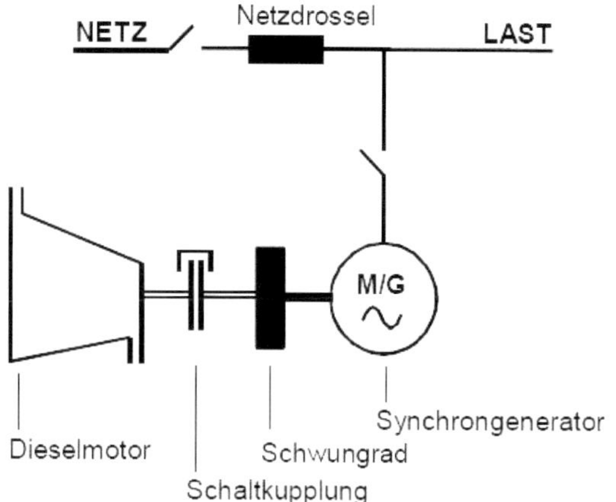

Bild 5.213: Sofortbereitschaftsaggregat (No Break) im aktiven Mitlaufbetrieb
Quelle: Piller Germany GmbH & Co. KG

5.3.3 Statische Umschalter – die andere Art der Redundanz

Statische Umschalter sind intelligent gesteuerte Systeme, die zwei Eingänge haben und einen Umschaltvorgang einleiten, sobald die bevorzugte Einspeisung aus dem zulässigen, programmierbaren Toleranzbereich (Spannung und Frequenz) fällt. Die Umschaltung erfolgt jedoch immer unterbrechungsbehaftet.

Aufgabe der Systeme ist es, eine Redundanz der Stromversorgung aus zwei unabhängigen Stromquellen zu gewährleisten und die Zuverlässigkeit der Stromversorgung zu erhöhen. Sie werden standardmäßig im Leistungsbereich von 16 A bis 1.600 A eingesetzt.

Die Umschaltung erfolgt mittels elektronischen Schaltern aus Thyristoren, welche eine schnelle und sichere Umschaltung gestatten. Die Umschaltung selbst erfolgt automatisch oder manuell.

Thyristoren können den Strom nur beim eigenen Nulldurchgang abschalten. Dies bedeutet eine Umschaltzeit zwischen 0 Millisekunde und einer Halbperiode (10 Millisekunden), was für den Großteil der Hardware ausreichend ist. Die Realisierung der phasenselektiven Umschaltung in den Systemen der neuesten Generation reduziert die Umschaltzeit zusätzlich. Umschaltungen von drei Millisekunden pro Phase sind dabei durchaus realisierbar. Da die Thyristoren sehr belastbar sind und einen hohen Kurzschluss-Nennstrom zulassen, können die Systeme sicherungslos ausgeführt werden.

Zudem ist es möglich, auch nicht synchronisierte Quellen sicher und schnell zu schalten.

Die Eigenversorgung der Steuerelektronik erfolgt aus einer oder beiden Einspeisungen und dem Ausgang.

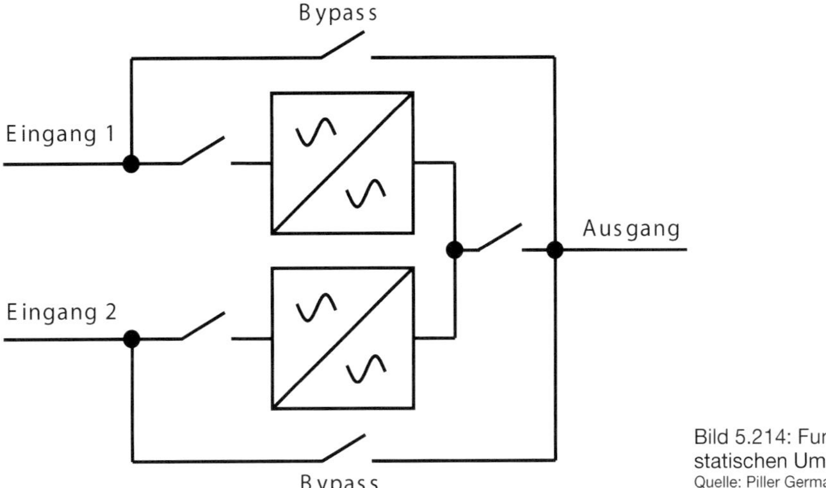

Bild 5.214: Funktionsweise des statischen Umschalters (STS)
Quelle: Piller Germany GmbH & Co. KG

Der statische Umschalter enthält für Wartungszwecke ebenfalls einen Bypass. Bei aktiviertem Bypass erfolgt keine automatische Umschaltung.

Über entsprechende Verriegelungen muss vermieden werden, dass auch bei eventuellen Bedienfehlern keine direkte Verbindung zwischen den beiden Einspeisungen möglich ist.

Bei der Dimensionierung und Auswahl ist die Neutralleiterbedingung ein wichtiges Kriterium. Neben der Netzform (TN-C, TN-S, IT, TT) muss auch definiert werden, ob der Neutralleiter mitgeschaltet werden muss oder nicht (3-polige oder 4-polige Umschaltung).

Praktischerweise findet oft der statische Umschalter seinen Einsatz, um eine sogenannte C-Versorgung oder C-Schiene innerhalb des Rechenzentrums für Verbraucher mit nur einem Netzteil zu realisieren. Gespeist wird der statische Umschalter dann von der A- und der B-Versorgung. Auch in der TIER 3-Architektur ist der Umschalter als redundante Einspeisung zulässig.

Die DIN EN 50600-2-2 empfiehlt jedoch, statische Transferschalter wegen ihrer „einzigen Fehlerstelle"-Eigenschaft (single-point-of-failure) und dem Risiko von hohen Kurzschlussströmen zu Halbleiterbauteilen nur nach einer umfangreichen Überprüfung des Entwurfs in Erwägung zu ziehen. Eine generelle Aussagekraft der Norm scheint fragwürdig, ist doch auch hier entscheidend, für welchen Verwendungszweck die statischen Transferschalter eingesetzt werden. Sie haben durchaus ihre Berechtigung und erhöhen, wenn sie richtig eingesetzt werden, trotz der oben geäußerter Bedenken die Verfügbarkeit von einzelnen Systemen und Komponenten.

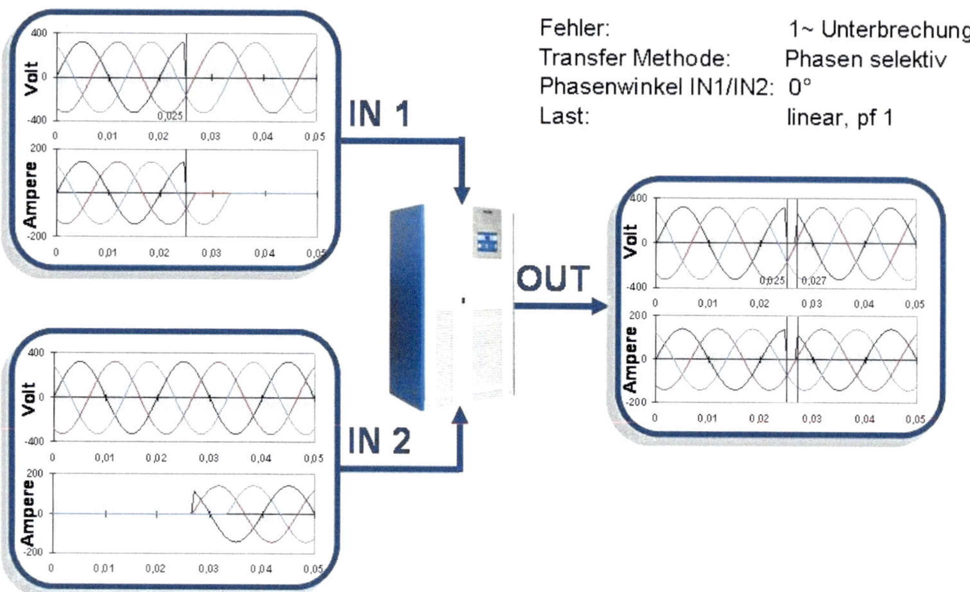

Bild 5.215: Umschaltvorgang bei gleichem Phasenwinkel und 1-phasiger Unterbrechung
Quelle: Piller Germany GmbH & Co. KG

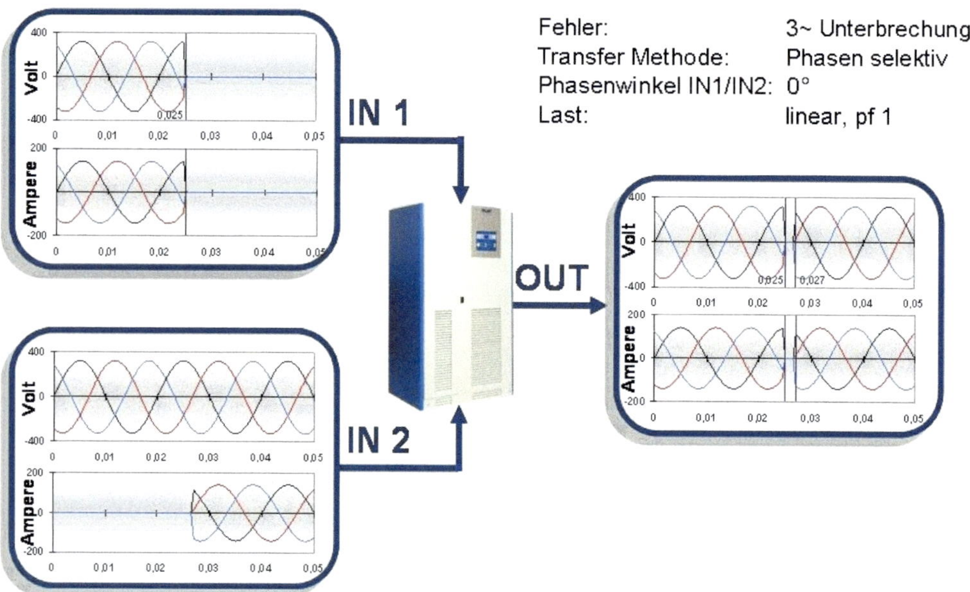

Bild 5.216: Umschaltvorgang bei gleichem Phasenwinkel und 3-phasiger Unterbrechung
Quelle: Piller Germany GmbH & Co. KG

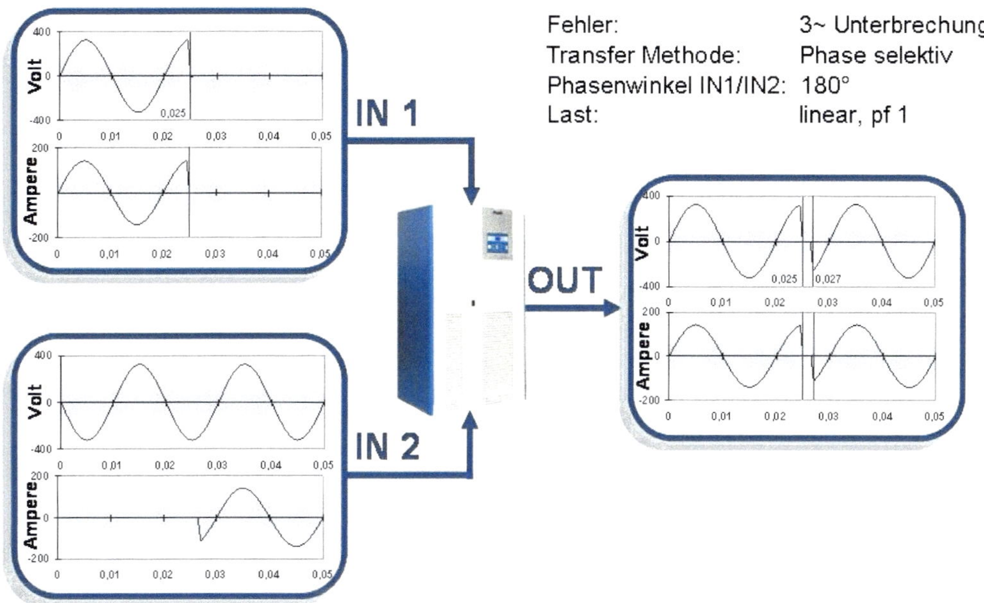

Bild 5.217: Umschaltvorgang bei Phasenverschiebung der Quellen und 3-phasiger Unterbrechung
Quelle: Piller Germany GmbH & Co. KG

Statische Umschalter werden auch unter den Begriffen „Transfer-Switch", „Static Transfer-Switch" oder (Tempotaschentuch lässt grüßen) „Apotrans" (als Herstellerbezeichnung von Piller) am Markt angeboten.

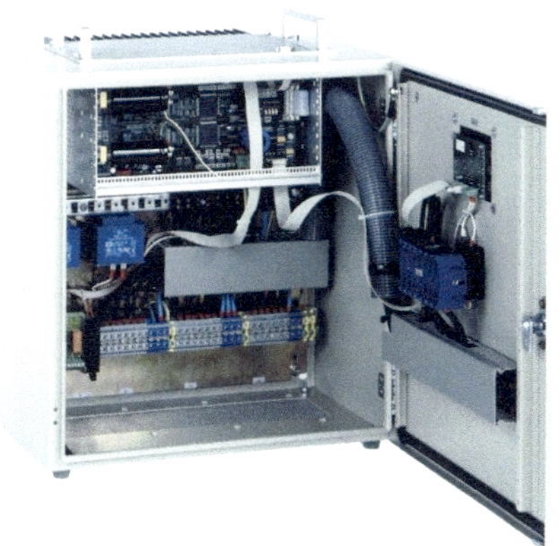

Bild 5.218: STS in der kleinsten Bauform 25 A bis 63 A
Quelle: Piller Germany GmbH & Co. KG

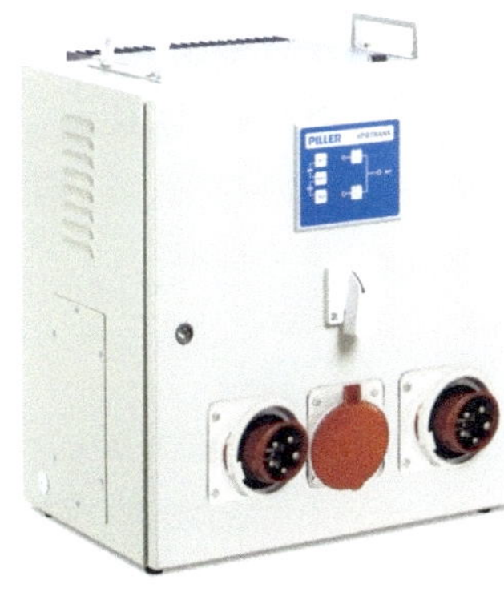

Bild 5.219: STS als steckerfertiges Modul mit 32 A
Quelle: Piller Germany GmbH & Co. KG

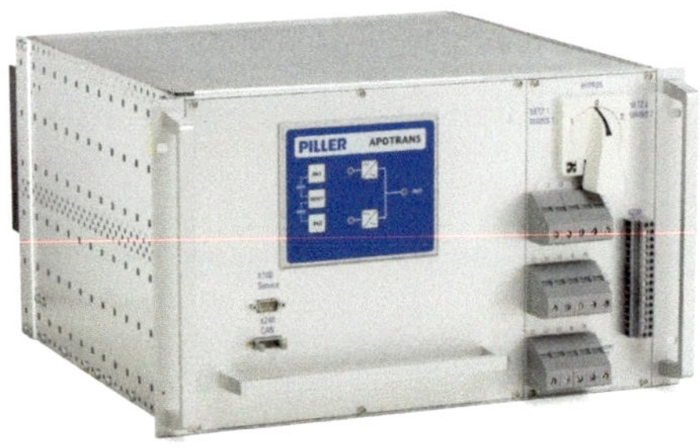

Bild 5.220: STS als Einschubmodul in Datenschränken
Quelle: Piller Germany GmbH & Co. KG

Bild 5.221: STS mit einem Schaltvermögen von bis zu 1.600 A
Quelle: Piller Germany GmbH & Co. KG

Bild 5.222: Einfacher, steckerfertiger 4-polig schaltender STS für Rackeinbau mit 16A
Quelle: Socomec GmbH

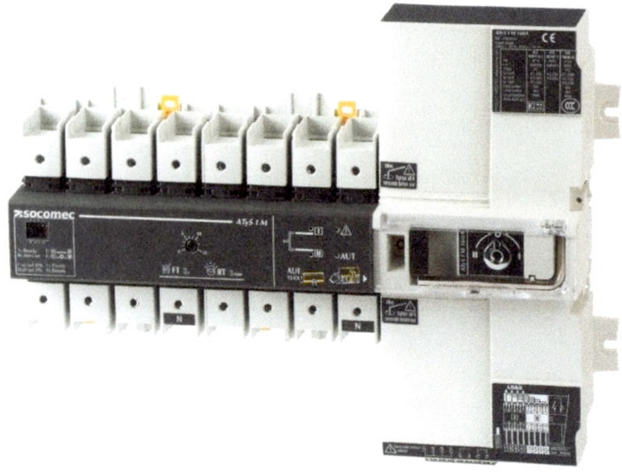

Bild 5.223: Auf Hutschiene montierbarer 4-polig schaltender STS mit einstellbarer Um- und Rückschaltzeit, ideal für den Einsatz in der redundanten Versorgung der Klimatechnik
Quelle: Socomec GmbH

5.3.4 Notstromaggregate als Netzersatzanlagen

Notstromaggregate als Netzersatzanlagen dienen der Stromerzeugung, wenn das normale Stromnetz ausfällt. Sie versorgen alle sicherheitsrelevanten Verbraucher mit elektrischer Energie, also neben den USV-Anlagen auch die gesamte Klimatisierung und weitere Anlagen.

Im allgemeinen Sprachgebrauch wird zwischen Netzersatzanlagen und Notstromanlagen unterschieden. Notstromanlagen dienen der Versorgung sicherheitsrelevanter Verbraucher, die vom Gesetz her nach einer definierten Umschaltzeit weiter versorgt werden müssen, während Netzersatzanlagen eine Vollversorgung sämtlicher Verbraucher übernehmen und im Wesentlichen aus wirtschaftlichen Aspekten und nicht aus gesetzlichen Vorgaben eingebaut werden.

Daher ist Vorsicht geboten, wenn neben der Rechenzentrumsversorgung auch sicherheitsrelevante Anlagen gesetzlich betrieben werden müssen, wie z.B. in baulichen Anlagen für Menschenansammlung (Versammlungsstättenrichtlinie), Hochhäusern und Krankenhäusern etc. Diese Netzersatzanlagen müssen dann bestimmte gesetzliche und normative Vorschriften erfüllen.

Bild 5.224: Im Betrieb befindliche Netzersatzanlage

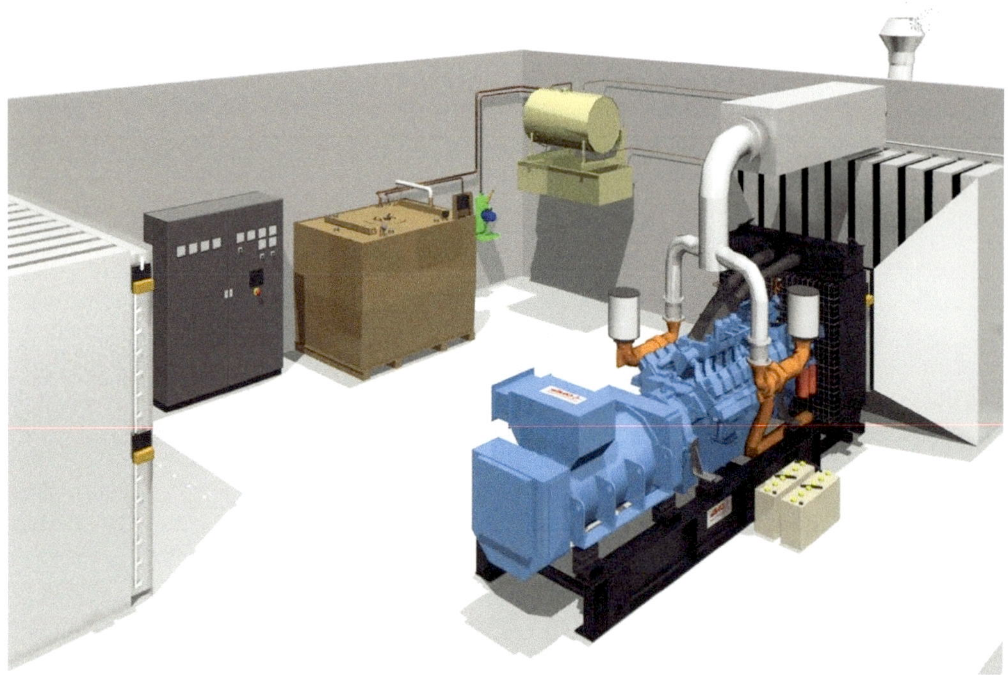

Bild 5.225: Symbolische Darstellung einer Netzersatzanlage im Gebäude
Quelle: AKO GmbH

Bild 5.226: Symbolische Darstellung einer Netzersatzanlage im Container
Quelle: AKO GmbH

Zu Netzersatzanlagen gehören neben dem Antriebsmotor, dem Generator, den Kraftübertragungs- und Lagerelementen auch das Kühlsystem, die Abgasanlage, die Zu- und Abluftanlage, das Kraftstoffsystem und die Notstromschaltanlage.

Die für Notstromaggregate zuständige Norm ist die ISO 8528: Stromerzeugungsaggregate mit Hubkolbenverbrennungsmotoren. Aus ihr können sämtliche Rahmenbedingungen für das gewünschte Notstromaggregat abgeleitet werden.

In den Betriebsarten unterscheidet man den reinen Dauerbetrieb (COP Leistung), die Variable Aggregat-Dauerleistung (PRP-Leistung) und die zeitlich begrenzte Aggregatleistung (LTP).

Die für Notstromaggregate in Deutschland am häufigsten verwendete Leistungskategorie ist die sogenannte PRP-Leistung. Sie ist laut Definition auch für Dauerbetrieb geeignet und berücksichtigt durch die Vorgabe einer intermittierenden (zeitweilig aussetzend und wiederkehrend) Lastabgabe die unterschiedlichen Verbrauchslasten von Notstromaggregaten, z.B. Tag- oder Nachtbetrieb.

Viele Rechenzentrumsbetreiber sehen diese Klassifizierung jedoch kritisch, da im Rechenzentrumsbetrieb von einer nahezu konstanten Leistung auszugehen ist und im Katastrophenfall (länger andauernder Stromausfall) die Netzersatzanlagen im Dauerbetrieb mit nahezu konstanter Leistung betrieben werden müssen.

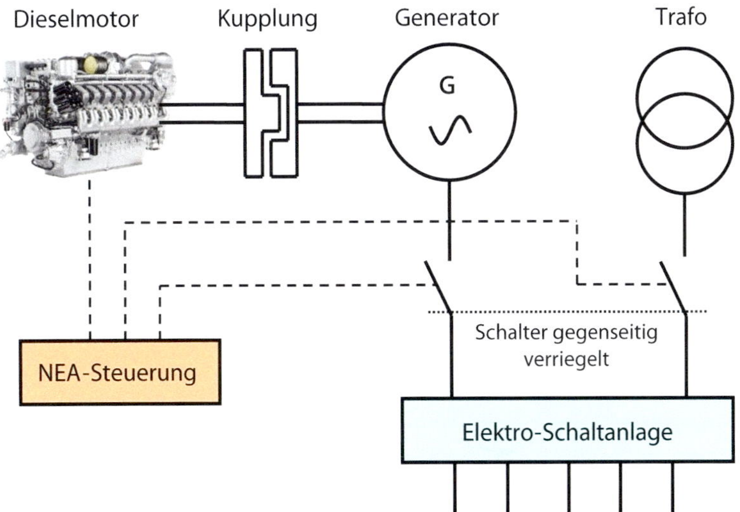

Bild 5.227: Prinzipielles Funktionsschema einer Netzersatzanlage

Dies führt zu immer wiederkehrenden Diskussionen über die Einsatzfähigkeit des angebotenen Dieselmotors und die anzuwendende Betriebsart bzw. Leistungsdefinition. Von den wirtschaftlichen Auswirkungen gar nicht zu sprechen!

Aus diesem Grund haben namhafte Motorenhersteller auch auf Grundlage der vom amerikanischem Uptime Institute gestellten Anforderungen eine Motordauerleistung definiert, die für Rechenzentren ausgelegt ist und ihre Gültigkeit für die Länder hat, in denen eine zuverlässige Energieversorgung gegeben ist.

Auch wenn die Leistungsdefinition und Auslegung des Notstromaggregats für Dauerbetrieb durchgeführt wurde, wird vom reinen Notstrombetrieb gesprochen. Als erlaubte Betriebsdauer für Notstromaggregate hat sich eine max. Betriebszeit von 300 Stunden pro Jahr durchgesetzt. Anderslautende Erlasse der zuständigen Behörden (Baubehörde, Umweltamt) sind je nach Standort möglich und müssen in die Planung einfließen. Grundsätzlich sind Notstromaggregate aber nicht genehmigungspflichtig, sondern meldepflichtig. Übersteigt die jährliche Betriebszeit vorgenannte 300 Stunden Regelung müssen die strengeren Bedingungen für Dauerbetrieb erfüllt werden.

Die maximal zulässige Unterbrechungszeit bei Netzausfall definiert sich aus der Anforderung. In Rechenzentren ist hierfür die Dauer entscheidend, wie lange das Rechenzentrum ohne Klimatisierung weiter betrieben werden kann und die Überbrückungszeit der USV-Anlage. Müssen gesetzliche Forderungen erfüllt werden, darf die Unterbrechungszeit bei maximal 15 Sekunden liegen. In Rechenzentren darf und kann die maximale Unterbrechungszeit durchaus höher liegen.

Werden Netzersatzanlagen für Versammlungsstätten ohne Zentralbatterieanlagen eingesetzt, beträgt die maximale Überbrückungszeit 0,5 Sekunden. Um dies realisieren zu können, müssen mindestens Schnellbereitschaftsaggregate (Short Break Aggregate) eingesetzt werden. Die Funktionsweise dieser Art Aggregate ist im Abschnitt 5.3.2 – Dynamische USV-Anlagen – näher beschrieben.

Unterbrechungszeiten kleiner eine Sekunde gelten für Notstromaggregate in Rechenzentren als Kurzunterbrechungen. Diese werden durch die installierten USV-Anlagen sicher abgefangen. Erst bei Unterbrechungszeiten größer oder gleich eine Sekunde werden Notstromaggregate gestartet, benötigen dann ca. acht bis zehn Sekunden als Hochlaufzeit und sind dann für erste Lastaufschaltungen geeignet.

5.3.4.1 Elektrische Betriebsarten

Die normale elektrische Betriebsart ist der Einsatz als vollautomatische Netzersatzstromversorgung bei Stromausfall. Im Falle eines Stromausfalles wird der Verbrennungsmotor gestartet, der Netzschalter ausgekuppelt und bei Erreichen der Nenndrehzahl der Generatorschalter eingekuppelt. Dieser Umschaltvorgang ist unterbrechungsbehaftet.

Ist die netzseitige Stromversorgung wieder vorhanden, synchronisiert die Regelung den Generator durch Drehzahlerhöhung oder -verminderung auf die Sinuswelle der Netzversorgung. Liegen beide Sinuswellen übereinander, kuppelt der Netzschalter ein und Generator und Netz laufen kurzzeitig parallel. Anschließend wird der Generatorschalter ausgekuppelt und die Netzersatzanlage nach Beendigung der Nachlaufzeit abgeschaltet. Der Rückschaltvorgang ist somit unterbrechungsfrei.

Hierbei werden zwei Arten der Rücksynchronisierung unterschieden:

- Überlappungssynchronisierung: Netz- und Generator sind nur für eine Betriebsdauer < 300 Millisekunden parallel geschaltet, dann öffnet sofort der Generatorschalter. Für diese Betriebsart ist keine Genehmigung des Netzbetreibers erforderlich und es sind keine besonderen Schutzgeräte erforderlich.
- Netzrücksynchronisierung: Netz- und Generator werden > 300 Millisekunden parallel geschaltet. Für diese Betriebsart müssen der Generator und die Notstromsteuerung ausgelegt sein und es muss ein Antrag für einen Parallelbetrieb mit dem öffentlichen Netz beim Netzbetreiber eingereicht werden. Während dies in den vergangenen Jahren als unproblematisch galt, kann die Genehmigung dieses Antrags und/oder die damit verbundenen Auflagen den länger andauernden Netzparallelbetrieb ausschließen.

Insbesondere bei den (hoffentlich) regelmäßig durchgeführten Netzersatzanlagentests sind unterbrechungsbehaftete Umschaltvorgänge unerwünscht und man unterscheidet zwischen weiteren Betriebsarten.

1) Netzparalleler Lastprobebetrieb

Im bewusst eingeleiteten Netzparallelbetrieb oder Lastprobebetrieb wird zunächst die Netzersatzanlage gestartet und auf die Sinuswelle der Netzversorgung synchronisiert. Zum Einsatz kommen hier automatische Synchronisiereinrichtungen, die als Erweiterung zur eigentlichen Aggregatsteuer- und Überwachungseinheit fungieren. Manuelle Synchronisiereinrichtungen sind möglichst zu vermeiden, da die Gefahr der Fehlsynchronisierung höher ist. Nachdem die Synchronisation abgeschlossen ist, wird der Generatorschalter eingekuppelt und die Netzersatzanlage parallel zum Netz betrieben. Über die Steuerung der Netzersatzanlage lässt sich dabei regeln, wie viel Last durch den Generator erzeugt werden soll. Diese Last speist in das hauseigene Netz ein und bei geringer Verbrauchslast wird sogar in das Netz des Energieversorgers eingespeist. Da in diesem Falle keine Last mehr bezogen, sondern eingespeist wird, ist unbedingt vorher Rücksprache mit dem Energieversorger zu halten. Durch diesen unterbrechungsfreien Lastprobebetrieb ist es möglich, den Generator mit einer definierten Größe zu belasten und die Zuverlässigkeit der Netzersatzanlage unter Last zu testen.

Die Regelung der Netzersatzanlage erfolgt bei Netzparallelbetrieb über die Leistung. Wird der Netzparallelbetrieb beendet, wird die Leistungsabnahme am Aggregat langsam wieder reduziert und der Generatorschalter bei geringer Last wieder ausgekuppelt.

2) Lastprobebetrieb im Inselbetrieb

Im Inselbetrieb wird zunächst der Netzparallelbetrieb gestartet. Nachdem die Last der Verbraucher vollständig von der Netzersatzanlage übernommen wurde, wird der Netzschalter ausgekuppelt und die Last nur noch über die Netzersatzanlage versorgt. Die Regelung der Netzersatzanlage erfolgt über die Frequenz.

Dieser reellere Netzersatzanlagentest wird auch für einen Rechenzentrumsbetrieb in regelmäßigen Abständen dringend empfohlen.

Nach Beendigung des Inselbetriebs wird zunächst wieder auf die Sinuswelle des Netzes synchronisiert und anschließend unterbrechungsfrei wieder auf das Netz geschaltet, wie es beim Zurückschalten aus dem Netzersatzbetrieb bereits erläutert wurde.

3) Netzausfalltest (Black-Building-Test)

Im „echten“ Netzersatztest wird der Netzschalter ausgekuppelt und unter realen Bedingungen die Funktion der Netzersatzanlage sowie das Verhalten der Verbraucher bei plötzlichem Stromausfall getestet. Viele Betreiber schrecken jedoch vor diesem Notstromtest zurück, da eine echte Unterbrechung der nicht-USV-versorgten Verbraucher erfolgt und sie das Risiko zu hoch einstufen, dass Anlagen nicht mehr anlaufen und echte Abstürze im Rechenzentrum die Folge sein können. Wie allerdings kann dann bei einem echten Stromausfall sichergestellt sein, dass die Anlagen ordnungsgemäß funktionieren? Einen halbherzigen Test durchzuführen festigt sicher nicht das Vertrauen in die Gesamtanlage und macht es sehr schwer, Aussagen über die Verfügbarkeit der Anlage zu treffen.

Werden mehrere Aggregate parallel geschaltet ist darauf zu achten, dass das Aggregat selbst und die Schaltanlage für Parallelbetrieb geeignet sind. Zudem muss eine gemeinsame, übergeordnete Steuerung vorgesehen werden. Üblicherweise übernimmt das erste hochgelaufene Aggregat die Masterfunktion, auf das alle weiteren Aggregate aufsynchronisieren. Die Zeit, bis alle Aggregate synchron und parallel auf einer Schiene laufen, kann jedoch etliche Sekunden bis Minuten in Anspruch nehmen. Soll die Zeit kürzer gehalten werden müssen, gibt es spezielle Steuerungen mit einer sogenannten Hochlauf- oder Anlaufsynchronisierung. Hierbei werden die Aggregate schon während des Startvorgangs miteinander synchronisiert.

Wichtige Anmerkungen zum Netzparallelbetrieb:
Im Rahmen der eingeleiteten Energiewende wurden umfassende Richtlinien (BDEW, VDE AR n 4105, etc.) für alle in das öffentliche Netz einspeisenden Stromerzeuger (Solaranlagen, Windräder, Wasserkraft, Gas-BHKW, Notstromaggregate) erlassen, um weiterhin eine möglichst sichere Stromversorgung garantieren zu können. Diese Richtlinien sind allerdings sehr pauschal abgefasst, so dass alle Stromerzeuger die gleichen Anforderungen erfüllen müssen, auch wenn sie nur im Rahmen eines monatlichen Probebetriebs mit dem öffentlichen Netz parallel betrieben werden. Aus diesem Grunde ist eine frühzeitige Rücksprache mit dem Netzbetreiber erforderlich, da die letztendli-

che Genehmigung für den Parallelbetrieb vom Standort, Leistung der Anlage und dem Netzbetreiber selbst abhängig ist. Dies ist der Stand von heute. Im Laufe der kommenden Jahre wird hingegen eine Regelung über eine VDE-Norm erhofft.

5.3.4.2 Dimensionierung von Netzersatzanlagen

Die Dimensionierung richtet sich nach der Summe der netzersatzberechtigten Abnehmer sowie der elektrotechnischen Eigenschaften der Abnehmer, wie z.B. der Netzrückwirkfaktor der USV-Anlagen. Dabei sind folgende Faktoren bedeutsam:

- Verbraucherleistung der netzersatzberechtigten Abnehmer
- Gleichzeitigkeitsfaktor der Abnehmer
- Einschaltverhalten der Abnehmer
- Dynamisches Verhalten und Lastaufschaltverhalten des Aggregates
- Spezielle Verbraucher mit hohem Rückwirkungsgrad
- Umweltbedingungen
- Kurzschlussverhalten
- Reserven für spätere Erweiterungen

Die DIN EN 50600-2-2 definiert die maximale Leistung der Stromversorgungssysteme für das Rechenzentrum wie folgt:

a) Die maximal geplante IT-Last sowie Reserven für zukünftige Erweiterungen zur Berücksichtigung der technischen Weiterentwicklungen (typischerweise, aber nicht notwendigerweise, basierend auf den veröffentlichten Einschaltströmen, die vom Hersteller der Einrichtungen bereitgestellt werden);
b) Die maximale mechanische Kühllast (typischerweise basierend auf der zu erwartenden Höchsttemperatur außerhalb des Rechenzentrums); Anmerkung des Autors: Gemeint ist hier die elektrische Energie, um die mechanische Kälte zu erzeugen
c) Die Kleingeräte-, Sicherheits-, Beleuchtungs-, Gebäude- und Energiesteuerungen
d) Die Verluste im Stromverteilungssystem; Anmerkung des Autors: Insbesondere die Verluste der USV und die erhöhten Leistungen bei Starkladung schlagen hier zu Buche
e) Während der Errichtung des Rechenzentrums: Zeitweilige / während der Bauphase benötigten Leistungen
f) Während des Betriebs:
   1. Erhöhung der Wirkleistungslast über die Zeit
   2. Prognostizierte Veränderungen und Periodizität der Wirkleistungslast und des Leistungsfaktors
   3. Prognostizierte Veränderungen und Periodizität des Lastfaktors
g) Außergewöhnliche Bedingungen (d.h. spezielle und/oder ungewöhnliche Lasten)
   1. Beschaffenheit der Last
   2. Auftreten (d.h. ständig, zeitweise, zyklisch)

Dabei geht die Norm gar nicht auf die Dimensionierung eines Generators ein und empfiehlt beispielsweise nur, bei der Spezifikation von Transformatoren, Wechselstromgeneratoren und Steuerungen das Vorhandensein von kapazitiven Lasten und, wo bestehende Anlagen weiterverwendet werden, eine hohe Oberschwingungsverzerrung des Stromes zu berücksichtigen.

Die Verbraucherleistung ergibt sich aus der Summe der Einzelverbraucher. In vielen Fällen wird die Verbraucherleistung als Wirkleistung angegeben (kW). Für die Aggregatauslegung ist jedoch die elektrische Scheinleistung (kVA) und die zu erwartende Anlaufleistung maßgeblich. Ist der cos phi der Anlage nicht bekannt, hat sich in der Praxis ein Wert von cos phi = 0,8 für die Dimensionierung durchgesetzt.

Der Gleichzeitigkeitsfaktor in einem Rechenzentrum ist immer bei 1. Sind in den Anlagen Redundanzen vorgesehen (z.B. n+1), dann werden die Redundanzanlagen nur dann berücksichtigt, wenn sie auch im Leerlauf einen gewissen Verbrauch haben, sprich z.B. USV-Anlagen im Hot-Standby betrieben werden und der Ladestrom eine Last darstellt.

Das Anlauf- und Einschaltverhalten ist besonders bei großen Motoren, Transformatoren etc. von Bedeutung, da z.B. der Anlaufstrom von Motoren und der Rush-in bei Transformatoren oft sehr große Werte annehmen, kann es bei Unterdimensionierung der Generatoren zum Stillstand bzw. Abwürgen der Netzersatzanlage kommen.

Eine zeitlich gestaffelte Zuschaltung solcher Verbraucher kann die erforderliche Aggregatleistung deutlich verringern. Zudem gibt es eine große Anzahl an Möglichkeiten, die Anlaufleistung von Verbrauchern selbst zu verringern.

Auch der Einsatz von leistungselektronischen Bauteilen wie Frequenzumrichter, können die notwendige Aggregateleistung wesentlich beeinflussen. Insbesondere in der Klimatechnik ist die Verwendung von drehzahlgeregelten EC-Motoren heute bereits Standard. Die Drehzahl wird dabei durch die Frequenz der speisenden Wechselspannung bestimmt.

Das dynamische Verhalten des Aggregates bei Volllastzuschaltung und zu erwartende Lastwechsel erfordern unter Umständen eine Überdimensionierung von Motor, Generator oder beiden Komponenten. Grundsätzlich gilt, dass moderne Dieselmotoren mit Turboladern und Ladeluftkühlung meist nicht für Lastzuschaltungen oberhalb 50 Prozent in einem Laststoß geeignet sind.

Werden spezielle Verbraucher wie z.B. USV-Systeme mit 6- oder 12-Puls-Eingangsgleichrichter gespeist, muss zur Dimensionierung der oberwellenbedingte Spannungsabfall in der Reihenimpedanz berücksichtigt werden. Dieses Phänomen bezeichnet man auch als Netzrückwirkfaktor.

In etwa lässt sich das Phänomen mit folgender Analogie erklären: Hauptsächlich im Winter werden durch die Meteorologen die tatsächlichen Temperaturen und die gefühlten Temperaturen angegeben. Dabei schwankt die gefühlte Temperatur je nach

Windstärke. Die Wahl der Kleidung ergibt sich aus der gefühlten Temperatur, denn gegen sie muss man sich schützen.

Die benötigte Last in einer Energieversorgung ist die tatsächliche Temperatur. Die Oberwellen sind sozusagen die Windstärke. Der Generator muss demnach nach der gefühlten Temperatur dimensioniert werden. Ziel muss es sein, durch den Einsatz gewisser USV-Technologien (z.B. IGBT-Technik), die Windstärke zu reduzieren.

Werden USV-Anlagen mit den eingangs erwähnten 6- oder 12-Puls-Gleichrichtern verwendet, kann es vorkommen, dass für die Energiebilanz die doppelte USV-Leistung in Ansatz gebracht werden muss. Netzrückwirkfaktoren von 1,5 bis 2,5 sind keine Seltenheit und der Generator muss im gleichen Verhältnis leistungsmäßig angepasst werden.

Dieselmotoren für Stromerzeugungsaggregate sind gemäß ISO 3046 und DIN 6271 für eine Nutzung bei einer Ansaugtemperatur von 27 °C, einem Luftdruck von 1.000 mbar, einer Aufstellhöhe von maximal 1.000 m über NN und einer relativen Luftfeuchte von 60 Prozent dimensioniert. Mittlerweile haben sich je nach Motorentyp unterschiedlichen Werte für die Einsatzbedingungen ergeben. Weichen die Standortbedingungen allerdings zu sehr von den DIN / ISO Vorgaben ab, müssen die Leistungsangaben der Dieselmotoren geprüft werden und eventuell der Dieselmotor überdimensioniert werden.

Ohne besondere Maßnahmen sind Generatoren in der Lage, den 2,5- bis 3,0-fachen Dauerkurzschlussstrom zu erbringen. Während früher als Standardwert in Deutschland ein Dauerkurzschlussstrom dreipolig von 3,0 mal dem Nennstrom galt, werden in kleineren Leistungsbereichen mittlerweile aus Kostengründen sogar Generatoren verbaut, deren Kurzschlussstrom gleich dem Nennstrom ist. Werden aus Selektivitätsgründen größere Kurzschlussströme benötigt, muss der Generator überdimensioniert werden. Eine konstruktive Anpassung wie früher üblich, scheidet in Zeiten der Serienfertigung heute aus.

Dass für spätere Erweiterungen entsprechende Reserven der Netzersatzanlage vorgehalten werden sollten, müsste eine Selbstverständlichkeit sein. Vorsicht ist jedoch geboten, wenn die Dauerbelastung unter 30 Prozent liegt. In der Folge erreicht der Motor seine Betriebstemperatur nicht, was zu einem erhöhten Motorenverschleiß und unkontrolliertem Ölaustritt führt. Auf jeden Fall sollte im Anschluss nach einem Niedriglastbetrieb immer ein Probebetrieb im Netzparallelbetrieb mit einem Lastfaktor zwischen 60-80 Prozent zur Sicherstellung der weiteren Verfügbarkeit der Netzersatzanlage durchgeführt werden.

5.3.4.3 Standortfestlegung und Raumplanung

Bei der örtlichen Festlegung und Raumplanung sind die diversen gültigen Vorschriften und Forderungen zu beachten. Des Weiteren können bei der Standortfestlegung und der Raumplanung die Anschaffungskosten stark beeinflusst werden.

Kriterien für die Standortbestimmung können sein:

- Ausreichend Fläche für die Netzersatzanlagen, inklusive des gewünschten Kühlsystems
- Problemlose Zu- und Abluftführung mit den erforderlichen Luftmengen
- Problemlose Führung des Abgassystems
- Berücksichtigung von Lärmbelästigung der umliegenden Bewohner und Nutzer
- Kurze Kabelwege zur einspeisenden Stelle
- Einfache Transportwege und unkomplizierte Einbringung, auch im späteren Betrieb

Zunächst sollte der Aggregatraum so groß sein, dass ein zugänglicher, umlaufender Bereich von einem Meter bis zwei Meter verbleibt. Je größer die Leistung des Aggregates, desto größer das Aggregat und der umschließende Raum.

Um Korrosion und Kondensatbildung zu vermeiden und die Kühlmittelvorheizung zu entlasten, sollte der Raum eine Mindesttemperatur von 10 °C haben.

Da die Netzersatzanlagen auch immer ein recht ansehnliches Gewicht haben, muss der Untergrund für entsprechende Lasten bemessen sein. Gegebenenfalls sind separate Fundamente oder Stützen erforderlich. Vor der Montage einer Netzersatzanlage muss unbedingt die Statik überprüft werden. Zusätzlich muss der Boden mit einem ölfesten Anstrich versehen werden.

Um Körperschallübertragungen laufender Netzersatzanlagen zu minimieren, ist unter Umständen eine Entkopplung mit Schwingungsdämpfern erforderlich. In diesem Fall muss die zusätzliche Punktbelastung in der Statik mit berücksichtigt werden.

Die Transportwege müssen ausreichend bemessen sein, um die Netzersatzanlage in möglichst wenigen Einzelteilen einbringen zu können. Zudem sollte immer bedacht werden, dass auch im späteren Betrieb unter Umständen einzelne Aggregate oder ganze Anlagen ausgetauscht werden müssen. Beim Transportweg ist auch darauf zu achten, dass er für die zu transportierenden Lasten ausreichende Tragfähigkeit bietet. Lastverteilplatten können insbesondere bei Doppelbodenanlagen als Unterstützung mitverwendet werden.

5.3.4.4 Motorkühlung und Verbrennungsluft

Dieselmotoren können auf verschiedene Arten gekühlt werden. Da die grundsätzliche Ausführung der Motorkühlung entsprechende bauliche Anforderungen nach sich ziehen, sollte eine bewusste Festlegung des Kühlsystems bereits in der Planung erfolgen. Individuelle Bedingungen am Aufstellort einer Netzersatzanlage können die Art der Motorkühlung bestimmen und selbstverständlich auch den Aufstellort.

Bei den Erläuterungen zur Auswahl der Dieselmotoren wurde bereits auf die Randparameter verwiesen, die es bei der Auswahl zu berücksichtigen gilt. Bei der Kühlanlage ist unabhängig von der Kühlungsart die Auslegungstemperatur ein wesentliches Kriterium. Während noch zur Jahrtausendwende Umgebungslufttemperaturen von 35 °C als ausreichend betrachtet wurden, hat sich jetzt eine Umgebungslufttemperatur von mind. 40 °C durchgesetzt. Auch noch höhere Temperaturen wurden schon eingefordert, allerdings hat sich bei näherer Betrachtung herausgestellt, dass die Klimaanlagen des Rechenzentrums selbst häufig nur für 38 °C ausgelegt wurden.

Fazit: Es muss immer das Gesamtsystem für die Auslegung einzelner Komponenten betrachtet werden, andernfalls wird keine technische Verbesserung, sondern nur eine wirtschaftliche Verschlechterung (Verteuerung) erreicht.

Die erforderliche Luftmenge ergibt sich aus der Aggregatgröße und Art der Motorkühlung. Die Luftmenge setzt sich dabei aus der Summe der benötigten Verbrennungsluft und der erforderlichen Luft für die Motorkühlung zusammen. Dabei steht die Luftmenge immer in Relation zur Luftgeschwindigkeit, die nicht über 6 m/s liegen sollte. Je höher die max. zulässige Umgebungslufttemperatur bei Betrieb des Notstromaggregats festgelegt wird, je größer wird die erforderliche Luftmenge, da die Temperaturdifferenz zwischen dem zu kühlenden Medium (Kühlwasser) und dem Kühlmedium (Luft) immer kleiner wird.

Ein weiterer Parameter ist die notwendige Größe der Zu- und Abluftöffnungen. Dabei ist die Anordnung so zu wählen, dass ein erneutes Ansaugen der erwärmten Abluft unter allen Umständen vermieden wird. Andernfalls droht ein Ausfall der Netzersatzanlage wegen Übertemperatur. Ein Kanalsystem bringt Abhilfe, wenn mehrere Netzersatzanlagen in einem Raum stehen. Die Zu- und Abluftöffnungen werden mit motorisch betriebenen Jalousieklappen versehen. Die Klappen öffnen dabei nur, wenn die Netzersatzanlage läuft. An der Außenwand ist oft noch ein Wetterschutzgitter gegen Regen, Hagel und Kleintiere angebracht. Ist die Bereitstellung der erforderlichen Luftmenge nicht möglich, muss die Motorkühlung aus dem Aggregatraum ausgelagert werden.

Die Verbrennungsluft wird vor der Brennkammer des Dieselmotors immer über Luftfilter gereinigt. Die notwendige Reinheit der Netzersatzanlage und die Umgebungsbedingungen bestimmen dabei die Güte des Luftfilters. Da Luftfilter im Betrieb immer eine gewisse Zusetzung erfahren, empfiehlt es sich, Luftfilter mit Wartungsanzeige und ggfs. einer Aufschaltung auf die Gebäudeleittechnik einzusetzen.

5.3.4.4.1 Luftkühlung

Kühlluft wird mittels eines Kühlluftgebläses über die Oberfläche des Motors geführt. Luft als direktes Kühlmedium verhindert die Gefahr des Einfrierens des Motors und schließt die Gefahr eines möglichen Verlustes des Kühlmediums aus. Kühlwasserleitungen, Kühlwasserpumpe, Thermostate usw. entfallen und vereinfachen das Gesamtsystem. Dadurch verbessert sich auch die Wartungsfreundlichkeit. Allerdings sind auch keine aufwendigen Luftführungen über Kanalsysteme zur Erhöhung der

Kühlleistung möglich. Somit liegt die Leistungsgrenze für luftgekühlte Dieselmotoren bei 100 Kilowatt. Größere Leistungsbereiche sind zwar physikalisch auch möglich, jedoch geht dies zu Lasten der Effektivität und somit der Wirtschaftlichkeit.

5.3.4.4.2 Wasserumlaufkühlung mit angebautem Ventilatorkühler

Die Ableitung der Motorwärme erfolgt bei wassergekühlten Dieselmotoren mittels eines Wasser-Glykol-Gemisches, welches durch das spezifische motoreigene Kühlleitungssystem geführt wird. Eine Wasserpumpe lässt das Kühlmedium zirkulieren. In den meisten Fällen wird die Wasserpumpe direkt vom Dieselmotor mechanisch über Keilriemen angetrieben. Über einen Lamellenkühlkörper wird das erhitzte Medium wieder abgekühlt. Da ein Wärmeaustausch zwischen Kühlflüssigkeit und Kühlkörper erfolgt, spricht man auch vom Luft-Wasser-Wärmeaustauscher. Die Leistungsfähigkeit eines Lamellenkühlkörpers definiert sich aus der Kühlfläche und der Luftmenge, die durch die Lamellen geführt wird.

Bei Dieselmotoren mit angebautem Vorbaukühler wird der Ventilator direkt vom Motor angetrieben. Durch den vom Ventilator erzeugten Luftstrom werden auch die weiteren Verlustwärmen durch Strahlung von Motor und Abgassystem sowie die Generatorverluste mit abgeführt. Aus diesem Grunde ist darauf zu achten dass sich das komplette Notstromaggregat im Luftstrom des Ventilatorkühlers befindet, damit im Aggregateraum „keine heißen Zellen“ verbleiben, die zu Störungen an Anlagenteilen führen können. Die Vorbaukühler sind meist in den Lieferumfängen der Motorhersteller enthalten. Eine separate Auslegung des Kühlers kann dadurch entfallen bzw. erfolgt durch den Hersteller der Netzersatzanlage.

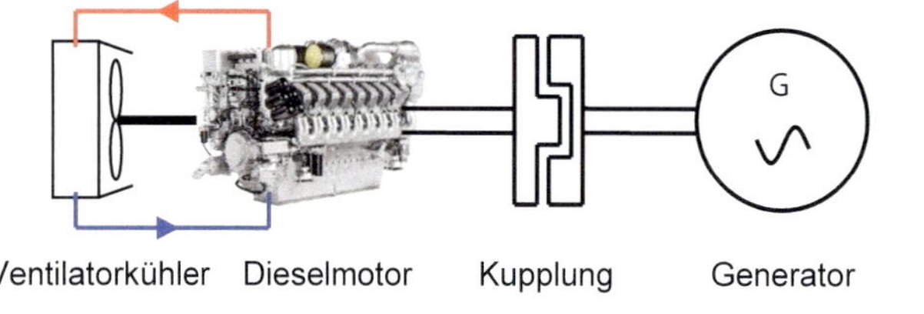

Bild 5.228: Wasserkühlung mit direkt angetriebenem Ventilatorkühler

5.3.4.4.3 Kühlung mit angebautem Ventilatorkühler für Motor- und Ladeluftkreis

Heutige Dieselmotoren sind oft sowohl mit Turboaufladung als auch Ladeluftkühlung ausgestattet. Durch die Ladeluftkühlung wird eine nochmalige Leistungssteigerung erzielt. Motoren heutiger Bauart verfügen meist über zwei Kühlsysteme, den Motorkreis Hochtemperaturkreis (HT-Kreis) genannt – und den Ladeluftkreis – Niedertemperaturkreis (NT-Kreis oder LLK-Kreis) genannt. Je nach Konzeption kann der Ladeluftkreis eines Dieselmotors für Luft- oder Wasserkühlung ausgelegt sein. Der erforderliche Kühler besitzt zwei getrennte, hintereinander angeordnete Lamellenkühlkörper. Motoren, die mit Vorbauventilatorkühlern ausgeliefert werden, verfügen in der Regel über

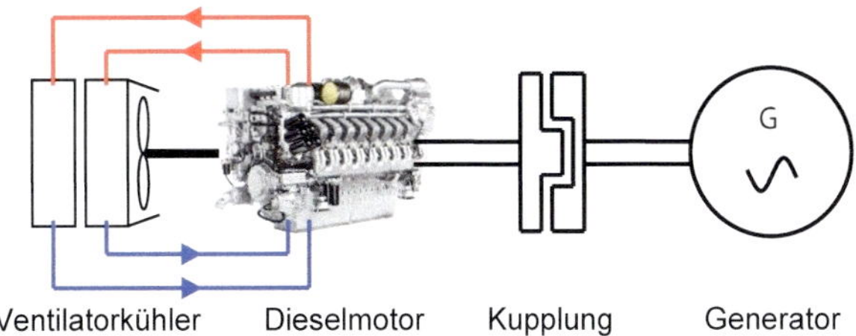

Bild 5.229: Wasserkühlung mit direkt angetriebenem Ventilatorkühler für Motor- und Ladeluftkreis

luftgekühlte Ventilatorkühler als Systemeinheit. Hierbei ist zu beachten, dass die für den Vorbauventilatorkühler benötigte mechanische Leistung bei der Leistungsangabe des Notstromaggregates berücksichtigt werden muss, da diese Leistung nicht mehr für die elektrische Leistung an den Generatorklemmen zur Verfügung steht.

5.3.4.4.4 Getrennte Aufstellung von Motor und Kühleinheit

Bauliche Gegebenheiten können dafür verantwortlich sein, dass Ventilatorkühler und Aggregateinheit getrennt voneinander aufgestellt werden müssen. Der Antrieb des Kühlventilators erfolgt hier elektrisch. Ist konstruktiv bei Dieselmotoren kein Ventilatorantrieb vorgesehen, muss auch hier der Ventilator elektrisch angetrieben werden. Auch diese elektrische Leistung steht für die Leistung des Notstromaggregats nicht mehr zur Verfügung und muss in der Leistungsbilanz berücksichtigt werden. Je nach Entfernung des Aufstellortes von Aggregat und Kühlereinheit müssen zusätzliche Bauteile wie Kühlmittelpumpe etc. vorgesehen werden. In solchen Fällen ist es sinnvoll, und in Abhängigkeit der Druckverhältnisse auch erforderlich, einen separaten unabhängigen Kühlkreis aufzubauen. Die Trennung von Motor und Kühler ist bei Maschinen mit luftgekühltem Ladeluftkreis nur unter großem Umbauaufwand, verbunden mit Leistungseinbußen möglich. Bei örtlicher Trennung von Aggregat und Kühler muss der Ladeluftkreis als flüssigkeitsgekühltes System ausgeführt werden.

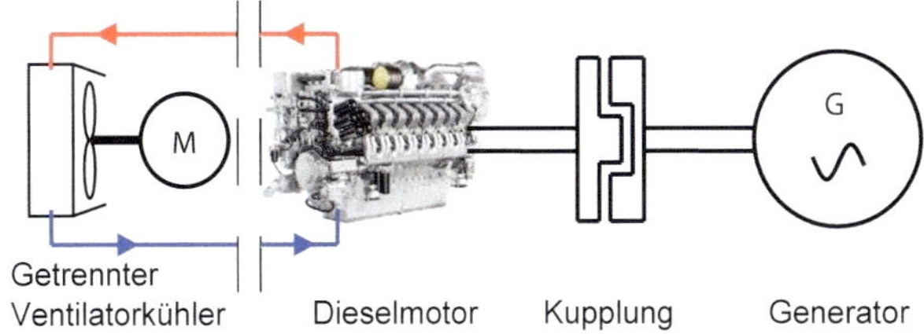

Bild 5.230: Wasserkühlung mit separat angetriebenem Ventilatorkühler mit Elektromotor

5.3.4.4.5 Wärmeaustauscherkühlung

Wenn die erforderliche Luftmenge zur Motorkühlung innerhalb des Aggregateraums nicht zur Verfügung gestellt werden kann und der Kühler in großer Entfernung und Höhendifferenz beispielsweise auf dem Dach aufgestellt werden muss, kommen Wärmeaustauscher zum Einsatz. Die Wärmeaustauscher dienen dann im Wesentlichen der Druckentkopplung, da die im Dieselmotor eingebauten Dichtungen zwischen dem Wasserkreislauf und dem Verbrennungsraum nur für einen definierten statischen Druck ausgelegt sind. Die notwendigen Angaben sind in den technischen Daten des Motorherstellers zu finden. Direkt am Motor angebaut oder getrennt aufgestellte Wärmeaustauscher ermöglichen den Wärmeaustausch zwischen dem Kühlwasser des Motorkreislaufes, des Ladeluftkreislaufs und dem externen Kühlkreislauf. Als Kühlmittel im Sekundärkreislauf kommt meist auch Wasser-Glykol zum Einsatz. Das Glykol hat generell nicht nur die Aufgabe, das Kühlmedium nicht einfrieren zu lassen, sondern es hat auch korrosionshemmende Eigenschaften – die Rostbildung wird vermindert. Das Kühlwasser unterliegt Wartungsintervallen, da die Wirkung über die Jahre nachlässt. Dabei ist es elementar und in Abhängigkeit von dem verbauten Materialien sehr wichtig, nur vom Motorenhersteller freigegebenes Kühlmittel zu verwenden.

Wärmeaustauscher sind meist für eine Betriebstemperatur von über 0 °C vorgesehen. Stehen Kühler im Freien, ist mit negativen Temperaturen der Kühlflüssigkeit zu rechnen. Im Sekundärkreislauf eingebaute Hochmischkreise verhindern, dass negative Temperaturen des Kühlmediums den Wärmeaustauscher schädigen.

Da bei dieser Art der Kühlung kein Lufttransport durch den Aggregatraum erfolgt, muss eine entsprechende Raumbelüftung vorgesehen werden.

Bei Blockheizkraftwerken, die im Dauerbetrieb laufen, nutzt man die anfallende Abwärme über eine entsprechende Wärmerückgewinnung. Eine Wärmerückgewinnung bei reinen Notstromanlagen ist jedoch wegen der wenigen Betriebsstunden wenig sinnvoll bis komplett unsinnig.

Um Netzersatzanlagen im Betriebsfall schnell nutzen zu können, haben hochverfügbare Anlagen eine Kühlmittelvorheizung. Diese wärmt das Kühlmittel permanent je nach

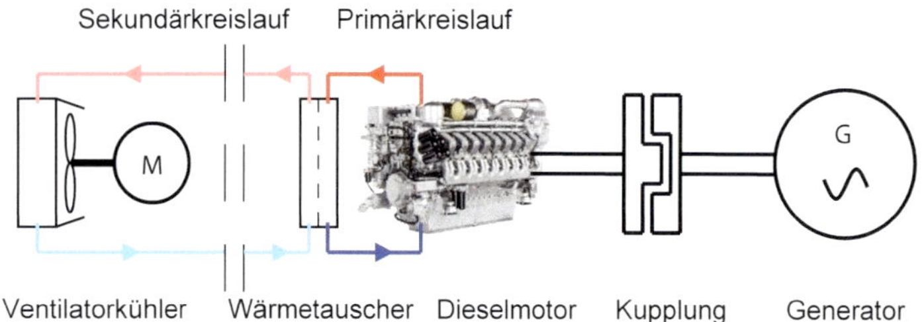

Bild 5.231: Wasserkühlung mit Wärmeaustauscher für Primär- und Sekundärkreislauf

Vorgabe des Motorherstellers auf 40-50 °C vor. Dabei wird das Kühlmittel im Motor mittels einer elektrischen Sonde auf Temperatur gehalten. Die elektrische Sonde ist dabei nichts anderes als ein temperaturgeregelter Tauchsieder, den man in ungeregelter Form aus dem Haushalt kennt. Zusätzlich sollte eine separate Pumpe das Kühlwasser umwälzen, damit die Wärme nicht nur lokal im Motor auftritt sondern, im gesamten Kühlkreislauf des Motors.

Eine energetische Alternative ist die Vorheizung des Kühlmittels mit der Abwärme der Klimatisierung des Rechenzentrums. Im Motorkühlkreislauf ist dann ein zusätzlicher Kreislauf eingebaut, welcher mit dem Rücklauf der Klimatisierung das Kühlmittel des Motors auf Temperatur hält. Ob dies jedoch wirtschaftlich sinnvoll ist, muss vorab geprüft werden.

5.3.4.4.6 Raumbelüftung

Grundsätzlich unterscheidet man bei einem Notstromaggregat drei Arten an Wärmeverlusten:

- Über das Kühlwasser / die Kühlanlage abzuführende Wärme
- Über die Abgasanlage abzuführende Wärme
- Verlustwärme aus Strahlung

Daher muss unabhängig von der integrierten Aufstellung der Kühlanlage oder der externen Kühlung die Abwärme des Stromerzeugungsaggregats ins Freie geleitet werden. Bei der gemeinsamen Aufstellung von Stromerzeugungsaggregat und Kühlanlage kann der Ventilator der Kühlanlage mit zur Wärmeabfuhr verwendet werden. Ob das ausreichend ist, muss berechnet werden. Raumbegrenzungselemente wie Wetterschutzgitter, Jalousien, Luftkanäle und Schalldämmkulissen erzeugen einen Gegendruck, den der Ventilatorkühler überwinden muss. Ergänzend müssen Zu- und Abluftführung im Gleichgewicht gehalten werden, da andernfalls hohe Unter- oder Überdrücke im Aggregateraum entstehen können. Diese können es unmöglich machen, während des Betriebs Türen in oder aus dem Aggregateraum zu öffnen. Je nach den räumlichen Gegebenheiten kann es daher erforderlich sein, zusätzliche Ventilatoren in den Zu- oder Abluftstrecken einzubauen, die für den notwendigen Druckausgleich eingestellt werden können.

Befindet sich der Ventilatorkühler wie oben beschrieben außerhalb des Aggregateraums, müssen grundsätzlich zusätzliche Ventilatoren für die Raumbelüftung eingesetzt werden. Weiterhin muss neben der Abfuhr der Verlustwärme durch Strahlung auch noch die notwendige Luftmenge für die Verbrennungsluft bei der Zuluftführung mit berücksichtigt werden.

Ein weiterer wesentlicher Parameter ist der geforderte Schalldämmwert außerhalb des Notstromaggregateraums bzw. an der Grundstückgrenze. Befinden sich Rechenzentren in der Nähe von Wohngebieten, ist es eigentlich unvermeidbar, ein Schallschutzgutachten erstellen zu lassen. Hier muss die TA-Lärm (Technische Anleitung zum

Schutz gegen Lärm) herangezogen werden, die die unterschiedlichen Gebiete (Industriegebiet, Mischgebiet, Wohngebiet, Kur- oder Krankenhausgebiet) berücksichtigt und dabei auch die Betriebszeiten (Tag oder Nacht) mit einbezieht.

Reine Notstromaggregate haben im Durchschnitt nur eine jährliche Betriebszeit von 12-13 Stunden für den monatlichen Probebetrieb bzw. bei zusätzlichen kleineren Stromausfällen. Beim Probebetrieb wird unterstellt, diesen tagsüber durchzuführen. Damit lassen sich erste überschlägige Angaben für den erforderlichen Schallschutz herleiten.

Grundsätzlich gilt: Je niedriger der einzuhaltende Schallpegel erwartet wird, je größer fallen die Schalldämmkulissen aus und damit auch die Anforderungen an die Aggregateraumgeometrie.

5.3.4.5 Kraftstoffversorgung

Um den Betrieb von Netzersatzanlagen sicherzustellen, müssen entsprechende Kraftstoffmengen vorgehalten werden. Sicher heißt im Rechenzentrum, dass die Kraftstoffmenge so lange ausreichen muss, bis eine Nachtankung erfolgen kann. Werden dabei Wochenende und Feiertage mitberücksichtigt, sind Zeiten von 72 Stunden und mehr schnell beisammen. Um die Tankgrößen zu dimensionieren ist der Kraftstoffverbrauch der Netzersatzanlage maßgebend. Überschlägig verbraucht eine Netzersatzanlage maximal ca. 0,20 Liter bis 0,25 Liter Kraftstoff pro Kilowattstunde (kWh). Hochwertige Netzersatzanlagen liegen beim Kraftstoffverbrauch auch darunter. Üblicherweise wird bei großen Anlagen ein Vorratstank und an jeder Netzersatzanlage nochmals ein kleinerer Tagestank, auch Zwischentank oder Vorlagebehälter genannt, verwendet. Diese Zwischentanks werden über eine Minimal-/Maximalschaltung aus dem Vorratstank automatisch mit Kraftstoff versorgt.

Generell müssen nach der neuen Verordnung über Anlagen zum Umgang mit wassergefährdenden Stoffen (AwSV), die zum 1. August 2017 in Kraft getreten ist, bundeseinheitlich alle unterirdischen Anlagen, sowie alle oberirdischen Anlagen über 1.000 Liter Nenninhalt durch einen Sachverständigen abgenommen werden.

Ab einer Gesamtmenge von 5.000 Liter sind baurechtlich separate Tankräume vorzusehen. Die Vorschriften zur Lagerung von brennbaren Flüssigkeiten sind unbedingt zu beachten.

Die Tagestanks mit einem Volumen von bis zu 2.000 Litern sollten oberhalb der Motoreinspritzpumpe montiert sein, so dass im Fehlerfalle über die Schwerkraft die Einspritzpumpe noch mit Kraftstoff versorgt wird. Man hört in diesem Zusammenhang auch schon mal den Begriff „Fallkraftstoff“. Die Vorschrift für Netzersatzanlagen, z.B. in Krankenhäusern, fordern explizit, den Tagestank mindestens 0,5 Meter über dem Motoreinspritzsystem anzuordnen, damit über den statischen Vordruck eine Kraftstoffversorgung des Dieselmotors sichergestellt ist. Dies ist jedoch nur möglich wenn einwandige Tanks mit unten liegendem Entnahmestutzen für die Vorlaufleitung zum

Bild 5.232: Vorratstank mit angebauter Handpumpe und Tagestank

Dieselmotor eingesetzt werden. In diesem Fall sollten die Tagestanks zur Erhöhung der Sicherheit mit einer ausreichenden Wanne und Leckagemeldern ausgerüstet sein. Doppelwandig Behälter sind zwar noch sicherer, dürfen jedoch nicht mehr über eine unten liegende Entnahmestelle verfügen und schränken somit die Sicherheit der Verfügbarkeit ein.

Verfügt das Rechenzentrum nur über eine Netzersatzanlage, d.h. über keine Redundanz, kann bei vom Tagestank getrennt aufgestelltem Vorratstank die Verfügbarkeit erhöht werden, wenn die Kraftstoffleitung zwischen Vorratstank und Tagestank an der Netzersatzanlage auf zwei unterschiedlichen Wegen und unterschiedlichen Brandabschnitten verlegt wird. Grundsätzlich gilt hierbei: In nicht einsehbaren Bereichen sind Kraftstoffleitungen doppelwandig mit Leckageüberwachung auszuführen. Das doppelwandige Flexwellrohr wird in einem Stück verlegt und wird gegen Leckage mittels Vakuum oder Stickstoff zwischen den Wandungen überwacht. In jedem Strang erhöhen zwei parallele Pumpen die Betriebssicherheit.

Es gibt immer wieder Diskussionen, ob man die Kraftstoffleitung zwischen Vorrats- und Tagestank leer laufen lassen muss, wenn nicht betankt wird. Das Leerlaufenlassen hat den Vorteil, dass dann kein brennbarer Kraftstoff entlang des Installationsweges der Kraftstoffleitung vorhanden ist. Dies kann eine mögliche Forderung der Brandschutzsachverständigen oder Behörden, insbesondere in Steigeschächten oder entlang von Fluchtwegen, sein.

Belässt man den Kraftstoff in der Kraftstoffleitung, kann sich kein Kondensat bilden, das ggfs. gefrieren und im ungünstigsten Fall an der Kraftstoffdüse zu einer Verstopfung führen kann. Allerdings muss dann die Kraftstoffleitung in deren Verlauf im Freien mit einer Rohrbegleitheizung ausgestattet werden und ggfs. im Gebäude brandgeschottet werden. Zudem geht das Leerlaufenlassen der Kraftstoffleitung mit einem höheren Installationsaufwand einher und ist teilweise technisch nicht möglich, wenn z.B. die Pumpenstation sich höhenmäßig unterhalb des Vorratstankniveaus befindet.

Was letztlich vor Ort umgesetzt wird, ist den persönlichen Befindlichkeiten der Entscheider und den örtlichen Gegebenheiten geschuldet.

Zwischen Tagestank und Motor sind Kraftstofffilter mit Wasserabscheider einzubauen. Zur Erhöhung der Betriebssicherheit empfiehlt es sich, die Filter ebenfalls doppelt auszuführen. Teilweise werden vor den Filtern auch noch Vorfilter eingesetzt.

Der Kraftstoff selbst scheint eine recht einfache Sache zu sein. Da Netzersatzanlagen nur im Notfall oder bei den – hoffentlich – monatlichen Tests in Betrieb sind, erlaubt der Gesetzgeber den Einsatz von steuerbegünstigtem Heizöl.

Doch schaut man sich die Betriebsanleitungen der Motorhersteller genauer an, dann wird neben einer ganzen Reihe von unterschiedlichen Grenzwerten einzelner Parameter, oft pauschal Dieselkraftstoff empfohlen. Doch es ist nicht nur die andere Farbe und der doppelte Preis gegenüber Heizöl, was den Einsatz von Diesel in Netzersatzanlagen gefährlich machen kann.

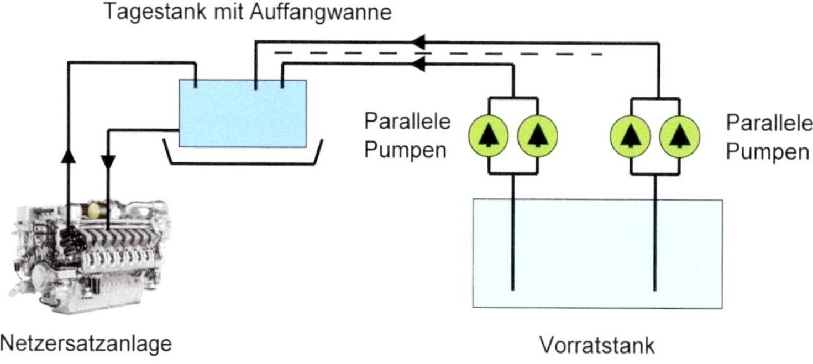

Bild 5.233: Prinzipieller Aufbau einer Kraftstoffversorgung

Sicher bedeutet im Rechenzentrum natürlich auch, dass der über Jahre gelagerte Kraftstoff die technischen Voraussetzungen erfüllt, wenn er benötigt wird. Seit einigen Jahren wird dem Dieselkraftstoff bis zu sieben Prozent Biodiesel beigemischt. Da der Kraftstoff in Netzersatzanlagen oft über sehr viele Jahre im Tank verweilt, wird gerade dieser Biodieselanteil zum großen Problem. Bereits nach sechs Monaten ist die

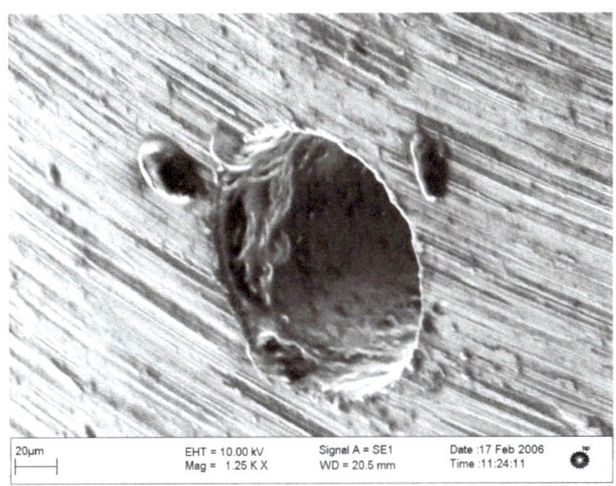

Bild 5.234: Bohrung (Einspritzloch) in 1.250-facher Vergrößerung
Quelle: Aral AG, Bochum

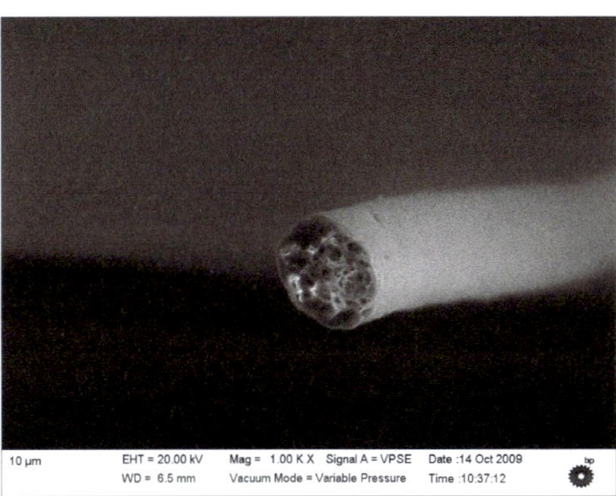

Bild 5.235: Zum Vergleich ein menschliches Haar
Quelle: Aral AG, Bochum

Bild 5.236: Bohrung in der Kuppe der Einspritzdüse ist mit dem bloßen Auge nicht erkennbar.
Quelle: Aral AG, Bochum

Oxidationsstabilität des Biodiesels aufgebraucht und es setzt eine radikalische Polymerisationsreaktion an den Doppelbindungen des Biodiesels ein. Beschleunigt wird diese Reaktion durch katalytische Metalle wie Kupfer, Zink usw., die in den Einspritzsystemen des Motors verbaut sind. Dabei werden auch kurzkettige Säuren gebildet, die zu Korrosion führen können. Der gebildete sogenannte Polymergum kann an den Pumpen und Einspritzventilen zu Verstopfungen führen und damit die Funktion außer Kraft setzen. Er ist sehr weich und lässt sich selbst mit Filtern nur teilweise separieren.

Bild 5.237: Saubere Nadel bei Einsatz von gutem Kraftstoff
Quelle: Aral AG, Bochum

Bild 5.238: Verkokte, durchsatzmindernde Nadel bei Einsatz von minderwertigem Kraftstoff
Quelle: Aral AG, Bochum

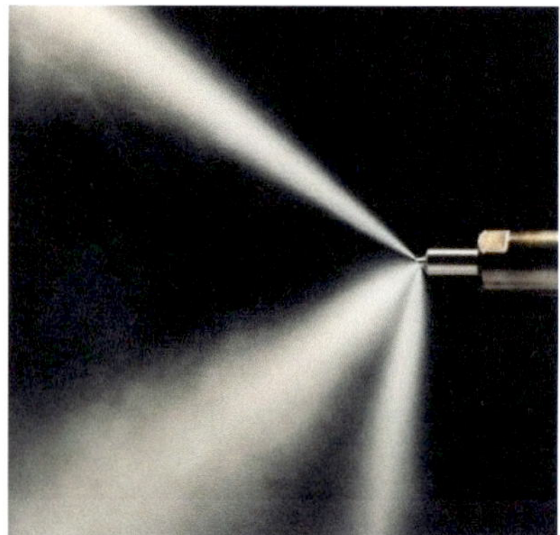

Bild 5.239: Sprühbild einer sauberen Düse
Fein zerstäubter Kraftstoff, hohe Leistung, saubere Verbrennung, maximale Energieumsetzung
Quelle: Aral AG, Bochum

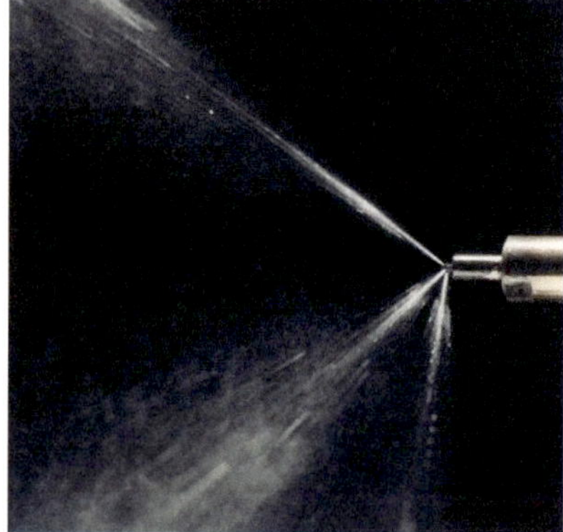

Bild 5.240: Sprühbild einer verkokten Düse
Große, weit fliegende Tropfen führen zu Minderleistung und hohen Partikelemissionen
Quelle: Aral AG, Bochum

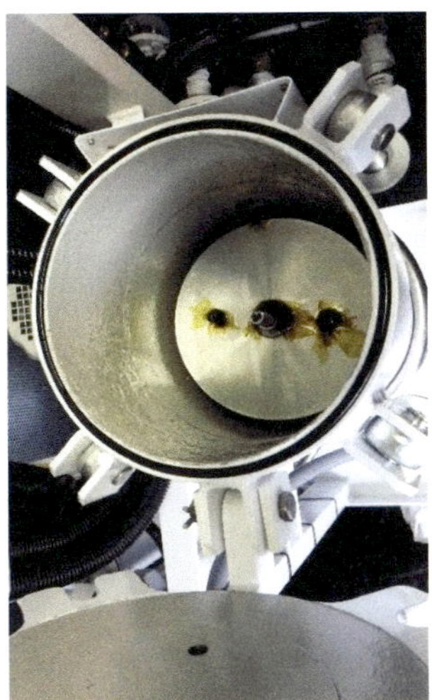

Bild 5.241: In einer Filteranlage ausgefiltertes Polymergum
Quelle: H&N Energien GmbH

In der Vergangenheit angebotene Filteranlagen, die den Kraftstoff ständig oder auch in regelmäßigen Zeitabständen umwälzen und reinigen, können nur Teile über 1 µm ausfiltrieren. Modernste Kraftstoffreinigungsanlagen erreichen mittlerweile jedoch auch Feinfilterungen bis 0,5 µm, um die Gefahr des Polymergums noch weiter reduzieren zu können. Mit dem zusätzlichen Einsatz von Partikel Monitoring Systemen und/oder Biozid Dosiersystemen, kann das Reinigungssystem den individuellen Anforderungen und Aufstellbedingungen angepasst werden.

Aber auch wenn der Polymergum nicht zu 100 Prozent gefiltert wird, wird über das verbaute Überwachungssystem der Filteranlage die Verschmutzung des Filters angezeigt und der Betreiber kann reagieren, bevor der Dieselmotor aufgrund einer Verstopfung der Einspritzsysteme ausfällt.

Es wird dringend empfohlen, nach zwei bis drei Jahren den Kraftstoff in speziellen Laboren auf die thermische Stabilität (maximal 140 mg/kg) und die Oxidationsstabilität nach DIN EN 12205 (maximal 25 mg/kg) hin zu untersuchen und die Prüfung dann jährlich zu wiederholen. Sollten hier Auffälligkeiten auftreten, ist aus Gründen der Betriebssicherheit der Kraftstoff zu entsorgen, die Tankkammer zu reinigen und neuer Kraftstoff einzufüllen.

Neben „normalem Heizöl" wird auch schwefelarmes Heizöl auf dem Markt angeboten. Das handelsübliche Heizöl darf nach der DIN 51603-1 einen Schwefelgehalt von 0 ppm bis 1.000 ppm haben. Ein Gehalt von 1.000 ppm bildet in Verbindung mit dem Kondensat schwefelige Säuren, die in der gesamten Abgasanlage zu Korrosion führen kann. Schwefelarmes Heizöl enthält maximal 50 ppm und das Kondensat ist damit so neutral, dass es auch in die Kanalisation ohne vorherige Neutralisation eingeleitet werden darf. In Österreich ist nur 10 ppm Schwefelgehalt in schwefelarmen Heizöl. Diesel hat übrigens auch nur 10 ppm Schwefelgehalt.

Um nun den richtigen Kraftstoff zu verwenden, empfiehlt es sich, mit Hilfe der Datenblätter der Motorhersteller und den darin enthaltenen Kraftstoffempfehlungen an einen Kraftstoffhändler Ihres Vertrauens heranzutreten und sich den Spezifikationen am nächsten liegenden Kraftstoff empfehlen zu lassen. Die dann noch auftretenden Abweichungen sind in der Regel unkritisch, jedoch auf jeden Fall mit dem Motorhersteller bzw. dem Lieferanten der Netzersatzanlage abzuklären.

Die Cetanzahl, der Siedeverlauf, die Schmierfähigkeit und die Viskosität sind kritische Faktoren, auf welche bei der Kraftstoffwahl besonders geachtet werden sollte. Insbesondere die Cetanzahl (Maß für die Zündwilligkeit) ist für Heizöl überhaupt nicht spezifiziert. Sie liegt meist zwischen 40 und 45 und somit deutlich niedriger als der Wert von Dieselkraftstoff mit mindestens 51. Allerdings ist bis heute nicht bekannt, dass es bei diesen etwas geringeren Cetanzahlen Probleme hinsichtlich der Verfügbarkeit gibt.

In der Regel wird aus Kostengründen wohl ein schwefelarmes Heizöl mit Zumischung von Additiven empfohlen, denn der Handel hat auf die vorgenannten Probleme reagiert. Die typischen Heizöl-Additive sollten von seriösen Kraftstoffhändlern im Werk beigemischt werden, denn nur so ist eine gleichmäßige Durchmischung sichergestellt. Ergänzend kann mit speziellen Additivdosiersystemen beim Betanken das Additiv dem Kraftstoff zugemischt werden. Die Additivpumpen sind dabei auf entsprechende Dosierraten eingestellt und gewährleisten so die richtige Mischung.

Die oben genannten kritischen Faktoren von Kraftstoffen sind für die nachfolgend erläuterten Eigenschaften und Auswirkungen auf den Verbrennungsvorgang bzw. den Motor verantwortlich:

Cetanzahl:
Der Grenzwert nach DIN EN 590 liegt bei mindestens 51,0. Sie beschreibt die Selbstzündungsneigungen eines Kraftstoffs. Sie gibt an, wie hoch die Willigkeit eines Kraftstoffs ist, nach der Einspritzung in den Kompressions- oder Brennraum den Verbrennungsbeginn auszulösen. Eine höhere Cetanzahl (CZ) bedeutet einen geringeren Zündverzug und einen früheren Verbrennungsbeginn.

Der Zündverzug (also das Zeitintervall zwischen Einspritzende und dem Beginn der Verbrennung) sollte gering sein (höhere Cetanzahl), um eine besseren Einfluss auf den Verbrennungsverlauf nehmen zu können. Als Nebeneffekt stellt sich bei erhöhter Cetanzahl auch ein Anstieg des Drehmoments ein. Der Optimalpunkt lag im Jahr 2000 mit der damaligen PKW-Motorentechnologie bei etwa 60 bis 62, heute hat sich der Optimalwert durch die mit Common-Rail-Systemen mögliche Verbrennungsformung auf etwa 58 bis 59 reduziert.

Tabelle 5.11: Mindestanforderungen am Dieselkraftstoff nach EN 590 und deren Auswirkung auf den Motor

Kennwert	Einheit	Anforderung	Prüfmethode	Auswirkung auf den Motor
Cetanzahl	–	min. 51	DIN EN ISO 5165	Verbrennung, Startverhalten, Abgas- und Geräusch-Emissionen
Cetanindex	–	min. 46	DIN EN ISO 4264	dto; (Rechenwert aus Dichte und Destillation)
Dichte bei 15°C	kg/m³	820 bis 845	DIN EN ISO 3675 od. 12185	Abgasemissionen, Verbrauch, Leistung
E250°C	Vol-%	max. 65	DIN EN ISO 3405	Verbrennung, Abgasemissionen, Rückstandsbildung
E350°C	Vol-%	min. 85	DIN EN ISO 3405	Verbrennung, Abgasemissionen, Rückstandsbildung
90%-Temperatur	°C	max. 360	DIN EN ISO 3405	Verbrennung, Abgasemissionen, Rückstandsbildung
Schwefelgehalt	mg/kg	max. 10	DIN EN ISO 20846 od. 20884	Korrosion, Vergiftung Abgas-Nachbehandlungssysteme, Partikel
Flammpunkt	°C	über 55	DIN EN ISO 22719	Sicherheit
Koksrückstand (v.10% des Dest.-Rückst.)	Gew-%	max. 0,3	DIN EN ISO 10370	Rückstände im Brennraum und an Einspritzdüsen
Aschegehalt	Gew-%	max. 0,01	DIN EN ISO 6245	Verbrennung, Abgasemissionen, Rückstandsbildung
Gesamtverschmutzung	mg/kg	max. 24	DIN EN ISO 12662	Rückstandbildung, Verschleiß
Oxidationsstabilität	h	> 20	DIN EN 15751	Rückstandbildung, Lagerstabilität
Oxidationsstabilität	g/m³	max. 25	DIN EN ISO 12205	Rückstandbildung, Lagerstabilität
Viskosität (bei 40°C)	mm²/s	2,00 bis 4,50	DIN EN ISO 3104	Tröpfchengröße, Schmierfilmausbildung
Schmierfähigkeit	µm	max. 460	DIN EN ISO 12156-1	Verschleiß
PAK	Gew-%	max. 8,0	DIN EN ISO 12916	Emissionen, Partikel, Ölverdünnung
CFPP Sommer	°C	max. 0	DIN EN 116	Filtrierbarkeit bei niedrigen Temperaturen
CFPP Übergang	°C	max. -10	DIN EN 116	Filtrierbarkeit bei niedrigen Temperaturen, Kalt-Betriebsfähigkeit
CFPP Winter	°C	max. -20	DIN EN 116	Filtrierbarkeit bei niedrigen Temperaturen, Kalt-Betriebsfähigkeit
Wassergehalt	mg/kg	max. 200	DIN EN ISO 12937	Korrosion, Betriebsstörungen (besonders in der Kälte), Mikroben
FAME-Gehalt	Vol-%	max. 7,0	DIN EN 14078	Schmierfähigkeit, Ölverdünnung, Stabilität, Bakterienbefall

Studien zeigen, dass ein Zusammenhang zwischen Zündverzug und Kohlenwasserstoff-Emissionen besteht. Je niedriger der Zündverzug ist, desto niedriger fallen die Rohabgas-HC-Emissionen aus.

Dieselkraftstoffe in den USA weisen Cetanzahlen von 43 bis 50 auf (je nach Region und Jahreszeit). Ein typisches Heizöl EL in Deutschland hat eine Cetanzahl zwischen 40 und 50.

Achtung: Spuren von Ottokraftstoff in Diesel reduzieren die Cetanzahl sehr effektiv, ebenso wie den Flammpunkt. Mit jedem Prozent-Anteil Ottokraftstoff wird die Cetanzahl um 1 kleiner (im unteren Bereich).

Destillation (Siedeverlauf oder Siedekurve):
Die Grenzwerte sind in den nationalen Klassen festgelegt. Dieselkraftstoffe bestehen aus bis zu etwa 400 unterschiedlichen Komponenten, wobei jede chemische Verbindung ihre eigene Flüchtigkeit und einen individuellen Siedepunkt hat.

Aufgrund seiner Eigenschaft als komplexes Stoffgemisch, wird das Siedeverhalten von Dieselkraftstoff nicht über einen Siedepunkt, sondern über eine Siedekurve bestimmt und die Kraftstoffnorm DIN EN 590 verlangt das Einhalten bestimmter verdampfter Mindestmengen bei vorgegeben Temperaturwerten (250 °C, 350 °C). Die Methode unterscheidet sich daher etwas von der bei Ottokraftstoffen angewendeten, ist aber für Mitteldestillate (Diesel, Gasöl, Heizöl, Petroleum, Kerosin, Jet A1) besser geeignet und auch aus steuerrechtlichen Gründen in den meisten EU-Ländern vorgeschrieben.

Das Siedeende ist der Endpunkt der Siedekurve. Er ist ein Indikator dafür, ob die Probe nennenswerte Mengen höher siedender Bestandteile einhält (wie schwere Aromaten, sehr lange Alkane oder FAME). Der Grenzwert nach DIN EN 590 ist bei 360 °C gesetzt.

Falls die Spezifikationsparameter nicht eingehalten werden, könnte der Kraftstoff in der Anwendung zu Problemen führen. Wenn das Produkt zu leicht ist (mehr als 65 Prozent an Kraftstoff verdampft bei 250 °C), ist das ein Hinweis auf einen erhöhten Kerosin-Anteil, der zu Leistungsverlust und erhöhtem Verschleiß führen kann. Ist das Produkt dagegen zu schwer (weniger als 85 Prozent an Kraftstoff verdampft bei 350 °C oder das Siedeende ist zu hoch), kann mit hoher Wahrscheinlichkeit von einer erhöhten Partikelbildung (Russ, Rauch, Abgastrübung), einem erhöhten Eintrag ins Motoröl und der Neigung zur Bildung von Ablagerungen ausgegangen werden.

Schmierfähigkeit:
In DIN EN 590 wird als maximal zulässiger Grenzwert für die Schmierfähigkeit von Dieselkraftstoff 460 µm bei 60 °C, gemessen mit dem HFRR-Test, festgelegt. In Dieselmotoren ist der Dieselkraftstoff selbst das Schmiermittel für metallische Bauteile in Hochdruckpumpen und Injektoren. Die inzwischen veralteten Reiheneinspritzpumpen waren häufig ölgeschmiert, aber moderne Einspritzanlagen (Verteilerpumpen, Pumpe-Düse; Common Rail) schmieren nur mit dem Kraftstoff selbst.

Dieselkraftstoff mit einem Schwefelgehalt von über 50 ppm war für eine gute Schmierfähigkeit bekannt, aber die Schmierfähigkeit ist nicht in erster Linie auf Schwefel zurückzuführen. Spätestens mit der gesetzlichen Verpflichtung, den Schwefel aus Umweltschutzgründen aus den Kraftstoffen zu entfernen, nutzen alle Raffinerien sogenannte Hydrotreater in der Herstellungskette. Unter hohem Druck und hohen Temperaturen wird in Anwesenheit eines Katalysators unter einem Wasserstoff-Überangebot im Hydrotreater der Schwefel in Form von Schwegelwasserstoff ausgeschleust. Bei diesem Vorgang werden aber auch langkettige Kohlenwasserstoff-Verbindungen abgebaut, die eine gute Schmierfähigkeit bewirken. Mit Additiven kann man die Schmierfähigkeit wieder herstellen oder durch Zugabe von Fettsäuremethylester (FAME), der sehr gute Schmiereigenschaften mitbringt.

Die Testmethode für die Schmierfähigkeit nach ISO 12156-1 ist der HFRR-Test (High Frequency Reciprocating Rig), bei dem eine kleine Stahlkugel mit einer Frequenz von 50 Hz etwa eine Stunde lang auf einer gehärteten Stahlplatte hin- und hergerieben wird, während beides in die auf 60 °C temperierte Probe eingetaucht ist. Die Kugel wird zusätzlich mit einem Gewicht belastet, um die Reibung zu erhöhen. Nach dem Test wird die Kugel unter einem Mikroskop vermessen, denn es bildet sich eine Abplattung in Form einer Kalotte aus, deren Durchmesser in beiden Achsen bestimmt wird. Der Mittelwert darf nicht mehr als 460 µm betragen.

Typische Werte:

- B0 Dieselkraftstoff ohne Lubricity-Additiv: 550 µm
- B0 Dieselkraftstoff mit Lubricity-Additiv: 350 µm
- B7 Dieselkraftstoff ohne Lubricity-Additiv: 200 µm

  (alle Dieselsorten tiefentschwefelt mit max. 10 ppm S)

- Jet-A1 (Kerosin) ohne Lubricity-Additiv: 680 µm
- Ottokraftstoff Super ROZ 95 E10: 720 µm
- Ottokraftstoff SuperPlus 98 ROZ: 720 µm

  (für Ottokraftstoff kommt ein modifiziertes Verfahren zum Einsatz)

Viskosität:
Die Grenzwerte liegen bei mindestens 2,00 und maximal 4,50 mm²/s. Die Viskosität ist eine Maßzahl für den Widerstand, den ein Fluid einer Scherbelastung oder Dehnbelastung entgegensetzt. Im Alltag (und nur für sogenannte Newton'sche Flüssigkeiten) kennzeichnet die Viskosität die “Dickflüssigkeit”. Wasser ist “dünnflüssig” (niedrige Viskosität), Honig ist “dickflüssig” (hohe Viskosität).

Teilchen zäher Flüssigkeiten sind stärker aneinander gebunden und somit weniger beweglich. Es wird daher auch von der inneren Reibung gesprochen. Sie resultiert u.a. aus den Anziehungskräften zwischen den Teilchen des Fluids (Kohäsionskräfte).

Bei Dieselkraftstoffen ist die (kinematische) Viskosität auf einen erlaubten Bereich zwischen 2,00 und 4,50 mm^2/s eingegrenzt. Eine niedrigere Viskosität könnte problematisch für die Ausbildung von Schmierfilmen sein. Höhere Werte treiben die Leistungsaufnahme der HD-Kraftstoffpumpe und der Injektoren nach oben. Aber auch das Spritzbild kann sich ändern, da mit der Viskosität auch die Tröpfchengrösse ansteigt und in Folge die Abgastrübung durch unvollständige Verbrennung. Alles zusammen wird dadurch die Energieumsetzung im Motor verschlechtert, der Wirkungsgrad und die abgegebene Leistung gemindert und der Kraftstoffverbrauch erhöht.

Über Lieferverträge muss sich der Rechenzentrumsbetreiber für den Ausfall der öffentlichen Stromversorgung über mehrere Tage die Nachlieferung von Kraftstoff sichern. Doch Papier ist nun mal geduldig und in Notfallsituationen kann es schwierig werden, überhaupt Kraftstoff geliefert zu bekommen. In der Regel werden Krankenhäuser etc. in solchen nationalen Notsituationen bevorzugt beliefert. Und wenn man dann doch mal an der Reihe ist, ist es wohl utopisch, den speziellen Kraftstoff wie oben beschrieben zu erhalten. Gerade in Notfallsituationen muss dann auch normaler Dieselkraftstoff verwendet werden, mit dem Risiko einer Verschmutzung der Tankanlage. Nach der Rückkehr zur Normalversorgung ohne Netzersatzanlage, muss der verbliebene Kraftstoff entsprechend analysiert, eventuell aufbereitet oder durch Zumischung in die oben beschriebenen Grenzwerte gebracht werden.

Zusätzliche Sicherheit können hier die auf dem Markt erhältlichen Filtersysteme bringen, die schon mit der Anlieferung des Kraftstoffs den Reinigungsprozess beginnen und vermeiden, dass mangelhafter Kraftstoff bis zu den motoreigenen Filtersystemen gelangt.

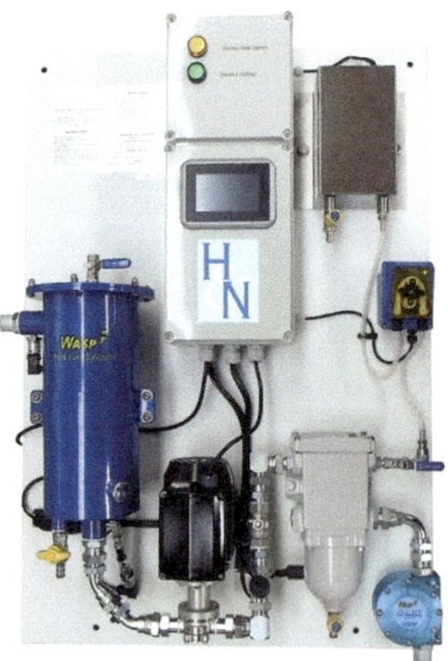

Bild 5.242: Filteranlage mit verunreinigten Filtern durch schon bei Anlieferung mangelhaften Kraftstoff. Die Schwachstelle Nr. 1 ist der Transportweg des Kraftstoffes.
Quelle: H&N Energien GmbH

5.3.4.6 Abgasanlage

Ideale Abgasanlagen sind sehr kurz und haben wenige Richtungsänderungen in Form von Bögen. Die Ausführung der Abgasanlage unterliegt einem strengen Reglement und ist unbedingt vorher mit den Behörden abzustimmen. Insbesondere die Schornsteinverordnungen der Bundesländer in Verbindung mit der TA-Luft schreiben vor, dass Abgasanlagen bis über Dach des jeweils höchsten Gebäudes zu führen sind. Werden Abgasanlagen durch Gebäude geführt, sind zusätzliche Vorschriften und Richtlinien zu beachten. Die Dimensionierung der Abgasanlage ergibt sich aus der Gesamtlänge, der maximal möglichen Abgasmenge der Netzersatzanlage und des maximal zulässigen Abgasgegendrucks. Je länger der Verlauf und je mehr Richtungsänderungen notwendig sind, desto größer wird der Rohrquerschnitt. Umfangreiche Abgasanlagen über einer Gesamtlänge von wenigen Metern fordern immer eine Berechnung. Überschlägig geht man bei kurzen Längen davon aus, dass die nächstgrößere Nennweite gegenüber dem Anschlussmaß des Dieselmotors ausreichend ist.

Abgasrohrleitungen von Notstromaggregaten unterliegen hohen Temperaturänderungen. Die maximalen Abgastemperaturen können bis zu 550 °C betragen. Je nach Länge der Abgasleitung treten hierbei Längenausdehnungen von mehreren Zentimetern auf und es sind bei der Verlegung ausreichend dimensionierte Gleitlager und Festpunkte vorzusehen. Kann sich die Rohrleitung nicht „frei" der Länge nach ausdehnen, müssen diese Längenänderungen mittels Kompensatoren aufgenommen werden, die

Bild 5.243: An der Fassade befestigtes Abgassystem

zwischen den erforderlichen Festpunkten angeordnet werden. Der Ausdehnungskoeffizient von Stahlrohr muss daher in oben genannter Berechnung entsprechend mit berücksichtigt werden.

Leider trifft man in der Praxis immer wieder auf Schäden an Mauerwerk oder Haltekonstruktionen, die sich erst nach Jahren zeigen, wenn die Notstromanlage einmal richtig belastet und/oder geprüft wurde.

Zudem sind aus brandschutz- und sicherheitstechnischen Gründen alle wärmeführenden Teile einer Abgasanlage entsprechend zu isolieren. Werden verschiedene Brandabschnitte durchlaufen, muss die Isolierung in F90 ausgeführt werden. Eine Schottung mit zugelassenen Brandschutzplatten ist hierbei die einfachste Art. Optional kann auch Steinwolleisolierung, versetzt zueinander angeordnet, eingesetzt werden. Hierfür wird jedoch eine Einzelabnahme durch einen zugelassenen Brandsachverständigen benötigt. Dieser sollte dann aber auch schon vor Ausführungsbeginn mit einbezogen werden.

Um die Abgasgeräusche zu reduzieren, werden Abgasschalldämpfer in der Abgasanlage eingesetzt. Der Schalldruckpegel am Abgasaustritt eines Dieselmotors beträgt ca. 117 dB(A), vergleichbar mit einem startenden Düsenjet. Da der Lärm immer direkt an der Quelle bekämpft werden sollte, werden auch die Abgasschalldämpfer unmittelbar nach dem Motoraustritt angeordnet. Hier kommen je nach Anforderung an die Schalldämmung Absorptions- und Reflexionsdämpfer zum Einsatz, die in Reihe geschaltet die notwendigen Schalldämmwerte erreichen. Einige Hersteller erreichen die gleichen Schalldämmwerte auch mit einem Abgasschalldämpfer, die dann sehr komplex aufgebaut sind und Längen von mehreren Metern erreichen. Welche Ausführung zum Einsatz kommt, hängt oft auch von den örtlichen Gegebenheiten ab.

Dieselmotoren moderner Bauart sind 4-Takt-Motoren, deren Verbrennungsgase als pulsierender Abgasstrom bezeichnet werden. Daher müssen auch an die Befestigungselemente der Abgasrohrleitungen höhere Anforderungen gestellt werden,

Bild 5.244: Abgassystem mit Abgasschalldämpfer

um keine Körperschallübertragungen zu ermöglichen. Feder- und Dämpfungselemente aus der Schwingungstechnik sind somit notwendige Bestandteile für die Fest- und Lospunktkonstruktionen der Abgasrohrleitung.

Neben der korrekten Ausführung des Abgassystems gibt es aber noch einen weiteren Punkt, der nicht erst seit „Dieselgate" in aller Munde ist: Die Abgasemissionen der Dieselmotoren. Dieselmotoren erzeugen Schadstoffe wie Stickstoffoxide (NO_X), Kohlenmonoxid (CO), chlorierte Kohlenwasserstoffe (HC), Staub/Ruß und sogar Formaldehyd. Die maximal zulässige Menge der Abgasemissionen bezogen auf den jeweiligen Schadstoff werden in der deutschen TA-Luft geregelt. Eine europäische Regelung gibt es bis zum heutigen Tage nicht! Hier wird nach Einsatzart und Leistung der Anlagen (zugeführter Brennstoffenergie) unterschieden, allerdings mit dem Hinweis, dass die Genehmigungsbehörden Anlagen, die den Ausstoss an Schadstoffen reduzieren, entsprechend dem anerkannten Stand der Technik fordern können (Best Available Technology (BAT)).

Zu den Genehmigungsbehörden gehören unter anderem die örtlichen Umweltämter, die die Rahmenbedingungen für den Einsatz von Notstromanlagen regional festlegen können. Und so fordert das Bundesland, bzw. die Stadt Berlin in Vertretung durch ihre Umweltbehörde die Einhaltung eines Grenzwerts für Staub/Ruß < 1,0 mg/m³ (i.N., also je Normkubikmeter), während der sonst in Deutschland übliche Grenzwert für Notstromanlagen nach der TA-Luft < 50 mg/m³ (i.N.) beträgt. Der Grenzwert von 1,0 mg/m³ (i.N.) kann nur unter Verwendung von zusätzlichen Rußfiltern erreicht werden. Im Zusammenhang mit Netzersatzanlagen / Notstromaggregaten mit Betriebszeiten von ca. 12 bis 15 h pro Jahr eine durchaus fragwürdige Forderung. Der TA-Luft Grenzwert von 50,0 mg/m³ (i.N.) wird dagegen von fast allen Motorenherstellern eingehalten, Altanlagen natürlich ausgenommen. Einen noch mit Mitteln des Motorenbaus erreichbaren Wert von z.B. < 20,0 mg/m³ (i.N.) fordert bisher nach unserem Kenntnisstand keine andere Umweltbehörde.

Wie gehen die Motorenhersteller mit den europäisch oder weltweit unterschiedlichen Forderungen zu Abgasemissionen um? Ganz einfach! Wie eingangs erwähnt, verfügen auch heutige Dieselmotoren von Notstromanlagen über ein softwaregesteuertes Motormanagement, mit dessen Hilfe es abgasoptimierte Motoren ebenso wie kraftstoffoptimierte Motoren gibt. Kraftstoffoptimierte Motoren erreichen die höchsten Wirkungsgrade, halten größtenteils die zuvor genannten Grenzwert für Staub/Ruß von 50,0 mg/m³ (i.N.) und für Formaldehyd von 60,0 mg/m³ (i.N.) ein, liegen bei den Stickstoffoxiden jedoch weit entfernt von irgendwelchen Grenzwerten. Somit dürfen sie trotzdem für Notstromanlagen verwendet werden und kommen im allgemeinen Sprachgebrauch auch als „abgasoptimiert nach TA-Luft für Notstromanlagen" zum Einsatz.

Wird jedoch tatsächlich ein abgasoptimierter Motor gefordert, ergeben sich in Abhängigkeit von dem jeweiligen Motorenhersteller teils erhebliche Mehrkosten und es hat sich ein Grenzwert für NO_X < 2.000 mg/m³ (i.N.) am Markt durchgesetzt auch

„½ TA-Luft" genannt, da ein früherer Grenzwert für Stickstoffoxide in der TA-Luft bei < 4.000 mg/m³ (i.N.) lag. Gleichzeitig ergibt sich ein Mehrverbrauch an Kraftstoff von 10 Prozent. Dafür aber gibt es in der TA-Luft keine Grenzwerte, sondern die Abgasemissionen beziehen sich sämtlich auf Normkubikmeter mit 5 Prozent Restsauerstoffgehalt. Und so gibt es weitere Stilblüten, bei denen Motorenhersteller mit NO_X-Werten < 1.500 mg/m³ (i.N.) werben oder plötzlich NO_X-Werte < 2.000 mg/m³ (i.N.) bei 7 Prozent Restsauerstoffgehalt einhalten. Beide Werte dienen eigentlich nur dazu, sich etwas vom Wettbewerb abzuheben. „Dieselgate" also nicht nur in der Automobilindustrie....

5.3.4.7 Motorstartvorrichtung

Um die Motoren von Netzersatzanlagen sicher zu starten, wird immer für kurze Zeit eine sehr große Kraft, das Startmoment, benötigt. Die Starterbatterie ist dabei die gängigste Form. Doch zu den Starterbatterien gibt es weitere Alternativen.

5.3.4.7.1 Starterbatterie

Die Batterie ist im normalen Zustand eine jederzeit zur Verfügung stehende Energiequelle. Dabei übernimmt die Batterie nicht nur die Funktion als Energielieferant für den elektrischen Starter, sondern sie wird auch als Steuerspannungsversorger genutzt. Bei großen Anlagen kann der Einsatz von getrennten Starter- und Steuerbatterien sinnvoll sein.

Die Starterbatterien sollten dabei als Großoberflächenbatterien ausgelegt sein. Der Einsatz von Autobatterien ist, sofern die Netzersatzanlagen auch sicherheitsrelevante Anlagen versorgen, nicht zulässig. Großoberflächenbatterien können für kurze Zeit einen hohen Strom abgeben.

Die Nennspannung einer Zelle beträgt nach der DIN zwei Volt. Durch die Reihenschaltung von sechs Zellen wird die Batteriespannung von 12 Volt erreicht. Netzersatzanlagen benötigen je nach Größe eine Starterspannung von 24 Volt. Dabei werden dann zwei 12 Volt-Batterien in Reihe geschaltet. Wird die Batterie entladen, sinkt die Säuredichte, die dabei als Maß für den Ladezustand verwendet werden kann.

Die Kapazität einer Batterie bezeichnet die unter bestimmten Bedingungen entnehmbare Strommenge in Amperestunden (Ah). Die Nennkapazität ist nach der EN 60095-1 festgelegt. Sie besagt, dass die Elektrizitätsmenge in Ah mit einem festgelegten Entladestrom in 20 Stunden bis zur Entladeschlussspannung von 10,5 Volt entnommen werden kann. Steigt der Entladestrom und fällt die Temperatur, so sinkt die entnehmbare Strommenge.

Die Batterien sollten so dimensioniert und ausgelegt sein, dass sie drei Starts der Netzersatzanlagen durchführen können. Doch auch hier gilt es, den Aufstellort so zu wählen, dass die optimale Temperatur von 20 °C gehalten wird. Recht schwierig ist dies in der Nähe der Motoren, deren Kühlwasser permanent geheizt wird. Ist die Strecke zwischen Starter und Batterie sehr weit, können die Starterkabel große Dimensionen annehmen.

5.3.4.7.2 Druckluftstarter

Anstatt der Starterbatterie dient Druckluft aus einem Speicher als Energieträger. Eine wesentliche Eigenschaft des Druckluftstarters ist das schnelle Starten, der je nach zu startendem Motor bei unter einer Sekunde liegt. Zudem sind Druckluftstarter bzw. die Druckluft selbst nicht so empfindlich gegen Temperaturschwankungen wie dies von Batterien bekannt ist.

Druckluftstarter in Verbindung mit einem Messingritzel können in explosionsgeschützten Bereichen eingesetzt werden. Allerdings wird dann statt Druckluft Stickstoff verwendet.

Aus Kostengründen werden heutzutage jedoch kaum noch Druckluftstarter für Notstromanlagen eingesetzt. Wenn überhaupt, dann nur noch zum Starten von sehr großen Netzersatzanlagen oder als redundantes Anlasssystem in Kombination mit Batterien bei Anlagen, an deren Verfügbarkeit der Betreiber höchste Anforderungen stellt.

5.3.4.7.3 Schwungmasse

Beim Schwungmassen-Startsystem wird die kinetische Energie der sich drehenden Schwungmasse genutzt, um die Starterspannung zu liefern. Schwungmassen-Startsysteme sind sehr zuverlässig, da die kinetische Energie im Normalzustand immer zur Verfügung steht. Die Umgebungsbedingungen spielen dabei eine untergeordnete Rolle, so dass die Startersysteme auch bei hohen Temperaturen zuverlässig funktionieren.

Die Schwungmassen-Startsysteme können dabei parallel zu Starterbatterien installiert oder als eigenständige Startsysteme eingesetzt werden.

Bild 5.245: Schwungmassen-Startsystem
Quelle: Active Power (Germany) GmbH

Um die Betriebssicherheit zu erhöhen, empfehlen die Hersteller, den Schwungradmotor über USV-Spannung zu speisen. Damit können auch mehrere Starts realisiert werden.

Kaltstartleistungen bis zu 1.725 Ampere sind möglich. Die Startzuverlässigkeit erhöht sich gegenüber dem Startsystem mit Batterie laut Herstellerangaben um den Faktor 10.

Das Anlassen des Motors direkt über die drehende Welle ist eine weitere Variante, dessen Funktionsweise im Abschnitt der dynamischen USV-Anlagen (5.3.2) bereits näher beschrieben wurde.

5.3.4.8 Generator

Der Generator wandelt Bewegungsenergie in elektrische Energie um, und ist damit technisch gesehen das Gegenstück zum Motor. Er basiert auf dem Prinzip der elektromagnetischen Induktion.

Anforderungen sind in der IEC 60034-1 und DIN VDE 0530 festgelegt, bzw. im Zusammenspiel mit Dieselmotoren als Stromerzeugungsaggregat in der ISO 8528 enthalten. Moderne Generatoren verfügen über Regeleinrichtungen, die eine Spannungsversorgung von +/- 0,5 Prozent des Nennwertes sicherstellen, ohne Berücksichtigung dynamischer Prozesse oder nicht linearer Lasten. Der Spannungseinstellbereich beträgt hierbei +/- 5 Prozent der Nennspannung.

Für die Erzeugung der elektrischen Energie werden hauptsächlich Synchrongeneratoren verwendet. Die Generatoren werden dabei als Innenpolmaschinen gebaut, bei denen sich die Erregerwicklung auf dem Läufer befindet. Wird das Polrad durch einen Gleichstrom erregt und gedreht, so entsteht in den Ständerwicklungen aufgrund ihres räumlichen Versatzes ein Drehspannungssystem.

Die Frequenz f hängt direkt mit der Drehzahl n und der Polzahl ρ zusammen:

$\rho = f/n$

Der Drehstrom kann der ruhenden Ständerwicklung entnommen werden. Hier muss lediglich die im Vergleich zur Generator-Bemessungsleistung wesentlich geringere Erregerleistung dem Läufer zugeführt werden. Die Stromzuführung erfolgte normalerweise über Schleifringe. Hochwertige Generatoren heutiger Bauart haben jedoch Hilfsgeneratoren auf der gleichen Welle, so dass auf Schleifringe verzichtet werden kann.

Die Ständerwicklung besteht vereinfacht gesprochen aus einer Induktionsspule mit Eisenkern. Dabei ist der Eisenkern kein massiver Körper, sondern wird zur Vermeidung von sogenannten Wirbelströmen aus vielen einzelnen, voneinander isolierten Blechlamellen aufgebaut. Der drehbare Teil des Generators besteht aus den Lagern und dem geschmiedeten und massiven Walzenläufer bzw. Volltrommelmotor.

Der Vorteil von Synchrongeneratoren besteht darin, dass sie je nach Regelung sowohl Wirkleistung, als auch induktive oder kapazitive Blindleistung liefern. Je nach Höhe ihrer magnetischen Erregung geben Synchrongeneratoren reine Wirkleistung ab oder liefern zusätzlich Blindleistung, die zur Kompensation induktiver oder kapazitiver Verbraucher benötigt wird. Vorsicht ist geboten beim gleichzeitigen Betrieb von Stromerzeugungsaggregaten und Blindleistungskompensationsanlagen, da beide Regelungen gegeneinander arbeiten können und im ungünstigsten Fall die Notstromanlage wegen Störung abschaltet oder USV-Anlagen nicht sicher versorgt werden können. Blindstromkompensationsanlagen sollten daher bei Notstrombetrieb immer abgeschaltet werden.

An die Wicklungen bestehen spezielle Anforderungen, da sie für oberwellenhaltige Ströme und Verzerrungen ausgelegt sein müssen. Konstruktiv bedeutet dies, dass die Isolationswerte (Durchschlagfestigkeit der Wicklung) höher ausgelegt werden muss. In heutigen Generatorausführungen hat sich daher zur Reduktion der harmonischen Oberwellen die 2/3 gesehnte Wicklung als Standardausführung bei den Generatorenherstellern durchgesetzt.

Nicht zu vernachlässigen ist auch die Kühlung des Generators. Generatoren von Notstromaggregaten sind luftgekühlt. Daher ist sicherzustellen, dass auch der Generator sich im unmittelbaren Luftstrom der Zuluftführung zum Stromerzeugungsaggregat befindet. Überhitzungen von Generatoren und damit verbundene Brände sind im Dauerbetrieb keine Seltenheit, also genau dann, wenn der Generator des Notstromaggregats seine Leistung bringen muss.

5.3.4.9 Notstromsteuerungen und -schaltanlagen

Die klassische Notstromsteuerung übernimmt

- das Starten und Stoppen des Notstromaggregats
- die Überwachung der Netzersatzanlage und Stillsetzung im Fehlerfall
- die Netzspannungsüberwachung
- die Trennung vom öffentlichen Netz bei Notstrombetrieb über die Steuerung des Netzschalters
- die Steuerung des Generatorschalters bei gleichzeitiger Verriegelung mit dem Netzschalter
- die Zuschaltung des Notstromaggregats

In kaum einem Bereich gab es in den vergangenen Jahren so viele Änderungen und Neuentwicklungen wie bei den Notstromsteuerungen. Frühere Steuerungen ermöglichten ausschließlich die Überwachung des Aggregats und die Steuerung von einem Netz- und Generatorschalter. Messungen wurden ausschließlich über zusätzliche Messgeräte wie Spannungsmesser, Amperemeter, Wirkleistungs- und Blindleistungsmesser etc. angezeigt. Zusätzliche Aufgaben mussten über separate Synchronisier- und Schutzgeräte vorgenommen werden. Die Entwicklung erster Steuerungen mit integrierten Synchronisiergeräten war schon eine enorme Weiterentwicklung. Mit der Entwicklung prozessorgesteuerter Steuerungen, entwickelte sich der Trend zu immer kleineren und kompakteren Steuerungen und Anzeigegeräten, in denen zusätzlich alle erforderlichen Anzeigen integriert waren. Dies freute vor allen die kaufmännische Seite, da sie deutlich günstiger als frühere Notstromsteuerungen mit separatem Messspiegel erworben werden konnte, während Techniker die mangelhafte Übersichtbarkeit anprangerten. Ohne „Brille“ und permanentem Arbeiten mit diesen Steuerungen war man nur schwer in der Lage, sich kurzfristig einen Überblick zu verschaffen. Dies ist im Falle einer Störung jedoch von entscheidender Bedeutung, wenn die Batterieversorgung der USV-Anlage sich im Notstrombetrieb dem Ende nähert.

Die nächste Generation an Notstromsteuerungen folgte diesen Anforderungen. Zwar ließen sich durch die Weiterentwicklung programmierbarer Steuerungen noch mehr Informationen und Funktionen in den Steuerungen integrieren, doch die Displays und Bedienplatten wurden wieder deutlich vergrößert und übersichtlicher gestaltet.

Heutige Notstromsteuerungen verfügen nicht nur über direkte Verbindungen mit dem elektronischen Motormanagement des Dieselmotors und dem digitalen Regler des Generators über CAN-Bus, sie stellen diese Informationen auch für Fernleittechnik und Fehleranzeige in Klartextinformation an der Steuerung zur Verfügung. Netzparallelbetrieb, Aggregateparallelbetrieb (bis zu 32 Anlagen) und Kurzzeitsynchronisierung sind Funktionen, die in den Steuerungen mehrheitlich integriert sind und nur freigeschaltet werden müssen. Manche Steuerungen ermöglichen sogar die Überwachung

Bild 5.246: Notstromsteuerschrank mit Kompaktsteuerung und ohne zusätzliche Anzeigeinstrumente
Quelle: H&N Energien GmbH

von bis zu fünf Leistungsschaltern, so dass hiermit eine redundante A- und B-Versorgung im Rechenzentrum überwacht und gesteuert werden kann. Zur Datenübertragung werden verschiedene Protokolle wie Modbus und/oder Profibus zur Verfügung gestellt. Eine Benachrichtigung über SMS gehört zum Standard. Die zusätzliche Integration von Ereignisprotokollen ermöglicht auch im Nachhinein noch die Fehleranalyse, selbst dann, wenn diese Protokolle bei einigen Herstellern nach Spannungsausfall an der Steuerung nicht mehr zur Verfügung stehen.

Während allerdings USV-Anlagen und Kälteanlagenhersteller schon seit längerer Zeit eine SNMP-Schnittstelle zur Verfügung stellen, ist dies bei Notstromsteuerungen nach wie vor nur sehr selten möglich und die zur Verfügung stehenden Informationen müssen noch einmal über Schnittstellen umgewandelt werden.

Nachteil dieser rasanten Entwicklung ist allerdings, dass innerhalb weniger Jahren die eingesetzte Steuerung schon wieder veraltet und nur noch als Ersatzteil mit unter Umständen langen Lieferzeiten verfügbar ist.

5.3.4.10 Werkserprobung, Inbetriebnahme und Probelauf

Als Folge der Serienfertigung werden mittlerweile nicht mehr alle Dieselmotoren vor Auslieferung einem Probelauf unterzogen. Probleme und Störungen bei Erstinbetriebnahme werden somit auf den Kunden übertragen. Auch „Aggregatebauer" folgen diesem Trend und liefern das am Ende fertige Aggregat aus, ohne es auch nur einmal getestet zu haben. Eine Entwicklung mit zum Teil fatalen Folgen für den Endkunden. Im Rahmen der Garantie wird der Fehler an der Anlage (Motor) vom Hersteller zwar beseitigt, Folgekosten sind in diesem Fall jedoch immer wieder ein Streitpunkt für die Gerichte. Ob eine Anlage überhaupt getestet wurde, kann auch ein Laie leicht erkennen. Blitzblanke Abgasrohre oder Lackierungen an Abgasturboladern ohne Anzeichen von

Bild 5.247: Netzersatzanlage auf dem Prüfstand vor der Auslieferung

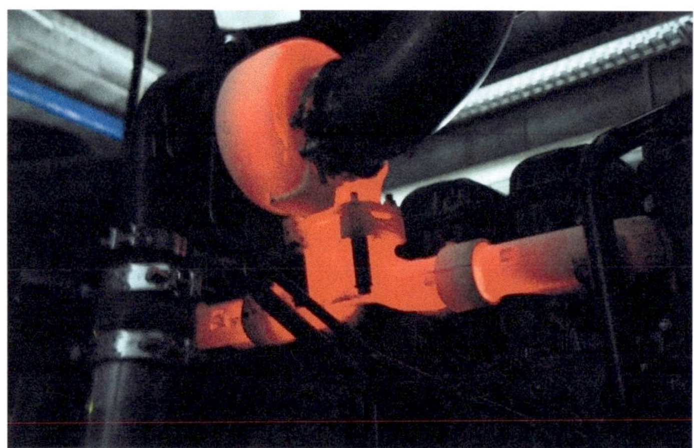

Bild 5.248: Turbolader während des Lasttests auf dem Prüfstand

thermischen Verfärbungen zeugen von einem unzureichenden Testbetrieb. Namhafte Anlagenbauer weisen daher immer wieder auf die Notwendigkeit der Werkserprobung hin, mit der Undichtigkeiten, mangelhafte Software des Motormanagements, etc. frühzeitig erkannt und beseitigt werden können.

Die Inbetriebnahme einer Notstromanlage führt immer wieder zu Missverständnissen. Es wird hier unterschieden zwischen interner und externer Inbetriebnahme des Notstromaggregats. Die interne Inbetriebnahme umfasst die Inbetriebsetzung des Notstromaggregats mit seinen Hilfseinrichtungen (Jalousiesteuerungen, Raumlüfter, Kraftstoffpumpen, Kühlwasservorheizungen, Leckageüberwachungen, separate Kühlanlagen, etc.) und das Aufschalten der internen Aggregateüberwachung auf die Notstromsteuerung. Die externe Inbetriebnahme beinhaltet die Prüfung der Ansteuerung und Rückmeldungen von externen in den Niederspannungshauptverteilungen integrierten Netz- und Generatorschaltern, Netzausfalltest, Netzparallelbetrieb, Netzrücksynchronisierung sowie das Übertragen von Daten und Meldungen. Diese externe Inbetriebnahme ist nicht gleichbedeutend mit der Inbetriebnahme der Netzversorgung des Rechenzentrums und kann erst nach dem Aufschalten selbiger durchgeführt werden. Ein Vorgang, der bei mehreren Notstromaggregaten und komplexen Niederspannungshauptverteilungen durchaus ein bis zwei Wochen zusätzlich beanspruchen kann und gerne im Terminplan der Inbetriebsetzung des Rechenzentrums vergessen wird.

Und dann muss noch der Probebetrieb unter Last erfolgen. Aus wirtschaftlichen Gründen wird gerne auf die Beistellung von Lastbänken bei der internen Inbetriebnahme verzichtet. Auch bei der externen Inbetriebnahme wird noch keine Verbraucherlast zugeschaltet. Die erste Lastaufschaltung erfolgt häufig erst beim gemeinsamen Lasttest der USV-Anlagen oder im Testbetrieb der Kälteanlagen. Dabei ist der Ärger dann schon vorprogrammiert, wenn es hierbei zu Störungen an den Notstromaggregaten kommt.

Grundsätzlich gilt es, ein Notstromaggregat mindestens zwei Stunden unter annähernd Nennlastbedingungen zu betreiben, um es dem sicheren Notstrombetrieb zuführen zu können. Bei entfernt stehenden separaten Kühlanlagen sollte diese Zeitperiode sogar mindestens vier Stunden betragen. Erst dann hat man die Grundlagen für einen späteren störungsfreien Notstrombetrieb geschaffen.

5.3.4.11 Temporäre Notstromversorgung, Mietanlagen

Aber auch Rechenzentren sind trotz sorgfältigster Planung nicht vor Störungen gefeit. An Rückrufaktionen der Automobilbranche haben wir uns schon gewöhnt. Aber was, wenn ein Motoren- oder USV-Hersteller eine eben solche starten müssen und dann die Versorgung des Rechenzentrums gefährdet ist? Für diese, wie auch für Reparatur- und Wartungseinsätze, stehen auf dem Markt sowohl mobile Notstromanlagen, mobile USV-Anlagen als auch mobile Kälte- und Klimaanlagen in ausreichender Leistung

Bild 5.249: Containerisierte 2.000 kVA Miet-Netzersatzanlage
Quelle: H&N Energien GmbH

Bild 5.250: Mobile 2 x 250 kVA/kW Miet-USV-Anlagen auf dem Weg zum Einsatzort
Quelle: H&N Energien GmbH

zur Verfügung, die es sogar ermöglichen, ein ganzes Rechenzentrum temporär mit der notwendigen Technik zu versorgen. Innerhalb von 24 Stunden sichern namhafte Hersteller zu, das notwendige Equipment vor Ort zu liefern. Voraussetzung ist, dass durch den Betreiber die notwendigen Reserveanschlüsse für die Einspeisung der gewünschten Energie zur Verfügung gestellt sind. Dies wird immer wieder gerne vergessen und wenn die temporären Anlagen dann einmal benötigt werden und keine Anschlussmöglichkeiten gegeben sind, ist der Aufschrei meist sehr groß.

5.4 Stromversorgung nach der DIN EN 50600-2-2

Die Rechenzentrumsnorm DIN EN 50600-2-2 betrachtet in der Einleitung bereits die Verteilung des elektrischen Stroms als einen der wichtigsten Aspekte der Infrastruktur eines Rechenzentrums. Störungen der Stromversorgung haben eine direkte Auswirkung auf die Betriebssicherheit der Infrastruktur und dessen Verfügbarkeit. Dem ist nichts hinzuzufügen! Tabelle 5.12 zeigt daher gleich zu Beginn die funktionalen Elemente der Stromversorgung:

Tabelle 5.12: Funktionale Elemente der Stromverteilung nach DIN EN 50600-2-2

Gebiet	Funktionales Element	Typische Unterbringung (Nutzung von Bereichen nach EN 50600-1)
Versorgung	Primärversorgung Sekundärversorgung	Transformatorbereich
	Einrichtung zur Übertragung der Versorgung (wo mehrere Versorgungen vorhanden sind)	Elektrobereich
	Zusätzliche Versorgung (z.B. örtlicher Generator, unterbrechungsfreie Stromversorgung)	Generatorbereich oder Elektrobereich
Verteilung	Einrichtungen zur Primärverteilung	Elektrischer Verteilungsbereich Transformatorbereich (bei Bedarf)
	Unterbrechungsfreie Stromversorgung (USV)	Elektrobereich (oder Rechnerraum)
	Einrichtungen zur Sekundärverteilung	Elektrobereich (aber auch in vielen anderen Bereichen vorhanden) Transformatorbereich (bei Bedarf)
	Einrichtungen zur Tertiärverteilung	Rechnerräume oder Räume, die die Bereitstellung geschützter Stromversorgungen erfordern

5.4.1 Kategorisierung der Stromversorgungssysteme

Die Norm unterscheidet zwischen vier Stromversorgungen der Steckdosen im Verteilungsbereich, die unterschiedlich abgesichert bzw. geschützt sind. Unter Steckdose versteht man im Sinne der Norm eine Verbindung zur Stromversorgung angeschlossener Geräte, also IT-Hardware ebenso wie ein Umluftklimagerät der Klimatisierung.

Die Kategorisierung ist wie folgt:

1. Ungeschützte Steckdosen – geeignet für Einrichtungen, die für die Funktion des Rechenzentrums nicht entscheidend sind (z.B. normale Beleuchtung und Versorgung von Werkzeugen und Geräten, die für die Instandhaltung der Einrichtung erforderlich sind).
2. Geschützte Steckdosen – vorgesehen für Einrichtungen (z.B. Einrichtungen für die Datenverarbeitung, die Datenspeicherung und den Datentransport), die für die Funktion des Rechenzentrums entscheidend sind und die keinen Versorgungsausfall tolerieren können, gespeist durch Lösungen einschließlich unterbrechungsfreier Stromversorgungen (USV), die als Teil des Versorgungssystems installiert sind.
3. Örtlich geschützte Steckdosen – vorgesehen für Einrichtungen (z.B. Notbeleuchtung), die durch Lösungen einschließlich unterbrechungsfreier Stromversorgungen (USV) oder örtliche Batterieversorgungen gespeist werden, die an der Steckdose oder in ihrer Nähe installiert sind.
4. Steckdosen mit Kurzzeitunterbrechung (vorhanden, wo die primäre und/oder sekundäre Stromversorgung durch eine zusätzliche Versorgung ergänzt werden) – geeignet für Einrichtungen (z.B. Geräte für die Regelung der Umgebungsbedingungen), die entscheidend für die Funktion des Rechenzentrums sind, die aber einen Versorgungsausfall für einen kurzen Zeitraum tolerieren können, bevor eine zusätzliche Versorgung (z.B. Generator) in Betrieb genommen wird.

Der Erfolgsschlüssel im Rechenzentrum liegt unter anderem in einfachen Versorgungsstrukturen, die in sich funktionieren und schnell von ihrer Funktionsweise verstanden werden. Vier unterschiedliche Stromversorgungskonzepte aufzubauen, halte ich als Autor dieses Buchs für sehr komplex und gewagt. Für mich gibt es sinnvoll nur zwei Versorgungsstrukturen:

1. AV (Allgemeinstrom)-Versorgung bzw. SV (Sicherheitsstrom)-Versorgung beim Einsatz von Netzersatzanlagen für die Versorgung der Beleuchtung, Klimatechnik, Putz- und Arbeitssteckdosen, Zentralen der Sicherheitstechnik mit eigenen Akkus, USV-Anlagen etc.
   Beim Einsatz von Netzersatzanlagen sollte das ganze Rechenzentrum über die Netzersatzanlage versorgt werden und die AV-Versorgung bei der Umschalteinrichtung AV/SV in der Niederspannungshauptverteilung enden.
2. USV-Versorgung für die Versorgung der IT-Hardware und ggfs. 1/3 der Beleuchtung (sowie eventuell weitere der USV nachgeschaltete und über sie abgesicherte Verbraucher)

Sollte behördlich eine Sicherheitsstromversorgung gefordert werden, würde ich dies mit Einzelbatterieleuchten realisieren, die über AV oder SV elektrotechnisch versorgt werden. Dies ist aufgrund der vielen Brandabschnitte in einem Rechenzentrum meist wirtschaftlicher als eine Zentralbatterieanlage.

Die Stromversorgung aus dem öffentlichen Netz (AV-Versorgung) muss der DIN EN 50160 entsprechen. Da Stromversorgungen mit 400 V Wechselstrom normalerweise von mehreren Verbrauchern gleichzeitig genutzt werden und die Spannungsqualität sich dadurch typischerweise verschlechtert, wird in der Norm empfohlen, dass ein Rechenzentrum auf der höchstmöglichen Spannungsebene (Mittelspannung) an die Versorgung des Netzbetreibers angeschlossen wird, eine Unterstation mit so wenig wie möglich anderen Verbrauchern teilt und nicht in der Nähe von Großverbrauchern liegt (z.B. metallproduzierende und metallverarbeitende Betriebe oder großen elektrischen Maschinen und elektrotechnischen Antrieben, wie z.B. Gasdruckeinrichtungen).

5.4.2 Verfügbarkeitsklassen

In der Norm werden vier Planungsoptionen mit steigender Verfügbarkeitsklasse für die Stromversorgungs- und Stromverteilungssysteme festgelegt:

1. *Klasse 1: Einzelpfad (keine Ausfallsicherheit)*
   Das Einzelpfadsystem ohne Ausfallsicherheit ist das klassische N-Konzept. Der Ausfall einer Komponente im Pfad führt zum Ausfall des kompletten Pfades. Bei jeglicher Instandsetzung ist eine Lastabschaltung des Pfads erforderlich.
   Die Versorgung der Klasse 1 wird heutzutage nur noch maximal in Datenverteilerschränken im Gebäude für die Versorgung von Netzwerkswitchen und deren Arbeitsplätzen o.Ä. realisiert. Fällt dann der Versorgungspfad aus, ist maximal der von diesem Schrank versorgte Arbeitsplatzbereich des Gebäudes vom Ausfall betroffen.
   Die Lastabsicherung der Komponenten erfolgt bei der Klasse 1 bereits durch eine USV-Anlage. Die „geschützte Steckdose“ wird einfach versorgt.

2. *Klasse 2: Einzelpfad (Ausfallsicherheit durch Redundanz der Komponenten)*
   Die Einzelkomponenten (Bauteilgruppen) im Pfad sind redundant ausgelegt. Das Versorgungskonzept ist durchgängig eine N+1-Redundanz. Der Ausfall einer Komponente oder Baugruppe führt nicht zum Ausfall des Versorgungspfades. Für die Instandhaltung einer Komponenten oder Baugruppe muss der Pfad nicht abgeschaltet werden. Größere Störungen und einige Instandhaltungsroutinen können jedoch auch hier zu einer Lastabschaltung führen.
   Als Beispiel in der Norm wird ein Transferschalter (bzw. eine AV-/SV-Netzumschaltung) gezeigt, der über eine zusätzliche Versorgung (zweite Netzeinspeisung oder Netzersatzanlage) die primäre Stromversorgung bei Ausfall ersetzt.
   Diese Form der Versorgung ist heutzutage durchaus gängig. Meist wird jedoch nur die Einspeisung bis zur Niederspannungshauptverteilung in der Klasse 2 realisiert und vor oder nach der USV bereits eine 2N-Versorgung umgesetzt (Klasse 3)
   Die Lastabsicherung der Komponenten erfolgt bei der Klasse 2 durch mindestens zwei USV-Anlagen in N+1-Redundanz.
   Es gibt in jedem Versorgungspfad eine „geschützte Steckdose“, so dass die Komponenten über A und B versorgt werden (Bild 8 in der Norm), wobei Bild A1 in der Norm nur eine geschützte Steckdose darstellt. Hier ist die Norm nicht eindeutig.

3. *Klasse 3: Mehrpfad-Ausfallsicherheit und Lösung für gleichzeitige/n Instandsetzung/ Betrieb*
   Die Klasse 3 ist die typische 2N-Redundanz. Das Rechenzentrum wird von der Quelle bis zum Verbraucher zweipfadig aufgebaut. Der Ausfall einer Komponente oder Baugruppe in einem Pfad führt zwar zum Ausfall des Pfades, die Weiterversorgung erfolgt jedoch über den noch intakten zweiten Pfad. Für Instandsetzungen oder Instandhaltungsroutinen muss nicht mehr eine komplette Lastabschaltung erfolgen.
   Die Norm spricht zwar von einem passiven und einem aktiven Pfad, in der Praxis wird jedoch vielmehr der Halblastparallelbetrieb realisiert, bei dem jeder der beiden Pfade aktiv ist und zu maximal 50 Prozent parallel belastet wird.
   Die Norm weist darauf hin, dass der Planer darauf hinarbeiten sollte, zwischen den aktiven und passiven Pfaden die kleinstmögliche Anzahl von gemeinsamen Fehlerstellen zu haben, einschließlich der abgegrenzten Wegeführung und der physischen Bereichsbildung.
   Die Lastabsicherung der Komponenten bei der Klasse 3 erfolgt durch eine USV-Anlage in einem Pfad, während der zweite Pfad (passiv) ohne USV abgesichert wird.
   Da jedoch eine USV-Anlage auch immer eine filternde Funktion hat, würde ich beide Pfade über eine USV absichern.
   Es gibt in jedem Versorgungspfad eine „geschützte Steckdose“, so dass die Komponenten über A und B versorgt werden.

4. *Klasse 4: Mehrpfad-Ausfallsicherheit, gleichzeitige/n Instandsetzung/Betrieb und störungstolerante Lösung*
   Die Klasse 4 ist ebenfalls eine 2N-Redundanz, bei der jedoch beide Pfade aktiv sind. Jeder Pfad fordert nur dann eine N+1-Redundanz, wenn der Kunde festlegt, dass während der Instandhaltung oder Instandsetzung (geplant oder ungeplant), bei der ein Pfad außer Betrieb genommen wird, der andere Pfad einen höheren Ausfallsicherheits-Grad als N beibehalten muss. Somit handelt es sich bei der Klasse 4 nicht zwangsläufig um eine 2(N+1)-Redundanz.
   Auch hier weist die Norm wieder darauf hin, dass der Planer darauf hinarbeiten sollte, zwischen den aktiven und passiven Pfaden die kleinstmögliche Anzahl von gemeinsamen Fehlerstellen zu haben, einschließlich der abgegrenzten Wegeführung und der physischen Bereichsbildung, sowie einschließlich feuerbeständiger Gehäuse.
   Die Lastabsicherung der Komponenten bei der Klasse 4 erfolgt durch je eine USV-Anlage in jedem Pfad, der je nach Nutzervorgabe in jedem Pfad noch als N+1-Redundanz ausgeführt werden kann.
   Es existiert in jedem Versorgungspfad eine „geschützte Steckdose“, so dass die Komponenten über A und B versorgt werden.

Im Halblastparallelbetrieb der Verfügbarkeitsklasse 3 und 4 muss jede Einspeisung und Komponente / Baugruppe in einem Pfad für die Maximallast der gesamten Installation bemessen sein. Die angeschlossene Last wird im Normalfall auf beide Pfade gleichmäßig verteilt.

6 Klimatisierung

Die von der Hardware aufgenommene elektrische Energie wird fast zu 100 Prozent als Wärme wieder ausgegeben. Somit gilt es, diese Wärme aus dem Rechenzentrum wieder heraus zu befördern.

Es gilt der Grundsatz, dass alles was an Strom reingeht, als Wärme wieder raus muss!

Sie können sich in der Stromversorgung noch so sehr anstrengen und Redundanzen und Sicherheiten aufbauen. Wenn die Klimatisierung versagt, dann wird ihr Rechenzentrum zwar stromseitig weiter versorgt, aber insbesondere bei hohen Wärmelasten durch Überhitzung bereits nach wenigen Minuten aussteigen.

Somit gehört neben der sicheren Stromversorgung das Augenmerk genauso auf eine sichere Klimatisierung, die nur über einen kurzen Zeitraum ausfallen darf. Bei den heutigen Packungsdichten der Hardware wird es bei Ausfall der Klimatisierung keine fünf Minuten dauern, bis sie derart überhitzt, dass der interne Überhitzungsschutz die Hardware abschaltet.

Zugleich ist die Klimatisierung ein großer Verbraucher mit dem größten energetischen Optimierungspotential. Bei ungünstiger Auslegung und Auswahl der Klimatechnikkomponenten muss bis zu 50 Prozent der elektrischen Energie eines Rechenzentrums alleine für die Klimatisierung verwendet werden. Bei den heutigen Strompreisen eine unvorstellbare Verschwendung mit hohem wirtschaftlichen Schaden.

Bereits durch einfache Veränderungen lassen sich große Wirkungen erzielen.

Ganz früher kühlte man große „Mainframes“ mit Flüssigkeit direkt am Gerät. Die Flüssigkühlung wurde im Laufe der Zeit durch die Luftkühlung ersetzt. Die Luftkühlung ist heute nach wie vor Standard.

Allerdings stößt man aufgrund der großen Packungsdichte (W/m^2) langsam an die physikalischen Grenzen. Ab einer Wärmelast von maximal 4.000 W/m^2 kommt man mit den herkömmlichen Methoden der Luftkühlung an die Grenze des Machbaren.

Mittlerweile geht die Entwicklung wieder in Richtung Flüssigkeitskühlung direkt an der Oberfläche der Hardware, indem man den Rücklauf der Klimatisierung über die Prozessorkühlkörper führt und somit nicht nur für Abkühlung sorgt, sondern auch gleich noch die Effizienz durch eine höhere Temperaturspreizung zwischen Vor- und Rücklauf verbessert.

Selbst Kühlung direkt im Prozessor (dreidimensional) ist mittlerweile fast zur Marktreife entwickelt. Dabei greifen die Flüssigkeitskapillare ähnlich den Wurzeln eines Baumes direkt in den Prozessor ein.

Die nachfolgend beschriebenen Technologien und Funktionsweisen aus den Bereichen der Kälteerzeugung und der Kälteverteilung sind jeweils in sich abgeschlossen dargestellt. Eine Mischung unterschiedlicher Technologien und Bauarten ist möglich und wird von den Herstellern auch umgesetzt. Sie sind hier jedoch nicht oder nur ansatzweise dargestellt, da es in diesem Buch in erster Linie darum geht, die Technologien in ihrer ursprünglichen Funktionsweise verständlich darzustellen.

6.1 Klimatisierungskonzepte der Luftkühlung

Bei der Luftkühlung wird vereinfacht gesprochen, kalte Luft vor die Hardware geleitet, von vorne nach hinten über die hardwareeigenen Lüfter durchbefördert und hinten als warme Luft wieder ausgeblasen. In diesem Regelkreis wird dann die warme Luft durch Umluftkühlgeräte angesaugt, über Wärmeübertrager heruntergekühlt und wieder mittels Lüfter vor die Hardware geleitet.

Dabei gibt es unterschiedliche Lösungsansätze, die nachfolgend einzeln erläutert werden.

6.1.1 Klimatisierung über den Doppelboden

In den meisten Rechenzentren wird nach wie vor die kalte Luft von den Umluftkühlgeräten in den Doppelboden eingeblasen, über Lüftungsplatten vor den Datenschränken ausgeblasen und nach der IT-Hardware über den Raum an der Decke wieder zurück-

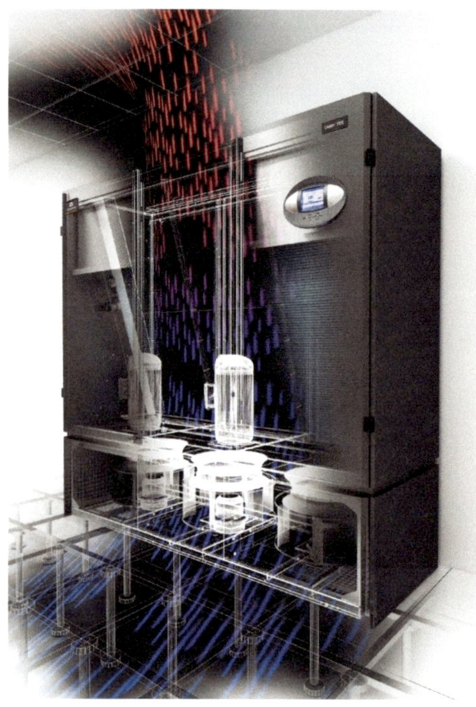

Bild 6.1: Prinzip der Klimatisierung über den Doppelboden
Quelle: Vertiv GmbH

geführt. Die warme Luft wird oben an den Umluftkühlgeräten angesaugt, über die Wärmeübertragungsflächen des Kühlregisters heruntergekühlt und im Doppelboden wieder dem Kreislauf zugeführt.

6.1.1.1 Heterogene Anordnung der Datenschränke

Die Datenschränke stehen dabei heterogen durcheinander, nebeneinander oder hintereinander.

Abhängig von der Doppelbodenhöhe und der Luftführung sind so Wärmelasten bis ca. 1.000 W/m² oder 4 kW je Datenschrank zu klimatisieren.

Diese Anordnung ist die flexibelste aller Anordnungen, da neue Hardware einfach in das Rechenzentrum gestellt wird. An der Ansaugseite der Hardware tauscht man geschlossene Doppelbodenplatten gegen eine oder mehrere Lüftungsplatten, stellt die Lüftungsplatten auf die notwendige Luftmenge ein und fertig ist die Klimatisierung.

Doch selbst wenn bei der heterogenen Anordnung der Server in den genannten Lastgrenzen die Kühlung sichergestellt ist, stellt sich jedoch auch ein höchst ineffizienter Betrieb der Klimatechnik ein. Die Umluftkühlgeräte saugen als Rückluft grundsätzlich eine Mischung aus gekühlter Zuluft und warmer Abluft an. Dadurch ist die Temperaturdifferenz über den Kühler kleiner und die effektive Leistung des Klimagerätes geringer.

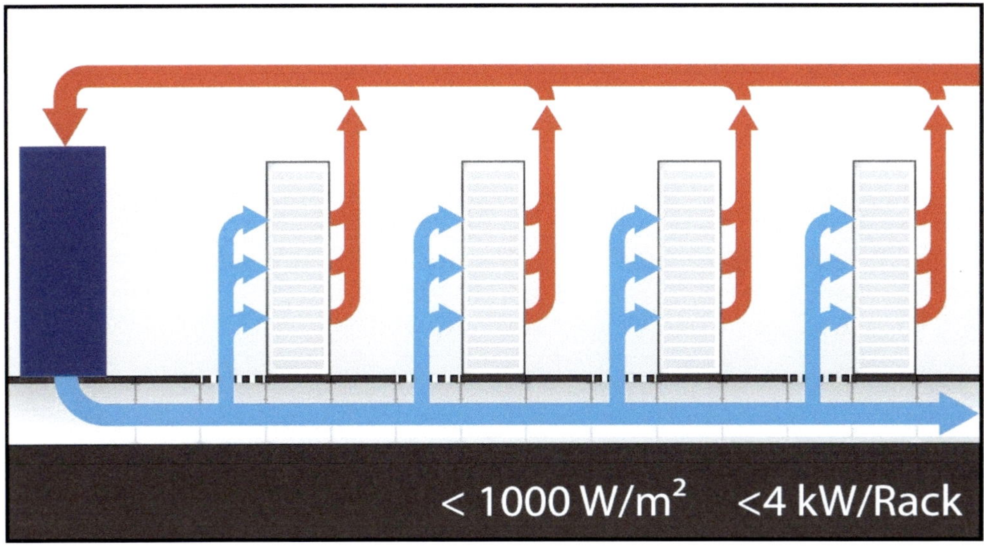

Bild 6.2: Klimatisierung über den Doppelboden mit heterogener Anordnung der Datenschränke
Quelle: Schäfer IT-Systems

6.1.1.2 Homogene Anordnung der Datenschränke (Kalt-/Warmgänge)

Wärmelasten bis 2.000 W/m² und 8 kW je Datenschrank können abgeführt werden, wenn man die Datenschränke homogen aufbaut. Dabei werden die Kaltseiten und die Warmseiten der Datenschränke gegeneinander gestellt. Lüftungsplatten sind dann nur noch in den Kaltgängen angeordnet.

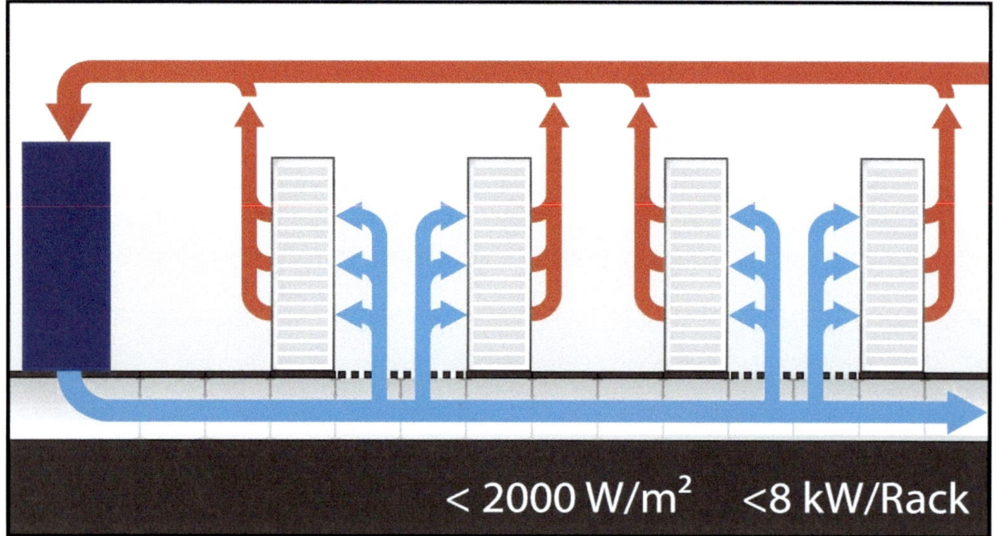

Bild 6.3: Klimatisierung über den Doppelboden mit homogener Anordnung der Datenschränke
Quelle: Schäfer IT-Systems

Bild 6.4: Kaltgang mit Lüftungsplatten und perforierten Schranktüren
Quelle: Schäfer IT-Systems

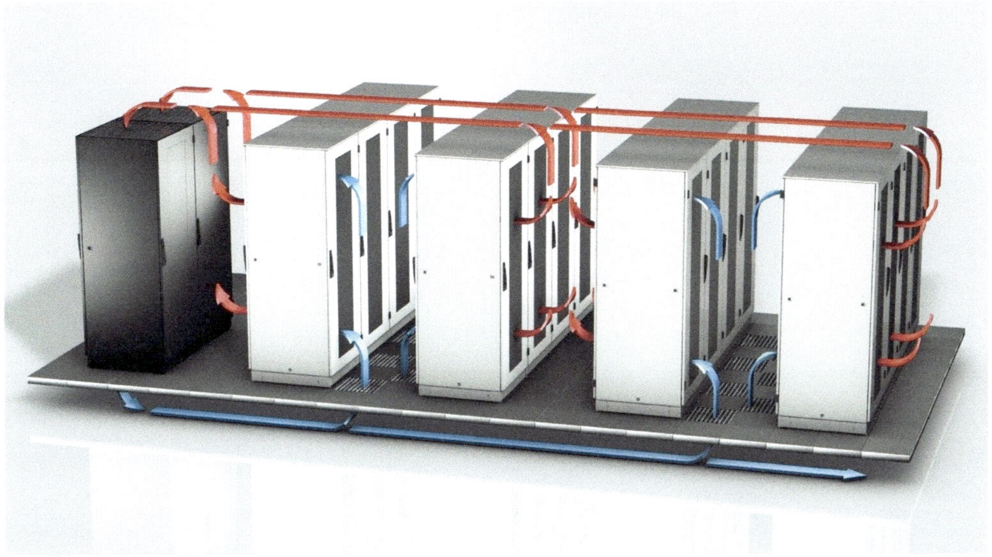

Bild 6.5: Klimatisierung über den Doppelboden mit systematischen Kalt- und Warmgängen
Quelle: Schäfer IT-Systems

Vereinzelt sieht man immer wieder, dass wenige Lüftungsplatten in den Warmgängen angeordnet werden, um die Thermik zu unterstützen. Dies ist jedoch unsinnig und verschlechtert sogar noch die Wirkungsweise und Effizienz, da auch hier wieder eine Vermischung zwischen kalter und warmer Luft stattfindet.

Die warme Luft findet unmittelbar durch die natürliche Thermik den Weg an die Decke. Je wärmer dabei die Warmluft, desto größer die Thermik.

Damit die „Raumwalze" sauber arbeiten kann, ist bei der Raumplanung darauf zu achten, dass die Decken möglichst Unterzugsfrei konstruiert werden.

6.1.1.3 Kaltgangeinhausung

Mittlerweile setzt sich immer mehr die Kaltgangeinhausung durch. Dabei wird die Luft über die Lüftungsplatten in den Kaltgang eingebracht. Ein Dach zwischen den Datenschränken, eine vertikale Kaltgangrückwand und Türen am Eingang des Kaltgangs schließen den Kaltgang gegenüber der Umgebung hermetisch ab. Dadurch wird verhindert, dass die kalte Luft sich mit der warmen Rückluft an der Raumdecke vermischt. Die kalte Luft kann nur noch durch die Datenschränke aus dem Kaltgang entweichen. Wärmelasten zwischen 1.000 W/m^2 und 4.000 W/m^2 bzw. 4 kW bis 12 kW je Datenschrank können so abgeführt werden. Der nicht eingehauste Bereich des Rechenzentrums hat das Temperaturniveau der warmen Rückluft.

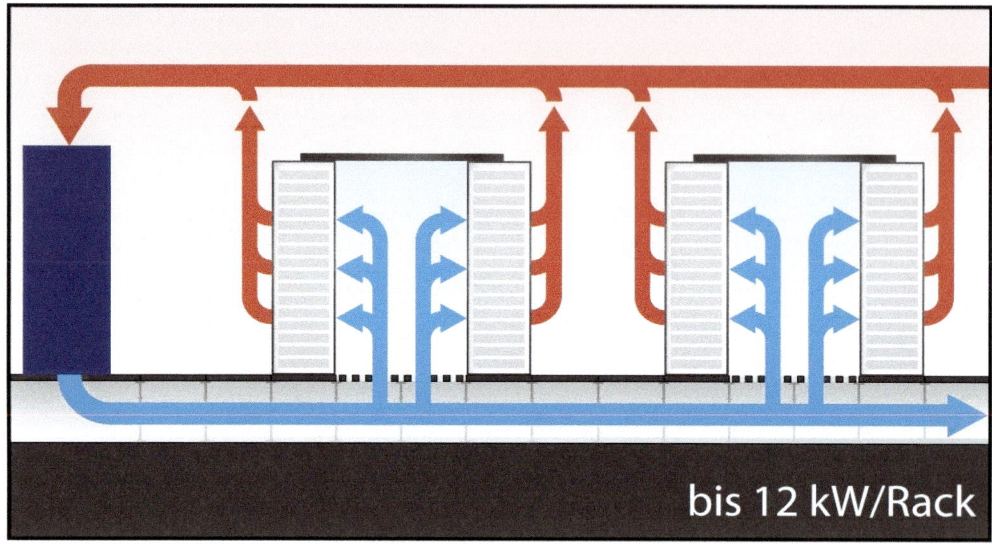

Bild 6.6: Klimatisierung über den Doppelboden mit Kaltgangeinhausung
Quelle: Schäfer IT-Systems

Zudem ist diese Anordnung enorm energieeffizient, da die gesamte Kaltluft auch genutzt wird und eine hohe Temperaturdifferenz zwischen kalter und warmer Luft die Effizienz bekanntlich steigert.

Die Kaltgangabdeckung besteht aus einzelnen Platten aus speziellen Kunststoffen oder Verbundsicherheitsglas, die herausnehmbar sind. Dadurch gelangt man auch an

Bild 6.7: Schiebetüren am Zugang zur Kaltgangeinhausung
Quelle: Schäfer IT-Systems

Bild 6.8: Kaltgangeinhausung für Datenschränke unterschiedlicher Höhen
Quelle: Schäfer IT-Systems

die Installationen, wie z.B. Leuchten und Rauchmelder, die sich oberhalb der Kaltgangeinhausung befinden können.

Spätestens ab der Kaltgangeinhausung ist es immer wichtiger, auch in den Datenschränken nicht belegte Höheneinheiten mittels Blindplatten o.Ä. vertikal zu schotten. Damit wird verhindert, dass die kalte Luft direkt auf die warme Seite gelangt und ohne seine eigentliche Aufgabe wahrzunehmen, den Umluftkühlgeräten wieder zugeführt wird. Wie der elektrische Strom geht auch die Luft den Weg des geringsten Widerstandes. Fehlt die vertikale Schottung, geht nur noch ein geringer Teil der kalten Luft tatsächlich durch die Hardware. Der weit größere Teil wandert direkt auf die warme Seite. Die eigentlich effiziente Lösung wird dann wieder extrem uneffizient und die kalte Luft reicht unter Umständen nicht mehr aus, um die Hardware ausreichend zu kühlen.

Es ist darauf zu achten, dass die Schottung nicht nur zwischen den Montagerahmen erfolgt, sondern über die gesamte Breite und Höhe des Datenschrankes. Sollte der Datenschrank auf Nivellierfüßen stehen, muss er auch im Sockelbereich abgedichtet werden.

Diese Schottung ist bei allen nachfolgenden Klimatisierungskonzepten zu beachten und für die funktionierende Wirkungsweise der Klimatisierung unabdingbar.

6.1.1.4 Warmgangeinhausung

Dreht man die Anordnung um, bildet eine homogene Anordnung mit Datenschränken Rückseite an Rückseite und lässt dazwischen einen überdachten Bediengang, so spricht man von einer Warmgangeinhausung. Der hermetisch geschlossene Warmgang ist über einen Luftkanal oder eine luftdichte abgehängte Decke direkt an die Rückluft der Umluftkühlgeräte angeschlossen. Der nicht eingehauste Bereich des Rechenzentrums hat das Temperaturniveau der kühlen Zuluft.

6.1.1.5 Notwendige Doppelbodenhöhen

Immer wenn über den Doppelboden klimatisiert wird, sind die Höhe und die Installationsdichte im Doppelboden entscheidend, da die erforderliche Luftmenge über den Doppelboden vor die Hardware geführt werden muss.

Weitere Abhängigkeiten sind die abzuführende Wärmelast und die sogenannte Wurfweite. Die Wurfweite ist dabei die horizontale Entfernung im Doppelboden zwischen kaltlufterzeugendem Umluftkühlgerät und kaltluftabnehmendem Datenschrank.

Nachfolgendes Flächendiagramm zeigt die notwendige Doppelbodenhöhe in Abhängigkeit von der Wärmelast und der Wurfweite.

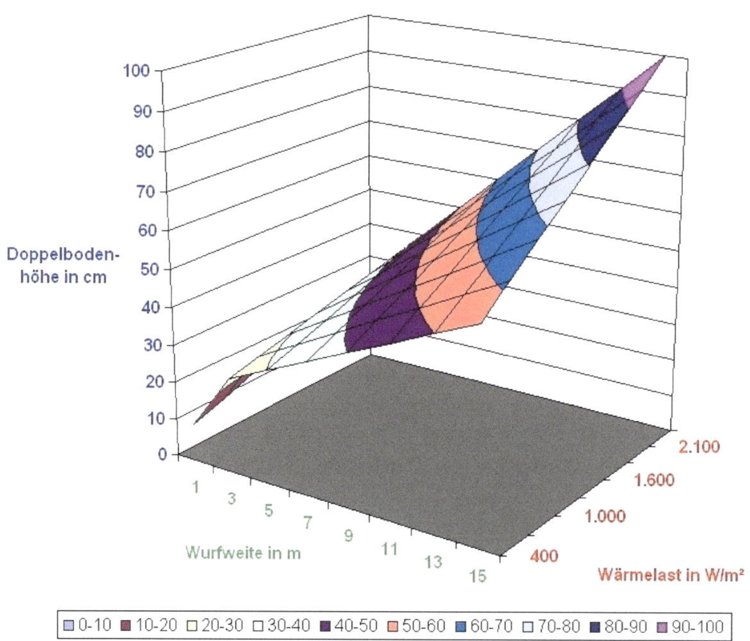

Bild 6.9: Doppelbodenhöhe in Abhängigkeit zur Wärmelast und Wurfweite

Vereinfacht, lässt sich nach der Tabelle A.1 in der DIN EN 50600-2-3 folgende kleinste lichte Höhe des Doppelbodens bei 5 bis 10 kW Wärmelast je Schrank anwenden:

Tabelle 6.1: Doppelbodenhöhen Quelle: DIN EN 50600-2-3, Tabelle A.1

Raumgröße	Lichte Höhe des Doppelbodens
50 m^2 bis 500 m^2	500 mm bis 700 mm
500 m^2 bis 1.000 m^2	800 mm
1.000 m^2 bis 2.000 m^2	1.000 mm
> 2.000 m^2	> 1.500 mm

6.1.1.6 Bernoulli-Effekt

Das Gesetz von Bernoulli sagt aus, dass ein Geschwindigkeitsanstieg von einem Druckabfall begleitet ist. Das heißt in unserem Fall, dass man die Luftgeschwindigkeit im Doppelboden nicht beliebig nach oben setzen kann, um eine möglichst große „Wurfweite" zu erreichen.

Konstruktionsbedingt können bei einem Umluftkühlgerät am Geräteaustritt sehr hohe Ausströmgeschwindigkeiten erzeugt werden. Diese können an Lüftungsplatten in unmittelbarer Nähe des Geräteaustrittes zum genannten Bernoulli-Effekt führen. Dabei kann die gekühlte Luft nicht aus dem Doppelboden austreten oder es wird sogar Raumluft in den Doppelboden zurückgesaugt. Das bedeutet, dass Verbraucher, die zu nahe am Klimagerät stehen ebenso mit kalter Luft unterversorgt sein können wie diejenigen, die weiter entfernt stehen, als die maximal mögliche Wurfweite der Luftströmung.

Eine Versorgungstiefe von maximal 12 m bis 15 m von einer Seite ist daher in Abhängigkeit von der Doppelbodenhöhe und des Luftvolumens „nur" möglich.

Der „Marilyn-Monroe-Test" zeigt, ob an jeder Stelle vor den Datenschränken Luft über den Doppelboden zur Verfügung steht. Bleibt der Rock unten, bleibt auch Ihrer Hardware die kalte Luft weg.

Der moderne RZ-Manager prüft allerdings die Luftverteilung über dem Doppelboden nicht mittels eines Rocks. Ein besonderes Augenmerk sollte auf den gesamten Lufthaushalt im Doppelboden gelegt werden, denn die über Lüftungsplatten dem Doppelboden entnommene Luftmenge sollte zu der aktuellen Leistung der Server passen. Der Lufthaushalt sollte sowohl bei jeder weiteren Ausbaustufe des Rechenzentrums als auch bei einem Hardwarewechsel geprüft und ggf. angepasst werden.

6.1.2 Klimatisierung über Kältewände

Bei der Klimatisierung über Kältewände blasen die Umluftkühlgeräte nicht in den Doppelboden ein, sondern im Raum rechtwinklig zu den Schrankreihen. Die Ausblasfläche

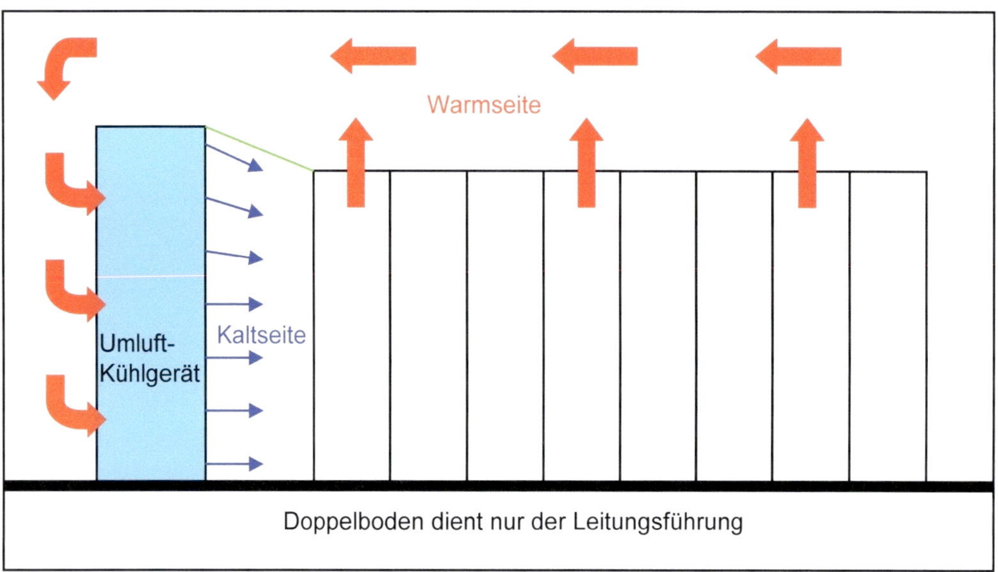

Bild 6.10: Klimatisierung über Kältewände (Schnitt)

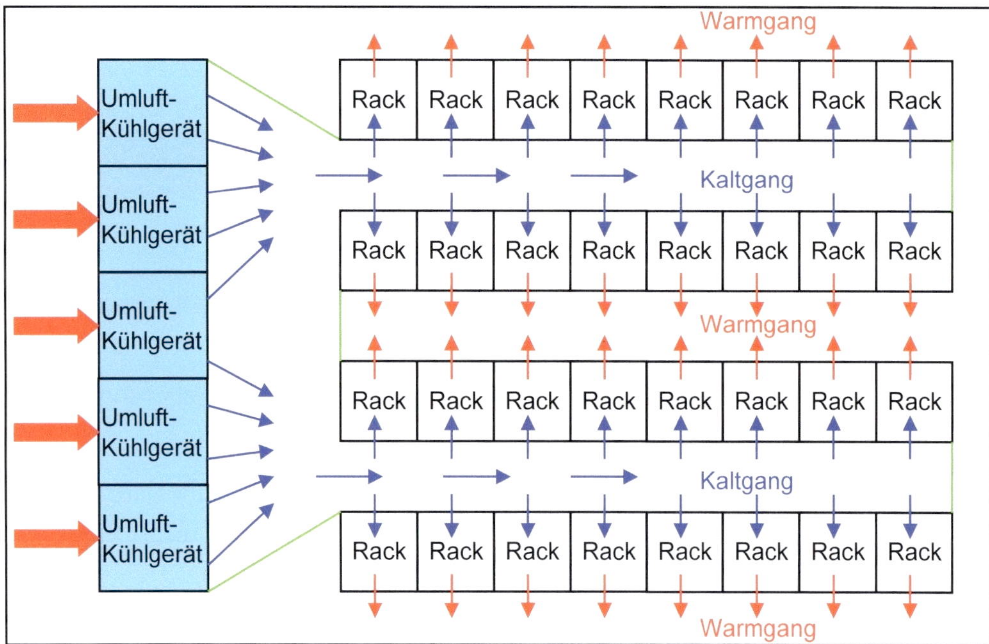

Bild 6.11: Klimatisierung über Kältewände mit abgedecktem Kaltgang (Draufsicht)

ist somit erheblich größer als im Doppelboden und es können größere Luftmengen realisiert werden. Voraussetzung ist allerdings, dass eine saubere Kalt-/Warmgangtrennung durchgeführt wird, die kalte Luft in den Kaltgang eingeblasen wird und die warme Luft frei in den Restraum entweicht.

Die vertikale Schottung zwischen Kalt- und Warmgangseite in den Datenschränken ist unbedingt einzuhalten.

6.1.3 Klimatisierung an den Datenschränken

Die Effizienz lässt sich weiter steigern, indem man die Luftwege sehr kurz hält. Dabei werden die Wärmeaustauscher ganz nah an die Datenschränke herangerückt oder in den Datenschrankverbund integriert.

Allerdings rückt man damit auch wieder die Flüssigkeit an oder in die Datenschränke. Der große räumliche Abstand zwischen Flüssigkeit und Datenschrank, wie er bei der Klimatisierung über den Doppelboden vorhanden ist, ist nicht mehr gegeben.

6.1.3.1 Rückwandwärmeaustauscher

Mit der wassergekühlten Rückwand können Wärmelasten heutzutage schon von 15 kW bis 35 kW je Datenschrank in der passiven Variante und bis 55 kW in der aktiven Variante abgeführt werden. Sie werden als Einzelgeräte oder als Zusatzkühlung bei bestehender Raumluftkühlung über den Doppelboden eingesetzt.

Bild 6.12: Passiver Rückwandwärmetauscher mit Microchannel-Rücktür
Quelle: Lehmann GmbH

Bild 6.13: Aktiver Rückwandwärmetauscher mit zusätzlichen EC-Lüftereinheiten
Quelle: Lehmann GmbH

Mit dem Rückwandwärmeaustauscher können die Wärmelasten direkt an den Serverlüftern aufgenommen und heruntergekühlt werden. Die von den Servern abgegebenen Temperaturen zwischen 35 °C und 50 °C werden über die Kühlregister der Rückwand geführt und die „temperaturneutrale" Luft mit 23 °C an der Rückwand ausgeblasen. In der passiven Variante ist die wassergekühlte Rückwand ein rein passives Element ohne zusätzliche Lüfter und daher sehr PUE-freundlich. Der Druckverlust der Rückwand muss von den Lüftern der Server übernommen werden, was dann in der Energiebilanz der IT-Last zugeschlagen wird und nicht auf der „Verlustseite" auftaucht. Allerdings gibt es auch Stimmen, die sagen, dass die Server keineswegs schneller drehen müssen oder durch die höhere Pressung mehr Strom aufnehmen. Der Nachweis in die eine oder andere Richtung wird wohl nur schwer zu führen sein. In der aktiven Variante sind zusätzlich EC-Ventilatoren eingesetzt, welche den Druckverlust an der Rücktür vollständig neutralisieren und den Volumenstrom den Serverlüftern anpassen. Die EC-Lüfter müssen logischerweise mit Strom versorgt werden, was bei der passiven Rückwand komplett entfällt. Die aktive Variante wird jedoch aufgrund des inzwischen großen Leistungsbereichs der passiven Variante immer weniger eingesetzt.

Beide Systeme werden über die Regelung optimiert betrieben, so dass im Kühlbetrieb kein Kondensat anfällt. Üblicherweise steuert die Regelung der Rückwandwärmetauscher den Volumenstrom des Kältemediums in Abhängigkeit von der Vor- und Rücklauftemperatur, so dass die Kälteerzeugung im optimalen Betriebsbereich betrieben werden kann und zusätzlich Pumpenenergie eingespart wird.

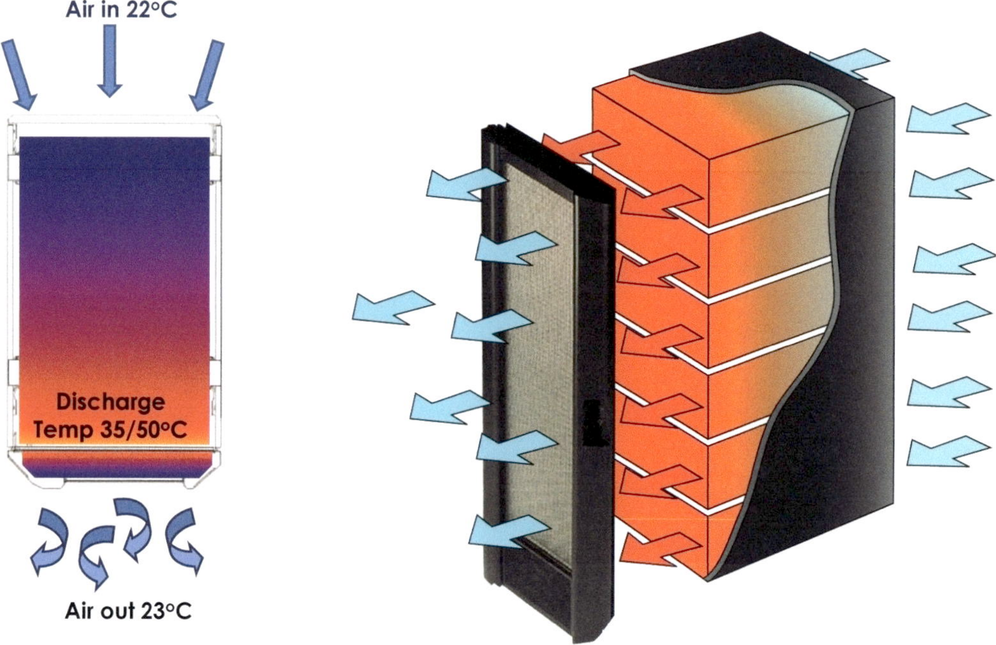

Bild 6.14: Funktionsweise des Rückwandwärmetauschers
Quelle: Lehmann GmbH

6.1.3.2 Kalt-/Warmgangeinhausung

Wassergekühlte Datenschränke, in denen die Wärmeaustauscher seitlich angebracht sind, sind in der Lage bis zu 30 kW je Datenschrank an Wärme abzuführen.

Dabei unterscheidet man das offene, das halboffene und das geschlossene System:

Das offene System ist wie die Kaltganglösung bei der Klimatisierung über den Doppelboden, aufgebaut. Allerdings sitzt der Wärmeaustauscher direkt als eigenständiger Schrank neben dem Datenschrank.

Auf der einen Seite wird die warme Luft angesaugt, über den Wärmeaustauscher geführt und auf der anderen Seite als kalte Luft wieder ausgeblasen. Ein Doppelboden ist dann für die Klimatisierung nicht mehr notwendig.

Das System kann als Warmgangeinhausung oder als Kaltgangeinhausung ausgeführt werden. Die Warmgangeinhausung hat den Vorteil, dass die kalte Luft im „Restrechenzentrum" zur Verfügung steht und auch Einzelschränke mit geringer Wärmelast außerhalb der Datenschrankreihen aufgestellt werden können.

Die Kaltgangeinhausung ist die energieeffizientere Lösung, da nur so viel kalte Luft verbraucht wird, wie in den Datenschränken von der IT-Hardware benötigt wird. Das „Restrechenzentrum" hat eine höhere Temperatur, da die Abwärme der Hardware direkt in das „Restrechenzentrum" bläst. Hier liegt der Vorteil in dem größeren Raumvolumen der warmen Seite, die sich bei Ausfall der Klimatisierung nicht so schnell erhitzt und somit dafür sorgt, dass die Hardware nicht ganz so schnell überhitzt. Der Zeitvorsprung von einigen Minuten kann im Fehlerfall entscheidend für den Nichtausfall der Hardware sein.

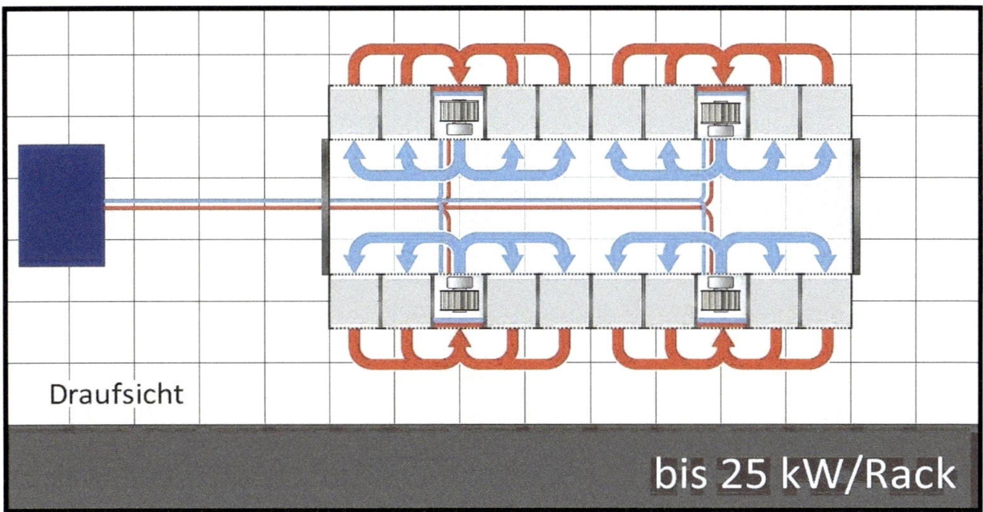

Bild 6.15: Das offene System in der Ausführungsform Kaltgangeinhausung
Quelle: Schäfer IT-Systems

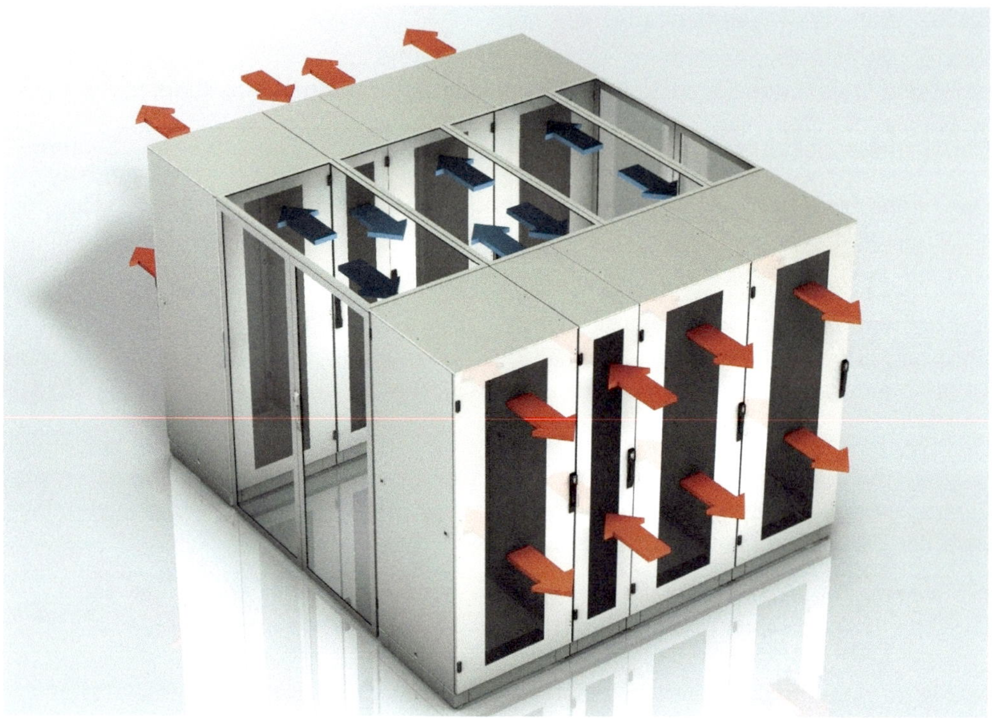

Bild 6.16: Kaltgangeinhausung mit einem Wärmeaustauscher und drei Datenschränken je Reihe
Quelle: Schäfer IT-Systems

Mit dem offenen System sind Wärmelasten bis 25 kW je Datenschrank und 50 kW je Seitenkühler möglich.

Die vertikale Schottung zwischen Kalt- und Warmgangseite in den Datenschränken ist unbedingt einzuhalten.

Die Wärmeaustauscher werden je nach Größe stromseitig mit Drehstrom angeschlossen. Somit besteht eine gewisse Redundanz in der Stromversorgung. Je nach Hersteller werden die Wärmeaustauscher auch mit zwei mal 230 Volt angeschlossen und die Redundanz der Stromversorgung dadurch erreicht. Beim Ausfall einer Einspeisung wird automatisch auf die zweite Einspeisung umgeschaltet und der komplette Wärmeaustauscher weiterhin mit Spannung versorgt. Dadurch bleibt der Wärmeaustauscher weiter voll einsatzfähig.

Kälteseitig haben sie jedoch nur einen Vor- und einen Rücklauf. Fällt dieser Kühlmittelanschluss aus, wird der Wärmeaustauscher nicht mehr mit dem Kühlmedium versorgt und stellt seine Funktion ein. Im offenen System können unter Umständen weitere

Bild 6.17: Wärmeaustauscher
mit perforierten Türen
Quelle: Schäfer IT-Systems

Bild 6.18: Kalt- bzw. Warmgangeinhausung mit
Wärmeaustauscher
Quelle: Schäfer IT-Systems

Wärmeaustauscher als Redundanz eingesetzt werden. Diese müssen jedoch in der Planung und Dimensionierung bereits berücksichtigt werden. Wärmenester an dem ausgefallenen Wärmeaustauscher sind jedoch trotzdem möglich.

Beim halboffenen System ist die Kaltgangseite an den Datenschränken offen und die Warmgangseite verschlossen. Die kalte Luft wird frei nach vorne in den Kaltgang eingeblasen. Die warme Luft wird hinten seitlich an den Datenschränken abgesaugt und dem Wärmeaustauscher zugeführt. Die Wärmelasten, die abgeführt werden können, liegen in der gleichen Größenordnung wie bei den offenen Systemen. Der Vorteil liegt darin, dass nicht das komplette „Restrechenzentrum" mit erwärmt wird und der Betrieb effizienter ist. Zudem können in dem „Restrechenzentrum" gesonderte Systeme aufgebaut werden, ohne dass sie durch das halboffene System beeinflusst werden.

Die vertikale Schottung zwischen Kalt- und Warmgangseite in den Datenschränken ist auch hier wieder unbedingt einzuhalten.

Die Redundanz in der Stromversorgung ist durch die zuvor beschriebenen Arten ebenfalls realisierbar. Kälteseitig sieht es jedoch ganz anders aus, da normalerweise zwischen den aneinander gereihten Datenschränken in einer Reihe ebenfalls noch eine Seitenschottung eingebracht wird. Jede Wärmeaustauschereinheit mit den danebenliegenden Datenschränken arbeitet für sich. Fällt ein Wärmeaustauscher aus, wird sich auf der warmen Seite ein Hitzestau bilden und zwangsläufig die Hardware überhitzen. Redundanzen durch weitere Wärmeaustauscher sind nur noch auf der kalten Seite vorhanden, die jedoch nicht viel Einfluss haben. Der Luftstrom von der warmen auf die kalte Seite erfolgt nur noch durch den Luftstrom der Lüfterleistung in der Hardware. Die Kühlwirkung ist dann relativ gering.

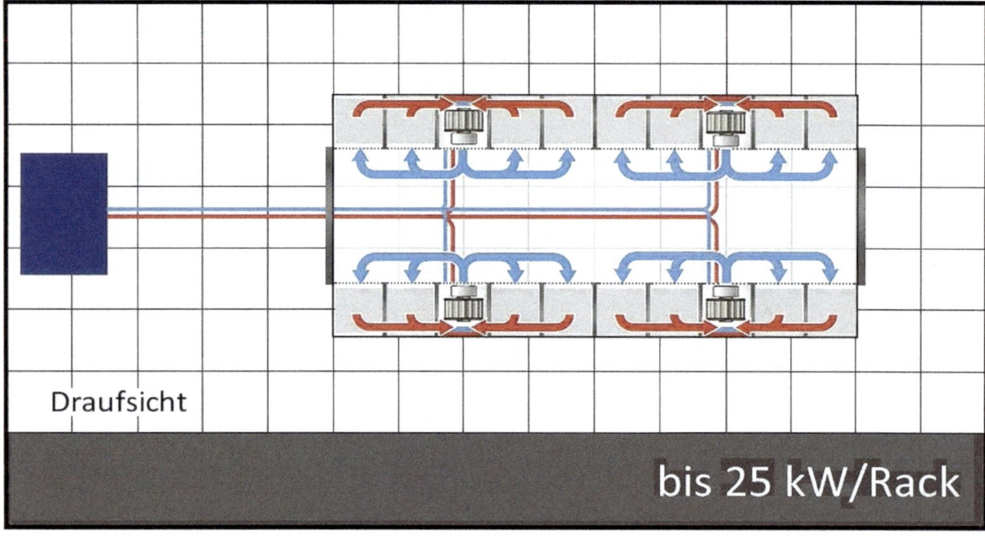

Bild 6.19: Das halboffene System mit Kaltgangeinhausung und geschlossener Warmseite
Quelle: Schäfer IT-Systems

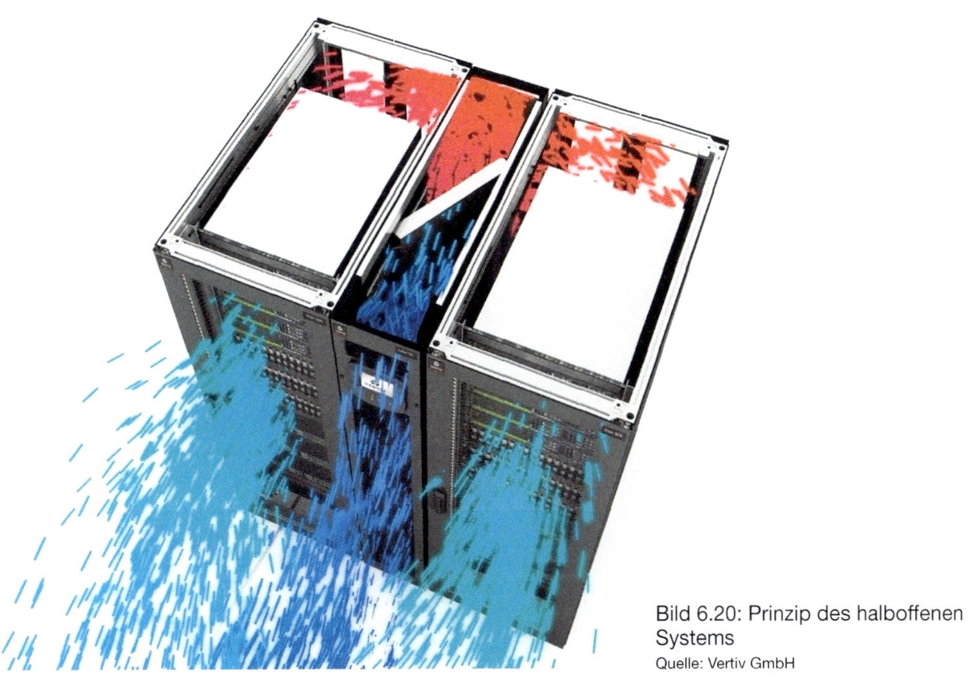

Bild 6.20: Prinzip des halboffenen Systems
Quelle: Vertiv GmbH

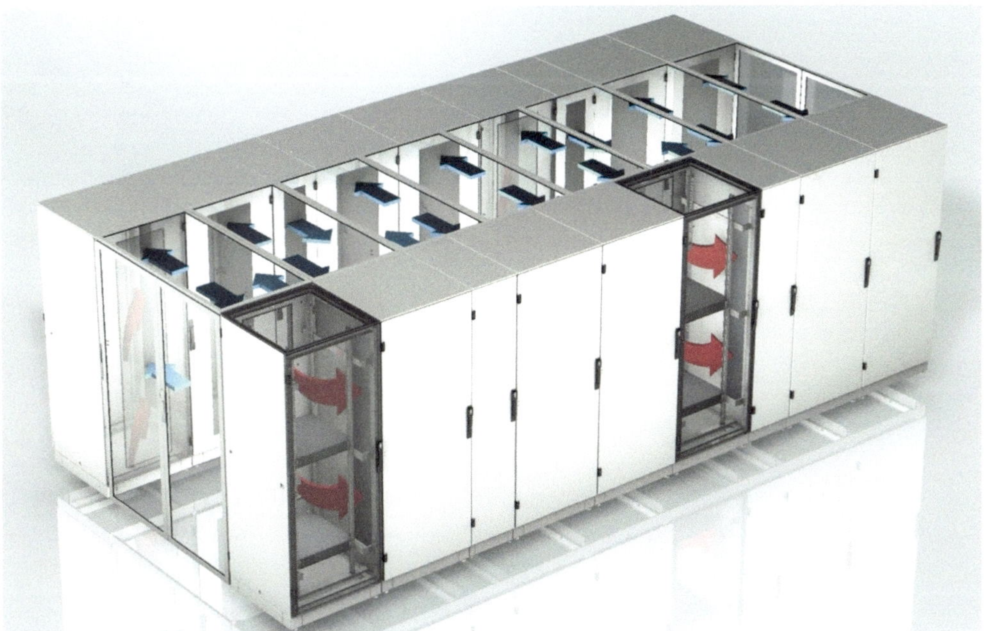

Bild 6.21: Das halboffene System mit Kaltgangeinhausung und geschlossener Warmseite
Quelle: Schäfer IT-Systems

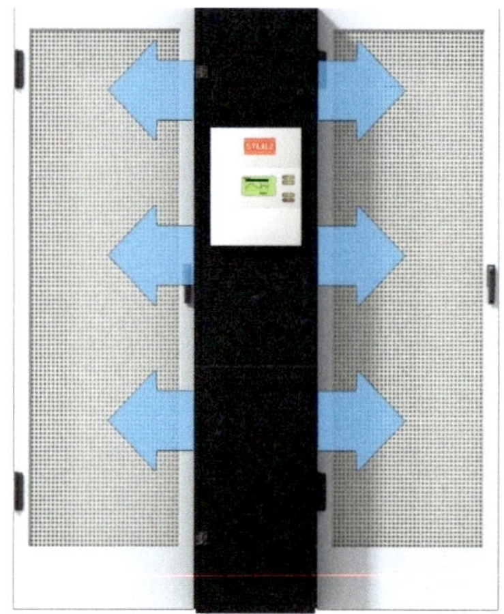

Bild 6.22: Präzisionsklimageräte direkt im Kaltgang mit seitlicher Ausblasung
Quelle: STULZ GmbH

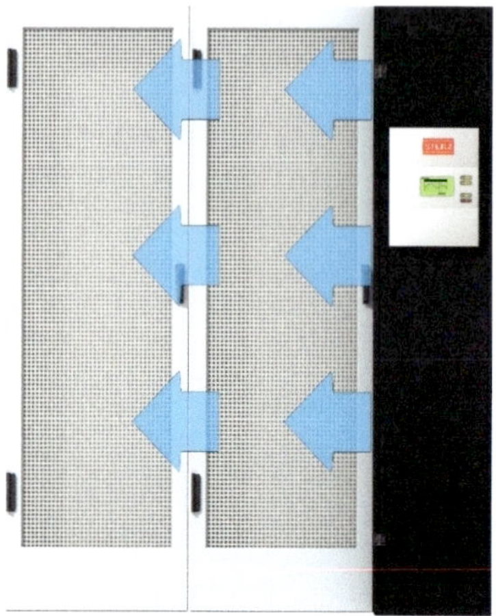

Bild 6.23: Ausblasung nur nach links
Quelle: STULZ GmbH

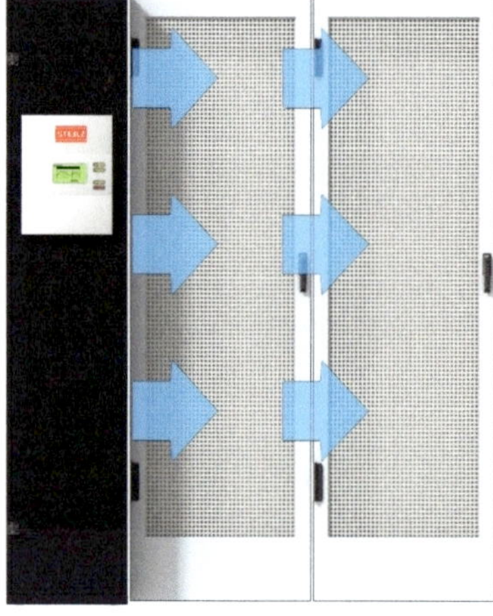

Bild 6.24: Ausblasung nur nach rechts

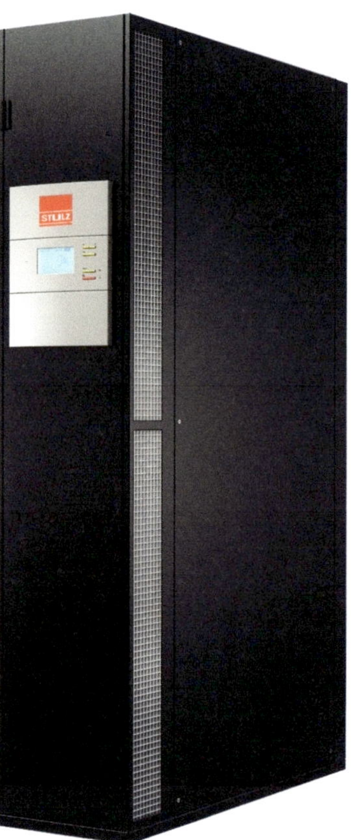

Bild 6.25: Klimagerät mit seitlicher Ausblasung
Quelle: STULZ GmbH

Bild 6.26: Direktverdampferausführung
Quelle: STULZ GmbH

Bild 6.27: Kaltwasserausführung
Quelle: STULZ GmbH

6.1.3.3 Geschlossene Datenschränke

Beim geschlossenen System handelt es sich um vorne und hinten geschlossene Datenschränke. Die Seitenkühler saugen hinten seitlich die warme Luft an, führen sie durch den Wärmeaustauscher des Seitenkühlers und blasen die kalte Luft vorne seitlich nach links und rechts in die Datenschränke. Die Türen der Datenschränke und der Seitenkühler sind geschlossen.

Es handelt sich dabei um einen lufttechnisch geschlossenen Kreislauf innerhalb der Datenschrankverbünde. Allerdings hat man hier das Problem, dass bei geöffneten Türen die Klimatisierung so gut wie nicht mehr funktioniert. Dies kann unter Umständen recht häufig sein, um beispielsweise an der Hardware Funktionen zu bedienen oder Patchkabel zu stecken. Sie merken dann sehr schnell, wo hier die Grenzen liegen.

Somit eignen sich diese Systeme hauptsächlich bei Datenschränken, die relativ selten administriert werden müssen bzw. wenig Veränderung erfahren.

Die vertikale Schottung zwischen Kalt- und Warmgangseite in den Datenschränken ist für die Funktion bei dieser Anordnung am wichtigsten.

Die Redundanz in der elektrischen Stromversorgung ist durch die zuvor beschriebenen Arten wiederum realisierbar.

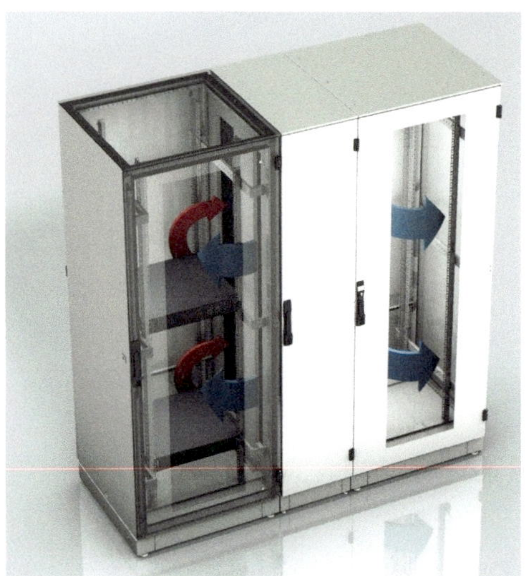

Bild 6.28: Das geschlossene System
Quelle: Schäfer IT-Systems

Bild 6.29: Prinzip des geschlossenen Datenschranks
Quelle: Vertiv GmbH

Zwischen den aneinander gereihten Datenschränken in der Reihe wird zumeist auch eine Seitenschottung eingebracht. Jede Wärmeaustauschereinheit mit den danebenliegenden Datenschränken arbeitet wiederum für sich. Fällt ein Wärmeaustauscher aus, kann man damit rechnen, dass innerhalb kürzester Zeit der Datenschrank überhitzt und die Hardware abschaltet. Redundanzen sind keine mehr vorhanden. Die Überhitzung tritt noch schneller ein, als wenn nur die Schranktüre geöffnet wird.

Bild 6.30: Seitenkühler mit geschlossenen Türen
Quelle: Schäfer IT-Systems

Eine Unterart des geschlossenen Datenschrankes ist die Einschranklösung mit dem Wärmeaustauscher im Sockelbereich des Datenschrankes. Wärmelasten bis 21 Kilowatt je Datenschrank sind damit abführbar. Allerdings werden in der Regel keine weiteren Datenschränke angereiht, so dass die Wärmeaustauscheranordnung im Sockel eine klassische Einschranklösung ist. Die Anbindung der Kühlmittelleitungen erfolgt wiederum üblicherweise über den Doppelboden. Auch hier sind die vertikalen Abschottungen zwischen Vorder- und Rückseite unbedingt einzuhalten. Zudem besteht hier ebenfalls keine Redundanz, falls der Wärmeaustauscher ausfällt. Geöffnete Türen können sehr schnell zu einer Überhitzung der Hardware führen.

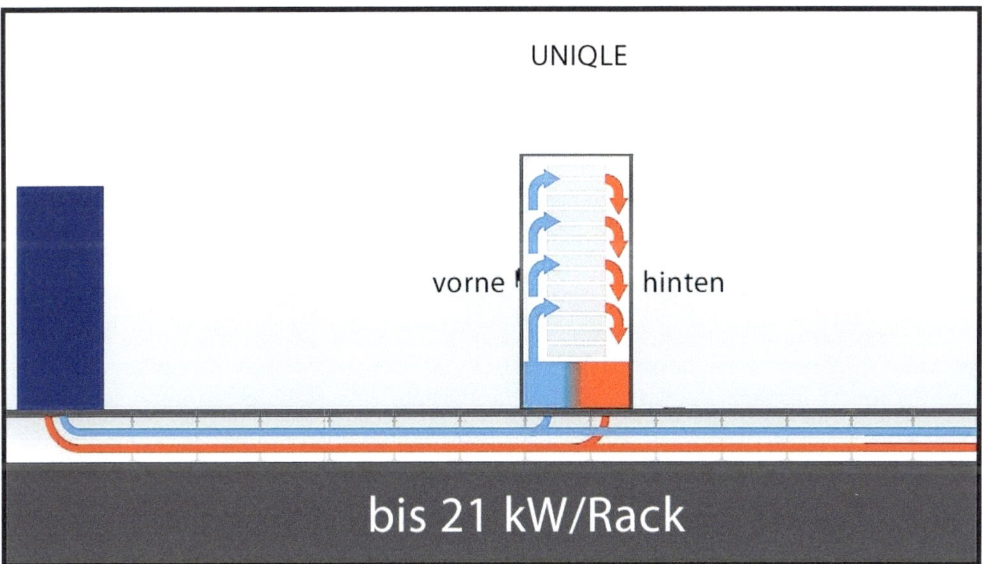

Bild 6.31: Einschranklösung mit geschlossenen Türen und Wärmeaustauscher im Sockelbereich
Quelle: Schäfer IT-Systems

6.1.4 Direkte Freie Kühlung

Bei der direkten Freien Kühlung wird die Außenluft mehrstufig gefiltert und zur Kühlung des Rechenzentrums direkt über große Öffnungen in das Rechenzentrum gebracht. Damit ist es möglich, z.B. in Stuttgart über 90 Prozent der Zeit das Rechenzentrum auf diese Art ohne die Erzeugung von technischer Kälte zu kühlen. Der PUE-Wert (Power Usage Effectivness – Verhältnis der gesamten, im Rechenzentrum verbrauchten Energie (Total Facility Power) zur Energieaufnahme der Informationstechnologie (IT Equipment Power Consumption)) ist sagenhaft niedrig, da nur in 10 Prozent der Zeit Kompressorleistung zur Kälteerzeugung benötigt wird.

Die geräteinterne Regelung entscheidet selbständig anhand von Temperaturmesswerten, ob Freie Kühlung, Mischbetrieb oder Umluftbetrieb mit technisch erzeugter Kälte notwendig ist. Sobald die Außentemperaturen unter der Soll-Zulufttemperatur (z.B. 18 °C) liegen, wird ausschließlich mit Außenluft gekühlt. Bei sehr niedrigen Temperaturen müssen die Filter zusätzlich vorerwärmt werden.

Durch die Öffnungen in der Wand ist das Rechenzentrum jedoch auch relativ offen gegenüber der äußeren Umgebung. Eine exakte Feuchteregelung ist mit der direkten Freien Kühlung fast nicht möglich und die Luftfeuchte im Rechenzentrum schwankt mit der Luftfeuchte der jeweiligen Umgebungsbedingung. Einzelne Anlagenhersteller gehen dazu über, warme Rechenzentrumsrückluft beizumischen und so zu entfeuchten, oder die Frischluft separat zu befeuchten, um die Luftfeuchte über diesen Weg einigermaßen zu regeln. Jegliche Störung außerhalb des Rechenzentrums wird unter Umständen sofort in das Rechenzentrum getragen. Sensoren schließen die Klappen bei Rauch oder ähnlichen Störgrößen und es setzt sofort der Umluft-Kompressorbetrieb ein. Das Rechenzentrum ist im Jahresverlauf großen Temperatur- und Luftfeuchteschwankungen ausgesetzt. Die Verunreinigungen in der Luft werden zwar durch ein mehrstufiges Filtersystem verbessert, jedoch ist und bleibt es eine Art der Kühlung, die stark von der örtlichen Lage des Rechenzentrums abhängt. Standorte mit großen Luftverschmutzungen in der Umgebungsluft, wie z.B. Autobahnen, Rapsfelder, größere Baustellen etc., können schon problematisch sein.

Steigt die Außentemperatur über die Soll-Zulufttemperatur, wird die Luft über integrierte zusätzliche Kältekreise (Direktverdampfer oder Kaltwasser) weiter abgekühlt. Im Rechenzentrum entsteht durch die eingebrachte Außenluft ein Überdruck. Dieser muss durch in den Außenwänden installierten Überdruckklappen oder Fortluftventilatoren ausgeglichen werden.

Die Möglichkeiten der energieoptimierten Klimatisierung mit einer sehr großen Energieeffizienz kann man sich, sofern von der Lage möglich, zunutze machen. Allerdings müssen auch die Gefahren, die eine solche Art zwangsläufig mit sich bringt, genau betrachtet und abgewogen werden. Es ist und bleibt eine Nischenlösung, die nur bei bestimmten Standorten effizient eingesetzt werden kann.

Die unterschiedlichen Betriebsmodi stellen sich bei der direkten Freien Kühlung z.B. wie folgt dar:

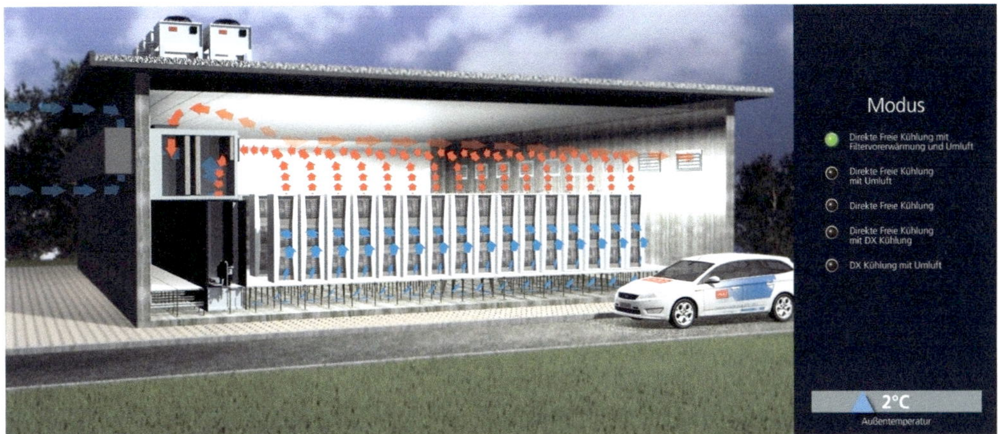

Bild 6.32: Direkte freie Kühlung mit Filtervorerwärmung und Umluftbetrieb

Bild 6.33: Direkte freie Kühlung mit Umluftbetrieb bis 17 °C Außentemperatur

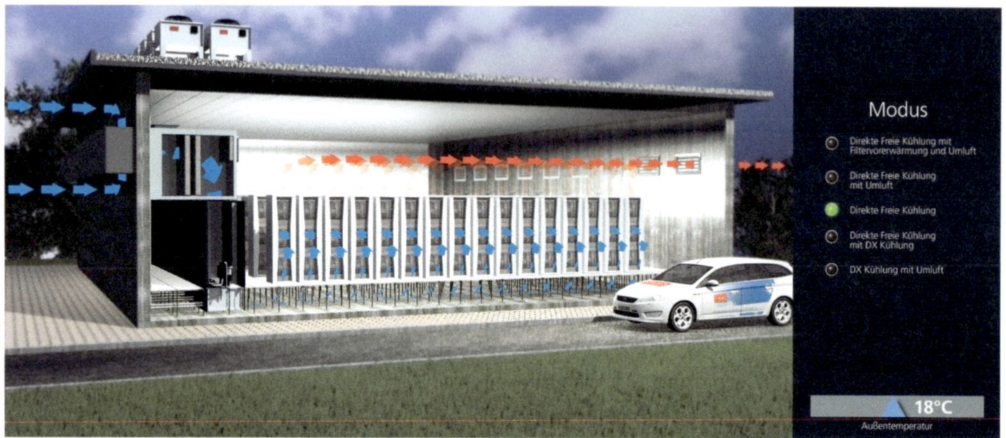

Bild 6.34: Direkte freie Kühlung ohne Umluftbetrieb bei 18 °C Außentemperatur

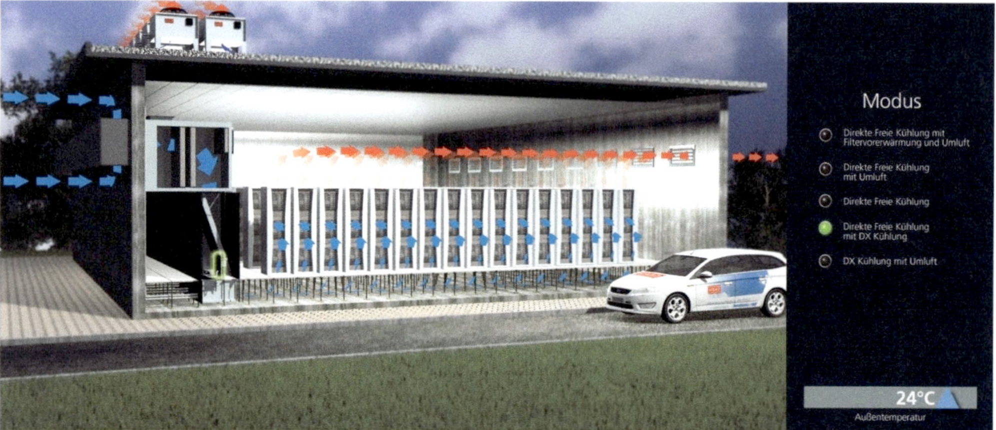

Bild 6.35: Direkte freie Kühlung im Mischbetrieb mit technisch erzeugter Kälte

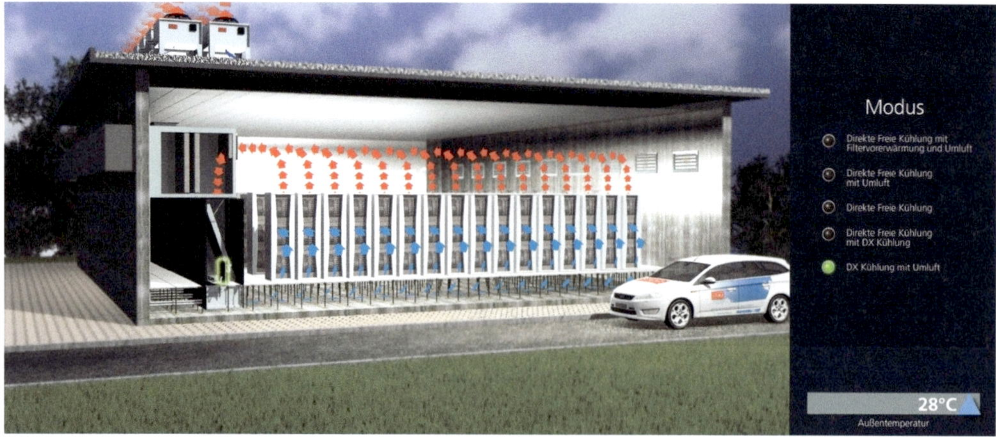

Bild 6.36: Reiner Umluftbetrieb mit technisch erzeugter Kälte

Quellen aller Bilder: STULZ GmbH

6.1.5 Indirekte Freie Kühlung

Die indirekte Freie Kühlung ist in ihrer Funktionsweise genauso aufgebaut wie die direkte Freie Kühlung. Sie unterscheidet sich darin, dass die Außenluft teilweise oder ganz dauerhaft über luftdichte Wärmeübertrager von der Raumluft getrennt ist und dass die Raumlüftung ganzjährig im Umluftmodus betrieben wird.

Durch diese Trennung der Luftströme ist eine adiabatische oder benetzende Kühlung der Außenluft möglich, ohne dass die Raumfeuchte beeinflusst wird. Je nach Raumkonditionen und klimatischen Standortbedingungen besteht die Möglichkeit, die indirekte Freie Kühlung ganzjährig ohne Kompressorkühlung einzusetzen.

6.1.5.1 Wärmerad

Die Firma KyotoCooling bietet eine patentierte Rechenzentrumskühllösung auf Basis eines Rotoationswärmetauschers. Das System ist zum Einbau in Gebäude oder als fertige Lösung in Form von Lüftungsgeräten erhältlich. Die Idee hinter diesem System ist es, eine ebenso einfache wie effiziente Lösung mit einer geringen Anzahl an Industriestandardkomponenten zu schaffen. Durch nur einen thermischen Übergang (Innenluft / Wärmerad / Außenluft) hat die Lösung eine deutliche höhere Effizienz als traditionelle Kühllösungen für Rechenzentren.

Als Wärmetauscher wird ein Hochleistungsrotationswärmetauscher (Wärmerad) eingesetzt, das den inneren Umlaufkreislauf von der Außenluft trennt. Das Wärmerad wird aus Aluminium hergestellt und ist mit einer selbstreinigenden und korrosionsbeständigen Beschichtung versehen.

Da das KyotoCooling-Konzept kein Wasser für den Betrieb der Kältemaschinen oder für die indirekte Freikühlung benötigt, besteht keine Abhängigkeit von der Wasserversorgung und es besteht keine Gefahr durch das Kühlwasser für die IT-Systeme.

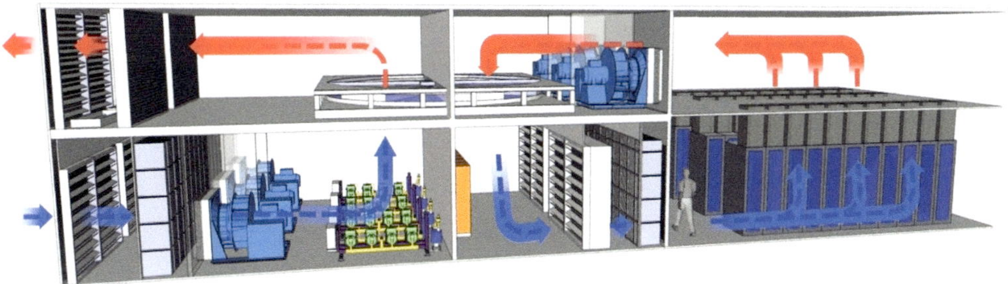

Bild 6.37: Wirkungsweise des Wärmerads
Quelle: KyotoCooling

Abhängig von der Rechenzentrumszuluft-Temperatur und der Außentemperatur werden die Rotationsgeschwindigkeit des Wärmetauschers, das Luftvolumen der Außenventilatoren sowie der DX-Kältemaschinen (siehe Kapitel 6.3.2.1 Direktverdampfersysteme) gesteuert.

Durch die intelligente Anordnung der Komponenten stehen alle relevanten Bauteile das ganze Jahr über in einer sauberen und kontrollierten Umgebung oberhalb der Frostgrenze. Das steigert die Ausfallsicherheit und die Lebensdauer der Anlage.

Die Lösung von KyotoCooling für den Gebäudeeinbau eignet sich aufgrund der hohen Leistungsfähigkeit der Wärmeräder sehr gut für große Rechenzentren im Megawattbereich mit einer Kälteleistung von bis zu 1,3 MW je Wärmerad. Für Kälteleistungen zwischen 50 kW und 450 kW gibt es fertige Lösungen in Form von Lüftungsgeräten.

Bild 6.38: Modularer Aufbau der Wärmeräder im Gebäude
Quelle: noris network AG

Bild 6.39: Modularer Aufbau der Wärmeräder auf dem Dach
Quelle: KyotoCooling

6.1.5.2 Luft-/Luft-Wärmetauscher

Luft-/Luft-Wärmetauscher werden bereits seit vielen Jahren zur Wärmerückgewinnung in Lüftungsanlagen eingesetzt. Sie sind insofern nicht neu. Neu ist, dass die Wärmetauscher mit Wasser benetzt werden und so die adiabatische Kühlung bzw. Verdunstungskühlung genutzt wird.

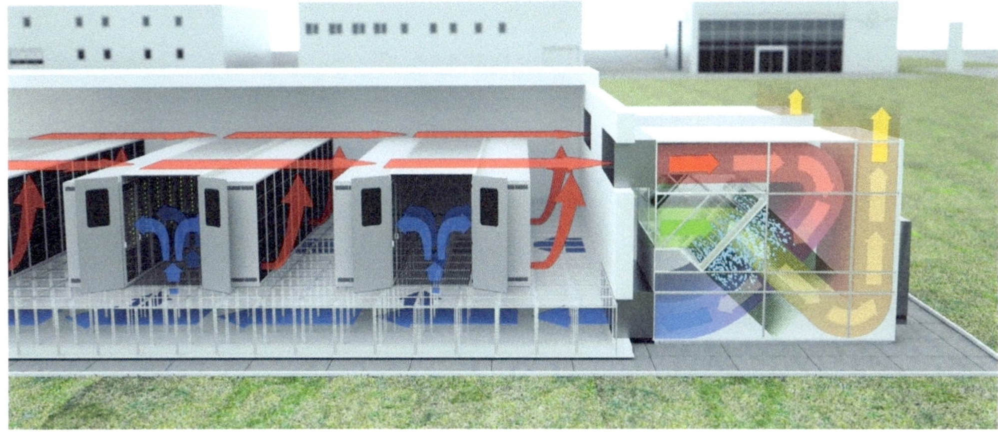

Bild 6.40: Wirkungsweise des Luft-/Luft-Wärmetauschers
Quelle: Excool GmbH

Als Wärmetauscher werden Kreuzstromwärmetauscher eingesetzt, die eine getrennte Luftführung der Außen- und Rechenzentrumsumluft sicherstellen. Der Wärmetauscher besteht je nach Hersteller aus unterschiedlichen Materialien. Ein Wärmetauscher aus Kunststoff, wie ihn beispielsweise Excool oder Munters verwendet, hat dabei den Vorteil, dass er aufgrund seiner Oberflächenstruktur selbstreinigend ist und durch die ständige leichte Bewegung im Betrieb dafür sorgt, dass sich der eventuell ablagernde Kalk selbst löst. Kunststoff hat zudem den Vorteil der Korrosionsbeständigkeit.

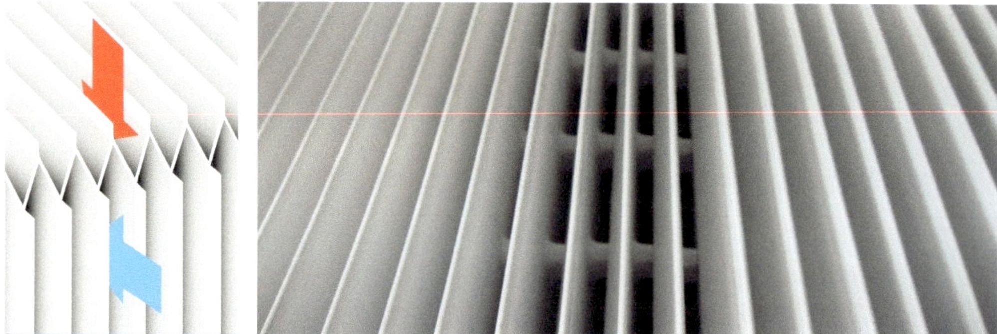

Bild 6.41: Kreuzstromwärmetauscher
Quelle: Excool GmbH

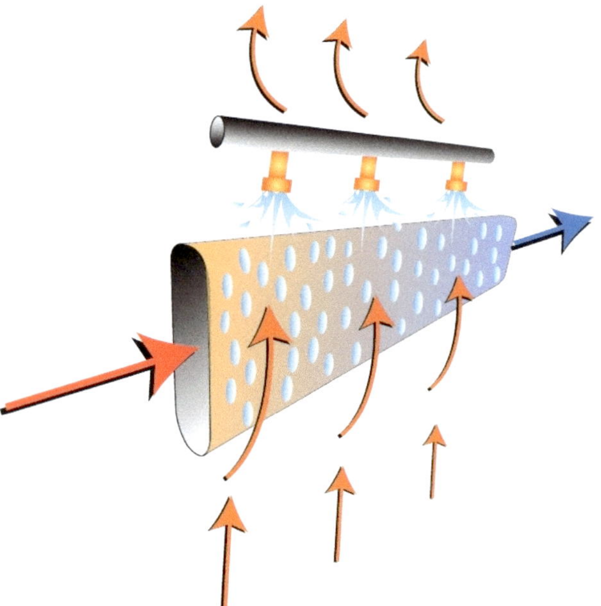

Bild 6.42: Polymer-Wärmetauscher von Munters
Quelle: Munters GmbH

Die Luft-/Luft-Wärmetauscher werden in drei Betriebsmodi betrieben:

Indirekte Freiluftkühlung

Die kalte Außenluft wird frei angesaugt und in den Wärmetauscher geführt. Hier entzieht die Außenluft der Rechenzentrums-Rückluft die Wärme durch Wärmeübertragung auf den Wärmetauscher. Die Rechenzentrums-Rückluft wird dadurch abgekühlt und anschließend dem Rechenzentrum wieder zugeführt.

Zwei getrennte Luftkreisläufe verhindern den direkten Eintrag von Außenluft in das Rechenzentrum und schließen Gefahren durch Rauch, chemische Verunreinigungen, Staub und Aerosole aus.

In Abhängigkeit der geforderten Zulufttemperatur ist die freie Kühlung die meiste Zeit des Jahres ausreichend. Durch die dynamische Regelung der Ventilatoren wird eine konstante Zulufttemperatur auch bei Kälte und Frost realisiert.

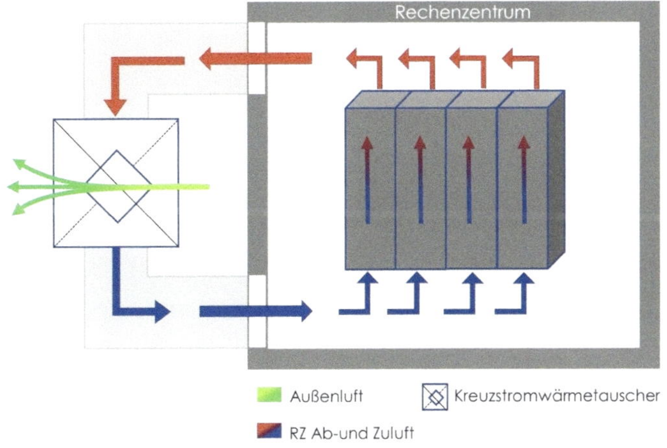

Bild 6.43: Wirkungsweise der Indirekten Freiluftkühlung
Quelle: Excool GmbH

Adiabatische Kühlung

Bei höheren Außentemperaturen ab ca. 16 °C wird das Berieselungs- oder das Hochdruckvernebelungssystem aktiviert. Munters, Vertiv, BerlinerLuft und Stulz verwenden dabei das aerosolarme Berieselungssystem, Excool die Hochdruckvernebelung. Bei der Adiabatik wird die frei angesaugte Außenluft bis annähernd 100 Prozent relativer Luftfeuchte gesättigt und dadurch abgekühlt. Durch den feinen Nebel des Hochdruckvernebelungssystems entsteht eine deutlich größere Wasseroberfläche, die eine schnellere Verdunstung und damit eine höchst effiziente Kühlung ermöglicht.

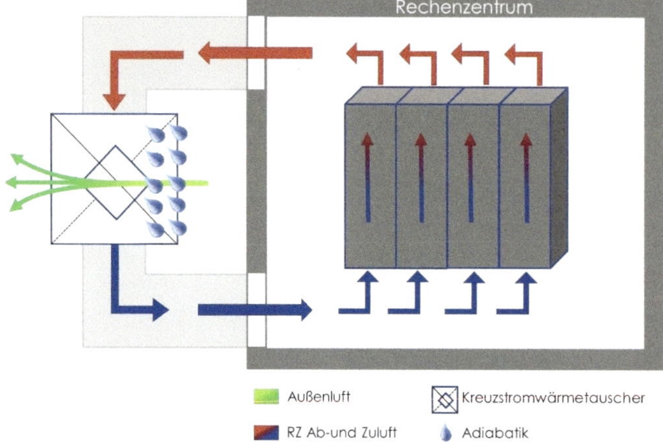

Bild 6.44: Wirkungsweise der Adiabatischen Kühlung
Quelle: Excool GmbH

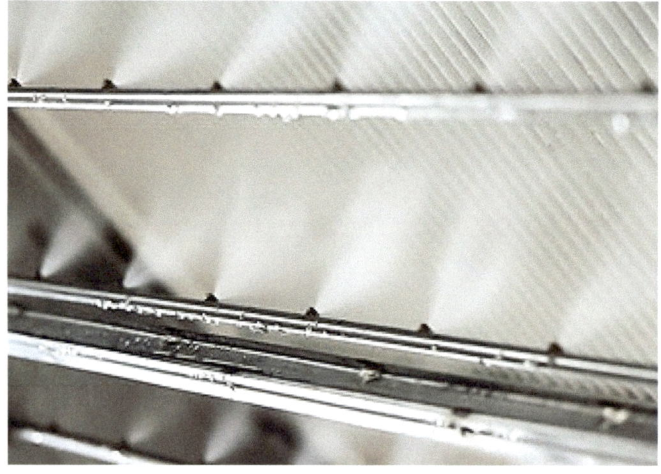

Bild 6.45: Hochdruckvernebelung
Quelle: Excool GmbH

Bild 6.46: Berieselung
Quelle: Munters GmbH

Das ist, abhängig von der geforderten Zulufttemperatur, ausreichend, um ganzjährig, auch bei hohen Außentemperaturen, mit diesen beiden Betriebsmodi zu kühlen.

Das minimale Restwasser der Adiabatik wird bei Excool täglich automatisiert abgepumpt und dem Abwasserkanal zugeführt, wodurch eine Bildung von Legionellen oder anderen Bakterien ausgeschlossen ist. Das Wasser für die Adiabatik muss beim Hochdruckvernebelungssystem von Excool nur minimal aufbereitet werden. Es wird lediglich über verschiedene Filter- und Aufbereitungssysteme enthärtet und gereinigt. Eine weitere chemische Behandlung ist nicht notwendig.

Das Umlaufwasser beim Munterssystem wird kontinuierlich hinsichtlich Temperatur und Leitfähigkeit überwacht und die Werte aufgezeichnet. Der Wassertank für die Umlaufwassermenge im Gerät ist bewusst sehr klein gehalten. Nur bei Überschreitung eines Sollwerts (Temperatur bzw. Leitfähigkeit) wird der Behälter neu gefüllt. Da das Tankvolumen im Vergleich zur verdunsteten Wassermenge sehr gering ist, tritt dieser Zustand nur sehr selten auf. Kalk und andere Stoffe, die aufgrund des Selbstreinigungsprozesses der Wärmetauscher in der Wanne landen, können auch jederzeit während des Betriebs von autorisiertem Personal einfach entfernt werden. Für die Vorbehandlung des Verdunstungswassers reicht bei der Munterstechnologie ein UV-System aus.

Für die Adiabatik kann auch Zisternenwasser verwendet werden, das beispielsweise zuvor vom Dach des Rechenzentrumsgebäudes gesammelt wurde. Das Sammeln des Regenwassers in einer unterirdischen Zisterne hat zudem den Vorteil, dass das Wasser eine sehr niedrige und fast konstante Temperatur hat und keinen Kalk enthält.

Zusätzliche Kompressor-Kühlung
Um bei extremen Außenluftfeuchten die geforderte Zulufttemperatur im Rechenzentrum konstant zu halten, kann bei allen Herstellern optional eine Kompressoreinheit zur

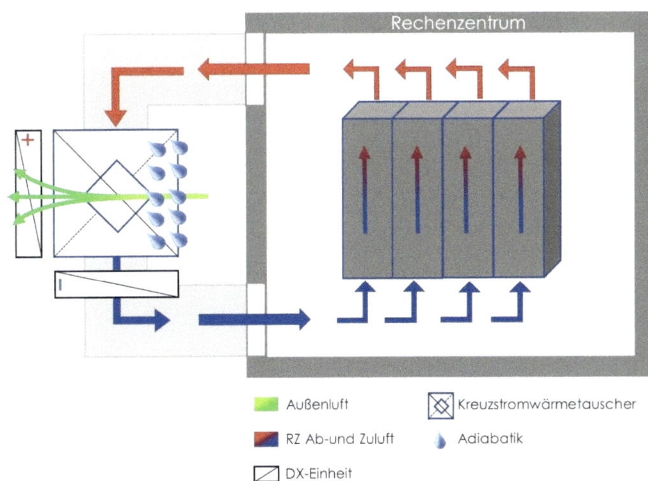

Bild 6.47: Wirkungsweise der zusätzlichen Kompressorkühlung
Quelle: Excool GmbH

Nachkühlung im Gerät integriert werden. Diese gleicht ausschließlich die Temperaturdifferenz zur Zulufttemperatur aus, die nicht durch die adiabatische Kühlung erreicht werden kann.

Die meisten Hersteller unterstützen auch die Option eines Kaltwassernachkühlregisters anstelle eines integrierten Kältekreises.

Die Regelungen bei beispielsweise Excool und Vertiv erkennen auch, ob es effizienter ist, den Wasserverbrauch und die Drehzahl der Ventilatoren zu erhöhen oder ob Kompressor-Kühlung sinnvoller ist. Der dynamische Prozess ist dabei energieoptimiert.

Die Anlagen können neben dem Gebäude, auf dem Dach oder auch im Gebäudeinneren aufgestellt werden.

Bild 6.48: Außenaufstellung
Quelle: Excool GmbH

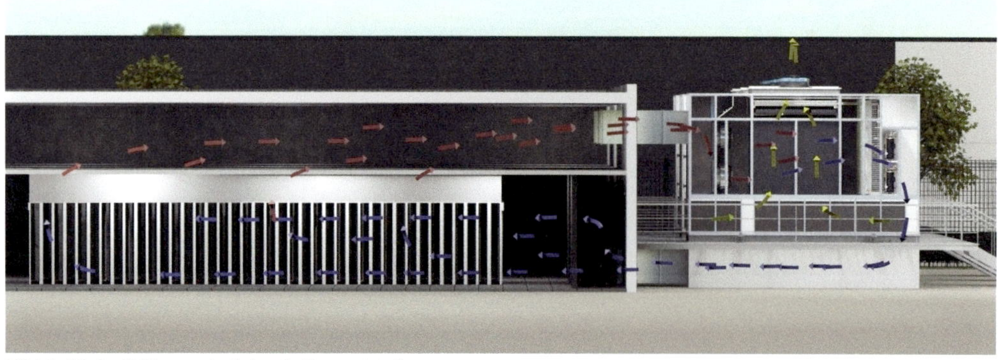

Bild 6.49: Luftführung bei der Außenaufstellung
Quelle: Munters GmbH

Bild 6.50: Aufstellung auf dem Dach
Quelle: Munters GmbH

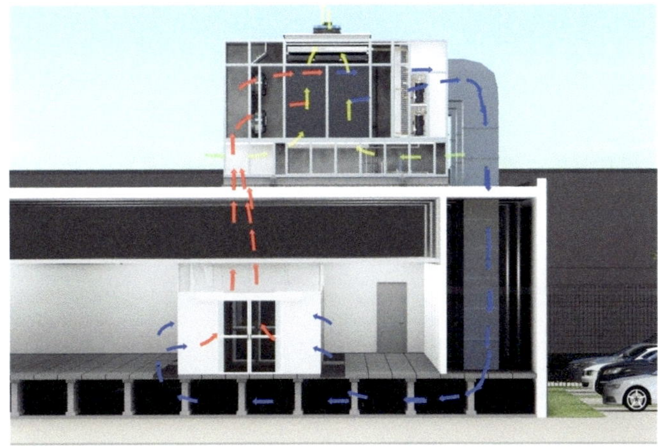

Bild 6.51: Luftführung bei der Dachaufstellung
Quelle: Munters GmbH

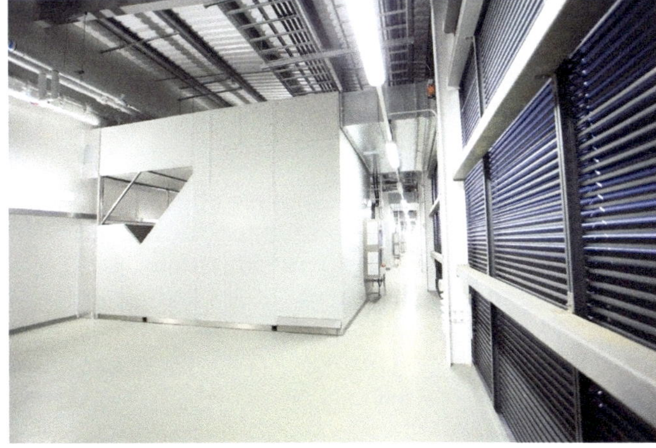

Bild 6.52: Innenaufstellung
Quelle: Excool GmbH

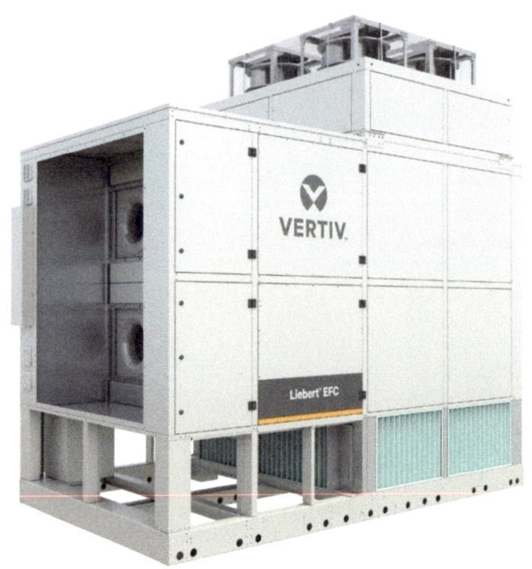

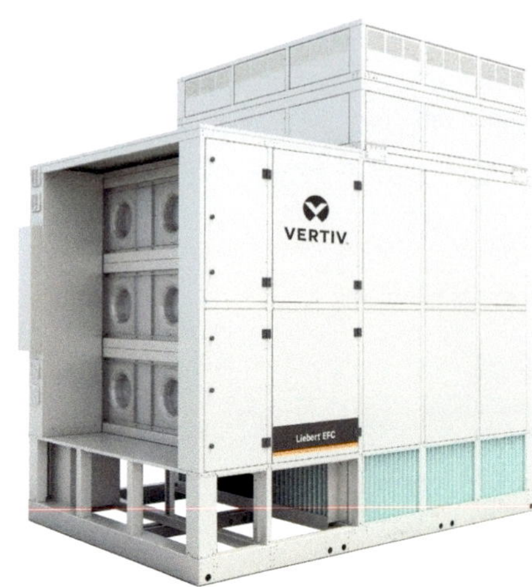

Bild 6.53: Die EFC-Baureihen von Vertiv
Quelle: Vertiv GmbH

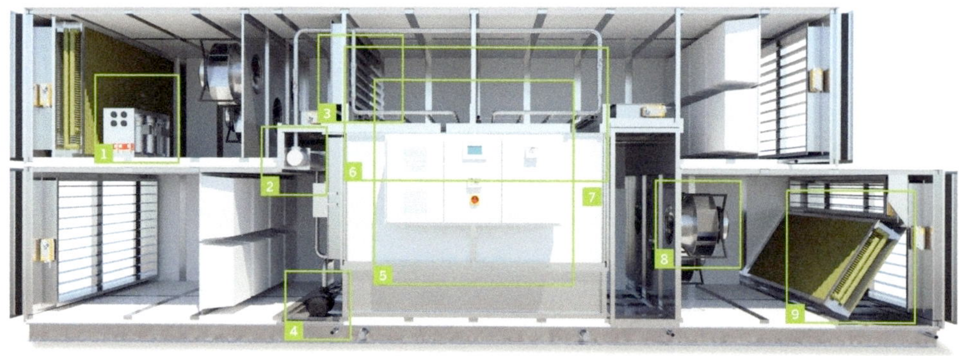

Bild 6.54: Schnitt durch die DataCond ETOS-Baureihe von BerlinerLuft
Quelle: BerlinerLuft. Technik GmbH

Derzeit sind die Anlagen von Excool GmbH in den Leistungsgrößen 60, 120, 200, 250, 355 und 500 kW maximale Kühlleistung verfügbar. Munters GmbH hat die Anlagengrößen 60 bis 500 kW maximale Kühlleistung in seinem Produktportfolio. Die EFC-Baureihen von Vertiv gibt es im Leistungsbereich von 100 bis 350 kW maximale Kühlleistung. Das DataCond"ETOS" der BerlinerLuft.Technik GmbH ist in den Ausführungen 50, 100, 150, 200 und 250 kW maximale Kühlleistung als Wand-/Dachgerät verfügbar. Die CyberHandler 2 von Stulz sind ganz neu auf dem Markt in den Größen 30 bis 520 kW maximale Kühlleistung verfügbar.

6.1.6 Weitere Lösungsansätze

Es gibt weitere Systeme am Markt, in denen die Wärmeaustauscher auf die Datenschränke aufgesetzt werden oder über den Kaltgängen installiert werden. Allerdings kommen auch hier beide Systeme nicht umhin, die Kaltgänge konsequent einzuhausen und gegebenenfalls vorne und hinten an den Reihen über Türen zu schließen. Mit den Aufsatzwärmeaustauschern sind Wärmelasten bis 6,5 Kilowatt abführbar, mit dem System über den Kaltgängen bis zu 30 Kilowatt.

6.1.6.1 Aufsatzwärmeaustauscher über den Datenschränken

Die Wärmeaustauscher sind auf den Datenschränken aufgesetzt oder über den Datenschränken montiert. Sie saugen hinten die warme Luft an und blasen die kalte Luft im 45°-Winkel nach unten in den Kaltgang ein.

Die kalte Luft fällt nach unten, so dass auch die unteren Serverreihen in den Schränken noch kalte Luft erhalten. Das System kommt ohne Doppelboden aus.

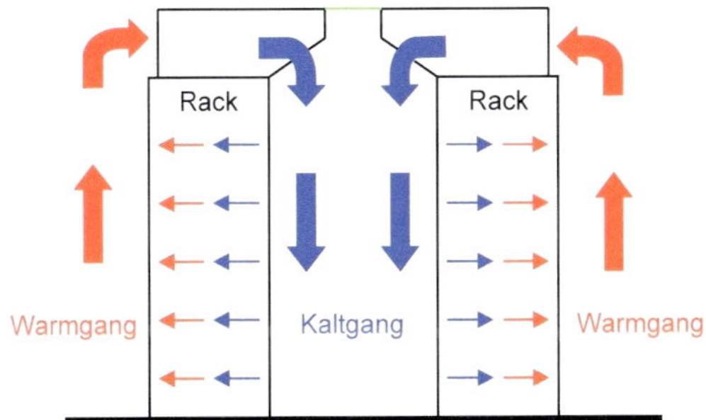

Bild 6.55: Aufsatzwärmeaustauscher über den Datenschränken

6.1.6.2 Wärmeaustauscher über den Kaltgängen

Der Wärmeaustauscher sitzt mittig zwischen den Datenschränken. Er saugt die warme Luft seitlich an und bläst die kalte Luft direkt in den Kaltgang ein. Das System kommt wiederum ohne Doppelboden aus.

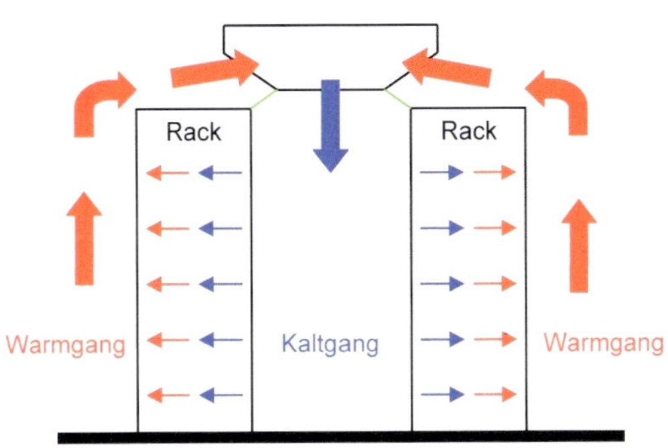

Bild 6.56: Wärmeaustauscher im Kaltgang

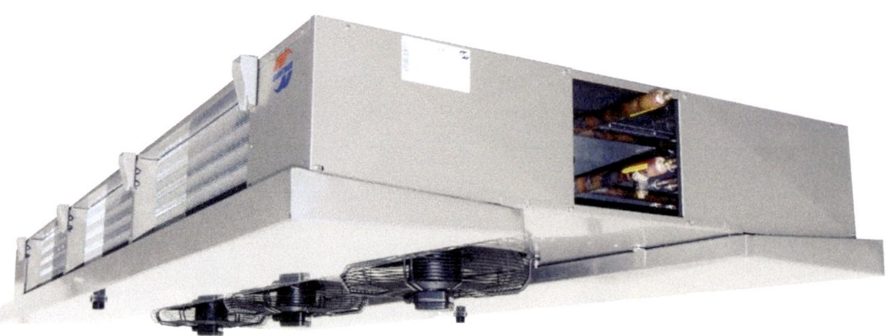

Bild 6.57: Beidseitig ansaugender Deckenverdampfer
mit drei Ventilatoren für 15 kW bis 45 kW Kälteleistung oder als Deckenluftkühler für Kaltwasserbetrieb
Quelle: Güntner GmbH & Co. KG

6.1.6.3 Einfache Wand- / Deckengeräte

Mit einfachen Wand- / Deckengeräten können kleine Wärmelasten bis 20 Kilowatt pro Gerät abgeführt werden. Allerdings ist es hier schwieriger, eine gezielte Luftführung zu erreichen.

Wand- / Deckengeräte werden meist in Technikräumen wie Batterieräumen eingesetzt, in denen die flächenspezifische Wärmelast sehr gering ist und es in erster Linie darum geht, den Raum auf einer definierten Temperatur zu halten. Auch kleinere Netzwerkräume mit viel passiver und wenig aktiver Netzwerktechnik lassen sich durch diese einfache und recht preiswerte Methode klimatisieren.

Bild 6.58: Wandsaugender Deckenverdampfer mit zwei Ventilatoren für 10 Kilowatt bis 20 Kilowatt Kälteleistung oder als Luftkühler für Kaltwasserbetrieb
Quelle: Güntner GmbH & Co. KG

6.2 Flüssigkeitskühlung

Wie bereits eingangs erwähnt stößt die Luftkühlung über den Doppelboden bei sehr großen Wärmelasten an ihre physikalische Grenze. Wärmelasten über 4.000 W/m² sind lufttechnisch nicht mehr abführbar.

Die Flüssigkeitskühlung hat dabei sehr großes Potential. So entsprechen ca. 300 m³/h Luft einem Wasserdurchsatz von gerade einmal 90 l/h. Somit kann ein kleines Rohr mehr Wärme transportieren als ein ganzer Raum. Der Wärmeübergang auf Wasser ist ca. 100-mal höher als auf Luft. Dadurch können Flüssigkeitskühlkörper sehr klein dimensioniert werden. Sie sind nicht größer als der Prozessor der Hardware selbst, so dass große Packungsdichten erreicht werden können. Die Vorteile liegen somit auf der Hand: Hoher Wärmetransport bei vergleichsweise geringem Platzbedarf.

Allerdings darf man auch die Nachteile nicht außer Acht lassen. Neben Wasser direkt in der Hardware oder im Datenschrank kann man keine bis nur sehr eingeschränkte Redundanzen realisieren. Beim Einbau und Tausch der Hardware muss man nicht nur den Strom ein- und ausstecken, sondern auch die Wasseranschlüsse.

6.2.1 Kühlmittel

Nach der Definition sind Kühlmittel gasförmige, feste oder flüssige Stoffe, die zum Abtransport von Wärme eingesetzt werden. Die hier beschriebenen und in der Rechenzentrumstechnik eingesetzten Kühlmittel sind gasförmig und flüssig. In der Klimatisierung von Rechenzentren werden neben normalem Kaltwasser noch Wasser-Glykol-Gemische und Kältemittel als Kühlmittel zum Abtransport der Wärme eingesetzt.

6.2.1.1 Kaltwasser

Das Kaltwasser wird in der Zirkulationskühlung eingesetzt. Dem Kaltwasser (auch bezeichnet als Trinkwasser, Stadtwasser etc.) können weitere Bestandteile zugemischt werden. So kann zum Schutz vor Verschmutzung auch deionisiertes Wasser verwendet werden. Dem Wachstum von Mikroorganismen beugt man ebenfalls durch Zusätze vor oder verwendet lichtundurchlässige Leitungen.

Wasser hat die Eigenheit, bei 0 °C seinen Aggregatzustand zu ändern und zu gefrieren. Daher kann Wasser nur in Umgebungen eingesetzt werden, die niemals unter 0 °C fallen.

Kaltwasser aus dem Stadtwassernetz wird teilweise auch als Redundanz in der Klimatechnik bei Ausfall der Kälteerzeugung eingesetzt. Über einen Notkreis wird normales Stadtwasser dem Kaltwasserkreislauf nach der Kälteerzeugung zugeführt und nach den Wärmeaustauschern der Kanalisation zugeführt. Der Kaltwasserfluss wird über die Umluftkühlgeräte geführt und so der Weiterbetrieb des Rechenzentrums sichergestellt. Da ständig Stadtwasser zugeführt und der Rücklauf direkt in die Kanalisation abgeführt wird, spricht man hier von Durchlaufkühlung.

6.2.1.2 Wasser-Glykol-Gemisch

Das Wort Glykol stammt aus dem Griechischen (glykos) und bedeutet „süß“. Süß ist jedoch nur der Geschmack, denn Glykol ist giftig. Bei Glykol handelt es sich chemisch um einen zweiwertigen Alkohol. Nach dem Wasserhaushaltsgesetz (WHG) ist ein Wasser-Glykol-Gemisch mit einem Glykolgehalt ab drei Prozent eine wassergefährdende Flüssigkeit der Wassergefährdungsklasse 1 (niedrigste Gefährdungsklasse, schwach wassergefährdend). Die für Menschen tödliche Menge reinen Glykols liegt schon bei 100 ml. Kleinere Mengen reizen die Schleimhäute, größere Mengen wirken toxisch auf das Nervengewebe und beeinträchtigen damit das Herz-Kreislauf-System sowie den Stoffwechsel und die Nieren. Trotz der hohen Gefährdung wird es in der Technik als Frostschutzmittel eingesetzt.

Die reine Erstarrungstemperatur von Glykol liegt bei -11,5 °C. In Verbindung mit Wasser liegt der Schmelzpunkt sogar noch tiefer. Ein Mischungsverhältnis von 1:1 gefriert erst bei -40 °C. Mit einem optimalen Mischungsverhältnis ist Glykol sogar in der Lage, bis -56 °C eingesetzt zu werden. Wird das Mischverhältnis dann weiter erhöht, steigt der Gefrierpunkt wieder an.

Ein weiteres wichtiges Merkmal des Glykols in der Technik ist die korrosionsverhindernde Eigenschaft, d.h. in den Rohrleitungen und Komponenten wird die Rostbildung verzögert bis gänzlich verhindert. Zudem verdampft Glykol wegen seines hohen Siedepunktes nicht aus der heißen Kühlflüssigkeit, im Gegensatz zu Wasser.

Wasser-Glykol wird bei Anlagen und Komponenten im Freien eingesetzt. Die Umsetzung auf Kaltwasser innerhalb des Gebäudes erfolgt in Form von Wärmeaustauschern. Da Wasser-Glykol einen schlechteren Wärmeübergang und eine höhere Viskosität als reines Wasser aufweist, ist in der Planung einer Anlage zu überlegen, ob eine höhere Pumpenleistung in Kauf genommen wird, oder ob man die Anlage nach Gebäudeeintritt mittels Wärmeaustauscher trennt und im Gebäude nur mit reinem Wasser betreibt. Die Umsetzung mittels Wärmeaustauscher bringt eine Temperaturanhebung von zwei bis drei Kelvin mit sich, was wiederum einen Leistungsverlust bedeutet.

Das (Trink)Wasser ist unser wertvollstes und wichtigstes Lebensmittel und muss daher besonders geschützt werden. Nach den Anlagenverordnungen der Bundesländer müssen Anlagen so beschaffen sein, dass umweltgefährdende Stoffe nicht austreten können und diese schnell und zuverlässig erkannt, zurückgehalten sowie ordnungsgemäß und schadlos verwertet und beseitigt werden. Dies kann durch einen dichten und beständigen Auffangraum erfolgen. Nach dem Wasserhaushaltsgesetz ist es seit dem 01.04.2005 verboten, Wasser-Glykol ins Abwasser zu leiten. Dies kann immer dann erfolgen, wenn Leckagen am Rohrsystem oder am Rückkühler entstehen und Wasser-Glykol austritt. Doppelwandige Systeme sind als Alternative möglich. Bis 01.01.2012 galt noch ein mengen- und maßnahmenabhängiger Grenzwert von teilweise bis zu 2.000 Liter Volumen. Ab dem 01.01.2012 ist dieser Grenzwert gefallen, so dass inzwischen immer Sicherheitseinrichtungen vorzusehen sind.

Pflicht des Betreibers ist es, die Einleitung in das Abwasser bzw. Grundwasser zu verhindern. Dazu kann er Rückhalteeinrichtungen mit einem genügend großen Rückhaltevermögen bis zum Wirksamwerden geeigneter Sicherheitsmaßnahmen installieren. Dies sollten Rückhalteeinrichtungen sein, die so beschaffen sind, dass Regenwasser trotzdem abgeleitet wird. Absperrventile, die über entsprechende Glykolsonden oder über den Druck des Wasser-Glykols in der Leitung gesteuert werden, steuern den Auslauf aus der Wanne. Wird Glykol vom Sensor erkannt oder fällt der Druck in der Leitung ab, dann schließt das Ventil in der Wanne und fängt die Flüssigkeit auf. Das Wasser-Glykol muss dann in separate Behälter abgefüllt und gesondert entsorgt werden.

Kommt es doch einmal zum Schadensfall und Glykol tritt ins Grund- oder Abwasser, so ist der Betreiber der Anlage zur unmittelbaren und sofortigen Selbstanzeige verpflichtet. Es greift das Umweltschadengesetz und Umwelthaftungsgesetz. Der Betreiber haftet für den verursachten Schaden in voller Höhe und ohne Haftungshöchstgrenze. Er kann jedoch Regressansprüche gegenüber Dritten stellen, denen als Fachbetrieb die fachgerechte Planung oder Errichtung übertragen wurde.

6.2.1.3 Kältemittel

Als Kältemittel bezeichnet man den umlaufenden Arbeitsstoff in Kaltdampf-Kälteanlagen, dessen Aggregatzustandsänderungen den Kreisprozess bestimmen. Es besitzt die Eigenschaft, bei niedrigem Druck und niedriger Temperatur Wärme aufzunehmen und bei höherem Druck und höherer Temperatur Wärme abzugeben. Dabei ändert es im geschlossenen Kältekreislauf den Aggregatzustand von flüssig auf gasförmig und zurück. Die genaue Funktionsweise wird im Abschnitt 6.3.2.1 „Direktverdampfersysteme“ näher beschrieben.

Als Kältemittel wurde vor über 130 Jahren bereits Ammoniak eingesetzt, da es umweltfreundlich, wirtschaftlich und energieeffizient ist. Allerdings ist es wie auch Kohlenstoffdioxid physiologisch für Lebewesen gefährlich. Ammoniak selbst ist schwer entflammbar, während Kohlenstoffdioxid nicht entflammbar ist. Dadurch entstanden ab 1930 die Halogenkohlenwasserstoffe, die keine direkte Giftigkeit haben und auch nicht brennbar sind.

In den 1980er Jahren wurde allerdings die Gefahr von halogenierten Kohlenwasserstoffen (FCKW) in der Umwelt erkannt und als wesentlicher Faktor für den Ozon-Abbau verantwortlich gemacht. Die chlorierten Kohlenwasserstoffe wurden in den 1990er-Jahren durch fluorierte Kohlenwasserstoffe ersetzt. Sie tragen zwar nicht zum Ozon-Abbau bei, jedoch zum erheblichen Teil zum Treibhauseffekt. Nichthalogenierte Kohlenwasserstoffe wie Butan und Propan werden aufgrund ihrer Brennbarkeit in der Klimatechnik auch nicht eingesetzt.

Kohlenstoffdioxid ist zwar auf dem Vormarsch und wird auch schon in Anlagen der Fahrzeug-Klimatisierung, in Warmwasserpumpen und bei Transportkühlungen in LKWs angewendet, jedoch sind nach wie vor Fluorkohlenwasserstoffe (FWK) und teilhalogenierte Flurkohlenwasserstoffe (HFKW) und deren Gemische die gebräuchlichsten Kältemittel.

Das gängigste synthetische Kältemittel ist R-407C, ein „zeotropes" Gemisch von Kohlenwasserstoffen aus 23 Prozent R-32 (Difluormethan), 25 Prozent R-125 (Pentafluorethan) und 52 Prozent R-134a (Tetrafluorethan).

Kältemittel verdampft bei Raumtemperatur. Der Siedepunkt von R-407C liegt bei -43,9 °C. Aus Umweltschutzgründen muss es beim Entleeren von Kälteanlagen in ein Gefäß evakuiert werden und darf nicht in die Umgebung gelangen. Zudem wirkt es toxisch, weshalb ebenfalls besondere Sensibilität im Umgang gefordert ist.

In den skandinavischen Ländern wird bereits seit einiger Zeit eine Steuer für synthetische Kältemittel erhoben. Die Höhe der Steuer orientiert sich dabei am sogenannten GWP-Wert (Global Warming Potential), der beim synthetischen Kältemittel R-407C beispielsweise bei 1.700 liegt. In Deutschland ist es eine Frage der Zeit, bis auch hier diese Steuer eingeführt wird. Das Kältemittel, das rund 20,- € pro kg kostet, wird in den skandinavischen Ländern mit rund 25,- € bis 40,- € besteuert. Eine mehr als Verdopplung des Kältemittelpreises wäre in Deutschland die Folge, wenn ähnliche Steuersätze zum Ansatz gebracht würden.

Somit werden in naher Zukunft die synthetischen Kältemittel durch natürliche Kältemittel wie Wasser ersetzt werden müssen. Erste Anlagen auf Basis des natürlichen Kältemittels Wasser sind in kleinen Leistungsbereichen (20 bis 50 kW je nach Kühlwassertemperatur) bereits verfügbar.

6.2.2 Direkte Kühlung in der Hardware

Die neueste Entwicklung geht wieder zurück zu den Wurzeln – der direkten Flüssigkeitskühlung in der Hardware selbst. Während früher die kalte Flüssigkeit verwendet wurde, geht die derzeitige Entwicklung einen etwas anderen Weg. Die Rücklauftemperatur der Raumklimatisierung wird dabei für die Flüssigkeitskühlung direkt am Prozessor verwendet. Diese höhere Kühltemperatur ist ausreichend und bringt den weiteren Vorteil, das sogenannte ΔT (Delta T), also die Temperaturdifferenz zwischen Vor- und Rücklauf zu erhöhen. Dabei bedeutet eine hohe Temperaturdifferenz automatisch eine Energieersparnis bei der Kälteerzeugung.

Das Temperaturniveau liegt im Bereich von heutigen Warmwasserheizungsanlagen und wäre somit ideal für eine Abwärmenutzung im Winter oder für Prozesse verwendbar. Für weitere Gedanken hierzu siehe auch Kapitel 6.6.3 Wärmerückgewinnung.

6.3 Kälteerzeugung

Während in den vorigen Abschnitten die Klimatisierungskonzepte beschrieben wurden, geht es in den nächsten Abschnitten um die mechanische Kälteerzeugung. Dabei gibt es wiederum unterschiedliche Methoden, die je nach benötigter Kälteleistung und Anwendung ihre Berechtigung haben.

6.3.1 Rückkühltechnologien

Egal, welches mechanische Kälteerzeugungsverfahren gewählt wird, die Energie muss immer aus dem System abgeführt werden. Für die sogenannte Rückkühltechnik gibt es dabei unterschiedliche Wege von der Trockenkühlung über Mischformen bis zur Verdunstungs- oder Nasskühlung. Die Trockenkühlung arbeitet dabei rein mit dem Medium Luft, um die Temperatur im Rückkühler abzukühlen. In der Verdunstungs- oder Nasskühlung wird das Medium Wasser in reiner oder aufbereiteter Form verwendet.

Für die Rückkühlung von IT-Räumen und Rechenzentren können abhängig von der vorhandenen Aufstellfläche und erforderlichen Leistung alle Technologien eingesetzt werden. Die Anwendung offener Kühltürme dagegen ist in unseren Breiten relativ selten anzutreffen. Aus diesem Grund wird sie in den folgenden Abschnitten nicht im Detail erläutert.

Nachfolgende Übersicht zeigt die unterschiedlichen Systeme:

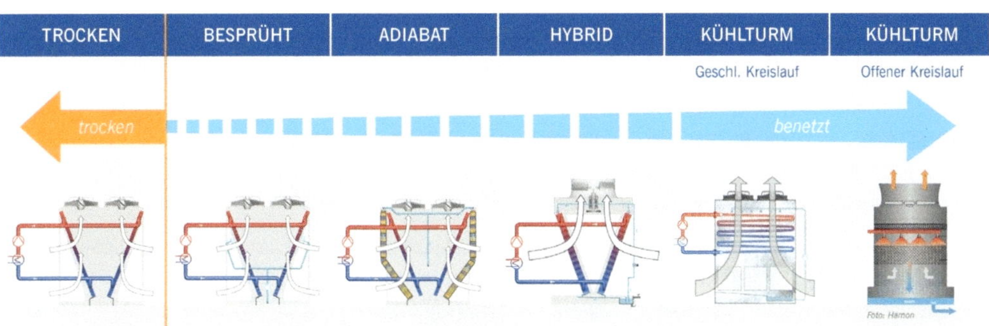

Bild 6.59: Unterschiedliche Rückkühltechnologien
Quelle: JAEGGI Hybridtechnologie AG

Im Folgenden werden bei den Technologien immer wieder Kühler und Verflüssiger genannt. Die Wirkungsweise ist genau gleich. Bei der Verwendung von Wasser/Glykol als Trägermedium spricht man vom Kühler, da das Trägermedium nur heruntergekühlt wird. Bei der Verwendung von Kältemittel als Trägermedium im Kältekreislauf spricht man vom Verflüssiger, da das Kältemittel tatsächlich seinen Aggregatzustand von gasförmig nach flüssig wechselt und dadurch die Abkühlung bewirkt. Zur Wirkungsweise von Verdampfersystemen später mehr.

6.3.1.1 Trockenkühler / Verflüssiger

Durch Ventilatoren wird Luft durch einen Wärmeübertrager (Register) gefördert. Die abzuführende Energie wird ausschließlich über die Erwärmung der durch das Gerät geförderten Umgebungsluft abgeführt.

Tabelle 6.2: Wesentliche Vor- und Nachteile von Trockenkühlern/Verflüssigern

Vorteile	Nachteile
Einfaches System	Erreichbare Medientemperaturen hoch
Geringe Investitionskosten	Große Aufstellflächen erforderlich
Kein Wasser- / Hygienethema	Energieverbrauch des Systems
Kein Wasserverbrauch	

Reine Trockenkühler oder Verflüssiger sind nach wie vor die häufigste Form der Rückkühlung. Sie werden sicherlich in über 90 Prozent der IT-Räume und Rechenzentren eingesetzt.

Die Bauform ist dabei auch auschlaggebend für Bezeichnung des Trockenkühlers als Tischkühler oder V-Kühler. Tischkühler können dabei vertikal oder horizontal aufgestellt werden. Die horizontale Aufstellung hat den Vorteil, dass die warme Luft der natürlichen Thermik entsprechend von unten nach oben geführt wird. Bei der vertikalen Aufstellung besteht der Vorteil, dass sich in den Lüftern kein Laub (im Herbst) und kein Schnee (im Winter) sammeln und möglicherweise die Luftleistung beeinträchtigen oder sogar die Lüfter zum Stehen bringen können. Entsprechende Abdeckgitter schützen jedoch die Lüfter selbst.

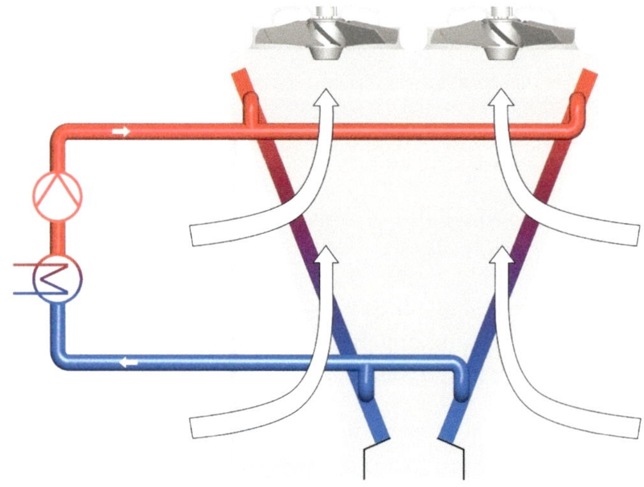

Bild 6.60: Schematischer Aufbau eines V-förmigen Trockenkühlers / Verflüssigers
Quelle: Güntner GmbH & Co. KG

Bild 6.61: V-Trockenkühler / Verflüssiger
Quelle: Güntner GmbH & Co. KG

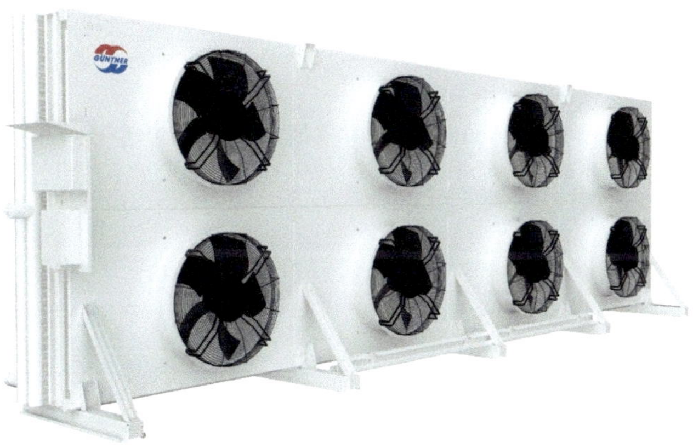

Bild 6.62: Vertikal aufgestellter Tischkühler mit acht Ventilatoren
Quelle: Güntner GmbH & Co. KG

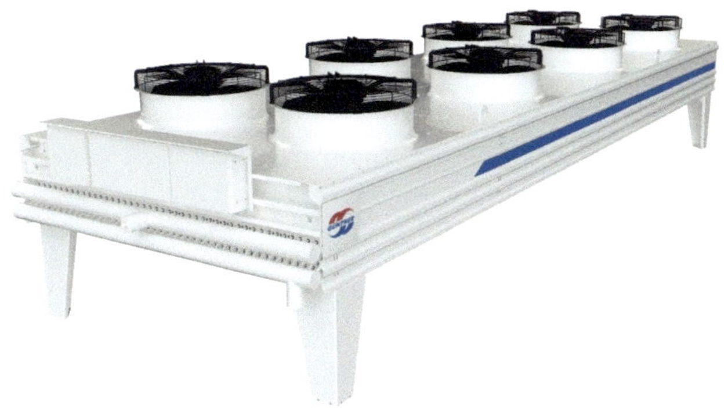

Bild 6.63: Tischkühler mit acht Ventilatoren
Quelle: Güntner GmbH & Co. KG

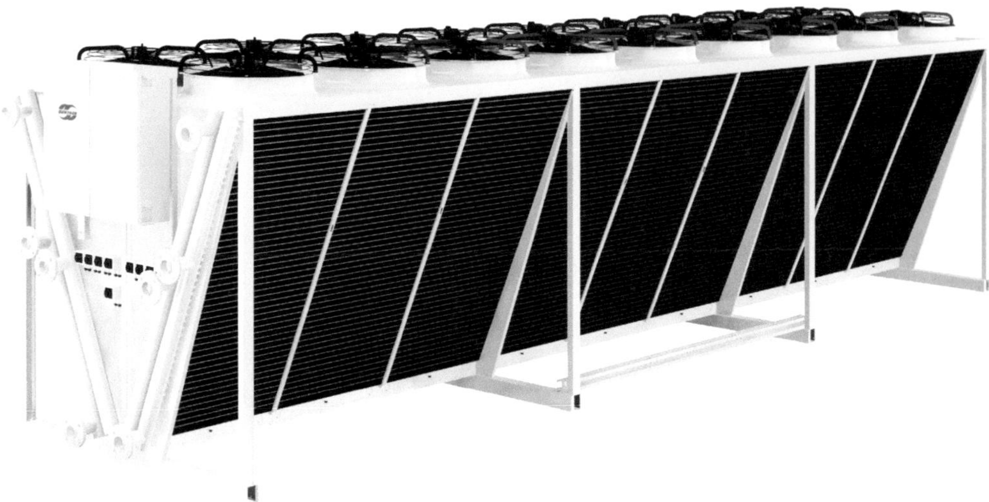

Bild 6.64: Rückkühler mit einer Kälteleistung bis 1.700 kW und 18 Ventilatoren
Quelle: Güntner GmbH & Co. KG

6.3.1.2 Trockenkühler / Verflüssiger mit Besprühung

Das Wirkungsprinzip der nachfolgend aufgeführten Verdunstungsrückkühltechnologien ist relativ simpel und gleichzeitig genial. Es wird auch bei den Luft-/Luft-Wärmetauschern in Kapitel 6.1.5.2 genutzt und dort bereits beschrieben.

Bei tieferen Temperaturen oder im Teillastbetrieb wird rein durch Konvektion gekühlt. Reicht die reine Luftkonvektion nicht mehr aus, wird der Wärmeaustauscher mit Wasser benetzt und so die Leistung um das Zwei- bis Dreifache gegenüber dem Trockenbetrieb gesteigert. Die Kühler werden dabei unter Berücksichtigung des Jahrestemperaturgangs am Aufstellort und des zu erwartenden Lastprofils genauestens dimensioniert und ausgelegt.

Durch die Luftbefeuchtung bzw. Berieselung des Wärmeaustauschers (= zusätzlicher Kühleffekt durch Verdunstung) kann der Wärmeaustauscher kleiner ausgelegt werden, was sich positiv in den Investitionskosten niederschlägt.

Die Wirkungsweise der Verdunstung können Sie auch selbst testen, indem Sie im Sommer am Strand eine Glasflasche voll Mineralwasser in ein feuchtes Tuch einwickeln und in die pralle Sonne legen. Durch Verdunstung der Flüssigkeit im Tuch wird dem Inhalt der Flasche Wärme entzogen und Sie erhalten eine Flasche gut gekühltes Mineralwasser. Wohl bekomm's!

Bei der Gesamtanlagenkonzeption der nachfolgenden Verdunstungsrückkühltechnologien sollte darauf geachtet werden, dass die Wasseraufbereitung in der Regel nicht redundant ausgeführt ist und auch ausfallen kann. Verfügt das Kältekonzept über

Tabelle 6.3: Wesentlichen Vor- und Nachteile von Trockenkühlern / Verflüssigern mit Besprühung

Vorteile	Nachteile
Nutzbares Temperaturniveau niedriger als bei reiner Trockenkühlung	Wärmeübertrager wird nass, dadurch Korrosion und Ablagerungen möglich bzw. zu berücksichtigen
Geringe Investitionskosten gegenüber anderen Verdunstungskühltechnologien	Stundenzahl der Benetzung in der Regel stark begrenzt (nur bei Spitzenlast)
Deutliche Leistungssteigerung bei Spitzenlast gegenüber Trockenkühlern	Zumeist Wasseraufbereitung notwendig
Geringere Aufstellfläche erforderlich als bei reinen Trockenkühlern	Hygieneanforderungen sind anzuwenden

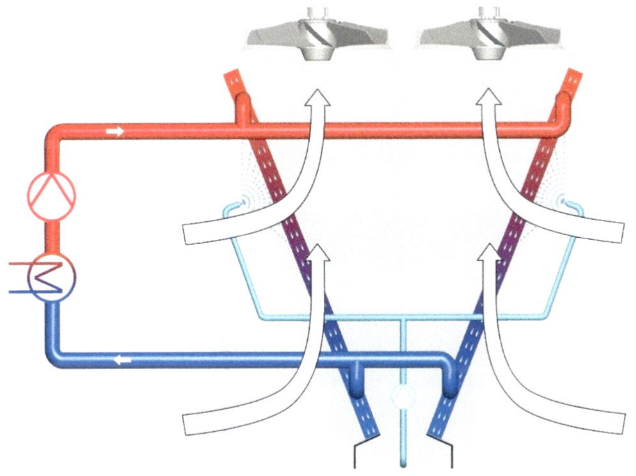

Bild 6.65: Schematischer Aufbau eines Trockenkühlers / Verflüssigers mit Besprühung
Quelle: Güntner GmbH & Co. KG

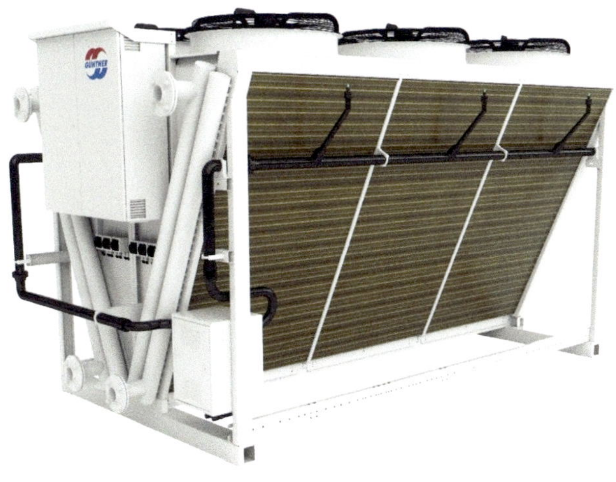

Bild 6.66: Trockenkühler mit Besprühung
Quelle: Güntner GmbH & Co. KG

sommerliche Kompressionskälte, hat dies für den Rechenzentrumsbetrieb sicherlich keinen Einfluss. Ist das Gesamtkonzept allerdings ausschließlich auf hybride Kühlung aufgebaut, so sollte die Wasseraufbereitung ebenfalls ausfallsicher konzipiert sein.

Zurück zum Trockenkühler / Verflüssiger mit Besprühung: Die abzuführende Energie wird etwa 90 bis 95 Prozent des Jahres durch reine Trockenkühlung an die Umgebung abgeführt. Für 300 bis 800 Stunden im Jahr wird die Leistung durch Besprühung der Wärmeaustauscher gesteigert, um niedrigere Rückkühltemperaturen bei hohen Außentemperaturen sicherzustellen.

Die Art und Weise der Wasseraufgabe und die Lamellengeometrie und -ausführung müssen für den benetzten Einsatz konzipiert sein. Diese beiden technischen Eigenschaften haben einen sehr großen Einfluss auf Leistung, Wasserverbrauch und Hygieneeigenschaften.

Durch die direkte Benetzung der Wärmeübertrager müssen sowohl Wasseraufbereitungsthemen, Korrosions- und Hygieneaspekte als auch der Einfluss des Prozesstemperaturniveaus berücksichtigt werden.

Insbesondere bei älteren Anlagen, die noch für niedrigere Außentemperaturen dimensioniert wurden und an ihren Leistungsgrenzen betrieben werden, findet man häufiger auf dem Dach Wasserschläuche und Rasensprenger. Diese werden vom Betreiberpersonal dann zum Einsatz gebracht, um bei sehr hohen Außentemperaturen reine Trockenkühler zu besprühen und das Rechenzentrum nicht überhitzen zu lassen. Diese Technik funktioniert natürlich auch, hat aber mit einem professionellen Rechenzentrumsbetrieb und Trockenkühlern bzw. Verflüssigern mit Besprühung nicht viel gemeinsam.

6.3.1.3 Adiabate Trockenkühler / Adiabate Verflüssiger

Eine adiabate Vorkühlung der angesaugten Umgebungsluft kann eingesetzt werden, um ganzjährig ein niedriges Rückkühltemperaturniveau sicherzustellen beziehungsweise die Stundenanzahl der indirekten freien Kühlung zu erhöhen. Dazu wird Benetzungswasser über ein Befeuchtungsmedium aus Cellulose, Kunststoff, Glasfaser oder anderen Materialien verrieselt. Die durch die Befeuchtungsmedien geförderte Luft kühlt sich durch das verdunstende Wasser adiabatisch ab. Aspekte der Hygiene sind auch hier unbedingt zu berücksichtigen.

Tabelle 6.4: Wesentlichen Vor- und Nachteile von Adiabaten Trockenkühlern / Adiabaten Verflüssigern

Vorteile	Nachteile
Nutzbares Temperaturniveau niedriger als bei reiner Trockenkühlung	Hygieneanforderungen sind anzuwenden
In der Regel keine Wasseraufbereitung erforderlich	Befeuchtungsmedium sind Verschließteile
Wärmeübertrager bleibt trocken	Zusätzliche Druckverluste durch das Befeuchtungsmedium
Lange Benetzungsdauer möglich	

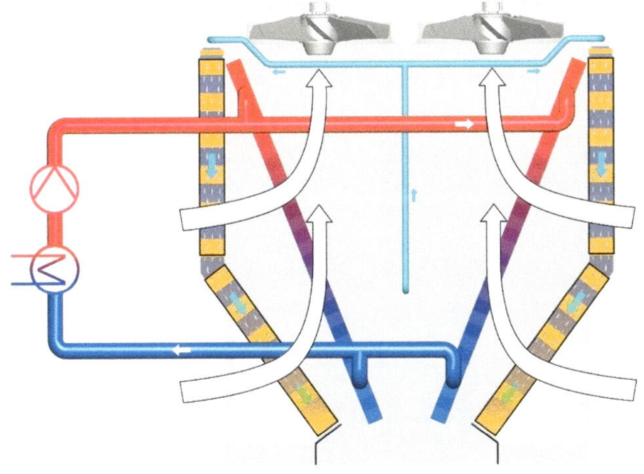

Bild 6.67: Schematischer Aufbau eines adiabaten Trockenkühlers / Verflüssigers
Quelle: JAEGGI Hybridtechnologie AG

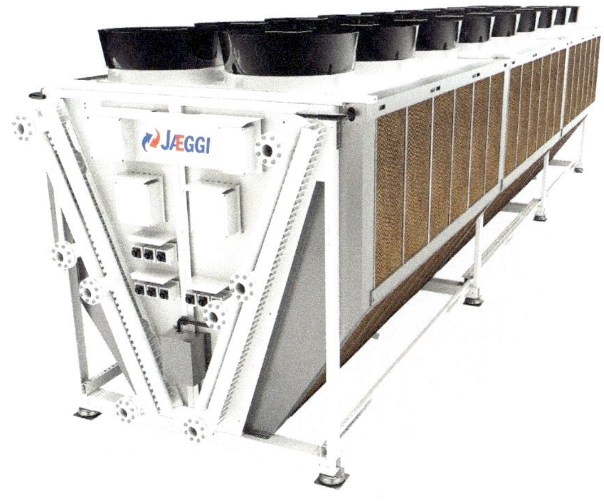

Bild 6.68: Adiabater Trockenkühler
Quelle: JAEGGI Hybridtechnologie AG

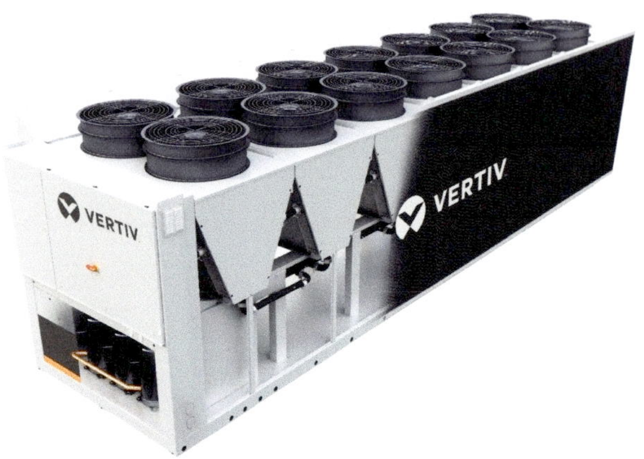

Bild 6.69: Chiller mit integrierter adiabatischer und freier Kühlung
Quelle: Vertiv GmbH

Bild 6.70: Blick in die Anlage zwischen Anlagentechnik und Befeuchtungsmedium (Wetpad)
Quelle: Vertiv GmbH

6.3.1.4 Hybrid-Kühler / Hybrid-Verflüssiger

Hybride Trockenkühler / Hybride Verflüssiger versuchen, projektbezogen das Optimum aus Trockenleistung (Wärmeübertragerfläche) und Wasserverbrauch (Umlaufwasser, Eindickung) zu erreichen. Benetzungswasser wird zur Abfuhr von Energie direkt auf der Oberfläche des Wärmeübertragers gegeben und verdunstet. Die Geräte müssen für den benetzten Betrieb während einer maßgeblichen Zeitdauer des Jahres (ca. 30 bis 40 Prozent der Jahresbetriebsstunden) geeignet sein. Die Aufbereitung des Benetzungswassers ist aus Sicht möglicher Ablagerungen und Korrosion erforderlich. Aspekte der Hygiene sind zu berücksichtigen.

Tabelle 6.5: Wesentliche Vor- und Nachteile von Hybrid-Kühlern / Hybrid-Verflüssigern

Vorteile	Nachteile
Nutzbares Temperaturniveau	Hygieneanforderungen
Sehr hohe Leistungsdichte / geringe Aufstellfläche	Höhere Investitionskosten
Niedriger Strom- und Wasserverbrauch	Wasseraufbereitung erforderlich
Hohes Optimierungspotential bezüglich indirekter Freier Kühlung	

Bild 6.71: Hybrid-Kühler
Quelle: JAEGGI Hybridtechnologie AG

Die hybride Technik von JAEGGI erfolgt durch Benetzung des Wärmeübertragers über einen separaten Brauchwasserkreislauf. Aus einer im Gerät integrierten Wassersammelwanne wird das sogenannte Benetzungswasser in einstellbare, oben offene Wasseraufgabekanäle gefördert. Diese befinden sich über den Längsseiten der Kühlelemente. Von dort fließt das Benetzungswasser drucklos und unbeeinflusst vom Luftstrom über den Überlauf in die eigentlichen Kühlelemente. Dort bildet sich ein Wasserfilm aus, an dessen Ende unmittelbar unter dem Wärmeübertrager das Wasser ohne Geräuschbildung zurück in die Wasserwanne fließt.

Der Hybridkühler gilt aufgrund seines deutlich geringeren Wasserverbrauchs gegenüber offenen oder geschlossenen Kühltürmen als umweltschonend. Gegenüber

Trockenkühlern bieten sich Einsparpotentiale im Stromverbrauch über den Jahresgang bei wesentlich geringerer Aufstellfläche.

Die Regelung der Ventilatoren und die Zuschaltung der Benetzungspumpen erfolgen in Abhängigkeit von der benötigten Last und der Außentemperatur. Das System arbeitet komplett schwadenfrei.

Mindestanforderung ist die Vollenthärtung des Wassers um einer Verkalkung der Kühlelemente (Zusetzen der Lamellen) entgegenzuwirken. Entsalztes Wasser ist die optimale, aber auch teurere Lösung bezüglich der Investitionskosten. Einsparungen ergeben sich jedoch im Betrieb über reduzierte Dosiermittel (Härtestabilisatoren sind nicht zwingend erforderlich) und den Wasserverbrauch. Der Einsatz von Bioziden oder alternativen Methoden wie beispielsweise UV-Lampen ist obligatorisch. Das Gesamtsystem gilt zudem als sehr wartungsarm.

Der Marktanteil von Hybrid-Verflüssigern und Hybrid-Kühlern nimmt nicht nur aufgrund seiner umweltschonenden und effizienten Betriebsweise ständig zu. Die Technologie wird sich in Zukunft immer mehr durchsetzen und in ein paar Jahren ab einem bestimmten Leistungsbereich sicherlich zum Standard in der Rechenzentrumstechnik werden.

Hybrid-Kühler in der kleinsten und größten von JAEGGI erhältlichen Bauform:

Bezeichnung

1) Ventilator
2) Ventilatorantrieb
3) Wärmeaustauscher
4) Luftströmung
5) Vorlauf Kältekreislauf
6) Rücklauf Kältekreislauf
7) Primärkreislauf Pumpe
8) Wärmequelle
9) Zusatzwasser
10) Benetzungswasserbecken
11) Primärkreislauf
12) Abschlämmung
13) Kreislauf Benetzungswasser
14) Leitfähigkeitsmessung

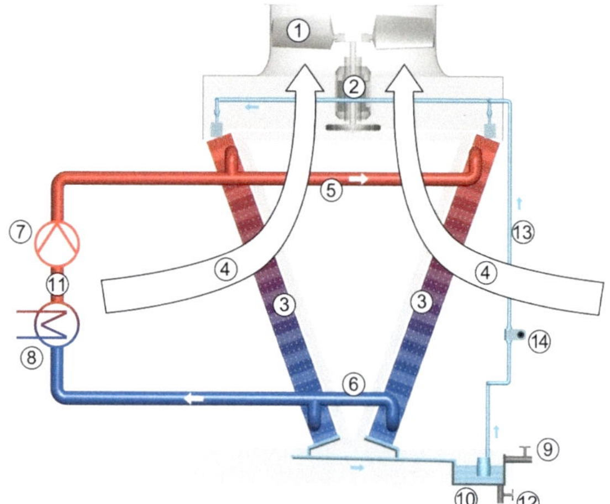

Bild 6.72: Schematischer Aufbau eines Hybrid-Kühlers
Quelle: JAEGGI Hybridtechnologie AG

Bezeichnung

1) Ventilator
2) Ventilatorantrieb
3) Verflüssigerblock
4) Luftströmung
5) Vorlauf Kältekreislauf
6) Rücklauf Kältekreislauf
7) Kältemittelverdichter
8) Wärmequelle / Verdampfer
9) Zusatzwasser
10) Benetzungswasserbecken
11) Primärkreislauf
12) Abschlämmung
13) Kreislauf Benetzungswasser
14) Leitfähigkeitsmessung
15) Enthitzer
16) Expansionsventil

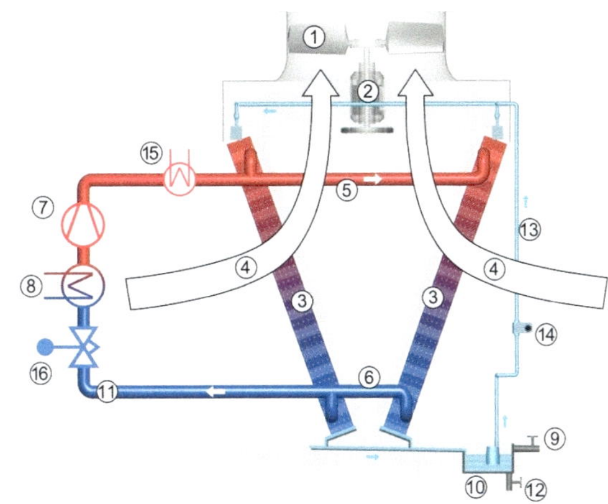

Bild 6.73: Schematischer Aufbau eines Hybrid-Verflüssigers
Quelle: JAEGGI Hybridtechnologie AG

Bild 6.74: Hybrid-Kühler

Bild 6.75: Hybrid-Kühler

Bild 6.76: Hybrid-Verflüssiger

Quelle aller Bilder: JAEGGI Hybridtechnologie AG

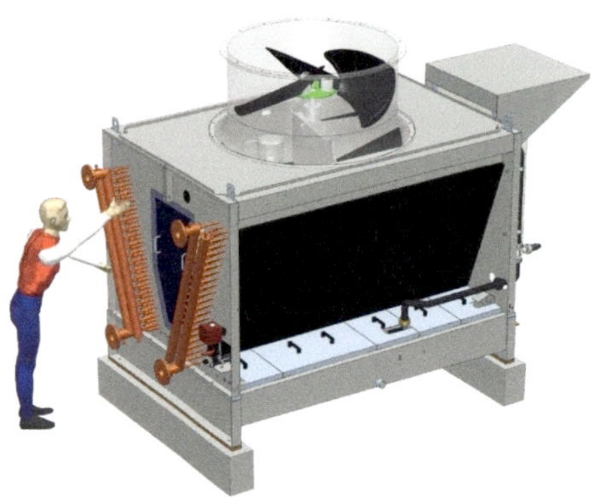

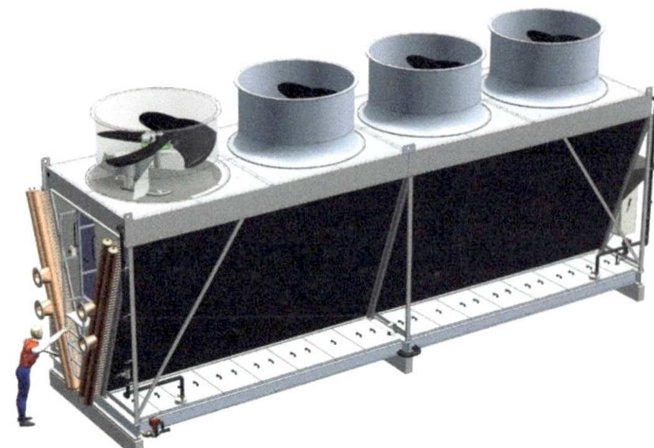

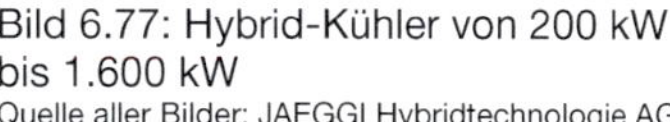

Bild 6.77: Hybrid-Kühler von 200 kW bis 1.600 kW

Quelle aller Bilder: JAEGGI Hybridtechnologie AG

Bild 6.78: Hybrid-Kühler von 800 kW bis 4.000 kW

6.3.1.5 Hygiene an Verdunstungskühlanlagen

Verdunstungskühlanlagen senken erreichbare Medientemperaturen, Minimieren den für die Rückkühltechnik erforderlich Platzbedarf und geben dem Betreiber die Möglichkeit, die Effizienz der Anlage enorm zu verbessern.

Um Verdunstungsrückkühler sicher, effizient, hygienisch und ohne nennenswertem Risiko eines mikrobiologischen Wachstums und Ausbreitung betreiben zu können, ist es wichtig, bei Anlagenplanung, Komponentenauswahl und Anlagenbetrieb wesentliche Anforderungen zu berücksichtigen.

Für Deutschland wurden mit der 42. BImSchV, die sich in weiten Teilen auf die VDI Richtlinie 2047-2 stützt, die anerkannten Regeln der Technik bezüglich hygienegerechtem Betrieb von Verdunstungskühlanlage zusammengeführt. Zusätzlich sind die neuesten Erkenntnisse, wichtige Hinweise und Vorlagen für den Betrieb und Dokumentation von Verdunstungskühlanlagen in das überarbeitete VDMA Einheitsblatt 24649 eingeflossen. Damit kann sichergestellt werden, dass alle für einen hygienisch einwandfreien Betrieb von Verdunstungskühlanlagen erforderlichen Informationen den Anlagenplanern, Erbauern, Betreibern aber auch den Komponentenlieferanten zur Verfügung stehen.

Nachfolgend sind wesentliche Anforderungen an eine Verdunstungskühlanlage zusammengestellt.

Planerische Anforderungen
- Zugänglichkeit für Inspektion, Reinigung, Desinfektion und Instandsetzung
- Vermeidung von Stagnationsbereichen
- Entleerbarkeit des Benetzungskreislaufs
- Erstellung einer Risikoanalyse

Konstruktive Anforderungen bezüglich Verdunstungsrückkühler
- Zugänglichkeit für Inspektion, Reinigung, Desinfektion und Instandsetzung
- Vermeidung von Stagnationsbereichen
- Entleerbarkeit des Benetzungskreislaufs
- Minimierung des Tropfenauswurfs
- Verwendung geeigneter Materialien
- Dokumentation technischer Grenzen

Anforderungen an eine Anlageninbetriebnahme
- Planung und Vorbereitung (Wasseranalyse, Reinigung, Erstinspektion)
- Koordination der Inbetriebnahme für alle relevanten Komponenten
- Einweisung des Betriebspersonals

Anforderungen an den Betrieb
- Erstellung einer Gefährdungsbeurteilung aus hygienischer Sicht mit Angabe der Zuständigkeiten
- Schulung des Betriebspersonals
- Wasseranalytik und mikrobiologische Untersuchung
- Vermeidung von Anlagenzuständen, die ein unkontrolliertes mikrobiologisches Wachstum ermöglichen oder fördern
- Durchführung von Inspektion, Reinigung und Instandhaltung aller relevanten Anlagenkomponenten (Wasseraufbereitung, Wasserbehandlung, Verdunstungsrückkühler)
- Dokumentation des Anlagenbetriebes in einem Betriebshandbuch

6.3.2 Verdampfersysteme

Direktverdampfersysteme werden bisher fast ausschließlich mit den üblichen Kältemitteln betrieben. Allerdings gibt es seit kurzem die ersten Anlagen, die als Kältemittel Wasser verwenden.

6.3.2.1 Direktverdampfersysteme mit Kältemittel

Bei den Direktverdampfersystemen wird mittels Kältemittel die in den Umluftkühlgeräten aufgenommene Wärme ins Freie auf Verflüssiger geführt, welche die warme Luft an die Umgebung abgeben, über einen Verdichter flüssiges Kältemittel produzieren und wieder den Umluftkühlgeräten zuführen.

Damit arbeiten sie vom Prinzip her gleich wie ein haushaltsüblicher Kühlschrank. Der physikalische Effekt der Verdampferwärme bei Wechsel des Aggregatzustandes von flüssig auf gasförmig wird genutzt.

In dem geschlossenen Kreislauf wird das gasförmige Kältemittel durch einen Verdichter komprimiert (verdichtet). Im Verflüssiger verflüssigt bzw. kondensiert es unter Wärmeabgabe. Das flüssige Kältemittel wird aufgrund der Druckänderung über ein Expansionsventil entspannt. Im nachgeschalteten Verdampfer verdampft das Kältemittel unter Wärmeaufnahme bei niedriger Temperatur. Die vom Ventilator transportierte

Raumluft durchströmt den Verdampfer. Die von außen zugeführte Energie in dem System ist die Antriebsleistung, welche der Kompressor für die Verdichtung benötigt.

Mittlerweile gibt es geregelte Kompressoren, die von 20 Prozent bis 100 Prozent stufenlos regelbar sind. Das ständige Ein- und Ausschalten des Kompressors entfällt dabei. Somit ist ein energieeffizienterer Betrieb möglich. Die hier verwendeten Kältemittel verdampfen bei Raumtemperatur, wenn sie aus dem geschlossenen Kreis, z.B. durch eine undichte Stelle austreten. Dies ist ein großer Vorteil im Rechenzentrum, da selbst bei einer Leckage keine Flüssigkeit in den Doppelboden eindringt.

Durch den Tropfenabscheider und den Dampfbefeuchter zur Luftfeuchteregelung kann trotzdem Flüssigkeit austreten. Damit die Flüssigkeit nicht durch den Luftstrom in den gesamten Doppelboden geblasen wird und dort Schäden verursacht, montiert man unter das Umluftkühlgerät eine Auffangwanne mit Leckagesensor. Beim Ansprechen

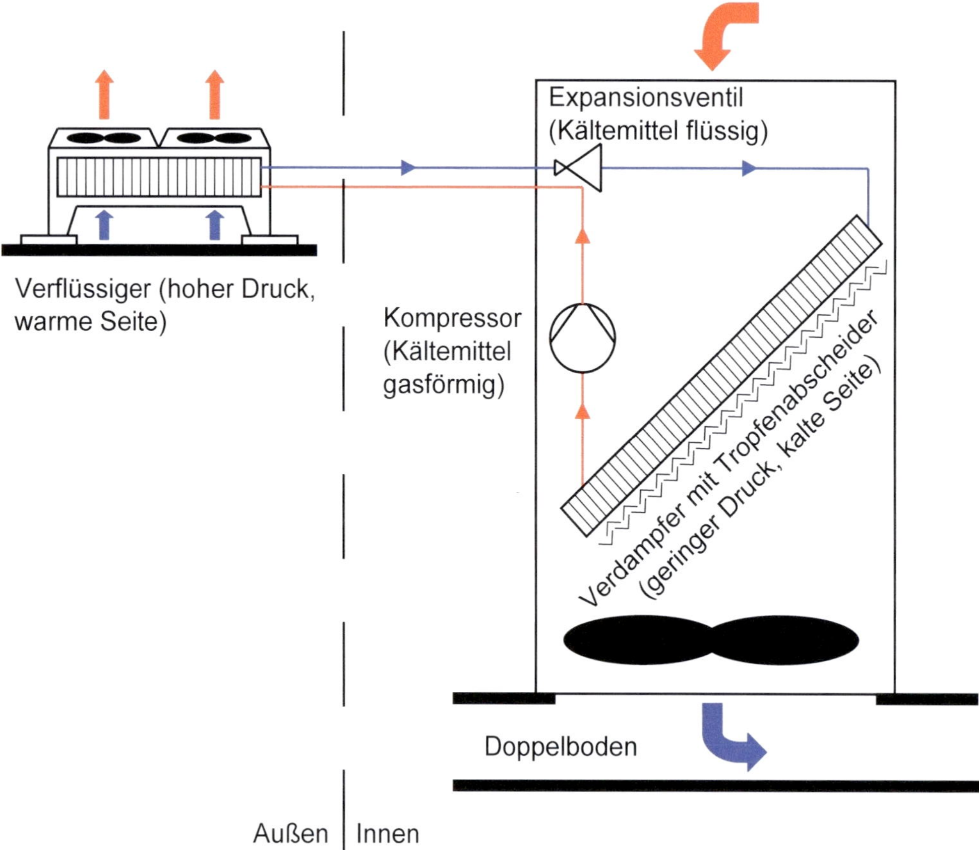

Bild 6.79: Wirkungsweise des Direktverdampfersystems

des Feuchtesensors wird sofort die für die Dampfbefeuchtung notwendige Kaltwasserzuleitung außerhalb des Rechenzentrums mittels Magnetventil geschlossen und eine Meldung über die Gebäudeleittechnik abgesetzt.

Jedem Verflüssiger ist ein Umluftkühlgerät zugeordnet. Somit arbeiten diese Anlagen modular und dezentral als in sich geschlossene, einzelne Anlagen.

Die Verflüssiger sind wie alle Anlagenteile außerhalb des Gebäudes in das Blitzschutzkonzept mit einzubinden und an den Blitzschutz anzuschließen.

Der Vorteil solcher Anlagen sind die relativ niedrigen Anschaffungskosten, während durch den ständigen Kompressorbetrieb die Energiekosten höher sind als bei anderen

Bild 6.80: Verflüssiger für Wandmontage mit zwei Ventilatoren
Quelle: Güntner GmbH & Co. KG

Bild 6.81: Kompressor für die Verdichtung des Kältemittels
Quelle: STULZ GmbH

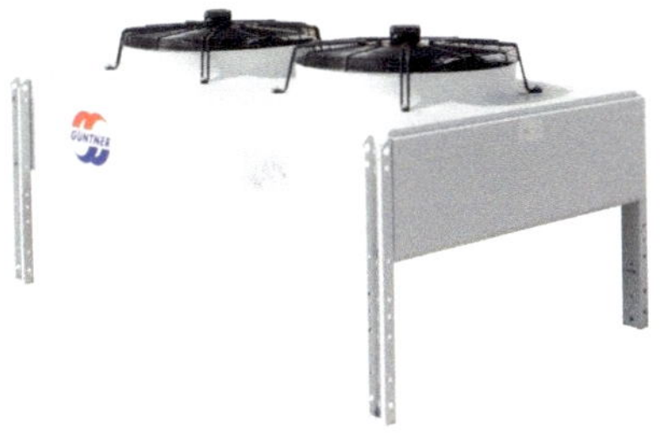

Bild 6.82: Verflüssiger mit zwei Ventilatoren
Quelle: Güntner GmbH & Co. KG

Bild 6.83: Verflüssiger mit sechs Ventilatoren
Quelle: Güntner GmbH & Co. KG

Bild 6.84: Direktverdampfersystem von 6 kW bis 25 kW
Quelle: STULZ GmbH

Bild 6.85: Umluftkühlgerät mit zwei Kältekreisen mit Ausblasung in den Doppelboden für Kältemittel- und Kaltwasserbetrieb von 18 kW bis 240 kW
Quelle: STULZ GmbH

Systemen, die z.B. mit freier Kühlung arbeiten. Direktverdampfersysteme werden wirtschaftlich bis zu 100 Kilowatt Kälteleistung eingesetzt.

6.3.2.2 Verdampfersysteme mit Wasser als Kältemittel

Verdampfersysteme mit Wasser als Kältemittel sind eine altbekannte Technik. Die effiziente und industrietaugliche Anwendung von Wasser als Kältemittel gelang jedoch erst durch eine komplett neue, energetisch optimale und direkte Umsetzung des thermodynamischen Kreisprozesses. Diese Technologie arbeitet mit der Direktverdampfung von Wasser in einem vakuumdichten System und geschlossenen Kreislauf, der über Plattenwärmeübertrager hydraulisch vom Rückkühler und vom Verbraucher getrennt ist.

Nahezu alle Komponenten mussten hierfür neu entwickelt werden, da diese auf dem Markt bisher nicht verfügbar waren. Kernkomponente hierbei ist der von der Efficient Energy GmbH für den eChiller entwickelte Turboverdichter für Wasserdampf.

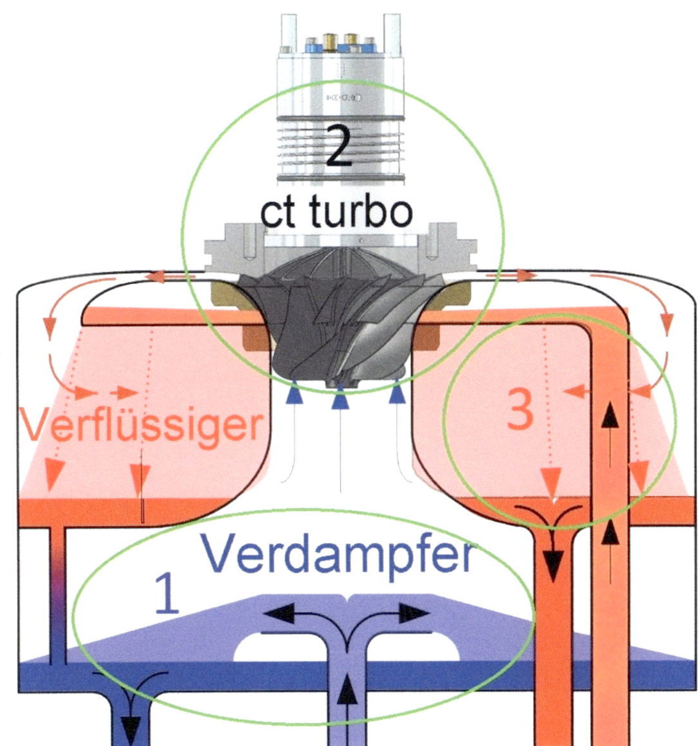

Bild 6.86: Prinzip des thermodynamischen Kreisprozesses
Quelle: Efficient Energy GmbH

Das System besteht aus zwei baugleichen Kältemodulen. In jedem Kältemodul wird der komplette thermodynamische Kreisprozess wie folgt abgebildet:

1. Der Verdampfer: Wasser tritt in den Verdampfer ein, ein Teil verdampft und entzieht dadurch dem restlichen Wasser Energie, wodurch es sich abkühlt.
2. Der Turboverdichter: Der Wasserdampf wird von dem Turboverdichter mit bis zu 90.000 U/min. verdichtet, wobei sich Druck und Temperatur des Dampfs erhöhen.
3. Der Verflüssiger: Der komprimierte Dampf kondensiert im Verflüssiger und erwärmt dabei das Kühlwasser.
4. Die Expansion: Der kondensierte Dampf wird in den Verdampfer zurückgespült.

Die Anlage verschaltet die beiden installierten Module je nach Kühlwassertemperatur so, dass mit minimalem Energieaufwand die geforderte Kälteleistung erzeugt wird. Aufgrund des Anlagenbetriebs ist eine maximale freie Kühlung realisierbar, wodurch der Wirkungsgrad der Maschine besonders hoch ist. Je nach Anwendung wurden unter realen Betriebsbedingungen so bis zu 80 Prozent Energiekostenersparnis erzielt.

Diese Technologie ist ideal für alle Anwendungen, die ganzjährig einen kontinuierlichen Kühlbedarf haben, wie sie zum Beispiel in Rechenzentren und der industriellen Prozesskühlung vorkommen. Die zwei nachfolgenden Grafiken zeigen den realisierbaren Leistungsbereich der Anlage, sowie die COP-Effizienzwerte bei verschiedenen Kühlwassertemperaturen:

Betriebsbereich

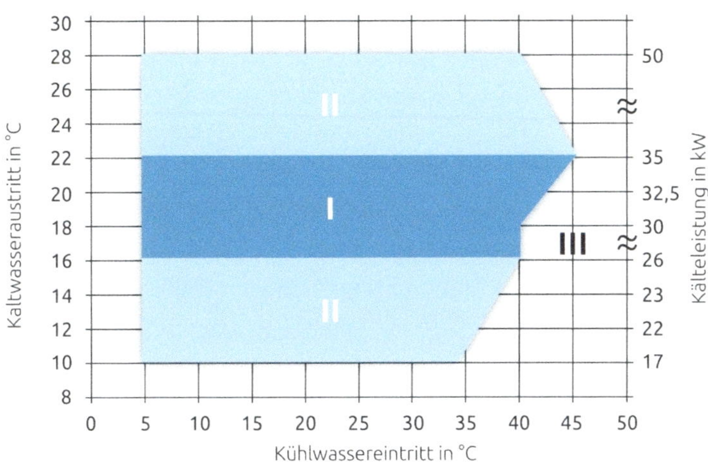

Zu beachten:

I. In der Abbildung sind die optimalen Betriebsgrenzen des eChillers dargestellt (dunkle Fläche).

II. Auf Anfrage kann die Kaltwasseraustrittstemperatur angepasst werden (helle Fläche).

III. Bei steigender Kühlwassereintrittstemperatur wird die Kaltwasseraustrittstemperatur durch den eChiller automatisch angehoben.

COP-Effizienzwerte

Kaltwasserein- und -austritt	22 °C 16 °C	24 °C 18 °C	26 °C 20 °C	28 °C 22 °C
Kälteleistung	26 kW	30 kW	33 kW	35 kW
Kühlwasser-eintritt [°C]	COP [-]	COP [-]	COP [-]	COP [-]
10	>90	>100	>110	>120
15	27	30	110	120
18	10,0	18	23	120
20	8,8	9,7	15	40
22	7,9	8,2	10	20
24	6,8	7,0	9,0	10
26	5,1	6,3	7,8	9,0
28	4,7	6,3	6,6	7,9
30	4,4	4,5	5,0	6,1
35	3,7	3,7	4,3	5,0
40	3,0	3,2	3,5	3,6
45				3,1

Stage II Stage I Free Cooling+ Free Cooling

Der COP ist ein Maß der Effizienz, der die erbrachte Kälteleistung ins Verhältnis zum Energieaufwand setzt.

Bild 6.87: Betriebsbereich und COP-Effizienzwerte
Quelle: Efficient Energy GmbH

Reines Wasser (R718) als Kältemittel ist absolut CO_2-neutral und zu 100 Prozent umweltverträglich. Alle kältemittelrelevanten Richtlinien, besonders im Hinblick auf die strenge F-Gase-Verordnung, werden erfüllt. Die Verwendung von Wasser als Kältemittel in einem geschlossenen Kreislauf bei geringen Betriebsdrücken führt zu weiteren positiven Eigenschaften, so dass z.B. keine gesetzlich vorgeschriebene Wartung erforderlich ist. Zudem ist Wasser ungiftig und nicht brennbar. Die Anlage ist außerdem sehr geräusch- und schwingungsarm. Die Technologie ist je nach Einsatz nach BAFA förderfähig.

In den kommenden Jahren wird diese Technologie als wirtschaftlich und technisch ausgereifte Lösung weiterentwickelt werden und durch die hohe Umweltverträglichkeit und darstellbare Wirtschaftlichkeit an Marktanteilen gewinnen.

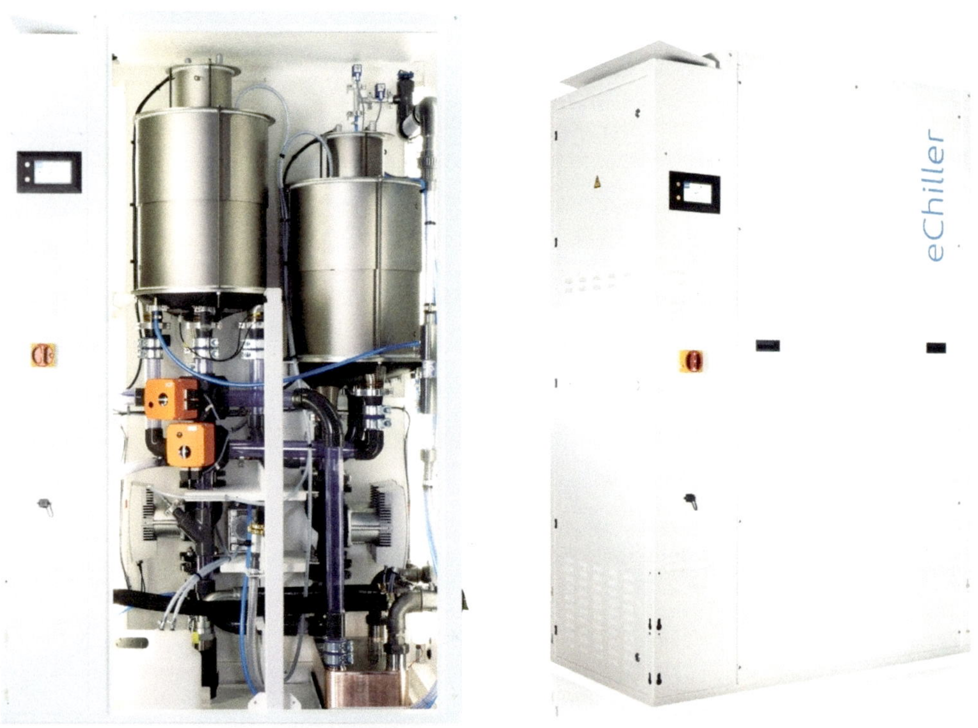

Bild 6.88: Ansicht der Anlage im geöffneten und geschlossenen Zustand
Quelle: Efficient Energy GmbH

6.3.3 Nutzung der indirekten freien Kühlung

Bei der indirekten Freikühlung werden wassergekühlte Direktverdampfersysteme eingesetzt. Im Innengerät (Umluftklimaschrank) befindet sich ein Kältemittelkreislauf, der über ein Verdampferregister der Raumluft die Wärme entzieht. Die Kondensationsleistung wird an einen Kühlwasserkreislauf (Wasser/Glykol) abgegeben. Zusätzlich ist das Innengerät mit einem Luft/Wasser-Wärmetauscher (Freikühlregister) ausgestattet, der vom Kühlwasser direkt durchströmt werden kann. Als Außengerät dient ein Rückkühlwerk.

Bei Außentemperaturen gleich oder größer der Soll-Raumtemperatur wird die gesamte Kühlleistung durch den Kompressorkreislauf erbracht. Das Rückkühlwerk gibt die Kondensationswärme an die Außenluft ab. Liegt die Außentemperatur unter dem Sollwert der Raumtemperatur (ca. –3 K), wird das Freikühlregister freigegeben und vom Kühlwasser direkt durchströmt. So kann die Raumluft durch das nur von der Außenluft gekühlte Kühlwasser vorgekühlt werden. Der Direktverdampferkreislauf mit seinem Verdampferregister übernimmt die Differenz zur erforderlichen Kühlleistung. Diesen Betriebszustand nennt man Mischbetrieb.

Sinkt die Außentemperatur weiter ab, ist es möglich, die gesamte erforderliche Kühlleistung alleine durch das Freikühlregister zu erbringen. Der Direktverdampferkreislauf ist außer Betrieb und es wird keine elektrische Antriebsenergie für den Kompressor benötigt. Die Anlage befindet sich im Freikühlbetrieb.

Die Energieeffizienz dieser Anlagentechnik ist hauptsächlich abhängig von der gewählten Soll-Raumtemperatur (je höher, desto mehr Jahrestemperaturstunden sind im Freikühlbetrieb möglich) und der Auslegung der Rückkühlwerke (Austauschfläche mit der Umgebungsluft).

Durch die Übertragung der Kühlleistung von Luft auf Kühlwasser und wieder zurück an die Außenluft ergeben sich gegenüber direkter Freikühlung Übertragungsverluste. Das bedeutet, dass z.B. bei einer Raumtemperatur von 26 °C die Freie Kühlung ab ca. 23 °C im Mischbetrieb freigegeben werden kann und zusätzlich noch Kompressorenergie benötigt wird. Abhängig von der Rückkühlerauslegung ist 100 Prozent Freie Kühlung, z.B. bei einer Außentemperatur von ca. 13 °C und Volllastbetrieb möglich. Allerdings ist die Kühlung des IT-Raumes vollkommen unabhängig von Einflüssen durch die Außenluft.

Wirtschaftlich wird die indirekte freie Kühlung ab einer Wärmelast von ca. 50 Kilowatt eingesetzt.

In den folgenden Beispielgrafiken werden die Betriebszustände näher erläutert.

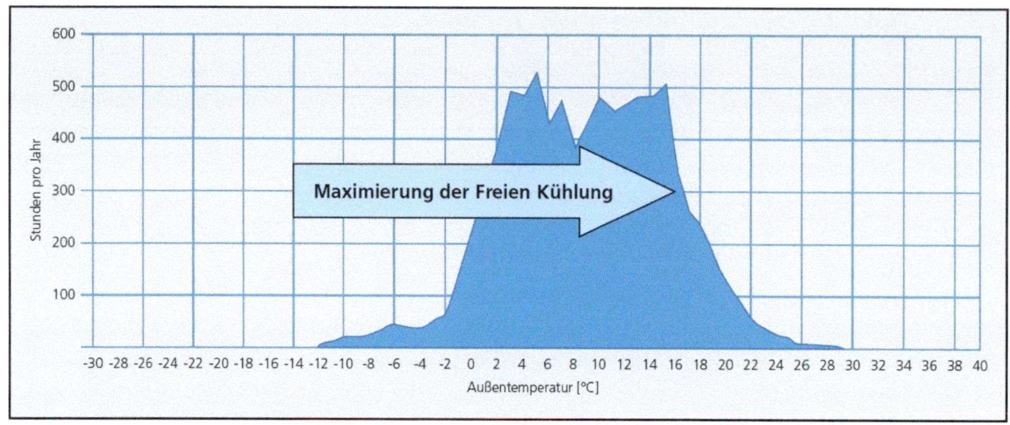

Bild 6.89: Häufigkeit der Außentemperatur in Stunden pro Jahr
Quelle: STULZ GmbH

Bei einer Außentemperatur von 13 °C wird keine Kompressorleistung benötigt und die indirekte freie Kühlung reicht für die notwendige Kühlleistung vollständig aus:

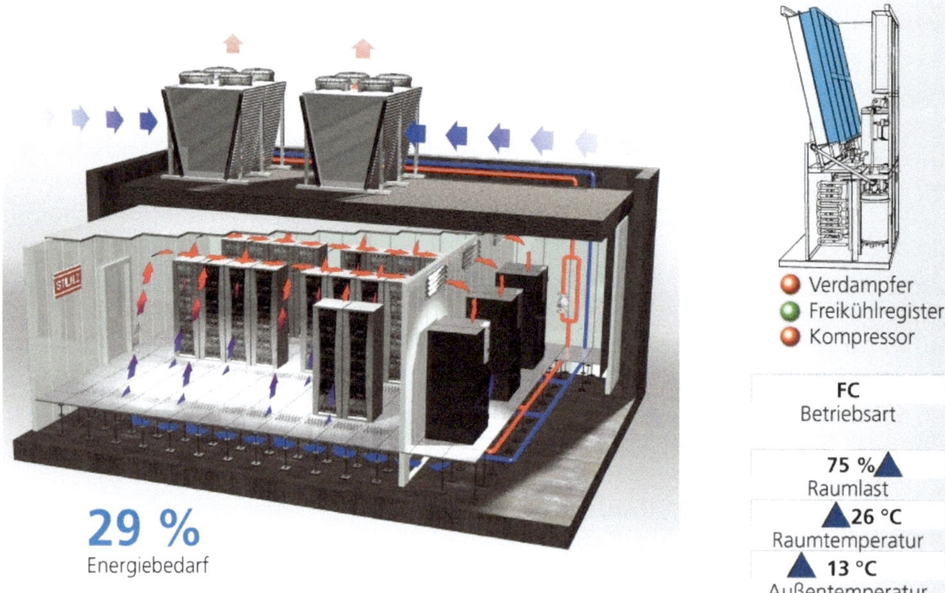

Bild 6.90: 100 Prozent indirekte freie Kühlung
Quelle: STULZ GmbH

Bei einer Außentemperatur von 17 °C wird bedingt Kompressorleistung benötigt und die indirekte freie Kühlung und die Kompressorleistung produzieren die notwendige Kühlleistung. Man spricht in dieser Betriebsart auch vom gleitenden Betrieb oder Mischbetrieb:

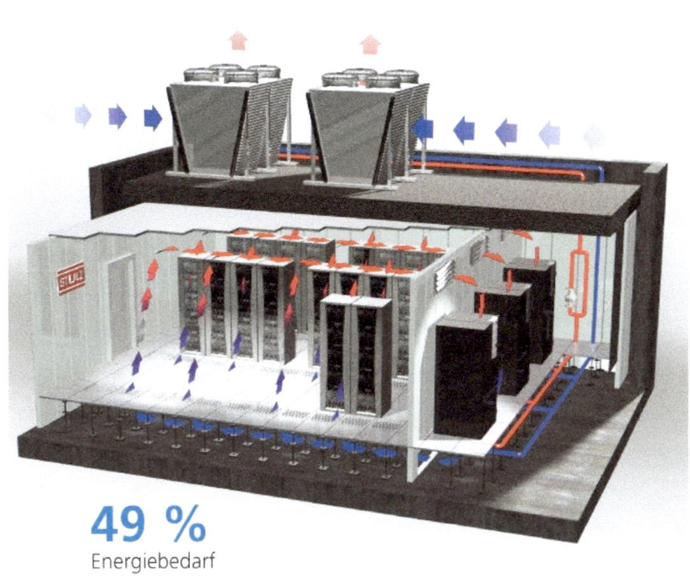

Bild 6.91: Mischbetrieb aus indirekter freier Kühlung und Kompressorbetrieb
Quelle: STULZ GmbH

Bei einer Außentemperatur von 24 °C wird die gesamte benötigte Kühlleistung über das Direktverdampfersystem (Kompressorbetrieb) erzeugt. Eine indirekte freie Kühlung ist nicht mehr möglich. In dieser Betriebsart wird auch die höchste elektrische Energiezufuhr benötigt:

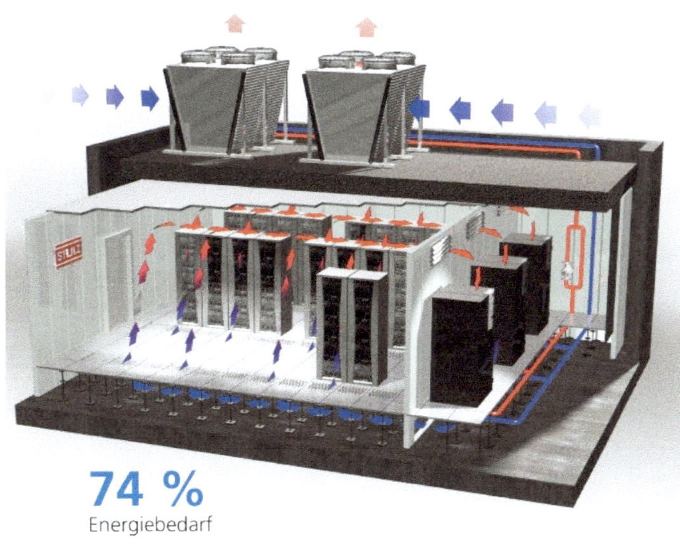

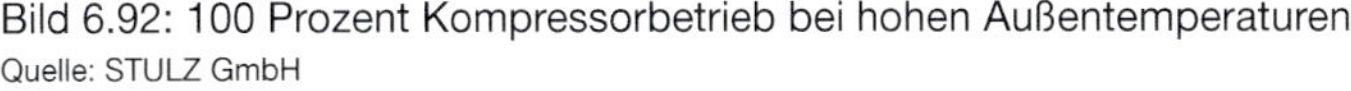

Bild 6.92: 100 Prozent Kompressorbetrieb bei hohen Außentemperaturen
Quelle: STULZ GmbH

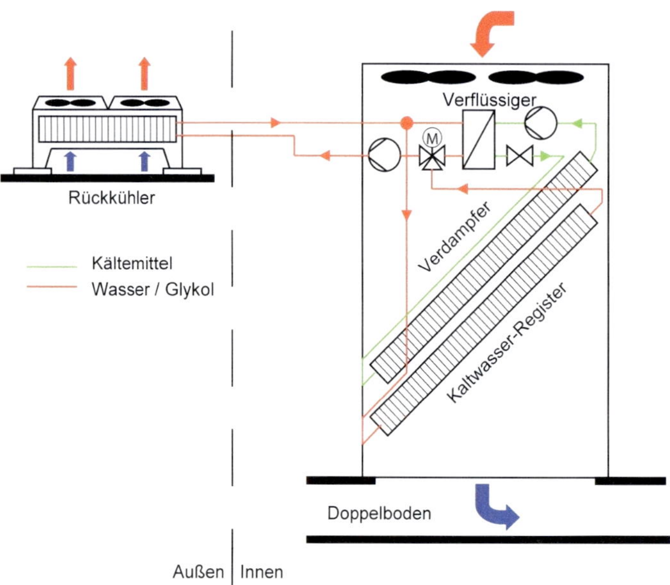

Bild 6.93: Wirkungsweise der indirekten freien Kühlung

Bild 6.94: Umluftkühlgerät mit Direktverdampfersystem und integriertem Plattenwärmeaustauscher Kühlleistung 20 kW bis 100 kW
Quelle: STULZ GmbH

6.3.4 Kaltwassersysteme

Erfolgt die Abkühlung der Raumluft im Umluftkühlgerät nicht durch ein kältemittelgekühltes Register, sondern mittels eines wassergekühlten Register, so spricht man von einem Kaltwassersystem. Hierbei unterscheidet man zwei Arten von Kaltwassererzeugern (Kaltwassersatz), nämlich die luftgekühlte und wassergekühlte Variante.

6.3.4.1 Luftgekühlte Kaltwassererzeuger

Als Kaltwassersatz bezeichnet man die eine Maschine, in der ein Kältekreisprozess eingebaut ist, ähnlich dem der direktverdampfenden Systeme. Der Unterschied besteht darin, dass der Verdampferwärmetauscher nicht mit Luft durchströmt wird, sondern mit Wasser. Somit wird das Wasser gekühlt und verlässt als Kaltwasser den Wärmetauscher. Für den Kreisprozess benötigt man noch einen Verflüssigerwärmetauscher, den sogenannten Rückkühler. Dieser Rückkühler besteht aus einem Register, welches mit Luft durchströmt wird.

Der mittels Luft rückgekühlte Kaltwassersatz kommt in der Regel im Freien zur Aufstellung und besitzt eine eigene Kaltwasserpumpe. Diese hat die Aufgabe, einen

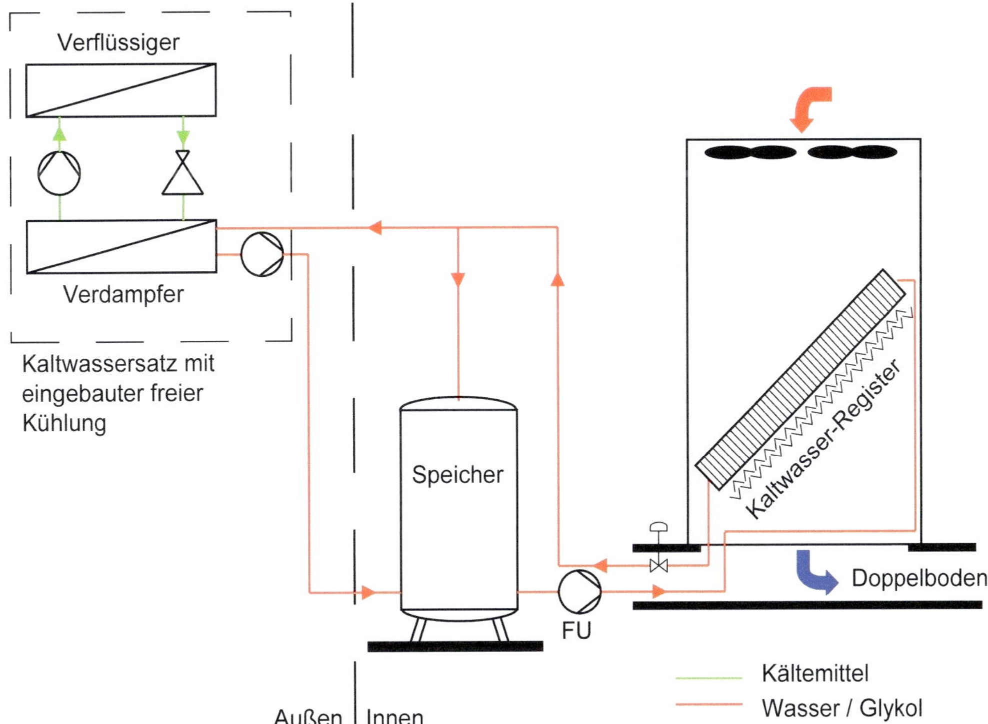

Bild 6.95: Wirkungsweise des luftgekühlten Kaltwassersatzes

Kaltwasserkreislauf anzutreiben, um das kalte Wasser zu den Umluftkühlgeräten zu transportieren, wo die Wärmeübertragung zur Raumluft erfolgt. Das in den Umluftkühlgeräten erwärmte Wasser wird wieder zurück zu dem Kaltwassersatz gefördert und erneut gekühlt. Als Kaltwasser wird in der Regel ein Wasser-Glykol-Gemisch verwendet.

Moderne luftgekühlte Kaltwassererzeuger verfügen über eine integrierte Freie Kühlung und kühlen so das Kaltwasser bei niedrigen Außentemperaturen direkt mit dem Rückkühler. Der Kältekreisprozess wird während dessen nicht benötigt und ist abgeschaltet.

Um die Verfügbarkeit an Kaltwasser zu erhöhen, werden oft zwischen Innen- und Außenbereich noch Pufferspeicher dazwischengeschaltet.

Zwischen Pufferspeicher und Umluftkühlgerät werden die differenzdruckgeregelten Pumpen mit Frequenzumformer (FU) angeordnet. Mit dieser gängigen Betriebsweise der Pumpen lassen sich so auch die Betriebskosten senken und die Anlagenleistung dem aktuellen Leistungsbedarf anpassen, ohne den optimalen Arbeitspunkt zu verlassen. Die Vorteile lassen sich jedoch nur vollständig ausschöpfen, wenn man die Kälteanlagen nach dem tatsächlich berechneten Kältebedarf dimensioniert und nicht die Anlagen, wie oft in der Praxis gängig, aus Sicherheitsgründen überdimensioniert.

Bild 6.96: Luftgekühlter Kaltwassersatz mit freier Kühlung, Kühlleistung ca. 50 bis 130 kW
Quelle: STULZ GmbH

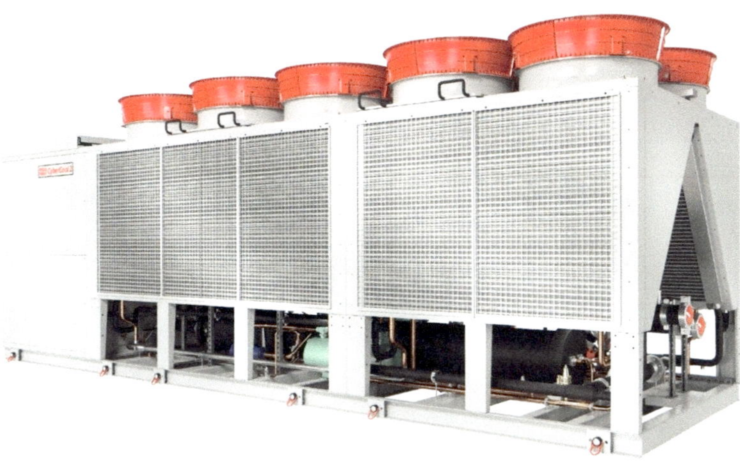

Bild 6.97: Kaltwassersatz in luftgekühlter Ausführung mit Leistungen von ca. 400 bis 1.400 kW
Quelle: STULZ GmbH

6.3.4.2 Wassergekühlte Kaltwassererzeuger

Der wassergekühlte Kaltwassererzeuger ist genau so aufgebaut, wie der luftgekühlte Kaltwassersatz, jedoch erfolgt die Rückkühlung im Verflüssiger nicht mit Luft, sondern mit Wasser.

Somit besitzt die wassergekühlte Variante zwei Wasserkreisläufe, einen Kaltwasserkreislauf und einen Kühlwasserkreislauf, die jeweils eine eigene Pumpe benötigen. Die Kühlwasserpumpe hat die Aufgabe, das im Verflüssiger erwärmte Wasser zu einem Rückkühler zu transportieren, in dem der Wärmeübertrag zur Außenluft erfolgt. Das in dem Rückkühler gekühlte Wasser wird wieder zurück zu dem Kaltwassersatz gefördert und erneut erwärmt. Als Kaltwasser wird in der Regel nur Wasser verwendet, während als Kühlwasser ein Wasser-Glykol-Gemisch zum Einsatz kommt.

Die wassergekühlte Kälteerzeugung wird normalerweise gesplittet aufgestellt, das heißt der Kaltwassersatz mit dem Kältekreisprozess kommt im Gebäudeinneren zur Aufstellung und die Rückkühlkomponenten werden im Außenbereich platziert. Die Kaltwasserpumpe und die Kühlwasserpumpe kommen ebenfalls im Gebäudeinneren zur Aufstellung. Die Rückkühlung kann sowohl trocken, feucht als auch hybrid erfolgen. Bei der trockenen Rückkühlung kommen meist Tisch- oder V-Kühler zum Einsatz, während bei der feuchten Rückkühlung Kühltürme eingesetzt werden. Der hybride Rückkühler ist in gewisser Weise eine Mischung aus den beiden zuvor genannten.

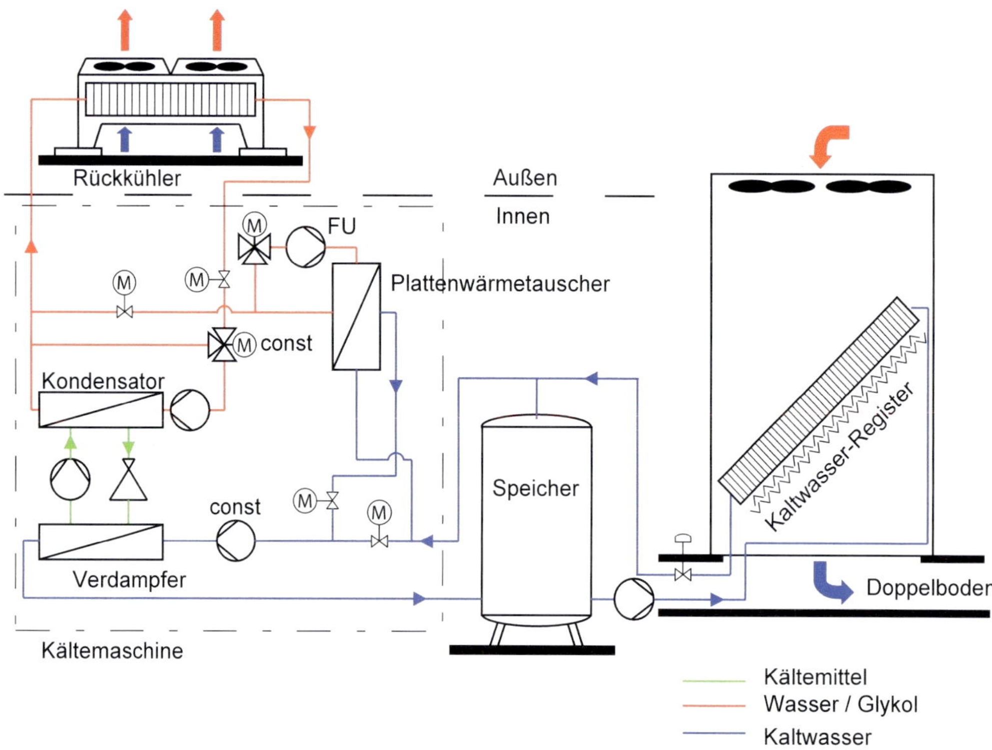

Bild 6.98: Wirkungsweise des wassergekühlten Kaltwassersatzes

Der Hybridkühler nutzt die Bauform des klassischen Trockenkühlers und bedient sich eines wesentlich sparsameren Wassereinsatzes als ein Kühlturm, um möglichst lange im freien Kühlbetrieb ohne Kompressionskälte auszukommen.

Verschaltet man die Komponenten einer wassergekühlten Kälteerzeugungsanlage geschickt miteinander, so ist selbstverständlich die Freie Kühlung über einen großen Zeitraum des Jahres nutzbar. In diesem Betriebszustand wird der Kaltwassersatz hydraulisch umgangen, so dass keine elektrische Energie für Kompressionskälte aufgewendet werden muss.

Typische Einsatzgebiete sind Anwendungen über 80 kW. Vorteil dieser Anlagen ist der gute Wirkungsgrad in der Kälteerzeugung. Nachteil ist die aufwendige Anlagentechnik und der große Platzbedarf innerhalb des Gebäudes.

6.3.4.3 Absorptionskältemaschine

Bei der Absorptionskältemaschine handelt es sich ebenfalls um einen wassergekühlten Kälteerzeuger, der allerdings nicht mit dem Kompressionskälteprozess arbeitet, sondern die Druckerhöhung des Kältemittels über zugeführte Wärme realisiert. Als Kältemittel wird in der Regel eine wässrige Lösung von Lithiumbromid (LiBr) eingesetzt.

Die wichtigsten Komponenten der Absorptionsmaschine sind der Absorber, die Lösungsmittelpumpe, der Austreiber, der Verflüssiger und der Verdampfer.

Kein Kreisprozess funktioniert ohne Energiezufuhr. Hier erfolgt die Energiezufuhr in Form von Wärme, die dem Austreiber zugeführt wird. Das Lithiumbromid hat die Eigenschaft, Wasser zu absorbieren, d.h. an sich zu binden und festzuhalten. Führt man diesem Stoffgemisch im Austreiber Wärme zu, beginnt das Wasser zu verdampfen und kann von dem Lithiumbromid nicht mehr festgehalten werden. Im weiteren Prozess durchläuft der Wasserdampf den Verflüssiger, in dem der Wasserdampf mittels wassergekühltem Wärmeübertrager wieder flüssig wird. Erreicht das Kältemittel den Verdampfer mit dem direkt angrenzenden Absorber, wechselt das Wasser erneut den Aggregatzustand und wird von der hochkonzentrierten Lithiumbromidlösung absorbiert. Bei diesem Vorgang wird ebenfalls Wärme getauscht, die dem eigentlichen Kaltwasser für die Rechenzentrumskühlung zu Gute kommt. Die im Absorber entstandene, weniger konzentrierte Lithiumbromidlösung, wird über die Lösungsmittelpumpe zum Austreiber transportiert und hier beginnt der Prozess von Neuem.

Vorteile hat diese Technik, weil die Absorptionskältemaschine einen sehr geringen Strombedarf hat, über ein gutes Teillastverhalten verfügt und Wasser als Kältemittel verwenden.

Bei den Nachteilen ist zu erwähnen, dass diese Technologie einen großen Platzbedarf hat, einer hohen Rückkühlung bedarf, hohe Investitionskosten aufweist und bei den Lastwechseln zu träge ist.

Wirtschaftlich interessant ist die Absorptionstechnik nur, wenn die notwendige Wärmeenergie für den Austreiber kostenneutral zur Verfügung steht.

6.3.5 Kältenutzung aus natürlichen Gewässern

Analog zu der Kühlung von großen Kraftwerken mit dem Wasser aus Flüssen, Seen oder Meeren, wäre es auch denkbar, ein Rechenzentrum so zu kühlen. Das ist auch prinzipiell möglich. Hierzu bedarf es einer Abstimmung mit den jeweiligen Genehmigungsbehörden und einer entsprechenden Genehmigung. In der Regel wird diese Rechenzentrumsbetreibern in Deutschland jedoch aus ökologischen Gesichtspunkten verwehrt. In anderen europäischen Ländern wurden bereits Rechenzentren mit Grundwasserkühlung und Meerwasserkühlung realisiert.

6.3.6 Erdkälte

Die Nutzung von Geothermie kennen wir aus dem Einfamilienhausbereich, um im Winter die Energie des Erdreichs für die Wärmepumpe zum Heizen und im Sommer zum Kühlen zu verwenden. Für ein kleines, selbstgenutztes Rechenzentrum wäre eine solche Lösung auch denkbar. Für größere Rechenzentren ist auch hierfür ein Genehmigungsverfahren zu durchlaufen, in dem mögliche ökologische Beeinflussungen geprüft werden, wodurch ein solches Verfahren erfahrungsgemäß nur geringe Erfolgsaussichten hat. Realisierte Projekte mit Langzeiterfahrung existieren kaum.

6.4 Luftfeuchte im Rechenzentrum

Einer der umstrittensten Punkte bei der Planung und dem Betrieb von Rechenzentren ist die Frage nach der idealen Luftfeuchtigkeit im Serverraum.

Vor 15 Jahren wurde ein so genanntes Präzisionsklima für die Rechnerräume propagiert. Aus dieser Zeit stammen die Bezeichnungen einiger Hersteller für Ihre Produkte als „Präzisionsklimagerät". Heute sind wir in einer Zeit angekommen, in der der Fokus auf Energieeffizienz liegt. Deshalb heißen heutige Produkte „Energysaver" etc. denn auch für die Regulierung der Luftfeuchte gilt es, energieoptimierte Systeme zu verwenden.

Schaut man in die DIN EN 50600 oder auch in das Handbuch von ASHRAE, so sind die oberen und unteren Grenzwerte für die zulässig relative Raumfeuchte deutlich auseinandergewandert.

Die DIN EN 50600-2-3 fordert für alle Räume, in denen ein Risiko der Beschädigung von elektrostatisch empfindlichen Geräten durch elektrostatische Entladung besteht, dass die relative Luftfeuchte so eingehalten werden muss, dass die Anweisungen der Hersteller der zu verwendenden Geräte eingehalten werden. Wo es keine Informationen gibt oder wo der Gerätehersteller nichts angegeben hat, muss ein minimaler Taupunkt von 5,5 °C eingehalten werden.

Im Laufe des Planungsprozesses eines Rechenzentrums ist mit dem Nutzer eine Rechenzentrumsklassifizierung bzw. Feuchtebegrenzung festzulegen.

Die amerikanischen Klassifizierungen lassen hier einen wesentlich größeren und somit effizienteren Spielraum zu als die deutschen Einschätzungen, die eine Mindestfeuchte von 39 Vol.-% r.F. verlangen.

Bei einem selbst genutzten Rechenzentrum ist man gut beraten, wenn man sich die vorgeschriebenen Umgebungsbedingungen der Hardwarehersteller anschaut, die man bevorzugt einsetzen möchte. Oftmals geben die Hardwarehersteller hier Grenzwerte vor, an die man sich tunlichst halten sollte, sofern man die Gewährleistungen nicht verlieren möchte.

Das Temperaturniveau im Rechenzentrum ist ausschlaggebend, um den oberen Grenzwert festzulegen. Geht man von einer Zulufttemperatur vor den Servern von 24 °C aus, so sollte sich für die meisten Anwendungen die Luftfeuchte zwischen 30 und 70 Vol.-% r.F. befinden, da auch zu feuchte Luft durch Taubildung Schäden nach sich ziehen können.

Es gibt unterschiedliche Möglichkeiten, die Luftfeuchte zu regeln. Die benötigte Befeuchtungsleistung muss genau wie die Kühlleistung für jedes Projekt individuell berechnet werden.

Wird mit Umluftkühlgeräten gekühlt, wird ein Teil der Geräte mit einem Dampfbefeuchter ausgestattet. Dies ist in der Regel ausreichend, um die Luftfeuchte entsprechend der Grenzen zu halten.

Jedoch gibt es auch eigenständige Luftbefeuchter die nicht in anderen Geräten verbaut sind, sondern als separate Einheit mit eigener Steuerung im Rechenzentrum oder IT-Raum montiert werden.

Die einfachste Art Luftfeuchte zu erzeugen erfolgt mit Dampfbefeuchtern. Ein Dampfbefeuchter ist in etwa aufgebaut wie ein Heißwasserkocher aus dem Haushalt. Wasser wird durch eine Elektrode oder einen Widerstand verkocht, bis es den gasförmigen Zustand erreicht. Der erzeugte Wasserdampf wird dann über Ventilatoren dem Raum zugeführt, wo er sich wieder abkühlt.

Diese Art der Luftfeuchteerzeugung ist zwar in der Investition die Günstigste und Einfachste, von den Betriebskosten her aber auch die Teuerste.

Wesentlich effizienter als isotherme Dampfsysteme sind sogenannte adiabate Systeme, bei denen das Wasser als Nebel in die Luft gebracht wird. Diese Vernebelung wird durch feine Zerstäubung z.B. mittels Ultraschallwellen erreicht. Mittels eines piezoelektrischen Wandlers wird die elektronisch hergestellte Ultraschallfrequenz in mechanische Energie umgewandelt. Die Oberfläche des Schwingungswandlers schwingt in derart großer Geschwindigkeit, dass das Wasser der Bewegung aufgrund der Massenträgheit nicht mehr folgen kann und somit ein momentanes Vakuum und eine Kompression entstehen. Die Blasen, die hierbei entstehen, treffen mit großer Kraft aufeinander. Dieser Vorgang wird Kavitation (Erzeugung und Bildung dampfbefüllter Hohlräume) genannt. Durch die Fokussierung der Schall-Leistung dicht unter der Wasseroberfläche werden zudem Kreuzwellen erzeugt, in deren Kreuzungspunkte sich kleinste Wassertropfen lösen und einen Nebel erzeugen. Dieser wird vom Luftstrom aufgenommen und in die Fläche verteilt. Die erzeugten Wasserpartikel sind im Durchschnitt nur 0,001 mm groß. Die Herstellung des Nebels durch adiabate Befeuchtung wird umgangssprachlich auch Kaltnebel-Befeuchtung genannt. Die Befeuchtungsanlagen mittels Ultraschallwellen sind in der Anschaffung zwar teurer als die Elektrodenbefeuchter, allerdings spart man im Betrieb bis zu 90 Prozent der elektrischen Energie. Zudem kühlt man die Luft durch den Befeuchtungsprozess, wodurch dann auch weniger mechanische Kälteleistung erzeugt werden muss.

Weitere Vorteile sind, dass die Luftbefeuchtung sofort zur Verfügung steht und das Wasser nicht erst erhitzt werden muss. Die Befeuchtungsleistung kann ohne Abschlämmvorgänge aufgrund der Aufkonzentration von Mineralien genau zwischen null und 100 Prozent geregelt werden.

Die Lebensdauer der Schwinger ist sehr lang und beträgt mindestens 10.000 Stunden. Die Ultraschallbefeuchter werden mit Frischwasser versorgt, weshalb die Befeuchtung sehr hygienisch ist und in der Hygieneverordnung auch dementsprechend behandelt

Der Befeuchter wird eingeschaltet. Der Schwinger geht in eine positive Amplitude.

Der Schwinger geht in eine negative Amplitude. Durch die Trägheit des Wassers wird ein Vakuum erzeugt.

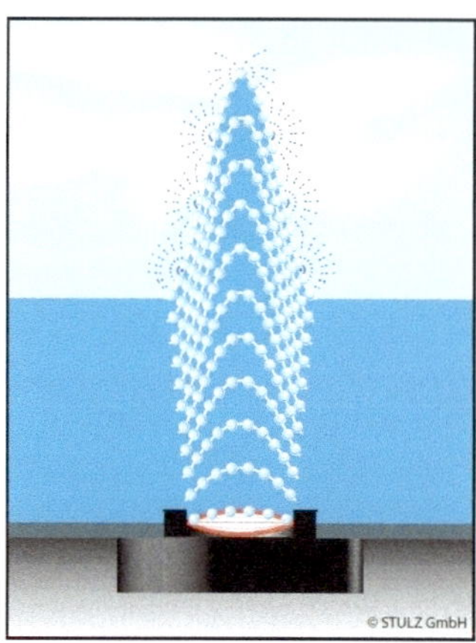

Nach ca. 10 Amplituden hat der Ultraschall-Befeuchter 100 % Leistung erreicht.

Bild 6.99: Funktionsprinzip des Ultraschallbefeuchters
Quelle: STULZ GmbH

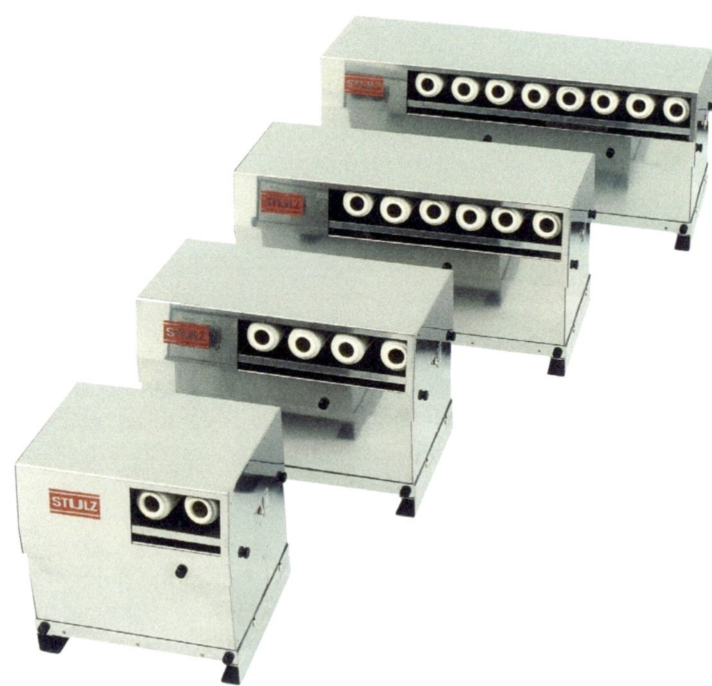

Bild 6.100: Ultra-Sonic Direkt-Raumbefeuchter zur Wandmontage im Rechenzentrum mit 1 l/h bis 8 l/h adiabater Befeuchterleistung bzw. 72 m^3/h bis 396 m^3/h Luftdurchsatz (pro Modul)
Quelle: STULZ GmbH

wird. Der Betrieb mit entmineralisiertem Wasser ist ebenfalls möglich. Die dazu notwendigen Umkehrosmose-Anlagen sind in den Investitionskosten der letzten zehn Jahre sehr stark gesunken.

Um kleinste Kalk-/Salzablagerungen im Rechenzentrum zu vermeiden, wird insbesondere bei großen Wassermengen empfohlen, eine Enthärtungsanlage zur Vorenthärtung bzw. Effizienzsteigerung der Umkehrosmose-Anlage und zwingend eine Nachbehandlung des Umkehrosmose-Wassers mittels Mischbettionentauschers vorzusehen. Die Leitfähigkeit des Befeuchter-Einspeisewassers muss unter 5 µS reduziert werden.

Die Anlage ist sehr wartungsarm und muss zyklisch nur noch überprüft werden. Bei Dampfbefeuchtern müssen in Abhängigkeit von der Qualität des Leitungswassers die Kunststoff-Dampfzylinder möglicherweise öfters ausgetauscht werden. Eine moderne Membran in der Umkehrosmoseanlage hält im Vergleich dazu zwei bis drei Jahre länger.

6.5 Frischluft im Rechenzentrum

Schon aus arbeitsrechtlichen Aspekten empfiehlt es sich, das Rechenzentrum mit Außenluft, also Frischluft zu versorgen. Dabei ist ein halber bis einfacher Raumluftwechsel völlig ausreichend. Dies bedeutet, dass die komplette Luft einhalb- bis einmal pro

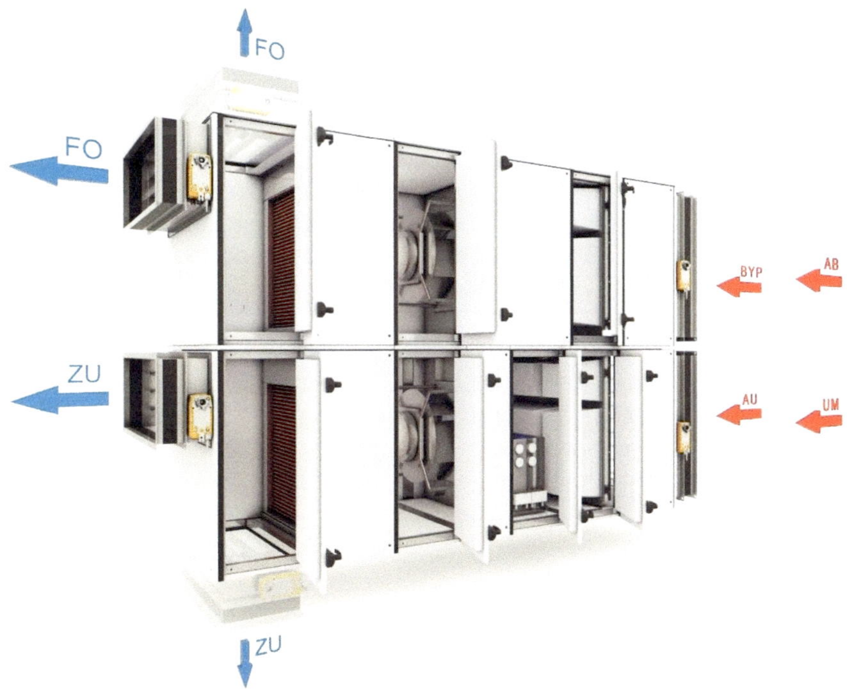

Bild 6.101: Lüftungsanlage für Zu- und Abluft im Rechenzentrum
Quelle: BerlinerLuft. Technik GmbH

Stunde komplett erneuert wird und dabei auch Gerüche abtransportiert. Dies erfolgt in der Regel über separate kleine Anlagen oder man schließt das Rechenzentrum an eine zentrale Lüftungsanlage an.

Nicht zu verwechseln ist der Frischluftwechsel mit der Umluft durch ein Umluftkühlgerät. Dessen Luftdurchsatz ist um ein Vielfaches höher und sehr stark von der Wärmelast abhängig. So wird beispielsweise bei einer Wärmelast von 500 W/m² die Luft bis zu 50-mal pro Stunde umgewälzt.

6.6 Energieeffizienz

Wie bereits eingangs erwähnt schlummern in der Klimatechnik enorme energetische Optimierungspotentiale, da bei ungünstiger Auslegung und Auswahl der Technik bis zu 50 Prozent Energie eines Rechenzentrums nur für die Klimatisierung verwendet wird.

6.6.1 Reduzierung der Lüfterantriebsleistung

Im Abschnitt 5.3.1 USV-Anlagen wurde beschrieben, die USV-Anlagen möglichst nahe der Nennleistung zu betreiben und einzelne Anlagen oder Blöcke bedarfsweise zuzuschalten, da im Nennbetrieb der höchste Wirkungsgrad erzielt wird.

In der Klimatechnik erreicht man eine elektrische Energieeinsparung durch den Einsatz von EC-Motoren, die parallel mit reduzierter Drehzahl betrieben werden. EC-Motoren verfügen über einen besseren Wirkungsgrad als konventionelle AC-Motoren und sie lassen sich aufgrund seiner elektronischen Ansteuerung einfach regeln. Mit den EC-Motoren ist es ohne großen Aufwand möglich, mehrere Ventilatoren parallel und mit kleinem Abstand zueinander mit gleicher Drehzahl laufen zu lassen. Integriert man in solch einen Verbund die Redundanzgeräte eines Rechenzentrums, lässt sich die Lüfterdrehzahl jedes einzelnen Geräts unter Beibehaltung der gleichen Gesamtluftmenge reduzieren. Ein Halbieren der Lüfterdrehzahl bewirkt eine Reduzierung der Lüfterantriebsleistung um 70 Prozent.

Mit Inkrafttreten der ErP-Durchführungsverordnung (Energy related Products-Directive) für Ventilatoren im Jahre 2013 (erste Stufe) und Erhöhung der Anforderungen in 2015 (zweite Stufe), sind die Hersteller nun auch gesetzlich gezwungen, ihre Produkte für den europäischen Markt nach den definierten Effizienzanforderungen zu gestalten. Betroffen davon sind alle Ventilatoren im Leistungsbereich von 125 W bis 500 kW, unabhängig davon, ob sie als Einzelgerät arbeiten oder als Komponente in einem Gerät oder einer Anlage integriert sind.

Da die Ventilatoren rund um die Uhr laufen, können schon kleine Einsparungen eine enorme Wirkung auf die Betriebskosten haben.

Durch die Verordnung sind die Hersteller noch viel mehr dazu gezwungen, über die Auswahl der verwendeten Materialien, durchdachte Konstruktionsdetails und den Einsatz modernster EC-Technik bei den Antrieben, eine hohe Effizienz zu ermöglichen. Motor, Laufrad und Elektronik müssen dabei optimal aufeinander abgestimmt sein, um neben einer hohen Effizienz auch eine Überdimensionierung zu vermeiden.

Dabei kommt auch der Aerodynamik des Laufrads bzw. deren Geometrie eine besondere Bedeutung zu. Die Kunst ist es dabei, über den gesamten Drehzahlbereich eine hohe Effizienz zu erreichen.

Bild 6.102: Schnitt durch einen EC-Ventilator
Quelle: STULZ GmbH

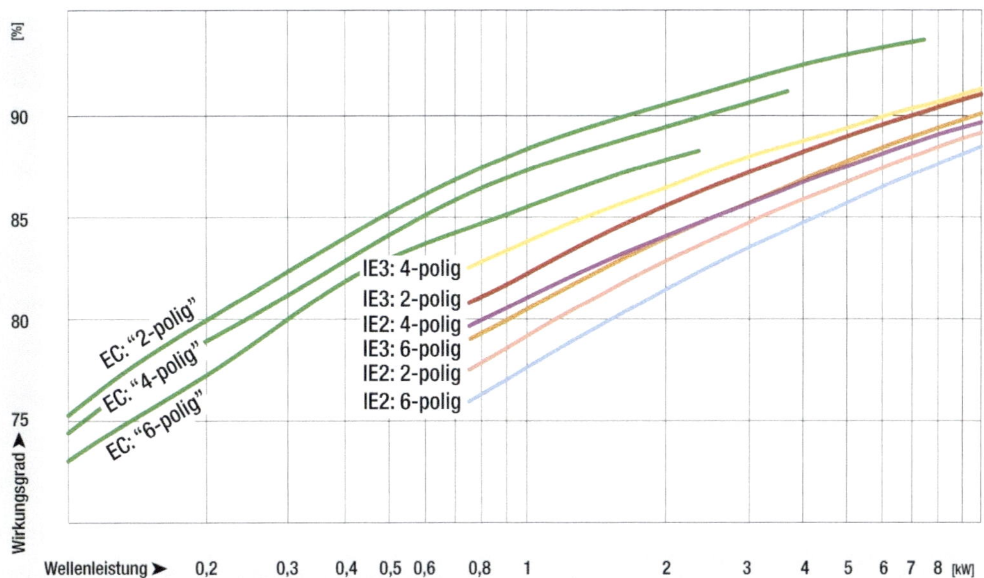

Bild 6.103: EC-Motoren übertreffen das geforderte Effizienzniveau gegenüber AC-Motoren deutlich
Quelle: ebm-papst Mulfingen GmbH & Co. KG

Als „Motoren“ werden in der ErP-Durchführungsverordnung nur die 2-, 4- bzw. 6-poligen Ausführungen bezeichnet. Die effizienteren EC-Außenläufermotoren sind (leider) in der Verordnung nicht genannt. Die namhaften Hersteller garantieren jedoch trotzdem, dass sie die geforderten Werte der Verordnung mit den EC-Motoren deutlich übertreffen.

Es lohnt sich also, mit dem Hersteller der Klimatechnikanlagen unter Umständen effizientere EC-Ventilatoren auszuwählen und einzusetzen als die „Standardkomponenten“, die üblicherweise verbaut werden, zu verwenden.

Oft reicht es jedoch auch schon aus, durch intelligente und bedarfsorientierte Anordnung der Doppelbodenlüftungsplatten bzw. Einstellen der Luftmenge an den Doppelbodenlüftungsplatten den Luftstrom zu optimieren und die Lüfterdrehzahl dadurch reduzieren zu können.

6.6.2 Maximierung der Temperaturdifferenz

Aus dem thermodynamischen Zusammenhang mit den physikalischen Größen benötigter Luftmenge, abzuführender Wärmelast und notwendiger Temperaturdifferenz ergibt sich folgende Gleichung:

$$\mathring{V}_l = \frac{\mathring{Q}_o}{\varphi_{Luft} \times c_{pLuft} \times \Delta T}$$

Konstante Werte sind dabei die Dichte der Luft mit $\varphi_{Luft} = 1{,}185\ kg/m^3$ und die spezifische Wärmekapazität der Luft $c_{pLuft} = 1{,}0045\ kJ/kg/K$. Die abzuführende Wärmelast Q_o ist in der Betrachtung eine feststehende Größe.

Aus der Gleichung wird ersichtlich, dass bei einer Verdopplung der Temperaturdifferenz von 10 K auf 20 K die benötigte Luftmenge V_l halbiert werden kann.

Dies hat wiederum Einfluss auf die im vorigen Abschnitt beschriebene Lüfterantriebsleistung im Quadrat.

Das Bilden von Warm- und Kaltgängen inklusive deren Einhausung sowie die Optimierung des Luftstromes schaffen die Voraussetzungen, um die Auswirkungen messbar zu nutzen. Zudem wird verhindert, dass sich die kalte und die warme Luft über und neben den Datenschränken vermischt und somit die Rücklufttemperatur sinkt. Luftkurzschlüsse werden vermindert bis vermieden.

6.6.3 Wärmerückgewinnung

Es gibt am Markt immer wieder zarte Versuche, die Abwärme aus dem Rechenzentrum zu nutzen. Bisher scheitern alle Versuche meist kläglich an der Wirtschaftlichkeit.

Das Hauptproblem ist die Abwärmetemperatur, die für eine Warmwasserbereitung oder ein Heizungssystem zu niedrig ist. Für die Nutzung in einem Schwimmbad oder für eine Fußbodenheizung wäre sie ausreichend. Doch damit die Anlagen einigermaßen wirtschaftlich arbeiten können, muss sichergestellt sein, dass die Abwärme permanent abgenommen wird. Das ist bei einer Fußbodenheizung jedoch im Sommer nicht gegeben.

Die Energie der Abwärme müsste dann über Wärmepumpen o.Ä. auf ein notwendiges Maß angehoben werden, damit sie in Fernwärmenetzen oder für Absorptionskältemaschinen genutzt werden kann. Das „Zuheizen" frisst jedoch Energie, was die Wirtschaftlichkeit sehr in Frage stellt.

Es mag in bestimmten Bereichen und Anwendungen auch bisher wirtschaftlich schon möglich sein, das ist jedoch nach wie vor eher die Ausnahme als die Regel und oft auch einer gehörigen Portion Idealismus geschuldet. Die Politik ist hier gefordert, die richtigen Weichen zu stellen und die Infrastruktur für eine Kopplung der Wärmeerzeuger (Rechenzentren) und Wärmeverbraucher (Nah- bzw. Fernwärmenetze) bereitzustellen oder entsprechend zu fördern bzw. die Abwärme, die den Fernwärmenetzen zur Verfügung gestellt wird, auch entsprechend zu vergüten.

Die Zukunft wird zeigen, ob sich die Wärmerückgewinnung durch eine mögliche weitere Anhebung der Rücklufttemperatur oder auch die Rückkehr zur Wasserkühlung irgendwann wirtschaftlich darstellen lässt, die Abwärme dann ohne mechanische Temperaturanhebung den Fernwärmenetzen zur Verfügung gestellt werden kann und das Fernwärmenetz so ausgebaut ist, dass eine wirtschaftliche Andockung auch mit überschaubaren Kosten möglich wird.

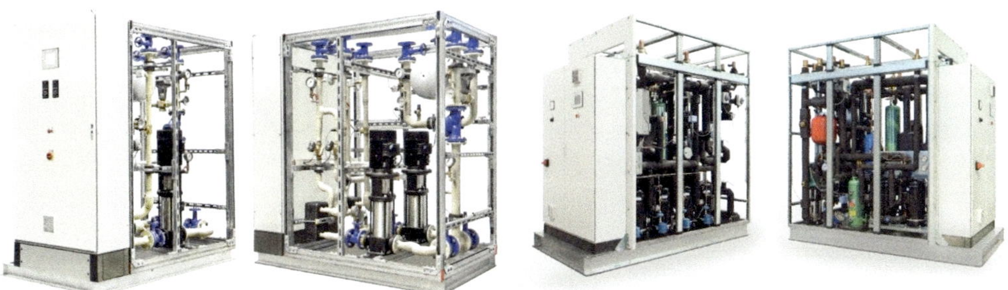

Bild 6.104: Wärmerückgewinnungssysteme EcoCond und EcoCond+
Quelle: BerlinerLuft. Technik GmbH

6.7 Aus der Praxis

Schaut man auf die Erfahrungen der vergangenen Jahre zurück, so steht zu Beginn jedes neuen IT-Raums und Rechenzentrums, wie in anderen Gewerken auch, unabdingbar eine sehr ausführliche und solide Grundlagenermittlung des jeweiligen Betreibers für seinen Bedarf. Anschließend sollte der ganzheitlichen Planung des neuen oder zu revitalisierenden Rechenzentrums ein entscheidender Stellenwert zugeordnet werden.

Die Planung sollte nachhaltig erfolgen, d.h. die Betriebskosten und Instandhaltungen sollten hier im Fokus stehen.

Nach Fertigstellung der einzelnen Anlagenkomponenten müssen diese unbedingt ausführlich in allen Szenarien getestet und in automatischer Funktion probegefahren werden. Dies ist der entscheidende Aspekt, wenn es um eine entsprechende Verfügbarkeit gehen soll. Oft zeigt sich dann erst hier, dass im Zusammenspiel aller Gewerke nicht alle Verknüpfungen zu Ende gedacht wurden.

6.8 Klimatisierung nach DIN EN 50600-2-3

Die Rechenzentrumsnorm DIN EN 50600-2-3 betrachtet die „Regelung der Umgebungsbedingungen“ und führt bereits einleitend auf, dass das System zur Regelung der Umgebungsbedingungen eines der wichtigsten Aspekte der Infrastruktur eines Rechenzentrums ist. Übermäßige Schwankungen der Temperatur oder der relativen Luftfeuchte können direkt die funktionellen Fähigkeiten des Rechenzentrums und seiner Infrastruktur beeinflussen.

Die funktionellen Elemente werden in primäre und sekundäre Elemente unterteilt. Primäre Elemente sind die Elemente zur mechanischen Erzeugung von temperaturgeregelten Flüssigkeiten, während sekundäre Elemente zur Verteilung von Flüssigkeiten, die in den Primärelementen erzeugt wurden, dienen.

Tabelle 1: Beispiele von funktionellen Primär- und Sekundär-Funktionselementen, nach DIN EN 50600-2-3

Bereich	Flüssigkeit	Funktionselement(e)
Primär	Wasser	Wasserleitungsnetz, Kühlanlagen, Pumpe(n)
	Luft	Lufteinlässe für Außenluft, Filter, Wärmetauscher
Sekundär	Wasser	Pumpe(n), Ventil(e), Rohrsystem(e), flüssigkeitsgekühlte Gehäuse
	Luft	Kanalsystem, Luftaufbereitungseinheit im Rechnerraum

6.8.1 Regelung der Umgebungsbedingungen von Rechenzentrumsbereichen

Die Norm nennt für die einzelnen Räume unterschiedliche Anforderungen:

1. Hausübergabepunkte:
   a. Keine spezifischen Anforderungen
2. Personaleingang/-eingänge
   a. Anwendung der Regelung für komfortable Umgebungsbedingungen
3. Ladeplatz/-plätze:
   a. Keine spezifischen Anforderungen
4. Generatorbereiche
   a. Temperatur in Übereinstimmung mit den Anweisungen des Lieferanten
   b. Wenn keine Angaben vorliegen, muss die Temperatur über 0 °C gehalten werden und sollte über 10 °C betragen
   c. Angemessene Belüftung für Verbrennung und Radiatorkühlung
   d. Wenn der Hersteller zum Planungszeitpunkt nicht bekannt ist, Maximaltemperatur 35 °C
   e. Antikondensationsheizungen
   f. Temperatur und das Vorhandensein von Schwebeteilchen in der Luft müssen überwacht werden
   g. Heizelemente im Generator können ausreichend Wärme bereitstellen. Wo das nicht möglich ist, müssen thermostatisch geregelte Heizelemente angewandt werden
5. Systeme zur Brennstofflagerung:
   a. Andauernde Umgebungstemperaturen unter 0 °C vermeiden, um eine Verfestigung des Brennstoffs zu verhindern
   b. Leckageüberwachung
6. Transformatorbereich(e)
   a. Temperatur in Übereinstimmung mit den Anweisungen des Lieferanten
   b. Wenn keine Angaben vorliegen, muss die Temperatur über 0 °C gehalten werden und sollte über 10 °C betragen
   c. Wenn der Hersteller zum Planungszeitpunkt nicht bekannt ist, Maximaltemperatur 35 °C
   d. Staubfilterung, falls vom Lieferanten des Trafos gefordert
   e. Gebläsekühlung des Transformators in Betracht ziehen, sofern dies eine Verbesserung der Transformatoreffizienz darstellt
   f. Temperatur und das Vorhandensein von Rauchpartikeln muss überwacht werden
7. Elektroverteilerbereich(e):
   a. Temperatur in Übereinstimmung mit den Anweisungen des Lieferanten
   b. Wenn keine Angaben vorliegen, muss die Temperatur über 0 °C gehalten werden und sollte über 10 °C betragen
   c. Natürliche Belüftung
   d. Wenn der Hersteller zum Planungszeitpunkt nicht bekannt ist, Maximaltemperatur 40 °C

   e. Antikondensationsheizungen
   f. Temperaturgeregelte Entlüftung. Wenn die Redundanz der Einrichtung dies erfordert, redundante Lüfter
   g. Temperatur und relative Luftfeuchte müssen überwacht werden
8. Telekommunikationsbereich(e):
   a. Temperatur in Übereinstimmung mit den Anweisungen des Lieferanten
   b. Wenn keine Angaben vorliegen, muss die Temperatur im Bereich von 10 bis 30 °C und die relative Luftfeuchte im Bereich von 20 bis 70 Vol.-% r.F. gehalten werden
   c. Temperatur und relative Luftfeuchte müssen überwacht werden
   d. Wo das Rechenzentrum über einen einzigen, oder mehrere, nicht ausfallsichere Telekommunikationsbereiche verfügen, müssen diese Bereiche über ein ausfallsicheres Einzelpfadsystem zur Regelung der Umgebungsbedingungen verfügen
9. Hauptverteilerbereich(e):
   a. Außerhalb von Rechnerraumbereichen müssen sie Punkt 8 (Telekommunikationsbereiche) entsprechen
   b. Innerhalb von Rechnerraumbereichen müssen sie Punkt 10 (Rechnerraumbereiche) entsprechen
10. Rechnerraumbereiche und zugehörig(e)/zugehöriger Prüfbereich(e):
   a. Eine Analyse, die das Gleichgewicht zwischen einer engen Regelung der Umgebungsbedingungen und einer leistungsfähigen, energiesparenden Regelung in Bezug auf den Typ der zu installierenden IT-Geräte prüft, muss vom Besitzer des Rechenzentrums durchgeführt werden
   b. Es müssen Regelungen der Umgebungsbedingungen eingesetzt werden, die die folgende Parameter der durch die Analyse festgesetzten Grenzwerte einhalten:
      i. Betriebstemperatur
      ii. Relative Feuchte
      iii. Luftqualität (Schwebteilchengehalt, Bakteriengehalt, gasförmige Verschmutzungen)
   c. Der Planer muss den Einfluss des Ausfalls des Systems auf die Infrastruktur des Rechenzentrums beurteilen
11. Elektrobereich(e):
   a. Siehe 16, 17 und 18 (Unterbringung von USV-Geräten), wenn der Elektrobereich USV-Geräte enthält
   b. Temperatur in Übereinstimmung mit den Anweisungen des Lieferanten
   c. Wenn keine Angaben vorliegen, muss die Temperatur über 0 °C gehalten werden und sollte über 10 °C betragen
   d. Natürliche Belüftung
   e. Wenn der Hersteller zum Planungszeitpunkt nicht bekannt ist, Maximaltemperatur 40 °C
   f. Antikondensationsheizungen
   g. Temperatur und relative Luftfeuchte müssen überwacht werden

12. Mechanische(r) Bereich(e):
    a. Temperatur und relative Luftfeuchte müssen überwacht werden
    b. Wenn der mechanische Bereich elektrische Geräte enthält, gelten die Anforderungen von 11 (Elektrobereiche).
13. Steuerungsbereich(e):
    a. Anwendung der Regelung für komfortable Umgebungsbedingungen
14. Bürobereich(e):
    a. Anwendung der Regelung für komfortable Umgebungsbedingungen
15. Lager- und Vorhaltebereich(e):
    a. Regelungen der Temperatur und relativen Luftfeuchte müssen eingesetzt und überwacht werden
16. Unterbringung von statischen und dynamischen USV-Geräten
    a. Temperatur in Übereinstimmung mit den Anweisungen des Lieferanten
    b. Wenn keine Angaben vorliegen, muss die Temperatur zwischen 15 und 35 °C gehalten werden
    c. Wenn Akkumulatorbatterien im USV-Bereich vorhanden sind, müssen die Anforderungen in 18 (Batterien) gehalten werden
    d. Wenn die externen Umgebungsbedingungen die Verwendung von gefilterter Frischluft ausschließen, muss für die höchste Wärmeabgabe des USV-Systems bemessene Klimaanlage vorgesehen werden
    e. Für Temperatur und relativen Luftfeuchte muss eine Überwachung mit geschlossenem Regelkreis vorgesehen werden
    f. Es sollte nach Möglichkeit die Abwärme verwendet werden, um die Notstromgenerator-Anlage vorzuwärmen
17. Dynamische USV mit Dieselaggregat
    a. Siehe 4 und 5 (Generatorbereiche)
18. Batterien:
    a. Temperatur in Übereinstimmung mit den Anweisungen des Lieferanten
    b. Wenn keine Angaben vorliegen, muss die Temperatur bei 20±2 °C gehalten werden
    c. Belüftung, um Wasserstoff-Anreicherung zu verhindern
    d. Wo mechanische Entlüftung angewendet wird, müssen die Lüfter redundant sein und von Sekundärstromversorgungspunkten gespeist werden
    e. Wasserstoff-Überwachung wird empfohlen

6.8.2 Verfügbarkeitsklassen

In der Norm werden vier bzw. fünf Planungsoptionen mit steigender Verfügbarkeitsklasse spezifiziert. Sie orientieren sich in den Verfügbarkeitsklassen der Elektrotechnik, wobei in der Klimatechnik für ein gleiches Verfügbarkeitsniveau grundsätzlich eine Klasse tiefer angesetzt wird, als in der Elektrotechnik:

a) Klasse 1: Keine Bedeutung innerhalb der vorliegenden Norm und daher keine spezifischen Anforderungen

b) Klasse 2: Einzelpfad (keine Ausfallsicherheit)
Das Einzelpfadsystem ohne Ausfallsicherheit ist das klassische N-Konzept. Der Ausfall einer Komponente im Pfad führt zum Ausfall des kompletten Pfads. Bei jeglicher Instandsetzung ist eine Lastabschaltung des Pfads erforderlich.

Alle Komponenten des Kaltwasser-Kühlsystems (Kompressorkühler, Primärpumpe, Klimaanlagenmodul) werden durch einen Pfad des Stromversorgungssystems gespeist, das keine Redundanz aufweist.

c) Klasse 3: Einzelpfad (Ausfallsicherheit durch Redundanz der Komponenten)
Die Einzelkomponenten (Bauteilgruppen) im Pfad sind redundant ausgelegt. Das Versorgungskonzept ist durchgängig eine N+1-Redundanz. Der Ausfall einer Komponente oder Baugruppe führt nicht zum Ausfall des Versorgungspfads. Für die Instandhaltung einer Komponente oder Baugruppe muss der Pfad nicht abgeschaltet werden. Größere Störungen und einige Instandhaltungsroutinen können jedoch auch hier zu einer Lastabschaltung führen.

Alle Komponenten des Kaltwasser-Kühlsystems (redundante Kompressorkühler, redundante Primärpumpe, redundante Klimaanlagenmodul) werden durch einen Pfad des Stromversorgungssystems gespeist, das eine N+1-Redundanz aufweist.

Wenn Wasser zur Befeuchtung oder Adiabatik verwendet wird, muss dieses ebenso eine redundante Quelle haben.

Kühlwasserrohrleitungen werden nicht redundant ausgeführt.

d) Klasse 4: Mehrpfad-Ausfallsicherheit und Lösung für gleichzeitige/r Instandsetzung/Betrieb
Die Klasse 4 ist ebenso eine N+1-Redundanz, jedoch mit zusätzlichen Elementen wie Kühlschlangen etc. Der Ausfall einer Komponente oder Baugruppe in einem Pfad führt zwar zum Ausfall des Pfads, die Kühlung erfolgt jedoch über die zusätzlichen Elemente. Für Instandsetzungen oder Instandhaltungsroutinen muss nicht mehr eine komplette Lastabschaltung erfolgen.

Die Norm spricht von einem passiven und einem aktiven Pfad.

Die Norm weist darauf hin, dass der Planer darauf hinarbeiten sollte, zwischen den aktiven und passiven Pfaden die kleinstmögliche Anzahl von gemeinsamen Fehlerstellen zu haben, einschließlich der abgegrenzten Wegeführung und der physischen Bereichsbildung.

Alle Komponenten des Kaltwasser-Kühlsystems (redundante Kompressorkühler, redundante Primärpumpe, redundante Klimaanlagenmodul) werden durch einen Pfad des Stromversorgungssystems gespeist, der eine N+1-Redundanz aufweist und zusätzlich ein passiver Speisepfad mit automatischen oder handbetätigten Umschaltern.

Die Wärmeübertragung von den zusätzlichen Kühlschlangen zum externen Wärmeableitungssystem muss eine Topologie mit N+1-Redundanz aufweisen. Wenn der Wärmeableitungspfad ein gemeinsamer ist, muss ein passiver Pfad bereitgestellt werden.

Wenn Wasser zur Befeuchtung oder Adiabatik verwendet wird, muss dieses ebenso eine redundante Quelle haben. Alle Pumpen und Wasseraufbereitungsanlagen müssen eine N+1-Redundanz aufweisen und einen passiven Pfad zur Bereitstellung von Wasser mit handbetätigtem Eingriff aufweisen.

Kühlwasserrohrleitungen werden ebenfalls redundant ausgeführt.

e) Erweiterte Klasse 4: Mehrpfad-Ausfallsicherheit, gleichzeitige/r Instandsetzung/ Betrieb und störungs-tolerante Lösung

Die erweiterte Klasse 4 ist eine 2N-Redundanz. Jeder Pfad fordert nur dann eine N+1-Redundanz, wenn der Kunde festlegt, dass während der Instandhaltung oder Instandsetzung (geplant oder ungeplant), bei der ein Pfad außer Betrieb genommen wird, der andere Pfad einen höheren Ausfallsicherheits-Grad als N beibehalten muss. Somit handelt es sich bei der erweiterten Klasse 4 nicht zwangsläufig um eine 2(N+1)-Redundanz.

Auch hier weist die Norm wieder darauf hin, dass der Planer darauf hinarbeiten sollte, zwischen den aktiven und passiven Pfaden die kleinstmögliche Anzahl von gemeinsamen Fehlerstellen zu haben, einschließlich der abgegrenzten Wegeführung und der physischen Bereichsbildung, sowie einschließlich feuerbeständiger Gehäuse.

Es werden zwei unterschiedliche, getrennte Kühlsysteme mit eigenen Komponenten und Rohrleistungssystemen aufgebaut, wobei jedes System durch einen eigenen Pfad des Stromversorgungssystems (A und B) gespeist wird, welches eine N+1-Redundanz aufweist.

Wenn Wasser zur Befeuchtung oder Adiabatik verwendet wird, muss dieses ebenso eine zweite redundante Quelle haben. Alle Pumpen und Wasseraufbereitungsanlagen müssen eine 2N-Redundanz aufweisen, wobei jedes System von separaten Stromversorgungssystemen gespeist wird.

Die folgenden Bereiche werden von der Verfügbarkeitsklassifizierung ausgenommen:

a. Hausübergabepunkte
b. Personaleingang/-eingänge
c. Ladeplatz (Ladeplätze)
d. Generatorbereich(e)
e. Transformatorbereich
f. Elektroverteilerbereich(e)
g. Telekommunikationsbereich(e)
h. Elektrobereich(e)
i. Mechanische Bereich(e)
j. Steuerungsbereich(e)
k. Bürobereich(e)
l. Lager- und Vorhaltebereich(e)

7 ITK-Verkabelungskonzepte

Einführend ist festzuhalten, dass ein ganzes Bündel von Faktoren Einfluss auf das ITK (Informations- und Telekommunikations)-Verkabelungskonzept im Umfeld von IT-Räumen und Rechenzentren nimmt. ITK-Verkabelung und ITK-Netzplanung beschäftigt seit Jahrzehnten eine Vielzahl von Experten mit zum Teil sehr unterschiedlichen Technologie- und Planungspräferenzen. Nachfolgend sollen demnach lediglich grundsätzliche und allgemeine Zusammenhänge beschrieben werden.

Als wesentliche Einflussfaktoren für das Verkabelungskonzept sind zu nennen:

- Anwendung (Rechenzentrum, Serverraum, Büroraum, industrielle Anwendung)
- Standorte und Entfernung (geografische Gegebenheiten)
- Topologie und Technologie (netzwerkspezifische Gegebenheiten)
- Bauliche und physikalische Umgebungseigenschaften (Architektur)
- Anforderungen an die Kapazität und Anschlussdichte
- Anforderungen an die Verfügbarkeit (n, n+1, 2n, 2(n+1))
- und letztlich auch Dokumentation, Kosten (Beschaffung, Instandhaltung, Lagerhaltung) und Management im Betrieb

Für den Anwendungsfall „IT-Räume und Rechenzentren" sollte zunächst geklärt werden, welche Teilnehmer direkt oder indirekt verbunden werden sollen. Das heißt welche aggregierten (zusammengeführte) und singulären (einzelne) Kapazitäten sich im Datenverkehr ergeben.

Weiter ist neben den physikalischen Eigenschaften, die durch die Port und Kabel vorgegeben werden, auch wichtig, wie sicher und wie schnell die einzelnen Übertragungskapazitäten dieser Verbindungen sein müssen. Der Einsatz und die Platzierung von Verteilerschränken und Netzwerkkomponenten und die notwendige Anzahl Kabelwege sind bereits bei der Bauplanung zu berücksichtigen. Dabei werden insbesondere die Kabelwege oft vergessen oder zu klein dimensioniert. Auch für zukünftige Entwicklungen, wie eine starke Zunahme von Komponenten oder eine Anbindung weiterer Standorte, sollte bereits vorgesorgt werden, denn die Erfahrung zeigt, dass gewisse Kabel in der Regel länger als aktive Komponenten im Einsatz sind. Diese Entscheidungen sollten unter möglichst guter Auslastung des vorhandenen Equipments und Raumangebots getroffen werden.

Wenn man sich mit dem Thema Verkabelung beschäftigt, kommt man nicht an dem Begriff „strukturierte Verkabelung" vorbei.

Die europäische Rechenzentrumsnorm DIN EN 50600-2-4 definiert ihn so: „Telekommunikationsverkabelung aus festinstallierten Kabeln zwischen Verteilpunkten, an denen Geräte oder andere festinstallierte Kabel angeschlossen werden dürfen".

Die strukturierte Verkabelung bildet die Grundlage für eine anwendungsunabhängige und zukunftsorientierte Netzwerkinfrastruktur. In der Praxis wird darunter eine durchdachte, standardisierte und dokumentierte Verbindungsstrategie unter Einsatz von „Patchpanels“ (o.a. Patchfelder, Rangierfelder) verstanden. Ein solches „Verkabelungskonzept“ soll die Aufwände und Ausfallrisiken für die in IT-Betrieben üblichen Change-Prozesse (Änderungsprozesse) verringern und offen für zukünftige Erweiterungen sein.

Wesentlicher Bestandteil sind die Verteilerschränke an verschiedenen Orten oder Bereichen der Verbindungstopologie, die das Equipment enthalten, um alle Teilbereiche zu verbinden (kann auch als „Patchknoten“ bezeichnet werden) und gleichzeitig eine zentralisierte Möglichkeit für die Durchführung von Change-Requests zu erreichen und außerdem noch Platz für Redundanzen vorzuhalten.

Bei all diesen Aspekten geht es letztendlich nur um eines:

Das Rechenzentrum bzw. der IT-Betrieb ist ein Dienstleister, der seine Aufgaben möglichst ausfallsicher erfüllen muss. Das starke Wachstum der Provider- und Colocation-Branche hat den Ruf nach einer Absicherung immer lauter werden lassen, die man über Normen und darauf basierenden Zertifizierungen erreichen möchte. Dabei geht es aber nicht nur um die Prozesse, die darin ablaufen, sondern auch um die physikalische Basis, die bereits beim Bau oder Umbau festgelegt wird: Stromversorgung, Klimatisierung, Verkabelung, Sicherheitstechnik, Rechnerräume.

Zurzeit liegt das größte Augenmerk auf der aktuellen europäischen Rechenzentrumsnorm DIN EN 50600-2-4, in die auch die bisherigen Verkabelungsnormen EN 50173 und EN 50174 eingegangen sind. Bereits seit 1995 bemühte man sich mit den weltweiten Normen ISO/IEC 11801 und auf europäischer bzw. deutscher Ebene DIN EN 50173 um herstellerneutrale Standardisierung. Neben der Basisnorm (2011 zuletzt überarbeitet), geben die ergänzenden Normen Richtlinie für den jeweiligen Anwendungsbereich vor (Büroumgebung (DIN EN 50173-2), industrielle Anwendung (DIN EN 50173-3)). Die neueste Überarbeitung der hier maßgeblichen DIN EN 50173-6 fand im Mai 2014 statt, und dient der „diensteunabhängigen Kommunikation“ und entspricht demnach nicht mehr dem Konzept der bedarfsorientierten Verkabelung“.

Die DIN EN 50600-2-4 ist dabei der Teil für die ITK-Verkabelung (Infrastruktur der Telekommunikationsverkabelung).

Sie basiert auf einer Verfügbarkeitskategorisierung, die je nach Sicherheitsanforderung redundante Verbindungen zwischen unterschiedlichen Netzwerkteilnehmern vorsieht. Außerdem werden darin Vorgaben zur Platzierung, Anbindung und Organisation von Schaltschrankreihen gemacht. Und nicht zuletzt wird die Notwendigkeit einer aktuellen Dokumentation der Verkabelungsstrukturen behandelt. Damit ist die DIN EN 50600-2-4 in vielerlei Hinsicht maßgeblich für moderne Verkabelungskonzepte.

Es sei zur Vollständigkeit darauf hingewiesen, dass nachfolgend nicht auf alle physikalischen und logischen Grundlagen der Datenübertragung oder Netzwerktechnologie eingegangen werden kann (z.B. ISO/OSI-Referenzmodell). Zudem spielt die Signalübertragung über Funk („wireless“) in IT-Räumen und Rechenzentren eine untergeordnete Rolle und soll demnach vollständig ausgeklammert werden.

7.1 Verkabelungsarchitektur und -topologie

Bei einem Verkabelungskonzept wird unterschieden welche Komponenten miteinander verbunden werden sollen und wie sicher und schnell die Verbindungen jeweils sein müssen. So werden Verbindungen zwischen Standorten, Gebäuden oder Etagen anders behandelt als Verbindungen zu Endgeräten (Teilnehmeranschluss oder Dienstanschluss).

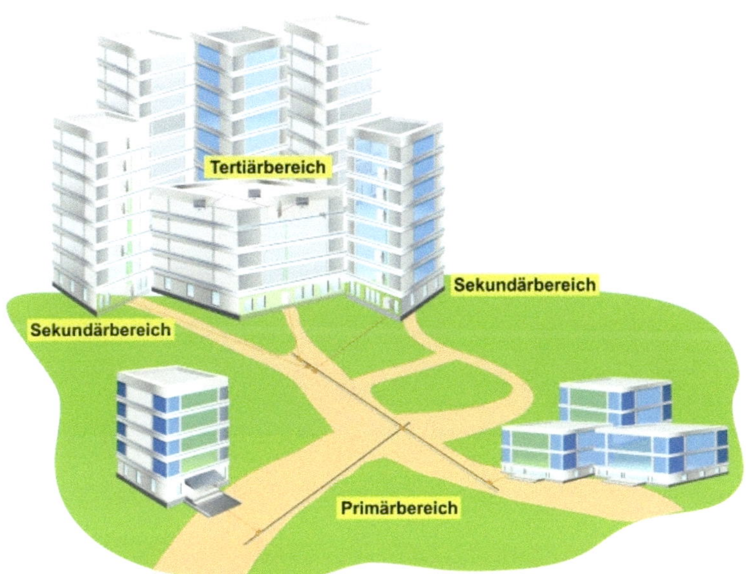

Bild 7.1: Verteilungshierarchien der strukturierten Verkabelung
Quelle: Holger Nickel

Je nach Anwendungsfall sind nicht immer alle Verteilerhierarchien gefordert, insbesondere was die Tertiär-Anbindung angeht. Eine zusätzliche logische Hierarchie der Verteiler ist ebenfalls üblich und wird in der DIN EN 50600-2-4 verwendet. Damit wird den unterschiedlichen Anforderungen bei der Verkabelung von Gebäuden und der von Rechenzentren Rechnung getragen. Bei Gebäuden geht es vorwiegend um die Anbindung vieler Arbeitsplätze, was sich hauptsächlich im Tertiärbereich abspielt. Bei Rechenzentren liegt der Schwerpunkt auf der Verkabelung des oder der Rechnerräume mit einer wesentlich höheren Anzahl dichter Verbindungen als im ersten Fall, die eine andere Hierarchie unter Einsatz von Haupt-, Zwischen- und Bereichsverteilern (HV, ZV, BV) erforderlich macht. In vielen Topologien werden daher die Begriffe Etagen- und

Bereichsverteiler, Gebäude- und Zwischenverteiler genauso wie Standort- und Hauptverteiler synonym benutzt. Bei nur einem Standort ist der Gebäudeverteiler auch synonym zum Hauptverteiler.

Tabelle 7.1: Primär-, Sekundär-, Tertiärverkabelung (s. auch Bilder 7.1 und 7.2) Quelle: Holger Nickel

Primärverkabelung (Campus- oder Geländeverkabelung; Standortverteilung (SV))	Verkabelung von Gebäuden eines Standorts untereinander über deren Gebäudeverteiler und die Anbindung des Standorts an die Außenwelt über den Standortverteiler; diese Verkabelung muss die größte Entfernung überbrücken, aber gleichzeitig für wenige Anschlüsse eine sehr hohe Übertragungsrate zur Verfügung stellen
Sekundärverkabelung (Gebäude- oder Steigbereich-verkabelung; Gebäude-verteilung (GV))	Verkabelung zwischen einzelnen Stockwerken über Etagenverteiler (vertikale Verkabelung); alle Etagenverteiler sind an den Gebäudeverteiler angeschlossen
Tertiärverkabelung (Etagenverteilung (EV))	Verkabelung innerhalb einer Etage (horizontale Verkabelung); alle Anschlussdosen (Teilnehmeranschluss für die Büroverkabelung) auf der Etage sind mit dem Etagenverteiler verbunden. Der Verteilerraum, in dem dieser Etagenverteiler steht, übernimmt eine besondere Rolle: er sorgt für die Verbindung der unterschiedlichen Medien und Netzwerke, die hier zusammentreffen und enthält dafür die notwendigen aktiven und passiven Komponenten wie Verteilerschränke, Hubs, Router, Switche, Patchpanels, ...

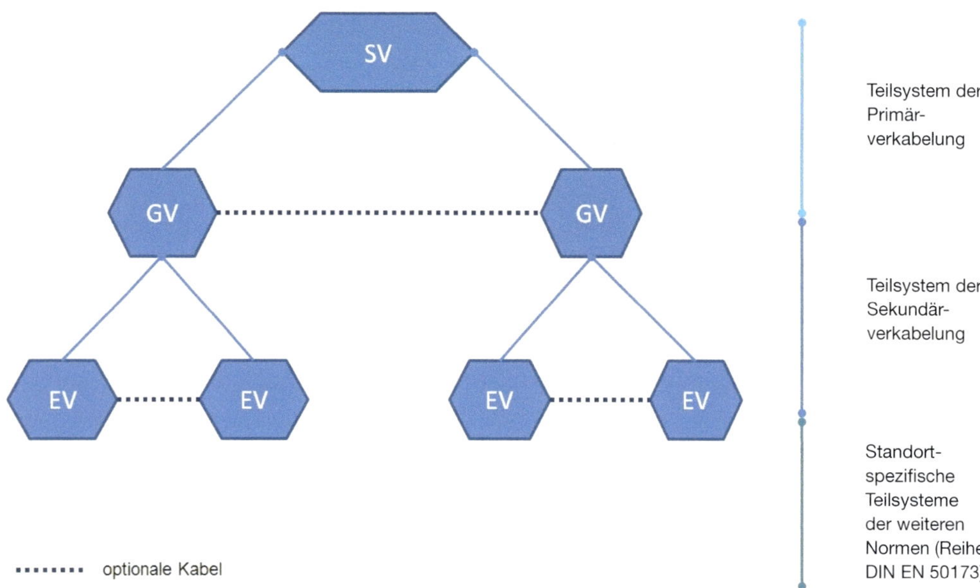

Bild 7.2: Verteilungshierarchien der strukturierten Verkabelung (schematisch)
Quelle: Holger Nickel

Als Backbone-Verkabelung (deutsch: Rückgrat) bezeichnet man alle Komponenten (Kabel, Verteiler, Anschlüsse, Patchpanels,...), die für die Verbindungen zwischen den Verteilern und nach außen zu anderen Gebäuden oder bis zum Übergang ins Providernetz benötigt werden. In der Regel wird hierfür eine schnelle Glasfaserverkabelung eingesetzt.

7.2 Verbindungsarten (Kanten)

Die meisten Verbindungen bestehen heute aus Kupfer- oder Glasfaserkabelverbindungen. Letztere werden für schnelle und verlustfreie Verbindungen auch über größere Distanz eingesetzt. Dagegen ist die Signalübertragung in Kupferkabel störanfälliger und mit wachsender Entfernung zunehmend stärker gedämpft (Qualitätsverlust). Als „Faustregel" können Nutzer bei Distanzen von unter 100 m mit Kupferleitungen der entsprechenden Kategorie mit Fast-Ethernet oder Gigabit-Ethernet-Technologie angeschlossen werden (100 Mbit/s / 1 Gbit/s), bei 500 m Entfernung sind das bei Fast-Ethernet noch maximal 80 Mbit/s Übertragungsrate. Über Glasfaser können höhere Übertragungsraten wie 1 Gbit/s oder 10 Gbit/s und mehr (25 Gbit/s, 40 Gbit/s, 50 Gbit/s, 100 Gbit/s) erreicht werden, die je nach Ausstattung auch deutlich höhere Distanzen im Kilometerbereich erzielen.

In der Fläche wurden Kupferkabel auch viele Jahre lang standardmäßig bei größeren Entfernungen verlegt. Aufgrund des jüngeren Alters der Glasfasertechnologie ist eine vollständige Flächendeckung hier noch lange nicht erreicht. Um dennoch die verlegten Kupferkabelnetze weiterhin wirtschaftlich nutzen zu können, wurde an vielen Verbesserungen gearbeitet (z.B. VDSL-Vectoring). Kupferkabel der Kategorie Cat6 schaffen auf kurzen Strecken bis zu 10 Gbit/s bei 10GBase-T (oder auch 40 GBit/s bei 40GBase-T), so dass eine Glasfaser-Kupferkabel-Kombination, wie sie bei VDSL zum Einsatz kommt, derzeit einen durchaus akzeptablen Kompromiss zu einem reinen Glasfaser-Anschluss bietet.

Internationale Standards für die Ethernet-Netzwerktechnologie werden von der IEEE (Institute of Electrical and Electronics Engineers) verabschiedet. Ursprünglich waren darin Übertragungsraten in Zehnerpotenzen vorgesehen, sowohl für Glasfaser wie auch für Kupfer. Einige Hersteller schlossen sich zusammen (Google, Broadcom, Microsoft, oder auch Cisco, Intel, Dell etc.) und sorgten für davon abweichende Raten wie 40 Gbit/s oder auch 25 Gbit/s oder 50 Gbit/s. Diese gelten als Nebenprodukte der angestrebten 100 Gbit/s. Der Standard für 40 GBit/s wurde von IEEE bereits aufgenommen, für die beiden anderen Raten gibt es eine Study Group. Nach 2020 soll eine Übertragungsrate von 400 Gbit/s erreicht werden.

Für beide Verbindungsarten (Kupfer, Glasfaser) sind unterschiedliche Kabel- und Steckertypen üblich. Kabel bestehen in sich aus mehreren Leitungen (Adern, Fasern), einer Isolierschicht, deren Dicke von dem gewünschten Dämpfungsgrad abhängt, und einem Mantel. Moderne Kupferkabel („Twisted Pair" wegen der gekreuzten und verdrillten Adernpaare) werden in unterschiedlichen Qualitäten und Kategorien gefertigt (Cat1-4, Cat5, Cat5e, Cat6, Cat6$_A$, Cat7 etc.). Je höher die Kategorie, desto qualitativ hochwertiger und leistungsfähiger ist das Kabel um möglichst hohe Signalfrequenzen möglichst verlustarm zu leiten. Weit verbreitet sind Cat5- und Cat6$_A$-Kabel. Letzteres wird oft als „Patchkabel" verwendet. Das Cat5(e)-Kabel reicht für Ethernet-, Fast-Ethernet und auch Gigabit-Ethernet und erreicht seine Grenzen bei 100 Mbit/s bzw. 1 Gbit/s. Für die Verbindungen innerhalb der Schränke und zur Anbindung von Bereichsverteilern werden in Rechenzentren heute häufig Cat6$_A$ und Cat7$_A$ empfohlen, sofern 100 m Leitungslänge nicht überschritten werden.

Tabelle 7.2: Übersicht Kabelkategorie und Verkabelungsklasse (s. auch Bilder 7.1 und 7.2) Quelle: Holger Nickel

Kabelkategorie					Verkabelungsklassen
Cat1	für Telekommunikation	bis 100 KHz		heute kaum noch im Einsatz	
Cat2	für hausinterne ISDN-Verkabelung genutzt	bis 1,5 MHz		heute kaum noch im Einsatz	
Cat3	Twisted-Pair, ohne Abschirmung, Kupferisolierung; beim 100BASE-T4-Standard werden vier Adernpaare verwendet	bis 16 MHz	10 Mbit/s (10BASE-T) 100 Mbit/s (100BASE-T4)	100BASE-T4 nur Nordamerika, heute kaum noch zu kaufen	
Cat4		bis zu 20 MHz	16 Mbit/s	meist in Nordamerika, in Europa Cat5 bevorzugt	
Cat5	von 4 Adernpaaren werden nur 2 benutzt	bis zu 100 MHz	100BASE-T 10 Mbit/s	in Europa überwiegend für strukturierte Verkabelung im Einsatz	Klasse D: bis 100 MHz, bis 1 Gbit/s
Cat5e	erweiterte Eigenschaften gegenüber Cat5 (enhanced); Nutzung aller 4 Adernpaare		1000BASE-T 1000 Mbit/s		Klasse D: bis 100 MHz, bis 1 Gbit/s
Cat6		bis zu 250 MHz	1 Gbit/s		Klasse E : bis 250 MHz, bis 1 Gbit/s
Cat6$_A$	A steht für augmented (erweitert)	bis zu 500 MHz	10 Gbit/s		Klasse EA : bis 500 MHz, bis 10 Gbit/s
Cat7	vier einzeln abgeschirmte Adernpaare; spezielle Stecker notwendig	bis zu 600 MHz		sinnvoll heute für Multimedia; meistens mit Cat6 Komponenten (RJ45-Stecker, Dosen, Patchfelder,...) genutzt	Klasse F : bis 600 MHz, für Multimedia
Cat7$_A$		bis zu 1.000 MHz			Klasse FA: bis 1.000 MHz, für Multimedia

Sie können theoretisch 10 Gbit/s erreichen. Auch für Glasfaser sollten bereits Datenraten von bis zu 40Gbit/s oder sogar 100Gbit/s mit den reduzierten Kabellängen von ca. 100-125 Metern vorgesehen werden.

Grundsätzlich wird zwischen Kabel- und Steckerkategorien (Komponentenkategorien Cat1, Cat2 etc.) und Verkabelungsklassen (D, E, E_A, F, F_A) unterschieden. Bei einer geeigneten Kabel- Stecker- und Komponentengüte erhält man die Verkabelungsklassen: d.h., es nützt nichts, die besten Kabel zu verwenden, wenn die Stecker und Komponenten (wie zum Beispiel Patchfelder) nicht für die geforderte Übertragungsqualität geeignet sind (Qualität des Gesamtsignalwegs ist maximal so gut wie der schlechteste Baustein der Kette).

Die Kupferkabel kann man mit einer Abschirmung aus Alufolie (FTP) oder Kupfergeflecht (STP) oder ganz ohne erhalten (UTP). Häufig werden sie mit einem RJ45-Stecker, der an den Enden maschinell oder mit einer geeigneten Zange aufmontiert („gequetscht") wird, ausgeliefert. Je nach Anwendung, die über dieses Kabel kommunizieren soll, kann dabei die Belegung der Steckerpins unterschiedlich sein, zum Beispiel indem Adern verdreht werden oder einzelne Pins unbenutzt bzw. unbelegt bleiben.

Für Glasfaserkabel gibt es spezielle Lichtwellenstecker (ST, SC, MPO/MTP, LC, FC, E2000, MTRJ, MIC FDDI etc.), die eine präzise Anbringung erfordern. Je nachdem, wie viele Fasern auf dem relativ geringen Format anzuschließen sind, ist das kaum noch händisch machbar. In der Regel werden daher heute die meisten Kabel, ob Glasfaser oder Kupfer, vorkonfektioniert mit fester Länge und aufmontierten Steckern gekauft. Bei einer größeren Menge von Kabeln empfiehlt sich auch die Verwendung von Trunk-Kabeln, die eine Bündelung von mehreren Kabeln zu einem einzigen Strang mit entsprechend vielen Steckern, vorsehen.

In der Praxis werden die meisten Verbindungen aus einer Kombination beider Kabeltypen über geeignete Vermittlungsstellen (Router, Switche, Patchpanels) realisiert. Je nach Komponente oder Produkt sind durch deren Ports die dafür geeigneten Steckertypen vorgegeben. Ein Verkabelungskonzept wirkt sich daher auch schon auf die Auswahl der Netzwerkkomponenten aus. Da heute wesentlich mehr Teilnehmer angeschlossen werden können, ist ausreichend Platz und Verlegungsmöglichkeit für eine Vielzahl von Kabeln einzuplanen, sodass kein Stecker oder Kabel bei einem Change-Auftrag an einem anderen Port entfernt oder beschädigt wird. Das ist in der Praxis nicht immer einfach (z.B. bei einem Patchpanel mit 48 RJ45-Ports). Einige Hersteller bieten ihre Patchpanels daher schwenkbar oder mit Ports an, die nicht rechtwinklig eingebaut sind, sodass die Kabel leichter zur Seite geführt werden können.

Je nach Ausführung sind die Kabel flexibel bzw. haben gerade die Glasfaserkabel einen maximalen Biegeradius, der für ihre Verlegung von Bedeutung ist. Somit spielen nicht nur die Länge zur Erzielung der geforderten Übertragungsqualität, sondern auch die Themen Zuglast und Überlängen von Kabeln, die aufgrund ihres Biegeradius nur auf großem Durchmesser aufgerollt werden können, bei der Planung des Platzbedarfs eine Rolle.

7.3 Verteilerschränke (Knoten)

Bei der strukturierten Verkabelung sind viele Knotenpunkte, an denen Verbindungen zusammengeführt werden, in Verteilerschränken platziert. Diese „Racks“ (Schaltschränke, Gestelle,...) werden heute meistens mit Komponenten in 19“ (ca. 48,26 cm)-Breite verbaut. Dazu gehören beispielsweise Patchpanels, Router, Switche, Hubs, Spleißboxen, Patchkabel etc. Mit üblichen 600 mm, 800 mm, 900 mm oder 1.000 mm Breite verfügen die Schränke über ausreichend Platz für eine geordnete Kabelführung aller Netzwerk- und Stromanschlüsse, sowie für die Klimatisierung über Luft- oder Wasserkanäle.

Die Höhe der Schränke wird in Höheneinheiten (1 HE etwa 1,75 Zoll bzw. 4,445 cm) angegeben. Häufig eingesetzt werden 42 HE Ausführungen, die mit Boden und Deckel ca. zwei Meter hoch sind. Übliche Tiefen sind 600, 800, 1.000 oder 1.200 mm.

Speziellen Eigenarten der Netzwerkkomponenten wird durch geeignete Bereiche in den Schänken Rechnung getragen. Sinnvoll ist häufig die Einrichtung von Servern- und Switch-Schränken, denn

- Server sind in der Regel 19“ breit, Switche oder Patchpanels sind in anderer Ausfertigung erhältlich (z. B. 10“)
- Die Lüfter der Server saugen vorne kalte Luft an und führen sie nach hinten aus, weswegen der Luftstrom zur Kühlung von vorne nach hinten fließt
- Bei Switches sind die Ports häufig vorne und eine Kühlung muss von der Seite erfolgen.
- Server haben häufig hinten ihre Strom- und Netzwerkanschlüsse. Dabei handelt es sich zwar um wenige Kabel, diese sind aber verschieden und müssen zu ganz anderen Zielen verlegt werden. Eine Bündelung erfolgt mit denselben Kabeln der anderen Server. Switche und Patchpanels haben aber vorne eine größerer Anzahl Ports (z.B. 48 RJ45 auf einer HE) für die Netzwerkanschlüsse und machen die Führung von großen Kabelbündeln mit entsprechendem Platzbedarf erforderlich.

Die Racks werden so platziert, dass

- sie möglichst wenig Platz beanspruchen,
- sie optimal belüftet werden können,
- die ein- und ausgehenden Netzwerkverbindungen geordnet und unter Einhaltung der erforderlichen Vorgaben wie Biegegrade, Belastbarkeit, Durchmesser und Störungen verlegt werden können,
- sie für den Rechenzentrumsmitarbeiter leicht zugänglich sind, um notwendige Aufgaben des Change-Managements schnell und sicher durchführen zu können.

Für die Organisation von Schränken und Schrankreihen sind verschiedene Konzepte zu finden. Üblicherweise werden Racks in Schrankreihen angeordnet, wobei sich je zwei Schrankreihen „Rücken an Rücken" gegenüberstehen. So kann die Kühlung und auch die Verkabelung effizient realisiert werden. Bei deren Verkabelung werden zwei grundsätzliche Konzepte unterschieden:

a) beim End-of-Row-Konzept (EoR) (s. Bild 7.3) enthält der erste und/oder letzte Schrank in der Reihe den Zugangsswitch für die Anbindung aller anderen Schränke an den ZRO (DIN EN 50600-2-4: zentraler Rangierort) im Haupt- (HV) oder Zwischenverteiler (ZV). Der Schrank mit dem EoR-Switch muss eine große Menge Patchkabel für die horizontale Verkabelung über seine Patchpanels zur ZRO unterbringen. Er fungiert im Prinzip als BRO (DIN EN 50600-2-4: Bereichsrangierort), denn alle Serververbindungen an das Backbone laufen über diese Patchpanels, was Vorteile für das Change-Management mit sich bringt – auch über Schränke hinaus. Beim Middle-of-Row-Konzept (MoR) steht der Schrank mit dem Zugangsswitch in der Mitte der Reihe und führt seine Verbindungen nach (oben) rechts und links heraus. Ansonsten ist dieses Konzept dem EOR sehr ähnlich.

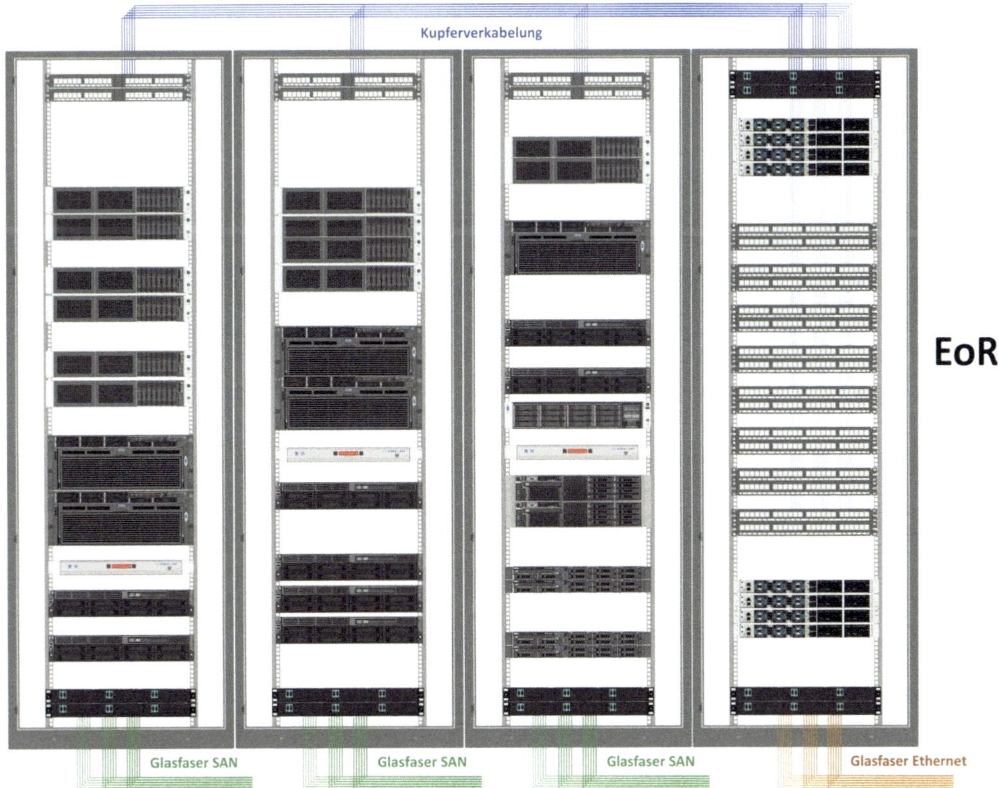

Bild 7.3: Strukturabbildung End-of-Row (EoR)
Quelle: Holger Nickel

b) Beim Top-of-Rack-Konzept (ToR) (s. Bild 7.4) sind (meist oben) in jedem Schrank eigene Switche integriert, die die Schränke jeweils über festinstallierte LWL-Kabel mit dem ZRO im HV oder ZV verbinden. So können die Kupferkabel zur direkten Anbindung der Server mit dem Switch im selben Schrank sehr kurz gehalten werden. Bei hoher Rackanzahl sind viele zusätzliche (kleinere Edge-) Switche und viele schnelle Links zum ZRO erforderlich. Strenggenommen wirkt das ToR-Konzept anders als das EoR (und MoR) den Zielen der strukturierten Verkabelung entgegen. Change-Requests, insbesondere schrankübergreifende, sind nicht so leicht zu realisieren wie beim EoR. Außerdem ist dieses Konzept in der Regel kostenintensiver, da es zwar weniger Kabel benötigt, dafür aber viele kleinere Switche und teurere Verkabelungskomponenten bei höherem Wartungsaufwand eingesetzt werden. Häufig geschieht hier eine Überdimensionierung, wenn die Anzahl der für die Server benötigten Ports deutlich geringer ist als die am Switch verfügbaren (Beispiel: 14 Server pro Schrank bei einem Switch mit 32 Ports). Das wirkt sich auch auf den Energiebedarf aus.

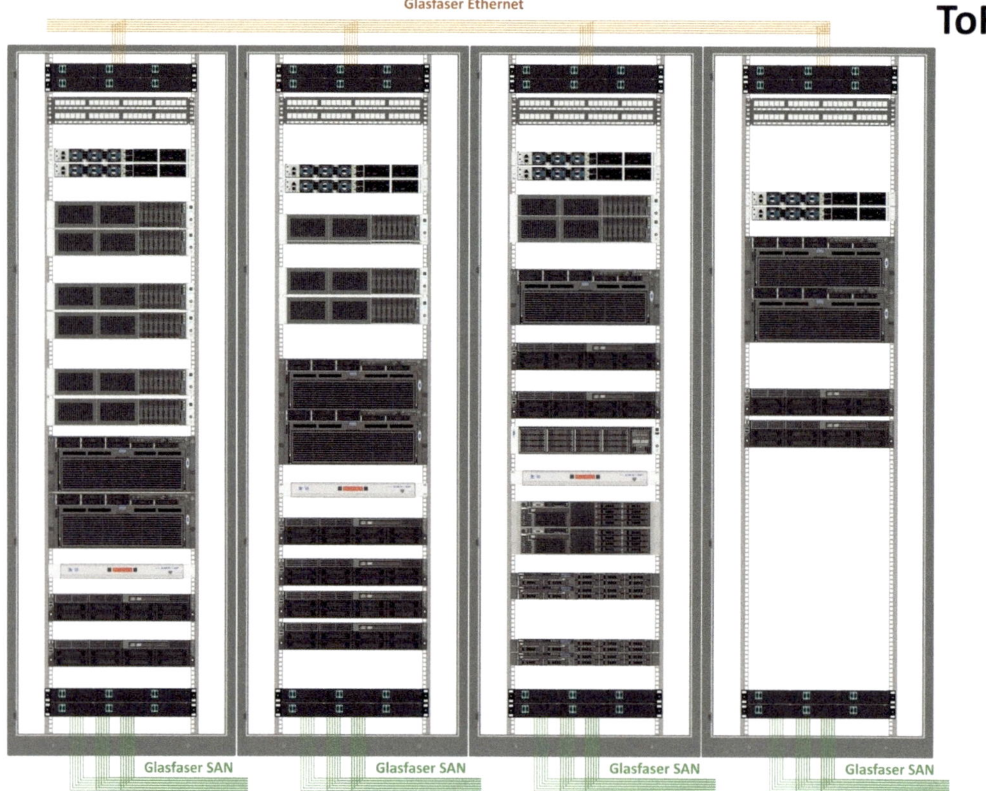

Bild 7.4: Strukturabbildung Top-of-Rack (ToR)
Quelle: Holger Nickel

Container und Module
Immer mehr Hersteller bieten ihren Kunden mittlerweile auch modulare Konzepte an. Dies beinhaltet, dass komplette Schrankreihen (oder Schrankaufbauten oder modulare Einheiten) inklusive vorkonfektionierter Verkabelung ausgeliefert werden. Der Kunde platziert dieses Modul lediglich an den gewünschten Standort (im Gebäude) und schließt es an seine Verteiler an. Individuelle Planung wird hier obsolet (das Modul entspricht den jeweiligen Leistungsanforderungen des Kunden) und das Modul kann komplett vorgefertigt werden. Zusätzlich können modulare Einheiten als Container (beispielsweise Schiffscontainer) – auch gebäudeunabhängig – oder ganze Rechenzentrumseinheiten als Komplett-Modulbau (modulares Gebäude in Fertigbauweise inklusive standardisierter Ausstattung) erworben werden.

Je nach Verfügbarkeitsstufe sind bei der Anbindung an Strom- und Rechnernetz auch redundante Kabelführungen zu berücksichtigen. Zusätzliche Komponenten wie PDUs, Sensoren, Management-Konsolen etc. erfordern ebenfalls eine Netzwerk- oder Stromanbindung, die beim Verkabelungskonzept nicht fehlen darf.

7.4 Infrastruktur nach der DIN EN 50600-2-4

Der im Juli 2015 veröffentlichte Teil 50600-2-4 „Infrastruktur der Telekommunikationsverkabelung“ befasst sich mit der informationstechnischen Verkabelung im Rechenzentrum (RZ). Dazu gehören LAN- und SAN-Verbindungen zur Erbringung der IT-Services, aber auch Verbindungen, die für das generelle Funktionieren des Data Centers, insbesondere auch für die Gebäudeautomation und damit für die Überwachung und Steuerung von Facility-Objekten erforderlich sind. Außerdem gibt es Vorgaben für Kabelwege, IT-Räume und Schaltschränke.

7.4.1 Verkabelungsarten

Wie bereits dargestellt basiert die DIN EN 50600-2-4 u.a. auf den Normen DIN EN 50173 „Informationstechnik – Anwendungsneutrale Kommunikationskabelanlage“ und DIN EN 50174 „Informationstechnik – Installation von Kommunikationsverkabelung“.

Sie macht keine detaillierten Vorschriften für die Kabeltypen oder Stecker. Sie unterscheidet lediglich zwei Verkabelungsarten, die Punkt-zu-Punkt- und die feste (festinstallierte) Verkabelung, die in und zwischen „dedizierten Rechenzentrumsräumlichkeiten“ zu installieren ist. Bei der Punkt-zu-Punkt-Verkabelung werden zwei aktive Geräte über deren jeweiligen Anschluss mit einem einzigen Kabel direkt verbunden. Dazwischen sind keine alternativen Wege möglich. Diese Methode ist in einer veränderlichen Umgebung nur begrenzt einsetzbar. In Rechenzentren werden auf diese Weise Verbindungen innerhalb desselben oder zum benachbarten Schaltschrank vorgenommen.

Feste (festinstallierte) Verkabelungen können aus vielen Komponenten einer strukturierten Verkabelung hergestellt werden. Es kann ein vernetzter Rechnerverbund mit

„peer-to-peer"-Kommunikation zwischen gleichberechtigten Teilnehmern oder auch ein hierarchisches (Client-Server-) Netz sein. Eine wichtige Rolle übernehmen darin die Patchpanels in den Verteilerschränken. Sie dienen als Anschlusszentralen zwischen den aktiven Teilnehmern und verbinden Switche, Server und Storage-Komponenten. Veränderungen, insbesondere Erweiterungen des Netzwerkes, werden von diesen quasi aufgefangen. Sie befinden sich an sogenannten zentralen Rangierorten (ZRO) und verteilten Bereichsrangierorten (BRO), die im Haupt- oder Zwischenverteiler (HV, ZV) bzw. Bereichsverteiler (BV) angesiedelt sind. Die Verbindungen zwischen ZRO und BRO erfolgen über festinstallierte Kabel in Kabelführungen (Kabelkanälen, Rinnen, Trassen etc.) über den Schränken oder im Doppelboden Die Anbindung der aktiven Geräte darf wie bei der Punkt-zu-Punkt-Verkabelung auch über Schnüre erfolgen. Die Hinzunahme von neuen Geräten geschieht über die Verteiler in den BRO bzw. ZRO und lässt sich bei ausreichender Kapazität ohne Beeinträchtigung der bereits bestehenden Verbindungen im laufenden Betrieb realisieren.

Bei der Planung der festinstallierten Kabel und insbesondere deren Platzbedarf sind deren Mindestbiegeradien zu beachten. Wegen der Probleme bzgl. der Zukunftssicherheit von Rechenzentren sollten Punkt-zu-Punkt-Verkabelungen vermieden und die strukturierte Verkabelung über festinstallierte Kabel und Rangierorte bevorzugt werden.

Die DIN EN 50600-2-4 stützt sich auf die gängige Verkabelungsarchitektur (X.1). Die unterste Stufe bildet die Geräteanschlussverkabelung für die Anbindung von Endgeräten oder die Dienstebereichsverkabelung für die Anbindung von Diensten. Falls letztere nicht über eine anwendungsneutrale Verkabelung möglich ist, sollte erst in der untersten Stufe eine von der empfohlenen festinstallierten und strukturierten Verkabelung abweichende anwendungsspezifische Verkabelung vorgenommen werden. Diese könnte dann auch eine direkte Anbindung eines Endgeräts an die Verkabelung (ohne Anschlussdose) bedeuten.

7.4.2 Verfügbarkeitsklassen

In der DIN EN 50600-2-4 werden verschieden hohe Anforderungen an den Bau eines Rechenzentrums gestellt, je nachdem, welche der vier definierten Verfügbarkeitsklassen („VK") es erfüllen soll. Sie sind ähnlich wie bereits zuvor bei CAT- oder Tier-Kategorisierungen definiert, die auf verschiedenen Vorgaben, z.B. dem IT-Grundschutzkatalog des BSI (Bundesamt für Sicherheit in der Informationstechnik) oder dem amerikanischen TIA (Telecommunications Industry Association) und einer angestrebten prozentualen Verfügbarkeit pro Jahr, basieren. Um diese „Gesamt-"Verfügbarkeit zu erreichen, muss auch das Verkabelungskonzept, genauso wie beispielsweise die Strom- und Klimaversorgung, der Brand- und Zugangsschutz oder die Bauausführung in puncto Traglasten, Deckenhöhen, Fenster, Doppelbodendimensionierung etc. eine Verfügbarkeit garantieren.

Diese kann durch die Verwendung von sicheren und redundanten Infrastrukturkomponenten einerseits und andererseits durch die redundante und strukturierte Verkabe-

Tabelle 7.3: Verfügbarkeitsklassen nach der DIN EN 50600-2-4

Kabel-VK1 („geringe Verfügbarkeit“)	Punkt-zu-Punkt-Verkabelung über vorkonfektionierte Geräteschnüre oder feste Verkabelung ggf. über Rangiereinheiten mit nur einem Pfad Punkt-zu-Punkt-Verbindungen nur innerhalb desselben Schranks oder zum direkt benachbarten
Kabel-VK2 („mittlere Verfügbarkeit“)	eine feste Verkabelung wie in VK1 Verwendung von zentralen und lokalen Rangierörtlichkeiten Schränke zum Rangieren müssen an der Rückseite Kabelführungen ermöglichen und an der Seite Rangierschnurführungen Schränke müssen genügend große dimensioniert sein, um die Unterbrechung des Luftstroms zu aktiven Geräten zu minimieren die Anbindung an die Außenwelt erfolgt über zwei verschiedene Provider
Kabel-VK3 („hohe Verfügbarkeit“)	eine feste Verkabelung wie in VK1 Verwendung von Rangierörtlichkeiten und Anforderungen an die betroffenen Schränke wie in VK2 zusätzlich müssen die Führungen für die Rangierschnüre über eine Kontrolle der Biegeradien verfügen und es muss genügend Platz für Kabelüberlängen vorhanden sein die Verkabelung innerhalb des Rechenzentrums muss in geeigneten Kabelwegen geführt werden, die über eine Überwachung der Biegeradien unter Verwendung von speziellen Formstücken und genügend Platz für Überlängen verfügen redundante Anbindung des Hauptverteilers an zwei verschiedene Provider
Kabel-VK4 („sehr hohe Verfügbarkeit“)	VK3 mit zusätzlichen Pfaden durch Vermaschung der redundant ausgelegten Verteilerkomponenten

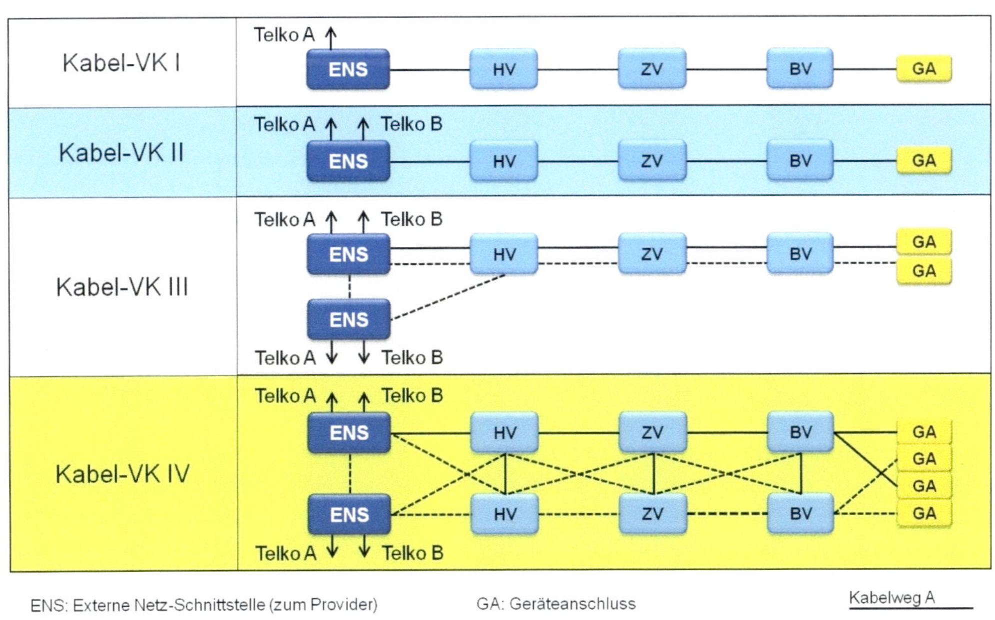

Bild 7.5: Darstellung der Verkabelungsinfrastruktur je Verfügbarkeitsklasse nach der DIN EN 50600-2-4

lung selbst erreicht werden. Dann können z.B. wie in Kabelverfügbarkeitsklasse 3 Wartungsarbeiten in der Regel ohne Störungen des Gesamtbetriebs durchgeführt werden.

Für die Anbindung der Bürobereiche und für die Überwachung und Regelung des Rechenzentrumsbetriebs reicht eine festinstallierte Verkabelungsinfrastruktur in der Regel ohne Redundanz aus.

Die Anbindung an die externen Provider ist je nach Verfügbarkeitsklasse (s. Tafel 7.3 und Bild 7.5) in redundanter Form über unterschiedliche Kabelwege, mehrfache Hausübergabepunkte, mehrfache Eintrittsräume und redundante Anbindung an die Verteiler (HV, ZV und BV) notwendig.

7.4.3 Kabelwege und Rechnerräume

Je nach Verfügbarkeitsklasse sind die Kabelwege zu und zwischen verschiedenen Rechnerräumen und ggf. auch mehreren Verteilern (HV, ZV, BV) zu planen. Bei der Planung der Kabelwege, Aufnahmevorrichtungen und Gehäuse sollte darauf geachtet werden, dass sie nicht unter Rohrsystemen angeordnet sind und die Kühlung nicht beeinträchtigt wird. Eine Verkabelung, die über Schränken geführt wird, kann die Kühlung verbessern und birgt nicht die Risiken der Luftstrombehinderung und -verwirbelung im Kaltbereich wie bei der Führung im Doppelboden. Dabei sind die DIN EN 50174-2 und DIN EN 50600-2-1, DIN EN 50600-2-3 und die Sicherheitsanforderungen in DIN EN 50600-2-5 zu beachten. Daraus ergibt sich auch die Notwendigkeit für die Aufteilung und (hierarchische) Anordnung von Rechner- und Kabel-Equipmenträumen.

Zusätzlich wird gefordert, dass Kabelwege genauso wie Schränke und andere Gestelle genügend Aufnahmekapazität besitzen (Mindestbreite von 800 mm, empfohlene Mindesttiefe 1.200 mm), auch Platz für Überlängen vorhanden ist und eine Biegeradiuskontrolle integriert ist. Bei vertikalen Kabelführungen sollte doppelt so viel Platz vorgesehen werden, wie bei voller Belegung der Schränke oder Gestelle die Summe der Kabelquerschnitte ausmacht. Freie Schrankeinschübe sollten mit Abdeckplatten versehen werden. Kabelwegesysteme ohne kontinuierliche Auflagen dürfen nur unter bestimmten Umständen in nicht vertikalen Kabelwegen vorkommen. Bei horizontalen Führungen sollten Systeme ohne Gestelle bevorzugt werden.

7.4.4 Dokumentation

Die Dokumentation der Installation muss nach DIN EN 50174-1 erfolgen. Sie sollte auf einem Rastergitter-Koordinatensystem basieren und eine Kennzeichnung gemäß ISO/IEC/TR 14763-2-1 verwenden. Generell sollen Komponenten und Kabel mit Inventarnummern versehen werden, und vor Ort entsprechend gekennzeichnet werden (Labeldruck, Barcode, QR-Code). Dies erleichtert die Interaktion mit der/den Verwaltungssoftware(s).

Es können grundsätzliche Dokumentationsvarianten wie folgt benannt werden:

- lose Dateien- und Zeichnungssammlung (analog und/oder digital)
- spezialisiertes Kabelmanagementsystem
  (Software mit Kabel- und Verbindungsmanagement als Schwerpunkt)
- spezialisiertes „Data Center Infrastructure Management" (DCIM)
  (Software mit Rechenzentrumsverwaltung als Schwerpunkt, häufig ohne Kabel)
- „Management System", „Umbrella System" oder „Systemverbund"
  (Software zum Management und Betrieb, hochgradig integriert in andere Systeme oder Disziplinen wie allg. Auftragsverwaltung, Netzwerk oder Monitoring)

Die Bilder 7.6 bis 7.12 zeigen einige anschauliche Beispiele für „integriertes Kabelmanagement" als Teildisziplin eines „Management Systems".

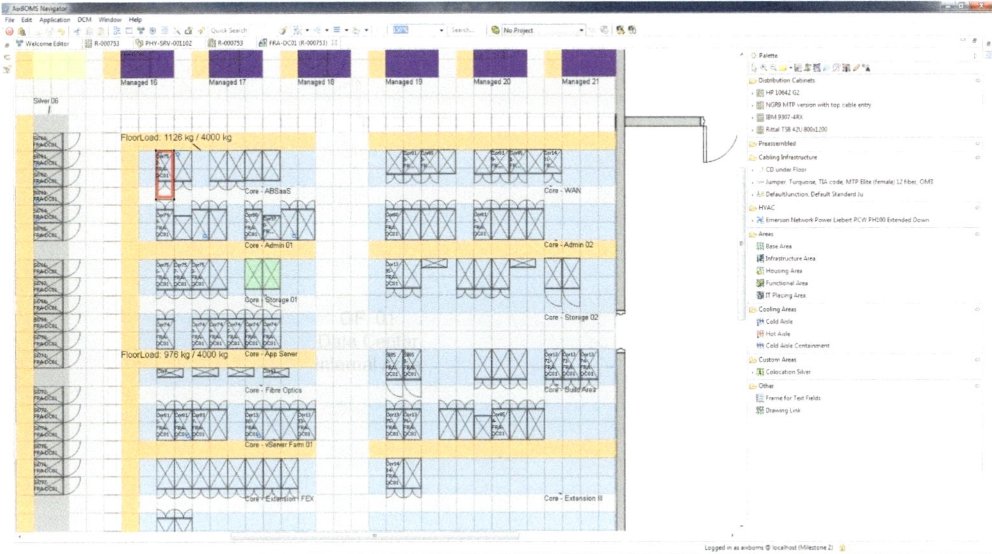

Bild 7.6: Rechenzentrumsplan mit Koordinatenraster, Beschriftung und Planung (Software AixBOMS)
Quelle: Holger Nickel

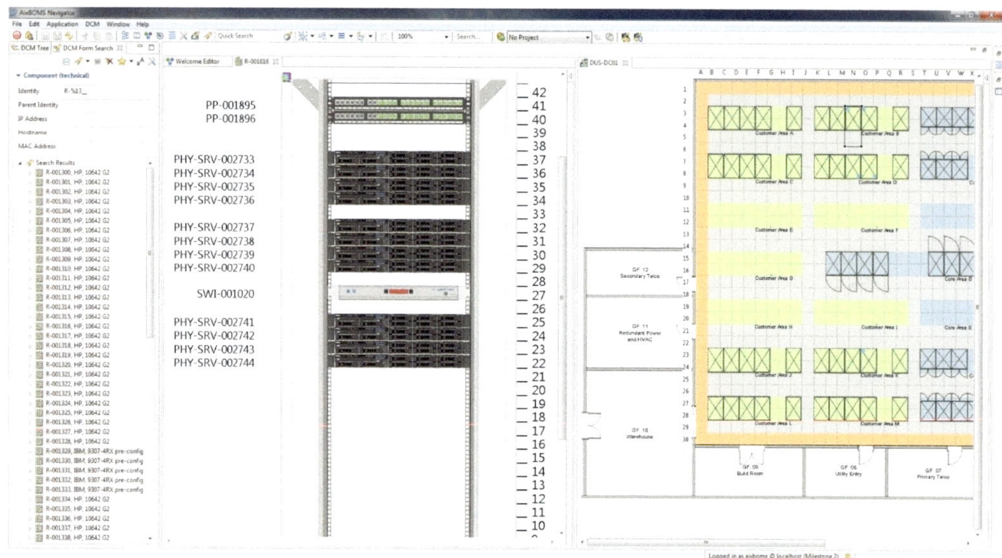

Bild 7.7: Rechenzentrumsplan mit gleichzeitiger Schrankansicht (Software AixBOMS)
Quelle: Holger Nickel

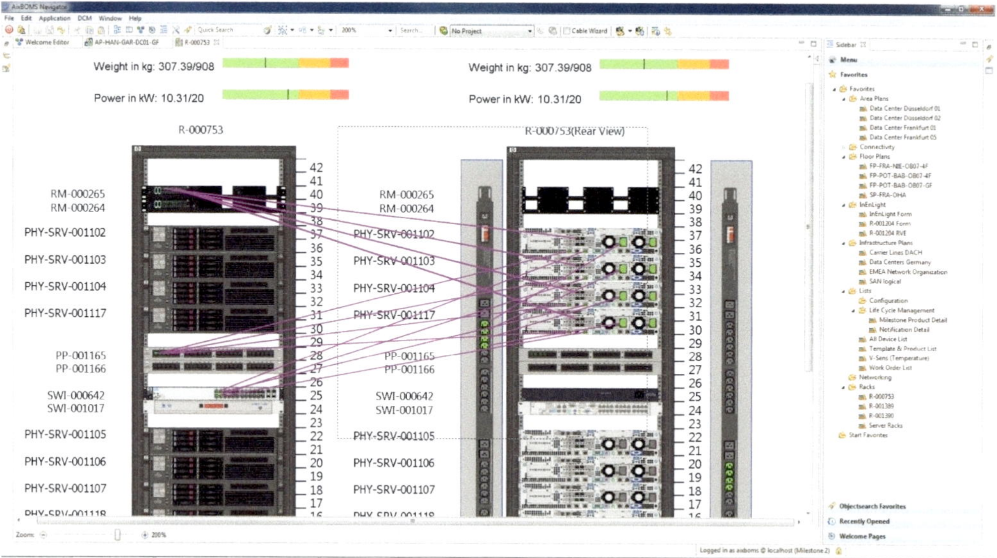

Bild 7.8: Schrankansicht mit Verbindungsinformationen (Software AixBOMS)
Quelle: Holger Nickel

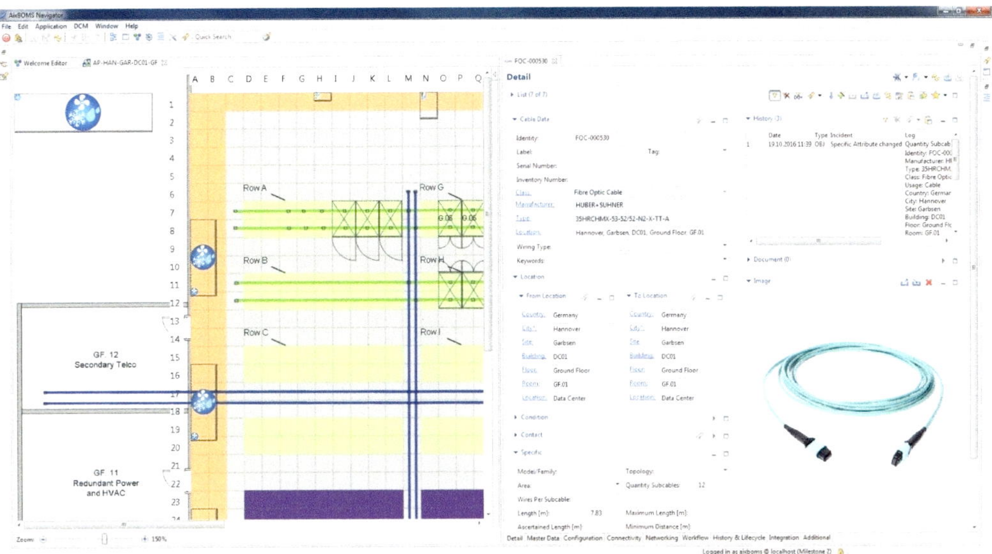

Bild 7.9: Rechenzentrumsplan (Trassen) mit kombinierten Kabeldetailinformationen (Software AixBOMS)
Quelle: Holger Nickel

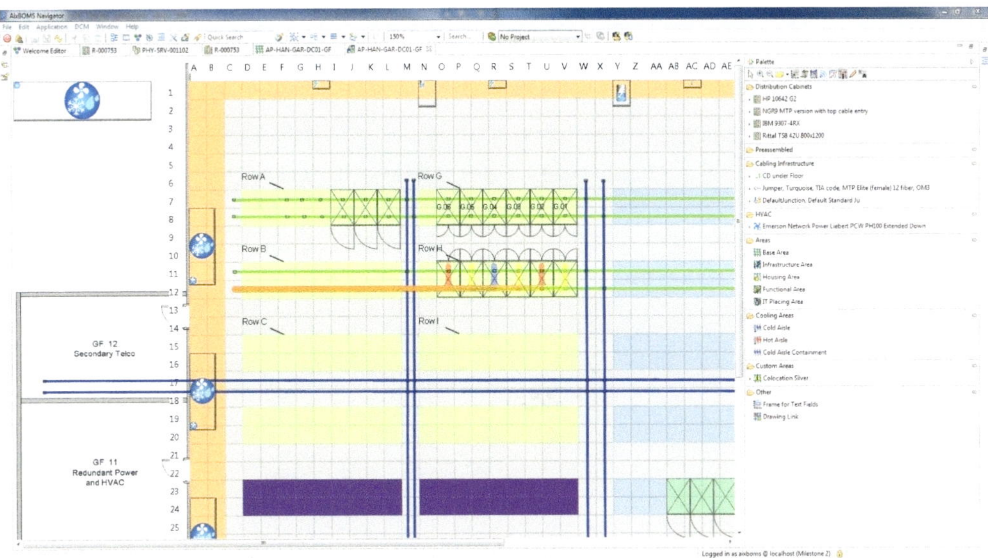

Bild 7.10: Rechenzentrumsplan mit redundanter Anbindung (Verfügbarkeitsklasse-III) (Software AixBOMS)
Quelle: Holger Nickel

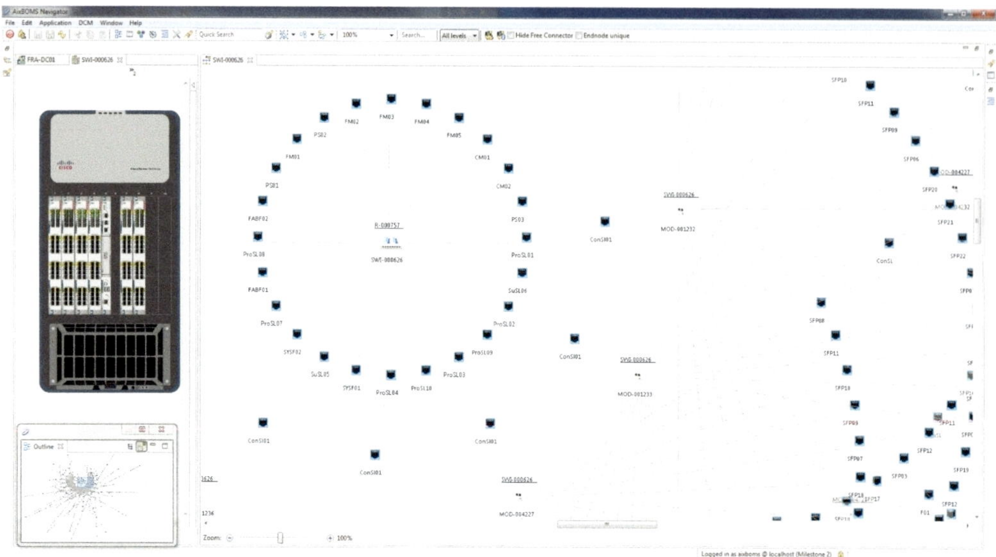

Bild 7.11: Darstellung der Verbindungsinformationen: Switch-Connections „zirkulär“ (Software AixBOMS)
Quelle: Holger Nickel

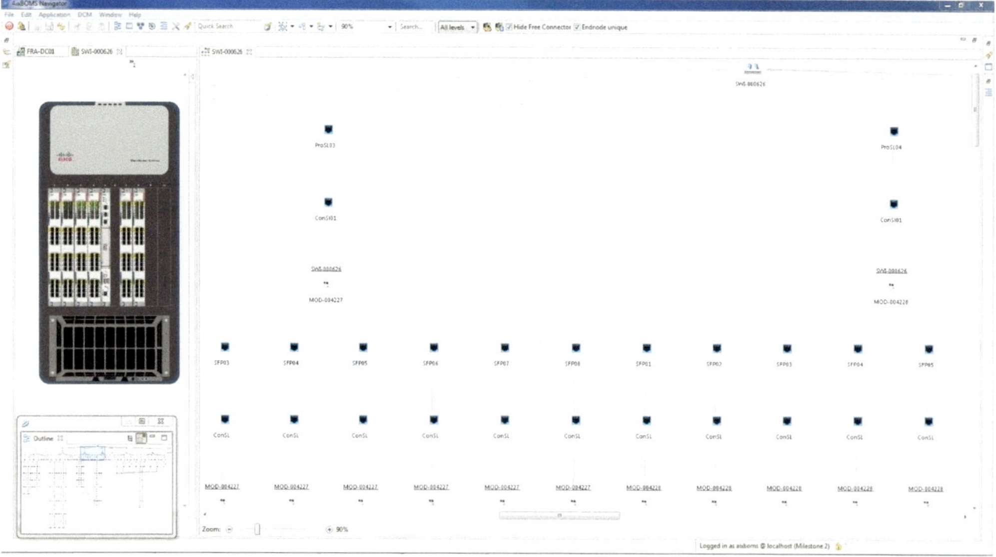

Bild 7.12: Darstellung der Verbindungsinformationen: Switch-Connections „top-down“ (Software AixBOMS)
Quelle: Holger Nickel

7.4.5 Management und Betrieb

Auch für „Management und Betrieb" kann DIN EN 50174-1 herangezogen werden: Es wird ein automatisiertes Infrastrukturmanagementsystem (AIM) empfohlen, welches in die bestehenden und geplanten „Managementwerkzeuge" integriert werden kann.

Als Mindestausstattung eines derartigen Systems kann angesehen werden:

- Automatische Inventarisierung von Verbindungen
- Überwachen von Verbindungen
- Alarmierung und Mitteilungen bei Veränderungen, Historisierung, Logbücher
- Erzeugen von elektronischen Arbeitsaufträgen (insbesondere „Patchaufträge")
- Programmierschnittstelle(n) (zur Integration)

Die Konzepte der Hersteller unterscheiden sich hinsichtlich des Angebots einer reinen „Management-Software" (u.a. auch ITSM-Systeme), einer „Appliance" (Kombination aus Hard- und Software) oder eines „Systemverbunds" (Kombination verschiedener, teilweise bereits beim RZ-Betreiber vorhandener Spezialsysteme zum Investitionsschutz und zur Erfüllung (hoch)spezialisierter Aufgaben).

8 Sicherheitstechnik

Neben einer sicheren und guten Stromversorgung, den richtigen baulichen Maßnahmen und der ausreichenden und vor allem energieeffizienten Kühlung des Rechenzentrums und der ITK-Verkabelungstechnik kommt der Sicherheitstechnik für den Betrieb des Rechenzentrums eine ebenso große Bedeutung zu.

Die DIN EN 50600-2-5 beschreibt einleitend, dass das Ausmaß der physischen Sicherheit, das auf die Einrichtungen und Infrastrukturen eines Rechenzentrums angewandt wird, sowohl einen Einfluss auf die Verfügbarkeit der Funktion des Rechenzentrums als auch auf die Integrität/Sicherheit der darin gespeicherten und verarbeiteten Daten hat.

In der DIN EN 50600 werden die Mindestanforderungen und Empfehlungen für die darin eingesetzten Anlagen behandelt in Bezug auf:

a) nicht autorisierten Zugang,
b) Brandereignisse, die innerhalb von Rechenzentrumsereignissen auftreten,
c) andere Ereignisse innerhalb und außerhalb der Rechenzentrumsbereiche, die sich auf das definierte Schutzniveau auswirken.

Somit rückt in der Sicherheitstechnik nicht nur der autorisierte Zugang und der bauliche und technische Brandschutz in den Mittelpunkt, sondern insbesondere durch c) der DIN EN 50600-2-5 auch die EMV-Maßnahmen, die einbruchsichernden Maßnahmen durch Einbruchmeldeanlagen und entsprechende Türen, die beweissichernden Maßnahmen durch Videoüberwachungen und die Gebäudeleittechnik, um die ganzen Anlagen übergeordnet zusammenzufassen und somit an zentraler Stelle alle Anlagen zu überwachen, nicht nur in der Sicherheitstechnik.

In manchen Rechenzentren wird seitens der behördlichen oder internen Auflagen noch eine elektroakustische Anlage für Evakuierungsdurchsagen o.Ä. gefordert. Auf diese Anlage wird in diesem Buch nicht näher eingegangen. Sie werden auch in der DIN EN 50600-2-5 nicht genannt.

Die DIN EN 50600-1 klassifiziert 4 Schutzklassen, die als Schutz gegen umgebungsbedingte Ereignisse beschrieben werden (Tabelle 8.1).

Tabelle 8.1: Schutz gegen umgebungsbedingte Ereignisse (DIN EN 50600-1, Tabelle 3)

Schutzart	Schutzklasse 1	Schutzklasse 2	Schutzklasse 3	Schutzklasse 4
Schutz gegen interne Brände	Kein spezieller Schutz vorgesehen	Der Bereich erfordert den Schutz vor Feuer durch eine Erkennungs- und Unterdrückungsanlage, die die Funktion dieses Bereichs während eines Brands in diesem oder einem Bereich der Schutzklasse 1 aufrechterhält.	Der Bereich erfordert den Schutz vor Feuer durch eine Erkennungs- und Unterdrückungsanlage, die die Funktion dieses Bereichs während eines Brands in diesem oder einem Bereich der Schutzklasse 1 oder Schutzklasse 2 aufrechterhält.	Der Bereich erfordert den Schutz vor Feuer durch eine Erkennungs- und Unterdrückungsanlage, die es ermöglicht, kritische Funktionen des Rechenzentrums während eines Brands in diesem Bereich oder woanders im Rechenzentrum sicherzustellen.
Schutz gegen andere interne Ereignisse	Kein spezieller Schutz vorgesehen	Vermeidungsmaßnahmen angewandt	Vermeidungsmaßnahmen angewandt	Vermeidungsmaßnahmen angewandt
Schutz gegen externe umgebungsbedingte Ereignisse	Kein spezieller Schutz vorgesehen	Vermeidungsmaßnahmen angewandt	Vermeidungsmaßnahmen angewandt	Vermeidungsmaßnahmen angewandt

Der Schutz gegen interne und externe umgebungsbedingte Ereignisse schließt alle Maßnahmen ein, die zur Sicherung der gewünschten Verfügbarkeitsklasse für die Einrichtungen und Infrastrukturen des Rechenzentrums einschließlich Gebäudekonstruktion, der Schutzsysteme und der organisatorische Maßnahmen erforderlich sind.

Interne umgebungsbedingte Ereignisse, welche die Funktion der Infrastrukturen im Rechenzentrum beeinträchtigen, schließen Überhitzung, Feuer, elektrostatische Entladung, Wasser etc. ein.

Externe umgebungsbedingte Ereignisse schließen Feuer, Überflutung, Erdbeben, Explosionen und andere Formen von Naturkatastrophen (Blitzschlag und andere elektromagnetische Effekte) ein.

Unter optimalen Bedingungen werden die Risiken, die durch externe umgebungsbedingte Ereignisse bestehen, durch die Auswahl und Ansiedlung des Rechenzentrums vermieden (siehe DIN EN 50600-2-1). Allerdings müssen in den meisten Situationen alternative Entwurfslösungen auf die Einrichtungen und Infrastrukturen des Rechenzentrums angewandt werden, um diese mit einem akzeptablen Sicherungsniveau gegen derartige Ereignisse auszustatten.

8.1 Brandschutz

Schäden durch Brandgase oder Feuer in Rechenzentren sind relativ unbekannt und der Tatsache geschuldet, dass Keiner einen solchen Schaden in seinem Rechenzentrum gerne zugibt. Das Image des Unternehmens würde wohl nachhaltig Schaden nehmen.

Statistiken von Versicherungen belegen jedoch, dass ein Schaden durch Brandgase oder Feuer in einem Rechenzentrum weit häufiger vorkommt als man denkt.

Das OVG Münster hat in seiner Urteilsbegründung 10A 363/86 bereits am 11.12.1987 richtig erkannt:
Es entspricht der Lebenserfahrung, dass mit der Entstehung eines Brandes praktisch jederzeit gerechnet werden muss. Der Umstand, dass in vielen Gebäuden jahrzehntelang kein Brand ausbricht, beweist nicht, dass keine Gefahr besteht, sondern stellt für die Betroffenen einen Glücksfall dar, mit dessen Ende jederzeit gerechnet werden muss!
Wie wahr.

Wird aus dem Anfangsbrand auch noch ein Großbrand, dann ist nicht nur Ihr Rechenzentrum zerstört, sondern Ihr ganzes Unternehmen ist in seinem Fortbestand gefährdet.

Nach einer Statistik der Provinzial Nord sind nach einem Großbrand 70 Prozent der betroffenen Unternehmen ruiniert. Nur 23 Prozent der Unternehmen sind nach einem Jahr wieder voll betriebsfähig. Sechs Prozent werden verkauft oder fusionieren, 28 Prozent sind innerhalb eines Jahres aus dem Geschäft und 43 Prozent der Unternehmen haben ihren Betrieb nie wieder aufgenommen.

Der Anteil der durch Feuer verursachten Schäden an Computern beträgt immerhin 6,5 Prozent. Brandauslöser sind dabei mit einem 40 Prozent-Anteil die Elektroverteilungen und die Elektroinstallation sowie jeweils gleichmäßig mit 20 Prozent die Klimaanlagen, die EDV-Geräte selbst und der Mensch.

Deshalb ist die bessere Alternative zu einem Brand immer die Brandverhinderung, die Brandvermeidung, die Branderkennung und die Brandbekämpfung. Ein gestuftes Brandschutzkonzept zur Branderkennung, -löschung und -vermeidung ist unerlässlich.

Brandschutzmaßnahmen basieren auf den folgenden Grundlagen:

- Gesetzliche Bestimmungen, die den Mindestanforderungen wie z.B. Landesbauordnungen, Baugenehmigungen etc. genügen
- Zusätzliche Forderungen von Versicherern, um z.B. auch Versicherungsprämien klein zu halten
- Freiwillige Maßnahmen, die über die vorgenannten Anforderungen hinausgehen

Bild 8.1: Verbrennungsdreieck

Damit ein Feuer brennen kann, müssen drei Faktoren im richtigen Mengenverhältnis zusammen kommen:

- Sauerstoff in der erforderlichen Mindestkonzentration
- Einen zündfähigen bzw. brennbaren Brennstoff
- Die notwendige Temperatur (Zündtemperatur und Mindestverbrennungstemperatur)

Hinzu kommt noch, dass ein Katalysator eine Verbrennung begünstigen kann, während ein Inhibitor (z.B. Löschpulver oder Halone) einen Brand hemmen kann. Alle Methoden der Brandbekämpfung basieren darauf, der Verbrennung eine oder mehrere ihrer Grundvoraussetzungen zu entziehen.

Doch zunächst zu den Definitionen:

Brennbare Stoffe sind gasförmige, flüssige oder feste Stoffe, sowie dessen Dämpfe, Nebel und Stäube, die im Gemisch oder im Kontakt mit der Luft oder Sauerstoff zum Brennen angeregt werden können. In der Praxis handelt es sich dabei um chemische Zusammensetzungen, gruppiert in organische Stoffe wie Papier, Holz, synthetische Kunststoffe (Elastomere, Thermoplaste, Duroplaste) sowie Kohlenwasserstoffe in den unterschiedlichsten Formen und anorganische Stoffe wie Wasserstoff, Schwefel, Phosphor, brennbare anorganische Verbindungen (Kohlenstoffmonoxid, Schwefelkohlenstoff etc.) und brennbare Metalle wie Natrium, Kalium, Chrom, Eisen Kobald etc.

Die zur Aufrechterhaltung der Verbrennung notwendige Sauerstoffkonzentration ist abhängig vom brennbaren Stoff. Bei den meisten brennbaren Stoffen liegt die Konzentration bei über 17 Vol.-% (Volumenprozent), bei Butan bei 12 Vol.-% und bei Wasserstoff sogar nur bei 5 Vol.-%.

Optimale Bedingungen für eine Verbrennung liegen dann vor, wenn der brennbare Stoff und der Sauerstoff in einem bestimmten Mengenverhältnis, dem stöchiometrischen Massenverhältnis, vorliegen. Reaktionen zwischen brennbaren Stoffen und Sauerstoff sind außerhalb des optimalen Massenverhältnisses zwar möglich, jedoch wird die Verbrennungsgeschwindigkeit mit zunehmender Abweichung von diesem Verhältnis stark abgesenkt. Bei konstanter Masse gilt: Je größer die Oberfläche, desto größer ist die zur Verfügung stehende Reaktionsfläche für die Verbrennung.

Somit gilt es, eine der drei Voraussetzungen zu verhindern oder im Brandfall darauf einzuwirken.

8.1.1 Organisatorischer Brandschutz

Der Brandschutz fängt im organisatorischen Bereich an. So gehören alle Brandlasten, die im Rechenzentrum nicht unbedingt benötigt werden, von der Fläche entfernt. Häufig findet man sehr viele Kartons, Handbücher usw. in Rechenzentren direkt auf der Fläche oder in Regalen. In den Datenschränken sind sogar noch extra Schubladen in 19"-Technik eingebaut, um die Dokumentation und Zubehörteile direkt in den Schränken zu lagern.

Sofern es die Platzverhältnisse zulassen, macht es Sinn, einen separaten Raum zu schaffen, der ausschließlich dazu dient, die Brandlast im Rechenzentrum zu senken und nebenbei ein mögliches Chaos auf der Fläche zu reduzieren. In diesem separaten Raum können dann zusätzlich folgende Arbeiten durchgeführt werden:

- Auspacken von Equipment
- Installationen an der Hardware
- Betanken und Vorkonfigurieren von Hardware
- Aufbau von Teststellungen
- Lagerfläche für die Dokumentation
- Ersatzteil- und Materiallager

Selbstverständlich wünscht sich der Techniker an der Hardware sein Handbuch und seine technischen Unterlagen griffbereit zur Verfügung zu haben. Wenn es denn nicht anders geht, tut es auch mal ein Stahlschrank, in dem die Unterlagen gelagert werden. So ist zwar die Brandlast nach wie vor vorhanden, jedoch ist zumindest ein gewisser Schutz gegen direkten Übergriff eines Feuers gegeben. Ein möglicher gangbarer Kompromiss zwischen RZ-Verantwortlichem und RZ-Techniker.

8.1.2 Baulicher Brandschutz

Der bauliche Brandschutz umfasst alle Maßnahmen, die baulich durchzuführen sind, damit sich ein Brand und der Rauch nicht ausweiten und über mehrere Räume hinweg ausdehnen kann.

Im Rechenzentrumsbereich wird in der Regel jeder Raum als ein eigenständiger Brandabschnitt ausgebildet. Die DIN EN 50600-2-5 beschreibt, dass die Bereiche des Rechenzentrums als eine Reihe von Brandabschnitten angesehen werden, wobei jeder Abschnitt eigene Grundsätze hinsichtlich der Branderkennung, der Brandmeldung und der Brandunterdrückung hat.

Weiter führt die DIN EN 50600-2-5 auf, dass alle Komponenten, die die Begrenzung eines Brandabschnitts einschließen, und alle Kabelwege, die den Brandabschnitt durchdringen, das Potenzial für die Ausbreitung des Feuers und der Verbrennungsprodukte (Rauch und toxische Gase) in Betracht ziehen müssen.

Die Wände und Barrieren, die die Brandabschnitte trennen, müssen eine Mindest-Feuerwiderstandsklasse aufweisen, die den Anforderungen an die höchste Schutzklasse entspricht, die an der Begrenzung des Brandabschnitts vorhanden ist. Die Feuerwiderstandsklasse von Türen und Fenstern in einer Wand muss der Feuerwiderstandsklasse der Wände und Barrieren entsprechen. Ihre Fähigkeit, der Einwirkung von Löschwasser zu widerstehen, muss berücksichtigt werden.

8.1.2.1 Klassifizierung nach DIN 4102-1 und DIN EN 13501-1

Die DIN 4102 ist ein Werk aus 18 Teilen und befasst sich mit dem Brandverhalten von Baustoffen und Bauteilen. Alleine schon daraus ist ersichtlich, wie vielschichtig und komplex der bauliche Brandschutz ist.

Nach Teil 1 werden die Baustoffe anhand ihrer Brennbarkeit und deren Brandverhalten in zwei Baustoffklassen mit fünf Unterklassen unterteilt.

Baustoffe im Sinne der Norm sind platten- und bahnenförmige Materialien, Verbundwerkstoffe, Bekleidungen, Dämmstoffe, Beschichtungen, Rohre und Formteile.

Die DIN 4102-1 definiert die Baustoffklassen wie folgt:

Tabelle 8.2: Baustoffklassen nach DIN 4102-1

A1	Alle Baustoffe, die nicht brennbar sind und keine Gefahr im Falle eines Brandes darstellen: – Baustoffe ohne organische Bestandteile: Sand, Kies, Zement, Kalk, Schaumglas, Stahlbeton, Steine, Lehm, Ton, Gips, Blähton, Mörtel, Beton – Baustoffe aus mineralischen Bestandteilen: reine Mineralfasern, Glas, Eisen, Stahl (jedoch kein Metallstaub), Ziegel, Steinzeug
A2	Alle Baustoffe, die nicht selbst entzündbar sind, aber im geringen Maße brennbare Anteile enthalten: – Baustoffe mit organischen Bestandteilen: Gipskartonplatten mit geschlossener Oberfläche, Gipsfaserplatten
B1	Schwer entflammbare Baustoffe, die nach dem Erlöschen des Feuers nichtselbstständig weiter brennen: – Holzwolle-Leichtbauplatten, Gipskartonplatten mit gelochter Oberfläche, Kunstharzputz, Wärmedämmverbundsysteme, Rohre und Formstücke aus PVC, verschiedene Bodenbeläge wie Eichenparkett oder Guss- oder Walzasphalt-Estrich, PVC-Bodenbeläge
B2	Normal entflammbare Baustoffe, die sich durch eine Zündquelle entflammen lassen und von alleine weiter brennen: – Gipskarton-Verbundplatten, Kunststoffe, elektrische Leitungen, Bitumenbahnen, Holz und Holzwerkstoffe sofern sie nicht nach B1 klassifiziert sind, textile Fußbodenbeläge
B3	Leicht entflammbare Baustoffe, die sich mit einer kleinen Zündquelle entflammen lassen und rasant, ohne weitere Wärmezufuhr, weiter brennen: – Alle Baustoffe, die nicht einer anderen Baustoffklasse zugeordnet sind

Die Euro-Norm DIN EN 13501-1 definiert sieben Baustoffklassifizierungen. Ihr Brandverhalten ist wie folgt beschrieben:

Tabelle 8.3: Baustoffklassen nach DIN EN 13501-1

A1	Diese Produkte leisten in keiner Phase des Brandes einen Beitrag zur Brandlast und zur Entfachung des Brandes.
A2	Diese Bauprodukte liefern unter den Bedingungen eines voll entwickelten Brandes keinen wesentlichen Beitrag zur Brandlast und zur Brandausbreitung.
B	An diese Produkte werden die gleichen Kriterien wie an die Produkte der Klasse C gestellt, jedoch mit strengeren Anforderungen.
C	Produkte der Klasse C unterliegen den gleichen Kriterien wie Klasse D, jedoch mit strengeren Anforderungen.
D	Diese Produkte müssen alle Kriterien der Klasse E erfüllen. Zusätzlich müssen sie in der Lage sein, für eine längere Zeit dem Angriff durch eine kleine Flamme ohne wesentliche Flammausbreitung Stand zu halten. Auch bei einem einzelnen brennenden Gegenstand müssen sie mit ausreichend verzögerter und begrenzter Wärmefreisetzung Stand halten.
E	Diese Bauprodukte müssen in der Lage sein, für eine kurze Zeit dem Angriff durch eine kleine Flamme ohne wesentliche Flammenausbreitung stand zu halten.
F	Diese Klasse gilt für alle Bauprodukte, für die das Brandverhalten nicht bestimmt wird, oder die nicht in die Klassen A bis E eingeordnet werden.

Tabelle 8.4: Gegenüberstellung der DIN 4102-1 und der DIN EN 13501-1:

<table>
<tr><th>DIN 4102-1</th><th>DIN EN 13501-1</th></tr>
<tr><td>A1</td><td>A1</td></tr>
<tr><td>A2</td><td>A2</td></tr>
<tr><td rowspan="2">B1</td><td>B</td></tr>
<tr><td>C</td></tr>
<tr><td rowspan="2">B2</td><td>D</td></tr>
<tr><td>E</td></tr>
<tr><td>B3</td><td>F</td></tr>
</table>

Neben der Klassifizierung spielt im baulichen Brandschutz der Feuerwiderstand oder Brandwiderstand eine große Rolle. Dabei orientiert sich der Feuerwiderstand an der Dauer, für die im Brandfall ein Bauteil seine Funktion behält. In diesem Zusammenhang spricht man auch vom Funktionserhalt. Die Bauteile, die verwendet und klassifiziert sind, müssen eine Brandprüfung bestehen. In Zulassungsverfahren spricht man nach Erlangen der baurechtlichen Zulassung über eine Brandrate, die über den reinen Feuerwiderstand hinausgeht. Es müssen dabei Tauglichkeitsbeweise darüber erbracht und sichergestellt werden, dass ein Bauteil über einen langen Zeitraum im normalen Gebrauch funktionstüchtig ist, bevor es durch einen Brand belastet wird. So muss beispielsweise eine Brandschutztür einer festgelegten Anzahl von Öffnungs- und Schließvorgängen standhalten und dabei nach diesem langen Gebrauch dem Feuer über die definierte Zeit immer noch standhalten. Je nach Bauteil gibt es unterschiedliche Funktionen, die ein Bauteil im Brandfall erfüllen muss wie z.B. die Tragfähigkeit, den Raumabschluss, die Wärmeisolation oder auch die Rauchdichtigkeit.

Die Feuerwiderstandsklasse nach DIN 4102 oder auch Brandschutzklasse ist dabei eine gängige und genormte Größe:

Tabelle 8.5: Feuerwiderstandsklassen nach DIN 4102

Feuerwiderstandsklasse Kurzbezeichnung	Das Bauteil erfüllt im Brandfall seine Funktion für	Benennung
F 30	30 Minuten	feuerhemmend
F 60	60 Minuten	hochfeuerhemmend
F 90	90 Minuten	feuerbeständig
F 120	120 Minuten	hochfeuerbeständig
F 180	180 Minuten	höchstfeuerbeständig

Über den Kennbuchstaben erkennt man, um welches Bauteil es sich handelt:

- F: Wände, Decken, Stützen, Unterzüge, Treppen oder auch Brandschutzverglasung mit Schutz vor Hitzestrahlung auf der brandabgewandten Seite
- T: Türen und Klappen
- G: Brandschutzverglasung oder Fensterelement, jedoch kein Hitzestrahlungsschutz auf der brandabgewandten Seite
- L: Lüftungskanal und -leitungen
- E: Funktionserhalt von Elektroinstallationskanal oder Installationsleitungen mit zugelassenen Tragsystemen wie Kabelpritsche etc., von Außen nach Innen
- I: Elektroinstallationskanal für Installationsleitungen, Brandbeanspruchung von Innen nach Außen, jedoch kein zwingender Funktionserhalt
- K: Absperrvorrichtungen in Lüftungsleitungen
- R: Rohrabschottungen und Rohrdurchführungen
- S: Schott bzw. Kabelbrandschott
- W: Nichttragende Außenwände

Die oben genannten Kennbuchstaben haben mittlerweile keine Gültigkeit mehr. Sie werden jedoch aufgrund der jahrzehntelangen Gebräuchlichkeit auch in einigen Jahren noch nicht aus dem Sprachgebrauch verschwunden sein.

Seit 01.07.2012 hat die europäische Norm DIN EN 13501 mit den Teilen 1, 2 und 3 Gültigkeit. Im Unterschied zur alten DIN 4102-1 beinhaltet die europäische Norm ein wesentliches größeres Spektrum an Klassen und Kombinationen. Es werden u.a. die Rauchentwicklung und das Abtropfen oder Abfallen von Stoffen berücksichtigt und in Klassen eingeteilt. Teil 1 behandelt das Brandverhalten von Baustoffen und Bauprodukten, Teil 2 und Teil 3 die Feuerwiderstandsklassen.

In der Norm werden dabei Leistungskriterien definiert, die wie folgt klassifiziert sind:

- R (Resistance): Tragfähigkeit
  Die statisch zugeordnete Funktion (Decken, Wände, Stützen, Unterzüge) muss während einer bestimmten Zeit gewährleistet werden.
- E (Étanchéité): Raumabschluss
  Widerstand eines Bauteils gegenüber einer einseitigen Brandeinwirkung, einen Flammendurchtritt zu vermeiden.
- I (Isolation): Wärmedämmung
  Die Dämmung des Bauteils muss so gut sein, dass eine Wärmeeinwirkung auf der dem Feuer abgewandten Seite nicht zu erhöhten Temperaturen führt. Die Temperatur auf der dem Feuer abgewandten Seite darf innerhalb einer vorgegeben Zeit nicht um mehr als 140 °C über der mittleren Ausgangstemperatur bzw. um nicht mehr als 180 °C an jeder Seite über der mittleren Ausgangstemperatur liegen.
- W (Wärmestrahlung): Begrenzung der Wärmestrahlung
  Die Wärmestrahlung auf der dem Feuer abgekehrten Seite muss so gering sein, dass eine Brandübertragung von der vom Feuer abgekehrten Wandoberfläche auf angrenzende Materialien nicht stattfinden kann.
- M (Mechanical): Widerstandsfähigkeit gegen mechanische Beanspruchung
  Im Brandfall dürfen herabstürzende Bauteile nicht zu einer Beeinträchtigung der Funktionen R, E und I führen.
- S (Smoke): Begrenzung der Rauchdurchlässigkeit
  Es beschreibt die Fähigkeit von Abgasanlagen und dazugehörigen Produkten gegen Rußbrand widerstandsfähig zu sein
- C (Closing): Selbstschließende Eigenschaften
  Diese Eigenschaft betrifft Türen und Klappen, die
  - üblicherweise nach jedem Öffnungsvorgang automatisch schließen müssen
  - üblicherweise offen gehalten werden und im Brandfall schließen müssen
  - mechanisch betriebene Bauteile, die im Brandfall schließen müssen

  Diese Eigenschaften müssen unabhängig von der Stromversorgung aufrecht er halten werden.
- K: Brandschutzfunktion
  Diese Funktion gibt die Fähigkeit einer Wand- oder Deckenbekleidung wieder, das dahinter liegende Material von der Entzündung, Verkohlung oder anderen Schäden für eine festgelegte Zeit zu schützen.

Hauptsächlich wird zwischen den Leistungskriterien Tragfähigkeit (R), Raumabschluss (E), Wärmedämmung (I) und Begrenzung der Wärmestrahlung (W) entschieden. Bei speziellen Bauteilen werden die zuvor genannten Eigenschaften ergänzt durch Widerstand gegen mechanische Beanspruchung (M), selbstschließend (C), Rauchdichtigkeit (S), Rußbeständigkeit (G) oder Brandschutzwirkung (K).

Die Leistungskriterien lassen sich zwischen der alten DIN 4102 und der neuen europäischen Norm DIN EN 13501-2 wie folgt gegenüberstellen:

Tabelle 8.6: Gegenüberstellung der DIN 4102-2 und der DIN EN 13501-2 / -3

Bauteil	DIN 4102	DIN EN 13501-2
Stützen und Träger	F	R
Tragende und raumtrennende Wände und Decken	F	R, E, I
Nichttragende und raumtrennende Wände	F	E, I
Brandwände	F 90-A (mit Stoßbeanspruchung)	R, E, I, M
Tragende Außenwände	F	R, E, I
Nichttragende Außenwände	W	E, I
Feuerschutztüren	T	E, I, C
Rauchschutztüren		S, C
Lüftungsleitungen	L	E, I, S
Brandschutzklappen	K	E, I, S
Kabelabschottungen	S	E, I
Rohrummantelungen und -abschottungen	R	E, I
Installationskanäle und -schächte	I	E, I
Verglasungen mit Verhinderung des Durchtritts der Wärmestrahlung	F	E, I
Verglasungen	G	E
Elektrische Leitungen mit Funktionserhalt	E	R

Nachfolgend ein paar ausgewählte Beispiele, wie sich die Bezeichnungen dadurch geändert haben:

Tabelle 8.7: Gegenüberstellung der DIN 4102-2 und der DIN EN 13501-2 / -3 mit ausgewählten Beispielen

Bauteil	DIN 4102	DIN EN 13501-2
Stütze	F 90	R 90
Tragende Innenwand	F 90 F 30	REI 90 REI 30
F-Verglasung G-Verglasung	F 90 F 30 G 30	EI 90 EI 30 E 30
Feuerschutztür	T 90 T 30	EI 90 C EI 30 C

8.1.2.2 Wände, Decken und Boden

Wände, Decken und Böden zwischen Brandabschnitten innerhalb eines Rechenzentrumsbereichs sollten mindestens der Feuerwiderstandsklasse F 90 entsprechen. Weiterhin wird empfohlen, nur Baustoffe der Baustoffklasse A zu verwenden.

Die DIN EN 50600-2-1 fordert, feuerbeständige Materialen zu verwenden.

Weiterhin wird gefordert, alle offenen oder rauen Oberflächen zu versiegeln, um zu verhindern, dass Staub oder chemisch aktive Partikel durch den konstanten Luftzug in klimatisierten Bereichen verteilt werden.

Weiterhin wird darauf verwiesen, dass die Baumaterialien einen entsprechenden Grad der Luftundurchlässigkeit haben müssen, sobald die Räume mit Gaslöschanlagen gelöscht werden.

Ebenso müssen sie einen entsprechenden Grad der Wasserundurchlässigkeit bei bekannten Risiken durch Überflutung (z.B. auch eine Hohlkehle zur Abdichtung am Boden-Wand-Übergang) aufweisen.

Bodenbeläge etc. sollten so ausgewählt werden, dass sie keine Säuren oder giftige Gase entwickeln.

8.1.2.2.1 Wände

Die Feuerwiderstandsfähigkeit unterschiedlicher Wandmaterialien und -dicken ist sehr komplex und daher nicht einfach darzustellen.

Neben dem verwendeten Material und der Wanddicke sind auch deren Aufbau, Konsistenz und Funktionalität (tragende oder nichttragende Wand) für die Klassifizierung von Bedeutung. In der Darstellung wird meist der Zusatz der Brandstoffklasse mit verwendet, weshalb man beispielsweise die Bezeichnung F 30-A etc. oft vorfindet.

Die Wahl des Wandbaustoffes hängt in der Regel auch von begleitenden Randbedingungen ab. So kann es wesentlich sein, ob es sich um einen Neubau oder einen Bestandsbau handelt. Weiterhin ist die Dauer der Unterbringung des Rechenzentrums von Bedeutung. Wird das Rechenzentrum nur als Provisorium aufgebaut, werden sicherlich andere Baustoffe verwendet, als bei einer Unterbringung eines permanenten Rechenzentrums. Weitere Randbedingungen wie der Einbruchschutz, die Erweiterbarkeit etc., können ebenfalls für die Auswahl entscheidend sein.

Nachfolgend ein paar Beispiele für Wandarten, die in einem neuen Rechenzentrum üblicherweise verwendet werden:

Stahlbeton

- F30-A: 80 mm ohne Hohlräume
- F90-A: 100 mm ohne Hohlräume

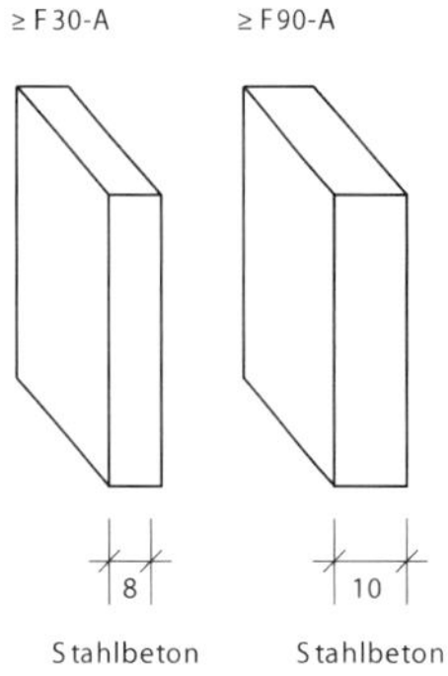

Bild 8.2: Feuerwiderstandsdauer von Wänden aus Stahlbeton

Kalksandstein

Der Kalksandstein ist an seiner weißen Färbung und üblicherweise nicht strukturierten Oberfläche erkennbar. Das Mauerwerk bleibt oft unverputzt und erhält nur einen Anstrich. Die zu den Wanddicken angegebenen Feuerwiderstandsklassen werden auch ohne Stoßfugenvermörtelung und ohne Putz erreicht. Bestehen Anforderungen an die Luftdichtheit oder den Schallschutz, sollten die Stoß- und Lagerfugen beidseitig abgespachtelt oder die Wand mindestens einseitig verputzt werden.

- F60-A: 70 mm mit Dünnbettmörtel
- F90-A: 115 mm mit Normal- oder Dünnbettmörtel
- Brandwand: 175 mm mit Dünnbettmörtel und Steinrohdichteklasse (RDK) ≥ 1,8
  240 mm mit Normal- oder Dünnbettmörtel
  und Steinrohdichteklasse ≥ 1,4

Bild 8.3: Kalksandstein-Mauerwerk im Dünnbettmörtel
Quelle: KS-Süd e.V., R. Herz

Bild 8.4: Sichtmauerwerk aus Kalksandstein
Quelle: KS-Süd e.V., R. Herz

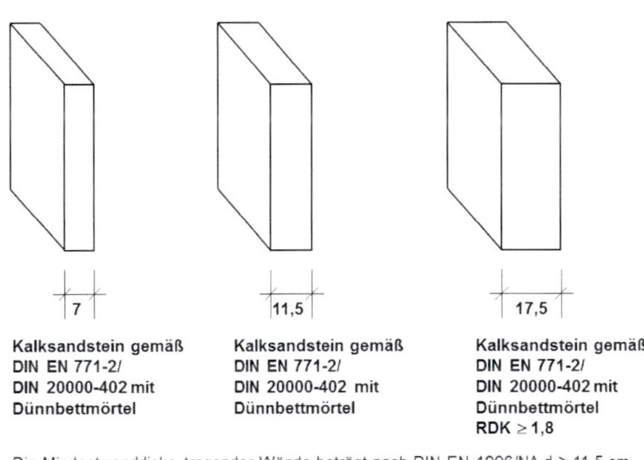

Bild 8.5: Feuerwiderstandsdauer von Wänden aus Kalksandstein

Ziegelmauerwerk

Das Ziegelmauerwerk ist an seiner rötlichen Färbung und strukturierten Oberfläche erkennbar. Ziegelmauerwerk wird in den meisten Fällen beidseitig verputzt.

- F 30-A: 70 mm bzw. 115 mm beidseitig verputzt, nicht tragend (je nach DIN-Zuordnung)
- F 60-A: 70 mm bzw. 115 mm beidseitig verputzt, nicht tragend (je nach DIN-Zuordnung)
- F 90-A: 115 mm bzw. 140 mm beidseitig verputzt, nicht tragend (je nach DIN--Zuordnung)
- F 180-A: 165 mm, 175 mm oder 190 mm beidseitig verputzt, nicht tragend (je nach DIN-Zuordnung)

Nichttragende Wände aus Ziegelmauerwerk (1-seitige Beanspruchung)
Die Werte in Klammern ( ) gelten für Wände mit beidseitigem Putz nach DIN 4102-4, Abschnitt 4.5.2.10:

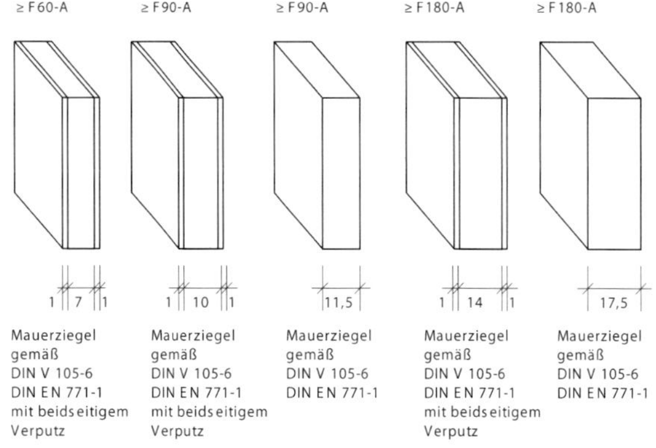

Bild 8.6: Feuerwiderstandsdauer von Wänden aus nichttragendem Ziegelmauerwerk

Tabelle 8.8: Mindestdicken von nichttragenden Wänden aus Ziegelmauerwerk

Mauerziegel nach	F 30-A	F 60-A	F 90-A	F 180-A
DIN V 105-6 (Planziegel) DIN EN 771-1 (Mauerziegel)	115 (70)	115 (70)	115 (100)	175 (140)
DIN 105-5 (Leichtlanglochziegel und Langleichtloch-Ziegelplatten)	115 (70)	115 (70)	140 (115)	190 (175)
Mauerwerk aus Ziegelfertigbauteilen nach DIN 1053-4	115 (115)	115 (115)	140 (115)	190 (175)

Tragende Wände aus Ziegelmauerwerk (1-seitige Beanspruchung), volle statische Ausnutzung

Die Werte in Klammern ( ) gelten für Wände mit beidseitigem Putz nach DIN 4102-4, Abschnitt 4.5.2.10:

Tabelle 8.9: Mindestdicken von tragenden Wänden aus Ziegelmauerwerk

Mauerziegel nach	F 30-A	F 60-A	F 90-A	F 180-A
DIN EN 771-1 mit Normalmörtel	115 (115)	115 (115)	175 (115)	240 (175)
DIN EN 771-1 unter Verwendung von Normal- und Leichtmörtel Lochung A und B Rohdichtklasse ≥ 0,8	175 (115)	175 (115)	175 (115)	(175)
DIN EN 771-1 unter Verwendung von Normal- und Leichtmörtel Hochlochziegel Rohdichtklasse ≥ 0,8	(115)	(175)	(240)	(365)
Mauerwerk aus Ziegelfertigbauteilen nach DIN 1053-4	115 (115)	165 (115)	165 (165)	240 (190)

Trockenbauwände (Gipskartonständerwände)

- F 30-A:
  - Stahlblechprofil oder Wandprofil mindestens 50 mm
    Abstand maximal 625 mm zueinander
  - Füllung Mineralwolle mindestens B2, Dicke mindestens 40 mm
  - Beidseitige doppelte Beplankung mit Gipskartonplatte mindestens 12,5 mm pro Platte
    verspachtelt und überlappend
    Somit Gesamtdicke mindestens 100 mm

- F 90-A:
  - Stahlblechprofil oder Wandprofil mindestens 50 mm
    Abstand maximal 625 mm zueinander
  - Füllung Mineralwolle mindestens B2, Dicke mindestens 40 mm
  - Beidseitige doppelte Beplankung mit Feuerschutzplatte mindestens 12,5 mm pro Platte
    verspachtelt und überlappend
    Somit Gesamtdicke mindestens 100 mm

- F 120-A:
  - Stahlblechprofil oder Wandprofil mindestens 50 mm
    Abstand maximal 625 mm zueinander
  - Füllung Mineralwolle mindestens B2, Dicke mindestens 40 mm
  - Beidseitige dreifache Beplankung mit Feuerschutzplatte mindestens 12,5 mm pro Platte
    verspachtelt und überlappend
    Somit Gesamtdicke mindestens 125 mm

Daher lässt sich aus der Wanddicke alleine bei Trockenbauwänden keine Feuerwiderstandsdauer ableiten, wie es bei anderen Baustoffen möglich ist. Der Aufbau und die verwendeten Materialien sind entscheidend für die Klassifizierung in eine Feuerwiderstandsdauer.

Sollten Umbauten oder Neubauten an Decken, Wänden und Böden anstehen, ist immer ein Fachplaner hinzuzuziehen. Immer mehr Landesbauordnungen (LBO's) fordern auch die Erstellung eines Brandschutzkonzepts durch einen sachkundigen Planer, da es sich bei einem Rechenzentrum meistens um einen Sonderbau handelt.

8.1.2.2.2 Decken (Boden)

Die Feuerwiderstandsfähigkeit von Decke und Boden ist ebenso unterschiedlich wie bei den Wänden. Allerdings werden Decken meist in Stahlbeton hergestellt, so dass eine Decken- bzw. Bodendicke ab 60 mm bereits eine Feuerwiderstandsdauer von 30 Minuten gewährleistet.

Da allerdings die Decke oder mindestens der Boden auch statischen Ansprüchen genügen muss, sind aus deren Notwendigkeit heraus die Bodendicken meist höher, als sie für die Feuerwiderstandsdauer benötigt werden.

Tabelle 8.10: Mindestdicken und Mindestbreiten bei bestimmter Feuerwiderstandsklasse

Bauteilart			Mindestdicken d bzw. Mindestbreiten b und zugehörige Achsabstände u in mm für die Feuerwiderstandsklassen					
			F 30-A		F 90-A		F 180-A	
			d bzw. b	u	d bzw. b	u	d bzw. b	u
Decken	Vollplatte ohne Estrich	stat. best. gelagert	60		100		150	
		stat. unbest. gelagert	80		100		150	
	Vollplatte mit Verbundestrich							
	Dicke der Platte		50		50		75	
	Gesamtdicke von Platte	stat. best. gelagert	60		100		150	
	und Estrich	stat. unbest. gelagert	80		199		150	
	Vollplatte mit schwimmenden Estrich							
	Dicke der Platte	stat. best. gelagert	60		60		80	
		stat. unbest. gelagert	80		80		80	
	Dicke des Estrich		25		25		40	
	Achsenabstand der Feldbewehrung	einachsig gespannt		10		35		60
	bei freier Auflagerung	zweiachsig gespannt		10		15		30
	crit T = 500 °C	vierachsig gespannt		10		35		60
Wände	raumabschließend, nicht tragend		80	10	100	10	150	35
	raumabschließend, tragend	Ausnutzungsf $\alpha_1 = 0{,}1$	80	10	100	10	150	35
	crit T = 500 °C	Ausnutzungsf $\alpha_1 = 0{,}5$	100	10	120	20	180	45
		Ausnutzungsf $\alpha_1 = 1{,}0$	120	10	140	25	210	55
Balken	dreiseitig beflammt	stat. best. gelagert	80	25	150	55	240	80
	einlagig bewehrt		120	15	200	45	300	70
	crit T ≥ 450 °C		160	10	250	40	400	65
			≥ 200	10	≥ 400	35	≥ 600	60
		stat. unbest. gelagert	80	10	150	35	400	60
		mind 1 ≥ 0,8 max 1	≥ 160	10	250	25	≥ 400	50
Stützen	Mehrseitige	Ausnutzungsf $\alpha_1 = 0{,}3$	150	[1]	180	[1]	240	50
	Brandbeanspruchung	Ausnutzungsf $\alpha_1 = 0{,}7$	150	[1]	210	[1]	320	50
		Ausnutzungsf $\alpha_1 = 1{,}0$	150	[1]	240	[1]	360	50

*) Bei der Anwendung von Leichtbeton mit geschlossenem Gefüge nach DIN 4219 Teil 1 und 2, haufwerksporigem Leichtbeton oder Porenbeton gelten andere größenordnungsmäßig vergleichbare Maße, die im Einzelnen in DIN 4102, Teil 4 geregelt sind.

[1] Der zugehörige Mindestabstand u ist vorhanden, wenn bezüglich der Betondeckung c die Mindestwerte nach DIN 1045 eingehalten sind.

Tabelle 1 der DIN EN 50600-2-1 gibt Leitlinien zur Lastkapazität für die verschiedenen Bereiche (Tabelle 8.11).

Tabelle 8.11: Leitlinien zur Lastkapazität (DIN EN 50600-2-1, Tabelle 1)

Leitlinien zur Lastkapazität		Rechenzentrumsbereiche und Zugangswege zu diesen Bereichen			
		Andere Bereiche	Elektrische und mechanische Bereiche, Computerraum	Ladebereiche	Aufzüge
Bodenbelastung	Gleichmäßige Last (min.)	5 kN/m²	12 kN/m²	20 kN/m²	-
	Punktlast (min.)	2,0 kN	5,0 kN	7,5 kN	1,5 kN
Deckenbelastung	Hängende Lasten (min.)	1,5 kN/m²	2,5 kN/m²	3,0 kN/m²	-

8.1.2.3 Brandschutztüren

Da in einem Rechenzentrumskomplex grundsätzlich jeder Raum einen eigenen Brandabschnitt darstellt, ist es in diesen Wänden auch zwingend notwendig, Brandschutztüren bzw. Feuerschutzabschlusstüren einzubauen. Feuerwiderstandsklassen T 30 und T 90 sind gängige Größen, was einer Feuerwiderstandsdauer von 30 Minuten und 90 Minuten entspricht.

Die DIN EN 50600-2-1 fordert jedoch, dass die Feuerwiderstandsklasse aller Türen im Rechenzentrum mindestens 1 Stunde (T 60) betragen muss. Weiterhin wird gefordert, dass alle Türen zwischen verschiedenen Sicherheitszonen und Türen, die zu

Bild 8.7: Ein- und zweiflügelige Brandschutztüren
Quelle: Teckentrup GmbH & Co. KG

informationstechnischen Räumen, Rechnerräumen, Kommunikationsräumen und technischen Räumen führen, eine Feuerwiderstandsklasse von mindestens 2 Stunden (T 120) aufweisen müssen. Zudem müssen alle Türen rauchdicht sein, wenn Brandfrüherkennungsanlagen verwendet werden.

Insbesondere die Forderung der DIN EN 50600-2-1 nach einer Feuerwiderstandsdauer von 120 Minuten erstaunt, da üblicherweise 90 Minuten ausreichend sind – so die persönliche Meinung des Autors.

Die Feuerwiderstandsdauer bestimmt auch die Unterteilung in feuerhemmend (T30), hochfeuerhemmend (T60) und feuerbeständig (T90 und höherwertiger).

Einflügelige Türen haben den Zusatz -1 (z.B. T30-1), zweiflügelige den Zusatz -2 (T30-2). Werden in die Türen Verglasungen eingebaut, so müssen die eingebauten Gläser mindestens die gleiche Feuerwiderstandsklasse haben.

8.1.2.3.1 Aufbau und Materialien

Brandschutztüren werden in den Materialien Stahl, Aluminium und Holz oder als Mischkonstruktion dieser Materialien angeboten. Elemente aus temperaturbeständigem Glas sind ebenfalls möglich. Im Rechenzentrumsbereich werden jedoch hauptsächlich Türen aus Stahl eingesetzt.

Das notwendige bauaufsichtliche Zeugnis hat nur Gültigkeit, wenn die Einbauvorschriften eingehalten werden und aus einer Einheit aus Türzarge, Türblatt und Beschlägen bestehen.

Der viel zitierte Grundsatz, dass man ein durchgängiges System in der Regel erreicht, wenn man in Wänden der Feuerwiderstandsklasse F 90 Türen der Feuerwiderstandsdauer T 30 einbaut, ist nicht richtig. Es ist durchaus auch möglich, eine T 30 Türe in eine F 30 Wand (und nicht zwangsläufig in eine F 90 Wand) einzubauen. Es hängt jeweils vom Material der Wand und der Wanddicke bzw. dem Wandaufbau ab. In den allgemeinen bauaufsichtlichen Zulassungen findet man eine Tabelle, welche Kombinationen zugelassen sind.

Zudem fordert die DIN EN 50600-2-5, dass die Feuerwiderstandsklasse von Türen und Fenstern in einer Wand der Feuerwiderstandsklasse der Wände und Barrieren entsprechen muss.

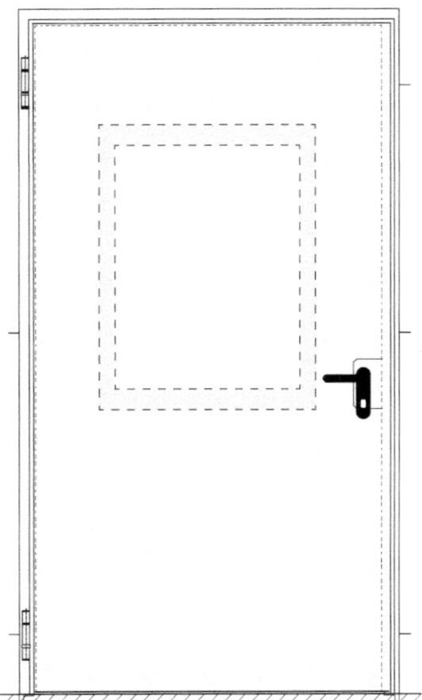

Bild 8.8: Ansicht einer Brandschutztüre mit Glaselement
Quelle: Teckentrup GmbH & Co. KG

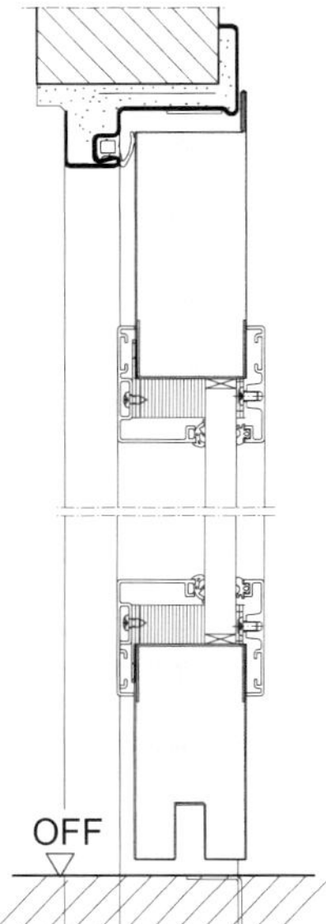

Bild 8.9: Vertikalschnitt durch eine Brandschutztüre mit Glaselement
Quelle: Teckentrup GmbH & Co. KG

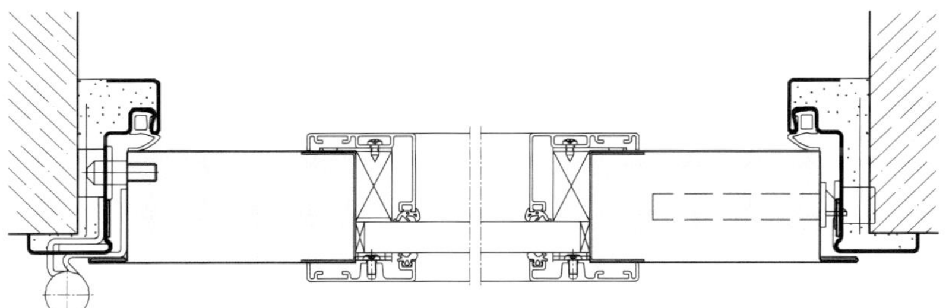

Bild 8.10: Horizontalschnitt durch eine Brandschutztüre mit Glaselement
Quelle: Teckentrup GmbH & Co. KG

8.1.2.3.2 Kennzeichnungsschild (Typenschild)

Brandschutztüren müssen durch ein Zulassungsschild gekennzeichnet sein. Wesentliche Inhalte des Schildes sind:

- T-Angabe (Feuerwiderstandsklasse)
- Name des Herstellers mit Herstellerkennzeichen
- Überwachungszeichen „Ü" mit Überwachungsstelle
- Herstellungsjahr

Türen ohne Zulassungsschild gelten im Sinne des Gesetzgebers nicht als Brandschutztüren.

Meist werden die Türen nur grundiert eingebaut und nach dem Einbau mit einem Decklack versehen. Dabei ist darauf zu achten, dass das Kennzeichnungsschild keinesfalls überpinselt wird. Das Kennzeichnungsschild muss jederzeit erkennbar sein.

Bild 8.11: Notwendige Mindestangaben bei einem Kennzeichnungsschild
Quelle: Teckentrup GmbH & Co. KG

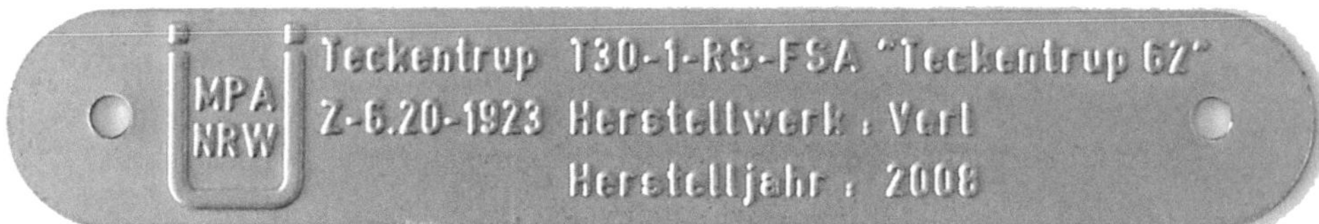

Bild 8.12: Beispiel eines Kennzeichnungsschildes
Quelle: Teckentrup GmbH & Co. KG

8.1.2.3.3 Rauchschutz / Rauchdichtigkeit

Die Rauchdichtigkeit der Türen ist ein weiteres wichtiges Merkmal bei Türen in Rechenzentren. Sie wird über eine allseitig umlaufende Dichtung gewährleistet, welche im geschlossenen Zustand den Durchtritt von Rauch bis 200 °C über eine Zeitdauer von mindestens 60 Minuten verhindert. An der Türblattunterseite wird z.B. eine absenkbare Bodendichtung eingesetzt. Sie ist eine im unteren Türblattbereich eingesetzte Mechanik, die für das automatische Absenken einer auf den Fußboden aufsetzenden Gummidichtung sorgt. Um die Funktion der Bodendichtung zu gewährleisten, muss der Fußboden gerade, eben, glatt und fest sein. Wenn der Untergrund die Bedingungen nicht erfüllt, muss eine Schwelle eingesetzt werden. Der Hub der Bodendichtung muss so eingestellt werden, dass die Dichtung bei geschlossener Tür die folgenden Bedingungen erfüllt:

- Die Dichtung liegt auf der gesamten Breite der Tür am Boden an.
- Die Dichtung liegt mit leichtem Druck am Boden an. Damit die Bodendichtung beim Öffnen und Schließen nicht schleift, senkt sie sich erst nach unten, wenn die Tür geschlossen ist.

Im Typenschild der Türe ist dann hinter der Feuerwiderstandsklasse (z.B. T 30) der Zusatz RS dargestellt (z.B. T 30-1-RS).

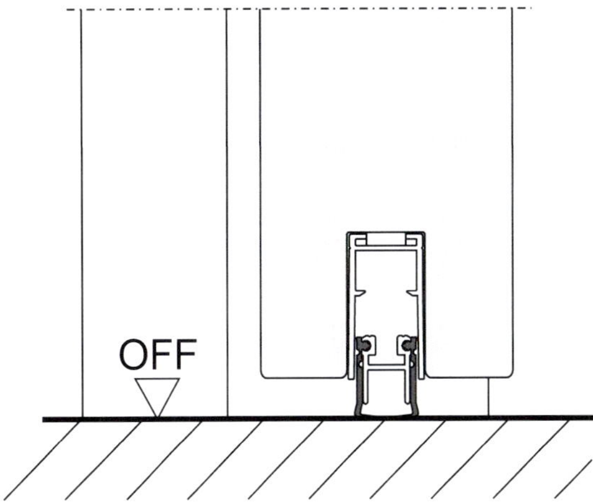

Bild 8.13: Schnitt durch ein Türblatt mit absenkbarer Bodendichtung
Quelle: Teckentrup GmbH & Co. KG

8.1.2.3.4 Einbruchschutz

Insbesondere bei Zugangstüren zu IT-Flächen oder Rechenzentrumskomplexen wird oft ein zusätzlicher Einbruchschutz gefordert. Dabei ist unbedingt zu beachten, dass auch die Wand mindestens über den gleichen Einbruchschutz verfügt und die Tür nach Herstellervorgabe (Einbau- und Montageanleitung) mit Einbruchschutz eingebaut wird.

Beim Einbruchschutz klassifiziert man in die Widerstandsklassen RC 1 bis RC 6 (früher nach DIN ENV 1627 als WK 1 bis WK 6).

Tabelle 8.12: Widerstandsklassen Quelle: Teckentrup GmbH & Co. KG

Korrelation der Widerstandsklassen von DIN ENV 1627 zur neuen DIN EN 1627		
Widerstands-klasse nach DIN EN 1627	Widerstands-klasse nach DIN ENV 1627	Tätertyp, Täterverhalten
RC 1	WK 1	Grundschutz gegen Aufbruchversuche mit körperlicher Gewalt wie Gegentreten, Gegenspringen und Herausreißen
RC 2	WK 2	Gelegenheitstäter mit einfachem Gerät
RC 3	WK 3	Aufbruchversuch des Täters mit zweitem Schraubendreher und Kuhfuß
RC 4	WK 4	Erfahrener Täter verfügt zusätzlich über Säge- und Schlagwerkzeuge (Axt, Stemmeisen, Hammer, Akku-Bohrschrauber etc.)
RC 5	WK 5	Erfahrener Täter verfügt zusätzlich über Elektrowerkzeuge (Bohrmaschine, Stichsäge, Winkelschleifer etc.)
RC 6	WK 6	Erfahrener Täter verfügt zusätzlich über leistungsfähige Elektrowerkzeuge (Bohrmaschine, Stichsäge, Winkelschleifer etc.)

Die Widerstandszeit ist die Zeit, wie lange ein Produkt einem Einbruch standhält. Sie wird durch die RC-Klasse wie folgt vorgegeben:

- RC 1: 3 Minuten
- RC 2: 3 Minuten
- RC 3: 5 Minuten
- RC 4: 10 Minuten
- RC 5: 15 Minuten
- RC 6: 20 Minuten

Tabelle 8.13: Zuordnung der Widerstandsklassen von einbruchhemmenden Bauteilen zu Massivwänden
Quelle: DIN EN 1627, Tabelle NA.2

Widerstandsklasse des Bauteils nach DIN EN 1627	Umgebene Wände					
	aus Mauerwerk nach DIN 1053-1				aus Stahlbeton nach DIN 1045	
	Wanddicke (ohne Putz) mm	Druckfestigkeitsklasse der Steine (DFK)	Rohdichtenklasse der Steine (RDK)	Mörtelgruppe	Nenndicke mm min.	Festigkeitsklasse min
RC 1 N RC 2 N RC 2	≥ 115	≥12	–	min. MG II / DM	≥ 100	B 15
RC 3	≥ 115	≥ 12	–	min. MG II / DM	≥ 120	B 15
RC 4	≥ 240	≥ 12	–	min. MG II / DM	≥ 140	B 15
RC 5	≥ 240	≥ 20	≥ 1,8	DM	≥ 140	B 15
RC 6	≥ 240 *)	≥ 20	≥ 1,8	DM	≥ 140	B 15

*) Anwendbar auf Formate der Höhe 238 mm, 498 mm, 623 mm und 648 mm.

8.1.2.3.5 Türschließer und Feststellanlagen

Brandschutztüren müssen immer selbstschließend sein und dürfen nicht mit Keilen o.Ä. offen gehalten werden. Dabei gibt es eine Reihe von Türschließern, die dafür sorgen, dass die Türen automatisch wieder zugehen.

In den überwiegenden Fällen verwendet man Obertürschließer als günstige Scherenschließer und teurere, aber dafür auch optisch ansprechendere Gleitschienenschließer. Bodentürschließer o.Ä. finden meistens in Rechenzentren keine Anwendung. Bei zweiflügeligen Türen muss zusätzlich eine Schließfolgeregelung beim Türschließer mit integriert sein. Die Schließfolgeregelung sorgt dafür, dass zunächst der sogenannte Standflügel schließt und erst danach der sogenannte Gehflügel ins Schloss fällt. Nur dann ist gewährleistet, dass die Tür in der richtigen und zugelassenen Lage geschlossen wird.

Gerade bei Flurabschnittstüren werden oft auch Brandschutztüren mit Feststellanlagen eingesetzt. Diese Feststellanlagen sind an die Stromversorgung angeschlossen und mit eigenständigen Rauchmeldern ausgestattet, da die Feststellanlagen eigenständig funktionieren müssen. Meist findet auch noch eine Verknüpfung mit der Brandmeldeanlage statt, so dass die Türen ebenfalls zugehen, wenn im Gebäude ein Brandalarm detektiert wird. Die Türen jedoch nur über die Brandmeldeanlage anzusteuern, ist nicht zulässig. Falls die Feststellung nicht durch einen geringen Druck auf das Türblatt aufgehoben werden kann, ist ein zusätzlicher Handauslösetaster zur manuellen Schließung notwendig.

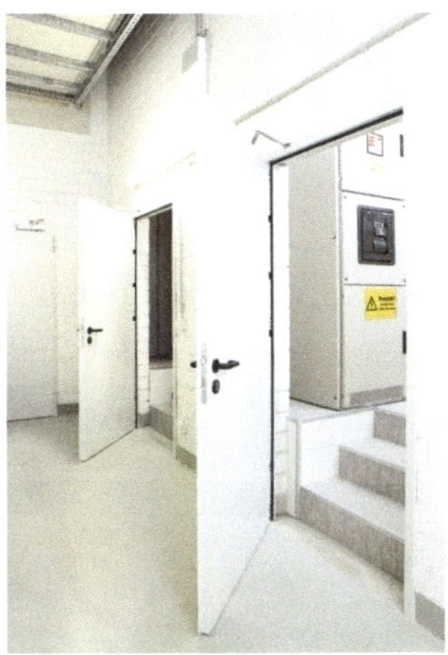

Bild 8.14: Einflügelige Türe mit Scherenschließer
Quelle: Teckentrup GmbH & Co. KG

Bild 8.15: Zweiflügelige Türe mit Scherenschließer, Schließfolgeregelung und Feststellanlage
Quelle: Teckentrup GmbH & Co. KG

Bild 8.16: Einflügelige Türe mit Gleitschienenschließer
Quelle: Teckentrup GmbH & Co. KG

Bild 8.17: Zweiflügelige Türe mit Gleitschienenschließer und Schließfolgeregelung
Quelle: Teckentrup GmbH & Co. KG

8.1.2.3.6 Zargen und Schließblech

Die Zarge (umgangssprachlich Türrahmen oder Türfutter) ist der feststehende Teil einer Tür. Hierbei unterscheidet man zwischen Eckzarge, Eck-/Gegenzarge, Umfassungszarge, Rohrrahmen- oder Blockzarge.

Eckzarge

Eine Eckzarge ist nur ein Rahmen für eine Türe und wird von einer Seite (einer Ecke) der Türöffnung (Türlaibung) montiert. Somit wird nicht die gesamte Wanddicke einer Rohbauöffnung verkleidet, sondern immer nur das montierte Eck der Türöffnung.

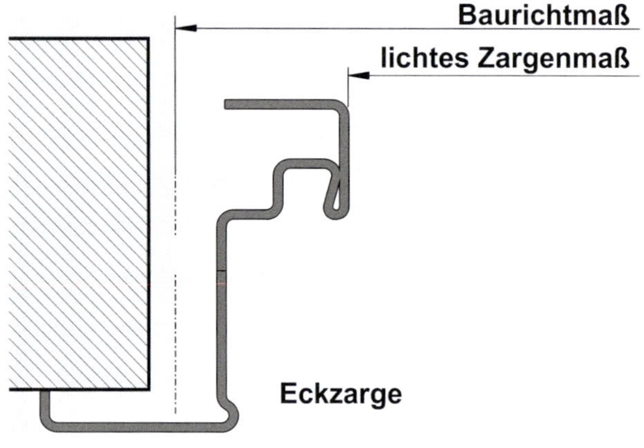

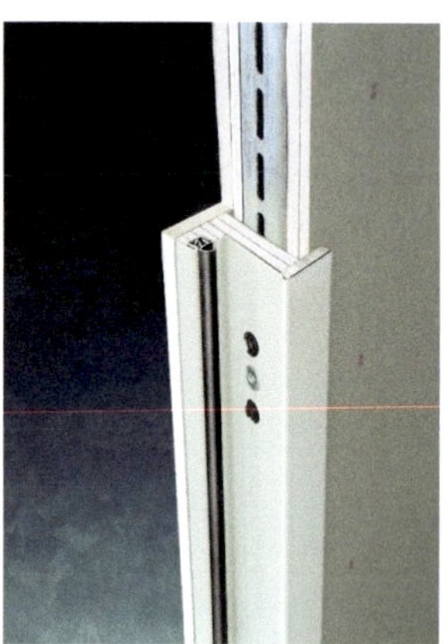

Bild 8.18: Eckzarge
Quelle: Teckentrup GmbH & Co. KG

Eck-/Gegenzarge

Bei der Eck-/Gegenzarge wird auf die zuvor beschriebene Eckzarge noch eine Gegenseite montiert, so dass die Türöffnung komplett verkleidet wird und der Türrahmen an beiden Wandseiten Halt bekommt. Die Eck-/Gegenzarge ist im Endzustand fast dasselbe wie eine Umfassungszarge. Allerdings wird bei der Eck-/Gegenzarge die Eckzarge als ein Stück angeliefert und die Gegenzarge als ein Stück. Das Verbinden der Eck-/Gegenzarge erfolgt vor Ort an der Türlaibung. Wanddicketoleranzen lassen sich mit der Eck-/Gegenzarge vor Ort ausgleichen.

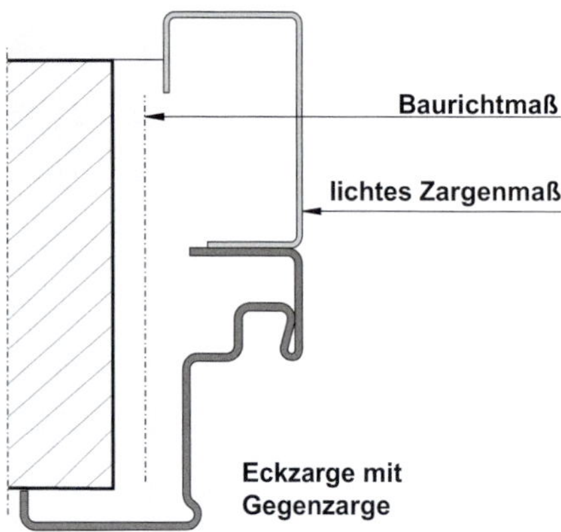

Bild 8.19: Eckzarge mit Gegenzarge
Quelle: Teckentrup GmbH & Co. KG

Umfassungszarge

Die Umfassungszarge füllt ebenso die komplette Türlaibung. Bei der Umfassungszarge werden die drei Einzelumfassungszargen links, rechts und oben vor Ort in die Laibung montiert. Die Stabilität der Einzelumfassung ist höher, da sie aus einem Stück besteht. Allerdings lassen sich Wanddicketoleranzen nicht ausgleichen.

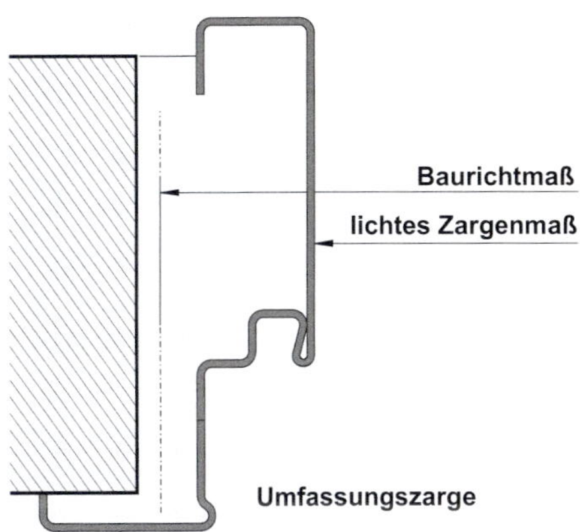

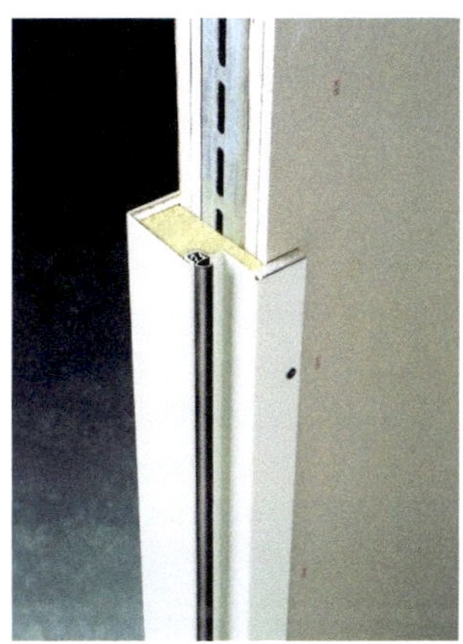

Bild 8.20: Umfassungszarge
Quelle: Teckentrup GmbH & Co. KG

Rohrrahmen- oder Blockzarge

Die Rohrrahmen- oder Blockzarge wird in die Türlaibung montiert. Die Zarge umschließt dabei auf keiner Seite die Türlaibung. Das Rahmenaußenmaß ist dabei genauso groß wie das lichte Mauermaß. Rohrrahmen- oder Blockzargen lassen sich auch in Fluren zwischen zwei Wänden montieren, an denen keine explizite Laibung ausgebildet wird.

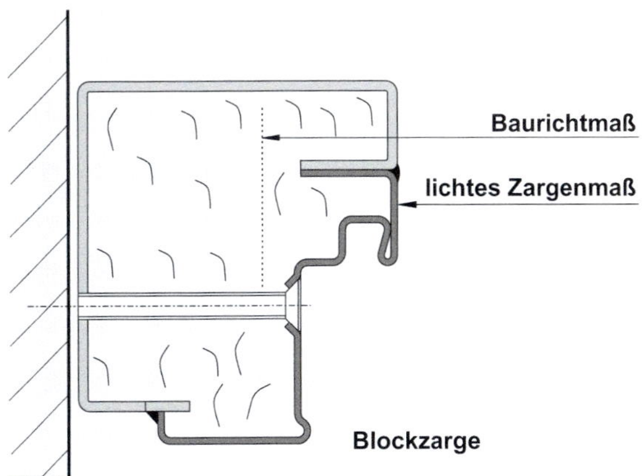

Bild 8.21: Blockzarge
Quelle: Teckentrup GmbH & Co. KG

Mindestmauerwanddicke für alle Zargentypen am Beispiel einer zugelassenen T 30-Türe:
Die Eignung des Feuerschutzabschlusses nach dieser allgemeinen bauaufsichtlichen Zulassung zur Erfüllung der Anforderungen des Brandschutzes ist in Verbindung mit folgenden Wänden/Bauteilen nachgewiesen. Bei der Verwendung sind die bauordnungsrechtlichen Vorschriften zu beachten:

- Wände aus Mauerwerk nach DIN EN 771-2/DIN V 106, Steinfestigkeitsklasse mindestens 12,
  Normalmörtel der Mörtelgruppe ≥ II: d = 115 mm oder 175 mm, abhängig vom Baurichtmaß
- Wände aus Beton nach DIN EN 206-1/DIN EN 1992-1-1, Festigkeitsklasse mindestens C12/15: d = 100 mm oder 140 mm, abhängig vom Baurichtmaß
- Wände aus Porenbeton-Block- oder Plansteinen nach DIN EN 771-4, Festigkeitsklasse 4: d = 115 mm bis 200 mm, abhängig vom Baurichtmaß
- Wände aus bewehrten – liegenden oder stehenden Porenbetonplatten, sofern für diese eine allgemeine bauaufsichtliche Zulassung vorliegt, Festigkeitsklasse 4.4: d = 115 mm bis 200 mm, abhängig vom Baurichtmaß und ob 1- oder 2-flügelig
- Wände (Höhe ≤ 5 m) – mindestens der Feuerwiderstandsklasse F 30, Benennung (Kurzbezeichnung) F 30-A – nach DIN 4102-4 Tabelle 48 aus Gipskarton-Feuerschutzplatten: d = 88 mm
- Wände (Höhe ≤ 5 m) – mindestens der Feuerwiderstandsklasse F 90, Benennung (Kurzbezeichnung) F 90-A – nach DIN 4102-4 Tabelle 48 aus Gipskarton-Feuerschutzplatten: d = 100 mm
- Wände (Höhe ≤ 5 m) – mindestens der Feuerwiderstandsklasse F 60, Benennung (Kurzbezeichnung) F 60-B – nach DIN 4102-4 Tabelle 49 aus Gipskarton-Feuerschutzplatten: d = 130 mm
- Bekleidete Stahlstützen und/oder -träger der Feuerwiderstandsklasse F 60 – Benennung (Kurzbezeichnung) F 60-A nach DIN 4102-4
- Bekleidete Holzstützen und/oder -träger der Feuerwiderstandsklasse F 60 – Benennung (Kurzbezeichnung) F 60-B nach DIN 4102-4

Die o.g. Angaben können je nach Zulassung und Türtyp, sowie den Landesbauordnungen etc. unterschiedlich sein.

Das Schließblech ist ein in die Zarge, oder bei zweiflügeligen Türen im Stehflügel eingebautes flaches Stahlblech mit Aussparungen, in das die Falle und ggf. der Riegel eines Türschlosses greifen, um die Türe geschlossen oder verschlossen zu halten. Zudem wird in das Schließblech ein Türöffner eingebaut, sofern er benötigt wird. Zugleich dient das Schließblech, insbesondere bei Holz- oder Kunststofftüren, als Schutz gegen Abnutzung durch die Falle. Da im Rechenzentrum vorrangig Stahltüren eingebaut werden, könnte auf das Schließblech verzichtet werden. Trotzdem wird es heutzutage auch in Stahlblechtüren vorrangig eingebaut.

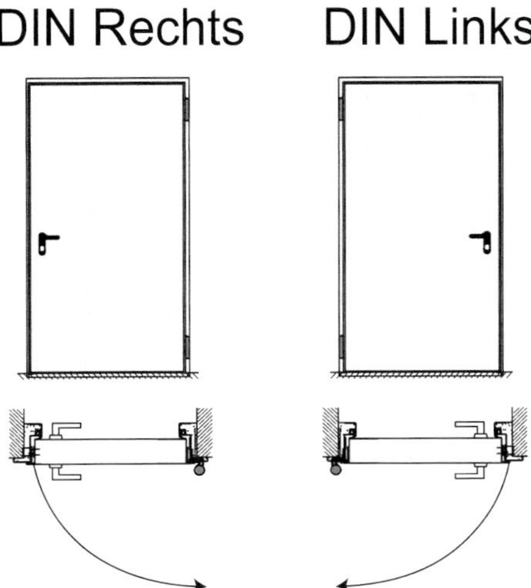

Bild 8.22: Türanschlag DIN rechts / DIN links
Quelle: Teckentrup GmbH & Co. KG

Bei der Auswahl und Bestellung des Türelements muss man angeben, ob das Türblatt links oder rechts anschlägt. Mit folgender Übung vergessen Sie (hoffentlich) nie wieder, wie man Rechts- und Linksanschlag zielsicher bestimmt.

Stellen Sie sich vor der geschlossenen Türe auf die Seite, auf die Sie beim Öffnen das Türblatt zu sich her ziehen bzw. auf der Sie die Bänder (Scharniere) sehen. Befinden sich die Bänder (Scharniere) auf der linken Seite, spricht man von Linksanschlag oder Linkstüre, auf der rechten Seite logischerweise dann von Rechtsanschlag oder Rechtstüre.

8.1.2.3.7 Beschläge und Profilzylinder

Ein Beschlag ist nach der Definition ein Element, das auf großflächigen, meist weichen Materialien Angriffspunkte bzw. Befestigungspunkte für Kräfte bietet. Somit ist der Beschlag bei Türen nicht nur die Drückergarnitur, sondern auch das Band (umgangssprachlich auch Scharnier genannt). Das Schild, die Panik-Druckstange und der Panikstangengriff gehören ebenfalls zur Gruppe der Beschläge.

Profilzylinder werden oft auch mit PZ abgekürzt und sind eine Form des Schließzylinders.

Die Profildoppelzylinder sind die am gebräuchlichsten verwendeten Profilzylinder. Doppelzylinder deshalb, weil sie von beiden Seiten mit dem passenden Schlüssel sperren und öffnen können. Der Profilzylinder hat den früher gängigen Buntbart in den Schlössern abgelöst und wird technisch stets weiterentwickelt.

Eine weitere Zylinderart ist der Profilhalbzylinder, der nur von einer Seite bedient werden kann. Er wird hauptsächlich in Schaltschranktüren, Feuerwehrfreischaltelementen,

Bild 8.23: Drückergarnitur mit Kurzschild

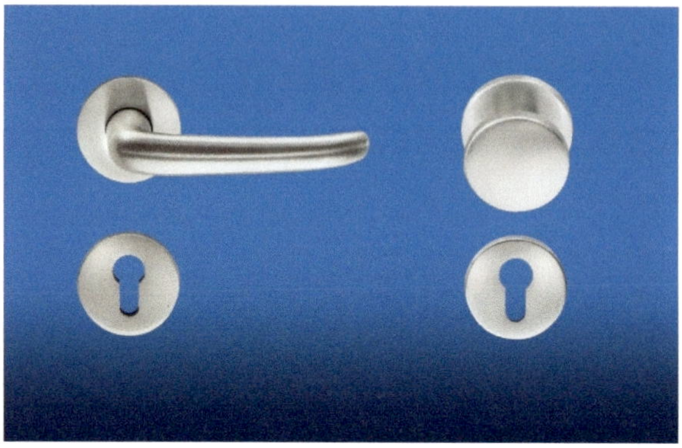

Bild 8.24: Rosettenbeschläge: links mit Drücker, rechts mit Knopf (Knauf)

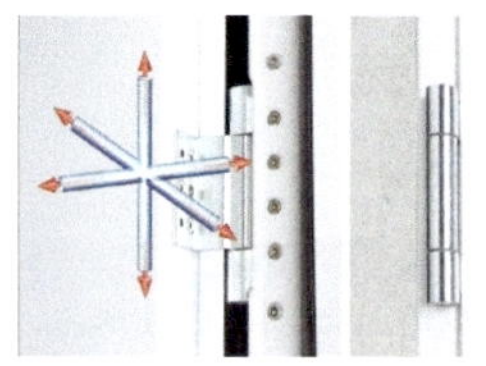

Bild 8.25: 3-D-Band

Bild 8.26: Panikdruckstange

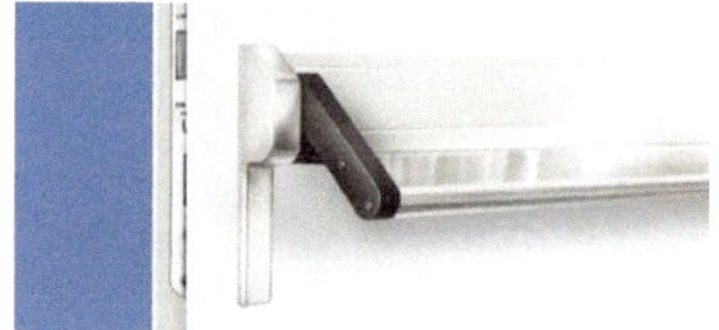

Bild 8.27: Panikstangengriff

Quelle aller Bilder: Teckentrup GmbH & Co. KG

Aufzügen, Schlüsselschaltern und weiteren technischen Anlagen eingesetzt. Außerdem gibt es noch eine Reihe weiterer Arten von Profilzylindern. Im Rechenzentrumsumfeld wird insbesondere bei der Zutrittskontrolle in Verbindung mit der Einbruchmeldeanlage der elektronische Motorzylinder (oft auch als Motorschloss bezeichnet) eingesetzt. Dabei wird das Türschloss durch die Zutrittskontrolle angesteuert und motorisch betätigt.

Profilzylinder mit Gefahrenfunktion erlauben die Bedienung des Profilzylinders auch dann, wenn von der anderen Seite bereits ein Schlüssel steckt. Zudem gibt es in Fluchtwegen Schlösser mit Panikfunktion, die von der Fluchtrichtung her immer geöffnet werden können, auch wenn sie abgeschlossen sind. Schließanlagen von Profilzylindern mit Sicherungskarte verhindern, dass ohne die Vorlage der Karte keine weiteren Nachschlüssel angefertigt werden können.

Als Baulänge bezeichnet man beim Schließzylinder die Länge, gemessen von der Mitte seiner Schließnase zur jeweiligen Schließseite. Beim Doppelzylinder bestehen grundsätzlich Maßangaben von beiden Seiten. Die einheitliche Grundlänge beträgt üblicherweise 30 mm je Seite, wobei die tatsächliche Länge von der Türdicke und der Schilddicke abhängig ist. Oft werden auch die Gesamtlänge und die Teilung angegeben (z.B. 60 mm, Teilung 50/50 oder 60 mm, Teilung 1/3 zu 2/3).

8.1.2.3.8 Maßarten und Normmaße

Bei Türmaßen gibt es eine Reihe von Bezeichnungen und Angaben. Die wichtigsten hierbei sind das Rohbaumaß (lichtes Mauermaß), das Baurichtmaß (Bestellmaß) und das lichte Durchgangsmaß (Zargendurchgang). Die weiteren Bezeichnungen wie Zargenstockmaß, Zargenfalzmaß, Kastenmaß, Rahmenaußenmaß und lichtes Fertigmaß werden hier nicht explizit erklärt, können aber durchaus von Bedeutung sein.

Rohbaumaß (lichtes Mauermaß)

Das Rohbaumaß (RBM) ist das messbare Maß der Bauöffnung, also der lichte Durchgang im Rohbauzustand ohne eingebaute Tür. In der Höhe wird das Rohbaumaß ab Oberkante Fertigfußboden gemessen. Dies ist beim Neubau wichtig, da in der Regel beim Aufmaß noch kein fertiger Fußboden (Estrich und Belag) vorhanden ist. Die Wandöffnungen (Rohbaumaß) dürfen nach DIN 18100 in der Höhe bis maximal 15 mm größer sein und in der Breite um maximal 10 mm auf jeder Seite, also in Summe 20 mm, als das Baurichtmaß.

Baurichtmaß (Bestellmaß)

Das Baurichtmaß (BRM) ist das Bestellmaß (Bei Blockzargen ist das Bestellmaß das Rohbaumaß). Das Baurichtmaß ist in der Breite um ca. 10 mm (5 mm an jeder Seite) und in der Höhe um ca. 5 mm kleiner als das Rohbaumaß (lichte Mauermaß).

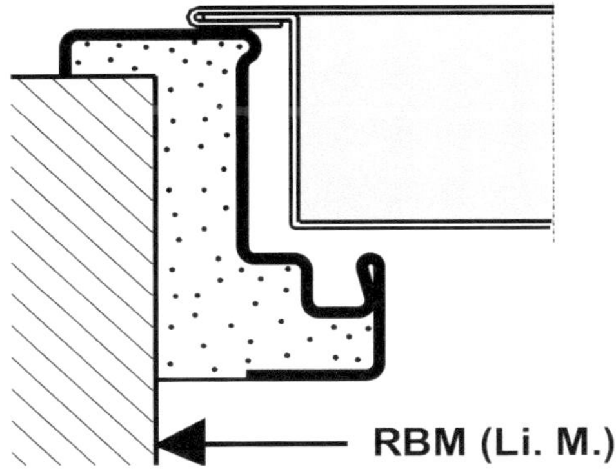

Bild 8.28: Rohbaumaß (lichtes Mauermaß)
Quelle: Teckentrup GmbH & Co. KG

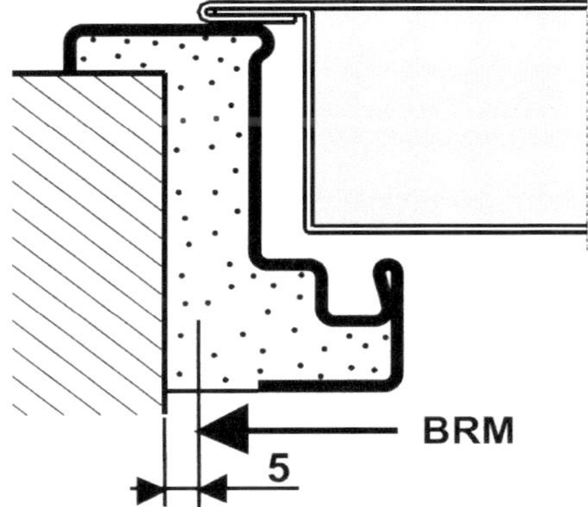

Bild 8.29: Baurichtmaß (Bestellmaß)

Lichtes Durchgangsmaß (Zargendurchgang)

Das lichte Durchgangsmaß zeigt an, wie groß der lichte Durchgang bei der um mehr als 90° geöffneten Tür sein wird. Dies ist insbesondere wichtig bei Transporten, da das zu transportierende Transportgut nicht breiter sein darf als das lichte Durchgangsmaß. Vorsicht ist geboten bei Türen, die nur um 90° geöffnet werden können. Hier vermindern der Drücker (ca. 69 mm) und ein Teil der Blattdicke das lichte Durchgangsmaß.

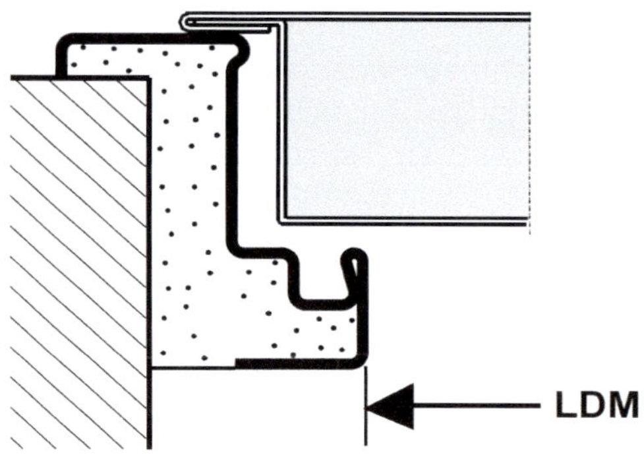

Bild 8.30: Lichtes Durchgangsmaß (Zargendurchgang)
Quelle: Teckentrup GmbH & Co. KG

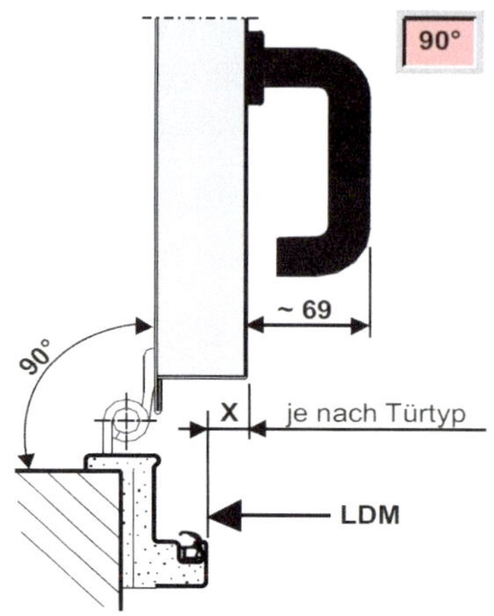

Bild 8.31: Reduzierung des lichten Durchgangsmaßes durch Türdrücker

Gängige Normgrößen bei Ein- und Zweiflügeligen Türen sind nachfolgend aufgelistet. Sondergrößen sind immer möglich. Das lichte Durchgangsmaß kann allerdings je nach Zargen- und Türtyp variieren.

Tabelle 8.14: Normgrößen bei einflügeligen Türen
Quelle: Teckentrup GmbH & Co. KG

Bestellmaße/ Baurichtmaße Breite x Höhe	Lichte Durchgangsmaße (Eckzarge) Breite x Höhe
750 x 2000	666 x 1961
750 x 2125	666 x 2086
875 x 1875	791 x 1836
875 x 2000	791 x 1961
875 x 2125	791 x 2086
1000 x 2000	916 x 1961
1000 x 2125	916 x 2086
1125 x 2000	1041 x 1961
1125 x 2125	1041 x 2086
1250 x 2000	1166 x 1961
1250 x 2125	1166 x 2086
1250 x 2250	1166 x 2211

Tabelle 8.15: Normgrößen bei zweiflügeligen Türen
Quelle: Teckentrup GmbH & Co. KG

Bestellmaße/ Baurichtmaße Breite x Höhe	Lichte Durchgangsmaße (Eckzarge) Breite x Höhe
1500 x 2000	1416 x 1961
1500 x 2125	1416 x 2086
1750 x 2000	1666 x 1961
1750 x 2125	1666 x 2086
2000 x 2000	1916 x 1961
2000 x 2125	1916 x 2086
2000 x 2500	1916 x 2461
2125 x 2125	2041 x 2086
2250 x 2250	2166 x 2211
2500 x 2500	2416 x 2461

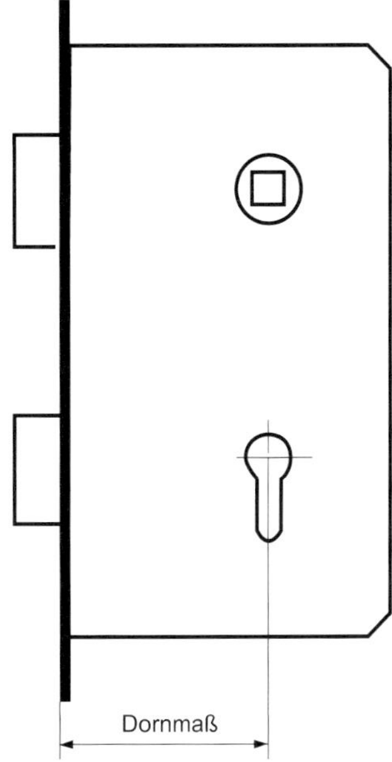

Bild 8.32: Dornmaß beim Schloss
Quelle: Teckentrup GmbH & Co. KG

Die DIN EN 50600-2-1 empfiehlt für Türen in Zugangswegen, auf denen Geräte und andere Güter zu und von Rechenzentrumsbereichen transportiert werden sollen, eine lichte Weite von mindestens 2,40 m (!). Die Notwendigkeit für Türen doppelter Breite sollte betrachtet werden: 4,80 m lichte Türbreite sind nicht lieferbar. Anmerkung des Autors: Hier wird sicherlich noch eine Anpassung durch die Verantwortlichen der DIN EN erfolgen. Lichte Breiten von 1,20 m bzw. 2,40 m hält der Autor für realistischer.

Das Dornmaß ist ebenfalls eine immer wieder genannte Größe und bezeichnet beim Schloss den Abstand von der Vorderkante des Schlossstulpes bis zur Achse des Schließzylinders. Bei Stahlblechtüren ist es überwiegend 65 mm.

8.1.2.3.9 Einbauten in Brandschutztüren

Einbauten in Brandschutztüren sind vielfältig möglich. Meist in Verbindung mit der Zutrittskontrolle oder der Einbruchmeldeanlage werden Fluchttüröffner, Schaltschlösser, Sperrelemente, Magnetkontakte, Blockschlösser, Elektroöffner, elektrisches Schaltschloss, Riegelschaltkontakt etc., eingebaut.

Wichtig hierbei ist zu wissen, dass die Einbauten in Lage und Größe bereits bei der Produktion der Brandschutztür bekannt sein müssen. Die Vorrichtungen müssen zwingend bei der Produktion berücksichtigt und vorgesehen werden. Der Einbau selbst kann dann noch vor Ort erfolgen. Sind allerdings die Vorrichtungen nicht vorhanden, können die Einbauten auch nicht mehr eingebaut werden, da dann die Brandschutztür ihre Zulassung verliert. In diesem Falle können nur noch sehr begrenzt die Einbauten mittels Anbauvorrichtungen angebaut werden.

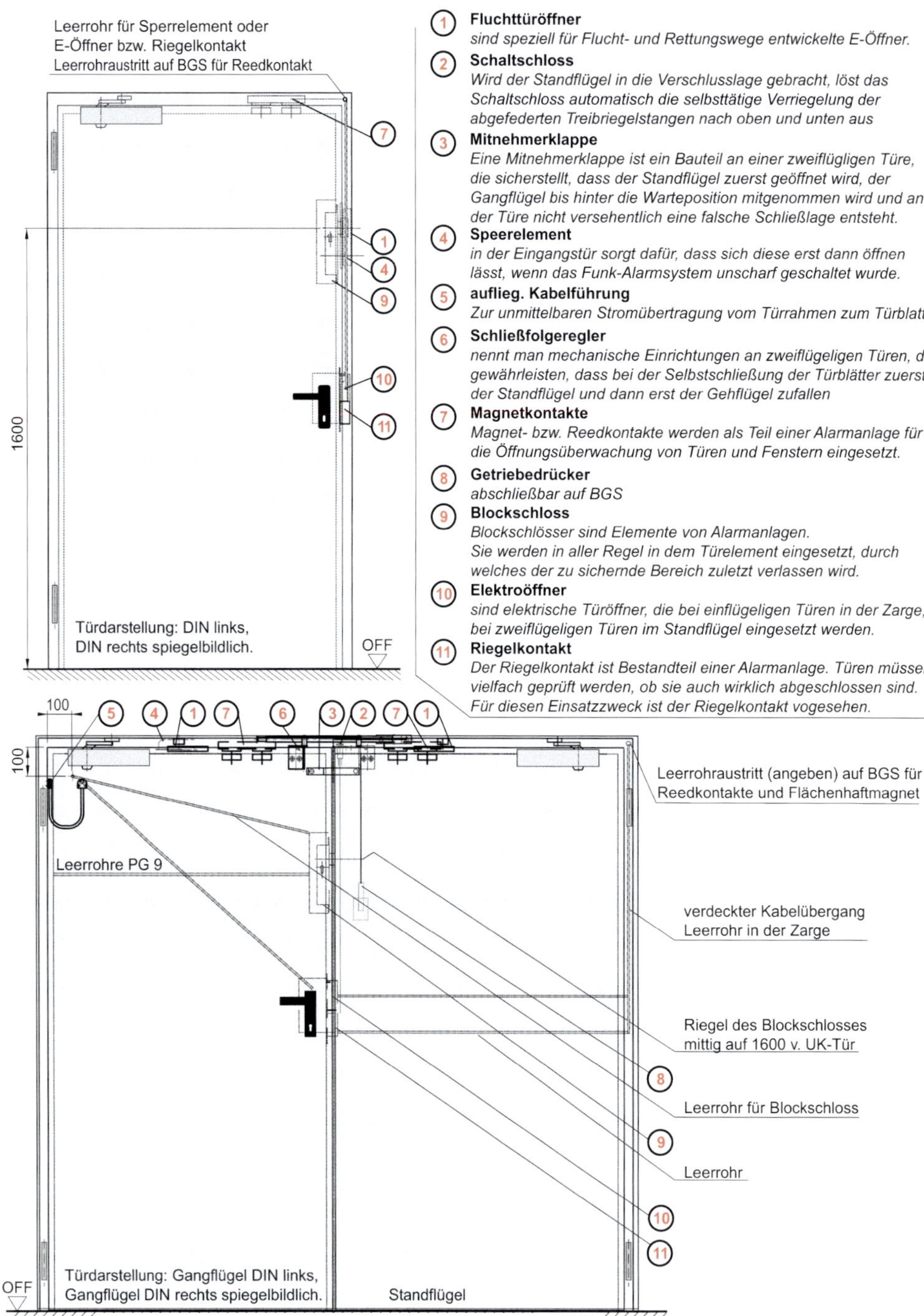

Bild 8.33: Mögliche Einbauten in Brandschutztüren bei ein- und zweiflügeligen Brandschutztüren
Quelle: Teckentrup GmbH & Co. KG

8.1.2.3.10 Türen in größeren Höhen

Brandschutztüren haben den Brandschutz nur an drei Seiten, nämlich oben und seitlich. Am Türblatt unten ist kein Element oder Bauteil, das gegen Feuer schützt. In den Zulassungen von Brandschutztüren gibt es im Gegensatz zu beispielsweise Brandschutztoren, keine Vorgaben über den Aufbau oder die Gestaltung des Bodens. Das ist in der Regel auch nicht notwendig, da ein Feuer immer nach oben wegbrennt und nur selten durch Zugluft o.Ä. seitlich weggedrückt wird.

Problematisch wird es dann, wenn die Türen in Schächten oder auch Rechenzentren mit einem Doppelboden eingebaut werden. Ab einer Höhe von 500 mm müssen zusätzliche Maßnahmen durchgeführt oder spezielle Türen für den Einbau in größeren Höhen verwendet werden. Bei Schachttüren ist nur die Verwendung von diesen speziellen Türen für größere Höhen möglich. Beim Einbau über dem Doppelboden kann man auch bauliche Maßnahmen durchführen.

Bild 8.34: Aufgedoppelte Schwelle

Bild 8.35: Aufgedoppelte Schwelle

Nun haben selbst Doppelbodenplatten aus Holz die Feuerwiderstandsklasse F 30 nach DIN 4102-2. Man muss nicht mal Doppelbodenplatten aus Calciumsulfat verwenden. Der Schwachpunkt ist hier jedoch das selbstklebende Kompri-Band, das zwischen Doppelbodenplatte und Wandanschluss angebracht wird. Dieses Kompri-Band hat keinen Feuerwiderstand.

Die Schwelle auf der Bandgegenseite ist für den Brandschutz ausreichend. Problematisch wird es auf der Bandseite, da nach dem Türblatt direkt der Doppelboden anschließt. Wird eine bauliche Lösung umgesetzt, wird auf der Bandseite die Schwelle aufgedoppelt (Bilder 8.34 und 8.36), so dass vor und nach dem Türblatt eine Schwelle vorhanden ist. Die Aufdopplung muss allerdings dann links und rechts jeweils mindestens in Schwellenbreite breiter sein, als die Türöffnung. Oft wird sie mit einem U-Blech aus Edelstahl belegt und bildet dann optisch eine Einheit. Der Doppelboden wird daran angeschlossen (Bilder 8.35 und 8.37) und der Brandschutz hergestellt.

Bild 8.36: Aufgedoppelte Schwelle im Rohbau

Bild 8.37: Aufgedoppelte Schwelle im Endzustand

Wer das nicht umsetzen kann (Wand z.B. als Trockenbau-Ständerwand) oder will, kann Türen für größere Höhen einsetzen. Hier ist man dann auf jeden Fall auf der sichereren Seite. Teckentrup hat bei diesen Türen vor und nach der absenkbaren Bodendichtung über die gesamte Türbreite Aufschäumer eingesetzt (Bild 8.38), die bei

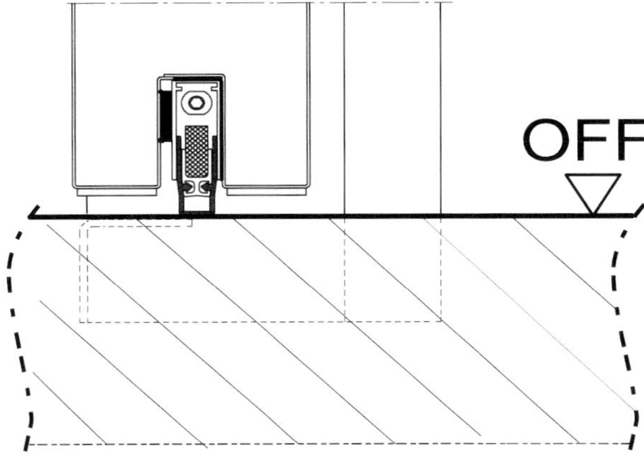

Bild 8.38: Aufschäumer an Brandschutztüren für größere Höhen.
Quelle: Teckentrup GmbH & Co. KG

Hitze aufschäumen und zur Türschwelle hin die Türe unten brandschutztechnisch abdichten.

8.1.2.4 Durchführungen durch Wände und Decken

An brandabschnittsbegrenzenden Wänden sind an Durchführungen Brandschottungen einzubringen. Die Brandschottungen müssen dabei den gleichen Feuerwiderstand aufweisen wie die betroffene Wand oder Decke. Die Ausführung einer Brandabschottung ist abhängig von der Dimensionierung und Art der Durchführungen. Kommt eine Gaslöschanlage im Rechenzentrumsbereich zum Einsatz werden nochmals spezielle Anforderungen an Brandschottungen gestellt, indem sie nämlich auch gasdicht und druckfest sein müssen.

8.1.2.4.1 Brandschutzmörtel und Brandschutzkitt

Die Decken- oder Wanddurchbrüche werden nach der Fertigstellung der Rohr- und Leitungsinstallation mit einem speziellen Brandschutzmörtel oder einem plastischen Brandschutzkitt vergossen bzw. verschlossen. Brandschutzmörtel wird dabei in der Regel bei größer dimensionierten Öffnungen verwendet, während der Brandschutzkitt eher bei kleineren Öffnungen Verwendung findet.

Brandschutzmörtel wird als zementgebundener Trockenmörtel in Säcken vertrieben und wird mit Wasser zu Frischmörtel angerührt. Er ist wegen seiner hohen Untergrundhaftung sowie der Pump- und Fließfähigkeit überaus montagefreundlich. Zudem hat er noch tragfähigkeitssteigernde Eigenschaften, weshalb er oft in vertikalen Steigeschächten Anwendung findet und so auch eine gewisse Durchtrittfestigkeit hat.

Gerade bei der brandschutztechnischen Verschließung von Durchbrüchen in Wänden und Decken bei Räumen, die mit einer Gaslöschanlage gelöscht werden, ist Brandschutzmörtel sehr gut geeignet, da er die notwendige Gasdichtigkeit und vor allem die Druckfestigkeit besitzt. Die Druckfestigkeit der Brandschottung muss dabei mindestens so hoch sein wie der zulässige Überdruck, der in der Planung festgelegt und bei der Löschanlagendimensionierung angesetzt wurde. In der Regel beträgt dieser Über-

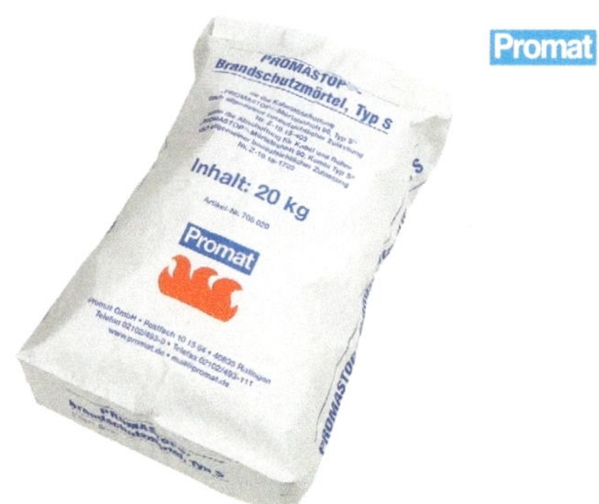

Bild 8.39: Brandschutzmörtel als Sackware

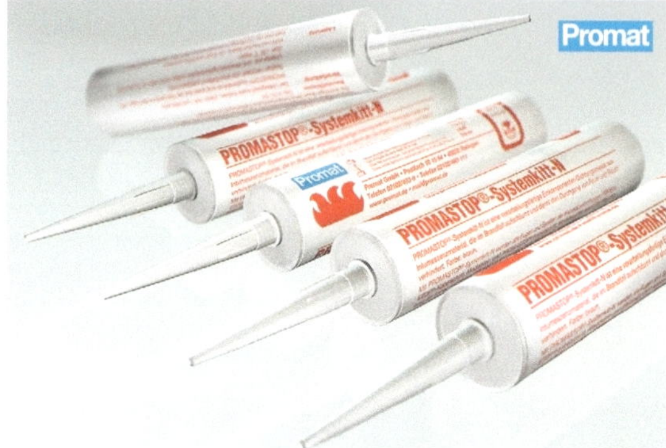

Bild 8.40: Brandschutzkitt in Kartuschen

Bild 8.41: Kombischott für Rohre und Kabel mit Mörtelschott
Quelle aller Bilder: Promat GmbH

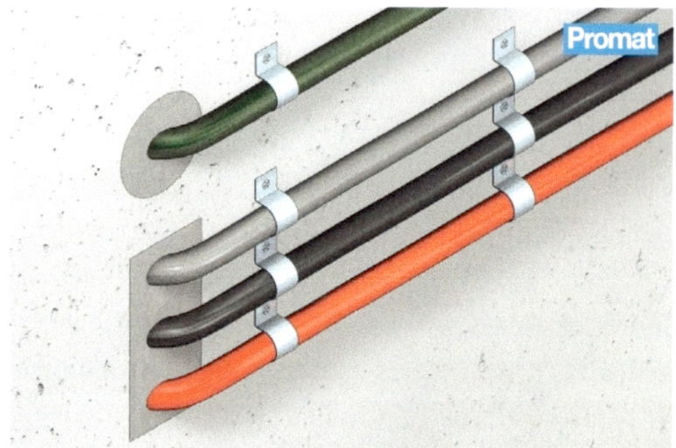

Bild 8.42: Mit Brandschutzkitt abgeschottete Einzelkabel

druck je nach Wand- und Deckenmaterial 300 bis 500 Pascal. Mit den nachfolgend beschriebenen Brandschutzkissen und Mineralwollplatten („Weichschott") ist dies nicht möglich.

Brandschutzkitt ist eine im Brandfall aufschäumende, flexible Einkomponenten-Brandschutzmasse, die in Kartuschen vertrieben wird. Neben den guten Verarbeitungseigenschaften ist Brandschutzkitt wasserbeständig und überstreichbar.

8.1.4.2.2 Brandschutzkissen oder Brandschutzpolster

Brandschutzkissen sind Brandschutzelemente in Kissenform, die mit einer speziellen Granulatmischung gefüllt sind. Dieses Brandschutzmittel quillt bei Hitze auf und verschließt so den Durchbruch. Brandschutzkissen werden hauptsächlich bei Neu- oder Umbauten eingesetzt um die Öffnungen arbeitstäglich zu schließen und so einen Brandschutz über die Nacht oder über das Wochenende sicherzustellen. Brandschutzkissen werden auch in Anlagen eingesetzt, welche eine häufige Nachinstallation von Leitungen notwendig machen. Sie werden in unterschiedlichen Größen angeboten.

Bild 8.43: Brandschutzpolster
Quelle aller Bilder: Promat GmbH

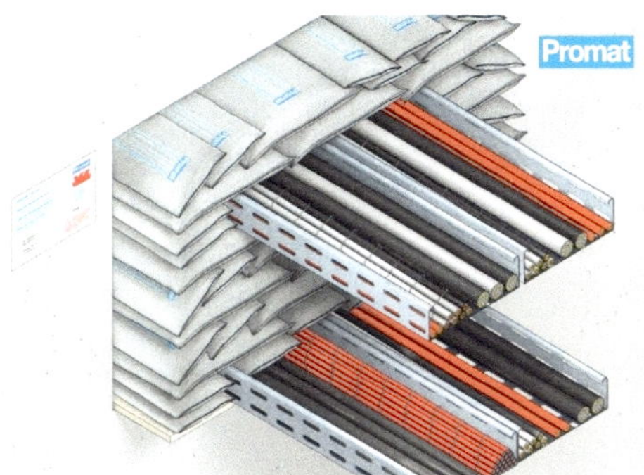

Bild 8.44: Kabelabschottung mit Brandschutzpolster

8.1.2.4.3 Brandschutzsteine

Brandschutzsteine sind elastische Formteile aus einem Material, das im Brandfall einen wärmedämmenden Schaum bildet und damit die Ausbreitung von Feuer und Rauch in andere Brandabschnitte vermeidet. Brandschutzsteine lassen sich mit einem Messer schneiden. Die Öffnung muss vor der Montage gereinigt und entstaubt werden. Zum Schließen der Fugen und Spalten wird Brandschutzkitt verwendet.

Bild 8.45: Brandschutzmodulsteine

Bild 8.46: Brandschutzmodulsteine zur Kabelabschottung

Bild 8.47: Schließen der Restfugen mit Brandschutzkitt
Quelle aller Bilder: Promat GmbH

Neben der Durchführung von Kabeln und Leitungen dürfen auch Rohre durch diese Öffnungen geführt werden.

8.1.2.4.4 Brandschutzstopfen

Bei runden Öffnungen werden Modulstopfen eingesetzt, die aus zwei Halbschalen und einem Stopfen bestehen. Die Wirkungsweise ist dieselbe wie bei Modulsteinen. Allerdings dürfen nur Kabel und Leitungen, jedoch keine Rohre hindurchgeführt werden.

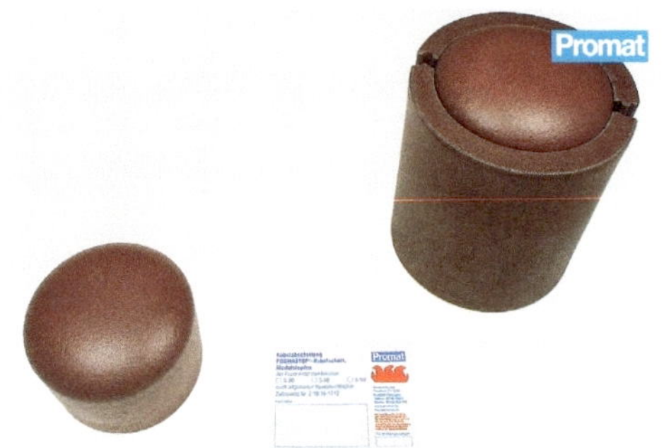

Bild 8.48: Brandschutzmodulstopfen

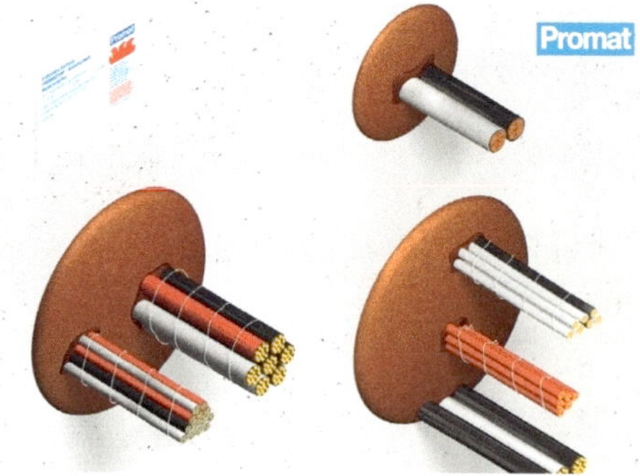

Bild 8.49: Kabelabschottung mit Modulstopfen

Bild 8.50: Schließen der Restfugen mit Brandschutzkitt
Quelle aller Bilder: Promat GmbH

8.1.2.4.5 Brandschutzschaum

Brandschutzschaum ist meist ein gebrauchsfertiger Einkomponentenschaum und wird zum Verfüllen und Abdichten von Fugen, Zwischenräumen und Hohlräumen verwendet. Zudem findet er bei der Fenster- und Türrahmenabdichtung Anwendung, da er neben den brandschutztechnischen auch wärmedämmende Eigenschaften hat. Die Durchführung von Kabel und Leitungen ist dann erlaubt, wenn dabei zusätzlich eine Brandschutzbeschichtung aufgebracht wird. Für Rohrdurchführungen hat der Brandschutzschaum keine Zulassung. Vorteile des Brandschutzschaums sind die hohe Dimensionsstabilität und die kurze Austritts- und Aushärtungszeit. Bei der Verarbeitung müssen die Untergründe sauber und staubfrei sein. Vor der Verschäumung sind die Haftflächen anzufeuchten.

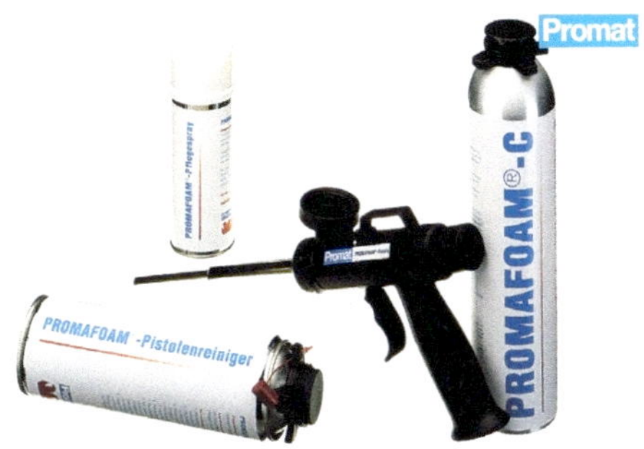

Bild 8.51: Brandschutzschaum mit Pistole, Reiniger und Pflegespray
Quelle: Promat GmbH

8.1.2.4.6 Mineralwollplatten und Brandschutzbeschichtung

Mineralwollplatten werden in Wänden und Decken für Feuerwiderstandsdauern von 30 Minuten und 90 Minuten eingebaut und werden am häufigsten verwendet. Sie werden umgangssprachlich auch als Weichschott bezeichnet. Die Durchführung von Kabel, Leitungen und Rohren ist zulässig. Die Mineralwollplatten werden eingepasst und die Stoßkanten beschichtet. Die verbleibenden Spalten und Zwischenräume werden

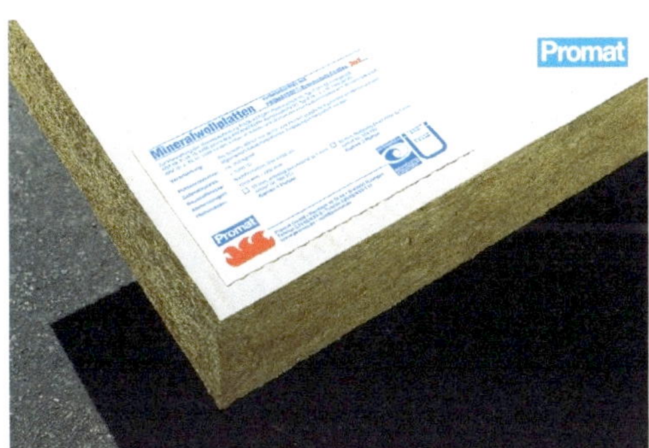

Bild 8.52: Beschichtete Mineralwollplatten

Bild 8.53: Brandschutzbeschichtung

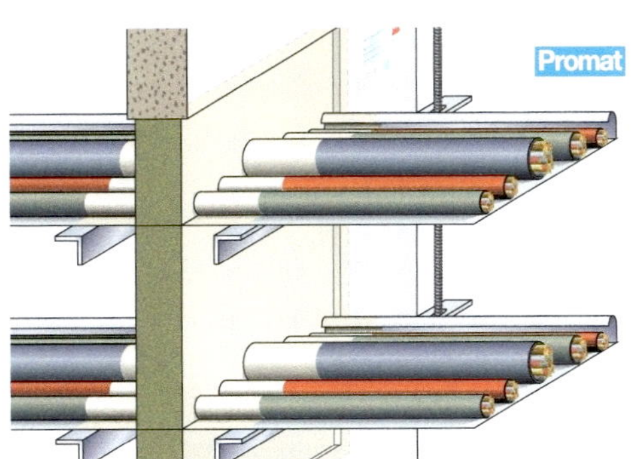

Bild 8.54: Kabelabschottung mit Plattenschott
Quelle aller Bilder: Promat GmbH

Bild 8.55: Kabelabschottung mit Plattenschott

mit Mineralwolle ausgestopft und flächenbündig beschichtet. Kabel und Kabelpritschen sind im Schottbereich gemäß der Zulassung zu beschichten.

Die Brandschutzbeschichtung ist mit flammhemmenden Pigmenten versehen, die im Brandfall endotherm reagieren. Der Auftrag erfolgt mit Pinsel, Flächenstreicher, Rolle oder im Gießverfahren, wobei die Masse mit einem Spachtel verteilt werden kann. Die trockene Schichtdicke muss dabei mindestens 1 mm betragen.

8.1.2.4.7 Brandschutzmanschetten

Für das Verschließen von Rohrdurchführungen werden Brandschutzmanschetten oder Rohrmanschetten verwendet.

Die einfachste Form ist dabei eine einseitig alukaschierte Silikatfaser, die zur Abschottung nicht brennbarer Rohre bei der Durchführung von Wänden und Decken eingesetzt wird. Durch die hohe Temperaturbeständigkeit wird sichergestellt, dass das Feuer nicht von einem Brandabschnitt in einen anderen übertragen wird. Das Faserband lässt ich dabei mit handelsüblichem Messer oder einer Schere auf Länge schneiden und bearbeiten. Der Schmelzpunkt liegt bei über 1.000 °C.

Bild 8.56: Brandschutzmanschette
Quelle aller Bilder: Promat GmbH

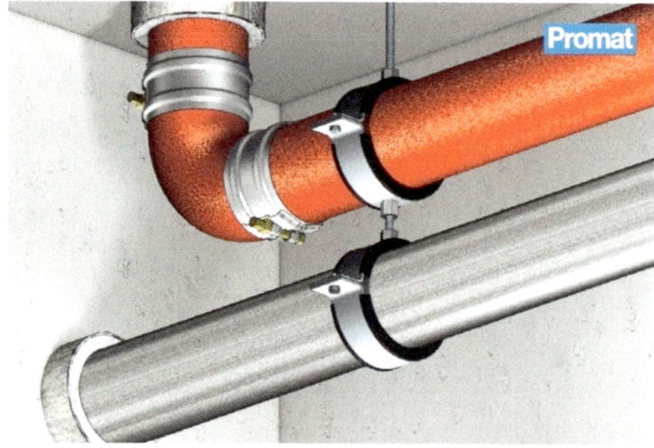

Bild 8.57: Mit Brandschutzmanschette umwickelte nicht brennbare Rohre

8.1.2.4.8 Rohrmanschetten

Rohrmanschetten bestehen aus einem Brandschutzmanschettenband aus Stahl mit innenliegendem Material, das im Brandfall aufschäumt. Rohrmanschetten werden bei der Durchführung von brennbaren Rohren durch Wände und Decken verwendet und verhindern das Ausbreiten von Feuer und Rauch in andere Brandabschnitte. Das Manschettenband wird je nach Rohrdurchmesser auf die benötigte Länge zugeschnitten. Mit einer Befestigungsklammer wird das Band um das Rohr verschlossen. Es dient dabei zugleich als Befestigung an der Wand.

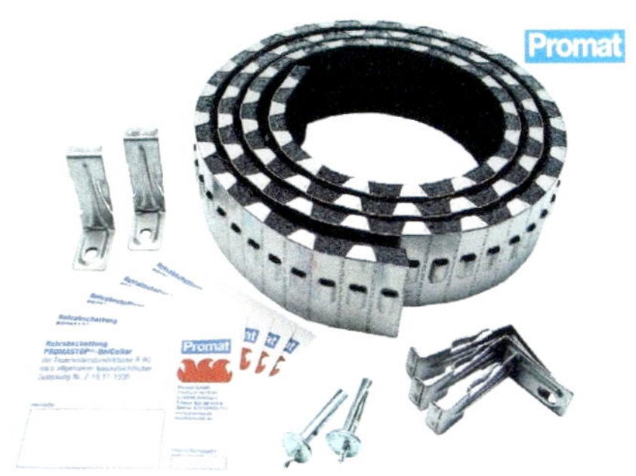

Bild 8.58: Rohrmanschette

Quelle aller Bilder: Promat GmbH

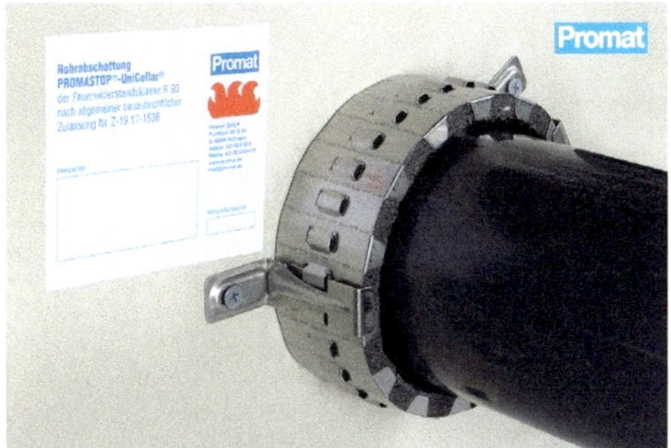

Bild 8.59: Rohrmanschette mit brennbarem Rohr

Werden isolierte Stahl-, Guss und Kupferrohre durch Wände und Decken geführt wird ein spezielles Gewebeband verwendet, das als Trägermaterial Glasgewebe verwendet. Im Brandfall schäumt das Material auf und füllt die Öffnung, die durch das Wegschmelzen bzw. -brennen der Isolierung entsteht. Das Ausbreiten von Rauch und Brand in andere Brandabschnitte wird somit vermieden. Das Band wird mit üblichem Schneidewerkzeug auf Länge zugeschnitten und bei zweilagiger Umwicklung mit einem Bindedraht fixiert.

Bild 8.60: Rohrmanschette Komplettset
Quelle aller Bilder: Promat GmbH

Bild 8.61: Rohrmanschette mit durchgehender Isolierung

Befestigte Brandschutzmanschetten werden für Rohre großen Durchmessers verwendet. Sie bestehen aus zwei Halbschalen mit Stahlblechgehäuse und aufschäumendem Material innerhalb des Gehäuses. Brandschutzmanschetten dürfen eingesetzt werden bei Rohrleitungsanlagen für nicht brennbare Flüssigkeiten, nicht brennbare Gase sowie Rohrpost- und Staubsaugerleitungen. Die Rohre selbst dürfen brennbar sein. Im Brandfall wird die Öffnung verschlossen und die Ausbreitung von Feuer und Rauch in andere Brandabschnitte verhindert. Die Befestigung der Manschette erfolgt an Massivwänden und -decken.

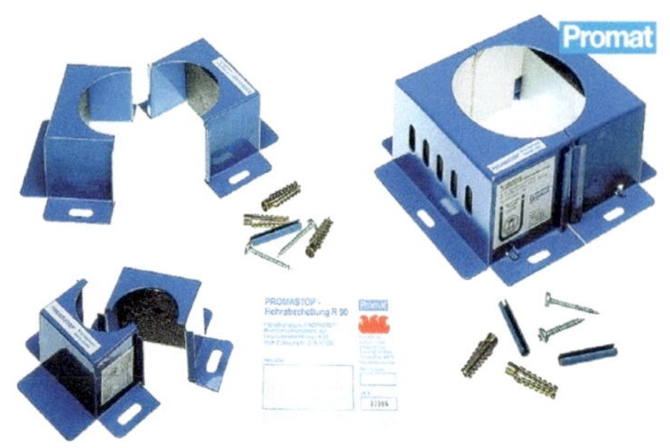

Bild 8.62: Brandschutzmanschette
Quelle aller Bilder: Promat GmbH

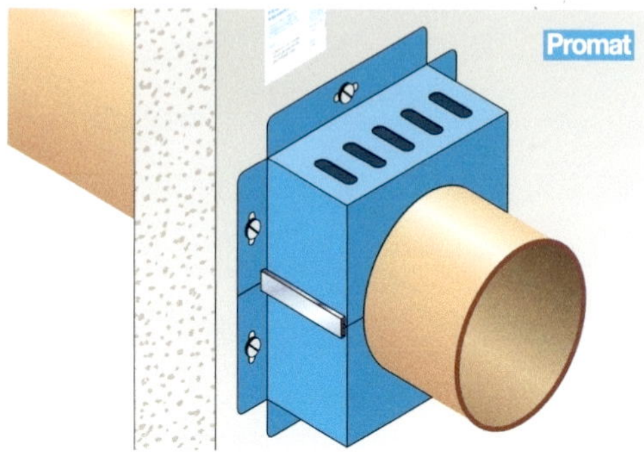

Bild 8.63: Befestigte Brandschutzmanschette

8.1.2.5 Brandschutzverkleidungen und Kanäle

Neben brandschutztechnischen Abschottungen an Wänden und Decken ist es in bestimmten Anwendungsfällen auch notwendig, Elektrosteigeschächte und Kabel- oder Lüftungskanäle brandschutztechnisch gegenüber dem Raum abzuschotten. Dies ist immer dann der Fall, wenn Leitungen und Kanäle durch die Räume nur durchgeführt werden oder Flucht- und Rettungswege durchquert werden.

8.1.2.5.1 Brandschutzverkleidungen

Für den Brandschutz erforderliche Verkleidungen müssen den Durchgang gegen Feuer und Rauch verhindern. Neben der brandschutztechnischen Abschottung müssen oft auch statische Funktionen als tragendes oder aussteifendes Bauteil erfüllt und im Brandfall über einen bestimmten Zeitraum erhalten bleiben (sog. Funktionserhalt).

Je nach Anforderung werden die Schachtwände ein- oder zweilagig ohne Ständerwerk oder mit leichten Metallständern ausgeführt. Müssen zusätzlich auch noch Wärmeschutz- oder Schallschutzanforderungen erfüllt werden, können die Wandhohlräume mit nicht brennbaren Dämmungen aus Mineralwolle ausgefüllt werden.

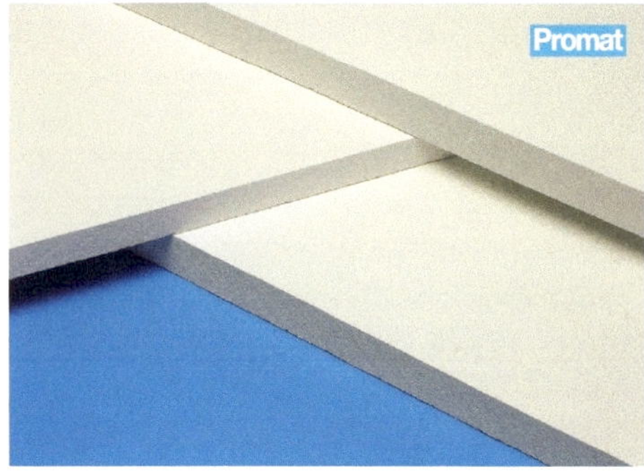

Bild 8.64: Brandschutzbauplatte
Quelle aller Bilder: Promat GmbH

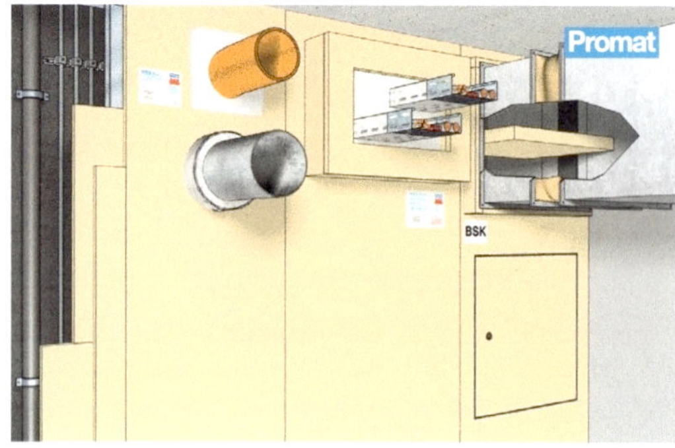

Bild 8.65: Schacht- und Trennwand mit Ausfädelungen

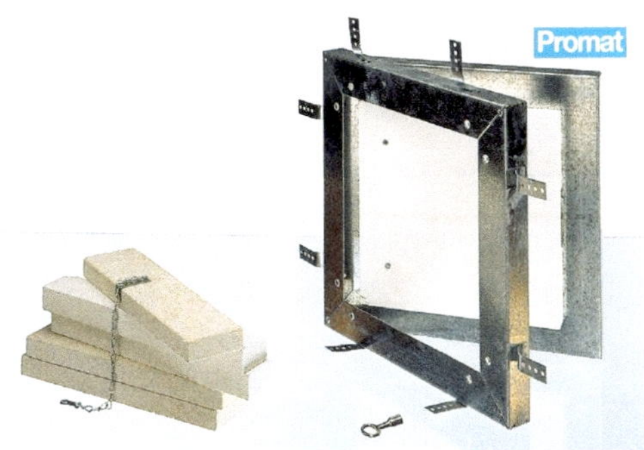

Bild 8.66: Revisionsklappe
Quelle aller Bilder: Promat GmbH

Bild 8.67: Revisionsflügel bzw. Revisionstüre

In die Schachtwände selbst können Revisionsklappen, Revisionstüren oder auch Revisionsflügel eingesetzt werden. Sie gewähren für Nachbelegungen einen leichten Zugang oder werden gegebenenfalls auch für Wartungsarbeiten benötigt. Sie müssen den gleichen Feuerwiderstand wie die Verkleidung bieten und werden meist oberflächenbündig eingebaut.

8.1.2.5.2 Elektrokabelkanäle

Elektrokabelkanäle erfüllen brandschutztechnische Aufgaben in zwei Richtungen:

- Sie schützen gegen die Auswirkungen eines Kabelbrands, d.h. sie schützen von innen nach außen.
- Bestimmte Anlagen müssen gerade im Brandfall weiter funktionieren. Kabelkanäle für den Funktionserhalt gewährleisten den Betrieb dieser Anlagen über die geforderte Zeitdauer, d.h. sie schützen von außen nach innen.

Die Kabelkanäle können je nach Installationsort zwei-, drei- oder vierseitig ausgeführt werden. Allerdings ist darauf zu achten, dass die Seiten ohne Brandschutzplatte die notwendigen brandschutztechnischen Eigenschaften besitzen.

Die Kabelverlegung erfolgt entweder direkt in dem aus Brandschutzplatten hergestellten Kanal oder die Kabelpritsche wird umkleidet. Wird der Kanal vierseitig ausgeführt, kann der Deckel so konstruiert werden, dass er lose auf dem Kanal aufliegt. Dies ist besonders hilfreich bei Nachinstallationen.

Der Feuerwiderstand von außen nach innen regelt der Funktionserhalt (E), der je nach Ausführung 30 Minuten, 60 Minuten, 90 Minuten oder 120 Minuten betragen kann. Um auch bei einem Kabelbrand die Umgebung zu schützen, besteht in der Regel auch ein Feuerwiderstand von innen nach außen (I), ebenfalls zwischen 30 Minuten und 120 Minuten.

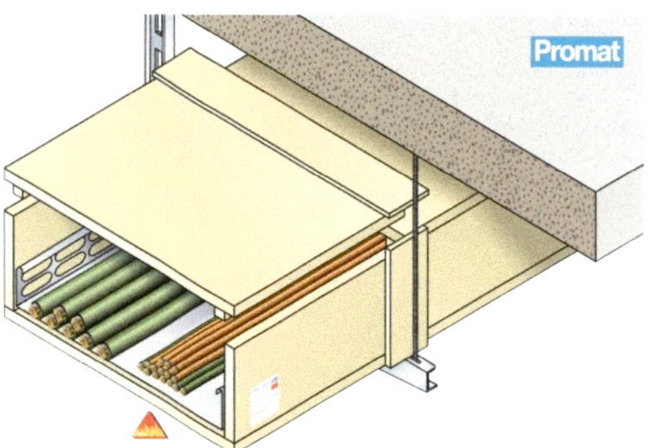

Bild 8.68: Kabelkanal für den Funktionserhalt
Quelle aller Bilder: Promat GmbH

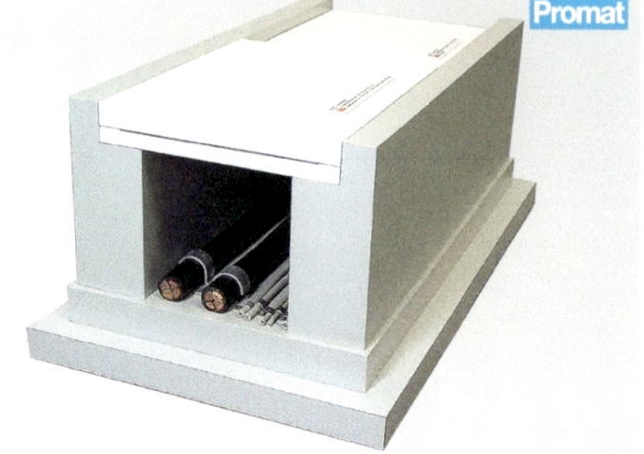

Bild 8.69: Modell eines Kabeltrogs

Zu beachten ist, dass auch die Abhängungen bei bestimmten Situationen mit Brandschutzplatten umkleidet bzw. statisch entsprechend ausgelegt werden müssen.

Werden Stromschienen oder Leistungskabel mit hohen Stromstärken eingekleidet ist oft mit großer Wärmeentwicklung durch die Verlustleistung der Stromschiene bzw. des Kabels zu rechnen. Durch die sich in den Kanälen entwickelte Wärme steigt der Reduktionsfaktor der elektrischen Leiter und sie können nicht mehr so hoch belastet werden (Reduktionsfaktor der Stromtragfähigkeit des Leiters bis zu 0,6 und mehr möglich).

Eingebaute Be- und Entlüftungssteine sorgen für einen geringen Luftaustausch zwischen innen und außen. Im Brandfall bildet der Lüftungsstein einen wärmedämmenden Schaum, der die Lüftungsschlitze verschließt und damit den Durchgang von Feuer verhindert.

Wird eine größere Wärmeabfuhr notwendig bzw. soll schon im Rauchfall die Be- und Entlüftung geschlossen werden, können über Rauchmelder angesteuerte Be- und

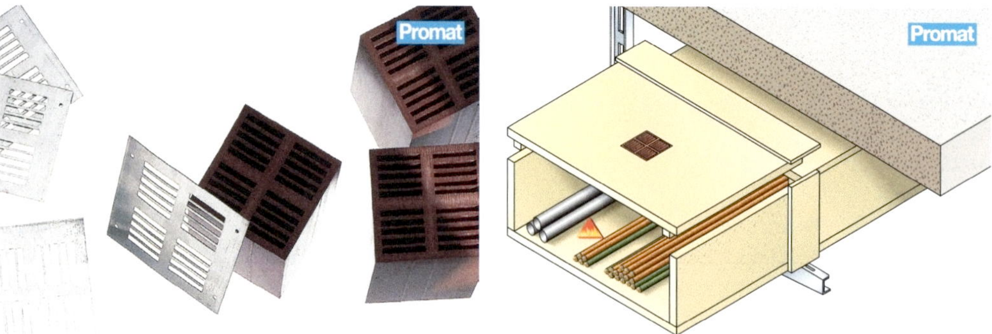

Bild 8.70: Be- und Entlüftungsstein
Quelle aller Bilder: Promat GmbH

Bild 8.71: Kabelkanal mit eingebautem Lüftungsstein

Bild 8.72: Be- und Entlüftungsklappe
Quelle: Promat GmbH

Entlüftungsöffnungen eingesetzt werden. Die zulässige Strombelastbarkeit von Kabel- und Leitungen kann dadurch auch wieder erhöht werden.

Auf dem Markt sind auch Stahlblechkanäle erhältlich, die bereits mit Brandschutzplatten ausgekleidet sind. Die Feuerwiderstandsdauer beträgt 30 Minuten bis 90 Minuten. Da die schützende Umhüllung aus Stahlblech ist, sind sie gegen mechanische Belastungen sehr gut geschützt. Die Einzelteile werden über eine Nut zusammengebaut. Der Deckel ist meist verschraubt, so dass Nachinstallationen jederzeit einfach möglich sind. Die Stahlblechumhüllung kann auch in Farbe lackiert ausgeführt werden, so dass diese Kanäle auch in architektonisch hochwertigen Räumen ihren Einsatz finden.

Formstücke wie sie bei allen Leitungsführungs- und Brüstungskanälen üblich sind, werden bei feuerwiderstandsfähigen Leitungsführungssystemen ebenfalls angeboten. Daher dürfen sie von jedem Elektroinstallateur ohne spezielle Kenntnisse installiert werden.

Bild 8.73: Brandschutzkanal
Quelle: Hager Vertriebsgesellschaft mbH & Co. KG

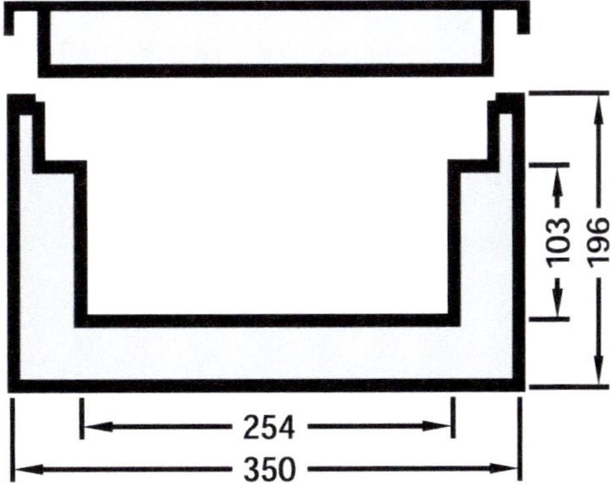

Bild 8.74: Schnitt durch einen Brandschutzkanal
Quelle: Hager Vertriebsgesellschaft mbH & Co. KG

8.1.2.5.3 Lüftungskanäle

Auch bei Lüftungskanälen gibt es zwei unterschiedliche Ausführungen:

- Brandschutztechnische Umkleidung von Lüftungskanälen aus Stahlblech etc.
- Die Ausführung des Kanals aus Brandschutzplatten in selbsttragender Konstruktion als z.B. Entrauchungsleitung oder Druckentlastungskanal bei Einsatz einer Gaslöschanlage.

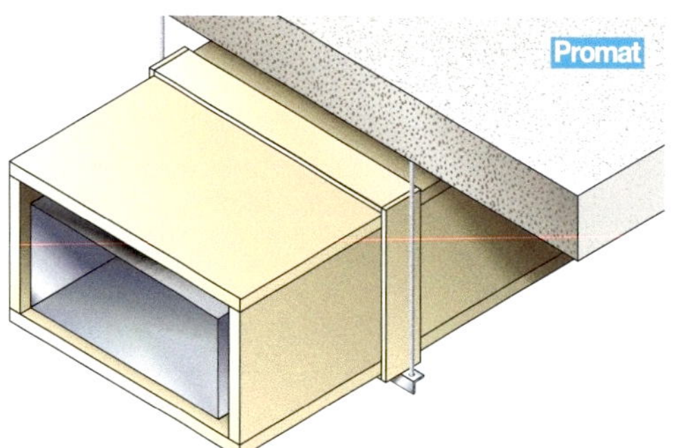

Bild 8.75: Bekleidung einer Stahlblechlüftungsleitung
Quelle: Promat GmbH

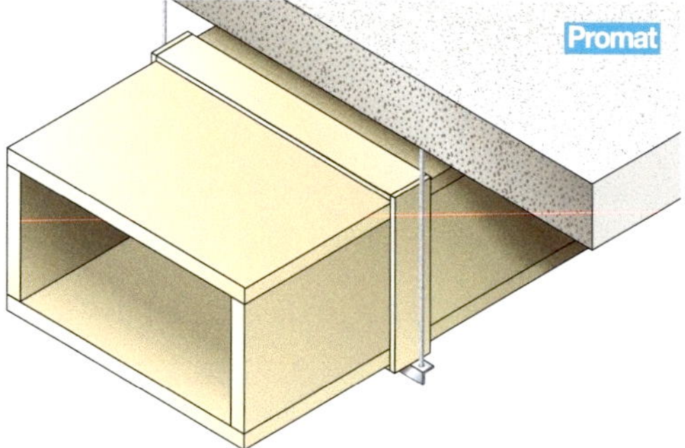

Bild 8.76: Entrauchungsleitung

8.1.3 Brandfrüherkennung

Ohne brandschutztechnische Meldeeinrichtungen geht wichtige Zeit verloren. Nach der Entdeckung des Brands vergehen weitere entscheidende Minuten für Meldung, Alarmierung, Ausrücken und Anfahrt der Feuerwehr. Die wichtigsten Minuten bis zur Entdeckung des Brands können durch Brandfrüherkennungssysteme minimiert werden.

Bild 8.77: Brandfrüherkennungsanlagen in unterschiedlichen Größen
Quelle: Wagner Group GmbH

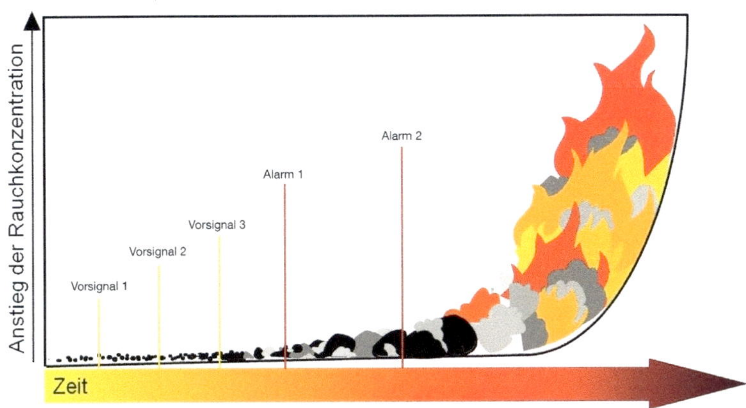

Bild 8.78: Typische Alarmschwellen über den Brandverlauf.
Quelle: Securiton GmbH

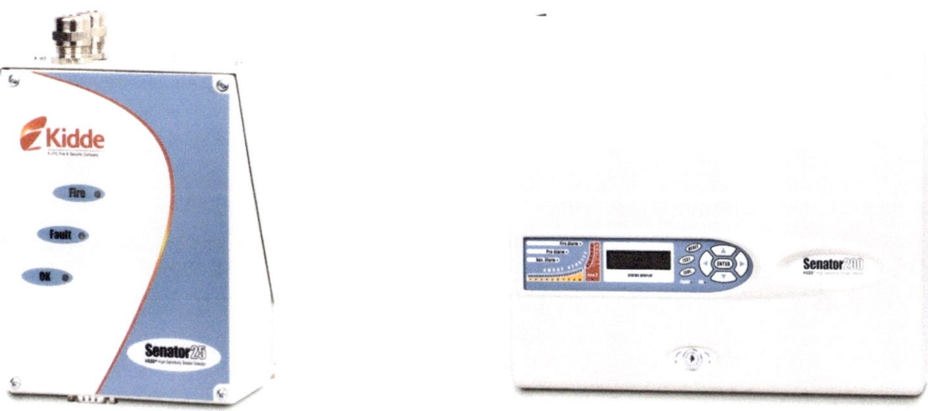

Bild 8.79: Unterschiedliche Zentralengrößen für unterschiedliche Einsatzgebiete
Quelle: Kidde Brand- und Explosionsschutz GmbH

Brandfrüherkennungen (von manchen Herstellern auch als Brandfrühesterkennungen bezeichnet) gelten in der Brandmeldetechnik als Sondermelder. Wegen ihrer besonderen Bedeutung in Rechenzentren wird ihnen in diesem Buch ein eigener Abschnitt gewidmet.

Die Brandverlaufskurve (Bild 8.80) zeigt deutlich, dass es besser ist, den Brand in der Entstehung zu entdecken, als erst nach dem Flash Over reagieren zu können.

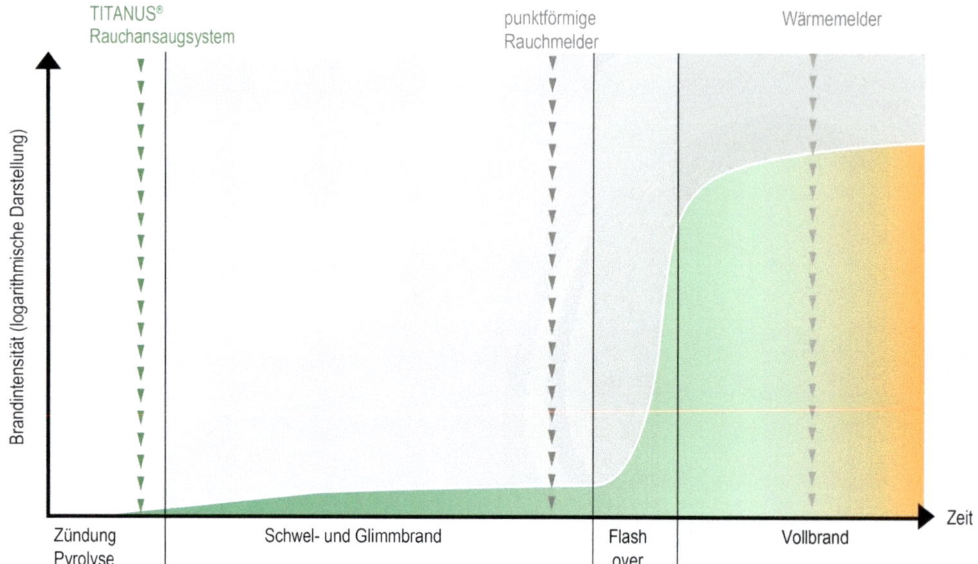

Bild 8.80: Brandverlaufskurve bei Feststoffbränden
Quelle: Wagner Group GmbH

Eine Brandfrüherkennung dient der Detektion von Rauch bereits in der Pyrolysephase, also lange bevor ein gefährlicher Brand entsteht oder eine Rauchgaskonzentration auftritt, die Schaden verursachen kann. Das Wirkprinzip ist dabei relativ simpel.

Über ein Rohrsystem mit Löchern von berechneten Durchmessern und Abständen zueinander wird die Umgebungsluft angesaugt und durch die Messkammer geführt. Der optische Melder misst mittels einer sehr strahlungsintensiven Lichtquelle nach dem Streulichtprinzip die Anzahl und Größe der Partikel in der angesaugten Luftprobe.

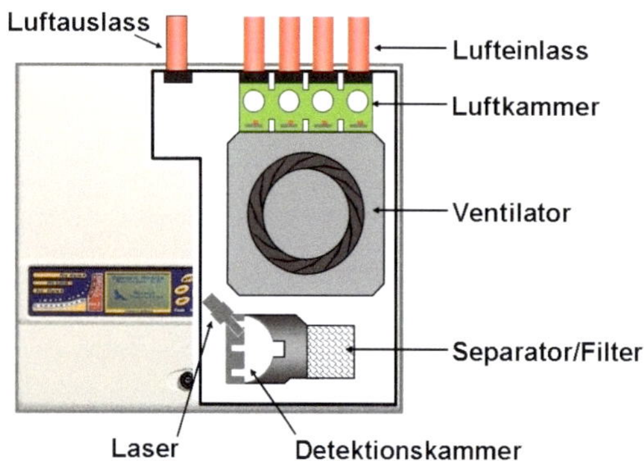

Bild 8.81: Bestandteile einer BFE-Zentrale
Quelle: Kidde Brand- und Explosionsschutz GmbH

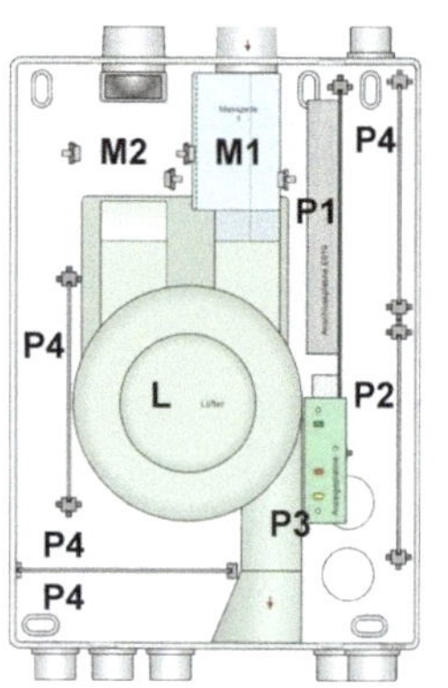

M1: Detektormodul
M2: Platz für 2. Detektormodul
L: Lüfter
P1: Hauptplatine
P3: Anzeigeplatine
P2, P4: Platinensteckplätze für Ausbau

Bild 8.82: Schnitt durch eine BFE-Zentrale
Quelle: Wagner Group GmbH

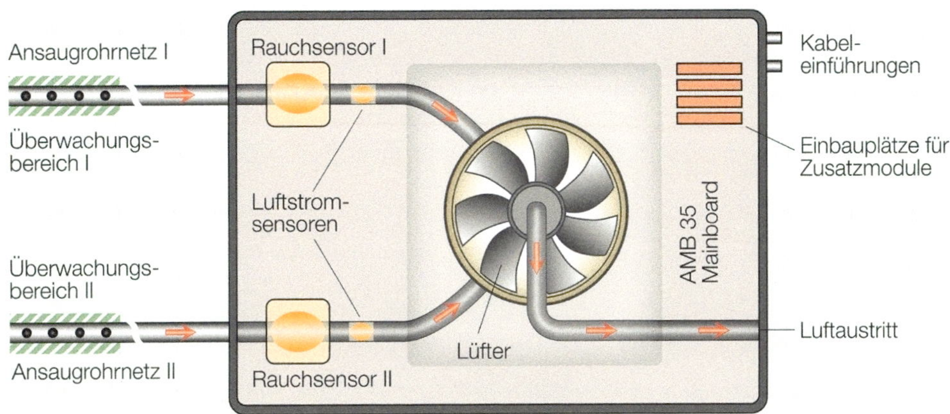

Bild 8.83: Schnitt durch einen Ansaugrauchmelder
Quelle: Securiton GmbH

Heutzutage wird als Lichtquelle meist anstatt eines Laserstrahls die robustere und auf Rauchpartikel sensibler reagierende Hochleistungs-LED eingesetzt.

Wird eine zuvor definierte Anzahl von Partikel bestimmter Größe in einem bestimmten Zeitraum überschritten, wird eine Meldung abgesetzt. Dies erfolgt in Form intelligenter Signalverarbeitungen, indem die entnommenen Luftproben auf bekannte Branderkennungsgrößen hin überprüft werden. Täuschungsszenarien können somit heutzutage mit sehr hoher Wahrscheinlichkeit ausgeblendet werden.

Der für die Luftprobenansaugung notwendige Unterdruck im Rohrsystem wird über einen Ventilator erzeugt. Die Funktionsfähigkeit wird permanent mittels einer Luftstromsensorik überwacht, so dass eine Luftstromänderung durch z.B. Bruch oder

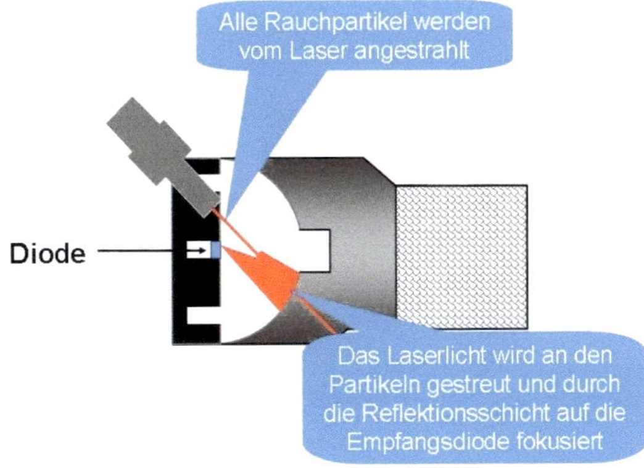

Bild 8.84: Aufbau der Detektionskammer mit Lichtquelle und Messdiode
Quelle: Kidde Brand- und Explosionsschutz GmbH

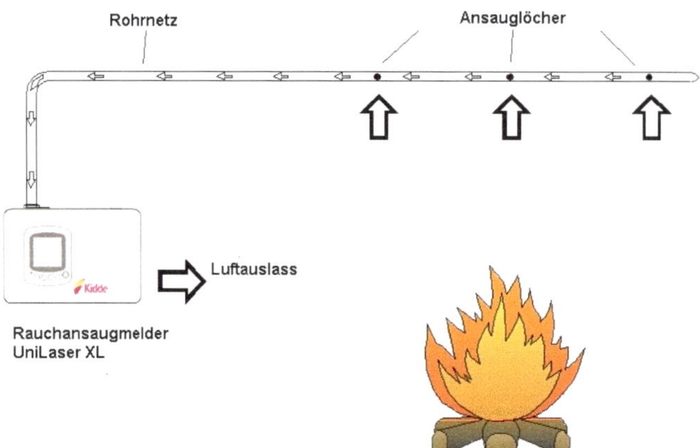

Bild 8.85: Wirkungsweise der Brandfrühesterkennung
Quelle: Kidde Brand- und Explosionsschutz GmbH

Verstopfung des Rohrsystems, sofort erkannt wird. Nach DIN EN 54-20 muss dabei eine Luftstromänderung ab ± 20 Prozent erkannt werden. Viele Systeme sind jedoch besser und erkennen bereits eine Luftstromänderung von ± 10 Prozent. Ebenso wird hierüber erkannt, wenn der Filter einen hohen Verschmutzungsgrad erreicht hat und erneuert werden muss.

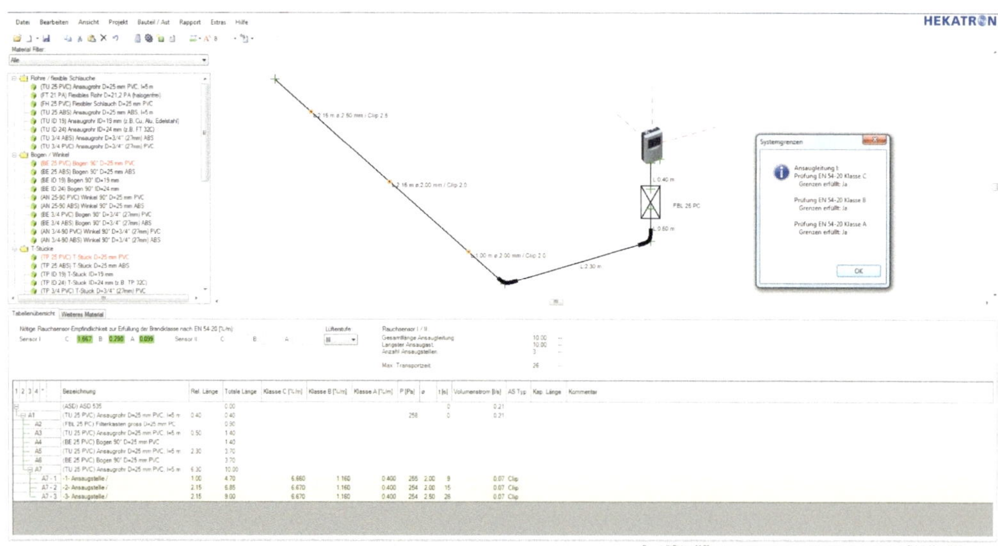

Bild 8.86: Berechnungsergebnis einer Brandfrüherkennung
Quelle: Securiton GmbH

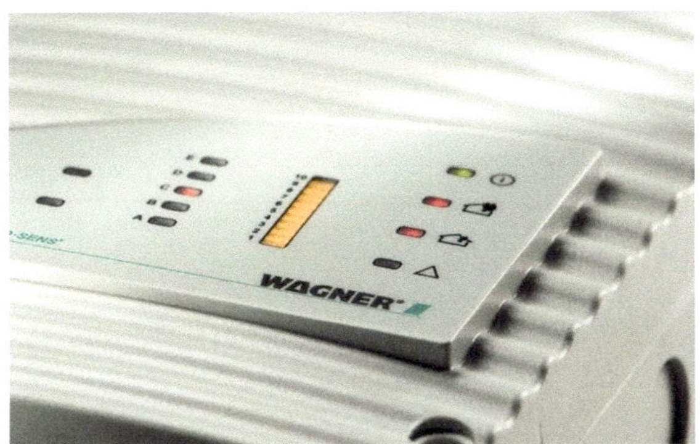

Bild 8.87: Statusanzeige an der Zentrale
Quelle: Wagner Group GmbH

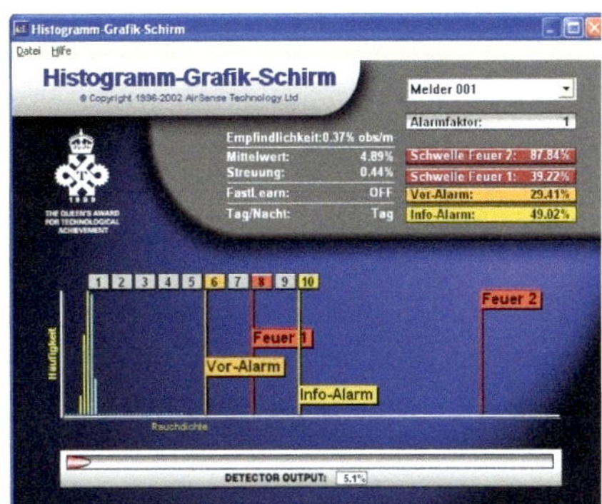

Bild 8.88: Auswertebildschirm einer BFE
Quelle: Kidde Brand- und Explosionsschutz GmbH

Die Bohrungen in dem Ansaugrohr sind so berechnet, dass möglichst über jede Bohrung die gleiche Luftmenge angesaugt wird. Saugen mehrere Öffnungen gleichzeitig Rauch an, spricht man vom Sammeleffekt. Die Ansprechsensibilität ist dann bis zu 50 Prozent schneller.

Die am Markt gängigen Systeme gibt es in unterschiedlichen Empfindlichkeitsstufen. Die Alarmmeldungen sind in der Regel mehrstufig aufgebaut, so dass je nach Definition ein Informationsalarm vor einem Voralarm und dem anschließenden Hauptalarm ausgelöst wird. So genügt bei hochsensiblen Systemen bereits das Anheben einer Doppelbodenplatte oder das Aufstellen von neuer Hardware, die noch ausgast, um die erste Alarmstufe möglicherweise auszulösen.

Die Empfindlichkeit von Brandfrüherkennungssystemen wird nach DIN EN 54-20 in dB/m angegeben. Gebräuchlicher ist allerdings die Angabe in %-Rauchgas-Dichte (Lufttrübung) pro Meter, was streng genommen nach DIN EN falsch ist. Eine Brandfrüherkennung reagiert bereits bei 0,002 %/m bis 0,5 %/m wobei ein optischer Rauchmelder erst bei ca. 2,5 %/m anspricht. Der Ansprechbereich von Brandfrüherkennungen geht je nach Typ und Konfiguration von 0,002 %/m bis 10 %/m, also auch weit in den Bereich der optischen Rauchmelder.

Um Rauchansaugsysteme auf Ihre Funktion hin regelmäßig überprüfen zu können, ist zwischen Ansaugrohr und Auswerteeinheit ein Prüfadapter (T-Stück) eingebaut. Damit kann das Prüfgas direkt an der Auswerteeinheit eingesprüht werden und muss nicht den langen Weg über das Ansaugrohr nehmen, das damit auch kontaminiert würde und möglicherweise dann im Betrieb zu falschen Auswerteergebnissen führt.

Umgangssprachlich wird die Brandfrüherkennung durch ihr Wirkprinzip auch als Rauchansaugsystem bezeichnet. Die DIN EN 54-20 spricht vom Ansaugrauchmelder.

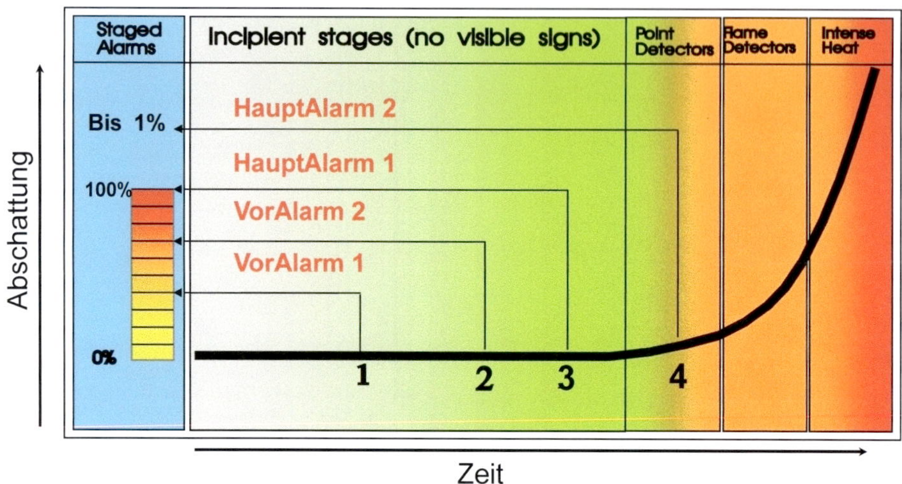

Bild 8.89: Stufen der Brandentwicklung und die Alarmschwellwerte
Quelle: Kidde Brand- und Explosionsschutz GmbH

Die Produktnorm DIN EN 54-20 ist seit Juli 2009 für Hersteller und Errichter von Rauchansaugsystemen verbindlich. In dieser Norm wurden erstmalig die Sensibilitätsklassen A, B und C eingeführt. Dadurch sind die Eigenschaften von Rauchansaugsystemen vereinheitlicht und kategorisieren fabrikatsunabhängig die Anlagen und deren Zubehör.

Tabelle 8.16: Sensibilitätsklassen nach DIN EN 54-20
Quelle: Wagner Group GmbH

	Sensibilität	Einsatzbereich
Klasse A	Sehr hoch	Frühestmögliche Branderkennung, vor allem für stark klimatisierte Bereiche mit hoher Luftverdünnung.
Klasse B	Erhöht	Sehr frühe Branderkennung für die Mehrzahl der Bereiche, in denen wertvolle Güter und/oder Prozesse gesichert werden sollen.
Klasse C	Normal	Für Bereiche mit allgemeinen Brandschutzanforderungen

Die Rechenzentrumsnorm DIN EN 50600-2-5 schreibt zwar den Einsatz von Rauchansaugsystemen nicht vor, spezifiziert jedoch, dass ansaugende Rauchdetektoren, sofern sie in Bereichen der Schutzklasse 3 und höher eingesetzt werden, der DIN EN 54-20:2006, Empfindlichkeitsklasse A oder B entsprechen müssen.

Typischerweise installiert man in einem Raum zwei Rauchansaugsysteme, jeweils ein System im Doppelboden und ein System an der Decke. Bei besonders sensiblen Anlagen mit hohem Gefahrenpotential bietet es sich an, diese nochmals separat direkt am Objekt zu überwachen. Geschlossene Schränke und Kalt-/Warmgänge sind gesondert zu betrachten.

Die Anordnung der Ansaugrohre kann unterschiedlich erfolgen und ist entweder quer oder längs der Ausblasrichtung der Umluftkühlgeräte angeordnet. Erfolgt die Anordnung

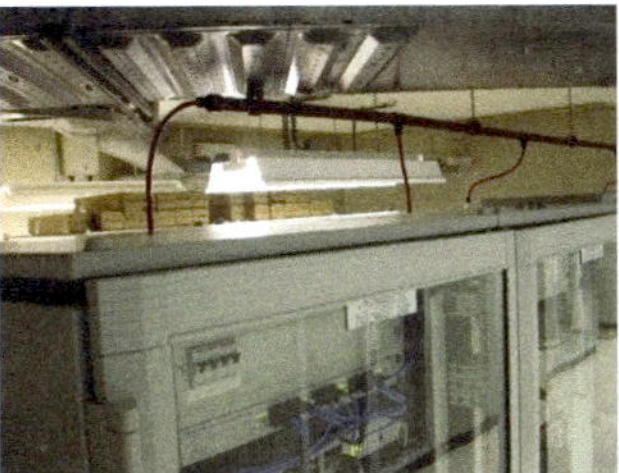

Bild 8.90: Brandfrühesterkennung für mehrere geschlossene Datenschränke
Quelle aller Bilder: Kidde Brand- und Explosionsschutz GmbH

quer, wird der Umstand genutzt, dass die gesamte Rechenzentrumsluft über das Umluftkühlgerät umgewälzt wird und bei dieser Anordnung das Umluftkühlgerät selbst auch mit überwacht wird. Unberücksichtigt bleibt dabei in den meisten Fällen die Tatsache, dass die Luftgeschwindigkeit an der Ausblasöffnung des Umluftkühlgerätes dermaßen hoch ist, das quasi kein Partikel den Weg in das Rohr und dessen Öffnungen findet.

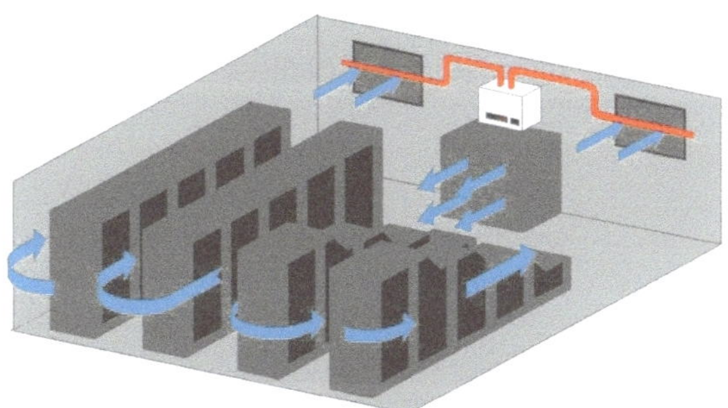

Bild 8.91: Ansaugrohre quer zur Luftrichtung
Quelle aller Bilder: Kidde Brand- und Explosionsschutz GmbH

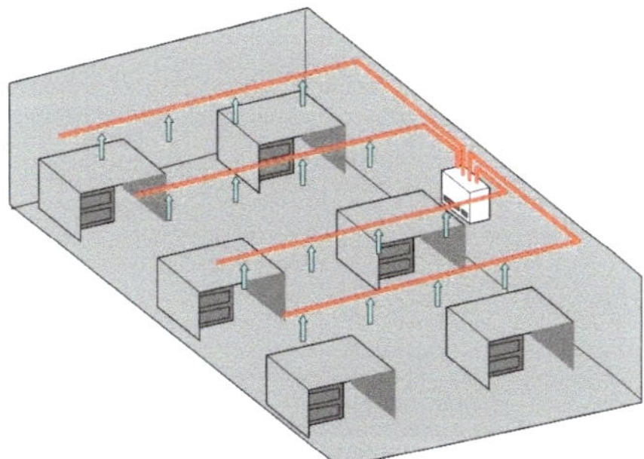

Bild 8.92: Flächige Überwachung

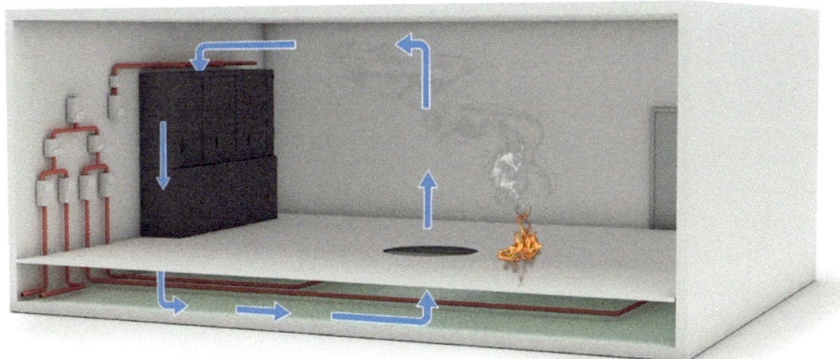

Bild 8.93: Anordnung der Ansaugrohre längs zur Luftrichtung
Quelle: Wagner Group GmbH

Die Anordnung an der Rückluft kann dabei ebenso die Lösung sein, wie die Rohrsysteme längs zur Ausblasrichtung anzuordnen. Letztlich ist es den Gegebenheiten vor Ort geschuldet, wie die Ansaugrohre am wirkungsvollsten angeordnet werden.

Heutzutage wird auch teilweise über die Brandfrüherkennung bereits eine Löschanlage ausgelöst und der Hauptalarm zur Feuerwehr abgesetzt. Dies kann man machen, da die Komponenten immer zuverlässiger werden und Täuschungsalarme minimiert werden. Jedoch muss man sich gut überlegen, ob man eine Fehlauslösung riskiert, ggf. teures Löschgas nachbeordern muss und die Feuerwehr auf dem Hof haben möchte. Sollte dies gewünscht werden, so ist die Funktion und Betriebsweise unbedingt vorher mit der örtlichen Feuerwehr oder Brandschutzbehörde zu klären. Eine Zweimelderabhängigkeit ist dabei immer notwendig.

Viel häufiger findet sich die kombinierte Ausführung aus Rauchansaugsystem und konventionellem Rauchmelder.

Typische Anwendungsbereiche für Brandfrüherkennungen sind Rechenzentren, Gefahrstofflager, Kühlhäuser, Archive, Räume mit hohem ästhetischem Stellenwert (Bibliotheken etc.), Sicherheitsbereiche (Gefängniszellen, Tresorräume etc.) und Räume, die im Betrieb schlecht oder nicht zugänglich sind (Traforäume, Kabelkanäle, Kabelschächte, Zwischenböden etc.).

Wagner Group GmbH hat als einziger Hersteller ein Rauchansaugsystem auf dem Markt, das über ein spezielles Lokalisierungsverfahren mit einer Detektionseinheit bis zu fünf Räume gleichzeitig überwachen kann und dabei erkennt, welcher Raum die Alarmierung ausgelöst hat. Das Prinzip umfasst dabei vier Phasen:

1. Normalbetrieb: Aktive Luftprobenentnahme zur Überprüfung auf Rauchaerosole
2. Brandfrüherkennung: Sofortige Alarmierung nach einer Detektion
3. Freiblasen: Rohrsystem wird von Rauchpartikeln in Gegenrichtung frei geblasen
4. Lokalisierung: Erneutes Ansaugen und Messen der Zeit bis zur erneuten Detektion. Über die Zeitdauer der erneuten Ansaugung kann dann ermittelt werden, aus welchem Raum die Rauchpartikel stammen.

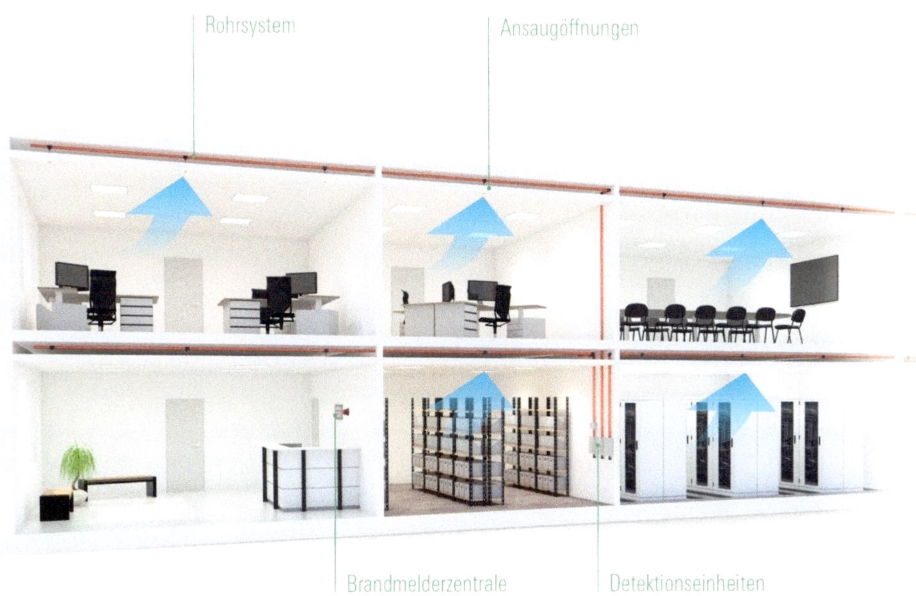

Bild 8.94: Gleichzeitige Überwachung von bis zu fünf Räumen mit einer Zentrale
Quelle: Wagner Group GmbH

Wie bereits zuvor kurz angedeutet, gibt es für geschlossene Datenschränke gesonderte Brandfrüherkennungssysteme. Diese in 19"-Technik angebotenen Einschübe verfügen je nach Ausstattung über ein oder zwei Detektormodule. Zusätzlich können teilweise auch Temperatur- und Feuchte- bzw. Leckageüberwachungen mit angeschlossen und verarbeitet werden.

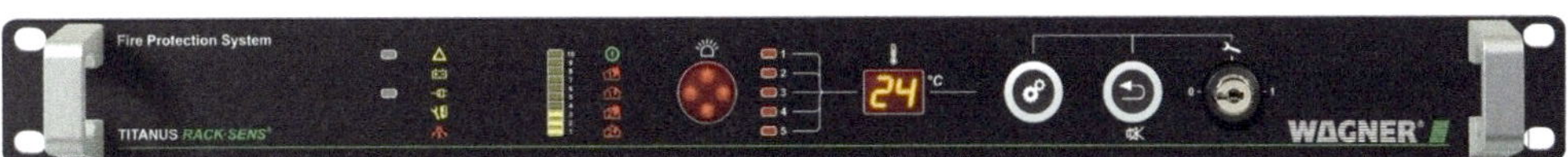

Bild 8.95: Einschubmodul mit zwei Detektoren und Temperaturüberwachung (1 HE)
Quelle: Wagner Group GmbH

Bild 8.96: Einschubmodul mit zwei Detektoren, zwei Löschmittelbehältern und Temperaturüberwachung (2 HE)
Quelle: Wagner Group GmbH

Bild 8.97: Löschmodul zur Erweiterung der Löschkapazität
Quelle: Wagner Group GmbH

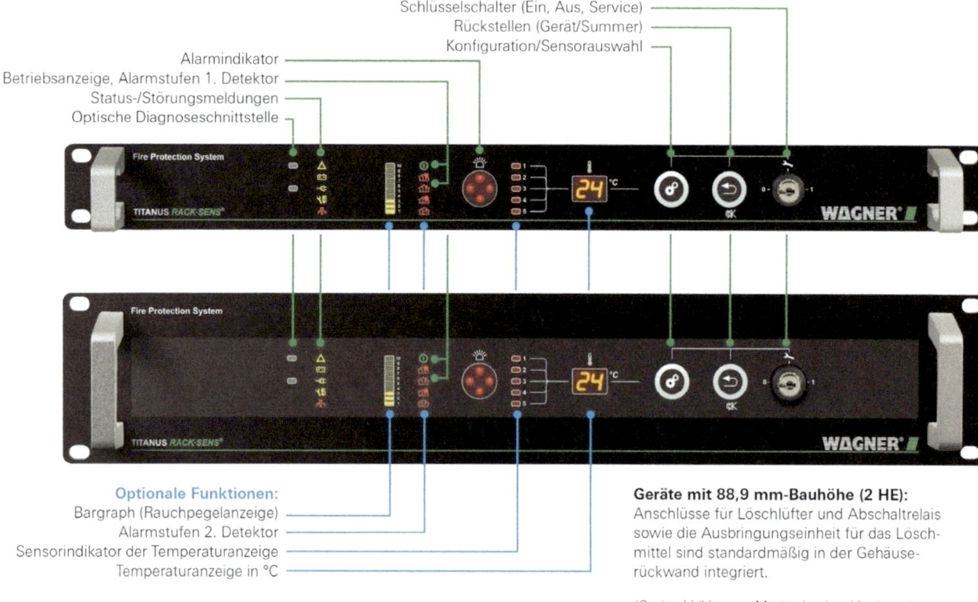

Bild 8.98: Funktionen der einzelnen Anzeige- und Bedieneinheiten
Quelle: Wagner Group GmbH

Größere Einschübe mit doppelter Höheneinheit (2 HE) verfügen zusätzlich über eine Löschanlage mit ein oder zwei Löschmittelbehältern. Über zusätzliche Löschmodule lässt sich die Löschkapazität nochmals erweitern.

Typische Einsatzgebiete für solche schrankbasierten Anlagen sind geschlossene Netzwerk- und Serverschränke, geschlossene Telekommunikationsschränke, Steuerungsschaltschränke und Niederspannungsschränke.

8.1.4 Brandmeldeanlage

Eine Brandmeldeanlage ist heutzutage Standard in einem Gebäude, in dem ein Rechenzentrum untergebracht ist. Schon aus der Baugenehmigung heraus wird kaum noch ein hochwertiges Gebäude ohne Brandmeldeanlage mit Aufschaltung auf die Feuerwehr genehmigt.

Zudem fordert die DIN EN 50600-2-5 unabhängig von den Anforderungen nationaler und örtlicher Vorschriften Brandmeldeanlagen in allen Bereichen des Rechenzentrums, die die Verfügbarkeit der Einrichtungen und Infrastrukturen des Rechenzentrums direkt beeinflussen.

Die Notwendigkeit für Früherkennung und Voralarm von Rauch und/oder Feuer muss in Betracht gezogen werden. Der Voralarm darf die Funktion der Einrichtungen und Infrastrukturen des Rechenzentrums nicht automatisch unterbrechen (z.B. keine Abschaltung der Klimatisierung und Stromversorgung).

Die Brandmeldeanlagen haben die Aufgabe, automatisch einen entstehenden Brand festzustellen, gefährdete Personen zu alarmieren und Löschkräfte und Einsatzkräfte zu mobilisieren. Sie dienen somit dem Schutz von Personen und Sachwerten.

Die Komponenten einer Brandmeldeanlage sind die Brand- oder Rauchmelder, die Zentrale mit Energieversorgung und Notstromversorgung, und die Übertragungseinrichtung. Nicht selten sind noch die Alarmierungseinrichtungen vor Ort und Steuerungseinrichtungen fester Bestandteil von Brandmeldeanlagen.

Automatische Brandmelder detektieren sichtbaren oder unsichtbaren Rauch, Wärme und Flammen und melden es bei Überschreiten der Grenzwerte an die Brandmelderzentrale. Man unterscheidet dabei zwischen optischen, thermischen und Mehrkriterien-Meldern. Weiterhin werden auch in hochwertigen Meldern zusätzlich Gassensoren integriert. Sie detektieren hauptsächlich das bei einem Brand entstehende Kohlenmonoxid (CO), aber auch Wasserstoff (H) und Stickstoffmonoxid (NO). Der Gassensor liefert Zusatzinformationen, um zuverlässig Täuschungsgrößen zu unterdrücken. Ergänzt wird die Brandmeldeanlage um manuelle Handfeuermelder, die in Fluchtwegen und an Ausgängen eingesetzt werden und Personen im Gebäude die Möglichkeit geben, manuell durch Drücken des Druckknopfs Alarm auszulösen. Die Melder werden als Stich- oder Ringleitungen als Einzelmelder oder in Gruppen zusammengeschlossen. Über Einzelmelderidentifikation kann die exakte Lage des Melders im Gebäude erkannt werden. Dies ist besonders wichtig, damit die Lösch- und Hilfskräfte gezielt an die Unglücksstelle geführt werden können. In Form von Feuerwehr-Laufkarten, welche den Lösch- und Hilfskräfte am Anrückweg zur Verfügung gestellt werden, können die Wege zu der Unglücksstelle schnell erreicht werden.

Die Brandmelderzentrale nimmt die Signale der Melder auf und bewertet und verarbeitet sie. Im Brandfall erfolgen eine optische und akustische Signalisierung und die Weiterleitung an die Übertragungseinrichtung. Die Übertragungseinrichtung sorgt für die Übertragung der Brandmeldung an die nächste Feuerwehr oder Rettungsleitstelle.

Weiterhin sind die Brandmelderzentralen für die Überwachung der Funktionen der gesamten Brandmeldeanlage verantwortlich. Fehler werden angezeigt und ggf. weitergemeldet. In den Brandmelderzentralen wird jedes Ereignis gespeichert. Größere Anlagen verfügen über einen angeschlossenen Drucker, der das Ereignis zusätzlich ausdruckt.

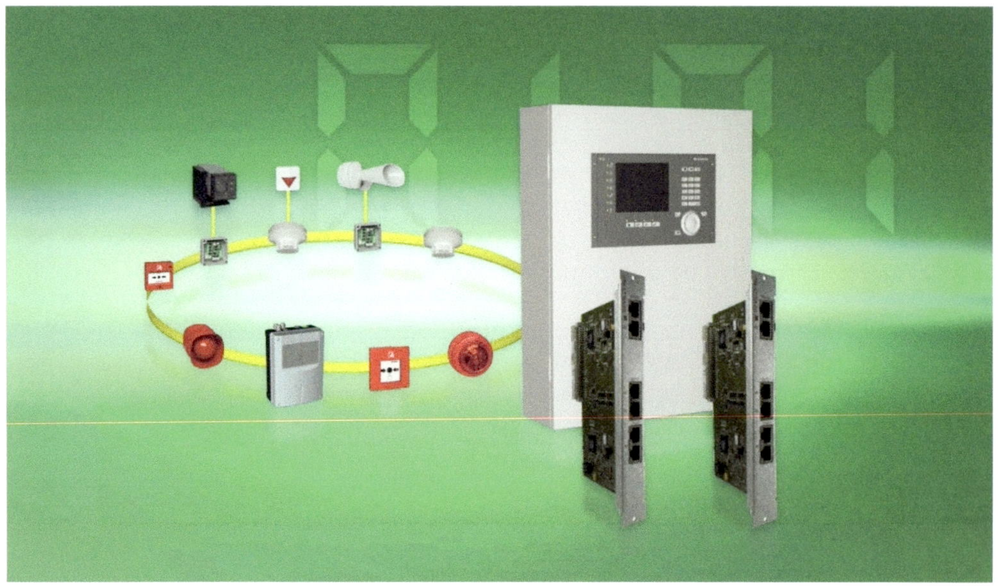

Bild 8.99: Ringbus einer Brandmeldeanlage zur Kopplung aller benötigten Komponenten
Quelle: Securiton GmbH - Alarm- und Sicherheitssysteme

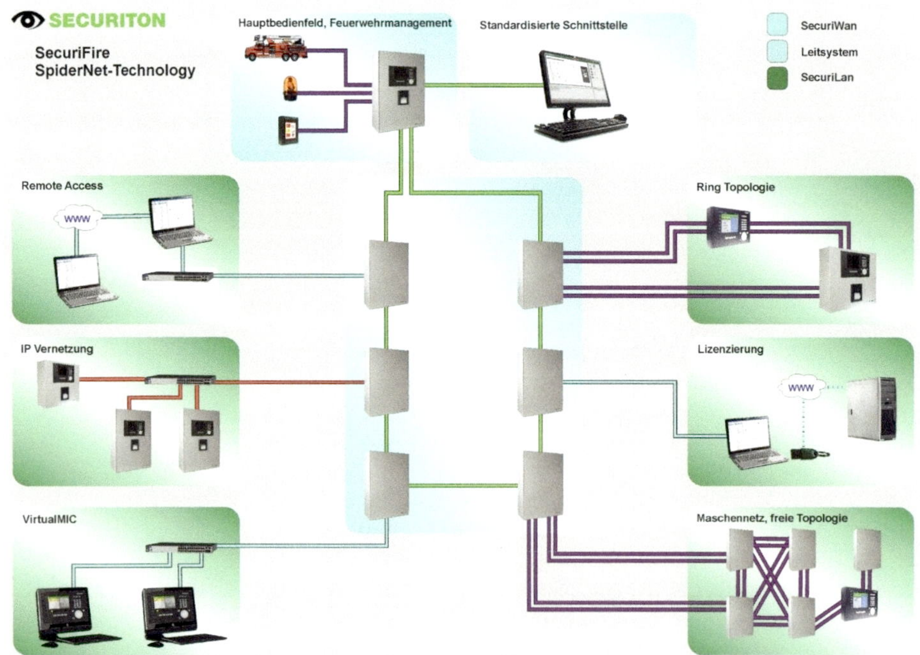

Bild 8.100: Systemübersicht über die Vernetzung einer Brandmeldeanlage
Quelle: Securiton GmbH - Alarm- und Sicherheitssysteme

8.1.4.1 Schutzziele und Schutzbereiche

Die Musterbauordnung (MBO) beschreibt in § 3 Absatz 1 folgende allgemeine Anforderungen:

„Anlagen sind so anzuordnen, zu errichten, zu ändern und instand zu halten, dass die öffentliche Sicherheit und Ordnung, insbesondere Leben, Gesundheit und die natürlichen Lebensgrundlagen, nicht gefährdet werden."

Zum Brandschutz in § 14 MBO wird Folgendes ausgesagt:

„Bauliche Anlagen sind so anzuordnen, zu errichten, zu ändern und instand zu halten, dass der Entstehung eines Brands und der Ausbreitung von Feuer und Rauch (Brandausbreitung) vorgebeugt wird und bei einem Brand die Rettung von Menschen und Tieren sowie wirksame Löscharbeiten möglich sind."

In den Landesbauordnungen der einzelnen Bundesländer sind die Aussagen so oder so ähnlich zu finden.

Damit sind die grundsätzlichen Schutzziele klar beschrieben:

- Schutz von Personen (flüchtende Personen UND Rettungs- und Löschkräfte)
- Schutz von baulichen Anlagen und deren Einrichtungen
- Schutz der Umwelt

Der Schutzumfang wird nach entsprechenden Kategorien festgelegt. Hier wird unterschieden in:

Kategorie 1: Vollschutz
Sämtliche Bereiche im Gebäude müssen überwacht werden. Es gilt das Höchstmaß an Sicherheit.

Kategorie 2: Teilschutz
Es sind nur einige Teile eines Gebäudes geschützt. Die Grenzen sollten dabei mit den Brandabschnitten identisch sein. Dabei ist im überwachten Gebäudeteil Vollschutz anzuwenden.

Kategorie 3: Schutz der Flucht- und Rettungswege
Der Schutz von Flucht- und Rettungswegen dient dem Schutz von Personen, die nicht direkt involviert sind. Personen, die sich im Bereich der Brandentstehung befinden, können von derartigen Anlagen nicht geschützt werden. Mit dieser Anlage soll ermöglicht werden, dass Personen rechtzeitig alarmiert werden und nicht erst, wenn der Flucht- und Rettungsweg durch den Brand blockiert ist. Größeren Schutz bietet die Anordnung von Meldern in den benachbarten Räumen.

Kategorie 4: Einrichtungsschutz
Es werden lediglich einzelne Einrichtungen mit Meldern innerhalb der Gebäude überwacht. Die Überwachung kann dabei als Teil- oder Vollschutz erfolgen. Der Schutz ist bei Bränden innerhalb des Überwachungsbereichs gut und in Bereichen außerhalb gering bis gar nicht vorhanden.

8.1.4.2 Brandmelderzentrale

Brandmelderzentralen gibt es als Einzelanlagen oder als vernetzbare Zentralen mit einer Hauptzentrale und mehrerer Unterzentralen.

Bild 8.101: Vernetzung von mehreren Brandmelderzentralen über das Ethernet
Quelle: Hekatron Vertriebs GmbH

Da heutzutage ausschließlich die Bustechnologie eingesetzt wird, ist jeder Teilnehmer auf dem Bus mit einer Adresse versehen. Maximale Flexibilität ist somit möglich und man benötigt für die Einbindung weiterer Teilnehmer nur die Erreichbarkeit der Ring- oder Stichleitung an einer beliebigen Stelle, sofern die vom Hersteller des Systems vorgegebene maximale Anzahl zulässiger Teilnehmer nicht überschritten wird. Diese liegt aber meist bei 64, 128 oder 254 Teilnehmern, wobei man eine Buslinie nie ganz ausreizen sollte. Zu beachten ist auch, dass für die Anbindung älterer oder fabrikatsfremder Teilnehmer oft mehrere Busadressen für einen einzigen Teilnehmer benötigt werden. Die in früheren Normen aufgeführte Grenze von 128 Teilnehmern pro Buslinie gibt es nicht mehr.

Brandmelderzentralen sind mit einem Display ausgestattet, das Ereignisse, Störungen oder Alarmmeldungen anzeigt. Oft ist das Anzeigedisplay oder -tableau mit einem Bedientableau kombiniert.

Abgesetzte Bedien- und Anzeigetableaus erlauben eine von der Brandmelderzentrale abgesetzte Bedienung und Anzeige, z.B. an einer Pforte oder Sicherheitszentrale.

Ein interner Speicher registriert alle Ereignisse der Brandmeldeanlage und speichert diese ab. Besonders in größeren Anlagen kann ein Protokolldrucker angeschlossen werden, der jedes Ereignis sofort ausdruckt.

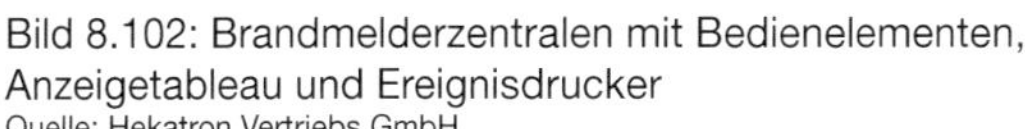

Bild 8.102: Brandmelderzentralen mit Bedienelementen, Anzeigetableau und Ereignisdrucker
Quelle: Hekatron Vertriebs GmbH

Bild 8.103: Brandmelderzentralen mit Bedienelementen, Anzeigetableau und Ereignisdrucker
Quelle: Securiton GmbH - Alarm- und Sicherheitssysteme

An der Brandmelderzentrale lassen sich auch einzelne Melder oder Meldergruppen aus der Überwachung herausnehmen. Dies ist insbesondere wichtig, wenn Umbauarbeiten im Gebäude stattfinden und durch den entstehenden Schmutz oder Rauch mit Falschalarmen zu rechnen ist. Der dann nicht mehr umfänglich existierende Brandschutz muss für diese Zeit unbedingt durch alternative Ersatzvornahmen gesichert sein.

Energieversorgungen von Gefahrenmeldeanlagen, hier Brandmeldeanlagen, müssen grundsätzlich über zwei voneinander unabhängige Energiequellen verfügen. Die primäre Einspeisung erfolgt dabei aus der allgemeinen Stromversorgung. Energieversorgungen von Brandmeldeanlagen dürfen dabei nicht zur Versorgung anderer Anlagen benutzt werden. Geräte, die allerdings der Weiterleitung von Meldungen sowie der Alarmierung dienen, dürfen rückwirkungsfrei mitversorgt werden. Für die Energiezuführung aus dem elektrischen Netz muss ein eigener Stromkreis mit getrennter, besonders gekennzeichneter Absicherung verwendet werden. Es muss ausgeschlossen sein, dass durch das Abschalten anderer Betriebsmittel der Stromkreis zur Brandmeldeanlage unterbrochen wird. Die früher vorgeschriebene und übliche rote Kennzeichnung der Absicherung ist dabei zwar nicht mehr gefordert, aber immer noch üblich und nach Erachten des Autors auch sinnvoll.

Neben der Versorgung der Brandmelderzentrale wird auch die sekundäre Einspeisung aus wiederaufladbaren Batterien über die primäre Einspeisung geladen. Die Überbrückungszeit der wiederaufladbaren Batterien geben die Normen vor. Die VDE 0833-1 beschreibt, dass „bei elektrischen Energieversorgungen die Energiequellen so zu bemessen sind, dass jede in der Lage ist, den bestimmungsgemäßen Betrieb der BMA sicherzustellen."

Für die Festlegung der Überbrückungszeit hilft dies jedoch recht wenig, so dass man hierzu die VDE 0833-2 zu Rate zieht.

Diese besagt: „Sind für Brandmeldeanlagen die Bedingungen für die Betriebsdauer von 4 h bzw. 30 h nicht erfüllt, so muss die geforderte Funktion der Brandmeldeanlage mindestens während einer Betriebsdauer von 72 h aufrechterhalten werden können. Bei einer Überbrückungszeit (Betriebsdauer) von 4 h muss die Netzersatzanlage für mindestens 30 h den Betrieb der Brandmeldeanlage aufrechterhalten können."

Neben der eigentlichen Alarmierung übernehmen Brandmelderzentralen auch bereits erste Maßnahmen, die ein Ausbreiten des Rauchs oder Brands verhindern sollen und ggf. auch die Ansteuerung an Löschanlagen vornehmen, die dann Löschungen automatisch durchführen.

Die sogenannten Brandschutzeinrichtungen sind beispielsweise Feststellanlagen von Türen an Brandabschnitten, Rauch- und Wärmeabzugseinrichtungen (RWA) etc. Brandschutzeinrichtungen verfügen in der Regel nicht über zwei Energiequellen und dürfen auch nicht an die Stromversorgung von Brandmeldeanlagen angeschlossen werden. Eine Störung der Brandmeldeanlage darf nicht die Funktion der Brandschutzeinrichtung beeinträchtigen. Das bedeutet, dass die Brandschutzeinrichtung nur unter bestimmten Voraussetzungen mit einer Brandmelderzentrale verknüpft werden darf und z.B. Rauchmelder der Brandmeldeanlage für das Schließen von Türen herangezogen werden. Hier ist eine zusätzliche Zulassung des Deutschen Instituts für Bautechnik (DIBt) notwendig. Die Brandschutzeinrichtungen verfügen über eigene Melder, die als Detektoren für die jeweilige Brandschutzeinrichtung vorgesehen sind.

Eine Verknüpfung dieser Brandmelder mit der dazu zusätzlich zugelassenen Brandmelderzentrale führt nur dazu, dass eine Information an die Brandmelderzentrale als technische Information gesendet wird. Die Brandmelderzentrale zeigt diesen Vorgang dann an und speichert ihn, mehr nicht.

Die einzige zulässige Verknüpfung zwischen Brandmeldeanlagen und Brandschutzeinrichtungen besteht darin, dass Rauchmelder der Brandmeldeanlage ZUSÄTZLICH auf die Brandschutzeinrichtung geschaltet werden können und z.B. alle Türen in einem Gebäude zugehen, sobald ein Rauchmelder der Brandmeldeanlage auslöst. Dies kann beispielsweise für Treppenhaustüren notwendig werden, wenn das Treppenhaus zur Entrauchung einen Druckventilator hat, der bei Branddetektion im Treppenhaus automatisch anläuft und Treppenhäuser dadurch vom Rauch freibläst.

8.1.4.3 Melder

Bei einem Brand gibt es Stoffe, die an der Brandstelle als unverbranntes Material und Asche zurückbleiben und Stoffe, die mit der Luft vermischt werden. Diese darin befindlichen Stoffe nennt man Rauchpartikel, Rauchaerosol oder einfach Rauch.

Zudem wird bei einem Verbrennungsvorgang Energie als Strahlung bzw. Wärmeleitung in den Stoffen und über Konvektion in der Luft frei.

Aus dieser Vielzahl von Kenngrößen gilt es, mittels Melder einen Brand oder entstehenden Brand sicher zu detektieren und bei einem betriebsmäßigen Rauch oder Wärmeentwicklung keinen Alarm auszulösen. In der Meldertechnik werden hauptsächlich die Kenngrößen Rauch, Temperatur und Gas in den Meldern detektiert und ausgewertet.

Ende des 19. Jahrhunderts kamen die ersten Melder als Wärmemelder auf den Markt. Diese Melder detektierten einen Temperaturanstieg und gaben die Information an eine zentrale Stelle weiter. Aus einer Patentschrift aus dem Jahre 1894 wurde die erste Idee geboren, Vögel als „Rauchmelder“ einzusetzen.

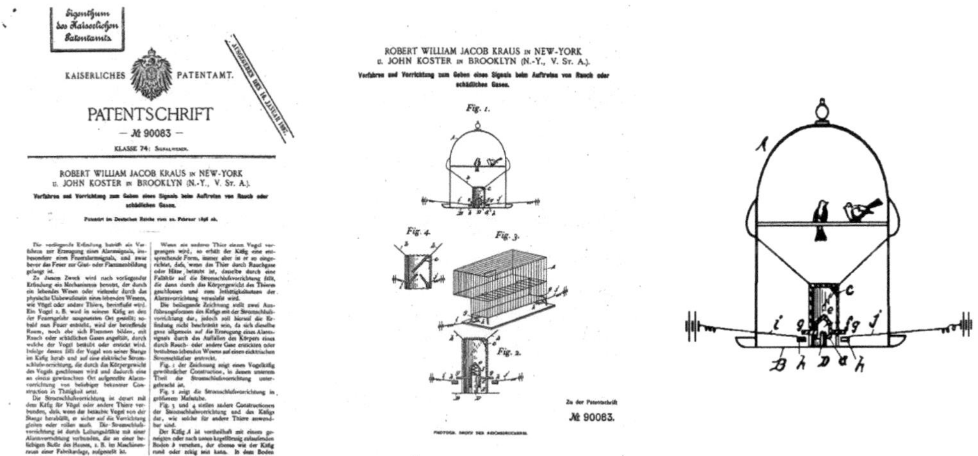
KAISERLICHES PATENTAMT.

PATENTSCHRIFT

— № 90083 —

ROBERT WILLIAM JACOB KRAUS IN NEW-YORK u. JOHN KOSTER IN BROOKLYN (N.-Y., V. ST. A.).

Bild 8.104: Auszug aus der Patentschrift 90083
Quelle: Kaiserliches Patentamt, zur Verfügung gestellt durch Bosch Sicherheitssysteme GmbH

Dabei stammt die Idee vermutlich aus dem Bergbau untertage, wo Kanarienvögel als Kohlenmonoxidwarner eingesetzt wurden. Untertage kann es vorkommen, dass Kohlenmonoxid austritt, das zunächst nur zu Kopfschmerzen, aber auch bis zum Tode führen kann. Bei sauerstoffarmer oder giftiger Luft verstummte der Kanarienvogel sofort und fiel von der Stange. Die Bergmänner konnten sich dann noch rechtzeitig in Sicherheit bringen. Erst ab den 1950er Jahren wurde der Kanarienvogel durch ein Warngerät abgelöst. Ob heute insbesondere in sogenannten Entwicklungsländern noch Kanarienvögel eingesetzt werden, ist nicht bekannt, aber durchaus noch möglich.

Die Funktionsweise der ersten (Vogel-)Rauchmelder war in etwa gleich. Durch die Rauchvergiftung fiel der Vogel von der Stange und löste mit seinem Körpergewicht einen Alarm aus, in dem ein Kontakt geschlossen wurde. Einer Fehlauslösung durch einen natürlichen Vogeltod wurde durch die Zwei-Vogel-Abhängigkeit vorgebeugt. Die Geburtsstunde der heute noch angewandten Zwei-Melder-Abhängigkeit oder Zwei-Linien-Abhängigkeit. Im Gegensatz zum Bergbau gilt als sicher, dass heute keine Vögel mehr als Rauchmelder im Einsatz sind.

Tabelle 8.17: Überwachungsbereiche von Rauchmeldern, Ansaugrauchmeldern und Wärmemeldern (DIN VDE 0833-2)

Grundfläche des zu überwachenden Raums	Art der automatischen Brandmelder	Raumhöhe [b)]	*A* bei Dachneigung	
			bis 20°	über 20°
bis 80 m^2	Punktförmiger Rauchmelder (DIN EN 54-7) Mehrfachsensorenmelder (DIN EN 54-29) Ansaugrauchmelder (DIN EN 54-20, Klasse A, B und C [a)])	bis 12 m	80 m^2	80 m^2
über 80 m^2	Punktförmiger Rauchmelder (DIN EN 54-7) Mehrfachsensorenmelder (DIN EN 54-29) Ansaugrauchmelder (DIN EN 54-20, Klasse A, B und C [a)])	bis 6 m	60 m^2	90 m^2
		über 6 m bis 12 m	80 m^2	110 m^2
	Punktförmiger Rauchmelder (DIN EN 54-7) Mehrfachsensorenmelder (DIN EN 54-29) Ansaugrauchmelder (DIN EN 54-20, Klasse A und B [a)])	über 12 m bis 16 m	120 m^2	150 m^2
	Ansaugrauchmelder (DIN EN 54-20, Klasse A [a)])	über 16 m bis 20 m	[e)]	[e)]
bis 30 m^2	Punktförmiger Wärmemelder (DIN EN 54-5 Klassen A1, A2, B, C, D, E, F und G [c)]) Mehrpunktförmiger Wärmemelder (DIN EN 54-22, Klasse A1 [d, f)] und A2)	bis 6 m	30 m^2	30 m^2
	Punktförmiger Wärmemelder (DIN EN 54-5 Klassen A1 [c)]) Mehrpunktförmiger Wärmemelder (DIN EN 54-22, Klasse A1 [d, f)])	bis 7,5 m		
über 30 m^2	Punktförmiger Wärmemelder (DIN EN 54-5 Klassen A1, A2, B, C, D, E, F und G [c)]) Mehrpunktförmiger Wärmemelder (DIN EN 54-22, Klasse A1[d, f)] und A2)	bis 6 m	20 m^2	40 m^2
	Punktförmiger Wärmemelder (DIN EN 54-5 Klassen A1 [c)]) Mehrpunktförmiger Wärmemelder (DIN EN 54-22, Klasse A1 [d, f)])	bis 7,5 m		

A: Maximaler Überwachungsbereich je Melder

Abhängig von Nutzung und Umgebungsbedingungen (z.B. schnelle Brandentwicklung und Rauchausbreitung

[a)] Je Ansaugöffnung

[b)] Bei Dächern mit einem Neigungswinkel wird die Raumhöhe am höchsten Punkt des Raums berücksichtigt

[c)] Auch Melder mit dem Klassenindex *R* oder *S*

[d)] Je Punkt eines Mehrpunktwärmemelders

[e)] Siehe Tabelle 1 in der Norm; die maximale Überwachungsfläche ist objektspezifisch festzulegen

[f)] Siehe auch 6.2.7.12 in der Norm

Die früher auch als Druckknopfmelder bezeichneten Handfeuermelder werden mindestens in Flucht- und Rettungswegen, Treppenhäusern, Gängen, Not-Ausgängen und feuergefährdeten Räumen eingesetzt. Es bietet sich auch an, aus den Rechenzentren selbst und aus den das Rechenzentrum versorgenden Technikräumen Handfeuermelder am Ausgang anzubringen. Handfeuermelder sollen es anwesenden Personen ermöglichen, Brände bzw. entstehende Brände zu melden.

Automatische Melder müssen in jedem Raum des Sicherungsbereichs montiert werden. Ausgenommen sind Räume mit geringer Brandlast (z.B. Toiletten und Bäder) oder Räume ohne die Möglichkeit der Brandausbreitung. Die Anzahl und Anordnung richtet sich nach der Art der eingesetzten Melder, nach der Geometrie des Raums (Grundfläche und Höhe), nach der Verwendungsart und den Umgebungsbedingungen. Die Auswahl hat so zu erfolgen, dass Brände in der Entstehungsphase zuverlässig detektiert werden und Fehl- oder Täuschungsalarme vermieden werden.

In der DIN VDE 0833-2 sind die maximalen Überwachungsbereiche im Allgemeinen, wie in Tabelle 8.17 dargestellt, geregelt.

Der Anhang E in der DIN VDE 0833-2 spezifiziert nochmals die Überwachung von Räumen für Datenverarbeitungsanlagen und ähnlichen Einrichtungen wie folgt:

E.1 Allgemeines

Die Überwachung von Räumen für elektronische Datenverarbeitungsanlagen (EDV) einschließlich deren Zwischendecken- und Doppel-/Systembodenbereichen stellt besondere zusätzliche Anforderungen an das Planen und Errichten von Brandmeldeanlagen.

E.2 Überwachungszonen

Wegen unterschiedlicher Wertkonzentration in den zu überwachenden EDV-Bereichen einschließlich der Nebenräume bedarf es einer den örtlichen Gegebenheiten angepassten Projektierung der Brandmeldeanlage. Dabei spielen die baulichen Trennungen eine besondere Rolle.

Die bauliche Trennung zwischen den Überwachungszonen bestimmt die Ausführung der Brandmeldeanlage.

Die Überwachungszonen ÜWZ 1 und ÜWZ 2 bestimmen den Überwachungsbereich je Melder sowie die Größe der Meldebereiche. Siehe hierzu auch das Bild E.1 in der Norm.

ÜWZ 1: EDV-Raum, Datenträgerarchiv einschließlich Zwischenboden- und Zwischendeckenbereich (analog hierzu Telefonzentrale, Schalt- und Leitwarten sowie Steuerzentralen).

ÜWZ 2: An die ÜWZ 1 angrenzende, dem EDV-Bereich von der Nutzung her zugehörige Räume (einschließlich Zwischenboden- und Zwischendeckenbereich) für z.B. Arbeitsvorbereitung, Peripheriegeräte. Sind die genannten Nutzungsbereiche durch Trennwände mit einer Feuerwiderstandsdauer von weniger als 30 min von der ÜWZ 1 abgetrennt, so ist die BMA wie in ÜWZ 1 auszulegen.

Anmerkung: Die genannten Bereiche und Zonen sind benachbart, müssen aber nicht einander umschließend sein.

E.3 Meldebereiche

Die Überwachungszonen müssen eigene Meldebereiche bilden. Räume, Zwischendecken- und Doppel-/Systemböden müssen jeweils einen eigenen Meldebereich bilden. Meldebereiche in den einzelnen Überwachungszonen dürfen 500 m² in ÜWZ 1 und 800 m² in ÜWZ 2 nicht überschreiten.

E.4 Auswahl der Brandmelderart

Da in der ÜWZ 1 vorwiegend mit einer Schwelbrandentwicklung zu rechnen ist, sind ausschließlich Rauchmelder einzusetzen. In ÜWZ 2 sollten vorzugsweise auch Rauchmelder eingesetzt werden.

Anmerkung: Dies schließt die Verwendung von Wärmemeldern aus.

E.5 Anzahl und Anordnung von punktförmigen Rauchmeldern

Die Anzahl der Brandmelder ist so zu wählen, dass die in DIN VDE 0833-2 Tabelle E.1 (Tabelle 8.18) angegebenen maximalen Überwachungsbereiche *A* nicht überschritten werden. Die Melder sind so aufzuteilen, dass kein Punkt der Decke weiter von einem Melder entfernt ist (horizontaler Abstand), als für DH (Dachneigung bis 20°) ermittelt.

Das rechtzeitige Ansprechen der Rauchmelder ist auch bei den reduzierten Überwachungsbereichen, z.B. bei hohen Luftwechselraten unter Umständen mit Frischluftzumischung, nicht in jedem Fall sicherzustellen und daher zu überprüfen.

Tabelle 8.18: Überwachungsbereiche von punktförmigen Meldern (DIN VDE 0833-2 Tabelle E.1)

	Maximaler Überwachungsbereich *A* je Melder		
	ÜWZ 1	ÜWZ 2 [a)]	sonstige Räume [b)]
Zwischendeckenbereich	40 m²	60 m²	Überwachung nach 6.2.7.1 der Norm (siehe Tabelle oben)
Raum	25 m²	40 m²	
Zwischenbodenbereich	40 m²	60 m²	

ÜWZ Überwachungszone

a) Bauliche Trennung zwischen UWZ 1 und ÜWZ 2 mindestens mit nicht brennbaren Bauteilen, die eine Feuerwiderstandsdauer von mindestens 30 min. entsprechend dem Verwendungsnachweis aufweisen, sonst *A* wie ÜWZ 1

b) Bauliche Trennung zwischen ÜWZ 2 und den sonstigen Räumen mindestens mit nicht brennbaren Bauteilen von mindestens 90 min. entsprechend dem Verwendungsnachweis aufweisen

Bei Zweimeldungsabhängigkeit Typ B sind die in Tabelle 8.18 genannten maximalen Überwachungsbereiche *A* für Rauchmelder um mindestens 30 Prozent zu reduzieren.

Ist die Zweimeldungsabhängigkeit Typ B für die Ansteuerung von ortsfesten automatischen Löschanlagen vorgesehen, sind die in Tabelle 8.18 genannten, maximalen Überwachungsbereiche *A* je Melder um 50 Prozent zu reduzieren.

Lüftungsanlagen sind so in die Überwachung einzubeziehen, dass sowohl die Zuluft als auch die Abluft überwacht werden. Für jede Lüftungsanlage ist eine eigene Meldergruppe vorzusehen.

Melder müssen mit der Meldernummer beschriftet werden. Dabei werden in der Regel die Meldergruppe und die laufende Nummer des Melders in der Gruppe bezeichnet (z.B. 23/3). Die Schrifthöhe ist abhängig von der Montagehöhe des Melders.

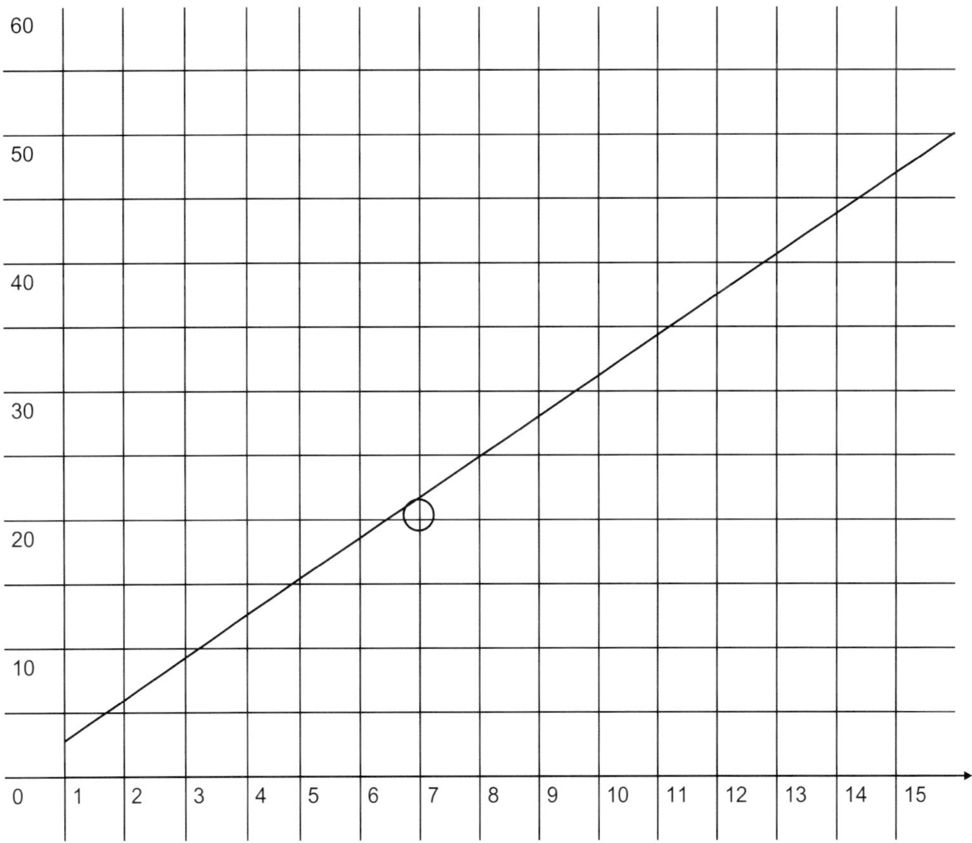

Bild 8.105: DIN 1450 Schriften: Leserlichkeit
Quelle: Bosch Sicherheitssysteme GmbH

Es gibt auch optische Rauchmelder, die quasi als Anbau eine Alarmierung an jedem Melder haben. Dies ist sehr praktisch, da für eine Alarmierung keine separate Anlage oder ein separates Netz aufgebaut werden muss. Insbesondere bei Nachrüstungen liegen die Vorteile auf der Hand.

8.1.4.3.1 Handfeuermelder

Handfeuermelder müssen um 15 mm herausragen und sind an sichtbaren und gut zugänglichen Stellen zu montieren. Ein flächenbündiger Einbau ist nicht zulässig. Die Montagehöhe ist auf 1,40 m +0,2/-0,4 m festgelegt. Zudem ist am Montageort für ausreichend Licht zu sorgen.

Die Meldergehäuse bestehen aus Metallguss oder Kunststoff. Die Gehäusefarbe muss rot sein. Der schwarze Druckknopf befindet sich in der Mitte des Handfeuermelders auf weißem Hintergrund hinter einer leicht einschlagbaren und austauschbaren Glasscheibe. Am Gehäuse muss das Symbol eines brennenden Hauses, maximal ergänzt um die Aufschrift „Feuer" gut sichtbar sein. Ältere Melder haben oft noch die Aufschrift „Feuermelder" oder „Feuerwehr".

Bild 8.106: Handfeuermelder
Quelle: Securiton GmbH - Alarm- und Sicherheitssysteme

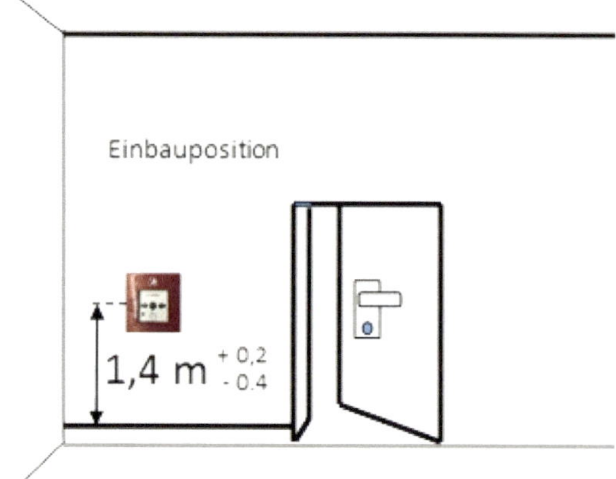

Bild 8.107: Platzierung eines Handfeuermelders.
Quelle: Bosch Sicherheitssysteme GmbH

8.1.4.3.2 Optische Rauchmelder

Optische Rauchmelder arbeiten nach dem Streulichtprinzip bzw. dem Tyndall-Effekt (Bild 8.109). Der Tyndall-Effekt, nach seinem Erfinder John Tydall benannt, beschreibt die Streuung von Licht an submikroskopischen Schwebeteilchen mit Abmessungen ähnlich der Lichtwellenlänge, die in einer Flüssigkeit oder einem Gas schweben. Bei Anwesenheit von Rauch-Partikeln in der Messkammer wird Licht aus dem von einer Lichtquelle erzeugten Lichtbündel heraus auf einen lichtempfindlichen Sensor

Bild 8.108: Optischer Rauchmelder mit Anzeige-LED
Quelle: Bosch Sicherheitssysteme GmbH

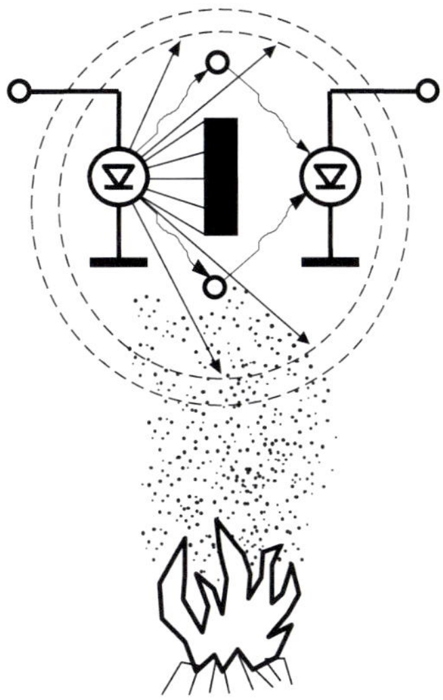

Bild 8.109: Funktionsprinzip des optischen Rauchmelders
Quelle: Bosch Sicherheitssysteme GmbH

Bild 8.110: Optischer Rauchmelder mit Auslösungserkennung.
Quelle: Securiton GmbH – Alarm- und Sicherheitssysteme

gestreut. Bei reiner Luft ist der Lichtstrahl unsichtbar. Der Lichtstrahl ist auch von der Seite her sichtbar. Bei Nebel ist dieser Effekt besonders gut sichtbar, wenn Sonnenstrahlen eine Nebelbank durchbrechen und die Strahlenbüschel der Sonne sichtbar werden. Die in der Kammer befindliche Fotozelle löst Alarm aus, sobald das Sensorsignal in Form einer dann erzeugten Spannung einen definierten Schwellwert überschreitet.

Optische Rauchmelder detektieren Brandausbrüche lange bevor Flammenbildung oder eine gefährliche Temperaturerhöhung auftritt. Sie werden nicht in Räumen eingesetzt, in denen mit betriebsbedingter Rauchentwicklung zu rechnen ist (z.B. Schweißereien, Abgase von Dieselmotoren der Netzersatzanlagen oder auch Raucherzimmern in Büroräumen).

8.1.4.3.3 Flammenmelder

Der Flammenmelder reagiert auf die von Flammen ausgehende infrarote oder ultraviolette Strahlung. Bei Infrarot-Meldern wird zusätzlich das Flackern der Flamme als Detektionsmerkmal genutzt. Er wird immer dann eingesetzt, wenn schon in der Entstehungsphase eines Brands mit offenem Feuer zu rechnen ist.

Dabei verwendet man Flammenmelder, die bei Bränden ohne nennenswerte Rauchentwicklung auf ultraviolette Strahlung ansprechen. Infrarot sensitive Flammenmelder werden eingesetzt, wenn mit anfänglichem Schwelbrand zu rechnen ist. Ebenso wird der Flammenmelder eingesetzt, wenn mit arbeitsbedingter Rauchentwicklung zu rechnen ist.

Der Melder ist auch für den Einsatz in hohen Räumen bis 26 m Höhe und mehr geeignet.

Die Gefahr der Fremdeinstrahlung ist bei diesen Meldern sehr hoch und kann durch eine Zwei-Melder-Abhängigkeit mit unterschiedlichen Blickwinkeln auf denselben Überwachungsbereich eingeschränkt werden.

Bild 8.111: Flammenmelder
Quelle: Securiton GmbH - Alarm- und Sicherheitssysteme

8.1.4.3.4 Wärmemelder

Wärmemelder reagieren auf Temperaturerhöhungen und werden immer dann eingesetzt, wenn mit einem schnellen Temperaturanstieg zu rechnen ist oder mit einer hohen Temperatur im Brandfall gerechnet wird.

Fehlauslösungen entstehen immer dann, wenn sie an Stellen montiert sind, an denen die Umgebungstemperatur betriebsmäßig solche Werte annehmen kann. Direkte Sonneneinstrahlung ist an solchen Meldern ebenso zu vermeiden wie die Montage in Räumen, in denen Wärmestrahlung, heiße Luft oder heiße Dämpfe vorkommen können.

Im Bereich der Wärmemelder gibt es noch Sondertypen:

- Melder mit dem Index R werden in ungeheizten Gebäuden eingesetzt, in denen die Umgebungstemperatur stark schwanken kann, jedoch hohe Anstiegsgeschwindigkeiten nicht lange andauern.
- Wärmemelder mit dem Index S eignen sich in Räumen, in denen über längere Zeit höhere Temperaturanstiegsgeschwindigkeiten herrschen wie z.B. Kesselräume oder Küchen.

8.1.4.3.5 Maximalwertmelder

Maximalwertmelder oder Maximalmelder lösen aus, wenn eine bestimmte Temperatur erreicht wird. Wärmeempfindliche Widerstände (NTC / PTC) oder Bimetalle dienen dabei als Sensoren. Üblich ist eine Temperatur von 72 °C.

8.1.4.3.6 Differentialmelder

Differentialmelder sind Wärmemelder, welche den Faktor Zeit mit einbeziehen. Ein Temperaturanstieg in einer bestimmten Zeit (Steilheit) löst einen Alarm aus. Übliche Werte sind 5 Kelvin pro Minute oder 10 Kelvin pro Minute (Temperaturdifferenzen werden immer in Kelvin und nicht in °C angegeben).

Oft sind in diesen Meldern auch noch Maximalwertgeber integriert, die auf jeden Fall ansprechen, wenn eine bestimmte Temperatur überschritten wird (üblich sind 72 °C).

8.1.4.3.7 Mehrsensorenmelder bzw. Mehrfachsensormelder

Die bei einem Brand entstehenden chemischen Gase sind die dritte Kenngröße, um Brände sicher detektieren zu können. Mehrsensorenmelder oder Mehrfachsensormelder

Bild 8.112: Beschreibung: Mehrfachsensormelder
Quelle: Securiton GmbH – Alarm- und Sicherheitssysteme

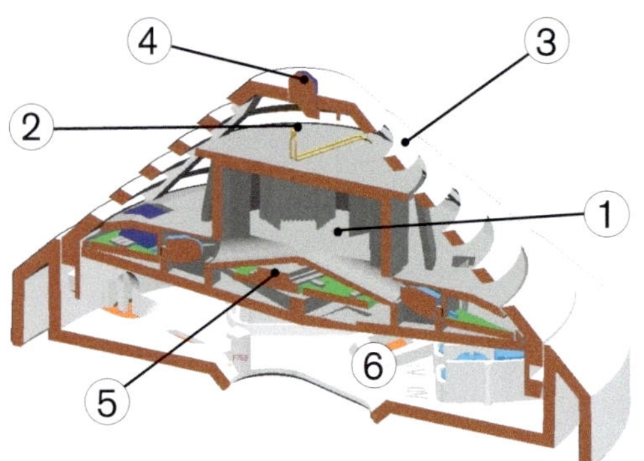

1 Optischer Sensor (Rauchmesskammer)
2 Thermosensor
3 Chemosensor (CO-Sensor)
4 Individualanzeige (360°-Anzeige)
5 Leiterplatte mit Auswerteelektronik
6 Meldersockel

Bild 8.113: Aufbau eines Mehrsensormelders
Quelle: Bosch Sicherheitssysteme GmbH

(je nach Hersteller werden beide Namen verwendet) reagieren nicht nur auf eine Kenngröße, sondern reagieren auf mindestens zwei oder alle drei Kenngrößen Gas, Rauch und Temperatur für eine sichere Detektion. Somit wird eine schnelle Branderkennung bei gleichzeitiger Falschalarmsicherheit erreicht. Je nach Melderart werden dabei eine, zwei oder drei Kenngrößen zur Detektion verwendet.

Mehrsensorenmelder werden überall dort eingesetzt, wo Fehlalarme auf ein Minimum reduziert werden sollen um beispielsweise Kosten für teure Feuerwehreinsätze oder unnötige Löschungen zu vermeiden. Der Mehrsensorenmelder ist auch der in einem Rechenzentrum meist eingesetzte Rauchmelder.

8.1.4.3.8 Linienförmige Wärmemelder

Linienförmige Wärmemelder bestehen aus den Komponenten Sensorleitung und Auswerteeinheit. Die Sensorleitung basiert auf dem Prinzip des sich ändernden Widerstandes einer Kupferleitung bei Temperaturänderung, dem sogenannten Wärmekoeffizienten. Überwachungslängen bis zu mehreren hundert Metern sind möglich.

Neuerdings wird zwischen linienförmigem integrierendem Wärmemelder und linienförmigem nicht integrierendem Wärmemelder unterschieden.

Linienförmige integrierende Wärmemelder sind Melder, bei denen das Ansprechen auf eine Temperatur auf beliebige Weise (nicht unbedingt linear) über eine bestimmte Länge des Sensors summiert wird. Demzufolge ist das Ausgangssignal, das durch das Sensorelement übermittelt wird, von der Temperaturverteilung über die gesamte Länge des Sensors abhängig.

Linienförmige nicht integrierende Wärmemelder (Bild 8.114) sind Brandmelder, deren Ausgabesignal von lokalen Temperatureinwirkungen, nicht jedoch von der Integration der Temperaturverteilung über die gesamte Länge des Sensors abhängig ist.

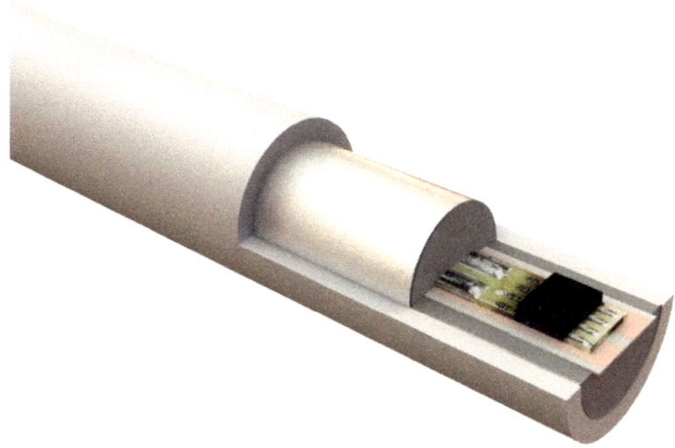

Bild 8.114: Linienförmiger, nicht integrierender Wärmemelder mit Sensorkabel
Quelle: Securiton GmbH

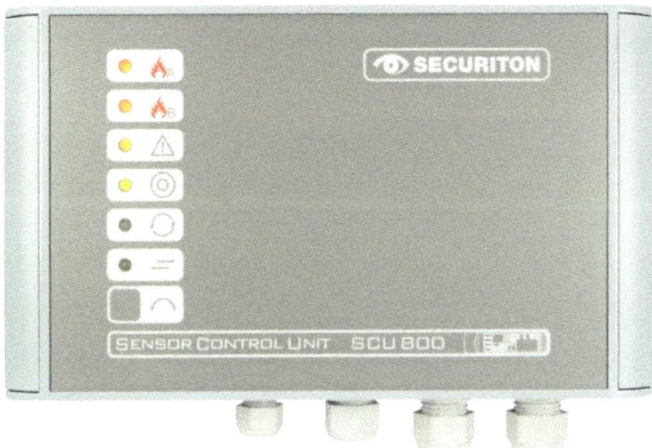

Bild 8.115: Auswerteeinheit
Quelle: Securiton GmbH

Typische Anwendungen finden diese Melder in Umgebungen mit extremen Umweltbedingungen wie Schmutz, Feuchte und Abgase (z.B. Tunnel), Bereiche mit niedrigen Temperaturen (Kühlhäuser etc.), explosionsgeschützte Bereiche, Bereiche, in denen wegen eines hohen Gefahrenbereichs (z.B. Hochspannungsanlagen) keine Wartung von herkömmlichen Meldern ohne Abschaltung möglich ist, und Bereiche wie Hohlraumböden (nicht zu verwechseln mit Doppelböden), in denen aufgrund der beengten Platzverhältnisse keine herkömmlichen Melder montiert werden können.

Beispiele für den Einsatz können Mittelspannungsräume oder Räume für Netzersatzanlagen (Notstromdiesel) sein, die in separaten Bauten im Freien oder in Containern untergebracht sind.

Eine weitere Variante des linienförmigen Wärmemelders basiert auf dem Prinzip der Volumenänderung von Gasen bei Temperaturänderung. Ein Druckaufnehmer misst den Absolutdruck in einem geschlossenen Fühlerrohr aus Kupfer. Über einen Prüfmotor wird regelmäßig ein Überdruck im Fühlerrohr erzeugt. Weicht der Messwert von dem Sollwert ab, liegt meist ein Leck oder eine Rohrquetschung vor, was zu einer Störmeldung des Systems führt.

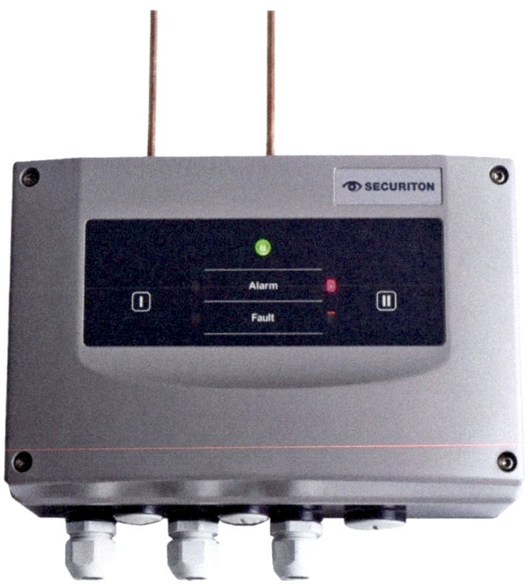

Bild 8.116: Linienförmiger Wärmemelder mit Fühlerrohr
Quelle: Securiton GmbH

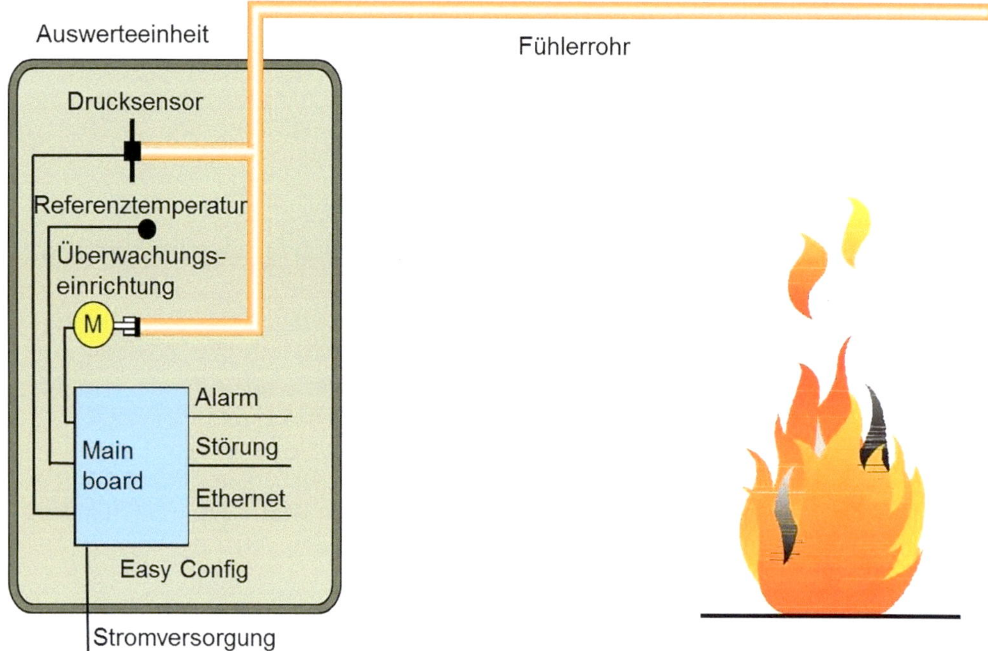

Bild 8.117: Funktionsprinzip des Linienförmigen Wärmemelders mit Fühlerrohr
Quelle: Securiton GmbH

8.1.4.4 Sonstige Komponenten

8.1.4.4.1 Akustische Signalgeber

Akustische Signalgeber dienen der eigenständigen akustischen Alarmierung direkt am Brandort. Wird eine elektroakustische Anlage im Gebäude verwendet, kann auf den eigenständigen Signalgeber verzichtet werden. Voraussetzung ist dann, dass die elektroakustische Anlage (Sprachalarmierungsanlage) zur Alarmierung genutzt wird.

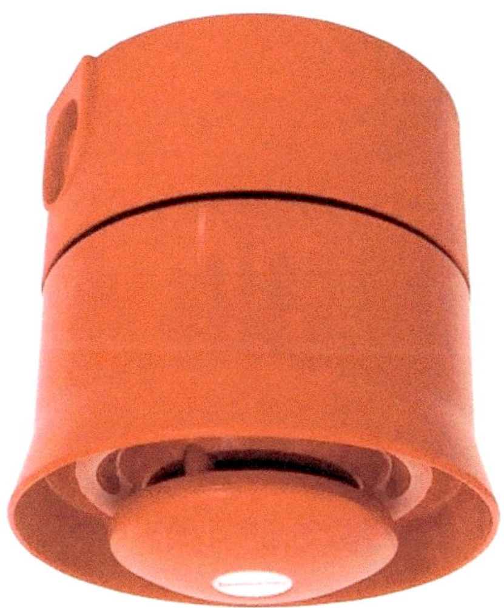

Bild 8.118: Akustischer Signalgeber
Quelle: Securiton GmbH – Alarm- und Sicherheitssysteme

8.1.4.4.2 Optischer Signalgeber

Optische Signalgeber sind Blitzleuchten, die mit einer bestimmten Helligkeit und Blitzfrequenz optisch einen Brandalarm anzeigen.

In diesem Zusammenhang sei der Hinweis erlaubt, dass auch auf die Belange von Menschen mit Behinderung, insbesondere von Blinden und Gehörlosen, geachtet werden muss, die dann unter Umständen das akustische oder optische Signal nicht wahrnehmen können.

Eine rote Blitzleuchte über dem Zugang zum Gebäude bzw. eine weiße über dem Schlüsseldepot sind zwingende Aufschaltbedingungen vieler Feuerwehren oder Brandschutzbehörden. Sie kennzeichnen das Gebäude, aus dem der Alarm kommt. Somit handelt es sich hier im eigentlichen Sinne um keinen Signalgeber, sondern um eine Hinweisleuchte.

Bild 8.119: Haube eines optischen Signalgebers
Quelle: Bosch Sicherheitssysteme GmbH

Bild 8.120: Optischer Signalgeber
Quelle: Securiton GmbH – Alarm- und Sicherheitssysteme

8.1.4.4.3 Feuerwehr-Bedienfeld (FBF)

Das Feuerwehr-Bedienfeld hat eine steuernde Funktion zur Brandmelderzentrale. Es sorgt dafür, dass alle Typen und Fabrikate von Brandmelderzentralen, ohne Mitwirkung des Betreibers der Brandmeldeanlage, durch die Feuerwehr einheitlich bedient werden können. Zudem wird es mit einem Profilhalbzylinder der Feuerwehrschließung gegen unbefugten Zugriff abgeschlossen. Das Feuerwehr-Bedienfeld muss im Feuerwehrzugang angebracht sein und darf in ein Feuerwehr-Informations- und Bediensystem (siehe dazu Abschnitt 8.1.4.4.6) integriert werden. Bei einer Montage nicht in unmittelbarer Nähe zur Brandmelderzentrale sind die Übertragungswege zu überwachen.

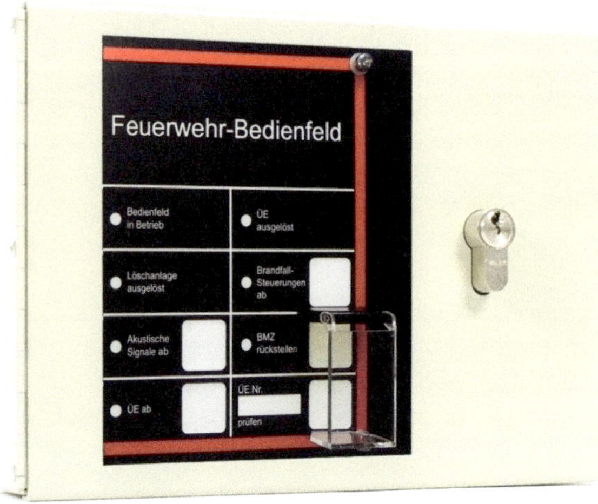

Bild 8.121: Feuerwehr-Bedienfeld
Quelle: IFAM GmbH Erfurt

Das Feuerwehr-Bedienfeld muss gut sicht- und bedienbar sowie frei zugänglich sein. Es muss gut beleuchtet und in einer Höhe von 1.600 mm +100 mm und –200 mm montiert sein. Der Pult-Einbau ist nicht gestattet.

Über Leuchtdioden wird Folgendes angezeigt:

- Bedienfeld in Betrieb (grüne LED)
- Löschanlage ausgelöst (rote LED), sofern eine Löschanlage angeschaltet wird
- ÜE (Übertragungseinrichtung) ausgelöst (rote LED)

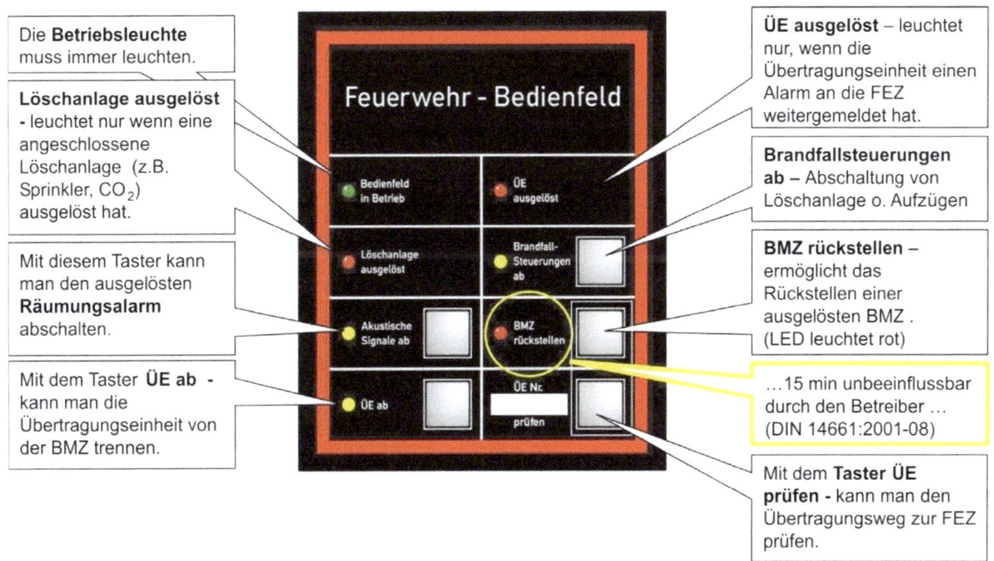

Bild 8.122: Funktionen des Feuerwehr-Bedienfeldes
Quelle: IFAM GmbH Erfurt

Zudem können folgende Handlungen über Tasten mit zusätzlicher optischer Anzeige ausgelöst werden:

- Akustische Signale ab (aus) bei ausgelöstem Räumungsalarm (gelbe LED)
- ÜE (Übertragungseinrichtung) ab (gelbe LED); trennen der ÜE von der BMZ
- Brandfallsteuerung ab (gelbe LED); abschalten der Brandfallsteuerungen
- BMZ rückstellen (rote LED)
- ÜE Nr. xyz prüfen (Übertragungsweg zur Feuerwehr-Einsatzzentrale prüfen)

8.1.4.4.4 Feuerwehr-Anzeigetableau (FAT)

Das Feuerwehr-Anzeigetableau ist eine standardisierte Parallelanzeige mit Ereignisspeicher und Klartextanzeige. Es dient, ohne die Mitwirkung des Betreibers der Brandmeldeanlage, als Erstinformation bei redundanter Anschaltung für die Feuerwehr in einer einheitlichen Form. Das Feuerwehr-Anzeigetableau zeigt die Betriebszustände Betrieb, Alarm, Störung und Abschaltung von Elementen der Brandmeldeanlage als LED-Leuchten grün, rot und gelb an, sowie im alphanumerischen Display als Klartext weitere Informationen zu einzelnen Meldern oder Meldergruppen. Dabei werden die

Feuerwehr-Anzeigetableau

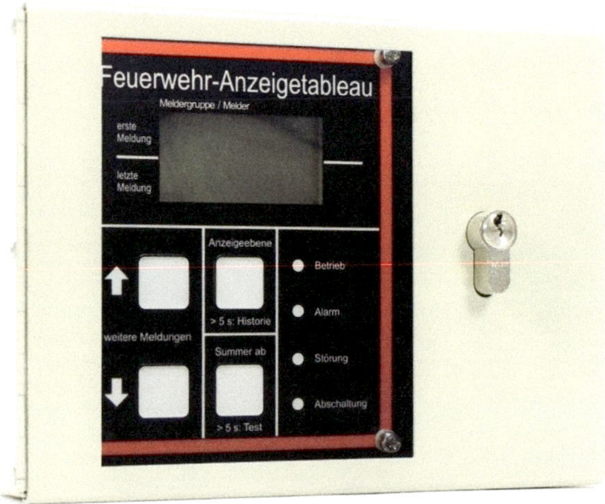

Bild 8.123: Feuerwehr-Anzeigetableau in Aufputzausführung
Quelle: IFAM GmbH Erfurt

mit den Tasten **weitere Meldungen** kann in den Meldungen vorwärts und rückwärts geblättert werden
mit der Taste **Summer ab** kann das akustische Signal des FAT abgeschaltet werden, mit der Betätigung länger als 5 Sek. werden ein **Anzeigetest** aller optischen und akustischen Signalgeber des FAT durchgeführt
Feuerwehr-Anzeigetableau
Meldergruppe / Melder
erste Meldung
letzte Meldung
Anzeigeebene
> 5 s: Historie
weitere Meldungen
Summer ab
> 5 s: Test
Betrieb
Alarm
Störung
Abschaltung
alphanumerisches/ grafisches Display mit 4 x 20 bzw. 6 x 20 Zeichen zur Darstellung von 2 Meldungen
Sammelanzeigen Betrieb mit grüner LED, Alarm (Feuer) mit roter LED, Störung mit gelber LED, Abschaltung mit gelber LED, im Ruhezustand leuchtet nur Betrieb
Mit Taste **Anzeigenebene** kann zwischen Alarm, Störung und Abschaltung umgeschaltet werden, mit der Betätigung länger als 5 Sek. gelangt man in den **FAT-Ereignisspeicher**

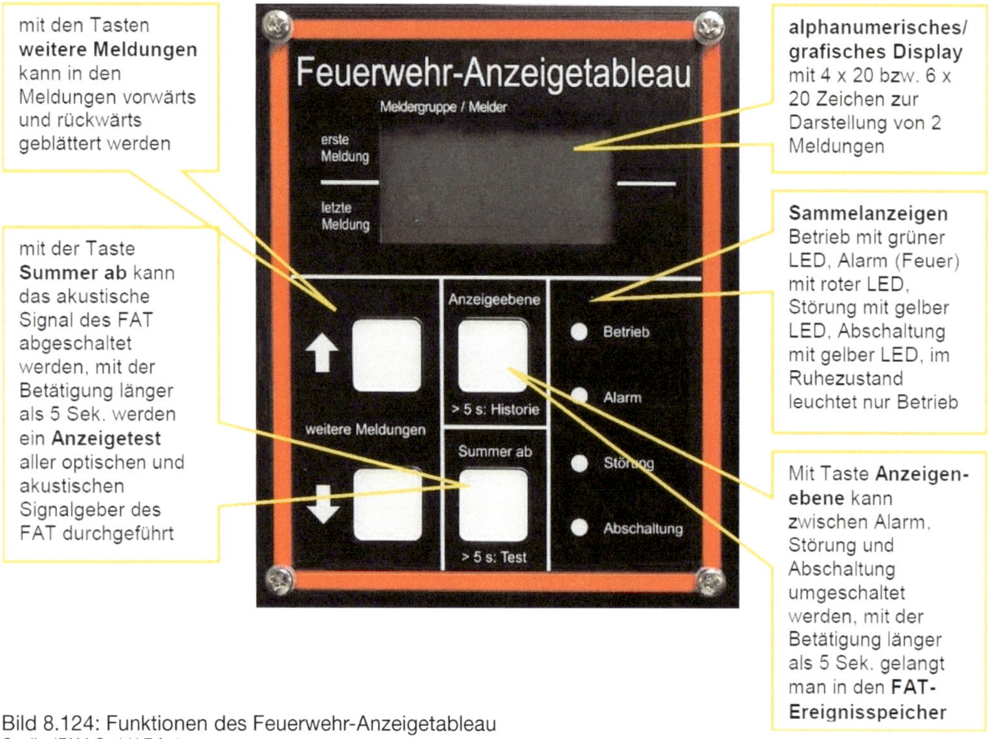

Bild 8.124: Funktionen des Feuerwehr-Anzeigetableau
Quelle: IFAM GmbH Erfurt

erste und die letzte eingelaufene Alarmmeldung im Display angezeigt. Über die Pfeiltasten können weitere Meldungen abgerufen werden.

Das Feuerwehr-Anzeigetableau muss im Objektzugangsbereich, vorzugsweise am gleichen Ort wie das Feuerwehr-Bedienfeld und das Feuerwehr-Laufkartendepot, montiert werden. Es gelten die gleichen Bedingungen wie beim Feuerwehr-Bedienfeld, also gut sicht- und bedienbar und frei zugänglich. Auch hier hat die Planung in Absprache mit der zuständigen Feuerwehr oder Brandschutzbehörde zu erfolgen.

8.1.4.4.5 Feuerwehr-Laufkarten (FLK)

Feuerwehr-Laufkarten sind meist einlaminierte Lage- und Grundrisspläne, in denen der Weg vom Standort der Feuerwehr-Laufkarte bis zum ausgelösten Brandmelder dargestellt ist. Sie werden objektspezifisch in Art, Ausführung und Größe nach Angaben der örtlichen Feuerwehren oder Brandschutzbehörden gefertigt. Die Formate sind dabei in der Regel DIN A4 oder DIN A3. Auf einer Seite wird der Grundriss des Gebäudes mit dem Laufweg zum Bereich des ausgelösten Melders aufgezeigt. Auf der zweiten Seite ist dann die Fortsetzung in Form des Grundrisses im jeweiligen Bereich oder der Etage dargestellt. Bei kleineren Gebäuden ist meist eine Seite ausreichend. Zudem sind die Standorte des Feuerwehrschlüsseldepots, der Brandmelderzentrale, der Übertragungseinrichtung, des Feuerwehr-Bedienfelds, des Feuerwehr-Anzeigetableaus, sowie alle weiteren, für die Einsatzkräfte relevanten Einrichtungen wie Löschwasserentnahmestellen bei Steigleitungen etc. angegeben.

Die Feuerwehr-Laufkarten sind eine Voraussetzung für das Aufschalten der Brandmeldeanlage bei der zuständigen Feuerwehr oder Leitstelle. Die Festlegungen sind in der DIN 14675 spezifiziert. In den technischen Anschaltbedingungen sind oft Abweichungen und Besonderheiten definiert, die sich in der Größe und dem Aussehen der Feuerwehr-Laufkarten widerspiegeln.

Die Karten sind mit der Meldergruppe nummeriert und sortiert im Aufbewahrungskasten im Anrückweg der Feuerwehr, vorzugsweise am gleichen Standort wie das Feuerwehr-Bedienfeld und das Feuerwehr-Anzeigetableau, gelagert. Zudem ist es zulässig, die Feuerwehr-Laufkarten im Feuerwehr-Informations- und Bediensystem (siehe dazu Abschnitt 8.1.4.4.6) aufzubewahren. Das Feuerwehr-Anzeigetableau liefert die Klartextdarstellung, die Nummer des Brandmelders und der Meldergruppe, mit dem dann die Feuerwehr die passende Laufkarte aus dem Aufbewahrungskasten nimmt und den Löschangriff fortsetzt. Pro Meldergruppe wird eine Feuerwehr-Laufkarte benötigt.

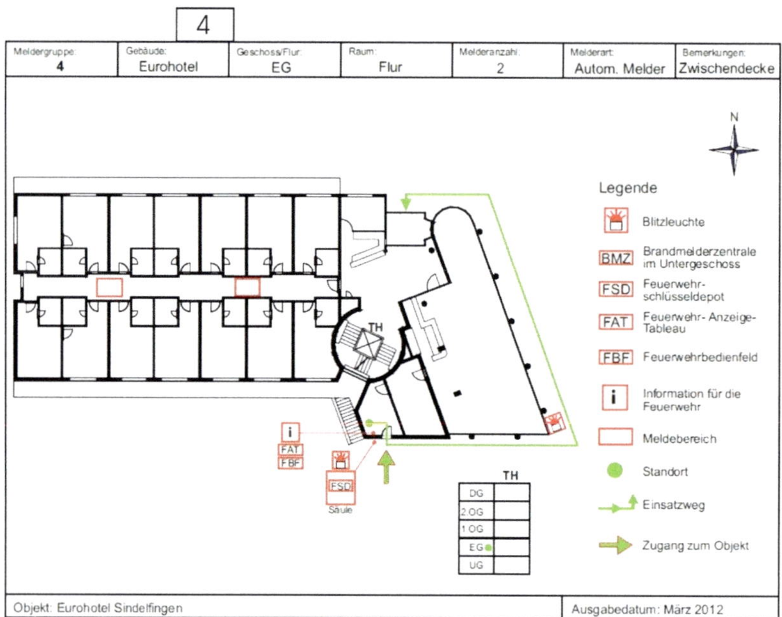

Bild 8.125: Vorderseite einer Feuerwehr-Laufkarte
mit dem Laufweg vom Standort der Feuerwehr-Laufkarte bis in den Melderbereich
Quelle: IFAM GmbH Erfurt

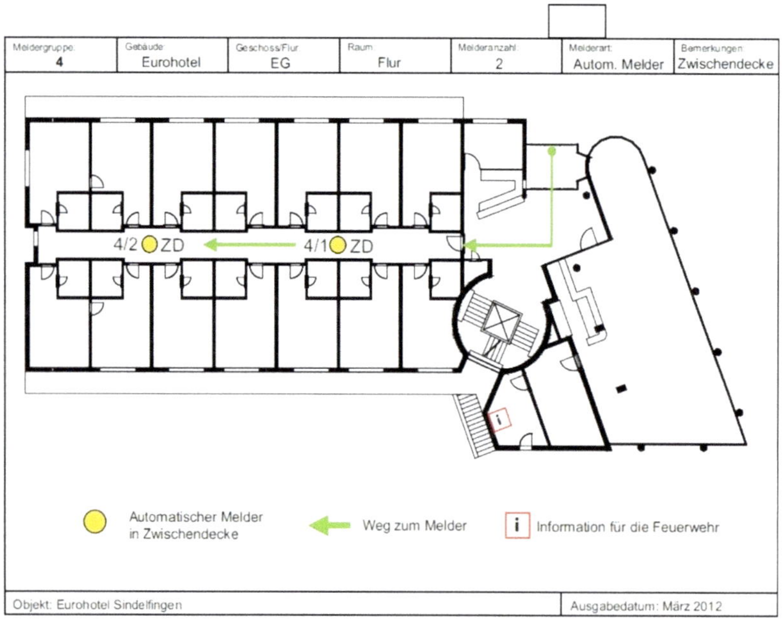

Bild 8.126: Rückseite einer Feuerwehr-Laufkarte
mit dem Laufweg innerhalb des Melderbereiches bis zum ausgelösten Melder
Quelle: IFAM GmbH Erfurt

Bild 8.127: Feuerwehr-Laufkartendepot
Quelle: KRUSE Sicherheitssysteme GmbH & Co. KG

8.1.4.4.6 Feuerwehr Informations- und Bediensystem (FIBS)

Das Feuerwehr Informations- und Bediensystem vereint eine Reihe von Einzelanlagenteilen in einem Schrank.

Diese können sein:

- Feuerwehr-Bedienfeld (FBF)
- Feuerwehr-Anzeigetableau (FAT)
- Feuerwehr-Gebäudefunkbedienfeld (FGB), für die Gebäude-BOS-Funkanlage
- Universal-Bedienfeld
- Feuerwehr-Sprechstelle
- Bildschirm mit Gebäudeinformationen (z.B. Feuerwehrplan, Feuerwehr-Laufkarte, Videoüberwachung etc.)
- Brandmeldetableau
- Laufkartendepot
- Manueller Druckknopfmelder

Somit ist es der Feuerwehr noch besser möglich, an einer Stelle, an einem einheitlichen Aufbau, die im Brandfall relevanten Informationen schnell zu erhalten.

Bild 8.128: Feuerwehr Informations- und Bediensystem mit Feuerwehr-Anzeigetableau, Feuerwehr-Bedienfeld, Feuerwehr-Gebäudefunk-Bedienfeld, Druckknopfmelder und Laufkartendepot
Quelle: IFAM GmbH Erfurt

Bild 8.129: FIBS geöffnet mit Feuerwehr-Bedienfeld und Laufkartendepot
Quelle: IFAM GmbH Erfurt

Bild 8.130: Feuerwehr Informations- und Bediensystem in großer Ausführung mit Feuerwehr-Anzeigetableau (FAT), Feuerwehr-Bedienfeld (FBF), Feuerwehr-Gebäudefunk-Bedienfeld (FGB), Universal-Bedienfeld (UBG für z.B. Sprachalarmierungsanlage, Rauch-Wärme-Abzugsanlagen etc.), Feuerwehr-Sprechstelle, Feuerwehr-Informationsterminal (FIT mit Programm zur Darstellung von umfangreichen Gebäudeinformationen wie z.B. Brandfallsteuerung, Feuerwehr-Laufkarten, Alarmplan, Feuerwehrplan, Löschanlagen, Feuerwehr-Aufzüge, Anbindung von IP-Kameras etc.), Laufkartenschächte mit Meldergruppenanzeigen (LED über dem Reiter) und Brandmeldetableau
Quelle: IFAM GmbH Erfurt

8.1.4.4.7 Laufkartendrucker

Der Laufkartendrucker druckt bei Auslösung der Brandmeldeanlage die benötigten Feuerwehr-Laufkarten aus. Dabei ergänzt er Feuerwehr-Laufkarten im Laufkartendepot. Zudem kann es Sinn machen, einen Feuerwehr-Laufkartendrucker einzusetzen, wenn sich die Gegebenheiten öfters ändern.

Der Drucker ist üblicherweise ein Farblaserdrucker mit Duplex-Druck-System. Die Anschaltung des PCs erfolgt durch das Feuerwehr-Anzeigetableau oder über eine serielle Schnittstelle der Brandmelderzentrale. Die Feuerwehr-Laufkarten sind im Grafikformat hinterlegt und auf jeden Fall zusätzlich in ausgedruckter Form vorzuhalten. Ein Laufkartendrucker ersetzt keinesfalls die Feuerwehrlaufkarten im Laufkartendepot, sondern er ist als Zusatz zu sehen.

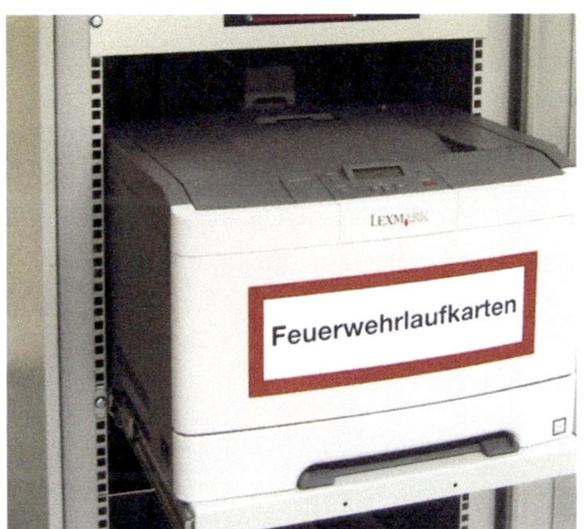

Bild 8.131: Feuerwehr-Laufkartendrucker
Quelle: IFAM GmbH Erfurt

8.1.4.4.8 Brandmeldetableau

Das Brandmeldetableau wird oft an den Zugängen von Gebäuden oder großen Räumen wie Rechenzentren angebracht bzw. in Räumen, in denen eine Löschanlage installiert ist. Auch hier bestimmt die zuständige Feuerwehr oder Brandschutzbehörde die Art, Ausführung und Größe. Das Brandmeldetableau ist ebenfalls eine Voraussetzung für das Aufschalten der Brandmeldeanlage bei der zuständigen Feuerwehr oder Leitstelle, sofern es durch die Brandschutzdienststelle gefordert wird.

Dabei ist der jeweilige vereinfachte Grundriss des Raums auf einer Aluminiumplatte eingraviert. Die Melder sind in Form von Leuchtdioden (LED) dargestellt. An jeder LED ist die Meldergruppe mit dargestellt. So kann die anrückende Feuerwehr die Lage sofort erkennen und gezielt auf den ausgelösten Brandmelder zusteuern bzw. auch erkennen, ob ein Melder an der Decke oder im Doppelboden zur Auslösung geführt hat. Über unterschiedliche LED-Farben wird zwischen automatischen und nicht automatischen Brandmeldern, Brandmeldern an der Decke oder im Doppelboden etc. unterschieden. Teilweise sind auch noch das Feuerwehr-Anzeigetableau, das Feuerwehr-Bedienfeld und ein Handfeuermelder in das Brandmeldetableau integriert.

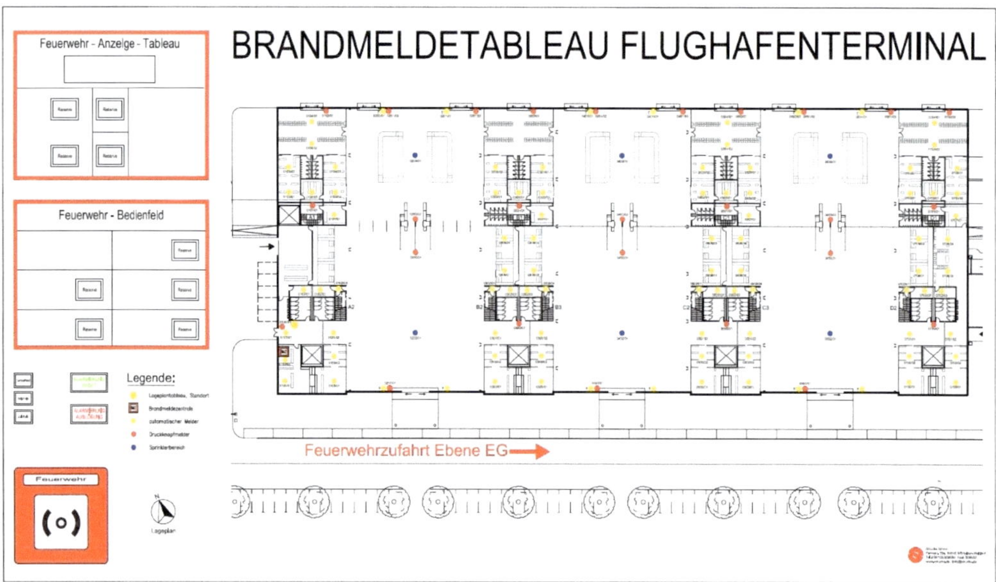

Bild 8.132: Brandmeldetableau am Beispiel eines Flughafenterminals
Quelle: Strucks GmbH

8.1.4.4.9 Feuerwehrschlüsseldepot (FSD)

Schlüsseldepots sind in die Wand ein- oder angebaute Tresore, in denen die Objektschlüssel aufbewahrt werden. Das Schlüsseldepot hat dabei zwei Türen, die äußere und die innere Türe. Das elektrische Verriegelungselement (Türöffner) hält die äußere Türe verschlossen. Die äußere Türe kann manuell über die Brandmelderzentrale angesteuert werden oder entriegelt im Brandfall automatisch. Zum Vorschein kommt die Innentüre mit einem weiteren Schloss, hinter dem sich der oder die Objektschlüssel befinden. Die Schließung des Schlosses ist in der Regel in Feuerwehrhoheit, d.h. jede Feuerwehreinheit (Feuerwehrdirektion, Kreisbranddirektion, Berufsfeuerwehr in einer Stadt etc.) hat ihre eigene Schließung. Mittels des Schlüssels kann die anrückende Feuerwehr die innere Türe öffnen. Mit dem dahinter befindlichen Objektschlüssel kann die Feuerwehr nun wiederum die Hauptzugangstüre in das Gebäude und alle verschlossenen Innentüren öffnen.

In der Regel sind in Gebäuden mit Brandmeldeanlagen Schließanlagen eingebaut. Der Objektschlüssel ist dabei der Generalschlüssel, so dass mit diesem Schlüssel alle in die Schließanlage integrierten Türen geöffnet werden können. Werden im Gebäude zwei oder mehrere Schließanlagen eingebaut, so sind mehrere Objektschlüssel im Feuerwehrschlüsseldepot zu hinterlegen.

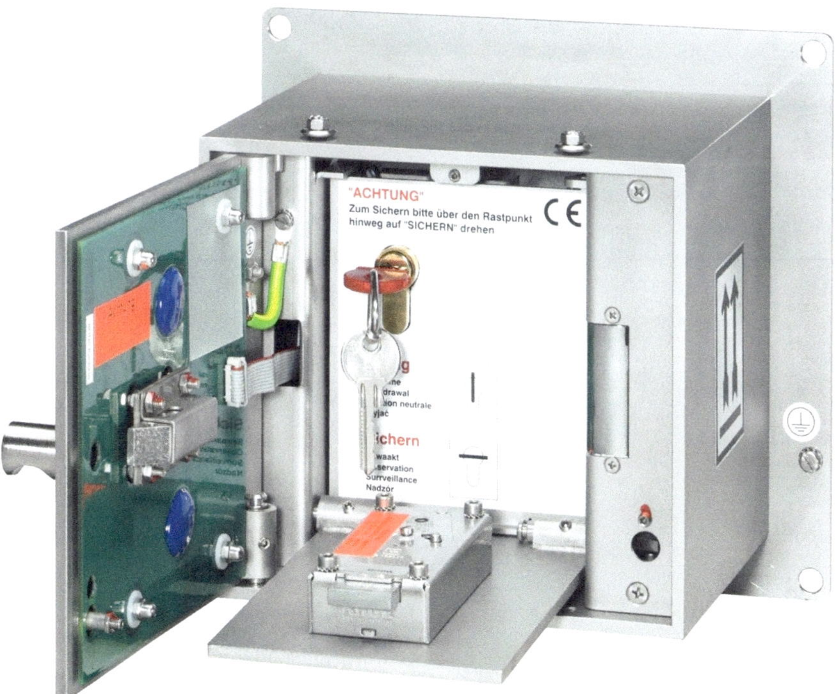

Bild 8.133: Feuerwehr-Schlüsseldepot für bis zu vier Objektschlüssel (nur ein Schlüssel abgebildet)
Quelle: KRUSE Sicherheitssysteme GmbH & Co. KG

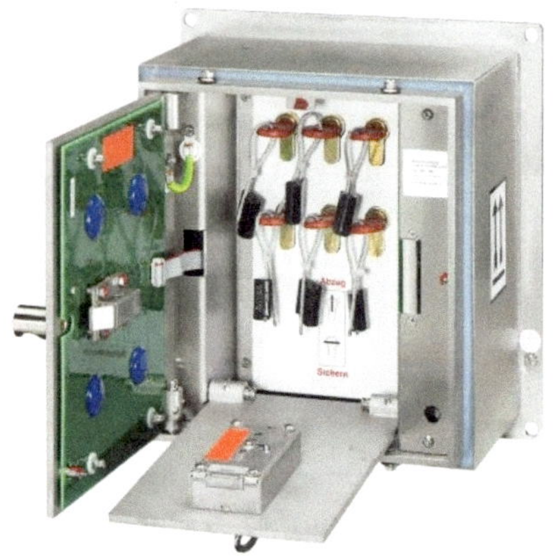

Bild 8.134: FSD für bis zu sechs Schlüssel
Quelle: KRUSE Sicherheitssysteme GmbH & Co. KG

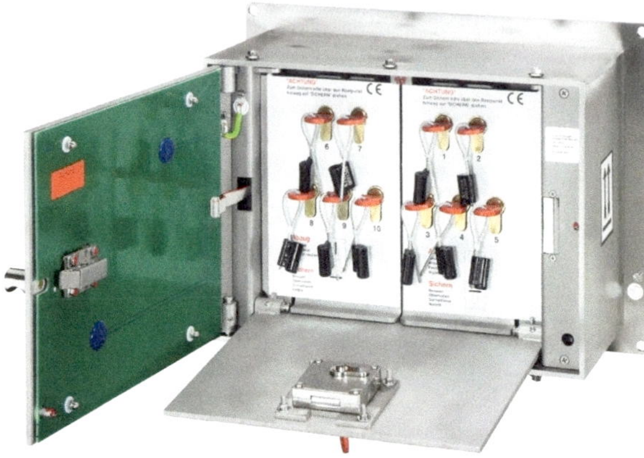

Bild 8.135: FSD für bis zu zehn Schlüssel

Wird der Objektschlüssel im Feuerwehrschlüsseldepot abgezogen, wird dies an die Brandmeldeanlage gemeldet und dokumentiert. Die Schlüssel sind somit überwacht. Die äußere Türe des Feuerwehr-Schlüsseldepots verriegelt auch erst wieder, wenn der oder die Objektschlüssel wieder im Schließzylinder deponiert und auf sichern gestellt wurden. Der Schließzylinder für die Objektschlüssel sind üblicherweise eigene Schließkreise, so dass nur der Generalschlüssel in das Schloss passt.

Sollte der Bedarf bestehen, neben den Schlüsseln noch weitere Zutrittskontrolltechniken zum Betreten diverser Räume hinterlegen zu müssen, gibt es darüber hinaus Schlüsseldepots, die Zutrittskontrollkarten oder Chips sicher aufnehmen können.

Wichtig ist, dass die Depots entsprechend der geforderten Klassifizierung aus der DIN 14675, eingesetzt und montiert werden und über eine entsprechende VdS Anerkennung verfügen. Meist sind sie noch mit einer Heizung, einem Außentür-Anbohrschutz und einer integrierten LED-Depotbeleuchtung ausgestattet.

Bild 8.136: FSD für An- oder Einbau
Quelle: KRUSE Sicherheitssysteme GmbH & Co. KG

Bild 8.137: FSD mit Rundum-Anbohrschutz

8.1.4.4.10 Freischaltelement (FSE)

Das Freischaltelement wird beim Feuerwehrschlüsseldepot platziert. Es dient der manuellen Auslösung der Brandmeldeanlage durch z.B. die Einsatzkräfte der Feuerwehr (bei z.B. Sichtfeuer). Durch die manuelle Alarmierung wird über die Brandmelderzentrale die äußere Türe des Feuerwehrschlüsseldepots geöffnet.

Das Freischaltelement erhält ebenfalls einen individuellen Zylinder und ist somit nur durch die zuständigen Feuerwehren zu bedienen. Meist verfügt das Freischaltelement noch über eine Staubschutzscheibe.

Bild 8.138: Freischaltelement als Zubehör zu Schlüsseldepots
Quelle: KRUSE Sicherheitssysteme GmbH & Co. KG

Bild 8.139: Freischaltelement mit Putzblende

8.1.4.4.11 Hinweisschilder

Hinweisschilder sind notwendig, wenn die Brandmelderzentrale nicht direkt am Haupteingang oder Anrückpunkt liegt. Sie dienen als Wegweiser zur Brandmelderzentrale. Oft muss auch der Weg von der Bedienstelle zur Zentrale einer selbsttätigen Löschanlage ausgeschildert werden. Die Hinweisschilder müssen der DIN 4066 entsprechen.

Bild 8.140: Hinweisschilder weisen den Weg vom Anrückpunkt bis zur Brandmelderzentrale
Quelle: Bosch Sicherheitssysteme GmbH

8.1.4.4.12 Doppelboden-Plattenheber

Sind in einem Gebäude Doppelböden installiert und die Doppelbodenzwischenräume mit Rauchmeldern überwacht, muss die Feuerwehr die Möglichkeit haben, über sogenannte Öffnungswerkzeuge die Platten zu öffnen und in den Zwischenraum zu schauen bzw. im Zwischenraum zu löschen. Dies ist in einem Gebäude mit einem Rechenzentrum meistens der Fall, so dass Plattenheberkästen mit Feuerwehr-Schließung durch die Feuerwehr vorgeschrieben werden können. Sind die Doppelbodenplatten aus harten Oberflächen (Linoleum, PVC etc.), reicht in der Regel ein Doppelkopf-Saugheber. Sind Doppelbodenplatten mit textilen Oberflächen verlegt, benötigt man einen Krallenheber. Bei Lüftungsplatten sind zusätzlich Hebehaken in dem Kasten mit zu deponieren.

Bild 8.141: Feuerwehr-Plattenheberbox mit separatem Schließzylinder
Quelle: KRUSE Sicherheitssysteme GmbH & Co. KG

Bild 8.142: Doppelkopf-Saugheber für glatte Böden
Quelle: KRUSE Sicherheitssysteme GmbH & Co. KG

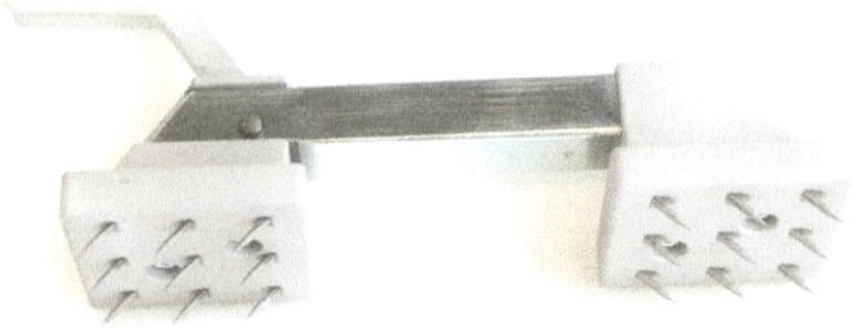

Bild 8.143: Krallenheber für textile Böden
Quelle: KRUSE Sicherheitssysteme GmbH & Co. KG

8.1.5 Brandlöschung

Ob eine Brandlöschung im Rechenzentrum eingesetzt wird, entscheidet der Nutzer bzw. Errichter des Rechenzentrums selbst. Die DIN EN 50600-2-5 spricht von einer Unterdrückungsanlage und meint damit neben Löschanlagen auch technische Brandvermeidungsanlagen bzw. bedarfsgesteuerte Brandvermeidungsanlagen.

Entscheidend nach der DIN EN 50600-2-5 ist die Risikoanalyse, die festgelegt, ob und welche Art von Unterdrückungsanlage installiert wird.

Wenn eine Feuerlöschanlage zu installieren ist, um den einzusetzenden Brand zu löschen oder die Ausbreitung von Feuer zu verhindern, muss sie so ausgelegt sein, dass Personenschäden und Schäden an Geräten minimiert werden.

Anmerkung des Autors: Personenschäden sollten nicht nur minimiert, sondern müssen verhindert werden.

Soweit die Norm.

Es gibt unterschiedliche Brandlöschanlagen, die je nach Wirkungsweise an allen drei Faktoren des Verbrennungsdreiecks ansetzen.

Löschanlagen auf Basis von Inertgasen (Argon, Stickstoff oder Kohlendioxid) verdrängen den Sauerstoff. Die Verwendung chemischer Löschgase (Novec 1230 oder FM 200) basiert auf dem Prinzip des Wärmeentzugs.

Bild 8.144: Brandlöschung eines Rechenzentrums mit Löschgas
Quelle: Wagner Group GmbH

Eine Löschung mit Wasser in Form von herkömmlichen Sprinkleranlagen oder mit Sprühnebel entzieht Wärme, verdrängt Sauerstoff und nimmt teilweise den brennbaren Stoffen ihre Eigenschaften.

Das größte Augenmerk beim Betrieb eines Rechenzentrums liegt auf der Verfügbarkeit. Das heißt im Umkehrschluss, dass selbst bei einem Schadensfall das Rechenzentrum weiter betrieben werden muss. Bei der Löschung mit Löschgasen (Inert- oder chemische Gase) braucht das Rechenzentrum aus technischen Gründen nicht stromlos geschaltet werden. Gleichwohl muss bei Strom als Brandursache damit gerechnet werden, dass nach der Haltezeit des Löschgases eine Rückzündung erfolgen kann. Allerdings darf man davon ausgehen, dass die Feuerwehr bis zu diesem Zeitpunkt eingetroffen ist und die richtigen Maßnahmen bis hin zur Stromlosschaltung des Rechenzentrums einleitet.

Die VdS-Richtlinien 2380 und 2381, welche kurze Zeit genau diese Stromabschaltung bei Auslösung einer Löschung gefordert hatten, wurden mittlerweile überarbeitet und verabschiedet, so dass eine Abschaltung heutzutage gemäß den Richtlinien nicht mehr vorgeschrieben ist.

Bei Umluftkühlbetrieb soll das Rechenzentrum bei einer Gaslöschung weiter gekühlt werden. Eine Abschaltung der Klimatisierung ist – sofern keine gesetzlichen Vorschriften dagegen sprechen – ebenfalls nicht notwendig.

Dies spiegelt auch die DIN EN 50600-2-5 wider, in der gefordert wird, dass die Notwendigkeit für Früherkennung und Voralarm von Rauch und/oder Feuer in Betracht gezogen werden muss und dass der Voralarm die Funktion der Einrichtungen und Infrastrukturen des Rechenzentrums nicht automatisch unterbrechen darf (z.B. keine Abschaltung der Klimatisierung).

Anders verhält es sich bei Zu- und Abluftanlagen. Zu- und Abluftanlagen müssen bei einer Löschung abgeschaltet und die Brandschutzklappen an den Grenzen des gelöschten Bereichs geschlossen werden. Werden diese Anlagen nicht abgeschaltet, entweicht das Löschgas durch diese Öffnungen und die notwendige Löschmittelkonzentration wird über die Haltezeit nicht mehr gewährleistet.

Bei der heutigen Ausbildung von Kalt- und Warmgängen ist darauf zu achten, dass diese abgeschotteten Bereiche ebenfalls in die Löschbereiche mit einbezogen werden. Dabei müssen die Kalt- und Warmgänge sowohl detektiert wie auch gelöscht werden. Ebenso bilden Doppelboden und der Raum selbst unterschiedliche Löschzonen. Die Besonderheiten hoher Luftgeschwindigkeiten im Doppelboden sind zu beachten.

Gaslöschanlagen werden meistens von der Brandmeldeanlage in Zwei-Melder- oder Zwei-Linienabhängigkeit angesteuert. Aufgrund des Personenschutzes muss für alle Löschgase nach VdS 2380 und 2381 eine Vorwarnzeit von 10 Sekunden bis 30 Sekunden eingehalten werden. Die DIN EN 50600-2-5 spezifiziert dies mit der Forderung, dass die Zeit zwischen der Erkennung und Aktivierung der Unterdrückungsanlage die sichere Evakuierung von Personen erlauben muss. Die Flutungszeit selbst beträgt bei Inertgasen 60 Sekunden bis 120 Sekunden, bei chemischen Löschgasen 10 Sekunden. Die Warnung muss sowohl akustisch wie auch optisch über eine Blitzleuchte o.Ä. erfolgen. Inertgase werden in der Regel mit einem Druck von 200 bar bis 300 bar, chemische Löschgase mit 42 bar bevorratet. Der Einbringdruck bei Inertgasen liegt an den Löschdüsen bei rund 60 bar, bei chemischen Löschgasen unter 40 bar. Schon alleine aus dem hohen Einbringdruck bei Inertgasen heraus ist es sehr gefährlich, sich im Löschbereich aufzuhalten. Umherfliegende Teile sind keine Seltenheit. Die Geräuschentwicklung bei der Einblasung ist zudem sehr hoch.

Nach einer Flutung darf der Raum nur mit entsprechenden Atemschutzmasken begangen werden und er ist zu entlüften. Ein Leuchtschild über der Türe zeigt an, dass eine Löschung ausgelöst wurde und der Raum nicht zu betreten ist.

Bei Inertgasen können über Mehrbereichsventile mehrere, auch weit voneinander entfernte, Räume in die Löschung mit einbezogen werden können, während die Löschgasbevorratung lediglich für den größten Raum ausgelegt werden muss. Über Löschmittelmengensteuerventile erfolgt die bedarfsorientierte Öffnung der Flaschen für diesen Löschbereich notwendigen Löschmittelmenge. Dadurch lassen sich die Kosten des Brandschutzsystems erheblich reduzieren.

Löschanlagen mit chemischen Löschgasen werden hauptsächlich zur Einbereichslöschung eingesetzt. Mehrbereichsanlagen sind dann möglich, wenn die Raumvoluminas etwa gleich groß sind. Auch sind den Längen der Zuleitung zu den Räumen engere Grenzen gesetzt, als bei den Inertgassystemen. Die Löschgasmenge wird bei Einbereichsanlagen für jeden Raum separat in separaten Flaschen vorgehalten. Nach Richtlinie können die Räume auch überflutet werden, so dass bei Mehrbereichsanlagen die Löschmittelbevorratung von chemischen Löschgasen ebenfalls für den größten Raum bemessen wird.

Bei beiden Anlagentypen wird immer nur die Löschung für den Bereich ausgelöst, in dem der Melder oder die Melder bei 2-Melder- / Linien-Abhängigkeit ausgelöst haben.

8.1.5.1 Inertgase

Die DIN EN 50600-2-5 fordert, dass die Gaslöschanlagen mit gasförmigen Löschmitteln den nationalen oder lokalen Vorschriften entsprechen müssen. Fehlen solche Vorschriften, müssen die Anlagen der Normenreihe DIN EN 15004 (für Gase außer Kohlendioxid) und der ISO 6183 (für Kohlendioxid-Löschanlagen) entsprechen.

8.1.5.1.1 Argon (Ar)

Chemisch gehört Argon zu den Edelgasen und ist das am häufigsten in der Atmosphäre vorkommende Edelgas. Der Anteil in der Atmosphäre beträgt 0,934 Prozent und ist damit nach Stickstoff und Sauerstoff der dritthäufigste Bestandteil der Luft. Es ist ungiftig und elektrisch nicht leitfähig. Da es ein Edelgas ist, geht es keine Verbindung mit anderen Stoffen ein. Argon ist im freien Handel erhältlich, ist schwerer als Luft und eignet sich daher besonders gut zur Flutung des Doppelbodenzwischenraums. Beim Löschen mit Argon geht keine Gefahr für die umliegenden Räume aus, falls es durch undichte Stellen aus dem Raum austritt. Beim Löschen selbst tritt keine Sichtbehinderung auf und es gibt keine wesentliche Temperatursenkung. Soll es nach dem Löschen aus dem Raum entfernt werden, genügt eine normale Belüftung. Die Räume dürfen allerdings nicht unter Erdgleiche sein, da das Gas schwerer als Luft ist. Argon wird ausschließlich aus der Luft im Rahmen der Luftverflüssigung im Linde-Verfahren gewonnen.

8.1.5.1.2 Stickstoff (N_2)

Mit 78 Prozent ist Stickstoff der Hauptbestandteil der Luft. In reinem Stickstoff ersticken Lebewesen. Trotzdem ist Stickstoff ein ungiftiges Gas, das essentiell für Lebewesen ist, die ihn organisch binden und bioverfügbar machen. Er ist wesentliches Element der Proteine und der DNA und somit Baustein aller Enzyme, die den Stoffwechsel steuern. Stickstoff ist elektrisch nicht leitend. Er bildet in Verbindung mit Luft das atemfreundlichste Gemisch. Stickstoff wird wie Argon durch die fraktionierte Destillation verflüssigter Luft nach dem Linde-Verfahren gewonnen.

Stickstoff ist nur unwesentlich leichter als Luft, weshalb es nur langsam durch etwaige Öffnungen entweicht und sehr lange eine löschfähige Konzentration hält. Er ist sehr preiswert und im freien Handel erhältlich.

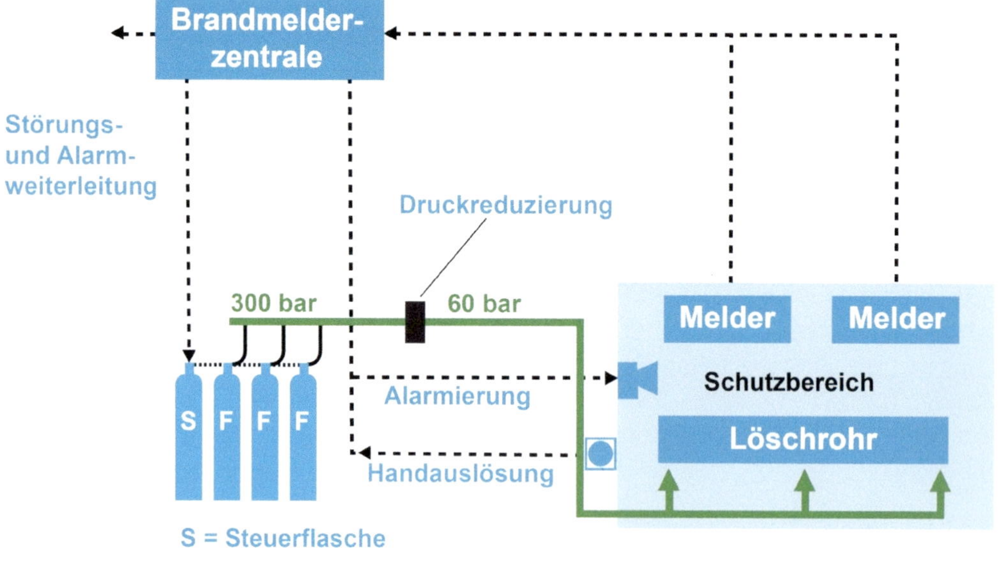

Bild 8.145: Anlagenschema einer Stickstoff- bzw. Argon-Einbereichsfeuerlöschanlage
Quelle: Wagner Group GmbH

Beim Löschen mit Stickstoff geht keine Gefahr für die umliegenden Räume aus, falls es durch undichte Stellen aus dem Raum austritt. Zudem tritt keine Sichtbehinderung auf und es gibt keine wesentliche Temperatursenkung. Es verteilt sich sehr schnell im Raum und erreicht eine homogene Durchmischung. Soll es nach dem Löschen aus dem Raum entfernt werden, genügt eine normale Belüftung. Aufgrund der Sauerstoff-

Bild 8.146: Bild einer Einbereichslöschanlage
Quelle: Wagner Group GmbH

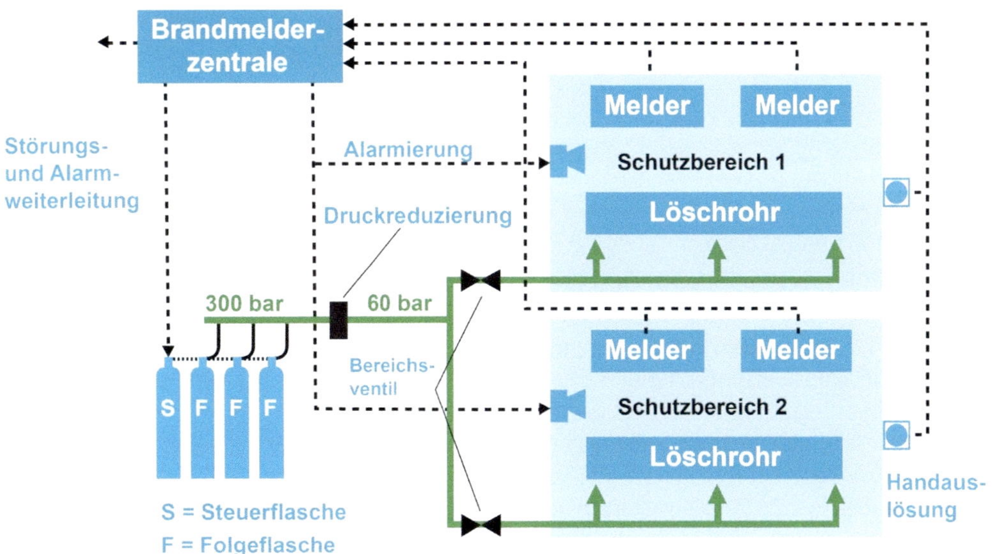

Bild 8.147: Anlagenschema einer Stickstoff- bzw. Argon-Mehrbereichsfeuerlöschanlage
Quelle: Wagner Group GmbH

Bild 8.148: Bild einer Mehrbereichslöschanlage
Quelle: Wagner Group GmbH

reduzierung muss hier oft mit doppelt gesicherter Alarmierung und Zeitverzögerung gearbeitet werden. Stickstoff wird im RZ-Bereich noch vor Novec 1230 und Argon am häufigsten eingesetzt.

Argon und Stickstoff sind sehr preiswert und werden auch als Schutzgas beim Schweißen oder als Füllgas von (den mittlerweile fast verbotenen) Glühlampen und Entladungsröhren verwendet.

8.1.5.1.3 Inergen (IG 541)

IG 541, allgemein unter dem Namen Inergen bekannt, ist eine Argon-Stickstoff-Kohlendioxid-Mischung. Da das Löschgas aus natürlichen Bestandteilen der Luft besteht, ist es auch in höchstem Maße umweltverträglich und es treten keine Folgeschäden auf. Im Falle einer Flutung ist eine schnelle Wiederbefüllung durch die hohe Verfügbarkeit der Gase gegeben. Aufgrund der Sauerstoffreduzierung muss hier oft mit doppelt gesicherter Alarmierung und Zeitverzögerung gearbeitet werden.

Inergen wurde bis 2011 allein durch Total Walther vertrieben. Nach dem Schutzablauf ist es mittlerweile als IG 541 frei zugänglich. Aufgrund seiner Zusammensetzung ist es ein sehr universell einsetzbares Löschgas, sowohl für den Raum wie auch für den Doppelbodenzwischenraum.

8.1.5.1.4 Argonite (IG 55)

Argonite als Löschgas wird nur vom Hersteller Kidde Deutschland GmbH vertrieben. Es besteht je zur Hälfte aus Argon und Stickstoff. Damit kombiniert es die Vorteile der vorgenannten Inertgase. Argonite ist als IG 55 im freien Handel erhältlich, ist schwerer als Luft und hat dieselbe löschfähige Konzentration wie Stickstoff. In der eingesetzten Löschkonzentration ist es sicher für Personen. Die Dichte des Gases ist ähnlich wie bei Luft. Dadurch wird die Haltezeit natürlich verlängert und die Notwendigkeit der Raumdichtigkeit ist nicht so hoch wie bei Löschgasen, deren Dichte erheblich von der Luft abweicht. Das Ausströmen des Löschgases verursacht eine geringe Abkühlung, jedoch keine Vernebelung im Raum. Aufgrund der Sauerstoffreduzierung muss hier oft mit doppelt gesicherter Alarmierung und Zeitverzögerung gearbeitet werden.

Bild 8.149: Mehrbereichslöschanlage mit Argonite
Quelle: Kidde Brand- und Explosionsschutz GmbH

Bild 8.150: Mehrbereichsventile über der Zentrale
Quelle: Kidde Brand- und Explosionsschutz GmbH

8.1.5.1.5 Kohlendioxid (CO_2)

Kohlendioxid ist eines der ältesten Löschmittel im Rechenzentrumsumfeld. Es ist eine chemische Verbindung aus Kohlenstoff und Sauerstoff und ein natürlicher Bestandteil der Luft mit einer mittleren Konzentration von 0,039 Vol.-%. Die Konzentration variiert jahreszeitlich, tageszeitlich und lokal sehr stark und hat durch die Industrialisierung sehr stark zugenommen.

Auf natürlichem Wege entsteht Kohlenstoff bei der vollständigen Verbrennung von kohlenstoffhaltigen Substanzen unter ausreichend Sauerstoffzufuhr und im Organismus von Lebewesen als Produkt bei der Atmung. Umgekehrt wird aus Kohlendioxid durch die Photosynthese in den Pflanzen wieder Sauerstoff gebildet. Kohlendioxid ist aufgrund seiner Eigenschaften der Wärmestrahlenabsorbtion das zweithäufigste Treibhausgas. Technisch findet es in vielen Bereichen in flüssiger, gasförmiger oder fester Form Anwendung.

Kohlendioxid ist wie Argon und Stickstoff verhältnismäßig günstig in der Anschaffung. Ebenso ist eine schnelle Wiederbefüllung möglich. Die Flutung mit Kohlendioxid

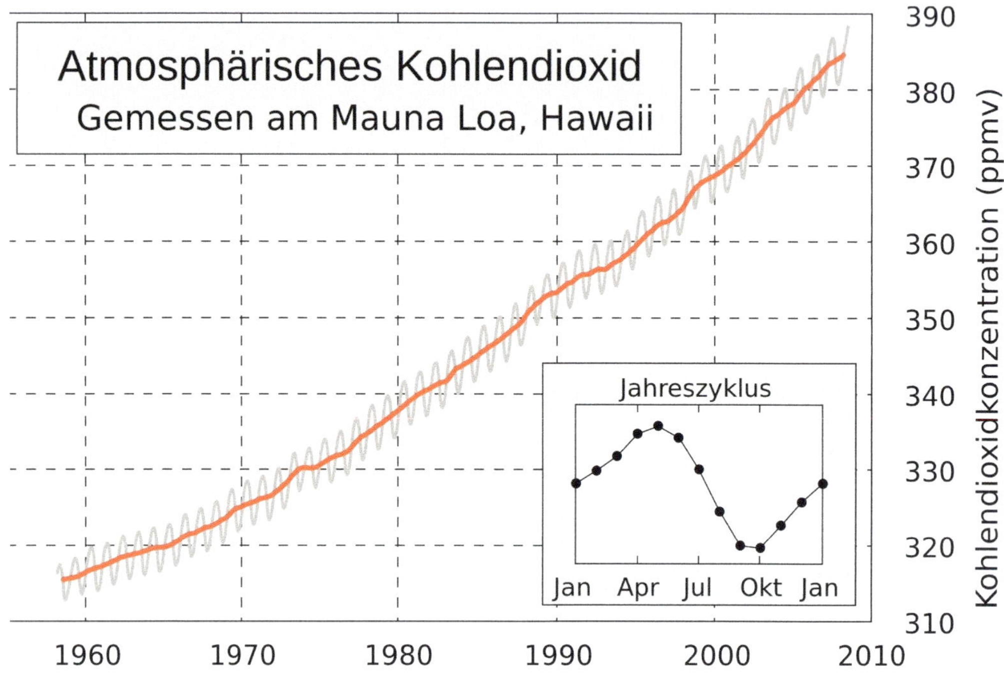

Bild 8.151: Keeling-Kurve des atmosphärischen Gehalts an Kohlendioxid seit 1958
Quelle: Sémhur (abgeleitetes Werk: Spitzl),
Lizenz: CC-BY-SA-3.0-2.5-2.0-1.0 (http://creativecommons.org/licenses/by-sa/3.0

beruht auf dem Prinzip der Sauerstoffverdrängung. Allerdings ist Kohlendioxid für Lebewesen tödlich, da sie bei Überschreiten von bereits 8 Vol.-% ersticken und physiologische Veränderungen im Körper stattfinden wie z.B. Verminderung oder Aufhebung des reflektorischen Atemreizes.

Die löschfähige Konzentration beträgt mindestens 35 Vol.-% Kohlendioxid und ist somit für Lebewesen absolut tödlich. Aus diesem Grunde wird Kohlendioxid für Rechenzentren immer weniger und bei Neuanlagen so gut wie nicht mehr eingesetzt.

Die DIN EN 50600-2-5 verbietet zwar (noch nicht) den Einsatz von Löschanlagen mit Kohlendioxid, verweist aber darauf, dass sie nur in Bereichen eingesetzt werden, in denen geeignete Prozeduren zum Personenschutz existieren.

Die Bevorratung von Kohlendioxid erfolgt verflüssigt bei Raumtemperatur in Stahlflaschen. Daher wird hier der geringste Platzbedarf für die Löschmittelbevorratung aller Inertgase benötigt.

An die Sicherheit werden wegen der tödlichen Wirkung gesetzlich sehr hohe Anforderungen gestellt. So müssen die Anlagen nicht nur regelmäßig überprüft werden, sondern auch die Bauteile und die Errichter müssen zertifiziert sein. Die Anlage selbst muss einen

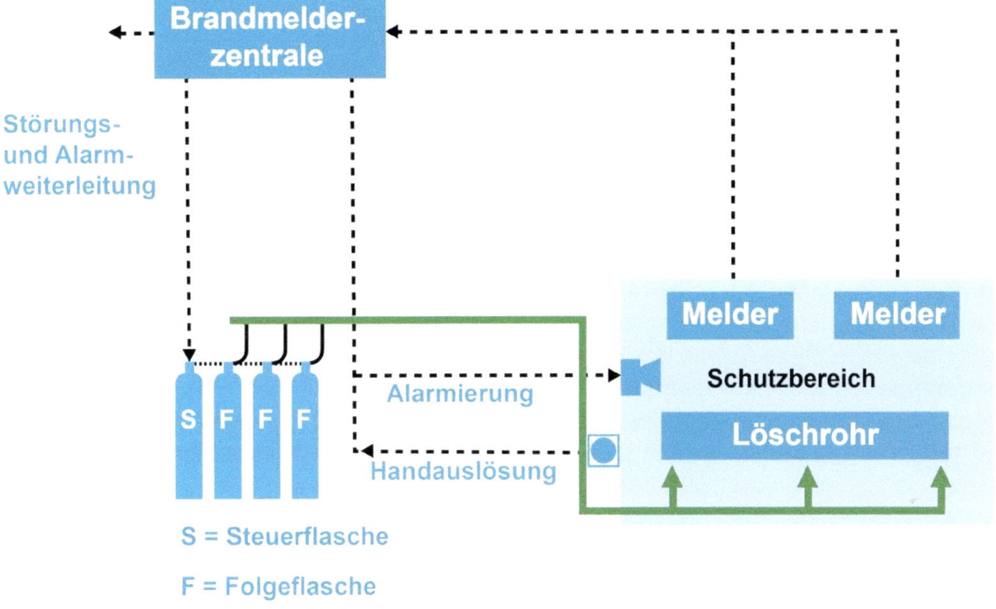

Bild 8.152: Anlagenschema einer CO_2-Einbereichslöschanlage
Quelle: Wagner Group GmbH

zusätzlichen Stopptaster haben. Aufgrund der Sauerstoffreduzierung muss hier immer mit doppelt gesicherter Alarmierung und Zeitverzögerung gearbeitet werden.

Kohlendioxid-Anlagen sind in der Regel kostengünstiger als vergleichbare Anlagen mit Stickstoff oder Argon. CO_2 besitzt die beste Löschwirkung aller Inertgase.

8.1.5.2 Chemisches Löschgas

FM 200 und Novec 1230 sind chemisch hergestellte Gase, die auf der Basis von Wärmeentzug arbeiten. Sie gehören zur Gruppe der Fluorkohlenwasserstoffe. Die Löschgase sind eine langkettige Kohlenstoff-Fluor-Verbindung, welche die Eigenschaften hat Wärme zu binden und zu transportieren. Der Entzug der Wärme ist ausreichend, um die Verbrennungsreaktion auszusetzen, so dass die Flamme ausgeht.

Vorteile sind eine geringe Auslegungskonzentration und dadurch das geringste Bevorratungsvolumen aller gasförmigen Löschmittel. Die Löschmittelbevorratung erfolgt in flüssiger Form. Da im Falle einer Flutung keine Personengefährdung vorliegt, muss auch nur einfach gesichert alarmiert und zeitverzögert werden. Chemische Löschgase können bei einer Flamme ab ca. 400 °C unangenehme Spaltprodukte wie z.B. Flusssäure bilden. Im Flutungsbereich selbst erfolgt keine nennenswerte Abkühlung.

Der Flutungsdruck liegt im Gegensatz zu Inertgasen bei unter 40 bar. Um das Ausströmen des Löschmittels zu gewährleisten, befindet sich in jeder Flasche ein Stickstoffdruckpolster von 42 bar.

Die Löschmittel sind farblos und fast völlig geruchlos. Beim Austritt aus der Löschdüse wird es direkt verdampft und gasförmig im Löschbereich verteilt. Genau hier setzt auch ein Problem bei Löschanlagen mit chemischen Löschgasen an. Die sogenannte Verdampfungsstrahllänge ergibt sich aus der Düsengröße und der Ausblasrichtung. Je nach Größe der Düse darf innerhalb eines bestimmten Abstandes zur Düse, der sogenannten Verdampfungslänge, kein Hindernis sein. Die Vorschriften hierzu haben sich zuletzt noch verschärft.

Sind in der Verdampfungslänge Hindernisse oder Einrichtungen wie Leuchten, Rauchmelder, Kabelrinnen, Doppelbodenstützen oder auch geöffnete Schranktüren, kann das Löschgas nicht vollständig verdampfen und bleibt im flüssigen Zustand. Folge ist, dass die löschfähige Konzentration nicht erreicht wird. Werden die Anlagen vom VdS abgenommen, wird hier besonderes Augenmerk darauf gerichtet. Aufgrund der geänderten Parameter ist es heute eine große Herausforderung für den Planer, die Komponenten richtig zu platzieren und die Anlage funktions- und abnahmefähig zu dimensionieren. In an der Decke dicht bepackten Rechenzentren und in Räumen mit geringen Doppelbodenhöhen ist es schwierig, chemische Löschgase einzusetzen.

Chemische Löschgase sind das mit Abstand teuerste Löschgas. Wirtschaftlich werden diese Anlagen vorzugsweise bei kleineren Flächen bzw. Raumvoluminas eingesetzt. Bereichsventile sind nur einsetzbar, wenn die zu löschenden Räume in etwa gleich groß sind. In der Regel wird für jeden Raum eine eigene Löschmittelflasche vorgehalten.

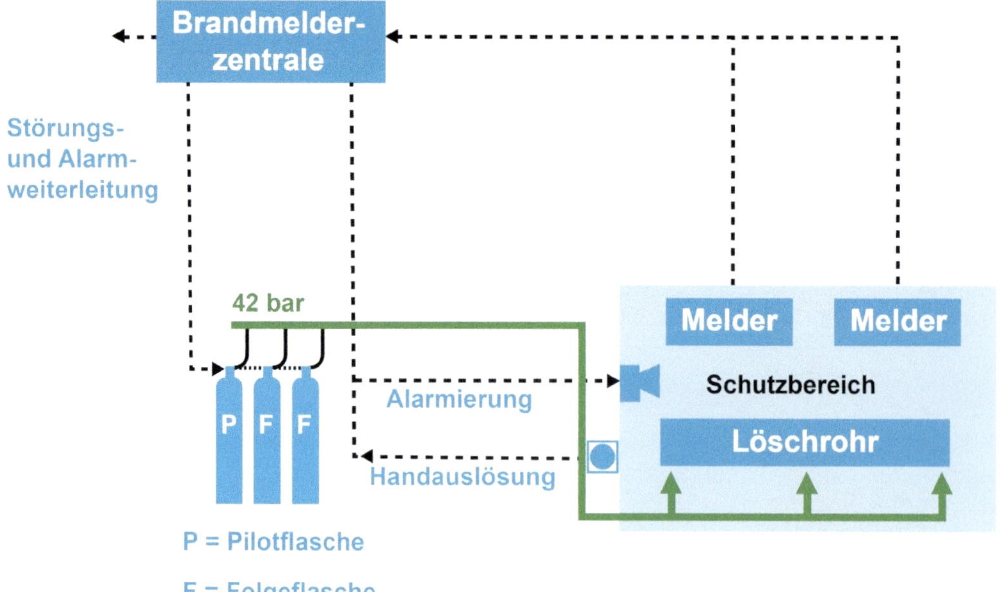

Bild 8.153: Anlagenschema einer Löschanlage mit chemischem Löschgas
Quelle: Wagner Group GmbH

8.1.5.2.1 FM 200

FM 200 ist elektrisch nicht leitfähig und deshalb auch in elektrischen Anlagen einsetzbar. FM 200 ist nicht toxisch, unschädlich für die Ozonschicht und recyclingfähig. Allerdings liegt die Zeit, bis es in der Atmosphäre abgebaut ist bei 30 Jahren.

Es ist nur eine Frage der Zeit, bis FM 200 vom Markt verschwunden und durch das umweltfreundlichere Novec 1230 vollständig ersetzt ist. Da alle Eigenschaften sowie die Anschaffungskosten nahezu identisch sind, gibt es keinen Grund, FM 200 weiterhin einzusetzen.

In Österreich ist FM 200 bereits verboten. Wegen der Begünstigung zur Erderwärmung steht es auch schon im Kyoto-Protokoll.

8.1.5.2.2 Novec 1230

Novec 1230 ist von der Firma 3M entwickelt worden. Es handelt sich um eine langkettige Kohlenstoffverbindung mit der chemischen Formel $CF_3CF_2C(O)CF(CF_3)_2$.

Novec 1230 ist nicht korrosiv und nicht elektrisch leitfähig. Es verursacht keine Schäden und ist rückstandsfrei. Beim Ausströmen tritt keine wesentliche Sichtbehinderung ein.

Die einzigartige Eigenschaft von Novec 1230 ist die Dauer von gerade einmal fünf Tagen, bis es in der Atmosphäre vollständig abgebaut ist. Der Siedepunkt von Novec 1230 liegt bei 49 °C, der Gefrierpunkt bei -108 °C.

Bild 8.154: Novec 1230-Löschanlage
Quelle: Kidde Brand- und Explosionsschutz GmbH

Nach der berufsgenossenschaftlichen Information BGI 888 sind Novec 1230-Löschanlagen die einzigen, die in der geringstmöglichen Gefährdungsklasse I eingruppiert sind.

8.1.5.2.3 Halon 1211 und 1301

Die Halone 1211 und 1301 sind seit dem Montrealer Protokoll 1989 zum Schutz der Ozonschicht aufgrund ihrer umweltschädlichen Wirkung nur noch in Ausnahmefällen zugelassen. In militärischen Anwendungen zur Löschung in Panzern etc., im Rennsport und in der Luftfahrt gelten diese Ausnahmen. Wer es noch in Handfeuerlöschern (Halon 1211) oder Löschanlagen (Halon 1301) in seinem Rechenzentrum findet, sollte schleunigst dafür sorgen, dass es entsorgt wird.

8.1.5.3 Löschdüsen

Die Löschdüsen verteilen das Löschgas möglichst gleichmäßig im Raum, um schnell die geforderte Löschgaskonzentration im gesamten Raum zu erhalten.

Zudem erreicht man mit den Löschdüsen eine gezielte Ausströmung des Löschgases. Bei der Projektierung wird berechnet, wie groß die Öffnungen sein sollen und in welche Richtungen das Löschgas ausgeblasen werden soll. Üblicherweise werden Löschdüsen mit Halbkreisausblasung (180°) oder Vollkreislausblasung (360°) eingesetzt.

Bild 8.155: Novec 1230-Löschdüse
Quelle: Kidde Brand- und Explosionsschutz GmbH

Bild 8.156: Argonite-Löschdüse

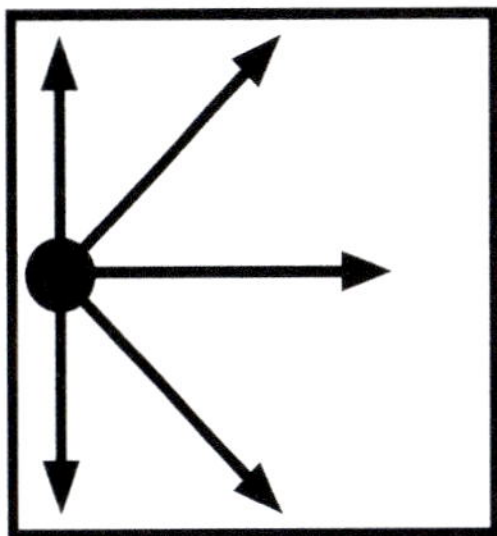

Bild 8.157: Halbkreisausblasung 180°
Quelle: Kidde Brand- und Explosionsschutz GmbH

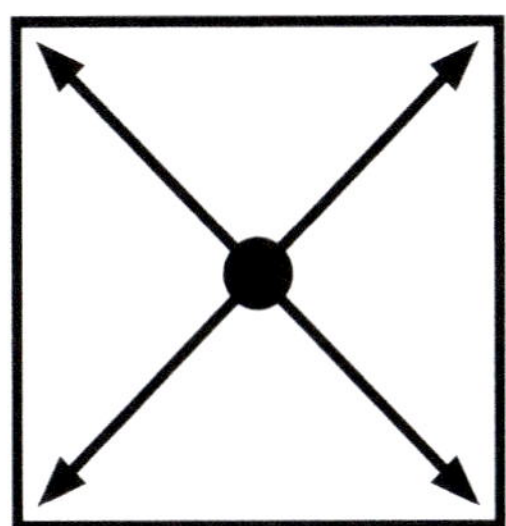

Bild 8.158: Vollkreisausblasung 360°

Die Löschdüsen sind in der Regel für 3/8“ bis 2“-Rohrleitungen dimensioniert und aus Messing oder Edelstahl. Die Einbaulage ist üblicherweise vertikal nach unten.

Bei den chemischen Löschgasen FM 200 und Novec 1230 werden die Löschdüsen nach dem Ergebnis der Berechnung individuell gebohrt. Änderungen der Rohrführung können neue Löschdüsen nach sich ziehen.

Auch bei Inert-Löschgasen werden die Bohrungen individuell nach der Berechnung gebohrt. Da die Berechnung allerdings wesentlich flexibler ist, können Löschdüsen mit Standardbohrungen sinnvoll und wirtschaftlich vorgehalten werden.

In der Vergangenheit wurde nach Löschungen festgestellt, dass teilweise Schäden an den Festplatten der Hardware oder der Hardware selbst zu verzeichnen waren. Nähere Untersuchungen kamen zu dem Ergebnis, dass mechanische Erschütterungen durch die Lautstärke der Löschmittelausströmung an den Löschdüsen die Ursache dafür sind. Bereits Lautstärken ab 110 dB(A) führen zu Performanceverlust oder Ausfall der Hardware.

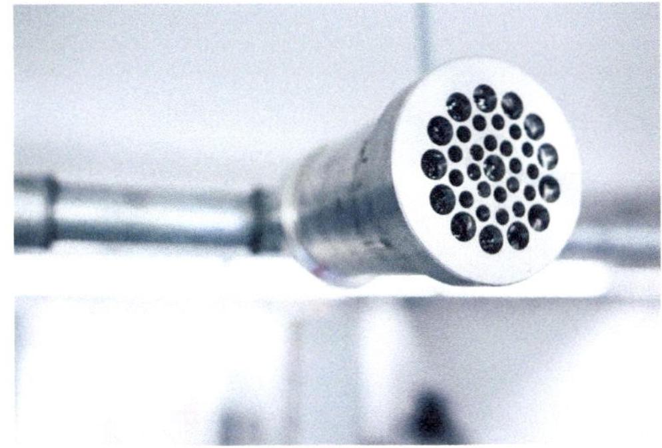

Bild 8.159: Spezielle geräuscharme Löschdüse
Quelle: Wagner Group GmbH

Bild 8.160: Spezielle geräuscharme Löschdüse
Quelle: Wagner Group GmbH

Allerdings wurde bei näherer Untersuchung festgestellt, dass die Daten auf den Festplatten vollständig vorhanden waren. Es wird vermutet, dass während der Löschmittelausströmung durch die Lautstärke die Schreib-/Lesevorgänge Fehlerraten erzeugen, die von den Festplattencontrollern erkannt werden. Die Festplatten gehen dann in Parkposition und melden sich als defekt. Die Festplattenhersteller selbst könnten die Platten wieder zurückstellen, jedoch ist auch dann nicht sichergestellt, dass sie weiterhin fehlerfrei funktionieren. Die Folge ist, dass die Festplatten komplett erneuert werden müssen. Auffallend war hier auch, dass nicht die örtliche Lage der Festplatte entscheidend ist, sondern alleine die Tatsache, dass bei der Löschmittelausströmung gerade ein Schreib-/Lesevorgang auf der oder den Festplatten stattgefunden hat.

Und allem Irrglauben zum Trotz treten die Schäden nicht nur bei Inertgasen auf, sondern auch bei der Löschung mit Novec 1230.

Um dieser Ursache entgegenzuwirken, wurden Schalldämpfer für die Löschdüse entwickelt, welche die Strömungsgeräusche auf kleiner 98 dB(A) bei Löschvorgängen reduzieren. Wichtig für die VdS-Anerkennung war allerdings, dass eine rückwirkungsfreie Ausströmung gewährleistet ist. Unter dieser Voraussetzung konnte der Schalldämpfer als Anbauteil geprüft werden und es wurde keine aufwEndige Bauteilanerkennung notwendig. Die Schalldämpfer sind für Inertgase und chemische Löschgase VdS-geprüft.

Siemens hat herausgefunden, dass auch die Formgebung der Löschdüse für eine Geräuschreduktion entscheidend ist. Durch die besondere Form der Siemens-Löschdüse Silent Nozzle (Bilder 8.161 bis 8.163) ist sie als einzige Löschdüse auch für Novec 1230 VdS-geprüft. Bei der Löschdüse erfolgt die Ausdehnung des Gasstromes in zwei Stufen. Die Blende bestimmt den hydraulischen Widerstand und damit die Durchflusskapazität der Düse. Der Rohrleitungsnetzwerkdruck wird deutlich vermindert und auf den düseninternen Druck reduziert. Bei dieser ersten Ausdehnung wird bereits ein wesentlicher Anteil der Energie freigesetzt, das damit verbundene Ausdehnungsgeräusch bleibt aber innerhalb der Düse. Die zweite Ausdehnung mit der Reduzierung des düseninternen Drucks auf den Umgebungsdruck entspricht einem wesentlich geringeren Druckabfall.

Ein weiterer Vorteil der „Silent Nozzle"-Konstruktion besteht darin, dass das Gesamtgeräusch, das von der Vielzahl der kleinen Auslassstrahlen erzeugt wird, kleiner ist als das von wenigen großen Auslassstrahlen. Zudem wird das Emissionsspektrum durch kleine Auslassstrahlen in Richtung höherer Frequenzen verschoben. Die Löschdüse lenkt den Löschmittelausstoß und damit den Lärm weg von den Festplatten in eine vordefinierte Richtung. Das Löschgas wird trotzdem gleichmäßig verteilt und sorgt somit für die gleiche Löscheffizienz wie bei herkömmlichen Düsen.

Die Löschdüsen mit Schalldämpfer oder die „Silent Nozzle"-Löschdüse sollten bei Inertgasen immer in Kombination mit den Gleichdruckventilen an den Löschflaschen eingesetzt werden (siehe Kapitel 8.1.5.8 - Druckentlastung). Siemens hat dies auch nur in dieser Kombination entwickelt und zugelassen. Die Verwendung von Gleichdruckventilen reduziert damit nochmals erheblich die Lautstärke der Ausströmung des Inertgases.

Für Novec 1230 gibt es die Gleichdruckventile nicht, die Verwendung und Wirksamkeit der „Silent Nozzle“ ist trotzdem bei Novec 1230 in der Form möglich und VdS-zugelassen.

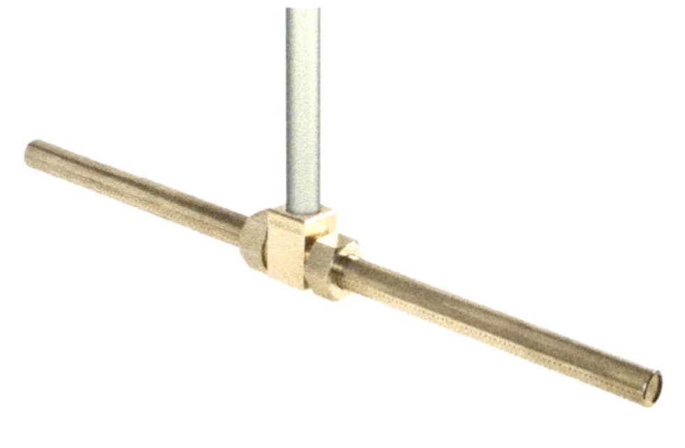

Bild 8.161: Löschdüse Silent Nozzle mit seiner besonderen Form
Quelle: Siemens AG

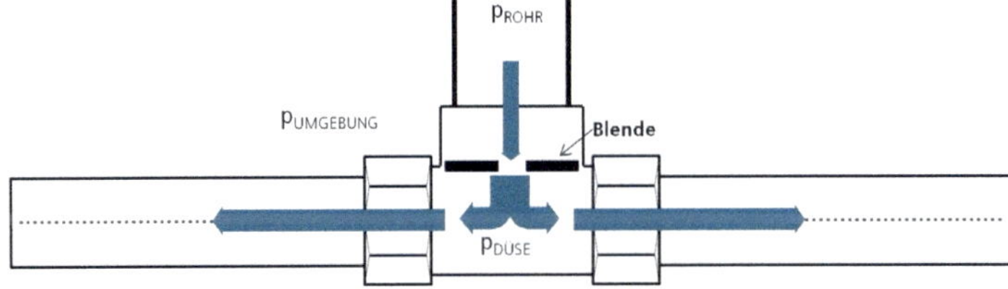

Bild 8.162: Aufbau der Silent Nozzle
Quelle: Siemens AG

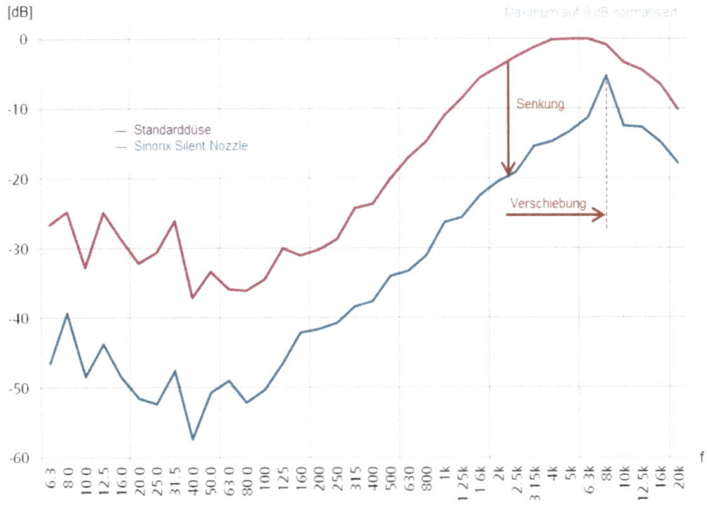

Bild 8.163: Spektralverhalten der Silent Nozzle
Quelle: Siemens AG

8.1.5.4 Wasserlöschanlagen

Im Bereich der Wasserlöschanlagen gibt es zwei unterschiedliche Systeme am Markt. Zum einen gibt es nach wie vor die herkömmlichen Sprinkleranlagen, die hauptsächlich zum Objektschutz eingesetzt werden, sowie zum anderen seit längerer Zeit die Sprühwassernebelanlagen.

Wasser hat den großen Vorteil, dass es sehr umweltverträglich ist, für Mensch und Umwelt völlig unbedenklich und nahezu unbegrenzt zur Verfügung steht.

Allerdings ist es äußerst umstritten, mit Wasser in einem Rechenzentrum zu löschen. Der Einsatz als herkömmliche Sprinkleranlage ist nur gerechtfertigt, sofern behördliche Auflagen dies explizit fordern. Sprinkleranlagen werden deshalb vorrangig aus Objektschutzgründen eingesetzt. Oft wird jedoch auch eine herkömmliche Sprinklerung eingesetzt, um im Doppelbodenbereich zu löschen. Diese Art der Löschung ist in Fachkreisen jedoch ebenfalls sehr umstritten.

Wenn denn schon Sprinkleranlagen eingesetzt werden müssen, dann sollte man die sogenannte vorgesteuerte Sprinkleranlage einsetzen. Die Vorsteuerung fordert auch die DIN EN 50600-2-5, die jedoch weiter anmerkt, dass auf Wasser basierende Brandunterdrückungsanlagen (nur) zum Schutz des Gebäudes und der Bereiche eingesetzt werden, und die Risiken für den Schutz der elektrischen Anlagen betrachtet werden müssen. Eine Empfehlung oder sogar ein Verbot von Wasserlöschanlagen wird in der DIN EN 50600-2-5 (noch) nicht ausgesprochen. Bei der Vorsteuerung sind die Rohrleitungen nur bis zu den Bereichsventilen außerhalb der Räume mit Wasser gefüllt. Wird nun ein Alarm ausgelöst, öffnet das Bereichsventil und die Rohrleitungen werden bis zum Sprinklerkopf mit Wasser befüllt. Der Sprinklerkopf ist mit einem Glasröhrchen ausgestattet, das erst bei einer entsprechenden Temperatur platzt und somit das Wasser über die Löschdüse in den Raum leitet. Für eine Löschung mit Löschwasser müssen also der Rauch und die Mindesttemperatur am Sprinklerkopf vorliegen.

Was seit längerem häufiger eingesetzt wird, ist die Löschung mit Sprühnebel. Wasser hat die physikalische Eigenschaft eines hohen Wärmebindungsvermögens aufgrund der hohen spezifischen Wärmekapazität und der extrem hohen Verdampfungswärme. Das Wärmebindungsvermögen steigt mit dem Zerteilungsgrad des Wassers. Deshalb gilt: Je kleiner der Tröpfchendurchmesser, umso größer die Löschleistung. Ein weiterer Vorteil ist, dass durch das Wasser auch wasserlösliche Gase und Rauchpartikel gebunden werden. Der Sprühnebel wird mittels einer speziellen Düse und einem hohen Druck eingebracht. Die sich dadurch gebildeten Tröpfchen im µm-Bereich löschen den Brand schlagartig. Die Löschzeit liegt in der Regel unter 30 Sekunden.

Typische Einsatzgebiete in der Elektrotechnik finden sich bei der Stromerzeugung zum Schutz von stationären Gas- und Dampfturbinen, Generatoren, Kraftstoffblöcken und Getrieberäumen, bei Kabelkanälen und Versorgungsschächten sowie auch zum Schutz von Transformatoren. Auch in Rechenzentren mit großen Raumvolumen und großen Raumhöhen findet sich die Anwendung, wenn herkömmliche Gaslöschanlagen wirtschaftlich zu teuer und eine große Menge von Löschgas nach sich ziehen würden.

8.1.5.5 Sonstige Löschmittel

Als weitere Löschmittel werden in der DIN EN 50600-2-5 noch Aerosollöschanlagen und Schaumlöschanlagen genannt. Die Norm verbietet die Löschmittel zwar nicht, führt aber auf, dass beide Anlagen nicht in Bereichen verwendet werden sollen, in denen sich Personen aufhalten oder in denen sich elektronische Geräte befinden.

Hier stellt sich die Frage, welche Räume das dann noch im Rechenzentrum sein sollen?

Aerosol-Löschanlagen lösen nach der Aktivierung eine chemische Reaktion aus, das Aerosol aus Stickstoff, Wasser und Kaliumverbindungen entstehen lässt. Somit ist das Aerosol ein Gemisch aus einem Gas und festen und/oder flüssigen Schwebeteilchen. Durch die Verbrennung des in den Aerosol-Generatoren enthaltenen Feststoffs entsteht ein Aerosol aus flüssigen und gasförmigen Partikeln, bestehend aus Kaliumkarbonaten mit einer Partikelgröße von ca. 1 µm.

Das Aerosol bekämpft und löscht das Feuer nicht durch Erstickung, sondern durch Hemmung der chemischen Verbrennungsreaktion auf Molekularbasis. Dem Brennvorgang wird Oxidationsmittel chemisch entzogen. Ohne Oxidation kann kein Brand stattfinden. Durch die endotherme Reaktion wird dem Verbrennungsprozess zusätzlich Wärme entzogen, weshalb es dadurch dem Feuer auf diesen zwei Wegen entgegenwirkt. Das wesentliche Löschmittel des Aerosols ist Kaliumhydrogencarbonat, das sich sehr schnell ab einer Temperatur von ca. 50 °C zersetzt, wobei es Wasser und Kohlenstoffdioxid abspaltet. Dabei entsteht Kaliumcarbonat. Physiologisch gesehen gilt Kaliumcarbonat als unbedenklich, es ist auch als Zusatzstoff E501 in Lebensmitteln enthalten.

Das System besteht aus dem Aerosol-Generator, der an einer Stelle im Raum angeordnet ist und bei einer Raumflutung den gesamten Raum von dieser einen Stelle aus flutet. Eine Verrohrung, wie sie von den anderen Löschmitteln gefordert ist, gibt es hier nicht.

Erfahrungen im Einsatzbereich von Rechenzentren gibt es bisher nicht. Aerosollöschanlagen werden hauptsächlich für die Löschung von Motorräumen im Motorsport oder auch in Bussen etc. eingesetzt.

Das Löschmittel Schaum wird durch Verschäumung eines Wasser-Schaummittel-Gemischs mit Luft erzeugt.

Beide Löschmittel erzeugen Rückstände bei der Löschung, weshalb sie sich im Rechenzentrum wahrscheinlich nicht durchsetzen werden, obwohl die Hersteller behaupten, dass die Rückstände bei der Aerosol-Löschanlage (Kaliumcarbonat) mit handelsüblichen Reinigungsmitteln beseitigt werden können. Wie dies allerdings beispielsweise in den Servern, auf Festplatten oder der Elektronik von USV-Anlagen erfolgen soll, darüber schweigen die Hersteller.

8.1.5.6 Alarmierungseinrichtungen

Die Alarmierung vor einer Löschung muss akustisch und optisch erfolgen. Zudem ist über jeder Türe, die in den Löschbereich führt, ein Leuchttableau anzubringen, das eindeutig anzeigt, dass der Raum gelöscht wurde.

Bereits im Abschnitt „Löschdüsen“ wurde beschrieben, dass jüngste Hardwareschäden durch die hohe Lautstärke bei der Inertgasausströmung entstanden sind. Auch pneumatische Alarmhörner können diese schädlichen Lautstärken erzeugen.

Bild 8.164: Hupe und Blitzleuchte im Ruhezustand
Quelle: Wagner Group GmbH

Bild 8.165: Hupe und Blitzleuchte bei Alarm
Quelle: Wagner Group GmbH

Bild 8.166: Leuchttableau im Ruhezustand
Quelle: Wagner Group GmbH

Bild 8.167: Leuchttableau bei Flutung
Quelle: Wagner Group GmbH

Bild 8.168: Spezielles geräuscharmes Alarmhorn
Quelle: Wagner Group GmbH

Neuartige Schalldämpfer für das pneumatische Alarmhorn reduzieren die Lautstärke auf weniger als 98 dB(A) und beugen so einem Schaden ebenfalls vor.

8.1.5.7 Raumdichtheitsprüfung (Door-Fan-Test)

Die Auslegung der Löschgasmenge erfolgt auf der Basis des Raumvolumens. Damit eingerechnet sind Füll- und Entnahmetoleranzen sowie eventuell die Menge für eine zweite und dritte Löschung. Die Reserve für eine zweite Löschung ist bei Mehrbereichsanlagen erst ab insgesamt sechs Löschbereichen Vorschrift, eine zweite Reserve ab 21 Löschbereichen. Diese Auslegung setzt jedoch voraus, dass der Löschbereich dicht ist, um dadurch die notwendige Löschmittelkonzentration über einen gewissen Zeitraum, der sogenannten Haltezeit, aufrecht zu halten. Ist der Raum zu undicht und geht dadurch die Löschmittelkonzentration zu schnell zurück, können gegebenenfalls Rückzündungen erfolgen und der Brand erneut ausbrechen. Ein Schutz ist dann nicht mehr gegeben.

Die DIN EN 50600-2-5 nennt als Haltezeit mindestens 10 Minuten, sofern keine nationalen oder örtlichen Vorschriften andere Haltezeiten fordern. Sie rät jedoch zu längeren Zeiträumen, um es dem Personal zu ermöglichen, auf den Brand zu reagieren und die betreffenden Geräte abzuschalten.

Bild 8.169: Typische Stelle für eine Raumundichtigkeit.
Quelle: Ingenieurbüro n_{50}

Raumundichtigkeiten sind oft unzureichend abgedichteten Kabel-, Kanal- und Rohrdurchführungen, Türen, Wand-Decke- oder Wand-Boden-Übergängen und unverputzten Mauerwerkswänden etc., geschuldet (Bild 8.169).

Die Raumdichtheit wird über eine sogenannte Raumdichtheitsprüfung oder Door-Fan-Test ermittelt. Dazu wird ein Rahmen aus Aluminium mit einer Folie oder auch festen Platten in die Zugangstüre eingebaut. In dem Türmodul befindet sich ein Gebläse mit regelbarer Drehzahl. Die Drehzahl des Gebläses wird über die Messsoftware gesteuert. Vor der Messung müssen diverse Doppelbodenplatten und falls vorhanden Deckenplatten der abgehängten Decke geöffnet werden, um auch Leckagen im Doppelboden und im Bereich der abgehängten Decke messtechnisch erfassen und lokalisieren zu können.

Nachdem zunächst ein Testlauf des Messaufbaus und eine Kontrolle der Messeinrichtung stattgefunden haben, wird über das Gebläse ein Unterdruck von ca. 50 Pascal erzeugt. Dabei werden eine überschlägige Bestimmung des geförderten Volumenstroms und eine Abschätzung der Leckagefläche durchgeführt. Während der Unterdruck von 50 Pascal ansteht, kann mittels Rauchspender, Hitzedrahtanemometer, Thermografiekamera oder auch Theaternebel (in aller Regel bei Überdruck im Raum) die Leckageortung erfolgen. Es ist auch möglich, mit einem Blatt Papier oder bereits mit der bloßen Hand Leckagen zu lokalisieren.

Anschließend werden die Messreihen im Sinne der DIN EN 15004-1ff., ISO 14520 oder VdS 2380/2381 von ca. 10 bis 60 Pascal bei Über- und Unterdruck aufgenommen. Über die Messwerte Druckdifferenz zwischen innen und außen, Gebläsevolumenstrom und weiterer Parameter werden über eine Software die Leckagefläche und die zu erwartende Haltezeit ermittelt.

Tabelle 8.19 zeigt die Unterschiede und Gemeinsamkeiten wichtiger Parameter der einschlägigen Normen für Door-Fan-Test und Blower-Door-Test.

Die Raumdichtheitsprüfungen sind mittlerweile so zuverlässig und kostengünstig, dass sie früher übliche Probeflutungen überflüssig machen. Zudem sind die Messungen schnell, einfach wiederholbar und umweltfreundlich. Mit einer Messung erhält man Informationen über die theoretische Haltezeit und im Gegensatz zur Probeflutung auch Informationen über die noch vorhandenen Restleckagen und deren Lage im Raum.

IT-Räume und Rechenzentren unterliegen einer ständigen Veränderung. Neue Leitungen werden in die Räume hineinverlegt, alte Leitungen demontiert. Durch das Öffnen von Brandschottungen und das Verändern der Aufstellung der Komponenten im Rechenzentrum verändern sich die Durchlässigkeit der Umfassungsfläche und somit auch die Verweildauer des Löschgases. Die Praxis zeigt, dass diese Veränderungen im Laufe der Zeit fast keine Beachtung mehr finden und die geänderten Bedingungen dazu führen können, dass eine Gaslöschung unwirksam ist.

Tabelle 8.19: Unterschiede und Gemeinsamkeiten wichtiger Parameter der einschlägigen Normen für Door-Fan-Test und Blower-Door-Test. Quelle: Ingenieurbüro n_{50}

Norm / Vorschrift	VdS 2381 / 2380	DIN EN 15004-1	NFPA 2001	ISO 14520-1	DIN EN 13829
Ausgabe	2009-06	2008-09	2008	2000-08	2001-02
	Door-Fan-Test				Blower-Door-Test
Mindestprüfdruck, den die Messeinrichtung aufbauen muss	25 Pascal	25 Pascal	Messung bei 10 Pascal möglich	25 Pascal	10 Pascal
Genauigkeit Atmosphärendruck	+/- 100 Pascal	+/- 100 Pascal	-	-	-
Genauigkeit Volumenstrommesseinrichtung	+/- 5 % Laut Herstellerangaben kalibrieren	+/- 5 % Laut Herstellerangaben kalibrieren	+/- 5 % Alle 5 Jahre kalibrieren, Mindestanforderungen an Kalibration sind beschrieben	+/- 5 % Laut Herstellerangaben kalibrieren	+/- 7 % Laut Herstellerangaben kalibrieren
Druckmesseinrichtung (Differenzdruck) innen/außen	+/- 1 Pascal regelmäßig kalibrieren	+/- 1 Pascal regelmäßig kalibrieren	+/- 1 Pascal jährlich kalibrieren	+/- 1 Pascal Kalibration nicht älter als 12 Monate	+/- 2 Pascal Im Bereich von 0 bis 60 Pascal, laut Herstellerangabe kalibrieren
Temperaturmessung, maximale Abweichung	+/- 1°C	+/- 1°C	-	-	+/- 1°K
Maximaler Differenzdruck bei geschlossenem Messsystem (Offsetdruck/Nulldruck)	kleiner gleich 3 Pascal	kleiner gleich 3 Pascal	+/- 5 Pascal	-	Betrag größer 5 Pascal (über 30 Sekunden gemittelt)
Maximale Abweichung Nulldruck/Offset vor/nach Messung	1 Pascal	1 Pascal	-	-	-
Field-Calibration-Check maximale Abweichung	+/- 10 %	+/- 15 %	+ 15 %	-	-
Mindestanzahl der Messwerte (Druck/Volumenstromwertepaar)	5	5	2	5	5
Maximaldruck	60 Pascal	60 Pascal	50 Pascal	60 Pascal	100 Pascal (mindestens 50 Pascal, bei großen Gebäuden über 4.000 m³ mind. 25 Pascal)
Minimaldruck	10 Pascal oder 10 x Nulldruck	10 Pascal oder 10 x Nulldruck	10 Pascal	10 Pascal	10 Pascal oder 5 x Nulldruck

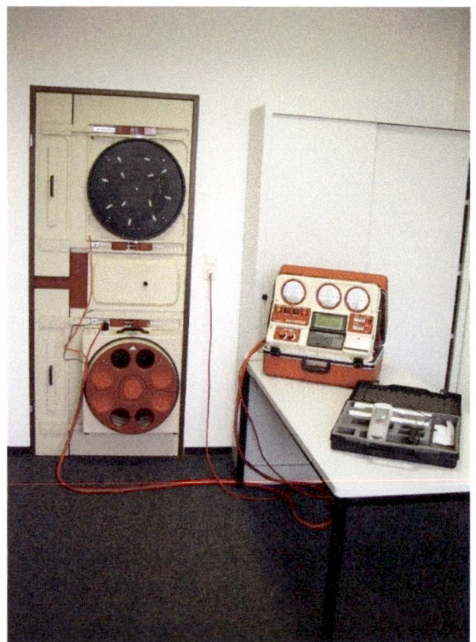

Bild 8.170: Durchführung einer Raumdichtheitsprüfung mit festen Platten
Quelle: Kidde Brand- und Explosionsschutz GmbH

Bild 8.171: Mit Rauchspender können Leckagen lokalisiert werden
Quelle: Kidde Brand- und Explosionsschutz GmbH

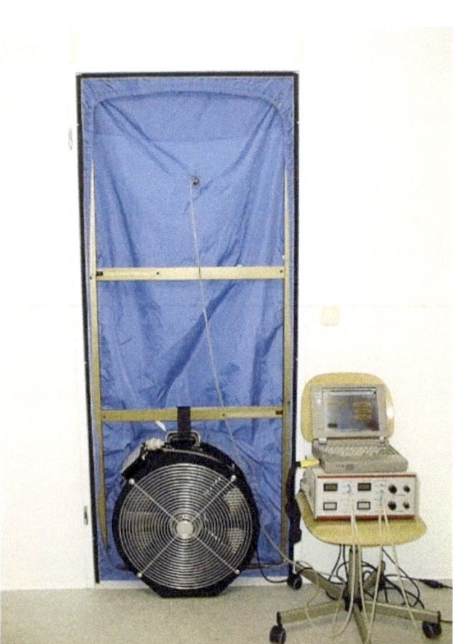

Bild 8.172: Durchführung einer Raumdichtheitsprüfung mit rechnergesteuerter Messeinrichtung
Quelle: Wagner Group GmbH

Bild 8.173: Rechnergesteuerte Messeinrichtung für den Door-Fan-Test mit definierten Öffnungen in der Plane für die Vor-Ort-Überprüfung (z.B. nach EN 15004-1)
Quelle: Ingenieurbüro n_{50}

Eine regelmäßig (z.B. jährlich und nach Umbaumaßnahmen) durchgeführte Raumdichtheitsprüfung fördert solche Schwachstellen zu Tage und sorgt dafür, dass sie erkannt und behoben werden können.

Nach VdS ist es zulässig, auf die Raumdichtheitsprüfung zu verzichten, wenn mit dem sogenannten Oberflächentherm die Löschgasmenge dimensioniert wird. Vereinfacht gesprochen handelt es sich dabei um eine Überdimensionierung des Löschgases, da man von einer höheren Leckagerate des Raums ausgeht. Dass der Raum trotzdem augenscheinlich dicht sein muss, versteht sich dabei jedoch hoffentlich von selbst, da ansonsten auch eine mit Oberflächentherm dimensionierte Anlage seine Haltezeit des Löschgases und somit seine Löschwirkung über die notwendige Zeit nicht erreicht.

8.1.5.8 Druckentlastung

Mit Hilfe der Raumdichtheitsprüfung weiß man nun, ob der Raum in ihrem Rechenzentrum dicht genug ist, um das Löschgas in seiner notwendigen löschfähigen Konzentration möglichst lange zu halten. Wird nun eine Löschung mit Löschgas ausgelöst, strömt schlagartig eine Menge Gas mit einem hohen Druck in den Raum. Die Folge ist, dass ein Überdruck entsteht, der so stark sein kann, dass sogar Türen aus ihrer Verankerung gerissen werden.

Die DIN EN 50600-2-5 fordert zur Vermeidung von Beschädigungen an Gebäuden und Geräten durch übermäßig hohen oder niedrigen Druck abblasende Sicherheitseinrichtungen gegen Überdruck.

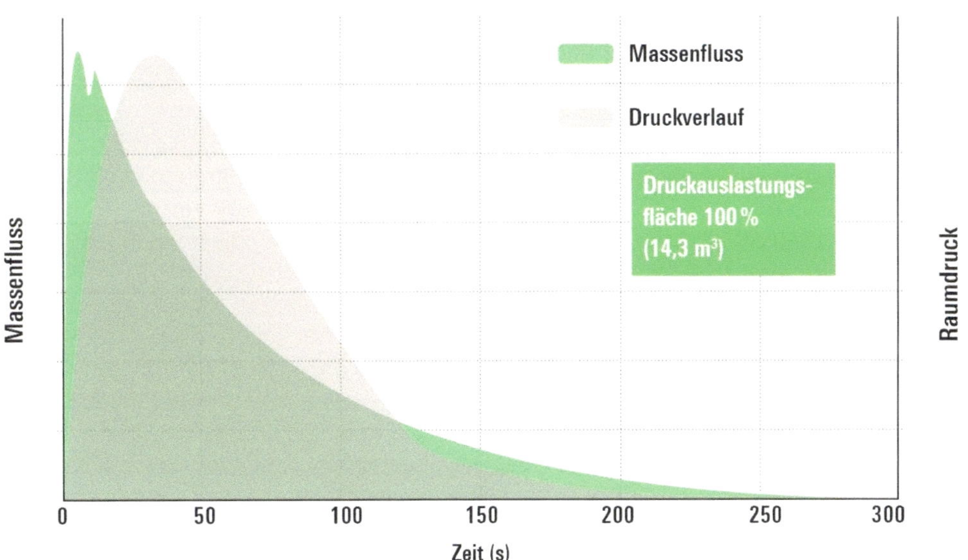

Bild 8.174: Druckverlaufskurve bei klassischer Löschung
Quelle: Wagner Group GmbH

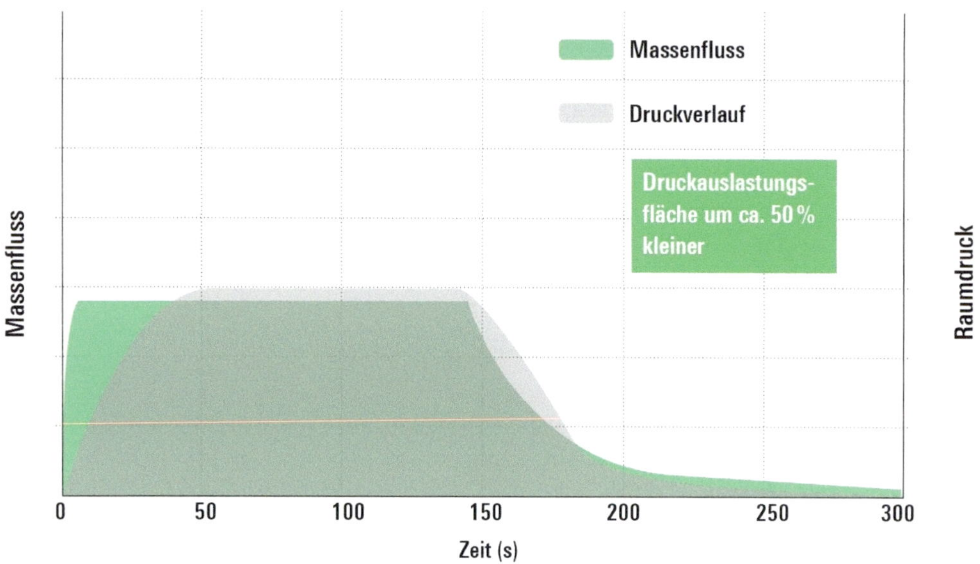

Bild 8.175: Druckverlaufskurve bei Softlöschung mit Gleichdruckventil
Quelle: Wagner Group GmbH

Dieser Überdruck muss mittels einer sogenannten Druckentlastungsöffnung direkt ins Freie abgeleitet werden. Die freie Öffnung der Druckentlastungsöffnung inklusive des Wetterschutzgitters muss so bemessen sein, dass der gleiche Volumenstrom abfließen kann, der durch das Löschgas in den Raum eingetragen wird. Die Querschnittsverringerung durch das Wetterschutzgitter ist zu berücksichtigen.

Die Ableitung kann auch über ein Kanalsystem erfolgen. Allerdings muss dann der Gegendruck durch das Kanalsystem bei der Dimensionierung der Öffnung mit einbezogen werden. Die Ausblasstelle der Druckentlastung im Freien darf nicht in Rettungswegen oder unterhalb von zu öffnenden Fenstern sein. Ein Anschluss an ein zentrales Lüftungssystem oder in einen anderen Raum ist ebenfalls nicht zulässig.

Insbesondere bei langen und stark richtungsändernden Druckentlastungs-Kanalsystemen können sehr schnell große Dimensionen des Kanalsystems notwendig werden, damit der Druckverlust im Kanalsystem inklusive der eingebauten Klappen und Wetterschutzgitter kleiner wird, als der Überdruck, der durch die Löschanlage in den Raum getragen wird. Ein in der Konzeptionierung des Rechenzentrums oft unterschätzte Tatsache, die schnell zum fast nicht lösbaren Problem werden kann.

Der maximale Druckaufbau ist abhängig vom Material der Wände und deren Aufbau. In der Regel darf bei Trockenbauwänden der maximale Druckaufbau 300 Pascal und bei Beton- und Mauerwerkswänden 500 Pascal nicht überschreiten.

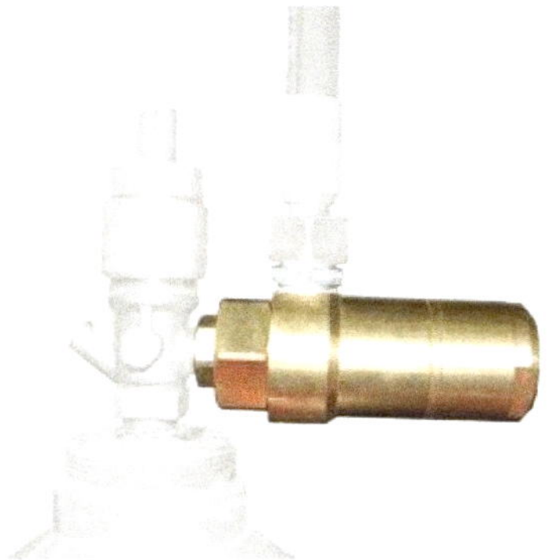

Bild 8.176: Gleichdruckventil zur Minimierung von Druckspitzen
Quelle: Wagner Group GmbH

Gleichdruckventile mit konstantem Massenstrom an den Löschflaschen minimieren die Druckspitzen bei Inertgaslöschanlagen. Dadurch sind reduzierte Druckentlastungsflächen möglich.

Die Druckentlastungsklappe hat üblicherweise die Feuerwiderstandsdauer F0, weshalb im Falle von brandschutztechnischen Anforderungen zusätzliche Maßnahmen mit Brand- und Rauchschutzklappen, notwendig sind.

Die Ansteuerung der Druckentlastungsklappe kann über drei Arten erfolgen:

1. Schwerkraft:
   Die Druckentlastungsklappe ist mechanisch so aufgebaut, dass sie über die Schwerkraft geschlossen ist. Tritt nun ein Überdruck im Raum auf, öffnen sich bei einem bestimmten Druck die Lamellen und der Überdruck kann abströmen. Je höher der Druck, desto weiter öffnet sich die Klappe. Ist der Überdruck zurückgegangen, schließt sich die Klappe automatisch wieder über die Schwerkraft. Solche

Bild 8.177: Druckentlastungsklappe mit Schwerkraftverschluss und -öffnung
Quelle: Kidde Brand- und Explosionsschutz GmbH

Druckentlastungsklappen können auch in ehemaligen Fensteröffnungen oder vor Kernbohrungen aufgesetzt werden. Nachteil dieser Klappe ist, dass sie nur über den Überdruck im Raum angesteuert wird und eine Verwendung als Entrauchungsklappe etc. nicht möglich ist.

2. Elektrisch:
   Die Druckentlastungsklappe wird über die Löschmittelzentrale elektrisch angesteuert und öffnet so lange, bis das Löschgas in den Raum geströmt ist. Anschließend muss sie geschlossen werden, damit das Löschgas nicht entweichen kann. Der Vorteil dieser Klappe ist, dass sie auch für Entrauchungszwecke verwendet werden kann und bereits vor einem Überdruck geöffnet wird. Damit ist sichergestellt, dass der Überdruck auch tatsächlich über diese Klappe abströmt. Nachteil dieser Klappe ist, dass bei Kabelbruch oder Fehlen der Steuerspannung die Klappe zu bleibt und sie sehr langsam reagieren. Dadurch kann sich auch die Vorwarnzeit erheblich verlängern.

3. Pneumatisch:
   Die Ansteuerung dieser Druckentlastungsklappe erfolgt nur über das ausströmende Löschgas, indem eine pneumatische Verbindung zwischen Löschleitung und Mechanik der Klappe hergestellt ist. Über eine Steuerflasche kann die Klappe auch manuell geöffnet werden. Der Vorteil ist, dass tatsächlich nur die Klappe offen steht, solange Druck in der Leitung durch das ausströmende Gas ansteht. Eine Verwendung als Entrauchungsklappe ist ebenfalls möglich. Nachteil ist, dass die Klappe, wie bei der Schwerkraftklappe, auch erst bei einem Überdruck öffnet.

Am Markt sind auch Druckentlastungsklappen erhältlich, die sowohl elektrisch wie auch pneumatisch angesteuert werden. Man erreicht dadurch eine hohe Sicherheit: Falls die elektrische Ansteuerung bei einer Löschung aus unterschiedlichen Gründen nicht funktionieren sollte, übernimmt der Pneumatikzylinder die Öffnungsfunktion.

8.1.5.9 Entrauchung bzw. Löschmittelabsaugung

Die Festlegung, ob eine Entrauchung oder Löschmittelabsaugung benötigt wird, trifft die örtliche Brandschutzbehörde oder Feuerwehr im Zuge der Baugenehmigung oder wird von einem Brandschutzsachverständigen festgelegt.

Je nach Löschmittel kann für die Absaugung die normale Klimaanlage verwendet werden. Allerdings dauert der Vorgang bei einem einfachen Raumluftwechsel sehr lange, weshalb teilweise separate Lüfter eingesetzt werden, die eine freie Spülung des Rechenzentrums beschleunigen. Man verwendet dann die Druckentlastungsklappe mit Kanalsystem als Abströmöffnung. Die Nachströmung der Außenluft muss dann über die offenen Türen oder den Doppelboden erfolgen, so dass eine Querlüftung vorhanden ist.

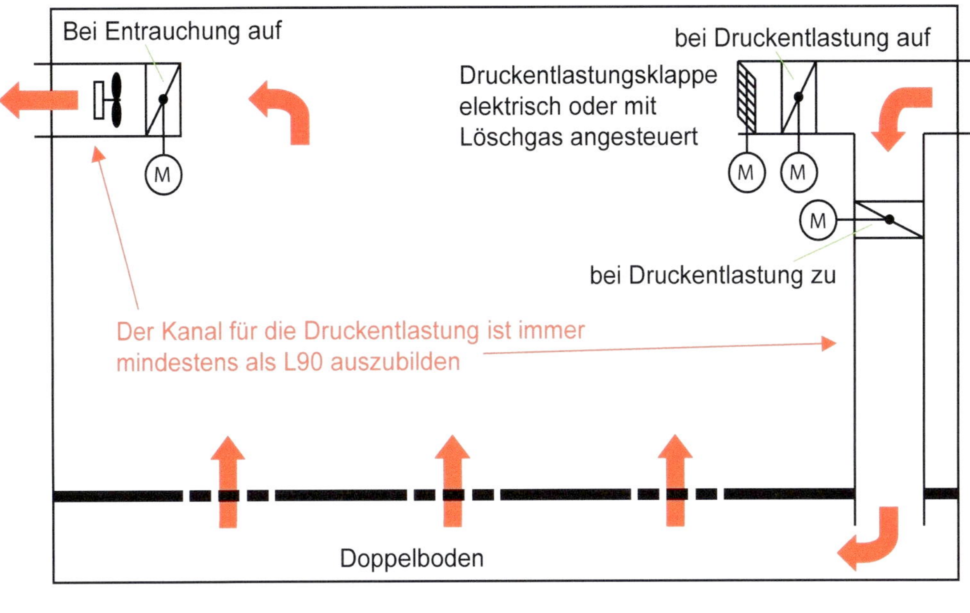

Bild 8.178: Prinzip der Entrauchung bei Verwendung des Druckentlastungskanals

Eine Freischaltung des Rechenzentrums bzw. die Erlaubnis des Zutritts nach einer Löschung kann nur durch die Feuerwehr erfolgen.

Je nach Auflage der Behörden in den Bundesländern bzw. der Feuerwehr kann eine separate Entrauchungsanlage gefordert werden. Da diese Anlagen sehr teuer sind, sollte dies jedoch möglichst vermieden werden. Man hat ja schließlich eine Löschanlage installiert, damit es im Rechenzentrum nicht brennt (und raucht). Eine kontroverse Diskussion mit dem Forderer der Entrauchungsanlage kann durchaus erfolgreich sein.

Wenn dann doch die Entrauchungsanlage nicht wegzudiskutieren ist, sollte zumindest eine Kaltentrauchungsanlage mit verzinkten Blechkanälen, Radialventilatoren und einem 6- bis 12-fachen Raumluftwechsel ausreichend sein.

Wird eine Heißentrauchung gefordert, müssen die Kanäle geschweißt und 5 mm dick oder als Brandschutzkanal ausgebildet sein. Der Ventilator muss über eine gesicherte Batterieversorgung verfügen und einen Funktionserhalt von 90 Minuten sicherstellen. Der Luftwechsel muss ebenfalls 6- bis 12-fach sein und Temperaturen von 400 °C bis 600 °C standhalten.

8.1.5.10 Auswahlkriterien

Die Wahl des richtigen Löschmittels entscheidet sich nach der Art der zu schützenden Einrichtungen, nach den Anschaffungs- und Betriebskosten, dem Platzbedarf für die Löschmittelbevorratung und nach dem persönlichen Empfinden des Planenden und Entscheidenden.

Novec 1230 und Stickstoff eignen sich besonders gut beim Schutz von EDV-Räumen, elektrischen Verteilerräumen, Generatoren und Kabelkanälen. Zudem sind diese Anlagen verhältnismäßig einfach zu planen und universell einsetzbar, so dass sie auch am weitesten verbreitet sind.

Argon hat Vorteile bei dem Schutz von Doppelböden, da es schwerer ist als Luft.

FM 200 oder Novec 1230 wird aufgrund der Wirtschaftlichkeit in kleineren Schutzbereichen eingesetzt. FM 200 wird vermutlich aufgrund seines hohen Beitrags zum Treibhauseffekt in einigen Jahren komplett vom Markt verschwunden sein.

Kohlendioxid wird für spezielle Anwendungen und beim Schutz von offenen Einrichtungen wie Batterieräumen, Generatoren und Transformatoren verwendet. Allerdings ist es für Lebewesen bereits in geringen Konzentrationen gesundheits- und lebensgefährlich.

Sprühnebelanlagen können wirtschaftlich bei sehr großen Rechenzentren mit hohen Räumen eine Bedeutung haben. Jedoch vertragen sich Wasser und Strom nicht wirklich gut.

Klassische Sprinkleranlagen haben im Rechenzentrum nichts verloren, sofern nicht behördliche Auflagen dies explizit fordern.

Der GWP ist das Treibhauspotential oder CO_2-Äquivalent und gibt an, wie viel eine festgelegte Menge eines Treibhausgases zum Treibhauseffekt beiträgt. Der Wert 0 bedeutet, dass es kein Treibhauspotential hat, während der Wert 1 das gleiche Treibhauspotential wie CO_2 hat. FM 200 trägt somit 2.900-mal soviel zum Treibhauseffekt bei wie CO_2.

ODP (Ozon Depletion Potential = Ozon Abbaupotential) ist der Wert für die Abschätzung des Effektes des Abbaus der stratosphärischen Ozonschicht.

Tabelle 8.20: Vergleich der Löschmittel (ohne Wasser)

	Stickstoff	Argon	Argonite	Kohlendioxid	FM 200	Novec 1230
Gruppe	Inertgas	Inertgas	Inertgas	Inertgas	Chemisches Gas	Chemisches Gas
Chemische Formel	N_2	Ar	N_2/Ar	CO_2	(C_3F_7H)	$CF_3CF_2C(O)CF(CF_3)_2$
NFPA-Bezeichnung	IG-100	IG-01	IG-55		HFC 227 ea	FK-5-1-12
Treibhauspotential	GWP = 0	GWP = 0	GWP = 0	GWP = 1	GWP = 2900	GWP = 1
Ozonzerstörungs-potential	ODP = 0	ODP = 0	ODP = 0	ODP = 0	ODP = 0	ODP = 0
Dichte von Löschgas zu Luft	0,98-fach	1,33-fach	1,08-fach	1,45-fach	1,46-fach	1,64-fach
Lager- und Einbringdruck	300 / 60 bar	300 / 60 bar	300 / 60 bar	60 bar	42 bar	42 bar
Lagerung	gasförmig	gasförmig	gasförmig	flüssig	flüssig mit Gaspolster	flüssig mit Gaspolster
Löscheffekt	Sauerstoff-verdrängung	Sauerstoff-verdrängung	Sauerstoff-verdrängung	Sauerstoff-verdrängung	Kühlung (physikalisch)	Kühlung (physikalisch)
Auslegungs-konzentration	45,2 Vol.-%	50,4 Vol.-%	45,2 Vol.-%	47 Vol.-%	8,4 Vol.-%	5,6 Vol.-%
Gesundheitsgefahr für Personen	> 50 Vol.-%	> 50 Vol.-%	> 50 Vol.-%	> 5 Vol.-%	> 10 Vol.-%	> 10 Vol.-%
Lebensgefahr für Personen				> 8 Vol.-%		
Normen und Richtlinien	VdS 2380 ISO 14520-13 NFPA 2001 BGI 888	VdS 2380 ISO 14520-12 NFPA 2001 BGI 888	VdS 2380 ISO 14520-12 NFPA 2001 BGI 888	VdS 2093 ISO 6183 NFPA 12 BGI 888	VdS 2381 ISO 14520-9 NFPA 2001 BGI 888	VdS 2381 ISO 14520-9 NFPA 2001 BGI 888

8.1.6 Technische Brandvermeidung

Die technische Brandvermeidung wird erreicht, indem der Sauerstoffgehalt im Schutzbereich auf 13 Vol.-% bis 15 Vol.-% gesenkt wird. Dies entspricht dann etwa einer Höhe von 3.000 Meter bis 4.000 Meter über NN, was der Zugspitze (2.962 m) oder dem Matterhorn (4.478 m) entspricht. Der Sauerstoffgehalt reicht dann nicht mehr aus, dass Stoffe selbstständig brennen können.

Die sogenannte Permanentinertisierung erreicht man, indem über einen Kompressor Luft verdichtet und durch eine Hohlfasermembran geführt wird. Die Restgase werden ausgefiltert und der Stickstoff bleibt übrig. Dieser wird dem zu schützenden Bereich zugeführt. Die Restgase wie Sauerstoff, Stickstoff (ja, auch Stickstoffanteile), Argon, Kohlendioxid etc. sowie auch Wasser werden wieder ins Freie ausgeblasen.

Dies klingt recht plausibel und einfach. Der zu schützende Raum muss dabei genauso dicht sein, wie bei Löschanlagen. Geringfügige Undichtigkeiten dieser Bereiche sind allerdings im Gegensatz zu Löschanlagen permanent zu spüren und können dazu führen, dass der Stickstoffgenerator sehr oft läuft und so unter Umständen hohe Stromkosten produziert werden. Bei Löschgasen sind diese Undichtigkeiten erst im Löschfall zu spüren. Für die Dimensionierung der Anlage ist neben dem Volumen des Schutzbereichs und der Raumdichtigkeit auch die geodätische Höhe von Bedeutung.

Gewerbliche Vorschriften für darin arbeitendes Personal sind zu beachten:

- Eine Sauerstoffkonzentration über 17 Vol.-% erlaubt eine freie Begehbarkeit für alle Personen ohne bekannte Herz-, Kreislauf-, Gefäß- und Atemwegserkrankungen.
- Eine Sauerstoffkonzentration zwischen 13 Vol.-% und 17 Vol.-% erlaubt den Zutritt nur noch von Personen, die arbeitsmedizinisch untersucht wurden. Zudem darf maximal zwischen zwei und vier Stunden ohne Unterbrechung bei dieser Sauerstoffkonzentration in diesen Bereichen gearbeitet werden.

Es kursiert allgemein die Meinung, dass die Personen, die in diesen Bereichen arbeiten, schnell müde werden können und die Konzentration in gleichem Maße abnimmt. Langzeitstudien der Universität München haben diese These jedoch nicht bestätigt.

Erhältlich sind auch kombinierte Systeme aus Sauerstoffreduktion und Löschanlage. Dabei wird die Sauerstoffkonzentration im Raum mittels der Permanentinertisierungsanlage auf 17 Vol.-% gehalten. Der Raum wird über Brandfrüherkennungssysteme (Rauchansaugsysteme) überwacht. Im Alarmfall wird über ein Düsennetz Stickstoff aus einer Gasflasche zugeführt und die Sauerstoffkonzentration schnell abgesenkt. Danach wird die dadurch erreichte Sauerstoffkonzentration auf diesem Niveau gehalten. Das System ist somit eine Mischung aus Sauerstoffreduktion und Löschanlage. Es wird die gleiche Wirkung wie bei einer reinen Sauerstoffreduktionsanlage erzielt, allerdings sind die Schutzbereiche nahezu frei begehbar und die Energiebilanz wird verbessert.

Bild 8.179: Brandvermeidungsanlage im Betrieb
Quelle: Wagner Group GmbH

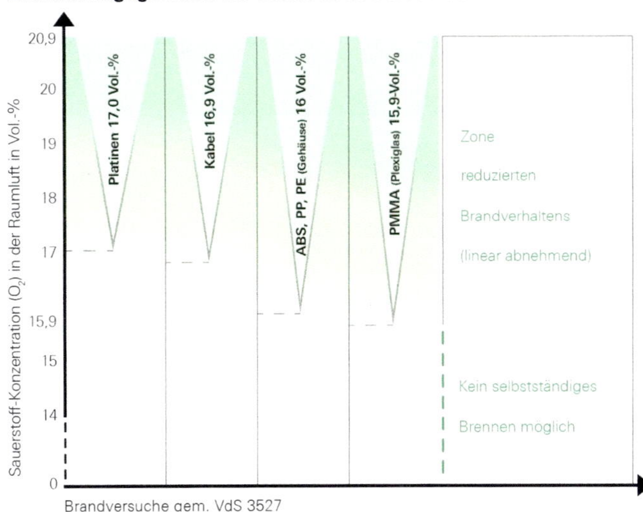

Bild 8.180: Entzündungsgrenzen für Stoffe im IT-Bereich
Quelle: Wagner Group GmbH

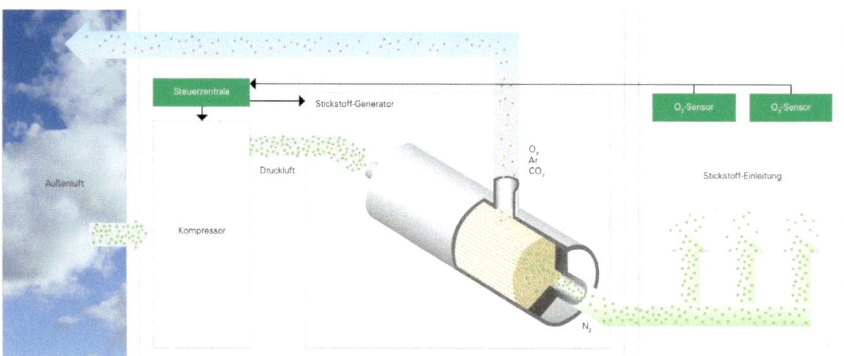

Bild 8.181: Prinzip der Stickstoffgewinnung vor Ort
Quelle: Wagner Group GmbH

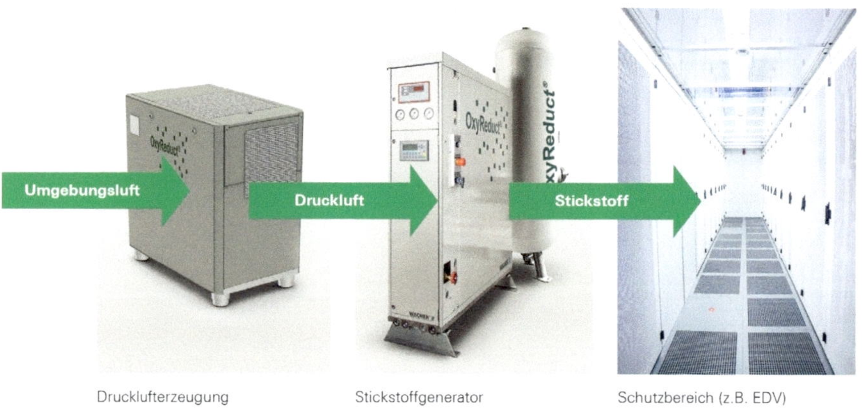

Bild 8.182: Stickstoffgewinnung vor Ort
Quelle: Wagner Group GmbH

Wirtschaftlich eingesetzt werden die Sauerstoffreduktionsanlagen hauptsächlich in Schutzbereichen, die selten begangen werden und eine bestimmte Größe haben. Typische Anwendungen sind neben Rechenzentren auch Gefahrstofflager, Kühlhäuser, Archive, Tresorräume und Museumsvitrinen.

Zusammengefasst hat die Sauerstoffreduktion folgende Vorteile:

- Vermeidung von Schäden durch Feuer, Rauch und Löschmitteleinsatz
- Keine Druckentlastung erforderlich
- Kein Düsenrohrnetz erforderlich
- Oxidationen werden vermindert
- Keine Gefährdung durch Ozon
- Einfache Anpassung bei Änderungen der Nutzungskonzepte
- Selbstkontrollierende Anlage durch permanente Überwachung des Sauerstoffgehaltes

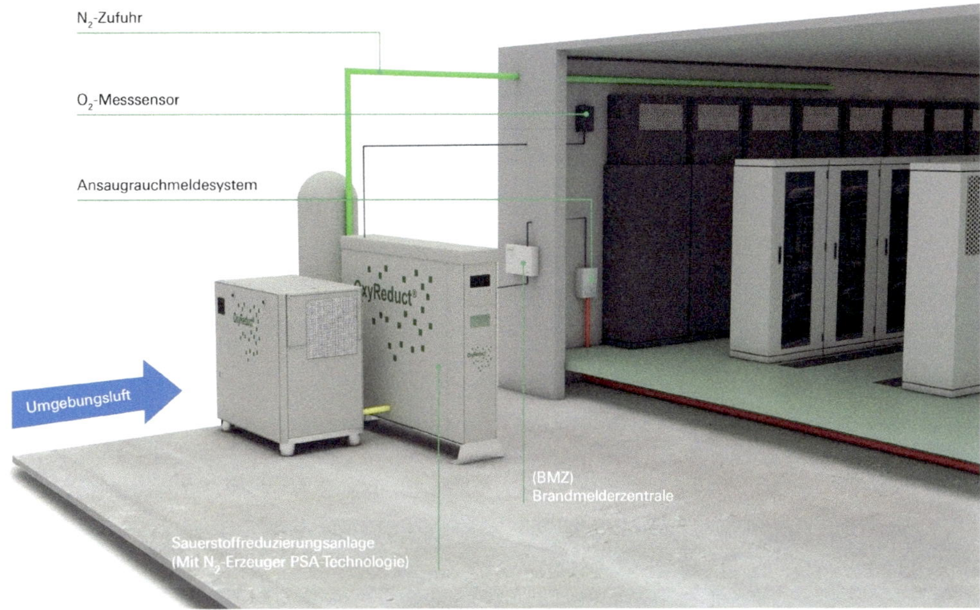

Bild 8.183: Komponenten und Aufbau einer Brandvermeidungsanlage
Quelle: Wagner Group GmbH

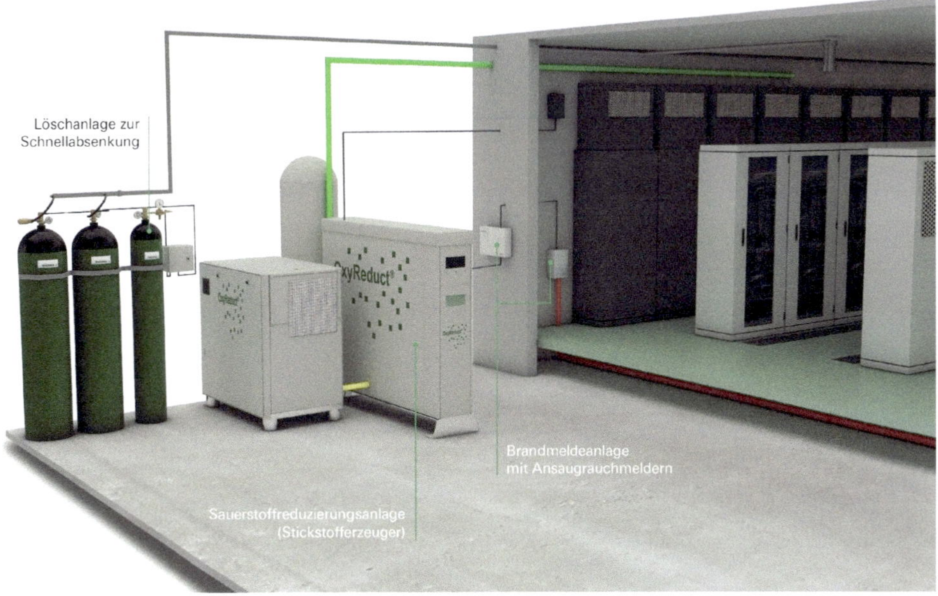

Bild 8.184: Aufbau einer Brandvermeidungsanlage mit Schnellabsenkung
Quelle: Wagner Group GmbH

Nachteile sind:

- Höhere Betriebskosten durch den Kompressor
- Ständige Überwachung der Sauerstoffkonzentration notwendig
- Arbeitsmedizinische Bescheinigungen für darin arbeitende Personen sind notwendig bei einem Sauerstoffgehalt unter 17 Vol.-%
- Beschränkter bzw. kein Frischluftwechsel möglich

8.1.7 Die bedarfsgesteuerte Vermeidung

Der Hersteller Minimax hat den Grundgedanken der Löschung in Verbindung mit einer dauerhaften Sauerstoffreduzierung aufgenommen und 2013 eine Anlage auf den Markt gebracht, die als sogenannte Eco-Prevent-Anlage am Markt mittlerweile bekannt ist.

Bei dieser Anlage werden die Vorzüge aus beiden Arten, nämlich der Löschung und der Brandvermeidung (Permanentinertisierung) kombiniert.

Bild 8.185: Eco-Prevent-Anlage
Quelle: Minimax GmbH & Co.

Bild 8.186: Rauchansaugsystem Helios AMX 5000 mit integriertem Thermolysegassensor
Quelle: Minimax GmbH & Co.

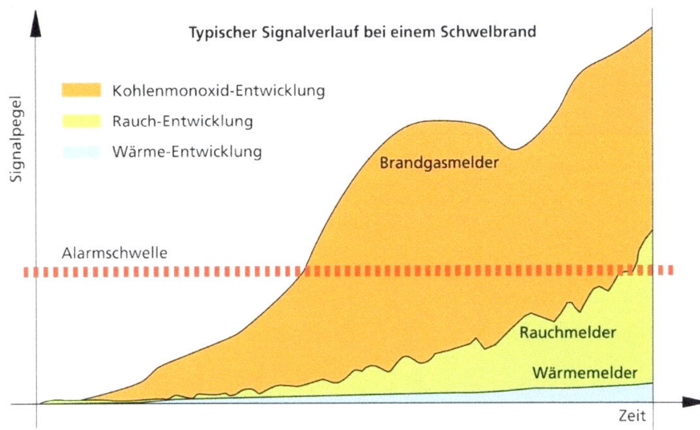

Bild 8.187: Brandverlauf und Erfassungsbereich durch Brandgasmelder
Quelle: Minimax GmbH & Co.

Die Anlage detektiert über Thermolysegassensoren kleinste Ausgasungen von Stoffen, wie sie bei entwickelnden Bränden typischerweise entstehen, und senkt zunächst den Sauerstoffgehalt mittels Einbringung von Stickstoff aus Flaschen auf ca. 14,5 Vol.-% ab (Präventionsmodus).

Über Sauerstoffsensoren wird der Sauerstoffgehalt in der Raumluft permanent gemessen. Steigt die Sauerstoffkonzentration durch z.B. Raumundichtigkeiten wieder an, wird bedarfsgesteuert weiterer Stickstoff eingebracht und der Sauerstoffgehalt auf ca. 14,5 Vol.-% gehalten.

Während bei einer Löschanlage der gesamte Stickstoffvorrat auf einmal in den Raum eingeblasen wird, wird mit dieser Anlage immer nur der notwendige Anteil Stickstoff eingebracht.

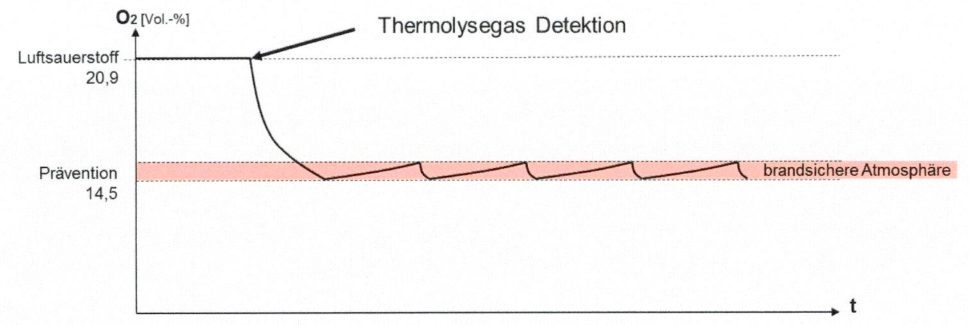

Bild 8.188: Präventionsmodus
Quelle: Minimax GmbH & Co.

Wird trotz dieser Präventionsmaßnahme über die Sensoren festgestellt, dass die Aerosol- und Rauchkonzentration weiter zunimmt, wird über eine weitere Stickstoffzufuhr der Sauerstoffgehalt auf die löschfähige Atmosphäre von ca. 10,5 Vol.-% abgesenkt und über die Steuerung gehalten, bis die Stickstoffflaschen leer sind (Interventionsmodus.

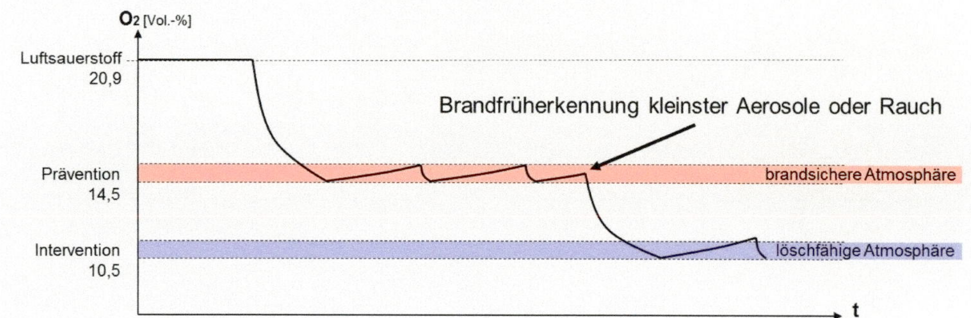

Bild 8.189: Interventionsmodus
Quelle: Minimax GmbH & Co. KG

Wird allerdings bereits bei der ersten Detektion eine entsprechende Aerosol- oder Rauchkonzentration in der Raumluft festgestellt, wird sofort der Interventionsmodus eingeleitet und die Sauerstoffkonzentration auf ca. 10,5 Vol.-% abgesenkt und gehalten.

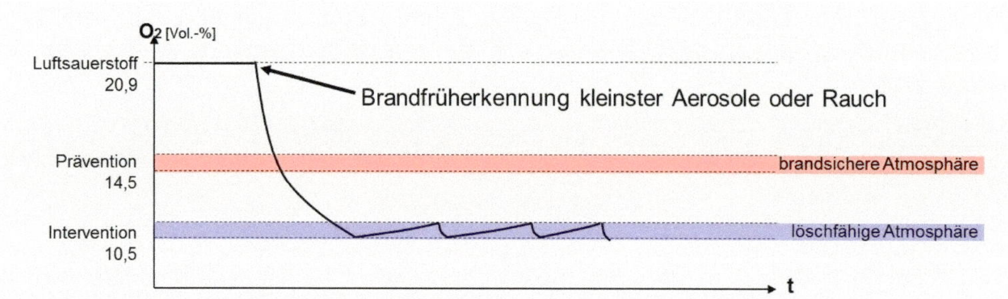

Bild 8.190: Sofortiges Absenken in den Interventionsmodus
Quelle: Minimax GmbH & Co. KG

Durch die gezielte Stickstoffnachführung verschafft man sich bei dieser Anlage mehr Handlungsspielraum als bei reinen Gaslöschanlagen. Zudem ist die Personensicherheit höher, da man in der Regel nur ein bestimmtes Volumen Stickstoff einbringt und der Präventionsmodus normalerweise ausreichend ist. Die bei den Brandvermeidungsanlagen oft aufgeführten höheren Betriebskosten durch ständiges Produzieren von Stickstoff fallen hier nicht an. Zudem sind die Räume wie auch bei reinen Gaslöschanlagen von Personen ohne arbeitsmedizinische Untersuchung frei begehbar. Der Nachteil liegt allerdings auch hier in den höheren Investitions- und Wartungskosten, als bei reinen Gaslöschanlagen.

Bild 8.191: Spezielles Flaschenventil für bedarfsgerechtes Ausströmen des Stickstoffs
Quelle: Minimax GmbH & Co. KG

8.2 Zonenkonzept

Bevor man sich nun weitergehende Gedanken über eine mögliche Zutrittskontrolle und/oder Einbruchmeldeanlage macht, muss das Rechenzentrum in Zonen eingeteilt werden.

Erst nachdem die Zonen und die damit verbundenen notwendigen Sicherheitsstufen festgelegt wurden, können die technischen Notwendigkeiten sinnvoll geplant und umgesetzt werden.

Es ist dabei sehr genau darauf zu achten, dass keine Sicherheitslücken entstehen oder aus baurechtlichen Gründen beispielsweise in einen Bereich höherer Sicherheit geflüchtet werden muss.

Am Markt hat sich mittlerweile die Einteilung in fünf Zonen durchgesetzt:

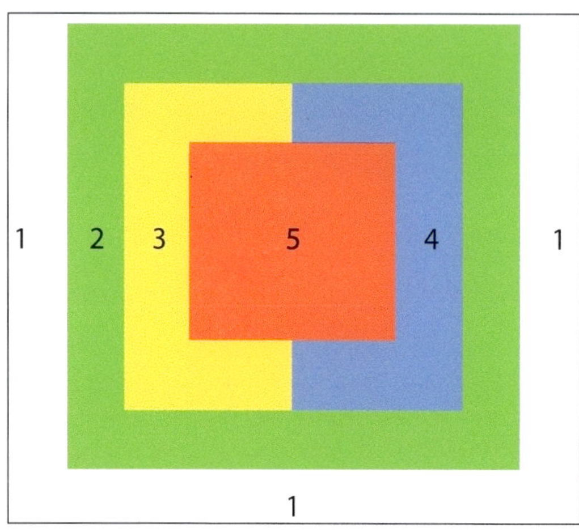

1: Grundstück
2: Büro
3: Nebenräume IT / RZ
4: Infrastruktur (Technik)
5: IT-Raum / Rechenzentrum

Bild 8.192: Zonenkonzept

Der erste Bereich (weiß) ist das Grundstück oder Firmengelände als sogenannter öffentlicher Bereich. Er ist frei zugänglich oder bereits durch einen Zaun, eine Videoüberwachung und eine Zutrittskontrolle gesichert.

Der zweite Bereich (grün) ist der halböffentliche Bereich und beinhaltet in der Regel die normalen Büroarbeitsplätze der Mitarbeiter.

Der dritte Bereich (gelb) sind die Nebenräume der IT oder der Bereich, in dem das Operating stattfindet. In diesen Bereich haben nur noch ganz bestimmte Personen Zutritt. Er kann bereits in Form von Schleusen eine Personenvereinzelung enthalten.

Der vierte Bereich (blau) ist von der Sicherheit dem gelben Bereich gleichzusetzen. Allerdings haben hier andere Mitarbeiter Zutritt, denn in diesem Bereich befinden sich die technischen Anlagen für das Rechenzentrum.

Das Herzstück des Unternehmens ist rot dargestellt und zeigt das eigentliche Rechenzentrum inklusive der IT- und Netzwerkinfrastrukturbereiche. Dies ist zugleich der Raum mit der höchsten Sicherheitsstufe, zu dem nur noch ganz bestimmte Personen Zutritt haben.

Die jeweiligen Flure zu den einzelnen Bereichen befinden sich immer am Übergang zum nächst niederen Bereich.

Tabelle 8.21: Klassifizierung der Schutzklassen in vier Bereiche nach DIN EN 50600-1 Tabelle 2

Schutzart	Schutzklasse 1	Schutzklasse 2	Schutzklasse 3	Schutzklasse 4
Schutz vor nicht autorisiertem Zugang	Öffentlicher oder halböffentlicher Bereich	Bereich, der allen autorisierten Personen (Mitarbeitern und Besuchern) zugänglich ist	Bereich, der festgelegten Mitarbeitern und Besuchern vorbehalten ist (andere Personen mit Zugang zu Schutzklasse 2 müssen von Personen begleitet werden, die Zugang zu Bereichen der Schutzklasse 3 haben).	Bereich, der festgelegten Mitarbeitern, die einen nachgewiesenen Bedarf für den Zugang haben, vorbehalten ist (andere Personen mit Zugang zu Schutzklasse 2 und 3 müssen von Personen begleitet werden, die Zugang zu Bereichen der Schutzklasse 4 haben)

Die DIN EN 50600-1 klassifiziert die Schutzklassen in vier Bereiche (Tabelle 8.21).

In der DIN EN 50600-2-5 wird detailliert beschrieben, wie Inseln von Schutzklassen, Verbindungen zwischen Inseln von Schutzklassen oder auch Schutzklassen in einem Rechenzentrumsstandort mit und ohne externe Grenzen zu behandeln sind.

Wie die entsprechenden Bereiche und Sicherheitsbereiche eingestuft werden, entscheidet immer das Unternehmen selbst. Die technischen Möglichkeiten, um die Einhaltung der Sicherheitsstufen zu gewährleisten, sind in den nachfolgenden Abschnitten Zutrittskontrolle, Einbruchsmeldeanlage und Videoüberwachung beschrieben.

Die DIN EN 50600-2-5 regelt über Anforderungen und Empfehlungen, wie der Zugang zum Rechenzentrumsstandort für Personen und Fahrzeuge (inkl. Parken) erfolgen muss/soll.

Zudem wird geregelt, wie die entsprechenden Bereiche abgesichert werden müssen.

Schutzklasse 1:
- Identifizierbare physische Sperre an der externen Grenze.
- Alle Türen für Personen, Fenster, Gitter und Fensterläden müssen DIN EN 1627:2011, Widerstandsklasse 2 entsprechen.
- Türen (und Fenster) müssen so konstruiert sein, dass sie im geschlossenen Zustand von außerhalb der Schutzklasse 1 nicht geöffnet werden können. Falls nicht möglich, müssen sie mit Zylinderstiften (d. h. Tür-/Fensterriegel) geschützt werden.
- Zugang für Fußgänger zum Bereich der Schutzklasse 1 muss physisch vom Zugang für Fußgänger zu Schutzklasse 2 getrennt werden. Gleiches gilt für Fahrzeuge.
- Alle Durchdringungen der physischen Barriere müssen den Zugang für Fahrzeuge zum Standort verhindern, mit Ausnahme von Fahrzeugen, die den Betrieb unterstützen und den Standort instand halten oder in Notfallsituationen erforderlich sind.

- Für Besucher und nicht autorisierte Fahrzeuge sollten spezielle Parkplätze vorgesehen werden.

Schutzklasse 2:
- Identifizierbare physische Barriere an der externen Grenze.
- Alle Türen für Personen, Fenster, Wandverkleidungen, Gitter und Fensterläden müssen DIN EN 1627:2011, Widerstandsklasse 3 entsprechen, wenn durch die Risikobewertung für erforderlich gehalten.
- Türen (und Fenster) müssen so konstruiert sein, dass sie im geschlossenen Zustand von außerhalb der Schutzklasse 2 nicht geöffnet werden können. Falls nicht möglich, müssen sie mit Zylinderstiften (d.h. Tür-/Fensterriegel) geschützt werden.
- Alle Durchdringungen der physischen Barriere müssen den Zugang für nicht autorisierte Personen verhindern. Darin eingeschlossen sind z.B. auch Druckentlastungsklappen für Gaslöschanlagen.
- Zugang für Fahrzeuge zum Bereich der Schutzklasse 2 muss physisch vom Zugang für Fahrzeuge zu Schutzklasse 3 getrennt werden.
- Alle Durchdringungen der physischen Barriere, die den Zugang für Fahrzeuge ermöglichen, müssen über ein System der Zugangsbeschränkung verfügen. Zugang darf nur solchen Fahrzeugen und Personen gewährt werden, die den Betrieb unterstützen und den Standort instand halten oder in Notfallsituationen erforderlich sind.
- Der Zugang zu Bereichen der Schutzklasse 3 von Ladebereichen zum Empfang und zur Auslieferung von Materialien und Geräten muss von Personeneingängen zu Bereichen der Schutzklasse 3 getrennt werden.
- Es müssen Maßnahmen vorhanden sein, um folgende Ereignisse zu erkennen und zu verhindern:
  - Ungewünschte oder unnötigen Zugang zwischen Flächen der Schutzklasse 2
  - Nicht autorisierten Zugang von einer Fläche der Schutzklasse 2 zu einer Fläche einer höheren Schutzklasse
- Jedes Öffnen einer Notausgangstüre muss einen Alarm auslösen, der eine geeignete Reaktion auslöst.

Schutzklasse 3:
- Identifizierbare physische Begrenzungen an der externen Grenze.
- Alle Türen für Personen, Fenster, Wandverkleidungen, Gitter und Fensterläden müssen DIN EN 1627:2011, Widerstandsklasse 4 entsprechen, wenn durch die Risikobewertung für erforderlich gehalten.
- Begrenzungen von Bereichen der Schutzklasse 3 dürfen nicht mit denjenigen der Schutzklasse 1 örtlich zusammen angeordnet werden, sofern nicht geeignete konstruktive Maßnahmen eine Widerstandsfestigkeit aufweisen, die derjenigen von Türen für Personen und Fenster entspricht.
- Begrenzungen von Bereichen der Schutzklasse 3, die mit Begrenzungen von Bereichen der Schutzklasse 2 zusammen angeordnet werden, müssen der Summe des Widerstands für Schutzklasse 2 und 3 entsprechen.

- Türen (und Fenster) müssen so konstruiert sein, dass sie im geschlossenen Zustand von außerhalb der Schutzklasse 3 nicht geöffnet werden können. Falls nicht möglich, müssen sie mit Zylinderstiften (d.h. Tür-/Fensterriegel) geschützt werden.
- Alle Durchbrüche der physischen Begrenzung müssen den Zugang für nicht autorisierte Personen verhindern. Darin eingeschlossen sind z.B. auch Druckentlastungsklappen für Gaslöschanlagen.
- Alle Durchbrüche der physischen Begrenzung müssen den Zugang für Fahrzeuge mit Ausnahme von Notfallfahrzeugen verhindern, sofern diese nicht von Personen begleitet werden, die für den Zutritt der Schutzklasse 3 autorisiert sind.
- Es müssen Maßnahmen vorhanden sein, um folgende Ereignisse zu erkennen und zu verhindern:
  - Ungewünschte oder unnötigen Zugang zwischen Flächen der Schutzklasse 3
  - Nicht autorisierten Zugang von einer Fläche der Schutzklasse 3 zu einer Fläche der Schutzklasse 4
  - Die Anzahl der Personen, die Flächen der Schutzklasse 3 betreten oder verlassen
  - Materialien und Geräte, die in Flächen der Schutzklasse 3 gebracht oder daraus entfernt werden
- Derartige Maßnahmen
  - schließen eine Personenvereinzelungsanlage für den allgemeinen Zugang zusammen oder getrennt von Schleusen für Materialein und Geräte ein,
  - müssen alle Anforderungen an die Funktionalität von Notausgängen und für den Zugang mit Fahrzeugen in Notfällen berücksichtigen.
- Jedes Öffnen einer Notausgangstüre muss einen Alarm auslösen, der eine geeignete Reaktion auslöst.

Schutzklasse 4:
- Identifizierbare physische Barriere an der externen Grenze
- Alle Türen für Personen, Fenster, Wandverkleidungen, Gitter und Fensterläden müssen DIN EN 1627:2011, Widerstandsklasse 4 entsprechen, wenn durch die Risikobewertung für erforderlich gehalten.
- Begrenzungen von Bereichen der Schutzklasse 4 dürfen nicht mit denjenigen der Schutzklasse 1 örtlich zusammen angeordnet werden, sofern nicht geeignete konstruktive Maßnahmen eine Widerstandsfestigkeit aufweisen, die derjenigen von Türen für Personen, Fenster, Gitter und Rollläden entspricht.
- Begrenzungen von Bereichen der Schutzklasse 3, die mit Begrenzungen von Bereichen mit niedrigerer Schutzklasse zusammen angeordnet werden, müssen der Summe des Widerstandes für alle Schutzklasse entsprechen.
- Türen (und Fenster) müssen so konstruiert sein, dass sie im geschlossenen Zustand von außerhalb der Schutzklasse 3 nicht geöffnet werden können. Falls nicht möglich, müssen sie mit Zylinderstiften (d.h. Tür-/Fensterriegel) geschützt werden.
- Alle Durchbrüche der physischen Begrenzung müssen den Zugang für nicht autorisierte Personen verhindern. Darin eingeschlossen sind z.B. auch Druckentlastungsklappen für Gaslöschanlagen

- Alle Durchbrüche der physischen Begrenzung müssen den Zugang von Personen verhindern, sofern diese nicht für die Schutzklasse 4 autorisiert sind oder von Personen begleitet werden, die für den Zutritt der Schutzklasse 4 autorisiert sind und selbst für den Zutritt zur Schutzklasse 3 autorisiert sind.
- Es müssen Maßnahmen vorhanden sein, um folgende Ereignisse zu erkennen und zu verhindern:
  • Ungewünschte oder unnötigen Zugang zwischen Flächen der Schutzklasse 4
  • Nicht autorisierten Zugang zu einer Fläche der Schutzklasse 4
  • Die Anzahl der Personen, die Flächen der Schutzklasse 4 betreten oder verlassen
  • Materialien und Geräte, die in Flächen der Schutzklasse 4 gebracht oder daraus entfernt werden
- Derartige Maßnahmen
  • schließen eine Personenvereinzelungsanlage für den allgemeinen Zugang zusammen oder getrennt von Schleusen für Materialein und Geräte ein,
  • müssen alle Anforderungen an die Funktionalität von Notausgängen und für den Zugang mit Fahrzeugen in Notfällen berücksichtigen.
- Jedes Öffnen einer Notausgangstüre muss einen Alarm auslösen, der eine geeignete Reaktion auslöst.

8.3 Zugangskontrolle

Eine Zugangs- oder Zutrittskontrolle hat vielerlei Gesichter und Ausprägungen. So ist bereits der Schlüsselbund in der Hosentasche ein Instrument, um an vielen unterschiedlichen Türen Zutritt zu erhalten oder eben nicht. Auch der Türsteher vor der Diskothek hat die Funktion der Zugangskontrolle, die Eintrittskasse ist da schon die zweite Hürde.

Aus obigen Beispielen wird schnell klar, dass ein Zugangskontrollsystem aus einem oder mehreren unterschiedlichen Teilen besteht, die sich in organisatorische, personelle und bauliche Maßnahmen mit den entsprechenden Systemkomponenten unterteilen lässt. Die optimale Mischung ist wichtig, um den geregelten Zutritt zuverlässig sicherzustellen. Nicht einzelne Komponenten und Maßnahmen dienen als Zugangskontrollsystem, sondern das Zusammenspiel der Komponenten, ergänzt durch organisatorische und personelle Maßnahmen, werden zum Zugangskontrollsystem.

Eine Zugangskontrolle hat die Aufgabe, berechtigten Personen Zutritt zu gewähren und unberechtigten Personen den Zutritt zu verwehren. Die Zugangskontrolle kann dabei rein visuell, z.B. durch einen Pförtner oder automatisiert durch technische Systeme erfolgen. Auch die Unterstützung der visuellen Kontrolle durch technische Systeme ist möglich. Dabei ist neben der örtlichen Zugangskontrolle auch die zeitliche Freigabe einzelner Zutritte von Bedeutung. Zur Erhöhung der Sicherheit kann so beispielsweise einem Mitarbeiter nur dann Zutritt gewährt werden, wenn er im Dienst ist und außerhalb der Dienstzeit (in der Nacht oder am Wochenende) der Zutritt verwehrt werden.

Im optimalen Zusammenspiel aller Komponenten ist so ein Höchstmaß an Sicherheit erreichbar. Die Systemkomponenten werden in elektronische und mechanische Komponenten unterteilt. Dabei prüft die Elektronik den Zutritt und die Mechanik gibt ihn nach positiver Prüfung frei.

Vereinzelungsschleusen wie spezielle Drehkreuze, Drehtüren oder Personenschleusen erhöhen nochmals die Zutrittssicherheit und verhindert die Mitnahme von nicht zutrittsberechtigten Personen.

Zutrittskontrollanlagen werden immer dann eingesetzt, wenn erhöhte Sicherheitsanforderungen wie z.B. in Rechenzentren notwendig sind. Sie setzen u. a. eine sorgfältige Abklärung aller betrieblichen Randbedingungen voraus.

Im Bereich der Anlagentechnik wird noch zwischen Online- und Offlineanlagen unterschieden. Onlineanlagen sind ständig mit der Zutrittskontrollzentrale verbunden. Alle Komponenten sind über das Kabelnetz miteinander verbunden. Die Daten werden über das Verkabelungssystem an den Leser gesendet und Zutrittsdaten zurück an die Zentrale gemeldet. Die Spannungsversorgung erfolgt bei Onlineanlagen in der Regel aus der Zutrittskontrollzentrale.

Bei Offlineanlagen ist keine Vernetzung vorhanden. Die Zutrittsberechtigungen sind auf der Karte gespeichert und können z.B. über das Zeiterfassungsterminal oder einen Onlineleser tagesaktuell übertragen werden. Leser von Offlineanlagen erhalten ihre Versorgungsspannung von integrierten Batterien, die regelmäßig ausgetauscht werden müssen.

8.3.1 Ablauf einer elektronischen Zugangskontrolle

Zunächst erfolgt die Identifizierung am Zutrittspunkt durch den Besitz eines Identifikationsmerkmales und/oder durch das Wissen in Form von PIN-Codes oder Passwörtern. Besitzbasierende Identifikationsmittel können Ausweiskarten, Schlüsselanhänger, Uhren oder biometrische Merkmale wie Fingerabdruck- oder Iriserkennung sein.

Nach erfolgter Identifizierung erfolgt die Prüfung der Berechtigung nach örtlichen und zeitlichen Merkmalen. Dabei gibt es verschiedene Zutrittsarten wie einmaliger Zutritt, einfacher Zutritt, zeitabhängiger Zutritt (Tag, Uhrzeit und Zeitspanne), 2-Personen-Zutritt, Zutritt mit Routenvorgabe, Zutrittswiederholsperre, Raumzonenwechselsperre, Mehrpersonen-Anwesenheitskontrolle etc.

Wird der Zutritt gewährt, öffnet sich die Türe und der Zutritt selbst wird gespeichert. Die Zutrittskontrolle geht wieder in den Grundzustand zurück. Wird der Zutritt verweigert, öffnet sich die Türe nicht und der Zutrittsversuch wird gespeichert. Es gibt auch die Möglichkeit, bei einem abgelehnten Zutrittsversuch Alarmmeldungen zu generieren oder das Aufnahmesignal, z.B. für eine Videoaufzeichnung, zu starten.

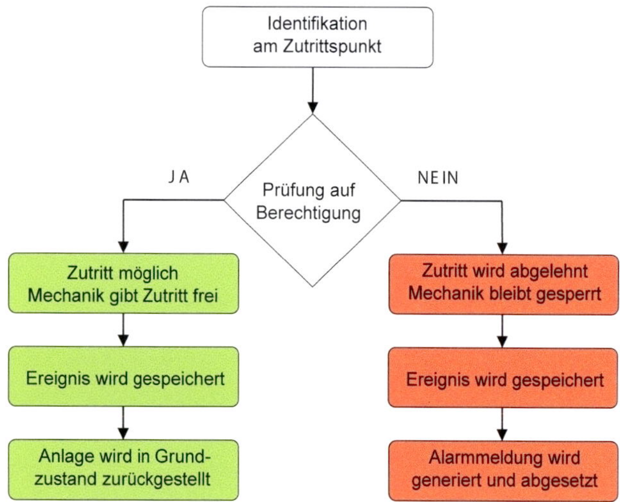

Bild 8.193: Ablauf einer elektronischen Zutrittskontrolle

Eine Zutrittskontrollanlage ist grundsätzlich in die drei Ebenen Parametrier- und Verwaltungsebene, Kontroll- und Steuerungsebene und Erfassungsebene gegliedert. Die Kontroll- und Steuerungsebene verfügt dabei über sämtliche Daten, die zur Berechtigungsprüfung notwendig sind und erzeugt neben den Buchungsdaten auch Alarmdaten.

8.3.2 Zutrittskontrollzentralen

Zutrittskontrollzentralen sind das zentrale Element und somit das Herzstück einer Zugangskontrollanlage. Sie haben unterschiedliche Aufgaben zu erfüllen. Zunächst ist die Information gespeichert, wer, wann und wo Zutritt haben darf. Die Informationen der Zutrittsleser werden empfangen und ausgewertet. Das Ansteuern der Türen, Schranken und Drehkreuze erfolgt ebenfalls von der Zentrale. Alle Ereignisdaten wie Buchungen etc. werden empfangen und ausgewertet. Außerdem werden die unterschiedlichen Funktionen wie Sabotagekontakte und Türüberwachungskontakte überwacht.

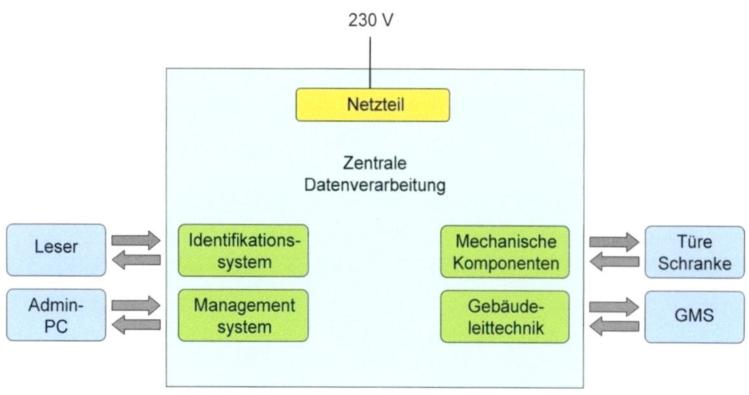

Bild 8.194: Komponenten einer Zutrittskontrollanlage

8.3.3 Identifikationssysteme

8.3.3.1 Physikalische Erkennung

Die gängigste Art der Identifikationssysteme ist die physikalische Erkennung mittels Leser und Ausweisen oder Schlüsselanhänger. Dabei ist wiederum die berührungslose Technik die häufigste. Leser, in denen die Karte eingesteckt (Chiperkennung) oder durchgezogen (Magnetstreifen) wird, werden heute fast nur noch im Hotelbereich eingesetzt.

Die Identifikation mittels Schlüsselanhänger oder Uhr gehört ebenfalls zur berührungslosen Technik.

In der berührungslosen Technik gibt es unterschiedliche Codierungsverfahren, die sich in der Sendefrequenz und dadurch auch in der maximalen Entfernung zwischen Karte und Leser durch die in der Karte eingebrachte Antenne unterscheiden. So sind beispielsweise bei Mifare- und HID iCLASS-Karte Leserentfernungen von 50 mm bis 100 mm möglich, während bei den Legic-, Hitag 1 und HID prox-Karte Entfernungen bis 70 mm möglich sind.

Bei Weitbereichslesern sind bei Hitag 1.550 mm, bei Legic 400 mm und bei HID prox passiv bis 500 mm und aktiv sogar bis 2,5 m realisierbar. Die Sendefrequenzen bei Hitag 1 oder 2 liegen bei 125 kHz. Bei Mifare oder Legic bei 13,56 MHz.

Mifare ist die dabei weltweit meistgenutzte Kartentechnik mit einem Marktanteil von ca. 80 Prozent. Die von Philips entwickelte Karte kommt ohne Batterien aus und wird durch das Magnetfeld des Lesers mit Energie versorgt. Die Antenne nimmt dabei die benötigte Energie auf. Der Speicher auf dem Chip ist in mehrere Sektoren unterteilbar, weshalb es möglich ist, mehrere unterschiedliche Applikationen auf einer Karte zu realisieren.

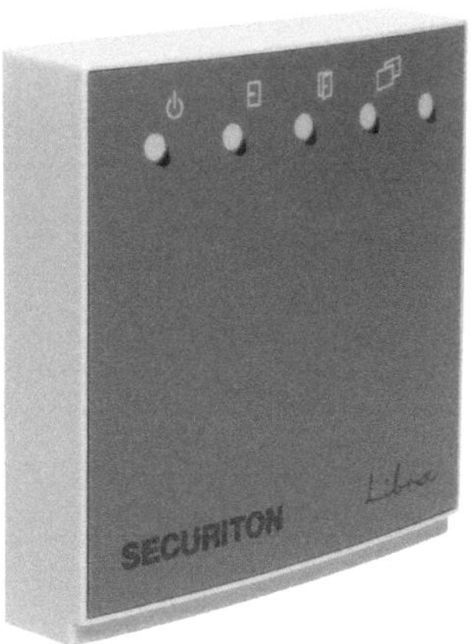

Bild 8.195: Türterminal (Erfassungseinheit) in Unterputz- und Aufputzvariante
Quelle: Securiton GmbH - Alarm- und Sicherheitssysteme

Tabelle 8.22: Vergleich der unterschiedlichen Kartentechnologien

System-eigenschaft	HID Proximity	HID iCLASS	Mifare Chip	Hitag 1 Chip	Legic Chip
Frequenz	125 kHz	13,56 MHz	13,56 MHz	125 kHz	13,56 MHz
Reichweite lesen	bis zu 500 mm	bis zu 114 mm	bis zu 100 mm	bis zu 700 mm	bis zu 100 mm
Reichweite schreiben			bis zu 100 mm	bis zu 500 mm	bis zu 100 mm
Datenintegrität und Handling von mehreren Karten in einem Feld	Antikollision	Antikollision Das System wählt eine aktive Karte aus und setzt alle anderen in eine Warteschleife, bis die Transaktion mit der aktiven Karte abgeschlossen ist.	Antikollision Das System wählt eine aktive Karte aus und setzt alle anderen in eine Warteschleife, bis die Transaktion mit der aktiven Karte abgeschlossen ist.	Antikollision Das System wählt eine aktive Karte aus und setzt alle anderen in eine Warteschleife, bis die Transaktion mit der aktiven Karte abgeschlossen ist.	Antikollision Beide Medien senden unterschiedliche Daten zum Leser zurück, die sich gegenseitig überlagern. Durch den CRC-Algorithmus wird ein Übertragungsfehler festgestellt und die Übertragung wiederholt. Der Chip führt einen Schreibbefehl nur bei korrektem CRC aus, ansonsten wird er ignoriert.
Speicherkapazität gesamt		256 Byte oder 2048 Bytes	1024 x 8 Bit (1kByte) EEPROM	1024 x 8 Bit (1kByte) EEPROM	1024 x 8 Bit (1kByte) EEPROM
Nutzbare Speicherkapazität	84 Bits	208 Byte oder 1896 Bytes	752 Bytes	192 Bytes	247 Bytes
Aufteilung Speicherkapazität		2 oder 16	16 Sektoren mit 4 Blöcken á 16 Bytes	16 Blöcke á 4 Seiten mit 4 Bytes	Anzahl und Segmentgröße wählbar
Sicherheitsmerkmale		Kartendaten werden 64.Bit variierten Sicherheitsschlüsseln, verschlüsselter Rf-Datenübertragung und gegenseitiger Authentisierung mit einem eigenen Schlüssel-Algorithmus geschützt	Schnelles Antikollisionsprotokoll, individuelle Zugriffsrechte für jeden Block (je 16 Byte), individuelles Schlüsselpaar mit unterschiedlicher Mächtigkeit für jeden Sektor, gegenseitige Authentisierung, Datenverschlüsselung während der Übertragung, CRC-Prüfsumme, Seriennummer	Schnelles Antikollisionsprotokoll, gegenseitige Authentisierung, Datenverschlüsselung während der Übertragung, CRC Prüfsummenbildung, halbduplexe Handshake-Kommunikation, OTP (on time programmable) von 6 Blöcken mit je 4 Seiten zu 4 Bytes möglich, Seriennummer	Datenverschlüsselung während der Übertragung, CRC Prüfsummenbildung, der Chip quittiert dem Leser jeden korrekt ausgeführten Schreibbefehl, spezielles Autorisierungskonzept, Seriennummer

Legic ist zugleich die Firmenbezeichnung des Kartenherstellers mit Sitz in der Schweiz. Auch mit der Legic-Karte ist es durch die Segmentierung möglich, mehrere unterschiedliche Applikationen auf einer Karte zu realisieren. Weltweite Lizenzpartner sind für die weite Verbreitung der Technologie verantwortlich. Sich selbst bezeichnet Legic als Marktführer mit ihrer Technik. Mit der Legic-Karte können Daten nicht nur gelesen, sondern auch geschrieben werden, was die Funktionalität der Karte stark erweitert. Der Legic-Chip erhält seine Energie ebenfalls über das elektromagnetische Feld des Lesers. Legic-Chips gelten aufgrund ihrer Verschlüsselungstechnologie als sehr sichere Karten. So ist die Programmierung der Ausweise nur über die sogenannte IAM-Mutterkarte (Identification Authorization Media) möglich. Sie hat dabei den Stellenwert eines Generalschlüssels bzw. der Sicherheitsschließkarte.

Vom Aufbau her besteht eine berührungslose Karte aus einem Träger aus PVC und einem eingelassenen Chip mit einer verbundenen, eingelagerten Drahtantenne.

Das physikalische Identifikationsmerkmal ist zwar personalisiert, man kann aber nicht feststellen, ob diese Person tatsächlich im Besitz der Karte ist oder eine andere Person die Karte verwendet, um sich Zutritt zu verschaffen. Meist geschieht dies nicht böswillig durch eine entwendete Karte, sondern durch die freundliche Weitergabe an Kollegen etc., die ihre Karte gerade nicht dabei haben oder weitere Personen, die sich keine Zutrittskarte haben aushändigen lassen.

Bild 8.196: Türterminals für physikalische Identifikationsmerkmale (Karten, Schlüsselanhänger etc.)
Quelle: dormakaba Deutschland GmbH

Sollen Besuchern Zutritte erlaubt werden, geschieht dies auch meist mittels Karte, die sie an der Pforte mit Dokumentation ihrer persönlichen Daten und vorheriger Autorisierung durch einen Mitarbeiter des Unternehmens erhalten.

Leser werden heutzutage in kompakter Bauform angeboten und sind kaum noch größer als ein normaler Lichtschalter. Sie werden meist in Standard-Unterputzdosen montiert. Für Einsätze im Außenbereich werden Leser in vergossener Form angeboten, die den geforderten Schutzgrad haben. Über Status-LEDs werden oft die einzelnen Zustände wie Zutritt erlaubt/verboten, Störung etc. angezeigt. Ein integrierter Summer kann dazu verwendet werden, bei einer zu lange offenstehenden Türe einen örtlichen Alarm abzusetzen. Die angesteuerten Türöffner werden entweder direkt vom Leser oder von der Zutrittskontrollzentrale angesteuert. Werden neben dem eigentlichen Leser auch Codetastaturen und/oder biometrische Leser benötigt, gibt es Kombinationsleser, die alle drei Merkmale in einem Gehäuse vereinen. Einzelne Leser können auch miteinander kombiniert werden, so dass z.B. die Codetastatur über eine Kabelverbindung direkt mit dem Kartenleser verbunden ist und somit beide Funktionen an einer Türe abgebildet werden können.

Bild 8.197: Digitaler Zylinder
Quelle: dormakaba Deutschland GmbH

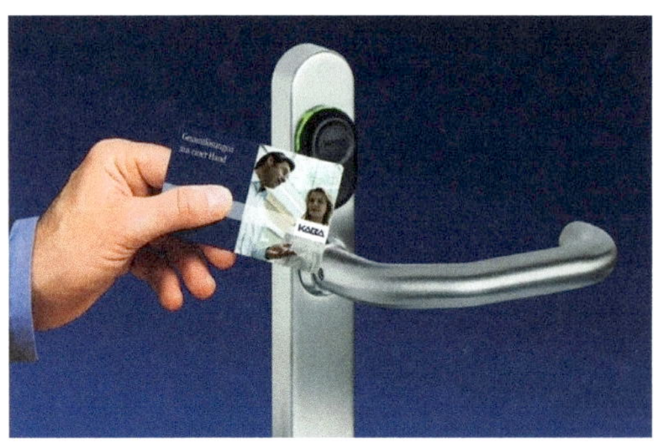

Bild 8.198: Digitaler Beschlag
Quelle: dormakaba Deutschland GmbH

Bild 8.199: Mechantronik Zylinder
Quelle: dormakaba Deutschland GmbH

Der Anschluss von Lesern an die Zutrittskontrollzentrale erfolgt meist über eine Daten- oder Fernmeldeleitung. Ein Stromanschluss 230 V wird oft nicht benötigt, da die Versorgungsspannung des Lesers direkt von der Zentrale in Kleinspannung 12/24 Volt erfolgt.

Bei der Montage von Lesern ist aufgrund ungewollter Beeinträchtigungen darauf zu achten, diese nicht hinter oder auf metallischen Gehäusen oder Oberflächen zu montieren, sondern bestimmte, vom Hersteller vorgegebene Mindestabstände einzuhalten. Dies gilt insbesondere auch für den ausreichenden Abstand zu spannungsführenden Leitungen und Steckdosen, zu Hochfrequenzkabeln und anderen Lesern.

Eine Sonderform von Zutrittslesern sind die sogenannten Elektrozylinder oder digitalen Zylinder. Dabei wird der mechanische Schließzylinder gegen einen eigenständigen digitalen Schließzylinder ersetzt. Die Elektronik ist im Knauf untergebracht und erkennt kontaktlos die physikalischen Identifikationsmedien wie Karte, Schlüsselanhänger etc.

Bei diesem Zylinder handelt es sich um einen autarken elektromechanischen Schließzylinder im Offline-Modus. Die Stromversorgung erfolgt über eine Batterie. Zutrittsberechtigungen werden über ein Programmiergerät eingegeben. Das System wird hauptsächlich bei Nachrüstungen oder weit entfernten Türen eingesetzt, da alle

Komfortmerkmale eines Online-Lesers wie schneller Zugriff und Änderung der Zutrittsregelung, Dauerauf, schnelles Auslesen von Daten etc. nicht gegeben sind. In Rechenzentren werden sie deshalb eher selten eingesetzt.

Muss allerdings aus sicherheitstechnischen Gründen ein mechanischer Schließzylinder der Schließanlage zwingendermaßen in der Türe eingebaut sein (z.B. für die Feuerwehr), dann eignet sich dieses System nicht mehr. In diesem Fall gibt es komplette Beschläge, welche die intelligente Elektronik im Beschlag integriert hat und in die trotzdem der mechanische Schließzylinder der Schließanlage noch eingebaut werden kann. Diese Funktionsweise mit allen Vor- und Nachteilen ist dieselbe wie beim digitalen Zylinder.

8.3.3.1.1 Ausweisdrucker

Über spezielle Drucker ist es möglich, z.B. mit Farbbändern im Thermotransferdruck, Ausweise individuell zu beschriften und beispielsweise den Namen und das Bild des Mitarbeiters oder Besuchers selbst abzudrucken.

Bei den Herstellerfirmen können aber auch Karten im individuellen Design bestellt werden. Eigene Ausweisdrucker sind so überflüssig. Den Designmöglichkeiten sind dabei heute fast keine Grenzen mehr gesetzt.

8.3.3.2 Logische Erkennung

Logische Identifikationssysteme basieren meist auf der Eingabe eines Zahlencodes an der Zahlentastatur des Lesers. Dieses Identifikationssystem ist in der Regel nicht personalisiert und die Gefahr ist relativ hoch, dass nach einer gewissen Zeit die ganze Belegschaft den Zahlencode kennt. Das regelmäßige Ändern des Zahlencodes erhöht die Zutrittssicherheit.

Die Kombination aus physikalischer und logischer Identifikation ist eine der gängigsten Kombinationen im Rechenzentrumsumfeld. Meist werden dabei Leser eingesetzt, die beide Identifikationen in einem Gehäuse vereinen.

Bild 8.200: Terminal für Karte und Codetastatur
Quelle: dormakaba Deutschland GmbH

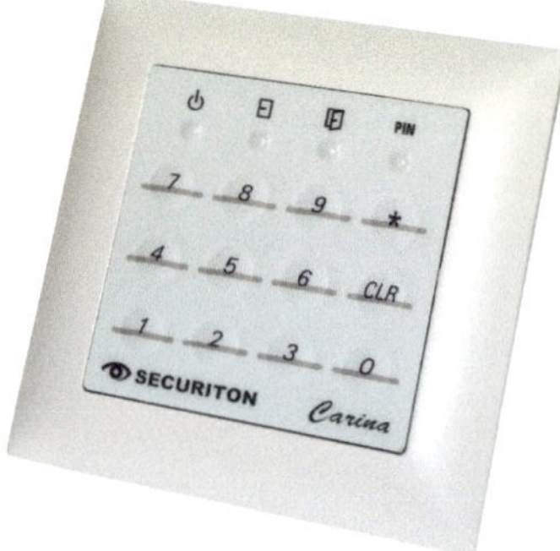

Bild 8.201: Türterminal mit Codetastatur
Quelle: Securiton GmbH - Alarm- und Sicherheitssysteme

8.3.3.3 Biometrische Erkennung

Die biometrische Erkennung, bei der mittels Fingerabdruck, Iriserkennung (Regenbogenhaut des Auges), Handrückenerkennung etc. die Identifikation ermittelt wird, ist die sicherste Erkennung und immer personalisiert. Die Zeit, in der in James-Bond-Manier mit einem abgeschnittenen Finger der Zutritt ermöglicht wird, ist mittlerweile auch vorbei, da die Lebenderkennung fester Bestandteil der Systeme ist.

Der Fingerabdruck ist der gängigste biometrische Leser. Die Leseeinheit erstellt ein digitales Bild von der Fingerkuppe. Die besonderen Merkmale jeder Fingerkuppe werden dabei vom System erkannt. Die Hautrillen werden als Papillarleisten bezeichnet. Die besonderen Endungen und Verzweigungen der Papillarleisten nennt man Minutien. Diese Minutien haben eine bestimmte Lage und einen bestimmten Abstand zueinander. Über einen mathematischen Algorithmus werden diese Lage und Abstände in eine mathematische und somit speicherbare Form gebracht . Allerdings lässt sich umgekehrt aus den Minutiendaten kein Fingerabdruck rekonstruieren. Der anhand des Fingerabdrucks erstellte Algorithmus wird gespeichert und bei zukünftigen Zutrittsversuchen mit den neu erstellen Logarithmusdaten aus dem Leser verglichen.

Die schnellste Erkennung ist in der Kombination aus Karte und Biometrie gegeben. Hier muss jeweils nur der Referenzlogarithmus verglichen werden, welcher der Karte zugeordnet ist. Erfolgt die Zutrittskontrolle nur über das biometrische Merkmal, muss bei jedem Zutritt jeweils die gesamte Datenbank verglichen werden, was in der Regel mehr Zeit in Anspruch nimmt und somit auch mehr Rechnerleistung benötigt.

Teilweise, wenn auch sehr selten, sind immer noch die sogenannten Phantombilder bei Fingerabdruckscannern im unteren Preissegment eine Unsicherheit in der Erkennung. Dies kann immer dann der Fall sein, wenn sich ein stark eingefetteter Finger Zu-

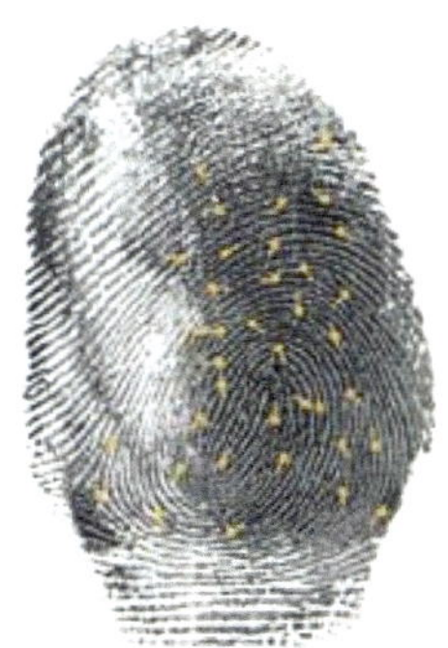

Bild 8.202: Digitales Bild eines Fingerabdrucks
Quelle: Kaba GmbH

Bild 8.203: Umwandlung der Minutien in einen mathematischen Algorithmus
Quelle: Kaba GmbH

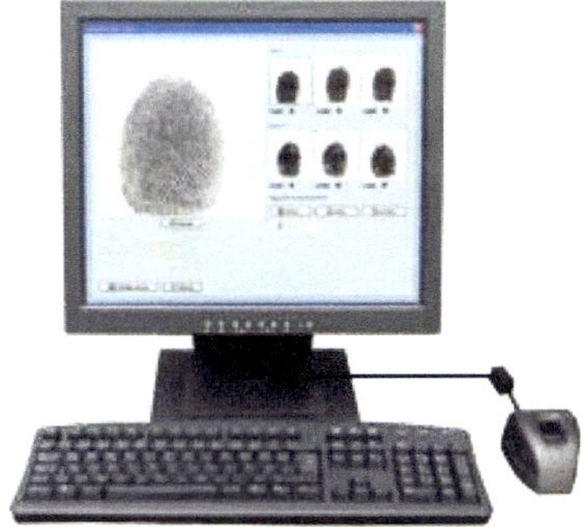

Bild 8.204: Vergleich des neuen Algorithmus mit dem gespeicherten Referenz-Algorithmus
Quelle: Kaba GmbH

tritt verschafft hat und der Fingerabdruck in Form des Fettfilmes immer noch als autorisiert ansteht, obwohl der Erzeuger des Fingerabdrucks schon lange den Finger vom Leser genommen hat. In dieser Konstellation kann es zu Fehlerkennungen beim nächsten Zutrittsversuch einer weiteren Person kommen, da die Lebenderkennung einen lebenden Finger erkennt und der Scanner die Minutien des Vorgängers analysiert.

Die biometrische Erkennung zeichnet sich durch die Eigenschaften Einmaligkeit des Erkennungsmerkmals und Konstanz des Erkennungsmerkmals aus, ohne dass es vom Alter der Person oder dem Messzeitpunkt abhängt.

Bild 8.205: Biometrieleser und Code-Tastatur
Quelle: dormakaba Deutschland GmbH

Bild 8.206: Biometrie-Leser, Display und Code-Tastatur
Quelle: Securiton GmbH - Alarm- und Sicherheitssysteme

Neben den bekannten und heute bereits eingesetzten Erkennungsmerkmalen Iriserkennung, Fingerabdruck und Handrückenerkennung durch Handlinienstruktur, Handvenenstruktur und Handgeometrie, gibt es auch die Merkmale Gesichtsgeometrie, Nagelbettmuster, Zahnabdruck, Ohrform sowie die physiologischen Erkennungen mittels Stimme, Unterschrift, Tippverhalten auf Tastaturen, Gangstil, Körpergeruch und die bekannte DNA als sogenannter genetischer Fingerabdruck. Diese werden jedoch heutzutage noch nicht in der Zutrittskontrolle eingesetzt.

Anzumerken ist, dass es Menschen gibt, die aufgrund der Krankheit Dermatopathia pigmentosa reticularis keinen eindeutigen Fingerabdruck haben. Ursache ist ein Gendefekt, der mit einer Wahrscheinlichkeit von 50 Prozent weiter vererbt wird. Weltweit sind bisher weniger als 40 Menschen bekannt. Ein Umstand, der in der biometrischen Erkennung zwar gegen null geht, aber letztlich doch zu einer Unbrauchbarkeit der biometrischen Erkennung bei diesen Personen führt.

Es empfiehlt sich immer, die logische oder biometrische Erkennung nur in Verbindung mit der physikalischen Erkennung einzusetzen.

8.3.4 Mechanische Komponenten

Mechanische Komponenten sind für die Freigabe des Zutritts nach erfolgter Identifikation zuständig. Sie geben in der Regel den Zutritt an der Türe oder die Zufahrt an Schranken und Toren durch elektrisches Öffnen frei.

Werden höhere Sicherheiten benötigt, werden Vereinzelungsanlagen oder Schleusen eingesetzt. Doch trotz aller Sicherheitsmaßnahmen darf die Praxis nicht außer Acht gelassen werden. Es wird immer vorkommen, dass Materialien wie Server, Datenschränke etc. in und aus dem Rechenzentrum transportiert werden müssen. Dies funktioniert mit Vereinzelungen nicht mehr und es müssen Möglichkeiten und Maßnahmen geschaffen werden, auch Materialtransporte ohne Verringerung der Sicherheit zuzulassen.

8.3.4.1 Türöffner

Türöffner gibt es in vielen Varianten und Ausführungen. Speziell bei Holztüren werden sie zusammen mit dem Schließblech angeboten. Weitere Details sind bereits im Abschnitt 8.1.2.3 Brandschutztüren beschrieben.

Türöffner sind elektronische Vorrichtungen mit elektromagnetischer Entriegelung. Im eingebauten Zustand wird das Türschloss in der Falle des Türöffners gehalten. Wird nun je nach Türöffnertyp eine Spannung auf den Türöffner gegeben, oder die Spannung am Türöffner unterbrochen, wird die Sperre aufgehoben und die Tür kann geöffnet werden.

Bei den Spannungen wird zwischen Gleich- (DC aus dem englischen direct current) und Wechselstrom (AC aus dem englischen alternating current) unterschieden. Zudem ist die Höhe der Wechselspannung für den Betrieb entscheidend. Meist funktionieren Türöffner bei Spannungen zwischen 8 Volt bis 24 Volt.

Bei der Entriegelungsart wird zwischen Arbeitsstrom-Türöffner, Ruhestrom-Türöffner und Türöffner mit Arretierung bzw. Entriegelung unterschieden.

Beim Arbeitsstrom-Türöffner erfolgt die Entriegelung nur während Spannung am Türöffner anliegt. Dies ist in Form eines Summtons hörbar. Arbeitsstrom-Türöffner werden auch mit 100 Prozent Einschaltdauer (ED) angeboten. Das bedeutet, dass die Türöffner dauerhaft mit Spannung für z.B. Dauer-Auf im Tagesbetrieb versorgt werden können. Bei Stromausfall bleibt die Tür gesperrt.

Beim Ruhestrom-Türöffner wird die Falle des Türöffners durch einen Mindeststrom festgehalten. Dieser Mindeststrom wird auch Ruhestrom genannt. Bei Stromunterbrechung oder Stromausfall kann die Tür geöffnet werden. Bei Fluchttüren ist es Pflicht, Ruhestrom-Türöffner zu verwenden.

Türöffner mit Arretierung bzw. Entriegelung funktionieren ebenfalls nach dem Arbeitsstrom-Prinzip. Allerdings ist die Tür, nachdem die Spannung nicht mehr anliegt, so lange zu öffnen, bis sie beim einmaligen Öffnen entriegelt wurde. Türöffner mit Entriegelung findet man häufig bei Haustüren im Wohnungsbau.

Türöffner werden auch mit potentialfreiem Rückmeldekontakt angeboten. Dies ist wichtig, wenn der Türzustand offen/geschlossen mit überwacht und bei einer zu lange geöffneten Tür eine Meldung oder ein Alarm abgesetzt werden sollen.

Wichtig im Zusammenhang mit Türöffnern ist, dass er nicht den eigentlichen Verschluss der Tür durch einen Riegel ersetzt. Er ist in erster Linie für den Tagesbetrieb gedacht und nicht zum versicherungsrechtlichen Verschließen von Türen. Versicherungsrechtlich gilt eine nur durch einen Türöffner geschlossene Türe als nicht geschlossen.

Wird zusätzlich ein Verschluss benötigt, müssen Motorschlösser verwendet werden, die neben dem Türschloss auch den Riegel elektrisch in die Türzarge schiebt. Die Motorschlösser werden nicht in der Türzarge montiert, sondern sitzen im Türblatt mit einem entsprechend verdeckten oder sichtbaren Kabelübergang zwischen Türblatt und Zarge.

8.3.4.2 Schranke

Schranke oder Schlagbaum sind Einrichtungen zum Sperren eines Wegs. Normalerweise bestehen sie aus einem Pfosten und einer beweglichen Stange. Zur Erhöhung der Durchfahrtssicherheit kann auch eine Abhängung oder ein Übersteigschutz angebracht werden. Zur besseren Kenntlichkeit hat der Schrankenarm meist eine rot-weiße Kennzeichnung.

Die Mechanik zum Öffnen oder Schließen ist heute üblicherweise ein Motor, der elektrisch angesteuert wird. Die Schranke wird in Unternehmen meist bei der Zufahrt auf das Unternehmensgelände eingesetzt und ist die erste Hürde in das Unternehmen.

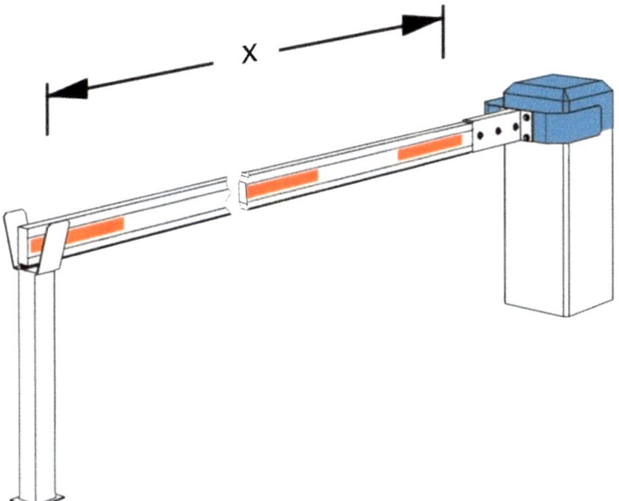

Bild 8.207: Schranke, z. B. bei der Zufahrt auf das Unternehmensgelände
Quelle: dormakaba Deutschland GmbH

8.3.4.3 Drehsperre

Drehsperren sind meist im Eingangs- oder Empfangsbereich von Unternehmensgebäuden installiert und unterstützen das Empfangspersonal. Sie sind schnell und zuverlässig und gewährleisten so eine hohe Durchsatzrate. Auch in Veranstaltungshallen

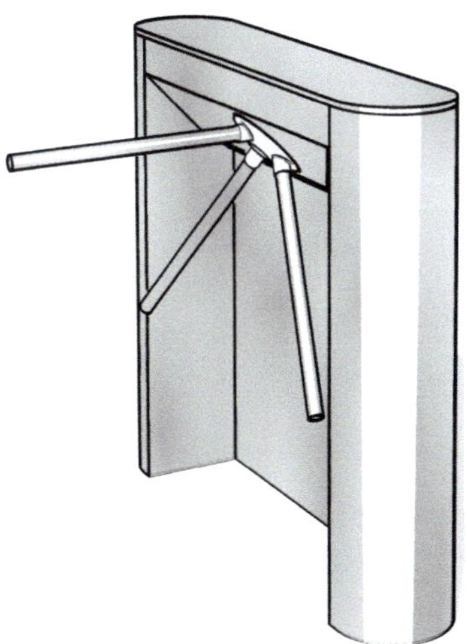

Bild 8.208: Seitlich geschlossene Drehsperre
Quelle: dormakaba Deutschland GmbH

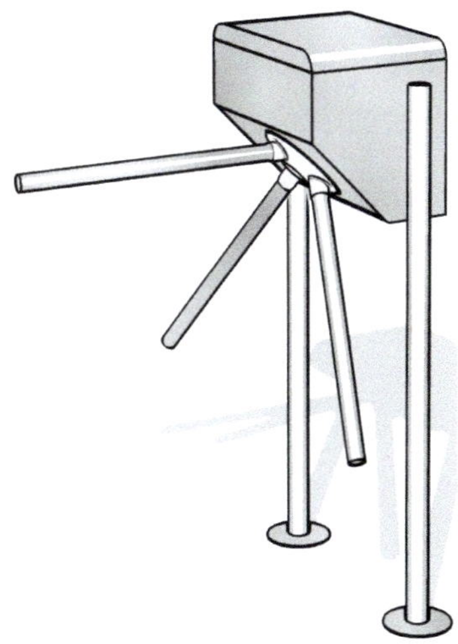

Bild 8.209: Drehsperre in der einfachsten Ausführung
Quelle: dormakaba Deutschland GmbH

oder Stadien mit einer hohen Durchgangsfrequenz innerhalb einer kurzen Zeit kommen sie zum Einsatz. Wintersportlern sind sie auch von den Liftbetrieben bekannt. Im Panikfall können die Holme in beide Richtungen für einen freien Fluchtweg abgeklappt werden. Das Abklappen der Holme muss dabei auch unter Last funktionieren.

8.3.4.4 Drehkreuz

Drehkreuze dienen der Vereinzelung von Zugängen. Sie bestehen aus einer Drehkreuznabe und drei oder vier montierten Flügeln. Die Durchsatzrate ist auch hier sehr hoch, obwohl immer nur eine Person durch das Drehkreuz gelangen kann. Da halbhohe Drehkreuze (Bild 8.210) auch überstiegen werden können, gibt es sie auch in hoher Ausführung (Bild 8.211). Sie gewährleisten so ein höheres Maß an Sicherheit.

Das Passieren der Drehkreuze in Eingangsrichtung kann nur durch vorheriges Freischalten über die Zutrittsregelung o.Ä. erfolgen. In Ausgangsrichtung können Drehkreuze in der Regel ohne vorherige Freigabe passiert werden.

Drehkreuze mit hoher Ausführung finden meist in unüberwachten Zugängen von Unternehmensgeländen oder Rechenzentrumsbereichen ihre Anwendung. Jedoch kann auch hier nicht ausgeschlossen werden, dass zwei (schlanke) Personen gemeinsam Eintritt finden.

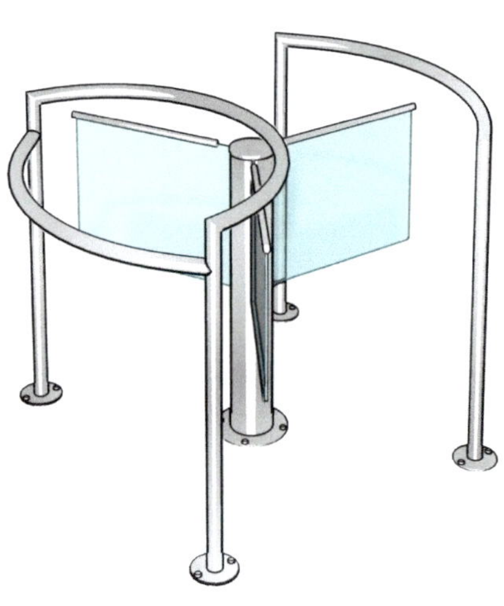

Bild 8.210: Halbhohes Drehkreuz
Quelle: dormakaba Deutschland GmbH

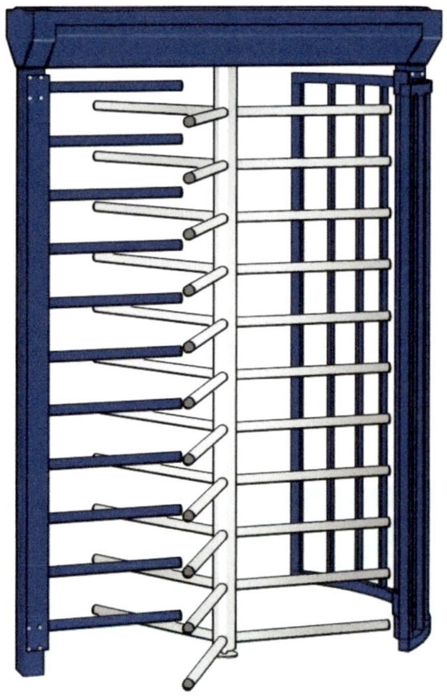

Bild 8.211: Hohes Drehkreuz
Quelle: dormakaba Deutschland GmbH

Bild 8.212: Hohes Drehkreuz mit zusätzlicher Öffnungsmöglichkeit
Quelle: dormakaba Deutschland GmbH

Bild 8.213: Hohes Drehkreuz mit zusätzlicher Drehflügeltüre
Quelle: dormakaba Deutschland GmbH

8.3.4.5 Schleuse

Eine Schleuse dient ebenfalls der Vereinzelung eines Zutritts oder einer Zufahrt. Sie zeichnet sich dadurch aus, dass immer nur eine Tür oder ein Tor/Schranke etc. freigegeben ist bzw. offen steht. Die Türen, Tore oder Schranken etc. verriegeln sich gegenseitig. Es darf immer nur maximal eine Tür/Tor/Schleuse geöffnet sein. Die Leser werden blockiert, solange eine Schleusengegenstelle aktiv ist.

Die Form der Personenschleuse (Bilder 8.214 und 8.215) kann dabei verschiedene Ausprägungen annehmen und so klein gestaltet sein, dass nur eine Person Platz hat. Um dies festzustellen, gibt es verschiedene Mittel wie die Lichtschranke oder sogar Waagen. Damit ist es dann auch nicht möglich, Unterlagen oder Werkzeug über die Schleuse in den gesicherten Bereich mitzunehmen.

Wird eine noch höhere Sicherheit gefordert, können biometrische Prüfsysteme in der Schleuse installiert werden und so über Fingerabdruck oder die Iriserkennung festgestellt werden, ob die berechtigte Person tatsächlich in der Schleuse steht.

Diese Art der Schleusen wird häufig in Hochsicherheits-Rechenzentren eingesetzt.

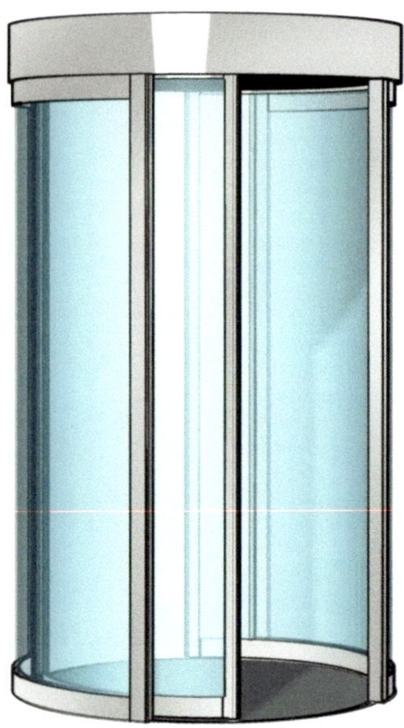

Bild 8.214: Personenschleuse in runder Bauform
Quelle: dormakaba Deutschland GmbH

Bild 8.215: Personenschleuse in eckiger Bauform
Quelle: dormakaba Deutschland GmbH

8.3.4.6 Vereinzelung mit 3D-Sensor

Wenn die Vereinzelung mit einer mechanischen Schleuse aus Platzgründen nicht möglich ist, gibt es eine Schleusenlösung mittels 3D-Sensor, der an der Decke zum Zugang angebracht ist.

Der Sensor misst mit dem Laufzeitverfahren Distanzen. Eine Lichtquelle strahlt dabei moduliertes Nah-Infrarotlicht (NIR) aus. Die Phasenverschiebung zwischen diesem ausgestrahlten und dem von Personen und Gegenständen reflektierten Licht wird gemessen. Damit entsteht in Echtzeit ein topografisches Abstandsprofil des überwachten Bereichs. Die Anzahl und die Bewegungsrichtung von Personen oder Gegenständen im überwachten Bereich werden mit dem Sensor genauestens erfasst und analysiert. Der Sensor verfügt über eine eigene Lichtquelle und funktioniert unabhängig von externen Lichtquellen sowie Tages- und Nachtzeiten. Die Messergebnisse bleiben immer auf einem konstanten Niveau.

Bild 8.216: 3D-Sensor
Quelle: Siemens AG

Der Sensor lässt sich in die üblichen Zutrittskontrollanlagen einbinden. Er verarbeitet die Daten im integrierten Controller. Die Zutrittsentscheidung oder Alarmierung trifft der Sensor entweder direkt oder er leitet die Information an bestehende Zutrittskontrollanlagen weiter.

Das Einschleusen von weiteren Personen wird durch den Sensor erkannt und die Türe gegebenenfalls gesperrt. Dies auch dann noch, wenn die Person dicht hinter der ersten Person hergeht oder sie auf dem Rücken trägt.

Wird eine Lösung mit zwei Türen realisiert, wird zuverlässig erkannt, ob sich eine oder mehrere Personen im Kontrollbereich aufhalten. Auch zurückgelassenes Material und Werkzeug kann dadurch erkannt werden.

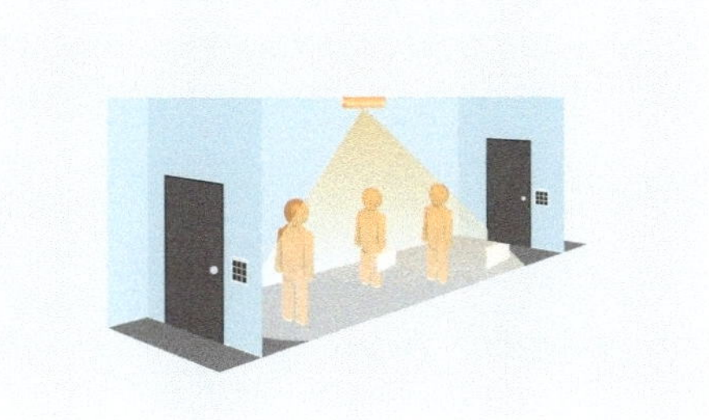

Bild 8.217: Vereinzelung an einer Eintür-oder Zweitürlösung
Quelle: Siemens AG

8.3.5 Anwendersoftware / Benutzeroberfläche

Die Anwendersoftware muss in der Lage sein, alle operativ notwendigen Funktionen abzudecken um Datensätze ex- und importieren zu können bzw. über eine Konvertierung die Daten an weitere Systeme, z.B. zur Listenerstellung in Excel zu konvertieren.

Im Sinne einer Kundenfreundlichkeit sollte die Benutzeroberfläche intuitiv sein. Das bedeutet, dass sie ohne Schulung aus einer Eingebung heraus bedient werden kann. Die Bedieneroberfläche in mehreren Sprachen anzubieten, ist heute Standard.

Heute wird oft die Bedienung über eine Browseroberfläche angeboten. Damit ist es nicht mehr notwendig, auf jedem Bedienrechner die Software aufzuspielen, sondern es reicht ein Rechner, der Netzwerkzugriff hat. Praktisch ist es somit an jedem Rechner auf der Welt mit Internetzugang möglich, die Zutrittskontrolle zu bedienen. Die Gefahren, die dann bezüglich Zugriff und Datenschutz lauern, müssen unbedingt beachtet werden.

Je nach System sind über die Verwaltungssoftware folgende Funktionen möglich:

- Verwaltung der Mitarbeiterstammsätze / Ausweise
- Verwaltung von Besucher-Ausweisen / Besucherverwaltung
- Bewegungsdatenverwaltung / Logbuch / An- bzw. Abwesenheitsanzeige
- Benutzerverwaltung / Login / Doppel-Login
- Exportieren und Importieren von Daten und Datensätzen / Datenbanken
- Konvertieren einzelner Daten oder Datensätze in andere Programme wie z.B. Excel
- Hilfefunktion / Online-Hilfefunktion
- Verwaltung des orts- und zeitabhängiger Zutritts / Zutrittskalender
- Temporäre, händische Ausweisfreigabe und Sperrung
- Freigabe einzelner Türen, Tore etc. vom Bedienplatz aus
- Statistikerstellung und Erstellung von weiteren Listen nach unterschiedlichen Kriterien
- Zutrittswiederholsperre mit und ohne Zeitfunktion
- Schleusenfunktion für Ein- und/oder Austritt
- Routendefinition für Pförtnerrundgänge etc. (Wegvorgabe, die einzuhalten ist)

8.3.6 Schnittstellen

Die heutigen Systeme verfügen über alle gängigen Schnittstellen, wobei zwischen Datenschnittstellen und Kontaktschnittstellen unterschieden wird.

Über eine Datenschnittstelle werden Datensätze, Dateien oder Tabellen zwischen zwei Geräten übertragen. So werden z.B. die Berechtigungstabellen von der Zentrale an den Leser übertragen und in der Gegenrichtung die einzelnen Buchungen an die Zentrale gesendet. Auch die Kommunikation von mehreren Zentralen untereinander erfolgt über die Datenschnittstelle.

Über die Kontaktschnittstelle werden die Zustände der Peripherie (Tür auf/Tür zu) an die Zentrale gemeldet oder Relais zum Start der Aufnahme einer Videoüberwachung von der Tür bei abgewiesenem Zutritt angesteuert. Ebenso können örtliche Signalgeber angesteuert werden, die Alarm geben, sobald eine Tür über einen definierten Zeitraum offen bleibt.

8.3.7 Einsatzmöglichkeiten über den Zutritt hinaus

Heutige Zutrittskarten dienen nicht nur der Zutrittsregelung. Es ist auch möglich, eine Vielzahl anderer Funktionen mit zu integrieren. Diese können sein:

- Bargeldloses Zahlen in der Kantine
- IT-Sicherheit für das autorisierte Einloggen in Rechnersysteme
- Zeiterfassung

Zudem lassen sich Zutrittskontrollanlagen mit anderen Anlagen wie Einbruchmeldeanlage oder Videoüberwachung kombinieren und sinnvoll ergänzen.

Im Gefahrenfall lassen sich über die Zutrittskontrolle auch Mitarbeiter lokalisieren und es lässt sich feststellen, wer sich noch im Gebäude bzw. in den Räumen befindet. Voraussetzung ist allerdings eine Vereinzelung des Zugangs und neben der Zutrittskontrolle auch eine Austrittskontrolle.

8.4 Einbruchmeldeanlage

Nach der DIN VDE 0833 sind Einbruchmeldeanlagen Gefahrenmeldeanlagen, die dem automatischen Überwachen von Gegenständen auf unbefugte Wegnahme, sowie von Flächen und Räumen auf unbefugtes Eindringen dienen.

Im Rechenzentrum geht es in erster Linie darum, dass die Flächen und Räume gegen unbefugtes Eindringen geschützt werden. Die „Gegenstände“ befinden sich meist innerhalb der Flächen und Räume, so dass natürlich auch das unbefugte Wegnehmen vermieden werden soll.

Einbruchmeldeanlagen bestehen aus den Meldern, der Zentrale mit Energieversorgung einschließlich Notstromversorgung, der Übertragungseinrichtung und – wenn gewünscht – den örtlichen Signalgebern.

Die modernste und lückenloseste Einbruchmeldeanlage bringt nichts, wenn nicht sichergestellt ist, dass im Alarmfall unmittelbare Handlungen von Personen folgen. Daher ist die Übertragungseinrichtung mit das wichtigste Element. Die Meldungen können dabei auf eine ständig besetzte Sicherheitsleitstelle und/oder die Polizei und/oder im einfachsten Falle per SMS auf ein Handy erfolgen. Behörden, Versicherungen oder das Unternehmen selbst legen dabei fest, wohin die Meldungen übertragen werden sollen und wie geschützt das Rechenzentrum tatsächlich sein soll.

Bei den Meldern wird zwischen automatischen und manuellen Meldern unterschieden. Automatische Melder wie Bewegungsmelder, Körperschall- und Glasbruchmelder, Magnetkontakte oder auch Lichtschranken haben die Aufgabe, selbstständig Auslösungen an die Einbruchmelderzentrale zu melden. Manuelle Melder wie Überfalltaster, Kontaktschienen oder auch Geldscheinkontakte kommen in Rechenzentren normalerweise nicht vor. Die Melder sind einzeln oder in Gruppen an Meldelinien angeschlossen. Eine Einzelmelderidentifikation ist heute wie auch in der Brandmeldetechnik Standard. Die Meldelinien werden als Stich- oder Ringleitung zur Einbruchmelderzentrale geführt. Dabei ist es auf jeden Fall sicherer, eine Ringleitung zu bilden, da im Falle eines Ringbruchs trotzdem noch alle Melder Kontakt zur Einbruchmelderzentrale haben. In der Stichleitung sind alle Melder nach dem Kabelbruch von der Zentrale abgeschnitten. Einbruchmeldeanlagen sind grundsätzlich 24/7/365 aktiv, damit sich die Anlage zu keiner Zeit unbemerkt manipulieren lässt.

Scharfschalteinrichtungen schalten die Einbruchmelderzentrale scharf. Dabei können die Zentralen nur scharf geschaltet werden, wenn bei keinem angeschlossenen Melder eine Auslösung ansteht. Somit wird sichergestellt, dass z.B. alle Fenster und Türen geschlossen sind oder sich keine bewegenden Personen mehr im Sicherungsbereich befinden. Im nicht scharf geschalteten Zustand kann der gesicherte Bereich wieder betreten werden, ohne einen Alarm auszulösen.

Einbrüche oder Überwindungsversuche sollen dabei möglichst frühzeitig entdeckt und gemeldet werden. Idealerweise ist hier eine Symbiose aus mechanischen und elektronischen Komponenten aufeinander abzustimmen. Eine Detektion so früh wie möglich sollte höchste Planungsaufgabe sein, um danach noch die Zeit bis zur Überwindung der mechanischen Barriere auszunützen. Die mechanische Sicherheitstechnik hält dabei möglichst so lange stand, bis die sogenannten Interventionskräfte wie Werkschutz, Polizei etc. vor Ort sind.

Einbruchmeldeanlagen klassifizieren sich nach den VdS-Klassen A bis C, wobei C die höchsten Anforderungen hat. Eine weitere Unterscheidung trifft der Verband der Sachversicherer mit der Risikozuordnung, der sogenannten Sicherungsklasse, wobei zwischen Haushalten (SH) und Gewerbe (SG) nochmals unterschieden wird:

- SG 1: Gewerbe, z.B. Abfallbeseitigung, Abfüllbetrieb
- SG 2: Gewerbe, z.B. Altenheim
- SG 3: Gewerbe, z.B. Lederwarenhandel
- SG 4: Gewerbe, z.B. Auto-Reparaturwerkstatt
- SG 5: Geldinstitute/Wertschutzräume
- SG 6: Juweliere, Pelzgeschäfte
- SH 1: Bewohnte Wohnungen in Mehrfamilienhäusern
- SH 2: Ständig bewohnte Einfamilienhäuser
- SH 3: Nicht ständig bewohnte Wohnungen in einem von Dritten ständig bewohnten Gebäude

In Haushalten werden Einbruchmeldeanlagen der Klasse A mit den Sicherungsklassen SH 1 bis SH 3 eingesetzt. In Geschäften dürfen nur Einbruchmeldeanlagen der Klassen B, SG 1 und SG 2 und Klassen C, SG 3 bis SG 6 installiert werden.

Ob nun ein Rechenzentrum eher einer Abfallbeseitigung oder doch einem Juwelier zuordnen ist, ist am sichersten mit dem Sachversicherer abzustimmen.

Nach DIN VDE 0833, Teil 3 erfolgt noch eine Einstufung nach Überwindungssicherheit Grad 1 bis 4, wobei wiederum 4 die höchste Überwindungssicherheit abbildet.

8.4.1 Einbruchmelderzentrale

Die Einbruchmelderzentrale hat die Aufgabe, die Meldungen der angeschlossenen Melder aufzunehmen, sie optisch oder akustisch anzuzeigen, den Ort zu kennzeichnen, die Meldung weiterzuleiten und ggf. Zusatzeinrichtungen anzusteuern. Eine Zusatzeinrichtung kann dabei eine Videoüberwachung sein, die dann mit der Aufzeichnung startet, ein Tor, das zufährt etc. Ferner wird mit der Zentrale die Einbruchmeldeanlage selbst überwacht und Sabotage und Störungen angezeigt.

Die DIN EN 50131 Teil 1 und Teil 6 und DIN VDE 0833 Teil 3 regeln den Aufbau und die Aufstellung der Einbruchmelderzentrale. So ist die Einbruchmelderzentrale selbst im geschützten Bereich zu platzieren. Öffnungskontakte an der Zentrale und an Verteilern stellen sicher, dass bei Öffnung bereits ein Alarm abgesetzt wird.

Die Übertragungseinrichtung ist in unmittelbarer Nähe der Einbruchmelderzentrale zu installieren. Übertragungseinrichtungen (ÜE) sind dabei meist fester Bestandteil in Einbruchmeldeanlagen. Aufgrund der IP-Technik sind die Übertragungseinrichtungen heutzutage meist abgesetzt von der Einbruchmelderzentrale angeordnet.

Bild 8.218: Einbruchmelderzentrale
Quelle: Securiton GmbH - Alarm- und Sicherheitssysteme

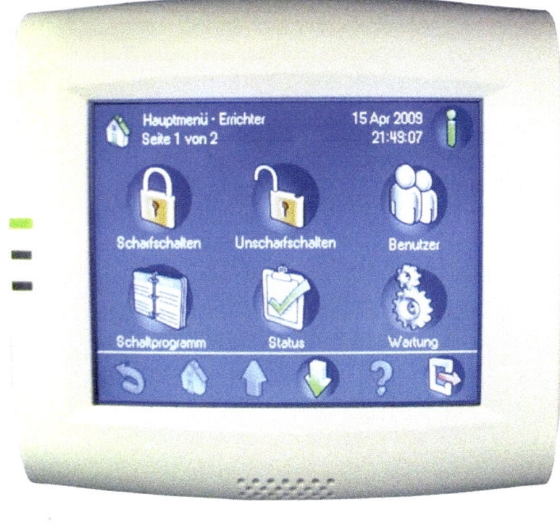

Bild 8.219: Auf Kundenwünsche anpassbare Bedieneinheit
Quelle: Bosch Sicherheitssysteme GmbH

Einbruchmelderzentralen verfügen grundsätzlich über zwei voneinander unabhängige Energiequellen. Die primäre Energiequelle ist das allgemeine Versorgungsnetz. Dabei versorgt der vorgeschaltete Sicherungsautomat nur die Einbruchmelderzentrale als einzigen Verbraucher. Zudem ist der Sicherungsautomat zu kennzeichnen. Die gelbe Kennzeichnung des Sicherungsautomaten ist nicht mehr Vorschrift, da sich das die Einbrecher mittlerweile auch gemerkt hatten und so auf einfache Art und Weise die Einbruchmeldeanlage inaktivieren konnten. Dabei ist die farbliche Kennzeichnung nach wie vor zur Vorbeugung eines zufälligen Abschaltens sinnvoll, da in der Regel auch nicht davon ausgegangen werden kann, dass die Einbrecher so viel Ortskenntnis haben.

Die zweite Energiequelle besteht aus wiederaufladbaren Batterien, die in der Einbruchmelderzentrale eingebaut sind oder abgesetzt an die Einbruchmelderzentrale angedockt werden. Die zweite Energiequelle übernimmt bei Netzausfall automatisch und unterbrechungsfrei die Energieversorgung der Anlage. Der Ausfall jeder Energiequelle muss optisch und akustisch angezeigt werden.

8.4.2 Alarmierungsarten

Als Alarmierungsarten unterscheidet die VdS 2311 zwischen Internalarm, Externalarm und Fernalarm über IP-Netze.

Der Interalarm darf nur von einer intern scharf geschalteten Einbruchmeldeanlage und von einer intern scharf geschalteten Meldergruppe ausgelöst werden.

Der Externalarm ist ein Alarm, der von einer extern scharf geschalteten Einbruchmeldeanlage ausgelöst wird, zur Ansteuerung von akustischen Signalgebern, die im Inneren des Gebäudes montiert sind und optischen Signalgebern außerhalb von Gebäude führt, und sich an die anonyme Öffentlichkeit zum Herbeirufen von Hilfe und zur Information von hilfeleistenden Stellen zur genauen Erkennung des Alarmortes dienen. Allerdings hat man auch die Erfahrung gemacht, dass sich bei dieser Art der Alarmierung die breite Öffentlichkeit wenig darum schert und unter Umständen diese Orte dann eher schnell verlässt, um nicht selbst in Gefahr zu geraten. Um Täter nicht abzuschrecken und die Möglichkeit der Dingfestmachung zu erhöhen, gibt es auch die Möglichkeit, auf den Externalarm zu verzichten und nur einen Fernalarm abzusetzen.

Der Fernalarm ist ein Alarm, der von einer extern scharf geschalteten Einbruchmeldeanlage ausgelöst und bei einer nicht vor Ort befindlichen hilfeleistenden Stelle angezeigt wird. Dabei werden unterschiedliche Übertragungseinrichtungen genutzt:

1. Stehende Festverbindungen wie Netzwerk TCP/IP etc.
2. Funknetze wie GSM etc.

Es gibt auch Übertragungsgeräte mit dualem Übertragungsverfahren, welche primär über ein Festnetz Alarmmeldungen übertragen. Bei Ausfall des primären Übertragungswegs werden die anstehenden Meldungen automatisch über ein zweites Netz wie z.B. GSM übertragen.

Dabei kann auch festgelegt werden, dass über den sekundären Übertragungsweg Meldungen an eine weitere Stelle übertragen werden, falls die primäre Übertragung fehlschlägt. Zudem kann festgelegt werden, an welche Stelle Störungen und an welche Stelle Alarmmeldungen gemeldet werden.

Für welchen Übertragungsweg man sich auch entscheidet, es ist sicherzustellen, dass der Übertragungsweg sicher ist und die empfangende Stelle mit entsprechenden Empfangseinheiten, mit den erforderlichen Bedien- und Anzeigeeinrichtungen sowie Kompetenzen ausgestattet ist.

Auch wenn bereits seit langer Zeit klar ist, dass die analogen Anschlüsse und ISDN spätestens 2018 durch IP-Anschlüsse ersetzt werden, haben die Normengremien und Herstellerfirmen noch keine wirkliche Antwort darauf. Wie leicht ein IP-Übertragungsweg ausfallen kann, spüren alle beim Internetanschluss zu Hause, der schon auf IP umgestellt ist. Gerade bei Stromausfall geht gar nichts mehr, während analoge Telefonanschlüsse auch dann immer noch funktionieren (bzw. funktioniert haben). Kriminelle müssen also nur den Strom abschalten oder einen Stromausfall abwarten, um den Übertragungsweg zu kappen. Vielen dürfte das noch gar nicht so bewusst sein.

Es ist allerdings zu bedenken, dass grundsätzlich heute keine bedarfsgesteuerten Systeme mehr eingesetzt werden sollen, da ein Ausfall erst nach einer gewissen Zeit erkennbar ist. Eine IP-Verbindung mit zweitem redundanten Übertragungsweg zeigt erstens den Ausfall der Haupt-Übertragungsstrecke an und hat weiterhin die Möglichkeit über den zweiten Übertragungsweg einen Alarm abzusetzen.

8.4.3 Überwachungsarten

8.4.3.1 Geländeüberwachung

Bei der Geländeüberwachung setzte man in der Regel Kameras oder Lichtschranken ein. Der Vorteil der Geländeüberwachung besteht darin, dass nach dem Erfassen bereits einige Zeit vergeht, bis der Eindringling am Gebäude oder der Einrichtung Schäden anrichten kann. Die Geländeüberwachung ist der erste Sicherheitskreis. Vielerorts wird hier auch von Perimeterüberwachung gesprochen.

Bezüglich der auftretenden Umwelteinflüsse durch Wild, Vögel und andere Kleintiere sowie größer werdendem Bewuchs wird hier eine besonders sorgfältige Planung und Instandhaltung notwendig.

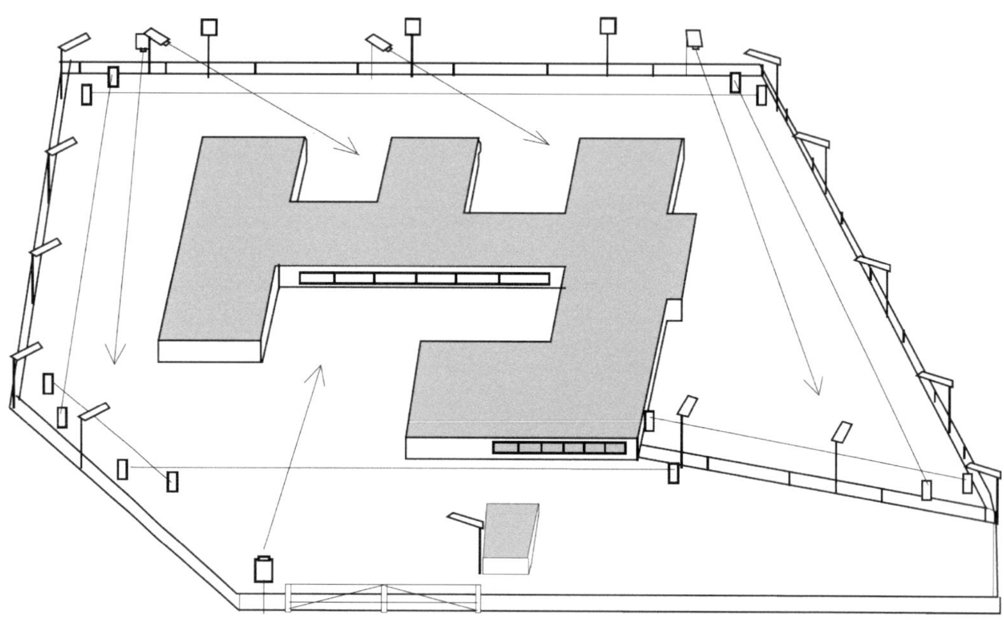

Bild 8.220: Geländeüberwachung mittels Video und Lichtschranken
Quelle: Bosch Sicherheitssysteme GmbH

8.4.3.2 Außenhautüberwachung

Die Außenhautüberwachung soll verhindern, dass mögliche Täter erst gar nicht in die Nähe des zu schützenden Bereichs kommen. Die Außenhaut kann dabei entweder die Außenmauer eines Gebäudes sein oder auch die äußere Begrenzung eines Bereichs oder Raums.

Dabei werden alle Zugänge, Fenster und sonstige Öffnungen sowie die Wände, Decken und Böden auf unbefugtes Eindringen überwacht. Es reicht dabei nicht alleine aus, Öffnung zu überwachen. Auch der Verschluss von Öffnungen und der Durchbruch, Durchstieg und Durchgriff muss mit einbezogen werden.

Verschluss bedeutet dabei, dass Türen, Fenster usw. auf den Zustand „verriegelt" überwacht werden müssen. Mit Schließblechkontakten oder Riegelkontakten wird die Verschlussüberwachung realisiert.

Die Öffnungsüberwachung bedeutet, dass auf den Zustand „geöffnet" überwacht wird. Es wird dabei erfasst, dass eine Türe oder ein Fenster geöffnet wird. Zur Öffnungsüberwachung werden Magnetkontakte eingesetzt.

Bei der Durchbruchsüberwachung werden Flächen mittels Körperschallmeldern überwacht. Alarm wird dabei bereits ausgelöst, wenn auf der Wand eine bestimmte Erschütterung stattfindet.

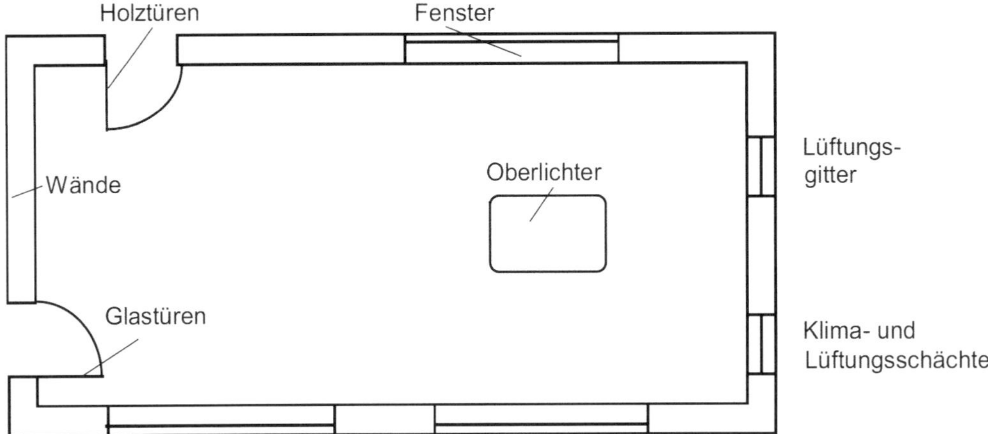

Bild 8.221: Mögliche Angriffspunkte für Einstiegsmöglichkeiten
Quelle: Bosch Sicherheitssysteme GmbH

Durchstiegsüberwachungen werden z.B. mit Alarmdrahttapeten realisiert. Eine Detektion findet statt, wenn die Alarmdrähte unterbrochen werden, also ein möglicher Täter durch eine Wandöffnung durchsteigt.

Die Durchgriffsüberwachung mit einer Hand oder Hilfswerkzeugen wird hauptsächlich bei Verglasungen angewendet. Ein Verbundsicherheitsglas mit Alarmdrahteinlage detektiert einen Bruch des Alarmdrahts. Diese Überwachung findet man hauptsächlich bei der Schaufensterüberwachung von Juwelieren.

8.4.3.3 Raumüberwachung

Räume werden mit Meldern ausgestattet, die auf Bewegungen von Personen reagieren. Dabei sind alle Räume zu schützen, die vom Täter höchstwahrscheinlich begangen werden. Die Bewegungsmelder sind bei fachmännischer Montage nach den Vorgaben der jeweiligen Hersteller dabei hochsensibel, so dass die Gegebenheiten im Raum beachtet werden müssen. Werden Bewegungsmelder eingesetzt, die auf Wärmebewegung reagieren, dann können Warmluftströme durch wärmeproduzierende Hardware bereits zu Alarmen führen. Man kennt dies auch von Wohngebäuden, wenn Bewegungsmelder über der Außenleuchte montiert werden und die bewegende warme Luft der Außenleuchte dafür sorgt, dass der Bewegungsmelder nie mehr abschaltet.

Ebenso ist darauf zu achten, dass durch das Mobiliar keine unüberwachten Bereiche entstehen. In diesen Räumen müssen oftmals mehrere Bewegungsmelder eingesetzt werden.

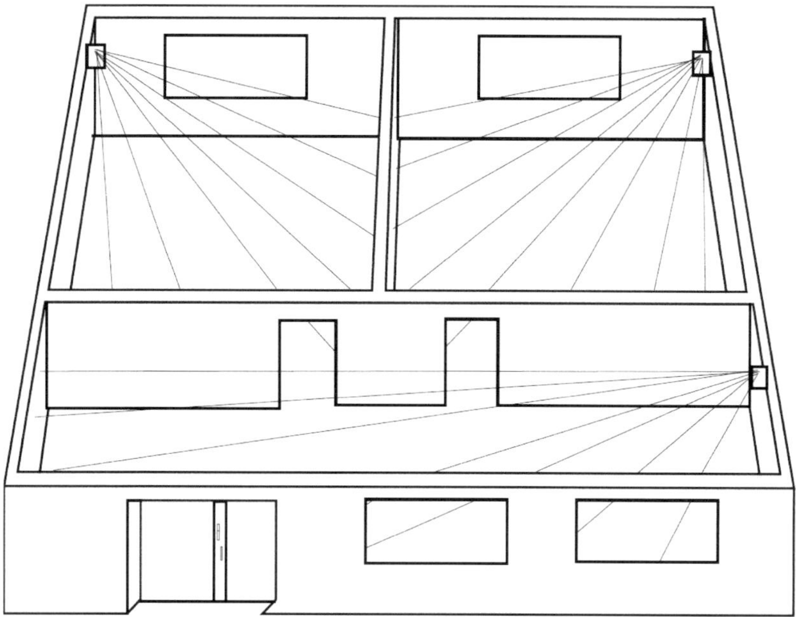

Bild 8.222: Bewegungsüberwachung von Räumen und Fluren
Quelle: Bosch Sicherheitssysteme GmbH

8.4.3.4 Objektüberwachung

Eine Objektüberwachung, in der einzelne Objekte separat geschützt werden, findet in einem Rechenzentrum meist keine Anwendung. Objektüberwachungen werden überwiegend bei Kunstobjekten oder Kunstschätzen eingesetzt, indem die Wegnahme detektiert wird. Auch die Diebstahlsicherungen von Kleidungsstücken in Kaufhäusern gehören in die Kategorie der Objektüberwachung.

8.4.4 Melderarten

8.4.4.1 Magnetkontakte

Magnetkontakte dienen der Öffnungsüberwachung von Fenstern, Türen und sonstigen Öffnungen, die geöffnet und geschlossen werden können. Sie bestehen aus einem Permanentmagneten und einem Magnetschalter bzw. Reedkontakt, der einen Kontakt öffnet und schließt. Die Wirkungsweise erfolgt kontaktfrei mit Hilfe eines Magnetfelds. Der Kontakt kann dabei potentialfrei abgegriffen werden.

Der Abstand zwischen Magnet und Reedkontakt sollte 1 cm nicht übersteigen: D.h., dass ein Alarm ausgelöst wird, wenn der Abstand größer 1 cm wird.

Die Montage ist nur an nicht magnetisierten Materialien mit nicht magnetischen Schrauben möglich.

Magnetkontakte können auch zur Verschlussüberwachung verwendet werden. Der Permanentmagnet ist in diesem Einsatzfall auf der Schubstange des Verschlussmechanismus von Fenstern oder Türen angebracht.

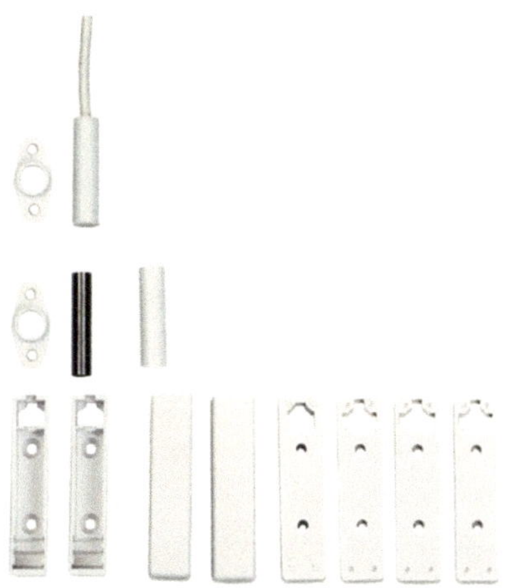

Bild 8.223: Magnetkontakte mit Zubehör
Quelle: Bosch Sicherheitssysteme GmbH

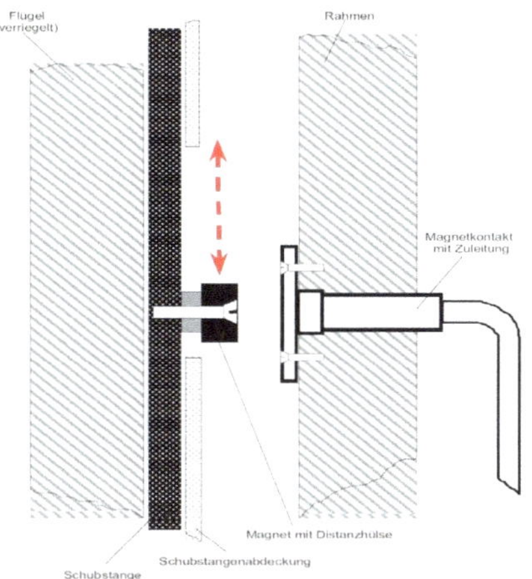

Bild 8.224: Montage eines Magnetkontaktes
Quelle: Bosch Sicherheitssysteme GmbH

8.4.4.2 Schließblechkontakte

Schließblechkontakte werden auch als Riegelkontakte oder Riegelschaltkontakte bezeichnet. Sie dienen der Verschlussüberwachung und werden in den Schließblechen von Fenstern, Türen oder sonstigen Öffnungen, die verschlossen werden können, eingesetzt. Schließblechkontakte haben dabei einen mechanischen Kontakt, der je nach Schaltstellung offen oder geschlossen ist. Auch hier wird der Kontakt potentialfrei abgegriffen.

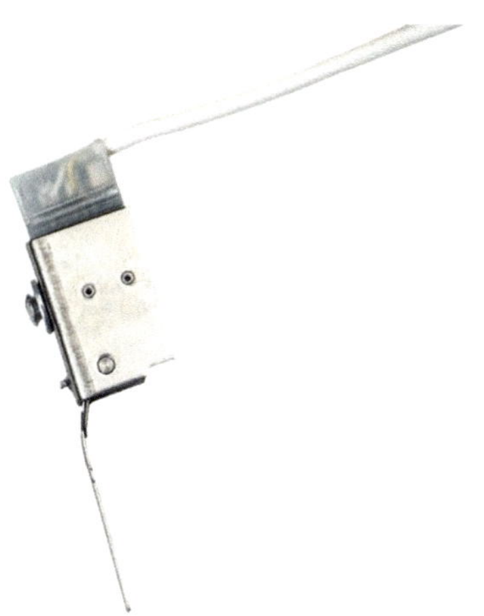

Bild 8.225: Schließblechkontakt bzw. Riegelschaltkontakt
Quelle: Bosch Sicherheitssysteme GmbH

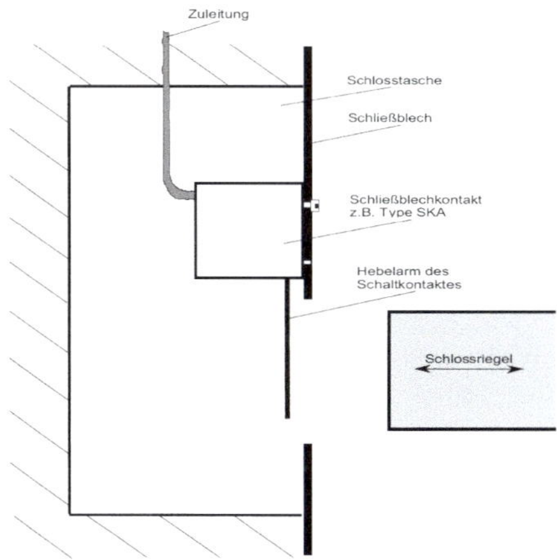

Bild 8.226: Montage eines Riegelschaltkontaktes in einer Türzarge
Quelle: Bosch Sicherheitssysteme GmbH

8.4.4.3 Glasbruchmelder

Passive Glasbruchmelder sind auf die Scheiben aufgeklebt und detektieren mittels Piezomikrofon die beim Bruch einer Scheibe entstehenden Frequenzen. Sie sind nicht für alle Glastypen geeignet und sollten auch nicht auf einfach verglasten Fenstern im Handbereich eingesetzt werden. Zudem dürfen die Scheiben keinerlei Beschädigungen aufweisen.

Erschütterungen, Klopfen und Schläge auf eine Glasscheibe erzeugen niederfrequente Schwingungen, so dass die bei einem Glasbruch entstehenden Schwingungen vom hörbaren Schall bis in den Ultraschallbereich unterschieden werden können. Trotzdem ist keine eindeutige Trennung zwischen Glasbruchgeräusch und Störgeräusch möglich und mit einer Überlappung zu rechnen. Daher kommen passive Glasbruchmelder nur in Objekten mit niedrigen bis mittleren Risiken zum Einsatz.

Bild 8.227: Passiver Glasbruchmelder
Quelle: Securiton GmbH - Alarm- und Sicherheitssysteme

Im Gegensatz dazu gibt es aktive Glasbruchmelder, die sich zur ständigen Veränderungsüberwachung von großen Glasflächen eignen. Sie besitzen zwei unabhängige Systeme (Sender/Empfänger), die gleichzeitig ansprechen.

Im Sender wird eine Ultraschallfrequenz erzeugt, deren Vorhandensein und deren Veränderung bei Bruch des Glases erkannt und ausgewertet werden. Das Referenzmuster wird dabei über einen bestimmten Zeitraum aufgenommen und als ständige Vergleichsgröße gespeichert. Glasbruch bedeutet eine irreversible Veränderung des Musters, so dass massive Störungen durch starkes Schlagen als solche erkannt werden und nur bei einem wirklichen Glasbruch Alarm ausgelöst wird. Aktive Glasbruchmelder gelten als sehr sicher und werden in hochwertigen Objekten eingesetzt.

Aktive Glasbruchmelder sind geeignet für Einscheiben-Kristallglas, Einscheiben-Sicherheitsglas, Isolierglas und Drahtglas. Nicht geeignet sind sie zur Überwachung von Glasbausteinen, Scheiben aus Kunststoffmaterial und Scheiben, die bereits Risse und Sprünge haben. Je nach Glassorte kann eine Fläche bis zu 25 m^2 abgedeckt werden, wobei Sender und Empfänger maximal 2 m bis 3 m auseinander sein dürfen.

8.4.4.4 Körperschallmelder

Körperschallmelder sind mit einem Mikrofon und einer Auswerteelektronik ausgestattet, welche Körperschallschwingungen aufnehmen und einen Alarm melden. Die Elektronik wertet kurze Schläge (schlagen), längere Störsequenzen (bohren) und Temperaturveränderungen (schweißen) aus. Die Empfindlichkeit ist einstellbar und richtet sich nach den Umgebungsbedingungen. Sie werden bei Flächen wie Wänden, Decken und Fußböden eingesetzt. Die Anzahl der einzusetzenden Körperschallmelder richtet sich nach der zu überwachenden Fläche.

Bild 8.228: Körperschallmelder
Quelle: Securiton GmbH - Alarm- und Sicherheitssysteme

Bild 8.229: Körperschallmelder
Quelle: Bosch Sicherheitssysteme GmbH

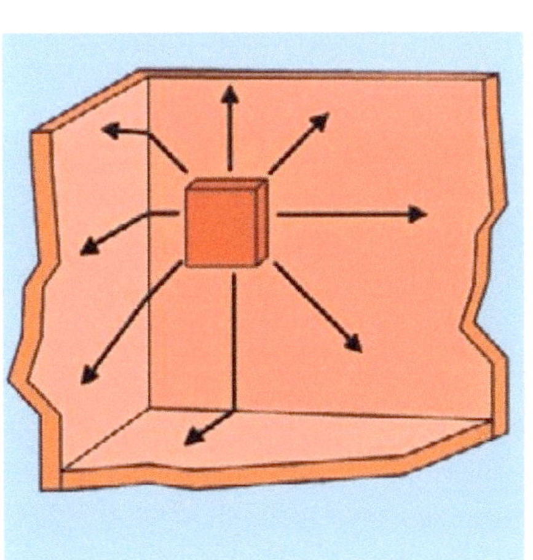

Bild 8.230: Wirkbereich des Körperschallmelders
Quelle: Bosch Sicherheitssysteme GmbH

Bild 8.231: Mikrofon in einem Körperschallmelder
Quelle: Bosch Sicherheitssysteme GmbH

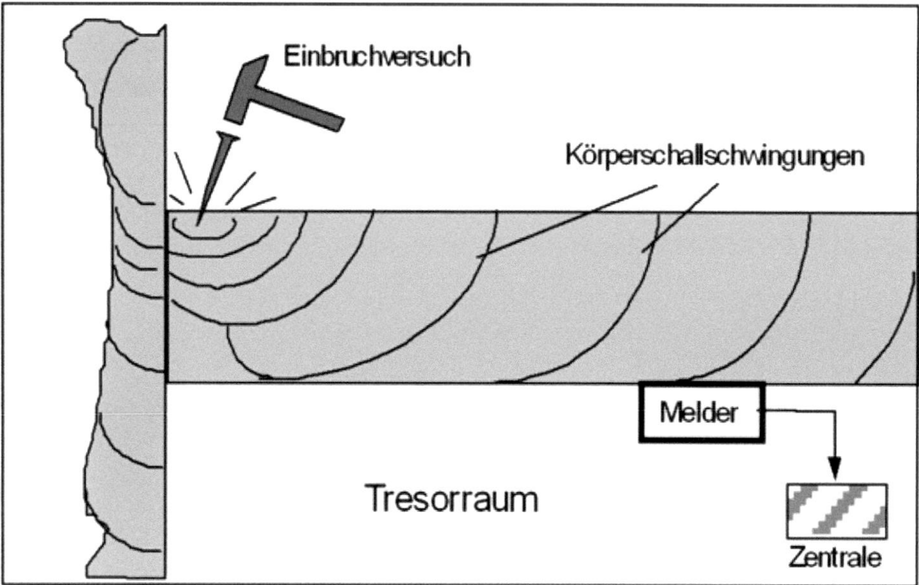

Bild 8.232: Meldungsauslösung durch Körperschallschwingungen bei einem Einbruchsversuch
Quelle: Bosch Sicherheitssysteme GmbH

8.4.4.5 Infrarot-Bewegungsmelder

Der Infrarot-Bewegungsmelder reagiert auf reines Bewegen innerhalb der Überwachungsfläche. Dabei werden Wärmebewegungen im Verhältnis zur Hintergrund- bzw. Raumtemperatur registriert und gemeldet. Die Temperatur der Referenzfläche wird als Ruhewert herangezogen. Deshalb sind Temperaturschwankungen der Referenzfläche zu vermeiden. Langfristige Temperaturveränderungen, z.B. durch Sonneneinstrahlung, werden durch den Melderalgorithmus kompensiert.

Infrarot-Bewegungsmelder sind die gängigsten Bewegungsmelder, wie Sie auch in Wohnrauminstallationen verwendet werden. Sie werden typischerweise im Innenbereich eingesetzt. Durch den Öffnungswinkel wird der Überwachungsbereich definiert. Zudem sind moderne Melder in ihrer Empfindlichkeit einstellbar.

Fehlalarme können immer dann auftreten, wenn Bereiche überwacht werden, in denen große Temperaturbewegungen vorkommen können. Im Rechenzentrum kann dies die Warmluft aus den Datenschränken sein. Der Montageort ist daher sorgsam zu wählen.

Bild 8.233: Infrarot-Bewegungsmelder
Quelle: Securiton GmbH - Alarm- und Sicherheitssysteme

Bild 8.234: Infrarot-Bewegungsmelder
Quelle: Bosch Sicherheitssysteme GmbH

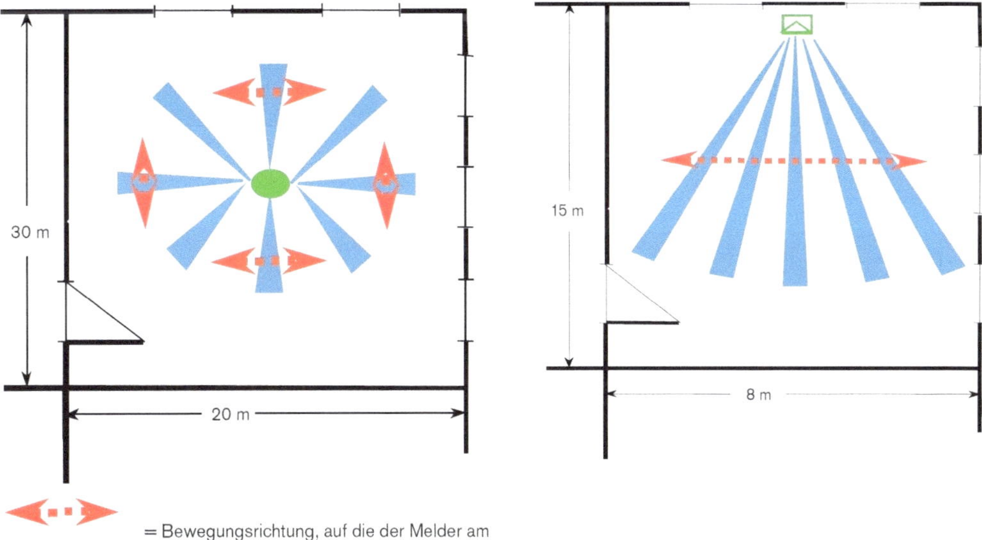

Bild 8.235: Erfassungsbereiche von Bewegungsmeldern - horizontal und vertikal
Quelle: Bosch Sicherheitssysteme GmbH

8.4.4.6 Ultraschall-Bewegungsmelder

Ultraschall-Bewegungsmelder arbeiten nach dem gleichen Prinzip wie eine Fledermaus. Sie senden ständig ein Signal im Ultraschallbereich zwischen 25 kHz und 40 kHz aus. Das reflektierte Signal wird durch einen Frequenzabgleich zwischen abgestrahltem und empfangenem Signal ausgewertet. Verfälschte Signale der ausgesendeten Frequenz führen zu einer Alarmierung. Fehlauslösungen können verursacht werden, wenn die Ultraschallmelder in folgenden Bereichen eingesetzt werden:

- Bei direkten Lüftungsein- und -austritten
- In der Nähe von Vorhängen
- Im Bereich von direkten Warmluft-Heizungsanlagen
- In der Nähe von Schallquellen wie Telefonen etc.
- In der Nähe von lose aufgehängten Gegenständen
- In Räumen, in denen sich der Bestand von ultraschallabsorbierenden Gegenständen ändern kann (z.B. Lagerräume)

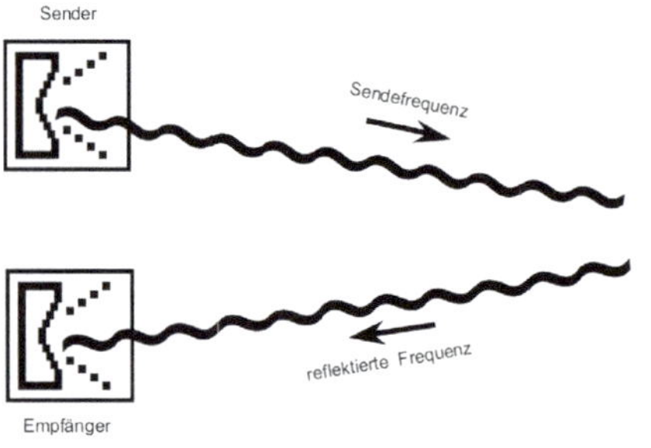

Bild 8.236: Dopplereffekt des Ultraschall-Bewegungsmelders
Quelle: Bosch Sicherheitssysteme GmbH

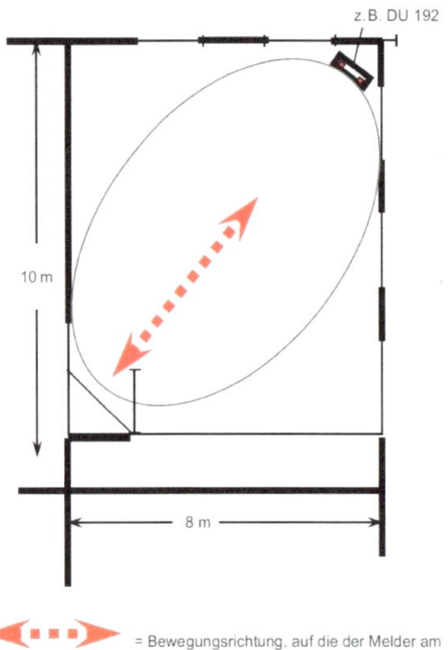

Bild 8.237: Erfassungsbereich des Ultraschall-Bewegungsmelders
Quelle: Bosch Sicherheitssysteme GmbH

8.4.4.7 Mikrowellen-Bewegungsmelder

Der Mikrowellenmelder arbeitet nach dem gleichen Prinzip wie der Ultraschallmelder, nur dass die Sendefrequenz im Mikrowellenbereich bei ca. 9,5 GHz liegt.

Während bei Ultraschallmeldern der Wirkungsbereich bei ca. 9 m liegt, liegt er bei Mikrowellenmeldern bei ca. 20 m.

8.4.4.8 Kombinierter Mikrowellen-/Infrarot-Bewegungsmelder

Durch die Wirkungsweise dieser Melder wird eine hohe Fehlalarmsicherheit sichergestellt. Ihr Einsatzgebiet ist sehr universell in Räumen, Fluren und Treppenhäusern. Mittels Passivinfrarotsystem und Mikrowellen werden Personenbewegungen in alle Richtungen detektiert.

Der Sensor liegt im Brennpunkt eines Spiegels, durch dessen Konstruktion eine nahezu lückenlose Überwachung möglich ist. Überwachungsbereiche von einer Fläche von bis zu 200 m^2 werden lediglich durch ihre Umfassungsgrenzen begrenzt.

Die Mikrowellen Sender/Empfänger-Kombination stellt seine Detektionsschwellwerte abhängig von den Eingangssignalen ein, die von den Passivinfrarotmeldern eingehen. Das System spricht auf Materialien unabhängig von Beschaffenheit und Farbe an, weshalb ein Abdeckmaterial erkannt wird und ein Signal an die Zentrale sendet. Dies erhöht die Überwachungssicherheit, indem die Manipulation durch Abdecken erkannt wird.

8.4.4.9 Kombinierter Ultraschall-/Infrarot-Bewegungsmelder

Die Wirkungsweise ist dieselbe wie bei den kombinierten Mikrowellen-/Infrarot-Bewegungsmeldern. Die Mikrowelle wird durch Ultraschall ersetzt. Der Überwachungsbereich ist kleiner und schließt eine Fläche von maximal 50 m^2 pro Melder ein.

Bild 8.238: Dual-Bewegungsmelder
Quelle: Securiton GmbH - Alarm- und Sicherheitssysteme

In unscharfem Zustand ist der Ultraschallsender ausgeschaltet. Die Detektionsempfindlichkeit wird durch die Software stufenweise eingestellt.

8.4.4.10 Lichtschranken

Mit Lichtschranken wird eine Fläche in der Vertikalen überwacht. Das abgestrahlte Licht vom Sender ist nicht sichtbar und wird vom Empfänger ausgewertet. Die Lichtschranken müssen erschütterungsfrei aufgestellt werden. Der Alarm wird ausgelöst, wenn das empfangene Licht einen Schwellwert unterschreitet, also ein Mensch den „Lichtvorhang" durchbricht.

Lichtschranken in größerer Bauform werden hauptsächlich zur Außenhautüberwachung eingesetzt. Jedoch kommen auch im Innenbereich Lichtschranken kleinerer Bauform zum Einsatz. Lichtschranken gibt es hauptsächlich mit Infrarot und Lasertechnik. Lichtschranken im Außenbereich arbeiten vereinzelt auch noch mit der Mikrowellentechnologie.

8.4.4.11 Weitere Melder

Weitere nachfolgend aufgeführte Kontakte und Melder werden der Vollständigkeit halber genannt. Sie haben jedoch in der Überwachung von Rechenzentren eine ungeordnete bis keine Bedeutung:

- Übergangskontakte (Stößelkontakte)
- Fadenzugkontakte (werden manchmal zur Überwachung von Druckentlastungsklappen eingesetzt)
- Vibrationskontakte
- Folien aus Metallstreifen
- Alarmdrahttapeten
- Alarmgläser
- Kapazitive Feldänderungsmelder zur Einzelobjektüberwachung
- Bildermelder, Abhebekontakt
- Handbetätigter Druckknopfmelder für den Einsatz als Überfallmelder
- Fußkontaktschiene für unauffälligen Alarm
- Geldscheinkontakt
- Leckkabelsysteme (elektromagnetisches Feld ändert sich bei Personenannäherung)
- Mikrofonmelder an Zäunen, die Überklettern oder Durchschneiden erkennen
- Zaunkörperschallmelder

8.4.5 Scharfschalteeinrichtungen

Mit der Scharfschalteeinrichtung wird die Einbruchmeldeanlage des Objekts beim Verlassen aktiviert bzw. scharf geschaltet und beim Betreten deaktiviert bzw. unscharf geschaltet.

Die Einbruchmeldeanlage kann nur scharf geschaltet werden, wenn alle Melder in Ruhestellung sind: D.h., alle Fenster und Türen müssen geschlossen und verschlossen sein, die Bewegungsmelder dürfen keine Bewegung detektieren und an keinem Melder darf ein Alarm anstehen. Eine Störungs- und/oder Sabotagemeldung dürfen ebenfalls nicht anstehen.

Die Scharfschaltung kann durch mehrere Arten erfolgen:

- Materielles Identifikationsmerkmal wie Schlüssel, Chipkarte etc., mittels Schlüsselschalter, Riegelschaltschloss oder Blockschloss
- Geistiges Identifikationsmerkmal wie Zahlencodeeingabe etc.
- Biometrisches Identifikationsmerkmal wie Fingerscan, Iris-Erkennung etc.

Auch Kombinationen von Identifikationsmerkmalen sind möglich, also Chipkarte in Verbindung mit Zahlencodeeingabe etc.

Die immer wieder angedachte praktische Variante, mit der Zugangskontrollkarte die Einbruchmeldeanlage scharf und unscharf zu schalten, ist nicht bei allen zulassungskonformen Anlagen zulässig. Umgekehrt ist es wiederum zulässig, bei scharf geschalteter Einbruchmeldeanlage die Türleser der Zutrittskontrolle außer Betrieb zu nehmen. Dies ist eine durchaus sinnvolle und mittlerweile auch gängige Kombination und ist Teil der sogenannten Zwangsläufigkeit.

Bei der Scharfschaltung kann mit einem Identifikationsmerkmal, bei der Unscharfschaltung sollte insbesondere in hochwertigeren Bereichen nur mit zwei Merkmalen (Kombination von geistigem Verschluss und Schlüssel, oder Chip) gearbeitet werden.

Bild 8.239: Code-Steuergerät mit Tastatur
Quelle: Bosch-Sicherheitssysteme GmbH

Bild 8.240: Drahtlose Scharfschalteinrichtung
Quelle: Bosch-Sicherheitssysteme GmbH

Bild 8.241: Code-Tastatur zur Scharf-/ Unscharfschaltung
Quelle: Securiton GmbH - Alarm- und Sicherheitssysteme

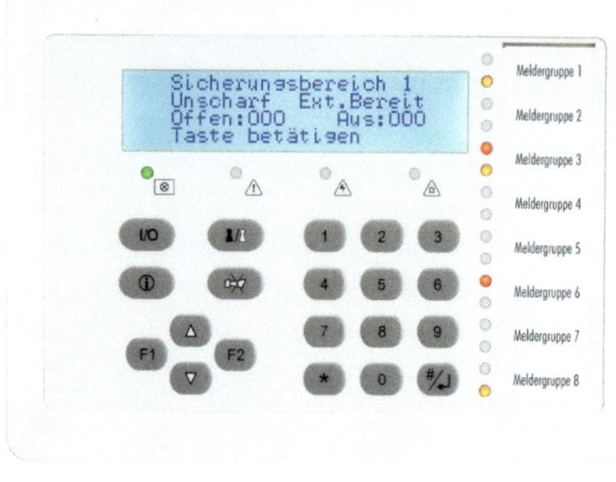

Bild 8.242: Komplettes Bedienfeld mit Tastatur und Anzeigedisplay
Quelle: Securiton GmbH - Alarm- und Sicherheitssysteme

Bei geistigen Identifikationsmerkmalen muss der Zahlencode in der richtigen Reihenfolge und Länge eingegeben werden. Zudem ist die Zeit zwischen Tastendruck zu Tastendruck begrenzt. Bei zu vielen Fehlversuchen kann eine Falschcodemeldung ausgegeben werden. Die Zeit zwischen zwei Fehlversuchen ist in der Regel auch einstellbar.

Manche Anlagen verfügen über eine Überfallcodemeldung: D.h., dass die überfallene Person bewusst einen bestimmten Code eingibt, wenn Sie überfallen und bedroht wird. Dieser wird dann auch als Bedrohungsalarm an die Einbruchmelderzentrale gemeldet.

8.4.5.1 Sperrelement

Ein Sperrelement ist ein zusätzliches Element, das Türen mechanisch zuhält, sobald die Einbruchmeldeanlage scharf geschaltet ist. Es soll verhindern, dass bei scharf geschalteter Anlage der Bereich zufällig betreten wird. Das Sperrelement ist dabei im gesicherten Bereich an der Zarge montiert und hält über einen Bolzen, der in die Tür eindringt, die Tür zu. In Fluchttüren sind Sperrelemente verboten. Aus Sicherheitsgründen hat der Bolzen eines Sperrelements eine Sollbruchstelle, sodass trotz scharf geschalteter Einbruchmeldeanlage mit einem gewissen Krafteinsatz die Tür geöffnet werden kann.

Das Sperrelement ersetzt nicht das Abschließen der Tür, sondern ist eine rein mechanische Erinnerung, dass ggf. die Einbruchmeldeanlage scharf geschaltet ist, wenn sich trotz Aufschließens die Tür nicht öffnen lässt.

8.4.6 Einbruch- und Überfallmeldeanlagen nach der DIN EN 50600-2-5

Einbruch- und Überfallmeldeanlagen werden nicht generell nach der DIN EN 50600-2-5 gefordert. Wenn sie jedoch verwendet werden, müssen sie nach der DIN EN 50131 ausgelegt und realisiert werden, um den nach der Risikoanalyse erforderlichen Sicherungsgrad einzuhalten.

Welche Flächen einbezogen werden, werden in der Norm nicht genannt. Es erfolgt lediglich der Hinweis, dass kritische Flächen und andere Flächen, die sich aus einer Risikobewertung oder aus betrieblichen Anforderungen ergeben, überwacht und gesichert werden sollten.

Gleiches gilt für eine Aufschaltung auf beispielsweise einen Sicherheitsdienst oder eine örtliche Polizeidienststelle.

8.5 Videoüberwachung

Mit einem Videoüberwachungssystem werden i.A. Objekte oder Personen mittels Videokamera beobachtet und gesichert. Dabei kommt dem Absichern von Personen aufgrund des Datenschutzgesetzes und des Betriebsrates in Unternehmen eine besondere Bedeutung zu.

Im Rechenzentrumsbetrieb gibt es zwei Arten der Videoüberwachung:

1. Die durch die Videokamera aufgenommenen Bilder werden direkt auf einen Monitor übertragen und die Livebilder dort direkt vom Wachpersonal o.Ä. beobachtet.
2. Die durch die Videokamera aufgenommenen Bilder werden gespeichert und nach einem Schadens- oder Einbruchsfall ausgewertet. Dabei gibt es die Möglichkeit einer permanenten oder einer temporären Aufzeichnung, ausgelöst durch externe Ereignisse oder einen Bewegungssensor in der Kamera selbst.

In der einfachsten Form besteht eine Videoüberwachungsanlage aus einer Videokamera und einem direkt verbundenen Monitor. Hauptsächlich früher wurde die Videoüberwachung in einem geschlossenen System über ein fest verlegtes Kabel realisiert. Man spricht dann von einem CCTV-System (Closed Circuit Televison). Beim Einsatz von netzwerkfähigen Kameras (IP-Kameras) wird jedoch die Datenübertragung über das Datennetz realisiert, was die Einsatzmöglichkeiten deutlich erweitert und heutzutage fast nur noch eingesetzt wird.

Der Vollständigkeit halber werden jedoch nachfolgend alle Arten der Videoüberwachung aufgeführt, auch wenn die IP-Kameras mittlerweile nahezu eine hundertprozentige Verbreitung haben.

Analoge Videoüberwachungssysteme übertragen die Signale über Koaxialkabel, Mehrdrahtleitungen oder moduliert über Glasfaserleitungen. Die Signale definieren sich dabei aus analogen Spannungswerten und in der übertragenen Frequenz. Über Kreuzschienen werden Videokameras und Monitore Punkt-zu-Punkt verbunden. Die Signalrichtung ist dabei bereits in der Planung und Errichtung fest vorgegeben. Insbesondere bei langen Übertragungsstrecken nimmt die Signalstärke und somit der Kontrast und die Schärfe stark ab. Über zusätzliche Verstärker kann jedoch das Signal wieder verstärkt werden, jedoch steigt das Signalrauschen, was letztlich doch zu einer sinkenden Videoqualität führt.

Bei den digitalen Video-over-IP-Systemen werden die Signale über das Datennetz (LAN, WAN oder Internet) übertragen und die Übertragungsstrecke ist bei gleichbleibender Signalstärke nahezu unbegrenzt. Des Weiteren wird die Signalrichtung durch das Endgerät (Kamera oder Monitor) bestimmt und ist daher flexibel. Das System ist dann allerdings meistens nicht mehr physikalisch geschlossen, da auch andere Anwendungen und Systeme über das gleiche Netzwerk betrieben werden. Es besteht jedoch die Möglichkeit der logischen Trennung (z.B. V-LAN)

Hybride Video-Systeme wandeln analoge Signale über Umsetzer in digitale Signale. Dies kann bereits in den analogen Kameras erfolgen oder erst bei der digitalen Aufzeichnung von analogen Signalen. Dieses ist vor allem bei der Migration von bestehenden Kameras von Vorteil.

8.5.1 Klassische Videokamera

Schwarzweißkameras liefern ca. 1.000 Graustufen, wovon das menschliche Auge nur ca. 25 erkennt. Durch Farbkameras werden immerhin 3.000 Farbinformationen erzeugt, so dass die Unterscheidbarkeit von Personen und Gegenständen, insbesondere im Freien, eindeutig besser ist.

Wenn die Kameras auch nachts Bilder liefern sollen, werden Tag/Nacht-Kameras empfohlen. Während normale Farbkameras nur auf schwarz/weiß schalten können, wird bei den Tag/Nacht-Kameras zusätzlich der Infrarot-Sperrfilter herausgeschwenkt. Dieses erhöht grundsätzlich die Lichtempfindlichkeit und lässt auch Infrarot-Licht zu. Dies ist erforderlich, wenn Infrarot-Beleuchtung zum Einsatz kommt.

Bei der Auswahl der geeigneten Videokamera ist neben dem Verwendungszweck auch der Einsatzort von Bedeutung.

Professionelle CCD-Kameras (charge coupled device) haben einen lichtempfindlichen CCD-Sensorchip, der die unterschiedlichen Helligkeiten pro Bildausschnitt in elektrische Signale umwandelt. Je nach Kamerastandard werden diese Signale technisch noch weiter aufbereitet, so wie es heute jede digitale Kamera intern je nach Aufnahmemodus automatisch erledigt.

Die Auflösung ist für die Schärfe eines aufgenommenen Bildes verantwortlich. Sie wird bestimmt von der Anzahl der Bildelemente des Sensors und der nachfolgenden

Signalaufbereitung. Die Sensorgröße spielt bei der Schärfe nahezu keine Rolle, verbessert jedoch mit zunehmender Größe die Bildqualität. Die Sensortechnik und die Objektivauswahl sind somit die bestimmenden Elemente für die Qualität des Bilds.

Je größer die Pixelzahl des Sensors, desto höher ist die Auflösung und desto feinkörniger das Bild. Man spricht dabei auch von Ortsauflösung.

Je kürzer die Integrationszeit (Länge der Zeitscheiben, die vom Messalgorithmus verarbeitet werden), desto schärfer ist die Bewegungswiedergabe. Man spricht dabei von zeitlicher Auflösung.

Die Lichtempfindlichkeit in Datenblättern gibt an, bei welcher kleinsten Beleuchtungsstärke die Kamera noch brauchbare Bilder liefern kann. Um Planungssicherheit zu erhalten wird empfohlen, die Empfindlichkeit der Kamera um den Faktor 10 höher zu wählen als die geringste örtliche Beleuchtungsstärke, die erwartet wird. Die Beleuchtungsstärke wird in der Einheit Lux angegeben. Ein Kameravergleich hierzu ist jedoch nur dann aussagefähig, wenn neben der Lichtempfindlichkeit auch die Objektivblende (z.B. F1,2) und der Mindest-Videopegel nach Institute of Radio Engineers (z.B. IRE 30) angegeben wird.

Bei den Kameras spielt auch die Spektralempfindlichkeit eine entscheidende Rolle, um Aufnahmen naturgetreu wiedergeben zu können. Die sichtbaren Strahlen des menschlichen Auges liegen bei einer Wellenlänge von 380 Nanometer bis 760 Nanometer (nm).

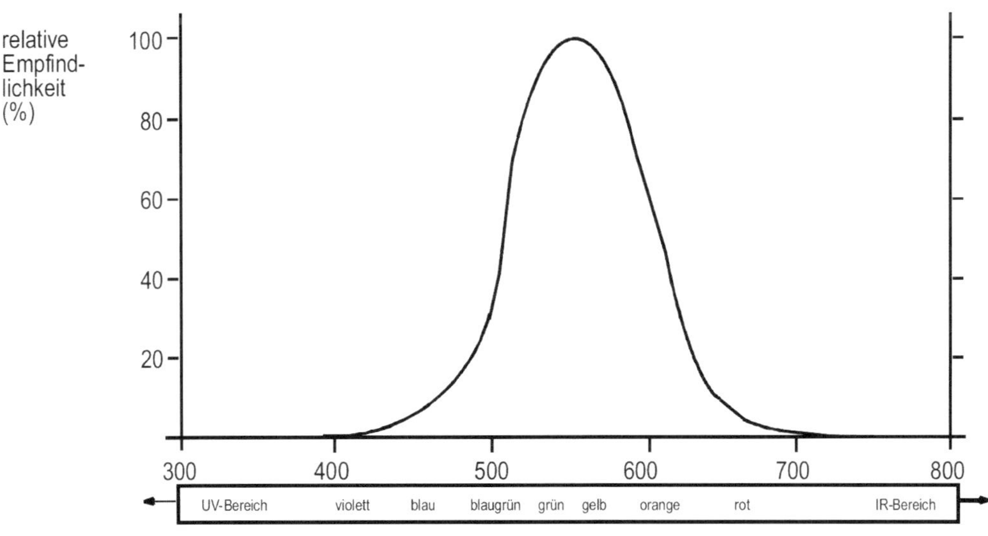

Bild 8.243: Spektralempfindlichkeitskurve des menschlichen Auges
Quelle: Bosch Sicherheitssysteme GmbH

Die Kamera mit dem empfindlichsten CCD-Sensor verfügt auch meist über die beste Infrarot-Empfindlichkeit. Entscheidend sind jedoch zusätzlich der Kurvenverlauf und die absolute Empfindlichkeit in diesem Bereich. Es gibt keine Norm, Richtlinie oder Messwerte, die einen direkten Vergleich der Infrarot-Empfindlichkeit mit CCD-Kameras zulassen.

Über einschwenkbare Filter zur Korrektur des Objektivs in der Kamera und IR-Sperrfilter im Objektiv lassen sich die unterschiedlichen Schärfebereiche bei den unterschiedlichen Aufnahmearten angleichen. Tag-/Nachtkameras sollten bis zu einer Wellenlänge von 1.000 nm empfindlich sein, um für den Infrarotbereich besonders geeignet zu sein.

Spitzlichter oder Gegenlichter von z.B. Autoscheinwerfen bei Nacht sind schlecht für die Gesamtausleuchtungssituation, da eine verminderte Erkennbarkeit wenig beleuchteter Bereiche die Folge ist. Durch die sogenannte Gegenlichtkompensation oder die Gegenlichtaustastung können solche Spitzlichter „unschädlich" gemacht werden. Kameras mit einem „Frame-Transfer-Sensor" sind nicht in der Lage, mit Spitzlichtern umzugehen.

Werden Kameras im Außenbereich oder in kalten Bereichen eingesetzt, in denen mit Kondensatbildung gerechnet werden muss, so sind spezielle Kameraheizungen und Wetterschutzgehäuse notwendig.

Sogenannte Domekameras sitzen hinter einer Glaskuppel und sind steuerbar. Dabei kann die Kamera sowohl um die vertikale wie horizontale Achse geschwenkt werden,

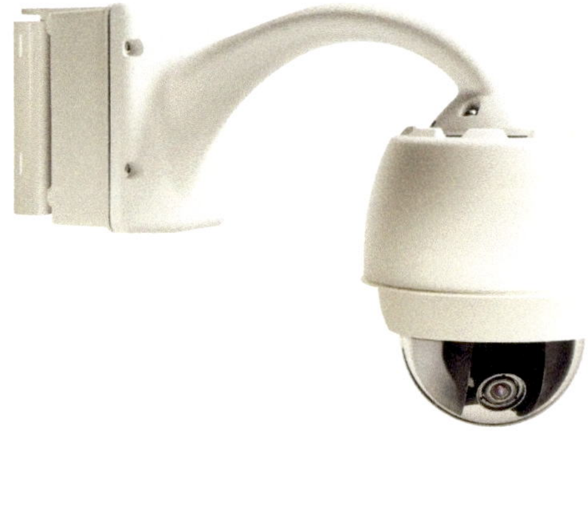

Bild 8.244: Autodome-Kamera als SD und HD
Quelle: Bosch Sicherheitssysteme GmbH

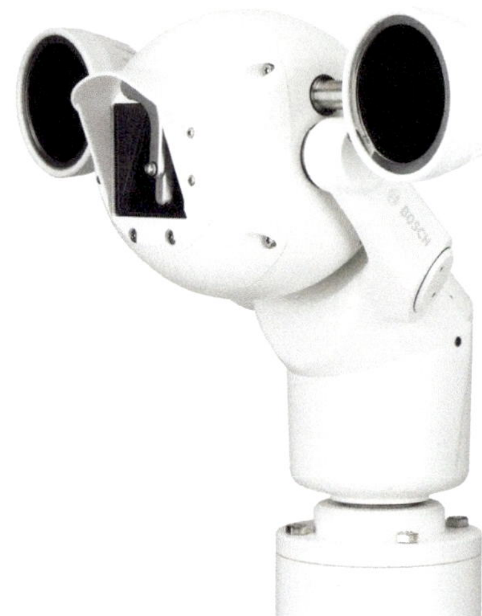

Bild 8.245: Kamera inklusive Infrarot-Scheinwerfer
Quelle: Bosch Sicherheitssysteme GmbH

wie auch Zoomfunktionen durchgeführt werden. Diese Kameras finden immer dann Anwendung, wenn große Bereiche überwacht werden müssen und nicht sofort erkannt werden soll, welchen Bereich die Kamera gerade filmt. Zudem werden sie eingesetzt, wo zur besseren Erkenntlichkeit von verdächtigen Stellen im Überwachungsbereich die Zoomfunktion benötigt wird. Klassischerweise kennt man solche Domkameras aus Bahnhöfen und Fußballstadien. Hier gibt es auch Spezialvarianten mit Scheibenwischer und mit schwenkbaren Infrarot-Scheinwerfern.

8.5.2 Kameras mit Video-Sensoren

Bei diesen Kameras wird nicht nur das Bildsignal übertragen, sondern es wird parallel zur Überwachung analysiert. Generell wird zwischen einer einfachen Bewegungserkennung (Motion Detection) und Videobildanalyse (VCA oder IVA) unterschieden.

Die einfache Bewegungserkennung unterscheidet Kontrast- und Helligkeitsveränderungen im Bild. Auch einfache Richtungserkennung ist hierbei möglich. Diese Detektionstechnik ist für den Innenbereich mit definierter Beleuchtung und Bewegungsmustern geeignet.

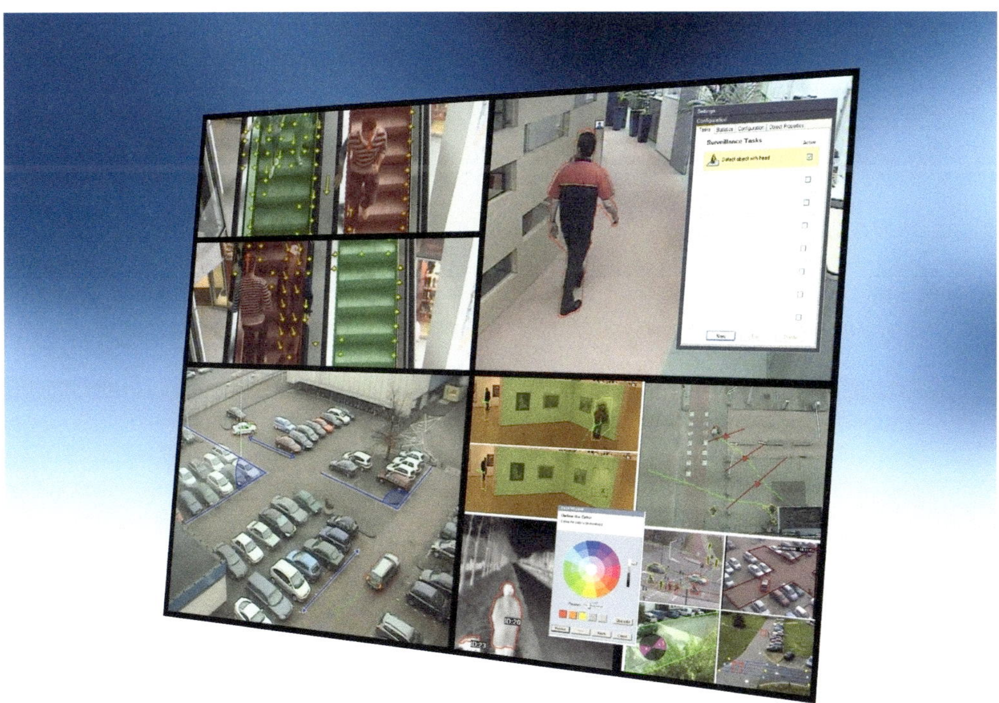

Bild 8.246: Intelligente Videobildanalyse (IVA) / Videosensorik
Quelle: Bosch Sicherheitssysteme GmbH

Die Videobildanalyse geht da schon viel weiter. Hier werden in der Regel Objekte erkannt und das Verhalten analysiert. Dabei können neben Objektgröße und Richtung auch das Entfernen und Hinzufügen von Gegenständen, Herumlungern, Geschwindigkeit, Farbe und Zählen getrennt oder in Abhängigkeit ausgewertet werden.

Im Idealfall zeichnet die Kamera neben ihren Videodaten auch sogenannte Metadaten auf. Mit Hilfe dieser Metadaten lassen sich später große Zeiträume in Sekunden frei nach den VCA-Kriterien durchsuchen, ohne dass diese vor der Aufzeichnung definiert werden müssen. Um diese Technik nutzen zu können, ist meist keine zusätzliche Hardware erforderlich, sondern es wird lediglich eine Softwarelösung benötigt. Dies ist ein großer Vorteil echter Videobildanalyse in der Kamera.

Moderne Videosensorik ist auch in Wärmebildkameras einsetzbar.

8.5.3 Aufzeichnungsgeräte

Analoge Aufzeichnungsgeräte wie Video-Langzeitrecorder, welche zur Bildaufzeichnung normale VHS- oder SVHS-Kassetten verwenden, gehören der Vergangenheit an. Heute werden digitale Videobilder aufgezeichnet. Die Aufzeichnungszeit ist somit unmittelbar von den Faktoren Speicherkapazität, Speicherbedarf pro Bild, Aufzeichnungsgeschwindigkeit und Kameraanzahl abhängig.

Ist die Aufzeichnungszeit abgelaufen und der Speicher voll, gibt es die Möglichkeit der Ringspeicherung: Die ältesten Bilder werden überschrieben. Beim Stichspeicher wird die Aufzeichnung gestoppt, sodass die Daten ggf. auf ein externes Medium ausgelagert werden können.

Die digitalen Bilder werden in der Regel komprimiert im JPEG-Format (.jpg, .jpeg), JPEG-2000-Format (.jp2, .j2k, .jpf, .jpg2, .jpx, .jpm, .mj2, .mjp2) oder Wavelet-Format, H.261-Format (.cif, .qcif), MPEG-1, 2 oder 4-Verfahren (.mpg, .mpeg) oder H.264 gespeichert. Speichermedien sind Festplatten, Disketten, DAT-Bänder, CDs oder DVDs.

Bei der Aufzeichnung von Bildern wird bei der Auflösung nach Vollbildern, Halbbildern und Viertelbildern unterschieden. Bei den Halbbildern wird die vertikale Bildauflösung (Bildhöhe) halbiert und nur jede zweite Zeile gespeichert. Bei der Viertelbildauflösung werden sowohl die vertikale, wie auch die horizontale Bildauflösung halbiert, was einer Aufzeichnung jeder zweiten Zeile sowohl horizontal wie auch vertikal entspricht.

8.5.4 Bildwiedergabe

Für eine gute Detailerkennung sind die Faktoren Auflösung der Kamera, Auflösung des Monitors und Qualität des Übertragungssignals entscheidend.

Über die Auflösung von Kameras wurde im Abschnitt 8.5.1 Videokamera ausführlich berichtet.

Für die Auflösung des Monitors werden die Einheiten „MHz“ und „horizontale Linien“ verwendet. Der Umrechnungsfaktor beträgt überschlägig 80, d.h. 1.200 Linien ergeben 15 MHz.

Die Qualität des Empfangssystems ist bis zu einer Entfernung von ca. 100 m nicht spürbar beeinträchtigt. Sind allerdings Verstärker, Verteiler etc. zwischen Monitor und Kamera geschaltet, können Signalverluste entstehen. Der Signal-Rausch-Abstand, also das Verhältnis des Nutzsignals zum Störsignal soll 40 dB nicht unterschreiten, da ansonsten die Qualität des Bilds zu sehr beeinträchtigt wird.

Ebenso treten Qualitätsminderungen auf, wenn mehrere Kameras gleichzeitig auf einen Monitor geschaltet sind und das Bild geteilt bzw. geviertelt ist, weil hierbei die Bilder vom Monitor oder der Grafikkarte neu gerechnet werden müssen.

Die Größe des Monitors ist abhängig vom Betrachtungsabstand und davon, ob mehrere Bilder auf einem Monitor dargestellt werden. Der optimale Betrachtungsabstand beträgt das 3- bis 5-fache der Bildschirmgröße (Bildschirmdiagonale).

8.5.5 Signalübertragung

8.5.5.1 Asymmetrische Übertragung

Die früher gebräuchlichste Art der analogen Übertragung erfolgt über eine Koaxialverbindung mit einer Impedanz von 75 Ohm. Typische Kabeltypen sind RG59 oder 0,6/3,7. Obwohl das übliche Antennenkabel der Hausinstallation die gleiche Impedanz hat, ist es u.A. wegen des anderen Frequenzgangs hier völlig ungeeignet.

Bei der koaxialen Übertragung spricht man auch von asymmetrischer Übertragung, weil der „Hin- und Rückleiter“ unterschiedlich aufgebaut ist und das Signal gegen Masse übertragen wird. Vorteile des Koaxialkabels sind die weite Verbreitung der Übertragungsart und der geringe Aufwand, da ein Großteil der videotechnischen Geräte bereits mit entsprechenden Steckern und Buchsen ausgestattet sind. Bei Übertragungswegen von über 120 m muss allerdings bereits mit Verstärkern gearbeitet werden, da die Dämpfung und die Amplitudenverluste zu groß werden. Mit Verstärkern sind Längen bis 1.000 m möglich. Maximale Dämpfungswerte von bis zu 6 dB bei 5 MHz sind gerade noch bei einfachen Mitschauanlagen akzeptabel. Bei sicherheitsrelevanten Systemen sollte die 3 dB-Grenze nicht überschritten werden.

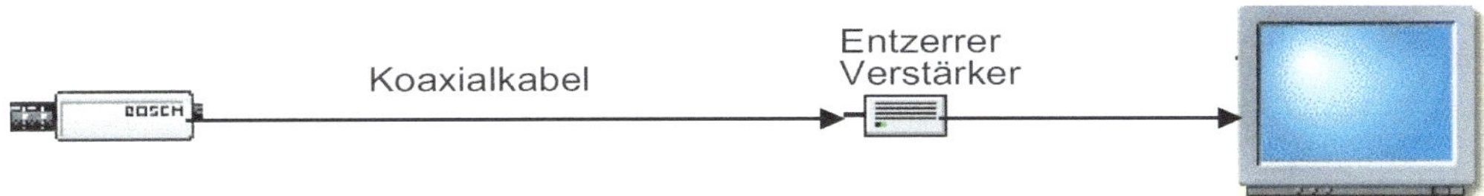

Bild 8.247: Asymmetrische Übertragung
Quelle: Bosch Sicherheitssysteme GmbH

8.5.5.2 Symmetrische Übertragung

Im Gegensatz zur asymmetrischen Übertragung erfolgt die symmetrische Übertragung mit Zweidrahtleitungen. Hierbei führen „Hin- und Rückleiter" das Signal, jedoch gespiegelt. Die Übertragung mit handelsüblichen Schwachstromkabeln J-Y(St)Y wird bei längeren Übertragungsstrecken eingesetzt oder wenn in vorhandenen Installationen noch Aderpaare frei sind. Mehraderkabel werden in der Regel nur zu etwa 20 Prozent bis 30 Prozent ausgelastet, weil sonst die Gefahr des Übersprechens besteht.

Unmittelbar nach der Kamera ist ein Sender-Verstärker erforderlich, der das unsymmetrische Videosignal in ein symmetrisches Videosignal umsetzt. Am Ende der Übertragungsstrecke wird dieser Vorgang wieder mit einem Empfänger-Verstärker umgedreht. Zudem werden die entfernungsbedingten Signalverluste korrigiert. Abhängig vom Aderquerschnitt sind Übertragungsstrecken bis 1.500 m möglich. Bei größeren Entfernungen sind wiederum Zwischenverstärker erforderlich.

Nachteile der Zweidrahttechnik sind, dass nur private Leitungsnetze verwendet werden dürfen und ein individueller, an die Kabellänge und die Geräte angepasster Abgleich erforderlich ist. Eine Mitverwendung von Telekom eigenen Kabelnetzen ist nicht gestattet.

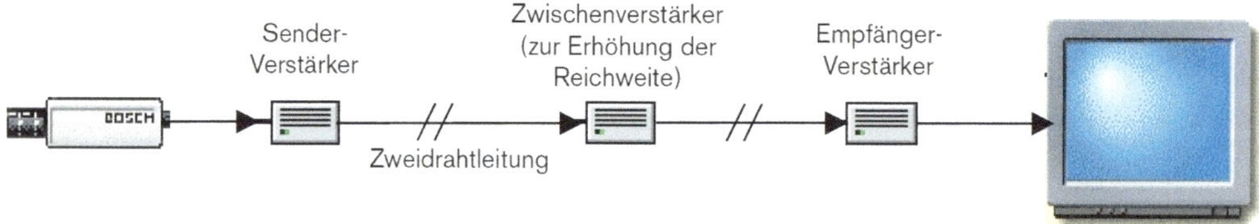

Bild 8.248: Symmetrische Übertragung
Quelle: Bosch Sicherheitssysteme GmbH

8.5.5.3 Lichtwellenübertragung (LWL)

Die modernste und gleichzeitig teuerste herkömmliche Übertragung erfolgt mittels Lichtwellenleiter. Über elektrooptische Wandler wird das übertragende Signal digital aufmoduliert. Am Ende des Übertragungswegs wird das optische, digitale Signal wieder in ein elektrisches Signal umgewandelt.

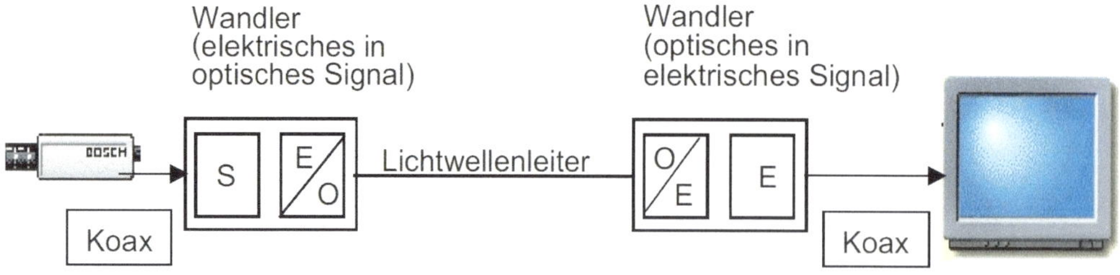

Bild 8.249: Lichtwellenübertragung (LWL)
Quelle: Bosch Sicherheitssysteme GmbH

Die Vorteile aus der Datennetztechnik überzeugen auch hier:

- Keine Potentialprobleme sowie ein exzellentes EMV-Verhalten
- Galvanische Trennung zwischen Sender und Empfänger
- Hohe Übertragungskapazität und lange Übertragungswege
- Geringe Dämpfung durch digitale Übertragung
- Relativ abhörsicher

Nachteil sind die hohen Investitionskosten und das speziell notwendige System- und Projektierungswissen der Glasfasertechnik.

8.5.5.4 Digitale Übertragung (Video over IP)

Bei den heute gängigen digitalen Video-over-IP-Systemen werden die Signale über das Datennetz (LAN, WAN oder Internet) übertragen. Die Übertragungsstrecke ist bei gleichbleibender Signalstärke nahezu unbegrenzt. Des Weiteren wird die Signalrichtung durch das Endgerät (Kamera oder Monitor) bestimmt und ist daher flexibel.

Oft werden auch die Endgeräte spannungsseitig über das Kupfer-Datennetzkabel versorgt. Man spricht dann von PoE-Geräten (Power over Ethernet). Der Vorteil liegt in der Flexibilität, da dann an jedem Datenanschluss ein Endgerät angeschlossen werden kann und eine externe Stromversorgung in Form einer Schuko-Steckdose nicht notwendig ist. Die Speisespannung beträgt bei PoE 48 V Gleichstrom (DC) und die abnehmbare Last bis zu 15 Watt (IEEE 802.3af).

Bei der digitalen Übertragungstechnik kann auch häufig auf einen separaten Monitor verzichtet werden, da die Anzeige über einen PC in dessen Monitor erfolgen kann. Eine weltweite Übertragung ist problemlos möglich. Allerdings sind hier auch die gesetzlichen Datenschutzbestimmungen zwingend zu beachten.

8.5.6 Datenschutz in der Videoüberwachung

Die Videoüberwachung dient in erster Linie der Überwachung von definierten Bereichen. Auch das alleinige Montieren von Kameras ohne Funktion wirkt bereits abschreckend. Bis hierhin sind auch seitens des Datenschutzes noch keine Einwände zu erwarten.

Von den Diskussionen um Google-Streetview her ist bekannt: Immer wenn es darum geht, Bilder von Personen ohne deren Wissen aufzunehmen und eventuell zu speichern, wird aus gutem Grund der Datenschutz bzw. in Unternehmen auch der Betriebs- oder Personalrat aktiv.

Eine kleine Anekdote dazu aus dem realen Leben des Autors: Im Urlaub mit der Familie in einem Freizeithallenbad wollte er mit seiner Kompaktkamera wie so oft zuvor Bilder von den Rutschpartien der eigenen Kinder oder von deren Kampf im Wellenbad schießen. Dies rief den Bademeister auf den Plan mit dem Hinweis, dass das Fotografieren im Freizeitbad verboten sei. Er erläuterte, dass es nicht ausgeschlossen werden könne, dass auch andere Personen auf den Fotos abgelichtet werden, was aus datenschutzrechtlichen Gründen verboten sei.

Es stellt sich die Frage, wo fängt der Datenschutz an und wie weit er sich treiben lässt: Fragen, die in der Rechtssprechung bis heute immer wieder zu Diskussionen führen.

Eine ganze Reihe von Gesetzen definiert, wer in Deutschland unter welchen Bedingungen eine Videoüberwachungsanlage einsetzen darf. Dabei unterscheidet der Gesetzgeber kaum zwischen privater und öffentlicher Videoüberwachung.

Aus dem Grundgesetz heraus greift das Beobachten von Personen und die Aufzeichnung der Bilder bereits in das Recht auf informationelle Selbstbestimmung ein. Es umfasst die Befugnis des Einzelnen, selbst zu entscheiden, wann und in welchen Grenzen persönliche Lebenssachverhalte offenbart werden. Da das Grundgesetz auch in privaten Bereichen Gültigkeit hat, trifft dies sowohl auf die öffentliche, als auch die private Videoüberwachung zu. Zudem wird auch in das Recht am eigenen Bild eingegriffen.

Rein private Videoüberwachungen sind nur zulässig, wenn sie zur Wahrnehmung des Hausrechts oder anderer berechtigter Interessen erforderlich sind. Dies trifft bei der Überwachung von Rechenzentren zu. Werden allerdings im Rahmen dieser Überwachung auch öffentlich zugängliche Bereiche wie z.B. die äußere Hülle eines Werksgeländes, welches an öffentliche Gehwege grenzt, überwacht, so haben wieder die Gesetze der Überwachung öffentlicher Räume Gültigkeit.

Insbesondere bei mittleren bis größeren Firmen spricht bei der Videoüberwachung der Betriebs- oder Personalrat auch ein Wort mit, denn er hat ein Mitbestimmungsrecht. Deshalb empfiehlt es sich immer, vor der Installation einer Videoüberwachung die Gespräche mit dem Betriebs- oder Personalrat und der Personalabteilung zu führen. Weiter muss im Gebäude mit öffentlichem Personenverkehr (Behörden, Läden, Gaststätten etc.) auf die vorhandene Videoüberwachung mittels Hinweisschild (Piktogramm) hingewiesen werden. Hierbei ist es auch völlig irrelevant, ob die Kameras echt oder nur Attrappe sind. Bleibt dies alles aus, kann die Videoüberwachung sehr schnell rechtswidrig werden und Unterlassungs-, Schadensersatz- und Schmerzensgeldansprüche von Arbeitnehmern nach sich ziehen.

In öffentlich zugänglichen Räumen muss die Einwilligung des Betroffenen vorliegen. Wie die Einwilligung auszusehen hat regelt § 4a des Bundesdatenschutzgesetzes. In der Regel hat die Einwilligung schriftlich zu erfolgen. Das alleinige Beschildern einer videoüberwachten Fläche ist nicht ausreichend.

Da die Einwilligung in der Regel nicht möglich ist, ist eine Videoüberwachung im öffentlichen Raum nur zulässig, wenn Gesetze dies ausdrücklich erlauben.

Bild 8.250: Hinweisschild auf Videoüberwachung
Quelle: Bosch Sicherheitssysteme GmbH

§ 6b des Datenschutzgesetzes regelt die Voraussetzung für die Videoüberwachung, nämlich wenn sie zur Aufgabenerfüllung öffentlicher Stellen, zur Wahrnehmung des Hausrechts oder zur Wahrnehmung berechtigter Interessen für konkret festgelegte Zwecke dient. Zudem dürfen keine Anhaltspunkte dafür bestehen, dass schutzwürdige Interessen der Betroffenen überwiegen. Der Grund der Überwachung und die verantwortliche Stelle sind mittels Hinweisschildern erkennbar zu machen. Werden Daten gespeichert, sind sie unmittelbar zu löschen, wenn sie zur Erreichung des Zwecks nicht mehr erforderlich sind. In einigen Landesgesetzen sind konkrete Aufbewahrungsfristen enthalten. Dies gilt sowohl für öffentliche wie auch private Videoüberwachungen.

Gesetzlich befugt sind Videoüberwachungen zur Gefahrenabwehr auf öffentlichen Plätzen, in Justizvollzugsanstalten zur Gewährleistung von Sicherheit und Ordnung in der Anstalt, der Observation zur Strafverfolgung und Gefahrenabwehr einzelner Personen und am Arbeitsplatz, um Straftaten durch Arbeitnehmer aufzuklären.

Am Arbeitsplatz dürfen die Daten nur erhoben und verwendet werden, wenn tatsächliche Anhaltspunkte den Verdacht begründen, dass der Betroffene im Beschäftigungsverhältnis eine Straftat begangen hat. Der Lidl-Überwachungsskandal 2008, bei dem heimlich eine Überwachung der Kassen erfolgte, ging weit über das erlaubte Maß hinaus. Insbesondere da nicht ausgeschlossen werden konnte, dass auch die Geheimnummern vieler EC-Karten mit aufgezeichnet wurden, zog der Fall weite Kreise und war wochenlang in den Medien.

Werden Überwachungsbereiche festgelegt, sind Verbotszonen der höchstpersönliche Lebensbereich (Wohnräume, Toiletten, Umkleidekabinen, ärztliche Behandlungszimmer) sowie private Grundstücke. Dies kann durch entsprechende Kameraeinstellungen oder Verpixelung erfolgen. Zudem sind Tonüberwachungen unzulässig und die

Überwachung muss stets verhältnismäßig sein. Insbesondere in der Verhältnismäßigkeit ist zu prüfen, welchen Zweck die Überwachung haben soll, wie viel Personen von der Maßnahme betroffen sind, ob die Betroffenen einen Anlass zur Überwachung geben und ob Orte überwacht werden, an denen sich Personen längere Zeit aufhalten und mit anderen Personen kommunizieren.

Bei den gespeicherten Daten ist darauf zu achten, dass die Datensicherheit gewährleistet ist. Das Bundesdatenschutzgesetz definiert in § 9 acht Schutzziele, die technische und organisatorische Maßnahmen enthalten. So dürfen u.a. Unbefugte keinen Zutritt zu Räumen mit Datenverarbeitungsanlagen haben. Die Zugriffsrechte sind dezidiert festzulegen und beim Transport von personenbezogenen Daten sind besondere Vorkehrungen zu treffen.

Zudem gilt der Grundsatz der Datenvermeidung und der Datensparsamkeit: So wenig wie möglich personenbezogene Daten erheben, verarbeiten oder nutzen. Ebenso sind die Daten möglichst zu anonymisieren oder pseudonymisieren.

Werden alle gesetzlichen Regelungen eingehalten, der Betriebs- oder Personalrat und die Personalabteilung in die Planung mit einbezogen, die Maßnahme durch Hinweisschilder und andere Maßnahmen kenntlich gemacht, die Überwachung nur auf erlaubte Zonen beschränkt und auch im Umgang mit den personenbezogen Daten sensibel umgegangen, sollte einem Einsatz einer Überwachungsanlage im Rechenzentrum nichts mehr im Wege stehen und sie ihren Zweck erfüllen: das Herzstück des Unternehmens zu schützen und bei Verletzungen die Verursacher zu identifizieren und zur Rechenschaft zu ziehen.

8.5.7 Videoüberwachungsanlagen nach der DIN EN 50600-2-5

Videoüberwachungsanlagen werden nicht generell nach der DIN EN 50600-2-5 gefordert oder empfohlen. Ob eine Videoüberwachung gerechtfertigt ist, ergibt sich aus der Risikobewertung. Sie muss dann mindestens der DIN EN 62676-1-1:2014, Sicherungsgrad 2 entsprechen.

Für die Positionierung externer Kameras werden folgende Bereiche empfohlen:

- Annäherungen an das Rechenzentrumsgebäude
- Zugangspunkte zum Rechenzentrumsgebäude und seinen Bereichen
- Fenster, Türen und Dachflächen des Rechenzentrumsgebäudes und seinen Bereichen

Für die Positionierung interner Kameras werden folgende Bereiche empfohlen:

- Annäherungen an bestimmte Bereiche des Rechenzentrums
- Das Betreten/Verlassen von Flächen einer Schutzklasse von/in eine andere oder zwischen Flächen einer gegebenen Schutzklasse

- Treppenhauseingänge und Treppenhäuser
- Notausgänge

Die Überwachung von Bildern sollte in Echtzeit und ereignisgesteuert erfolgen, wobei die Bilder nur in geeignet gesicherte Bereiche weitergeleitet werden (z. B. Wachdienstzentrale). Aufgezeichnete Bilder müssen entsprechend den lokalen Datenschutzvorschriften aufbewahrt werden. Falls es keine Vorschriften gibt, sollten Bilder mindestens 31 Tage aufbewahrt werden.

Nationale und örtliche Vorschriften sind zu beachten.

8.6 Sicherheitstechnik nach der DIN EN 50600-1 und DIN EN 50600-2-5

Die Sicherheitstechnik wird in der Norm als Sicherungssysteme bezeichnet, meint aber dasselbe.

In der DIN EN 50600-2-5 werden Beispielräume für die unterschiedlichen Schutzklassen genannt, wobei die Risikobewertung auch bei unterschiedlichen Räumen zu anderen Ergebnissen hinsichtlich der Schutzklasse kommen kann.

Tabelle 8.23: Beispiele von Schutzklassen für die Bereiche von Rechenzentren (DIN EN 50600-2-5, Tabelle 1)

Schutzklasse 1	Schutzklasse 2	Schutzklasse 3	Schutzklasse 4
Personaleingänge zu Gebäuden oder Strukturen, die Rechenzentrumsbereiche enthalten	Der interne Zugang zu Ladebereichen (wobei die Wand des Ladebereichs die Grenze zwischen den Schutzklassen 1 und 2 darstellt) Bereiche der externen Gebäudesicherung Personaleingänge zu den Rechenzentrumsbereichen Lagerbereiche Vorhaltebereiche Prüfbereiche Bürobereiche des Rechenzentrums	Standortübergabepunkt [1), 2)] Hausübergabepunkt [2)] Rechnerräume Leitwarte Bereiche der Rechenzentrumssicherung	Schränke, Käfige oder Schrankreihen im Rechnerraum

[1)] Dies gilt für Standortübergabepunkte unter der Aufsicht des Rechenzentrums
[2)] Für Kabelwege, die zu Bereichen mit einer niedrigeren Schutzklasse führen, gelten Zugangsbeschränkungen

8.6.1 Ausführung der Schutzklassen gegen Brände

Die Norm wendet vier Schutzklassen gegen Brände, die in Rechenzentrumsbereichen auftreten, an. Je nach Schutzklasse werden unterschiedliche Anforderungen gestellt. Diese Anforderungen bestehen aus baulichen und technischen Maßnahmen. Sie werden in Tabelle 8.24 stichpunktartig aufgelistet:

Tabelle 8.24: Brandschutzanforderungen gemäß Schutzklasse nach DIN EN 50600-2-5 Tabelle 3

Schutzart	Schutzklasse 1	Schutzklasse 2	Schutzklasse 3	Schutzklasse 4
Schutz gegen interne Brände	Kein spezieller Schutz vorgesehen	Der Bereich erfordert den Schutz vor Feuer durch eine Erkennungs- und Unterdrückungsanlage, die die Funktion dieses Bereichs während eines Brands in diesem oder einem Bereich der Schutzklasse 1 aufrechterhält.	Der Bereich erfordert den Schutz vor Feuer durch eine Erkennungs- und Unterdrückungsanlage, die die Funktion dieses Bereichs während eines Brands in diesem oder einem Bereich der Schutzklasse 1 oder Schutzklasse 2 aufrechterhält.	Der Bereich erfordert den Schutz vor Feuer durch eine Erkennungs- und Unterdrückungsanlage, die es ermöglicht, kritische Funktionen des Rechenzentrums während eines Brands in diesem Bereich oder woanders im Rechenzentrum sicherzustellen.

Schutzklasse 1:
- Das Erkennen eines Brands in der Schutzklasse 1 muss einen Warnhinweis in den anderen Bereichen des Rechenzentrums auslösen.

Schutzklasse 2:
- Das Erkennen eines Brands in der Schutzklasse 2 muss einen Warnhinweis in den anderen Bereichen des Rechenzentrums auslösen.
- Bereiche der Schutzklasse 2 müssen mit Branderkennungs- und -löschungslösungen ausgestattet sein.
- Der Bereich der Schutzklasse 2 muss in der Lage sein, seine Funktion bei einem Feuer gegenüber der angrenzenden Fläche zu Schutzklasse 1 für 60 Minuten beizubehalten.
- Die Begrenzungen (Wände, Fußböden, Decken) müssen den gewünschten Grad des physischen Schutzes vor internen Bränden in benachbarten Bereichen der Schutzklasse 1 zur Verfügung stellen.
- Wenn Brandfrüherkennungsanlagen eingesetzt werden, müssen die Türen rauchdicht nach DIN EN 1634 sein.
- Türen müssen eine Feuerwiderstandsklasse von mindestens 60 Minuten nach DIN EN 1634 haben.

Schutzklasse 3 und 4:

- Das Erkennen eines Brands in einer Fläche muss eine Warnung in den anderen Bereichen des Rechenzentrums auslösen.
- Bereiche der Schutzklasse 3 und 4 müssen mit Branderkennungs- und -löschungslösungen ausgestattet sein.
- Die Begrenzungen (Wände, Fußböden, Decken) von Flächen der Schutzklasse 3 müssen den gewünschten Grad des physischen Schutzes vor internen Bränden in benachbarten Bereichen der Schutzklasse 2 zur Verfügung stellen.
- Wenn Brandfrüherkennungsanlagen eingesetzt werden, müssen die Türen rauchdicht nach DIN EN 1634 sein.
- Türen müssen eine Feuerwiderstandsklasse von mindestens 90 Minuten nach DIN EN 1634 haben.
- Konstruktionen, die die Anforderungen von DIN EN 1047-2 erfüllen, bieten den gewünschten Schutz und dürfen in jedem Bereich eingesetzt werden.
- Aussagen, wie lange die Bereiche der Schutzklasse 3 und 4 in der Lage sein müssen, ihre Funktion bei einem Feuer gegenüber der angrenzenden Fläche zu Schutzklasse 2 beizubehalten, gibt es an dieser Stelle der Norm nicht. Da aber Wände, Türen und Fenster nach Norm dieselbe Feuerwiderstandsdauer aufweisen müssen, kann man in der Schutzklasse 3 und 4 ebenfalls von 90 Minuten ausgehen.
- An anderer Stelle in der DIN EN 50600-2-1 wird jedoch gefordert, dass alle Türen zwischen verschiedenen Sicherheitszonen und Türen, die zu informationstechnischen Räumen, Rechnerräumen, Kommunikationsräumen und technischen Räumen führen, eine Feuerwiderstandsklasse von mindestens 2 Stunden (T 120) aufweisen müssen, was wiederum für die Wände auch gilt. Hier ist die Norm nicht eindeutig und widerspricht sich selbst.

8.6.2 Ausführung der Schutzklassen gegen interne umgebungsbedingte Ereignisse

Die Norm wendet vier Schutzklassen gegen umgebungsbedingte Ereignisse (andere als Brände), die in Rechenzentrumsbereichen auftreten, an. Dabei geht es in erster Linie um den Schutz vor elektromagnetischen Störungen (EMV), die den wirksamen Betrieb der Datenverarbeitung, der Datenspeicherung und der Datenübertragung und der unterstützenden Infrastrukturen unterbrechen kann. Dabei muss auch der Schutz vor heimlichen Angriffen gegen die Wandsystemstrukturen erwogen werden.

Je nach Schutzklasse werden unterschiedliche Anforderungen gestellt (Tabelle 8.25).

Tabelle 8.25: Schutzklassen gegen interne umgebungsbedingte Ereignisse (DIN EN 50600-2-5, Tabelle 4)

Schutzart	Schutzklasse 1	Schutzklasse 2	Schutzklasse 3	Schutzklasse 4
Schutz gegen andere interne Ereignisse (außer Feuer)	Kein spezieller Schutz vorgesehen	Vermeidungsmaßnahmen angewandt	Vermeidungsmaßnahmen angewandt	Vermeidungsmaßnahmen angewandt

Schutzklasse 1:
- Kein besonderer Schutz angewandt.

Schutzklasse 2:
- Innenwände müssen den gewünschten Schutz gegen das Eindringen von Verschmutzungen (Partikel, Flüssigkeiten oder Gase) einschließlich Wasser, das aus Feuerlöschaktivitäten herrührt, zur Verfügung stellen.
- Abflussanlagen und andere Rohranlagen dürfen nicht vorhanden sein bzw. nur dann, wenn Vermeidungsmaßnahmen für den Fall von Leckagen angewandt werden.
- Durchdringungen, die um die normale Funktion oder die Notfallfunktion (z.B. Druckentlastungsöffnungen) geöffnet werden dürfen, müssen Schutz vor dem Eindringen von Verschmutzungen (Partikel, Flüssigkeiten oder Gase) im geschlossenen Zustand bieten.
- Falls obiges nicht zu vermeiden ist, müssen Vermeidungsmaßnahmen (Abdichtung, Detektion, Entwässerung) geschaffen werden.
- Eine Fläche der Schutzklasse 2 und höher darf nicht unter Öffnungen in Dachbereichen angeordnet werden, sofern nicht Entwässerungswege vorhanden sind, die außerhalb der Fläche liegen.

Schutzklasse 3:
- Es gelten die gleichen Schutzanforderungen wie in der Schutzklasse 2 an den Grenzen zwischen Schutzklasse 2 und 3, jedoch generell für Schutz gegen das Eindringen von Verschmutzungen (Partikel, Flüssigkeiten und Gase) einschließlich Wasser, das aus Feuerlöschaktivitäten herrührt.

Schutzklasse 4:
- Es gelten die gleichen Schutzanforderungen wie in der Schutzklasse 3 an den Grenzen zwischen Schutzklasse 3 und 4.
- Zusätzlich müssen Raum-in-Raum-Bauweisen in Erwägung gezogen werden, die in der Lage sind, die Prüfvorgaben der DIN EN 1047-2 einzuhalten.

8.6.3 Ausführung der Schutzklassen gegen externe umgebungsbedingte Ereignisse

Die Norm wendet vier Schutzklassen gegen externe umgebungsbedingte Ereignisse auf interne Rechenzentrumsbereichen an.

Beispiele für externe umgebungsbedingte Ereignisse sind beispielsweise Feuer, elektromagnetische Beeinflussung, Vibration (einschließlich Erdbeben), Überflutung, Gas und Staub.

Des Weiteren geht es auch um den Schutz vor elektromagnetischen Störungen (EMV), die den wirksamen Betrieb der Datenverarbeitung, der Datenspeicherung und der Datenübertragung und der unterstützenden Infrastrukturen unterbrechen kann.

Signale von Mobilfunktelefonen werden ebenfalls als externe umgebungsbedingte Angelegenheiten betrachtet. Wenn eine Schutzklassengrenze eine Abschirmung von Mobiltelefonen darstellt, müssen Mobiltelefone innerhalb der Begrenzung verboten werden oder eine Basisstation innerhalb der Begrenzung zur Verfügung gestellt werden, um zu verhindern, dass Mobiltelefone eine Quelle elektromagnetischer Beeinflussung werden.

Je nach Schutzklasse werden unterschiedliche Anforderungen gestellt (Tabelle 8.26).

Tabelle 8.26: Schutzklassen gegen externe umgebungsbedingte Ereignisse (DIN EN 50600-2-5, Tabelle 5)

Schutzart	Schutzklasse 1	Schutzklasse 2	Schutzklasse 3	Schutzklasse 4
Schutz gegen externe umgebungsbedingte Ereignisse	Kein spezieller Schutz vorgesehen	Vermeidungsmaßnahmen angewandt	Vermeidungsmaßnahmen angewandt	Vermeidungsmaßnahmen angewandt

Schutzklasse 1:
- Keine Anforderungen oder Empfehlungen

Schutzklasse 2, 3 und 4:
- Alle Durchdringungen der Begrenzungen von Flächen der Schutzklasse 2 und größer, die offen sind oder die geöffnet werden dürfen, um die normale Funktion oder Notfallfunktion (z.B. Druckentlastungsöffnungen) zu ermöglichen, müssen mit einem physischen Schutz vor dem Eindringen von Objekten ausgestattet werden, die diese Funktion beschädigen oder in sie eingreifen könnten. Ein derartiger Schutz muss bei der funktionalen Auslegung der Durchdringung berücksichtigt werden.

8.7 Gebäudeleittechnik und Monitoring

Die Gebäudeleittechnik (GLT) wird oft mit der Mess-, Steuer- und Regeltechnik (MSR) gleichgesetzt. Die Unterschiede sind jedoch in der Ebene der Gebäudeautomation.

Die Gebäudeleittechnik spielt sich auf der obersten Ebene der Gebäudeautomation, der Managementebene ab und ist damit Bestandteil der Gebäudeautomation.

Die MSR-Technik ist eine Methode der Automatisierungstechnik, in der einzelne Schritte eines Prozesses automatisiert und überwacht werden. Sie befindet sich somit in der Automationsebene. Unterhalb der Automationsebene befindet sich noch die Feldebene direkt an den Feldgeräten.

Die MSR-Technik im Rechenzentrum ist auf der Anlagenseite, beispielsweise die Regelung der Temperatur oder Luftfeuchte. Sie sollte aus Ausfallsicherheitsgründen immer autark und eigenständig ablaufen.

Mittels der Gebäudeleittechnik können dann auf der Managementebene die Sollwerte verändert und Betriebszustände angezeigt und ggf. protokolliert werden. Allerdings sollte man sich sehr genau überlegen, ob man auf der GLT-Seite ein kompliziertes Konstrukt aufbaut, das zwar über die Ferne alle möglichen Anlagen steuern kann, jedoch auch bei einem Ausfall den Komplettausfall des Rechenzentrums riskiert oder der Sabotage Tür und Tor öffnet.

Die Maßgabe muss also sein, die Anlagen in sich möglichst autark zu betreiben und über die Gebäudeleittechnik nur Zustände zu sammeln, anzuzeigen und zu protokollieren. Sie ist also ein Werkzeug, welches die technischen Vorgänge im Rechenzentrum visualisiert.

Neben den Betriebszuständen von Anlagen (Sammelstörung, Betrieb, Alarm, Voralarm, Bypass etc.) werden auch direkte Messwerte wie Temperatur, Luftfeuchte, Zählerstände etc. über die Gebäudeleittechnik weiter gemeldet und angezeigt.

Was bei der Planung immer wieder auftaucht, ist die Frage des Systems. Mittlerweile gibt es eine nicht zu überblickende Anzahl von Gebäudeleittechniksystemen und Anbietern von Monitoring-Systemen am Markt. Und täglich werden es mehr. Die Systeme Modbus, EIB, KNX, Profibus, LON, BACnet etc. zählen dabei noch zu den bekanntesten. Doch welches System ist das Richtige?

Gibt es im Unternehmen bereits ein Gebäudeleittechniksystem, stellt sich die Frage meist nicht. Es gibt nur die „kleine" Herausforderung, die neuen Anlagen auf die bestehenden Systeme aufzuschalten. Sind keine direkten Kopplungen in den Anlagen möglich, wird meist die Übertragung der Meldungen über sogenannte „potentialfreie Kontakte" realisiert.

Potentialfreie Kontakte sind die einzige Möglichkeit, zu allen GLT-Systemen kompatibel zu sein. Es gibt von allen Herstellern Eingangskarten, die potentialfreie Kontakte verarbeiten können.

Schwierig wird es nur, wenn Messwerte aufgeschaltet werden müssen. Das geht mit potentialfreien Kontakten nicht, da es nur die Zustände „geschlossen" oder „offen" gibt. Hier muss dann wieder mit Schnittstellenkarten gearbeitet werden, die digitale oder analoge Messwerte in den unterschiedlichsten Formen verarbeiten können. Dabei sind die Messwerte mittlerweile äußerst wichtig, da man nur mit Ihnen Grenzwerte für eine Warnung oder einen Alarm generieren kann.

In der Sicherheitstechnik und Automatisierungstechnik ist man mittlerweile einen Schritt weiter und hat Standards für Schnittstellen entwickelt, welche die kostspielige Entwicklung von Schnittstellenkarten und Treibern überflüssig machen. Mit dem IT-Standard OPC als herstellerunabhängige Kommunikationsschnittstelle haben alle großen Hersteller eine Festlegung der Schnittstellenparameter erreicht und so garantiert, dass unterschiedliche Systeme einfach zu verknüpfen sind. Sie gilt als sogenannte „offene Schnittstelle", da sie nicht herstellergebunden ist.

Die oben genannten Systeme Modbus, EIB, KNX, Profibus, LON, BACnet etc. haben sich ebenfalls am Markt etabliert und viele Hersteller haben bereits Schnittstellenkarten auf diese Systeme in ihrem Portfolio.

Es ist eine Frage des persönlichen Standpunktes, der persönlichen Vorlieben und nicht zuletzt der finanziellen Möglichkeiten, sich für ein bestimmtes Gebäudeleittechniksystem mit allen seinen Ausprägungen zu entscheiden.

Ganz ohne eine Gebäudeleittechniksystem ein Rechenzentrum zu betrieben kann schwerwiegende Folgen haben, da Wartungen, Störungen oder Alarme oft über einen langen Zeitraum unerkannt bleiben und so der Ausfall einzelner Systeme oder des ganzen Rechenzentrums billigend in Kauf genommen wird. Es gibt mittlerweile viele Möglichkeiten, die auch schon recht preiswert eine relativ gute Sicherheit bieten.

Die Gebäudeleittechnik bzw. das Monitoring zur Überwachung der technischen Anlagen ist mittlerweile mit die wichtigste Anlage überhaupt in einem Rechenzentrum und in keinem IT-Raum und Rechenzentrum mehr wegzudenken. Daraus hat sich auch zu Recht ein Hype entwickelt, der als DCIM (Data Center Infrastructure Management) in aller Munde ist, auch wenn DCIM weit über die Gebäudeleittechnik und das Monitoring der Infrastruktur hinausgeht und auch die IT-Hardware, die IT-Verkabelung, Flächenmanagement und weitere Bereiche mit integriert.

Mit den erzeugten Datenpunkten und den definierten Grenzwerten lässt sich beispielsweise im Halblastparallelbetrieb sicherstellen, dass man die einzelnen Versorgungsseiten unter der magischen Belastungsgrenze von 50 Prozent hält. Es hat sich auch bewährt, die Datenpunkte und unterschiedlichen Grenzwerte als Warnung (z.B. bei 40 Prozent-Last) und Alarm (z.B. bei 45 Prozent-Last) zu kategorisieren. Die DIN EN 50600-2-3 geht genau in die gleiche Richtung und empfiehlt, für die Temperatur zwei untere und zwei obere Grenzwerte zu definieren.

Durch die Kategorisierung der Werte in Warnung und Alarm hat man dann die Möglichkeit, unterschiedliche Reaktionszeiten festzulegen. So genügt es durch die eingebauten Redundanzen meist, bei einer Warnung mit der Fehlersuche bis zum nächsten Arbeitstag zu warten, wobei bei einem Alarm eine sofortige Reaktion – auch nachts und am Wochenende – erfolgen muss. Zudem können mit den heutigen Systemen logische Verknüpfungen der Datenpunkte durchgeführt werden, sodass der Ausfall beispielsweise eines Umluftklimageräts bei der N+1-Redundanz zunächst eine Warnung erzeugt und erst der Ausfall eines zweites Gerätes einen Alarm, dem eine sofortige Reaktion folgen muss.

Übrigens könnte man auch Synergien mit der IT-Hardware zukünftig besser nutzen. Temperatur, Stromverbrauch und weitere Informationen sind auch heute schon Messwerte, welche auf IP-Basis an jedem Server zur Verfügung stehen. Man könnte also seitens der Infrastruktur an manchen Stellen auf Sensoren verzichten und stattdessen die Messwerte der IT-Hardware auf IP-Basis einbinden bzw. bestimmte Messwerte ohne Zusatzkosten viel granularer erhalten. Allerdings wird sich damit heute noch ein erhöhter Aufwand im Betrieb einstellen, da mit jedem Servertausch auch das Monitoringsystem angepasst werden muss, es sei denn, die Systeme werden irgendwann selbst lernfähig.

Noch geben die Hersteller von Monitoringsystemen die Dienstleistungen für die Einrichtung und Wartung nicht aus der Hand. Es ist eine Frage der Zeit, bis der Kunde über einfachste Bedienung das System selbst konfigurieren und anpassen kann. Idealerweise werden dann alle Datenpunkte einer Schnittstelle, die an das System angeschlossen werden, automatisiert abgefragt und angezeigt. Der Kunde kann dann selbst seine für ihn wichtigen Datenpunkte anklicken, in einem Layout platzieren, mit Grenzwerten hinterlegen und nach Warnung und Alarm kategorisieren.

Das Installieren von Zusatzkarten und Laufwerken in der PC-Welt hat es vorgemacht: Was war es in der Anfangszeit für ein Aufwand, beispielsweise ein CD-ROM-Laufwerk in einem PC zu installieren. Heute geht alles vollautomatisch per Plug & Play. Diesen Weg muss und wird das Monitoring auch einschlagen müssen. Und dann können auch die oben beschriebenen Synergien mit der IT-Hardware elegant genutzt werden – nicht nur für die Versorgungstechnik, sondern auch für die Sicherheitstechnik, denn die Server melden sich auch, wenn beispielsweise das Gehäuse geöffnet wird.

9 Dokumentation

Die Dokumentation ist nach der Errichtung oder dem Umbau eines IT-Raums oder Rechenzentrums nochmals ein Kraftakt, der meistens zu kurz kommt. Jeder ist froh, endlich das Ziel erreicht zu haben und mit seinem IT-Raum oder Rechenzentrum endlich „produktiv“ zu sein. Dennoch ist es ausgesprochen wichtig, die notwendigen Unterlagen zusammenzutragen und nach dem tatsächlich Gebautem zu überarbeiten, denn erst dann ist das Projekt abgeschlossen. Nicht selten gab es nach einem guten Projektverlauf darüber so großen Streit, dass sich die Vertragspartner hoffnungslos zerstritten haben.

Das muss nicht sein, denn Dokumentationen werden idealerweise bereits über die gesamte Bauzeit erstellt und zusammengetragen und am Schluss meist nur noch an wenigen Stellen angepasst, falls sich im Bauverlauf etwas änderte. Die technischen Unterlagen werden sowieso benötigt, um die Anlagen zu planen, aufzubauen und in Betrieb zu nehmen. Warum also dann nicht gleich die Unterlagen als Dokumentation ablegen.

Spätestens beim ersten (Teil-)Ausfall oder Umbau merkt man, wie wichtig es gewesen wäre, die Dokumentation sauber zu erstellen und auffindbar zu sortieren. Doch dann ist es fast schon zu spät. Die Leitragenden haben keine reelle Chance, auf dem Bestand sauber aufzusetzen und die richtigen Schritte einzuleiten. Meist kommt dann noch die Komponente Zeitdruck dazu und das Chaos ist perfekt.

Deshalb ist es essentiell, dass keine unzähligen Ordner mit Hochglanzdokumenten und allgemeinem „Blabla“ gefüllt, sondern das wirklich Wesentliche nach dem tatsächlichen Stand zusammengestellt und geordnet abgelegt werden. Viel zu oft werden nur Standarddokumentationen oder irgendwelche technischen Datenblätter abgeheftet und zusammenkopiert, aus denen aber nicht wirklich zu erkennen ist, was denn nun verbaut wurde. Den dafür notwendigen Aufwand hätte man sich dann auch sparen können.

Die Dokumentation besteht mindestens aus den Revisionsunterlagen, dem Betreiberhandbuch und je nach Bedarf aus weiteren Unterlagen. Nachfolgend wird jedoch nur auf die Revisionsunterlagen und das Betreiberhandbuch eingegangen.

9.1 Revisionsunterlagen

Revisionsunterlagen verschaffen einen Überblick, wie die ausgeführten Anlagen aufgebaut wurden. Wie bereits zuvor erwähnt ist dies insbesondere wichtig, um eventuelle Fehler besser lokalisieren zu können und bei Umbauten und Erweiterungen auf dem tatsächlich Gebauten aufzusetzen.

Der Ersteller der Anlagen hat die Verpflichtung zur Übergabe detaillierter Revisionsunterlagen.

Dies wurde sogar gerichtlich vom OLG Brandenburg in einem Urteil vom 04.07.2012 im Zusammenhang mit dem Einbau einer Heizungs- und Lüftungsanlage wie folgt begründet:

Das OLG bekräftigt den Anspruch auf Vorlage detaillierter Revisionsunterlagen. Die Zurverfügungstellung dieser Unterlagen stelle eine für die Gebrauchsfähigkeit der Anlage wesentliche Vertragsleistung dar. Der Senat verweist auf die ATV 18379 (Raumlufttechnische Anlagen) und ATV 18381 (Wasser- und Entwässerungsanlagen), die die Erstellung von Revisionsunterlagen unabhängig von Anlagengröße und Anlagenkomplexität vorsehen. Jedoch sei die Detailtiefe in Abhängigkeit vom Bauvorhaben zu bestimmen. Hieraus folgert der Senat, dass detaillierte Unterlagen zu Druckprüfungen und Ventileinstellungen zu übergeben seien, wohingegen für einen einfachen Badlüfter ein Schaltplan nicht erforderlich wäre.

In dem Urteil ist damit recht gut beschrieben, in welchem Umfang Revisionsunterlagen zu erstellen sind, und vor allem, dass überhaupt Revisionsunterlagen erstellt werden müssen.

Dass Revisionsunterlagen erstellt werden müssen, darüber sind sich die Vertragspartner auch immer relativ schnell einig. Unstimmigkeiten gibt es meist nur über den Inhalt und den Umfang sowie die notwendige Anzahl der Revisionsunterlagen. Bewährt hat sich, die Revisionsunterlagen maximal zweifach zu erstellen. Ein Satz verbleibt an den Anlagen vor Ort und ein Satz im Büro. Zudem werden heutzutage alle Unterlagen auch in elektronischer Form übergeben und so könnte auch der Satz für das Büro entfallen.

Revisionsunterlagen müssen nachgeführt werden: Man stelle sich den Aufwand vor, an drei oder mehr Sätzen jedes Mal die Nachführung durchzuführen. Revisionsunterlagen mit unterschiedlichen Inhalten sind dann kaum zu vermeiden.

Nachfolgend ein Beispiel für den Inhalt von Revisionsunterlagen:

1. Deckblatt und Inhaltsverzeichnis
2. Organisation und Allgemeines
    a. Projektdaten (Bezeichnung und Anschrift)
    b. Vollständige Kontaktdaten der ausführenden Firmen
    c. Auflistung der Hersteller mit vollständigen Kontaktdaten
    d. Erklärung zu Codes, Standards, Nummerierungs- und Kennzeichnungssystemen
    e. Erklärung CAD-Standard
3. Protokolle
    a. Abnahmeprotokoll
    b. Mängelliste zur Abnahme
    c. Einweisungsprotokoll
    d. Inbetriebnahmeprotokoll

   e. Prüf- und Funktionsprotokoll
   f. Errichterbescheinigung
   g. Bescheinigung über die Einhaltung der VDE- und VDI-Richtlinien sowie der einschlägigen Normen und Richtlinien
   h. Fachbauleitererklärung
   i. Prüfbescheinigungen und Prüfzeugnisse
   j. Abnahmeprotokolle mit Behörden (Baurechtsamt etc.)
   k. Sachverständigen-Abnahmeprotokolle
   l. Zulassungsbescheinigungen
   m. Prüfzeugnisse, z.B. für den Brandschutz
   n. Sichtabnahmeprotokolle und Fotodokumentationen (vor allem für nicht mehr einsehbare Bereiche)
   o. Liste, der bei der Abnahme übergebenen losen Gegenstände
   p. Schriftverkehr zu den Protokollen (Fertigstellungsmeldung, Anmeldung Gewerbeaufsichtsamt, Gesundheitsamt etc.)
4. Wartungsanweisungen und Wartungsvertrag
   a. Deckblatt mit Hinweisen zu Prüfzyklus etc.
   b. Vollständige Anschrift der Wartungsfirma
   c. Auflistung der Wartungsinhalte
   d. Reinigungsanweisungen
   e. Inspektions- und Wartungsplan mit Liste der zu wartenden Komponenten
   f. Liste der empfohlenen Komponentenvorhaltungen
   g. Prüfbuch
   h. Wartungsvertrag
5. Anlagen- und Funktionsbeschreibung
   a. Beschreibung des Aufbaus und des Umfangs der Anlagen
   b. Beschreibung der Funktionsabläufe auch in der Steuerungs- und Regelungstechnik
   c. Beschreibung der gewerkeübergreifenden Funktionen und Schnittstellen zu anderen Anlagen
   d. Einstellwerte der Anlagen
      i. Sollwerte
      ii. Grenzwerte
      iii. Geräteschaltpunkte
      iv. Motorschutz
      v. Parameter
   e. Beschreibung der anlagenspezifische Merkmale (falls vorhanden)
6. Übersichts- und Funktionspläne
   a. Übersichtspläne der Anlagen
   b. Strangschemen
   c. Funktions- und Blockschemen
7. Schaltpläne und Fließschemen
   a. Verteilerpläne und Stromlaufpläne
   b. Aufbaupläne
   c. Schaltpläne

   d. Fließschemen
   e. Kabelliste und Kabelzugliste
8. Bedienungsanweisungen und Betriebsanleitungen
   a. Kurzbedienungsanleitung für die einfache Bedienung der Anlage, angebracht an der Anlage selbst (Kopie dieser Kurzbedienungsanleitung im Revisionsordner abgeheftet). Beispiele: Sollwertverstellung, Änderung Zutritts-PIN, Entstörung der Anlage, Abschalten der Anlage wie z.B. Löschanlage, Brandmeldeanlage bei Arbeiten etc.)
   b. Beschreibung sämtlicher Tätigkeiten, die vom Betreiber selbst durchgeführt werden können
   c. Beschreibung der Tätigkeiten für eine störungsfreie In- und Außerbetriebnahme der Anlagen
   d. Beschreibung eventueller Gefahren, die beim Betrieb zu berücksichtigen sind
   e. Standard-Bedienungsanleitungen der Anlagen, welche vom Hersteller mit der Anlage ausgeliefert werden
9. Gerätelisten, Ersatzteillisten und Herstellerunterlagen für jedes Bauteil. Katalogverweise sind farblich zu kennzeichnen
   a. Technische Datenblätter aller Komponenten
   b. Herstellerbescheinigung / Konformitätserklärung
   c. Stückliste, Ersatzteilliste und Verschleißteilliste der eingebauten Komponenten (Die Darstellung erfolgt in einer Tabelle möglichst mit Kennzeichnung, was als Ersatzteilvorhaltung empfohlen wird und was als Verschleißteil gilt)
10. Vollständige Messprotokolle
   a. VDE-Messungen
   b. Messprotokoll Kupferdatenkabel
   c. Messprotokoll Lichtwellenleiterkabel
   d. Luftmengeneinregulierung
   e. Spül-, Dichtheits- und Druckprotokolle
11. Berechnungen zur Dimensionierung
   a. Selektivitätsberechnung
   b. Energiebilanz
   c. Hydraulikberechnung
   d. Heizlastberechnung
   e. Kühllastberechnung
   f. Kanalnetzberechnung
   g. Rohrnetzberechnung (Heizung, Kälte, Sanitär, Abwasser)
12. Grundriss- und Installationspläne (Stand: Revision)
   a. Grundrisse, mindestens Maßstab 1:50
   b. Deckenspiegel, mindestens Maßstab 1:50
   c. Schnitte, mindestens Maßstab 1:50
   d. Details für Zentralen, Schächte etc., mindestens Maßstab 1:20
   e. Legenden auf den jeweiligen Plänen
   f. Dimensionen von Kanälen und Leitungen
   g. Massen- und Volumenströme
   h. Vermaßung der dargestellten Installationsgeräte

Die Anzahl der Pläne pro Bereich richtet sich nach dem Füllgrad der dargestellten Informationen. Die in den Plänen dargestellten Informationen müssen zweifelsfrei erkannt werden und dürfen nicht durch weitere Angaben teilweise oder ganz verdeckt sein.
Die maximale Plangröße ist DIN A0.

13. Alle Unterlagen in elektronischer Form (PDF, DWG etc.)

9.2 Betreiberhandbuch

Ein Betreiberhandbuch muss – wie der Name schon sagt – nicht nur für den Betreiber, sondern auch vom Betreiber erstellt werden. Im Betreiberhandbuch sind alle wichtigen Informationen der Anlagen in Kurzform enthalten und Schritt-für-Schritt-Anleitungen für zum Beispiel das Einlegen des Externen Bypasses.

Fälschlicherweise wird immer wieder der Errichter der Anlagen genötigt, ein Betreiberhandbuch zu erstellen. Was nützt aber ein durch den Errichter der Anlage erstelltes Dokument, in dem sich der Betreiber nicht zurechtfindet. Das Betreiberhandbuch ist eine wichtige Stütze, wenn Anlagen ausfallen oder Störungen haben.

Das Betreiberhandbuch entsteht typischerweise bei den Einweisungen der Errichter in die Anlagen. Die bei den Einweisungen erklärten Abläufe und Hinweise sind wichtige Hilfsmittel für den Betrieb. Sie müssen im Betreiberhandbuch dokumentiert werden. Es ist für den Betreiber das wichtigste Handwerkszeug und ein Dokument, das immer wieder angepasst und erweitert wird. Es ist eine Art Tagebuch des Betreibers, das nach Anlagen geordnet die Informationen, die jeder Mitarbeiter im Kopf abgelegt hat, schriftlich niederlegt. Jede Erfahrung mit den Anlagen im Betrieb muss hier dokumentiert werden. Zudem ist es mit das wichtigste Dokument für neue Mitarbeiter. Zusammen mit den Revisionsunterlagen können sie sich hier einen schnellen und umfassenden Überblick über die Anlagen und die wichtigsten Tätigkeiten verschaffen.

10 Management und Betrieb von Rechenzentren

Nachdem in den vorigen Kapiteln die Errichtung von IT-Räumen und Rechenzentren im Fokus stand, geht es in diesem Kapitel um das Management und den Betrieb der IT-Räume und Rechenzentren, also um den Lebensabschnitt eines Rechenzentrums, während dessen die IT-Hardware im Rechenzentrum in Betrieb ist.

10.1 Rechenzentren managen

10.1.1 Organisatorische Sicherheit / Prozesse

Und mag es für Manchen noch so lästig sein: Ohne festgelegte Prozesse lässt sich ein Rechenzentrum heute nicht mehr managen. Es müssen Vorgaben gemacht werden, wie beispielsweise die Kapazität des Rechenzentrums energie- und flächenmäßig ermittelt und aktuell gehalten wird. Der RZ-Manager muss wissen, ob noch Reserven vorhanden sind oder ob das Rechenzentrum bereits „am Anschlag" betrieben wird. Die richtigen Schritte für Erweiterungen müssen rechtzeitig eingeleitet werden und nicht erst, wenn neue Hardware schon geliefert wurde, aber keinen Platz mehr im bereits am Rande seiner Kapazität arbeitenden Rechenzentrum findet.

Was früher sehr viel Personal teils in Handarbeit erarbeitet hat, ist mit dem akut herrschenden Personalmangel nicht mehr zu schaffen. Prozesse, unterstützende Tools und DCIM-Systeme helfen, den Überblick nicht zu verlieren.

Im Kapitel 2.8 wurde bereits darauf eingegangen: Das Risikomanagement ist nicht nur vor und während des Neu- oder Umbaus von IT-Räumen und Rechenzentren eines der zentralen Themen, sondern ebenso auch im Betrieb, bei dem sich Risiken immer wieder verändern, eliminieren oder neu hinzukommen. Ohne festgelegte Prozesse dazu, wie das Risikomanagement regelmäßig erfolgt, werden über kurz oder lang große Probleme beim Betrieb des IT-Raums oder des Rechenzentrums auftreten.

Die Verfügbarkeit muss gepflegt werden. Gerade im Halblastparallelbetrieb kommt man schnell über die magische Auslastungsgrenze von 50 Prozent, ohne dass es bemerkt wird. Fällt dann eine Versorgungsseite aus, ist schnell das Rechenzentrum „dunkel", da die redundante Seite in Überlast fährt.

Wenn lange nichts passiert, hält der Schlendrian Einzug. Das ist nicht neu und Jeder muss sich an die eigene Nase fassen. Genauso verhält es sich mit der Sicherheit. Man drückt mal ein Auge zu, überwacht vielleicht nicht mehr alles und ganz schnell ist Tür und Tor des Rechenzentrums für Jedermann offen.

RZ-Provider müssen dem Kunden Service-Level-Agreements (SLAs) nachweisen. Doch wie sieht es mit Rechenzentren aus, die nur für die internen Dienste zuständig sind? Meist gibt es hier keine Service-Level-Agreements: Es wird schon nichts passieren. Und wenn doch? Viele Fragen bleiben offen: Wenn die Infrastruktur im Rechenzentrum verändert wird, sind dann andere zu informieren? Und wenn kleinere Ausfälle zu verzeichnen sind, ebenso?

Das Betriebs- und Notfallmanagement gibt vor, was und gegenüber wem etwas zu tun ist. Nur mal schnell eine Veränderung durchzuführen, kann verheerende Folgen haben. Die bessere Alternative ist, Änderungen melden und sich mithilfe des Risikomanagements vorher Gedanken zu machen.

Viele Prozesse haben sich bereits in anderen Disziplinen sehr erfolgreich etabliert. Es ist ratsam, sich dort erfolgreiche Beispiele anzuschauen und die Prozesse auf die Bedürfnisse der eigenen Infrastruktur anzupassen. Beispielsweise ITIL (IT Infrastructure Library) bietet dafür eine sehr gute Vorlage.

Prozesse können zwar zunächst von allen entworfen werden, müssen dann allerdings mit den Kollegen, dem Management und meist auch mit der Geschäftsführung abgestimmt werden. Mit diesen Prozessen muss man arbeiten können und man muss sie verstehen – und zwar über alle Hierarchieebenen hinweg.

Prozesse sind so gut und so akzeptiert wie aktuell sie sind. Auch Prozesse müssen kontinuierlich und proaktiv verbessert und an neue Situationen angepasst werden. Das regelmäßige Überprüfen gemeinsam mit den Verantwortlichen ist unerlässlich.

Und zu guter Letzt müssen wiederum Prozesse (oder das Controlling) dafür sorgen, dass die Prozesse auch eingehalten werden – getreu nach dem Motto in der Security: Wer überwacht eigentlich den Wachdienst?

Alle Prozesse sind zu dokumentieren. Die Beteiligten müssen mittels Unterschrift die Kenntnisnahme bestätigen.

10.1.1.1 Kapazitätsmanagement

Kapazitätsmanagement gibt es schon seit Jahrzehnten, aber nur ein kleiner Teil der Unternehmen hat bisher das Kapazitätsmanagement als Prozess implementiert. Energie und Fläche sind teure Güter. Die Zeiten, in denen beides in scheinbar unendlicher Größe zur Verfügung gestellt werden konnte, sind vorbei. Der Kostendruck zwingt auch RZ-Manager, mit den Ressourcen zu haushalten und Hilfsmittel und Prozesse zu implementieren, um die Energie und die Fläche wirtschaftlich managen zu können.

Nach ITIL stellt das Kapazitäts-Management sicher, dass die Kapazität der IT-Services und der IT-Infrastruktur ausreicht, um die vereinbarte Kapazitäts- und Performance-Ziele wirtschaftlich zu erbringen. Der Kapazitäts-Management-Prozess berücksichtigt alle Ressourcen, die erforderlich sind, um den IT-Service bereitzustellen, und plant dabei die kurz-, mittel- und langfristigen Anforderungen von Geschäftsseite aus.

Zu den Ressourcen gehören nicht nur die Hard- und Software, sondern eben auch und gerade die Infrastruktur.

Ein wichtiges Hilfsmittel bietet DCIM (Data Center Infrastructure Management). Mittlerweile gibt es ein großes Angebot an DCIM-Tools von sehr vielen Anbietern, jeweils mit einer leicht anderen Zielsetzung. Dabei muss gerade die Zielsetzung für das DCIM im ersten Schritt definiert werden, bevor man direkt in das Monitoring einsteigt. In erster Linie geht es nicht nur um die Überwachung der Geräte und dessen aktuelle Leistungen selbst, sondern auch um alle Informationen, die darum herum sehr wichtig für ein effizientes Kapazitätsmanagement sind. Die Auswertung der gewonnen Daten ist dabei sehr wichtig, um die Informationen in Relation setzen und vergleichen zu können.

Bei richtiger Verwendung der DCIM-Tools lässt sich damit feststellen, wie viel Energiereserven an welcher Stelle des Rechenzentrums noch zur Verfügung stehen. Der bereits belegte Platz wird in den Grafiken dargestellt (Bilder 10.1 bis 10.3) bzw. ist auch schon vor Ort zu sehen, wenn man durch das Rechenzentrum geht. Spannender ist beispielsweise die Frage, wie viel Höheneinheiten im Gesamten noch frei sind. Dies rechnet DCIM automatisch aus. Aber auch die IT-Verkabelung muss sehr gut dokumentiert sein: Mittlerweile sind auch hier Systeme am Markt, welche die Dokumentation vollautomatisch selbst beim Stecken des Patchkabels durchführen.

Über einen regelmäßigen Kapazitätsbericht lässt sich die Entwicklung im Rechenzentrum über die Zeit sehr gut nachvollziehen. Daraus können dann die richtigen Schlüsse für kurz-, mittel- und langfristige Maßnahmen in der Infrastruktur abgeleitet werden.

Bild 10.1: Flächenmanagement in 2D
Quelle: FNT GmbH

Man wird feststellen, dass die Kapazitätsentwicklung nahezu einer Geraden folgt, falls nicht ein neues Unternehmen hinzugekauft oder Parallel-IT-Systeme zum Schwenk in ein neues System aufgebaut werden: Nur dann ist in der Regel ein Sprung in der Kapazitätsentwicklung der IT-Hardware und somit auch im Flächen- und Energiebedarf auszumachen.

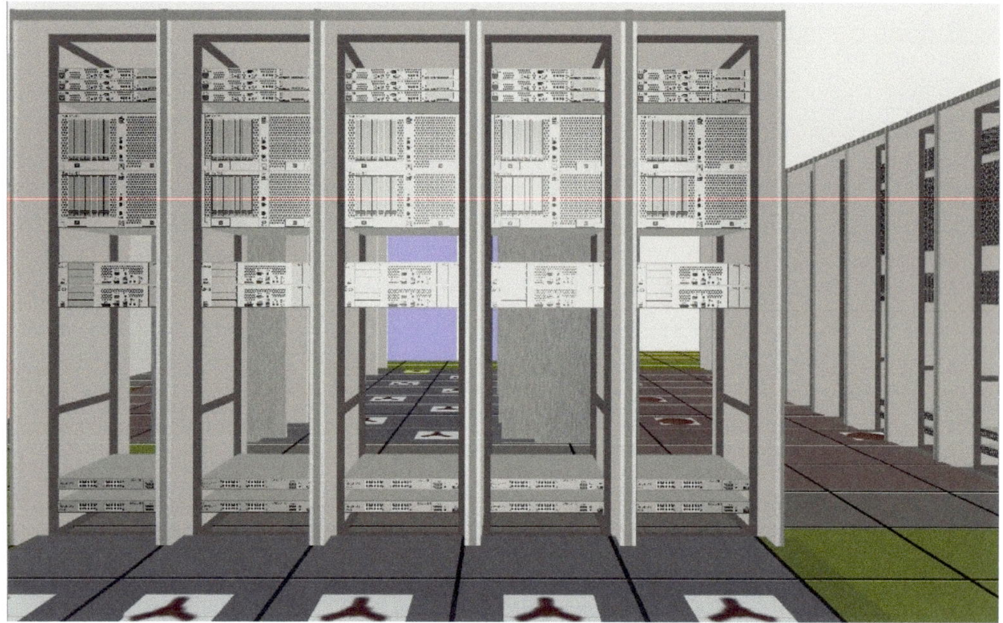

Bild 10.2: Flächenmanagement in 3D bis auf Rackebene
Quelle: FNT GmbH

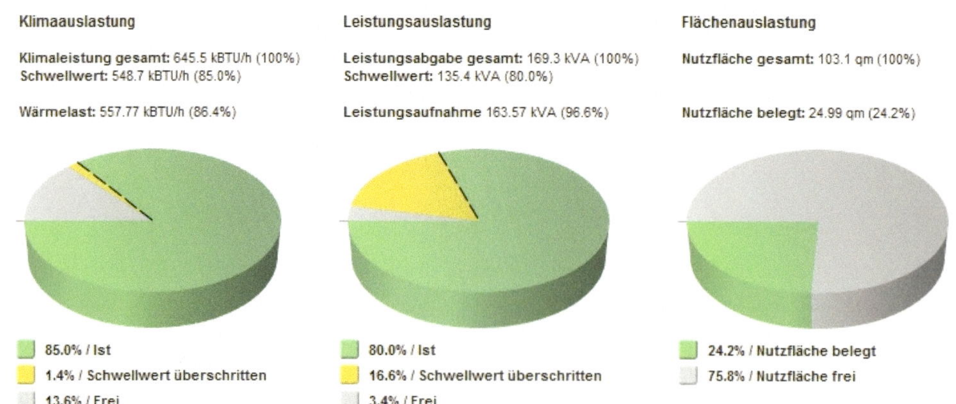

Bild 10.3: Übersicht der Energie- und Flächenauslastung
Quelle: FNT GmbH

10.1.1.2 Risikomanagement

Wie Risikomanagement beim Aufbau einer IT durchgeführt wird, wurde bereits im Kapitel 2.8 ausführlich erläutert. Im Betrieb gibt es andere und weitere Risiken, die betrachtet und entsprechend bewertet werden müssen.

10.1.1.3 Verfügbarkeitsmanagement

Verfügbarkeit hat auch immer etwas mit Redundanzen zu tun. Und wenn die erforderliche Verfügbarkeit einmal geschaffen wurde, ist noch lange nicht sichergestellt, dass sie über die Nutzungszeit erhalten bleibt.

Bei der 2N-Verfügbarkeit betreibt man das Rechenzentrum im sogenannten Halblastparallelbetrieb. Fällt eine Versorgungsseite aus, übernimmt die andere Versorgungsseite komplett. Dies bedeutet aber auch, dass jede Seite in der Lage sein muss, das Rechenzentrum komplett zu versorgen. Jede Versorgungsseite darf maximal zu 50 Prozent ausgelastet sein.

Ebenso verhält es sich bei N+1-Redundanz, nur dass hier maximal bis zur installierten Leistung abzüglich des Redundanzgeräts belastet werden darf.

Und nun zur Praxis: Die Hardware wird getauscht, es kommt neue Hardware hinzu. Die Lasten ändern sich. Sofern die Lasten geringer werden, ist das auch kein Problem. Werden sie jedoch gesteigert, kommen sie unter Umständen an die magische Grenze. Die installierten Anlagen werden jedoch noch kein Warnsignal geben, sie sind ja maximal „nur“ zu 50 Prozent ausgelastet. Das Warnsignal kommt erst dann, wenn es zu spät ist und die noch in Betrieb befindlichen Anlagen wegen Überlast ausfallen, sobald die andere Versorgungsseite komplett ausgefallen ist.

Hier hilft es, ein umfassendes Energiemanagementsystem zu implementieren und die Analogmesswerte mit entsprechenden Schwell- und Grenzwerten (z. B. Warnung bei 40 Prozent Auslastung und Alarm bei 45 Prozent Auslastung der installierten Kapazität) zu versehen.

Anlagen sind nur verfügbar, wenn sie auch regelmäßig gewartet werden. Daher ist es ganz wesentlich, dass Wartungsverträge abgeschlossen und die Durchführung der Wartungen regelmäßig überwacht werden. Die DIN EN 50600-1 beschreibt dies explizit als zwingende Voraussetzung, um den Betrieb – speziell in den höheren Verfügbarkeitsklassen – der technischen Lösungen zu bewerkstelligen. Des Weiteren gibt es gesetzliche Vorgaben wie beispielsweise bei der Brandmeldeanlage, aber auch Herstellervorgaben oder eigene Vorgaben. Ein Wartungskalender hilft dabei, dass keine Wartung mehr vergessen wird. Viele Hersteller haben zwar Systeme, die Wartungen automatisch auslösen, darauf vertrauen sollte man allerdings nicht.

Bei der Wartung des Monitoringsystems wird es deutlich: Es wird zwar für jede Anlage autark eine Wartung durchgeführt, spätestens bei der Datenpunktüberprüfung im

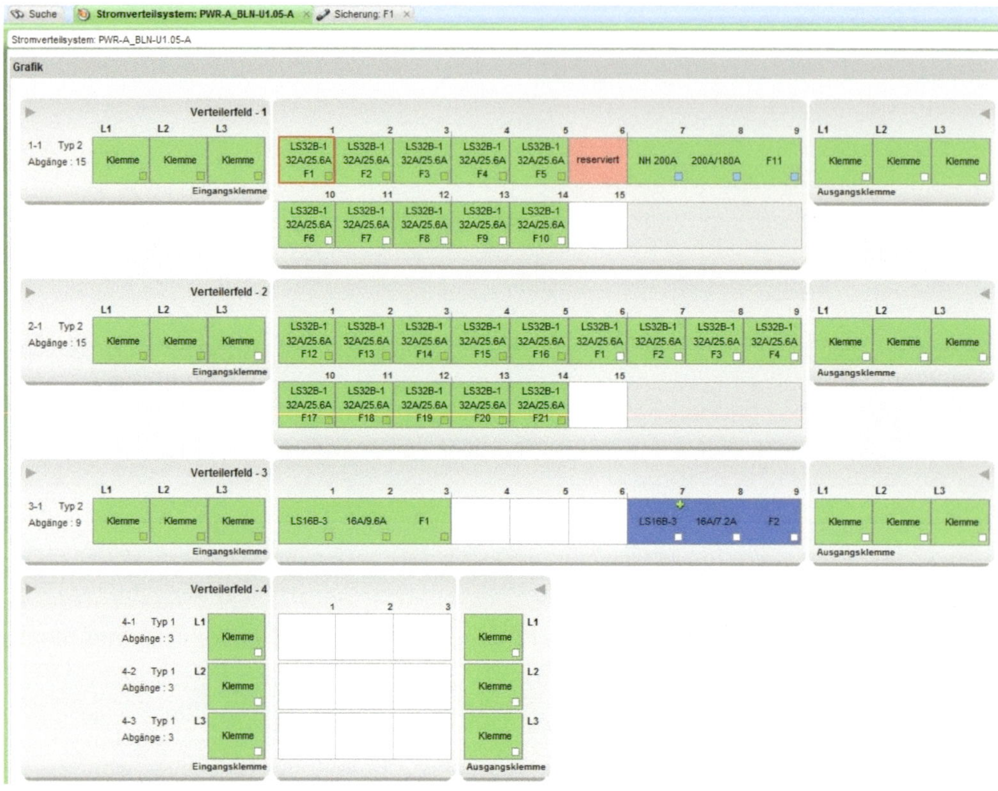

Bild 10.4: Energiemanagement anhand eines Elektrounterverteilers
Quelle: FNT GmbH

Monitoring braucht man das Zusammenspiel der Anlagen und somit auch die gezielte Koordination der Wartungen mit allen Wartungspartnern, die zusammen die einzelnen Meldungen an den Anlagen simulieren oder auslösen und deren Anzeige am Monitoring überwachen.

Neben den Wartungsarbeiten gibt es auch Inspektionsarbeiten, die in der Regel nicht so aufwendig sind und häufiger stattfinden. Auch tägliche oder wöchentliche Inspektionsrundgänge haben etwas mit Verfügbarkeit zu tun. Über das Führen von bei den Rundgängen erstellten Listen hat man dann auch die Chance, Mängel und deren Behebung zu dokumentieren und zu überwachen. Dabei ist auch zu überprüfen, ob Brandlasten in Form dicker Handbücher o.Ä., den Weg ins Rechenzentrum gefunden haben. Diese sind dann sofort wieder zu entfernen.

Nichts ist schlimmer, als dass die Anlagen ausfallen und die Mitarbeiter nicht wissen, wie sie die Anlagen bedienen können. Deshalb ist es sehr wichtig, dass nicht nur der Auftraggeber für den Bau des Rechenzentrums in die Anlagen eingewiesen wurde, sondern vielmehr auch der Betreiber der Anlagen. Kritisch wird es immer dann, wenn beispielsweise über Ausschreibungen ein neuer Betreiber mit neuem Personal übernimmt. Dann hat man zunächst erst mal ein höheres Risiko, bis auch der neue Betreiber und dessen Mitarbeiter eingewiesen wurden. Ein regelmäßiges Wiederholen der Einweisungen bei der Durchführung der Wartungsarbeiten ist da sehr hilfreich. Insbesondere bei Bereitschaftsdiensten muss zudem sichergestellt sein, dass eingewiesene Personen immer erreichbar sind, falls der Mitarbeiter, der Bereitschaft hat, noch keine Einweisung bekommen hat.

Dabei können auch die wichtigsten Schalthandlungen in einer Kurzbedienungsanleitung aufgelistet und an der Anlage hinterlegt werden. Die Bedienungsanleitungen müssen dabei auf die jeweilige Anlage zugeschnitten und eindeutig und verständlich sein. Allgemeine Bedienungsanleitungen, wie sie häufig in den Dokumentationen abgeheftet sind, sind da wenig hilfreich.

Damit ein Rechenzentrum verfügbar ist, muss es regelmäßig gereinigt werden. Auch dafür gibt es mittlerweile spezialisierte Firmen, die einer allgemeinen Reinigungsfirma, welche beispielsweise Büroräume säubert, vorzuziehen sind. Auf jeden Fall müssen die Reinigungsarbeiten unter Aufsicht stattfinden, da die Reinigungskräfte sich im Rechenzentrum aufhalten und neben den Racks auch den Doppelbodenzwischenraum reinigen sollten. Jede falsche Handbewegung oder Unachtsamkeit kann verheerende Folgen haben. Die Reinigung muss dabei immer mit speziellen Staubsaugern stattfinden, die sich von gewöhnlichen Industriestaubsaugern erheblich unterscheiden und dafür sorgen, dass auch kleinste Staubpartikel nicht wieder hinten herausgeblasen werden und so nur eine Durchmischung des Staubs verursachen.

10.1.1.4 Sicherheitsmanagement

In der IT versteht man unter dem Sicherheitsmanagement das Sicherstellen, dass alle Güter, Informationen, Daten und IT-Services eines Unternehmens jederzeit hinsichtlich ihrer Vertraulichkeit, Integrität und Verfügbarkeit geschützt sind.

IT-Mitarbeiter denken dabei hauptsächlich an die Datensicherheit, also Firewalls, Virenprogramme, Backups etc. Das Sicherheitsmanagement beinhaltet jedoch nicht nur das Integrieren notwendiger Programme, sondern auch das Durchführen von regelmäßigen Sicherheitstests, die dem Aufdecken und Abwehren von Angriffen und Verletzungen der Informationssicherheit sowie dem Minimieren des Schadens im Falle erfolgter Sicherheits-Verletzungen dienen.

Diese Ziele und diesen Prozess kann man in die Infrastruktur von Rechenzentren überführen.

In der Infrastruktur geht es vor allem um die technische Sicherheit, also um Brandschutz, Zonenkonzepte, geregelte Zugänge von Personen und Gütern, Einbruchschutz und die Videoüberwachung als Beweisführung bei einer Verletzung der Sicherheitszonen durch unberechtigte Personen.

Bereits vor der Errichtung des IT-Raums oder Rechenzentrums muss ein Sicherheitskonzept erstellt werden. Darin wird festgelegt, wie die Räume gegen eine Brandgefahr überwacht und geschützt werden. Des Weiteren wird darin der geregelte Zugang von Personen und Gütern festgelegt, also welche Personen welche Räume betreten dürfen und welche nicht. Ebenso muss die Frage beantwortet werden, wie Güter, also die IT-Technik, in das Herz des Rechenzentrums gelangen können.

Zutrittskonzepte müssen mindestens zwischen den Zutrittsbereichen Infrastruktur und IT-Flächen unterscheiden. Die Räume müssen so aufgebaut werden, dass die Infrastruktur in anderen Räumen angesiedelt ist als die IT-Technik. Freilich ist dies in kleinen IT-Räumen, bei denen Infrastruktur und IT in einem Raum stehen, oft nicht möglich. Aber auch dann gibt es die Möglichkeit, eventuell die IT-Racks mit Türen und Schlössern zu versehen.

Im späteren Betrieb muss dann sichergestellt werden, dass die Sicherheitskonzepte auch eingehalten werden und nicht im Laufe der Zeit aus Bequemlichkeit vernachlässigt werden. Auch hier helfen – wie in der IT – regelmäßige Tests, Angriffe und Verletzungen zu erkennen und im Falle einer Verletzung die Auswirkungen minimal zu halten.

Personen, die erstmalig Zutritt in die Räume erhalten, sind zu unterweisen. Dies kann schriftlich über ein Sicherheitsdatenblatt mit Unterschrift erfolgen oder auch mündlich oder mit einer Mischung aus beidem. Auf jeden Fall muss der Unterwiesene die erfolge Unterweisung mittels Unterschrift bestätigen.

Und da die Inhalte der Unterweisung über die Zeit gerne vergessen werden, sind regelmäßige Wiederholungsunterweisungen, auch der eigenen Mitarbeiter, unabdingbar.

Alle Zutritte in die Rechenzentrumsbereiche müssen dokumentiert werden. Dies geschieht entweder über die elektronische Zutrittskontrolle automatisch oder auch über Listen, in denen sich der Eintretende zuvor eintragen muss.

Wie sich die Mitarbeiter innerhalb der Räumlichkeiten verhalten müssen, regelt meist eine eigene Hausordnung, die für den Rechenzentrumsbereich nochmals erweitert und auf deren Spezifikationen angepasst wird. Über die Unterweisung ist auch sicherzustellen, dass die Hausordnung allen sich Zutritt verschaffenden Personen bekannt ist.

Bei einem Einbruch oder einem Feueralarm betreten ortsunkundige und nicht eingewiesene sogenannte Interventions- oder Einsatzkräfte (Feuerwehr, Polizei etc.) die Räume. Und da hier der Zeitfaktor eine wesentliche Rolle in der Eindämmung der Auswirkungen darstellt, ist es undenkbar, diese Personen vor dem ersten Zutritt auch noch einzuweisen. Für diesen Fall hilft es, wenn man mit diesen Kräften regelmäßige Begehungen durchführt und über die Räumlichkeiten selbst und wesentliche Verhaltenswünsche informiert. Die Einsatzkräfte gelangen dadurch viel schneller an die Einsatzorte und man kann ggf. verhindern, dass beispielsweise mit Wasser das Rechenzentrum gelöscht wird.

Beim Einsatz von Löschanlagen nimmt man durch die regelmäßigen Begehungen und Informationen den Einsatzkräften auch die eventuelle Unsicherheit beim Betreten dieser Räume im Schadensfall.

Und wie in allen anderen Prozessen auch, muss das Sicherheitsmanagement regelmäßig überprüft und proaktiv und kontinuierlich verbessert werden.

10.1.1.5 Service-Level-Management

Beim Service-Level-Management geht es darum, zugesagte Verfügbarkeiten (sogenannte Service-Level-Agreements – SLAs) einzuhalten. Verfügbarkeit bedeutet hier das Verhältnis der maximalen Produktionszeit zur Ausfallzeit, wie es bereits am Anfang des Buchs im Kapitel 2.2 - Verfügbarkeit beschrieben wurde.

Service-Level-Agreements werden meist zwischen Kunden und RZ-Providern geschlossen, aber auch die Technik kann RZ-Provider und die IT-Abteilung der interne Kunde sein.

Im Prozess werden Ausfälle von einzelnen Anlagen oder ganzen Systemen dokumentiert und mit den getätigten Verfügbarkeitszusagen verglichen. Über entsprechende Wartungs- und Lieferverträge kann sichergestellt werden, dass notwendige Reaktionszeiten bei Ausfällen eingehalten werden und defekte Teile entsprechend schnell angeliefert werden. Bei besonders kritischen Teilen kann man eine Ersatzteilbevorratung auch direkt vor Ort betreiben. Dies beschreibt die DIN EN 50600-1 als „Lagerung von überzähligen Teilen".

10.1.1.6 Betriebs- und Notfallmanagement

Beim Betriebs- und Notfallmanagement geht es darum, Prozesse für die Fälle zu beschreiben, wenn eine Störung, ein Problem oder ein Notfall auftritt oder wenn geplante Änderungen an der Infrastruktur durchgeführt werden.

Der sogenannte Incident-Management-Prozess beschreibt, was zu tun ist, wenn eine Störung an den Anlagen auftritt und welche Personen ggf. zu informieren sind. Beim Incident-Management-Prozess handelt es sich um reaktive Tätigkeiten.

Tritt dieselbe Störung öfters auf, wird sie zum Problem. Wie dann vorzugehen ist, beschreibt der Problem-Management-Prozess. Im Problem-Management wird außerdem geregelt, was zu tun ist, um die Auswirkungen der ggf. nicht oder schwer verhinderbaren und wiederholt auftretenden Störungen minimal zu halten. Mit dem Problem-Management sollen auch mögliche Trends von Störungen erkannt und behoben werden. Des Weiteren soll verhindert werden, dass durch eine Störung weitere Störungen auftreten und die Auswirkungen möglicherweise größer werden. Beim Problem-Management-Prozess handelt es sich um proaktive Tätigkeiten.

Spätestens bei Teil- oder Komplettausfällen herrscht ein Notfall. Die Notfallplanung beschreibt einen Maßnahmenkatalog für jeden erdenklichen Schadensfall und beschreibt die Auswirkungen auf die Geschäftsprozesse. Darin enthalten ist auch eine Checkliste, die beschreibt, wie vorzugehen ist, wenn nach einem Ausfall das Rechenzentrum wieder angefahren werden muss.

Die Notfälle müssen regelmäßig geübt werden, damit sie im Bedarfsfall auch sicher durchgeführt werden können. Es empfiehlt sich, mindestens einmal im Jahr eine Notfallübung durchzuführen und aus deren Erkenntnissen den Maßnahmenkatalog und die Checkliste anzupassen.

Nur durch die Durchführung von regelmäßigen Ausfallszenarien hat man die Gewissheit, dass auch die installierten Redundanzen greifen. Das sind dann die Momente, bei denen der Adrenalinspiegel der Beteiligten am höchsten ist, die kein Vertrauen in ihre Anlagen haben.

Wie bereits eingangs im Buch durch das Zitat von Philip Rosenthal erwähnt, bedeutet Stillstand Rückschritt und somit unterliegt auch die Infrastruktur einer kontinuierlichen Veränderung bzw. Verbesserung. Um diese Verbesserungen umsetzen zu können, greift man zwangsläufig in laufende produktive Systeme ein. Der Change-Management-Prozess beschreibt, welche Schritte vor dem Eingreifen in die Anlagen durchgeführt werden (z.B. detaillierte Beschreibung der geplanten Tätigkeiten, Risikomanagement etc.) und wer über die Eingriffe informiert werden muss. Meist müssen diese „Changes“ alle beteiligten Abteilungen durchlaufen und durch das Management frei gegeben werden.

10.1.2 Personal

Die Verfügbarkeit eines IT-Raums und Rechenzentrums hängt in großem Maße von dem Personal ab, welches den IT-Raum oder das Rechenzentrum betreibt. In der DIN EN 50600-1 wird explizit darauf verwiesen, dass die Verfügbarkeit von ausgebildeten Servicemitarbeitern elementar ist, um den Betrieb der technischen Lösungen zu bewerkstelligen.

Es gibt weder einen Ausbildungsberuf, noch ein Studium o.Ä., welches das Personal gezielt auf die Infrastruktur beim Bau und Betrieb von IT-Räumen und Rechenzentren vorbereitet. Sehr oft wird ein Mitarbeiter, der in der IT oder beim Facility Management arbeitet, mit der Aufgabe betraut, die Infrastruktur des Rechenzentrums zu managen und quasi neben seinen eigentlichen Aufgaben mal eben schnell mitzumachen. Das geht auch sehr oft gut, nur kann man von diesen Mitarbeitern nicht verlangen, dass sie sich in die Tiefe auskennen und speziell in Notsituationen die richtigen Schritte einleiten.

Fachpersonal ist auch hier Mangelware und selbst wenn man wollte, ist es schwierig, einen Experten am Markt zu finden.

Große Rechenzentren gehen dazu über, den Betrieb durch Betreiberfirmen durchführen zu lassen und ihn sozusagen „outzusourcen". In diesen Betreiberfirmen sind dann die Spezialisten, die in der Regel mit Personal dauerhaft vor Ort sind und dafür sorgen, dass das Rechenzentrum rund um die Uhr seine Aufgaben wahrnimmt und es zu keinen Ausfällen kommt. Größere Betreiberfirmen rotieren mit ihrem Personal auch durch die verschiedenen Rechenzentren, um so auch Urlaubs-, Krankheits- und Notdienstzeiten abzudecken. Ein weiterer Vorteil besteht darin, dass die Mitarbeiter dann Einblicke in unterschiedliche Rechenzentren erhalten und so ihr Wissen weiter aufbauen. Zudem fallen diesen „ortsfremden" Mitarbeitern eventuell auch Dinge auf, die das „betriebsblinde" Personal vor Ort nicht sieht. Gerade diese Synergieeffekte können sehr wertvoll sein und bringen uns alle zum gemeinsamen Ziel weiter, irgendwann einmal die perfekten Rechenzentren zu bauen und zu betreiben.

Doch bei aller Auslagerung ist es nach wie vor wichtig, dass auch eigenes Personal des Unternehmens nicht alles aus der Hand geben darf und immer noch in der Lage sein muss, die Qualität der Betreiberfirmen einschätzen zu können und ihnen die richtigen Aufgaben aufzuerlegen. Der Mix aus eigenem und fremdem Personal sorgt hier für sehr gute Ergebnisse.

Und weil es keine speziellen Ausbildungsberufe oder Studiengänge gibt, haben sich eine Handvoll Unternehmen in Deutschland auf spezielle Aus- und Weiterbildungen in der Infrastruktur von Rechenzentren konzentriert, die meist mit einem Zertifikat abschließen. Bei diesen Schulungen erhalten die Teilnehmer das spezielle auf Rechenzentren zugeschnittene Fachwissen und bekommen – was fast noch wichtiger ist – in der Diskussion mit anderen Teilnehmern schon viele Lösungen für die eigenen Probleme bzw. die Fähigkeit, Probleme zu erkennen und sein Netzwerk entsprechend aufzubauen. Die Branche lebt auch hier von der Kommunikation und vom Netzwerk. Man ist immer wieder erstaunt, wie sich die vielen kleineren oder größeren Probleme in fast jedem Rechenzentrum decken.

Darum ist es auch umso wichtiger, dass die wertvollen Mitarbeiter über Schulungs- und Weiterbildungsprogramme auf dem aktuellen Wissensstand gehalten werden und auch Veranstaltungen besuchen, bei denen meist nur die eigene Anfahrt und die Arbeitszeit investiert werden müssen. In Deutschland gibt es mittlerweile so viele unterschiedliche und auch sehr gute Veranstaltungen, dass man fast wöchentlich durch die Lande reisen könnte. Die Teilnehmerzahl der einzelnen Veranstaltungen übersteigt nicht selten die 100 und man hat so die Möglichkeit, sein Netzwerk, seine Erfahrung und sein Wissen weiter aufzubauen. Auch Messen bieten die Möglichkeit, sich über neueste Techniken und Trends zu informieren. Oft sind es die kleinen Stellschrauben, die viel bewirken können.

Und doch ist es so, dass auch hier Erfahrung durch nichts zu ersetzen ist, außer durch noch mehr Erfahrung. Holen Sie sich die Spezialisten in Ihr Haus, investieren Sie ein oder zwei Tagessätze und erhalten Sie so ein Wissen und eine Erfahrung, die individueller und auf Ihr Rechenzentrum und Ihr Wissen zugeschnittener nicht sein könnte.

Betreiber staunen oft, was sie alles beim gemeinsamen halbtägigen Rundgang durch ihr Rechenzentrum vom Spezialisten erfahren. Es ist aber darauf zu achten, dass die Spezialisten neutral und unabhängig sind und kein bestimmtes Produkt verkaufen möchten. Dann ist das Engagieren eines externen Spezialisten ein gut investiertes Kapital.

10.2 Energiemanagement in IT-Räumen und Rechenzentren

Im vorangegangenen Kapitel „Verfügbarkeitsmanagement“ wurde das Energiemanagement kurz angeschnitten. Wegen seiner besonderen Bedeutung im Rechenzentrum, aber auch allgemein, soll es nachfolgend nochmals detailliert behandelt werden.

10.2.1 Energieaudit

Mit dem Energieaudit verpflichtet die Bundesregierung Nicht-KMU (Unternehmen mit 250 und mehr Mitarbeitern, einem Jahresumsatz von mindestens 50 Millionen Euro und einer Jahresbilanzsumme von mehr als 43 Millionen Euro) dazu, ihren Energieverbrauch konsequent zu analysieren. Damit die Unternehmen mit Energiemanagement nach DIN EN ISO 50001 zu nachhaltigen Verbesserungen kommen, schafft sie Anreize durch Fördermöglichkeiten. Eine moderne Mess-Infrastruktur und Software mit umfassenden Analysefunktionen ermöglicht es Unternehmen, den Verbrauch und die Wirksamkeit effizienzsteigernder Maßnahmen transparent zu machen.

Die Energiewende fordert von Unternehmen den effizienten und bewussten Umgang mit Energie. Das Gesetz über Energiedienstleistungen (EDL-G) verpflichtet sie dazu, ihren Energieverbrauch zu überwachen und Potenzial für Einsparungen und Effizienzsteigerungen zu ermitteln. Seit dem 5. Dezember 2015 müssen sie ihre Anstrengung mit einem Energieaudit nach DIN EN 16247-1 nachweisen und spätestens alle vier Jahre wiederholen. Von der Audit-Pflicht ausgenommen sind alle Unternehmen, die als sogenannte Kleinstunternehmen, kleine und mittlere Unternehmen (KMU) gelten.

Aber auch KMUs können der Audit-Pflicht unterliegen, wenn sie aufgrund finanzieller Verflechtungen Partnerunternehmen sind oder durch Kontrollfunktionen mit anderen Unternehmen verbunden sind. Ausgenommen davon sind Unternehmen, die bereits ein Energiemanagement-System nach DIN EN ISO 50001 oder EMAS (Eco-Management and Audit Scheme) betreiben. Häufig sind es produzierende Unternehmen, bei denen Energiemanagement aus Kostengründen längst zum Standard gehört, während sich viele Dienstleistungsunternehmen mit der Umsetzung schwertun.

Doch das Audit kostet nicht nur Geld, es macht auch Einsparpotentiale sichtbar.

Das Audit schafft die Grundlagen für einen ressourcenschonenden Umgang mit Energie, geht aber weniger weit als das Energiemanagement. Ein qualifizierter Energieberater erfasst im Unternehmen alle für den Verbrauch relevanten Systeme, Anlagen und Prozesse, untersucht den Einfluss von Arbeitsabläufen und Nutzerverhalten auf den Verbrauch und leitet daraus das Optimierungspotenzial ab. Im Abschlussbericht werden Maßnahmen für Einsparungen und Empfehlungen zur Umsetzung gelistet und wirtschaftlich bewertet, im Hinblick sowohl auf die Kostenersparnis durch den geringeren Verbrauch als auch auf Investitionen, die zur Umsetzung des Einsparpotenzials sinnvoll sein können oder sogar notwendig sind.

10.2.2 Vom Audit zum Energiemanagement

Dass die im Audit empfohlenen Maßnahmen zur Verbrauchssenkung tatsächlich umgesetzt werden, fordert das EDL-G allerdings nicht. Wenn das Unternehmen nicht handelt, bleibt beim Energieverbrauch alles beim Alten; der eigentliche Zweck des Gesetzes wird nicht erfüllt.

Mit Energiemanagement wird diese Gefahr gebannt. Unternehmen, die sich aus Zeit- und Kostengründen zunächst für das Audit entschieden haben, verfügen mit den Daten und Auswertungen des Audits über eine solide Grundlage, um in ein Energiemanagement einzusteigen. Dabei wird die Bestandsaufnahme, die das Audit darstellt, mitsamt der Auswertung in einen Prozess kontinuierlicher Erfassung, Auswertung und Regulierung überführt und über die gesamten betrieblichen Abläufe hinweg ausgedehnt.

Das Energiemanagement bildet den Rahmen für die Etablierung des Prozesses und beschreibt die Anforderungen an die Umsetzung und die Kontrolle. Für die Erstzertifizierung eines Energiemanagement-Systems nach DIN EN ISO 50001 stellt das Bundesamt für Wirtschaft und Ausfuhrkontrolle (BAFA) Fördermittel bereit, die neben Beratung und Schulung auch Messtechnik und Software abdecken. Im Rahmen der Erstzertifizierung förderfähiger Energiemanagement-Software hat das BAFA diese in einer Liste zusammengefasst, die auch Mindestanforderungen an die Lösungen nennt.

Ermittlung und Umsetzung von Einsparmöglichkeiten setzen voraus, dass die Verbrauchsdaten fortlaufend und möglichst exakt erfasst werden können. Aus der zentralen Messstelle der Versorger, in vielen Unternehmen die einzige Erfassungsgrundlage, geht allerdings nicht hervor, wie sich der Verbrauch zusammensetzt. Nur wenn sichtbar wird, welcher Anteil auf die jeweiligen im Unternehmen bestehenden Systeme und Prozesse, Gebäudeteile oder Kostenstellen entfällt, können gezielt Maßnahmen für die einzelnen Verbraucher oder Verbrauchergruppen entwickelt und ihre Wirksamkeit nachverfolgt werden. Deshalb ist zunächst der Auf- oder Ausbau einer Messstellen-Infrastruktur erforderlich, die den Verbrauch der Systeme mit großer Detailgenauigkeit erfasst.

10.2.3 Bestandsanlagen

Der immer wieder zitierte Bestandsschutz, den es im eigentlichen Sinne nicht gibt und nie gegeben hat, greift hier natürlich auch nicht. Somit stellt der Einbau der Messtechnik in Bestandsanlagen eine gewisse Herausforderung dar: Die Messinfrastruktur soll schnell und kostengünstig und möglichst im laufenden Betrieb eingebaut werden, ohne dass Leitungen abgeklemmt und wieder verbunden werden müssen. Zudem

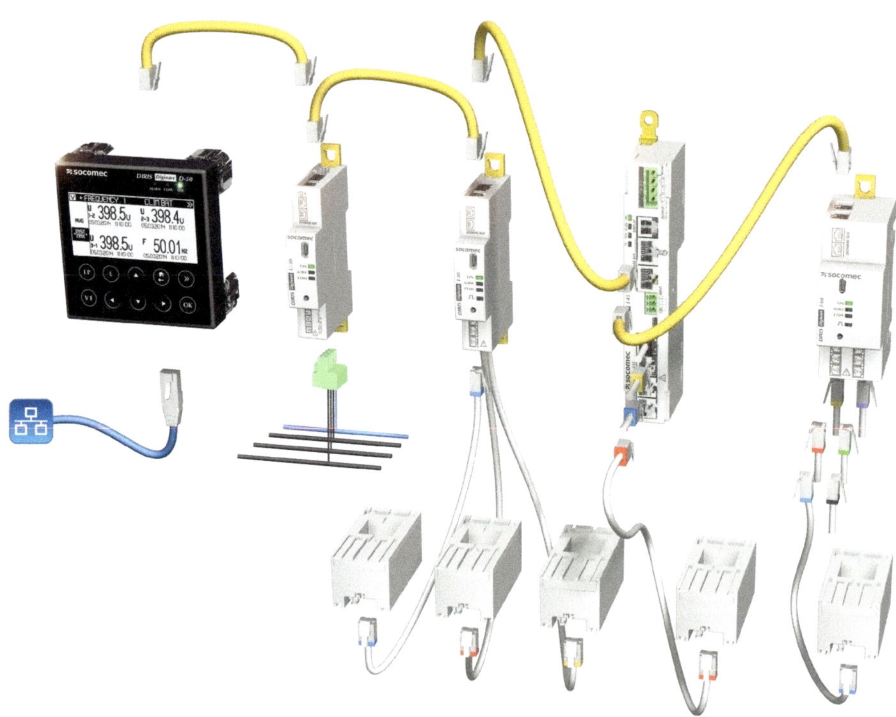

Bild 10.5: Das Plug & Play-Konzept für einfache Integration bei Neu- und Bestandsanlagen
Quelle: Socomec GmbH

Bild 10.6: Geschlossener Stromwandler für die direkte Einbindung über handelsübliche Netzwerkkabel
Quelle: Socomec GmbH

Bild 10.7: Klappbarer Stromwandler für die direkte Einbindung über handelsübliche Netzwerkkabel
Quelle: Socomec GmbH

sollen die Komponenten auch in einem knapp bemessenen Schaltschrank Platz finden. Hier bietet sich eine Messlösung in kompakter Bauweise an, wie sie beispielsweise Socomec mit Diris Digiware oder weitere Unternehmen entwickelt haben. Sie lässt sich aus Stromsensoren, Strommessmodulen, Spannungsmessmodul und Anzeigegerät zusammenstellen, wobei einzelne Module platzsparend gemeinsam genutzt werden können. In neuen Anlagen werden Stromwandler zum Durchstecken eingesetzt, in Bestandssystemen reduzieren teilbare und flexible Stromwandler den Aufwand für die Nachrüstung. Das System von Socomec ist ein Plug & Play-Konzept (Bilder 10.5 bis 10.7), bei dem die Module und Kabel mit Klickverschlüssen verbunden werden. Das System vermeidet dadurch auch Anschluss- und Installationsfehler.

10.2.4 Daten sammeln

Damit die Daten der einzelnen Messpunkte für die spätere Auswertung und Analyse genutzt werden können, müssen sie gesammelt und zusammengeführt werden. Dies erfolgt meist über ein drahtgebundenes oder auch drahtloses Bussystem (Bild 10.8). Die Daten werden von den Sensoren erfasst und zentralisiert. Oftmals werden über einen integrierten (Web)server die Mess- und Verbrauchsdaten archiviert und die elektrischen Werte in Echtzeit überwacht. Die Kommunikationsschnittstelle kann einzeln oder in Architekturen mit mehreren Buskopplern in Kaskaden- oder Parallelschaltung eingesetzt werden.

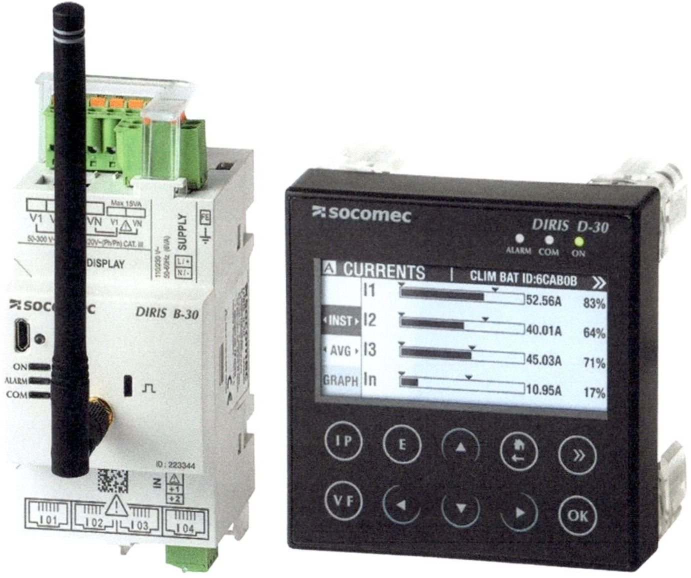

Bild 10.8: Drahtlose Übertragung der Messdaten
Quelle: Socomec GmbH

10.2.5 Daten auswerten

Im letzten Schritt werden die erfassten Daten zur Weiterverarbeitung an die Energiemanagement-Software übergeben. Die Systeme sind heutzutage alle so aufgebaut, dass sie über eine intuitiv bedienbare Benutzerkonsole über ein breites Spektrum an Analyse- und Auswertungsfunktionen verfügen. Anhand der Verbrauchsdaten lassen sich die größten Verbraucher identifizieren, Verbrauchsspitzen und Trends ermitteln sowie die Faktoren isolieren, die den Verbrauch beeinflussen. Dabei kann die Auswertung beispielsweise nach den Medien, der Verwendung der Energie, nach Standorten, Gebäuden oder Kostenstellen erfolgen. Verbrauchswerte können verglichen oder der künftige Verbrauch oder der Erfolg von Maßnahmen prognostiziert werden. Weitere Analysefunktionen betreffen die Energiekosten. So können über die Erfassung von Lieferverträgen und die Simulation von Abrechnungen Möglichkeiten zur Kostensenkung identifiziert werden.

10.2.6 Energiemanagement nach DIN EN 50600

Die DIN EN 50600 nennt die technischen Voraussetzungen für das Energiemanagement schlicht „Befähigung zur Energieeffizienz".

Die DIN EN 50600 erkennt richtig, dass für das Erreichen jeglicher Energieeffizienzziele es unabdingbar ist, dass das Messen des Energieverbrauchs, die Berechnung und die Mitteilung der Energieeffizienz elementar sind.

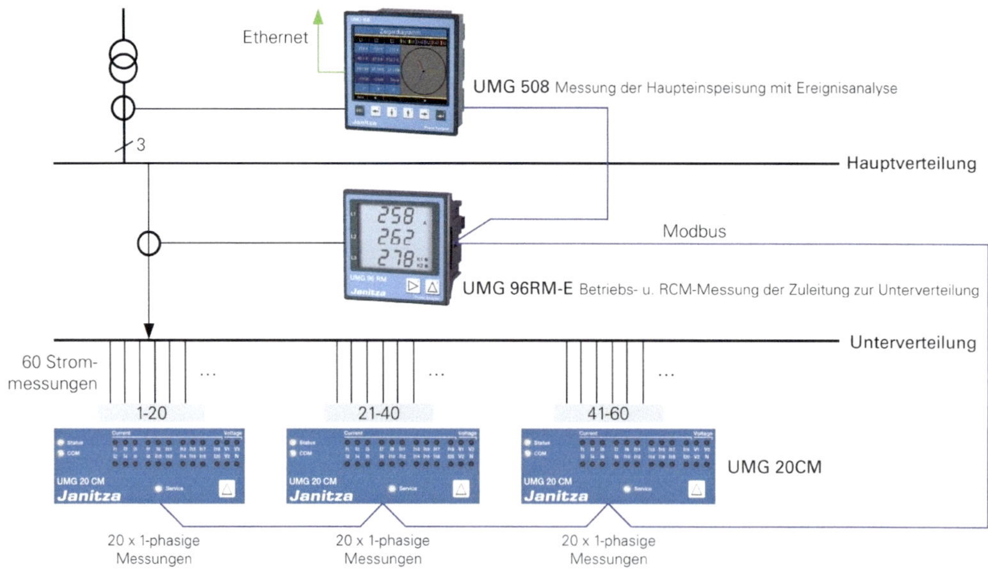

Bild 10.9: Beispiel eines Messaufbaus über alle drei Niveaus
Quelle: Janitza electronics GmbH

Es werden dabei in der DIN EN 50600 drei Granularitätsniveaus (Bild 10.9) definiert:

- Niveau 1: ein messtechnisches Regelwerk, das eine einfache umfassende Information für das gesamte Rechenzentrum zur Verfügung stellt.
- Niveau 2: ein messtechnisches Regelwerk, das detaillierte Informationen für bestimmte Einrichtungen und Infrastrukturen innerhalb des Rechenzentrums zur Verfügung stellt.
- Niveau 3: ein messtechnisches Regelwerk, das granulare Daten für die Elemente innerhalb der Bereiche des Rechenzentrums zur Verfügung stellt.

Was in den einzelnen Granularitätsniveaus in der Elektrotechnik mit welcher Genauigkeitsklasse gemessen werden soll, wird in der DIN EN 50600-2-2 festgelegt:

- Niveau 1: (Eingangs-) Spannung, Strom, Leistungsfaktor und Energieverbrauch auf allen anliegenden Phasen und auf dem Neutralleiter für Abrechnungszwecke mit einer Genauigkeit der Klasse 2 (± 0,2 %) und für Nicht-Abrechnungszwecke mit einer Genauigkeit der Klasse 1 (± 1 %).
  Zusätzlich sind kVA (Scheinleistung) und kWh (Energieverbrauch) zu überwachen. Der Mehrwert der Messung der Gesamt-Oberschwingungsverzerrung des Stromes (THDI) und der Gesamtoberschwingungsverzerrung der Spannung (THDU) sollte in Betracht gezogen werden
- Niveau 2: Ausgangsspannung, -strom, -leistungsfaktor und Energieverbrauch auf allen anliegenden Phasen und auf dem Neutralleiter für Abrechnungszwecke mit einer Genauigkeit der Klasse 2 (± 0,2 %) und für Nicht-Abrechnungszwecke mit einer Genauigkeit der Klasse 1 (± 1 %).
  Zusätzlich sind kVA (Scheinleistung) und kWh (Energieverbrauch) zu überwachen. Der Mehrwert der Messung der Gesamt-Oberschwingungsverzerrung des Stromes (THDI) und der Gesamtoberschwingungsverzerrung der Spannung (THDU) sollte in Betracht gezogen werden.
  Damit identisch zu Niveau 1, nur dass zwischen Eingang und Ausgang in der jeweiligen Elektroverteilung unterschieden wird.
- Niveau 3: Ausgangsspannung, -strom, -leistungsfaktor auf allen anliegenden Phasen und auf dem Neutralleiter für Abrechnungszwecke mit einer Genauigkeit der Klasse 2 (± 0,2 %) und für Nicht-Abrechnungszwecke mit einer Genauigkeit der Klasse 1 (± 1 %).
  Zusätzlich sind kVA (Scheinleistung) und kWh (Energieverbrauch) zu überwachen. Der Mehrwert der Messung der Gesamt-Oberschwingungsverzerrung des Stromes (THDI) und der Gesamtoberschwingungsverzerrung der Spannung (THDU) sollte in Betracht gezogen werden.
  Damit identisch zu Niveau 2, jedoch ohne Messung des Energieverbrauchs, was jedoch wieder widersprüchlich zu der Aussage im Niveau 3 ist, dass kWh zu überwachen sind !

In der DIN EN 50600-2-3 wird festgelegt, welche Parameter in der Klimatechnik gemessen werden müssen:

- Außentemperatur:
  - In allen Fällen Pflicht zur Messung und Überwachung der Außentemperatur
  - Platzierung des Fühlers abseits der Gebäudeentlüftung und vor direkter Sonneneinstrahlung geschützt
  - Rückkopplung auf das Regelungssystem des Rechenzentrums
  - 1 Fühler im Granularitätsniveau 1
  - 2 Fühler im Granularitätsniveau 2 und 3
- Rechnerraumtemperatur:
  - Pflicht zur Überwachung der Rechnerraumtemperatur
  - Platzierung des Fühlers nicht in Bereichen hoher Turbulenzen und so angeordnet, dass ein Temperaturgradient festgestellt wird
  - Lufttemperatur von Zuluft, Rückluft, im Kaltgang (wo zutreffend) und im Warmgang (wo zutreffend)
  - Anzahl und Anordnung der Fühler je Granularitätsnievau siehe Tabelle 10.1
- Externe relative Luftfeuchte:
  - In allen Fällen Pflicht zur Messung und Überwachung der externe Luftfeuchte
  - Platzierung des Fühlers abseits der Gebäudeentlüftung und vor direkter Sonneneinstrahlung geschützt
  - Anordnung des Luftfeuchtefühlers zusammen mit dem Temperaturfühler
  - Rückkopplung auf das Regelungssystem des Rechenzentrums
  - 1 Fühler im Granularitätsniveau 1
  - 2 Fühler im Granularitätsniveau 2 und 3
- Relative Luftfeuchte im Rechnerraum:
  - Messung der relativen Luftfeuchte muss an den gleichen Stellen wie die Zulufttemperatur erfolgen
  - Kombifühler für Temperatur und relative Luftfeuchte empfohlen
  - Im Granularitätsniveau 3 zusätzlich Taupunktfühler oder Berechnung des Taupunktes aus Temperatur und relativer Feuchte
- Messung des Luftdrucks:
  - Messung zur Aufrechterhaltung des statischen Drucks im Doppelboden, wenn über den Doppelboden klimatisiert wird
  - Platzierung der Fühler an Stellen, an denen sinnvolle Werte erhalten werden können *(Anmerkung Autor: Gilt das nicht generell für alle Messfühler?)*
- Kühlmitteldurchfluss:
  - Wenn die Klimatisierung auf der Bewegung von Kühlflüssigkeiten beruht, müssen Durchflussmessgeräte installiert werden
- Wärmeabfuhr:
  - Messung ist erforderlich, sofern die Auslegung des Systems zur Messung oder Berechnung der abgeführten Wärme die Daten für die Überwachung und Optimierung der Kühlungseinheiten verwendet.

- Außenluft:
  - Wo Außenluft angesaugt wird, müssen Fühler für die Temperatur und die relative Luftfeuchte am Lufteinlass angebracht werden.
- Bereitstellung von Alarmen:
  - Alarme sollten aus zwei oberen und zwei unteren Sollwerten für jeden Parameter bestehen, welche Warnhinweise und kritische Alarme liefern.

Tabelle 2 der DIN EN 50600-2-3 zeigt zusammenfassend, welche Anforderungen an die Messungen je Granularitätsniveau in der Klimatechnik gestellt werden (Tabelle 10.1).

Tabelle 10.1: Anforderungen an die Messungen je Granularitätsniveau in der Klimatechnik (Tabelle 2 der DIN EN 50600-2-3)

Anforderung	Granularitätsniveau		
	Niveau 1	Niveau 2	Niveau 3
Zulufttemperatur	Einzelner Fühler in der Nähe von IT-Geräten Ein Fühler je Kaltgang	Zwei Fühler in der Nähe von IT-Geräten Ein Fühler nach jeweils 5 Schränken oder Gestellen in einem Warmgang	Ein Fühler je Schrank oder Gestell
Rücklufttemperatur	Einzelner Fühler in der Nähe der Ansaugöffnung von Kühlgeräten oder Ein Fühler je Warmgang	Ein Fühler in der Nähe der Ansaugöffnung von Kühlgeräten und ein einzelner Fühler an der Rückseite eines Schrankes oder Gestells oder Ein Fühler nach jeweils 5 Schränken oder Gestellen in einem Warmgang	Ein Fühler in der Nähe der Ansaugöffnung von Kühlgeräten und ein einzelner Fühler an der Rückseite eines jeden Schrankes oder Gestells
Relative Luftfeuchte	Wie Zulufttemperatur	Wie Zulufttemperatur	Wie Zulufttemperatur
Externe relative Luftfeuchte und Temperatur	Ein Fühler	Zwei Fühler	Zwei Fühler
Luftdruck	Nach Bedarf	Nach Bedarf	Nach Bedarf
Kühlmitteldurchfluss	Nach Bedarf	Nach Bedarf	Nach Bedarf
Wärmeabfuhr	Nach Bedarf	Nach Bedarf	Nach Bedarf
Außenluft	Nach Bedarf	Nach Bedarf	Nach Bedarf

10.3 Zertifizierung von Rechenzentren

In den vorangegangenen Kapiteln wurde die Errichtung der Infrastruktur von IT-Räumen und Rechenzentren und deren Bedeutung als ein zentrales funktions- und sicherheitskritisches Element für die gesamte IT ausführlich erläutert. In Zeiten von Cloud Computing und Big Data trifft diese Aussage noch einmal in potenzierter Weise zu. Deshalb sorgen Betreiber von Rechenzentren nicht nur dafür, dass Funktionalität und Sicherheit nach den verfügbaren Methoden und mithilfe geeigneter Werkzeuge implementiert und gewartet werden. Sie lassen darüber hinaus mögliche Risiken auch objektiv identifizieren und professionell bewerten. Dies geschieht in der Regel in der Form von Prüfungen, Audits und Zertifizierungen.

Doch was bedeutet es eigentlich, ein Rechenzentrum zertifizieren zu lassen?
Eine Zertifizierung ist das Verfahren, mit dessen Hilfe die Einhaltung bestimmter Anforderungen nachgewiesen wird. Ein unabhängiger Dritter macht sich ein Bild darüber und bewertet, ob ein bestimmtes Prüfobjekt entsprechend definierter Vorgaben realisiert wurde. Diese Vorgaben sollten allgemein bekannt, anerkannt und auf alle anderen gleichermaßen anwendbar sein, denn nur so können auch die anderen Marktteilnehmer sowie (potenzielle) Kunden einschätzen, was geprüft wurde und wie das Prüfergebnis zu beurteilen ist. Eine solche Zertifizierung verifiziert also die Konformität eines Produkts, eines Systems oder Prozesses gemäß einer anerkannten Norm oder Prüfvorgabe durch einen unabhängigen Dritten.

Bei der Suche nach einer geeigneten Zertifizierung ist es stets sehr wichtig, schon ganz am Anfang die sogenannten vier „W“ genau zu definieren (Bild 10.10).

Zuallererst beantwortet werden muss die Frage, was zertifiziert werden soll: Handelt es sich zum Beispiel um ein Rechenzentrum, ein ganzes Unternehmen oder „nur“ um ein Produkt?

Zudem muss geklärt werden, welche Eigenschaft zertifiziert werden soll: Bei Rechenzentren etwa die Verfügbarkeit, die Energieeffizienz oder der Betrieb?

Als Drittes stellt sich die Frage, wonach zertifiziert wird, also nach welchen Normen wie zum Beispiel DIN EN 50600, der TSI-Prüfkatalog oder ISO/IEC 27001.

Nicht zuletzt: Wer ist die Zertifizierungsinstitution? Kann dies ein Unternehmen sein oder soll/muss es eine eigenständige, unabhängige Institution sein?

Zertifizierer und Zertifizierte könnten zudem ein fünftes „W“ hinzufügen: Warum soll zertifiziert werden?

Geht es bei der Zertifizierung nur darum, möglichst schnell und günstig ein Zertifikat etwa für Werbezwecke zu erhalten? Oder soll/muss es das Ziel sein, Sicherheit über die richtige, ordnungsgemäße und zuverlässige technische Realisierung zu bekom-

Bild 10.10: Die 4 „W" der Zertifizierung
Quelle: TÜV Informationstechnik GmbH

men, beziehungsweise gesetzliche Auflagen komplett zu erfüllen und eine durchgängige Transparenz bezüglich potenzieller Risiken sowie Schwachstellen zu erhalten?

Vor diesem Hintergrund wird zunächst dargestellt, welche Abläufe und Beteiligte bei Zertifizierungen generell eine Rolle spielen. Zudem wird ein Blick auf die Bedeutung von Akkreditierungen geworfen. Anschließend wird aus Sicht von Rechenzentrumsplanern und -betreibern beschrieben, wann und warum Zertifizierungen notwendig sind und welche grundlegenden Arten von Normen und Regelwerken bei der Zertifizierung von Rechenzentren heute eine Rolle spielen.

Ein besonderes Augenmerk liegt dabei auf der bislang oft noch vernachlässigten Zertifizierung der physischen RZ-Sicherheit.

Zuletzt wird dargestellt, welche Prüfinstitutionen derzeit die physische Sicherheit von Rechenzentren zertifizieren, wie sich diese Anbieter voneinander unterscheiden und wie sich der diesbezügliche Markt derzeit entwickelt. Hier kommt der neuen europäischen Rechenzentrums-Norm DIN EN 50600 eine wesentliche Rolle zu.

10.3.1 Abläufe und Beteiligte

In den Prozess einer Zertifizierung sind immer mehrere unterschiedliche Beteiligte involviert. Ausgangspunkt ist ein Hersteller oder Betreiber, der ein Produkt oder einen Service anbietet. Auf der anderen Seite stehen Kunden, die dieses Produkt oder diesen Service in Anspruch nehmen möchten.

Der Hersteller möchte sichergehen, dass sein Produkt oder sein Service bestimmte Eigenschaften und Fähigkeiten aufweist und lässt es oder ihn deshalb in dieser Hinsicht überprüfen. So könnte beispielsweise ein Hersteller von Audiogeräten sicherstellen wollen, dass eines seiner Produkte bestimmte Audioformate wie mp3, WAV oder AAC voll unterstützt. Ein anderer Hersteller wiederum will sichergehen, dass eines seiner

Geräte zusätzliche, auch weniger verbreitete Formate unterstützt und zum Beispiel auch Videos wiedergeben kann. Ein Dritter wiederum zielt auf eine weitere Konfiguration, mit der er am Markt erfolgreich sein will.

Damit Kunden angesichts solcher Konstellationen dennoch Transparenz darüber erhalten, was einzelne Produkte – auch im Unterschied zu anderen – leisten, müssen deren Eigenschaften miteinander vergleichbar sein. Die Basis dafür stellt ein verbindliches Dokument dar. In ihm ist beschrieben, welche Funktionen solche Audiogeräte grundsätzlich aufweisen müssen. Nur anhand einer solchen verbindlichen Grundlage, die Standards definiert, lassen sich unterschiedliche Produkte unterschiedlicher Hersteller wirklich miteinander vergleichen. Und speziell bei Produkten ist es zudem entscheidend, welche Eigenschaften des Produkts geprüft werden. So wird immer wieder behauptet, dass bei Produkten von Unternehmen, die den Prüfinstituten nahe stehen, nur die Kriterien eines Produkts geprüft werden, bei denen das Produkt das nahestehende Unternehmen besonders gut abschneidet: eine Praxis, die bisher bei der Zertifizierung von Rechenzentren in der Form noch nicht festgestellt wurde.

Im Zertifizierungsprozess (Bild 10.11) kann die Grundlage für die Prüfung eine Norm, ein Prüfkatalog einer anerkannten Institution oder ein Industriestandard sein. Die Prüfung nach diesem normativen Dokument führt die jeweilige Prüfinstitution durch („Evaluation Body"). Bei Rechenzentren handelt es sich dabei jedoch eher um eine System- als um eine Produktzertifizierung, wie sie am Beispiel von Audiogeräten beschrieben wurde. Denn Rechenzentren stellen wesentlich komplexere Systeme dar als einzelne Produkte.

Letztendlich führt die Arbeit von unabhängigen Prüfinstitutionen dazu, dass das Vertrauen zwischen Anbieter und Verbraucher/Anwender gestärkt wird. Denn anhand des

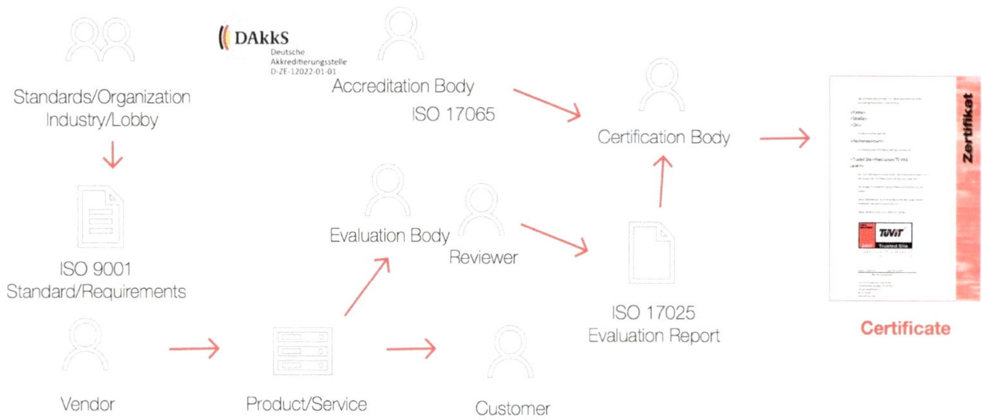

Bild 10.11: Abbildung zu Zertifizierungsprozess und -beteiligten
Quelle: TÜV Informationstechnik GmbH

Prüfberichts („Evaluation Report") lässt sich detailliert überprüfen, ob das jeweilige Prüfobjekt liefert, was von ihm erwartet wird. Der Prüfbericht entspricht jedoch noch nicht einem Zertifikat.

Dieses wird erst durch eine weitere Institution, der Zertifizierungsstelle („Certification Body"), erteilt. Diese stellt in einem weiteren Schritt noch zusätzlich sicher, ob die Prüfung durch die Prüfinstitution auch ordnungsgemäß durchgeführt wurde. So prüft die Zertifizierungsstelle zum Beispiel, ob die durchführende Organisation wirklich unabhängig ist oder etwa schon an der Produktherstellung beteiligt war.

Weitere Kriterien sind:

- Hat die Prüfinstitution alle Prüfvorgaben vollständig und korrekt erfüllt?
- Ist die jeweilige Prüfinstitution als Organisation ausreichend qualifiziert?
- Sind die Prüfer ausgewiesene Experten und befinden sie sich – etwa durch Weiterbildungen – auf dem neusten fachlichen Stand der Dinge beziehungsweise der Technik?

Letztlich schaut die Zertifizierungsstelle, ob die Prüfergebnisse, welche die Prüfinstitution in ihrem Prüfbericht dokumentiert hat, nachvollziehbar sind. Erst wenn die Zertifizierungsstelle dies bejahen kann, vergibt sie das Zertifikat.

Auf diese Weise ist das bei Zertifizierungen unabdingbare Vier-Augen-Prinzip mit zwei voneinander unabhängigen Parteien erfüllt. Zertifizierungs- und Prüfstelle müssen demnach auf jeden Fall voneinander getrennt sein. Zwar können sie unter einem Dach, also in einem Unternehmen oder einer Organisation, angesiedelt sein, dort müssen sie dann aber organisatorisch und personell strikt getrennt voneinander arbeiten. Für Zertifizierungsstellen bietet die Norm ISO/IEC 17025 wichtige Indizien für die ordnungsgemäße Abwicklung von Prüfaufträgen durch Prüfstellen. Hier können die Prüfstellen selbst den Nachweis ihrer qualitativen Arbeit erbringen, indem sie sich nach ISO/IEC 17025 zertifizieren lassen.

10.3.2 Akkreditierung von Zertifizierungsstellen

Über die Akkreditierung lassen sich die Qualität und Unabhängigkeit von Zertifizierungsstellen evaluieren. Da Akkreditierungen für RZ-Planer und -Betreiber nachweisen, wie kompetent und unabhängig eine Zertifizierungsstelle arbeitet, ist das Thema „Akkreditierung" auch für Rechenzentren interessant. Denn Zertifizierungsstellen dokumentieren mithilfe einer Akkreditierung, dass sie nach bestimmten formalen Prozessen arbeiten und ihre Aufgaben bei Prüfungen ordnungsgemäß wahrnehmen. In einigen Fällen ist eine Akkreditierung sogar Pflicht.

Akkreditierungsstellen lassen Zertifizierungsstellen nie pauschal, sondern immer für ein ganz bestimmtes Thema (Scope) und nur für einen bestimmten Zeitraum zu. Nach Ablauf dieses Zeitraums muss die Akkreditierung erneuert werden. Diese erfolgt anhand der ISO/IEC 17065. In ihr sind die Kriterien beschrieben, die Akkreditierungsstellen bei der Prüfung von Zertifizierungsstellen anlegen müssen.

In Deutschland gibt es als zentrale Akkreditierungsstelle die Deutsche Akkreditierungsstelle (DAkkS, www.dakks.de). In den meisten europäischen Ländern existieren vergleichbare nationale Institutionen. In der Schweiz ist dies die Schweizerische Akkreditierungsstelle (SAS, www.sas.admin.ch) und in Österreich die „Akkreditierung Austria“ beim Bundesministerium für Wissenschaft, Forschung und Wirtschaft (www.bmwfw.gv.at/akkreditierung).

10.3.2.1 Zertifizierungen und Akkreditierungen im Umfeld der DIN EN 50600

Seit 2017 ist die DIN EN 50600 in allen Teilen verabschiedet. Allerdings macht die Norm keine Vorgaben darüber, wie sie geprüft und zertifiziert werden soll. Dennoch erwarten die Anwender der Norm natürlich, dass die Prüfungen auf Basis der DIN EN 50600 möglichst gleichen Regeln folgt, damit ein Zertifikat von einem Anbieter mit den entsprechenden Zertifikaten anderer Anbieter vergleichbar ist. Bisher ist es jedoch Fakt, dass aufgrund der fehlenden einheitlichen Prüfvorgaben der DIN EN 50600 die Auslegung der Norm zum Teil unterschiedlich erfolgt. Dessen müssen sich Anwender der Norm bewusst sein.

Um angesichts dieser Situation mehr Verbindlichkeit zu schaffen, gibt es Überlegungen von Zertifizierungsstellen, sich für die DIN EN 50600 akkreditieren zu lassen. Eine solche Akkreditierung nach ISO/IEC 17065 kann sich jedoch wegen der fehlenden Vorgaben nur auf die Prozesse beim Vorgehen der DIN EN 50600-Zertifizierung beziehen. Für eine wirkliche Vergleichbarkeit und eine Transparenz bezüglich der Inhalte der Prüfung sorgen solche Akkreditierungen nicht. Insofern macht die Akkreditierung einer Zertifizierungsstelle bei der DAkkS zwar einerseits durchaus Sinn, da so ein qualitativ hochwertiger Zertifizierungsvorgang nachgewiesen wird. Doch stellt sie andererseits nicht sicher, dass eine bestimmte Prüftiefe oder ein bestimmter Prüfumfang erfolgt. Eine dediziert auf DIN EN 50600 bezogene Akkreditierung von Zertifizierungsstellen existiert bislang also nicht, auch wenn Zertifizierungsinstitute dies in letzter Zeit immer wieder behaupten.

Von daher bleibt es Betreibern von Rechenzentren bei diesem Thema nicht erspart, selbst nach unterschiedlichen Kriterien zu evaluieren:

- Wie ist die jeweilige Zertifizierungsstelle aufgestellt?
- Verfügt sie über einen eigenen Prüfkatalog?
- Wie umfangreich ist dieser?
- Ist er öffentlich und lässt sich ihm entnehmen, was und wie geprüft wird?
- Wie beständig ist das Prüf- und Zertifizierungsprogramm?

Ein Beispiel für einen solchen Prüfkatalog ist der bereits seit Längerem etablierte TSI-Kriterienkatalog der TÜV Informationstechnik GmbH (Trusted Site Infrastructure), der seit Anfang 2016 auch alle Anforderungen der DIN EN 50600 abdeckt.

10.3.3 Warum zertifizieren?

Eine Prüfung und Zertifizierung von Rechenzentren und Sicherheitsbereichen ist zum Teil gesetzlich (zum Teil bei Unternehmen, die zu den sogenannten Kritischen Infrastrukturen zählen) oder wegen regulatorischer Anforderungen von Aufsichtsorganen wie zum Beispiel der Bundesanstalt für Finanzdienstleistungsaufsicht (BaFin) oder Branchenverbänden Pflicht. Doch selbst, wenn dies nicht der Fall ist, demonstriert eine Zertifizierung die Funktionssicherung unter den geforderten Schutzzielen gegenüber Dritten und erzeugt Vertrauen auf der Grundlage einer „Third Party Inspection".

Weitere Vorteile für die Betreiber von Rechenzentren sind:

- Sie erhalten Sicherheit bei der Planungsvergabe neuer Rechenzentren, vor allem wenn die Zertifizierung zum Ausschreibungsbestandteil wird.
- Das Zertifikat dient als Vertrauensnachweis für eine bessere Marktpositionierung.
- Die Qualität der eigenen Projektsteuerung wird gesichert und verbessert.
- Das Vertrauen von seiten überwachender Institutionen festigt sich.
- Die Zertifizierung dient als Nachweis für die Innenrevision und Wirtschaftsprüfer.
- Das Zertifikat ermöglicht eine positive Risikobewertung durch Versicherungsunternehmen.

10.3.4 Zertifizierungen und ihr Fokus

„Wir sind auch zertifiziert." Dieser Satz sagt in seiner Pauschalität erst einmal recht wenig aus. Schließlich zählt nur, was genau geprüft worden ist und nach welchem Standard beziehungsweise nach welcher Prüfvorgabe. Was will sich ein Rechenzentrum bestätigen lassen: die Verfügbarkeit der Technik und Versorgungsstrukturen? Die Energieeffizienz? Die Qualität der organisatorischen Prozesse? Die Qualifikationen von Mitarbeitern?

Auch die Motivation für eine Zertifizierung fällt ganz unterschiedlich aus: Während die einen möglichst einfach, schnell und billig ein Zertifikat erhalten wollen, suchen andere Unternehmen beim Aufbau eines neuen Rechenzentrums eine neutrale, kompetente Instanz. In diesem Fall will der Bauherr vor allem die Sicherheit haben, dass seine Lieferanten und Dienstleister die Regeln befolgen und die notwendigen Qualitätsstandards einhalten.

Eine Unterscheidung ist ganz wesentlich: Beziehen sich Zertifizierungen auf Managementnormen, die (lediglich) Absicherungsprozesse überprüfen? Oder betrachten sie auch das sprichwörtliche Fundament von Rechenzentren, nämlich alle technischen Belange und die damit verbundene konkrete physische Sicherheit – von der Strom- und Kälteversorgung bis hin zu bautechnischen Fragestellungen. Sie sind wesentliche Faktoren für die Verfügbarkeit eines Rechenzentrums. Eine Unterscheidung zwischen Sicherheit aus physischer, IT-technischer und organisatorischer Sicht ist deshalb grundlegend, wenn es um Zertifizierungen von Rechenzentren geht.

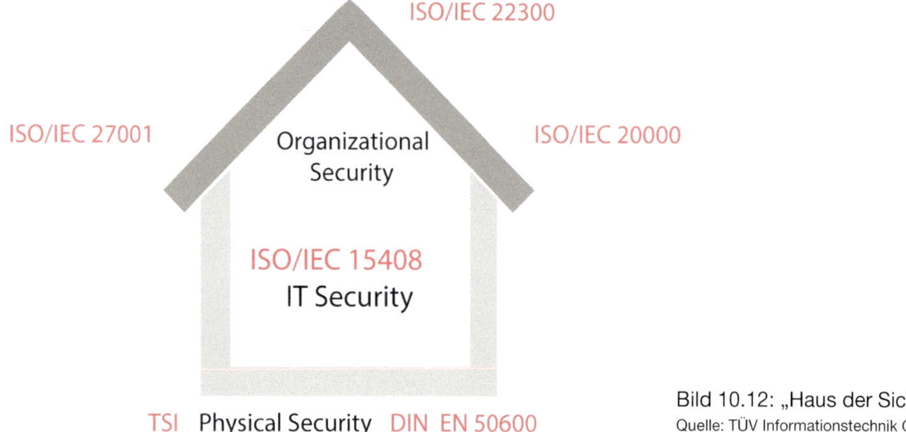

Bild 10.12: „Haus der Sicherheit"
Quelle: TÜV Informationstechnik GmbH

Bildlich gesprochen lassen sich die unterschiedlichen Sicherheitsebenen mit einem Haus vergleichen (Bild 10.12). Management-Normen wie EN ISO 9001 und ISO/IEC 27001 stellen in diesem Bild das Dach des Hauses dar, während die technischen Prüfungen das Fundament bilden. Daneben gibt es noch die sogenannten „Common Criteria" – auch beschrieben in ISO/IEC 15408 –, welche den Baukörper (ein Geschoss des Hauses) betreffen. Doch kommen RZ-Betreiber mit diesen Prüfungen kaum in Berührung, denn Common Criteria/ISO/IEC 15408 betreffen unter anderem Betriebssysteme, Firewalls oder Verschlüsselungssoftware oder Hardware. Hier müssen vielmehr die Hersteller dieser Produkte dafür sorgen, dass die jeweiligen Installationen sicherheitstechnisch sauber sind. RZ-Betreiber überprüfen in der Regel, ob die eingesetzten Komponenten zertifiziert sind – etwa, wenn Behörden oder vertragliche Regelungen dies fordern. Darüber hinaus lassen sie die Qualität ihrer IT-Sicherheit zum Beispiel mit Penetrationstests von unabhängigen Institutionen bewerten.

10.3.4.1 Organisatorische Sicherheit: prozessuale Sicht

Wenn es um den großen Rahmen geht, also vor allem um die Prozesse und Abläufe, haben sich insbesondere ISO-Normen etabliert: Zum Beispiel die Qualitätsmanagement-Norm EN ISO 9001, die generell überprüft, ob die Prozesse eines Rechenzentrums qualitätsgesichert sind, oder spezifischer die ISO/IEC 27001 für das Management der Informationssicherheit. Da bei den Rechenzentren der Aspekt Sicherheit grundsätzlich im Fokus steht, ist die Zertifizierung nach ISO/IEC 27001 ein häufig beschrittener Weg. Zudem kommt bei Dienstleistungsrechenzentren auch die ISO/IEC 20000 zum Einsatz, die das IT-Service-Management abdeckt. Bei diesen ISO-Normen ist jedoch zu beachten, dass es sich bei ihnen um keine RZ-spezifische, sondern allgemeine Prozessnormen handelt, welche die Aspekte der physischen Sicherheit von Rechenzentren nicht zum Inhalt haben. Dies leisten andere, auf RZ-Spezifika spezialisierte Normen und Prüfvorgaben. Auch ITIL (IT Infrastructure Library) bildet in der organisatorischen Sicherheit eine gute Hilfestellung.

10.3.4.2 Physische Sicherheit

Während die im Rechenzentrumsumfeld relevanten ISO-Normen ihren Schwerpunkt auf der organisatorischen Ebene haben, fokussieren Prüfvorgaben wie zum Beispiel TSI (Trusted Site Infrastructure) o.Ä. oder die neue europäische Norm DIN EN 50600 den Fokus auf die physische Sicherheit. Viele Betreiber von Rechenzentren denken, mit einer Zertifizierung nach ISO/IEC 27001 sei alles abgedeckt, übersehen dabei jedoch, dass der Norm keine detaillierte technische Betrachtung hinterlegt ist. Auch verfügt die technische Prüfung der Infrastruktur über eine höhere Aussagekraft, denn anders als bei ISO-Prüfungen gibt es hier weniger Interpretationsspielraum: Entweder sind Kabelstränge in der vorgeschriebenen Form verlegt oder eben nicht.

Zertifizierungen der physischen Sicherheit werden immer mehr nachgefragt – unter anderem auch deshalb, weil sich zum Beispiel Unternehmen, die zur KRITIS-Gruppe gehören (KRITIS, Kritische Infrastrukturen) – Gesundheits-, Wasser- oder Energieversorger etwa – wegen des IT-Sicherheitsgesetzes an zusätzliche Auflagen halten müssen. Im Bankenbereich gehören Zertifizierungen mittlerweile fast zur Grundausstattung, da sie unter strenger Aufsicht stehen und mit einer Zertifizierung einen entsprechenden Nachweis zur Verlässlichkeit ihrer Rechenzentren führen.

Wie viel zusätzliche Dynamik die europäische Rechenzentrumsnorm DIN EN 50600 erzeugen wird, ist noch nicht absehbar, zumal sie nicht verpflichtend ist. Man kann feststellen, dass diese Norm offenbar zu einem größeren Zertifizierungsangebot führt, obwohl sie mehr als Leitfaden und nicht als Prüfvorgabe konzipiert ist. So ist es nicht verwunderlich, dass sie bereits Einzug in bestehende Prüfkataloge gehalten hat.

10.3.4.2.1 Verfügbare Normen und Prüfkataloge

Die DIN EN 50600 stellt die erste länderübergreifende Norm dar, die mit einem ganzheitlichen Ansatz umfassende Anforderungen für den Neubau eines Rechenzentrums definiert und damit die Branche erheblich beeinflusst. Sie macht Vorgaben für die Planung der Gewerke Baukonstruktion, Elektroversorgung, Klimatisierung, Verkabelung, Sicherheitssysteme und beschreibt Anforderungen für den Betrieb des Rechenzentrums. Die Norm ist wie bereits in den Kapiteln zuvor erwähnt in vier Teile gegliedert:

Teil 1: Allgemeines Konzept
Teil 2: Physische Aspekte von baulichen Fragen des Gebäudes bis hin zu Energie-, Verkabelungs- und Sicherheitsaspekten
Teil 3: Management
Teil 4: Effizienzaspekte wie KPIs, Energieverbrauch und erneuerbare Energien

Daraus lässt sich zwar aus gesetzlicher Sicht keine direkte Verpflichtung ableiten, die DIN EN 50600 umzusetzen. Dennoch nehmen schon kurz nach ihrer Veröffentlichung viele Verträge auf die Norm Bezug, indem sie fordern, dass eine Konformität zur Norm sicherzustellen ist. Aufgrund ihres Leitfadencharakters ist dies in der Praxis allerdings schwierig. Ein Ausweg besteht darin, einen Prüfkatalog, der die DIN EN 50600 abdeckt, als Referenzdokument zu wählen und diesen von einem neutralen Dritten eins zu eins überprüfen zu lassen.

Ebenso Leitfadencharakter haben die TIER-Klassen des Uptime-Institute aus den USA, die immer wieder gerne zitiert werden. Uptime agiert international, hat in Europa allerdings nicht die Verbreitung wie in den USA selbst und ist in Deutschland bisher wenig in Erscheinung getreten. Es sieht danach aus, dass mit der DIN EN 50600 Europa seinen eigenen Weg gefunden hat.

Ein wesentlicher Unterschied zwischen DIN EN 50600 und Uptime liegt im Umfang der Prüfthemen. Wo bei Uptime Schwerpunkte auf die Energie- und Kälteversorgung und deren Redundanzen wie auch auf den Betrieb gelegt werden, verfolgt die DIN EN 50600 einen umfassenden und ganzheitlichen Ansatz, der zusätzlich bauliche, energetische und sicherheitstechnische Aspekte berücksichtigt.

10.3.5 Prüfinstitutionen für physische Sicherheit

Auch wegen der DIN EN 50600 drängen derzeit immer mehr Zertifizierungsanbieter auf den Markt. Diese neue Anbietervielfalt gibt den Unternehmen und Rechenzentrumsbetreibern natürlich ein Mehr an Optionen, stellt sie aber bei der Auswahl zugleich vor Schwierigkeiten, denn jeder Anbieter ist mit seiner eigenen Prüf- und Bewertungsgrundlage unterwegs. Somit sind die angebotenen Prüfungen und Zertifikate nur zum Teil oder gar nicht miteinander vergleichbar. Deshalb empfiehlt es sich für Unternehmen genau zu untersuchen, auf welcher Grundlage die jeweiligen Prüfkataloge entstanden sind.

10.3.5.1 Gemeinsamkeiten und Unterschiede der Anbieter

Die wichtigsten Fragen an Zertifizierungsanbieter bezüglich der physischen Sicherheit von Rechenzentren zielen auf den jeweils eingesetzten Prüfkatalog: Was decken sie im Detail ab? Und wie vollständig repräsentieren sie bestimmte Normen wie zum Beispiel DIN EN 50600? Wichtig ist auch, dass der jeweilige Prüfkatalog öffentlich zugänglich ist, denn nur so kann man sich ein Bild über seinen Umfang und seinen Abdeckungsgrad machen. So lässt sich auch erkennen, wie tief der Prüfkatalog geht, um möglichst viele Schwachstellen aufzuspüren.

Darüber hinaus gilt es zu evaluieren, über wie viele Prüfressourcen ein Anbieter verfügt und welche Kompetenzen diese aufweisen und ob diese durch regelmäßige Weiterbildungen auf dem neuesten Stand der Dinge gehalten werden.

Letztlich hängt es im Wesentlichen auch von den Prüfern selbst ab, ob eine Zertifizierung als erfolgreich angesehen wird oder nicht. Hakt der Prüfer nur die Kriterien ab oder ist er in der Lage, fachlich tief mit dem Kunden zu diskutieren und die unterschiedlichen Auslegungen von Kriterien auszudiskutieren? Eine Prüfung kann für beide Seiten einen Mehrwert bringen, indem auch mal andere Sichtweisen ausgetauscht werden und so aus dem Prüfungstag auch ein individueller Schulungstag für beide Seiten wird.

Vorsicht ist immer dann geboten, wenn die Prüfung nur durch eine einzelne Person erfolgen soll. Da ein Rechenzentrum aus vielen unterschiedlichen Gewerken besteht, sollten auch die Ressourcen eines Anbieters möglichst alle Gewerke mit Spezialisten abdecken können, etwa für die Energie- und Kälteversorgung, Brandschutz- und Sicherheitstechnik, die Beurteilung von Umgebungsgefährdungen und der Baukonstruktion. Generalisten, die sich in allen Bereichen bis in die Tiefe auskennen, gibt es nur vereinzelt am Markt. Je mehr eigene Ressourcen, Sachverstand und interdisziplinäre Teams ein Anbieter bei der Zertifizierung aufweist und je routinierter er die Prüfung dank jahrelanger Erfahrung durchführt, umso aussagekräftiger und wertvoller ist das am Ende verliehene Zertifikat.

Nicht zuletzt sollten RZ-Verantwortliche klären: Inwieweit folgt der Zertifizierer selbst anerkannten Vorgehensweisen und Regeln? Hat er seine Zertifizierungstätigkeiten zum Beispiel nach ISO/IEC 17065 ausgerichtet? Diese Norm soll garantieren, dass die Qualifikation und Unabhängigkeit der Prüfer, die Abwicklung oder der Umfang eines solchen Projektes die entsprechenden Vorgaben erfüllt.

Marktakzeptanz, Erfahrung und Know-how eines Anbieters lassen sich zudem an der Anzahl der Zertifikate ablesen, die dieser schon vergeben hat.

Schließlich besitzt auch die Vertretung in Normierungsgremien eine starke Aussagekraft: Ist ein Anbieter kontinuierlich mitbeteiligt, wenn es um die (Weiter-)Entwicklung bestimmter Normen geht, ist davon auszugehen, dass dieser Anbieter auch qualitativ hochwertige (Zertifizierungs-)Leistungen zu dieser Norm zur Verfügung stellen kann.

10.3.5.2 Aktuelle Marktteilnehmer

Mit steigender Nachfrage nach unabhängigen Prüfungen und Zertifizierungen steigt auch die Anzahl der Marktteilnehmer. Wo um die Jahrtausendwende noch keine Anbieter am Markt existierten, geschweige denn eine geeignete Prüfgrundlage, so gibt es heute über 15 verschiedene Organisationen, die dem Markt entsprechende Prüfungen und Zertifizierungen anbieten – Tendenz stark steigend.

Auf dem deutschsprachigen Markt finden sich vor allem Zertifikate der großen technischen Überwachungsvereine (TÜV) wieder. Die größte Verbreitung haben bisher die TSI-Zertifikate der TÜViT (TÜV NORD GROUP), die seit 2002 im Bereich der hoch- und höchstverfügbaren Rechenzentren verliehen werden.

Seit drei bis vier Jahren arbeiten auch andere große TÜV-Institutionen mit ihren eigenen Prüfvorgaben am Markt. Ebenso gibt es Branchenverbände mit eigenen Vorgaben. Sie bieten Zertifizierungen auf dieser Grundlage an, wie zum Beispiel der eco – Verband der Internetwirtschaft mit dem Data Center Star Audit. Auch Unternehmen, die bisher ihren Fokus auf Managementsystemen hatten, sehen in der DIN EN 50600 eine Möglichkeit, ihre Prüfdienstleistungen darauf auszudehnen.

Im internationalen Markt finden sich beispielsweise Zertifikate des Uptime Institute (USA), epi (Asien) oder ICREA (Südamerika) wieder.

10.3.6 Status quo und Ausblick

Die europäische Norm DIN EN 50600 sorgt für frischen Wind hinsichtlich Zertifizierungen von Rechenzentren. Sie ist zwischen 2011 und 2017 entstanden und finalisiert worden und die erste länderübergreifende Norm, die unter Federführung der Standardisierungsinstanz CENELEC (European Committee for Electrotechnical Standardization) entwickelt wurde.

Mit der Veröffentlichung der finalen DIN EN 50600-Version im Frühjahr 2017 wies die Norm wegen ihrer erstmaligen Erscheinung zwangsläufig noch einige „Kinderkrankheiten“ auf. Deshalb werden einzelne Teile der Norm derzeit laufend reflektiert und überarbeitet, um die angebotenen Versionen Schritt für Schritt zu verbessern. So gibt es:

1. noch zum Teil widersprüchliche Aussagen zwischen den einzelnen Normenteilen,
2. einige Fachausdrücke, die für den Bereich „Rechenzentren“ untypisch sind, und
3. der Normentext hat bei der Übersetzung in die einzelnen Landessprachen stellenweise gelitten. Dadurch sind Formulierungen entstanden, die Bedeutungsunschärfen aufweisen und dadurch nur schwer zu verstehen sind.

Wie bereits erwähnt enthält die DIN EN 50600 auch keine Prüfvorgaben und beschreibt kein Zertifizierungsschema. Nichtsdestotrotz ist mit dieser europäischen Norm ein Zeichen gesetzt worden, das zudem einige Prüfinstitutionen veranlasst hat, das Feld der Zertifizierung von Rechenzentren zu betreten.

Gleichzeitig ist davon auszugehen, dass die DIN EN 50600 wiederum auf andere Prozesse Einfluss nimmt, die sich mit IT-Sicherheit beschäftigen – etwa auf das ebenfalls neue IT-Sicherheitsgesetz und zahlreiche Überlegungen im Bereich KRITIS („Kritische Infrastrukturen“). Im IT-Sicherheitsgesetz ist jede Branche mit KRITIS-Unternehmen aufgefordert, selbst Vorgaben für die Ebene der angewandten IT-Technik zu definieren. Bei diesen Definitionen kann und sollte die DIN EN 50600 eine einflussreiche Rolle spielen, da bei ihrer Definition bereits einiges an Vorarbeit geleistet wurde.

Als sicher gilt, dass Bedeutung und Zahl von Rechenzentrums-Zertifizierungen aktuell und in Zukunft weiter zunehmen. Dies ist vor allem das Ergebnis der stark steigenden Nachfrage nach RZ-Kapazitäten generell. So bauen die in Deutschland etablierten Rechenzentrumsbetreiber ihre Flächen und Infrastrukturen deutlich aus. Zugleich drängt eine große Zahl neuer Anbieter auf den Markt. Angefacht wird die Nachfrage unter anderem durch die Internet-Giganten aus den USA, die fast alle planen, Cloud-Angebote zunehmend auch von Deutschland aus anzubieten.

Wegen der immer größeren Anzahl von RZ-Anbietern am Markt steigt automatisch auch der Wettbewerbsdruck unter ihnen. Dies wiederum führt vermehrt zu Zertifizierungen, die übergreifend als wichtiges Mittel gesehen werden, um sich Wettbewerbsvorteile zu verschaffen. Zertifizierten Rechenzentren wird von Kunden per se ein höheres Vertrauen entgegengebracht als nicht zertifizierten. Nicht zuletzt setzen die international operierenden RZ-Betreiber und -Anbieter aus Kosten- und Qualitätsgründen auf länderübergreifend standardisierte Rechenzentren. Dieses einheitliche Niveau lässt sich praktisch nur mithilfe von Zertifizierungen erreichen. Zusätzlich angefacht durch DIN EN 50600 als internationaler Norm ist deshalb in den kommenden Jahren von zahlreichen Rechenzentrums-Zertifizierungen auszugehen.

11 Literaturverzeichnis

11.1 Gesetze und Verordnungen

Sarbanes-Oxley Act (auch SOX, SarbOx oder SOA genannt), US-Bundesgesetz, 2002

Basel II, EU-Richtlinien 2006/48/EG (Bankenrichtlinie) und 2006/49/EG (Kapitaladäquanzrichtlinie), Ausgabe 2007-01

Bürgerliches Gesetzbuch (BGB), § 280 Schadensersatz wegen Pflichtverletzung, Ausgabe: 2002-01

Deutsches Gesetz über die Gesellschaften mit beschränkter Haftung (GmbH-Gesetz), Ausgabe: 2011-12

Gesetz zur Kontrolle und Transparenz im Unternehmensbereich (KonTraG), Ausgabe: 1998-05

BGV A3, Berufsgenossenschaftliche Vorschrift für Sicherheit und Gesundheit bei der Arbeit, Unfallverhütungsvorschrift, Elektrische Anlagen und Betriebsmittel, Ausgabe: 2012-04

11.2 Normen

DIN EN 12825 — Doppelböden, Deutsche Fassung EN 12825:2011, Ausgabe: 2002-04

DIN EN 61340-4-1/A1; VDE 0300-4-1/A1 — Elektrostatik – Teil 4-1: Standard-Prüfverfahren für spezielle Anwendungen – Elektrischer Widerstand von Bodenbelägen und verlegten Fußböden, Ausgabe: 2016-04

ATV DIN 18340 — Trockenbauarbeiten, Ausgabe: 2010-04

DIN 4102 — Brandverhalten von Baustoffen und Bauteilen –
Teil 1: Baustoffe, Begriffe, Anforderungen und Prüfungen Ausgabe: 1998-05
Teil 2: Baustoffe, Begriffe, Anforderungen und Prüfungen, Ausgabe: 1977-09

DIN EN 13501 — Klassifizierung von Bauprodukten und Bauarten zu ihrem Brandverhalten –
Teil 1: Klassifizierung mit den Ergebnissen aus den Prüfungen zum Brandverhalten von Bauprodukten, Ausgabe: 2010-01

	Teil 2: Klassifizierung mit den Ergebnissen aus den Feuerwiderstandsprüfungen, mit Ausnahme von Lüftungsanlagen, Ausgabe: 2016-12 Teil 3: Klassifizierung mit den Ergebnissen aus den Feuerwiderstandsprüfungen an Bauteilen von haustechnischen Anlagen: Feuerwiderstandsfähige Leitungen und Brandschutzklappen, Ausgabe: 2010-02
DIN 105	Mauerziegel – Teil 5: Leichtlanglochziegel und Leichtlanglochziegelplatten, Ausgabe: 2013-06 Teil 6: Planziegel, Ausgabe 2013-06
DIN EN 771-1	Festlegungen für Mauersteine – Teil 1: Mauerziegel, Ausgabe: 2015-11
DIN 106	Kalksandsteine mit besonderen Eigenschaften, Ausgabe: 2015-06 (Entwurf)
DIN 1053-4	Mauerwerk – Teil 4: Fertigbauteile, Ausgabe: 2013-04
DIN VDE 0100	Bestimmungen für das Errichten von Starkstromanlagen mit Nennspannungen bis 1.000 V – Alle Teile
DIN VDE 0100-200; VDE 0100-200	Errichten von Niederspannungsanlagen – Teil 200: Begriffe, Ausgabe 2006-06
DIN VDE 0100-410	Schutzmaßnahmen – Schutz gegen elektrischen Schlag, Ausgabe: 2007-06
DIN EN 50600	Informationstechnik – Errichtung und Infrastrukturen von Rechenzentren Teil 1: Allgemeine Konzepte, Ausgabe 2013-05 Teil 2-1: Gebäudekonstruktion, Ausgabe 2014-09 Teil 2-2: Stromversorgung, Ausgabe 2016-12 Teil 2-3: Regelung der Umgebungsbedingungen, Ausgabe 2015-03 Teil 2-4: Infrastruktur der Telekommunikationsverkabelung, Ausgabe 2015-07 Teil 2-5: Sicherungssysteme, Ausgabe 2016-08 Teil 3-1: Informationen für das Management und den Betrieb, Ausgabe 2016-08 Teil 4-1: Überblick über und allgemeine Anforderungen an Leistungskennzahlen, Ausgabe 2017-06

Teil 4-2: Kennzahl zur eingesetzten Energie, Ausgabe 2017-06
Teil 4-3: Anteil erneuerbarer Energien, Ausgabe 2017-06

DIN EN 62040-3 — Unterbrechungsfreie Stromversorgungssysteme (USV) – Teil 3: Methoden zum Festlegen der Leistungs- und Prüfungsanforderungen, Ausgabe: 2011-12

DIN EN 62305; VDE 0185-305 — Blitzschutz –
Teil 1: Allgemeine Grundsätze, Ausgabe: 2011-10
Teil 2: Risiko-Management, Ausgabe: 2013-02
Teil 3: Schutz von baulichen Anlagen und Personen, Ausgabe: 2011-10

DIN EN 60529; VDE 0470-1 — Schutzarten durch Gehäuse (IP-Code), Ausgabe: 2014-09

DIN EN 60076-11; VDE 0532-76-11 — Leistungstransformatoren –
Teil 11: Trockentransformatoren, Ausgabe: 2005-04

DIN EN 60947; VDE 0660-100, -101, -107 — Niederspannungsschaltgeräte –
Teil 1 / Teil 100: Allgemeine Festlegungen, Ausgabe: 2015-09
Teil 2 / Teil 101: Leistungsschalter, Ausgabe: 2014-01
Teil 3 / Teil 107: Lastschalter, Trennschalter, Lasttrennschalter und Schalter-Sicherungs-Einheiten, Ausgabe: 2013-02

DIN EN 61439; VDE 0660-600 — Niederspannungs-Schaltgerätekombinationen –
Teil 1: Allgemeine Festlegungen, Ausgabe 2012-06
Teil 2: Energie-Schaltgerätekombinationen, Ausgabe: 2012-06

DIN EN 61643-11; VDE 0675-6-11 — Überspannungsschutzgeräte für Niederspannung –
Teil 11: Überspannungsschutzgeräte für den Einsatz in Niederspannungsanlagen, Ausgabe: 2013-04

DIN EN 50173 — Informationstechnik – Anwendungsneutrale Kommunikationskabelanlagen –
Teil 1: Allgemeine Anforderungen, Ausgabe: 2011-09
Teil 2: Bürogebäude, Ausgabe: 2011-09
Teil 5: Rechenzentren, Ausgabe: 2013-04

DIN 40739	Blei-Akkumulatoren – Ortsfeste geschlossene Batterien mit positiven Gitterplatten – Kapazitäten, Hauptmaße, Gewichte, Ausgabe 1999-07
DIN 51603-1	Flüssige Brennstoffe – Heizöle – Teil 1: Heizöl EL, Mindestanforderungen, Ausgabe: 2017-03
DIN EN 1627	Türen, Fenster, Vorhangfassaden, Gitterelemente und Abschlüsse; Einbruchhemmung – Anforderungen und Klassifizierung, Ausgabe: 2011-09
DIN EN 54	Brandmeldeanlagen – Teil 1: Einleitung, Ausgabe: 2011-06 Teil 2: Brandmelderzentralen, Ausgabe: 2016-03 (Norm-Entwurf) Teil 5: Wärmemelder – Punktförmige Melder, Ausgabe: 2017-05 Teil 7: Rauchmelder – Punktförmige Melder nach dem Streulicht-, Durchlicht- oder Ionisationsprinzip, Ausgabe: 2015-07 (Norm-Entwurf) Teil 10: Flammenmelder – Punktförmige Melder, Ausgabe: 2012-01 (Norm-Entwurf) Teil 11: Handfeuermelder, Ausgabe: 2015-09 (Norm-Entwurf) Teil 12: Rauchmelder – Linienförmige Melder nach dem Durchlichtprinzip, Ausgabe: 2015-10 Teil 20: Ansaugrauchmelder, Ausgabe: 2009-02 Teil 29: Mehrfachsensor-Brandmelder-Punktförmige Melder mit kombinierten Rauch- und Wärmesensoren, Ausgabe: 2015-06 Teil 30: Mehrfachsensor-Brandmelder-Punktförmige Melder mit kombinierten CO- und Wärmesensoren, Ausgabe: 2015-11 Teil 31: Mehrfachsensor-Brandmelder – Punktförmige Melder mit kombinierten Rauch-, CO- und optionalen Wärmesensoren, Ausgabe: 2016-12
DIN 1450	Schriften – Leserlichkeit, Ausgabe 2013-04
DIN 14675	Brandmeldeanlagen – Aufbau und Betrieb, Ausgabe: 2012-04

DIN 4066	Hinweisschilder für die Feuerwehr, Ausgabe: 1997-07
DIN VDE 0833; VDE 0833	Gefahrenmeldeanlagen für Brand, Einbruch und Überfall – Teil 1: Allgemeine Festlegungen, Ausgabe: 2014-10 Teil 2: Festlegungen für Brandmeldeanlagen, Ausgabe: 2017-10 Teil 3: Festlegungen für Einbruch- und Überfallmeldeanlagen, Ausgabe: 2009-09
DIN EN 50131; VDE 0830	Alarmanlagen – Einbruch- und Überfallmeldeanlagen – Teile 1 bis 6

11.3 VdS-Publikationen

VdS 2311	Einbruchmeldeanlagen, Planung und Einbau, Ausgabe: 2017-04
VdS 2380	Richtlinien für Feuerlöschanlagen mit nicht verflüssigten Intergasen – Planung und Einbau, Ausgabe: 2016-06
VdS 2381	Richtlinien für Feuerlöschanlagen mit halogenierten Kohlenwasserstoffen – Planung und Einbau, Ausgabe: 2016-06
VdS 3527	Inertisierungs- und Sauerstoffreduzierungsanlagen – Planung und Einbau, Ausgabe: 2015-05

11.4 Fachbücher, Broschüren und Handbücher

Herausforderung Klimawandel, Gesamtverband der Deutschen Versicherungswirtschaft e.V., Ausgabe: 24. Mai 2011

ProjektManager, GPM Deutsche Gesellschaft für Projektmanagement e.V., Heinz-Schelle / Roland Ottmann / Astrid Pfeiffer, ISBN 3-924841-26-8, 2. Auflage 2005, Nachdruck 2007

Blitzplaner, Dehn + Söhne, ISBN 978-3-00-021115-7, 3. aktualisierte Auflage, Redaktionelle Ausgabe: September 2013

The UPS Handbook, Uninterruptible Power Supplies Limited, Peter Bentley IEng MIIE / David Bond, ISBN 978-0-9538398-3-4, Third Edition, Oktober 2007

Dieselkraftstoff, ARAL Aktiengesellschaft, 44789 Bochum, 5. aktualisierte Auflage, Januar 2011

Promat-Handbuch, Bautechnischer Brandschutz A6, Promat AG, Ausgabe: Juli 2016
Brandmeldesysteme – Aktive Brandvermeidung – Gaslöschanlagen, Bosch Sicherheitssysteme GmbH, Planungshandbuch 12/2008

Gebäudemanagement-, Zutrittskontroll-, Zeitwirtschafts- und Uhrensysteme, Bosch Sicherheitssysteme GmbH, Planungshandbuch 12/2008

Überfall- und Einbruchmeldesysteme, Bosch Sicherheitssysteme GmbH, Planungshandbuch 12/2008

Videosysteme für sicherheitstechnische Anwendungen, Bosch Sicherheitssysteme GmbH, Planungshandbuch 12/2008

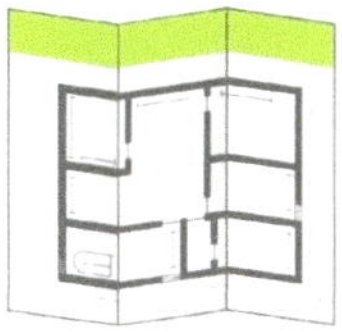

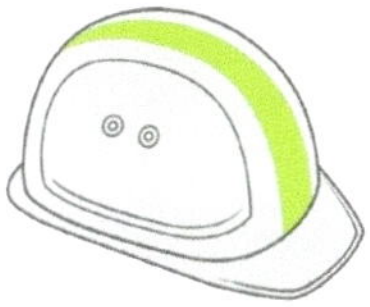

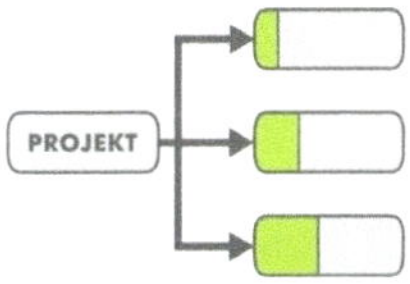

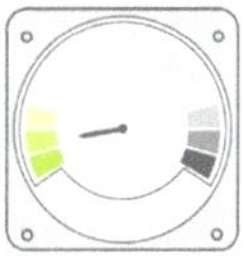

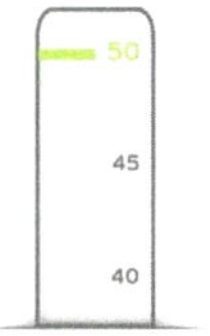

BOSCH
Technik fürs Leben
Sie sind verantwortlich für technische Höchstleistungen rund um die Uhr.
Wir stellen die Sicherheit Ihrer Technik an erster Stelle.
Von der Planung über die Finanzierung bis hin zum Betrieb sind wir als Partner für zukunftsfähige Sicherheitslösungen immer flexibel an Ihrer Seite. So sorgen wir gemeinsam für Hochverfügbarkeit, Sicherheit und Wirtschaftlichkeit in Ihren IT-Räumen und Rechenzentren. Wir beraten Sie gerne!
Boschbuildingsolutions.de – Performance built on Partnership